EXEMPLOS DE GRUPOS FUNCIONAIS COMUNS

GRUPO FUNCIONAL*	CLASSIFICAÇÃO	EXEMPLO	CAPÍTULO	GRUPO FUNCIONAL*	CLASSIFICAÇÃO	EXEMPLO	CAPÍTULO
R—X: (X= Cl, Br ou I)	Haleto de alquila	**Cloreto de n-propila**	7	R—CO—R	Cetona	**2-Butanona**	20
R₂C=CR₂	Alqueno	**1-Buteno**	8, 9	R—CHO	Aldeído	**Butanal**	20
R—C≡C—R	Alquino	**1-Butino**	10	R—COOH	Ácido carboxílico	**Ácido pentanoico**	21
R—OH	Álcool	**1-Butanol**	13	R—COX	Haleto de acila	**Cloreto de acetila**	21
R—O—R	Éter	**Dietil éter**	14	R—CO—O—CO—R	Anidrido	**Anidrido acético**	21
R—SH	Tiol	**1-Butanotiol**	14	R—COO—R	Éster	**Acetato de etila**	21
R—S—R	Sulfeto	**Sulfeto de dietila**	14	R—CO—NR₂	Amida	**Butanamida**	21
(anel benzênico)	Aromático (ou areno)	**Metilbenzeno**	18, 19	R₂N—R	Amina	**Dietilamina**	23

* O "R" se refere ao restante da substância, geralmente átomos de carbono e hidrogênio.

Química Orgânica

SEGUNDA EDIÇÃO

Volume 1

O GEN | Grupo Editorial Nacional, a maior plataforma editorial no segmento CTP (científico, técnico e profissional), publica nas áreas de saúde, ciências exatas, jurídicas, sociais aplicadas, humanas e de concursos, além de prover serviços direcionados a educação, capacitação médica continuada e preparação para concursos. Conheça nosso catálogo, composto por mais de cinco mil obras e três mil e-books, em www.grupogen.com.br.

As editoras que integram o GEN, respeitadas no mercado editorial, construíram catálogos inigualáveis, com obras decisivas na formação acadêmica e no aperfeiçoamento de várias gerações de profissionais e de estudantes de Administração, Direito, Engenharia, Enfermagem, Fisioterapia, Medicina, Odontologia, Educação Física e muitas outras ciências, tendo se tornado sinônimo de seriedade e respeito.

Nossa missão é prover o melhor conteúdo científico e distribuí-lo de maneira flexível e conveniente, a preços justos, gerando benefícios e servindo a autores, docentes, livreiros, funcionários, colaboradores e acionistas.

Nosso comportamento ético incondicional e nossa responsabilidade social e ambiental são reforçados pela natureza educacional de nossa atividade, sem comprometer o crescimento contínuo e a rentabilidade do grupo.

Química Orgânica

SEGUNDA EDIÇÃO

Volume 1

DAVID KLEIN
Johns Hopkins University

Tradução e Revisão Técnica

Oswaldo Esteves Barcia, D.Sc.
Professor do Instituto de Química – UFRJ

Leandro Soter de Mariz e Miranda, D.Sc.
Doutor em Química de Produtos Naturais, Professor Adjunto
do Departamento de Química Orgânica – UFRJ

Edilson Clemente da Silva, D.Sc.
Professor do Instituto de Química – UFRJ

O autor e a editora empenharam-se para citar adequadamente e dar o devido crédito a todos os detentores dos direitos autorais de qualquer material utilizado neste livro, dispondo-se a possíveis acertos caso, inadvertidamente, a identificação de algum deles tenha sido omitida.

Não é responsabilidade da editora nem do autor a ocorrência de eventuais perdas ou danos a pessoas ou bens que tenham origem no uso desta publicação.

Apesar dos melhores esforços do autor, dos tradutores, do editor e dos revisores, é inevitável que surjam erros no texto. Assim, são bem-vindas as comunicações de usuários sobre correções ou sugestões referentes ao conteúdo ou ao nível pedagógico que auxiliem o aprimoramento de edições futuras. Os comentários dos leitores podem ser encaminhados à **LTC — Livros Técnicos e Científicos Editora** pelo e-mail ltc@grupogen.com.br.

Traduzido de
ORGANIC CHEMISTRY, SECOND EDITION
Copyright © 2015, 2012 John Wiley and Sons, Inc.
All rights reserved. This translation published under license with the original publisher John Wiley & Sons, Inc.
ISBN 978-1-118-45228-8

Direitos exclusivos para a língua portuguesa
Copyright © 2016 by
LTC — Livros Técnicos e Científicos Editora Ltda.
Uma editora integrante do GEN | Grupo Editorial Nacional

Reservados todos os direitos. É proibida a duplicação ou reprodução deste volume, no todo ou em parte, sob quaisquer formas ou por quaisquer meios (eletrônico, mecânico, gravação, fotocópia, distribuição na internet ou outros), sem permissão expressa da editora.

Travessa do Ouvidor, 11
Rio de Janeiro, RJ — CEP 20040-040
Tels.: 21-3543-0770 / 11-5080-0770
Fax: 21-3543-0896
ltc@grupogen.com.br
www.ltceditora.com.br

Créditos das fotos de capa/prefácio: frasco 1-(cápsula de pílula amarela e vermelha) rya sick/iStockphoto, (pílulas pequenas) coulee/iStockphoto; frasco 2-(seringa) Stockcam/Getty Images, (líquido) mkurthas/iStockphoto; frasco 3-(chave) Gary S. Chapman/Photographer's Choice/Getty Images, (pilha de chaves) Olexiy Bayev/Shutterstock; frasco 4-(papoula) Margaret Rowe/Garden Picture Library/Getty Images, (papoulas) Kuttelvaserova Stuchelova/ Shutterstock; frasco 5-(evolução dos tomates) Alena Brozova/Shutterstock, (tomates-cereja) Natalie Erhova (summerky)/Shutterstock, (pilha de tomates-cereja) © Jessica Peterson/Tetra Images/Corbis; frasco 6-(fita) macia/ Getty Images (símbolo fita vermelha) JamesBrey/iStockphoto; frasco 7-(pá) Fuse/Getty Images (grãos de café) Vasin Lee/Shutterstock, (expresso) Rob Stark/Shutterstock; frasco 8-(fumaça) stavklem/ Shutterstock, (pimentas) Ursula Alter/Getty Images.

Editoração Eletrônica: Arte & Ideia

CIP-BRASIL. CATALOGAÇÃO NA PUBLICAÇÃO
SINDICATO NACIONAL DOS EDITORES DE LIVROS, RJ

K72q
2. ed.
v. 1

Klein, David
Química orgânica , volume 1 / David Klein ; tradução Oswaldo Esteves Barcia, Leandro Soter de Mariz e Miranda, Edilson Clemente da Silva. - 2. ed. - Rio de Janeiro : LTC, 2016.
il. ; 28 cm.

Tradução de: Organic chemistry
Apêndice
Inclui bibliografia e índice
ISBN 978-85-216-3105-7

1. Química orgânica. I. Barcia, Oswaldo Esteves. II. Miranda, Leandro Soter de Mariz e. III. Silva, Edilson Clemente da. IV. Título.

16-31572	
	CDD: 547
	CDU: 547

Dedicatória

Para Larry,

Por me inspirar a seguir uma carreira no ensino de química orgânica, você serviu de centelha para a criação deste livro. Você me mostrou que qualquer assunto pode ser fascinante (até química orgânica!) quando apresentado por um professor habilidoso. Sua orientação e amizade deram forma profunda ao curso da minha vida, e eu espero que este livro sempre sirva de fonte de orgulho e como um lembrete do impacto que você teve nos seus alunos.

Para minha esposa, Vered,

Este livro não teria sido possível sem a sua parceria. Enquanto eu trabalhava durante anos no meu escritório, você honrou todas as nossas responsabilidades, inclusive o cuidado de todas as necessidades dos nossos incríveis cinco filhos. Este livro é uma realização coletiva e para sempre servirá de testamento do seu constante apoio do qual eu cheguei a depender para todas as coisas da vida. Você é meu rochedo, minha parceira e minha melhor amiga. Eu te amo.

Material Suplementar

Este livro conta com os seguintes materiais suplementares:

- Capítulo 27: em formato (.pdf) (acesso livre);
- Capítulo 28: em formato (.pdf) (acesso livre);
- Clicker PowerPoint Files: arquivo em formato (.ppt), em inglês, contendo sistema automático de resolução de questões seguido de respostas por meio de slides (restrito a docentes);
- Ilustrações da obra em formato de apresentação (restrito a docentes);
- Lecture Answer PowerPoint: arquivo em formato (.ppt), em inglês, contendo soluções de questões selecionadas e específicas presentes nos Lecture PowerPoint Slides (restrito a docentes);
- Lecture PowerPoint: arquivo em formato (.ppt), em inglês, contendo apresentações para uso em sala de aula e com questões específicas respondidas no PowerPoint Slides (restrito a docentes);
- Test Bank: arquivos em formato (.pdf), em inglês, disponibilizando banco de testes (restrito a docentes).

O acesso aos materiais suplementares é gratuito, bastando que o leitor se cadastre em http://gen-io.grupogen.com.br.

GEN-IO (GEN | Informação Online) é o repositório de materiais suplementares e de serviços relacionados com livros publicados pelo GEN | Grupo Editorial Nacional, maior conglomerado brasileiro de editoras do ramo científico-técnico-profissional, composto por Guanabara Koogan, Santos, Roca, AC Farmacêutica, Forense, Método, Atlas, LTC, E.P.U. e Forense Universitária. Os materiais suplementares ficam disponíveis para acesso durante a vigência das edições atuais dos livros a que eles correspondem.

Sumário Geral

Volume 1

1. Uma Revisão de Química Geral: Elétrons, Ligações e Propriedades Moleculares   1
2. Representações Moleculares   50
3. Ácidos e Bases   96
4. Alcanos e Cicloalcanos   136
5. Estereoisomeria   189
6. Reatividade Química e Mecanismos   233
7. Reações de Substituição   284
8. Alquenos: Estrutura e Preparação via Reações de Eliminação   338
9. Reações de Adição a Alquenos   401
10. Alquinos   461
11. Reações Radicalares   497
12. Síntese   544
13. Álcoois e Fenóis   572
14. Éteres e Epóxidos, Tióis e Sulfetos   629

Volume 2

15. Espectroscopia de Infravermelho e Espectrometria de Massa   1
16. Espectroscopia de Ressonância Magnética Nuclear   51
17. Sistemas Pi Conjugados e Reações Pericíclicas   104
18. Compostos Aromáticos   154
19. Reações de Substituição Aromática   196
20. Aldeídos e Cetonas   253
21. Ácidos Carboxílicos e Seus Derivados   306
22. Química do Carbono Alfa: Enóis e Enolatos   366
23. Aminas   424
24. Carboidratos   473
25. Aminoácidos, Peptídeos e Proteínas   515
26. Lipídios   561
27. Polímeros Sintéticos   601
28. Introdução aos Compostos Organometálicos   628

Use este código para visualizar os Capítulos 27 e 28, *Polímeros Sintéticos* e *Introdução aos Compostos Organometálicos*, respectivamente. Também acessível em www.ltceditora.com.br.

Sumário

1
Uma Revisão de Química Geral: Elétrons, Ligações e Propriedades Moleculares   1

1.1 Introdução à Química Orgânica   2
1.2 A Teoria Estrutural da Matéria   3
1.3 Elétrons, Ligações e Estruturas de Lewis   4
1.4 Identificação de Cargas Formais   8
1.5 Indução e Ligações Covalentes Polares   9
- **FALANDO DE MODO PRÁTICO** Mapas de Potencial Eletrostático   12
1.6 Orbitais Atômicos   12
1.7 Teoria da Ligação de Valência   16
1.8 Teoria do Orbital Molecular   17
1.9 Orbitais Atômicos Hibridizados   18
1.10 Teoria RPECV: Previsão de Geometria   25
1.11 Momentos de Dipolo e Polaridade Molecular   30
1.12 Forças Intermoleculares e Propriedades Físicas   34
- **FALANDO DE MODO PRÁTICO** Biomimética e a Pata da Lagartixa   36
- **MEDICAMENTE FALANDO** Interações Receptor-Fármaco   40
1.13 Solubilidade   41
- **MEDICAMENTE FALANDO** Propofol: A Importância da Solubilidade do Fármaco   42

Revisão de Conceitos e Vocabulário   •
Revisão da Aprendizagem   •   Problemas Práticos   •
Problemas Integrados   •   Desafios

2

Representações Moleculares   50

2.1 Representações Moleculares   51
2.2 Estruturas em Bastão   53
2.3 Identificação de Grupos Funcionais   58
- **MEDICAMENTE FALANDO** Produtos Naturais Marinhos   60
2.4 Átomos de Carbono com Cargas Formais   61
2.5 Identificação de Pares Isolados   61
2.6 Estruturas em Bastão Tridimensionais   65
- **MEDICAMENTE FALANDO** Identificação do Farmacóforo   66
2.7 Introdução à Ressonância   67
2.8 Setas Curvas   69
2.9 Cargas Formais em Estruturas de Ressonância   72
2.10 Representação de Estruturas de Ressonância Através do Reconhecimento de Padrões   74
2.11 Avaliação da Importância Relativa das Estruturas de Ressonância   80
2.12 Pares Isolados Deslocalizados e Localizados   84

Revisão de Conceitos e Vocabulário   •
Revisão da Aprendizagem   •   Problemas Práticos   •
Problemas Integrados   •   Desafios

3
Ácidos e Bases   96

3.1 Introdução aos Ácidos e Bases de Brønsted-Lowry   97
3.2 Fluxo de Densidade Eletrônica: Notação de Setas Curvas   97
3.3 Acidez de Brønsted-Lowry: Perspectiva Quantitativa   100
- **MEDICAMENTE FALANDO** Antiácidos e Azia   100
- **MEDICAMENTE FALANDO** Distribuição de Fármacos e pK_a 107
3.4 Acidez de Brønsted-Lowry: Perspectiva Qualitativa   108
3.5 Posição de Equilíbrio e Escolha dos Reagentes   120
3.6 Efeito de Nivelamento   123
3.7 Efeitos de Solvatação   124
3.8 Contraíons   125
3.9 Ácidos e Bases de Lewis   125
- **FALANDO DE MODO PRÁTICO** Bicarbonato de Sódio *Versus* Fermento em Pó   126

Revisão de Conceitos e Vocabulário   •
Revisão da Aprendizagem   •   Problemas Práticos   •
Problemas Integrados   •   Desafios

4
Alcanos e Cicloalcanos   136

4.1 Introdução aos Alcanos   137
4.2 Nomenclatura dos Alcanos   137
- **FALANDO DE MODO PRÁTICO** Feromônios: Mensageiros Químicos   142
- **MEDICAMENTE FALANDO** Nomenclatura de Fármacos   150
4.3 Isômeros Constitucionais dos Alcanos   151
4.4 Estabilidade Relativa de Alcanos Isoméricos   152
4.5 Fontes e Usos de Alcanos   153

- **FALANDO DE MODO PRÁTICO** Uma Introdução aos Polímeros   155
- 4.6 Representação das Projeções de Newman   155
- 4.7 Análise Conformacional do Etano e do Propano   157
- 4.8 Análise Conformacional do Butano   159
- **MEDICAMENTE FALANDO** Fármacos e Suas Conformações   163
- 4.9 Cicloalcanos   164
- **MEDICAMENTE FALANDO** Ciclopropano como um Anestésico de Inalação   165
- 4.10 Conformações do Ciclo-hexano   166
- 4.11 Representação das Conformações em Cadeira   167
- 4.12 Ciclo-hexano Monossubstituído   169
- 4.13 Ciclo-hexano Dissubstituído   172
- 4.14 Estereoisomerismo *cis-trans*   177
- 4.15 Sistemas Policíclicos   178

Revisão de Conceitos e Vocabulário • Revisão da Aprendizagem • Problemas Práticos • Problemas Integrados • Desafios

- 6.3 Energia Livre de Gibbs   240
- **FALANDO DE MODO PRÁTICO** Explosivos   241
- **FALANDO DE MODO PRÁTICO** Organismos Vivos Violam a Segunda Lei da Termodinâmica?   242
- 6.4 Equilíbrios   243
- 6.5 Cinética Química   245
- **MEDICAMENTE FALANDO** Nitroglicerina: Um Explosivo com Propriedades Medicinais   248
- **FALANDO DE MODO PRÁTICO** Fabricação de Cerveja   249
- 6.6 Leitura dos Diagramas de Energia   250
- 6.7 Nucleófilos e Eletrófilos   253
- 6.8 Mecanismos e Setas Curvas   257
- 6.9 Combinação dos Padrões de Setas Curvas   263
- 6.10 Representação de Setas Curvas   265
- 6.11 Rearranjos de Carbocátions   268
- 6.12 Setas de Reações Reversível e Irreversível   270

Revisão de Conceitos e Vocabulário • Revisão da Aprendizagem • Problemas Práticos • Problemas Integrados • Desafios

5
Estereoisomeria   189

- 5.1 Visão Geral de Isomeria   190
- 5.2 Introdução à Estereoisomeria   193
- **FALANDO DE MODO PRÁTICO** O Sentido do Olfato   199
- 5.3 Atribuição da Configuração Utilizando o Sistema Cahn-Ingold-Prelog   199
- **MEDICAMENTE FALANDO** Fármacos Quirais   205
- 5.4 Atividade Óptica   206
- 5.5 Relações Estereoisoméricas: Enantiômeros e Diastereoisômeros (ou Simplesmente Diastereômeros)   211
- 5.6 Simetria e Quiralidade   215
- 5.7 Projeções de Fischer   220
- 5.8 Sistemas Conformacionalmente Móveis   222
- 5.9 Resolução de Enantiômeros   223

Revisão de Conceitos e Vocabulário • Revisão da Aprendizagem • Problemas Práticos • Problemas Integrados • Desafios

7
Reações de Substituição   284

- 7.1 Introdução às Reações de Substituição   285
- 7.2 Haletos de Alquila   286
- 7.3 Mecanismos Possíveis para Reações de Substituição   289
- 7.4 O Mecanismo S_N2 293
- **FALANDO DE MODO PRÁTICO** Reações S_N2 em Sistemas Biológicos – Metilação   299
- 7.5 O Mecanismo S_N1 300
- 7.6 Representação do Mecanismo Completo de uma Reação S_N1 306
- 7.7 Representação do Mecanismo Completo de uma Reação S_N2 313
- **MEDICAMENTE FALANDO** Substâncias Radiomarcadas na Medicina Diagnóstica   317
- 7.8 Determinação de qual Mecanismo Predomina   318
- 7.9 Seleção de Reagentes para Realizar a Transformação de um Grupo Funcional   325
- **MEDICAMENTE FALANDO** Farmacologia e Concepção de Fármacos   328

Revisão das Reações • Revisão de Conceitos e Vocabulário • Revisão da Aprendizagem • Problemas Práticos • Problemas Integrados • Desafios

6
Reatividade Química e Mecanismos   233

- 6.1 Entalpia   234
- 6.2 Entropia   237

Sumário xi

8

Alquenos: Estrutura e Preparação via Reações de Eliminação 338

- 8.1 Introdução às Reações de Eliminação 339
- 8.2 Alquenos na Natureza e na Indústria 339
- ■ **FALANDO DE MODO PRÁTICO** Feromônios para o Controle de Populações de Insetos 340
- 8.3 Nomenclatura dos Alquenos 342
- 8.4 Estereoisomerismo nos Alquenos 345
- ■ **MEDICAMENTE FALANDO** Tratamento de Fototerapia para Icterícia Neonatal 349
- 8.5 Estabilidade dos Alquenos 350
- 8.6 Mecanismos Possíveis de Eliminação 353
- 8.7 O Mecanismo E2 355
- 8.8 Representação dos Produtos de uma Reação E2 368
- 8.9 O Mecanismo E1 369
- 8.10 Representação do Mecanismo Completo de um Processo E1 374
- 8.11 Representação do Mecanismo Completo de um Processo E2 379
- 8.12 Substituição *vs.* Eliminação: Identificação do Reagente 380
- 8.13 Substituição *vs.* Eliminação: Identificação do(s) Mecanismo(s) 384
- 8.14 Substituição *vs.* Eliminação: Previsão dos Produtos 388

Revisão das Reações • Revisão de Conceitos e Vocabulário • Revisão da Aprendizagem • Problemas Práticos • Problemas Integrados • Desafios

9

Reações de Adição a Alquenos 401

- 9.1 Introdução a Reações de Adição 402
- 9.2 Adição *versus* Eliminação: Uma Perspectiva Termodinâmica 403
- 9.3 Hidroalogenação 404
- ■ **FALANDO DE MODO PRÁTICO** Polimerização Catiônica e Poliestireno 412
- 9.4 Hidratação Catalisada por Ácido 413
- ■ **FALANDO DE MODO PRÁTICO** Produção Industrial de Etanol 417
- 9.5 Oximercuração-Desmercuração 417
- 9.6 Hidroboração-Oxidação 419
- 9.7 Hidrogenação Catalítica 425
- ■ **FALANDO DE MODO PRÁTICO** Óleos e gorduras parcialmente hidrogenados 431
- 9.8 Halogenação e Formação de Haloidrina 432

- 9.9 Di-hidroxilação *Anti* 437
- 9.10 Di-hidroxilação *Sin* 440
- 9.11 Clivagem Oxidativa 441
- 9.12 Previsão dos Produtos de uma Reação de Adição 443
- 9.13 Estratégias de Síntese 445

Revisão das Reações • Revisão de Conceitos e Vocabulário • Revisão da Aprendizagem • Problemas Práticos • Problemas Integrados • Desafios

10

Alquinos 461

- 10.1 Introdução aos Alquinos 462
- ■ **MEDICAMENTE FALANDO** O Papel da Rigidez Molecular 463
- ■ **FALANDO DE MODO PRÁTICO** Polímeros Orgânicos Condutores 464
- 10.2 Nomenclatura dos Alquinos 464
- 10.3 Acidez do Acetileno e dos Alquinos Terminais 467
- 10.4 Preparação dos Alquinos 470
- 10.5 Redução dos Alquinos 471
- 10.6 Hidroalogenação dos Alquinos 475
- 10.7 Hidratação dos Alquinos 478
- 10.8 Halogenação dos Alquinos 484
- 10.9 Ozonólise dos Alquinos 484
- 10.10 Alquilação de Alquinos Terminais 485
- 10.11 Estratégias para Sínteses 486

Revisão das Reações • Revisão de Conceitos e Vocabulário • Revisão da Aprendizagem • Problemas Práticos • Problemas Integrados • Desafios

11

Reações Radicalares 497

- 11.1 Radicais 498
- 11.2 Etapas Comuns nos Mecanismos Radicalares 503
- 11.3 Cloração do Metano 507
- 11.4 Considerações Termodinâmicas para Reações de Halogenação 510
- 11.5 Seletividade da Halogenação 513
- 11.6 Estereoquímica da Halogenação 516
- 11.7 Bromação Alílica 519
- 11.8 Química Atmosférica e a Camada de Ozônio 521
- ■ **FALANDO DE MODO PRÁTICO** Combatendo Incêndios com Substâncias Químicas 523
- 11.9 Auto-oxidação e Antioxidantes 524
- ■ **MEDICAMENTE FALANDO** Por que uma *Overdose* de Acetominofeno É Fatal? 527

- 11.10 Adição Radicalar de HBr: Adição *Anti*-Markovnikov 528
- 11.11 Polimerização Radicalar 532
- 11.12 Processos Radicalares na Indústria Petroquímica 535
- 11.13 Halogenação como uma Técnica de Síntese 535

Revisão das Reações • Revisão de Conceitos e Vocabulário • Revisão da Aprendizagem • Problemas Práticos • Problemas Integrados • Desafios

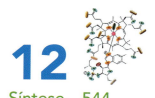

12
Síntese 544

- 12.1 Sínteses de uma Etapa 545
- 12.2 Transformações de Grupos Funcionais 546
- 12.3 Reações que Alteram a Cadeia Carbônica 551
- ■ **MEDICAMENTE FALANDO** Vitaminas 553
- 12.4 Como Abordar um Problema de Síntese 554
- ■ **MEDICAMENTE FALANDO** A Síntese Completa da Vitamina B$_{12}$ 556
- 12.5 Análise Retrossintética 557
- ■ **FALANDO DE MODO PRÁTICO** Análise Retrossintética 564
- 12.6 Dicas Práticas para Aumentar a Proficiência 565
- ■ **MEDICAMENTE FALANDO** Síntese Total do Taxol 566

Revisão de Conceitos e Vocabulário • Revisão da Aprendizagem • Problemas Práticos • Problemas Integrados • Desafios

13
Álcoois e Fenóis 572

- 13.1 Estrutura e Propriedades dos Álcoois 573
- ■ **MEDICAMENTE FALANDO** Comprimento da Cadeia como um Fator na Concepção de um Fármaco 578
- 13.2 Acidez de Álcoois e Fenóis 579
- 13.3 Preparação de Álcoois Através de Substituição ou Adição 582
- 13.4 Preparação de Álcoois Através de Redução 583
- 13.5 Preparação de Dióis 591
- ■ **FALANDO DE MODO PRÁTICO** Anticongelante 592
- 13.6 Preparação de Álcoois Através de Reagentes de Grignard 592
- 13.7 Proteção de Álcoois 596
- 13.8 Preparação de Fenóis 598
- ■ **MEDICAMENTE FALANDO** Fenóis como Agentes Antifúngicos 599
- 13.9 Reações de Álcoois: Substituição e Eliminação 599
- ■ **FALANDO DE MODO PRÁTICO** Metabolismo de Fármacos 603
- 13.10 Reações de Álcoois: Oxidação 605
- ■ **FALANDO DE MODO PRÁTICO** Testes Respiratórios para Medir o Nível de Álcool no Sangue 606
- 13.11 Reações Redox Biológicas 609
- ■ **FALANDO DE MODO PRÁTICO** Oxidação Biológica de Metanol e Etanol 610
- 13.12 Oxidação do Fenol 611
- 13.13 Estratégias de Síntese 612

Revisão das Reações • Revisão de Conceitos e Vocabulário • Revisão da Aprendizagem • Problemas Práticos • Problemas Integrados • Desafios

14
Éteres e Epóxidos, Tióis e Sulfetos 629

- 14.1 Introdução aos Éteres 630
- 14.2 Nomenclatura dos Éteres 630
- 14.3 Estrutura e Propriedades dos Éteres 633
- ■ **MEDICAMENTE FALANDO** Éteres como Anestésicos Inalatórios 634
- 14.4 Éteres de Coroa 635
- ■ **MEDICAMENTE FALANDO** Poliéteres como Antibióticos 637
- 14.5 Preparação de Éteres 637
- 14.6 Reações dos Éteres 640
- 14.7 Nomenclatura dos Epóxidos 643
- ■ **MEDICAMENTE FALANDO** Epotilonas como Novos Agentes Anticancerígenos 644
- 14.8 Preparação de Epóxidos 644
- ■ **MEDICAMENTE FALANDO** Metabólitos Ativos e Interações de Fármacos 647
- 14.9 Epoxidação Enantiosseletiva 648
- 14.10 Reações de Abertura de Anel de Epóxidos 650
- ■ **FALANDO DE MODO PRÁTICO** O Óxido de Etileno como um Agente de Esterilização para Equipamentos Médicos Sensíveis 653
- ■ **MEDICAMENTE FALANDO** Fumaça de Cigarro e Epóxidos Carcinogênicos 658
- 14.11 Tióis e Sulfetos 659
- 14.12 Estratégias de Síntese Envolvendo Epóxidos 663

Revisão das Reações • Revisão de Conceitos e Vocabulário • Revisão da Aprendizagem • Problemas Práticos • Problemas Integrados • Desafios

Apêndice A: Nomenclatura de Substâncias Polifuncionais A-1

Glossário G-1

Créditos C-1

Índice I-1

Prefácio

POR QUE EU ESCREVI ESTE LIVRO?

Alunos com fraco desempenho em exames de química orgânica frequentemente dizem ter investido horas a fio estudando. Por que muitos alunos têm dificuldade em se preparar para exames de química orgânica? Certamente, diversos fatores contribuem para isso, inclusive hábitos de estudo deficientes, mas talvez o fator mais dominante seja uma *discrepância* fundamental entre o que os alunos aprendem nas salas de aula e as tarefas esperadas deles durante um exame. Para ilustrar a discrepância, considere a analogia a seguir.

Imagine que uma renomada universidade ofereça um curso chamado de "Introdução ao Ciclismo". Durante todo o curso, professores de física e engenharia explicam muitos conceitos e princípios (por exemplo, como as bicicletas foram construídas para minimizar a resistência do ar). Os alunos investem um tempo significativo estudando as informações que foram apresentadas e, no último dia do curso, o exame final consiste em guiar uma bicicleta por uma distância de 30 metros. Alguns alunos podem ter talentos inatos e podem cumprir a tarefa sem cair. Mas a maioria dos alunos vai cair diversas vezes, lentamente alcançando a linha de chegada, arroxeados e machucados; e muitos alunos não conseguirão pedalar nem mesmo por um segundo sem cair. Por quê? Porque há uma *discrepância* entre o que os alunos aprenderam e o que se espera que eles façam no seu exame.

Há muitos anos, eu notei que uma discrepância semelhante existe no ensino tradicional de química orgânica. Isto é, aprender química orgânica é muito semelhante a andar de bicicleta; assim como era esperado que os alunos da analogia do ciclismo pedalassem uma bicicleta após assistir às aulas, frequentemente se espera que os alunos de química orgânica desenvolvam independentemente as habilidades necessárias para resolver problemas. Embora uns poucos alunos tenham talentos inatos e possam desenvolver as habilidades necessárias de maneira independente, a maioria dos alunos necessita de orientação. Essa orientação não era integrada consistentemente nos livros-texto existentes, levando-me a escrever a primeira edição do meu livro, *Química Orgânica, 1ª ed.* O objetivo principal era usar uma abordagem baseada no aprendizado para preencher a lacuna entre teoria (conceitos) e prática (habilidades de resolver problemas). O sucesso fenomenal da primeira edição foi extremamente gratificante porque apresentou forte evidência de que minha abordagem baseada no aprendizado é realmente eficiente no preenchimento da lacuna descrita acima.

Eu creio firmemente que a disciplina científica de química orgânica NÃO seja meramente uma compilação de princípios, mas, em vez disso, seja um método disciplinado de reflexão e análise. Os alunos devem certamente entender os conceitos e princípios, porém, mais importante, os alunos devem aprender a pensar como químicos orgânicos... isto é, eles devem aprender a se tornar metodicamente competentes na abordagem de novas situações, baseados em um repertório de habilidades. Essa é a verdadeira essência da química orgânica.

UMA ABORDAGEM BASEADA EM HABILIDADES

Para tratar da discrepância no ensino da química orgânica, desenvolvi uma *abordagem baseada em habilidades* desse ensino. Esta obra inclui todos os conceitos tipicamente discutidos em um livro-texto de química orgânica, complementado com *testes conceituais* que promovam o domínio dos conceitos, mas é colocada ênfase especial no desenvolvimento de habilidades por meio de pequenas seções chamadas Desenvolvendo a Aprendizagem para dar suporte a esses conceitos. Cada seção Desenvolvendo a Aprendizagem contém 3 partes:

Aprendizagem: contém um problema resolvido que demonstra uma habilidade particular.

Praticando o que você aprendeu: inclui numerosos problemas (semelhantes ao problema resolvido em *Aprendizagem*) que dão aos alunos valiosas oportunidades de praticar e dominar a habilidade em questão.

Aplicando o que você aprendeu: contém um ou dois problemas mais desafiadores nos quais o aluno deve aplicar a habilidade em um ambiente ligeiramente diferente. Esses problemas incluem problemas conceituais, cumulativos e aplicados, que estimulam os alunos a pensar fora do padrão. Às vezes também são incluídos problemas que preveem conceitos apresentados em capítulos subsequentes.

Ao final de cada seção Desenvolvendo a Aprendizagem, uma referencia *É Necessário Praticar Mais?* sugere problemas de final de capítulo que o aluno pode resolver para praticar a habilidade.

Essa ênfase no desenvolvimento de habilidades dará aos alunos uma maior oportunidade de desenvolver proficiência nas habilidades fundamentais necessárias para ser bem-sucedido em química orgânica. Certamente, nem todas as habilidades necessárias podem ser discutidas em um livro-texto. No entanto, há certas habilidades que são fundamentais para todas as outras habilidades.

Como exemplo, as estruturas de ressonância são utilizadas repetidamente em todo o curso, e os alunos devem se tornar mestres em estruturas de ressonância logo no início do curso. Portanto, uma parte significativa do Capítulo 2 é dedicada ao reconhecimento de padrões para representar estruturas de ressonância. Em vez de apenas fornecer uma lista de regras e, então, poucos problemas de acompanhamento, a abordagem baseada em habilidades oferece aos alunos uma série de habilidades, cada qual devendo ser dominada em sequência. Cada habilidade é reforçada com numerosos problemas de revisão. A sequência de habilidades é concebida para promover e desenvolver proficiência na representação de estruturas de ressonância.

Como outro exemplo da abordagem baseada em habilidades, o Capítulo 7, Reações de Substituição, coloca ênfase especial nas habilidades necessárias para representar todas as etapas do mecanismo para os processos S_N2 e S_N1. Os alunos frequentemente ficam confusos quando veem um processo S_N1 cujo mecanismo compreende quatro ou cinco etapas mecanísticas (transferências de prótons, rearranjos de carbocátions etc.). Esse capítulo contém uma nova abordagem que treina os alunos a identificar o número de etapas mecanísticas necessárias em um processo de substituição. Os alunos recebem numerosos exemplos e ampla oportunidade para praticar a representação de mecanismos.

Essa abordagem baseada em habilidades para o ensino da química orgânica é uma abordagem única. Certamente, outros livros-textos contêm sugestões para solução de problemas, mas nenhum outro livro-texto apresenta consistentemente o desenvolvimento de habilidades como o principal veículo para o ensino.

O QUE HÁ DE NOVO NESTA EDIÇÃO

A revisão feita por profissionais teve um papel muito forte no desenvolvimento da primeira edição da obra *Química Orgânica*. Especificamente, o rascunho da primeira edição foi revisto por quase 500 professores titulares e mais de 5.000 alunos. No preparo da segunda edição, a revisão paritária teve um papel igualmente proeminente. Nós recebemos um grande número de contribuições do mercado, inclusive pesquisas, testes de classe, revisões diárias e entrevistas telefônicas. Todas essas contribuições foram cuidadosamente selecionadas, e foram de importância fundamental na identificação do foco da segunda edição.

Problemas de Desafio Baseados na Literatura

A primeira edição do meu livro-texto, *Química Orgânica 1ª ed.*, foi escrita para tratar de uma lacuna entre a teoria (conceitos) e a prática (habilidades de resolver problemas). Na *Química Orgânica 2ª ed.*, empenhei-me no preenchimento de outra lacuna entre teoria e prática. Especificamente, os alunos que estudam química orgânica por um ano inteiro com frequência ficam profundamente desconectados do mundo dinâmico e excitante da pesquisa no campo da química orgânica. Isto é, os alunos não são expostos à pesquisa real realizada pela prática da química orgânica em todo o mundo. Para preencher essa lacuna e levar em consideração o *retorno* do mercado, que sugeria que o texto se beneficiaria de um número maior de problemas de desafio, eu criei para esta edição os Problemas de Desafio baseados na literatura. Esses problemas vão expor os alunos ao fato de que a química orgânica é um ramo ativo e emergente da ciência, central para o tratamento de desafios globais.

Os Desafios baseados na literatura são mais desafiadores do que os problemas apresentados nas seções Desenvolvendo a Aprendizagem porque eles exigem que os alunos pensem "fora da caixa" e prevejam ou expliquem uma observação inesperada. Mais de 225 novos Problemas de Desafio baseados na literatura foram adicionados à *Química Orgânica 2ª ed*. Todos esses problemas são baseados na literatura química e incluem referências. Os problemas são todos concebidos para serem enigmas desafiadores, que provocam a reflexão, mas que são solucionáveis com os princípios e as habilidades desenvolvidos no livro-texto. A inclusão de problemas baseados na literatura vai expor os alunos a excitantes exemplos do mundo real da pesquisa química que está sendo realizada em laboratórios reais. Os alunos verão que a química orgânica é um vibrante campo de estudo, com infinitas possibilidades de exploração e pesquisa que pode beneficiar o mundo de maneiras muito concretas. A maior parte dos capítulos de *Química Orgânica 2ª ed.* terá 8-10 Desafios baseados na literatura.

Reescrevendo para Maior Clareza

Em resposta ao *feedback* do mercado algumas seções do livro-texto foram reescritas para maior clareza:

Capítulo 7: Reações de Substituição/Seção 7.5 O Mecanismo S_N1

- A discussão da etapa determinante da velocidade foi revista para enfatizar o estado de transição de maior energia. Agora foi incluída uma discussão mais detalhada dos princípios termodinâmicos envolvidos.

Capítulo 20: Aldeídos e Cetonas/Seção 20.7 Estratégias de Mecanismo

- A seção sobre hidrólise, bem como a seção Desenvolvendo a Aprendizagem correspondente, foi reescrita para maior clareza.

Capítulo 20: Aldeídos e Cetonas/Seção 20.10 Nucleófilos de Carbono

- A discussão do mecanismo da reação de Wittig foi revista para melhor refletir as observações e percepções discutidas na literatura.

Aplicação e Aberturas de Capítulos

Assim como os Problemas de Desafio baseados na literatura destacam a relevância da química orgânica para a atual pesquisa no campo, as aplicações de Medicamente Falando e Falando de Modo Prático demonstram como os primeiros princípios da química orgânica são relevantes aos médicos e têm aplicações comerciais todos os dias. Recebemos *feedback* muito positivo do mercado em relação a tais aplicações. Reconhecendo o fato de algumas aplicações gerarem maior interesse que outras, substituímos aproximadamente 10% das aplicações para torná-las ainda mais relevantes e excitantes. Como tais aplicações frequentemente são previstas nas Aberturas de Capítulos, muitas Aberturas de Capítulos também foram revistas.

Materiais de Referência

Um apêndice contendo regras para dar nome a compostos polifuncionais bem como uma tabela de referência de valores de pK_a foram incluídos nesta edição.

Além disso, todos os erros conhecidos, imprecisões ou ambiguidades foram corrigidos na segunda edição.

ORGANIZAÇÃO DO TEXTO

A sequência de capítulos e tópicos em *Química Orgânica 2ª ed.* não difere muito daquela de outros livros-texto de química orgânica. Na verdade, os tópicos são apresentados na ordem tradicional, baseados em grupos funcionais (alquenos, alquinos, álcoois, éteres, aldeídos e cetonas, derivados de ácidos carboxílicos etc.). Apesar dessa ordem tradicional, há uma forte ênfase nos mecanismos, com foco no reconhecimento de padrões para ilustrar as semelhanças entre reações que de outra forma pareceriam não estar relacionadas (por exemplo, a formação de acetais e a formação de enaminas, que são mecanisticamente bastante semelhantes). Não utilizamos nenhum atalho em qualquer dos mecanismos, e todas as etapas estão claramente ilustradas, incluindo-se todas as etapas de transferência de prótons.

Dois capítulos (6 e 12) são dedicados quase inteiramente ao desenvolvimento de habilidades e geralmente não são encontrados em outros livros-texto. O Capítulo 6, *Reatividade Química e Mecanismos*, enfatiza as habilidades que são requeridas para a representação de mecanismos, enquanto o Capítulo 12, *Síntese*, prepara os alunos para propor sínteses. Esses dois capítulos estão estrate-

XVI **Prefácio**

gicamente posicionados na ordem tradicional descrita anteriormente e podem ser confiados aos alunos para estudo independente. Isto é, esses dois capítulos não precisam ser abordados durante as preciosas horas de aulas, mas podem ser, caso desejado.

A ordem tradicional permite aos professores a adoção da abordagem baseada em habilidades sem que eles tenham de alterar suas notas de aulas ou métodos. Por essa razão, os capítulos de espectroscopia (Capítulos 15 e 16) foram escritos para serem autônomos e passíveis de serem deslocados, de modo que os professores possam discutir esses capítulos em qualquer ordem desejada. De fato, cinco dos capítulos (Capítulos 2, 3, 7, 13 e 14) que precedem os capítulos de espectroscopia incluem espectroscopia nos problemas de final de capítulo para os alunos que estudaram espectroscopia anteriormente. A cobertura de espectroscopia também aparece em capítulos subsequentes sobre grupos funcionais, especificamente o Capítulo 18 (Compostos Aromáticos), Capítulo 20 (Aldeídos e Cetonas), Capítulo 21 (Ácidos Carboxílicos e Seus Derivados), Capítulo 23 (Aminas), Capítulo 24 (Carboidratos) e Capítulo 25 (Aminoácidos, Peptídeos e Proteínas).

PESSOAS QUE CONTRIBUÍRAM PARA QUÍMICA ORGÂNICA, 2ª ED.

Devo agradecimentos especiais às pessoas que contribuíram com este livro por sua colaboração, trabalho árduo e criatividade. Muitos dos novos problemas de desafio baseados na literatura foram escritos por Kevin Caran, *James Madison University*; Danielle Jacobs, *Rider University*; William Maio, *New Mexico State University, Las Cruces*; Kensaku Nakayama, *California State Universiy, Long Beach*; e Justin Wyatt, *College of Charleston*. Muitas das aplicações de Medicamente Falando e Falando de Modo Prático ao longo do texto foram escritas por Susan Lever, *University of Missouri, Columbia*; Glenroy Martin, *University of Tampa*; John Sorensen, *University of Manitoba*; e Ron Swisher, *Oregon Institute of Technology*.

AGRADECIMENTOS

O *retorno* recebido do corpo docente e dos alunos deu suporte à criação, ao desenvolvimento e à execução da primeira e segunda edições de *Química Orgânica*. Desejo estender sinceros agradecimentos aos meus colegas (e seus alunos) que graciosamente dedicaram seu tempo para oferecer valiosos comentários que ajudaram a dar forma a este livro-texto.

SEGUNDA EDIÇÃO

Revisores

ALABAMA

Marco Bonizzoni, The University of Alabama

Richard Rogers, University of South Alabama

Kevin Shaughnessy, The University of Alabama

Timothy Snowden, The University of Alabama

ARIZONA

Satinder Bains, Paradise Valley Community College

Cindy Browder, Northern Arizona University

John Pollard, University of Arizona

CALIFÓRNIA

Dianne A. Bennett, Sacramento City College

Megan Bolitho, University of San Francisco

Elaine Carter, Los Angeles City College

Carl Hoeger, University of California, San Diego

Ling Huang, Sacramento City College

Marlon Jones, Long Beach City College

Jens Kuhn, Santa Barbara City College

Barbara Mayer, California State University, Fresno

Hasan Palandoken, California Polytechnic State University

Teresa Speakman, Golden West College

Linda Waldman, Cerritos College

CANADÁ

Ashley Causton, University of Calgary

Michael Chong, University of Waterloo

Isabelle Dionne, Dawson College

Paul Harrison, McMaster University

Edward Lee-Ruff, York University

R. Scott Murphy, University of Regina

John Sorensen, University of Manitoba

Jackie Stewart, The University of British Columbia

CAROLINA DO NORTE

Deborah Pritchard, Forsyth Technical Community College

CAROLINA DO SUL
Rick Heldrich, College of Charleston

COLORADO
Kenneth Miller, Fort Lewis College

DAKOTA DO SUL
Grigoriy Sereda, University of South Dakota

FLÓRIDA
Eric Ballard, University of Tampa
Mapi Cuevas, Santa Fe College
Donovan Dixon, University of Central Florida
Andrew Frazer, University of Central Florida
Randy Goff, University of West Florida
Harpreet Malhotra, Florida State College, Kent Campus
Glenroy Martin, University of Tampa
Tchao Podona, Miami Dade College
Bobby Roberson, Pensacola State College

GEÓRGIA
Vivian Mativo, Georgia Perimeter College
Michele Smith, Georgia Southwestern State University

INDIANA
Hal Pinnick, Purdue University Calumet

KANSAS
Cynthia Lamberty, Cloud County Community College

KENTUCKY
Lili Ma, Northern Kentucky University
Tanea Reed, Eastern Kentucky University
Chad Snyder, Western Kentucky University

LOUISIANA
Kathleen Morgan, Xavier University of Louisiana
Sarah Weaver, Xavier University of Louisiana

MAINE
Amy Keirstead, University of New England

MARYLAND
Jesse More, Loyola University Maryland
Benjamin Norris, Frostburg State University

MASSACHUSETTS
Rich Gurney, Simmons College

MICHIGAN
Dalia Kovacs, Grand Valley State University

MISSOURI
Eike Bauer, University of Missouri, St. Louis
Alexei Demchenko, University of Missouri, St. Louis
Donna Friedman, St. Louis Community College at Florissant Valley
Jack Lee Hayes, State Fair Community College
Vidyullata Waghulde, St. Louis Community College, Meramec

NEBRASCA
James Fletcher, Creighton University

NEVADA
Pradip Bhowmik, University of Nevada, Las Vegas

NOVA JERSEY
Thomas Berke, Brookdale Community College
Danielle Jacobs, Rider University

NOVA YORK
Michael Aldersley, Rensselaer Polytechnic Institute
Brahmadeo Dewprashad, Borough of Manhattan Community College
Eric Helms, SUNY Geneseo
Ruben Savizky, Cooper Union

OHIO
James Beil, Lorain County Community College
Adam Keller, Columbus State Community College
Mike Rennekamp, Columbus State Community College

OKLAHOMA
Steven Meier, University of Central Oklahoma

OREGON
Gary Spessard, University of Oregon

PENNSYLVANIA
Rodrigo Andrade, Temple University
Geneive Henry, Susquehanna University
Michael Leonard, Washington & Jefferson College
William Loffredo, East Stroudsburg University
Gloria Silva, Carnegie Mellon University
Marcus Thomsen, Franklin & Marshall College
Eric Tillman, Bucknell University
William Wuest, Temple University

TENNESSEE
Phillip Cook, East Tennessee State University

TEXAS
Frank Foss, University of Texas at Arlington
Scott Handy, Middle Tennessee State University
Carl Lovely, University of Texas at Arlington
Javier Macossay, The University of Texas-Pan American
Patricio Santander, Texas A&M University
Claudia Taenzler, University of Texas, Dallas

VIRGÍNIA
Joyce Easter, Virginia Wesleyan College
Christine Hermann, Radford University

Testes em Sala de Aula

Steve Gentemann, Southwestern Illinois College
Laurel Habgood, Rollins College
Shane Lamos, St. Michael's College

Brian Love, East Carolina University
James Mackay, Elizabethtown College
Tom Russo, Florida State College, Kent Campus

Ethan Tsui, Metropolitan State Univeristy of Denver

Participantes do Grupo de Foco

Beverly Clement, Blinn College
Greg Crouch, Washington State University
Ishan Erden, San Francisco State University
Henry Forman, University of California, Merced
Chammi Gamage-Miller, Blinn College

Randy Goff, University of West Florida
Jonathan Gough, Long Island University
Thomas Hughes, Siena College
Willian Jenks, Iowa State University
Paul Jones, Wake Forest University
Phillip Lukeman, St. John's University

Andrew Morehead, East Carolina University
Joan Muyanyatta-Comar, Georgia State University
Christine Pruis, Arizona State University
Laurie Starkey, California Polytechnic University at Pomona
Don Warner, Boise State University

xviii **Prefácio**

Verificadores da Exatidão

Eric Ballard, University of Tampa
Kevin Caran, James Madison University
James Fletcher, Creighton University

Michael Leonard, Washington and Jefferson College
Kevin Minbiole, Villanova University

John Sorenson, University of Manitoba

REVISORES DA PRIMEIRA EDIÇÃO: PARTICIPANTES DOS TESTES EM SALA DE AULA, PARTICIPANTES DO GRUPO DE FOCO E VERIFICADORES DA EXATIDÃO

Philip Albiniak, Ball State University
Thomas Albright, University of Houston
Michael Aldersley, Rensselaer Polytechnic Institute
David Anderson, University of Colorado, Colorado Springs
Merritt Andrus, Brigham Young University
Laura Anna, Millersville University
Ivan Aprahamian, Dartmouth College
Yiyan Bai, Houston Community College
Satinder Bains, Paradise Valley Community College
C. Eric Ballard, University of Tampa
Edie Banner, Richmond University
James Beil, Lorain County Community College
Peter Bell, Tarleton State University
Dianne Bennet, Sacramento City College
Thomas Berke, Brookdale Community College
Daniel Bernier, Riverside Community College
Narayan Bhat, University of Texas Pan American
Gautam Bhattacharyya, Clemson University
Silas Blackstock, University of Alabama
Lea Blau, Yeshiva University
Megan Bolitho, University of San Francisco
Matthias Brewer, The University of Vermont
David Brook, San Jose State University
Cindy Browder, Northern Arizona University
Pradip Browmik, University of Nevada, Las Vegas
Banita Brown, University of North Carolina Charlotte
Kathleen Brunke, Christopher Newport University
Timothy Brunker, Towson University
Jared Butcher, Ohio University
Arthur Cammers, University of Kentucky, Lexington
Kevin Cannon, Penn State University, Abington
Kevin Caran, James Madison University
Jeffrey Carney, Christopher Newport University
David Cartrette, South Dakota State University
Steven Castle, Brigham Young University

Brad Chamberlain, Luther College
Paul Chamberlain, George Fox University
Seveda Chamras, Glendale Community College
Tom Chang, Utah State University
Dana Chatellier, University of Delaware
Sarah Chavez, Washington University
Emma Chow, Palm Beach Community College
Jason Chruma, University of Virginia
Phillip Chung, Montefiore Medical Center
Steven Chung, Bowling Green State University
Nagash Clarke, Washtenaw Community College
Adiel Coca, Southern Connecticut State University
Jeremy Cody, Rochester Institute of Technology
Phillip Cook, East Tennessee State University
Jeff Corkill, Eastern Washington University
Sergio Cortes, University of Texas at Dallas
Philip J. Costanzo, California Polytechnic State University, San Luis Obispo
Wyatt Cotton, Cincinnati State College
Marilyn Cox, Louisiana Tech University
David Crich, University of Illinois at Chicago
Mapi Cuevas, Sante Fe Community College
Scott Davis, Mercer University, Macon
Frank Day, North Shore Community College
Peter de Lijser, California State University, Fullerton
Roman Dembinski, Oakland University
Brahmadeo Dewprashad, Borough of Manhattan Community College
Preeti Dhar, SUNY New Paltz
Bonnie Dixon, University of Maryland, College Park
Theodore Dolter, Southwestern Illinois College
Norma Dunlap, Middle Tennessee State University
Joyce Easter, Virginia Wesleyan College
Jeffrey Elbert, University of Northern Iowa
J. Derek Elgin, Coastal Carolina University
Derek Elgin, Coastal Carolina University
Cory Emal, Eastern Michigan University

Susan Ensel, Hood College
David Flanigan, Hillsborough Community College
James T. Fletcher, Creighton University
Francis Flores, California Polytechnic State University, Pomona
John Flygare, Stanford University
Frantz Folmer-Andersen, SUNY New Paltz
Raymond Fong, City College of San Francisco
Mark Forman, Saint Joseph's University
Frank Foss, University of Texas at Arlington
Annaliese Franz, University of California, Davis
Andrew Frazer, University of Central Florida
Lee Friedman, University of Maryland, College Park
Steve Gentemann, Southwestern Illinois College
Tiffany Gierasch, University of Maryland, Baltimore County
Scott Grayson, Tulane University
Thomas Green, University of Alaska, Fairbanks
Kimberly Greve, Kalamazoo Valley Community College
Gordon Gribble, Dartmouth College
Ray A. Gross, Jr., Prince George's Community College
Nathaniel Grove, University of North Carolina, Wilmington
Yi Guo, Montefiore Medical Center
Sapna Gupta, Palm Beach State College
Kevin Gwaltney, Kennesaw State University
Asif Habib, University of Wisconsin, Waukesha
Donovan Haines, Sam Houston State University
Robert Hammer, Louisiana State University
Scott Handy, Middle Tennessee State University
Christopher Hansen, Midwestern State University
Kenn Harding, Texas A&M University
Matthew Hart, Grand Valley State University
Jack Hayes, State Fair Community College
Eric Helms, SUNY Geneseo
Maged Henary, Georgia State University, Langate

Amanda Henry, Fresno City College
Christine Hermann, Radford University
Patricia Hill, Millersville University
Ling Huang, Sacramento City College
John Hubbard, Marshall University
Roxanne Hulet, Skagit Valley College
Christopher Hyland, California State University, Fullerton
Danielle Jacobs, Rider University
Christopher S. Jeffrey, University of Nevada, Reno
Dell Jensen, Augustana College
Yu Lin Jiang, East Tennessee State University
Richard Johnson, University of New Hampshire
Marlon Jones, Long Beach City College
Reni Joseph, St. Louis Community College, Meramec Campus
Cynthia Judd, Palm Beach State College
Eric Kantorowski, California Polytechnic State University, San Luis Obispo
Andrew Karatjas, Southern Connecticut State University
Adam Keller, Columbus State Community College
Mushtaq Khan, Union County College
James Kiddle, Western Michigan University
Kevin Kittredge, Siena College
Silvia Kolchens, Pima Community College
Dalila Kovacs, Grand Valley State University
Jennifer Koviach-Côté, Bates College
Paul J. Kropp, University of North Carolina, Chapel Hill
Jens-Uwe Kuhn, Santa Barbara City College
Silvia Kölchens, Pima County Community College
Massimiliano Lamberto, Monmouth University
Cindy Lamberty, Cloud County Community College, Geary County Campus
Kathleen Laurenzo, Florida State College
William Lavell, Camden County College
Iyun Lazik, San Jose City College
Michael Leonard, Washington & Jefferson College
Sam Leung, Washburn University
Michael Lewis, Saint Louis University
Scott Lewis, James Madison University
Deborah Lieberman, University of Cincinnati
Harriet Lindsay, Eastern Michigan University
Jason Locklin, University of Georgia
William Loffredo, East Stroudsburg University
Robert Long, Eastern New Mexico University
Rena Lou, Cerritos College
Brian Love, East Carolina University
Douglas Loy, University of Arizona
Frederick A. Luzzio, University of Louisville

Lili Ma, Northern Kentucky University
Javier Macossay-Torres, University of Texas Pan American
Kirk Manfredi, University of Northern Iowa
Ned Martin, University of North Carolina, Wilmington
Vivian Mativo, Georgia Perimeter College, Clarkston
Barbara Mayer, California State University, Fresno
Dominic McGrath, University of Arizona
Steven Meier, University of Central Oklahoma
Dina Merrer, Barnard College
Stephen Milczanowski, Florida State College
Nancy Mills, Trinity University
Kevin Minbiole, James Madison University
Thomas Minehan, California State University, Northridge
James Miranda, California State University, Sacramento
Shizue Mito, University of Texas at El Paso
David Modarelli, University of Akron
Jesse More, Loyola College
Andrew Morehead, East Carolina University
Sarah Mounter, Columbia College of Missouri
Barbara Murray, University of Redlands
Kensaku Nakayama, California State University, Long Beach
Thomas Nalli, Winona State University
Richard Narske, Augustana College
Donna Nelson, University of Oklahoma
Nasri Nesnas, Florida Institute of Technology
William Nguyen, Santa Ana College
James Nowick, University of California, Irvine
Edmond J. O'Connell, Fairfield University
Asmik Oganesyan, Glendale Community College
Kyungsoo Oh, Indiana University, Purdue University Indianapolis
Greg O'Neil, Western Washington University
Edith Onyeozili, Florida Agricultural & Mechanical University
Catherine Owens Welder, Dartmouth College
Anne B. Padias, University of Arizona
Hasan Palandoken, California Polytechnic State University, San Luis Obispo
Chandrakant Panse, Massachusetts Bay Community College
Sapan Parikh, Manhattanville College
James Parise Jr., Duke University
Edward Parish, Auburn University
Keith O. Pascoe, Georgia State University
Michael Pelter, Purdue University, Calumet
Libbie Pelter, Purdue University, Calumet
H. Mark Perks, University of Maryland, Baltimore County

John Picione, Daytona State College
Chris Pigge, University of Iowa
Harold Pinnick, Purdue University, Calumet
Tchao Podona, Miami Dade College
John Pollard, University of Arizona
Owen Priest, Northwestern University, Evanston
Paul Primrose, Baylor University
Christine Pruis, Arizona State University
Martin Pulver, Bronx Community College
Shanthi Rajaraman, Richard Stockton College of New Jersey
Sivappa Rasapalli, University of Massachusetts, Dartmouth
Cathrine Reck, Indiana University, Bloomington
Ron Reese, Victoria College
Mike Rennekamp, Columbus State Community College
Olga Rinco, Luther College
Melinda Ripper, Butler County Community College
Harold Rogers, California State University, Fullerton
Mary Roslonowski, Brevard Community College
Robert D. Rossi, Gloucester County College
Eriks Rozners, Northeastern University
Gillian Rudd, Northwestern State University
Thomas Russo, Florida State College—Kent Campus
Lev Ryzhkov, Towson University
Preet-Pal S. Saluja, Triton College
Steve Samuel, SUNY Old Westbury
Patricio Santander, Texas A&M University
Gita Sathianathan, California State University, Fullerton
Sergey Savinov, Purdue University, West Lafayette
Amber Schaefer, Texas A&M University
Kirk Schanze, University of Florida
Paul Schueler, Raritan Valley Community College
Alan Schwabacher, University of Wisconsin, Milwaukee
Pamela Seaton, University of North Carolina, Wilmington
Jason Serin, Glendale Community College
Gary Shankweiler, California State University, Long Beach
Kevin Shaughnessy, The University of Alabama
Emery Shier, Amarillo College
Richard Shreve, Palm Beach State College
John Shugart, Coastal Carolina University
Edward Skibo, Arizona State University
Douglas Smith, California State University, San Bernadino
Michelle Smith, Georgia Southwestern State University
Rhett Smith, Clemson University

XX Prefácio

Irina Smoliakova, University of North Dakota
Timothy Snowden, University of Alabama
Chad Snyder, Western Kentucky University
Scott Snyder, Columbia University
Vadim Soloshonok, University of Oklahoma
John Sowa, Seton Hall University
Laurie Starkey, California Polytechnic State University, Pomona
Mackay Steffensen, Southern Utah University
Mackay Steffensen, Southern Utah University
Richard Steiner, University of Utah
Corey Stephenson, Boston University
Nhu Y Stessman, California State University, Stanislaus
Erland Stevens, Davidson College
James Stickler, Allegany College of Maryland
Robert Stockland, Bucknell University
Jennifer Swift, Georgetown University
Ron Swisher, Oregon Institute of Technology
Carole Szpunar, Loyola University Chicago
Claudia Taenzler, University of Texas at Dallas
John Taylor, Rutgers University, New Brunswick
Richard Taylor, Miami University
Cynthia Tidwell, University of Montevallo

Eric Tillman, Bucknell University
Bruce Toder, University of Rochester
Ana Tontcheva, El Camino College
Jennifer Tripp, San Francisco State University
Adam Urbach, Trinity University
Melissa Van Alstine, Adelphi University
Christopher Vanderwal, University of California, Irvine
Aleskey Vasiliev, East Tennessee State University
Heidi Vollmer-Snarr, Brigham Young University
Edmir Wade, University of Southern Indiana
Vidyullata Waghulde, St. Louis Community College
Linda Waldman, Cerritos College
Kenneth Walsh, University of Southern Indiana
Reuben Walter, Tarleton State University
Matthew Weinschenk, Emory University
Andrew Wells, Chabot College
Peter Wepplo, Monmouth University`
Lisa Whalen, University of New Mexico
Ronald Wikholm, University of Connecticut, Storrs
Anne Wilson, Butler University
Michael Wilson, Temple University

Leyte Winfield, Spelman College
Angela Winstead, Morgan State University
Penny Workman, University of Wisconsin, Marathon County
Stephen Woski, University of Alabama
Stephen Wuerz, Highland Community College
Linfeng Xie, University of Wisconsin, Oshkosh
Hanying Xu, Kingsborough Community College of CUNY
Jinsong Zhang, California State University, Chico
Regina Zibuck, Wayne State University

CANADÁ

Ashley Causton, University of Calgary
Michael Chong, University of Waterloo
Andrew Dicks, University of Toronto
Torsten Hegmann, University of Manitoba
Ian Hunt, University of Calgary
Norman Hunter, University of Manitoba
Michael Pollard, York University
Stanislaw Skonieczny, University of Toronto
Jackie Stewart, University of British Columbia
Shirley Wacowich-Sgarbi, Langara College

Este livro* não poderia ter sido criado sem os incríveis esforços das pessoas citadas a seguir da John Wiley & Sons, Inc.

A Editora de Fotografia Lisa Gee ajudou a identificar fotos excitantes. Maureen Eide e a *designer freelance* Anne DeMartrinis concebeu um *design* de interior e capa visualmente revigorante e atrativo. A Editora Sênior de Produção Elizabeth Swain manteve o livro em dia e foi vital para garantir um produto de alta qualidade. Joan Kalkut, Editora de Promoção, foi inestimável na criação de ambas as edições deste livro. Seus incansáveis esforços, juntamente com sua orientação e percepção diárias, tornaram este projeto possível. A Gerente Sênior de Marketing Kristine Ruff criou com entusiasmo uma estimulante mensagem para este livro. As assistentes editoriais Mallory Fryc e Susan Tsui ajudaram a gerir muitas facetas da revisão e processo de suplementos. A Editora Sênior de Projetos Jennifer Yee gerenciou a criação da segunda edição do manual de soluções. A Editora Petra Recter nos deu uma forte visão e orientação para levar este livro ao mercado.

Apesar dos meus melhores esforços, bem como dos melhores esforços dos revisores, dos verificadores da exatidão e dos participantes dos testes em sala de aula, ainda podem existir erros. Eu assumo inteira responsabilidade por quaisquer desses erros e estimularia aqueles que utilizam meu livro-texto a entrar em contato comigo a respeito de quaisquer erros que vocês possam encontrar.

David R. Klein, Ph.D.
Johns Hopkins University
klein@jhu.edu

---

*No agradecimento a seguir o autor se refere à edição original *Organic Chemistry*. (N.E.)

Química Orgânica

SEGUNDA EDIÇÃO

Volume 1

Uma Revisão de Química Geral

ELÉTRONS, LIGAÇÕES E PROPRIEDADES MOLECULARES

VOCÊ JÁ SE PERGUNTOU...
o que provoca um raio?

1.1 Introdução à Química Orgânica
1.2 A Teoria Estrutural da Matéria
1.3 Elétrons, Ligações e Estruturas de Lewis
1.4 Identificação de Cargas Formais
1.5 Indução e Ligações Covalentes Polares
1.6 Orbitais Atômicos
1.7 Teoria da Ligação de Valência
1.8 Teoria do Orbital Molecular
1.9 Orbitais Atômicos Hibridizados
1.10 Teoria RPECV: Previsão de Geometria
1.11 Momentos de Dipolo e Polaridade Molecular
1.12 Forças Intermoleculares e Propriedades Físicas
1.13 Solubilidade

Acredite ou não, a resposta a esta questão ainda é objeto de debate (mostrando que na realidade ... os cientistas ainda não descobriram tudo, ao contrário da crença popular). Existem várias teorias que tentam explicar o que provoca o acúmulo de carga elétrica nas nuvens. Uma coisa é clara, no entanto – um raio envolve um fluxo de elétrons. Ao estudar a natureza dos elétrons e como é o fluxo de elétrons, é possível controlar onde um raio irá atingir. Um prédio alto pode ser protegido através da instalação de um para-raios (uma saliência metálica no topo do edifício) que atrai qualquer raio próximo, impedindo assim que o raio atinja o próprio edifício. O para-raios no topo do *Empire State Building* é atingido mais de cem vezes a cada ano.

Assim como os cientistas descobriram como direcionar os elétrons em um raio, os químicos descobriram também como direcionar os elétrons nas reações químicas. Veremos em breve que, embora a química orgânica seja literalmente definida como o estudo de substâncias contendo átomos de carbono, a sua essência verdadeira é na realidade o estudo dos elétrons, não dos átomos. Em vez de pensar nas reações em termos do movimento dos átomos, devemos reconhecer

que *as reações ocorrem como resultado do movimento dos elétrons*. Por exemplo, na reação vista a seguir, as setas curvas representam o movimento, ou o fluxo, de elétrons. Este fluxo de elétrons provoca a seguinte transformação química:

Ao longo deste curso, vamos aprender como, quando e por que os elétrons se deslocam durante as reações. Vamos aprender sobre as barreiras que impedem os elétrons de se deslocarem, e a superar essas barreiras. Em suma, vamos estudar os padrões de comportamento dos elétrons, o que nos permitirá prever, e até mesmo controlar, os resultados das reações químicas.

Este capítulo faz uma revisão de alguns conceitos importantes do seu curso de química geral com os quais você já deve estar familiarizado. Especificamente, vamos nos concentrar no papel central dos elétrons na formação de ligações e na influência sobre as propriedades moleculares.

1.1 Introdução à Química Orgânica

No início do século XIX, os cientistas classificavam todas as substâncias conhecidas em duas categorias: *substâncias orgânicas* que eram obtidas de organismos vivos (plantas e animais), *substâncias inorgânicas* que eram provenientes de fontes não vivas (minerais e gases). Essa distinção era garantida pela observação de que as substâncias orgânicas pareciam possuir propriedades diferentes das substâncias inorgânicas. As substâncias orgânicas eram frequentemente difíceis de isolar e purificar, e após aquecimento, elas se decompunham mais rapidamente do que as substâncias inorgânicas. Para explicar essas observações curiosas, muitos cientistas passaram a ter a crença de que as substâncias obtidas a partir de organismos vivos possuíam uma "força vital" especial que faltava às substâncias inorgânicas. Essa noção, chamada vitalismo, estipulava que deveria ser impossível converter substâncias inorgânicas em substâncias orgânicas sem a introdução de uma força vital externa. O vitalismo sofreu um duro golpe em 1828 quando o químico alemão Friedrich Wöhler demonstrou a conversão de cianato de amônio (um sal inorgânico conhecido) em ureia, uma substância orgânica conhecida encontrada na urina:

$$NH_4OCN \xrightarrow{\text{Aquecimento}} H_2N-\overset{\overset{\displaystyle O}{\|}}{C}-NH_2$$

Cianato de amônio
(Inorgânico)

Ureia
(Orgânico)

Ao longo das décadas que se seguiram, outros exemplos foram encontrados e o conceito de vitalismo foi gradualmente rejeitado. A queda do vitalismo destruiu a distinção original entre substâncias orgânicas e inorgânicas e surgiu uma nova definição. Especificamente, as substâncias orgânicas passaram a ser definidas como as substâncias que contêm átomos de carbono, enquanto as substâncias inorgânicas passaram a ser definidas como as substâncias em que não existem átomos de carbono.

A química orgânica ocupa um papel central no mundo ao nosso redor, pois estamos rodeados de substâncias orgânicas. Os alimentos que comemos e as roupas que usamos são formados por substâncias orgânicas. Nossa capacidade de sentir os odores ou ver cores resulta do comportamento de substâncias orgânicas. Produtos farmacêuticos, pesticidas, tintas, adesivos e plásticos são todos feitos a partir de substâncias orgânicas. De fato, os nossos corpos são construídos principalmente a partir de substâncias orgânicas (DNA, RNA, proteínas etc.) cujo comportamento e função são determinados pelos princípios da química orgânica. As respostas dos nossos corpos aos produtos farmacêuticos são os resultados de reações que se comportam de acordo com os princípios da química orgânica. Assim, um entendimento profundo desses princípios permite a concepção de novos medicamentos que combatem doenças e melhoram a qualidade de vida em geral e a longevidade. Por isso, não é de estranhar que o conhecimento da química orgânica seja necessário para qualquer pessoa que deseje seguir umas das profissões na área de saúde.

A PROPÓSITO
Há algumas substâncias contendo carbono que tradicionalmente são excluídas da classificação de compostos orgânicos. Por exemplo, o cianato de amônio (visto nesta página) ainda é classificado como inorgânico, apesar da presença de um átomo de carbono. Outras exceções incluem o carbonato de sódio (Na_2CO_3) e o cianeto de potássio (KCN), ambos sendo também considerados substâncias inorgânicas. Não encontraremos muitas outras exceções.

1.2 A Teoria Estrutural da Matéria

Em meados do século XIX, três indivíduos, trabalhando independentemente, estabeleceram as bases conceituais para a teoria estrutural da matéria. August Kekulé, Archibald Scott Couper e Alexander M. Butlerov sugeriram, cada um deles, que as substâncias são definidas por um arranjo específico de átomos. Como exemplo, considere as duas substâncias vistas a seguir:

Dimetil éter	Etanol
H—C(H)(H)—O—C(H)(H)—H	H—C(H)(H)—C(H)(H)—O—H
Ponto de ebulição = −23°C	Ponto de ebulição = 78,4°C

Essas substâncias têm a mesma fórmula molecular (C_2H_6O), mas diferem uma da outra no modo como os átomos estão ligados – isto é, elas diferem na sua constituição. Devido a isso, elas são chamadas de **isômeros constitucionais**. Isômeros constitucionais têm propriedades físicas diferentes e nomes diferentes. A primeira substância é um gás incolor usado como um propulsor de aerosol, enquanto a segunda substância é um líquido claro, comumente chamado de "álcool", encontrada em bebidas alcoólicas.

Segundo a teoria estrutural da matéria, cada elemento irá geralmente formar um número previsível de ligações. Por exemplo, o carbono forma geralmente quatro ligações e é chamado, portanto, **tetravalente**. O nitrogênio forma geralmente três ligações e é, portanto, **trivalente**. O oxigênio forma duas ligações e é **divalente**, enquanto o hidrogênio e os halogênios formam uma ligação e são **monovalentes** (Figura 1.1).

Tetravalente	Trivalente	Divalente	Monovalente
—C—	—N—	—O—	H— X— (em que X = F, Cl, Br ou I)
Carbono geralmente forma **quatro** ligações.	Nitrogênio geralmente forma **três** ligações.	Oxigênio geralmente forma **duas** ligações.	Hidrogênio geralmente forma **uma** ligação.

FIGURA 1.1
Valências de alguns elementos encontrados frequentemente na química orgânica.

DESENVOLVENDO A APRENDIZAGEM

1.1 DETERMINAÇÃO DA CONSTITUIÇÃO DE MOLÉCULAS PEQUENAS

APRENDIZAGEM Existe apenas uma substância que tem a fórmula molecular C_2H_5Cl. Determine a constituição dessa substância.

SOLUÇÃO
A fórmula molecular indica quais os átomos estão presentes na substância. Neste exemplo, a substância contém dois átomos de carbono, cinco átomos de hidrogênio e um átomo de cloro. Começamos determinando a valência de cada átomo que está presente na substância. Espera-se que cada átomo de carbono seja tetravalente, enquanto todos os átomos de cloro e de hidrogênio sejam monovalentes:

ETAPA 1
Determinação da valência de cada átomo na substância.

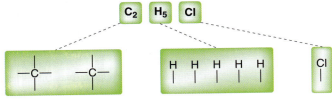

ETAPA 2
Determinação da forma como os átomos estão ligados – átomos com maior valência devem ser colocados no centro e átomos monovalentes devem ser colocados na periferia.

Agora precisamos determinar como esses átomos estão ligados. Os átomos com a maioria das ligações (os átomos de carbono) estão provavelmente no centro da substância. Ao contrário, o átomo de cloro e os átomos de hidrogênio podem formar, cada um deles, apenas uma ligação, de modo que esses átomos devem ser posicionados na periferia. Neste exemplo, não importa onde o átomo de cloro é colocado. Todas as seis posições possíveis são equivalentes.

PRATICANDO
o que você aprendeu

1.1 Determine a constituição das substâncias com as seguintes fórmulas moleculares:

(a) CH_4O (b) CH_3Cl (c) C_2H_6 (d) CH_5N

(e) C_2F_6 (f) C_2H_5Br (g) C_3H_8

APLICANDO
o que você aprendeu

1.2 Existem dois isômeros constitucionais que têm fórmula molecular C_3H_7Cl, porque existem duas possibilidades para a localização do átomo de cloro. Ele pode estar ligado ao átomo de carbono central ou a um dos outros dois átomos de carbono (equivalentes). Desenhe os dois isômeros.

1.3 Desenhe três isômeros constitucionais que têm fórmula molecular C_3H_8O.

1.4 Desenhe todos os isômeros constitucionais que têm fórmula molecular $C_4H_{10}O$.

é necessário **PRATICAR MAIS?** Tente Resolver os Problemas 1.34, 1.46, 1.47, 1.54

1.3 Elétrons, Ligações e Estruturas de Lewis

O que São Ligações?

Como foi mencionado, os átomos estão conectados uns aos outros por ligações. Ou seja, as ligações são a "cola" que mantém os átomos juntos. Mas, o que é esta misteriosa cola e como ela funciona? Para responder a essa pergunta, devemos concentrar nossa atenção nos elétrons.

A existência do elétron foi proposta pela primeira vez em 1874 por George Johnstone Stoney (National University of Ireland), que tentou explicar a eletroquímica sugerindo a existência de uma partícula possuindo uma carga unitária. Stones cunhou o termo *elétron* para descrever essa partícula. Em 1897, J. J. Thomson (Cambridge University) mostrou experimentalmente resultados que suportavam a existência do misterioso elétron de Stoney e é creditada a ele a descoberta do elétron. Em 1916, Gilbert Lewis (University of California, Berkeley) definiu uma **ligação covalente** como resultado de *dois átomos compartilharem um par de elétrons*. Como um exemplo simples, considere a formação de uma ligação entre dois átomos de hidrogênio:

 $\Delta H = -436$ kJ/mol

Cada átomo de hidrogênio tem um elétron. Quando esses elétrons são compartilhados para formar uma ligação, existe uma diminuição de energia, indicada pelo valor negativo de ΔH. O diagrama de energia na Figura 1.2 mostra graficamente a energia total dos dois átomos de hidrogênio como uma função da distância entre eles. O lado direito do diagrama representa os átomos de hidrogênio separados por uma grande distância. Movendo-se para a esquerda no diagrama, os átomos de hidrogênio se aproximam um do outro, e há várias forças que devem ser levadas em conta: (1) a força de repulsão entre os dois elétrons carregados negativamente, (2) a força de repulsão entre os dois núcleos carregados positivamente e (3) as forças de atração entre os núcleos carregados positivamente e os elétrons carregados negativamente. À medida que os átomos de hidrogênio se aproximam um do outro, todas essas forças tornam-se mais fortes. Sob essas circunstâncias, os elétrons são capazes de mover-se de tal maneira que as forças de repulsão entre eles são minizadas enquanto as forças atrativas entre eles e os núcleos são maximizadas. Isso fornece uma força de atração líquida, o que reduz a energia do sistema. À medida que os átomos de hidrogênio se

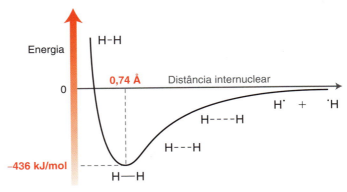

FIGURA 1.2
Um diagrama de energia mostrando a energia total como uma função da distância internuclear entre dois átomos de hidrogênio.

aproximam ainda mais, a energia continua a ser reduzida até que os núcleos alcançam uma separação (distância internuclear) de 0,74 angstrom (Å). Nesse ponto, a força de repulsão entre os núcleos começa a sobrepujar as forças de atração, fazendo com que a energia do sistema aumente. O ponto mais baixo da curva representa o estado de menor energia (o estado mais estável). Este estado determina tanto o comprimento da ligação (0,74 Å) quanto a força de ligação (436 kJ/mol).

A PROPÓSITO
1 Å = 10^{-10} metros.

Representando a Estrutura de Lewis de um Átomo

Tendo em mente a ideia de que uma ligação representa o compartilhamento de um par de elétrons, Lewis, em seguida, desenvolveu um método para representar estruturas. Em suas representações, chamadas **estruturas de Lewis**, os elétrons ocupam o ponto central. Vamos começar representando os átomos individuais, e depois vamos representar estruturas de Lewis para moléculas pequenas. Primeiro, precisamos rever alguns conceitos simples de estrutura atômica:

- O núcleo de um átomo é constituído de prótons e nêutrons. Cada próton tem uma carga +1, e cada nêutron é eletricamente neutro.
- Para um átomo neutro, o número de prótons é equilibrado por um número igual de elétrons, que têm uma carga −1 e existem em camadas. A primeira camada, a que está mais próxima do núcleo, pode conter dois elétrons, e a segunda camada pode conter até oito elétrons.
- Os elétrons na camada mais externa de um átomo são chamados de elétrons de valência. O número de elétrons de valência em um átomo é identificado pelo número do seu grupo na tabela periódica (Figura 1.3).

A estrutura de pontos de Lewis de um átomo individual indica o número de elétrons de valência, que são colocados como pontos em torno do símbolo do átomo (C para o carbono, O para oxigênio, etc.). A colocação desses pontos é ilustrada na seção Desenvolvendo a Aprendizagem seguinte.

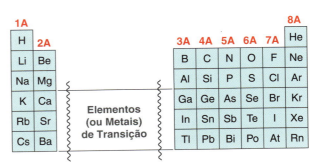

FIGURA 1.3
Uma tabela periódica mostrando os números dos grupos.

DESENVOLVENDO A APRENDIZAGEM

1.2 REPRESENTAÇÃO DA ESTRUTURA DE PONTOS DE LEWIS DE UM ÁTOMO

APRENDIZAGEM Desenhe a estrutura de pontos de Lewis de (a) um átomo de boro e (b) um átomo de nitrogênio.

SOLUÇÃO

ETAPA 1
Determinação do número de elétrons de valência.

(a) Em uma estrutura de pontos de Lewis, somente os elétrons de valência são representados, por isso é preciso primeiro determinar o número de elétrons de valência. O boro pertence ao grupo 3A da tabela periódica, e, portanto, tem três elétrons de valência. O símbolo do átomo de boro (B) é escrito, e cada elétron é colocado isoladamente (não emparelhado) em cada um dos lados de B, como é visto a seguir:

·B·

ETAPA 2
Colocação de um elétron de valência isoladamente em cada um dos lados do átomo.

(b) O átomo de nitrogênio pertence ao grupo 5A da tabela periódica e, portanto, tem cinco elétrons de valência. O símbolo do átomo de nitrogênio (N) é escrito, e cada elétron é colocado isoladamente (desemparelhado) em cada um dos lados de N até que todos os quatro lados são ocupados:

·N·

ETAPA 3
Se o átomo tem mais do que quatro elétrons de valência, os elétrons restantes são emparelhados com os elétrons que já estão representados.

Quaisquer elétrons restantes devem ser emparelhados com os elétrons já representados. No caso do nitrogênio, há apenas um elétron a mais para colocar, de modo que devemos emparelhá-lo com um dos quatro elétrons desemparelhados (não importa qual deles é escolhido):

·N̈·

PRATICANDO
o que você aprendeu

1.5 Desenhe uma estrutura de pontos de Lewis para cada um dos seguintes átomos:

(a) Carbono (b) Oxigênio (c) Flúor (d) Hidrogênio

(e) Bromo (f) Enxofre (g) Cloro (h) Iodo

APLICANDO
o que você aprendeu

1.6 Compare a estrutura de pontos de Lewis do nitrogênio e do fósforo e explique por que se pode esperar que esses dois átomos apresentem propriedades de ligação semelhantes.

1.7 Dê o nome do elemento que você espera que apresente propriedades de ligação semelhantes ao boro. Explique.

1.8 Desenhe uma estrutura de Lewis de um átomo de carbono em que está faltando um elétron de valência (e, portanto, tem uma carga positiva). Que elemento da segunda linha se assemelha ao átomo de carbono em termos de número de elétrons de valência?

1.9 Desenhe uma estrutura de Lewis de um átomo de carbono que tem um elétron de valência adicional (e, portanto, tem uma carga negativa). Que elemento da segunda linha se assemelha ao átomo de carbono em termos de número de elétrons de valência?

Representação da Estrutura de Lewis de uma Molécula Pequena

As estruturas de pontos de Lewis de átomos individuais são combinadas para produzir estruturas de pontos de Lewis de moléculas pequenas. Essas representações são construídas com base na observação de que os átomos tendem a se ligar de maneira a alcançarem a configuração eletrônica de um gás nobre. Por exemplo, o hidrogênio formará uma ligação para alcançar a configuração eletrônica do hélio (dois elétrons de valência), enquanto os elementos da segunda linha (C, N, O e F) irão formar o número necessário de ligações de modo a conseguirem a configuração eletrônica do Neônio (oito elétrons de valência).

Uma Revisão de Química Geral

Essa observação, chamada **regra do octeto**, explica porque o carbono é tetravalente. Como foi mostrado, o carbono pode atingir um octeto de elétrons usando cada um dos seus quatro elétrons de valência para formar uma ligação. A regra do octeto também explica por que o nitrogênio é trivalente. Especificamente, ele tem cinco elétrons de valência e requer três ligações a fim de alcançar um octeto de elétrons. Observe que o átomo de nitrogênio contém um par de elétrons não compartilhado (ou elétrons não ligantes) chamado de **par isolado**.

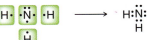

No próximo capítulo, vamos discutir a regra do octeto em mais detalhes, em particular, vamos explorar quando ela pode ser violada e quando ela não pode ser violada. Por agora, vamos praticar desenhando as estruturas de Lewis.

DESENVOLVENDO A APRENDIZAGEM

1.3 REPRESENTAÇÃO DA ESTRUTURA DE LEWIS DE UMA MOLÉCULA PEQUENA

APRENDIZAGEM Desenhe a estrutura de Lewis do CH_2O

SOLUÇÃO
Existem quatro etapas discretas quando se desenha uma estrutura de Lewis: Primeiro determinamos o número de elétrons de valência para cada átomo.

ETAPA 1
Desenhar todos os átomos individuais.

Então, conecte todos os átomos que formam mais de uma ligação. Os átomos de hidrogênio formam apenas uma ligação cada um deles, de modo que eles são deixados para o final. Neste caso, conectamos o C e o O.

ETAPA 2
Conectar os átomos que formam mais do que uma ligação.

Em seguida, conecte todos os átomos de hidrogênio. Colocamos os átomos de hidrogênio ao lado do carbono, porque o carbono tem mais elétrons desemparelhados do que o oxigênio.

ETAPA 3
Conectar os átomos de hidrogênio.

Finalmente, verifique se cada átomo (exceto o hidrogênio) tem um octeto. Na verdade, nem o carbono nem o oxigênio tem um octeto, portanto, em uma situação como esta, os elétrons desemparelhados são compartilhados como uma ligação dupla entre o carbono e o oxigênio.

ETAPA 4
Emparelhar quaisquer elétrons desemparelhados, de modo que cada átomo atinja um octeto.

Agora todos os átomos alcançaram um octeto. Quando estiver desenhando estruturas de Lewis, lembre-se de que não se pode simplesmente adicionar mais elétrons ao desenho. Para cada átomo atingir um octeto os elétrons existentes têm que ser emparelhados. O número total de elétrons de valência deve estar correto quando você tiver terminado. Neste exemplo, havia um átomo de carbono, dois átomos de hidrogênio e um átomo de oxigênio dando um total de 12 elétrons de valência (4 + 2 + 6). O desenho anterior TEM que ter 12 elétrons de valência, nem mais nem menos.

PRATICANDO o que você aprendeu

1.10 Desenhe uma estrutura de Lewis para cada uma das seguintes substâncias:

(a) C_2H_6 (b) C_2H_4 (c) C_2H_2
(d) C_3H_8 (e) C_3H_6 (f) CH_3OH

APLICANDO o que você aprendeu

1.11 O borano (BH_3) é muito instável e bastante reativo. Desenhe uma estrutura de Lewis do borano e explique a fonte de instabilidade.

1.12 Existem quatro isômeros constitucionais com a fórmula molecular C_3H_9N. Desenhe uma estrutura de Lewis para cada isômero e determine o número de pares de elétrons isolados no átomo de nitrogênio em cada caso.

é necessário **PRATICAR MAIS?** Tente Resolver os Problemas 1.35, 1.38, 1.42

8 CAPÍTULO 1

1.4 Identificação de Cargas Formais

Qualquer átomo que não exibe o número apropriado de elétrons de valência tem uma **carga formal** associada. Quando um átomo desse tipo está presente em uma estrutura de Lewis, a carga formal tem que ser escrita. A identificação de uma carga formal requer duas tarefas distintas:

1. Determinação do número apropriado de elétrons de valência para um átomo.
2. Determinando se o átomo apresenta o número apropriado de elétrons.

A primeira tarefa pode ser realizada observando-se a tabela periódica. Como mencionado anteriormente, o número do grupo indica o número apropriado de elétrons de valência para cada átomo. Por exemplo, o carbono está no grupo 4A e, portanto, tem quatro elétrons de valência. O oxigênio está no grupo 6A e tem seis elétrons de valência.

Depois de identificar o número apropriado de elétrons para cada átomo de uma estrutura de Lewis, a tarefa seguinte é determinar se qualquer um dos átomos da estrutura de Lewis exibe um número não esperado de elétrons. Por exemplo, considere a seguinte estrutura ao lado:

Lembre-se de que cada linha representa dois elétrons compartilhados (uma ligação). Para os nossos propósitos, temos de dividir cada ligação igualmente, e, a seguir, contamos o número de elétrons em cada átomo:

Cada átomo de hidrogênio tem um elétron de valência, tal como esperado. O átomo de carbono também tem o número apropriado de elétrons de valência (quatro), mas o átomo de oxigênio não. O átomo de oxigênio nesta estrutura apresenta sete elétrons de valência, mas devia ter somente seis. Neste caso, o átomo de oxigênio tem um elétron adicional e, portanto, tem que ter uma carga negativa formal, que é indicada do seguinte modo:

DESENVOLVENDO A APRENDIZAGEM

1.4 CÁLCULO DA CARGA FORMAL

APRENDIZAGEM Considere o átomo de nitrogênio na substância vista a seguir e determine se ela tem uma carga formal:

SOLUÇÃO

ETAPA 1
Determinação do número apropriado de elétrons de valência.

Começamos determinando o número apropriado de elétrons de valência de um átomo de nitrogênio. O nitrogênio está no grupo 5A da tabela periódica, e deve, portanto, ter cinco elétrons de valência.

ETAPA 2
Determinação do número real de elétrons de valência no presente caso.

Em seguida, contamos o número de elétrons de valência que o átomo de nitrogênio tem neste exemplo particular:

Neste caso, o átomo de nitrogênio apresenta apenas quatro elétrons de valência. Está faltando um elétron, por isso ele tem que possuir uma carga positiva, que é mostrada da seguinte maneira:

ETAPA 3
Atribuição de uma carga formal.

PRATICANDO o que você aprendeu

1.13 Identifique quaisquer cargas formais nas substâncias vistas a seguir:

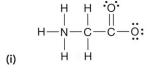

APLICANDO o que você aprendeu

1.14 Desenhe uma estrutura para cada um dos íons vistos a seguir; em cada um dos casos, indique qual o átomo que possui a carga formal:

(a) BH_4^- (b) NH_2^- (c) $C_2H_5^+$

é necessário **PRATICAR MAIS?** Tente Resolver o Problema 1.41

1.5 Indução e Ligações Covalentes Polares

Os químicos dividem as ligações em três classes: (1) covalente, (2) covalente polar e (3) iônica. Essa divisão surge a partir dos valores de eletronegatividade dos átomos que compartilham uma ligação. A eletronegatividade é uma medida da capacidade de um átomo em atrair elétrons. A Tabela 1.1 apresenta os valores de eletronegatividade para os elementos normalmente encontrados na química orgânica.

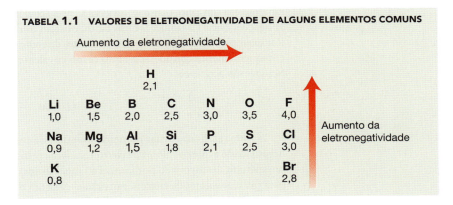

Quando dois átomos formam uma ligação, há uma consideração crítica que nos permite classificar a ligação. Qual é a diferença entre os valores de eletronegatividade dos dois átomos? A seguir vemos algumas diretrizes aproximadas:

Se a diferença de eletronegatividade é menor do que 0,5, considera-se que os elétrons são divididos igualmente entre os dois átomos, resultando em uma ligação covalente. Exemplos incluem C—C e C—H:

A ligação C—C é claramente covalente, porque não há diferença de eletronegatividade entre os dois átomos que formam a ligação. Mesmo uma ligação C—H é considerada covalente, porque a diferença de eletronegatividade entre o C e o H é inferior a 0,5.

Se a diferença de eletronegatividade estiver entre 0,5 e 1,7, os elétrons não serão compartilhados igualmente entre os átomos, resultando em uma **ligação covalente polar**. Por exemplo, considere uma ligação entre o carbono e o oxigênio (C—O). O oxigênio é significativamente mais eletronegativo (3,5) do que o carbono (2,5) e, portanto, o oxigênio atrairá mais fortemente os elétrons da ligação. A retirada dos elétrons na direção do oxigênio é chamada de **indução**, e é frequentemente indicada por uma seta conforme visto a seguir:

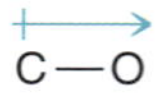

$$\overset{\longrightarrow}{C-O}$$

A indução provoca a formação de cargas parciais positiva e negativa, simbolizadas pela letra grega delta (δ). As cargas parciais que resultam da indução serão muito importantes nos próximos capítulos.

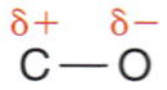

$$\overset{\delta+\ \ \ \delta-}{C-O}$$

Se a diferença de eletronegatividade for maior do que 1,7, os elétrons não serão compartilhados. Por exemplo, considere a ligação entre o sódio e o oxigênio no hidróxido de sódio (NaOH):

$$Na^{\oplus}\ \ \ :\overset{..}{\underset{..}{O}}H^{\ominus}$$

A diferença de eletronegatividade entre o O e o Na é tão grande que os dois elétrons da ligação são possuídos unicamente pelo átomo de oxigênio, tornando o oxigênio carregado negativamente e o sódio carregado positivamente. A ligação entre o oxigênio e o sódio, chamada **ligação iônica**, é o resultado da força de atração entre os dois íons de carga oposta.

Os números de *corte* (0,5 e 1,7) devem ser considerados como um guia aproximado. Em vez de vê-las como algo absoluto, é preciso ver os vários tipos de ligação como pertencentes a um espectro sem separações claras (Figura 1.4).

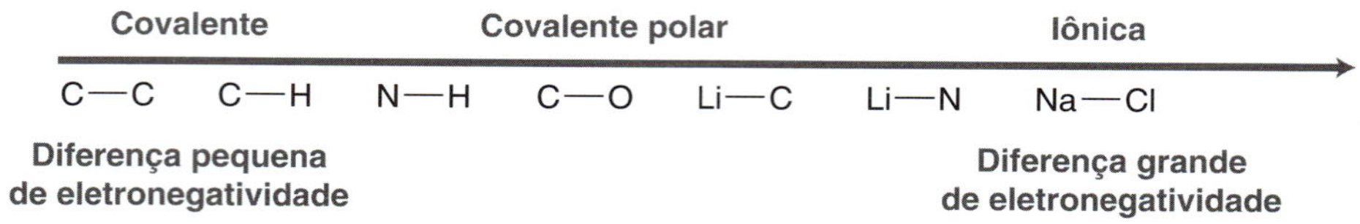

Covalente	Covalente polar	Iônica
C—C C—H	N—H C—O Li—C	Li—N Na—Cl
Diferença pequena de eletronegatividade		**Diferença grande de eletronegatividade**

FIGURA 1.4
A natureza de várias ligações encontradas frequentemente na química orgânica.

Esse espectro tem dois extremos: ligações covalentes na esquerda e ligações iônicas na direita. Entre esses dois extremos estão as ligações covalentes polares. Algumas ligações se encaixam claramente em um tipo, como as ligações C—C (covalente), as ligações C—O (covalente polar) ou as ligações Na—Cl (iônica). Entretanto, existem muitos casos em que a separação não é tão clara. Por exemplo, uma ligação C—Li tem uma diferença de eletronegatividade de 1,5, e esta ligação é frequentemente considerada tanto como covalente polar quanto como iônica. Ambas as classificações são aceitáveis.

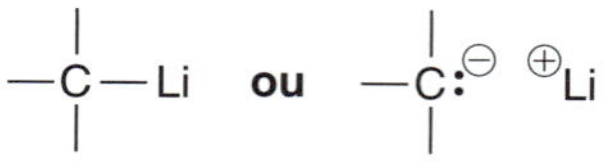

$$-\overset{|}{\underset{|}{C}}-Li\quad \text{ou}\quad -\overset{|}{\underset{|}{C}}:^{\ominus}\ ^{\oplus}Li$$

Outra razão para evitar números absolutos de corte quando se comparam os valores de eletronegatividade é que os valores de eletronegatividade mostrados anteriormente são obtidos através de um método desenvolvido por Linus Pauling. No entanto, existem pelo menos sete outros métodos para calcular valores de eletronegatividade, cada um dos quais fornece valores ligeiramente diferentes. A adesão sem ressalvas à escala Pauling sugeriria que as ligações C—Br e C—I são covalentes, mas essas ligações serão tratadas como covalentes polares no decorrer deste livro.

DESENVOLVENDO A APREDIZAGEM

1.5 LOCALIZAÇÃO DE CARGAS PARCIAIS RESULTANTES DA INDUÇÃO

APRENDIZAGEM Considere a estrutura do metanol. Identifique todas as ligações covalentes polares e mostre quaisquer cargas parciais que resultam de efeitos indutivos.

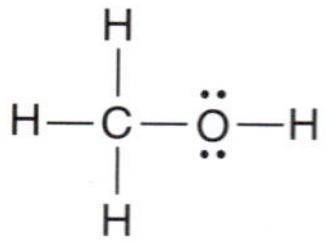

$$H-\overset{H}{\underset{H}{C}}-\overset{..}{\underset{..}{O}}-H$$

Metanol

Uma Revisão de Química Geral

 SOLUÇÃO
Primeiro identificamos todas as ligações covalentes polares. As ligações C—H são consideradas covalentes porque os valores de eletronegatividade para C e H são relativamente próximos. É verdade que o carbono é mais eletronegativo que o hidrogênio e, portanto, há um pequeno efeito indutivo para cada ligação C—H. Entretanto, geralmente consideramos esse efeito como insignificante para as ligações C—H.

A ligação C—O e a ligação O—H são ligações covalentes polares:

ETAPA 1
Identificação de todas as ligações covalentes polares.

Covalente polar

Agora determinamos a direção dos efeitos indutivos. O oxigênio é mais eletronegativo que o C ou o H, de modo que os efeitos indutivos são mostrados como é visto a seguir:

ETAPA 2
Determinação da direção de cada dipolo.

Esses efeitos indutivos mostram as localizações das cargas parciais:

ETAPA 3
Indicação da localização de cargas parciais.

PRATICANDO
o que você aprendeu

1.15 Para cada uma das substâncias vistas a seguir, identifique quaisquer ligações covalentes polares desenhando os símbolos δ+ e δ− nos locais apropriados.

(a) (b)

(c) (d)

(e) (f)

APLICANDO
o que você aprendeu

1.16 As regiões de δ+ em uma substância são as regiões mais suscetíveis de serem atacadas por um ânion, tal como o hidróxido (HO⁻). Na substância vista a seguir, identifique os dois átomos de carbono que são mais suscetíveis de serem atacados por um íon hidróxido:

└──▶ é necessário **PRATICAR MAIS?** Tente Resolver os Problemas **1.36, 1.37, 1.48, 1.57**

Mapas de Potencial Eletrostático

Cargas parciais podem ser visualizadas com imagens tridimensionais, semelhantes a um arco-íris, chamadas **mapas de potencial eletrostático**. Como exemplo, considere o mapa de potencial eletrostático do clorometano.

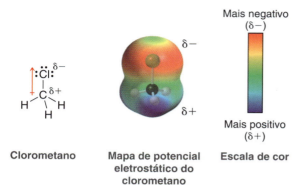

Clorometano — Mapa de potencial eletrostático do clorometano — Escala de cor

Na imagem, é usada uma escala de cores para representar as regiões de δ− e δ+. Como indicado, vermelho representa uma região que é δ−, enquanto azul representa uma região que é δ+. Na realidade, mapas de potencial eletrostático raramente são utilizados pelos químicos orgânicos quando eles se comunicam uns com os outros, no entanto, essas ilustrações muitas vezes podem ser úteis para os alunos que estão aprendendo química orgânica. Mapas de potencial eletrostático são gerados através de uma série de cálculos. Especificamente, uma carga positiva pontual imaginária é posicionada em vários locais e, para cada local, calculamos a energia potencial associada à atração entre a carga pontual positiva e os elétrons ao seu redor. Uma atração forte indica uma região de δ−, enquanto uma atração fraca indica uma região de δ+. Os resultados são então ilustrados usando-se cores, como mostrado na figura.

Uma comparação de dois mapas de potencial eletrostático quaisquer só é válida se os dois mapas foram produzidos utilizando-se a mesma escala de cor. Ao longo deste livro, foi tomado cuidado para usar a mesma escala de cor sempre que dois mapas são comparados diretamente entre si. No entanto, não será útil comparar dois mapas de páginas diferentes deste livro (ou de qualquer outro livro), pois as escalas de cor exatas provavelmente são diferentes.

1.6 Orbitais Atômicos

Mecânica Quântica

Na década de 1920, o vitalismo havia sido descartado. Os químicos estavam cientes do isomerismo constitucional e tinham desenvolvido a teoria estrutural da matéria. O elétron tinha sido descoberto e identificado como o responsável pelas ligações, e as estruturas de Lewis eram usadas para acompanhar os elétrons compartilhados e não compartilhados. Mas a compreensão sobre os elétrons estava prestes a mudar drasticamente.

Em 1924, o físico francês Louis de Broglie sugeriu que os elétrons, até então considerados como partículas, também exibiam propriedades ondulatórias. Com base nesta afirmação, surgiu uma nova teoria da matéria. Em 1926, Erwin Schrödinger, Werner Heisenberg e Paul Dirac propuseram, independentemente, uma descrição matemática do elétron, que incorporou suas propriedades ondulatórias. Essa nova teoria, chamada *mecânica ondulatória*, ou **mecânica quântica**, mudou radicalmente a forma como vemos a natureza da matéria e lançou as bases para o nosso entendimento atual sobre os elétrons e as ligações.

A mecânica quântica está profundamente enraizada na matemática e é ela própria uma área de estudo. A matemática envolvida está além do escopo deste livro e não vamos discuti-la aqui. No entanto, a fim de compreender a natureza dos elétrons é fundamental entender alguns conceitos simples da mecânica quântica:

- Uma equação é construída para descrever a energia total de um átomo de hidrogênio (isto é, um próton mais um elétron). Essa equação, chamada equação de onda, leva em conta o comportamento ondulatório do elétron que está no campo elétrico de um próton.

- A equação de onda é então resolvida dando uma série de soluções chamadas funções de onda. A letra grega psi (ψ) é utilizada para representar cada função de onda (ψ_1, ψ_2, ψ_3, etc.). Cada uma dessas funções de onda corresponde a um nível de energia permitido para o elétron. Esse resultado é extremamente importante porque sugere que um elétron, quando contido em um átomo, só pode existir em níveis discretos de energia (ψ_1, ψ_2, ψ_3, etc.). Em outras palavras, a energia do elétron é *quantizada*.

- Cada função de onda é uma função da posição espacial. Ela fornece informações que nos permitem atribuir um valor numérico para cada local no espaço tridimensional em relação ao núcleo. O quadrado desse valor (ψ^2 para qualquer local específico) tem um significado especial. Ele indica a probabilidade de encontrar o elétron nesse local. Portanto, uma representação gráfica tridimensional de ψ^2 irá gerar uma imagem de um orbital atômico (Figura 1.5).

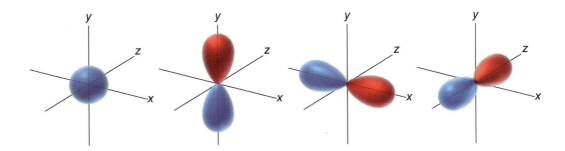

FIGURA 1.5
Ilustrações de um orbital s e três orbitais p.

Densidade Eletrônica e Orbitais Atômicos

Um *orbital* é uma região do espaço que pode ser ocupada por um elétron. Mas tem que se tomar cuidado quando se tenta visualizar isso. Há uma afirmativa da seção anterior que deve ser esclarecida porque ela é potencialmente enganosa: "*ψ^2 representa a probabilidade de encontrar um elétron em um determinado local.*" Essa afirmativa parece tratar o elétron como se fosse uma partícula se deslocando dentro de uma região específica do espaço. Mas, lembre-se de que o elétron não é apenas uma partícula, ele tem propriedades ondulatórias também. Portanto, temos que construir uma imagem mental que capta essas duas propriedades. Isso não é fácil de fazer, mas a analogia vista a seguir pode ajudar. Trataremos orbital ocupado como se fosse uma nuvem semelhante a uma nuvem no céu. Nenhuma analogia é perfeita, e há certamente características das nuvens que são muito diferentes dos orbitais. Entretanto, tendo em vista algumas dessas diferenças entre nuvens eletrônicas (orbitais ocupados) e nuvens reais, é possível a construção de um modelo mental melhor de um elétron em um orbital:

- Nuvens no céu podem vir em qualquer formato ou tamanho. No entanto, nuvens eletrônicas só têm um pequeno número de formas e tamanhos (tal como definido pelos orbitais).

- Uma nuvem no céu é constituída de bilhões de moléculas individuais de água. Uma nuvem eletrônica não é constituída de bilhões de partículas. Temos que pensar em uma nuvem eletrônica como uma única entidade, embora possa ser mais espessa em alguns lugares e mais fina em outros. Esse conceito é crítico e será usado extensivamente durante todo o curso na explicação das reações.

- Uma nuvem no céu tem arestas e é possível definir uma região do espaço que contém 100% da nuvem. Ao contrário, uma nuvem eletrônica não tem as bordas definidas. Frequentemente utilizamos o termo **densidade eletrônica**, que está associado à probabilidade de encontrar um elétron numa região particular do espaço. A "forma" de um orbital refere-se a uma região do espaço que contém 90%–95% da densidade eletrônica. Além desta região, os 5%–10% restantes da densidade eletrônica diminuem gradativamente, mas nunca terminam. Na verdade, se quisermos considerar a região do espaço que contém 100% da densidade eletrônica, temos de considerar todo o universo.

Em resumo, temos que pensar em um orbital como uma região do espaço que pode ser ocupada pela densidade eletrônica. Um orbital ocupado tem que ser tratado como uma *nuvem de densidade eletrônica*. Essa região do espaço é chamada um **orbital atômico** (OA), porque é uma região do espaço definida com respeito ao núcleo de um único átomo. Exemplos de orbitais atômicos são os orbitais *s*, *p*, *d* e *f* que foram discutidos no seu curso de química geral.

Fases de Orbitais Atômicos

Nossa discussão sobre elétrons e orbitais tem sido baseada na premissa de que os elétrons têm propriedades ondulatórias. Em virtude disso, é necessário explorar algumas das características das ondas simples, de modo a compreender algumas das características dos orbitais.

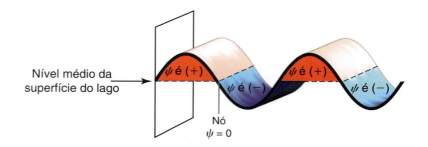

FIGURA 1.6
Fases de uma onda se movendo sobre a superfície de um lago.

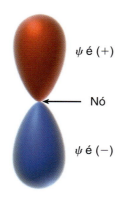

FIGURA 1.7
As fases de um orbital *p*.

Considere uma onda que se move sobre a superfície de um lago (Figura 1.6). A função de onda (ψ) descreve matematicamente a onda e o valor da função de onda é dependente da posição. Localizações acima do nível médio do lago têm um valor positivo de ψ (indicado em vermelho), e os locais abaixo do nível médio do lago têm um valor negativo de ψ (indicado em azul). Posições onde o valor de ψ é zero são chamadas de **nós**.

Da mesma forma, os orbitais podem ter regiões onde o valor de ψ é positivo, negativo ou zero. Por exemplo, considere um orbital *p* (Figura 1.7). Observe que o orbital *p* tem dois lóbulos: o lóbulo do topo é uma região do espaço onde os valores de ψ são positivos, enquanto o lóbulo inferior é uma região onde os valores de ψ são negativos. Na posição entre os dois lóbulos, $\psi = 0$. Esta posição representa um nó.

Tenha cuidado para não confundir o sinal de ψ (+ ou −) com a carga elétrica. Um valor positivo para ψ não implica uma carga positiva. O valor de ψ (+ ou −) é uma convenção matemática que se refere à *fase* da onda (tal como no lago). Embora ψ possa ter valores positivos ou negativos, ψ^2 (que descreve a densidade eletrônica como uma função da posição) será sempre um número positivo. Em um nó, onde $\psi = 0$, a densidade eletrônica (ψ^2) também será zero. Isso significa que não existe densidade eletrônica localizada em um nó.

Deste ponto em diante, vamos desenhar os lóbulos de um orbital com cores (vermelho e azul) para indicar a fase de ψ para cada região do espaço.

Preenchendo Orbitais Atômicos com Elétrons

A energia de um elétron depende do tipo de orbital que ele ocupa. A maioria das substâncias orgânicas que vamos encontrar é constituída de elementos da primeira e da segunda linhas da tabela periódica (H, C, N e S). Esses elementos utilizam o orbital 1*s*, o orbital 2*s* e os três orbitais 2*p*. Nossas discussões, portanto, incidem principalmente sobre esses orbitais (Figura 1.8). Os elétrons têm energias menores quando ocupam um orbital 1*s*, porque o orbital 1*s* está mais próximo do núcleo e não tem nós (quanto mais nós um orbital tem, maior a sua energia). O orbital 2*s* tem um nó e está mais longe do núcleo, portanto, ele tem uma energia maior do que o orbital 1*s*. Após o orbital 2*s*, existem três orbitais 2*p* que têm a mesma energia. Orbitais com o mesmo nível de energia são chamados de **orbitais degenerados**.

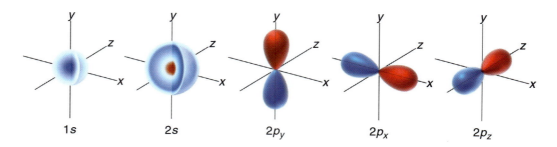

FIGURA 1.8
Ilustrações dos orbitais *s* e dos três orbitais *p*.

À medida que nos movemos através da tabela periódica, começando no hidrogênio, cada elemento tem mais um elétron do que o elemento anterior (Figura 1.9). A ordem em que os orbitais são preenchidos pelos elétrons é determinada por apenas três princípios simples:

1. O **princípio de Aufbau**. O orbital de energia mais baixa é preenchido em primeiro lugar.
2. O **princípio de exclusão de Pauli**. Cada orbital pode acomodar um máximo de dois elétrons que possuem spins opostos. Para entender o que significa "spin", podemos imaginar um elétron

Uma Revisão de Química Geral   15

FIGURA 1.9
Diagramas de energia mostrando as configurações eletrônicas do H, He, Li e Be.

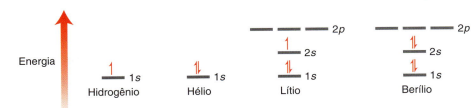

girando no espaço em torno de si mesmo (embora esta seja uma explicação simplista do termo "spin"). Por questões que estão além do escopo deste livro, os elétrons só têm dois estados de spin possíveis (representados por ↓ ou ↑). Para que o orbital possa acomodar dois elétrons, os elétrons têm que ter estados de spin opostos.

3. **Regra de Hund.** Ao lidar com orbitais degenerados, como os orbitais *p*, é colocado primeiro um elétron em cada orbital degenerado, antes dos elétrons serem emparelhados.

A aplicação dos dois primeiros princípios pode ser vista nas configurações eletrônicas mostradas na Figura 1.9 (H, He, Li e Be). A aplicação do terceiro princípio pode ser vista nas configurações eletrônicas dos elementos restantes da segunda linha (Figura 1.10).

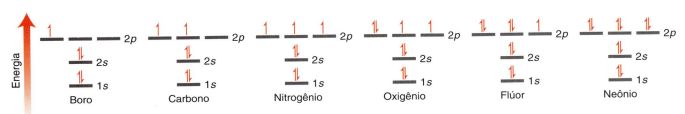

FIGURA 1.10
Diagramas de energia mostrando as configurações eletrônicas do B, C, N, O, F e Ne.

DESENVOLVENDO A APRENDIZAGEM

1.6 IDENTIFICAÇÃO DAS CONFIGURAÇÕES ELETRÔNICAS

APRENDIZAGEM Identifique a configuração eletrônica de um átomo de nitrogênio.

SOLUÇÃO

ETAPA 1
Colocação dos elétrons de valência nos orbitais atômicos usando o princípio de Aufbau, o princípio da exclusão de Pauli e a regra de Hund.

A configuração eletrônica indica que orbitais atômicos estão ocupados pelos elétrons. O nitrogênio tem um total de sete elétrons. Esses elétrons ocupam orbitais atômicos de energia crescente, com dois elétrons no máximo sendo colocados em cada orbital:

↑ ↑ ↑ 2p
⇅ 2s
⇅ 1s
Nitrogênio

ETAPA 2
Identificação do número de elétrons em cada orbital atômico.

Dois elétrons ocupam o orbital 1s, dois elétrons ocupam o orbital 2s e três elétrons ocupam os orbitais 2p. Isso é resumido usando-se a seguinte notação:

$$1s^2 2s^2 2p^3$$

PRATICANDO
o que você aprendeu

1.17 Determine a configuração eletrônica de cada um dos seguintes átomos:

(a) Carbono **(b)** Oxigênio **(c)** Boro **(d)** Flúor **(e)** Sódio **(f)** Alumínio

APLICANDO o que você aprendeu

1.18 Determine a configuração eletrônica para cada um dos seguintes íons:

(a) Um átomo de carbono com uma carga negativa

(b) Um átomo de carbono com uma carga positiva

(c) Um átomo de nitrogênio com uma carga positiva

(d) Um átomo de oxigênio com uma carga negativa

┄┄► é necessário **PRATICAR MAIS?** Tente Resolver o Problema 1.44

1.7 Teoria da Ligação de Valência

Com o entendimento de que os elétrons ocupam regiões do espaço chamadas orbitais, podemos agora voltar a nossa atenção para uma compreensão mais profunda das ligações covalentes. Especificamente, uma ligação covalente é formada a partir da sobreposição de orbitais atômicos. Existem duas teorias normalmente usadas para descrever a natureza da sobreposição de orbitais atômicos: teoria da ligação de valência e teoria do orbital molecular (OM). A abordagem da ligação de valência é mais simplista em seu tratamento das ligações e, portanto, vamos começar a nossa discussão com essa teoria.

Se vamos tratar os elétrons como ondas, então temos de rever rapidamente o que acontece quando duas ondas interagem uma com a outra. Duas ondas que se aproximam entre si podem interferir uma com a outra de duas maneiras possíveis, construtiva ou destrutivamente. De forma semelhante, quando dois orbitais atômicos se sobrepõem, eles podem interferir ou construtiva (Figura 1.11) ou destrutivamente (Figura 1.12).

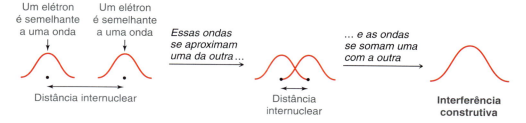

FIGURA 1.11
Interferência construtiva devido a interação de dois elétrons.

A **interferência construtiva** produz uma onda com amplitude maior. Ao contrário, a interferência destrutiva resulta em uma onda cancelando a outra, o que produz um nó (Figura 1.12).

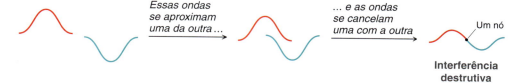

FIGURA 1.12
Interferência destrutiva devido a interação de dois elétrons.

De acordo com a **teoria da ligação de valência**, uma ligação é simplesmente o compartilhamento da densidade eletrônica entre dois átomos como um resultado da interferência construtiva de seus orbitais atômicos. Considere, por exemplo, a ligação formada entre os dois átomos de hidrogênio no hidrogênio molecular (H_2). Essa ligação é formada a partir da sobreposição dos orbitais 1s de cada um dos átomos de hidrogênio (Figura 1.13).

A densidade eletrônica dessa ligação está localizada no eixo de ligação (a reta que pode ser desenhada entre os dois átomos de hidrogênio). Esse tipo de ligação é chamado de **ligação sigma** (σ) e é caracterizado pela simetria circular em relação ao eixo de ligação. Para visualizar o que isso significa, imagine um plano perpendicular ao eixo de ligação. Esse plano gera um círculo (Figura 1.14). Essa é a característica que define as ligações σ e será verdadeira para todas as ligações simples puras. Portanto, *todas as ligações simples são ligações* σ.

FIGURA 1.13
A sobreposição dos orbitais atômicos 1s de dois átomos de hidrogênio formando o hidrogênio molecular (H_2).

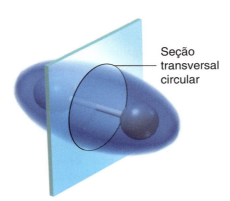

FIGURA 1.14
Ilustração de uma ligação sigma mostrando a simetria circular com respeito ao eixo de ligação.

1.8 Teoria do Orbital Molecular

Na maioria das situações, a teoria da ligação de valência será suficiente para os nossos propósitos. No entanto, haverá casos nos próximos capítulos, em que a teoria da ligação de valência será inadequada para descrever as observações. Nesses casos, vamos utilizar a teoria do orbital molecular, uma abordagem mais sofisticada para ver a natureza das ligações.

Muito parecida com a teoria da ligação de valência, a **teoria do orbital molecular (OM)** também descreve uma ligação em termos da interferência construtiva entre dois orbitais atômicos que se sobrepõem. No entanto, a teoria OM vai um passo além e usa a matemática como uma ferramenta para explorar as consequências da sobreposição dos orbitais atômicos. O método matemático é chamado de combinação linear de orbitais atômicos (CLOA). De acordo com essa teoria, orbitais atômicos são matematicamente combinados para produzir novos orbitais, chamados **orbitais moleculares**.

É importante entender a distinção entre orbitais atômicos e orbitais moleculares. Ambos os tipos de orbitais são utilizados para acomodar elétrons, mas um orbital atômico é uma região do espaço associado a um átomo individual, enquanto um orbital molecular está associado a uma molécula inteira. Isto é, a molécula é considerada uma única entidade mantida junta pelas muitas nuvens eletrônicas, algumas das quais podem realmente se estender por todo o comprimento da molécula. Esses orbitais moleculares são preenchidos com elétrons em uma determinada ordem de forma muito parecida como os orbitais atômicos são preenchidos. Especificamente, os elétrons primeiro ocupam os orbitais de mais baixa energia, com um máximo de dois elétrons por orbital. A fim de visualizar o que significa para um orbital estar associado a uma molécula inteira, iremos explorar duas moléculas: hidrogênio molecular (H_2) e bromometano (CH_3Br).

Considere a ligação formada entre os dois átomos de hidrogênio no hidrogênio molecular. Essa ligação é o resultado da sobreposição de dois órbitais atômicos (orbitais *s*), cada um dos quais é ocupado por um elétron. De acordo com a teoria OM, quando dois orbitais atômicos se sobrepõem, eles deixam de existir. Eles são substituídos por dois orbitais moleculares, cada um dos quais está associado à molécula inteira (Figura 1.15).

No diagrama de energia mostrado na Figura 1.15, os orbitais atômicos individuais são representados à direita e à esquerda, com cada orbital atômico com um elétron. Esses orbitais atômicos são combinados matematicamente (utilizando o método CLOA) para produzir dois orbitais

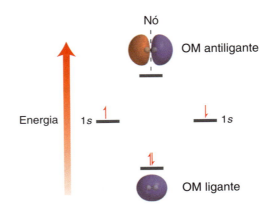

FIGURA 1.15
Um diagrama de energia mostrando os níveis de energia relativos dos orbitais moleculares ligante e antiligante.

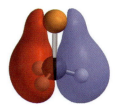

FIGURA 1.16
Um orbital molecular de baixa energia do CH₃Br. As regiões vermelha e azul indicam as fases diferentes, conforme descrito na Seção 1.6. Observe que este orbital molecular está associado a uma molécula inteira, em vez de estar associado a dois átomos específicos.

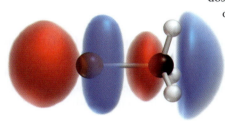

FIGURA 1.17
O LUMO do CH₃Br.

moleculares. O orbital molecular de menor energia, ou **OM ligante**, é o resultado da interferência construtiva dos dois orbitais atômicos originais. O orbital molecular de maior energia, ou **OM antiligante**, é o resultado da interferência destrutiva. Observe que o OM antiligante tem um nó, o que explica por que a sua energia é maior. Os dois elétrons ocupam o OM ligante de modo a alcançar um estado de menor energia. Essa diminuição de energia é a essência da ligação. Para uma ligação H—H, a redução de energia é equivalente a 436 kJ/mol. Essa energia corresponde a força de ligação de uma ligação H—H (como mostrado na Figura 1.2).

Agora vamos considerar uma molécula como CH₃Br, que contém mais do que uma ligação. A teoria da ligação de valência continua a ver cada ligação separadamente, com cada ligação sendo formada a partir de dois orbitais atômicos que se sobrepõem. Ao contrário, a teoria OM trata os elétrons de ligação como estando associados à molécula inteira. A molécula tem muitos orbitais moleculares, cada um dos quais pode ser ocupado por dois elétrons. A Figura 1.16 ilustra um dos muitos orbitais moleculares do CH₃Br. Este orbital molecular é capaz de acomodar até dois elétrons. As regiões vermelha e azul indicam as fases diferentes, conforme descrito na Seção 1.6. Como vimos com o hidrogênio molecular, nem todos os orbitais moleculares serão ocupados. Os elétrons de ligação irão ocupar os orbitais moleculares de menores energias (tal como o que é mostrado na Figura 1.16), enquanto os orbitais moleculares de energias mais elevadas permanecem desocupados. Para todas as moléculas, dois dos seus orbitais moleculares serão de particular interesse: (1) o orbital de mais alta energia entre os orbitais ocupados, chamado **HOMO** (*highest occupied molecular orbital* – **orbital molecular ocupado mais alto**), e (2) o orbital de mais baixa energia entre os orbitais desocupados, chamado **LUMO** (*lowest unoccupied molecular orbital* – **orbital molecular desocupado mais baixo**). Por exemplo, no Capítulo 7, vamos explorar uma reação em que o CH₃Br é atacado por um íon hidróxido (HO⁻). A fim de que este processo ocorra, o íon hidróxido tem que transferir a sua densidade eletrônica para o orbital molecular vazio de menor energia, ou LUMO, do CH₃Br (Figura 1.17). A natureza do LUMO (isto é, o número de nós, a localização dos nós etc.) será útil para explicar a direção preferencial a partir da qual o íon hidróxido irá atacar.

Usaremos a teoria OM várias vezes nos capítulos que se seguem. Mais notadamente, no Capítulo 17, onde investigaremos a estrutura de substâncias contendo várias ligações duplas. Para aquelas substâncias, a teoria da ligação de valência será inadequada e a teoria OM fornecerá uma compreensão mais significativa da estrutura de ligação. Ao longo deste livro, vamos continuar a desenvolver tanto a teoria de ligação de valência quanto a teoria OM.

1.9 Orbitais Atômicos Hibridizados

Metano e a Hibridização *sp*³

Vamos aplicar agora a teoria da ligação de valência para as ligações no metano:

Metano

Lembre-se da configuração eletrônica do carbono (Figura 1.18). Essa configuração eletrônica não pode descrever satisfatoriamente a estrutura da ligação do metano (CH₄), em que o átomo de carbono tem quatro ligações separadas C—H, pois a configuração eletrônica mostra apenas dois orbitais atômicos capazes de formar ligações (cada um desses orbitais tem um elétron não emparelhado). Isso implicaria que o átomo de carbono formaria apenas duas ligações, mas sabemos que ele forma quatro ligações. Podemos resolver esse problema, imaginando um estado excitado do carbono (Figura 1.19): um estado em que um elétron 2*s* foi promovido para um orbital 2*p* de energia maior. Agora, o átomo de carbono tem quatro orbitais atômicos capazes de formar ligações, mas ainda há outro problema aqui. A geometria do orbital 2*s* e dos três orbitais 2*p* não explica satisfatoriamente a geometria tridimensional observada para o metano (Figura 1.20). Todos os ângulos de ligação são de 109,5°, e as quatro ligações estão separadas por um tetraedro perfeito. Essa geometria não

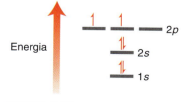

FIGURA 1.18
Um diagrama de energia mostrando a configuração eletrônica do carbono.

Uma Revisão de Química Geral   19

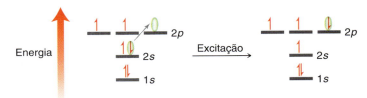

FIGURA 1.19
Um diagrama de energia mostrando a excitação eletrônica de um elétron em um átomo de carbono.

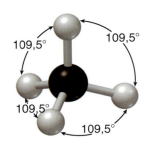

FIGURA 1.20
A geometria tetraédrica do metano. Todos os ângulos de ligação são de 109,5°.

pode ser explicada por um estado excitado do carbono porque o orbital *s* e os três orbitais *p* não ocupam uma geometria tetraédrica. Os orbitais *p* estão separados uns dos outros por apenas 90° (como é visto na Figura 1.5) em vez de 109,5°.

Esse problema foi resolvido em 1931 por Linus Pauling, que sugeriu que a configuração eletrônica do átomo de carbono no metano não tem necessariamente de ser a mesma configuração eletrônica de um átomo de carbono livre. Especificamente, Pauling promediou matematicamente, ou *hibridizou*, o orbital 2*s* e os três orbitais 2*p*, obtendo quatro orbitais atômicos hibridizados degenerados (Figura 1.21). O processo de hibridação na Figura 1.21 não representa um processo físico real que os orbitais sofrem. Em vez disso, ele é um procedimento matemático utilizado para se chegar a uma descrição satisfatória da ligação observada. Esse procedimento nos dá quatro orbitais que foram produzidos por uma média de um orbital *s* e três orbitais *p*, e, portanto, nos referimos a esses orbitais atômicos como **orbitais hibridizados *sp*³**. A Figura 1.22 mostra um orbital híbrido *sp*³. Se usarmos esses orbitais atômicos hibridizados para descrever a ligação do metano, conseguimos explicar a geometria observada das ligações. Os quatro orbitais hibridizados *sp*³ são equivalentes em energia (degenerados) e, portanto, se posicionam tão distantes um do outro quanto é possível, ou seja, alcançam uma geometria tetraédrica. Observe também que orbitais atômicos hibridizados não são simétricos. Isto é, os orbitais atômicos hibridizados têm um lóbulo frontal maior (mostrado em vermelho na Figura 1.22) e um lóbulo posterior menor (mostrado em azul). O lóbulo frontal maior permite que os orbitais atômicos hibridizados sejam mais eficientes do que os orbitais *p* na sua capacidade de formar ligações.

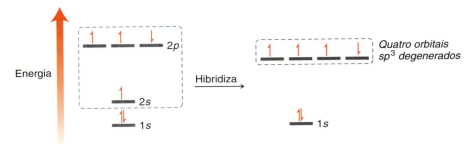

FIGURA 1.21
Um diagrama de energia mostrando quatro orbitais atômicos hibridizados degenerados.

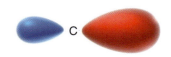

FIGURA 1.22
Uma ilustração de um orbital atômico hibridizado *sp*³.

Usando a teoria da ligação de valência, cada uma das quatro ligações no metano é representada pela sobreposição entre um orbital atômico hibridizado *sp*³ do átomo de carbono e um orbital *s* de um átomo de hidrogênio (Figura 1.23). Para fins de clareza, os lóbulos posteriores (azul) foram omitidos das imagens na Figura 1.23.

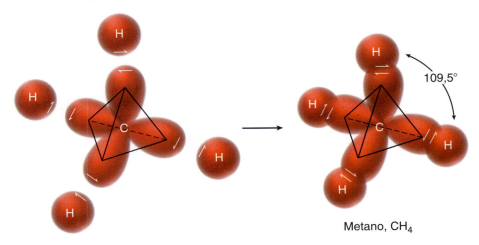

FIGURA 1.23
Um átomo de carbono tetraédrico usando cada um dos seus quatro orbitais hibridizados *sp*³ para formar uma ligação.

Metano, CH₄

A ligação no etano é tratada do mesmo modo:

$$\begin{array}{c} H \quad H \\ | \quad | \\ H-C-C-H \\ | \quad | \\ H \quad H \end{array}$$

Etano

Todas as ligações nessa substância são ligações simples e, portanto, são todas ligações σ. Usando a abordagem de ligação de valência, cada uma das ligações no etano pode ser tratada individualmente e é representada pela sobreposição de orbitais atômicos (Figura 1.24).

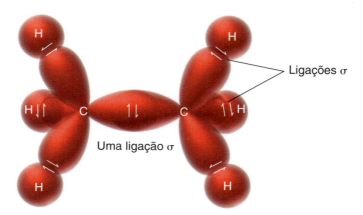

FIGURA 1.24
Uma imagem da ligação de valência das ligações no etano.

VERIFICAÇÃO CONCEITUAL

1.19 O ciclopropano é uma substância em que os átomos de carbono formam um anel de três membros:

Ciclopropano

Cada um dos átomos de carbono no ciclopropano é hibridizado sp^3. O ciclopropano é mais reativo do que as outras substâncias cíclicas (de anéis de quatro membros, de anéis de cinco membros etc.). Analise os ângulos das ligações no ciclopropano e explique por que o ciclopropano é tão reativo.

Ligações Duplas e Hibridização sp^2

Vamos agora considerar a estrutura de uma substância que possui uma ligação dupla. O exemplo mais simples é o etileno:

$$\begin{array}{c} H \quad \quad H \\ \diagdown \diagup \\ C=C \\ \diagup \diagdown \\ H \quad \quad H \end{array}$$

Etileno

O etileno apresenta uma geometria plana (Figura 1.25). Um modelo satisfatório para explicar essa geometria pode ser desenvolvido pelo tratamento matemático de hibridizar os orbitais *s* e *p* do átomo de carbono para se obter orbitais atômicos híbridos. Quando fizemos esse procedimento

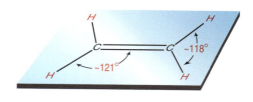

FIGURA 1.25
Todos os seis átomos do etileno estão em um plano.

anteriormente para explicar a ligação no metano, hibridizamos o orbital *s* e todos os três orbitais *p* para produzir quatro orbitais hibridizados equivalentes *sp*³. No entanto, no caso do etileno, cada átomo de carbono só precisa formar ligações com três átomos, não com quatro. Portanto, cada átomo de carbono só precisa de três orbitais hibridizados. Assim, neste caso, vamos promediar matematicamente o orbital *s* com apenas dois dos três orbitais *p* (Figura 1.26). O orbital *p* restante não será afetado pelo nosso procedimento matemático.

FIGURA 1.26
Um diagrama de energia mostrando três orbitais atômicos hibridizados *sp*² degenerados.

O resultado desta operação matemática é um átomo de carbono com um orbital *p* e três **orbitais hibridizados *sp*²** (Figura 1.27). Na Figura 1.27 o orbital *p* é mostrado em vermelho e azul, e os orbitais hibridizados são mostrados em cinza (para maior clareza, só é mostrado o lóbulo na frente de cada orbital híbrido). Eles são chamados orbitais hibridizados *sp*² para indicar que eles foram obtidos por uma média de um orbital *s* e dois orbitais *p*. Como mostrado na Figura 1.27, cada um dos átomos de carbono no etileno é hibridizado *sp*², e podemos usar este estado de hibridização para explicar a estrutura de ligação do etileno.

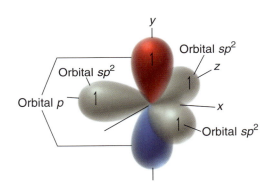

FIGURA 1.27
Uma ilustração de um átomo de carbono hibridizado *sp*².

Cada átomo de carbono no etileno tem três orbitais hibridizados *sp*² disponíveis para formar ligações σ (Figura 1.28). Uma ligação σ é formada entre os dois átomos de carbono e, em seguida, cada átomo de carbono também forma uma ligação σ com cada um dos seus átomos de hidrogênio vizinhos.

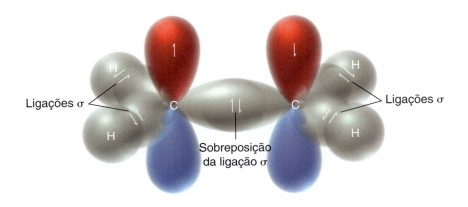

FIGURA 1.28
Uma ilustração das ligações σ no etileno.

Além disso, cada átomo de carbono tem um *p* orbital (mostrado na Figura 1.28 com lóbulos azul e vermelho). Esses orbitais *p* também se sobrepõem um ao outro formando uma ligação separada chamada de **ligação pi (π)** (Figura 1.29). Não fique confuso com a natureza deste tipo de ligação. É verdade que a sobreposição π ocorre em dois locais – acima do plano da molécula (em vermelho) e abaixo do plano (em azul). No entanto, estas duas regiões de sobreposição representam apenas uma interação chamada ligação π.

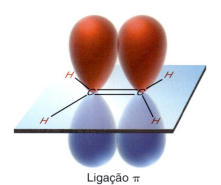

FIGURA 1.29
Uma ilustração da ligação π no etileno.

A imagem da ligação π na Figura 1.29 é baseada na abordagem da ligação de valência (os orbitais *p* são simplesmente desenhados se sobrepondo um ao outro). A teoria do orbital molecular fornece uma imagem bastante semelhante de uma ligação π. Compare a Figura 1.29 com o OM ligante na Figura 1.30.

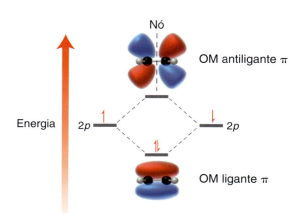

FIGURA 1.30
Um diagrama de energia mostrando imagens dos OMs ligante e antiligante no etileno.

Para resumir, vimos que os átomos de carbono do etileno são conectados através de uma ligação σ e uma ligação π. A ligação σ resulta da sobreposição dos orbitais atômicos hibridizados sp^2, enquanto a ligação π resulta da sobreposição dos orbitais *p*. Essas duas ligações separadas (σ e π) compreendem a ligação dupla do etileno.

VERIFICAÇÃO CONCEITUAL

1.20 Considere a estrutura do formaldeído:

Formaldeído

(a) Identifique os tipos de ligações que formam a ligação dupla C=O.
(b) Identifique os orbitais atômicos que formam cada ligação C—H.
(c) Que tipo de orbitais atômicos os pares isolados ocupam?

1.21 Ligações sigma experimentam rotação livre à temperatura ambiente:

Ao contrário, as ligações π não experimentam uma rotação livre. Explique. (**Sugestão**: Compare as Figuras 1.24 e 1.29, concentrando-se nos orbitais utilizados na formação de uma ligação σ e nos orbitais utilizados na formação de uma ligação π. Em cada caso, o que acontece com a sobreposição orbital durante a rotação da ligação?)

Ligações Triplas e Hibridização *sp*

Vamos agora considerar a estrutura de ligação de uma substância possuindo uma ligação tripla, tal como a do acetileno:

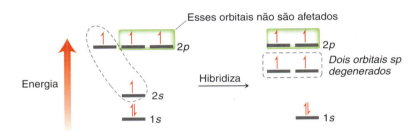

Uma ligação tripla é formada por átomos de carbono **hibridizados *sp***. Para alcançar uma hibridização *sp* é calculada a média de um orbital 1*s* com apenas um único orbital *p* (Figura 1.31). Isso deixa dois orbitais *p* sem serem afetados pela operação matemática. Como resultado, um átomo de carbono hibridizado *sp* tem dois orbitais *sp* e dois orbitais *p* (Figura 1.32).

FIGURA 1.31
Um diagrama de energia mostrando dois orbitais atômicos hibridizados *sp* degenerados.

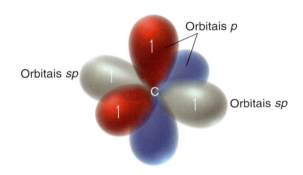

FIGURA 1.32
Uma ilustração de um átomo de carbono hibridizado *sp*. Os orbitais hibridizados *sp* são mostrados em cinza.

Os dois orbitais hibridizados *sp* estão disponíveis para formar ligações σ (uma de cada lado), e os dois orbitais *p* estão disponíveis para formar ligações π, dando a estrutura de ligação para o acetileno mostrada na Figura 1.33. Uma ligação tripla entre dois átomos de carbono é, portanto, o resultado de três ligações separadas: uma ligação σ e duas ligações π. A ligação σ resulta da sobreposição de orbitais *sp*, enquanto cada uma das duas ligações π resulta da sobreposição de orbitais *p*. Como mostrado na Figura 1.33, a geometria da ligação tripla é linear.

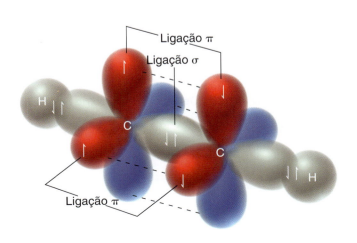

FIGURA 1.33
Uma ilustração das ligações σ e das ligações π no acetileno.

DESENVOLVENDO A APRENDIZAGEM

1.7 IDENTIFICAÇÃO DOS ESTADOS DE HIBRIDIZAÇÃO

APRENDIZAGEM Identifique o estado de hibridização de cada átomo de carbono na substância vista a seguir:

SOLUÇÃO

Para determinar o estado de hibridização de um átomo de carbono não carregado, simplesmente contamos o número de ligações σ e de ligações π:

A hibridização de um átomo de carbono com quatro ligações simples (quatro ligações σ) será sp^3. A hibridização de um átomo de carbono com três ligações σ e uma ligação π será sp^2. A hibridização de um átomo de carbono com duas ligações σ e duas ligações π será sp. Os átomos de carbono tendo uma carga positiva ou negativa serão discutidos em mais detalhes no próximo capítulo.

Usando o esquema simples visto anteriormente, podemos determinar imediatamente o estado de hibridização da maioria dos átomos de carbono:

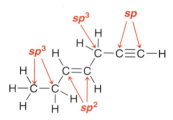

PRATICANDO o que você aprendeu

1.22 A seguir são mostradas as estruturas de dois analgésicos comuns que podem ser adquiridos sem receita médica. Determine o estado de hibridização de cada átomo de carbono nessas substâncias:

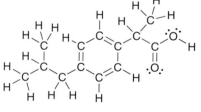

(a) Ácido acetilsalicílico (aspirina)   (b) Ibuprofeno (Advil ou Motrin)

APLICANDO o que você aprendeu

1.23 Determine o estado de hibridização de cada átomo de carbono nas substâncias vistas a seguir:

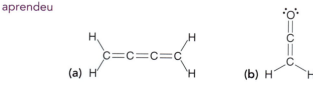

> é necessário **PRATICAR MAIS?** Tente Resolver os Problemas 1.55, 1.56, 1.58

Uma Revisão de Química Geral 25

Força de Ligação e Comprimento de Ligação

A informação que temos visto nesta seção nos permite comparar ligações simples, ligações duplas e ligações triplas. Uma ligação simples tem apenas uma ligação (uma ligação σ), uma ligação dupla tem duas ligações (uma ligação σ e uma ligação π) e uma tripla ligação tem três ligações (uma ligação σ e duas ligações π). Portanto, não é surpresa que uma ligação tripla seja mais forte do que uma ligação dupla, que por sua vez é mais forte do que uma ligação simples. Compare as forças e comprimentos das ligações C—C no etano, etileno e acetileno (Tabela 1.2).

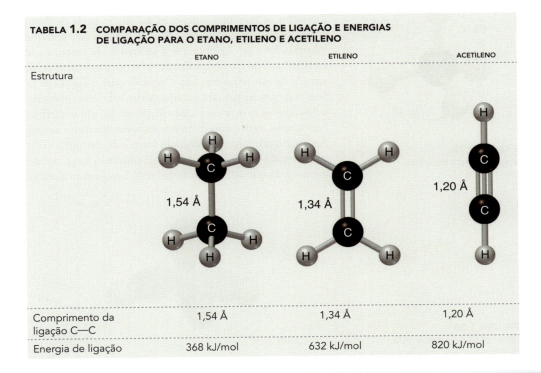

VERIFICAÇÃO CONCEITUAL

1.24 Ordene as ligações indicadas em termos do aumento de comprimento de ligação:

1.10 Teoria RPECV: Previsão de Geometria

A fim de prever a geometria de uma substância pequena, vamos nos concentrar no átomo central e contar o número de ligações σ e pares de elétrons isolados. O total (ligações σ mais pares isolados) é chamado **número estérico**. A Figura 1.34 apresenta vários exemplos nos quais, em cada caso, o número estérico é 4.

FIGURA 1.34
Cálculo do número estérico do metano, da amônia e da água.

O número estérico indica o número de pares de elétrons (ligantes e não ligantes) que estão se repelindo um ao outro. A repulsão faz com que os pares de elétrons se distribuam no espaço tridimensional de modo a alcançar a distância máxima entre si. Como resultado, a geometria do átomo central será determinada pelo número estérico. Este princípio é chamado teoria da repulsão dos pares de elétrons da camada de valência (**RPECV**). Vamos dar uma olhada na geometria de cada uma das substâncias anteriores.

Geometrias Resultantes da Hibridização *sp*³

Em todos os exemplos anteriores, há quatro pares de elétrons (número estérico 4). Para que um átomo possa acomodar quatro pares de elétrons, ele tem que usar quatro orbitais e, portanto, a sua hibridização é *sp*³. Lembre que a geometria do metano é **tetraédrica** (Figura 1.35). Na verdade, qualquer átomo com hibridização *sp*³ terá quatro orbitais hibridizados *sp*³ dispostos na forma aproximada de um tetraedro. Isso é verdade para o átomo de nitrogênio na amônia (Figura 1.36). O átomo de nitrogênio está usando quatro orbitais e, portanto, a sua hibridização é *sp*³. Como resultado disso, os seus orbitais estão dispostos em um tetraedro (mostrado à esquerda na Figura 1.36). No entanto, existe uma diferença importante entre a amônia e o metano. No caso da amônia, um dos quatro orbitais está abrigando um par de elétrons não ligantes (um par isolado). Esse par de elétrons isolado repele as outras ligações com mais força, fazendo com que os ângulos de ligação sejam menores do que 109,5°. Os ângulos de ligação para a amônia foram determinados como de 107°.

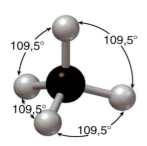

FIGURA 1.35
A geometria tetraédrica do metano.

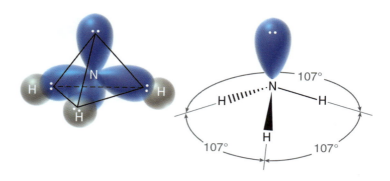

FIGURA 1.36
Os orbitais da amônia estão distribuídos em uma geometria tetraédrica.

O termo "geometria" não se refere ao arranjo de pares de elétrons. Pelo contrário, refere-se ao arranjo dos átomos. Quando mostramos apenas as posições dos átomos (ignorando os pares isolados), a amônia aparece como na Figura 1.37. Essa geometria é chamada **piramidal triangular** (Figura 1.37). "Triangular" indica que o átomo de nitrogênio está conectado a três outros átomos, e "piramidal" indica que a substância tem a forma de uma pirâmide, com o átomo de nitrogênio localizado no topo da pirâmide.

Outro exemplo de hibridização *sp*³ é a água (H₂O). O átomo de oxigênio tem número estérico 4 e, por conseguinte, requer o uso de quatro orbitais. Em consequência disso, a sua hibridização tem de ser *sp*³, com os seus quatro orbitais em um arranjo tetraédrico (Figura 1.38). Mais uma vez, os pares isolados se repelem mutuamente mais fortemente do que as ligações, fazendo com que o ângulo de ligação entre as duas ligações O—H seja ainda menor do que os ângulos de ligação na amônia. O ângulo de ligação da água foi determinado como de 105°. Para descrever a geometria,

FIGURA 1.37
A geometria da amônia é piramidal triangular.

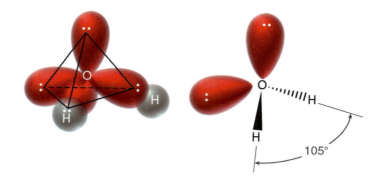

FIGURA 1.38
Os orbitais do H₂O estão distribuídos em uma geometria tetraédrica.

Uma Revisão de Química Geral 27

podemos ignorar os pares isolados e concentrar a nossa atenção apenas no arranjo dos átomos, o que dá uma geometria angular neste caso (Figura 1.39). Em resumo, existem apenas três tipos diferentes de geometria decorrentes da hibridização sp^3: tetraédrica, piramidal triangular e angular. Em todos os casos, os elétrons foram distribuídos em um tetraedro, mas os pares isolados foram ignorados quando se descreve a geometria. A Tabela 1.3 resume essas informações.

FIGURA 1.39
A geometria da água é angular.

TABELA 1.3 GEOMETRIAS RESULTANTES DA HIBRIDIZAÇÃO sp^3

EXEMPLO	NÚMERO ESTÉRICO	HIBRIDIZAÇÃO	ARRANJO DE PARES DE ELÉTRONS	ARRANJO DE ÁTOMOS (GEOMETRIA)
CH_4	4	sp^3	Tetraédrica	Tetraédrica
NH_3	4	sp^3	Tetraédrica	Piramidal triangular
H_2O	4	sp^3	Tetraédrica	Angular

Geometrias Resultantes da Hibridização sp^2

Quando o átomo central de uma substância pequena tem um número estérico 3, a sua hibridização será sp^2. Como exemplo, considere a estrutura do BF_3. O boro tem três elétrons de valência, cada um dos quais é usado para formar uma ligação. O resultado é três ligações e nenhum par isolado, dando um número estérico 3. O átomo de boro central exige, portanto, três orbitais, em vez de quatro, e a sua hibridização deve ser sp^2. Lembre que orbitais com hibridização sp^2 alcançam separação máxima num arranjo **triangular plano** (Figura 1.40): "triangular" porque o boro está conectado a três outros átomos e "plano" porque todos os átomos são encontrados no mesmo plano (em oposição a piramidal triangular).

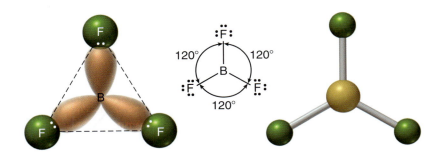

FIGURA 1.40
A geometria do BF_3 é triangular plana.

Como outro exemplo, considere o átomo de nitrogênio de uma imina:

Uma imina

OLHANDO PARA O FUTURO
Exploraremos iminas com mais detalhes no Capítulo 20, do Volume 2.

Para determinar a geometria do átomo de nitrogênio, consideramos primeiro o número estérico, que não é afetado pela presença da ligação π. Por que não? Lembre-se de que uma ligação π resulta da sobreposição de orbitais *p*. O número estérico de um átomo indica quantos orbitais hibridizados são necessários (orbitais *p* não estão incluídos nessa contagem). O número estérico, neste caso, é 3 (Figura 1.41). Consequentemente, a hibridização do átomo de nitrogênio tem que ser sp^2. O estado de hibridização sp^2 é sempre caracterizado por um arranjo triangular plano de pares de elétrons, mas ao descrever a geometria, vamos nos concentrar apenas nos átomos (ignorando quaisquer pares isolados). A geometria deste átomo de nitrogênio é, portanto, angular:

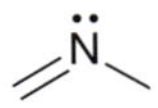

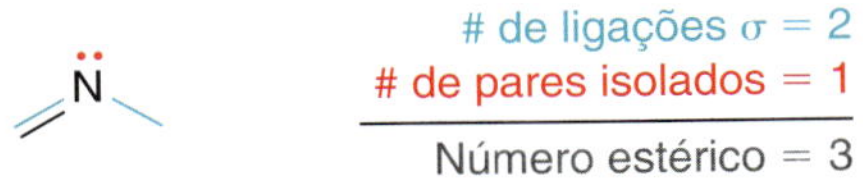

de ligações σ = 2
de pares isolados = 1
―――――――――――
Número estérico = 3

FIGURA 1.41
O número estérico do átomo de nitrogênio de uma imina.

Geometria Resultante da Hibridização *sp*

Quando o átomo central de uma substância pequena tem um número estérico de 2, a hibridização do átomo central será *sp*. Como exemplo, considere a estrutura do BeH_2. O berílio tem dois elétrons de valência, cada um dos quais é usado para formar uma ligação. O resultado é duas ligações e nenhum par isolado, dando um número estérico 2. O átomo de berílio central exige, portanto, apenas dois orbitais e a sua hibridização tem que ser *sp*. Lembre-se de que orbitais com hibridização *sp* alcançam a separação máxima quando a geometria é linear (Figura 1.42).

FIGURA 1.42
A geometria do BeH_2 é linear.

Como outro exemplo de hibridização *sp* considere a estrutura do CO_2:

$$\ddot{\text{O}}=\text{C}=\ddot{\text{O}}$$

Mais uma vez, as ligações π não influenciam o cálculo do número estérico, de modo que o número estérico é 2. A hibridização do átomo de carbono tem que ser *sp* e a geometria é, portanto, linear.

Tal como resumido na Figura 1.43, os três estados de hibridização dão origem a cinco geometrias comuns.

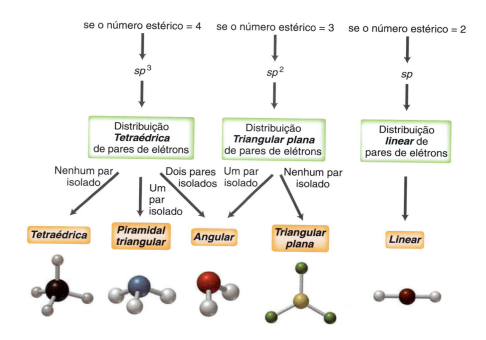

FIGURA 1.43
Uma árvore de decisão para a determinação da geometria.

DESENVOLVENDO A APRENDIZAGEM

1.8 PREVENDO A GEOMETRIA

APRENDIZAGEM Preveja a geometria para todos os átomos (exceto os hidrogênios) na substância vista a seguir:

Uma Revisão de Química Geral

SOLUÇÃO

Para cada átomo, seguimos as três etapas vistas a seguir:

ETAPA 1
Determinação do número estérico.

1. Determinamos o número estérico pela contagem do número de pares isolados e de ligações σ.

ETAPA 2
Determinação do estado de hibridização e o arranjo eletrônico.

2. Usamos o número estérico para determinar o estado de hibridização e o arranjo eletrônico:
   - Se o número estérico for 4, a hibridização do átomo será sp^3, e o arranjo eletrônico será tetraédrico.
   - Se o número estérico for 3, então a hibridização do átomo será sp^2, e o arranjo eletrônico será triangular plano.
   - Se o número estérico for 2, então a hibridização do átomo será sp, e o arranjo eletrônico será linear.

ETAPA 3
Os pares isolados são ignorados e descreve-se a geometria resultante.

3. Ignore quaisquer pares isolados e descreva a geometria apenas em termos da distribuição dos átomos.

1) Número estérico = 3 + 1 = 4
2) 4 = sp^3 = eletronicamente tetraédrica
3) Distribuição dos átomos = piramidal triangular

1) Número estérico = 2 + 2 = 4
2) 4 = sp^3 = eletronicamente tetraédrica
3) Distribuição dos átomos = angular

1) Número estérico = 4 + 0 = 4
2) 4 = sp^3 = eletronicamente tetraédrica
3) Distribuição dos átomos = tetraédrica

1) Número estérico = 4 + 0 = 4
2) 4 = sp^3 = eletronicamente tetraédrica
3) Distribuição dos átomos = tetraédrica

1) Número estérico = 3 + 0 = 3
2) 3 = sp^2 = eletronicamente triangular plana
3) Distribuição dos átomos = triangular plana

1) Número estérico = 3 + 0 = 3
2) 3 = sp^2 = eletronicamente triangular plana
3) Distribuição dos átomos = triangular plana

Não é necessário descrever a geometria dos átomos de hidrogênio. Cada átomo de hidrogênio é monovalente, de modo que a geometria é irrelevante. A geometria só é relevante quando um átomo está ligado a pelo menos dois outros átomos. Para os nossos propósitos, podemos também ignorar a geometria do átomo de oxigênio em uma ligação C═O duplo porque ele está ligado a apenas um átomo:

não precisamos considerar a geometria deste oxigênio

PRATICANDO o que você aprendeu

1.25 Preveja a geometria para o átomo central em cada uma das substâncias vistas a seguir:

(a) NH_3 (b) H_3O^+ (c) BH_4 (d) BCl_3 (e) BCl_4^- (f) CCl_4 (g) $CHCl_3$ (h) CH_2Cl_2

1.26 Preveja a geometria de todos os átomos, exceto os hidrogênios, nas substâncias vistas a seguir:

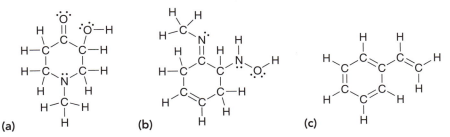

APLICANDO o que você aprendeu

1.27 Compare as estruturas de um carbocátion e um carbânion:

Carbocátion   Carbânion

Em um desses íons, o átomo de carbono central é triangular plano, no outro é piramidal triangular. Atribua a geometria correta para cada íon.

1.28 Identifique o estado de hibridização e a geometria de cada átomo de carbono no benzeno. Use essa informação para determinar a geometria da molécula inteira:

Benzeno

> é necessário **PRATICAR MAIS?** Tente Resolver os Problemas **1.39–1.41, 1.50, 1.55, 1.56, 1.58**

1.11 Momentos de Dipolo e Polaridade Molecular

Lembre que a indução é provocada pela presença de um átomo eletronegativo, conforme vimos anteriormente no caso do clorometano. Na Figura 1.44a a seta mostra o efeito indutivo do átomo de cloro. A Figura 1.44b é um mapa de densidade eletrônica, revelando que a molécula está polarizada. É dito que o clorometano tem um momento de dipolo porque *o centro de carga negativa e o centro de carga positiva são separados um do outro por certa distância*. O **momento de dipolo** (μ) é usado como um indicador de polaridade, no qual μ é definido como a quantidade de carga parcial (δ) em cada extremidade do dipolo multiplicada pela distância de separação (d):

$$\mu = \delta \times d$$

As cargas parciais ($\delta+$ e $\delta-$) são geralmente da ordem de 10^{-10} ues (unidade eletrostática de carga) e as distâncias são geralmente da ordem de 10^{-8} cm. Portanto, para uma substância polar, o momento de dipolo (μ) terá geralmente uma ordem de grandeza de cerca de 10^{-18} ues · cm. O momento de dipolo do clorometano, por exemplo, é $1,87 \times 10^{-18}$ ues · cm. Uma vez que a maioria das substâncias tem um momento de dipolo dessa ordem de grandeza (10^{-18}), é mais conveniente relatar os momentos de dipolo com uma unidade nova, chamada **debye (D)**, em que

$$1 \text{ debye} = 10^{-18} \text{ ues} \cdot \text{cm}$$

Usando essa unidade, o momento de dipolo do clorometano é relatado como 1,87 D. O nome da unidade debye é uma homenagem ao cientista holandês Peter Debye, cujas contribuições para os campos da química e da física fizeram com que ele ganhasse um Prêmio Nobel em 1936.

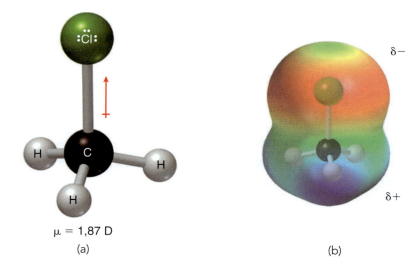

FIGURA 1.44
(a) Modelo de bola e vareta do clorometano mostrando o momento de dipolo. (b) Um mapa de potencial eletrostático do clorometano.

$\mu = 1,87$ D
(a)   (b)

A medida do momento de dipolo de uma determinada ligação nos permite calcular o caráter iônico percentual daquela ligação. Como exemplo, vamos analisar uma ligação C—Cl. Essa ligação tem um comprimento de ligação de $1{,}772 \times 10^{-8}$ cm, e um elétron tem uma carga de $4{,}80 \times 10^{-10}$ ues. Se a ligação fosse 100% iônica, então o valor do momento de dipolo seria

$$\mu = e \times d$$
$$= (4{,}80 \times 10^{-10} \text{ ues}) \times (1{,}772 \times 10^{-8} \text{ cm})$$
$$= 8{,}51 \times 10^{-18} \text{ ues} \cdot \text{cm}$$

ou seja, 8,51 D. Na realidade, a ligação não é 100% iônica. O momento de dipolo observado experimentalmente tem o valor de 1,87 D e podemos usar esse valor para calcular o caráter iônico percentual de uma ligação C—Cl:

$$\frac{1{,}87 \text{ D}}{8{,}51 \text{ D}} \times 100\% = \boxed{22\%}$$

A Tabela 1.4 mostra o caráter iônico percentual para algumas das ligações que frequentemente encontraremos neste livro. Considere com especial atenção a ligação C=O. Ela tem um caráter iônico considerável, tornando-a extremamente reativa. Os Capítulos 20-22 são dedicados exclusivamente para a reatividade de substâncias contendo ligações C=O.

TABELA 1.4 CARÁTER IÔNICO PERCENTUAL PARA VÁRIAS LIGAÇÕES

LIGAÇÃO	COMPRIMENTO DE LIGAÇÃO ($\times 10^{-8}$ CM)	μ (D) OBSERVADO	CARÁTER IÔNICO PERCENTUAL
C—O	1,41	0,7 D	$\dfrac{(0{,}7 \times 10^{-18} \text{ ues} \cdot \text{cm})}{(4{,}80 \times 10^{-10} \text{ ues})(1{,}41 \times 10^{-8} \text{ cm})} \times 100\% = \boxed{10\%}$
C—O	0,96	1,5 D	$\dfrac{(1{,}5 \times 10^{-18} \text{ ues} \cdot \text{cm})}{(4{,}80 \times 10^{-10} \text{ ues})(0{,}96 \times 10^{-8} \text{ cm})} \times 100\% = \boxed{33\%}$
C=O	1,227	2,4 D	$\dfrac{(2{,}4 \times 10^{-18} \text{ ues} \cdot \text{cm})}{(4{,}80 \times 10^{-10} \text{ ues})(1{,}23 \times 10^{-8} \text{ cm})} \times 100\% = \boxed{41\%}$

O clorometano foi um exemplo simples, porque ele tem somente uma ligação polar. Ao lidar com uma substância que tem mais de uma ligação polar, é necessário fazer a soma vetorial dos momentos de dipolo individuais. A soma vetorial é chamada de **momento de dipolo molecular**, e leva em conta tanto a magnitude quanto a direção de cada momento de dipolo individual. Por exemplo, considere a estrutura de diclorometano (Figura 1.45). Os momentos de dipolo individuais se cancelam parcialmente, mas não completamente. A soma dos vetores produz um momento de dipolo de 1,14 D, que é significativamente menor do que o momento de dipolo do clorometano porque, no caso do diclorometano, os dois momentos de dipolo se anulam parcialmente.

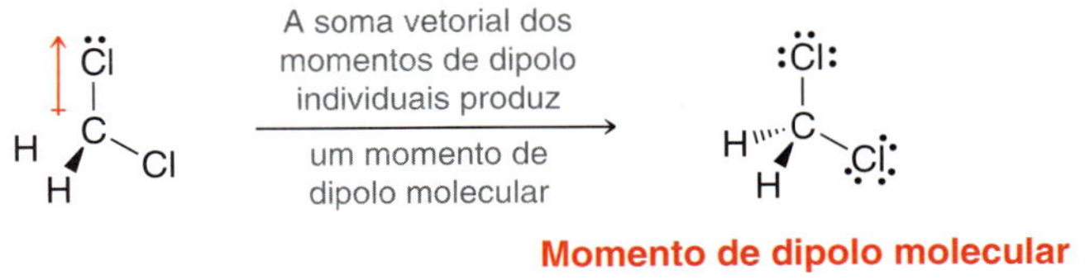

FIGURA 1.45
O momento de dipolo molecular do diclorometano é a soma líquida de todos os momentos de dipolo na substância.

A presença de um par isolado tem um efeito significativo sobre o momento de dipolo molecular. Os dois elétrons de um par isolado são equilibrados por duas cargas positivas no núcleo, mas o par isolado está separado do núcleo por uma certa distância. Existe, portanto, um momento de dipolo associado a cada par isolado. Exemplos comuns são a amônia e a água (Figura 1.46).

FIGURA 1.46
O momento de dipolo líquido da amônia e o momento de dipolo líquido da água.

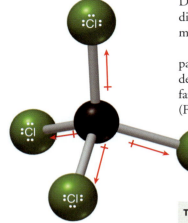

FIGURA 1.47
Um modelo de bola e vareta do tetracloreto de carbono. Os momentos de dipolo individuais se cancelam para dar um momento de dipolo líquido nulo.

Dessa forma, os pares isolados contribuem significativamente para a magnitude do momento de dipolo molecular, embora eles não alterem a sua direção. Isto é, a direção do momento de dipolo molecular é a mesma, com ou sem a contribuição dos pares isolados.

A Tabela 1.5 mostra momentos de dipolo moleculares observados experimentalmente (a 20°C) para vários solventes comuns. Observe que o tetracloreto de carbono (CCl_4), não tem momento de dipolo molecular. Neste caso, os momentos de dipolo individuais se anulam completamente fazendo com que a molécula tenha um momento de dipolo líquido nulo ($\mu = 0$). Este exemplo (Figura 1.47) demonstra que temos que levar em conta a geometria na avaliação dos momentos de dipolo moleculares.

TABELA 1.5 MOMENTOS DE DIPOLO PARA ALGUNS SOLVENTES COMUNS (A 20°C)

SUBSTÂNCIA	ESTRUTURA	MOMENTO DE DIPOLO	SUBSTÂNCIA	ESTRUTURA	MOMENTO DE DIPOLO
Acetona	(H₃C)₂C=O	2,69 D	Amônia	:NH₃	1,47 D
Clorometano	CH_3Cl	1,87 D	Dietil éter	$CH_3CH_2OCH_2CH_3$	1,15 D
Água	H_2O	1,85 D	Cloreto de metileno	CH_2Cl_2	1,14 D
Metanol	CH_3OH	1,69 D	Pentano	$CH_3(CH_2)_3CH_3$	0 D
Etanol	CH_3CH_2OH	1,66 D	Tetracloreto de carbono	CCl_4	0 D

DESENVOLVENDO A APRENDIZAGEM

1.9 IDENTIFICAÇÃO DA PRESENÇA DE MOMENTOS DE DIPOLO MOLECULARES

APRENDIZAGEM Verifique se cada uma das substâncias vistas a seguir tem um momento de dipolo molecular. Em caso afirmativo, indique o sentido do momento de dipolo molecular:

(a) $CH_3CH_2OCH_2CH_3$ (b) CO_2

SOLUÇÃO

(a) A fim de determinar se os momentos de dipolo individuais se anulam completamente, temos que primeiro prever a geometria molecular. Especificamente, precisamos saber se a geometria em torno do átomo de oxigênio é linear ou angular.

ETAPA 1
Previsão da geometria molecular.

Linear   Angular

Uma Revisão de Química Geral

Para fazer essa determinação, usamos o método de três etapas visto na seção anterior:

1. O número estérico do átomo de oxigênio é 4.
2. Portanto, o estado de hibridação tem que ser sp^3, e o arranjo de pares de elétrons tem que ser tetraédrico.
3. Ignoramos os pares isolados, de modo que o átomo de oxigênio tem uma geometria angular.

Após a determinação da geometria molecular, desenhamos agora todos os momentos de dipolo e determinamos se eles se anulam entre si. Neste caso, eles não se anulam totalmente mutuamente:

ETAPA 2
Identificação da direção de todos os momentos de dipolo.

ETAPA 3
Desenhar o momento de dipolo.

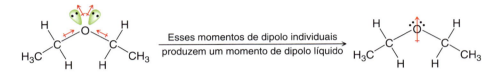

Essa substância tem, realmente, um momento de dipolo molecular e a direção do momento é mostrada anteriormente.

(b) O dióxido de carbono (CO_2) tem duas ligações C=O, cada uma das quais exibe um momento de dipolo. A fim de determinar se os momentos de dipolo individuais se anulam completamente, temos primeiro que prever a geometria molecular. Aplicamos o nosso método de três etapas: o número estérico é 2, o estado de hibridação é sp e a substância tem uma geometria linear. Como consequência, esperamos que os momentos de dipolo se cancelem completamente um ao outro:

$$:\!\ddot{O}=C=\ddot{O}\!:$$

De maneira semelhante, os momentos de dipolo associados aos pares isolados também se cancelam um ao outro e, portanto, o CO_2 não tem um momento de dipolo molecular.

PRATICANDO
o que você aprendeu

1.29 Identifique se cada uma das substâncias vistas a seguir tem um momento de dipolo molecular. Para os casos afirmativos, indique o sentido do momento de dipolo molecular:

(a) $CHCl_3$ **(b)** CH_3OCH_3 **(c)** NH_3 **(d)** CCl_2Br_2

(e), (f), (g), (h), (i), (j), (k), (l)

APLICANDO
o que você aprendeu

1.30 Qual das substâncias vistas a seguir tem o maior momento de dipolo? Explique sua escolha:

$$CHCl_3 \quad ou \quad CBrCl_3$$

1.31 As ligações entre o carbono e o oxigênio (C—O) são mais polares do que as ligações entre o enxofre e o oxigênio (S—O). No entanto, o dióxido de enxofre (SO_2) tem um momento de dipolo, enquanto o dióxido de carbono (CO_2) não tem. Explique essa aparente anomalia.

é necessário **PRATICAR MAIS? Tente Resolver os Problemas 1.37, 1.40, 1.43, 1.61, 1.62**

1.12 Forças Intermoleculares e Propriedades Físicas

As propriedades físicas de uma substância são determinadas pelas forças de atração entre as moléculas individuais, chamadas **forças intermoleculares**. É muitas vezes difícil utilizar a estrutura molecular sozinha para prever, de forma exata, o ponto de fusão ou o ponto de ebulição de uma substância. No entanto, algumas tendências simples permitem a comparação de algumas substâncias com outras substâncias de forma relativa; por exemplo, podemos prever que substância irá entrar em ebulição em uma temperatura maior.

Todas as forças intermoleculares são *eletrostáticas* – isto é, essas forças ocorrem como um resultado da atração entre cargas opostas. As interações eletrostáticas para moléculas neutras (sem nenhuma carga formal) são muitas vezes classificadas como (1) **interações dipolo-dipolo**, (2) ligações de hidrogênio e (3) interações dipolo induzido-dipolo induzido.

Interações Dipolo-Dipolo

As substâncias com momentos de dipolo líquidos podem se atrair ou se repelir dependendo de como elas se aproximam umas das outras no espaço. Na fase sólida, as moléculas se alinham de forma a atraírem umas as outras (Figura 1.48).

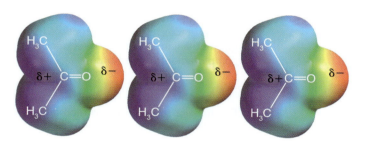

FIGURA 1.48
Nos sólidos, as moléculas se alinham para que seus momentos de dipolo experimentem forças atrativas.

Na fase líquida, as moléculas são livres para mover-se de um lado para outro no espaço; mas elas tendem a mover-se de tal forma que se atraem mutuamente mais frequentemente do que elas se repelem entre si. A atração líquida resultante entre as moléculas faz com que elas tenham pontos de fusão e pontos de ebulição elevados. Para ilustrar isso, comparamos as propriedades físicas do isobutileno e da acetona:

Isobutileno
Ponto de fusão = −140,3°C
Ponto de ebulição = −6,9°C

Acetona
Ponto de fusão = −94,9°C
Ponto de ebulição = 56,3°C

O isobutileno não tem um momento de dipolo significativo, mas a acetona tem um momento de dipolo líquido. Portanto, as moléculas de acetona irão experimentar maiores interações atrativas do que as moléculas do isobutileno. Em consequência disso, a acetona tem um ponto de fusão mais elevado e um ponto de ebulição maior do que isobutileno.

Ligação de Hidrogênio

O termo **ligação de hidrogênio** é enganador. Uma ligação de hidrogênio não é realmente uma "ligação", mas é apenas um tipo específico de interação dipolo-dipolo. Quando um átomo de hidrogênio está ligado a um átomo eletronegativo, o átomo de hidrogênio possui uma carga positiva parcial (δ+) como um resultado da indução. Esta δ+ pode então interagir com um par isolado de um átomo eletronegativo de outra molécula. Isso pode ser ilustrado com a água ou com a amônia (Figura 1.49). Essa interação atrativa pode ocorrer com qualquer substância prótica, isto é, qualquer substância que tem um próton ligado a um átomo eletronegativo. O etanol, por exemplo, apresenta esse mesmo tipo de interação atrativa (Figura 1.50).

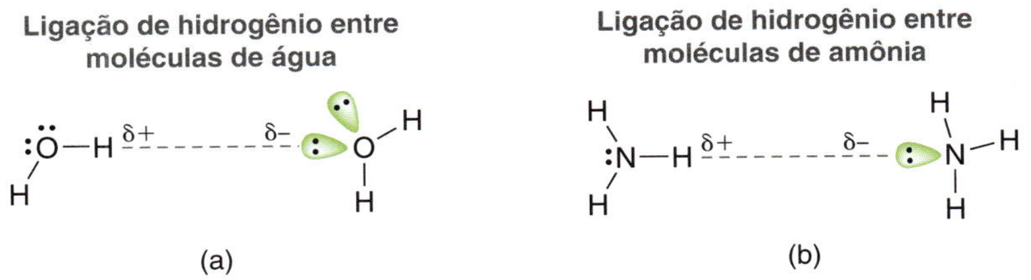

FIGURA 1.49
(a) Ligação de hidrogênio entre moléculas de água. (b) Ligação de hidrogênio entre moléculas de amônia.

Ligação de hidrogênio entre moléculas de água

Ligação de hidrogênio entre moléculas de amônia

(a)   (b)

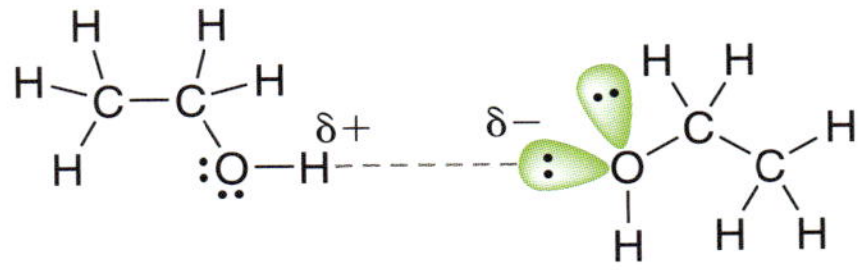

FIGURA 1.50
Ligação de hidrogênio entre moléculas de etanol.

Este tipo de interação é bastante forte, porque um átomo de hidrogênio é relativamente pequeno e, consequentemente, as cargas parciais podem ficar muito próximas umas das outras. Na verdade, o efeito da ligação de hidrogênio sobre as propriedades físicas é muito importante. No início deste capítulo, mencionamos brevemente a diferença entre as propriedades dos dois isômeros constitucionais vistos a seguir:

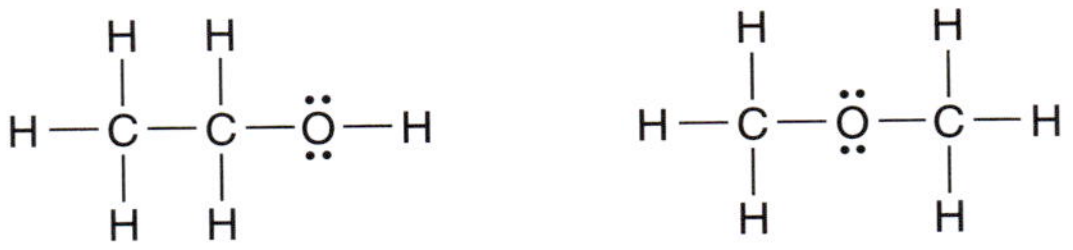

Etanol
Ponto de ebulição = 78,4°C

Metoximetano
Ponto de ebulição = −23°C

Essas substâncias têm a mesma fórmula molecular, mas elas têm pontos de ebulição muito diferentes. O etanol experimenta ligação de hidrogênio intermolecular, tendo como consequência um ponto de ebulição muito alto. O metoximetano não experimenta ligação de hidrogênio intermolecular, dando origem a um ponto de ebulição relativamente mais baixo. Uma tendência semelhante pode ser vista em uma comparação das seguintes aminas:

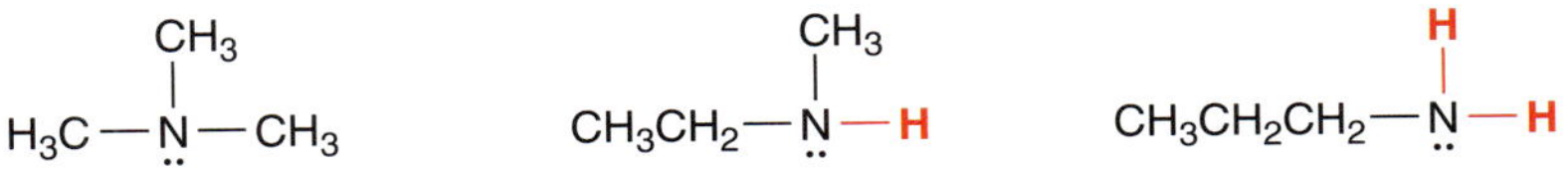

Trimetilamina
Ponto de ebulição = 3,5°C

Etilmetilamina
Ponto de ebulição = 37°C

Propilamina
Ponto de ebulição = 49°C

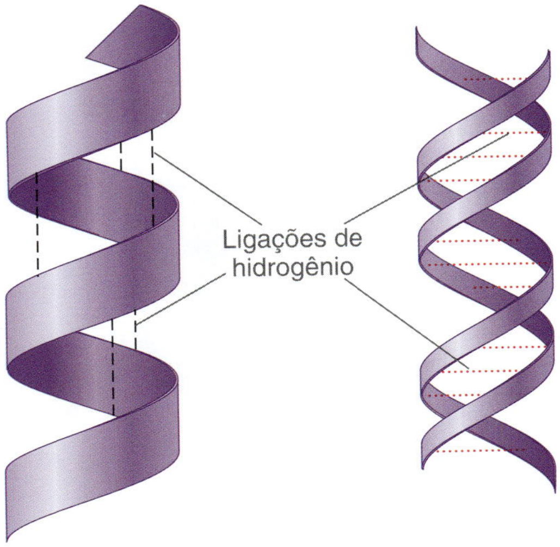

Mais uma vez, todas as três substâncias têm a mesma fórmula molecular (C_3H_9N), mas elas têm propriedades muito diferentes como resultado da extensão da ligação de hidrogênio. A trimetilamina não apresenta nenhuma ligação de hidrogênio e tem um ponto de ebulição relativamente baixo. A etilmetilamina exibe ligação de hidrogênio e, portanto, tem um ponto de ebulição elevado. Finalmente, a propilamina, que tem o maior ponto de ebulição das três substâncias, tem duas ligações N—H e, portanto, apresenta ainda mais ligações de hidrogênio.

A ligação de hidrogênio é extremamente importante na determinação das formas e interações de substâncias biologicamente importantes. O Capítulo 25 se concentrará sobre as proteínas, que são moléculas longas que se enovelam em formas específicas sob a influência da ligação de hidrogênio (Figura 1.51a). Essas formas, em última análise, determinam a sua função biológica. Da mesma forma, as ligações de hidrogênio mantêm juntas as fitas individuais de DNA para formar a familiar estrutura de dupla-hélice.

Como mencionado anteriormente, as "ligações" de hidrogênio não são realmente ligações. Para ilustrar isso, comparamos a energia de uma ligação verdadeira com a energia de uma ligação de hidrogênio. Uma ligação típica (C—H, N—H, O—H) tem uma energia de ligação de aproximadamente 400 kJ/mol. Em contraste, uma ligação de hidrogênio tem uma energia média de aproximadamente 20 kJ/mol. Isso nos leva a fazer uma pergunta óbvia: por que nós chamamos de *ligações* de hidrogênio em vez de apenas *interações* de hidrogênio? Para responder a essa questão, consideramos a estrutura de dupla-hélice do DNA (Figura 1.51b).

Ligações de hidrogênio

FIGURA 1.51
(a) Uma hélice alfa de uma proteína.
(b) A dupla-hélice no DNA.

36 CAPÍTULO 1

OLHANDO PARA O FUTURO
A estrutura do DNA é explorada em mais detalhes na Seção 24.9, do Volume 2.

As duas fitas estão unidas por ligações de hidrogênio que funcionam como degraus de uma escada retorcida, muito longa. A soma líquida dessas interações é um fator significativo que contribui para a estrutura da dupla-hélice, na qual as ligações de hidrogênio aparecem *como se* elas fossem realmente ligações. No entanto, é relativamente fácil "*abrir o zíper*" da dupla-hélice e recuperar as fitas individuais.

Interações Dipolo Induzido-Dipolo Induzido

Algumas substâncias não têm momentos de dipolo permanentes, e a análise dos pontos de ebulição indica que elas têm que ter atrações intermoleculares muito fortes. Para ilustrar esse ponto, considere as seguintes substâncias:

Butano
(C_4H_{10})
Ponto de ebulição = 0°C

Pentano
(C_5H_{12})
Ponto de ebulição = 36°C

Hexano
(C_6H_{14})
Ponto de ebulição = 69°C

OLHANDO PARA O FUTURO
Hidrocarbonetos serão discutidos em mais detalhes nos Capítulos 4 (neste volume), 17 e 18 (Volume 2).

Essas três substâncias são hidrocarbonetos, substâncias que contêm apenas átomos de carbono e de hidrogênio. Se compararmos as propriedades desses hidrocarbonetos, uma tendência importante se torna aparente. Especificamente, o ponto de ebulição parece aumentar com o aumento da massa molecular. Essa tendência pode ser justificada considerando-se momentos de dipolo induzidos (ou transitórios), que são mais frequentes em hidrocarbonetos maiores. Para compreender a origem desses momentos de dipolo transitórios, consideramos os elétrons como estando em movimento constante e, portanto, o centro de carga negativa também está se movendo constantemente em torno dentro da molécula. Em média, o centro de carga negativa coincide com o centro de carga positiva, resultando em um momento de dipolo nulo. No entanto, em um determinado instante

---

falando de modo prático | Biomimética e a Pata da Lagartixa

O termo biomimética descreve a noção que os cientistas muitas vezes se inspiram para criarem novos processos a partir de estudos da natureza. Ao investigar alguns dos processos da natureza, é possível imitar esses processos e desenvolver novas tecnologias. Um exemplo é baseado na maneira como as lagartixas podem se prender nas paredes e nos tetos. Até recentemente, os cientistas estavam intrigados pela habilidade das lagartixas em andar de cabeça para baixo, mesmo em superfícies muito lisas, como vidro polido.

Como se viu, lagartixas não utilizam colas químicas, nem usam sucção. Em vez disso, suas habilidades surgem das forças intermoleculares de atração entre as moléculas em seus pés e as moléculas na superfície em que elas estão andando. Quando você coloca sua mão sobre uma superfície, há certamente forças intermoleculares de atração entre as moléculas de sua mão e da superfície, mas a topografia microscópica da sua mão é bastante acidentada. Por isso, sua mão só faz contato com a superfície em talvez alguns milhares de pontos. Ao contrário, a pata de uma lagartixa tem aproximadamente metade de um milhão de pelos microscópicos flexíveis, chamados cerdas, cada um dos quais tem pelos ainda menores.

Quando uma lagartixa coloca a sua pata em uma superfície, os pelos flexíveis permitem a lagartixa fazer um contato extraordinário com a superfície, e as forças de dispersão de London resultantes são, no conjunto, suficientemente fortes para suportar a lagartixa.

Na última década, muitos grupos de pesquisa inspiraram-se nas lagartixas e criaram materiais com pelos microscópicos densamente agrupados. Por exemplo, alguns cientistas estão desenvolvendo curativos adesivos que podem ser usados na cura de feridas cirúrgicas, enquanto outros cientistas estão desenvolvendo luvas e botas especiais que permitem às pessoas subirem nas paredes (e talvez andarem de cabeça para baixo no teto). Imagine a possibilidade de um dia ser capaz de andar nas paredes e tetos como o Homem-Aranha.

Há ainda muitos desafios que temos de superar antes que esses materiais mostrem seu verdadeiro potencial. É um desafio técnico projetar pelos microscópicos que são fortes o suficiente para evitar que os pelos se tornem emaranhados, mas flexíveis o suficiente para permitir que os pelos se fixem em qualquer superfície. Muitos pesquisadores acreditam que estes desafios podem ser superados, e se eles estiverem certos, poderemos ter a oportunidade de ver o mundo virado de cabeça para baixo, literalmente, dentro da próxima década.

Uma Revisão de Química Geral

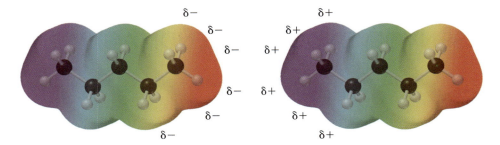

FIGURA 1.52
As forças atrativas transitórias entre duas moléculas de pentano.

qualquer, o centro de carga negativa e o centro de carga positiva podem não coincidir. O momento de dipolo transiente resultante pode então induzir um momento de dipolo transiente separado em uma molécula vizinha, iniciando uma atração transitória entre as duas moléculas (Figura 1.52). Essas forças atrativas são chamadas **forças de dispersão de London**, em homenagem ao físico norte-americano/alemão Fritz London. Hidrocarbonetos grandes têm mais área superficial do que hidrocarbonetos menores e, portanto, experimentam essas forças atrativas em uma extensão maior.

As forças de dispersão de London são mais fortes para hidrocarbonetos de massas moleculares mais elevadas porque essas substâncias têm superfícies maiores, que podem acomodar mais interações. Em virtude disso as substâncias de massa molecular mais elevada geralmente fervem em temperaturas mais elevadas. A Tabela 1.6 ilustra essa tendência.

Um hidrocarboneto ramificado tem geralmente uma área superficial menor do que o seu isômero de cadeia linear correspondente e, portanto, a ramificação provoca uma diminuição no ponto de ebulição. Essa tendência pode ser vista comparando-se os seguintes isômeros constitucionais do C_5H_{12}:

Pentano
Ponto de ebulição = 36°C

2-Metilbutano
Ponto de ebulição = 28°C

2,2-Dimetilpropano
Ponto de ebulição = 10°C

TABELA 1.6 PONTOS DE EBULIÇÃO PARA HIDROCARBONETOS EM FUNÇÃO DO AUMENTO DA MASSA MOLECULAR

ESTRUTURA	PONTO DE EBULIÇÃO (°C)	ESTRUTURA	PONTO DE EBULIÇÃO (°C)
CH₄	−164	C₆H₁₄	69
C₂H₆	−89	C₇H₁₆	98
C₃H₈	−42	C₈H₁₈	126
C₄H₁₀	0	C₉H₂₀	151
C₅H₁₂	36	C₁₀H₂₂	174

DESENVOLVENDO A APRENDIZAGEM

1.10 PREVISÃO DAS PROPRIEDADES FÍSICAS DE SUBSTÂNCIAS COM BASE NAS SUAS ESTRUTURAS MOLECULARES

APRENDIZAGEM Determine qual a substância que tem o maior ponto de ebulição, neopentano ou 3-hexanol:

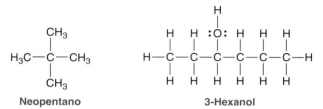

SOLUÇÃO

Ao comparar os pontos de ebulição das substâncias, olhamos para as seguintes questões:

ETAPA 1
Identificação de todas as interações dipolo-dipolo em ambas as substâncias.

1. Existem interações dipolo-dipolo em qualquer uma das substâncias?
2. Será que ambas as substâncias formam ligações de hidrogênio?
3a. Quantos átomos de carbono existem em cada substância?
3b. Quanta ramificação existe em cada substância?

ETAPA 2
Identificação de todas as ligações de H em ambas as substâncias.

A segunda substância deste problema (3-hexanol) é a vencedora em todas essas questões. Ela tem um momento de dipolo, enquanto o neopentano não; ela tem ligação de hidrogênio, enquanto o neopentano não; ela tem seis átomos de carbono, enquanto o neopentano só tem cinco átomos de carbono. E, finalmente, ela tem uma cadeia linear, enquanto o neopentano é altamente ramificado. Cada um desses fatores por si só poderia sugerir que o 3-hexanol deve ter um ponto de ebulição mais elevado. Quando consideramos todos esses fatores juntos, esperamos que o ponto de ebulição do 3-hexanol seja significativamente maior do que o do neopentano.

ETAPA 3
Identificação do número de átomos de carbono e da extensão da ramificação em ambas as substâncias.

Ao comparar duas substâncias, é importante considerar todos os quatro fatores. No entanto, nem sempre é possível fazer uma previsão clara porque, em alguns casos, pode haver fatores competindo, por exemplo, a comparação entre o etanol e o heptano:

       Etanol   Heptano

O etanol apresenta ligações de hidrogênio, mas o heptano tem muito mais átomos de carbono. Qual o fator que domina? Não é fácil de prever. Neste caso, o heptano tem o maior ponto de ebulição, o que talvez não seja o que nós poderíamos ter imaginado. A fim de utilizar as tendências para fazer uma previsão, tem que existir um vencedor bem definido.

Uma Revisão de Química Geral 39

PRATICANDO o que você aprendeu

1.32 Para cada um dos pares de substâncias vistas a seguir, identifique qual a substância que tem o maior ponto de ebulição e justifique a sua escolha:

(a), (b), (c), (d)

APLICANDO o que você aprendeu

1.33 Classifique as seguintes substâncias em ordem crescente de ponto de ebulição:

é necessário **PRATICAR MAIS?** Tente Resolver os Problemas 1.52, 1.53, 1.60

medicamente falando | Interações Receptor-Fármaco

Na maioria das situações, a resposta fisiológica produzida por um fármaco é atribuída à interação entre o fármaco e um sítio receptor biológico. Um *receptor* é uma região dentro de uma macromolécula biológica que pode servir como uma bolsa na qual a molécula de fármaco pode se encaixar:

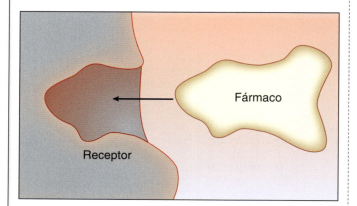

Inicialmente, esse mecanismo foi considerado como muito parecido com uma chave e fechadura. Isto é, uma molécula de fármaco iria funcionar como uma chave, se encaixando ou não em um determinado receptor. Uma extensa pesquisa sobre as interações fármaco-receptor obrigou a modificar esse modelo simples chave-fechadura. Compreende-se agora que tanto o fármaco quanto o receptor são flexíveis, mudando constantemente as suas formas. Desse modo, os fármacos podem se ligar a receptores com vários níveis de eficiência; com alguns fármacos a ligação é mais forte e com outros é mais fraca.

Como ocorre uma ligação do fármaco a um receptor? Em alguns casos, a molécula de fármaco forma ligações covalentes com o receptor. Nesses casos, a ligação é realmente muito forte (aproximadamente 400 kJ/mol para cada ligação covalente) e, portanto, irreversível. Vamos ver um exemplo de ligação irreversível quando explorarmos uma classe de agentes anticancerígenos chamados mostardas nitrogenadas (Capítulo 7). Para a maioria dos fármacos, no entanto, a resposta fisiológica desejada é destinada a ser temporária, o que só pode ser conseguido se um fármaco puder se ligar reversivelmente com o seu receptor-alvo. Isso requer uma interação fraca entre o fármaco e o receptor (pelo menos mais fraca do que uma ligação covalente). Exemplos de interações fracas incluem ligações de hidrogênio (20 kJ/mol) e as forças de dispersão de London (aproximadamente 4 kJ/mol para cada átomo de carbono que participa na interação). Como um exemplo, considere a estrutura de um anel benzênico, que é incorporado como uma subunidade estrutural em muitos fármacos.

Benzeno

No anel benzênico, a hibridização de cada carbono é sp^2 e, portanto, triangular plana. Consequentemente, um anel benzênico representa uma superfície plana:

Se o receptor também tem uma superfície plana, as forças de dispersão de London resultantes podem contribuir para a ligação reversível do fármaco com o sítio do receptor:

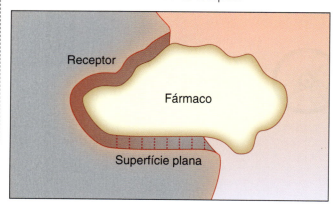

Essa interação é aproximadamente equivalente à força de uma única ligação de hidrogênio. A ligação de um fármaco a um receptor é o resultado da soma das forças intermoleculares de atração entre uma parte da molécula do fármaco e do sítio do receptor. Voltaremos a considerar os fármacos e os receptores nos próximos capítulos. Em particular, veremos como os fármacos se deslocam até o receptor, e vamos explorar como os fármacos se retorcem e se dobram ao interagir com um sítio receptor.

1.13 Solubilidade

A solubilidade é baseada no princípio de que "semelhante dissolve semelhante". Em outras palavras, as substâncias polares são solúveis em solventes polares, enquanto as substâncias apolares são solúveis em solventes apolares. Por que isso acontece? Uma substância polar experimenta interações dipolo-dipolo com as moléculas de um solvente polar, permitindo que a substância possa se dissolver no solvente. Semelhantemente, uma substância apolar experimenta forças de dispersão de London com as moléculas de um solvente apolar. Portanto, se um artigo de vestuário é manchado com uma substância polar, a mancha pode geralmente ser lavada com água (semelhante dissolve semelhante). No entanto, a água será insuficiente para a limpeza de roupa manchada com substâncias apolares, tais como óleo ou gordura. Em uma situação como esta, as roupas podem ser limpas com sabão ou limpeza a seco.

Sabão

Sabões são as substâncias que têm um grupo polar em uma extremidade da molécula e um grupo apolar, na outra extremidade (Figura 1.53).

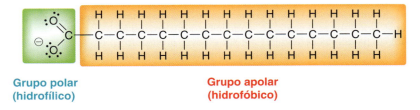

FIGURA 1.53
As extremidades hidrofílicas e hidrofóbicas de uma molécula de sabão.

O grupo polar representa a região **hidrofílica** da molécula (literalmente "ama a água"), enquanto o grupo apolar representa a região **hidrofóbica** da molécula (literalmente, "medo da água"). Moléculas de óleo estão rodeadas pelas caudas hidrofóbicas da molécula de sabão, formando uma **micela** (Figura 1.54).

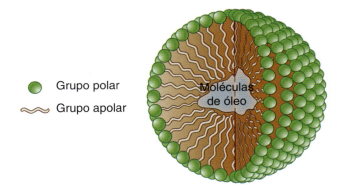

FIGURA 1.54
Uma micela é formada quando as caudas hidrofóbicas das moléculas de sabão rodeiam as moléculas de óleo apolares.

A superfície da micela é constituída de todos os grupos polares, tornando a micela solúvel em água. Essa é uma maneira inteligente para dissolver o óleo em água, mas essa técnica só funciona para a roupa que pode ser submetida a água e sabão. Algumas roupas serão danificadas com água e sabão e, nessas situações, a limpeza a seco é o método preferido.

Limpeza a Seco

Em vez de envolver a substância apolar com uma micela, de modo que ela será solúvel em água, é conceitualmente mais simples usar um solvente apolar. Essa é apenas outra aplicação do princípio "semelhante dissolve semelhante". A limpeza a seco utiliza um solvente apolar, tal como o tetracloroetileno, para dissolver as substâncias apolares. Essa substância não é inflamável, tornando-se uma escolha ideal como solvente. A limpeza a seco permite que a roupa seja limpa sem entrar em contato com água ou sabão.

Tetracloroetileno

medicamente falando | Propofol: A Importância da Solubilidade do Fármaco

O propofol foi alvo de muita publicidade em 2009 como um dos fármacos implicados na morte de Michael Jackson:

Propofol

O propofol normalmente é utilizado para iniciar e manter a anestesia durante cirurgias. O fármaco se dissolve facilmente nas membranas hidrofóbicas do cérebro, onde inibe o disparo (ou a excitação) de neurônios cerebrais. Para ser efetivo, o propofol tem que ser administrado através de injeção intravenosa, embora isso apresente um problema de solubilidade. Especificamente, a região hidrofóbica do fármaco é muito maior do que a região hidrofílica e, consequentemente, a droga não se dissolve facilmente em água (ou no sangue). O propofol se dissolve muito bem em óleo de soja (uma mistura complexa de substâncias hidrofóbicas discutidas na Seção 26.3, do Volume 2), porém, a injeção de uma dose de óleo de soja na corrente sanguínea resultaria em um glóbulo de óleo, o que seria fatal. Para contornar esse problema, é adicionado à mistura um grupo de substâncias chamadas lecitinas (discutidas na Seção 26.5, do Volume 2). As lecitinas são substâncias que apresentam regiões hidrofóbicas bem como uma região hidrofílica. Assim, as lecitinas formam micelas, análogas ao sabão (conforme descrevemos na Seção 1.13), que encapsulam a mistura de propofol e óleo de soja. Essa solução de micelas pode, então, ser injetada na corrente sanguínea. O propofol passa facilmente pelas micelas, atravessa as membranas hidrofóbicas do cérebro e chega aos neurônios-alvo.

A alta concentração de micelas resulta em uma solução que se assemelha muito ao leite, e as ampolas de propofol são, às vezes, chamadas de "leite de amnésia".

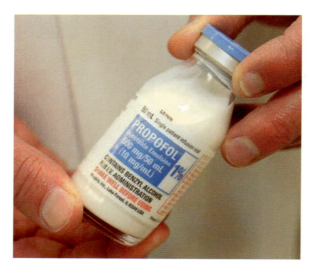

REVISÃO DE CONCEITOS E VOCABULÁRIO

SEÇÃO 1.1
- Substâncias orgânicas contêm átomos de carbono.

SEÇÃO 1.2
- Os **isômeros constitucionais** partilham a mesma fórmula molecular, mas a conectividade dos átomos é diferente e as propriedades físicas também são diferentes.
- Cada elemento geralmente formará um número previsível de ligações. O carbono é geralmente **tetravalente**, o nitrogênio é **trivalente**, o oxigênio é **divalente** e o hidrogênio e os halogêneos são **monovalentes**.

SEÇÃO 1.3
- Uma **ligação covalente** é formada quando dois átomos compartilham um par de elétrons.
- As ligações covalentes são ilustradas usando-se **estruturas de Lewis**, em que elétrons são representados por pontos.
- Elementos da segunda linha da tabela periódica geralmente obedecem a **regra do octeto**, ligando-se para atingir a configuração eletrônica de um gás nobre.
- Um par de elétrons não compartilhados é chamado de **par isolado**.

Uma Revisão de Química Geral

SEÇÃO 1.4
- Uma **carga formal** ocorre quando os átomos não apresentam o número apropriado de elétrons de valência; cargas formais têm que ser representadas nas estruturas de Lewis.

SEÇÃO 1.5
- As ligações são classificadas como (1) **covalente**, (2) **covalente polar** ou (3) **iônica**.
- As ligações covalentes polares exibem **indução**, causando a formação de **cargas positivas parciais** ($\delta+$) e **cargas negativas parciais** ($\delta-$). **Mapas de potencial eletrostático** apresentam uma ilustração visual de cargas parciais.

SEÇÃO 1.6
- A **mecânica quântica** descreve os elétrons em termos de suas propriedades ondulatórias.
- Uma **equação de onda** descreve a energia total de um elétron quando ele está nas proximidades de um próton. As soluções da equação de onda são chamadas **funções de onda** (ψ), em que ψ^2 representa a probabilidade de encontrar um elétron em uma determinada posição.
- Os **orbitais atômicos** são representados visualmente por meio de representações gráficas tridimensionais de ψ^2; os nós indicam que o valor de ψ é zero.
- Um orbital ocupado pode ser imaginado como uma nuvem de **densidade eletrônica**.
- Os elétrons preenchem os orbitais seguindo três princípios: (1) o **princípio de Aufbau**, (2) o **princípio da exclusão de Pauli** e (3) a **regra de Hund**. Orbitais com o mesmo nível de energia são chamados de orbitais degenerados.

SEÇÃO 1.7
- A **teoria da ligação de valência** trata cada ligação como o compartilhamento da densidade eletrônica entre dois átomos em virtude da interferência construtiva de seus orbitais atômicos. As **ligações sigma** (σ) são formadas quando a densidade eletrônica está localizada principalmente no eixo de ligação.

SEÇÃO 1.8
- A **teoria do orbital molecular** usa um método matemático chamado **combinação linear de orbitais atômicos** (CLOA) para formar orbitais moleculares. Cada orbital molecular está associado com a molécula inteira, em vez de apenas dois átomos.
- O OM ligante do hidrogênio molecular resulta da interferência construtiva entre seus dois orbitais atômicos. O OM antiligante resulta da interferência destrutiva.
- Um **orbital atômico** é uma região do espaço associada a um átomo individual, enquanto um orbital molecular está associado a uma molécula inteira.
- Dois orbitais moleculares são os mais importantes a se considerar: (1) **o orbital molecular ocupado de mais alta energia**, ou HOMO, e (2) **o orbital molecular desocupado de menor energia**, ou LUMO.

SEÇÃO 1.9
- A geometria tetraédrica do metano pode ser explicada usando-se quatro **orbitais hibridizados sp³** degenerados para realizar as suas quatro ligações simples.
- A geometria plana do etileno pode ser explicada através de três **orbitais hibridizados sp²** degenerados. Os orbitais p restantes se sobrepõem formando uma ligação separada, chamada de ligação pi (π). Os átomos de carbono do etileno são conectados através de uma ligação σ, resultante da sobreposição dos orbitais atômicos hibridizados sp², e através de uma ligação π resultante da sobreposição de orbitais p, ambas as ligações compreendem a ligação dupla do etileno.
- A geometria linear do acetileno é explicada através dos átomos de carbono com **hibridização sp**, em que uma ligação tripla é criada a partir de uma ligação σ, resultante da sobreposição dos orbitais sp, e duas ligações π, resultantes da sobreposição de orbitais p.
- Ligações triplas são mais fortes e mais curtas do que ligações duplas, que são mais fortes e mais curtas do que as ligações simples.

SEÇÃO 1.10
- A geometria de pequenas substâncias pode ser prevista usando-se a teoria da repulsão de pares de elétrons da camada de valência (**RPECV**), que centraliza a atenção sobre o número de ligações σ e pares isolados exibidos por cada átomo. O total, chamado número estérico, indica o número de pares de elétrons que se repelem.
- Um arranjo tetraédrico de orbitais indica **hibridização sp³** (número estérico 4). A geometria de uma substância depende do número de pares isolados e pode ser tetraédrica, piramidal triangular ou angular.
- Um arranjo triangular plano de orbitais indica **hibridização sp²** (número estérico 3); no entanto, a geometria pode ser angular, dependendo do número de pares isolados.
- A geometria linear indica **hibridização sp** (número estérico 2).

SEÇÃO 1.11
- O **momento de dipolo** (μ) ocorre quando o centro de carga negativa e o centro da carga positiva estão separados um do outro por uma certa distância, o momento de dipolo (medido em debyes) é usado como um indicador da polaridade.
- O caráter de porcentagem iônica de uma ligação é determinado medindo-se o seu momento de dipolo. A soma vetorial de cada um dos momentos de dipolo em uma substância determina o **momento de dipolo molecular.**

SEÇÃO 1.12
- As propriedades físicas das substâncias são determinadas pelas forças intermoleculares, as forças de atração entre as moléculas.
- As **interações dipolo-dipolo** ocorrem entre duas moléculas que possuem momentos de dipolo permanentes. A ligação de hidrogênio, um tipo especial de interação dipolo-dipolo, ocorre quando os pares isolados de um átomo eletronegativo interagem com um átomo de hidrogênio pobre em elétrons. As substâncias que apresentam ligação de hidrogênio têm pontos de ebulição mais altos do que substâncias similares que não possuem ligações de hidrogênio.
- As **forças de dispersão de London** resultam da interação entre momentos de dipolo induzidos (transientes) e são mais fortes para os alcanos maiores devido à sua maior área superficial e capacidade para acomodar mais interações.

SEÇÃO 1.13
- As substâncias polares são solúveis em solventes polares; substâncias apolares são solúveis em solventes apolares.
- Os sabões são substâncias que contêm regiões **hidrofílicas** e regiões **hidrofóbicas**. As caudas hidrofóbicas envolvem as substâncias apolares, formando uma micela solúvel em água.

REVISÃO DA APRENDIZAGEM

1.1 DETERMINAÇÃO DA CONSTITUIÇÃO DE MOLÉCULAS PEQUENAS

ETAPA 1 Determinar a valência de cada átomo na substância.

ETAPA 2 Determinar como os átomos estão conectados. Átomos com maior valência devem ser colocados no centro, e os átomos monovalentes devem ser colocados na periferia.

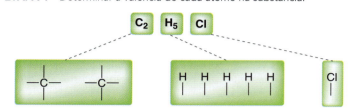

Tente Resolver os Problemas 1.1–1.4, 1.34, 1.46, 1.47, 1.54

1.2 REPRESENTAÇÃO DA ESTRUTURA DE PONTOS DE LEWIS DE UM ÁTOMO

ETAPA 1 Determinar o número de elétrons de valência.

N ⟶ Grupo 5A (**cinco elétrons**)

ETAPA 2 Colocar um elétron em cada lado do átomo.

ETAPA 3 Se o átomo tem mais de quatro elétrons de valência, os elétrons restantes são emparelhados com os elétrons já desenhados.

Tente Resolver os Problemas 1.5–1.9

1.3 REPRESENTAÇÃO DA ESTRUTURA DE LEWIS DE UMA MOLÉCULA PEQUENA

ETAPA 1 Representar todos os átomos individuais.

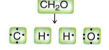

ETAPA 2 Conectar os átomos que formam mais de uma ligação.

ETAPA 3 Conectar os átomos de hidrogênio.

ETAPA 4 Emparelhar quaisquer elétrons desemparelhados, de modo que cada átomo atinja um octeto.

Tente Resolver os Problemss 1.10-1.12, 1.35, 1.38, 1.42

1.4 CÁLCULO DA CARGA FORMAL

ETAPA 1 Determinar o número adequado de elétrons de valência.

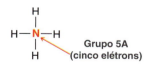

Grupo 5A (**cinco elétrons**)

ETAPA 2 Determinar o número de elétrons de valência, neste caso.

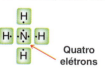

Quatro elétrons

ETAPA 3 Atribuir uma carga formal.

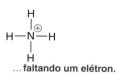

...faltando um elétron.

Tente Resolver os Problemas 1.13, 1.14, 1.41

1.5 LOCALIZAÇÃO DE CARGAS PARCIAIS RESULTANTES DA INDUÇÃO

ETAPA 1 Identificar todas as ligações covalentes polares.

Covalente polar

ETAPA 2 Determinar a direção de cada dipolo.

ETAPA 3 Indicar a localização das cargas parciais.

Tente Resolver os Problemas 1.15, 1.16, 1.36, 1.37, 1.48, 1.57

Uma Revisão de Química Geral

1.6 IDENTIFICAÇÃO DAS CONFIGURAÇÕES ELETRÔNICAS

ETAPA 1 Preencher os orbitais usando o princípio de Aufbau, o princípio da exclusão de Pauli e a regra de Hund.

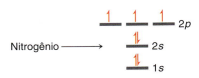

ETAPA 2 Resumir usando a seguinte notação:

$1s^2 2s^2 2p^3$

Tente Resolver os Problemas **1.17, 1.18, 1.44**

1.7 IDENTIFICAÇÃO DOS ESTADOS DE HIBRIDIZAÇÃO

| Quatro ligações simples | Uma ligação dupla | Uma ligação tripla |
| sp^3 | sp^2 | sp |

Tente Resolver os Problemas **1.22, 1.23, 1.55, 1.56, 1.58**

1.8 PREVENDO A GEOMETRIA

ETAPA 1 Determinar o número estérico, somando o número de ligações σ com o número de pares isolados.

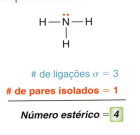

de ligações σ = 3
de pares isolados = 1
Número estérico = 4

ETAPA 2 Usar o número estérico para determinar o estado de hibridização e a geometria eletrônica.

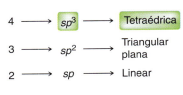

4 → sp^3 → Tetraédrica
3 → sp^2 → Triangular plana
2 → sp → Linear

ETAPA 3 Ignorar os pares isolados e descrever a geometria.

Tetraédrica arranjo dos pares de elétrons

Nenhum par isolado → Tetraédrica
Um par isolado → Piramidal triangular
Dois pares isolados → Angular

Tente Resolver os Problemas **1.25–1.28, 1.39–1.41, 1.50, 1.55, 1.56, 1.58**

1.9 IDENTIFICAÇÃO DA PRESENÇA DE MOMENTOS DE DIPOLO MOLECULARES

ETAPA 1 Prever a geometria.

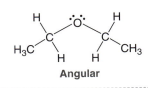

Angular

ETAPA 2 Identificar a direção de todos os momentos de dipolo.

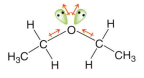

ETAPA 3 Representar o momento de dipolo líquido.

Tente Resolver os Problemas **1.29–1.31, 1.37, 1.40, 1.43, 1.61, 1.62**

1.10 PREVISÃO DAS PROPRIEDADES FÍSICAS DE SUBSTÂNCIAS COM BASE NAS SUAS ESTRUTURAS MOLECULARES

ETAPA 1 Identificar interações dipolo-dipolo.

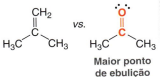

Maior ponto de ebulição

ETAPA 2 Identificar ligação de H.

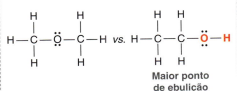

Maior ponto de ebulição

ETAPA 3 Identificar o número de átomos de carbono e a extensão da ramificação.

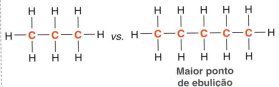

Maior ponto de ebulição

Tente Resolver os Problemas **1.32, 1.33, 1.52, 1.53, 1.60**

PROBLEMAS PRÁTICOS

1.34 Desenhe as estruturas para todos os isômeros constitucionais com as seguintes fórmulas moleculares:

(a) C_4H_{10} (b) C_5H_{12} (c) C_6H_{14}
(d) C_2H_5Cl (e) $C_2H_4Cl_2$ (f) $C_2H_3Cl_3$

1.35 Desenhe as estruturas para todos os isômeros constitucionais com a fórmula molecular C_4H_8 que têm:

(a) Apenas ligações simples (b) Uma ligação dupla

1.36 Para cada substância vista a seguir, identifique qualquer ligação covalente polar e indique a direção do momento de dipolo usando os símbolos δ+ e δ–:

(a) HBr (b) HCl (c) H_2O (d) CH_4O

1.37 Para cada par de substâncias vistas a seguir, identifique qual a que se espera que tenha um caráter mais iônico. Explique sua escolha.

(a) NaBr ou HBr (b) BrCl ou FCl

1.38 Desenhe uma estrutura de pontos de Lewis para cada uma das substâncias vistas a seguir:

(a) CH_3CH_2OH (b) CH_3CN

1.39 Preveja a geometria de cada átomo, exceto o hidrogênio, nas substâncias vistas a seguir:

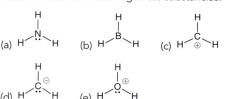

1.40 Desenhe uma estrutura de Lewis para uma substância com a fórmula molecular $C_4H_{11}N$ na qual três dos átomos de carbono estão ligados ao átomo de nitrogênio. Qual é a geometria do átomo de nitrogênio na substância? Será que essa substância apresenta algum momento de dipolo molecular? Se assim for, indique a direção do momento de dipolo.

1.41 Desenhe uma estrutura de Lewis do ânion $AlBr_4^-$ e determine sua geometria.

1.42 Desenhe a estrutura para o único isômero constitucional do ciclopropano:

Ciclopropano

1.43 Determine se cada substância vista a seguir apresenta um momento de dipolo molecular:

(a) CH_4 (b) NH_3 (c) H_2O
(d) CO_2 (e) CCl_4 (f) CH_2Br_2

1.44 Identifique o elemento neutro que corresponde a cada uma das seguintes configurações eletrônicas:

(a) $1s^2 2s^2 2p^4$ (b) $1s^2 2s^2 2p^5$ (c) $1s^2 2s^2 2p^2$
(d) $1s^2 2s^2 2p^3$ (e) $1s^2 2s^2 2p^6 3s^2 3p^5$

1.45 Nas substâncias vistas a seguir, classifique cada ligação como covalente, covalente polar ou iônica:

(a) NaBr (b) NaOH (c) $NaOCH_3$
(d) CH_3OH (e) CH_2O

1.46 Desenhe as estruturas para todos os isômeros constitucionais com as seguintes fórmulas moleculares:

(a) C_2H_6O (b) $C_2H_6O_2$ (c) $C_2H_4Br_2$

1.47 Desenhe as estruturas para cinco isômeros constitucionais quaisquer com fórmula molecular $C_2H_6O_3$.

1.48 Para cada um dos tipos de ligação vistos a seguir, determine a direção do momento de dipolo esperado.

(a) C—O (b) C—Mg (c) C—N (d) C—Li
(e) C—Cl (f) C—H (g) O—H (h) N—H

1.49 Preveja os ângulos de ligação nas seguintes substâncias:

(a) CH_3CH_2OH (b) CH_2O (c) C_2H_4 (d) C_2H_2
(e) CH_3OCH_3 (f) CH_3NH_2 (g) C_3H_8 (h) CH_3CN

1.50 Identifique o estado de hibridização esperado e a geometria para o átomo central em cada uma das seguintes substâncias:

1.51 Conte o número total de ligações σ e de ligações π na substância vista a seguir:

1.52 Para cada par de substâncias vistas a seguir, preveja que substância terá o maior ponto de ebulição e explique a sua escolha:

(a) $CH_3CH_2CH_2OCH_3$ ou $CH_3CH_2CH_2CH_2OH$
(b) $CH_3CH_2CH_2CH_3$ ou $CH_3CH_2CH_2CH_2CH_3$
(c)

1.53 Qual(is) das seguintes substâncias puras exibirão ligação de hidrogênio?

(a) CH_3CH_2OH (b) CH_2O (c) C_2H_4 (d) C_2H_2
(e) CH_3OCH_3 (f) CH_3NH_2 (g) C_3H_8 (h) NH_3

1.54 Para cada um dos casos vistos a seguir, identifique o valor mais provável para x:

(a) BH_x (b) CH_x (c) NH_x (d) CH_2Cl_x

1.55 Identifique o estado de hibridização e a geometria de cada átomo de carbono nas substâncias vistas a seguir:

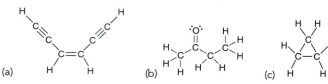

1.56 Zolpidem é um sedativo utilizado no tratamento da insônia. Ele foi descoberto em 1982 e apresentado ao mercado dos EUA em 1992 (leva um longo tempo para novos medicamentos passarem por extensos testes necessários para receber aprovação da Food and Drug Adminis-

Uma Revisão de Química Geral

47

tration nos EUA). Identifique o estado de hibridização e a geometria de cada átomo de carbono na estrutura dessa substância:

Zolpidem

1.57 Identifique o elemento mais eletronegativo em cada uma das substâncias vistas a seguir:

(a) $CH_3OCH_2CH_2NH_2$ (b) CH_2ClCH_2F (c) CH_3Li

1.58 A nicotina é uma substância viciante encontrada no tabaco. Identifique o estado de hibridização e a geometria de cada um dos átomos de nitrogênio na nicotina:

Nicotina

1.59 A seguir é mostrada a estrutura da cafeína, mas seus pares isolados não são mostrados. Identifique a localização de todos os pares isolados nessa substância:

Cafeína

1.60 Existem duas substâncias diferentes com a fórmula molecular C_2H_6O. Um desses isômeros tem um ponto de ebulição muito mais elevado do que o outro. Explique o porquê.

1.61 Identifique quais das substâncias vistas a seguir possuem um momento de dipolo molecular e indique a direção desse momento de dipolo:

(a)   (b)

(c)   (d)

1.62 O cloreto de metileno (CH_2Cl_2) tem menos átomos de cloro do que o clorofórmio ($CHCl_3$). No entanto, o cloreto de metileno tem um momento de dipolo molecular maior do que o clorofórmio. Explique.

PROBLEMAS INTEGRADOS

1.63 Considere as três substâncias apresentadas a seguir. Responda às perguntas que seguem:

Substância A

Substância B

Substância C

(a) Quais as duas substâncias que são isômeros constitucionais?

(b) Que substância contém um átomo de nitrogênio com a geometria piramidal triangular?

(c) Identifique a substância com o maior número de ligações σ.

(d) Identifique a substância com o menor número de ligações σ.

(e) Que substância contém mais de uma ligação π?

(f) Que substância contém um átomo de carbono com hibridização sp^2?

(g) Que substância contém apenas átomos com hibridização sp^3 (além dos átomos de hidrogênio)?

(h) Que substância se espera que tenha o maior ponto de ebulição? Explique.

1.64 Proponha pelo menos duas estruturas diferentes para uma substância com seis átomos de carbono que apresenta as seguintes características:

(a) Todos os seis átomos de carbono têm hibridização sp^2.

(b) Apenas um átomo de carbono tem hibridização sp. Todos os cinco átomos de carbono restantes têm hibridização sp^3 (lembre que a sua substância pode ter outros elementos além de carbono e hidrogênio).

(c) Existe um anel, e todos os átomos de carbono têm hibridização sp^3.

(d) Todos os seis átomos de carbono têm hibridização sp, e a substância não contém átomos de hidrogênio (lembre que uma ligação tripla é linear e, por conseguinte, não pode ser incorporada em um anel de seis átomos de carbono).

48 CAPÍTULO 1

1.65 Desenhe todos os isômeros constitucionais com fórmula molecular C_5H_{10} que possuem uma ligação π.

1.66 Com as atuais técnicas espectroscópicas (discutidas nos Capítulos 15-17), os químicos são geralmente capazes de determinar a estrutura de uma substância orgânica desconhecida em apenas um dia. Essas técnicas se tornaram disponíveis somente nas últimas décadas. Na primeira metade do século XX, a determinação de uma estrutura era um processo muito lento e difícil no qual a substância sob investigação era sujeita a uma variedade de reações químicas. Os resultados dessas reações proporcionavam aos químicos pistas sobre a estrutura da substância. Com pistas suficientes, às vezes era possível (mas nem sempre) determinar a estrutura. Como um exemplo, tente determinar a estrutura de uma substância desconhecida usando as seguintes pistas:

- A fórmula molecular é $C_4H_{10}N_2$.
- Não existem ligações π na estrutura.
- A substância não tem momento de dipolo.
- A substância apresenta ligação de hidrogênio muito forte.

Você deve achar que existem pelo menos dois isômeros constitucionais que são consistentes com as informações anteriores. (**Sugestão:** Considere a incorporação de um anel em sua estrutura.)

1.67 Uma substância com fórmula molecular $C_5H_{11}N$ não tem ligações π. Cada carbono está ligado a exatamente dois átomos de hidrogênio. Determine a estrutura da substância.

1.68 Isonitrilas (**A**) são uma importante classe de substâncias devido a sua reatividade versátil do grupo funcional, que permite a preparação de numerosas novas substâncias e produtos naturais. Isonitrilas podem ser convertidas em dialetos de isonitrila (**B**), o que representa um procedimento útil para diminuir temporariamente a reatividade de uma isonitrila (*Tetrahedron Lett.* **2012**, *53*, 4536-4537).

(a) Identifique o estado de hibridização para cada átomo destacado em **A**.

(b) Um dos átomos de carbono em **A** apresenta um par isolado de elétrons. Em que tipo de orbital atômico se localiza este par isolado?

(c) Preveja o ângulo de ligação C—N—C na substância **A**.

(d) Identifique o estado de hibridização para cada átomo destacado em **B**.

(e) O átomo de nitrogênio em **B** apresenta um par de elétrons isolado. Em que tipo de orbital atômico se localiza este par isolado?

(f) Preveja o ângulo de ligação C—N—C na substância **B**.

1.69 Na Seção 1.12, discutimos o efeito que as ramificações podem ter sobre o ponto de ebulição de uma substância. Em certos casos, a ramificação pode também afetar o modo como uma molécula pode reagir com moléculas diferentes. Usamos o termo "impedimento estérico" para descrever como ramificações podem influenciar a reatividade. Por exemplo, um maior "congestionamento estérico" pode diminuir a reatividade de uma ligação π C=C (*Org. Lett,* **1999**, *1*, 1123-1125). Na molécula vista a seguir, identifique cada ligação π e determine quem tem um maior grau de congestionamento estérico. (Observação: Isto não é o mesmo que "número estérico".)

DESAFIOS

1.70 Epicloridrina (**1**) é um epóxido utilizado na produção de plástico, colas epóxi, e resinas (reações de epóxidos serão discutidas no Capítulo 14). Quando a epicloridrina é tratada com fenol (**2**), dois produtos são formados (**3** e **4**). À temperatura ambiente, esses produtos líquidos são difíceis de separar um do outro, mas mediante aquecimento, essas substâncias são facilmente separadas uma da outra. Explique essas observações (*Tetrahedron* **2006**, *62*, 10968-10979).

1.71 Considere a tabela vista a seguir, que apresenta os comprimentos de ligação para várias ligações C—X (medidos em Å).

	X = F	X = Cl	X = Br	X = I
—C—X	1,40	1,79	1,97	2,16
C=C—X	1,34		1,88	2,10
≡C—X	1,27	1,63	1,79	

(a) Compare os dados para ligações do tipo C_{sp^3}—X. Descreva a tendência que você observa e ofereça uma explicação para essa tendência.

(b) Compare os dados para ligações dos seguintes tipos: C_{sp^3}—F, C_{sp^2}—F e C_{sp}—F. Descreva a tendência que você observa e ofereça uma explicação para essa tendência.

(c) Ao comparar os comprimentos de ligação para C_{sp^2}—Cl e C_{sp}—I, as tendências estabelecidas nas duas primeiras partes deste problema parecem estar em conflito uma com a outra. Descreva como as duas tendências se opõem uma a outra, e então use os dados da tabela para determinar que ligação você acha que é mais longa. Explique sua escolha.

1.72 A tomografia por emissão de pósitrons (PET) é uma técnica de imagem médica que produz uma imagem tridimensional de processos funcionais no corpo, tais como a captação de glicose no cérebro. Imagem por PET requer a introdução de flúor-18 [^{18}F – um isótopo radioativo do flúor] em moléculas, o que pode ser realizado por várias rotas de síntese, tal como a que é vista a seguir (*Tetrahedron Lett.* **2003**, *44*, 9165-9167):

Uma Revisão de Química Geral

(a) Identifique a hibridização para cada um dos heteroátomos (átomo diferente de C ou H) presente nas três substâncias. Observação: Ao longo deste capítulo, todos os pares isolados de elétrons foram representados. Veremos em breve (Capítulo 2), que pares isolados de elétrons são frequentemente omitidos das representações estruturais, porque eles podem ser inferidos pela presença ou ausência de cargas formais. Neste problema, nenhum dos pares isolados de elétrons foi representado.

(b) Preveja o ângulo de ligação de cada ligação C—N—C no produto.

(c) Identifique o(s) tipo(s) de orbital(is) atômico(s) que contêm os pares isolados de elétrons no átomo de oxigênio no produto.

1.73 Fenalamide A_2 pertence a uma classe de produtos naturais que são de interesse por causa da sua atividade antibiótica, antifúngica e antiviral. Na primeira síntese total dessa substância, o seguinte éster boronato foi utilizado (*Org. Lett.* **1999**, *1*, 1713-1715):

(a) Determine o estado de hibridização do átomo de boro.

(b) Preveja o ângulo de ligação O—B—O e, em seguida, sugira uma razão pela qual o ângulo de ligação real pode se desviar do valor previsto neste caso.

(c) Os pares isolados não foram representados. Represente todos eles. (**Sugestão:** Observe que a estrutura não tem nenhuma carga formal.)

1.74 A formação de uma variedade de substâncias chamadas oxazolidinonas é importante para a síntese de muitos diferentes produtos naturais e outras substâncias que têm utilização potencial como medicamentos futuros. Um método para a preparação de oxazolidinonas envolve a conversão de um cloreto de hidroximoila, tal como a substância **1**, em um óxido de nitrila, tal como a substância **2** (*J. Org. Chem.* **2009**, *74*, 1099-1113):

(a) Identifique quaisquer cargas formais que estão faltando nas estruturas de **1** e **2**.

(b) Determine qual a substância que deverá ser mais solúvel em um solvente polar e justifique a sua escolha.

(c) Determine de quanto o ângulo de ligação C—C—N aumenta devido a conversão de **1** em **2**.

1.75 A substância vista a seguir pertence a uma classe de substâncias chamadas derivados do estradiol, que mostram a possibilidade de serem utilizados no tratamento de câncer de mama (*Tetrahedron Lett.* **2001**, *42*, 8579-8582):

(a) Determine o estado de hibridização de C_a, C_b e C_c.

(b) Determine o ângulo de ligação H—C_a—C_b.

(c) Determine o ângulo de ligação C_a—C_b—C_c.

(d) C_b apresenta duas ligações π: uma para C_a e outra para C_c. Desenhe uma figura de C_a, C_b e C_c que mostra a orientação relativa dos dois diferentes orbitais p que C_b está utilizando para formar suas duas ligações π. Mostre também os orbitais p sobre C_a e C_c que estão sendo usados por cada um desses átomos. Descreva a orientação relativa dos orbitais p sobre C_a e C_c.

1.76 O estudo de análogos de pequenas cadeias peptídicas (Capítulo 25), chamados peptidomiméticos, proporciona modelos para compreender os efeitos de estabilização observados em peptídeos maiores, incluindo enzimas (catalisadores naturais). A estrutura vista a seguir mostra a possibilidade de ser utilizada para o estudo de como as enzimas se enovelam em formas muito distintas que lhe conferem função catalítica (*Org. Lett.* **2001**, *3*, 3843-3846):

(a) Esta substância tem duas unidades N—C—N, com ângulos de ligação diferentes. Preveja a diferença nos ângulos de ligação entre essas duas unidades e explique a origem da diferença.

(b) Quando esta substância foi preparada e investigada demonstrou uma preferência em adotar uma forma tridimensional, em que as duas regiões destacadas estavam muito próximas. Descreva a interação que ocorre e faça uma representação que ilustra essa interação.

1.77 Polímeros orgânicos (moléculas com massa molecular muito elevada) podem ser projetados com poros (cavidades) que são especificamente concebidos para se ajustarem a uma determinada molécula "hóspede" devido ao tamanho complementar, forma e interações de grupos funcionais (forças intermoleculares). Tais sistemas são frequentemente inspirados por sítios de ligação das enzimas naturais, que apresentam um elevado grau de especificidade para um hóspede particular. Vários polímeros porosos foram projetados para se ligarem ao bisfenol **A** (substância **1**), uma substância que é motivo de preocupação ambiental devido à sua capacidade em imitar hormônios naturais como o estrogênio (*J. Am. Chem. Chem. Soc.* **2009**, *131*, 8833-8838). Esquemas dos sítios de ligação de dois desses polímeros são apresentados a seguir. O polímero **A** foi visto ter apenas seletividade limitada na medida em que ele se liga a **1** ou **2** (uma molécula hóspede de controle) em um grau semelhante. O polímero **B** é mais seletivo na medida em que ele se liga fortemente a **1** e fracamente a **2**. Desenhe figuras mostrando como cada hóspede (**1**, **2**) pode se ligar nos poros de cada polímero (**A**, **B**), e proponha uma explicação para as diferenças na especificidade de ligação descrita anteriormente.

2 Representações Moleculares

2.1 Representações Moleculares
2.2 Estruturas em Bastão
2.3 Identificação de Grupos Funcionais
2.4 Átomos de Carbono com Cargas Formais
2.5 Identificação de Pares Isolados
2.6 Estruturas em Bastão Tridimensionais
2.7 Introdução à Ressonância
2.8 Setas Curvas
2.9 Cargas Formais em Estruturas de Ressonância
2.10 Representação de Estruturas de Ressonância Através de Reconhecimento de Padrões
2.11 Avaliação da Importância Relativa de Estruturas de Ressonância
2.12 Pares Isolados Deslocalizados e Localizados

VOCÊ JÁ SE PERGUNTOU...
como ocorre a concepção de novos fármacos?

Pesquisadores empregam muitas técnicas na concepção de novos fármacos. Uma dessas técnicas, chamada modificação da substância protótipo, permite que os cientistas identifiquem a parte de uma substância responsável pelas suas propriedades medicinais e, em seguida, projetem substâncias semelhantes com melhores propriedades. Veremos um exemplo desta técnica, especificamente, em que a descoberta da morfina levou ao desenvolvimento de toda uma família de analgésicos potentes (codeína, heroína, metadona e muitos outros).

A fim de comparar as estruturas das substâncias a serem discutidas, será necessária uma maneira mais eficiente para representar as estruturas das substâncias orgânicas. Estruturas de Lewis são eficientes apenas para pequenas moléculas, tais como aquelas que foram consideradas no capítulo anterior. O objetivo deste capítulo é dominar as habilidades necessárias para usar e interpretar o método de representação mais frequentemente utilizado pelos químicos orgânicos e bioquímicos. Essas representações, chamadas de estruturas em bastão, são rápidas para desenhar e fáceis de visualizar, além de centralizarem a nossa atenção sobre os centros reativos presentes em uma substância. Na segunda metade deste capítulo, veremos que as estruturas em bastão são inadequadas em algumas circunstâncias, e vamos explorar a técnica que os químicos empregam para lidar com a inadequação das estruturas em bastão.

Representações Moleculares  51

VOCÊ SE LEMBRA?

Antes de avançar, tenha certeza de que você compreendeu os tópicos citados a seguir.
Se for necessário, revise as seções sugeridas para se preparar para este capítulo:

- Elétrons, Ligações e Estruturas de Lewis (Seção 1.3)
- Identificação de Cargas Formais (Seção 1.4)
- Teoria do Orbital Molecular (Seção 1.8)

2.1 Representações Moleculares

Os químicos usam muitos tipos de representações diferentes para visualizar as moléculas. Consideremos a estrutura do isopropanol, também chamado álcool isopropílico, utilizado como agente de limpeza em diversos dispositivos associados a microcomputadores. A estrutura dessa substância é mostrada a seguir em vários tipos de representação:

Estruturas de Lewis | Estruturas parcialmente condensadas | Estrutura condensada | Fórmula molecular

As estruturas de Lewis foram discutidas no capítulo anterior. A vantagem das estruturas de Lewis é que todos os átomos e ligações são explicitamente representados. No entanto, as estruturas de Lewis são práticas apenas para moléculas muito pequenas. Para moléculas maiores, torna-se extremamente difícil representar todas as ligações e todos os átomos.

Nas **estruturas parcialmente condensada**s, as ligações C—H não são todas representadas de forma explícita. No exemplo anterior, o CH_3 se refere a um átomo de carbono ligando-se a três átomos de hidrogênio. Mais uma vez, este modelo de representação só é prático para pequenas moléculas.

Nas **estruturas condensadas**, ligações simples não são representadas. Em vez disso, os grupos de átomos são agrupados juntos quando é possível. Por exemplo, o isopropanol tem dois grupos CH_3, ambos ligados ao átomo de carbono central, mostrados da seguinte maneira: $(CH_3)_2CHOH$. Mais uma vez, este modelo de representação só é prático para moléculas pequenas com estruturas simples.

A fórmula molecular de uma substância simplesmente mostra o número de cada tipo de átomo na substância (C_3H_8O). Nenhuma informação estrutural é fornecida. Na verdade, existem três isômeros constitucionais com fórmula molecular C_3H_8O:

Isopropanol | Propanol | Etil metil éter

Ao rever algumas das diferentes formas de representar as moléculas, vemos que nenhuma delas é conveniente para moléculas grandes. As fórmulas moleculares não fornecem informações suficientes, as estruturas de Lewis levam muito tempo para serem representadas, e as estruturas parcialmente condensadas e condensadas são adequadas apenas para moléculas relativamente simples. Nas próximas seções, vamos aprender as regras para representar estruturas em bastão, que é a forma de representação mais frequentemente utilizada pelos químicos orgânicos. Neste momento, vamos praticar as formas de representação vistas anteriormente, que serão utilizadas para pequenas moléculas ao longo deste livro.

DESENVOLVENDO A APRENDIZAGEM

2.1 CONVERSÃO ENTRE DIFERENTES FORMAS DE REPRESENTAÇÃO

APRENDIZAGEM Represente uma estrutura de Lewis para a seguinte substância:

$$(CH_3)_2CH\ddot{O}CH_2CH_3$$

SOLUÇÃO

Esta substância é mostrada na forma condensada. Para representar uma estrutura de Lewis, começamos representando cada grupo separadamente, mostrando uma estrutura parcialmente condensada:

ETAPA 1
Representa-se cada grupo separadamente.

Estrutura condensada → Estrutura parcialmente condensada

Em seguida, representam-se todas as ligações C—H:

ETAPA 2
Representam-se todas as ligações C—H.

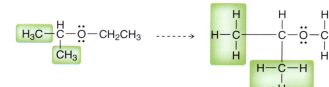

Estrutura parcialmente condensada → Estrutura de Lewis

PRATICANDO o que você aprendeu

2.1 Represente uma estrutura de Lewis para cada uma das seguintes substâncias:

(a) CH_2=$CHOCH_2CH(CH_3)_2$
(b) $(CH_3CH_2)_2CHCH_2CH_2OH$
(c) $(CH_3CH_2)_3COH$
(d) $(CH_3)_2C$=$CHCH_2CH_3$
(e) CH_2=$CHCH_2OCH_2CH(CH_3)_2$
(f) $(CH_3CH_2)_2C$=CH_2
(g) $(CH_3)_3CCH_2CH_2OH$
(h) $CH_3CH_2CH_2CH_2CH_2CH_3$
(i) $CH_3CH_2CH_2OCH_3$
(j) $(CH_3CH_2CH_2)_2CHOH$
(k) $(CH_3CH_2)_2CHCH_2OCH_3$
(l) $(CH_3)_2CHCH_2OH$

APLICANDO o que você aprendeu

2.2 Identifique, entre todas as substâncias vistas a seguir, quais os dois isômeros constitucionais:

$(CH_3)_3C\ddot{O}CH_3$ $(CH_3)_2CH\ddot{O}CH_3$ $(CH_3)_2CH\ddot{O}CH_2CH_3$

2.3 Identifique o número de átomos de carbono com hibridização sp^3 na seguinte substância:

$$(CH_3)_2C$$=$$CHC(CH_3)_3$$

2.4 O ciclopropano (mostrado a seguir) tem apenas um isômero constitucional. Represente uma estrutura condensada desse isômero.

$$\begin{array}{c} H_2C \\ | \quad \diagdown \\ \quad CH_2 \\ | \quad \diagup \\ H_2C \end{array}$$

→ é necessário **PRATICAR MAIS?** Tente Resolver os Problemas 2.49, 2.50

Representações Moleculares

2.2 Estruturas em Bastão

Não é prático representar estruturas de Lewis para todas as substâncias, especialmente os de grande porte. Como exemplo, considere a estrutura da amoxicilina, um dos antibióticos mais frequentemente usados na família da penicilina:

Amoxicilina

No passado, infecções fatais foram neutralizadas por antibióticos, como o que foi visto anteriormente. A amoxicilina não é uma substância de grande porte, embora a representação da estrutura dessa substância seja demorada. Para lidar com esse problema, os químicos orgânicos têm desenvolvido uma forma de representação eficiente, que pode ser usada para representar moléculas muito rapidamente. As **estruturas em bastão** não somente simplificam o processo de representação, como também são mais facilmente visualizadas. A estrutura em bastão da amoxicilina é vista a seguir:

A maioria dos átomos não é mostrada explicitamente, mas com a prática, essas representações se tornarão fáceis de serem utilizadas. Ao longo do restante deste livro, a maioria das substâncias será representada na forma de estrutura em bastão, de modo que é absolutamente imprescindível dominar essa técnica de representação. As seções seguintes foram elaboradas para que você desenvolva essa habilidade.

A PROPÓSITO

Você pode achar que vale a pena comprar ou pedir emprestado um *kit* de montagem de modelos moleculares. Existem vários tipos de *kits* de montagem de modelos moleculares a venda, e a maior parte deles é constituída de peças de plástico que podem ser conectadas para formar modelos de moléculas pequenas. Qualquer um desses *kits* vai ajudar você a visualizar a relação entre as estruturas moleculares e os desenhos usados para representá-las.

Como Visualizar Estruturas em Bastão

Estruturas em bastão são representadas em zigue-zague (⌁⌁⌁), em que cada vértice ou extremidade representa um átomo de carbono. Por exemplo, cada uma das seguintes substâncias tem seis átomos de carbono (conte-os!):

Ligações duplas são mostradas com duas linhas e ligações triplas são mostradas com três linhas:

Observe que as ligações triplas são representadas de modo linear em vez de em formato de zigue-zague, porque as ligações triplas envolvem átomos de carbono com hibridização *sp*, que têm geometria linear (Seção 1.9). Os dois átomos de carbono de uma ligação tripla e os dois átomos de carbono ligados a eles são representados em uma linha reta. Todas as outras ligações são desenhadas em zigue-zague; por exemplo, a substância vista a seguir tem oito átomos de carbono.

Átomos de hidrogênio ligados a átomos de carbono também não são mostrados nas estruturas em bastão, porque se admite que cada átomo de carbono possuirá átomos de hidrogênio suficientes de modo a alcançar um total de quatro ligações. Por exemplo, o átomo de carbono em destaque visto a seguir parece ter apenas duas ligações:

Portanto, podemos inferir que deve haver mais duas ligações com átomos de hidrogênio que não foram apresentadas (para dar um total de quatro ligações). Desse modo, todos os átomos de hidrogênio são inferidos através da representação:

Com um pouco de prática, não será mais necessário contar as ligações. A familiaridade com estruturas em bastão vai permitir que você "veja" todos os átomos de hidrogênio, embora eles não estejam representados. Este nível de familiaridade é absolutamente essencial, assim, vamos começar a praticar.

DESENVOLVENDO A APRENDIZAGEM

2.2 VISUALIZANDO ESTRUTURAS EM BASTÃO

APRENDIZAGEM Considere a estrutura do diazepam, comercializado pela primeira vez pela empresa Hoffmann-La Roche sob o nome comercial Valium:

Diazepam (Valium)

Valium é um relaxante muscular e sedativo utilizado no tratamento da ansiedade, insônia e convulsões. Identifique o número de átomos de carbono no diazepam e, em seguida, assinale todos os átomos de hidrogênio ausentes que são inferidos através da representação.

SOLUÇÃO

Lembre-se de que cada vértice e cada extremidade representam um átomo de carbono. Esta substância tem, portanto, 16 átomos de carbono, destacados a seguir:

ETAPA 1
Contagem dos átomos de carbono, que são representados por vértices ou extremidades.

Representações Moleculares

55

Cada átomo de carbono deve ter quatro ligações. Portanto, representamos átomos de hidrogênio suficientes a fim de dar a cada átomo de carbono um total de quatro ligações. Qualquer átomo de carbono que já tenha quatro ligações não terá quaisquer átomos de hidrogênio:

ETAPA 2
Contagem dos átomos de hidrogênio. Cada átomo de carbono terá átomos de hidrogênio suficientes para ter exatamente quatro ligações.

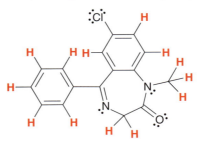

PRATICANDO
o que você aprendeu

2.5 Para cada uma das moléculas vistas a seguir, determine o número de átomos de carbono presentes e, em seguida, determine o número de átomos de hidrogênio ligados a cada átomo de carbono:

 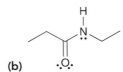 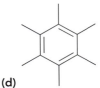
(a) (b) (c) (d)

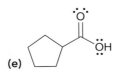
(e) (f) (g) (h)

 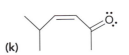
(i) (j) (k) (l)

APLICANDO
o que você aprendeu

2.6 Cada transformação vista a seguir mostra uma substância sendo convertida em um produto (os reagentes necessários para realizar a transformação não foram mostrados). Para cada transformação, determine se o produto tem mais átomos de carbono, menos átomos de carbono ou o mesmo número de átomos de carbono que a substância de partida. Em outras palavras, determine se cada transformação envolve um aumento, diminuição ou nenhuma alteração no número de átomos de carbono.

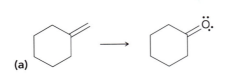 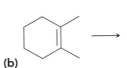 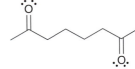
(a) (b)

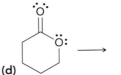
(c) (d)

2.7 Identifique se cada transformação vista a seguir envolve um aumento, uma diminuição ou nenhuma alteração no número de átomos de hidrogênio:

(a) (b)

é necessário **PRATICAR MAIS?** Tente Resolver os Problemas 2.39, 2.49, 2.52

CAPÍTULO 2

Como Representar Estruturas em Bastão

Certamente é importante ser capaz de visualizar estruturas em bastão fluentemente, mas é igualmente importante ser capaz de representá-las eficientemente. Ao representar estruturas em bastão, as seguintes regras devem ser observadas:

1. Os átomos de carbono em uma cadeia linear devem ser representados em um formato em zigue-zague:

2. Ao representar ligações duplas, represente todas as ligações tão distantes quanto for possível:

3. Ao representar ligações simples, a direção em que as ligações são representadas é irrelevante:

   Essas duas representações não mostram isômeros constitucionais — são apenas duas representações de uma mesma substância. Ambas são perfeitamente aceitáveis.

4. Todos os *heteroátomos* (outros átomos além de carbono e hidrogênio) têm que ser representados, e qualquer átomo de hidrogênio ligado a um heteroátomo também tem que ser representado. Por exemplo:

5. Nunca represente um átomo de carbono com mais de quatro ligações. O carbono tem apenas quatro orbitais em sua camada de valência e, portanto, átomos de carbono só podem formar quatro ligações.

ATENÇÃO
Observe que a primeira estrutura inclui símbolos para cada átomo de carbono (C) e de hidrogênio (H), enquanto que a segunda estrutura não mostra quaisquer símbolos dos átomos de carbono e hidrogênio. Ambas as estruturas são representações válidas, mas é incorreto representar os átomos de carbono sem também representar os átomos de hidrogênio (por exemplo: C—C—C—C). Ou se representam cada C e cada H, tal como na primeira estrutura, ou se retiram esses símbolos, como na segunda estrutura.

DESENVOLVENDO A APRENDIZAGEM

2.3 REPRESENTANDO ESTRUTURAS EM BASTÃO

APRENDIZAGEM Represente uma estrutura em bastão da seguinte substância:

Representações Moleculares

 SOLUÇÃO
A representação de uma estrutura em bastão requer apenas algumas etapas conceituais. Primeiro, apague todos os átomos de hidrogênio, exceto aqueles ligados a heteroátomos:

ETAPA 1
Eliminação da representação dos átomos de hidrogênio, exceto aqueles ligados a heteroátomos.

Em seguida, coloque a cadeia de carbono em um arranjo em zigue-zague, certificando-se de que todas as ligações triplas são representadas de forma linear:

ETAPA 2
Representação em forma de zigue-zague mantendo as ligações triplas de forma linear.

Finalmente, apague todos os átomos de carbono:

ETAPA 3
Eliminação da representação dos átomos de carbono.

PRATICANDO o que você aprendeu

2.8 Represente uma estrutura em bastão para cada uma das seguintes substâncias:

(a) (b) (c)

(d) $(CH_3)_3C{-}C(CH_3)_3$ (e) $CH_3CH_2CH(CH_3)_2$ (f) $(CH_3CH_2)_3COH$
(g) $(CH_3)_2CHCH_2OH$ (h) $CH_3CH_2CH_2OCH_3$ (i) $(CH_3CH_2)_2C{=}CH_2$
(j) $CH_2{=}CHOCH_2CH(CH_3)_2$ (k) $(CH_3CH_2)_2CHCH_2CH_2NH_2$
(l) $CH_2{=}CHCH_2OCH_2CH(CH_3)_2$ (m) $CH_3CH_2CH_2CH_2CH_2CH_3$
(n) $(CH_3CH_2CH_2)_2CHCl$ (o) $(CH_3)_2C{=}CHCH_2CH_3$
(p) $(CH_3CH_2)_2CHCH_2OCH_3$ (q) $(CH_3)_3CCH_2CH_2OH$
(r) $(CH_3CH_2CH_2)_3COCH_2CH_2CH{=}CHCH_2CH_2OC(CH_2CH_3)_3$

APLICANDO o que você aprendeu

2.9 Represente estruturas em bastão de todos os isômeros constitucionais da seguinte substância:

$$CH_3CH_2CH(CH_3)_2$$

2.10 Em cada uma das substâncias vistas a seguir, identifique todos os átomos de carbono que se espera que sejam deficientes em densidade eletrônica ($\delta+$). Se precisar de ajuda, consulte a Seção 1.5.

(a) (b) (c)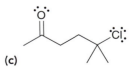

└──> é necessário **PRATICAR MAIS?** Tente Resolver os Problemas **2.39, 2.49, 2.52**

2.3 Identificação de Grupos Funcionais

Estruturas em bastão são a forma de representação preferida pelos químicos orgânicos experimentalistas. Além de serem mais eficientes, as representações em bastão também são mais fáceis de visualizar. Como um exemplo, considere a seguinte reação:

$$(CH_3)_2CHCH=C(CH_3)_2 \xrightarrow[Pt]{H_2} (CH_3)_2CHCH_2CH(CH_3)_2$$

Quando a reação é apresentada desse modo, é um pouco difícil de ver o que está acontecendo. É preciso tempo para digerir a informação que está sendo apresentada. No entanto, quando representamos a mesma reação usando estruturas em bastão, torna-se muito fácil identificar a transformação que está ocorrendo:

Imediatamente se torna evidente que uma ligação dupla está sendo convertida em uma ligação simples. Com a representação em bastão, é mais fácil identificar os grupos funcionais e a sua localização. Um **grupo funcional** é um grupo de átomos/ligações que possui um comportamento químico previsível. Em cada uma das reações vistas a seguir, as substâncias de partida têm uma ligação dupla carbono-carbono, que é um grupo funcional. As substâncias com ligações duplas carbono-carbono normalmente reagem com o hidrogênio molecular (H$_2$) na presença de um catalisador (tal como a Pt). As duas substâncias de partida vistas a seguir têm uma ligação dupla carbono-carbono e, consequentemente, elas exibem comportamento químico semelhante.

A química de todas as substâncias orgânicas é determinada pelos grupos funcionais presentes nas substâncias. Portanto, a classificação das substâncias orgânicas é baseada nos seus grupos funcionais. Por exemplo, substâncias com ligações duplas carbono-carbono são classificadas como *alquenos*, enquanto as substâncias que possuem um grupo OH são classificadas como álcoois. Muitos dos capítulos neste livro são organizados por grupo funcional. A Tabela 2.1 fornece uma lista de grupos funcionais comuns e os capítulos correspondentes em que eles aparecem.

VERIFICAÇÃO CONCEITUAL

2.11 Atenolol e enalapril são fármacos utilizados no tratamento de doença cardíaca. Os dois fármacos abaixam a pressão sanguínea arterial (embora de maneiras diferentes) e reduzem o risco de ataque cardíaco. Usando a Tabela 2.1, identifique e dê o nome de todos os grupos funcionais nessas duas substâncias:

Atenolol

Enalapril

TABELA 2.1 EXEMPLOS DE GRUPOS FUNCIONAIS COMUNS

GRUPO FUNCIONAL*	CLASSIFICAÇÃO	EXEMPLO	CAPÍTULO	GRUPO FUNCIONAL*	CLASSIFICAÇÃO	EXEMPLO	CAPÍTULO
R—X: (X=Cl, Br ou I)	Haleto de alquila	Cloreto de *n*-Propila	7		Cetona	2-Butanona	20
	Alqueno	1-Buteno	8,9		Adeído	Butanal	20
R—C≡C—R	Alquino	1-Butino	10		Ácido carboxílico	Ácido pentanoico	21
R—OH	Álcool	1-Butanol	13		Haleto de acila	Cloreto de acetila	21
R—O—R	Éter	Dietil éter	14		Anidrido	Anidrido acético	21
R—SH	Tiol	1-Butanotiol	14		Éster	Acetato de etila	21
R—S—R	Sulfeto	Sulfeto de Dietila	14		Amida	Butanamida	21
	Aromático (ou areno)	Metilbenzeno	18, 19		Amina	Dietilamina	23

* O "R" se refere ao restante da substância, geralmente átomos de carbono e hidrogênio.

medicamente falando | Produtos Naturais Marinhos

O campo dos produtos naturais marinhos (PNM) continua a se expandir rapidamente à medida que pesquisadores exploram a rica biodiversidade do oceano em busca de novos produtos farmacêuticos. Trata-se de uma subárea da química de produtos naturais e, recentemente, apresentou algumas histórias de sucesso de novos fármacos. Nos primórdios, antes do surgimento do mergulho com auxílio de cilindros de ar comprimido, os esforços para a descoberta de fármacos marinhos estavam voltados principalmente para a vida marinha mais imediatamente acessível, como as algas vermelhas, as esponjas e os corais macios que não se encontravam distantes do litoral.

Desde então, foi dada uma maior ênfase aos organismos do mar profundo, anteriormente desconsiderados, bem como micróbios marinhos associados a sedimentos e macro-organismos dos oceanos. Essas fontes produziram substâncias tanto estruturalmente diversas quanto bioativas. Além disso, aprendeu-se que os micróbios marinhos são os reais produtores de PNM, que anteriormente eram isolados dos seus macro-organismos hospedeiros como os moluscos, as esponjas e os tunicados.

A fase inicial da descoberta de drogas de PNM encontrou problemas de suprimentos devido a limitadas amostras marinhas que produziam pequenas quantidades de produtos naturais bioativos. Essa demanda foi atendida com métodos inovadores como a aquacultura (criação de organismos aquáticos), a síntese total e a biossíntese. O uso da genômica (sequenciamento de DNA dos organismos) e da proteômica (estudo da estrutura e função de proteínas), por exemplo, forneceu novas perspectivas para a produção e distribuição desses produtos naturais.

De todos os PNM e candidatos a fármacos derivados dos PNM identificados até hoje, sete foram aprovados pela Food and Drug Administration (FDA) dos EUA para uso público, com pelo menos outros 13 em vários estágios de testes clínicos. Exemplos de fármacos aprovados pela FDA são: o mesilato de eribulina (E7389), o éster etílico do ácido ômega-3 e a trabectedina (ET-743). Veja as estruturas a seguir.

O mesilato de eribulina é um análogo sintético do produto natural marinho halicondrina B, que foi isolado da esponja negra *Halichondria okadai*. Trata-se de um análogo de poliéter que é

utilizado no tratamento do câncer que se espalha da mama para outros órgãos do corpo. Ele age por bloqueio do desenvolvimento celular, o que resulta na morte das células cancerígenas.

O segundo fármaco, o éster etílico do ácido ômega-3, contém derivados de ácidos carboxílicos insaturados de cadeia longa (ácidos graxos ômega-3) que foram isolados de óleo de peixe. Eles consistem principalmente em ésteres etílicos do ácido eicosapentanoico (EPA) e ácido docosa-hexanoico (DHA). A droga é usada para tratar pessoas com altos níveis de gordura (lipídios) na corrente sanguínea, uma vez que essa condição pode levar a cardiopatias e derrame.

O terceiro agente terapêutico, a trabectedina (ET-743), foi isolado do tunicado marinho *Ecteinascidia turbinata*. É utilizado no tratamento de pacientes com sarcoma de tecidos moles (STM) e com recorrência de câncer de ovário. A trabectedina interfere no sulco menor do DNA e causa a morte da célula.

O futuro dos PNM realmente é brilhante. Com os crescentes progressos tecnológicos de triagem de alta produtividade (HTS), bibliotecas de substâncias, espectrometria de massa (EM), ressonância magnética nuclear (RMN), genômica, biossíntese de substâncias e muito mais, os cientistas continuarão a inovar na esperança de encontrar os produtos naturais marinhos importantes que servirão como futuros candidatos a fármacos.

Halicondrina B

Mesilato de eribulina

Éster etílico do EPA

Éster etílico do DHA

Trabectedina (ET-743)

Representações Moleculares 61

2.4 Átomos de Carbono com Cargas Formais

Na Seção 1.4 vimos que uma carga formal está associada a qualquer átomo que não apresente o número apropriado de elétrons de valência. Cargas formais são extremamente importantes, e elas devem ser mostradas nas estruturas em bastão. A falta da carga formal torna uma estrutura em bastão incorreta e, portanto, inútil. Assim, vamos praticar rapidamente a identificação de cargas formais em estruturas em bastão.

VERIFICAÇÃO CONCEITUAL

2.12 Para cada uma das substâncias vistas a seguir determine se algum dos átomos de nitrogênio tem uma carga formal:

   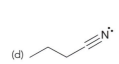
(a)   (b)   (c)   (d)

2.13 Para cada uma das substâncias vistas a seguir determine se algum dos átomos de oxigênio tem uma carga formal:

(a)   (b)   (c)   (d)

Agora vamos considerar as cargas formais sobre os átomos de carbono. Vimos que o carbono geralmente tem quatro ligações, o que nos permite "ver" todos os átomos de hidrogênio, embora eles não sejam explicitamente mostrados nas estruturas em bastão. Agora, temos que modificar esta regra: *Um átomo de carbono geralmente terá quatro ligações apenas quando ele não tem uma carga formal*. Quando um átomo de carbono tem uma carga formal, positiva ou negativa, ele terá três ligações em vez de quatro. Para entender o porquê, vamos considerar primeiro o C$^+$, e, em seguida, vamos considerar o C$^-$.

Lembre que o número apropriado de elétrons de valência em um átomo de carbono é quatro. A fim de ter uma carga formal positiva, um átomo de carbono tem que ter perdido um elétron. Em outras palavras, ele tem que ter apenas três elétrons de valência. Esse átomo de carbono só pode formar três ligações. Isso tem que ser levado em consideração quando for feito a contagem dos átomos de hidrogênio:

Não existem átomos de hidrogênio sobre este C$^+$ **Um átomo de hidrogênio sobre este C$^+$** **Dois átomos de hidrogênio sobre este C$^+$**

Agora vamos nos concentrar nos átomos de carbono com carga negativa. A fim de ter uma carga formal negativa, um átomo de carbono tem que ter um elétron adicional. Em outras palavras, ele tem que ter cinco elétrons de valência. Dois desses elétrons irão formar um par isolado e os outros três elétrons serão usados para formar ligações:

$$H-\underset{H}{\overset{H}{C}}:^{\ominus}$$

Em resumo, tanto C$^+$ quanto C$^-$ terão apenas três ligações. A diferença entre eles é a natureza do quarto orbital. No caso do C$^+$, o quarto orbital está vazio. No caso do C$^-$, o quarto orbital contém um par isolado de elétrons.

2.5 Identificação de Pares Isolados

Para determinar a carga formal de um átomo, temos de saber quantos pares isolados ele tem. Por outro lado, temos que conhecer a carga formal, a fim de determinar o número de pares isolados em um átomo. Para entender isso, vamos examinar um caso em que nem pares isolados nem cargas formais estão representados:

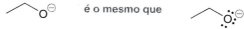

Se os pares isolados fossem mostrados, então poderíamos determinar a carga (dois pares isolados significaria uma carga negativa, e um par isolado significaria uma carga positiva). Alternativamente, se a carga formal fosse mostrada, então poderíamos determinar o número de pares isolados (uma carga negativa significaria dois pares isolados, e uma carga positiva significaria um par isolado).

Portanto, uma estrutura em bastão só será clara se ela contiver ou todos os pares isolados ou todas as cargas formais. Uma vez que existem normalmente muitos mais pares isolados do que cargas formais em qualquer estrutura, os químicos têm adotado a convenção de sempre representar as cargas formais, o que nos permite deixar de fora os pares isolados.

Agora vamos começar a praticar a identificação de pares isolados quando eles não estão representados. O exemplo a seguir vai demonstrar a metodologia:

A fim de determinar o número de pares isolados no átomo de oxigênio, simplesmente utilizamos o processo em duas etapas descrito na Seção 1.4 para o cálculo de cargas formais:

1. *Determinamos o número apropriado de elétrons de valência para o átomo.* O oxigênio está na coluna 6A da tabela periódica e, portanto, deve ter seis elétrons de valência.
2. *Determinamos se o átomo realmente apresenta o número apropriado de elétrons.* Esse átomo de oxigênio tem uma carga formal negativa, o que significa que ele tem que ter um elétron extra. Portanto, esse átomo de oxigênio tem que ter 6 + 1 = 7 elétrons de valência. Um desses elétrons está sendo usado para formar a ligação C—O, o que deixa seis elétrons para serem alojados como pares isolados. Esse átomo de oxigênio tem que ter, portanto, três pares isolados:

O processo anterior representa uma metodologia importante; no entanto, é ainda mais importante se familiarizar bastante com os átomos para que o processo se torne desnecessário. Há apenas alguns poucos padrões que têm que ser reconhecidos. Vamos usá-los metodicamente, começando com o oxigênio. A Tabela 2.2 resume os padrões importantes que você vai encontrar para os átomos de oxigênio.

- Uma carga negativa corresponde a uma ligação e três pares isolados.
- A ausência de carga corresponde a duas ligações e dois pares isolados.
- Uma carga positiva corresponde a três ligações e um par isolado.

> **ATENÇÃO**
> Cargas formais têm sempre que ser representadas e nunca podem ser omitidas, ao contrário de pares isolados que podem ser omitidos em uma estrutura em bastão.

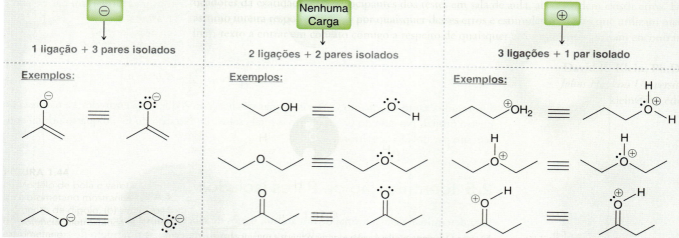

TABELA 2.2 CARGA FORMAL SOBRE UM ÁTOMO DE OXIGÊNIO ASSOCIADA A UM DETERMINADO NÚMERO DE LIGAÇÕES E PARES ISOLADOS

Representações Moleculares 63

DESENVOLVENDO A APRENDIZAGEM

2.4 IDENTIFICAÇÃO DE PARES ISOLADOS EM ÁTOMOS DE OXIGÊNIO

APRENDIZAGEM Represente todos os pares isolados na seguinte estrutura:

SOLUÇÃO

ETAPA 1
Determinação do número adequado de elétrons de valência.

O átomo de oxigênio na estrutura anterior tem uma carga formal positiva e três ligações. É preferível reconhecer o padrão, ou seja, uma carga positiva e três ligações significam que o oxigênio tem apenas um par isolado:

ETAPA 2
Análise da carga formal e determinação do número real de elétrons de valência.

Alternativamente, e menos preferivelmente, é possível calcular o número de pares isolados utilizando as duas etapas a seguir. Primeiro, determinamos o número apropriado de elétrons de valência para o átomo. O oxigênio está na coluna 6A da tabela periódica e, portanto, deve ter seis elétrons de valência. Em seguida, determinamos se o átomo realmente apresenta o número apropriado de elétrons. Esse átomo de oxigênio tem uma carga positiva, o que significa que está faltando um elétron: 6 − 1 = 5 elétrons de valência. Três desses cinco elétrons estão sendo usados para formar ligações, o que deixa apenas dois elétrons para um par isolado. Este átomo de oxigênio tem apenas um par isolado.

ETAPA 3
Contagem do número de ligações e determinação de quantos elétrons de valência reais têm que ser pares isolados.

PRATICANDO
o que você aprendeu

2.14 Represente todos os pares isolados em cada um dos átomos de oxigênio nas substâncias vistas a seguir. Antes de fazer isso, reveja a Tabela 2.2, e depois retorne para estes problemas. Tente identificar todos os pares isolados, sem ter que contar. Então, conte para ver se você estava correto.

 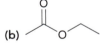

(a)　　　　(b)　　　　(c)　　　　(d)　　　　(e)

 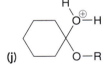

(f)　　(g)　　(h)　　(i)　　(j)

APLICANDO
o que você aprendeu

2.15 Um carbeno é um intermediário altamente reativo em que um átomo de carbono tem um par isolado e nenhuma carga formal:

Quantos átomos de hidrogênio estão ligados ao átomo de carbono central na estrutura anterior?

┄┄> é necessário **PRATICAR MAIS?** Tente Resolver o Problema 2.43

Agora vamos olhar para os padrões comuns dos átomos de nitrogênio. A Tabela 2.3 mostra os padrões importantes que você vai encontrar com átomos de nitrogênio. Em resumo:

- Uma carga negativa corresponde a duas ligações e dois pares isolados.
- Uma ausência de carga corresponde a três ligações e um par isolado.
- Uma carga positiva corresponde a quatro ligações e nenhum par isolado.

TABELA 2.3 CARGA FORMAL SOBRE UM ÁTOMO DE NITROGÊNIO ASSOCIADO A UM DETERMINADO NÚMERO DE LIGAÇÕES E PARES ISOLADOS

⊖	Nenhuma Carga	⊕
2 ligações + 2 pares isolados	3 ligações + 1 par isolado	4 ligações + 0 par isolado

Exemplos: (ver figuras da tabela)

DESENVOLVENDO A APRENDIZAGEM

2.5 IDENTIFICAÇÃO DE PARES ISOLADOS SOBRE ÁTOMOS DE NITROGÊNIO

APRENDIZAGEM Represente quaisquer pares isolados associados aos átomos de nitrogênio na seguinte estrutura:

SOLUÇÃO

ETAPA 1 Determinação do número apropriado de elétrons de valência.

O átomo de nitrogênio de cima tem uma carga formal positiva e quatro ligações. O nitrogênio inferior tem três ligações e nenhuma carga formal. É preferível simplesmente reconhecer que o átomo de nitrogênio superior não deve ter pares isolados e que o átomo de nitrogênio inferior deve ter um par isolado:

ETAPA 2 Análise da carga formal e determinação do número real de elétrons de valência.

ETAPA 3 Contagem do número de ligações e determinação de quantos elétrons de valência reais devem ser pares isolados.

Alternativamente, e menos preferivelmente, é possível calcular o número de pares isolados utilizando as duas etapas a seguir. Primeiro, determinamos o número apropriado de elétrons de valência para o átomo. Cada átomo de nitrogênio tem cinco elétrons de valência. Em seguida, determinamos se cada átomo realmente apresenta o número apropriado de elétrons. O átomo de nitrogênio superior tem uma carga positiva, o que significa que está faltando um elétron. Este átomo de nitrogênio, na verdade só tem quatro elétrons de valência. Uma vez que o átomo de nitrogênio tem quatro ligações, ele está utilizando cada um dos seus quatro elétrons para formar uma ligação. Esse átomo de nitrogênio não possui nenhum par isolado. O átomo de nitrogênio inferior não tem nenhuma carga formal, de modo que esse átomo de nitrogênio deve estar usando cinco elétrons de valência. Ele tem três ligações, o que significa que existem dois elétrons sobrando, ou seja, formando um par isolado.

PRATICANDO o que você aprendeu

2.16 Represente todos os pares isolados em cada um dos átomos de nitrogênio presentes nas substâncias vistas a seguir. Primeiro, faça uma revisão da Tabela 2.3 e depois retorne para estes problemas. Tente identificar todos os pares isolados, sem ter que contar. Então, conte para ver se você estava correto.

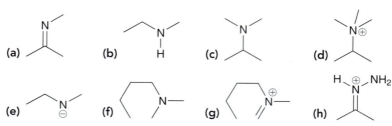

Representações Moleculares   65

APLICANDO o que você aprendeu

2.17 Cada uma das substâncias vistas a seguir contém átomos de oxigênio e de nitrogênio. Identifique todos os pares isolados em cada uma das seguintes substâncias:

(a) 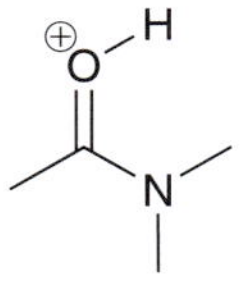 (b) 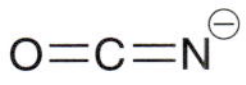 O=C=N⊖   (c) O=N⊕=O   (d) 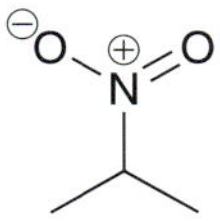   (e) 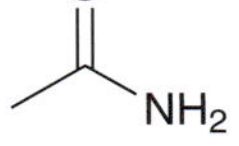   (f) 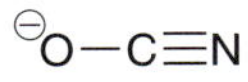 ⊖O—C≡N

2.18 Identifique o número de pares isolados em cada uma das seguintes substâncias:

(a) 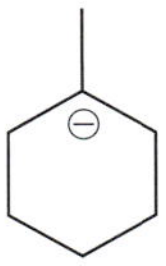   (b) 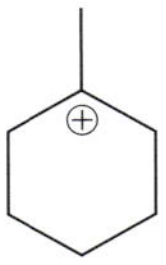   (c) 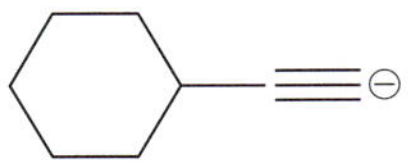   (d)

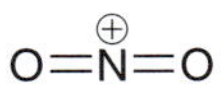

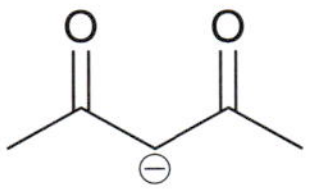

2.19 Aminoácidos são substâncias biológicas com a estrutura vista a seguir, em que o grupo R pode variar. A estrutura e função biológica dos aminoácidos serão discutidas no Capítulo 25, do Volume 2. Identifique o número total de pares isolados presentes em um aminoácido, admitindo que o grupo R não contém átomos com pares isolados.

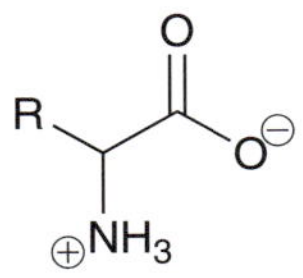

Um aminoácido

é necessário **PRATICAR MAIS?** Tente Resolver o Problema 2.39

2.6 Estruturas em Bastão Tridimensionais

Ao longo deste livro, vamos usar diferentes tipos de estruturas para representar a geometria tridimensional dos átomos. O método mais comum é uma estrutura em bastão que inclui **cunhas cheias** e **cunhas tracejadas** que indicam a tridimensionalidade. Essas estruturas são utilizadas para todos os tipos de substâncias, incluindo substâncias acíclicas, cíclicas e bicíclicas (Figura 2.1). Nas representações da Figura 2.1, uma cunha cheia representa um grupo que sai da página, e uma cunha tracejada representa um grupo que vai para trás da página. Usaremos cunhas cheias e cunhas tracejadas extensivamente no Capítulo 5, e posteriormente.

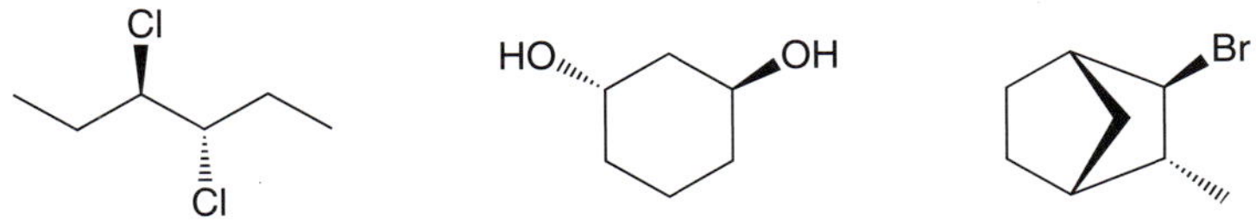

Acíclico (Nenhum anel)   **Cíclico** (Um anel)   **Bicíclico** (Dois anéis)

FIGURA 2.1 Estruturas em bastão com cunhas cheias e cunhas tracejadas para indicar tridimensionalidade.

Em certas circunstâncias, existem outros tipos de representações que podem ser utilizadas, todas elas indicando também uma geometria tridimensional (Figura 2.2).

Projeções de Fischer são usadas para as substâncias acíclicas, enquanto as **projeções de Haworth** são usadas exclusivamente para as substâncias cíclicas. Cada um desses tipos de representação será usado várias vezes ao longo deste livro, particularmente nos Capítulos 5, 9 e, no Volume 2, 24.

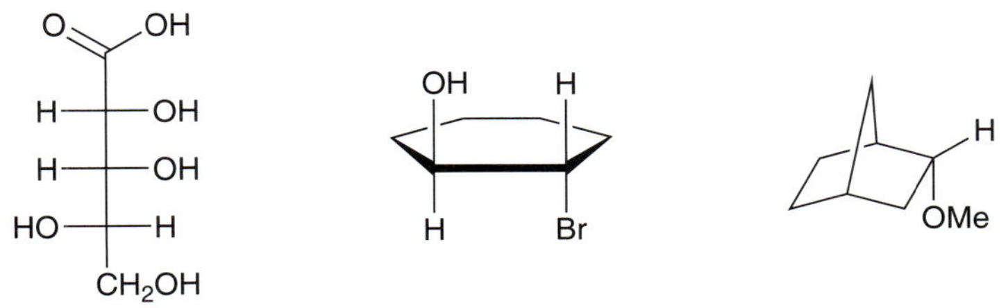

Projeção de Fisher (Usada somente para substâncias acíclicas)   **Projeção de Haworth** (Usada somente para substâncias cíclicas)   (Usada somente para substâncias bicíclicas)

FIGURA 2.2 Representações comuns que mostram a tridimensionalidade para substâncias cíclicas, acíclicas e bicíclicas.

medicamente falando: Identificação do Farmacóforo

Como mencionado na abertura deste capítulo, existem muitas técnicas que os cientistas empregam no projeto de novos fármacos. Uma dessas técnicas, chamada de *modificação da substância protótipo*, envolve a modificação da estrutura de uma substância conhecida como tendo propriedades medicinais desejáveis. A substância conhecida "orienta" o caminho para o desenvolvimento de outras substâncias semelhantes e por isso é chamada de *substância protótipo*. A história da morfina fornece um bom exemplo desse processo.

A morfina é um analgésico (um supressor da dor) muito potente conhecido por atuar sobre o sistema nervoso central como um depressor (causando a sedação e função respiratória mais lenta) e como um estimulante (aliviando sintomas de ansiedade e causando um estado geral de euforia). Como a morfina provoca dependência, ela é usada principalmente para o tratamento de curto prazo da dor aguda e para doentes terminais que sofrem de dor extrema. As propriedades analgésicas da morfina têm sido exploradas por mais de um milênio. Ela é o componente principal do ópio, obtido a partir das vagens de sementes imaturas da papoula, uma planta chamada *Papaver somniferum*. A morfina foi isolada do ópio pela primeira vez em 1803, e, em meados de 1800, foi muito usada para controlar a dor durante e após procedimentos cirúrgicos. Ao final da década de 1800, as propriedades de dependência da morfina se tornaram aparentes, o que alavancou a busca de analgésicos que não provocassem dependência.

Em 1925, a estrutura da morfina foi corretamente determinada. Esta estrutura funcionou como uma substância protótipo e foi modificada para produzir outras substâncias com propriedades analgésicas. As modificações iniciais foram focadas na substituição dos grupos hidroxila (OH) por outros grupos funcionais. Exemplos incluem a heroína e a codeína. A heroína apresenta maior atividade do que a morfina e causa dependência extrema. A codeína mostra menor atividade do que a morfina e provoca menos dependência. A codeína é atualmente utilizada como analgésico e supressor da tosse.

Morfina

Heroína

Codeína

Em 1938, as propriedades analgésicas da meperidina, também conhecida como Demerol, foram fortuitamente descobertas. De acordo com a história, a meperidina foi originalmente preparada para funcionar como um agente antiespasmódico (para suprimir espasmos musculares). Quando administrada a camundongos, ela curiosamente fez com que as caudas dos ratinhos ficassem eretas. Já se sabia que a morfina e substâncias afins produziam um efeito semelhante em ratinhos, de modo que a meperidina foi testada mais tarde e descobriu-se que ela tinha propriedades analgésicas. Esta descoberta gerou muito interesse, fornecendo novas perspectivas na busca de outros analgésicos. Ao comparar as estruturas da morfina, da meperidina e dos seus derivados, os cientistas foram capazes de determinar quais as características estruturais essenciais para a atividade analgésica. Essas características estruturais são vistas a seguir em vermelho:

Morfina   **Meperidina**

Quando a morfina é representada desta maneira, a sua semelhança estrutural com a meperidina torna-se mais aparente. Especificamente, as ligações indicadas em vermelho representam a parte de cada substância responsável pela atividade analgésica. Esta parte da substância é chamada *farmacóforo*. Se qualquer parte do farmacóforo for removida ou alterada, a substância resultante não será capaz de se ligar ao receptor biológico apropriado, e a substância não exibe propriedades analgésicas. O termo *auxoforo* refere-se ao resto da substância (as ligações mostradas em preto na figura anterior). A remoção de qualquer dessas ligações pode ou não afetar a força com a qual o farmacóforo se liga ao receptor, afetando assim a potência analgésica da substância. Quando se está modificando uma substância protótipo, as regiões auxofóricas são as partes-alvo para modificação. Por exemplo, as regiões auxofóricas da morfina foram modificadas para desenvolver a metadona e a etorfina.

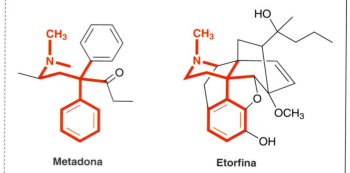

Metadona   **Etorfina**

A metadona: desenvolvida na Alemanha durante a Segunda Guerra Mundial, é usada para tratar dependentes de heroína que sofrem de sintomas de abstinência. A metadona liga-se ao mesmo receptor que a heroína, mas tem um tempo maior de retenção no corpo, permitindo assim que o corpo lide com os níveis decrescentes do fármaco que normalmente causam sintomas de abstinência. A etorfina é mais de 3000 vezes mais potente do que a morfina e é utilizada exclusivamente em medicina veterinária para imobilizar elefantes e outros mamíferos de grande porte.

Os cientistas estão constantemente à procura de novas substâncias protótipo. Em 1992, pesquisadores do NIH (National Institutes of Health) em Bethesda, Maryland (EUA), isolaram a epibatidina da pele da rã equatoriana, *Epipedobates tricolor*. Verificou-se que a epibatidina é um analgésico 200 vezes mais potente do que a morfina. Estudos adicionais indicaram que a epibatidina e a morfina se ligam a diferentes receptores. Esta descoberta é muito interessante, uma vez que significa que a epibatidina pode servir como uma nova substância protótipo. Embora esta substância seja muito tóxica para uso clínico, um número significativo de pesquisadores está atualmente trabalhando para identificar o farmacóforo da epibatidina e para desenvolver derivados não tóxicos. Esta é uma área de pesquisa que parece de fato promissora.

Epibatidina

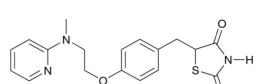

Rosiglitazona

Pioglitazona

(a) Com base nessas estruturas, tente identificar o farmacóforo provável responsável pela atividade antidiabética desses fármacos.
(b) Considere a estrutura da rivoglitazona (vista a seguir). Esta substância está sendo estudada como tendo potencial atividade antidiabética. Baseado em sua análise do farmacóforo provável, você acredita que a rivoglitazona apresenta propriedades antidiabéticas?

 VERIFICAÇÃO CONCEITUAL

2.20 Acredita-se que a troglitazona, a rosiglitazona e a pioglitazona, todos fármacos antidiabéticos introduzidos no mercado no final da década de 1990, atuem sobre o mesmo receptor:

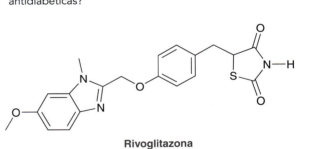

Troglitazona

Rivoglitazona

2.7 Introdução à Ressonância

A Inadequação das Estruturas em Bastão

Vimos que as estruturas em bastão são geralmente a forma mais eficiente e preferencial para representar a estrutura de uma substância orgânica. No entanto, as estruturas em bastão sofrem de um grande defeito. Especificamente, um par de elétrons ligantes é sempre representado como uma linha que é desenhada entre dois átomos, o que implica que os elétrons ligantes estão confinados a uma região do espaço diretamente entre dois átomos. Em alguns casos, esta afirmação é aceitável, como na seguinte estrutura:

Neste caso, os elétrons π estão, de fato, localizados onde eles são representados, entre os dois átomos de carbono centrais. Mas, em outros casos, a densidade eletrônica está distribuída ao longo de uma região maior da molécula. Por exemplo, considere o seguinte íon, chamado *carbocátion alílico*:

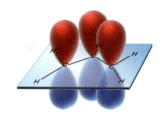

FIGURA 2.3
A sobreposição de orbitais *p* de um carbocátion alílico.

Pode parecer a partir da representação anterior que existem dois elétrons π no lado esquerdo e uma carga positiva no lado direito. Mas esta não é a imagem inteira, e a representação anterior é inadequada. Vamos dar uma olhada e analisar primeiro os estados de hibridização. Cada um dos três átomos de carbono no íon visto anteriormente tem hibridização sp^2. Por quê? Os dois átomos de carbono, no lado esquerdo, têm cada um deles hibridização sp^2 porque cada um dos átomos de carbono está utilizando um orbital *p* para formar a ligação π (Seção 1.9). A hibridização do terceiro átomo de carbono, tendo a carga positiva, também é sp^2 porque ele tem um orbital *p* vazio. A Figura 2.3 mostra os três orbitais *p* associados com um carbocátion alílico.

Esta imagem concentra a nossa atenção no sistema contínuo de orbitais *p*, que funciona como um "condutor", permitindo que os dois elétrons π sejam associados a todos os três átomos de carbono. A teoria da ligação de valência é inadequada para a análise deste sistema porque ela trata os elétrons como se estivessem confinados apenas entre dois átomos. Uma análise mais adequada do cátion alílico requer o uso da teoria do orbital molecular (OM) (Seção 1.8), na qual os elétrons estão associados à molécula como um todo, em vez dos átomos individuais. Especificamente, na teoria OM, a molécula inteira é tratada como uma entidade e todos os elétrons na molécula inteira ocupam regiões do espaço chamadas de orbitais moleculares. Dois elétrons são colocados em cada orbital, começando com o orbital de menor energia, até que todos os elétrons ocupem os orbitais.

Segundo a teoria OM, os três orbitais *p* mostrados na Figura 2.3 não existem mais. Em vez disso, eles foram substituídos por três OMs, ilustrados na Figura 2.4, em ordem de energia crescente. Observe que o OM de menor energia, chamado *orbital molecular ligante*, não tem nós verticais. O próximo OM de maior energia, chamado *orbital molecular não ligante*, tem um nó vertical. O OM de maior energia, chamado *orbital molecular antiligante*, tem dois nós verticais. Os elétrons π do sistema alílico irão preencher esses OMs, começando com o OM de mais baixa energia. Quantos elétrons π ocuparão esses OMs? O carbocátion alílico tem apenas dois elétrons π, em vez de três, porque um dos átomos de carbono tem uma carga formal positiva, o que indica que está faltando um elétron. Os dois elétrons π do sistema alílico vão ocupar o OM de mais baixa energia (o OM ligante). Se o elétron que está faltando voltasse, ele iria ocupar o próximo OM de maior energia, que é o OM não ligante. Vamos concentrar a nossa atenção no OM não ligante.

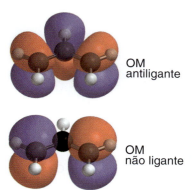

FIGURA 2.4
Os orbitais moleculares associados aos elétrons π de um sistema alílico.

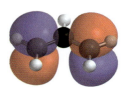

O orbital molecular não ligante (a partir da Figura 2.4) associado aos elétrons π de um sistema alílico.

Deveria haver um elétron ocupando este OM não ligante, mas o elétron está perdido. Portanto, os lóbulos coloridos estão vazios e representam regiões do espaço que são deficientes em elétrons. Concluindo, a teoria OM sugere que a carga positiva do carbocátion alílico está associada às duas extremidades do sistema, em vez de apenas uma extremidade.

Em uma situação como esta, qualquer estrutura em bastão que tracemos será inadequada. Como podemos representar uma carga positiva que se espalha ao longo de dois lugares, e como podemos representar dois elétrons π que estão associados a três átomos de carbono?

Ressonância

A abordagem que os químicos usam para lidar com a inadequação das estruturas em bastão é chamada de **ressonância**. Segundo esta abordagem, representamos mais de uma estrutura em bastão e, em seguida, mentalmente fundimos essas estruturas juntas:

Essas representações são chamadas **estruturas de ressonância**, e mostram que a carga positiva se estende sobre dois locais. Observe que as estruturas de ressonância são separadas por uma seta reta com duas pontas, e nós colocamos entre colchetes as estruturas. A seta e o colchete indicam que as

representações são estruturas de ressonância de *uma entidade*. Esta entidade, chamada um **híbrido de ressonância**, *não* está indo para frente e para trás entre estruturas de ressonância diferentes. Para compreender melhor isso, considere a seguinte analogia: Uma pessoa que nunca viu uma nectarina pede a um agricultor para descrever uma nectarina. As respostas do agricultor:

> Imagine um *pêssego* em sua mente, e agora imagine uma *ameixa* em sua mente. Bem, uma *nectarina* tem características das duas frutas: o gosto é como de um pêssego, a parte externa é lisa como uma ameixa, e a cor está entre a cor de um pêssego e a cor de uma ameixa. Então pegue a sua imagem de um pêssego, juntamente com a sua imagem de uma ameixa e *coloque-as juntas* em sua mente em uma única imagem. Isso é uma nectarina.

Aqui está a característica mais importante da analogia: a nectarina não vibra para trás e para a frente a cada segundo entre ser um pêssego e ser uma ameixa. Uma nectarina é uma nectarina todo o tempo. A imagem de um pêssego, por si só não é adequada para descrever uma nectarina. Nem a imagem de uma ameixa é adequada. Mas, através da combinação de certas características de um pêssego com certas características de uma ameixa, é possível imaginar as características de uma nectarina. Da mesma forma, com estruturas de ressonância, não existe uma única representação que descreva adequadamente a natureza da densidade eletrônica distribuída ao longo da molécula. Para lidar com este problema, traçamos várias representações e depois as fundimos juntas em nossas mentes para obter uma imagem, ou um híbrido, assim como obtivemos uma imagem para a nectarina.

Não fique confuso com este assunto importante: o termo "ressonância" não descreve algo que está acontecendo. Pelo contrário, é um termo que descreve a forma como lidamos com a inadequação de nossas representações usando estruturas em bastão.

Estabilização por Ressonância

Desenvolvemos o conceito de ressonância usando o cátion alílico como um exemplo, e vimos que a carga positiva de um cátion alílico está espalhada sobre dois locais. Este espalhamento da carga, chamado de **deslocalização**, é um fator de estabilização. Isto é, *a deslocalização de uma carga positiva ou de uma carga negativa estabiliza uma molécula*. Esta estabilização é muitas vezes chamada de **estabilização por ressonância**, e diz-se que o cátion alílico é *estabilizado por ressonância*. A estabilização por ressonância desempenha um papel importante no resultado de muitas reações e nós vamos invocar o conceito de ressonância em quase todos os capítulos deste livro. O estudo da química orgânica, portanto, exige um domínio completo da representação de estruturas de ressonância, e as seções seguintes foram concebidas para que você desenvolva as habilidades necessárias.

2.8 Setas Curvas

Nesta seção, vamos nos concentrar em **setas curvas**, que são as ferramentas necessárias para representar estruturas de ressonância corretamente. Toda seta curva tem uma *cauda* e uma *ponta*:

Cauda ⤺ Ponta

Setas curvas utilizadas para representar estruturas de ressonância não representam o movimento dos elétrons – elas são apenas ferramentas que nos permitem representar estruturas de ressonância com facilidade. Essas ferramentas tratam os elétrons *como se* eles estivessem em movimento, embora os elétrons não estejam se movendo. No Capítulo 3, vamos encontrar setas curvas que realmente representam o fluxo de elétrons. Por agora, tenha em mente que todas as setas curvas neste capítulo são apenas ferramentas e não representam um fluxo de elétrons.

É essencial que a cauda e a ponta de cada seta sejam desenhadas precisamente no local apropriado. A cauda mostra de onde os elétrons são provenientes, e a ponta mostra para onde os elétrons vão (lembre-se, os elétrons não estão realmente indo a lugar algum, mas nós os tratamos como se eles fossem com a finalidade de representar as estruturas de ressonância). Em breve aprenderemos padrões para desenhar setas curvas apropriadas. Mas, primeiro, temos de aprender onde não desenhar setas curvas. Existem regras que têm que ser seguidas na elaboração de setas curvas para estruturas de ressonância:

1. *Evitar a quebra de uma ligação simples.*
2. *Nunca exceder um octeto para os elementos da segunda linha.*

Vamos explorar cada uma dessas regras:

1. *Evitar a quebra de uma ligação simples ao representar estruturas de ressonância.* Por definição, todas as estruturas de ressonância têm que ter os mesmos átomos ligados na mesma ordem. Quebrar uma ligação simples seria mudar isso – logo, a primeira regra:

   Não quebre uma ligação simples

   Há muito poucas exceções a esta regra, e só vamos violá-la duas vezes neste livro (ambas no Capítulo 9). Cada vez que isso ocorrer, vamos explicar por que é permitido naquele caso. Em todos os outros casos, a cauda de uma seta nunca deve ser colocada em uma ligação simples.

2. *Nunca exceder um octeto para os elementos da segunda linha.* Elementos da segunda linha (C, N, O, F) têm apenas quatro orbitais nas suas camadas de valência. Cada orbital pode formar uma ligação ou manter um par isolado. Portanto, para os elementos da segunda linha o número total de ligações mais o número de pares isolados nunca pode ser maior do que quatro. Eles nunca podem ter cinco ou seis ligações, o máximo é quatro. Da mesma forma, eles nunca podem ter quatro ligações e um par isolado, porque isso exigiria também cinco orbitais. Pela mesma razão, eles nunca podem ter três ligações e dois pares isolados. Vamos ver alguns exemplos de setas curvas que violam essa segunda regra. Em cada uma dessas representações, o átomo central não pode formar outra ligação porque ele não tem um quinto orbital que possa ser usado.

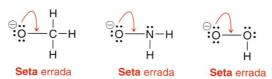

Seta errada **Seta errada** **Seta errada**

A violação em cada exemplo anterior é clara, mas com estruturas em bastão pode ser mais difícil ver a violação porque os átomos de hidrogênio não são representados (e, muitas vezes, nem os pares isolados). Cuidados têm que ser tomados para "ver" os átomos de hidrogênio, mesmo quando eles não estão representados:

Seta errada **Seta errada**

No começo é difícil ver que a seta curva na estrutura da esquerda está violando a segunda regra. Mas, quando contamos os átomos de hidrogênio torna-se claro que a seta curva anterior criará um átomo de carbono com cinco ligações.

A partir de agora, vamos nos referir à segunda regra como a *regra do octeto*. Mas tenha cuidado – para fins de representação de estruturas de ressonância, só é considerada uma violação se um elemento da segunda linha tiver *mais* de um octeto de elétrons. No entanto, não é uma violação se um elemento da segunda linha tiver *menos* de um octeto de elétrons. Por exemplo:

Este átomo de carbono não tem um octeto

Esta segunda representação é perfeitamente aceitável, mesmo que o átomo de carbono central tenha em torno de si apenas seis elétrons. Para os nossos propósitos, vamos considerar que a regra do octeto é violada apenas se exceder um octeto.

Nossas duas regras (evitar a quebra de uma ligação simples e nunca ultrapassar um octeto para um elemento da segunda linha) refletem as duas características de uma seta curva: a cauda e a ponta. A cauda da seta mal colocada viola a primeira regra, e a ponta da seta mal dirigida viola a segunda regra.

Representações Moleculares 71

DESENVOLVENDO A APRENDIZAGEM

2.6 IDENTIFICANDO SETAS DE RESSONÂNCIA VÁLIDAS

APRENDIZAGEM Olhe para a seta representada na estrutura vista a seguir e determine se ela viola qualquer uma das duas regras de representação de setas curvas:

SOLUÇÃO

A fim de determinar se uma regra foi quebrada, nós temos que olhar cuidadosamente para a cauda e a ponta da seta curva. A cauda está colocada sobre uma ligação dupla e, portanto, esta seta curva não quebra uma ligação simples. Assim, a primeira regra não é violada.

ETAPA 1
Certificação de que a cauda da seta curva não está localizada em uma ligação simples.

Em seguida, olhamos para a ponta da seta. A regra do octeto foi violada? Existe uma quinta ligação sendo formada aqui? Lembre-se que um carbocátion (C⁺) tem apenas três ligações, e não quatro. Duas das ligações são mostradas, o que significa que o C⁺ tem apenas uma ligação com um átomo de hidrogênio:

ETAPA 2
Certificação de que a ponta da seta curva não viola a regra do octeto.

Portanto, a seta curva vai dar ao átomo de carbono uma quarta ligação, o que não viola a regra do octeto.

A seta curva é válida, pois as duas regras não foram violadas. Tanto a cauda quanto a ponta da seta são aceitáveis.

PRACTICANDO o que você aprendeu

2.21 Para cada um dos problemas vistos a seguir, determine se cada uma das setas curvas viola qualquer uma das duas regras, e descreva a violação se ela ocorrer. (Não se esqueça de contar todos os átomos de hidrogênio e todos os pares isolados.)

(a)   (b)   (c)   (d)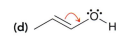

(e)  (f)   (g)   (h)

(i)   (j) H₃C—N⁺=N: (k) ~O~R (l) ~N~

APLICANDO o que você aprendeu

2.22 A representação da estrutura de ressonância da substância vista a seguir requer uma seta curva. A ponta da seta curva é colocada sobre o átomo de oxigênio, e a cauda da seta curva pode ser colocada somente em um local sem violar as regras de representação de setas curvas. Represente esta seta curva.

é necessário **PRATICAR MAIS?** Tente Resolver o Problema 2.51

Sempre que mais de uma seta curva é usada, todas as setas curvas têm que ser levadas em conta para determinar se alguma das regras foi violada. Por exemplo, a seta vista a seguir viola a regra do octeto:

Este átomo de carbono não pode formar uma quinta ligação

No entanto, adicionando-se outra seta curva, nós removemos a violação:

A segunda seta curva remove a violação da primeira seta curva. Neste exemplo, ambas as setas são aceitáveis, porque tomadas em conjunto, elas não violam as nossas regras.

Posicionar uma seta é muito parecido com andar de bicicleta. A habilidade de andar de bicicleta não pode ser aprendida olhando-se alguém andar de bicicleta. Aprender a andar de bicicleta requer prática. Uma queda ocasional é uma parte necessária do processo de aprendizagem. O mesmo acontece com o posicionamento de uma seta. A única maneira de aprender é com a prática. Este capítulo é elaborado para fornecer uma ampla oportunidade para você praticar e dominar as estruturas de ressonância.

2.9 Cargas Formais em Estruturas de Ressonância

Na Seção 1.4, aprendemos a calcular as cargas formais. Estruturas de ressonância muitas vezes contêm cargas formais, e é absolutamente fundamental representá-las corretamente. Considere o seguinte exemplo:

ATENÇÃO
Os elétrons não estão realmente se movendo. Estamos apenas tratando-os como se estivessem.

Neste exemplo, existem duas setas curvas. A primeira seta leva um dos pares isolados do oxigênio para formar uma ligação, e a segunda seta leva a ligação π para formar um par isolado em um átomo de carbono. Quando ambas as setas são acionadas ao mesmo tempo, nenhuma das regras é violada. Vamos então nos concentrar em como representar a estrutura de ressonância seguindo as instruções fornecidas pelas setas curvas. Nós excluímos um par isolado do oxigênio e colocamos uma ligação π entre o carbono e o oxigênio. A seguir, temos de excluir a ligação π C—C e colocar um par isolado no carbono:

As setas são realmente uma linguagem, e elas nos dizem o que fazer. No entanto, a estrutura não está completa sem a representação das cargas formais. Se aplicarmos as regras de atribuição de cargas formais, o oxigênio adquire uma carga positiva e o carbono adquire uma carga negativa:

Outra forma de atribuir cargas formais é pensar sobre o que as setas estão indicando. Neste caso, as setas curvas indicam que o átomo de oxigênio está perdendo um par isolado e ganhando uma ligação. Em outras palavras, ele está perdendo dois elétrons e ganhando somente um de volta. O resultado líquido é a perda de um elétron, indicando que o oxigênio tem de passar a ter uma carga positiva na estrutura de ressonância. Uma análise semelhante para o átomo de carbono na parte inferior direita mostra que ele tem que suportar uma carga negativa. Observa-se que a carga líquida global é a mesma em cada estrutura de ressonância Vamos praticar a atribuição de cargas formais em estruturas de ressonância.

Representações Moleculares 73

DESENVOLVENDO A APRENDIZAGEM

2.7 ATRIBUINDO CARGAS FORMAIS EM ESTRUTURAS DE RESSONÂNCIA

APRENDIZAGEM Represente a estrutura de ressonância a seguir. Certifique-se de incluir as cargas formais.

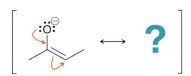

● **SOLUÇÃO**

As setas indicam que um dos pares isolados no oxigênio está descendo para formar uma ligação, e que a ligação dupla C═C está sendo levada para formar um par isolado em um átomo de carbono. Isto é muito semelhante ao exemplo anterior. As setas indicam que devemos excluir um par de elétrons do oxigênio, colocar uma ligação dupla entre o carbono e o oxigênio, excluir a ligação dupla carbono-carbono e colocar um par isolado no carbono:

ETAPA 1
Leitura cuidadosa do que as setas curvas indicam.

Finalmente, temos que atribuir as cargas formais. Neste caso, o oxigênio iniciou com uma carga negativa, e esta carga foi agora sendo levada para baixo (como as setas indicam) para um átomo de carbono. Portanto, o carbono tem agora que suportar a carga negativa:

ETAPA 2
Atribuição de cargas formais.

No início deste capítulo, dissemos que não é necessário representar pares isolados porque eles estão implícitos pelas estruturas em bastão. No exemplo anterior, os pares isolados são mostrados para maior clareza. Isso levanta uma questão óbvia. Olhe para a primeira seta curva anterior: a cauda é representada sobre um par isolado. Se os pares isolados não tivessem sido representados, como é que a seta curva seria representada? Em situações como esta, químicos orgânicos, algumas vezes, representam a seta curva como proveniente da carga negativa:

é o mesmo que

No entanto, você deve evitar essa prática, porque ela pode facilmente levar a erros em determinadas situações. É altamente preferível representar os pares isolados e depois colocar a cauda da seta curva sobre um par isolado, em vez de colocar sobre uma carga negativa.

Depois de representar uma estrutura de ressonância e atribuir as cargas formais, é sempre uma boa ideia contar a carga total sobre a estrutura de ressonância. Esta carga total TEM QUE ser a mesma que na estrutura original (conservação da carga). Se a primeira estrutura tinha uma carga negativa, então a estrutura de ressonância também tem que ter uma carga negativa líquida. Se isso não acontecer, então a estrutura de ressonância não pode estar correta. A carga total de uma substância tem que ser a mesma para todas as estruturas de ressonância, e não há exceções a esta regra.

PRATICANDO o que você aprendeu

2.23 Para cada uma das estruturas vistas a seguir, represente a estrutura de ressonância que é indicada pelas setas curvas. Certifique-se de incluir as cargas formais.

(a)   (b)   (c)   (d)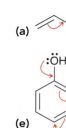

(e)   (f)   (g)   (h)

APLICANDO o que você aprendeu

2.24 Em cada um dos casos vistos a seguir, represente a(s) seta(s) curva(s) requerida(s) a fim de converter a primeira estrutura de ressonância na segunda estrutura de ressonância. Em cada caso, comece representando todos os pares isolados e, a seguir, use as cargas formais como um guia.

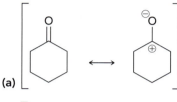

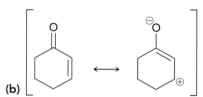

- - - > é necessário **PRATICAR MAIS?** Tente Resolver os Problemas 2.44, 2.53

2.10 Representação de Estruturas de Ressonância Através do Reconhecimento de Padrões

A fim de tornar-se verdadeiramente proficiente em representar estruturas de ressonância, é necessário que você aprenda a reconhecer os seguintes cinco padrões: (1) um par isolado alílico, (2) uma carga positiva alílica, (3) um par isolado adjacente a uma carga positiva, (4) uma ligação π entre dois átomos com eletronegatividades diferentes e (5) ligações π conjugadas em um anel.

Agora vamos explorar cada um desses cinco padrões com exemplos e problemas práticos.

1. *Um par isolado alílico.* Vamos começar com alguma terminologia importante que vamos usar com frequência durante todo o restante do livro. Quando uma substância contém uma ligação dupla carbono-carbono, as posições dos dois átomos de carbono que participam da ligação dupla são chamadas posições **vinílicas**, enquanto as posições dos átomos ligados diretamente nas posições vinílicas são chamados de posições **alílicas**:

Posições vinílicas   Posições alílicas

Estamos procurando especificamente pares isolados em uma posição alílica. Como um exemplo, considere a substância vista a seguir, que tem dois pares isolados:

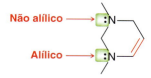

Representações Moleculares

Temos de aprender a identificar pares isolados em posições alílicas. Aqui estão alguns exemplos:

Nos últimos três casos vistos anteriormente, os pares isolados não estão próximos a uma ligação dupla *carbono-carbono* e são tecnicamente pares isolados não alílicos (uma posição alílica é a posição ao lado de uma ligação dupla carbono-carbono e não ao lado de qualquer outro tipo de ligação dupla). No entanto, para fins de representação de estruturas de ressonância, vamos tratar esses pares isolados da mesma forma que tratamos os pares isolados alílicos. Especificamente, todos os exemplos anteriores apresentam pelo menos um par isolado ao lado de uma ligação π.

Para cada um dos exemplos anteriores, haverá uma estrutura de ressonância que pode ser obtida através da representação de exatamente duas setas curvas. A primeira seta curva vai desde o par isolado para formar uma ligação π, enquanto a segunda seta curva vai desde a ligação π para formar um par isolado:

Vamos considerar cuidadosamente as cargas formais produzidas em cada um dos casos anteriores. Quando o átomo com o par isolado tem uma carga negativa, então ele transfere a sua carga negativa para o átomo que, no final, recebe um par isolado:

Quando o átomo com o par isolado não tem uma carga negativa, então ele irá possuir uma carga positiva, enquanto o átomo que recebe o par isolado terá uma carga negativa:

O reconhecimento deste padrão (um par isolado ao lado de uma ligação π) vai economizar tempo no cálculo das cargas formais e na determinação se a regra do octeto estiver sendo violada.

VERIFICAÇÃO CONCEITUAL

2.25 Para cada uma das substâncias vistas a seguir, localize o padrão que acabamos de aprender (par isolado ao lado de uma ligação π) e represente a estrutura de ressonância apropriada:

(a) (b) (c) (d) (e)

(f) (g) Acetilcolina (um neurotransmissor) (h) Ácido 5-amino-4-oxopentanoico (usado na terapia e diagnóstico de tumores hepáticos)

2. *Uma carga positiva alílica.* Mais uma vez estamos nos concentrando nas posições alílicas, mas desta vez, estamos à procura de uma carga positiva localizada em uma posição alílica:

Carga positiva alílica

Quando há uma carga alílica positiva, será necessária apenas uma seta curva; esta seta vai da ligação π para formar uma nova ligação π:

Observe o que acontece com a carga formal no processo. A carga positiva é movida para a outra extremidade do sistema.

No exemplo anterior, a carga positiva estava próxima de uma ligação π. O exemplo a seguir contém duas ligações π, que são chamadas de **conjugadas**, porque elas estão separadas uma da outra por exatamente uma ligação σ (vamos explorar sistemas π conjugados mais detalhadamente no Capítulo 17.

Nesta situação, nós levamos cada uma das ligações duplas, uma de cada vez:

Não é necessário perder tempo recalculando as cargas formais para cada estrutura de ressonância, porque as setas indicam o que está acontecendo. Pense em uma carga positiva como um buraco na densidade eletrônica – um lugar em que está faltando um elétron. Quando levamos os elétrons π para tapar o buraco, um buraco novo é criado nas proximidades. Desse modo, o buraco é simplesmente movido de um local para outro. Observe que nas estruturas anteriores as caudas das setas curvas são colocadas sobre as ligações π, e não sobre a carga positiva. *Nunca coloque a cauda de uma seta curva sobre uma carga positiva* (que é um erro comum).

VERIFICAÇÃO CONCEITUAL

2.26 Represente a(s) estrutura(s) de ressonância para cada uma das seguintes substâncias:

3. *Um par isolado adjacente a uma carga positiva.* Considere o seguinte exemplo:

O átomo de oxigênio apresenta três pares isolados, os quais são adjacentes à carga positiva. Este padrão requer apenas uma seta curva. A cauda da seta curva é colocada sobre um par isolado e a ponta da seta é colocada para formar uma ligação π entre o par isolado e a carga positiva:

Observe o que acontece com as cargas formais anteriores. O átomo com o par isolado tem uma carga negativa neste caso e, portanto, as cargas acabam se cancelando entre si. Vamos considerar o que acontece com as cargas formais quando o átomo com o par isolado não tem uma carga negativa. Por exemplo, considere o seguinte:

Mais uma vez, não existe um par isolado adjacente a uma carga positiva. Portanto, representamos apenas uma seta curva: a cauda vai para o par solitário, e a ponta é colocada para formar uma ligação π. Neste caso, o átomo de oxigênio não começou com uma carga negativa. Portanto, ele terá uma carga positiva na estrutura de ressonância (lembre-se da conservação da carga).

VERIFICAÇÃO CONCEITUAL

2.27 Para cada uma das substâncias vistas a seguir, localize o par isolado adjacente a uma carga positiva e represente a estrutura de ressonância:

Em um dos problemas anteriores uma carga negativa e uma carga positiva são vistas cancelando-se entre si para se tornarem uma ligação dupla. No entanto, existe uma situação em que não é possível combinar cargas para formar uma ligação dupla – isto ocorre com o grupo nitro. A estrutura do grupo nitro é parecida com esta:

Neste caso, há um par isolado adjacente a uma carga positiva, mas não podemos representar uma única seta curva para anular as cargas:

Por que não? A seta curva mostrada anteriormente viola a regra do octeto porque daria ao átomo de nitrogênio cinco ligações. Lembre-se de que os elementos da segunda linha não podem ter mais de quatro ligações. Há apenas uma maneira de representar a seta curva anterior sem violar a regra de octeto – temos que representar uma segunda seta curva, como esta:

Olhe com cuidado. Estas duas setas curvas são simplesmente nosso primeiro padrão (um par isolado ao lado de uma ligação π). Observe que as cargas não foram canceladas. Em vez disso, a localização da carga negativa mudou de um átomo de oxigênio para o outro. As duas estruturas de ressonância anteriores são as duas únicas estruturas de ressonância válidas para um grupo nitro. Em outras palavras, o grupo nitro tem que ser representado com separação de carga, mesmo que o grupo nitro seja em geral neutro. A estrutura do grupo nitro não pode ser representada sem as cargas.

4. *Uma ligação π entre dois átomos com eletronegatividades diferentes.* Lembre que a eletronegatividade mede a capacidade de um átomo em atrair elétrons. Um gráfico dos valores de eletronegatividade pode ser encontrado na Seção 1.11. Para fins de reconhecer este padrão, vamos nos concentrar nas ligações duplas C=O e C=N.

Nestas situações, movemos a ligação π na direção do átomo eletronegativo para tornar-se um par isolado:

Observe o que acontece com as cargas formais. Uma ligação dupla está sendo separada em uma carga positiva e uma carga negativa (isto é o oposto do nosso terceiro padrão, em que as cargas se juntam para formar uma ligação dupla).

VERIFICAÇÃO CONCEITUAL

2.28 Represente uma estrutura de ressonância para cada uma das substâncias vistas a seguir.

(a)   (b)   (c)

2.29 Represente uma estrutura de ressonância da substância vista a seguir, que foi isolada dos frutos da *Ocotea corymbosa* (conhecida como canela-preta), uma planta nativa do Cerrado Brasileiro.

2.30 Represente uma estrutura de ressonância da substância mostrada a seguir, chamada 2-heptanona, que é encontrada em alguns tipos de queijo.

---

5. *Ligações π conjugadas em um anel.* Em um dos padrões anteriores, nos referimos a ligações π como conjugadas quando elas estão separadas uma da outra por uma ligação σ (ou seja, C=C—C=C).

Quando ligações π conjugadas estão presentes em um anel de ligações duplas e simples alternadas, deslocamos todas as ligações π de mais uma posição:

Ao representar a estrutura de ressonância anterior, todas as ligações π podem ser deslocadas no sentido horário ou todas elas podem ser deslocadas no sentido anti-horário. De qualquer maneira atinge-se o mesmo resultado.

OLHANDO PARA O FUTURO
Nesta molécula, chamada benzeno, os elétrons estão deslocalizados. Como resultado, o benzeno exibe uma significativa estabilização por ressonância. Vamos explorar a acentuada estabilidade do benzeno no Capítulo 18 do Volume 2.

VERIFICAÇÃO CONCEITUAL

2.31 Fingolimode é um novo fármaco recentemente desenvolvido para o tratamento da esclerose múltipla. Em abril de 2008, os pesquisadores relataram os resultados de ensaios clínicos de fase III do fingolimode em que 70% dos pacientes que tomaram diariamente o medicamento por três anos estavam livres de recaída. Esta é uma melhora tremenda sobre os fármacos anteriores que só impediram a recaída em 30% dos pacientes. Represente uma estrutura de ressonância do fingolimode:

Fingolimode

A Figura 2.5 resume os cinco padrões para representação de estruturas de ressonância. Observe com muito cuidado o número de setas curvas utilizadas para cada padrão. Ao representar estruturas de ressonância inicie sempre olhando para os padrões que utilizam apenas uma seta curva. Caso contrário, é possível que falte uma estrutura de ressonância. Por exemplo, considere as estruturas de ressonância da substância vista a seguir:

Observe que cada padrão usado neste exemplo envolve apenas uma seta curva. Se tivéssemos começado pelo reconhecimento de um par isolado ao lado de uma ligação π (que utiliza duas setas curvas), então poderíamos ter perdido a estrutura de ressonância do meio vista anteriormente:

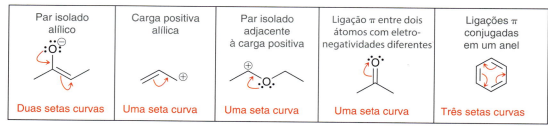

Par isolado alílico	Carga positiva alílica	Par isolado adjacente à carga positiva	Ligação π entre dois átomos com eletronegatividades diferentes	Ligações π conjugadas em um anel
Duas setas curvas	Uma seta curva	Uma seta curva	Uma seta curva	Três setas curvas

FIGURA 2.5
Um resumo dos cinco padrões para representação de estruturas de ressonância.

VERIFICAÇÃO CONCEITUAL

2.32 Represente as estruturas de ressonância para cada uma das substâncias vistas a seguir:

(a) (b) (c) (d) (e)

(f) (g) (h) (i) (j)

2.11 Avaliação da Importância Relativa das Estruturas de Ressonância

Nem todas as estruturas de ressonância são igualmente significativas. Uma substância pode ter muitas estruturas de ressonância válidas (estruturas que não violam as duas regras), mas é possível que uma ou mais de uma das estruturas seja insignificante. Para entender o que queremos dizer com "insignificante", vamos rever a analogia utilizada no início do capítulo para explicar o conceito de ressonância.

Lembre-se da analogia em que misturamos a imagem de um pêssego com a imagem de uma ameixa para obter uma imagem de uma nectarina (Seção 2.7). Agora vamos modificar essa analogia levemente. Imagine que criamos um novo tipo de fruta que é um híbrido entre *três* frutas: um pêssego, uma ameixa e um kiwi. Suponha que o fruto híbrido hipotético tenha as seguintes características: 65% de característica de pêssego, 34% de característica de ameixa e 1% de característica de kiwi. Esse fruto híbrido deve parecer quase exatamente com uma nectarina, porque a presença da característica de kiwi é demasiadamente pequena para afetar a natureza do híbrido resultante. Mesmo que o novo fruto seja na verdade um híbrido de todas as três frutas, vai parecer um híbrido somente de duas frutas, pois a característica de kiwi presente é *insignificante*.

Um conceito semelhante existe quando se comparam as estruturas de ressonância. Por exemplo, uma substância pode ter três estruturas de ressonância, mas as três estruturas podem não contribuir igualmente para o híbrido de ressonância global. Uma estrutura de ressonância pode ser a maior contribuinte (como o pêssego), enquanto outra pode ser insignificante (como o kiwi). A fim de compreender a verdadeira natureza da estrutura, devemos ser capazes de comparar as estruturas de ressonância e determinar que estruturas são os principais contribuintes e que estruturas não são significativas.

Seguiremos três regras para a determinação do significado das estruturas de ressonância:

1. *Minimização das cargas.* O melhor tipo de estrutura é aquele sem nenhuma carga. É aceitável ter uma ou duas cargas, mas as estruturas com mais de duas cargas devem ser evitadas, se possível. Compare os dois casos a seguir:

As duas estruturas possuem um par isolado ao lado de uma ligação dupla C=O. Assim, seria de esperar que essas substâncias tivessem o mesmo número de estruturas de ressonância significativas. Mas elas não têm. Vamos ver por quê. Considere as estruturas de ressonância da primeira substância:

A primeira estrutura de ressonância é o maior contribuinte para o híbrido de ressonância global porque não tem separação de cargas. As outras duas representações têm separação de carga, mas há apenas duas cargas em cada representação, por isso as duas estruturas de ressonância são significativas. Elas podem não contribuir tanto como a primeira estrutura de ressonância, mas elas ainda são significativas. Portanto, esta substância tem três estruturas de ressonância significativas.

Agora, vamos tentar a mesma abordagem para a outra substância:

A primeira e a última estruturas são aceitáveis (cada uma tem apenas uma carga), mas a estrutura de ressonância do meio tem cargas em excesso. Essa estrutura de ressonância não é significativa e, portanto, não contribuirá muito para o híbrido de ressonância global. É como o kiwi em nossa analogia anterior. Essa substância tem apenas duas estruturas de ressonância significativas.

Uma exceção notável a esta regra envolve substâncias contendo o grupo nitro (—NO₂), que têm estruturas de ressonância com mais de duas cargas. Por quê? Nós vimos anteriormente que a estrutura do grupo nitro tem que ser representada com separação da carga a fim de evitar a violação da regra do octeto:

Portanto, as duas cargas de um grupo nitro realmente não contam quando estamos contando cargas. Considere o seguinte caso como exemplo:

Se aplicarmos a regra de limitar a separação de carga para não mais de duas cargas, então poderíamos dizer que a segunda estrutura de ressonância anterior parece ter cargas demais para ser significativa. Mas, na verdade ela é significativa porque as duas cargas associadas ao grupo nitro não são incluídas na contagem. Consideramos a estrutura de ressonância anterior como se ela só tivesse duas cargas; portanto, ela é significativa.

2. *Átomos eletronegativos, como N, O e Cl, podem ter uma carga positiva, mas apenas se eles possuem um octeto de elétrons.* Considere o exemplo a seguir:

A segunda estrutura de ressonância é significativa, mesmo ela tendo uma carga positiva no oxigênio. Por que? Porque o oxigênio carregado positivamente tem um octeto de elétrons (três ligações mais um par de elétrons = 6 + 2 = 8 elétrons). De fato, a segunda estrutura de ressonância é ainda mais significativa do que a primeira estrutura de ressonância. Podíamos ter raciocinado de outra maneira, pois a primeira estrutura de ressonância tem uma carga positiva sobre o carbono, o que é geralmente muito melhor do que ter uma carga positiva sobre um átomo eletronegativo. No entanto, a segunda estrutura de ressonância é mais significativa, porque todos os seus átomos alcançam um octeto. Na primeira estrutura o oxigênio tem o seu octeto, mas, o carbono tem apenas seis elétrons. Na segunda estrutura de ressonância, tanto o oxigênio quanto o carbono têm um octeto, o que faz com que a estrutura seja mais significativa, mesmo que a carga positiva esteja no oxigênio.

Aqui está outro exemplo, desta vez com a carga positiva no nitrogênio:

Mais uma vez, a segunda estrutura é significativa, na realidade, ainda mais significativa do que a primeira. Em resumo, as estruturas de ressonância mais significativas são geralmente aquelas em que todos os átomos têm um octeto.

3. *Evitar a representação de uma estrutura de ressonância em que dois átomos de carbono têm cargas opostas.* Tais estruturas de ressonância são geralmente insignificantes, por exemplo:

Neste caso, a terceira estrutura de ressonância é insignificante porque tem tanto um C^+ quanto um C^-. A presença de átomos de carbono com cargas opostas, estejam próximos uns dos outros (como no exemplo anterior) ou distantes, torna a estrutura insignificante. Ao longo deste livro, veremos apenas uma exceção a esta regra (no Problema 18.54).

DESENVOLVENDO A APRENDIZAGEM

2.8 REPRESENTANDO ESTRUTURAS DE RESSONÂNCIA SIGNIFICATIVAS

APRENDIZAGEM Represente todas as estruturas de ressonância significativas da seguinte substância:

ETAPA 1
Identificação de uma estrutura de ressonância usando os cinco padrões.

SOLUÇÃO

Começamos procurando qualquer um dos cinco padrões. Esta substância contém uma ligação C═O (uma ligação π entre dois átomos com eletronegatividades diferentes) e podemos, portanto, representar a seguinte estrutura de ressonância:

Representações Moleculares

ETAPA 2
Identificação se a estrutura de ressonância é significativa inspecionando o número de cargas e o número de elétrons em heteroátomos.

Esta estrutura de ressonância é válida, porque foi gerada usando um dos cinco padrões. No entanto, tem cargas em excesso e é, portanto, não significativa. Em geral, tente evitar representar estruturas de ressonância com três ou mais cargas.

Em seguida, olhamos a outra ligação C═O, e tentamos o mesmo padrão:

Para determinar se essa estrutura de ressonância é significativa, temos três perguntas:

1. *Será que esta estrutura tem um número aceitável de cargas?* Sim, ela tem apenas uma carga (no átomo de carbono), o que é perfeitamente aceitável.
2. *Será que todos os átomos eletronegativos têm um octeto?* Sim, os dois átomos de oxigênio têm um octeto de elétrons.
3. *Será que a estrutura não tem átomos de carbono com cargas opostas?* Sim.

Esta estrutura de ressonância passa no teste e, portanto, é uma estrutura de ressonância significativa.

Agora que encontramos uma estrutura de ressonância significativa, vamos analisá-la para ver se qualquer um dos cinco padrões nos permitirá representar outra estrutura de ressonância. Neste caso, há uma carga positiva ao lado de uma ligação π. Assim, traçamos uma seta curva, gerando a seguinte estrutura de ressonância:

ETAPA 3
Repetição das etapas 1 e 2 para identificar quaisquer outras estruturas de ressonância significativas.

Para determinar se a estrutura é significativa, primeiro verificamos se ela tem um número aceitável de cargas. Ela tem apenas uma carga, o que é perfeitamente aceitável. Em seguida, verificamos se todos os átomos eletronegativos têm um octeto. O átomo de oxigênio tendo a carga positiva não tem um octeto de elétrons, o que não é aceitável e significa que esta estrutura de ressonância não é significativa. Em resumo, esta substância tem a seguinte estrutura de ressonância significativa:

PRATICANDO
o que você aprendeu

2.33 Represente todas as estruturas de ressonância significativas para cada uma das seguintes substâncias:

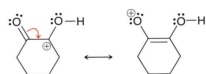

APLICANDO
o que você aprendeu

2.34 Use as estruturas de ressonância para ajudar a identificar todos os locais de baixa densidade eletrônica (δ+) na seguinte substância:

2.35 Use as estruturas de ressonância para ajudar a identificar todos os locais de alta densidade eletrônica (δ−) na seguinte substância:

> é necessário **PRATICAR MAIS?** Tente Resolver os Problemas 2.45, 2.48, 2.59, 2.60, 2.62, 2.65, 2.66

2.12 Pares Isolados Deslocalizados e Localizados

Nesta seção, vamos explorar algumas diferenças importantes entre pares isolados que participam da ressonância e pares isolados que não participam da ressonância.

Pares Isolados Deslocalizados

Lembre-se de que um dos nossos cinco padrões foi um par isolado que é alílico em relação a uma ligação π. Tal par isolado irá participar da ressonância e é chamado de **deslocalizado**. Quando um átomo possui um par isolado deslocalizado, a geometria daquele átomo é afetada pela presença do par isolado. Como um exemplo, considere a estrutura de uma amida:

Uma amida

As regras que aprendemos na Seção 1.10 sugerem que o átomo de nitrogênio deve ter uma hibridização sp³ e geometria piramidal triangular, mas isso não é correto. Em vez disso, o átomo de nitrogênio tem realmente uma hibridização sp² e é plano triangular. Por quê? O par isolado está participando da ressonância e, portanto, é deslocalizado:

Na segunda estrutura de ressonância anterior, o átomo de nitrogênio não tem um par isolado. Em vez disso, o átomo de nitrogênio tem um orbital *p* que está sendo utilizado para formar uma ligação π. Nesta estrutura de ressonância, o átomo de nitrogênio tem claramente uma hibridização sp². Isso cria um conflito: Como o átomo de nitrogênio pode ter uma hibridização sp³ em uma estrutura de ressonância e ter hibridização sp² na outra estrutura? Isso implicaria que a geometria do átomo de nitrogênio está indo para frente e para trás entre piramidal triangular e plana triangular. Isso não pode ser o caso, porque a ressonância não é um processo físico. O átomo de nitrogênio tem realmente uma hibridização sp² e a geometria é plana triangular em ambas as estruturas de ressonância. Como? O átomo de nitrogênio tem um par isolado deslocalizado e, portanto, ele ocupa um orbital *p* (em vez de um orbital hibridizado), de modo que ele pode sobrepor com os orbitais *p* da ligação π (Figura 2.6).

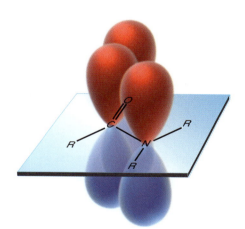

FIGURA 2.6
Uma ilustração da sobreposição de orbitais atômicos *p* de uma amida.

Sempre que um par isolado participa da ressonância, ele irá ocupar um orbital *p*, em vez de um orbital hibridizado, e isso deve ser levado em conta quando da estimativa da geometria. Isso será extremamente importante no Capítulo 25 do Volume 2, quando é discutida a forma tridimensional das proteínas.

Par Isolado Localizado

Um **par isolado localizado**, por definição, é um par isolado que não participa da ressonância. Em outras palavras, o par isolado não é alílico em relação a uma ligação π:

Localizado   Deslocalizado

Em alguns casos, um par isolado pode parecer deslocalizado, embora esteja efetivamente localizado. Por exemplo, consideremos a estrutura da piridina:

Piridina

O par isolado na piridina parece alílico em relação a uma ligação π, e é tentador usar o nosso padrão para representar a seguinte estrutura de ressonância:

Não é uma estrutura de ressonância válida

No entanto, esta estrutura de ressonância não é válida. Por que não? Neste caso, o par isolado no átomo de nitrogênio não está realmente participando da ressonância, embora esteja próximo a uma ligação π. Lembre que para um par isolado participar da ressonância ele tem que ocupar um orbital *p* que pode se sobrepor aos orbitais *p* vizinhos, formando um "condutor" (Figura 2.7).

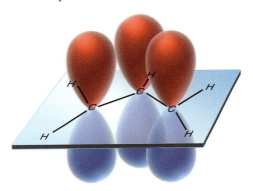

FIGURA 2.7
A ressonância se aplica a sistemas que envolvem a sobreposição de orbitais *p* que formam um "condutor".

No caso da piridina, o átomo de nitrogênio já está utilizando um orbital *p* para a ligação π (Figura 2.8). O átomo de nitrogênio pode usar apenas um orbital *p* para se juntar no condutor mostrado na Figura 2.8, e aquele orbital *p* já está sendo utilizado pela ligação *p*. Como resultado, o par isolado não pode entrar no condutor e, portanto, não pode participar da ressonância. Neste caso, o par isolado ocupa um orbital hibridizado sp^2, que está no plano do anel.

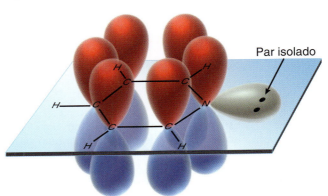

FIGURA 2.8
Sobreposição dos orbitais *p* da piridina.

Aqui está a conclusão: *Sempre que um átomo possuir tanto uma ligação π quanto um par isolado, os dois não vão participar na ressonância*. Em geral, apenas a ligação π participará da ressonância; o par isolado não participará.

Vamos praticar um pouco sobre a identificação de pares isolados deslocalizados e localizados, e usar essa informação para determinar a geometria.

DESENVOLVENDO A APRENDIZAGEM

2.9 IDENTIFICANDO PARES ISOLADOS DESLOCALIZADOS E LOCALIZADOS

APRENDIZAGEM A histamina é uma substância que desempenha um papel decisivo em muitas funções biológicas. Mais notavelmente, ela está envolvida em respostas imunes, em que desencadeia os sintomas de reações alérgicas:

Histamina

Cada átomo de nitrogênio apresenta um par isolado. Em cada caso, identificamos se o par isolado está localizado ou deslocalizado, e então utilizamos essa informação para determinar o estado de hibridização e a geometria de cada átomo de nitrogênio da histamina.

 SOLUÇÃO

Vamos começar com o nitrogênio no lado direito da substância. Este par isolado está localizado e, portanto, podemos usar o método descrito na Seção 1.10 para determinar o estado de hibridização e a geometria:

Existem 3 ligações e 1 par isolado, e portanto:

1) Número estérico = 3 + 1 = 4
2) 4 = sp^3 = eletronicamente tetraédrico
3) Distribuição dos átomos = __pirâmide triangular__

Este par isolado não está participando da ressonância, por isso nosso método é capaz de predizer com exatidão a geometria como piramidal triangular.

Agora, vamos considerar o átomo de nitrogênio no lado esquerdo da substância. O par isolado nesse átomo de nitrogênio é deslocalizado por ressonância:

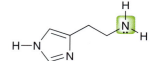

Portanto, este par isolado está realmente ocupando um orbital *p*, fazendo com que o átomo de nitrogênio tenha uma hibridização sp^2 em vez de uma hibridização sp^3. Como resultado, a geometria é plana triangular.

Agora vamos considerar o átomo de nitrogênio restante:

Este átomo de nitrogênio já tem uma ligação participando da ressonância. Portanto, o par isolado não pode participar também da ressonância. Neste caso, o par isolado tem que estar localizado. O átomo de nitrogênio tem de fato uma hibridização sp^2 e exibe geometria angular.

Para resumir, cada um dos átomos de nitrogênio na histamina tem uma geometria diferente:

Piramidal triangular

Plana triangular   **Angular**

Representações Moleculares      87

PRATICANDO
o que você
aprendeu

2.36 Para cada substância vista a seguir, identifique todos os pares isolados e indique se cada par isolado está localizado ou deslocalizado. Em seguida, use essa informação para determinar o estado de hibridização e a geometria para cada átomo que apresenta um par isolado.

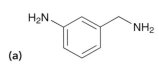

(a) (b) (c)

(d) (e) (f)

APLICANDO
o que você
aprendeu

2.37 A nicotina é uma substância tóxica presente em folhas de tabaco.

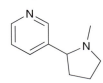

Nicotina

Existem dois pares isolados na estrutura da nicotina. Em geral, os pares isolados localizados são muito mais reativos do que os pares isolados deslocalizados. Com essa informação em mente, você espera que ambos os pares solitários na nicotina sejam reativos? Justifique sua resposta.

2.38 A isoniazida é utilizada no tratamento da tuberculose e da esclerose múltipla. Identifique cada par isolado como localizado ou deslocalizado. Justifique sua resposta em cada caso.

Isoniazida

é necessário **PRATICAR MAIS?** Tente Resolver os Problemas 2.47, 2.61

REVISÃO DE CONCEITOS E VOCABULÁRIO

SEÇÃO 2.1
- Os químicos usam muitas representações diferentes para comunicar informações estruturais, incluindo estruturas de Lewis, **estruturas parcialmente condensadas** e **estruturas condensadas**.
- A fórmula molecular não fornece informações estruturais.

SEÇÃO 2.2
- Nas **estruturas em bastão**, os átomos de carbono e a maioria dos átomos de hidrogênio não são representados.
- Estruturas em bastão são mais rápidas para serem representadas e mais fáceis de interpretar do que outras formas de representação.

SEÇÃO 2.3
- Um **grupo funcional** é um grupo característico de átomos/ligações que mostram um comportamento químico previsível.
- A química de todas as substâncias orgânicas é determinada pelos grupos funcionais presentes na substância.

SEÇÃO 2.4
- Uma carga formal está associada a qualquer átomo que não apresenta o número apropriado de elétrons de valência.
- Quando um átomo de carbono tem tanto uma carga positiva quanto uma carga negativa, ele terá apenas três, em vez de quatro, ligações.

SEÇÃO 2.5
- Os pares isolados muitas vezes não são representados em estruturas em bastão. É importante reconhecer que esses pares isolados estão presentes.

SEÇÃO 2.6
- Nas estruturas em bastão, uma **cunha cheia** representa um grupo que sai da página, e uma **cunha tracejada** representa um grupo por trás da página.
- Outras representações usadas para mostrar a tridimensionalidade incluem **projeções de Fischer** e **projeções de Haworth**.

88 CAPÍTULO 2

SEÇÃO 2.7

- Estruturas em bastão são inadequadas em algumas situações e uma abordagem chamada de **ressonância** é necessária.
- As **estruturas de ressonância** são separadas por setas com duas pontas e entre parênteses:

- A **estabilização por ressonância** refere-se à **deslocalização** de uma carga positiva ou de uma carga negativa através da ressonância.

SEÇÃO 2.8

- **Setas curvas** são ferramentas para representar estruturas de ressonância.
- Ao traçar setas curvas para estruturas de ressonância, evita-se a quebra de uma ligação simples e nunca se ultrapassa um octeto para os elementos da segunda linha.

SEÇÃO 2.9

- Todas as cargas formais têm que ser mostradas quando se representam estruturas de ressonância.

SEÇÃO 2.10

- As estruturas de ressonância são mais facilmente representadas olhando-se os cinco padrões descritos a seguir:

1. Um par isolado **alílico**
2. Uma carga positiva alílica
3. Um par isolado ao lado de uma carga positiva
4. Uma ligação π entre dois átomos com eletronegatividades diferentes
5. **Ligações π conjugadas** em um anel.

- Ao representar estruturas de ressonância, sempre se começa olhando para os padrões que utilizam apenas uma seta curva.

SEÇÃO 2.11

- Existem três regras para a identificação de **estruturas de ressonância** significativas:

1. Minimização das cargas.
2. Átomos eletronegativos (N, O, Cl etc.) podem ter uma carga positiva, mas apenas se eles possuírem um octeto de elétrons.
3. Evita-se a representação de uma estrutura de ressonância em que dois átomos de carbono têm cargas opostas.

SEÇÃO 2.12

- Um **par isolado deslocalizado** participa da ressonância e ocupa um orbital p.
- Um **par isolado localizado** não participa da ressonância.
- Sempre que um átomo possui simultaneamente uma ligação π e um par isolado, os dois não vão participar na ressonância.

REVISÃO DA APRENDIZAGEM

2.1 CONVERSÃO ENTRE DIFERENTES FORMAS DE REPRESENTAÇÃO

Represente a estrutura de Lewis desta substância.	**ETAPA 1** Representamos cada grupo separadamente.	**ETAPA 2** Representamos todas as ligações C—H.
$(CH_3)_3C\ddot{O}CH_3$		

Tente Resolver os Problemas 2.1–2.4, 2.49, 2.50

2.2 VISUALIZANDO ESTRUTURAS EM BASTÃO

Identifique todos os átomos de carbono e todos os átomos de hidrogênio.	**ETAPA 1** A extremidade de cada linha representa um átomo de carbono.	**ETAPA 2** Cada átomo de carbono possuirá átomos de hidrogênio suficientes de modo a formar quatro ligações.

Tente Resolver os Problemas 2.5–2.7, 2.39, 2.49, 2.52

2.3 REPRESENTANDO ESTRUTURAS EM BASTÃO

Represente uma estrutura em bastão desta substância.	**ETAPA** Excluímos todos os átomos de hidrogênio, exceto aqueles ligados a heteroátomos.	**ETAPA 2** Representamos na forma de zigue-zague, mantendo as ligações triplas lineares.	**ETAPA 3** Excluímos todos os átomos de carbono.

Tente Resolver os Problemas **2.8–2.10, 2.40, 2.41, 2.54, 2.58**

2.4 IDENTIFICAÇÃO DE PARES ISOLADOS EM ÁTOMOS DE OXIGÊNIO

Oxigênio com uma carga negativa…	Um átomo de oxigênio neutro…	Oxigênio com uma carga positiva…

… tem três pares isolados.	… tem dois pares isolados.	… tem um par isolado.

Tente Resolver os Problemas **2.14, 2.15, 2.43**

2.5 IDENTIFICAÇÃO DE PARES ISOLADOS EM ÁTOMOS DE NITROGÊNIO

Nitrogênio com uma carga negativa…	Um átomo de nitrogênio neutro…	Nitrogênio com uma carga positiva…
… tem dois pares isolados.	… tem um par isolado.	… não tem nenhum par isolado.

Tente Resolver os Problemas **2.16–2.19, 2.39**

2.6 IDENTIFICANDO SETAS DE RESSONÂNCIA VÁLIDAS

REGRA 1: A cauda de uma seta curva não deve ser colocada sobre uma ligação simples.	**REGRA 2:** A ponta de uma seta curva não pode resultar em uma ligação fazendo com que um elemento da segunda linha exceda um octeto.

Cauda	Ponta

Tente Resolver os Problemas **2.21, 2.22, 2.51**

2.7 ATRIBUINDO CARGAS FORMAIS EM ESTRUTURAS DE RESSONÂNCIA

Leia as setas curvas.

Esta carga negativa …

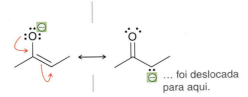

… foi deslocada para aqui.

Tente Resolver os Problemas **2.23, 2.24, 2.44, 2.53**

2.8 REPRESENTANDO ESTRUTURAS DE RESSONÂNCIA SIGNIFICATIVAS

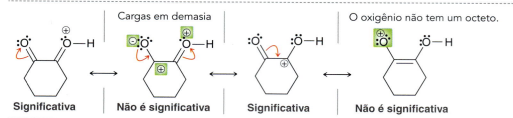

Tente Resolver os Problemas 2.33–2.35, 2.45, 2.48, 2.59, 2.60, 2.62, 2.65, 2.66

2.9 IDENTIFICANDO PARES ISOLADOS LOCALIZADOS E DESLOCALIZADOS

O par isolado sobre este nitrogênio é deslocalizado por ressonância, e ele ocupa, portanto, um orbital *p*.

Como consequência, a hibridização do átomo de nitrogênio é sp^2 e a sua geometria é, portanto, plana triangular.

Tente Resolver os Problemas 2.36–2.38, 2.47, 2.61

PROBLEMAS PRÁTICOS

2.39 Represente todos os átomos de carbono, átomos de hidrogênio e pares isolados para as substâncias que são vistas a seguir:

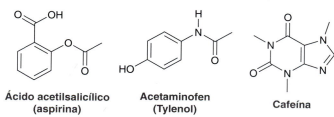

Ácido acetilsalicílico (aspirina) Acetaminofen (Tylenol) Cafeína

2.40 Represente as estruturas em bastão para todos os isômeros constitucionais do C_4H_{10}.

2.41 Represente as estruturas em bastão para todos os isômeros constitucionais do C_5H_{12}.

2.42 Represente as estruturas em bastão para a vitamina A e a vitamina C:

Vitamina A

Vitamina C

2.43 Quantos pares isolados são encontrados na estrutura da vitamina C?

2.44 Identifique a carga formal em cada um dos casos vistos a seguir:

2.45 Represente as estruturas de ressonância significativas para a substância vista a seguir.

2.46 Aprenda a extrair informações estruturais a partir de fórmulas moleculares:

(a) Escreva a fórmula molecular para cada uma das seguintes substâncias:

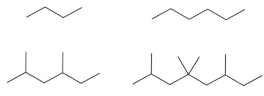

Compare as fórmulas moleculares para as substâncias anteriores e preencha os espaços em branco na seguinte sentença: O número de átomos de hidrogênio é igual a _____ vezes o número de átomos de carbono, mais _____.

(b) Agora escreva a fórmula molecular para cada uma destas substâncias:

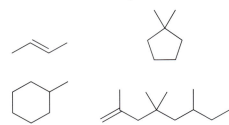

Cada uma das substâncias anteriores tem ou uma ligação dupla ou um anel. Compare as fórmulas moleculares para cada uma dessas substâncias. Em cada caso, o número de átomos de hidrogênio é _____ vezes o número de átomos de carbono. Preencha o espaço em branco.

(c) Agora escreva a fórmula molecular para cada uma destas substâncias:

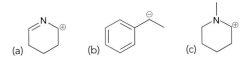

Cada uma das substâncias anteriores tem *ou* uma ligação tripla *ou* duas ligações duplas *ou* dois anéis *ou* um anel e uma ligação dupla. Compare as fórmulas moleculares para cada uma dessas substâncias. Em cada caso, o número de átomos de hidrogênio é _____ vezes o número de átomos de carbono menos _____. Preencha os espaços em branco.

(d) Com base nas tendências anteriores, responda às seguintes perguntas sobre a estrutura de uma substância com fórmula molecular $C_{24}H_{48}$. É possível que essa substância tenha uma ligação tripla? É possível que essa substância tenha uma ligação dupla?

(e) Represente todos os isômeros constitucionais que têm a fórmula molecular C_4H_8.

2.47 Cada uma das substâncias vistas a seguir apresenta um par isolado. Em cada caso, identifique o tipo de orbital atômico no qual o par isolado está contido.

2.48 Represente todas as estruturas de ressonância significativas para cada uma das substâncias vistas a seguir.

2.49 Escreva a fórmula estrutural condensada para cada uma das substâncias vistas a seguir.

2.50 Qual é a fórmula molecular para cada uma das substâncias no problema anterior?

2.51 Qual das seguintes representações não é uma estrutura de ressonância para o 1-nitrociclo-hexene? Explique por que ela não pode ser uma estrutura de ressonância válida.

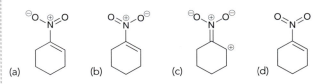

2.52 Identifique o número de átomos de carbono e átomos de hidrogênio na seguinte substância:

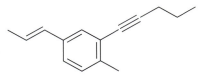

2.53 Identifique quaisquer cargas formais nas seguintes estruturas:

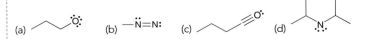

2.54 Represente as estruturas em bastão para todos os isômeros constitucionais com fórmula molecular C_4H_9Cl.

2.55 Represente as estruturas de ressonância para cada uma das seguintes espécies:

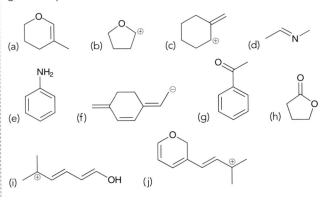

2.56 Determine a relação entre as duas estruturas vistas a seguir. Elas são estruturas de ressonância ou elas são isômeros constitucionais?

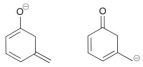

2.57 Considere cada par de substâncias vistas a seguir e determine se o par representa a mesma substância, isômeros constitucionais ou substâncias diferentes que não são isômeros:

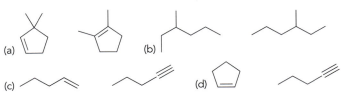

2.58 Represente uma estrutura em bastão para cada uma das seguintes substâncias:

(a) CH₂=CHCH₂C(CH₃)₃
(b) (CH₃CH₂)₂CHCH₂CH₂OH
(c) CH≡COCH₂CH(CH₃)₂
(d) CH₃CH₂OCH₂CH₂OCH₂CH₃
(e) (CH₃CH₂)₃CBr
(f) (CH₃)₂C=CHCH₃

2.59 Uma mistura de ácido sulfúrico e ácido nítrico produzirá pequenas quantidades do íon nitrônio (NO₂⁺):

:Ö=N⁺=Ö:

O íon nitrônio possui estruturas de ressonância significativas? Por que sim ou por que não?

2.60 Considere a estrutura do ozônio:

O ozônio é formado na atmosfera superior, onde ele absorve o pequeno comprimento de onda da radiação UV emitida pelo sol, protegendo-nos assim da radiação prejudicial. Represente todas as estruturas de ressonância significativas para o ozônio (**Sugestão:** Comece representando todos os pares isolados.)

2.61 A melatonina é um hormônio animal que acredita-se ter um papel na regulação do ciclo do sono:

A estrutura da melatonina incorpora dois átomos de nitrogênio. Qual é o estado de hibridização e a geometria de cada átomo de nitrogênio? Explique sua resposta.

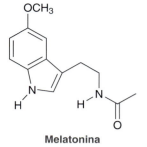

Melatonina

2.62 Represente todas as estruturas de ressonância significativas para cada uma das seguintes substâncias:

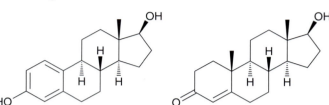

Estradiol
(Hormônio sexual feminino)

Testosterona
(Hormônio sexual masculino)

PROBLEMAS INTEGRADOS

2.63 A cicloserina é um antibiótico isolado a partir do micróbio *Streptomyces orchidaceous*. Ele é utilizado em conjunção com outros fármacos para o tratamento da tuberculose.

Cicloserina

(a) Qual é a fórmula molecular dessa substância?
(b) Quantos átomos de carbono com hibridização *sp³* estão presentes nesta estrutura?
(c) Quantos átomos de carbono com hibridização *sp²* estão presentes nesta estrutura?
(d) Quantos átomos de carbono com hibridização *sp* estão presentes nesta estrutura?
(e) Quantos pares isolados estão presentes nesta estrutura?
(f) Identifique cada par isolado como localizado ou deslocalizado.
(g) Identifique a geometria de cada átomo (exceto para os átomos de hidrogênio).
(h) Represente todas as estruturas de ressonância significativas da cicloserina.

2.64 Ramelteon é um agente hipnótico utilizado no tratamento da insônia:

Ramelteon

(a) Qual é a fórmula molecular dessa substância?
(b) Quantos átomos de carbono com hibridização *sp³* estão presentes nesta estrutura?
(c) Quantos átomos de carbono com hibridização *sp²* estão presentes nesta estrutura?
(d) Quantos átomos de carbono com hibridização *sp* estão presentes nesta estrutura?
(e) Quantos pares isolados estão presentes nesta estrutura?
(f) Identifique cada par isolado como localizado ou deslocalizado.
(g) Identifique a geometria de cada átomo (exceto para os átomos de hidrogênio).

2.65 Na substância vista a seguir, identifique todos os átomos de carbono que são deficientes em elétrons (δ+) e todos os átomos de carbono que são ricos em elétrons (δ−). Justifique sua resposta com as estruturas de ressonância.

2.66 Considere as duas substâncias vistas a seguir:

Substância A   **Substância B**

(a) Identifique qual dessas duas substâncias tem maior estabilização por ressonância.

(b) Você esperaria que a substância C (vista a seguir) tivesse uma estabilização por ressonância que é mais semelhante a substância A ou a substância B?

Substância C

2.67 Ligações simples geralmente experimentam rotação livre à temperatura ambiente (como será discutido em mais detalhes no Capítulo 4):

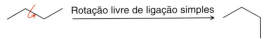
Rotação livre de ligação simples

No entanto, a "ligação simples" mostrada a seguir apresenta uma grande barreira para rotação. Em outras palavras, a energia do sistema aumenta muito se essa ligação sofre rotação. Explique a origem dessa barreira de energia. (**Sugestão:** Pense sobre os orbitais atômicos a serem usados para formar o "condutor".)

Os Problemas 2.68-2.69 são destinados aos estudantes que já estudaram espectroscopia de infravermelho (Capítulo 15, Volume 2).

2.68 Os polímeros são substâncias muito grandes, construídos a partir de unidades menores, chamadas monômeros. Por exemplo, o polímero **2**, denominado poli(acetato de vinila), é produzido a partir de acetato de vinila (**1**). O polímero **2** pode ser convertido no polímero **4**, chamado poli(álcool vinílico), ou PVA, através de um processo chamado de hidrólise (explorada posteriormente no Capítulo 21). A hidrólise completa de **2** leva a **4**, enquanto a hidrólise incompleta de **2** leva a **3**, em que a cadeia do polímero contém ainda alguns grupos acetato residuais. O polímero **2** é um dos principais ingredientes de cola branca, enquanto o polímero **3** está presente em colas aquosas de PVA. Descreva como a espectroscopia de infravermelho pode ser usada para monitorar a conversão de **3** em **4**. Especificamente, descreva o que você olharia para confirmar a hidrólise completa dos grupos acetato (*J. Chem. Ed.* **2006**, *83*, 1534-1536).

2.69 A cumarina e seus derivados apresentam um amplo leque de aplicações industriais, incluindo, mas não limitado a, cosméticos, conservantes de alimentos e lasers de corante fluorescentes. Alguns derivados da cumarina, como a varfarina, mostram atividade antitrombótica e são atualmente utilizados como anticoagulantes (para prevenir a formação de coágulos de sangue potencialmente fatais). Identifique como se pode utilizar a espectroscopia no infravermelho para monitorar a reação vista a seguir, em que a substância **1** é convertida em um derivado de cumarina (substância **2**). Descreva, pelo menos, três sinais diferentes que poderiam ser analisados para confirmar a transformação de **1** em **2** (*J. Chem . Ed.* **2006**, *83*, 287-289).

DESAFIOS

2.70 CL-20 e HMX são potentes explosivos. O CL-20 produz uma explosão mais poderosa, mas é geralmente considerado demasiadamente sensível ao choque para utilização prática. O HMX é nitidamente menos sensível e é usado como um explosivo militar padrão. Quando uma mistura 2:1 das duas substâncias é co-cristalizada, espera-se que o explosivo resultante seja mais potente do que o HMX sozinho, mas com uma sensibilidade semelhante à do HMX (*Cryst. Growth Des.* **2012**, *12*, 4311-4314).

CL-20   **HMX**

(a) Quais são as fórmulas moleculares para o CL-20 e o HMX?
(b) Considere o par isolado de elétrons de um dos átomos de nitrogênio no(s) anel(éis) das duas moléculas. O par de elétrons isolado está localizado ou deslocalizado?

2.71 A progesterona é um hormônio feminino que desempenha um papel crítico no ciclo menstrual, preparando o revestimento do útero para a implantação de um óvulo. Durante a síntese biomimética da progesterona de W. S. Johnson (uma síntese que se inspira e imita a que ocorre naturalmente, rotas biossintéticas), uma das reações finais na síntese se acreditava ter progredido através do intermediário visto a seguir (*J. Am. Chem. Soc.* **1971**, *93*, 4332-4334). Use estruturas de ressonância para explicar por que este intermediário é particularmente estável.

2.72 Muitas substâncias com propriedades medicinais desejáveis são isoladas a partir de fontes naturais e, portanto, são chamadas de produtos naturais. Entretanto, as propriedades medicinais de uma substância

94 CAPÍTULO 2

são frequentemente conhecidas antes que a estrutura da substância seja determinada. As substâncias vistas a seguir são exemplos de substâncias em que a primeira estrutura proposta estava incorreta (*Angew. Chem. Int. Ed.* **2005**, *44*, 1012-1044). Em cada caso, a estrutura correta correspondente também é mostrada. Identifique todos os grupos funcionais em cada par de substâncias e, em seguida, compare as semelhanças e diferenças entre suas estruturas moleculares.

(a)

Estrutura proposta do colesterol

Estrutura correta do colesterol

(b)

Estrutura proposta da porritoxina

Estrutura correta de porritoxina

2.73 A substância vista a seguir é um intermediário na síntese de um *gelator*, que é uma substância capaz de se auto-organizar para formar um gel em um líquido orgânico (*Soft Matter* **2012**, *8*, 5486-5492).

(a) Identifique cada grupo funcional na molécula.

(b) No Capítulo 4, vamos aprender que as moléculas em geral giram livremente em torno de ligações simples, enquanto a rotação em torno de ligações duplas é significativamente restrita. Considere as quatro ligações simples que ligam os dois anéis nessa estrutura. Dois deles podem girar livremente, enquanto os outros dois não podem. Identifique os dois anéis com rotação restrita e justifique a sua resposta representando as estruturas de ressonância.

2.74 A reação entre um aldeído e uma amina resulta na formação de um grupo funcional chamado *imina*, como mostrado na seguinte reação geral:

Uma imina

Considere os reagentes **A–D**, que têm sido utilizados na síntese de novas moléculas que se auto-organizam com arquiteturas únicas e dinâmicas (*Langmuir* **2012**, *28*, 14567-14572).

(a) Represente o produto da reação entre:

i.   **A** e **C** (razão molar 2:1)

ii. **C** e **D** (razão molar 1:2)

iii. **A** e **B** (razão molar 2:1)

iv. **B** e **D** (razão molar 1:2)

(b) Qual é a relação entre os produtos das reações iii e iv?

2.75 A substância que é vista a seguir é um derivado de aminoácido (Capítulo 25, Volume 2). Em solução, as moléculas desta substância mostram uma tendência a "colarem" em conjunto, ou se *auto-organizarem*, através de uma série de ligações de hidrogênio intermoleculares. Durante a auto-organização, o agregado crescente pode aprisionar moléculas de líquido, formando-se assim um gel (*J. Am. Chem. Soc.* **2009**, *131*, 11478-11484).

(a) Cada um dos seis átomos de hidrogênio ligados diretamente ao nitrogênio pode formar uma ligação de hidrogênio, mas os H que estão nas amidas podem formar ligações de hidrogênio mais fortes do que os H nas aminas. Explique por que isso ocorre utilizando ressonância.

(b) Represente as ligações de hidrogênio intermoleculares que se formam durante a auto-organização. Faça isso representando três moléculas empilhadas diretamente uma em cima da outra, cada uma na orientação indicada. Em seguida, represente as ligações de hidrogênio a partir da molécula central para cada uma das outras duas moléculas, mostrando oito ligações de hidrogênio intermoleculares entre os H da amida em uma molécula e os O da amida nas moléculas adjacentes.

2.76 No Capítulo 3, iremos explorar os fatores que tornam substâncias ácidas ou básicas. A tropolona (**1**) é uma substância que é simultaneamente muito ácida e muito básica (*J. Org. Chem.* **1997**, *62*, 3200-3207). Ela é ácida, porque é capaz de perder um próton (H⁺) para formar um ânion relativamente estável (**2**). Por outro lado, ela é básica devido à sua capacidade em receber um próton para formar o cátion **3**:

(a) Represente todas as estruturas de ressonância significativas do ânion **2** e do cátion **3** e explique por que cada um desses íons é estabilizado.

(b) Na substância **1**, os comprimentos de ligação para as ligações C—C variam muito e alternam de comprimento (longo, curto, longo etc.). Mas, nos íons **2** e **3**, os comprimentos das ligações são semelhantes. Explique.

(c) A interação de ligação de hidrogênio intramolecular em **3** é significativamente diminuída em comparação com **1**. Explique.

2.77 Os corantes trifenilmetano estão entre os primeiros corantes sintéticos desenvolvidos para uso comercial. Uma comparação entre as estruturas destas substâncias revela que mesmo pequenas diferenças na estrutura podem conduzir a grandes diferenças de cor (*Chem. Rev.* **1993**, *93*, 381-433). As estruturas de três desses corantes são mostradas a seguir.

	X	R
Verde básico 4	H	CH$_3$
Vermelho básico 9	NH$_2$	H
Violeta básico 4	N(C$_2$H$_5$)$_2$	C$_2$H$_5$

(a) Represente as estruturas de ressonância para o verde básico 4 que ilustram a deslocalização da carga positiva.

(b) Determine quem deve ter uma maior estabilização de ressonância, o verde básico 4 ou o violeta básico 4. Justifique sua escolha.

2.78 O vermelho básico 1 é uma substância tetracíclica (tem quatro anéis) que compartilha muitas semelhanças estruturais com os corantes do problema anterior (*Chem. Rev.* **1993**, *93*, 381-433). Esta substância tem muitas estruturas de ressonância significativas, e a carga positiva está altamente deslocalizada. Embora as estruturas de ressonância possam ser representadas com a carga positiva espalhada ao longo de todos os quatro anéis, um dos anéis provavelmente possui muito pouca carga em relação aos outros anéis. Identifique o anel que não está participando tão efetivamente da ressonância e sugira uma explicação.

Vermelho básico 1

3

Ácidos e Bases

3.1 Introdução aos Ácidos e Bases de Brønsted-Lowry
3.2 Fluxo de Densidade Eletrônica: Notação de Setas Curvas
3.3 Acidez de Brønsted-Lowry: Perspectiva Quantitativa
3.4 Acidez de Brønsted-Lowry: Perspectiva Qualitativa
3.5 Posição de Equilíbrio e Escolha dos Reagentes
3.6 Efeito de Nivelamento
3.7 Efeitos de Solvatação
3.8 Contraíons
3.9 Ácidos e Bases de Lewis

VOCÊ JÁ SE PERGUNTOU...
como a massa cresce para produzir pãezinhos e pães (fermentados) fofos?

A massa de pão cresce muito rapidamente na presença de um agente levedante, tal como a levedura, o fermento em pó ou o bicarbonato de sódio. Todos esses agentes levedantes se comportam produzindo bolhas de dióxido de carbono gasoso que ficam presas na massa, fazendo-a crescer. A seguir, mediante o aquecimento em um forno, essas bolhas de gás se expandem criando orifícios na massa. Embora os agentes levedantes se comportem de forma semelhante, eles diferem em como produzem o CO_2. A levedura produz CO_2 como um subproduto dos processos metabólicos, enquanto o bicarbonato de sódio e o fermento em pó produzem CO_2 como um subproduto de reações ácido-base. Mais adiante neste capítulo, veremos mais detalhadamente as reações ácido-base envolvidas e discutiremos a diferença entre o bicarbonato de sódio e o fermento em pó. A compreensão das reações relevantes levará a uma maior apreciação da química dos alimentos.

Neste capítulo, o nosso estudo de ácidos e bases servirá como uma introdução para o papel dos elétrons nas reações iônicas. Uma *reação iônica* é uma reação na qual os íons participam como reagentes, intermediários ou produtos. Essas reações representam 95% das reações abordadas neste livro. A fim de estar preparado para o estudo das reações iônicas, é crítico ser capaz de identificar os ácidos e as bases. Vamos aprender como representar as reações ácido-base e comparar a acidez ou basicidade de substâncias. Essas ferramentas nos permitem prever quando as reações ácido-base tendem a ocorrer e a escolher o reagente adequado para realizar qualquer reação ácido-base específica.

Ácidos e Bases   97

VOCÊ SE LEMBRA?

Antes de avançar, tenha certeza de que você compreende os tópicos citados a seguir.
Se for necessário, revise as seções sugeridas para se preparar para este capítulo.

- Representação e Interpretação de Estruturas em Bastão (Seção 2.2)
- Identificação de Cargas Formais (Seções 1.4 e 2.4)
- Identificação de Pares Isolados (Seção 2.5)
- Representação de Estruturas de Ressonância (Seção 2.10)

3.1 Introdução aos Ácidos e Bases de Brønsted-Lowry

Este capítulo se concentrará principalmente nos ácidos e bases de Brønsted-Lowry. Há também uma breve seção tratando com ácidos e bases de Lewis, um tópico que será abordado no Capítulo 6 e nos capítulos subsequentes.

A definição de ácidos e bases de Brønsted-Lowry se baseia na transferência de um próton (H^+). Um ácido é definido como um *doador de prótons*, enquanto uma **base** é definida como um *receptor de prótons*. Como um exemplo, consideremos a seguinte reação ácido-base:

Ácido
(doador de próton)   **Base**
(receptor de próton)

Na reação anterior, o HCl funciona como um ácido porque doa um próton para o H_2O, enquanto o H_2O funciona como uma base porque aceita o próton proveniente do HCl. Os produtos de uma reação de transferência de próton são chamados de **base conjugada** e ácido conjugado:

$$HCl + H_2O \rightleftharpoons Cl^- + H_3O^+$$

Ácido   **Base**   **Base conjugada**   **Ácido conjugado**

Nesta reação, o Cl^- é a base conjugada do HCl. Em outras palavras, a base conjugada é o que resta do ácido depois de ele ter sido desprotonado. Do mesmo modo, na reação anterior, o H_3O^+ é o ácido conjugado do H_2O. Vamos usar esta terminologia ao longo do restante deste capítulo, por isso é importante saber bem estes termos.

No exemplo anterior, o H_2O atuou como uma base, pois ele recebeu um próton, mas em outras situações, ele pode atuar como um ácido doando um próton. Por exemplo:

Base   **Ácido**   **Ácido conjugado**   **Base conjugada**

Neste caso, a água funciona como um ácido em vez de uma base. Ao longo deste livro, veremos inúmeros exemplos da atuação da água, quer como uma base ou como um ácido, por isso, é importante compreender que os dois comportamentos são possíveis e muito comuns. Quando a água atua como um ácido, tal como na reação anterior, a base conjugada é o HO^-.

3.2 Fluxo de Densidade Eletrônica: Notação de Setas Curvas

Todas as reações são realizadas por meio de um fluxo de densidade eletrônica (o movimento de elétrons). Reações ácido-base não são uma exceção. O fluxo da densidade eletrônica é ilustrado com setas curvas:

$$B:^- \ + \ H-A \rightleftharpoons B-H + :A^-$$

Embora essas setas curvas sejam muito parecidas com as setas curvas usadas para representar estruturas de ressonância, há uma diferença importante. Na representação de estruturas de ressonância, setas curvas são usadas apenas como ferramentas e não representam nenhum processo físico real. Mas na reação anterior, as setas curvas representam um processo físico real. Há um fluxo de densidade eletrônica que faz com que um próton seja transferido de um reagente para outro reagente; as setas curvas ilustram este fluxo. As setas mostram o **mecanismo de reação**, isto é, elas mostram como a reação ocorre em termos do movimento dos elétrons.

Observa-se que o mecanismo de uma reação de transferência de próton envolve elétrons a partir de uma base desprotonando um ácido. Este é um ponto importante, porque os ácidos não perdem prótons sem a ajuda de uma base. É necessário para uma base abstrair o prótons. Apresentamos a seguir um exemplo específico:

Base   Ácido   Ácido conjugado   Base conjugada

Neste exemplo, o hidróxido (HO⁻) funciona como uma base para abstrair um próton do ácido. Observa-se que há exatamente duas setas curvas. O mecanismo de transferência de um próton sempre envolve pelo menos duas setas curvas.

No Capítulo 6, os mecanismos de reação serão introduzidos e explorados em mais detalhes. Os mecanismos representam o núcleo da química orgânica, e pela proposição e comparação dos mecanismos, vamos descobrir tendências e padrões que definem o comportamento dos elétrons. Essas tendências e padrões nos permitirão prever como a densidade eletrônica flui e explicar novas reações. Para quase todas as reações ao longo deste livro, vamos propor um mecanismo e, em seguida, analisá-lo em detalhe.

A maioria dos mecanismos envolve uma ou mais etapas de transferência de prótons. Por exemplo, uma das primeiras reações a ser abordada (Capítulo 8) é chamada de reação de eliminação e acredita-se que ela ocorra pelo seguinte mecanismo:

Transferência de próton   Transferência de próton

Este mecanismo tem muitas etapas, cada uma das quais é mostrada com setas curvas. Observa-se que a primeira e a última etapas são simplesmente transferências de prótons. Na primeira etapa, o H₃O⁺ funciona como um ácido e na última etapa a água está atuando como uma base.

Claramente, a transferência de prótons exerce um papel fundamental nos mecanismos de reação. Portanto, a fim de se tornar competente na elaboração de mecanismos, é essencial dominar as transferências de prótons. Habilidades importantes a serem dominadas incluem representar setas curvas corretamente, ser capaz de prever quando uma transferência de próton é provável ou improvável, e ser capaz de determinar qual o ácido ou a base é apropriado para uma situação específica. Vamos começar agora a representar o mecanismo de transferência de prótons.

DESENVOLVENDO A APRENDIZAGEM

3.1 REPRESENTAÇÃO DO MECANISMO DE TRANSFERÊNCIA DE UM PRÓTON

APRENDIZAGEM Mostre o mecanismo para a reação ácido-base vista a seguir. Nomeie o ácido, a base, o ácido conjugado e a base conjugada:

Água   Metóxido   Hidróxido   Metanol

ETAPA 1
Identificação do ácido e da base.

SOLUÇÃO
Começamos identificando o ácido e a base. A água está perdendo um próton para formar o hidróxido. Portanto, a água está atuando como um doador de prótons, tornando-se um ácido. O metóxido (CH₃O⁻) está recebendo o próton para formar o metanol (CH₃OH). Portanto, o metóxido é a base.

Ácidos e Bases   99

ETAPA 2
Representação da primeira seta curva.

ETAPA 3
Representação da segunda seta curva.

Para representar o mecanismo corretamente, lembramos que tem que existir duas setas curvas. A cauda da primeira seta curva é colocada sobre um par isolado da base e a cabeça é colocada sobre o próton do ácido. Esta primeira seta curva mostra a base abstraindo o próton. A próxima seta curva vem sempre da ligação X—H que está sendo rompida e vai para o átomo ligado ao próton:

$$H\ddot{O}H + CH_3\ddot{O}^{\ominus} \rightleftharpoons H\ddot{O}^{\ominus} + CH_3\ddot{O}H$$

Ácido   Base

Certifique-se de que a cabeça e a cauda de cada seta estão posicionadas no lugar certo, ou o mecanismo estará incorreto.

Quando a água perde um próton, forma-se o hidróxido. Portanto, o hidróxido é a base conjugada da água. Quando o metóxido recebe o próton, forma-se o metanol. O metanol é, portanto, o ácido conjugado do metóxido:

$$H\ddot{O}H + CH_3O^{\ominus} \rightleftharpoons HO^{\ominus} + CH_3OH$$

Ácido   Base   Base conjugada   Ácido conjugado

PRATICANDO
o que você aprendeu

3.1 Todas as reações ácido-base que são vistas a seguir, são reações que vão ser estudadas em detalhes nos próximos capítulos. Para cada uma delas, represente o mecanismo e, em seguida, identifique claramente o ácido, a base, o ácido conjugado e a base conjugada:

(a) PhOH + ⁻OH ⟶ PhO⁻ + H₂O

(b) acetona + H₃O⁺ ⇌ acetona protonada + H₂O

(c) metil isopropil cetona + (iPr)₂NH ⟶ enolato + (iPr)₂NH

(d) PhCOOH + ⁻OH ⟶ PhCOO⁻ + H₂O

APLICANDO
o que você aprendeu

3.2 Cada um dos mecanismos vistos a seguir contém um ou mais erros – isto é, as setas curvas podem ser ou não corretas. Em cada caso, identifique os erros e, em seguida, descreva que modificação seria necessária a fim de tornar as setas curvas corretas. Explique a modificação sugerida em cada caso (os exemplos a seguir representam os erros comuns dos alunos, por isso é seu interesse identificar esses erros, reconhecê-los e, em seguida, evitá-los):

(a) Me₃N: + H—Cl: ⟶ Me₃N⁺—H :Cl:⁻

(b) H₂N:⁻ + HOH ⟶ H₂NH + ⁻OH

(c) HO—C(=O)—O:⁻ Na⁺ + H—O—C(=O)—CH₃ ⇌ HO—C(=O)—OH + Na⁺ ⁻O—C(=O)—CH₃

3.3 Em uma *reação de transferência de prótons intramolecular*, o sítio ácido e o sítio básico estão localizados na mesma estrutura, e um próton é transferido da região ácida da molécula para a região básica da molécula, como mostrado a seguir:

Represente um mecanismo para esse processo.

é necessário **PRATICAR MAIS?** Tente Resolver o Problema 3.44

3.3 Acidez de Brønsted-Lowry: Perspectiva Quantitativa

Existem duas formas de prever quando uma reação de transferência de próton irá ocorrer: (1) através de uma abordagem quantitativa (comparando os valores de pK_a) ou (2) através de uma abordagem qualitativa (analisando as estruturas dos ácidos). É essencial dominar ambos os métodos. Nesta seção, vamos nos concentrar no primeiro método, e nas próximas seções vamos nos concentrar no segundo método.

medicamente falando | Antiácidos e Azia

A maioria das pessoas já sentiu ocasionalmente azia, especialmente depois de comer pizza. A azia é causada pelo acúmulo de quantidades excessivas de ácido do estômago (principalmente HCl). Esse ácido é usado para digerir o alimento que nós comemos, mas ele pode muitas vezes ir para o esôfago, causando a sensação de queimação referida como azia. Os sintomas da azia podem ser tratados usando-se uma base suave para neutralizar o excesso de ácido clorídrico. Existem muitos antiácidos diferentes no mercado que podem ser comprados no balcão das farmácias. Vemos a seguir alguns que provavelmente você vai reconhecer:

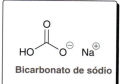

Alka Seltzer® — Bicarbonato de sódio
Tums® ou Rolaids® — Carbonato de cálcio
Pepto-Bismol® — Subsalicilato de bismuto
Maalox® ou Mylanta® — Hidróxido de alumínio + Hidróxido de magnésio

Todos esses antiácidos funcionam de maneira semelhante. Todos eles são bases suaves que podem neutralizar HCl em uma reação de transferência de próton. Por exemplo, o bicarbonato de sódio desprotona o HCl para formar o ácido carbônico:

Bicarbonato de sódio → Ácido carbônico + Na⁺ :Cl:⁻

$$CO_2 + H_2O$$

O ácido carbônico, então, rapidamente se degrada em dióxido de carbono e água (um fato que discutiremos mais tarde neste capítulo).

Se você já se encontra em uma situação em que tem azia e não tem acesso a nenhum dos antiácidos anteriores, um substituto pode ser encontrado em sua cozinha. Bicarbonato de sódio é apenas a mesma substância encontrada no Alka Seltzer®. Pegue uma colher de chá de bicarbonato de sódio, dissolva-o em um copo de água agitando com uma colher e depois beba. A solução tem sabor salgado, mas vai aliviar a sensação de queimação da azia. Quando você começar a arrotar, saberá que ele está funcionando: você estará liberando dióxido de carbono gasoso que é produzido como um subproduto da reação ácido-base vista anteriormente.

Usando Valores de pK_a para Comparar a Acidez

Os termos K_a e pK_a foram definidos no seu livro de química geral, mas vale a pena rever rapidamente suas definições. Consideramos a seguinte reação ácido-base geral entre HA (um ácido) e H_2O (se comportando como uma base, neste caso):

$$HA + H_2O \rightleftharpoons A^- + H_3O^+$$

A reação é dita ter atingido o **equilíbrio** quando não se observa mais nenhuma alteração nas concentrações de reagentes e produtos. Em equilíbrio, a velocidade da reação direta é exatamente equivalente à velocidade da reação inversa, o que é indicado com duas setas apontando em sentidos opostos, como mostrado anteriormente. A posição de equilíbrio é descrita pelo termo K_{eq}, que é definida da seguinte forma:

$$K_{eq} = \frac{[H_3O^+][A^-]}{[HA][H_2O]}$$

Ela é o produto das concentrações em equilíbrio dos produtos dividido pelo produto das concentrações em equilíbrio dos reagentes. Quando uma reação ácido-base é realizada em solução aquosa diluída, a concentração da água é relativamente constante (55,5 M) e pode, portanto, ser removida da expressão. Isso nos dá um novo termo, K_a:

$$K_a = K_{eq}[H_2O] = \frac{[H_3O^+][A^-]}{[HA]}$$

O valor de K_a mede a força do ácido. Ácidos muito fortes podem ter um K_a da ordem de 10^{10} (ou 10.000.000.000), enquanto os ácidos muito fracos pode ter um K_a da ordem de 10^{-50} (ou 0,00000000000000000000000000000000000000000000000001). Os valores de K_a em geral são números muito pequenos ou muito grandes. Para lidar com isso, os químicos frequentemente expressam valores de pK_a em vez de valores de K_a, para os quais o pK_a é definida como:

$$pK_a = -\log K_a$$

Quando o pK_a é usado como medida da acidez, os valores geralmente vão variar de –10 a 50. Nós vamos lidar com muito valores de pK_a ao longo deste capítulo e há duas coisas que se deve ter em mente: (1) Um ácido forte terá um valor pK_a baixo, enquanto um ácido fraco tem um valor pK_a elevado. Por exemplo, um ácido com um pK_a de 10 é mais ácido do que um ácido com um pK_a de 16. (2) Cada unidade representa uma ordem de grandeza. Um ácido com um pK_a de 10 é seis ordens de grandeza (um milhão de vezes) mais ácido do que um ácido com um pK_a de 16. A Tabela 3.1 fornece os valores de pK_a para muitas das substâncias comumente encontradas neste livro. Uma tabela de pK_a com mais dados pode ser encontrada na contracapa deste livro.

DESENVOLVENDO A APRENDIZAGEM

3.2 USO DE VALORES DE pK_a PARA COMPARAR A ACIDEZ

APRENDIZAGEM O ácido acético é o principal constituinte de soluções de vinagre e a acetona é um solvente usado frequentemente para remover o esmalte das unhas:

Ácido acético   Acetona

Utilizando os valores de pK_a dados na Tabela 3.1, identifique qual das duas substâncias é mais ácida.

 SOLUÇÃO
O ácido acético tem um pK_a de 4,75, enquanto a acetona tem um pK_a de 19,2. A substância com o menor pK_a é mais ácida e, portanto, o ácido acético é mais ácido. Na verdade, quando comparamos os valores de pK_a, vemos que o ácido acético é cerca de 14 ordens de grandeza (10^{14}) mais ácido do que a acetona (ou aproximadamente 100.000.000.000.000 vezes mais ácido). Vamos discutir a razão para isso nas seções posteriores deste capítulo.

TABELA 3.1 VALORES DE pK_a DE SUBSTÂNCIAS COMUNS E DE SUAS BASES CONJUGADAS

	ÁCIDO	pK_a	BASE CONJUGADA	
Ácido mais forte ↑	$H-O-\overset{O}{\underset{O}{S}}-O-H$	−9	$H-O-\overset{O}{\underset{O}{S}}-O^{\ominus}$	Base mais fraca ↓
	$Cl-H$	−7	$Cl^{\ominus}$	
	acetona protonada (O⊕–H)	7,3	acetona	
	$H-\overset{H}{\underset{\oplus}{O}}-H$	−1,74	$H-O-H$	
	$CH_3C(O)-O-H$	4,75	$CH_3C(O)-O^{\ominus}$	
	pentano-2,4-diona (H H)	9,0	ânion (H)	
	fenol (O–H)	9,9	fenóxido (O⊖)	
	$H-O-H$	15,7	$H-O^{\ominus}$	
	CH_3CH_2-O-H	16	$CH_3CH_2-O^{\ominus}$	
	$(CH_3)_3C-O-H$	18	$(CH_3)_3C-O^{\ominus}$	
	acetona (CH₂–H)	19,2	ânion (CH₂⊖)	
	$H-C\equiv C-H$	25	$H-C\equiv C^{\ominus}$	
	$H-\overset{H}{\underset{H}{N}}$	38	$H-\overset{\ominus}{\underset{H}{N}}$	
	eteno ($CH_2=CH-H$)	44	ânion ($CH_2=CH^{\ominus}$)	
Ácido mais fraco	$H-\overset{H}{\underset{H}{C}}-\overset{H}{\underset{H}{C}}-H$	50	$H-\overset{H}{\underset{H}{C}}-\overset{H}{\underset{\ominus}{C}}-H$	Base mais forte

Ácidos e Bases 103

PRATICANDO o que você aprendeu

3.4 Para cada par de substâncias vistas a seguir, identifique a substância mais ácida:

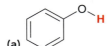

(a) fenol / H—O—H
(b) (CH₃)₂CH—O—H / H—O—H
(c) H₂N—H / H—C≡C—H
(d) H₃O⁺ / Cl—H
(e) CH₃—CH₃ / H—C≡C—H
(f) (CH₃)₂C=O—H⁺ / H—O—S(=O)₂—O—H

APLICANDO o que você aprendeu

3.5 O propranolol é um agente anti-hipertensivo (usado para tratar os casos de pressão arterial elevada). Usando a Tabela 3.1, identifique os dois prótons mais ácidos nessa substância e indique o valor aproximado esperado do pK_a para cada próton:

Propranolol

3.6 A L-dopa é usada no tratamento da doença de Parkinson. Usando a Tabela 3.1, identifique os quatro prótons mais ácidos nessa substância e, em seguida, classifique-os em ordem de acidez crescente (dois dos prótons serão muito semelhantes em acidez e difíceis de serem distinguidos neste momento):

L-dopa

é necessário **PRATICAR MAIS?** Tente Resolver o Problema 3.38

Usando Valores de pK_a para Comparar a Basicidade

Vimos como utilizar os valores de pK_a para comparar os ácidos, mas é também possível utilizar valores de pK_a para comparar as bases. Não é necessário utilizar uma tabela separada de valores de pK_b. O exemplo a seguir irá demonstrar como utilizar os valores de pK_a para comparar a basicidade.

DESENVOLVENDO A APRENDIZAGEM

3.3 USO DOS VALORES DE pK_a PARA COMPARAR A BASICIDADE

APRENDIZAGEM Utilizando os valores de pK_a da Tabela 3.1, identifique qual dos seguintes ânions é a base mais forte:

SOLUÇÃO

Cada uma dessas bases pode ser imaginada como a base conjugada de um ácido. Nós precisamos apenas comparar os valores de pK_a desses ácidos. Para fazer isso, imaginamos a protonação de cada uma das bases anteriores, produzindo os seguintes ácidos conjugados:

ETAPA 1
Representação do ácido conjugado de cada uma das bases.

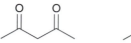

Em seguida, olhamos os valores do pK_a desses ácidos e fazemos a comparação:

ETAPA 2
Comparação dos valores de pK_a.

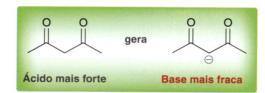

pK_a = 9,0   pK_a = 19,2

ETAPA 3
Identificação da base mais forte.

A primeira substância tem um valor de pK_a menor e é, portanto, um ácido mais forte do que a segunda substância. Lembre-se de que o ácido mais forte sempre gera a base mais fraca. Como resultado, a base conjugada da primeira substância será uma base mais fraca do que a base conjugada da segunda substância:

PRATICANDO
o que você aprendeu

3.7 Identifique a base mais forte em cada um dos seguintes casos:

(a) H—C≡C⁻   H—N⁻—H   (b) (CH₃)₃C—O⁻   CH₃CH₂—O⁻

(c) acetona   H—O—H   (d) ⁻OH   CH₃CH₂—O⁻

(e) CH₃—CH₂⁻   H—C≡C⁻   (f) Cl⁻   ⁻OH

APLICANDO
o que você aprendeu

3.8 A substância vista a seguir tem três átomos de nitrogênio:

Cada um dos átomos de nitrogênio apresenta um par isolado que pode atuar como uma base (para abstrair prótons de um ácido). Ordene esses três átomos de nitrogênio em termos da força da base crescente usando a seguinte informação:

pK_a = 3,4   pK_a = 3,8   pK_a = 10,5

3.9 Considere os seguintes valores de pK_a, e depois responda às seguintes perguntas:

$H_3C-\overset{H}{\underset{H}{\overset{|}{O}}}{}^{\oplus}$ $H_3C-\overset{H}{\underset{H}{\overset{|\oplus}{N}}}-H$

pK_a = −2,5   pK_a = 10,5

(a) Para a substância vista a seguir, o par isolado no átomo de nitrogênio será mais ou menos básico do que o par isolado no átomo de oxigênio?

(b) Preencha os espaços em branco: o par de elétrons no átomo de _____ é _____ ordens de grandeza mais básico do que o par isolado no átomo de _____.

→ é necessário **PRATICAR MAIS?** Tente Resolver o Problema 3.50

Usando Valores de pK_a para Predizer a Posição de Equilíbrio

Utilizando a tabela de valores de pK_a também podemos prever a posição de equilíbrio para uma reação ácido-base. O equilíbrio sempre favorecerá a formação do ácido fraco (maior valor de pK_a). Por exemplo, considere a reação ácido-base seguinte:

Base   Ácido   Ácido conjugado   Base conjugada

pK_a = 15,7   pK_a = 18

O equilíbrio para essa reação vai tender para o lado direito, favorecendo a formação do ácido mais fraco.

Para algumas reações, os valores de pK_a são tão diferentes que, para fins práticos, a reação não é tratada como um processo em equilíbrio, mas sim como um processo que vai a termo. Por exemplo, considere a seguinte reação:

Base   Ácido   Ácido conjugado   Base conjugada

pK_a = 15,7   pK_a = 50

O processo inverso é insignificante, e para tais reações, os químicos orgânicos muitas vezes desenham uma seta irreversível em vez das tradicionais setas de equilíbrio. Tecnicamente, é verdade que todas as transferências de prótons são processos de equilíbrio, mas, no caso anterior, os valores de pK_a são tão diferentes (34 ordens de grandeza) que podemos essencialmente ignorar a reação inversa.

DESENVOLVENDO A APRENDIZAGEM

3.4 USANDO VALORES DE pK_a PARA PREDIZER A POSIÇÃO DE EQUILÍBRIO

APRENDIZAGEM Utilizando valores de pK_a da Tabela 3.1, determine a posição de equilíbrio para cada uma das duas reações de transferência de prótons vistas a seguir:

(a)

(b)

SOLUÇÃO

(a) Começamos identificando o ácido em ambos os lados da reação, e depois comparamos os seus valores de pK_a:

ETAPA 1
Identificação do ácido em cada lado do equilíbrio.

pK_a = −1,74   pK_a = −7,3

ETAPA 2
Comparação dos valores de pK_a.

Nesta reação, a ligação C=O recebe um próton (a protonação de ligações C=O será discutida em mais detalhe no Capítulo 20). O equilíbrio sempre favorece o ácido mais fraco (o ácido com o maior valor de pK_a). Os dois valores de pK_a anteriores são ambos números negativos, por isso pode ser confuso decidir qual é o maior valor pK_a: −1,74 é um número maior do que −7,3. Portanto, o equilíbrio favorece o lado esquerdo da reação, o que é representado da seguinte forma:

A diferença entre os valores de pK_a representa uma diferença de acidez de aproximadamente seis ordens de grandeza. Isso significa que em um dado instante aproximadamente uma em cada um milhão de ligações C=O terá um próton. Quando estudarmos essa reação mais tarde, veremos que a protonação de uma ligação C=O pode servir como uma forma de catalisar uma série de reações. Para fins catalíticos, é suficiente ter apenas uma pequena porcentagem das ligações C=O protonadas.

(b) Temos, primeiro, de identificar o ácido em ambos os lados da reação e, em seguida, comparar os seus valores de pK_a:

ETAPA 1
Identificação do ácido em cada lado do equilíbrio.

pK_a = 9,0   pK_a = 15,7

ETAPA 2
Comparação dos valores de pK_a.

Esta reação mostra a desprotonação de uma β-dicetona (uma substância com duas ligações C=O separadas uma da outra por um átomo de carbono). Mais uma vez, esta é uma transferência de prótons, que vamos estudar com mais profundidade mais tarde neste livro. O equilíbrio vai favorecer o lado do ácido mais fraco (o lado com o maior valor de pK_a). Portanto, o equilíbrio favorecerá o lado direito da reação:

A diferença entre os valores de pK_a representa uma diferença de acidez de seis ordens de grandeza. Em outras palavras, quando o hidróxido é usado para desprotonar uma β-dicetona, a maioria das moléculas de dicetona é desprotonada (apenas uma em cada um milhão não é desprotonada). Podemos concluir a partir desta análise, que o hidróxido é uma base adequada para realizar esta desprotonação.

PRATICANDO o que você aprendeu

3.10 Determine a posição de equilíbrio para cada reação ácido-base vista a seguir:

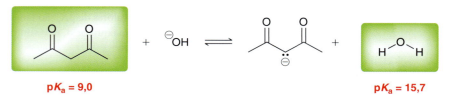

Ácidos e Bases   107

(c) H—Cl: + H—Ö—H ⇌ :Cl:⁻ + H—Ö⁺(H)—H

(d) H—C≡C—H + ⁻NH₂ ⇌ H—C≡C:⁻ + NH₃

APLICANDO o que você aprendeu

3.11 O hidróxido não é uma base adequada para desprotonar o acetileno:

H—C≡C—H + :ÖH⁻ ⇌ H—C≡C:⁻ + H—Ö—H

Acetileno   Hidróxido

Explique por que não. Você pode propor uma base que seria adequada?

é necessário **PRATICAR MAIS?** Tente Resolver o Problema 3.48

medicamente falando | Distribuição de Fármacos e pK_a

A maioria dos fármacos vai suportar um longo percurso antes de chegar ao local de ação. Esse percurso envolve várias transições entre ambientes polares e apolares. A fim de que um fármaco atinja o seu objetivo, ele tem que ser capaz de ser distribuído em ambos os tipos de ambientes ao longo do percurso. A capacidade de um fármaco em trocar de ambiente é, na maioria dos casos, um resultado direto das suas propriedades ácido-base. De fato, atualmente a maioria dos fármacos são ácidos ou bases e, como tal, estão em equilíbrio entre as formas carregada e não carregada. Como um exemplo, considere a estrutura da aspirina e da sua base conjugada:

Aspirina (Forma não carregada) ⇌ Base conjugada (Forma carregada) + H⁺

No equilíbrio anterior, o lado esquerdo representa a forma não carregada da aspirina, enquanto o lado direito representa a forma carregada (a base conjugada). A posição deste equilíbrio, ou a *porcentagem de ionização*, dependerá do pH da solução. O pK_a da aspirina é de aproximadamente 3,0. Em um pH de 3,0 (quando o pH = pK_a), a aspirina e a sua base conjugada estarão presentes em quantidades iguais. Isto é, ocorre uma ionização de 50%. Em um pH abaixo de 3, a forma não carregada irá predominar. Em um pH acima de 3,0, a forma carregada vai predominar.

Com isso em mente, considere o percurso que a aspirina faz depois de ser ingerida. Este percurso começa no estômago, onde o pH pode ser tão baixo quanto 2. Sob essas condições muito ácidas, a aspirina está principalmente na sua forma não carregada. Isto é, a quantidade de base conjugada presente é muito pequena. A forma não carregada da aspirina é absorvida pelo ambiente apolar da mucosa gástrica do estômago e da mucosa intestinal no trato intestinal. Depois de passar através destes ambientes apolares, as moléculas de aspirina entram no sangue, que é um ambiente (aquoso) polar com um pH de aproximadamente 7,4. Neste pH, a aspirina existe principalmente sob a forma carregada (a base conjugada), e é distribuída por todo o sistema circulatório sob esta forma. Em seguida, a fim de passar pela barreira sangue-cérebro, ou por uma membrana celular, as moléculas têm de ser convertidas mais uma vez na forma não carregada, para que possam passar através dos ambientes necessariamente apolares. O fármaco é capaz de atingir o alvo com sucesso devido à sua capacidade de existir em duas formas diferentes (carregada e não carregada). Esta capacidade permite que ele passe através de ambientes polares, bem como por ambientes apolares.

O processo anterior (aspirina) foi um exemplo de um ácido que alcança a biodistribuição como um resultado da sua capacidade de perder um próton. Ao contrário, alguns fármacos são bases e eles atingem a biodistribuição como resultado da sua capacidade em receber um próton. Por exemplo, a codeína (discutida no capítulo anterior) pode funcionar como uma base e aceitar um próton:

Codeína (Forma não carregada) + H—Cl: → Codeína (Forma carregada) + :Cl:⁻

Mais uma vez, o fármaco existe em duas formas: carregada e não carregada. Mas neste caso um pH baixo favorece a forma carregada em vez da forma não carregada. Considere o percurso que é feito pela codeína depois de ser ingerida. O fármaco encontra primeiro o ambiente ácido do estômago, onde é protonado e existe principalmente na sua forma carregada:

Com um pK_a de 8,2, a forma carregada predomina em pH baixo. Ela não pode passar através de ambientes apolares e não é, portanto, absorvida pela mucosa gástrica do estômago. Quando o fármaco atinge as condições básicas do intestino, é desprotonado e a forma não carregada predomina. Só então ele pode passar com uma velocidade considerável para um ambiente apolar.

Por conseguinte, a eficácia de qualquer fármaco é altamente dependente das suas propriedades ácido-base. Isso deve ser levado em conta na concepção de novos fármacos. É certamente importante que um fármaco possa se ligar com o seu receptor-alvo, mas é igualmente importante que as suas propriedades ácido-base permitam que ele chegue ao receptor de forma eficiente.

VERIFICAÇÃO CONCEITUAL

3.12 Aminoácidos, tais como a glicina, são os principais blocos de construção das proteínas e serão discutidos em mais detalhes no Capítulo 25, do Volume 2. No pH do estômago, a glicina existe predominantemente em uma forma protonada na qual existem dois prótons ácidos de interesse. Os valores do pK_a para esses prótons são vistos ao lado. Utilizando essa informação, represente a forma da glicina que predominam no pH fisiológico de 7,4.

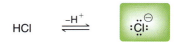

Glicina

3.4 Acidez de Brønsted-Lowry: Perspectiva Qualitativa

Na seção anterior, aprendemos como diferenciar ácidos ou bases por meio da comparação dos seus valores de pK_a. Nesta seção, vamos aprender a fazer essas comparações analisando e contrastando as suas estruturas sem o uso de valores de pK_a.

Estabilidade da Base Conjugada

A fim de comparar os ácidos sem a utilização de valores de pK_a temos de olhar para a base conjugada de cada ácido:

Base conjugada de HA

Se A⁻ é muito estável (base fraca), então HA tem que ser um ácido forte. Se, por outro lado, A⁻ é muito instável (base forte), então HA tem que ser um ácido fraco. Como uma ilustração deste ponto, vamos considerar a desprotonação do HCl:

Base conjugada

O cloro é um átomo eletronegativo e pode, portanto, estabilizar uma carga negativa. O íon cloreto (Cl⁻) é, de fato, muito estável e, portanto, o HCl é um ácido forte. O HCl pode atuar como um doador de prótons, porque a base conjugada deixada para trás é estabilizada.

OLHANDO PARA O FUTURO

Na Seção 22.2 (Volume 2), veremos um caso excepcional de uma carga negativa estabilizada em um átomo de carbono. Até então, a maioria dos casos de C⁻ será considerada como muito instável.

Vejamos mais um exemplo. Considere a estrutura do butano:

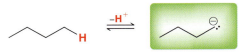

Quando o butano é desprotonado, uma carga negativa é gerada sobre um átomo de carbono. O carbono não é um elemento muito eletronegativo e geralmente não é capaz de estabilizar uma carga negativa. Uma vez que este C⁻ é muito instável, podemos concluir que o butano não é muito ácido.

Esta abordagem pode ser usada para comparar a acidez de duas substâncias, HA e HB. Nós simplesmente olhamos para as suas bases conjugadas, A⁻ e B⁻, e fazemos a sua comparação:

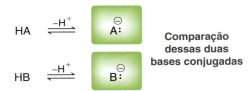

Ao determinar a base conjugada mais estável, é possível identificar o ácido mais forte. Por exemplo, se determinarmos que A⁻ é mais estável que B⁻, então, HA tem que ser um ácido mais forte do que HB. Esta abordagem não nos permite prever valores exatos de pK_a, mas nos permite comparar rapidamente a acidez relativa de duas substâncias sem a necessidade de consultar os valores de pK_a.

Fatores que Afetam a Estabilidade de Cargas Negativas

Uma comparação qualitativa da acidez requer uma comparação da estabilidade de cargas negativas. A discussão a seguir irá desenvolver uma abordagem metódica para comparar a estabilidade de cargas negativas. Especificamente, consideraremos quatro fatores: (1) o átomo sobre o qual a carga se localiza, (2) ressonância, (3) indução e (4) orbitais.

1. *Qual átomo em que a carga se localiza?* O primeiro fator envolve a comparação entre os átomos que possuem a carga negativa em cada base conjugada. Por exemplo, consideremos as estruturas do butano e do propanol:

A fim de avaliar a acidez relativa dessas duas substâncias temos primeiro que desprotonar cada uma dessas substâncias e representar as bases conjugadas:

Agora comparamos essas bases conjugadas, olhando onde a carga negativa está localizada em cada caso. Na primeira base conjugada, a carga negativa está sobre um átomo de carbono. Na segunda base conjugada, a carga negativa está sobre um átomo de oxigênio. Para determinar qual delas é mais estável, temos que considerar se esses elementos estão na mesma linha ou na mesma coluna da tabela periódica (Figura 3.1).

FIGURA 3.1
Exemplos de elementos na mesma linha ou na mesma coluna da tabela periódica.

Na mesma linha	Na mesma coluna
C N O F	C N O F
P S Cl	P S Cl
Br	Br
I	I

Por exemplo, C⁻ e O⁻ aparecem na mesma linha da tabela periódica. Quando dois átomos estão na mesma linha, a eletronegatividade é o efeito dominante. Lembre-se de que a eletronegatividade mede a afinidade de um átomo em relação ao elétron (quanto o átomo está disposto a aceitar um

110 CAPÍTULO 3

Aumento da eletronegatividade

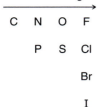

FIGURA 3.2
Tendências da eletronegatividade na tabela periódica.

elétron novo), e a eletronegatividade aumenta ao longo de uma linha (Figura 3.2). O oxigênio é mais eletronegativo que o carbono, por isso o oxigênio é mais capaz de estabilizar a carga negativa. Portanto, um próton sobre o oxigênio é mais ácido do que um próton sobre o carbono:

Mais ácido

A história é diferente quando se comparam dois átomos na mesma coluna da tabela periódica. Por exemplo, vamos comparar a acidez da água e do sulfeto de hidrogênio:

A fim de avaliar a acidez relativa dessas duas substâncias, desprotonamos cada uma delas e comparamos as suas bases conjugadas:

Neste exemplo, estamos comparando O^- e S^-, que aparecem na mesma coluna da tabela periódica. Neste caso, a eletronegatividade não é o efeito dominante. Em vez disso, o efeito dominante é o tamanho (Figura 3.3). O enxofre é maior do que de oxigênio e pode, portanto, estabilizar mais uma carga negativa, espalhando a carga em um volume maior do espaço. Dessa forma, HS^- é mais estável do que HO^- e, portanto, o H_2S é um ácido mais forte do que o H_2O. Pode-se verificar esta previsão, olhando para valores de pK_a (o pK_a do H_2S é 7,0, enquanto o pK_a do H_2O é 15,7).

FIGURA 3.3
Competição de tendências na tabela periódica: tamanho *versus* eletronegatividade.

Para resumir, existem duas tendências importantes: eletronegatividade (para comparação de átomos na mesma linha) e tamanho (para comparação de átomos na mesma coluna).

DESENVOLVENDO A APRENDIZAGEM

3.5 AVALIAÇÃO DA ESTABILIDADE RELATIVA: FATOR 1 – ÁTOMO

APRENDIZAGEM Compare os dois prótons que são mostrados na substância vista a seguir. Qual deles é mais ácido?

SOLUÇÃO
A primeira etapa é desprotonar cada local e representar as duas bases conjugadas possíveis:

ETAPA 1
Representação das bases conjugadas.

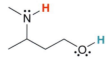

ETAPA 2
Comparação da localização da carga em cada caso.

Vamos agora comparar as duas bases conjugadas e determinar qual delas é mais estável. A primeira base conjugada tem uma carga negativa sobre o nitrogênio, enquanto a segunda base conjugada tem uma carga negativa sobre o oxigênio. O nitrogênio e o oxigênio estão na mesma linha da tabela periódica, de modo que a eletronegatividade é o fator determinante. O oxigênio é mais eletronegativo que o nitrogênio e pode estabilizar melhor a carga negativa. Portanto, o próton do oxigênio pode ser removido com maior facilidade do que o próton do nitrogênio.

ETAPA 3
A base conjugada mais estável corresponde ao próton mais ácido.

Mais ácido

Ácidos e Bases   111

PRATICANDO
o que você aprendeu

3.13 Em cada substância vista a seguir, dois prótons são claramente identificados. Determine qual dos dois prótons é mais ácido.

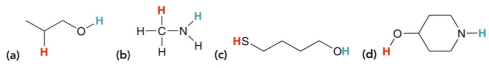

(a)   (b)   (c)   (d)

APLICANDO
o que você aprendeu

3.14 O nitrogênio e o enxofre não estão nem na mesma linha, nem na mesma coluna da tabela periódica. No entanto, você deve ser capaz de identificar qual dos prótons vistos a seguir é mais ácido. Explique sua escolha:

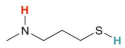

╌╌▶ é necessário **PRATICAR MAIS?** Tente Resolver os Problemas 3.45b, 3.47h, 3.51b,h, 3.53

2. *Ressonância.* O segundo fator para comparar a estabilidade das bases conjugadas é a ressonância. Para ilustrar o papel da ressonância na estabilidade da carga, vamos considerar as estruturas do etanol e do ácido acético:

Etanol   Ácido acético

A fim de comparar a acidez dessas duas substâncias, temos que desprotonar cada uma delas e representar as bases conjugadas:

Em ambos os casos, a carga negativa está sobre o oxigênio. Portanto, o fator 1 não indica que o próton é mais ácido. Mas há uma diferença fundamental entre essas duas cargas negativas. A primeira base conjugada não tem estruturas de ressonância, enquanto a segunda base conjugada tem:

Neste caso, a carga está deslocalizada sobre os dois átomos de oxigênio. Essa carga negativa estará mais estável do que uma carga negativa localizada sobre um átomo de oxigênio:

A carga está localizada   A carga está deslocalizada
(menos estável)   (mais estável)

Por essa razão, as substâncias que contêm uma ligação C=O diretamente ao lado de um OH são em geral ligeiramente ácidas porque as suas bases conjugadas são estabilizadas por ressonância:

Um ácido carboxílico   Base conjugada estabilizada
                               por ressonância

Essas substâncias são chamadas de *ácidos carboxílicos*. O grupo R visto anteriormente refere-se ao resto da molécula que não foi representada. Os ácidos carboxílicos não são de fato muito ácidos se comparados com os ácidos inorgânicos, como o H_2SO_4 ou o HCl. Os ácidos carboxílicos são considerados ácidos quando comparados com outras substâncias orgânicas. A "acidez" dos ácidos carboxílicos destaca o fato de que a *acidez é relativa*.

DESENVOLVENDO A APRENDIZAGEM

3.6 AVALIAÇÃO DA ESTABILIDADE RELATIVA: FATOR 2 – RESSONÂNCIA

APRENDIZAGEM Compare os dois prótons mostrados na substância vista a seguir. Qual deles é mais ácido?

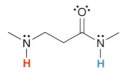

SOLUÇÃO
Começamos representado as suas respectivas bases conjugadas:

ETAPA 1
Representação das bases conjugadas.

Na primeira base conjugada a carga está localizada sobre o nitrogênio:

ETAPA 2
Procurando a estabilização por ressonância.

**A carga está localizada
NÃO é estabilizada por ressonância**

Na segunda base conjugada, a carga é deslocalizada por ressonância:

A carga é estabilizada por ressonância

A carga é distribuída ao longo dos dois átomos, N e O. A deslocalização da carga torna a espécie mais estável e, portanto, esse próton é mais ácido:

ETAPA 3
A base conjugada mais estável corresponde ao próton mais ácido.

PRATICANDO o que você aprendeu

3.15 Em cada substância vista a seguir dois prótons são claramente identificados. Determine qual dos dois prótons é mais ácido.

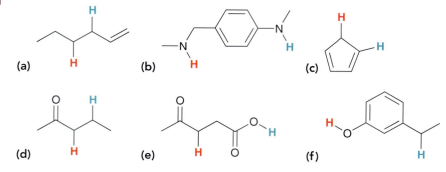

APLICANDO o que você aprendeu

3.16 O ácido ascórbico (vitamina C) não contém um grupo ácido carboxílico tradicional, mas é, no entanto, ainda bastante ácido (pK_a = 4,2). Identifique o próton ácido e explique a sua escolha, usando as estruturas de ressonância se necessário.

Ácido ascórbico
(Vitamina C)

3.17 Na substância vista a seguir dois prótons são claramente identificados. Determine qual dos dois é mais ácido. Depois de comparar as bases conjugadas, você deve ficar preso na seguinte pergunta: É mais estabilizador uma carga negativa ser distribuída ao longo de um átomo de oxigênio e três átomos de carbono ou ser distribuída sobre dois átomos de oxigênio? Represente todas as estruturas de ressonância de cada base conjugada e então dê uma olhada nos valores de pK_a listados na Tabela 3.1.

é necessário **PRATICAR MAIS?** Tente Resolver os Problemas 3.45a, 3.46a, 3.47b,e–g, 3.51c–f

3. *Indução.* Os dois fatores que examinamos até agora não explicam a diferença de acidez entre o ácido acético e o ácido tricloroacético:

Ácido acético   **Ácido tricloroacético**

Qual a substância mais ácida? Para responder a essa pergunta sem a ajuda de valores de pK_a, temos que representar as bases conjugadas das duas substâncias e, em seguida, compará-las:

O fator 1 não responde a pergunta porque a carga negativa está sobre o oxigênio em ambos os casos. O fator 2 também não responde a pergunta, porque há estruturas de ressonância que deslocalizam a carga por dois átomos de oxigênio em ambos os casos. A diferença entre essas substâncias é claramente os átomos de cloro. Lembre-se de que cada átomo de cloro retira densidade eletrônica por indução:

O efeito líquido dos átomos de cloro é retirar densidade eletrônica para longe da região carregada negativamente da substância, estabilizando desse modo a carga negativa. Portanto, a base conjugada do ácido tricloroacético é mais estável do que a base conjugada do ácido acético:

Mais estável

A partir disso, podemos concluir que o ácido tricloroacético é mais ácido:

Mais ácido

Podemos verificar esta previsão, observando os valores de pK_a. Na verdade, podemos usar os valores de pK_a para verificar o efeito individual de cada Cl:

pK_a = 4,75   pK_a = 2,87   pK_a = 1,25   pK_a = 0,70

Observe a tendência. Com cada Cl adicional, a substância torna-se mais ácido.

DESENVOLVENDO A APRENDIZAGEM

3.7 AVALIAÇÃO DA ESTABILIDADE RELATIVA: FATOR 3 – INDUÇÃO

APRENDIZAGEM Identifique qual dos prótons vistos a seguir é mais ácido:

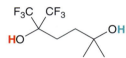

SOLUÇÃO
Comece representando as respectivas bases conjugadas:

ETAPA 1
Representação das bases conjugadas.

ETAPA 2
Procurando efeitos indutivos.

Na base conjugada do lado esquerdo, a carga é estabilizada pelos efeitos indutivos dos átomos de flúor situados nas proximidades. Em contraste, a base conjugada do lado direito carece desta estabilização. Portanto, prevemos que a base conjugada do lado esquerdo é mais estável. E, como resultado, podemos concluir que o próton perto dos átomos de flúor será mais ácido:

ETAPA 3
A base conjugada mais estável corresponde ao próton mais ácido.

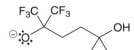

PRATICANDO
o que você aprendeu

3.18 Identifique o próton mais ácido em cada uma das substâncias vistas a seguir e explique sua escolha:

3.19 Para cada par de substâncias vistas a seguir, identifique a substância que é mais ácida e explique a sua escolha:

Ácidos e Bases 115

APLICANDO o que você aprendeu

3.20 Considere a estrutura do ácido 2,3-dicloropropanoico:

Esta substância tem muitos isômeros constitucionais.

(a) Represente um isômero constitucional que é ligeiramente mais ácido e explique sua escolha.

(b) Represente um isômero constitucional que é um pouco menos ácido e explique sua escolha.

(c) Represente um isômero constitucional que é significativamente (pelo menos 10 ordens de grandeza) menos ácido e explique sua escolha.

3.21 Considere os dois prótons destacados na substância vista a seguir:

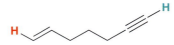

Você espera que esses prótons sejam equivalentes, ou um próton é mais ácido do que o outro? Explique sua escolha. (*Sugestão:* Pense cuidadosamente sobre a geometria no átomo de carbono central.)

é necessário **PRATICAR MAIS?** Tente Resolver os Problemas 3.46b, 3.47c, 3.51g

4. *Orbitais.* Os três fatores que examinamos até agora não explicam a diferença de acidez entre os dois prótons destacados na substância vista a seguir:

Represente as bases conjugadas para compará-las:

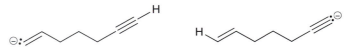

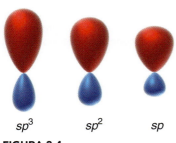

FIGURA 3.4
Formas relativas dos orbitais hibridizados.

Em ambos os casos, a carga negativa está sobre um átomo de carbono, de modo que o fator 1 não ajuda. Em ambos os casos, a carga não é estabilizada por ressonância, de modo que o fator 2 não ajuda. Em ambos os casos, não existem efeitos indutivos a considerar, de modo que o fator 3 não ajuda. A resposta neste caso é obtida olhando-se para os estados de hibridização dos orbitais que acomodam as cargas. Lembre-se do Capítulo 1, em que a hibridização de um carbono com uma ligação tripla é *sp*, a hibridização de um carbono com uma ligação dupla é *sp²* e a hibridização de um carbono com todas as ligações simples é *sp³*. A primeira base conjugada (na figura ao lado, à esquerda) tem uma carga negativa sobre um átomo de carbono com hibridização *sp²*, enquanto a segunda base conjugada (na figura ao lado, à direita) tem uma carga negativa sobre um átomo de carbono com hibridização *sp*. O que essa diferença faz? Vamos rever rapidamente as formas dos orbitais hibridizados (Figura 3.4).

Um par de elétrons em um orbital híbrido *sp* é mantido mais próximo do núcleo do que um par de elétrons em um orbital híbrido *sp²* ou *sp³*. Como resultado, os elétrons que estão localizados em uma orbital *sp* são estabilizados por estarem perto do núcleo. Portanto, uma carga negativa sobre um carbono com hibridização *sp* é mais estável que uma carga negativa sobre um carbono com hibridização *sp²*:

Mais estável

Concluímos que um próton em uma ligação tripla será mais ácido do que um próton em uma ligação dupla, que por sua vez irá ser mais ácido do que um próton em um carbono com todas as ligações simples. Podemos verificar essa tendência, olhando para os valores de pK_a na Figura 3.5. Esses valores de pK_a sugerem que esse efeito é muito significativo; o acetileno é de 19 ordens de grandeza mais ácido do que o etileno.

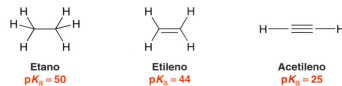

FIGURA 3.5
Valores de pK_a para o etano, o etileno e o acetileno.

Etano
pK_a = 50

Etileno
pK_a = 44

Acetileno
pK_a = 25

DESENVOLVENDO A APRENDIZAGEM

3.8 AVALIAÇÃO DA ESTABILIDADE RELATIVA: FATOR 4 – ORBITAIS

APRENDIZAGEM Determine qual dos prótons identificados a seguir é mais ácido:

1-Penteno

SOLUÇÃO
Começamos representando as respectivas bases conjugadas:

ETAPA 1
Representação das bases conjugadas.

ETAPA 2
Análise do orbital que acomoda a carga em cada caso.

Em ambos os casos, a carga negativa está sobre um átomo de carbono, de modo que o fator 1 não ajuda. Em ambos os casos, a carga não é estabilizada por ressonância, de modo que o fator 2 não ajuda. Em ambos os casos, não existem efeitos indutivos a considerar, de modo que o fator 3 não ajuda. A resposta neste caso é obtida observando-se os estados de hibridização dos orbitais que acomodam as cargas. A primeira base conjugada tem a carga negativa em um orbital híbrido sp^3, enquanto a segunda base conjugada tem a carga negativa em um orbital híbrido sp^2. Um orbital híbrido sp^2 está mais próximo do núcleo do que um orbital híbrido sp^3 e, portanto, estabiliza melhor uma carga negativa. Assim, concluímos que o próton vinílico é mais ácido:

ETAPA 3
A base conjugada mais estável corresponde ao próton mais ácido.

PRATICANDO
o que você aprendeu

3.22 Identifique qual das seguintes substâncias é mais ácida. Explique sua escolha.

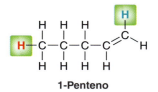

3.23 Identifique o próton mais ácido em cada uma das substâncias vistas a seguir:

Ácidos e Bases   117

APLICANDO
o que você aprendeu

3.24 Aminas contêm ligações simples C—N, enquanto iminas contêm ligações duplas C—N:

As aminas mais simples têm um pK_a situado no intervalo entre 35 e 45. Com base nessas informações, preveja qual a afirmação é mais provável de ser verdadeira, e explique o raciocínio por trás da sua escolha:

(a) A maioria das iminas tem um pK_a inferior a 35.

(b) A maioria das iminas tem um pK_a superior a 45.

(c) A maioria das iminas tem um pK_a no intervalo entre 35 e 45.

é necessário **PRATICAR MAIS?** Tente Resolver o Problema 3.45c

Ordenando os Fatores que Afetam a Estabilidade de Cargas Negativas

Temos até agora examinado cada um dos quatro fatores que afetam a estabilidade de cargas negativas. Temos agora que considerar a sua ordem de prioridade – em outras palavras, qual o fator que tem precedência quando dois ou mais fatores estão presentes?

De modo geral, a ordem de prioridade é a ordem em que os fatores foram apresentados:

1. *Átomo.* A carga está sobre que átomo? (A comparação entre os átomos é feita em termos de eletronegatividade e tamanho? Lembre-se da diferença entre a comparação de átomos na mesma linha *versus* a comparação de átomos na mesma coluna.)
2. *Ressonância.* Existe algum efeito de ressonância que torna uma base conjugada mais estável do que a outra?
3. *Indução.* Existem efeitos indutivos que estabilizam uma das bases conjugadas?
4. *Orbital.* Em que orbital encontramos a carga negativa para cada base conjugada?

Uma maneira útil para lembrar a ordem desses quatro fatores é considerar a primeira letra de cada fator, obtendo o seguinte dispositivo mnemônico: *ARIO*.

Como exemplo, vamos comparar os prótons mostrados nas duas substâncias vistas a seguir:

Comparamos essas substâncias representando as suas bases conjugadas:

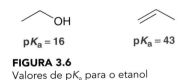

FIGURA 3.6
Valores de pK_a para o etanol e o etileno.

O fator 1 sugere que a primeira base conjugada é mais estável (o O$^-$ é melhor do que o C$^-$). No entanto, o fator 2 sugere que a segunda base conjugada é mais estável (a ressonância deslocaliza a carga). Isso nos deixa com uma questão importante: Uma carga negativa é mais estável quando está localizada em um átomo de oxigênio ou uma carga negativa é mais estável quando está deslocalizada sobre dois átomos de carbono? A resposta é: Em geral, o fator 1 vence o fator 2. Uma carga negativa é mais estável sobre um oxigênio do que sobre dois átomos de carbono. Podemos verificar esta afirmação, comparando os valores de pK_a (Figura 3.6).

De fato, os valores de pK_a indicam que uma carga negativa sobre um átomo de oxigênio é 27 ordens de grandeza (um com vinte e sete zeros atrás de vezes) mais estável do que uma carga negativa sobre dois átomos de carbono.

Esse esquema de priorização (ARIO), frequentemente será útil, mas às vezes pode produzir uma previsão errada. Em outras palavras, há muitas exceções. Como um exemplo, compare as estruturas do acetileno e da amônia:

Para determinar qual a substância mais ácida representamos as bases conjugadas:

$$H-C\equiv C:^{\ominus} \qquad ^{\ominus}:NH_2$$

Ao comparar essas duas cargas negativas, existem dois fatores competindo. O fator 1 sugere que a segunda base conjugada é mais estável (o N^- é mais estável do que o C^-), mas o fator 4 sugere que a primeira base conjugada é mais estável (um orbital híbrido sp pode estabilizar uma carga negativa melhor do que um orbital híbrido sp^3). Em geral, o fator 1 ganha dos outros. Mas esse caso é uma exceção, e o fator 4 (orbitais) realmente predomina aqui. Neste caso, a carga negativa é mais estável no átomo de carbono, embora o nitrogênio seja mais eletronegativo do que o carbono:

$$H-C\equiv C:^{\ominus} \qquad ^{\ominus}:NH_2$$
Mais estável

Na realidade, é por essa razão que o H_2N^- é frequentemente utilizado como uma base para desprotonar uma ligação tripla:

$$H-C\equiv C-H \ + \ ^{\ominus}:NH_2 \longrightarrow H-C\equiv C:^{\ominus} \ + \ :NH_3$$
pK_a = 25 $\qquad\qquad\qquad\qquad\qquad\qquad\qquad$ pK_a = 38

Vemos a partir dos valores de pK_a que o acetileno é 13 ordens de grandeza mais ácido do que a amônia. Isso explica por que o H_2N^- é uma base adequada para desprotonar o acetileno.

Existem, obviamente, outras exceções ao sistema de prioridades ARIO, mas a exceção anterior é a mais comum. Na maioria dos casos, seria uma aposta segura aplicar os quatro fatores no esquema ARIO a fim de obter uma avaliação qualitativa de acidez. Entretanto, para ter certeza, é sempre melhor procurar valores de pK_a e verificar a sua previsão.

DESENVOLVENDO A APRENDIZAGEM

3.9 AVALIAÇÃO DA ESTABILIDADE RELATIVA: TODOS OS QUATRO FATORES

APRENDIZAGEM Determine qual dos dois prótons identificados a seguir é o mais ácido e explique por quê:

SOLUÇÃO
Nós sempre começamos representando as respectivas bases conjugadas:

ETAPA 1
Representação das bases conjugadas.

ETAPA 2
Análise de todos os quatro fatores.

Agora vamos considerar todos os quatro fatores (ARIO) na comparação da estabilidade dessas cargas negativas:

1. *Átomo.* Em ambos os casos, a carga está em um átomo de oxigênio, de modo que este fator não ajuda.

2. *Ressonância.* A base conjugada à esquerda é estabilizada por ressonância, enquanto a base conjugada à direita não. Com base somente nesse fator, diríamos que a base conjugada do lado esquerdo é a mais estável.

3. *Indução.* A base conjugada do lado direito tem um efeito indutivo que estabiliza a carga, enquanto a base conjugada do lado esquerdo não tem esse efeito. Com base somente nesse fator, diríamos que a base conjugada à direita é mais estável.

4. *Orbital.* Este fator não ajuda.

Ácidos e Bases 119

ETAPA 3
A base conjugada mais estável corresponde ao próton mais ácido.

Nossa análise revela uma competição entre dois fatores. Em geral, a ressonância irá vencer a indução. Com base nisso, podemos prever que a base conjugada do lado esquerdo é mais estável. Portanto, concluímos que o seguinte próton é mais ácido:

PRATICANDO
o que você aprendeu

3.25 Em cada substância vista a seguir, dois prótons estão claramente identificados. Determine qual dos dois prótons é o mais ácido.

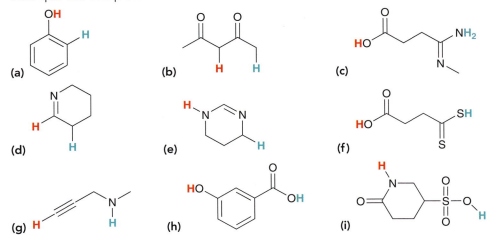

3.26 Para cada par de substâncias vistas a seguir, preveja qual é a mais ácida:

(a) HCl   HBr
(b) H₂O   H₂S
(c) NH₃   CH₄
(d) H—≡—H   H₂C=CH₂

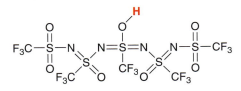

APLICANDO
o que você aprendeu

3.27 A substância vista a seguir é um dos ácidos conhecidos mais forte:

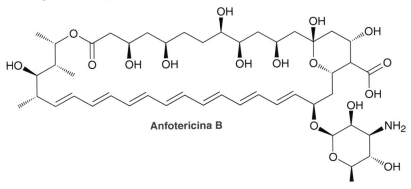

(a) Explique por que ele é um ácido tão forte.
(b) Sugira uma modificação na estrutura que tornaria a substância ainda mais ácida.

3.28 A anfotericina B é um poderoso agente antifúngico utilizado para o tratamento por via intravenosa de graves infecções fúngicas. Identifique o próton mais ácido nesta substância:

Anfotericina B

é necessário **PRATICAR MAIS?** Tente Resolver os Problemas 3.47d, 3.51a, 3.57-3.61

3.5 Posição de Equilíbrio e Escolha dos Reagentes

No início deste capítulo aprendemos a utilizar os valores de pK_a para determinar a posição de equilíbrio. Nesta seção, vamos aprender a prever a posição de equilíbrio sem o uso de valores de pK_a, comparando apenas as bases conjugadas. Para ver como se faz isso, vamos examinar uma reação ácido-base genérica:

$$H-A + B^{\ominus} \rightleftharpoons A^{\ominus} + HB$$

Esse equilíbrio representa a competição entre duas bases (A⁻ e B⁻) pelo H⁺. A questão é saber quem é mais capaz de estabilizar a carga negativa, se A⁻ ou B⁻. O equilíbrio sempre favorece a carga negativa mais estabilizada. Se A⁻ é mais estável, então o equilíbrio vai favorecer a formação de A⁻. Se B⁻ é mais estável, então o equilíbrio favorece a formação de B⁻. Portanto, a posição de equilíbrio pode ser prevista pela comparação das estabilidades de A⁻ e B⁻. Vamos ver um exemplo disso.

DESENVOLVENDO A APRENDIZAGEM

3.10 PREVISÃO DA POSIÇÃO DE EQUILÍBRIO SEM USAR VALORES DE pK_a

APRENDIZAGEM Preveja a posição de equilíbrio para a reação vista a seguir.

SOLUÇÃO
Olhamos para ambos os lados do equilíbrio e comparamos as estabilidades das bases presentes em cada lado:

ETAPA 1
Identificação da base em cada lado do equilíbrio.

Para determinar qual dessas bases é mais estável, usamos os quatro fatores (ARIO):

1. *Átomo.* Em ambos os casos, a carga negativa parece estar sobre um átomo de nitrogênio, de modo que este fator não é relevante.

2. *Ressonância.* Ambas as bases são estabilizadas por ressonância, mas nós esperamos que uma delas seja mais estável:

ETAPA 2
Comparação da estabilidade dessas duas bases utilizando todos os quatro fatores.

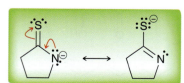

A primeira base tem a carga negativa deslocalizada sobre N e S. A segunda base tem a carga negativa deslocalizada sobre N e O. Devido ao seu tamanho, o enxofre é mais eficiente do que o oxigênio para estabilizar a carga negativa, então nós esperamos que a primeira base seja mais estável.

Ácidos e Bases   121

3. *Indução*. Nenhuma dessas bases é estabilizada por efeitos indutivos.
4. *Orbital*. Não é um fator relevante neste caso.

Com base no fator de 2, podemos concluir que a base do lado esquerdo é mais estável e, portanto, o equilíbrio favorece o lado esquerdo da reação. A nossa previsão pode ser verificada se olharmos os valores do pK_a para o ácido que está presente em ambos os lados da reação:

ETAPA 3
O equilíbrio favorecerá a base mais estável.

pK_a = 24
(Ácido mais fraco)

pK_a = 13
(Ácido mais forte)

O equilíbrio favorece a formação do ácido fraco (pK_a maior), de modo que o lado esquerdo é favorecido, justamente como tínhamos previsto.

PRATICANDO
o que você aprendeu

3.29 Preveja a posição de equilíbrio para cada uma das reações vistas a seguir:

(a)

(b)

(c)

APLICANDO
o que você aprendeu

3.30 Como vamos aprender no Capítulo 21, o tratamento de uma lactona (um éster cíclico) com hidróxido de sódio inicialmente vai produzir um ânion:

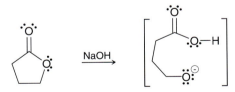

Formado inicialmente

Este ânion rapidamente sofre uma transferência de prótons intramolecular (veja o Problema 3.3), em que o átomo de oxigênio carregado negativamente abstrai o próton ácido próximo. Represente o produto deste processo ácido-base intramolecular, e depois identifique que lado do equilíbrio é favorecido. Explique sua resposta.

⤳ é necessário **PRATICAR MAIS?** Tente Resolver os Problemas 3.49, 3.52

O processo descrito na seção Desenvolvendo a Aprendizagem anterior também pode ser usado para determinar se certo reagente é adequado para a realização de uma transferência de próton em particular, como mostrado na seção Desenvolvendo a Aprendizagem 3.11.

DESENVOLVENDO A APRENDIZAGEM

3.11 ESCOLHA DO REAGENTE APROPRIADO PARA A REAÇÃO DE TRANSFERÊNCIA DE PRÓTON

APRENDIZAGEM Determine se o H₂O seria um reagente adequado para a protonação do íon acetato:

SOLUÇÃO
Começamos pela representação da reação ácido-base que ocorre quando a base é protonada pela água:

ETAPA 1
Representação do equilíbrio.

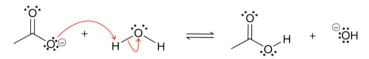

ETAPA 2
Comparação da estabilidade das bases em cada lado do equilíbrio utilizando todos os quatro fatores.

Agora comparamos as bases em cada lado da reação e procuramos ver quem é mais estável:

ETAPA 3
O reagente é adequado apenas se o equilíbrio favorece os produtos desejados.

Aplicando os quatro fatores (ARIO), vemos que a base do lado esquerdo é mais estável devido à ressonância. Portanto, o equilíbrio favorece o lado esquerdo da reação. Isso significa que o H₂O não é uma fonte de prótons adequada nesta situação. A fim de protonar esta base é necessário um ácido mais forte do que a água. Um ácido adequado seria o H₃O⁺.

PRATICANDO
o que você aprendeu

3.31 Em cada um dos casos vistos a seguir, identifique se o reagente mostrado é adequado para realizar as funções descritas. Explique por que ou por que não.

(a) Protonar [estrutura: (iPr)₂N⁻] usando H₂O

(b) Protonar [estrutura: isopropil carbânion] usando [estrutura: (iPr)₂NH]

(c) Desprotonar [estrutura: H₂C=CH₂] usando ⁻NH₂

(d) Protonar [estrutura: pentano-2,4-diona desprotonada no C central] usando H₂O

(e) Protonar [estrutura: isopropil carbânion] usando H₂O

(f) Desprotonar H—C≡C—H usando ⁻NH₂

APLICANDO
o que você aprendeu

3.32 Vamos estudar as reações vistas a seguir nos próximos capítulos. Para cada uma dessas reações, observe que o produto é um ânion (ignore o íon carregado positivamente, em cada caso). A fim de obter um produto neutro, este ânion deve ser tratado com uma fonte de prótons. Para cada uma das reações seguintes, identifique se a água será uma fonte de prótons adequada:

(a)

NaOH

Capítulo 21

(b)

NaOH
Aquecimento

Capítulo 19

- - - - → é necessário **PRATICAR MAIS?** **Tente Resolver os Problemas 3.40, 3.42**

3.6 Efeito de Nivelamento

Bases mais fortes do que o hidróxido não podem ser usadas quando o solvente é a água. Para ilustrar o porquê, considere o que acontece se misturamos o íon amida (H_2N^-) e a água:

O íon amida é uma base suficientemente forte para desprotonar água, formando um íon hidróxido (HO^-). Um íon hidróxido é mais estável do que um íon amida, de modo que o equilíbrio vai favorecer a formação de hidróxido. Em outras palavras, o íon amida é destruído pelo solvente e substituído com um íon hidróxido. Na realidade, isso é verdade para qualquer base mais forte do que o HO^-. Se uma base mais forte do que o HO^- é dissolvida em água, a base reage com a água para produzir hidróxido. Este é o chamado **efeito de nivelamento**.

A fim de trabalhar com bases que são mais fortes do que o hidróxido, tem que ser utilizado um solvente que não seja a água. Por exemplo, para trabalhar com um íon amida como uma base, usamos a amônia (NH_3) líquida como solvente. Se uma situação específica requer uma base mais forte do que o íon amida, então a amônia líquida não pode ser usada como solvente. Como antes, se uma base mais forte do que o H_2N^- é dissolvida em amônia líquida, a base será destruída e substituída por H_2N^-. Mais uma vez, o efeito de nivelamento nos impede de ter uma base mais forte do que o íon amida em amônia líquida. A fim de utilizar uma base que é ainda mais forte do que H_2N^-, temos que utilizar um solvente que não pode ser prontamente desprotonado. Existem vários solventes com valores elevados de pK_a, tais como hexano e THF, que podem ser utilizados para dissolver bases muito fortes:

Hexano

Tetraidrofurano (THF)

Ao longo deste livro, vamos ver outros exemplos de solventes adequados para trabalhar com bases muito fortes.

O efeito de nivelamento também é observado em soluções ácidas. Por exemplo, consideremos o seguinte equilíbrio que é estabelecido em uma solução aquosa de H_2SO_4:

$pK_a = -9$

$pK_a = -1,7$

Embora este seja de fato um processo de equilíbrio, consideremos a diferença de valores de pK_a (aproximadamente de sete unidades de pK_a). Isso indica que o H_2SO_4 é 10^7 (ou 10 milhões de vezes) mais ácido do que um íon hidrônio (H_3O^+). Dessa forma, há muito pouco H_2SO_4 realmente presente em uma solução aquosa de H$_2$SO$_4$. Especificamente, haverá uma molécula de H$_2$SO$_4$ para cada 10 milhões de íons hidrônio. Ou seja, 99,99999% de todas as moléculas de ácido sulfúrico terão transferido seus prótons para as moléculas de água. Uma situação semelhante ocorre com o HCl aquoso ou qualquer outro ácido forte que é dissolvido em água. Em outras palavras, uma solução aquosa de H$_2$SO$_4$ ou HCl pode simplesmente ser considerada como uma solução aquosa de H$_3$O$^+$. A principal diferença entre H$_2$SO$_4$ concentrado e H$_2$SO$_4$ diluído é a concentração de H$_3$O$^+$.

3.7 Efeitos de Solvatação

Em alguns casos, os efeitos do solvente são utilizados para explicar pequenas diferenças nos valores de pK_a. Por exemplo, compare a acidez do *terc*-butanol e do etanol:

terc-Butanol
pK_a = 18

Etanol
pK_a = 16

Os valores de pK_a indicam que o *terc*-butanol é menos ácido do que o etanol de duas ordens de grandeza. Em outras palavras, a base conjugada do *terc*-butanol é menos estável do que a base conjugada do etanol. Esta diferença de estabilidade é melhor explicada considerando-se as interações entre cada base conjugada e as moléculas vizinhas de solvente (Figura 3.7). Comparamos a maneira com que cada base conjugada interage com as moléculas de solvente. O íon *terc*-butóxido é muito volumoso, ou **estericamente impedido**, e é menos capaz de interagir com o solvente. O íon etóxido não é tão estericamente impedido, de modo que ele pode acomodar mais interações com o solvente. Como resultado, o etóxido é melhor solvatado e é, portanto, mais estável do que o *terc*-butóxido (Figura 3.7). Esse tipo de efeito do solvente é geralmente mais fraco do que os outros efeitos que encontramos neste capítulo (ARIO).

VERIFICAÇÃO CONCEITUAL

3.33 Preveja qual das substâncias vistas a seguir é mais ácida. Depois de fazer sua previsão, use os valores de pK_a da Tabela 3.1 para determinar se a sua previsão estava correta.

Etanol   Água

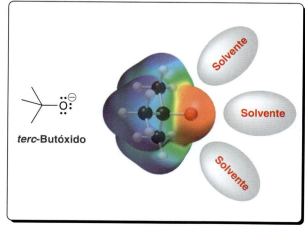
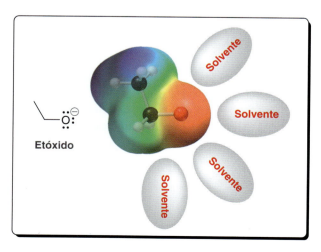

FIGURA 3.7
Mapas de potencial eletrostático do *terc*-butóxido e do etóxido.

Ácidos e Bases 125

3.8 Contraíons

RELEMBRANDO
Seu livro de química geral provavelmente usou o termo íon espectador para se referir a um contraíon.

Bases carregadas negativamente são sempre acompanhadas por espécies com carga positiva chamados **cátions**. Por exemplo, o HO^- tem que ser acompanhado por um contraíon, tal como Li^+, Na^+, ou K^+. Nós, muitas vezes, vemos os seguintes reagentes: LiOH, ou NaOH, ou KOH. Não se assuste. Todos esses reagentes são simplesmente o HO^- com o contraíon sendo indicado. Às vezes ele é mostrado; às vezes não. Mesmo quando o contraíon não é mostrado, ele ainda está lá. Ele apenas não é indicado porque isso é irrelevante. Até este ponto, neste capítulo, os contraíons não foram mostrados, mas a partir de aqui em diante serão. Por exemplo, considere a seguinte reação:

Essa reação pode ser mostrada da seguinte maneira:

$$NaNH_2 \ + \ H_2O \ \longrightarrow \ NH_3 \ + \ NaOH$$

É importante acostumar-se a ignorar os cátions quando eles são indicados e focar nas espécies importantes, as bases. Embora os contraíons geralmente não desempenhem um papel significativo nas reações, eles podem, em algumas circunstâncias, influenciar o curso da reação. Vamos ver apenas um ou dois desses exemplos no decorrer deste livro. A maioria das reações que encontramos não é significativamente afetada pela escolha do contraíon.

3.9 Ácidos e Bases de Lewis

A definição de Lewis de ácidos e bases é mais ampla do que a definição de Brønsted-Lowry. De acordo com a definição de Lewis, acidez e basicidade são descritas em termos de elétrons, em vez de prótons. Um ácido de Lewis é definido como um *receptor de elétrons*, enquanto uma **base de Lewis** é definida como um *doador de elétrons*. Como uma ilustração, considere a seguinte reação ácido-base de Brønsted-Lowry:

O HCl é um ácido de acordo com qualquer uma das definições. Ele é um ácido de Lewis, porque atua como um receptor de elétrons e é um ácido de Brønsted-Lowry porque atua como um doador de prótons. Mas a definição de Lewis é uma definição mais ampla de ácidos e bases, porque inclui reagentes que de outro modo não seriam classificados como ácidos ou bases. Por exemplo, considere a seguinte reação:

De acordo com a definição de Brønsted-Lowry, o BF_3 não é considerado um ácido, porque ele não tem prótons e não pode atuar como um doador de prótons. Entretanto, de acordo com a definição de Lewis, o BF_3 pode servir como um receptor de elétrons e é, portanto, um ácido de Lewis. Na reação anterior, o H_2O é uma base de Lewis, porque atua como um doador de elétrons.

Dê atenção especial a notação de seta curva. Existe apenas uma seta curva na reação anterior, não duas.

O Capítulo 6 apresentará o assunto necessário para analisar as reações e na Seção 6.7 vamos rever o tema dos ácidos e bases de Lewis. Na verdade, veremos que a maioria das reações neste livro ocorre como resultado da reação entre um ácido de Lewis e uma base de Lewis. Por agora, vamos começar praticando a identificação de ácidos e bases de Lewis.

falando de modo prático | Bicarbonato de Sódio *Versus* Fermento em Pó

Na abertura deste capítulo, mencionamos que o bicarbonato e o fermento em pó são os dois agentes levedantes. Ou seja, ambos produzem CO_2 que será responsável por uma massa de pão fofa. Vamos agora explorar como cada uma dessas substâncias cumpre sua tarefa, começando com o bicarbonato de sódio. Como o bicarbonato de sódio é levemente básico, ele irá reagir com um ácido para produzir o ácido carbônico, que por sua vez se degrada em CO_2 e água:

Bicarbonato de sódio (fermento em pó) + H—A ⇌

Ácido carbônico + Na⁺ :A⁻

↓

CO_2 + H_2O

O mecanismo para a conversão do ácido carbônico em CO_2 e água será discutido no Capítulo 21 (Volume 2). Olhando para a reação anterior, é evidente que um ácido tem que estar presente, a fim de que bicarbonato de sódio faça o seu trabalho. Muitos pães e doces incluem ingredientes que contêm naturalmente ácidos. Por exemplo, a manteiga, o mel e as frutas cítricas (como o limão) contêm naturalmente ácidos orgânicos:

Ácido lático (encontrado na manteiga)

Ácido glucônico (encontrado no mel)

Ácido cítrico (encontrado nas frutas cítricas)

Quando uma substância ácida está presente na massa, o bicarbonato de sódio pode ser protonado, causando a liberação de CO_2. Entretanto, quando os ingredientes ácidos estão ausentes, o bicarbonato de sódio não pode ser protonado, e o CO_2 não é produzido. Em tal situação, temos que acrescentar tanto a base (bicarbonato de sódio) quanto algum ácido. O fermento em pó faz exatamente isso. Ele é uma mistura em pó que contém tanto o bicarbonato de sódio quanto um sal de ácido, tal como o bitartarato de potássio:

Bitartarato de potássio

O fermento em pó também contém algum amido para manter a mistura seca, o que impede que o ácido e a base reajam entre si. Quando misturados com a água, o ácido e a base podem reagir um com o outro, produzindo então CO_2:

Bicarbonato de sódio + **Bitartarato de potássio** ⇌

Ácido carbônico + Na⁺ [bitartarato]⁻ K⁺

↓

CO_2 + H_2O

O fermento em pó é muitas vezes usado para fazer panquecas, muffins e waffles. É um ingrediente essencial na receita, se você quiser que as suas panquecas fiquem fofas. Em qualquer receita, a proporção exata de ácido e de base é importante. O excesso de base (bicarbonato de sódio) irá conferir um sabor amargo, enquanto o excesso de ácido irá conferir um sabor azedo. A fim de obter a razão correta, uma receita frequentemente exige certa quantidade específica de bicarbonato de sódio e uma certa quantidade específica de fermento em pó. A receita está levando em conta a quantidade de substâncias ácidas presentes nos outros ingredientes, de modo que o produto final não será amargo nem azedo. O trabalho de cozinhar é verdadeiramente uma ciência!

Ácidos e Bases   127

DESENVOLVENDO A APRENDIZAGEM

3.12 IDENTIFICAÇÃO DE ÁCIDOS E BASES DE LEWIS

APRENDIZAGEM Identifique o ácido e a base de Lewis na reação entre o BH₃ e o THF:

SOLUÇÃO

ETAPA 1
Identificação da direção do fluxo de elétrons.

ETAPA 2
Identificação do receptor de elétrons como o ácido de Lewis e do doador de elétrons como a base de Lewis.

Temos, inicialmente, que decidir o sentido do fluxo de elétrons. Qual o reagente está atuando como doador de elétrons e qual o reagente está atuando como receptor de elétrons? Para responder a esta pergunta, analisamos cada reagente e procuramos por um par isolado de elétrons. O boro está na terceira coluna da tabela periódica e tem apenas três elétrons de valência. Ele está usando todos os três elétrons de valência para formar ligações, o que significa que ele não tem um par isolado de elétrons. Pelo contrário, ele tem um orbital p vazio (para uma revisão da estrutura do BH₃, veja a Seção 1.10). O oxigênio tem um par isolado. Assim, concluímos que o oxigênio ataca o boro:

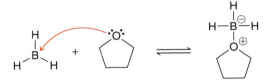

O BH₃ é o receptor de elétrons (ácido de Lewis), e o THF é o doador de elétrons (base de Lewis).

PRATICANDO
o que você aprendeu

3.34 Em cada caso visto a seguir, identifique o ácido de Lewis e a base de Lewis:

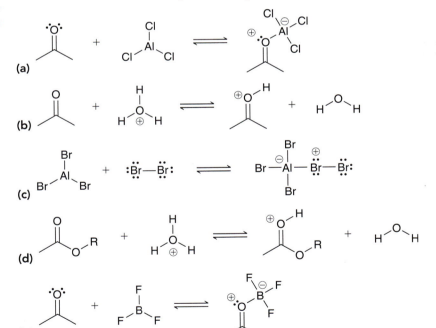

3.35 Identifique as substâncias vistas a seguir que podem funcionar como bases de Lewis:

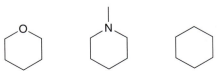

APLICANDO
o que você aprendeu

é necessário **PRATICAR MAIS?** Tente Resolver o Problema 3.39

REVISÃO DE CONCEITOS E VOCABULÁRIO

SEÇÃO 3.1
- Um ácido de **Brønsted-Lowry** é um doador de prótons, enquanto uma **base de Brønsted-Lowry** é um receptor de prótons.
- Uma reação ácido-base de Brønsted-Lowry produz um ácido conjugado e uma **base conjugada**.

SEÇÃO 3.2
- Setas curvas mostram o **mecanismo de reação**.
- O mecanismo de **transferência de próton** sempre envolve pelo menos duas setas curvas.

SEÇÃO 3.3
- Para uma reação ácido-base ocorrendo em água, a posição de equilíbrio é descrita usando-se K_a, em vez de K_{eq}.
- Valores típicos de pK_a variam de –10 a 50.
- Um ácido forte tem um pK_a baixo, enquanto um ácido fraco tem um pK_a elevado.
- O **equilíbrio** sempre favorece a formação do ácido fraco (pK_a maior).

SEÇÃO 3.4
- A acidez relativa pode ser prevista (qualitativamente), analisando-se a estrutura da base conjugada. Se A⁻ é muito estável, então HA tem que ser um ácido forte. Se A⁻ é muito instável, então HA tem que ser um ácido fraco
- Para comparar a acidez de duas substâncias, HA e HB, compara-se simplesmente a estabilidade das suas bases conjugadas.
- Existem quatro fatores a considerar quando se compara a estabilidade de bases conjugadas:
  1. Qual é o átomo sobre o qual a carga se localiza? Para os elementos na mesma linha da tabela periódica, a eletronegatividade é o efeito dominante. Para os elementos na mesma coluna, o tamanho é o efeito dominante.
  2. Ressonância—uma carga negativa é estabilizada por ressonância.
  3. Indução—grupos retiradores de elétrons, tais como os halogênios, estabilizam uma carga negativa próxima através da indução.
  4. Orbital—uma carga negativa em um orbital híbrido sp estará mais próxima do núcleo e é mais estável do que uma carga negativa em um orbital híbrido sp^3.
- Quando múltiplos fatores competem, ARIO (átomo, ressonância, indução, orbital) é geralmente a ordem de prioridade, mas há exceções.

SEÇÃO 3.5
- O equilíbrio de uma reação ácido-base sempre favorece a carga negativa mais estabilizada.

SEÇÃO 3.6
- Uma base mais forte do que o hidróxido não pode ser usada quando o solvente é a água devido ao efeito de nivelamento. Se uma base mais forte for desejada deve ser utilizado um solvente diferente da água.

SEÇÃO 3.7
- Em alguns casos, os efeitos do solvente explicam a pequena diferença dos pK_a. Por exemplo, as bases que são volumosas, ou **estericamente impedidas**, são geralmente menos eficientes na formação de interações estabilizadoras com o solvente.

SEÇÃO 3.8
- As bases negativamente carregadas são sempre acompanhadas por espécies positivamente carregadas, chamadas **cátions**.
- A escolha do contraíon não afeta a maioria das reações encontradas neste livro.

SEÇÃO 3.9
- Um ácido de Lewis é um receptor de elétrons, enquanto uma **base de Lewis** é um doador de elétrons.

REVISÃO DA APRENDIZAGEM

3.1 REPRESENTAÇÃO DO MECANISMO DE UMA TRANSFERÊNCIA DE UM PRÓTON

ETAPA 1 Identificação do ácido e da base.

ETAPA 2 Representação da primeira seta curva…
(a) Coloque a parte de trás da seta (o rabo) sobre o par isolado (da base).
(b) Coloque a ponta da seta (a cabeça) sobre o próton (do ácido).

ETAPA 3 Representação da segunda seta curva…
(a) Coloque o rabo sobre a ligação O—H.
(b) Coloque a cabeça sobre o O.

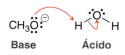

Tente Resolver os Problemas 3.1–3.3, 3.44

Ácidos e Bases   129

3.2 USO DE VALORES DE pK_a PARA COMPARAR A ACIDEZ

A substância com o menor valor de pK_a é a mais ácida.

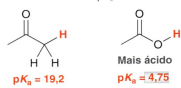

Tente Resolver os Problemas 3.4–3.6, 3.38

3.3 USO DOS VALORES DE pK_a PARA COMPARAR A BASICIDADE

EXEMPLO Comparação da basicidade desses dois ânions.

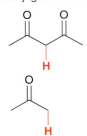

ETAPA 1 Representação do ácido conjugado de cada ânion.

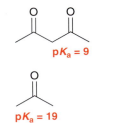

ETAPA 2 Comparação dos valores de pK_a.

pK_a = 9

pK_a = 19

ETAPA 3 Identificação da base mais forte.

gera

Ácido mais fraco   Base mais forte

Tente Resolver os Problemas 3.7–3.9, 3.50

3.4 USANDO VALORES DE pK_a PARA PREDIZER A POSIÇÃO DE EQUILÍBRIO

ETAPA 1 Identificação do ácido em cada lado do equilíbrio.

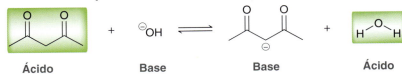

Ácido   Base   Base   Ácido

ETAPA 2 Comparação dos valores de pK_a

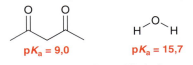

pK_a = 9,0   pK_a = 15,7

O equilíbrio favorecerá o ácido mais fraco.

Tente Resolver os Problemas 3.10–3.11, 3.48

3.5 AVALIAÇÃO DA ESTABILIDADE RELATIVA: FATOR 1 – ÁTOMO

ETAPA 1 Representação das bases conjugadas...

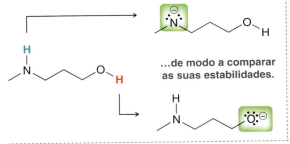

...de modo a comparar as suas estabilidades.

ETAPA 2 Comparação da localização da carga, tendo em conta duas tendências.

Eletronegatividade

C N O F
P S Cl
   Br
   I

Tamanho

ETAPA 3 A base conjugada mais estável...

...corresponde ao próton mais ácido.

Tente Resolver os Problemas 3.13, 3.14, 3.45b, 3.47h, 3.51b, h, 3.53

3.6 AVALIAÇÃO DA ESTABILIDADE RELATIVA: FATOR 2 – RESSONÂNCIA

ETAPA 1 Representação das bases conjugadas... ...de modo a comparar as suas estabilidades.

ETAPA 2 Procura pela estabilização de ressonância.

Estabilizado por ressonância

Não é estabilizado por ressonância

ETAPA 3 A base conjugada mais estável. ...corresponde ao próton mais ácido.

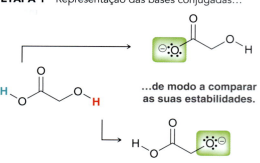
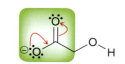

Tente Resolver os Problemas 3.15–3.17, 3.45a, 3.46a, 3.47b, e-g, 3.51c-f

3.7 AVALIAÇÃO DA ESTABILIDADE RELATIVA: FATOR 3 – INDUÇÃO

ETAPA 1 Representação das bases conjugadas... ...de modo a comparar as suas estabilidades.

ETAPA 2 Procura de efeitos indutivos. Mais estável

ETAPA 3 A base conjugada mais estável... ...corresponde ao próton mais ácido.

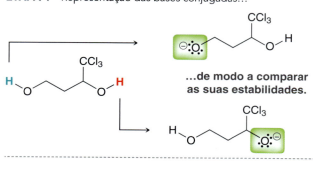

Tente Resolver os Problemas 3.18–3.21, 3.46b, 3.47c, 3.51g

3.8 AVALIAÇÃO DA ESTABILIDADE RELATIVA: FATOR 4 – ORBITAIS

ETAPA 1 Representação das bases conjugadas... ...de modo a comparar as suas estabilidades.

ETAPA 2 Análise dos orbitais.

ETAPA 3 A base conjugada mais estável... ...corresponde ao próton mais ácido.

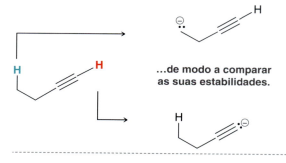
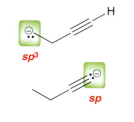
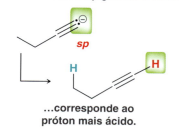

Tente Resolver os Problemas 3.22–3.24, 3.45c

3.9 AVALIAÇÃO DA ESTABILIDADE RELATIVA: TODOS OS QUATRO FATORES

ETAPA 1 Representação das bases conjugadas... ...de modo a comparar as suas estabilidades.

ETAPA 2 Análise de todos os quatro fatores, nesta ordem:

Átomo

Ressonância

Indução

Orbital

Identificação de todos os fatores que se aplicam.

ETAPA 3 Levar em conta as exceções para a ordem de prioridade (ARIO) e determinar a base mais estável... ...que corresponde ao próton mais ácido.

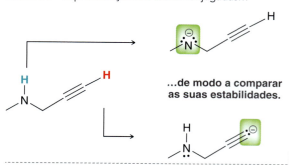
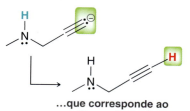

Tente Resolver os Problemas 3.25–3.28, 3.47d, 3.51a, 3.57–3.61

3.10 PREVISÃO DA POSIÇÃO DE EQUILÍBRIO SEM USAR VALORES DE pK_a

ETAPA 1 Identificação da base em cada lado do equilíbrio.

ETAPA 2 Comparação da estabilidade dessas bases conjugadas utilizando todos os quatro fatores nesta ordem:

Átomo
Ressonância
Indução
Orbital

ETAPA 3 O equilíbrio favorecerá a base mais estável.

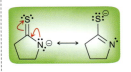

Tente Resolver os Problemas 3.29, 3.30, 3.49, 3.52

3.11 ESCOLHA DO REAGENTE APROPRIADO PARA A REAÇÃO DE TRANSFERÊNCIA DE PRÓTON

ETAPA 1 Representação do equilíbrio e identificação da base em cada um dos lados.

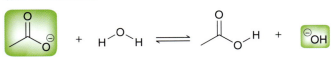

ETAPA 2 Comparação da estabilidade dessas bases conjugadas utilizando todos os quatro fatores, nesta ordem:

Átomo
Ressonância →
Indução
Orbital

Mais estável

ETAPA 3 O equilíbrio favorecerá a base mais estável. Se os produtos são favorecidos, a reação é útil, se os reagentes são favorecidos, a reação não é útil.

Neste caso, a água não é uma fonte de prótons adequada.

Tente Resolver os Problemas 3.31, 3.32, 3.40, 3.42

3.12 IDENTIFICAÇÃO DE ÁCIDOS E DE BASES DE LEWIS

ETAPA 1 Identificação da direção do fluxo de elétrons.

Para aqui   A partir daqui

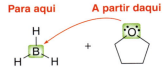

ETAPA 2 Identificação do receptor de elétrons como o ácido de Lewis e do doador de elétrons como a base de Lewis.

Receptor   Doador

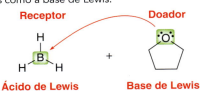

Ácido de Lewis   Base de Lewis

Tente Resolver os Problemas 3.34, 3.35, 3.39

PROBLEMAS PRÁTICOS

3.36 Represente a base conjugada de cada um dos seguintes ácidos:

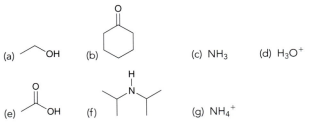

3.37 Represente o ácido conjugado de cada uma das seguintes bases:

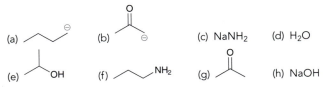

3.38 A substância A tem um pK_a de 7 e a substância B tem um pK_a de 10. Quantas vezes a substância A é mais ácida do que a substância B?

(a) 3   (b) 3000   (c) 1000

3.39 Em cada uma das reações vistas a seguir, identifique o ácido de Lewis e a base de Lewis:

3.40 Que reação ocorrerá se H_2O for adicionado a uma mistura de $NaNH_2/NH_3$?

3.41 O etanol (CH_3CH_2OH) é um solvente adequado para que seja realizada a transferência de próton vista a seguir? Explique sua resposta:

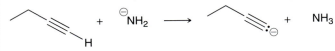

132 CAPÍTULO 3

3.42 A água é uma fonte de prótons adequada para protonar a substância vista a seguir?

3.43 Escreva uma equação para a reação de transferência de prótons que ocorre quando cada um dos ácidos vistos a seguir reage com a água. Em cada caso, desenhe setas curvas que mostrem o mecanismo de transferência de prótons:

(a) HBr   (b)   (c)

3.44 Escreva uma equação para a reação de transferência de prótons que ocorre quando cada uma das bases vistas a seguir reage com a água. Em cada caso, desenhe setas curvas que mostrem o mecanismo de transferência de prótons:

(a)   (b)   (c)   (d)

3.45 Em cada caso identifique o ânion mais estável. Explique por que ele é mais estável.

(a)   vs.

(b)   vs.

(c)   vs.

3.46 Em cada grupo de substâncias vistas a seguir selecione a substância mais ácida:

(a)

(b)

3.47 Para cada par de substâncias vistas a seguir, identifique a substância mais ácida:

(a)   (b)

(c)

(d)

3.48 HA tem um pK_a de 15, enquanto HB tem um pK_a de 5. Represente o equilíbrio que resultaria de uma mistura de HB com NaA. O equilíbrio favorecerá a formação de HA ou HB?

3.49 Para cada reação vista a seguir, represente o mecanismo (setas curvas) e, em seguida, preveja que lado da reação é favorecido sob condições de equilíbrio.

(a)

(b)

(c)

(d)

3.50 Ordene os ânions vistos a seguir em termos de basicidade crescente:

3.51 Para cada substância vista a seguir, identifique o próton mais ácido presente na substância:

(a)   (b)

(c)   (d)

(e)   (f)

(g)   (h)

PROBLEMAS INTEGRADOS

3.52 Em cada caso visto a seguir, identifique o ácido e a base. Em seguida, desenhe as setas curvas que mostram uma reação de transferência de prótons. Represente os produtos da transferência de prótons e, a seguir, preveja a posição de equilíbrio.

(a) CH₃C(=O)O—H + LiOH

(b) CH₃CH₂CH₂⁻ Li⁺ + H—O—H

(c) CH₃C(=O)CH₂C(=O)CH₃ + NaOH

3.53 Represente todos os isômeros constitucionais com a fórmula molecular C_2H_6S, e classifique-os em termos de acidez crescente.

3.54 Represente todos os isômeros constitucionais com fórmula molecular C_3H_8O, e classifique-os em termos de aumento da acidez.

3.55 Considere a estrutura do ciclopentadieno e, a seguir, responda as seguintes perguntas:

Ciclopentadieno

(a) Quantos átomos de carbono com hibridização sp^3 estão presentes na estrutura do ciclopentadieno?
(b) Identifique o próton mais ácido no ciclopentadieno. Justifique sua escolha.
(c) Represente todas as estruturas de ressonância da base conjugada do ciclopentadieno.
(d) Quantos átomos de carbono com hibridização sp^3 estão presentes na base conjugada?
(e) Qual é a geometria da base conjugada?
(f) Quantos átomos de hidrogênio estão presentes na base conjugada?
(g) Quantos pares isolados estão presentes na base conjugada?

3.56 Na Seção 3.4 aprendemos quatro fatores (ARIO) para comparar a acidez relativa das substâncias. Quando dois destes fatores estão competindo, a ordem de prioridade é a ordem em que esses fatores foram vistos ("átomo" sendo o fator mais importante e "orbital" sendo o menos importante). Entretanto, também mencionamos que existem exceções para esta ordem de prioridade. Uma dessas exceções foi vista no final da Seção 3.4. Compare as duas substâncias vistas a seguir e determine se elas constituem outra exceção. Justifique sua escolha:

CH₃COOH   CH₃CH₂SH
pK_a = 4,75   pK_a = 10,6

3.57 Considere os valores de pK_a dos seguintes isômeros constitucionais:

Ácido salicílico   Ácido *para*-hidroxibenzoico
pK_a = 3,0   pK_a = 4,6

Usando as regras que desenvolvemos neste capítulo (ARIO), poderíamos esperar que essas duas substâncias tivessem o mesmo pK_a. No entanto, eles são diferentes. O ácido salicílico é aparentemente mais ácido do que o seu isômero constitucional. Você pode dar uma explicação para essa observação?

3.58 Considere a seguinte substância com a fórmula molecular $C_4H_8O_2$:

C_4H_8O

(a) Represente um isômero constitucional que você espera que seja aproximadamente um trilhão (10^{12}) de vezes mais ácido do que a substância vista na figura anterior.
(b) Represente um isômero constitucional que você espera que seja menos ácido do que a substância vista na figura anterior.
(c) Represente um isômero constitucional que você espera que tenha aproximadamente o mesmo pK_a que a substância vista na figura anterior.

3.59 Existem apenas quatro isômeros constitucionais com a fórmula molecular $C_4H_9NO_2$ que contêm um grupo nitro (—NO_2). Três desses isômeros têm valores semelhantes de pK_a, enquanto o quarto isômero tem um valor de pK_a muito maior. Represente todos os quatro isômeros e identifique qual deles tem o maior pK_a. Explique sua escolha.

3.60 Preveja qual das substâncias vistas a seguir é mais ácida e explique sua escolha.

3.61 A seguir é mostrada a estrutura da rilpivirina, um promissor novo fármaco anti-HIV que combate linhagens resistentes de HIV. A sua capacidade em contornar a resistência será discutida no capítulo próximo.

Rilpivirina

(a) Identifique os dois prótons mais ácidos na rilpivirina.
(b) Identifique qual dos dois prótons é mais ácido. Explique sua escolha.

3.62 As aminas mais comuns (RNH_2) apresentam valores de pK_a entre 35 e 45. R representa o resto da substância (geralmente átomos de carbono e hidrogênio). Entretanto, quando R é um grupo ciano, observa-se que o pK_a é drasticamente menor:

pK_a = 35-45   pK_a = 17

(a) Explique por que a presença do grupo ciano influi tão drasticamente no pK_a.
(b) Você pode sugerir uma substituição diferente para R que conduziria a um ácido mais forte (pK_a inferior a 17)?

3.63 Em uma etapa de uma síntese total recente de (–)-seimatopolide A, um potencial fármaco antidiabético, as duas estruturas vistas a seguir reagiram uma com a outra em uma reação ácido-base (*Tetrahedron Lett.* **2012**, *53*, 5749-5752):

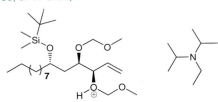

134 CAPÍTULO 3

(a) Identifique o ácido e a base, represente os produtos da reação e mostre um mecanismo para a sua formação.

(b) Usando os valores de pK_a fornecidos no Problema 3.9 como uma orientação aproximada, preveja a posição de equilíbrio para esta reação ácido-base.

Problemas 3.64-3.65 são destinados a estudantes que já estudaram espectroscopia de infravermelho (Capítulo 15, Volume 2).

3.64 O deutério (D) é um isótopo do hidrogênio em que o núcleo tem um próton e um nêutron. Este núcleo, chamado de dêuteron, comporta-se de forma muito parecida com um próton, embora existam diferenças observadas nas velocidades de reações envolvendo prótons ou dêuterons (um efeito chamado efeito isotópico cinético). O deutério pode ser introduzido em uma substância através do processo visto a seguir:

(a) A ligação C—Mg na substância **3** pode ser considerada como iônica. Represente **3** como uma espécie iônica, com BrMg$^+$ como um contra-íon, e, a seguir, represente o mecanismo para a conversão de **3** em **4**.

(b) O espectro de IV da substância **4** exibe um grupo de sinais entre 1250 e 1500 cm^{-1}, um sinal em 2180 cm^{-1}, e um outro grupo de sinais entre 2800 a 3000 cm^{-1}. Identifique a localização do sinal devido a ligação C–D no espectro e explique o seu raciocínio (*J. Chem. Ed.* **1981**, *58*, 79-80).

3.65 Bengamidas são uma série de produtos naturais que mostraram efeitos de inibição sobre a enzima metionina aminopeptidase, que desempenha um papel muito importante no crescimento de novos vasos sanguíneos, um processo necessário para a progressão de algumas doenças, tais como cânceres de tumores sólidos e artrite reumatoide. Durante a síntese de bengamidas, frequentemente é necessário converter grupos OH em outros grupos menos reativos, denominados grupos de proteção, que podem ser convertidos de volta em grupos OH quando desejado. Por exemplo, a substância **1** é protegida mediante tratamento com a substância **2**, na presença da substância **4** (*Tetrahedron Lett.* **2007**, *48*, 8787-8789). Primeiro, **1** reage com **2** para dar o intermediário **3**, que é então desprotonado por **4** para dar **5**:

(a) Represente a estrutura de **5** e mostre um mecanismo para a sua formação a partir de **3**.

(b) Use um argumento quantitativo (valores de pK_a) para verificar se **4** é uma base apropriada para esta transformação.

(c) Explique como você poderia usar a espectroscopia de infravermelho para verificar a conversão de **1** em **5**.

DESAFIOS

3.66 A asteltoxina, isolada a partir de culturas de *Aspergillus stellatus*, exibe um potente efeito inibidor sobre a atividade da ATPase da *E. coli* BF1. Durante a síntese de S. L. Schreiber da asteltoxina, a substância **1** foi tratada com uma base forte para formar o ânion **2** (*J. Am. Chem Soc.* **1984**, *106*, 4186-4188):

(a) Identifique o próton mais ácido em **1** e justifique a sua escolha utilizando todas as representações necessárias.

(b) Determine se cada uma das seguintes bases seria adequada para a desprotonação da substância **1** e explique a sua decisão em cada caso: (i) NaOH, (ii) NaNH$_2$, ou (iii) CH$_3$CO$_2$Na.

3.67 Em uma etapa muito importante durante uma síntese recente de 7-desmetoxifusarentin, uma substância que é conhecida por mostrar citotoxicidade contra células de câncer de mama (MCF-7), uma reação ácido-base é utilizada, em que as duas estruturas vistas a seguir reagem uma com a outra (*Tetrahedron Lett.* **2012**, *53*, 4051-4053). Preveja os produtos desta reação e proponha um mecanismo para a formação desses produtos:

3.68 Durante a síntese do ácido (+)-coronafácico, um componente muito importante na toxina coronatina, a reação vista a seguir foi realizada, onde uma cetona foi convertida em um acetal (o grupo funcional acetal vai ser estudado no Capítulo 20). Neste caso, o ácido *p*-toluenossulfônico (*p*-TsOH) se comporta como um catalisador ácido (*J. Org. Chem.* **2009**, *74*, 2433-2437):

(a) O mecanismo para este processo começa com uma etapa de transferência de próton, em que a cetona é protonada. Represente esta etapa do mecanismo utilizando setas curvas.

(b) Para esta etapa de protonação, preveja se o equilíbrio favorece a cetona protonada. Justifique sua previsão com valores de pK_a estimados.

3.69 Fakelin (**3**), um produto natural isolado a partir de organismos marinhos, tem sido estudado para o seu potencial uso como um agente antibiótico. Durante os estudos que visam o desenvolvimento de uma estratégia para a síntese de fakelin e seus derivados, a substância **1** foi investigada como um potencial precursor (*Org. Lett.* **2002**, *4*, 2645-2648):

(a) Identifique o próton mais ácido na substância **1**, represente a base conjugada correspondente, **2**, e justifique a sua escolha.

(b) Utilizando um argumento quantitativo com base em valores de pK_a, bem como um argumento qualitativo baseado em comparações estruturais, justifique por que a di-isopropilamida de lítio (LDA - do inglês *lithium diisopropyl amide*) é uma base adequada para desprotonar **1**.

(c) Represente um mecanismo para a conversão de **1** em **2**.

3.70 A ciclização de Nazarov é um método versátil para produzir anéis de cinco membros, uma característica comum em muitos produtos naturais. Este processo tem sido utilizado com sucesso na preparação de muitas estruturas complexas com uma ampla variedade de atividade biológica, incluindo propriedades antibióticas e anticancerígenas (*Org. Lett.* **2003**, *5*, 4931-4934). A principal etapa da ciclização de Nazarov envolve um ácido de Lewis, tal como o $AlCl_3$. Na primeira etapa do mecanismo, a substância **1** interage com o $AlCl_3$ de modo a formar um complexo ácido de Lewis-base de Lewis. Determine o sítio dentro da substância **1** que interage mais fortemente com o ácido de Lewis e justifique a sua escolha através da exploração das estruturas de ressonância do complexo resultante:

3.71 Extratos brutos da árvore Ginkgo, Ginkgo biloba, têm sido usados durante séculos para aliviar os sintomas associados à asma. Existem quatro componentes principais dos extratos de Ginkgo, chamados ginkgolide A, B, D e M. Durante a síntese clássica de E. J. Corey da ginkgolide B, a substância **1** foi convertida na substância **5** (*J. Am. Chem. Soc.* **1988**, *110*, 649 -651):

(a) Represente o ânion estabilizado por ressonância (**3**) que é esperado quando a substância **1** é tratada com LDA (substância **2**), que foi introduzida no Problema 3.69.

(b) Represente um mecanismo para a conversão de **1** em **3** e explique por que esta etapa é irreversível.

(c) Através do tratamento com **4**, o ânion **3** é convertido na substância **5**, e o subproduto **6** é formado. Descreva os fatores que tornam **6** um ânion particularmente estável.

3.72 O pK_a do grupo CH_2 mais ácido em cada uma das substâncias vistas a seguir foi medido utilizando-se DMSO como solvente (*J. Org. Chem.* **1981**, *46*, 4327-4331).

Ácido	pK_a
$CH_3COCH_2CO_2CH_2CH_3$, **1**	14,1
$PhCH_2CN$, **2**	21,9
$PhCH_2CO_2CH_2CH_3$, **3**	22,7
$PhCH_2CON(CH_3)_2$, **4**	26,6

$$Ph = \text{(fenil)}$$

Considerando os dados fornecidos neste problema, determine qual das duas substâncias vistas a seguir (**5** e **6**) é mais ácida comparando a estabilidade das bases conjugadas correspondentes. Inclua todos os contribuintes de ressonância necessários em sua discussão. Considere os valores de pK_a fornecidos para determinar quais os contribuintes de ressonância que são mais efetivos na estabilização das bases conjugadas.

3.73 A substância vista a seguir foi concebida para permitir assinalar um sítio específico de uma proteína (*J. Am. Chem. Soc.* **2009**, *131*, 8720-8721):

Considere cada uma das posições possíveis nesta molécula que pode ser desprotonada. Preveja o produto provável de uma reação ácido/base de um mol desta molécula com:

(a) Um mol de EtNa

(b) Dois mols de EtNa

(c) Três mols de EtNa

(d) Quatro mols de EtNa

(e) Um mol de EtONa

(f) Dois mols de EtONa

(g) Três mols de EtONa

(h) Quatro mols de EtONa

4

Alcanos e Cicloalcanos

4.1 Introdução aos Alcanos
4.2 Nomenclatura dos Alcanos
4.3 Isômeros Constitucionais de Alcanos
4.4 Estabilidade Relativa de Alcanos Isoméricos
4.5 Fontes e Usos de Alcanos
4.6 Representação das Projeções de Newman
4.7 Análise Conformacional do Etano e do Propano
4.8 Análise Conformacional do Butano
4.9 Cicloalcanos
4.10 Conformações do Ciclo-hexano
4.11 Representação das Conformações em Cadeira
4.12 Ciclo-hexano Monossubstituído
4.13 Ciclo-hexano Dissubstituído
4.14 Estereoisomerismo *cis-trans*
4.15 Sistemas Policíclicos

VOCÊ JÁ SE PERGUNTOU?...
por que os cientistas ainda não descobriram uma cura para a AIDS?

Como você provavelmente sabe, a síndrome da imunodeficiência adquirida (AIDS) é causada pelo vírus da imunodeficiência humana (HIV). Embora os cientistas ainda não tenham desenvolvido uma maneira de eliminar o HIV em pessoas infectadas, eles desenvolveram fármacos que retardam significativamente o progresso do vírus e da doença. Esses fármacos interferem nos vários processos pelos quais o vírus se replica. No entanto, os fármacos anti-HIV não são 100% eficazes, principalmente porque o HIV tem a capacidade de sofrer mutação em formas que são resistentes aos fármacos. Recentemente, os cientistas desenvolveram uma classe de fármacos que mostram uma grande promessa no tratamento de pacientes infectados com o HIV. Esses fármacos são concebidos para serem *flexíveis*, o que, aparentemente, lhes permite fugir do problema da resistência aos fármacos.

Uma molécula flexível é aquela que pode adotar muitas formas ou conformações diferentes. O estudo das formas tridimensionais de moléculas é chamado de análise conformacional. Este capítulo vai apresentar apenas os princípios mais básicos da análise conformacional, que vamos usar para analisar a flexibilidade das moléculas. Para simplificar nossa discussão, vamos explorar as substâncias que não possuem um grupo funcional, chamadas de alcanos e cicloalcanos. A análise dessas substâncias nos permitirá compreender como as moléculas alcançam a flexibilidade. Especificamente, vamos explorar como alcanos e cicloalcanos mudam a sua forma tridimensional como resultado da rotação de ligações simples C—C.

Nossa discussão da análise conformacional envolverá a comparação de várias substâncias diferentes e será mais eficiente se pudermos nos referir às substâncias pelo nome. Um sistema de regras para nomear alcanos e cicloalcanos será desenvolvido antes da nossa discussão da flexibilidade molecular.

Alcanos e Cicloalcanos   137

VOCÊ SE LEMBRA?

Antes de prosseguir, certifique-se de que você compreende os seguintes tópicos.
Se for necessário, faça uma revisão das seções sugeridas para se preparar para este capítulo.
- Teoria do Orbital Molecular (Seção 1.8)
- Previsão de Geometria (Seção 1.10)
- Estruturas em Bastão (Seção 2.2)
- Estruturas em Bastão Tridimensionais (Seção 2.6)

4.1 Introdução aos Alcanos

Lembre-se de que os hidrocarbonetos são substâncias formadas apenas por C e H; por exemplo:

Etano   Etileno   Acetileno   Benzeno
C₂H₆   C₂H₄   C₂H₂   C₆H₆

O etano é diferente dos outros exemplos pelo fato de que ele não tem ligações. Os hidrocarbonetos que não têm ligações π são chamados de **hidrocarbonetos saturados** ou **alcanos**. Os nomes dessas substâncias geralmente terminam com o sufixo "–ano", como pode ser visto nos seguintes exemplos:

Prop**ano**   But**ano**   Pent**ano**

Neste capítulo vamos centralizar a nossa atenção nos alcanos, começando com um procedimento para dar nome a eles. O sistema de nomear substâncias químicas, ou a **nomenclatura** das substâncias químicas, será desenvolvido e aperfeiçoado ao longo dos demais capítulos deste livro.

4.2 Nomenclatura dos Alcanos

Uma Introdução à Nomenclatura da IUPAC

No início do século XIX, as substâncias orgânicas foram muitas vezes nomeadas de acordo com os caprichos de seus descobridores. Aqui estão apenas alguns exemplos:

Ácido fórmico
Isolado das formigas e nomeado de acordo com a palavra latina para formiga, *formica*

Ureia
Isolada da urina

Morfina
Um analgésico, nomeado em homenagem ao deus grego dos sonhos, Morfeu

Ácido barbitúrico
Adolf von Baeyer nomeou esta substância em homenagem a uma mulher chamada Bárbara

Um grande número de substâncias recebeu nomes que se tornaram parte da linguagem comum compartilhada pelos químicos. Muitos desses nomes comuns ainda estão em uso até hoje.

À medida que o número de substâncias conhecidas cresceu, surgiu uma necessidade premente de um método sistemático para nomear as substâncias. Em 1892, um grupo de 34 químicos europeus se reuniu na Suíça e desenvolveu um sistema de nomenclatura orgânica chamado as regras de

Genebra. O grupo finalmente se tornou conhecido como União Internacional de Química Pura e Aplicada ou **IUPAC**. As regras originais de Genebra têm sido regularmente revisas e atualizadas e agora são chamadas de nomenclatura da IUPAC ou simplesmente nomenclatura IUPAC.

Nomes produzidos pelas regras da IUPAC são chamados de **nomes sistemáticos**. Existem muitas regras, e não podemos possivelmente estudar todas elas. As próximas seções são destinadas para servir como uma introdução à nomenclatura da IUPAC

Seleção da Cadeia Principal

A primeira etapa para dar o nome de um alcano é identificar a cadeia mais longa, denominada cadeia principal:

Escolher a cadeia mais longa

A cadeia principal tem 9 átomos de carbono

Neste exemplo, a cadeia principal tem nove átomos de carbono. Ao nomear a cadeia principal de uma substância, usamos os nomes da Tabela 4.1. Esses nomes serão usados com muita frequência ao longo deste livro. Cadeias principais com mais de 10 átomos de carbono serão menos comuns, por isso é essencial memorizar pelo menos as 10 primeiras cadeias principais apresentadas na Tabela 4.1.

Se existe uma competição entre duas cadeias de comprimento igual, escolhemos a cadeia com o maior número de substituintes. **Substituintes** são os grupos ligados à cadeia principal:

Correta
(3 substituintes)

A cadeia principal tem
7 átomos de carbono

Incorreta
(2 substituintes)

A cadeia principal tem
7 átomos de carbono

TABELA 4.1 PREFIXOS DOS NOMES DOS ALCANOS

NÚMERO DE ÁTOMOS DE CARBONO	PREFIXO	NOME DO ALCANO	NÚMERO DE ÁTOMOS DE CARBONO	PREFIXO	NOME DO ALCANO
1	*met*	metano	11	*undec*	undecano
2	*et*	etano	12	*dodec*	dodecano
3	*prop*	propano	13	*tridec*	tridecano
4	*but*	butano	14	*tetradec*	tetradecano
5	*pent*	pentano	15	*pentadec*	pentadecano
6	*hex*	hexano	20	*eicos*	eicosano
7	*hept*	heptano	30	*triacont*	triacontano
8	*oct*	octano	40	*tetracont*	tetracontano
9	*non*	nonano	50	*pentacont*	pentacontano
10	*dec*	decano	100	*hect*	hectano

Alcanos e Cicloalcanos 139

O termo "ciclo" é utilizado para indicar a presença de um anel na estrutura de um alcano. Por exemplo, essas substâncias são chamadas de **cicloalcanos**:

Ciclopropano   Ciclobutano   Ciclopentano

DESENVOLVENDO A APRENDIZAGEM

4.1 IDENTIFICAÇÃO DA CADEIA PRINCIPAL

APRENDIZAGEM   Identifique e dê um nome para a cadeia principal na seguinte substância:

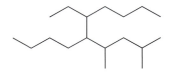

SOLUÇÃO

Localizamos a cadeia mais longa. Neste caso, existem duas opções que têm 10 átomos de carbono:

ETAPA 1
Escolha da cadeia mais longa.

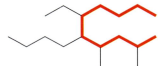

De qualquer maneira, a cadeia principal será o *decano*, mas temos de escolher a cadeia principal correta. A cadeia principal correta é aquela com o maior número de substituintes:

Correta   Incorreta

ETAPA 2
Quando duas cadeias competem, escolhemos a cadeia com mais substituintes.

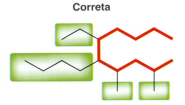

4 Substituintes   2 Substituintes

PRATICANDO
o que você aprendeu

4.1 Identifique e dê o nome da cadeia principal em cada uma das seguintes substâncias:

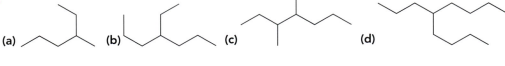

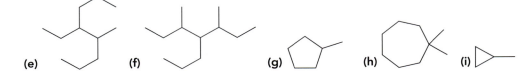

APLICANDO o que você aprendeu

4.2 Identifique as duas substâncias vistas a seguir que têm a mesma cadeia principal:

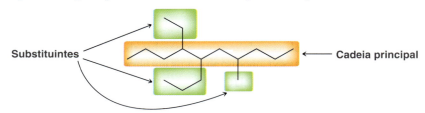

4.3 Existem cinco isômeros constitucionais com fórmula molecular C_6H_{14}. Represente uma estrutura em bastão para cada isômero e identifique a cadeia principal em cada caso.

4.4 Existem 18 isômeros constitucionais com fórmula molecular C_8H_{18}. *Sem representar todos os 18 isômeros*, determine quantos dos isômeros terão uma cadeia principal com o nome heptano.

---> é necessário **PRATICAR MAIS?** Tente Resolver o Problema 4.39

Nomeando os Substituintes

Uma vez que a cadeia principal tenha sido identificada, a próxima etapa é listar todos os substituintes:

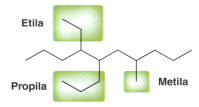

TABELA 4.2	NOMES DOS GRUPOS ALQUILA
NÚMERO DE ÁTOMOS DE CARBONO NO SUBSTITUINTE	TERMINOLOGIA
1	Metila
2	Etila
3	Propila
4	Butila
5	Pentila
6	Hexila
7	Heptila
8	Octila
9	Nonila
10	Decila

Os substituintes são nomeados com a mesma terminologia utilizada para dar o nome da cadeia principal, só adicionamos as letras "ila". Por exemplo, um substituinte com um átomo de carbono (um grupo CH_3) é chamado um grupo metila. Um substituinte com dois átomos de carbono é chamado um grupo etila. Esses grupos são chamados genericamente de **grupos alquila**. Uma lista de grupos alquila é dada na Tabela 4.2. No exemplo mostrado anteriormente, os substituintes teriam os seguintes nomes:

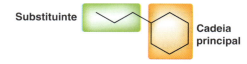

Quando um grupo alquila está ligado a um anel, o anel é geralmente considerado como a cadeia principal:

Propilciclo-**hexano**

Entretanto, isto só é verdade quando o anel é constituído por mais átomos de carbono que o grupo alquila. No exemplo anterior, o anel é constituído por seis átomos de carbono, enquanto o grupo alquila tem apenas três átomos de carbono. Em contraste, considere o exemplo seguinte, no qual o grupo alquila tem mais átomos de carbono do que o anel. Neste caso, o anel é denominado como um substituinte e é chamado de grupo ciclopropila:

Alcanos e Cicloalcanos 141

DESENVOLVENDO A APRENDIZAGEM

4.2 IDENTIFICAÇÃO E NOMEAÇÃO DOS SUBSTITUINTES

APRENDIZAGEM Identifique e dê o nome de todos os substituintes na seguinte substância:

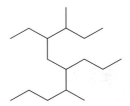

SOLUÇÃO
Primeiro identificamos a cadeia principal procurando a cadeia mais longa:

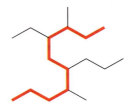

ETAPA 1
Identificação da cadeia principal.

Neste caso, a cadeia principal tem 10 átomos de carbono (decano). Tudo que está ligado à cadeia principal é um substituinte, e usamos os nomes da Tabela 4.2 para nomear cada substituinte:

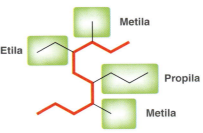

ETAPA 2
Identificação de todos os substituintes alquila ligados à cadeia principal.

PRATICANDO
o que você aprendeu

4.5 Para cada uma das substâncias vistas a seguir, identifique todos os grupos que são considerados substituintes e, em seguida, indique como você poderia nomear cada substituinte:

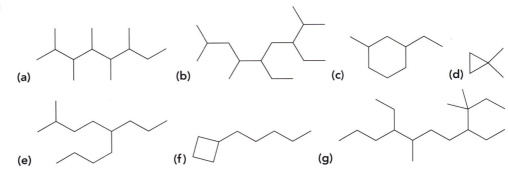

(a) (b) (c) (d)

(e) (f) (g)

APLICANDO
o que você aprendeu

4.6 Existem nove isômeros constitucionais com fórmula molecular C_7H_{16}.

(a) Represente com a notação de estrutura em bastão todos os isômeros que se encaixam nos seguintes critérios: a cadeia principal = pentano, e existem dois grupos metila ligados à cadeia principal.

(b) Represente uma estrutura em bastão para o isômero que se encaixa nos seguintes critérios: a cadeia principal = pentano, e existe um grupo etila ligado à cadeia principal.

é necessário **PRATICAR MAIS?** Tente Resolver os Problemas 4.40a, 4.40c

falando de modo prático | Feromônios: Mensageiros Químicos

Muitos animais usam produtos químicos, chamados de *feromônios*, para se comunicar entre si. Na verdade, insetos usam feromônios como seu principal meio de comunicação. Um inseto segrega o feromônio, que então se liga a um receptor no outro inseto, desencadeando uma resposta biológica. Alguns insetos usam substâncias que alertam para o perigo (feromônios de alarme), enquanto outros insetos usam substâncias que promovem a agregação entre os membros da mesma espécie (feromônios de agregação). Feromônios são também utilizados por muitos insetos para atrair membros do sexo oposto para fins de acasalamento (feromônios sexuais).

Por exemplo, o 2-metil-heptadecano é um feromônio sexual utilizado por algumas mariposas e o undecano é usado como um feromônio de agregação por algumas baratas.

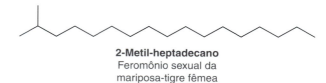

2-Metil-heptadecano
Feromônio sexual da mariposa-tigre fêmea

Undecano
Feromônio de agregação da barata *Blaberus cranifer*

Os dois exemplos anteriores são alcanos, mas muitos feromônios apresentam um ou mais grupos funcionais. Exemplos desses feromônios aparecerão ao longo deste livro.

Nomeando Substituintes Complexos

Nomear substituintes alquila ramificados é mais complexo do que nomear substituintes de cadeia linear. Por exemplo, considere o seguinte substituinte:

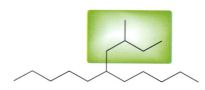

Como é que podemos nomear este substituinte? Ele tem cinco átomos de carbono, mas não pode simplesmente ser chamado de grupo pentila porque ele não é um grupo alquila de cadeia linear. Em situações como esta, utiliza-se o seguinte método: Começamos colocando números no substituinte *a partir* da cadeia principal:

Colocamos os números da cadeia reta mais longa presente no substituinte, e, neste caso, há quatro átomos de carbono. Este grupo é, portanto, considerado um grupo butila que tem um grupo metila ligado a ele na posição 2. Desse modo, este grupo é denominado grupo (2-metilbutila). Em essência, tratamos o substituinte complexo como se fosse uma minicadeia principal com os seus próprios substituintes. Ao nomear um substituinte complexo, colocamos o nome do substituinte entre parênteses. Isso vai evitar confusão como veremos em breve ao colocarmos números na cadeia principal, e nós não queremos confundir esses números com os números na cadeia do substituinte.

Alguns substituintes complexos têm nomes comuns. Esses nomes comuns estão tão bem enraizados que são permitidos pela IUPAC. É interessante decorar os seguintes nomes comuns (também chamados de nomes vulgares), pois eles serão usados com frequência ao longo deste livro.

Um grupo alquila tendo três átomos de carbono só pode ser ramificado de uma única maneira e é chamado de *grupo isopropila*:

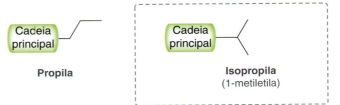

Os grupos alquila possuindo quatro átomos de carbono podem ser ramificados de três maneiras diferentes:

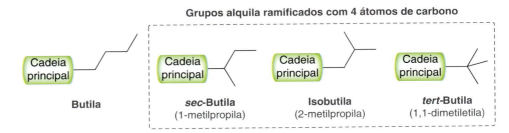

Os grupos alquila que têm cinco átomos de carbono podem ser ramificados de muitas maneiras. Aqui estão duas maneiras comuns:

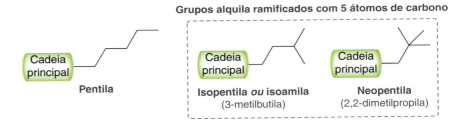

DESENVOLVENDO A APRENDIZAGEM

4.3 IDENTIFICAÇÃO E NOMEAÇÃO DE SUBSTITUINTES COMPLEXOS

APRENDIZAGEM Na substância vista a seguir, identifique todos os grupos que seriam considerados substituintes e, em seguida, indique o nome sistemático, bem como o nome comum para cada substituinte:

SOLUÇÃO
Primeiro identificamos a cadeia principal:

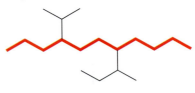

ETAPA 1
Identificação da cadeia principal.

ETAPA 2
Colocação de números nos substituintes complexos.

Neste exemplo, existem dois substituintes complexos. Para nomeá-los, colocamos números em cada substituinte, partindo da cadeia principal em cada caso. Em seguida, vamos considerar cada substituinte complexo como constituído de "um substituinte em um substituinte", e usamos os números para este propósito:

ETAPA 3
Nomeação do substituinte complexo.

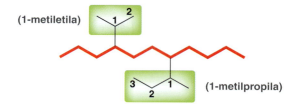

Alternativamente, as regras da IUPAC nos permitem utilizar os seguintes nomes comuns:

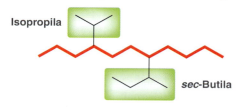

PRATICANDO o que você aprendeu

4.7 Para cada uma das seguintes substâncias, identifique todos os grupos que seriam considerados como substituintes e, em seguida, indique o nome sistemático, bem como o nome comum, de cada substituinte:

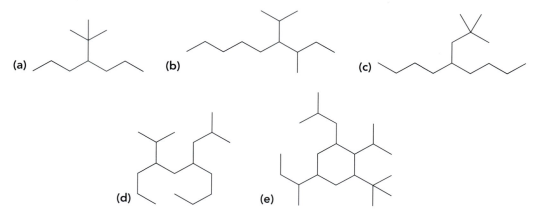

APLICANDO o que você aprendeu

4.8 O substituinte visto a seguir é chamado de grupo fenila;

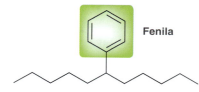

Com isso em mente, identifique o nome sistemático para cada substituinte visto a seguir:

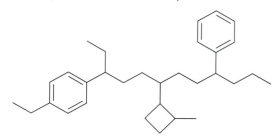

4.9 Represente todos os substituintes alquila possíveis que possuem exatamente cinco átomos de carbono e nenhum anel. Forneça um nome sistemático para cada um desses substituintes.

é necessário **PRATICAR MAIS?** Tente Resolver os Problemas 4.40b, 4.40d

Construção do Nome Sistemático de um Alcano

De modo a construir o nome sistemático de um alcano, numeramos os átomos de carbono da cadeia principal, e esses números são usados para identificar a localização de cada um dos substituintes. Como exemplo, considere as duas substâncias vistas a seguir:

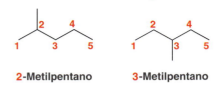

2-Metilpentano   **3-Metilpentano**

Em cada caso, a localização do grupo metila está claramente identificada com um número, denominado **localizador**. De modo a atribuir um localizador correto, temos que numerar a cadeia principal adequadamente, o qual pode ser feito seguindo apenas algumas poucas regras:

- Se um substituinte estiver presente, a ele deve ser atribuído o menor número possível. Neste exemplo, colocam-se os números de modo a que o grupo metila está em C2, em vez de C6:

- Quando vários substituintes estão presentes, os números são atribuídos de modo a que o primeiro substituinte receba o menor número. No caso visto a seguir, numeramos a cadeia principal de modo que os substituintes são 2,5,5 em vez de 3,3,6, porque queremos que o primeiro localizador seja o menor número possível:

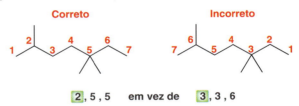

2, 5, 5   em vez de   3, 3, 6

- Se houver um empate, então o segundo localizador deve ser tão baixo quanto possível:

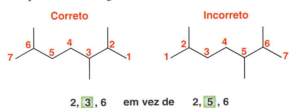

2, 3, 6   em vez de   2, 5, 6

- Se a regra anterior não desfizer o empate, como no caso visto a seguir, então, o menor número deve ser atribuído alfabeticamente:

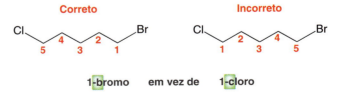

1-bromo   em vez de   1-cloro

- Ao lidar com cicloalcanos, todas as mesmas regras se aplicam, por exemplo:

1, 1, 3   em vez de   1, 3, 3

- Quando um substituinte aparece mais do que uma vez em uma substâmcia, um prefixo é usado para identificar o número de vezes que o substituinte aparece na substâmcia (di = 2, tri = 3, tetra = 4, penta = 5 e hexa = 6). Por exemplo, a substância anterior seria chamada *1,1,3-trimetil*ciclo-hexano. Observamos que um hífen é usado para separar os números das letras, enquanto vírgulas são usadas para separar dois números entre si.
- Uma vez que todos os substituintes foram identificados e atribuídos os localizadores adequados, eles são colocados em ordem alfabética. Prefixos (di, tri, tetra, penta, hexa) não são incluídos como parte do esquema de alfabetização. Em outras palavras, "dimetil" é classificado como se fosse iniciado com a letra "m" em vez de "d". Da mesma forma, *sec* e *terc* também são ignorados para fins de alfabetização, no entanto, isso não é ignorado. Em outras palavras, *sec*-butila é classificado alfabeticamente como um "b", enquanto isobutila é classificado alfabeticamente como um "i".

Em resumo, quatro etapas distintas são necessárias ao atribuir o nome de um alcano:

1. ***Identificar a cadeia principal:*** Escolhemos a cadeia mais longa. Para duas cadeias de mesmo comprimento, a cadeia principal deve ser a cadeia com o maior número de substituintes.
2. ***Identificar e nomear os substituintes***.
3. ***Numerar a cadeia principal e atribuir um localizador para cada substituinte:*** Damos ao primeiro substituinte o menor número possível. Se houver um empate, escolhemos a cadeia em que o segundo substituinte tem o número mais baixo.
4. ***Distribuir os substituintes em ordem alfabética***. Colocamos localizadores na frente de cada um dos substituintes. Para substituintes idênticos, usamos di, tri, ou tetra, que são ignorados quando colocados em ordem alfabética.

DESENVOLVENDO A APRENDIZAGEM

4.4 CONSTRUÇÃO SISTEMÁTICA DO NOME DE UM ALCANO

APRENDIZAGEM Forneça um nome sistemático para a substância vista a seguir:

SOLUÇÃO

A construção de um nome sistemático requer quatro etapas distintas. As duas primeiras etapas são identificar a cadeia principal e os substituintes:

ETAPA 1
Identificação da cadeia principal.

ETAPA 2
Identificação dos nomes dos substituintes.

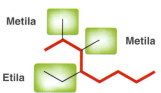

ETAPA 3
Atribuição dos localizadores.

Em seguida, atribuímos um localizador para cada substituinte e distribuímos os substituintes em ordem alfabética:

ETAPA 4
Distribuição dos substituintes alfabeticamente.

4-Etil-2,3-dimetiloctano

Observe que acetato é colocado antes de dimetil no nome. Além disso, asseguramo-nos que as letras estão separadas dos números por hífen, enquanto os números estão separados um do outro por vírgulas.

Alcanos e Cicloalcanos 147

PRATICANDO
o que você aprendeu

4.10 Forneça um nome sistemático para cada uma das substâncias vistas a seguir:

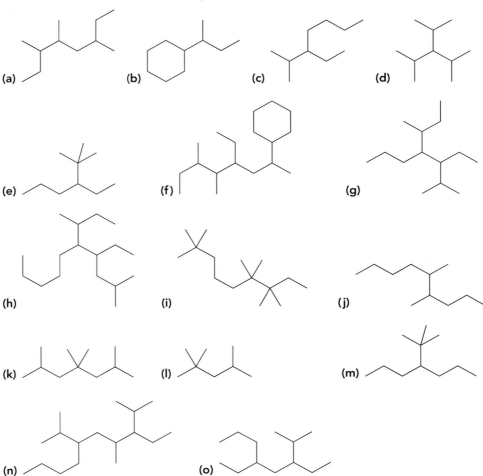

APLICANDO
o que você aprendeu

4.11 Represente através de estrutura em bastão cada uma das seguintes substâncias:

(a) 3-Isopropil-2,4-dimetilpentano
(b) 4-Etil-2-metil-hexano
(c) 1,1,2,2-Tetrametilciclopropano

é necessário **PRATICAR MAIS?** Tente Resolver os Problemas 4.41a, 4.41b, 4.45a, 4.45b

Nomenclatura de Substâncias Bicíclicas

As substâncias que contêm dois anéis fundidos são chamadas de substâncias **bicíclicas**, e elas podem ser representadas de diversas maneiras:

 é o mesmo que

O segundo estilo de representação implica tridimensionalidade da molécula, um tema que será abordado com mais detalhes no próximo capítulo. Por enquanto, vamos nos concentrar na nomenclatura dos sistemas bicíclicos, que é muito semelhante à nomenclatura de alcanos e cicloalcanos. Seguimos o mesmo procedimento de quatro etapas descrito na seção anterior, mas existem diferenças ao nomear e numerar a cadeia principal. Vamos começar nomeando a cadeia principal.

Para os sistemas bicíclicos, o termo "biciclo" é introduzido no nome da cadeia principal, por exemplo, a substância anterior é constituída por sete átomos de carbono e é por isso chamada de biciclo-heptano (em que a cadeia principal é *biciclo-hept*). O problema é que esse nome de cadeia principal não é específico o suficiente. Para ilustrar isso, consideramos as duas substâncias vistas a seguir, as duas chamadas de biciclo-heptano:

As duas substâncias consistem em dois anéis fundidos e sete átomos de carbono. Entretanto, as substâncias são claramente diferentes, o que significa que o nome da cadeia principal necessita conter mais informações. Especificamente, ele tem de indicar a maneira pela qual os anéis são construídos (a constituição da substância). De modo a fazer isso, é preciso identificar as duas **cabeças de ponte**. Essas cabeças de ponte são os dois átomos de carbono onde os anéis estão fundidos juntos:

Existem três caminhos diferentes ligando essas duas cabeças de ponte. Para cada caminho, contamos o número de átomos de carbono excluindo as próprias cabeças de ponte. Na substância anterior, um caminho tem dois átomos de carbono, outro caminho tem dois átomos de carbono, e o terceiro (o caminho mais curto) tem apenas um átomo de carbono. Esses três números, ordenados do maior para o menor [2.2.1], são, então, colocados entre colchetes no meio do nome da cadeia principal:

Biciclo[2.2.1]heptano

Esses números fornecem a especificidade necessária para diferenciar as substâncias indicadas anteriormente:

Se um substituinte estiver presente, a cadeia principal tem que ser numerada corretamente a fim de atribuir o localizador correto para o substituinte. Para numerar a cadeia principal, começamos em uma das cabeças de ponte e iniciamos a numeração ao longo do caminho mais longo, em seguida, vamos para o segundo caminho mais longo e, finalmente, vamos pelo caminho mais curto. Por exemplo, considere o sistema bicíclico ao lado:

Neste exemplo, o grupo substituinte metila não conseguiu um número baixo. Na verdade, ele tem o maior número possível por causa de sua localização. Especificamente, ele está no caminho mais curto que liga as cabeças de ponte. Independentemente da posição dos substituintes, a cadeia principal tem que ser numerada começando com o primeiro caminho mais longo. A única escolha é qual a cabeça de ponte que será contada como C1; por exemplo:

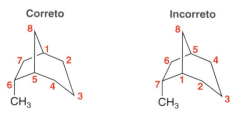

Nas duas maneiras, os números começam ao longo do caminho mais longo. Entretanto, temos de iniciar a numeração na cabeça de ponte que dá ao substituinte o menor número possível. No exemplo anterior, o caminho correto coloca o substituinte em C6, em vez de em C7. O nome desta substância é 6-metilbiciclo[3.2.1]octano.

Alcanos e Cicloalcanos   149

DESENVOLVENDO A APRENDIZAGEM

4.5 CONSTRUÇÃO DO NOME DE UMA SUBSTÂNCIA BICÍCLICA

APRENDIZAGEM Atribua um nome para a seguinte substância:

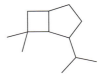

SOLUÇÃO

ETAPA 1
Identificação da cadeia principal.

Mais uma vez, usamos o nosso procedimento de quatro etapas. Primeiro identificamos a cadeia principal. Neste caso, estamos lidando com um sistema bicíclico, por isso contamos o número total de átomos de carbono que constituem os sistemas de anéis. Existem sete átomos de carbono em ambos os anéis combinados, de modo que a cadeia principal tem de ser "biciclo-hept". As duas cabeças de ponte estão realçadas. Agora, contamos o número de átomos de carbono ao longo de cada um dos três caminhos possíveis que ligam as cabeças de ponte. O caminho mais longo (no lado direito) tem três átomos de carbono entre as cabeças de ponte. O segundo caminho mais longo (no lado esquerdo) tem dois átomos de carbono entre as cabeças de ponte. O caminho mais curto não tem átomos de carbono entre as cabeças de ponte, isto é, as cabeças de ponte estão ligadas diretamente uma a outra. Portanto, a cadeia principal é "biciclo[3.2.0]hepta". Em seguida, identificamos e nomeamos os substituintes:

ETAPA 2
Identificação e nomeação dos substituintes.

ETAPA 3
Atribuição dos localizadores.

Numeramos, então, a cadeia principal e atribuímos um localizador para cada substituinte. Começamos por uma das cabeças de ponte e continuamos a numeração ao longo do caminho mais longo que liga as cabeças de ponte. Neste caso, começamos na cabeça de ponte inferior, de modo a fazer com que o grupo isopropila tenha o menor número (veja ao lado):

ETAPA 4
Distribuição dos substituintes alfabeticamente.

Finalmente, organizamos os substituintes em ordem alfabética:

2-Isopropil-7,7-dimetilbiciclo[3.2.0]heptano

PRATICANDO
o que você aprendeu

4.12 Dê o nome de cada cada uma das seguintes substâncias:

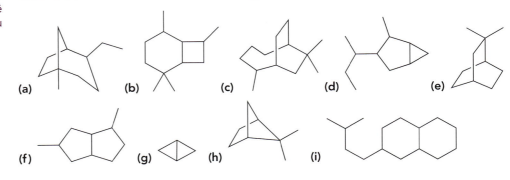

APLICANDO
o que você aprendeu

4.13 Represente uma estrutura em bastão de cada uma das seguintes substâncias:

(a) 2,2,3,3-Tetrametilbiciclo[2.2.1]heptano

(b) 8,8-Dietilbiciclo[3.2.1]octano

(c) 3-Isopropilbiciclo[3.2.0]heptano

é necessário **PRATICAR MAIS?** Tente Resolver os Problemas 4.41c, 4.41d, 4.45c

medicamente falando | Nomenclatura de Fármacos

Produtos farmacêuticos frequentemente têm nomes IUPAC muito grandes, de modo que utilizam-se nomes mais curtos, chamados *nomes genéricos*. Por exemplo, considere a seguinte substância:

(*S*)-5-Metoxi-2-[(4-metoxi-3,5-dimetil piridin-2-il)metilsulfinil]-3*H*-benzoimidazol

O nome IUPAC para esta substância é muito grande. Assim, um nome genérico, *esomeprazol*, foi atribuído e aceito pela comunidade internacional. Para fins de propaganda, as empresas farmacêuticas também selecionam um nome atraente, chamado de *nome comercial*. O nome comercial do esomeprazol é Nexium. Esta substância, utilizada no tratamento da doença de refluxo, é um inibidor da bomba de prótons.

Em resumo, a indústria farmacêutica tem três nomes importantes: (1) nomes comerciais, (2) nomes genéricos e (3) nomes sistemáticos de acordo com a IUPAC. A Tabela 4.3 apresenta uma lista de vários fármacos comuns cujos nomes comerciais tendem a soar familiarmente.

TABELA 4.3 NOMES DE MEDICAMENTOS COMUNS

NOME COMERCIAL	NOME GENÉRICO	ESTRUTURA E NOME IUPAC	USOS
Aspirina	Ácido acetilsalicílico	Ácido 2-acetoxibenzoico	Analgésico, antitérmico (reduz a febre), anti-inflamatório
Advil ou Motrin	Ibuprofeno	Ácido 2-[4-(2-Metilpropil)fenil]propanoico	Analgésico, antitérmico, anti-inflamatório
Demerol	Petidina	1-Metil-4-fenilpiperidina-4-carboxilato de etila	Analgésico
Dramin	Meclizina	1-[(4-Clorofenil)-fenil-metil]-4-[(3-metilfenil)metil]piperazina	Antiemético (inibe as náuseas e os vômitos)
Tylenol	Paracetamol	*N*-(4-Hidroxifenil)etanamida	Analgésico, antitérmico

4.3 Isômeros Constitucionais dos Alcanos

Para um alcano, o número de possíveis isômeros constitucionais aumenta com o aumento do tamanho da molécula. A Tabela 4.4 ilustra essa tendência.

TABELA 4.4 NÚMERO DE ISÔMEROS CONSTITUCIONAIS PARA VÁRIOS ALCANOS

FÓRMULA MOLECULAR	NÚMERO DE ISÔMEROS CONSTITUCIONAIS
C_3H_8	1
C_4H_{10}	2
C_5H_{12}	3
C_6H_{14}	5
C_7H_{16}	9
C_8H_{18}	18
C_9H_{20}	35
$C_{10}H_{22}$	75
$C_{15}H_{32}$	4.347
$C_{20}H_{42}$	366.319
$C_{30}H_{62}$	4.111.846.763
$C_{40}H_{82}$	62.481.801.147.341

Ao representar os isômeros constitucionais de um alcano, certifique-se de evitar representar o mesmo isômero duas vezes. Como um exemplo, considere o C_6H_{14}, para o qual existem cinco isômeros constitucionais. Ao representar esses isômeros, pode ser tentador representar mais de cinco estruturas. Por exemplo:

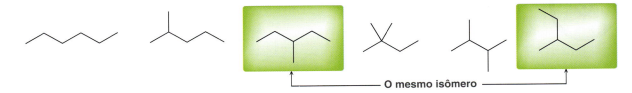

O mesmo isômero

À primeira vista, as duas substâncias destacadas parecem diferentes. Mas após nova verificação, torna-se evidente que elas são realmente a mesma substância. Para evitar representar a mesma substância duas vezes, é útil usar as regras da IUPAC para nomear cada substância. Se existirem repetições, elas aparecerão:

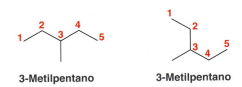

3-Metilpentano   3-Metilpentano

Essas duas representações geram o mesmo nome e, portanto, têm de ser a mesma substância. Mesmo sem nomear formalmente essas substâncias, é útil simplesmente olhar para moléculas a partir de um ponto de vista da IUPAC. Em outras palavras, cada uma dessas substâncias deve ser considerada como uma cadeia principal de cinco átomos de carbono, com um grupo metila em C3. Visualizar as moléculas dessa forma (a partir de um ponto de vista da IUPAC) vai se revelar útil em alguns casos.

DESENVOLVENDO A APRENDIZAGEM

4.6 IDENTIFICAÇÃO DE ISÔMEROS CONSTITUCIONAIS

APRENDIZAGEM Identifique se as duas substâncias vistas a seguir são isômeros constitucionais ou se são simplesmente diferentes representações de uma mesma substância:

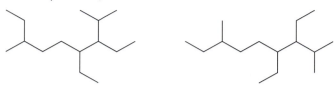

SOLUÇÃO
Utilizamos as regras de nomenclatura para dar o nome de cada substância. Em cada caso, identificamos a cadeia principal, localizamos os substituintes, numeramos a cadeia principal e construímos um nome:

ETAPA 1
Nomear cada substância.

3,4-Dietil-2,7-dimetilnonano   3,4-Dietil-2,7-dimetilnonano

ETAPA 2 Essas substâncias têm o mesmo nome e, portanto, elas não são isômeros constitucionais. Elas
Comparação dos nomes. são, na verdade, duas representações de uma mesma substância.

PRATICANDO
o que você
aprendeu

4.14 Para cada par de substâncias, identifique se são isômeros constitucionais ou duas representações de uma mesma substância:

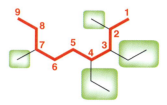
(a)

(b)

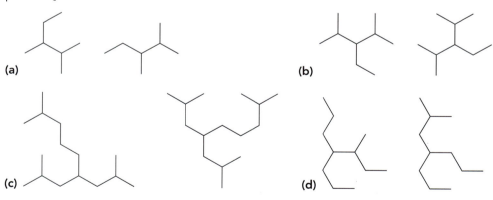
(c)   (d)

APLICANDO
o que você
aprendeu

4.15 A Tabela 4.4 indica o número de isômeros constitucionais com fórmula molecular C_7H_{16}. Represente cada um dos isômeros, certificando-se de não representar a mesma substância duas vezes.

é necessário **PRATICAR MAIS?** Tente Resolver os Problemas 4.42, 4.66b,d,k,l

4.4 Estabilidade Relativa de Alcanos Isoméricos

A fim de comparar a estabilidade dos isômeros constitucionais, determinamos o calor liberado quando cada um deles sofre combustão. Para um alcano, a combustão descreve uma reação em que o alcano reage com o oxigênio para produzir CO_2 e água. Considere o seguinte exemplo:

$$\text{pentano} + 8\,O_2 \longrightarrow 5\,CO_2 + 6\,H_2O \qquad \Delta H° = -3509 \text{ kJ/mol}$$

Nesta reação, um alcano (pentano) é queimado na presença de oxigênio, e a reação resultante é chamada de combustão. O valor apresentado, o $\Delta H°$ para esta reação, é a *variação de entalpia* associada à combustão completa de 1 mol de pentano, na presença de oxigênio. Vamos revisar o conceito de entalpia em mais detalhes no Capítulo 6, mas por agora, vamos simplesmente pensar na entalpia como o calor emitido durante a reação. Para um processo de combustão, $-\Delta H°$ é chamado de **calor de combustão**.

A combustão pode ser realizada experimentalmente usando-se um dispositivo chamado calorímetro, que pode medir calores de combustão com precisão. Medições cuidadosas mostram que os calores de combustão para dois alcanos isoméricos são diferentes, embora os produtos das reações sejam idênticos:

$$\text{octano} + 12\tfrac{1}{2}\, O_2 \longrightarrow 8\, CO_2 + 9\, H_2O \qquad -\Delta H° = 5470 \text{ kJ/mol}$$

$$\text{2,2,3,3-tetrametilbutano} + 12\tfrac{1}{2}\, O_2 \longrightarrow 8\, CO_2 + 9\, H_2O \qquad -\Delta H° = 5452 \text{ kJ/mol}$$

Observe que embora as duas reações apresentadas anteriormente produzam o mesmo número de mols de CO_2 e água, os calores de combustão para as duas reações são diferentes. Podemos usar essa diferença para comparar a estabilidade de alcanos isoméricos (Figura 4.1). Ao comparar quanto de calor é emitido por cada processo de combustão, podemos comparar a energia potencial que cada isômero tinha antes da combustão. Esta análise leva à conclusão de que alcanos ramificados têm menor energia (são mais estáveis) do que alcanos de cadeia linear.

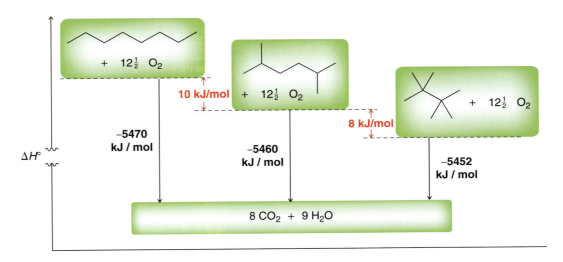

FIGURA 4.1
Um diagrama de energia comparando os calores de combustão para os três isômeros constitucionais do octano.

Calores de combustão são uma forma importante de determinar a estabilidade relativa das substâncias. Vamos usar essa técnica várias vezes ao longo deste livro para comparar a estabilidade das substâncias.

4.5 Fontes e Usos de Alcanos

A principal fonte de alcanos é o petróleo, que vem das palavras latinas *petro* ("rocha") e *oleum* ("óleo"). O petróleo é uma mistura complexa de centenas de hidrocarbonetos, a maior parte dos quais são alcanos (variando em tamanho e constituição). Acredita-se que os depósitos de petróleo da Terra foram formados lentamente, ao longo de milhões de anos, pela decomposição de material bio-orgânico pré-histórico (como plantas e florestas).

O primeiro poço de petróleo foi perfurado na Pensilvânia em 1859. O petróleo obtido foi separado nos seus vários componentes através de destilação, o processo pelo qual os componentes de uma mistura são separados uns dos outros com base nas diferenças de seus pontos de ebulição. Na época, o querosene, uma das frações de alto ponto de ebulição, era considerado o mais importante produto obtido a partir do petróleo. Automóveis baseados no motor de combustão interna ainda estavam à espera de serem inventados (cerca de 50 anos mais tarde), de modo que a gasolina

TABELA 4.5 USOS INDUSTRIAIS DAS FRAÇÕES DE PETRÓLEO

FAIXA DE EBULIÇÃO DA FRAÇÃO (°C)	NÚMERO DE ÁTOMOS DE CARBONO NAS MOLÉCULAS	UTILIZAÇÃO
Abaixo de 20	C_1–C_4	Gás natural, produtos petroquímicos, plásticos
20–100	C_5–C_7	Solventes
20–200	C_5–C_{12}	Gasolina
200–300	C_{12}–C_{18}	Querosene, combustível de jato
200–400	C_{12} e superior	Óleo de aquecimento, diesel
Líquidos não voláteis	C_{20} e superior	Óleo lubrificante, graxa
Sólidos não voláteis	C_{20} e superior	Parafina, asfalto, alcatrão

ainda não era um produto cobiçado do petróleo. Havia um grande mercado para o querosene, como lâmpadas a querosene que produziam melhor iluminação à noite do que as velas comuns. Com o tempo, outros usos foram sendo encontrados para as outras frações de petróleo. Hoje, cada gota preciosa de petróleo é colocada em uso, de uma forma ou de outra (Tabela 4.5). O processo de separação de óleo em bruto (petróleo) em produtos disponíveis comercialmente é chamado de *refinação*. Uma refinaria típica pode processar 100 mil barris de petróleo por dia (1 barril = 159 litros). O produto mais importante é atualmente a fração de gasolina (C_5—C_{12}), no entanto, esta fração representa apenas cerca de 19% do óleo em bruto. Esta quantidade não satisfaz a demanda atual de gasolina e, portanto, dois processos são utilizados para aumentar a produção de gasolina a partir de cada barril de petróleo.

1. *Craqueamento* é um processo através do qual ligações C—C de alcanos maiores são quebradas, produzindo alcanos menores adequados para uso como gasolina. Este processo converte eficazmente pretóleo em substâncias adequadas para uso como gasolina. O craqueamento pode ser obtido a uma temperatura elevada (*craqueamento térmico*) ou com o auxílio de catalisadores (*craqueamento catalítico*). O craqueamento geralmente produz alcanos de cadeia linear. Embora adequados para uso como gasolina, esses alcanos tendem a dar origem a pré-ignição, ou *bater pino*, em motores de automóveis.

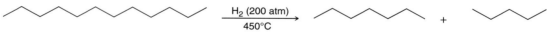

2. *Reforma* é um processo que envolve muitos tipos diferentes de reações (tais como reações de desidrogenação e de isomerização) com o objetivo de converter alcanos de cadeia linear em hidrocarbonetos ramificados e substâncias aromáticas (discutidas no Capítulo 18, no Volume 2):

2,2,4-Trimetilpentano
Um alcano ramificado

Benzeno
Uma substância aromática

Hidrocarbonetos ramificados e hidrocarbonetos aromáticos mostram uma tendência menor em bater pino. É, portanto, desejável converter algum petróleo em alcanos ramificados e substâncias aromáticas e, em seguida, misturá-los com alcanos de cadeia linear. A combinação de craqueamento e reforma aumenta efetivamente o rendimento de gasolina de 19 para 47% para cada barril de petróleo. A gasolina é, portanto, uma mistura sofisticada de alcanos de cadeia linear, alcanos ramificados e hidrocarbonetos aromáticos. A mistura exata depende de uma série de condições. Em climas mais frios, por exemplo, a mistura tem que ser apropriada para temperaturas abaixo de zero. Portanto, a gasolina utilizada em Chicago, não é a mesmo que a gasolina utilizada em Houston.

Petróleo não é uma fonte de energia renovável. Na nossa atual taxa de consumo, estima-se que a oferta de petróleo na Terra será esgotada em 2060. Podemos encontrar mais jazidas de petróleo, mas isso só vai adiar o inevitável. Petróleo também é a fonte primária de uma grande variedade de substâncias orgânicas usadas para produzir plásticos, produtos farmacêuticos e muitos outros produtos. É vital que a oferta de petróleo na Terra não seja completamente esgotada, apesar de um quadro tão terrível ser improvável. Quando o fornecimento de petróleo diminui e a demanda aumenta, o preço do petróleo sobe (assim como o preço da gasolina na bomba). Eventualmente, o preço do petróleo vai superar o preço de fontes de energia alternativas e, neste momento, uma grande mudança ocorrerá. O que você acha que vai substituir o petróleo como a próxima fonte de energia global?

Alcanos e Cicloalcanos 155

falando de modo prático | Uma Introdução aos Polímeros

A Tabela 4.5 mostra que os alcanos de baixa massa molecular (tal como o metano ou o etano) são gases à temperatura ambiente, que os alcanos de massa molecular ligeiramente mais elevado (tal como o hexano ou o octano) são líquidos à temperatura ambiente, e que os alcanos de massa molecular muito elevada (tal como o hectano, com 100 átomos de carbono) são sólidos à temperatura ambiente. Essa tendência é explicada pelo aumento das forças de dispersão de London presentes nos alcanos de maior massa molecular (como descrito na Seção 1.12). Com isso em mente, considere um alcano constituído por cerca de 100.000 átomos de carbono. Não deve ser surpreendente que tal alcano deva ser um sólido à temperatura ambiente. Esse material, denominado polietileno, é usado para uma variedade de propósitos, incluindo recipientes de lixo, garrafas de plástico, material de embalagem, coletes à prova de bala e brinquedos. Como o próprio nome indica, o polietileno é produzido a partir da polimerização do etileno:

O polietileno é um exemplo de um *polímero*, porque ele é criado pela união de pequenas moléculas chamadas de *monômeros*. Mais de 100 bilhões de quilos de polietileno são produzidos no mundo a cada ano.

Em nossa vida cotidiana, estamos rodeados de uma variedade de polímeros. De tapetes de fibras a encanamentos de prédios, a nossa sociedade tornou-se claramente dependente dos polímeros. Os polímeros serão discutidos em mais detalhes nos próximos capítulos.

4.6 Representação das Projeções de Newman

Vamos agora voltar nossa atenção para a maneira pela qual as moléculas mudam a sua forma com o tempo. A rotação em torno de ligações simples C—C permite que uma substância adote uma variedade de possíveis formas tridimensionais, chamadas de **conformações**. Algumas conformações têm mais energia, enquanto outras têm menos energia. A fim de representar e comparar conformações, vamos precisar usar um novo tipo de representação – uma especialmente concebida para mostrar a conformação de uma molécula. Esse tipo de representação é chamado de **projeção Newman** (Figura 4.2). Para entender o que uma projeção de Newman representa, considere a representação de cunha cheia e cunha tracejada do etano na Figura 4.2. Começamos girando-a em torno do eixo vertical desenhado em cinza de modo que todos os átomos de H vermelhos saem para a frente da página e todos os átomos de H azul vão para trás da página.

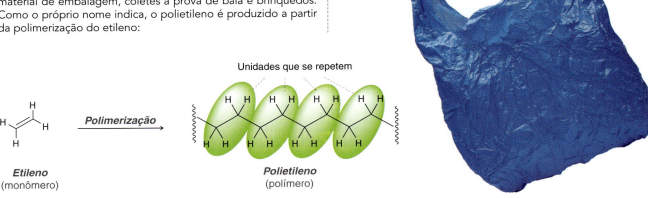

FIGURA 4.2
Três representações do etano:
(a) cunha cheia e tracejada,
(b) em cavalete e (c) uma projeção de Newman.

Cunha e traço   **Cavalete**   **Projeção de Newman**

FIGURA 4.3
Projeção de Newman do etano, mostrando o carbono da frente e o carbono detrás.

A segunda representação (em cavalete) representa um instantâneo depois de uma rotação de 45°, enquanto a projeção de Newman representa um instantâneo depois de uma rotação de 90°. Um átomo de carbono está diretamente em frente do outro átomo de carbono, e cada átomo de carbono tem três de H ligados a ele (Figura 4.3). O ponto no centro do desenho na Figura 4.3 representa o átomo de carbono da frente, enquanto o círculo representa o carbono detrás. Usaremos projeções de Newman extensivamente em todo o restante deste capítulo, por isso é importante dominar a sua representação e a sua leitura.

DESENVOLVENDO A APRENDIZAGEM

4.7 REPRESENTAÇÕES DE NEWMAN

APRENDIZAGEM Represente uma projeção de Newman da substância vista a seguir a partir do ângulo indicado:

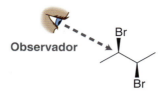

SOLUÇÃO

Identificamos os átomos de carbono da frente e detrás. Do ponto de vista do observador, os átomos de carbono na parte da frente e na parte detrás são:

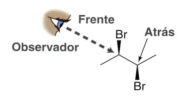

Agora, temos de perguntar: Do ponto de vista do observador, o que está ligado ao carbono da frente? O observador pode ver um grupo metila, um átomo de bromo e um átomo de hidrogênio. Lembre-se de que uma cunha cheia está acima do plano da página e uma cunha tracejada está abaixo do plano da página. Assim, do ponto de vista do observador, o átomo de carbono da frente tem a seguinte aparência:

ETAPA 1
Identificação dos três grupos ligados ao átomo de carbono da frente.

Agora vamos concentrar a nossa atenção sobre o átomo de carbono detrás. O carbono na parte detrás tem um grupo CH₃, um Br e um H. Do ponto de vista do observador, ele tem a seguinte aparência:

ETAPA 2
Identificação dos três grupos ligados ao átomo de carbono detrás.

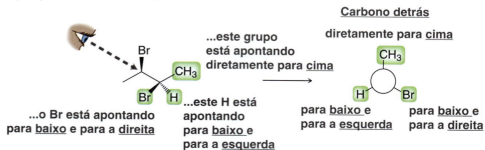

Alcanos e Cicloalcanos 157

ETAPA 3
Representação da projeção de Newman.

Agora vamos colocar as duas partes da nossa representação juntas:

PRATICANDO
o que você aprendeu

4.16 Em cada um dos casos vistos a seguir, desenhe uma projeção de Newman como vista a partir do ângulo indicado:

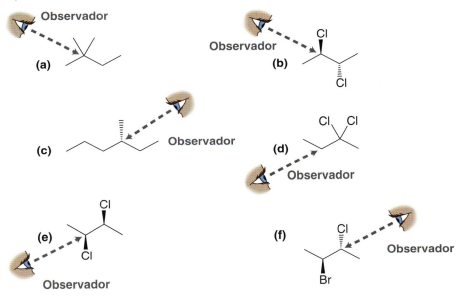

APLICANDO
o que você aprendeu

4.17 Represente uma estrutura em bastão de cada uma das seguintes substâncias:

4.18 Determine se as seguintes substâncias são isômeros constitucionais:

é necessário **PRATICAR MAIS?** Tente Resolver o Problema 4.56

4.7 Análise Conformacional do Etano e do Propano

Ângulo de diedro = 60°

FIGURA 4.4
O ângulo de diedro entre dois átomos de hidrogênio em uma projeção de Newman do etano.

Considere os dois átomos de hidrogênio mostrados em vermelho na projeção de Newman do etano (Figura 4.4). Esses dois átomos de hidrogênio parecem estar separados por um ângulo de 60°. Esse ângulo é chamado **ângulo de diedro** ou **ângulo de torção**. Esse ângulo de diedro muda conforme a ligação C—C gira – por exemplo, se o carbono da frente gira no sentido horário, enquanto o carbono detrás é mantido estacionário. O valor para o ângulo de diedro entre dois grupos pode ser qualquer valor entre 0° e 180°. Portanto, há um número infinito de possíveis conformações. No entanto, existem duas conformações que requerem nossa atenção especial: a conformação de menor energia e a conformação de maior energia (Figura 4.5). A **conformação alternada** é a de mais baixa energia, enquanto a **conformação eclipsada** é a de mais alta energia.

158 CAPÍTULO 4

Conformação alternada
Energia mais baixa

Conformação eclipsada
Energia mais alta

FIGURA 4.5
Conformações alternada e eclipsada do etano.

A diferença de energia entre as conformações alternada e eclipsada do etano é 12 kJ/mol, como mostrado no diagrama de energia na Figura 4.6. Observe que todas as conformações alternadas do etano são **degeneradas**, isto é, todas as conformações alternadas têm a mesma quantidade de energia. Da mesma forma, todas as conformações eclipsadas do etano são degeneradas.

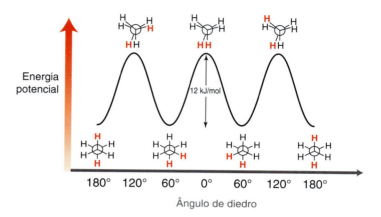

FIGURA 4.6
Um diagrama de energia mostrando a análise conformacional do etano.

RELEMBRANDO
Para uma revisão de orbitais moleculares ligante e antiligante, veja a Seção 1.8.

A diferença de energia entre as conformações alternada e eclipsada do etano é chamada de **tensão torcional** (**tensão de torção**), e a sua causa tem sido debatida ao longo dos anos. Com base em cálculos recentes de mecânica quântica, acredita-se agora que a conformação alternada possui uma interação favorável entre um OM ligante ocupado e um OM antiligante desocupado (Figura 4.7).

FIGURA 4.7
Na conformação alternada ocorre uma sobreposição favorável entre um OM ligante e um OM antiligante.

Essa interação diminui a energia da conformação alternada. Essa interação favorável só está presente na conformação alternada. Quando a ligação C—C gira (indo de uma conformação alternada para uma conformação eclipsada), a sobreposição favorável anterior é temporariamente interrompida, causando um aumento de energia. No etano, esse aumento é de 12 kJ/mol. Uma vez que existem três interações separadas na conformação eclipsada, é razoável atribuir 4 kJ/mol para cada par de H eclipsando (Figura 4.8).

Essa diferença de energia é significativa. À temperatura ambiente, uma amostra de gás etano terá aproximadamente 99% das suas moléculas na conformação alternada em um instante qualquer.

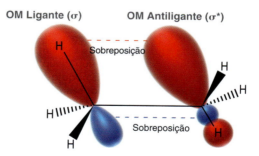

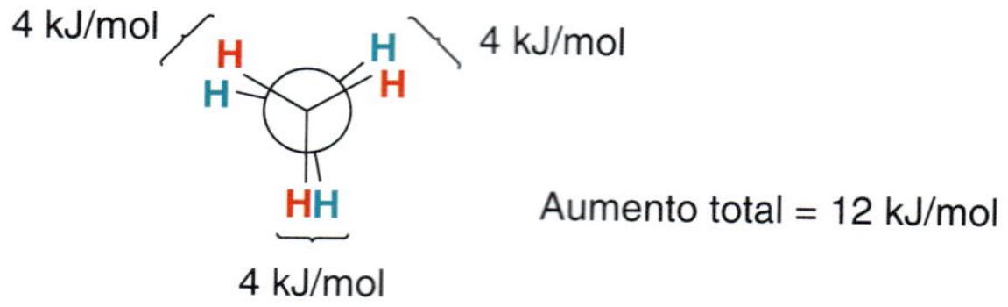

FIGURA 4.8
O aumento total de energia associado à conformação eclipsada do etano (em relação à conformação alternada) é de 12 kJ/mol.

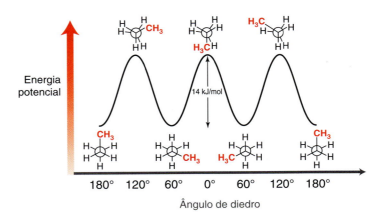

FIGURA 4.9
Um diagrama de energia mostrando a análise conformacional do propano.

O diagrama de energia do propano (Figura 4.9) é muito semelhante ao do etano, com exceção de que a tensão torcional é de 14 kJ/mol, em vez de 12 kJ/mol. Mais uma vez, observe que todas as conformações alternadas são degeneradas, assim como todas as conformações eclipsadas.

Nós já atribuímos 4 kJ/mol para cada par de H eclipsando. Se nós sabemos que a tensão torcional do propano é de 14 kJ/mol, então é razoável atribuir 6 kJ/ mol para a eclipse de um H e um grupo metila. Esse cálculo é ilustrado na Figura 4.10.

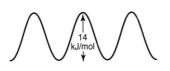 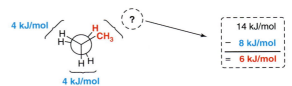

FIGURA 4.10
A energia associada a um grupo metila eclipsando um átomo de hidrogênio corresponde a 6 kJ/mol.

Se o aumento total de energia é de 14 kJ/mol...

...e nós já sabemos que cada par de H eclipsando tem um aumento de energia de 4 kJ/mol...

...então podemos concluir que o aumento de energia de um H eclipsando um grupo CH₃ tem de ser de 6 kJ/mol

VERIFICAÇÃO CONCEITUAL

4.19 Para cada uma das substâncias vistas a seguir, preveja a barreira de energia para a rotação (olhando segundo qualquer uma das ligações C—C). Represente uma projeção de Newman e então compare as conformações alternada e eclipsada. Lembre-se de que atribuímos 4 kJ/mol para cada par de H eclipsando e 6 kJ/mol para um H eclipsando um grupo metila:

(a) 2,2-Dimetilpropano   (b) 2-Metilpropano

4.8 Análise Conformacional do Butano

A análise conformacional do butano é um pouco mais complexa do que a análise conformacional do etano ou do propano. Olhe atentamente para a forma do diagrama de energia do butano (Figura 4.11), e então vamos analisá-lo passo a passo.

As três conformações de maior energia são as conformações eclipsadas, enquanto as três conformações de menor energia são as conformações alternadas. Desse modo, o diagrama de energia anterior é semelhante aos diagramas de energia do etano e do propano. Mas, no caso de butano, observamos que uma conformação eclipsada (em que o ângulo de diedro = 0) é maior em energia do que as outras duas conformações eclipsadas. Em outras palavras, as três conformações eclipsadas não são degeneradas. Da mesma forma, uma conformação alternada (em que o ângulo de diedro =

180°) é inferior em energia comparado com as outras duas conformações alternadas. Claramente, precisamos comparar as conformações alternadas entre si, e também precisamos comparar as conformações eclipsadas uma com a outra.

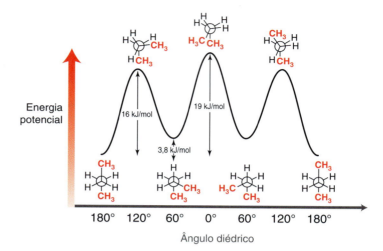

FIGURA 4.11
Um diagrama de energia mostrando a análise conformacional do butano.

Vamos começar com as três conformações alternadas. A conformação com um ângulo de diedro de 180° é chamada de **conformação *anti***, e representa a conformação de menor energia do butano. As outras duas conformações alternadas são 3,8 kJ/mol maiores em energia do que a conformação *anti*. Por quê? Podemos ver mais facilmente a resposta a essa questão representando as projeções de Newman das três conformações alternadas (Figura 4.12).

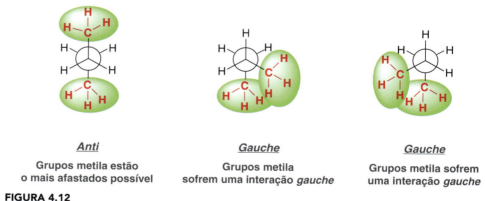

FIGURA 4.12
Duas das três conformações alternadas do butano apresentam interações *gauche*.

Na conformação *anti*, os grupos metila alcançam a separação máxima um do outro. Nas outras duas conformações, os grupos metila estão mais próximos um do outro. As suas nuvens eletrônicas se repelem entre si (tentando ocupar a mesma região do espaço), causando um aumento da energia de 3,8 kJ/mol. Essa interação desfavorável, chamada de **interação *gauche***, é um tipo de interação estérica, e é diferente do conceito de tensão torcional. As duas conformações anteriores que mostram esta interação são chamadas de **conformações *gauche*** e são degeneradas (Figura 4.13).

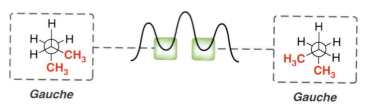

FIGURA 4.13
As duas conformações alternadas que mostram interação *gauche* são degeneradas.

Alcanos e Cicloalcanos   161

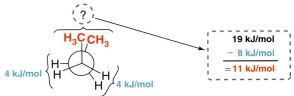

FIGURA 4.14
O aumento da energia associada aos dois grupos metila eclipsando um ao outro é de 11 kJ/mol.

Se o aumento de energia total é de 19 kJ/mol...   *...e nós já sabemos que cada par de H tem um aumento de energia de 4 kJ/mol...*   *...então podemos concluir que o aumento de energia devido aos grupos CH₃ eclipsando tem de ser de 11 kJ/mol*

Agora vamos voltar nossa atenção para as três conformações eclipsadas. Uma conformação eclipsada é superior em energia comparada com as outras duas. Por quê? Na conformação de maior energia, os grupos metila estão eclipsando um ao outro. Experimentos sugerem que essa conformação tem uma energia total de 19 kJ/mol. Uma vez que já atribuímos 4 kJ/mol para cada interação H eclipsando H, é razoável atribuir 11 kJ/mol para a interação eclipsante entre os dois grupos metila. Esse cálculo é ilustrado na Figura 4.14. A conformação com os dois grupos metila se eclipsando entre si é a conformação de maior energia. As outras duas conformações eclipsadas são degeneradas (Figura 4.15).

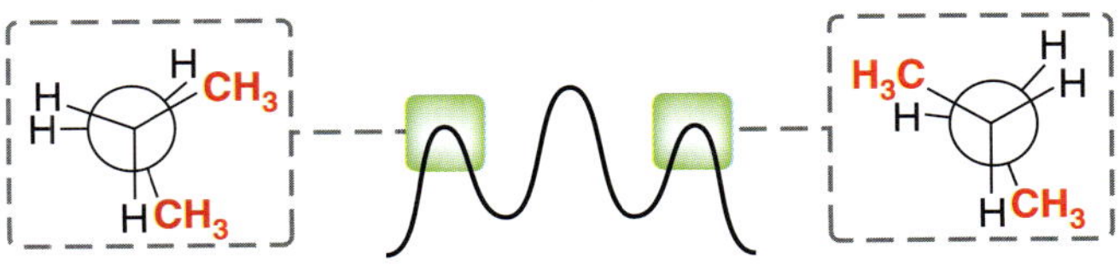

FIGURA 4.15
Duas das conformações eclipsadas do butano são degeneradas.

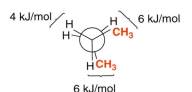

FIGURA 4.16
O aumento da energia total associada às conformações eclipsadas degeneradas do butano é de 16 kJ/mol.

Em cada caso, existe um par de H eclipsando um ao outro e dois pares eclipsantes de H/CH₃. Temos todas as informações necessárias para calcular a energia dessas conformações. Sabemos que a energia associada aos átomos de hidrogênio eclipsando entre si é de 4 kJ/mol e que cada conjunto eclipsante H/CH₃ tem uma energia associada de 6 kJ/mol. Portanto, calculamos um aumento de energia total de 16 kJ/mol (Figura 4.16).

Para resumir, vimos que uns poucos números podem ser úteis na análise dos aumentos de energia. Com esses números é possível analisar uma conformação eclipsada ou uma conformação alternada e determinar o aumento de energia associado a cada conformação. A Tabela 4.6 resume esses números.

TABELA 4.6 DIFERENÇAS DE ENERGIA COMPARANDO AS ENERGIAS RELATIVAS DAS CONFORMAÇÕES

INTERAÇÃO	TIPO DE TENSÃO	AUMENTO DE ENERGIA (kJ/MOL)
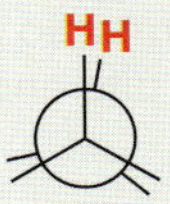 H/H Eclipsada	Tensão torcional	4
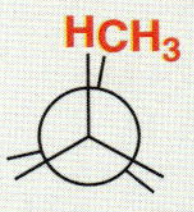 CH₃/H Eclipsada	Tensão torcional	6
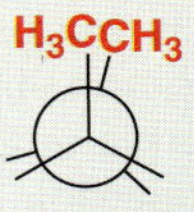 CH₃/CH₃ Eclipsada	Tensão torcional + interação estérica	11
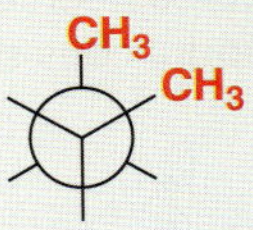 CH₃/CH₃ Gauche	Interação estérica	3,8

DESENVOLVENDO A APRENDIZAGEM

4.8 IDENTIFICAÇÃO DAS ENERGIAS RELATIVAS DAS CONFORMAÇÕES

APRENDIZAGEM Considere a seguinte substância:

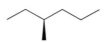

(a) Girando somente a ligação C3—C4, identifique a conformação de menor energia.
(b) Girando somente a ligação C3—C4, identifique a conformação de maior energia.

SOLUÇÃO

ETAPA 1
Representação de uma projeção de Newman.

(a) Começamos desenhando uma projeção de Newman, olhando ao longo da ligação C3—C4:

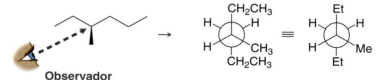

A PROPÓSITO
O símbolo "Et" é normalmente usado para um grupo etila e o símbolo "Me" é usado para um grupo metila.

Para determinar a conformação de menor energia, comparamos todas as três conformações alternadas. Para representá-las, podemos girar os grupos no carbono detrás ou girar os grupos no carbono da frente. Será mais fácil girar o carbono detrás, pois o carbono da parte detrás tem apenas um grupo. É mais fácil manter o controle de apenas um único grupo. Observe que a diferença entre essas três conformações é a posição do grupo acetato no carbono detrás:

ETAPA 2
Comparação das três conformações alternadas. Procura-se pelo menor número de interações ou interações *gauche* menos intensas.

Agora comparamos essas três conformações procurando por interações *gauche*. A primeira conformação tem uma interação *gauche* Et/Me. A segunda conformação tem uma interação *gauche* Et/Et. A terceira conformação tem duas interações *gauche*: uma interação Et/Et e uma interação Et/Me. Escolha aquela com o menor número de interações *gauche* e com interações *gauche* menos intensas. A primeira conformação (com uma interação Et/Me) será a de mais baixa energia.

(b) Para determinar a conformação de maior energia, teremos de comparar as três conformações *eclipsadas*. Para representá-las, simplesmente pegamos as três conformações alternadas e transformamos cada uma delas em uma conformação eclipsada através da rotação de 60° do carbono detrás. Observe mais uma vez que a diferença entre essas três conformações é a posição do grupo Et no carbono detrás:

ETAPA 3
Comparação de todas as três conformações eclipsadas. Procura-se as interações de mais alta energia.

Agora comparamos essas três conformações procurando interações eclipsantes. Na primeira conformação, nenhum dos grupos alquila estão eclipsando um ao outro (eles estão todos eclipsados pelos H). Na segunda conformação, os grupos etila estão eclipsando um ao outro. Na terceira conformação, um grupo metila e um grupo etila estão eclipsando um ao outro. Das três possibilidades, a conformação de maior energia será aquela em que os dois grupos etila estão eclipsando um ao outro (a segunda conformação).

PRATICANDO
o que você aprendeu

4.20 Em cada caso visto a seguir, identifique as conformações de mais alta e mais baixa energia. Nos casos em que duas ou três conformações são degeneradas, represente apenas uma como a sua resposta.

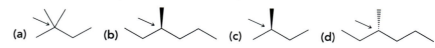

APLICANDO o que você aprendeu

4.21 Compare as três conformações alternadas do etilenoglicol. A conformação *anti* do etilenoglicol não é a conformação de menor energia. As outras duas conformações alternadas têm realmente menos energia do que a conformação *anti*. Sugira uma explicação.

$$HO\text{―}\text{―}OH$$
Etilenoglicol

é necessário **PRATICAR MAIS?** Tente Resolver os Problemas 4.47, 4.59

medicamente falando — Fármacos e Suas Conformações

Lembre-se do Capítulo 2 de que um fármaco vai se ligar a um receptor biológico se o fármaco possuir um arranjo tridimensional específico dos grupos funcionais, chamado de farmacóforo. Por exemplo, o farmacóforo da morfina é mostrado ao lado em vermelho.

A morfina é uma molécula muito rígida, pois ela tem muito poucas ligações que sofrem rotação livre. Como resultado, o farmacóforo está fixo. Em contraste, as moléculas flexíveis são capazes de adotar uma variedade de conformações, e apenas algumas dessas conformações podem se ligar ao receptor. Por exemplo, a metadona tem muitas ligações simples, cada uma das quais sofre rotação livre (veja ao lado).

A metadona é utilizada para o tratamento de viciados em heroína sofrendo de sintomas de abstinência. A metadona se liga ao mesmo receptor que a heroína, e acredita-se que a conformação ativa é aquela em que a posição dos grupos funcionais corresponde ao farmacóforo da heroína (e morfina):

Morfina

Metadona

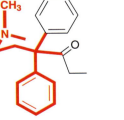

Metadona   **Heroína**

Outras conformações, mais abertas da metadona são provavelmente incapazes de se ligar ao receptor.

Isso explica como é possível que uma droga produza vários efeitos fisiológicos. Em muitos casos, uma conformação se liga a um receptor, enquanto outra conformação se liga a um receptor totalmente diferente. Flexibilidade conformacional é, portanto, um aspecto importante para o estudo de como os fármacos se comportam em nossos corpos.

Como foi mencionado na abertura deste capítulo, a flexibilidade conformacional recebeu recentemente muita atenção na concepção de novas substâncias para o tratamento de infecções virais. Para tratar os sintomas de um vírus, é preciso estudar a estrutura e comportamento desse vírus em particular e, em seguida, conceber fármacos que interferem com as principais etapas do processo de replicação desse vírus.

A maioria das pesquisas antivirais tem sido centrada na criação de fármacos para tratar as infecções virais que são fatais, como o HIV. Muitos fármacos anti-HIV foram desenvolvidos ao longo das últimas décadas. No entanto, esses fármacos não são 100% eficazes porque o HIV pode sofrer mutações genéticas que efetivamente alteram a geometria da cavidade onde se acredita que os fármacos se liguem. A nova cepa do vírus é então resistente aos fármacos, porque os fármacos não podem se ligar com seus receptores-alvo.

Uma nova classe de substâncias, mostrando flexibilidade conformacional, parece fugir do problema da resistência aos fármacos. Um exemplo, chamado rilpivirina, apresenta cinco ligações simples cuja rotação conduz a uma mudança conformacional:

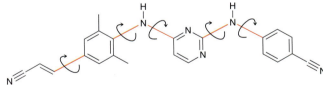

Rilpivirina

As ligações mostradas em vermelho podem sofrer rotação sem um aumento significativo de energia, tornando a substância muito flexível. A flexibilidade da rilpivirina lhe permite ligar-se ao receptor desejado e tolerar alterações na geometria da cavidade resultantes da mutação do vírus. Dessa forma, a rilpivirina faz com que seja mais difícil que o vírus desenvolva resistência a ela.

A rilpivirina foi aprovada pelo FDA (Food and Drug Administration, EUA) em 2011. Substâncias como a rilpivirina mudaram a forma como os cientistas abordam a concepção de fármacos antivirais. Agora está claro que a flexibilidade conformacional desempenha um papel importante na concepção de fármacos eficazes.

4.9 Cicloalcanos

No século XIX, os químicos estavam cientes da existência de muitas substâncias contendo anéis de cinco membros e anéis de seis membros, mas nenhuma substância com anéis menores era conhecida. Muitas tentativas infrutíferas para sintetizar anéis menores ou maiores alimentaram especulações sobre a viabilidade de se criar essas substâncias. Perto do final do século XIX, Adolph von Baeyer propôs uma teoria descrevendo cicloalcanos em termos de **tensão angular**, o aumento de energia associado a um ângulo de ligação que se desviou do ângulo preferencial de 109,5°. A teoria de Baeyer baseou-se nos ângulos encontrados nas formas geométricas (Figura 4.17). Baeyer argumentou que anéis de cinco membros devem conter quase nenhuma tensão angular, enquanto outros anéis seriam tensos (tanto os anéis menores quanto os anéis maiores). Ele também raciocinou que cicloalcanos muito grandes não podem existir, porque a tensão angular associada a tais grandes ângulos de ligação seria proibitiva.

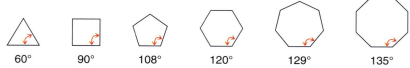

FIGURA 4.17
Ângulos de ligação encontrados nas formas geométricas.

As evidências refutando as conclusões de Baeyer vieram de experimentos termodinâmicos. Lembre-se do início deste capítulo de que calores de combustão podem ser usados para comparar substâncias isoméricas em termos de sua energia total. Não é correto comparar calores de combustão para anéis de tamanhos diferentes, pois os calores de combustão são esperados para aumentar com cada grupo CH_2 adicional. Podemos comparar com mais precisão os anéis de tamanhos diferentes, dividindo o calor de combustão pelo número de grupos CH_2 na substância, obtendo um calor de combustão por grupo CH_2. A Tabela 4.7 mostra calores de combustão por grupo CH_2 para vários tamanhos do anel. As conclusões desses dados são mais facilmente vistas quando representados graficamente (Figura 4.18). Observe que um anel de seis membros é inferior em energia a um anel de cinco membros, em contraste com a teoria de Baeyer. Além disso, o nível de energia relativa não aumenta com o aumento do tamanho do anel, como Baeyer tinha previsto. Um anel de 12 membros é, de fato, muito mais baixo em termos de energia do que um anel de 11 membros.

TABELA 4.7 CALORES DE COMBUSTÃO POR GRUPO CH_2 PARA CICLOALCANOS

CICLOALCANO	NÚMERO DE GRUPOS CH_2	CALOR DE COMBUSTÃO (kJ/MOL)	CALOR DE COMBUSTÃO POR GRUPO CH_2 (kJ/MOL)
Ciclopropano	3	2091	697
Ciclobutano	4	2721	680
Ciclopentano	5	3291	658
Ciclo-hexano	6	3920	653
Ciclo-heptano	7	4599	657
Ciclo-octano	8	5267	658
Ciclononano	9	5933	659
Ciclodecano	10	6587	659
Cicloundecano	11	7273	661
Ciclododecano	12	7845	654

FIGURA 4.18
Calores de combustão por grupo CH_2 para cicloalcanos.

As conclusões de Baeyer não se mantiveram porque elas se baseavam na suposição incorreta de que cicloalcanos são planos, como as formas geométricas mostradas anteriormente. Na realidade, as ligações de um cicloalcano maior podem posicionar-se tridimensionalmente, de modo a atingir uma conformação que minimiza a energia total da substância. Veremos em breve que a tensão angular é apenas um os fatores que contribui para a energia de um cicloalcano. Vamos agora explorar os principais fatores que contribuem para a energia de vários tamanhos de anel, começando com o ciclopropano.

Ciclopropano

A tensão angular no ciclopropano é grande. Parte dessa tensão pode ser atenuada se os orbitais que compõem as ligações sofrerem deformação angular para fora, como na Figura 4.19. Nem toda a tensão angular é removida, no entanto, porque existe um aumento na energia associada à sobreposição ineficiente dos orbitais. Embora um pouco da tensão angular seja reduzida, o ciclopropano ainda tem tensão angular significativa.

Alcanos e Cicloalcanos 165

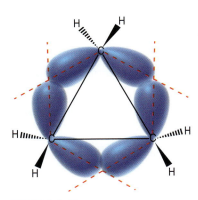

FIGURA 4.19
As ligações C—C do ciclopropano sofrem deformação angular para fora (sobre as linhas vermelhas tracejadas) de modo a aliviar um pouco a tensão angular.

Além disso, o ciclopropano também apresenta tensão torcional significativa, o que pode ser visto melhor em uma projeção de Newman:

Observe que o anel está preso em uma conformação eclipsada, com nenhuma maneira possível de alcançar uma conformação alternada.

Em resumo, o ciclopropano tem dois fatores principais que contribuem para a sua alta energia de deformação: a tensão angular (a partir de ângulos de ligação pequenos) e a tensão torcional (a partir dos H eclipsantes). Esta grande quantidade de tensão faz os anéis de três membros muito reativos e muito suscetíveis a reações de abertura de anel. No Capítulo 14, vamos explorar muitas reações de abertura de anel de uma classe especial de anéis de três membros, chamados epóxidos:

Um epóxido

Ciclobutano

O ciclobutano tem menos tensão angular que o ciclopropano. Entretanto, tem mais tensão torcional, porque há quatro conjuntos de H eclipsando em vez de apenas três. Para aliviar um pouco essa tensão torcional adicional, o ciclobutano pode adotar uma conformação ligeiramente enrugada sem ganhar muita tensão angular:

Ciclopentano

O ciclopentano tem muito menos tensão angular do que o ciclobutano ou o ciclopropano. Ele também pode reduzir muito a sua tensão torcional adotando a seguinte conformação:

Concluindo, o ciclopentano tem muito menos tensão total do que o ciclopropano ou o ciclobutano. No entanto, o ciclopentano apresenta alguma tensão. Isso é diferente do ciclo-hexano, que pode adotar uma conformação que é praticamente livre de tensão. Passaremos o resto do capítulo discutindo conformações do ciclo-hexano.

---

medicamente falando | **Ciclopropano como um Anestésico de Inalação**

Em meados da década de 1840, os cirurgiões começaram a utilizar as propriedades anestésicas do dietil éter e clorofórmio para anestesiar pacientes durante uma cirurgia:

Dietil éter   **Clorofórmio**

Apesar dos riscos conhecidos e efeitos colaterais associados a cada um desses agentes anestésicos, eles foram usados por quase 100 anos, porque ainda não existia uma alternativa adequada disponível. O dietil éter, altamente inflamável, é irritante para o trato respiratório e provoca náuseas e vômitos (o que pode levar a danos pulmonares graves em um paciente inconsciente). Além disso, a volta e a recuperação da anestesia são lentas. O clorofórmio é não inflamável, o que foi muito apreciado pelos anestesistas e cirurgiões, mas causava uma incidência substancial de arritmias cardíacas, às vezes fatais. Ele também provocava

166 CAPÍTULO 4

quedas perigosas na pressão sanguínea e danos no fígado com uma exposição prolongada.

Com o tempo, outros agentes anestésicos foram descobertos. Um exemplo é o ciclopropano, que se tornou comercialmente disponível como um anestésico por inalação em meados da década de 1930:

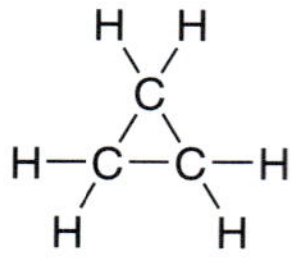

Ele não provoca vômitos, não causa danos ao fígado, propicia uma volta e recuperação rápidas da anestesia, e mantém a pressão saguínea normal. Sua principal desvantagem é a sua instabilidade devido à tensão do anel associada ao anel de três membros. Até mesmo uma centelha estática poderia provocar uma explosão, com consequências desastrosas para o paciente. Anestesistas tomavam medidas meticulosas para evitar explosões, e acidentes eram muito raros, mas o uso de ciclopropano não era para os fracos de coração. Ele foi substituído em grande parte na década de 1960, quando outros anestésicos por inalação foram descobertos. Os anestésicos por inalação mais usados atualmente são discutidos em *Medicamente Falando* na Seção 14.3.

4.10 Conformações do Ciclo-hexano

O ciclo-hexano pode adotar muitas conformações, como veremos em breve. Por agora, vamos explorar duas conformações: a **conformação em cadeira** e a **conformação em barco** (Figura 4.20). Nas duas conformações, os ângulos de ligação são muito próximos de 109,5°, e, portanto, as duas

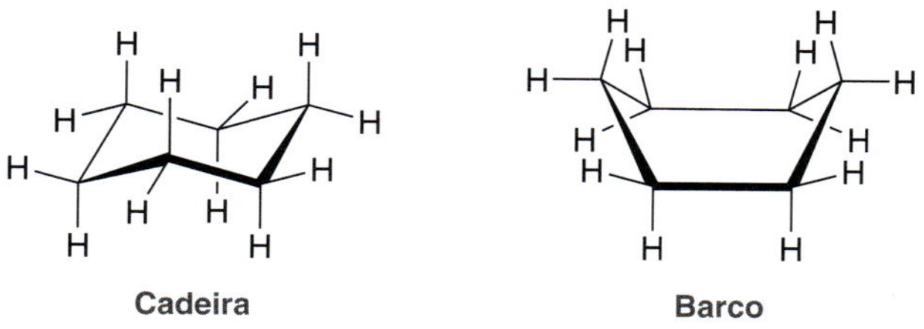

FIGURA 4.20
As conformações em cadeira e em barco do ciclo-hexano.

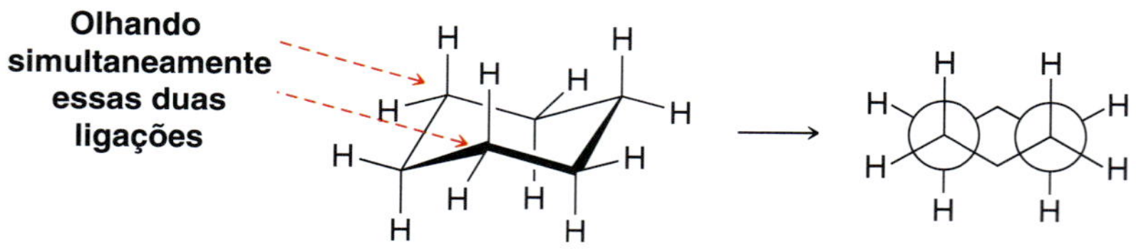

conformações possuem muito pouca tensão angular. A diferença significativa entre elas pode ser vista ao se comparar a tensão torcional. A conformação em cadeira não tem tensão torcional. Isso pode ser visto melhor com uma projeção de Newman (Figura 4.21). Observe que todos os Hs estão alternados. Nenhum é eclipsado. Esse não é o caso de uma conformação em barco, que tem

FIGURA 4.21
Uma projeção de Newman do ciclo-hexano em uma conformação em cadeira.

duas fontes de tensão torcional (Figura 4.22). Muitos dos Hs estão eclipsados (Figura 4.22a), e os Hs de cada lado do anel sofrem interações estéricas chamadas de **interações mastro de bandeira**, como mostrado na Figura 4.22b. A conformação em barco

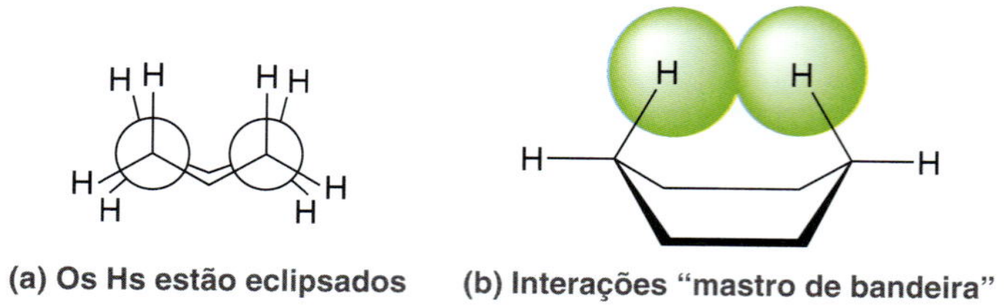

FIGURA 4.22
(a) Uma projeção de Newman do ciclo-hexano em uma conformação em barco. (b) Interações mastro de bandeira na conformação em barco.

(a) Os Hs estão eclipsados   **(b) Interações "mastro de bandeira"**

pode aliviar um pouco essa tensão torcional, torcendo-se (parecido com a maneira com que o ciclobutano franze para aliviar um pouco a sua tensão torcional), dando uma conformação chamada de **barco torcido** (Figura 4.23).

Na verdade, o ciclo-hexano pode adotar muitas conformações diferentes, mas a mais importante é a conformação em cadeira. Existem realmente duas conformações em cadeira diferentes que se interconvertem rapidamente através de um caminho que passa por muitas conformações

FIGURA 4.23
A conformação em barco torcido do ciclo-hexano.

diferentes, incluindo uma conformação meia-cadeira de alta energia, bem como as conformações em barco torcido e em barco. Isto é ilustrado na Figura 4.24, que é um diagrama de energia resumindo os níveis de energia relativa das diferentes conformações do ciclo-hexano.

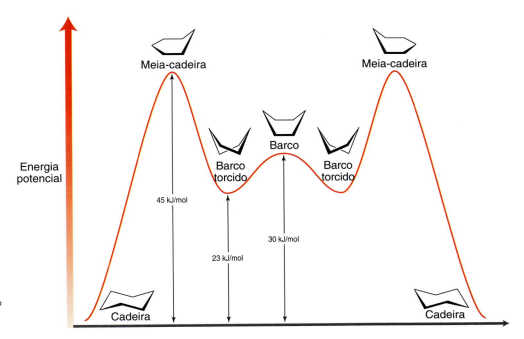

FIGURA 4.24
Um diagrama de energia mostrando a análise conformacional do ciclo-hexano.

As conformações de menor energia são as duas conformações em cadeira, e, portanto, o ciclo-hexano vai passar a maior parte do seu tempo em uma conformação em cadeira. Consequentemente, a parte restante do nosso tratamento do ciclo-hexano será centrada nas conformações em cadeira. Nosso primeiro passo é dominar como representá-las.

4.11 Representação das Conformações em Cadeira

Ao representar uma conformação em cadeira, é importante desenhá-la com precisão. Certifique-se de evitar desenhar conformações em cadeira de qualquer maneira, porque vai ser difícil representar os substituintes corretamente se o esqueleto não estiver representado de forma precisa.

Representação do Esqueleto de uma Conformação em Cadeira

Vamos praticar um pouco a representação de conformações em cadeiras.

DESENVOLVENDO A APRENDIZAGEM

4.9 REPRESENTAÇÃO DE UMA CONFORMAÇÃO EM CADEIRA

APRENDIZAGEM Represente uma conformação em cadeira do ciclo-hexano:

 SOLUÇÃO
O procedimento mostrado a seguir descreve um método passo a passo para representar o esqueleto de uma conformação em cadeira de forma precisa:

168 CAPÍTULO 4

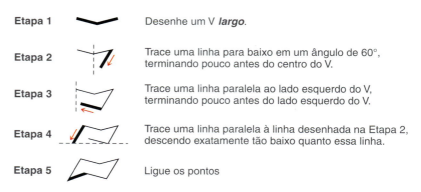

Quando você terminar de representar uma conformação em cadeira, ela deve conter três conjuntos de linhas paralelas. Se a conformação em cadeira não contiver três conjuntos de linhas paralelas, então ela foi representada de forma incorreta.

PRATICANDO
o que você aprendeu

4.22 Pratique representando uma conformação em cadeira várias vezes usando um pedaço de papel em branco. Repita o procedimento até que você possa fazê-lo sem olhar para as instruções anteriores. Para cada uma de suas conformações em cadeira, certifique-se que ela contém três conjuntos de linhas paralelas.

APLICANDO
o que você aprendeu

4.23 Represente uma conformação em cadeira para cada uma das seguintes substâncias:

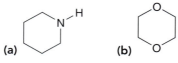

Representação dos Substituintes Axiais e Equatoriais

Cada átomo de carbono em um anel de ciclo-hexano pode ter dois grupos substituintes (Figura 4.25). Um dos grupos é dito ocupar uma **posição axial**, que é paralela a um eixo vertical que passa através do centro do anel. O outro grupo é dito ocupar uma **posição equatorial**, que é posicionada aproximadamente ao longo do equador do anel (Figura 4.25). A fim de representar um ciclo-hexano substituído, devemos primeiro praticar a representação de todas as posições axiais e equatoriais corretamente.

FIGURA 4.25
Posições axiais e equatoriais em uma conformação em cadeira.

DESENVOLVENDO A APRENDIZAGEM

4.10 REPRESENTAÇÃO DAS POSIÇÕES AXIAIS E EQUATORIAIS

APRENDIZAGEM Represente todas as posições axiais e equatoriais de uma conformação em cadeira do ciclo-hexano.

SOLUÇÃO

Vamos começar com as posições axiais, pois são mais fáceis de representar. Começamos pelo lado direito do V e desenhamos uma linha vertical apontando para cima. A seguir, damos a volta ao redor do anel, desenhando linhas verticais, alternando o sentido (para cima, para baixo, para cima etc.):

ETAPA 1
Representação de todas as posições axiais como linhas verticais com sentidos alternados.

Estas são as seis posições axiais. Todas as seis linhas são verticais.

Alcanos e Cicloalcanos 169

Agora vamos representar as seis posições equatoriais. As posições equatoriais são mais difíceis de representar de forma correta, mas erros podem ser evitados do seguinte modo. Vimos anteriormente que um esqueleto de uma conformação em cadeira representado corretamente é constituído por três pares de linhas paralelas:

Agora vamos usar esses pares de linhas paralelas para desenhar as posições equatoriais. Entre cada par de linhas vermelhas na figura anterior, desenhe dois grupos equatoriais que são paralelos (mas que não tocam diretamente) às linhas vermelhas:

ETAPA 2
Representação de todas as posições equatoriais como pares de linhas paralelas.

Observe que todas as posições equatoriais são desenhadas indo para o lado de fora, ou para longe, do anel, não entrando no anel. Agora vamos resumir representando todas as seis posições axiais e todas as seis posições equatoriais:

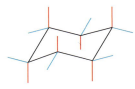

PRATICANDO
o que você aprendeu

4.24 Pratique representando uma conformação em cadeira com todas as seis posições axiais. Repita até que você possa representar todas as seis posições, sem olhar para as instruções anteriores.

4.25 Pratique representando uma conformação em cadeira com todas as seis posições equatoriais. Repita até que você possa representar todas as seis posições, sem olhar para as instruções anteriores.

4.26 Pratique representando uma conformação em cadeira com todas as 12 posições (6 axiais e 6 equatoriais). Pratique várias vezes em um pedaço de papel em branco. Repita até que você possa representar todas as 12 posições sem olhar para as instruções anteriores.

APLICANDO
o que você aprendeu

4.27 Na substância vista a seguir, identifique o número de átomos de hidrogênio que ocupam posições axiais, bem como o número de átomos de hidrogênio que ocupam posições equatoriais:

┄┄┄> é necessário **PRATICAR MAIS?** Tente Resolver o Problema 4.62

4.12 Ciclo-hexano Monossubstituído

Representação de Duas Conformações em Cadeira

Considere um anel que contém apenas um substituinte. Podem ser representadas duas possíveis conformações em cadeira: O substituinte pode estar em uma posição axial ou em uma posição equatorial. Essas duas possibilidades representam duas conformações diferentes que estão em equilíbrio uma com a outra:

O termo "inversão do anel" é utilizado para descrever a transformação de uma conformação em cadeira na outra conformação. Esse processo não é realizado simplesmente invertendo a molécula como uma panqueca. Em vez disso, uma **inversão de anel** é uma mudança conformacional que é realizada apenas por meio de uma rotação de todas as ligações simples C—C. Isso pode ser visto com uma projeção de Newman (Figura 4.26). Vamos praticar um pouco representações de inversões de anel.

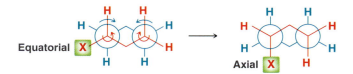

FIGURA 4.26
Uma inversão de anel representada com projeções de Newman.

DESENVOLVENDO A APRENDIZAGEM

4.11 REPRESENTAÇÃO DE DUAS CONFORMAÇÕES EM CADEIRA DE UM CICLO-HEXANO MONOSSUBSTITUÍDO

APRENDIZAGEM Represente duas conformações em cadeira do bromociclo-hexano:

SOLUÇÃO

ETAPA 1
Representação de uma conformação em cadeira.

Começamos representando a primeira conformação em cadeira. Em seguida, colocamos o bromo em qualquer posição:

ETAPA 2
Colocação do substituinte.

Nessa conformação em cadeira, o bromo ocupa uma posição axial. A fim de representar a outra conformação em cadeira (o resultado de uma inversão de anel), representamos novamente o esqueleto da cadeira. Só que dessa vez, vamos representar o esqueleto de forma diferente. A primeira cadeira foi representada seguindo estas etapas:

Etapa 1   Etapa 2   Etapa 3   Etapa 4   Etapa 5

A segunda cadeira tem que ser representada agora *fazendo-se o espelho* dessas etapas:

Etapa 1   Etapa 2   Etapa 3   Etapa 4   Etapa 5

Na segunda cadeira, o bromo ocupará uma posição equatorial:

ETAPA 3
Representação de uma inversão de anel, o grupo axial deve se tornar equatorial.

PRATICANDO o que você aprendeu

4.28 Represente duas conformações em cadeira para cada uma das seguintes substâncias:

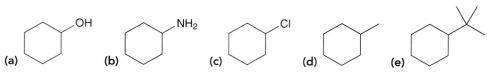

(a)   (b)   (c)   (d)   (e)

Alcanos e Cicloalcanos   171

APLICANDO
o que você aprendeu

4.29 Considere a seguinte conformação em cadeira do bromociclo-hexano:

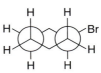

(a) Identifique se o átomo de bromo ocupa uma posição axial ou uma posição equatorial na conformação anterior.

(b) Desenhe uma estrutura em bastão representando esta conformação em cadeira (sem projeções de Newman).

(c) Desenhe uma estrutura em bastão representando a outra conformação em cadeira (após uma inversão de anel).

é necessário **PRATICAR MAIS?** Tente Resolver o Problema 4.54a

Comparação da Estabilidade de Duas Conformações em Cadeira

Quando duas conformações em cadeira estão em equilíbrio, a conformação de menor energia será favorecida. Por exemplo, considere as duas conformações em cadeira do metilciclo-hexano:

À temperatura ambiente, 95% das moléculas estarão na conformação em cadeira que tem o grupo metila na posição equatorial. Esta tem de ser, portanto, a conformação de menor energia, mas por quê? Quando o substituinte está na posição axial, existem interações estéricas com os outros Hs axiais no mesmo lado do anel (Figura 4.27).

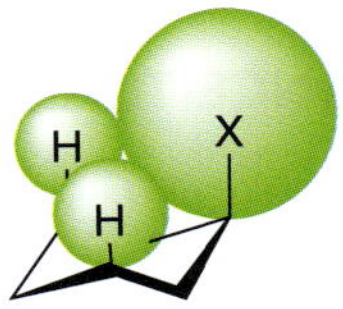

FIGURA 4.27
Interações estéricas que ocorrem quando um substituinte ocupa uma posição axial.

A nuvem eletrônica do substituinte está tentando ocupar a mesma região do espaço que os Hs que estão destacados, provocando as interações estéricas. Essas interações são chamadas de **interações 1,3-diaxiais**, em que os números "1,3" descrevem a distância entre o substituinte e cada um dos Hs. Quando a conformação em cadeira é representada em uma projeção de Newman, torna-se claro que a maioria das interações 1,3-diaxiais nada mais é do que interação *gauche*. Comparamos a interação *gauche* no butano com uma das interações 1,3-diaxiais no metilciclo-hexano (Figura 4.28).

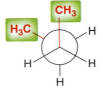 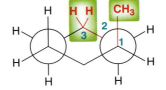

Interação *gauche*   Interação 1,3-diaxial

FIGURA 4.28
Uma ilustração mostrando que as interações 1,3-diaxiais são realmente somente interações *gauche*.

A presença de interações 1,3-diaxiais faz com que a conformação em cadeira tenha maior energia quando o substituinte está na posição axial. Em contraste, quando o substituinte está em uma posição equatorial, estas interações 1,3-diaxiais (*gauche*) estão ausentes (Figura 4.29).

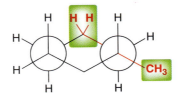

FIGURA 4.29
Quando um substituinte está em uma posição equatorial, ele não tem interações *gauche*.

Por essa razão, o equilíbrio entre as duas conformações em cadeira geralmente favorece a conformação com o substituinte equatorial. As concentrações de equilíbrio exatas das duas conformações em cadeira vão depender do tamanho do substituinte. Grupos maiores têm interações estéricas maiores, e o equilíbrio favorece mais o substituinte equatorial. Por exemplo, o equilíbrio do *terc*-butilciclo-hexano favorece quase completamente a conformação em cadeira com um grupo *terc*-butila equatorial:

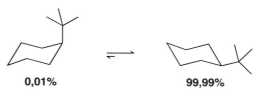

0,01%   99,99%

A Tabela 4.8 mostra as interações estéricas associadas a vários grupos, bem como as concentrações de equilíbrio que são obtidas.

TABELA 4.8 INTERAÇÕES 1,3-DIAXIAIS PARA VÁRIOS SUBSTITUINTES COMUNS

SUBSTITUINTE	INTERAÇÕES 1,3-DIAXIAIS (kJ/MOL)	RAZÃO EQUATORIAL-AXIAL (EM EQUILÍBRIO)
—Cl	2,0	70 : 30
—CH	4,2	83 : 17
—CH$_3$	7,6	95 : 5
—CH$_2$CH$_3$	8,0	96 : 4
—CH(CH$_3$)$_2$	9,2	97 : 3
—C(CH$_3$)$_3$	22,8	9999 : 1

VERIFICAÇÃO CONCEITUAL

4.30 A conformação mais estável do 5-hidroxi-1,3-dioxano tem o grupo OH em uma posição axial em vez de uma posição equatorial. Forneça uma explicação para essa observação.

4.13 Ciclo-hexano Dissubstituído

Representação de Duas Conformações em Cadeira

Quando representamos as conformações em cadeira de uma substância que tem dois ou mais substituintes, há uma consideração adicional. Especificamente, temos também que considerar a orientação tridimensional, ou a *configuração*, de cada substituinte. Para ilustrar esse ponto, consideramos a seguinte substância:

Observe que o átomo de cloro está sobre uma cunha cheia, o que significa que ele está acima do plano da página: ele está EM CIMA. O grupo metila está sobre uma cunha tracejada, o que significa que ele está abaixo do anel, ou EMBAIXO. As duas conformações em cadeira para esta substância são as seguintes:

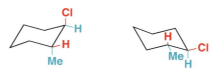

Alcanos e Cicloalcanos 173

Observamos que o átomo de cloro está acima do anel (EM CIMA) nas duas conformações em cadeira, e o grupo metila está abaixo do anel (EMBAIXO) nas duas conformações em cadeira. A configuração (ou seja, EM CIMA ou EMBAIXO) não se altera durante uma inversão do anel. É verdade que o cloro é axial em uma conformação e equatorial na outra conformação, mas uma inversão do anel muda a configuração. O átomo de cloro tem de estar EM CIMA nas duas conformações em cadeira. Do mesmo modo, o grupo metila tem de estar EMBAIXO nas duas conformações em cadeira. Vamos praticar um pouco utilizando esses novos descritores (EM CIMA e EMBAIXO) ao representar conformações em cadeira.

DESENVOLVENDO A APRENDIZAGEM

4.12 REPRESENTAÇÃO DAS DUAS CONFORMAÇÕES EM CADEIRA DE CICLO-HEXANOS DISSUBSTITUÍDOS

APRENDIZAGEM Represente as duas conformações em cadeira da seguinte substância:

 SOLUÇÃO
Começamos numerando o anel e identificando a localização e orientação tridimensional de cada substituinte:

ETAPA 1
Determinação da localização e da configuração de cada substituinte.

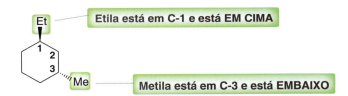

Esse sistema de numeração não precisa estar de acordo com as regras da IUPAC. Não importa onde os números são colocados, esses números são apenas ferramentas utilizadas para comparar posições na representação original e na conformação em cadeira para garantir que todos os substituintes estão posicionados corretamente. Os números podem ser colocados no sentido horário ou anti-horário, mas eles têm de ser consistentes. Se os números são colocados no sentido horário na substância, então, eles também têm de ser colocados no sentido horário quando representamos a cadeira:

Uma vez que os números foram atribuídos, colocamos os substituintes nos locais corretos e com a configuração correta. O grupo etila está em C-1 e tem de estar EM CIMA, enquanto o grupo metila está em C-3, e tem de estar EMBAIXO:

ETAPA 2
Colocação dos substituintes na primeira cadeira utilizando a informação da etapa 1.

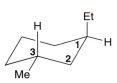

Observamos que não é possível representar os substituintes corretamente sem ser capaz de representar todas as 12 posições no anel do ciclo-hexano. Se você não se sentir confortável representando todas as 12 posições, seria um bom investimento de tempo voltar àquela seção do capítulo e praticar. O desenho anterior representa a primeira conformação em cadeira. A fim de representar a segunda conformação em cadeira, começamos desenhando o outro esqueleto e numerando-o:

ETAPA 3
Colocação dos substituintes na segunda cadeira utilizando a informação da etapa 1.

Em seguida, uma vez mais, colocamos os substituintes de modo que o acetato está em C-1 e está EM CIMA, enquanto o metila está em C-3 e está EMBAIXO:

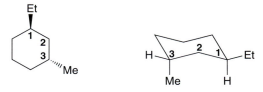

Portanto, as duas conformações em cadeira desta substância são as seguintes:

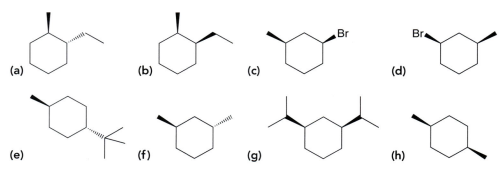

PRATICANDO o que você aprendeu

4.31 Represente as duas conformações para cada uma das seguintes substâncias:

(a) (b) (c) (d)

(e) (f) (g) (h)

APLICANDO o que você aprendeu

4.32 O lindano (hexaclorociclo-hexano) é um inseticida agrícola, que também pode ser utilizado no tratamento de piolhos da cabeça. Represente as duas conformações em cadeira do lindano.

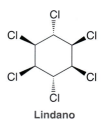

Lindano

é necessário **PRATICAR MAIS?** Tente Resolver os Problemas 4.54b–d, 4.66g

Comparação da Estabilidade de Duas Conformações em Cadeira

Vamos comparar mais uma vez a estabilidade das conformações em cadeira, dessa vez para substâncias que têm mais de um substituinte. Consideramos o seguinte exemplo:

As duas conformações em cadeira desta substância são as seguintes:

Na primeira conformação, ambos os grupos são equatoriais. Na segunda conformação, ambos os grupos são axiais. Na seção anterior, vimos que conformações em cadeira têm menor energia quando os substituintes estão em posições equatoriais (evitando interações 1,3-diaxiais). Portanto, a primeira cadeira será, certamente, mais estável.

Em alguns casos, dois grupos podem estar competindo um com o outro. Por exemplo, consideramos a seguinte substância:

As duas conformações em cadeira dessa substância são as seguintes:

Nesse exemplo, nenhuma conformação tem dois substituintes equatoriais. Na primeira conformação, o cloro é equatorial, mas o grupo etila é axial. Na segunda conformação, o grupo etila é equatorial, mas o cloro é axial. Em uma situação como essa, temos de decidir qual o grupo que apresenta uma maior preferência para ser equatorial: o átomo de cloro ou o grupo etila. Para fazer isso, utilizamos os dados da Tabela 4.8:

Etila axial = 8 kJ/mol   Cloro axial = 2 kJ/mol

As duas conformações exibem interações 1,3-diaxiais, mas essas interações são menos intensas na segunda conformação. O aumento de energia por ter um átomo de cloro na posição axial é menor do que o aumento de energia por ter um grupo etila na posição axial. Portanto, a energia da segunda conformação é menor. Vamos praticar um pouco a respeito desse assunto.

DESENVOLVENDO A APRENDIZAGEM

4.13 REPRESENTAÇÃO DA CONFORMAÇÃO EM CADEIRA MAIS ESTÁVEL DE CICLO-HEXANOS POLISSUBSTITUÍDOS

APRENDIZAGEM Represente a conformação em cadeira mais estável da seguinte substância:

SOLUÇÃO

Começamos representando as duas conformações em cadeira usando o método da seção anterior. Numeramos o anel e, para qualquer substituinte, identificamos a sua localização e configuração:

ETAPA 1
Determinação da localização e da configuração de cada substituinte.

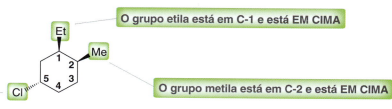

- O grupo etila está em C-1 e está EM CIMA
- O grupo metila está em C-2 e está EM CIMA
- Cloro está em C-5 e está EMBAIXO

Agora, desenhamos o esqueleto da primeira conformação em cadeira, colocando os substituintes nos locais corretos e com a configuração correta:

Em seguida, desenhamos o esqueleto da segunda conformação em cadeira, numeramos essa conformação e, mais uma vez, colocamos os substituintes nos locais corretos e com a configuração correta:

ETAPA 2
Representação das duas conformações em cadeira.

Portanto, as duas conformações em cadeira dessa substância são as seguintes:

ETAPA 3
Avaliação do aumento de energia de cada grupo axial.

Agora podemos comparar a energia relativa destas duas conformações em cadeira. Na primeira conformação, há um grupo etila em uma posição axial. De acordo com a Tabela 4.8, o aumento de energia associado a um grupo etila axial é de 8,0 kJ/mol. Na segunda conformação, dois grupos estão em posições axiais: um grupo metila e um átomo de cloro. De acordo com a Tabela 4.8, o aumento total de energia é de 7,6 kJ/mol + 2,0 kJ/mol = 9,6 kJ/mol. De acordo com este cálculo, o aumento de energia é menor para a primeira conformação (com um grupo etila axial). A primeira conformação tem, portanto, menos energia (é mais estável).

PRATICANDO
o que você aprendeu

4.33 Represente a conformação de menor energia para cada uma das seguintes substâncias:

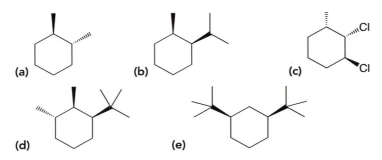

APLICANDO
o que você aprendeu

4.34 No Problema 4.32 representamos as duas conformações em cadeira do lindano. Verifique cuidadosamente as duas conformações e preveja a diferença de energia entre elas, se houver.

4.35 A substância A existe predominantemente em uma conformação em cadeira, enquanto a substância B existe predominantemente em uma conformação em barco torcido. Explique.

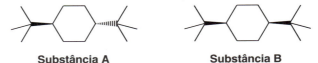

é necessário **PRATICAR MAIS?** Tente Resolver os Problemas 4.53, 4.55, 4.57, 4.61, 4.68

4.14 Estereoisomerismo *cis-trans*

Ao trabalhar com cicloalcanos, os termos *cis* e *trans* são usados para indicar a relação espacial relativa de substituintes semelhantes:

O termo *cis* é usado para indicar que os dois grupos estão no mesmo lado do anel, enquanto o termo *trans* significa que os dois grupos estão em lados opostos do anel. As representações na figura anterior são *projeções de Haworth* (como foi visto na Seção 2.6) e são usadas para identificar claramente quais os grupos que estão acima do anel, e quais os grupos se encontram abaixo do anel. Esses desenhos são representações planas e não representam conformações. Cada substância vista na figura anterior é representada de forma mais adequada como um equilíbrio entre duas conformações em cadeira (Figura 4.30). O *cis*-1,2-dimetilciclo-hexano e o *trans*-1,2-dimetilciclo-hexano são **estereoisômeros** (como veremos no próximo capítulo). Eles são substâncias diferentes com propriedades físicas diferentes, e que não podem ser interconvertidos por meio de uma mudança conformacional. O *trans*-1,2-dimetilciclo-hexano é mais estável, uma vez que pode adotar uma conformação em cadeira em que ambos os grupos metila estão em posições equatoriais.

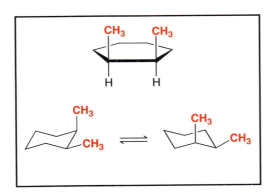
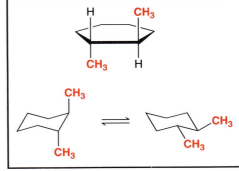

FIGURA 4.30
Cada estereoisômero do 1,2-dimetilciclo-hexano tem duas conformações em cadeira.

VERIFICAÇÃO CONCEITUAL

4.36 Desenhe projeções de Haworth para o *cis*-1,3-dimetilciclo-hexano e o *trans*-1,3-dimetilciclo-hexano. A seguir, represente, para cada substância, as duas conformações em cadeira. Use essas conformações para determinar se o isômero *cis* ou o isômero *trans* é mais estável.

4.37 Desenhe projeções de Haworth para o *cis*-1,4-dimetilciclo-hexano e o *trans*-1,4-dimetilciclo-hexano. A seguir, represente, para cada substância, as duas conformações em cadeira. Use essas conformações para determinar se o isômero *cis* ou o isômero *trans* é mais estável.

4.38 Desenhe projeções de Haworth para o *cis*-1,3-di-*terc*-butilciclo-hexano e o *trans*-1,3-di-*terc*-butilciclo-hexano. Uma dessas substâncias existe em uma conformação em cadeira, enquanto a outra existe, principalmente, em uma conformação em barco torcido. Dê uma explicação.

4.15 Sistemas Policíclicos

A decalina é um sistema bicíclico constituído por dois anéis fundidos de seis membros. As estruturas da *cis*-decalina e da *trans*-decalina são vistas a seguir:

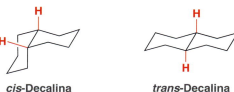

cis-Decalina *trans*-Decalina

A relação entre essas substâncias é de estereoisômeros (como na seção anterior). Essas duas substâncias não são interconversíveis por inversão de anel. Elas são duas substâncias diferentes com propriedades físicas diferentes. Muitas substâncias que ocorrem naturalmente, tais como esteroides, incorporam sistemas de decalina em suas estruturas. Esteroides são uma classe de substâncias constituídas de quatro anéis fundidos (três anéis de seis membros e um anel de cinco membros). A seguir podem ser vistos dois exemplos de esteroides:

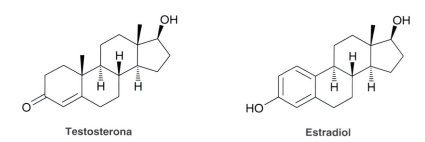

Testosterona **Estradiol**

A testosterona é um hormônio androgênico (hormônio sexual masculino), produzido nos testículos, e o estradiol é um hormônio estrogênico (hormônio sexual feminino) produzido a partir de testosterona nos ovários. Ambas as substâncias desempenham uma série de funções biológicas, que vão desde o desenvolvimento de características sexuais secundárias até o crescimento de tecidos e de músculos.

Outro sistema policíclico comum é o **norbornano**. Norbornano é o nome comum para o biciclo[2.2.1]heptano. Podemos pensar nesta substância como um anel de seis membros presos em uma conformação em barco por um grupo CH_2, que serve como uma ponte. Muitas substâncias que ocorrem naturalmente são norbornanos substituídos, tais como a cânfora e o canfeno:

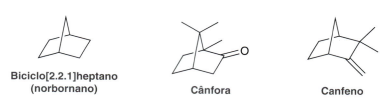

Biciclo[2.2.1]heptano (norbornano) **Cânfora** **Canfeno**

A cânfora é um sólido muito perfumado que é isolado a partir de várias árvores de cânfora na Ásia. Ela é usada como um tempero, bem como para fins medicinais. O canfeno é um constituinte menor em muitos óleos naturais, tais como óleo de pinho e óleo de gengibre. Ele é utilizado na preparação de perfumes.

Sistemas policíclicos baseados em anéis de seis membros são também encontrados em materiais não biológicos. Mais notavelmente, a estrutura do diamante é baseada em anéis fundidos de seis membros presos em conformações em cadeira. O desenho na Figura 4.31 representa uma parte da estrutura do diamante. Cada átomo de carbono está ligado a outros quatro átomos de carbono que formam uma rede tridimensional de conformações em cadeira. Dessa forma, um diamante é uma molécula grande. Os diamantes são uma das substâncias mais duras conhecidas, porque o corte de um diamante requer a quebra de bilhões de ligações simples C—C.

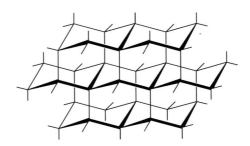

FIGURA 4.31
A estrutura do diamante.

REVISÃO DE CONCEITOS E VOCABULÁRIO

SEÇÃO 4.1
- Hidrocarbonetos que não têm ligações π são chamados de **hidrocarbonetos saturados** ou **alcanos**.
- O sistema de regras para a atribuição de nomes para as substâncias é chamado de **nomenclatura**.

SEÇÃO 4.2
- Embora as regras da **IUPAC** forneçam uma maneira sistemática para dar o nome das substâncias, muitos nomes comuns ainda estão em uso. A atribuição de um **nome sistemático** envolve quatro etapas distintas:
  1. Identificação da cadeia principal. Alcanos contendo um anel são chamados de **cicloalcanos**.
  2. Nomear os **substituintes**, que podem ser tanto **grupos alquila** simples quanto grupos alquila ramificados, chamados de substituintes complexos. Muitos nomes comuns para substituintes complexos são permitidos de acordo com as regras IUPAC.
  3. Numerar os átomos de carbono da cadeia principal e atribuir um **localizador** para cada substituinte.
  4. Distribuir os substituintes em ordem alfabética, colocando localizadores na frente de cada substituinte. Para substituintes idênticos, usar di, tri, tetra, penta ou hexa, que são ignorados na ordem alfabética.
- As substâncias **bicíclicas** são nomeadas como os alcanos e cicloalcanos, com apenas duas pequenas diferenças:
  1. O termo "biciclo" é usado e os números entre parênteses indicam como os **cabeças de ponte** estão conectados.
  2. Para numerar a cadeia principal, percorremos primeiro o caminho mais longo que liga as cabeças de ponte.

SEÇÃO 4.3
- O número de possíveis isômeros constitucionais para um alcano aumenta com o aumento do tamanho molecular.

- Ao representar isômeros constitucionais, usamos as regras da IUPAC para evitar representar a mesma substância duas vezes.

SEÇÃO 4.4
- Para um alcano, o **calor de combustão** é o negativo da **variação de entalpia** ($-\Delta H°$) associada à combustão completa de 1 mol do alcano na presença de oxigênio.
- Calores de combustão podem ser medidos experimentalmente e usados para comparar a estabilidade de alcanos isoméricos.

SEÇÃO 4.5
- O petróleo é uma mistura complexa de hidrocarbonetos, a maioria dos quais são alcanos (variando em tamanho e constituição).
- Essas substâncias são separadas em frações através de destilação (separação baseada nas diferenças de ponto de ebulição). A refinação de petróleo bruto separa-o em muitos produtos comerciais.
- O rendimento da produção de gasolina pode ser melhorado de duas maneiras:
  1. Craqueamento é um processo pelo qual ligações C—C de alcanos maiores são quebradas, produzindo alcanos menores adequados para a gasolina.
  2. Reforma é um processo em que os alcanos de cadeia linear são convertidos em hidrocarbonetos ramificados e substâncias aromáticas, que apresentam menos *batimento de pino* durante a combustão.

SEÇÃO 4.6
- A rotação em torno de ligações simples C—C permite que uma substância adote várias **conformações**.
- **Projeções de Newman** são utilizadas frequentemente para representar as várias conformações de uma substância.

SEÇÃO 4.7
- Em uma projeção de Newman, o **ângulo de diedro**, ou o **ângulo de torção**, descreve as posições relativas de um grupo no carbono detrás e um grupo no carbono da frente.
- **Conformações alternadas** têm menores energias, enquanto **conformações eclipsadas** têm energias mais elevadas.
- No caso do etano, todas as conformações alternadas são **degeneradas** (mesma energia), e todas as conformações eclipsadas são degeneradas.
- A diferença de energia entre as conformações alternada e eclipsada do etano é chamada de **tensão torcional**. A tensão torcional para o propano é maior do que a do etano.

SEÇÃO 4.8
- Para o butano, uma das conformações eclipsada tem mais energia do que as outras duas.
- Uma conformação alternada (a **conformação** *anti*) tem menos energia do que as outras duas conformações alternadas, porque elas possuem **interações** *gauche*.

SEÇÃO 4.9
- Existe uma **tensão angular** nos cicloalcanos quando ângulos de ligação são menores do que o ângulo preferencial de 109,5°.
- A tensão angular e a tensão torcional são componentes da energia total de um cicloalcano, que pode ser avaliada através da medição de calores de combustão por grupo CH_2.

SEÇÃO 4.10
- A **conformação em cadeira** do ciclo-hexano não tem tensão torcional e muito pouca tensão angular.
- A **conformação em barco** do ciclo-hexano tem tensão torcional significativa (dos Hs eclipsando, bem como das **interações mastro de bandeira**). A conformação em barco pode aliviar um pouco sua tensão torcional, torcendo-se, dando uma conformação chamada de **barco torcido**.
- O ciclo-hexano é encontrado em uma conformação em cadeira a maior parte do tempo.

SEÇÃO 4.11
- Cada átomo de carbono em um anel de ciclo-hexano pode suportar dois substituintes.

- Um substituinte é dito ocupar uma **posição axial**, enquanto o outro substituinte é dito ocupar uma **posição equatorial**.

SEÇÃO 4.12
- Quando um anel tem um substituinte, o substituinte poderá ocupar uma posição axial ou uma posição equatorial. Essas duas possibilidades representam duas conformações diferentes que estão em equilíbrio uma com a outra.
- O termo **inversão de anel** é usado para descrever a conversão de uma conformação em cadeira em outra.
- O equilíbrio vai favorecer a conformação em cadeira com o substituinte na posição equatorial porque um substituinte axial tem **interações 1,3-diaxiais**.

SEÇÃO 4.13
- Para representar as duas conformações em cadeira do ciclo-hexano dissubstituído, cada substituinte tem de ser identificado como estando EM CIMA ou EMBAIXO. A orientação tridimensional dos substituintes (EM CIMA ou EMBAIXO) não se altera durante uma inversão de anel.
- Após representar as duas conformações em cadeira, os níveis de energia relativa podem ser determinados através da comparação do aumento de energia associado a todos os grupos axiais.

SEÇÃO 4.14
- Os termos *cis* e *trans* indicam a relação espacial relativa de substituintes similares, como pode ser visto claramente nas projeções de Haworth.
- O *cis*-1,2-dimetilciclo-hexano e o *trans*-1,2-dimetilciclo-hexano são **estereoisômeros**. Eles são substâncias diferentes com propriedades físicas diferentes, que não podem ser interconvertidos por meio de uma mudança conformacional.

SEÇÃO 4.15
- A relação entre *cis*-decalina e *trans*-decalina é estereoisomérica. Essas duas substâncias não são interconvertíveis por inversão de anel.
- **Norbornano** é o nome comum para o biciclo[2.2.1]heptano e é um sistema bicíclico frequentemente encontrado.
- Sistemas policíclicos baseados em anéis de seis membros são também encontrados na estrutura de diamantes.

REVISÃO DA APRENDIZAGEM

4.1 IDENTIFICAÇÃO DA CADEIA PRINCIPAL

ETAPA 1 Escolha da cadeia mais longa.

ETAPA 2 No caso em que duas cadeias competem, escolhe-se a cadeia com mais substituintes.

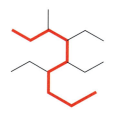

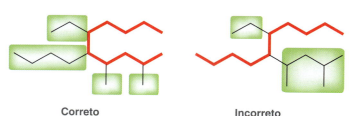

Correto — Incorreto

Tente Resolver os Problemas 4.1–4.4, 4.39

Alcanos e Cicloalcanos 181

4.2 IDENTIFICAÇÃO E NOMEAÇÃO DOS SUBSTITUINTES

ETAPA 1 Identificação da cadeia principal.

ETAPA 2 Identificação de todos os substituintes alquila ligados à cadeia principal.

ETAPA 3 Nomeação de cada substituinte utilizando os nomes da Tabela 4.2.

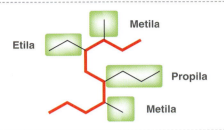

Tente Resolver os Problemas **4.2, 4.3, 4.40a, 4.40c**

4.3 IDENTIFICAÇÃO E NOMEAÇÃO DE SUBSTITUINTES COMPLEXOS

ETAPA 1 Identificação da cadeia principal.

ETAPA 2 Colocação de números nos substituintes complexos, indo na direção para longe da cadeia principal.

ETAPA 3 Tratar o grupo inteiro como um substituinte em um substituinte.

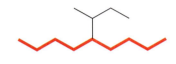 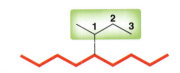 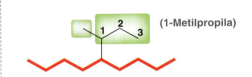

Tente Resolver os Problemas **4.7–4.9, 4.40b, 4.40d**

4.4 CONSTRUÇÃO SISTEMÁTICA DO NOME DE UM ALCANO

ETAPA 1 Identificação da cadeia principal.

ETAPA 2 Identificação e nomeação dos substituintes.

ETAPA 3 Numeração da cadeia principal e atribuição de um localizador para cada substituinte.

ETAPA 4 Distribuição dos substituintes alfabeticamente.

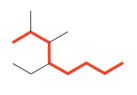   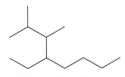

4-Etil-2,3-dimetiloctano

Tente Resolver os Problemas **4.10, 4.11, 4.41a, 4.41b, 4.45a, 4.45b**

4.5 CONSTRUÇÃO DO NOME DE UMA SUBSTÂNCIA BICÍCLICA

ETAPA 1 Identificação da cadeia principal bicíclica e a seguir indicação de como as cabeças de ponte estão conectadas.

ETAPA 2 Identificação e nomeação dos substituintes.

ETAPA 3 Numeração da cadeia principal (partindo da ponte mais longa) e atribuição de um localizador para cada substituinte.

ETAPA 4 Distribuição dos substituintes alfabeticamente.

 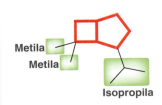 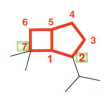 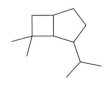

Biciclo[3.2.0]heptano

2-Isopropil-7,7-dimetil-biciclo[3.2.0]heptano

Tente Resolver os Problemas **4.12, 4.13, 4.41c, 4.41d, 4.45c**

4.6 IDENTIFICAÇÃO DE ISÔMEROS CONSTITUCIONAIS

Isômeros constitucionais têm nomes diferentes. Se duas substâncias possuem o mesmo nome, então elas são a mesma substância.

3,4-Dietil-2,7-dimetilnonano   3,4-Dietil-2,7-dimetilnonano

Tente Resolver os Problemas 4.14, 4.15, 4.42, 4.66b,d,k,l

4.7 REPRESENTAÇÕES DE NEWMAN

ETAPA 1 Identificação dos três grupos ligados ao átomo de carbono da frente.

ETAPA 2 Identificação dos três grupos ligados ao átomo de carbono detrás.

ETAPA 3 Construção da projeção de Newman a partir das duas partes obtidas nas etapas anteriores.

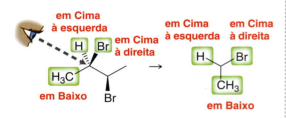

Tente Resolver os Problemas 4.16–4.18, 4.56

4.8 IDENTIFICAÇÃO DAS ENERGIAS RELATIVAS DAS CONFORMAÇÕES

ETAPA 1 Representação de uma projeção de Newman.

ETAPA 2 Representação de todas as conformações alternadas e determinação de qual delas tem o menor número ou as interações *gauche* mais fracas.

ETAPA 3 Representação de todas as conformações eclipsadas e determinação de qual delas tem as interações de maior energia.

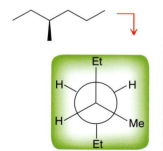
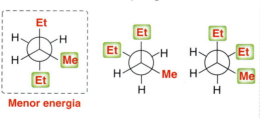
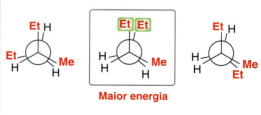

Tente Resolver os Problemas 4.20, 4.21, 4.47, 4.59

4.9 REPRESENTAÇÃO DE UMA CONFORMAÇÃO EM CADEIRA

ETAPA 1 Desenho de um grande V.

ETAPA 2 Desenho de uma linha descendo em um ângulo de 60°, terminando pouco antes do centro do V.

ETAPA 3 Desenho de uma linha paralela ao lado esquerdo do V, terminando pouco antes do lado esquerdo do V.

ETAPA 4 Desenho de uma linha paralela à linha da etapa 2, descendo exatamente tão baixo quanto essa linha.

ETAPA 5 Ligação dos pontos.

Tente Resolver os Problemas 4.22, 4.23

Alcanos e Cicloalcanos 183

4.10 REPRESENTAÇÃO DAS POSIÇÕES AXIAIS E EQUATORIAIS

ETAPA 1 Representação de todas as posições axiais como linhas paralelas, alternando as direções.

ETAPA 2 Representação de todas as posições equatoriais como pares de linhas paralelas.

RESUMO Todos os substituintes são representados da seguinte maneira:

Tente Resolver os Problemas 4.24–4.27, 4.62

4.11 REPRESENTAÇÃO DE DUAS CONFORMAÇÕES EM CADEIRA DE UM CICLO-HEXANO MONOSSUBSTITUÍDO

ETAPA 1 Representação de uma conformação em cadeira.

ETAPA 2 Colocação do substituinte em uma posição axial.

Axial

ETAPA 3 Representação da inversão do anel e do grupo axial tornando-se equatorial.

Axial   Equatorial

Tente Resolver os Problemas 4.28, 4.29, 4.54a

4.12 REPRESENTAÇÃO DAS DUAS CONFORMAÇÕES EM CADEIRA DE CICLO-HEXANOS DISSUBSTITUÍDOS

ETAPA 1 Usando um sistema de numeração, determinação da localização e da configuração de cada um dos substituintes.

Etila está em C-1 e está EM CIMA

Metila está em C-3 e está EMBAIXO

ETAPA 2 Colocação dos substituintes na primeira conformação em cadeira utilizando a informação da etapa 1.

Etila está em C-1 e está EM CIMA

Metila está em C-3 e está EMBAIXO

ETAPA 3 Representação do esqueleto da segunda conformação em cadeira e colocação dos substituintes usando as informações da etapa 1.

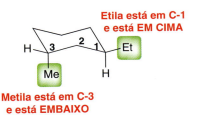

Etila está em C-1 e está EM CIMA

Metila está em C-3 e está EMBAIXO

Tente Resolver os Problemas 4.31, 4.32, 4.54b–d, 4.66g

4.13 REPRESENTAÇÃO DA CONFORMAÇÃO EM CADEIRA MAIS ESTÁVEL DE CICLO-HEXANOS POLISSUBSTITUÍDOS

ETAPA 1 Uso de um sistema de numeração para determinação da localização e da configuração de cada um dos substituintes.

Etila está em C-1 e está EM CIMA

Metila está em C-2 e está EM CIMA

Cloro está em C-5 e está EMBAIXO

ETAPA 2 Uso das informações da etapa 1 para representação das duas conformações em cadeira.

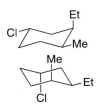

ETAPA 3 Avaliação do aumento de energia devido a presença de cada grupo axial.

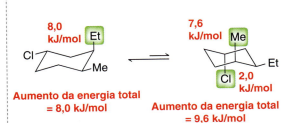

8,0 kJ/mol

Aumento da energia total = 8,0 kJ/mol

Energia mais baixa

7,6 kJ/mol

2,0 kJ/mol

Aumento da energia total = 9,6 kJ/mol

Tente Resolver os Problemas 4.33–4.35, 4.53, 4.55, 4.57, 4.61, 4.68

PROBLEMAS PRÁTICOS

4.39 Identifique o nome da cadeia principal de cada uma das seguintes substâncias:

(a)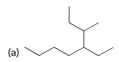

(b)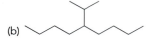

(c)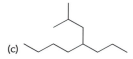

(d)

4.40 Cada uma das estruturas no problema anterior tem um ou mais substituintes ligados à cadeia principal.
(a) Identifique o nome de cada substituinte em 4.39a.
(b) Identifique o nome comum e o nome IUPAC do substituinte complexo em 4.39b.
(c) Identifique o nome de cada substituinte em 4.39c.
(d) Identifique o nome comum e o nome IUPAC do substituinte complexo em 4.39d

4.41 Qual é o nome sistemático de cada uma das seguintes substâncias:

(a)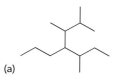

(b)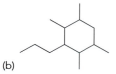

(c)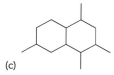

(d)

4.42 Para cada um dos seguintes pares de substâncias, identifique se as substâncias são isômeros constitucionais ou representações diferentes de uma mesma substância:

(a)

(b)

(c)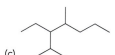

4.43 Use uma projeção de Newman para representar a conformação mais estável do 3-metilpentano, olhando para a ligação C2—C3.

4.44 Identifique qual das seguintes substâncias se espera que tenha o maior calor de combustão:

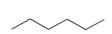

4.45 Represente cada uma das seguintes substâncias:
(a) 2,2,4-Trimetilpentano
(b) 1,2,3,4-Tetrametilciclo-heptano
(c) 2,2,4,4-Tetraetilbiciclo[1.1.0]butano

4.46 Trace um diagrama de energia que mostre uma análise conformacional do 2,2-dimetilpropano. A forma deste diagrama de energia é mais parecida com a forma do diagrama de energia do etano ou do butano?

4.47 Quais são os níveis de energia relativos das três conformações alternadas do 2,3-dimetilbutano quando se olha para a ligação C2—C3?

4.48 Represente a inversão de anel de cada uma das seguintes substâncias:

(a)

(b)

(c)

4.49 Para cada um dos seguintes pares de substâncias, identifique a substância que tem o calor de combustão mais elevado:

(a)

(b)

(c)

(d)

4.50 Represente um diagrama de energia relativa mostrando uma análise conformacional do 1,2-dicloroetano. Faça claramente a correspondência de todas as conformações alternadas e de todas as conformações eclipsadas com as projeções de Newman correspondentes.

4.51 Atribua os nomes IUPAC para cada uma das seguintes substâncias:

(a)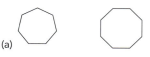

(b)

(c)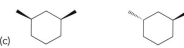

(d)

4.52 A barreira de rotação do bromoetano é de 15 kJ/mol. Com base nessa informação, determine o aumento de energia associado à interação eclipsante entre um átomo de bromo e um átomo de hidrogênio.

4.53 O mentol, isolado a partir de vários óleos de hortelã, é utilizado no tratamento de irritações de garganta menos graves. Represente as duas conformações em cadeira do mentol e indique qual a conformação que tem menor energia.

Mentol

4.54 Represente duas conformações em cadeira para cada uma das substâncias vistas a seguir. Em cada caso, identifique a conformação em cadeira mais estável:

(a) Metilciclo-hexano
(b) *trans*-1,2–Di-isopropilciclo-hexano
(c) *cis*-1,3-Di-isopropilciclo-hexano
(d) *trans*-1,4-Di-isopropilciclo-hexano

4.55 Para cada um dos seguintes pares de substâncias, determine qual a substância mais estável (talvez ajude representar as conformações em cadeira):

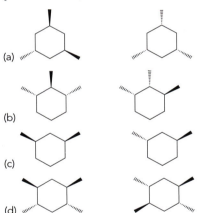

4.56 Represente uma projeção de Newman da seguinte substância quando ela é vista a partir do ângulo indicado:

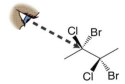

4.57 A glicose (um açúcar) é produzida por fotossíntese e é usada pelas células para armazenar energia. Represente a conformação mais estável da glicose:

Glicose

4.58 Trace um diagrama de energia mostrando uma análise conformacional do 2,2,3,3-tetrametilbutano. Use a Tabela 4.6 para determinar a diferença de energia entre as conformações alternada e eclipsada desta substância.

4.59 Classifique as seguintes conformações em ordem crescente de energia:

4.60 Considere as duas conformações do 2,3-dimetilbutano vistas a seguir. Para cada uma dessas conformações, use a Tabela 4.6 para determinar o aumento de energia total associado à tensão torcional e à tensão estérica.

4.61 *mio*-Inositol é um poliol (uma substância contendo vários grupos OH) que serve como base estrutural para vários mensageiros secundários em células eucarióticas. Represente a conformação em cadeira mais estável do *mio*-Inositol.

4.62 A seguir observa-se o equeleto numerado da *trans*-decalina:

Identifique se cada um dos seguintes substituintes estaria em uma posição equatorial ou em uma posição axial:

(a) Um grupo na posição C-2, apontando para CIMA
(b) Um grupo na posição C-3, apontando para BAIXO
(c) Um grupo na posição C-4, apontando para BAIXO
(d) Um grupo na posição C-7, apontando para BAIXO
(e) Um grupo na posição C-8, apontando para CIMA
(f) Um grupo na posição C-9, apontando para CIMA

4.63 O propileno é produzido pelo craqueamento de petróleo e é um precursor muito útil na produção de diversos polímeros comerciais. O propileno tem um isômero constitucional. Represente esse isômero e identifique o seu nome sistemático.

Propileno

PROBLEMAS INTEGRADOS

4.64 O *trans*-1,3-diclorociclobutano tem um momento de dipolo mensurável. Explique por que os momentos de dipolo individuais das ligações C—Cl não se anulam mutuamente produzindo um momento de dipolo líquido nulo.

trans-1,3-Diclorociclobutano

4.65 Você espera que o ciclo-hexeno adote uma conformação em cadeira? Por que ou por que não? Explique.

Ciclo-hexeno

4.66 Para cada par de substâncias vistas a seguir, determine se elas são idênticas, são isômeros constitucionais, estereoisômeros, ou conformações diferentes da mesma substância:

(a)
(b)
(c)
(d)
(e)
(f)
(g)
(h)
(i)
(j)
(k)
(l)

4.67 Considere as estruturas do *cis*-1,2-dimetilciclopropano e do *trans*-1,2-dimetilciclopropano:

(a) Que substância você espera que seja mais estável? Explique sua escolha.
(b) Preveja a diferença de energia entre essas duas substâncias.

4.68 Considere o seguinte ciclo-hexano tetrassubstituído:

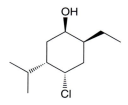

(a) Represente duas conformações em cadeira dessa substância.
(b) Determine qual é a conformação mais estável.
(c) No equilíbrio, você espera que a substância permaneça mais de 95% do tempo na conformação em cadeira mais estável?

4.69 Considere as estruturas da *cis*-decalina e da *trans*-decalina:

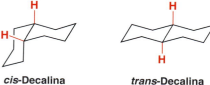

cis-Decalina   *trans*-Decalina

(a) Qual dessas substâncias você espera que seja mais estável?
(b) Uma dessas duas substânias é incapaz de inversão do anel. Identifique e explique sua escolha.

DESAFIOS

4.70 Uma rota biossintética foi recentemente proposta para a aspernomina, uma substância policíclica e ciclotóxica, isolada a partir do fungo *Aspergillus nomius* (*J. Am. Chem. Soc.* **2012,** *134,* 8078–8081):

Aspernomina

(a) Dois dos anéis de seis membros estão representados em conformações em cadeira. A ligação entre esses dois anéis é análoga àquela na *cis-* ou na *trans*-decalina?

(b) Qual é o ângulo de diedro aproximado entre os dois grupos metila diretamente ligados às cadeiras?

(c) O anel aromático está em uma posição axial ou equatorial?

(d) Considere o substituinte acíclico de seis átomos de carbono ligado a um dos carbonos cabeça de ponte. Qual é a sua relação (axial ou equatorial) em relação a cada uma das cadeiras?

4.71 Represente as três conformações alternadas para a substância vista a seguir, vista ao longo da ligação C_2—C_3. Determine qual é a conformação mais estável, levando em conta as interações *gauche* e as interações de ligação de hidrogênio (*J. Phys. Chem. A* **2001,** *105,* 6991–6997). Forneça uma razão para a sua escolha através da identificação de todas as interações que levaram à sua decisão.

4.72 As conformações do metanol, vistas ao longo da ligação C—O, incluem tanto a conformação alternada quanto a conformação eclipsada, tal como discutido no caso do etano. A barreira para interconversão entre as duas conformações foi determinada como aproximadamente de 4,2 kJ/mol (ou 1 kcal/mol) (*J. Phys. Chem. A* **2002,** *106,* 1642–1646).

(a) Represente uma projeção de Newman para cada conformação.

(b) Determine o aumento de energia (quantidade de tensão torcional) associado à interação eclipsante entre um par isolado e uma ligação C—H.

4.73 A substância vista a seguir foi concebida como um comutador molecular, na medida em que ela pode ser induzida a adotar qualquer uma das quatro orientações mostradas a seguir (**1–4**) usando o pH como um interruptor (*Org. Lett.* **2011,** *13,* 30–33). Descreva as mudanças (i) na ligação, (ii) na conformação e (iii) na ligação de hidrogênio intramolecular quando esta substância é convertida de **1→2→3→4:**

4.74 Substâncias orgânicas com regiões extensas de átomos com hibridização *sp²* consecutivos, algumas vezes apresentam uma capacidade em absorver luz UV e, posteriormente, emitir luz visível, uma propriedade chamada de fluorescência. Vamos explorar um fenômeno relacionado (absorbância em comprimentos de onda no UV/visível) no Capítulo 17. A substância vista a seguir (R = grupo poliéter) é conhecida por ser fluorescente (*J. Org. Chem.* **2012,** *77,* 7479–7486):

Conformação plana A

Conformação plana B

(a) Identifique as ligações σ que têm de ser submetidas à rotação livre de modo que a conformação A seja convertida na conformação B e descreva o que acontece com a geometria da molécula durante esta mudança conformacional.

(b) A conformação A é mais estável do que a conformação B em 8,96 kcal/mol. Proponha uma explicação para essa observação.

4.75 As conformações da (+)-epicloroidrina (**1**), vistas ao longo da ligação C_a—C_b, podem ser analisadas exatamente da mesma maneira como os alcanos acíclicos discutidos no Capítulo 4 (*J. Phys. Chem. A* **2000,** *104,* 6189–6196).

(a) Represente todas as conformações alternadas para **1** vistas ao longo dessa ligação.

(b) Identifique a conformação alternada menos estável para **1**.

188 CAPÍTULO 4

(c) A conformação mais estável do 1,2-dicloropropano apresenta um grupo metila que é *anti* para um átomo de cloro. Usando essa informação, identifique a conformação mais estável de **1** e justifique a sua escolha.

4.76 O all-*trans*-1,2,3,4,5,6-hexaetilciclo-hexano (**1**) prefere a conformação all-equatorial enquanto o all-*trans*-1,2,3,4,5,6-hexaisopropilciclo-hexano (**2**) possui uma conformação all-equatorial muito desestabilizada (*J. Am. Chem. Soc.* **1990**, *112*, 893–894):

(a) Através do exame de um modelo molecular do ciclo-hexano com vários grupos isopropílicos all-*trans*-equatorial e outro modelo com vários grupos etilílicos all-*trans*-equatorial, determine por que os grupos isopropílicos orientados equatorialmente adjacentes sofrem interações estéricas intensas que não existem no caso dos grupos etilílicos. Represente uma conformação em cadeira do primeiro caso que ilustra essas interações estéricas intensas. Também represente uma projeção de Newman olhando para uma das ligações C—C que ligam o anel ciclo-hexila a um grupo isopropila equatorial e ilustre uma conformação com muita tensão estérica.

(b) A conformação all-axial de **2** possui uma conformação relativamente estável em que a repulsão estérica entre os grupos isopropila axiais pode ser minimizada. Novamente, use modelos para examinar esta conformação em cadeira e representá-la. Além disso, trace uma projeção de Newman olhando para uma das ligações C—C que liga o anel ciclo-hexila a um grupo isopropílico axial e ilustre por que essa conformação tem menos desestabilização estérica do que a conformação all-equatorial.

4.77 O alquino **1** pode adotar a conformação coplanar **1a** ou a conformação perpendicular **1b** (*Chem. Rev.* **2010**, *110*, 5398–5424). Preveja qual é a forma mais favorável para **1** e forneça uma explicação completa para sua escolha.

4.78 A unidade estrutural vista a seguir foi incorporada em um polímero sintético concebido para imitar o esqueleto da proteína do músculo *tinina* (*J. Am.Chem. Soc.* **2009**, *131*, 8766–8768). Na sua conformação mais estável (não mostrada), ela forma uma ligação de hidrogênio intramolecular e quatro ligações de hidrogênio intermoleculares com uma unidade idêntica na mesma conformação. Represente duas conformações equivalentes desta molécula e mostre claramente todas as interações descritas anteriormente.

4.79 As substâncias **1** e **2** foram preparadas, e a diferença entre os seus respectivos calores de combustão foi encontrada como de 17,2 kJ/mol (*J. Am.Chem. Soc.* **1961**, *83*, 606–614):

(a) Represente novamente as substâncias **1** e **2** mostrando as conformações em cadeira para os anéis de seis membros. Em cada caso, represente a conformação de menor energia para a substância.

(b) Identifique qual é a substância que tem o maior calor de combustão. Explique seu raciocínio.

Estereoisomeria

VOCÊ JÁ SE PERGUNTOU...
se os fármacos são realmente seguros?

5.1 Visão Geral de Isomeria
5.2 Introdução à Estereoisomeria
5.3 Atribuição da Configuração Utilizando o Sistema de Cahn-Ingold-Prelog
5.4 Atividade Óptica
5.5 Relações Estereoisoméricas: Enantiômeros e Diastereoisômeros (ou Simplesmente Diastereômeros)
5.6 Simetria e Quiralidade
5.7 Projeções de Fischer
5.8 Sistemas Conformacionalmente Móveis
5.9 Resolução de Enantiômeros

Como mencionado no capítulo anterior, a maioria dos fármacos causa múltiplas respostas fisiológicas. Em geral, somente uma resposta é desejada enquanto as outras não. As respostas indesejáveis podem variar de intensidade e resultar em morte. Isso pode soar assustador, mas a FDA (*Food and Drug Administration*), nos EUA, tem rígidas diretrizes que necessitam ser seguidas antes que o fármaco seja aprovado para venda ao público. Qualquer fármaco em potencial necessita ser submetido antes a testes em animais seguido de três fases clínicas envolvendo pacientes humanos (fases I, II e III). A fase I envolve um pequeno número de pacientes (20-80), a fase II pode envolver centenas de pacientes, e a fase III milhares de pacientes. A FDA aprovará somente os fármacos que passarem em todas as três fases de testes clínicos. Mesmo depois de receber a aprovação para comercialização, os efeitos do fármaco são ainda monitorados para efeitos colaterais de longo prazo. Em alguns casos, o fármaco precisa ser retirado do mercado depois que efeitos colaterais são observados em uma pequena porcentagem da população. Um exemplo é o Vioxx, um fármaco anti-inflamatório que foi maciçamente utilizado no tratamento de osteoartrite e dor aguda. O Vioxx foi aprovado pela FDA em 1999 e instantaneamente se tornou muito popular, propiciando ao seu fabricante (Merck & Co.) mais de 2 bilhões de dólares em vendas anuais. Em 2004, a Merck foi obrigada a retirar o fármaco do mercado em função de preocupações de que com o uso prolongado desse fármaco aumentaria os riscos de infartos e derrames. Esse exemplo ilustra o fato de que a segurança de um fármaco não pode ser garantida. Entretanto, o desenvolvimento de novos fármacos tem melhorado significativamente a nossa qualidade de vida e longevidade, e os efeitos positivos em muito superam os raros exemplos de efeitos negativos.

Os efeitos de qualquer fármaco em particular são determinados por diversos fatores. Nós já vimos muitos desses fatores, incluindo o papel do farmacóforo, a flexibilidade conformacional e as propriedades ácido-base. Neste capítulo, veremos mais de perto a estrutura tridimensional das substâncias e veremos que essa característica é indubitavelmente um dos fatores mais importantes a ser considerado quando se desenvolve um fármaco e se avalia a sua segurança.

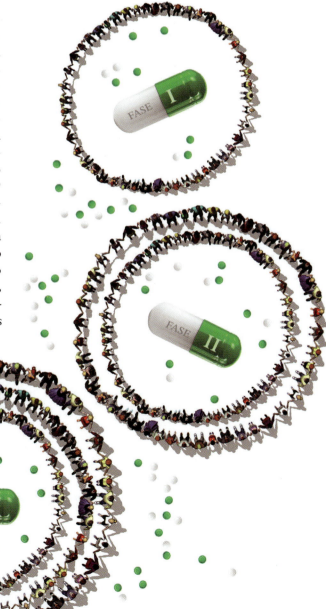

Em particular, exploraremos substâncias que diferem entre si apenas no arranjo espacial tridimensional de seus átomos, mas não na conectividade desses átomos. Tais substâncias são chamadas de *estereoisômeros*, e iremos explorar a conexão entre estereoisomeria e a ação de um fármaco.

Este capítulo focará em diferentes tipos de estereoisomeria. Aprenderemos a identificar estereoisômeros e diferentes estilos de representação que nos permitirão comparar estereoisômeros. Os capítulos subsequentes serão centrados nas reações que produzem estereoisômeros.

VOCÊ SE LEMBRA?

Antes de avançar, tenha certeza de que você compreende os tópicos citados a seguir.
Se for necessário, revise as seções sugeridas para se preparar para este capítulo:

- Isomeria constitucional (Seção 1.2)
- Geometria tetraédrica (Seção 1.10)
- Representações tridimensionais (Seção 2.6)
- Representação e interpretação de estruturas (Seção 2.2)

5.1 Visão Geral de Isomeria

O termo *isômeros* provém das palavras gregas *isos* e *meros* que significam "constituído das mesmas partes". Isto é, isômeros são substâncias constituídas dos mesmos átomos (têm a mesma fórmula molecular), mas que ainda são diferentes uma da outra. Nós já vimos dois tipos de isômeros: isômeros constitucionais (Seção 4.3) e estereoisômeros (Seção 4.14), como ilustrado na Figura 5.1.

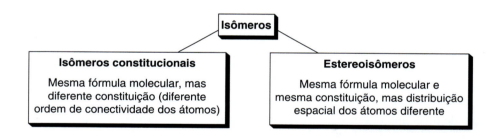

FIGURA 5.1
As principais categorias de isômeros.

Isômeros constitucionais diferem na conectividade de seus átomos; por exemplo:

Metoximetano
Ponto de ebulição = −23°C

Etanol
Ponto de ebulição = 78,4°C

As duas substâncias anteriores têm a mesma fórmula molecular, mas têm constituições diferentes. Em virtude disso, elas são diferentes e têm propriedades físicas diferentes.

Estereoisômeros são substâncias que têm a mesma constituição, mas diferem na distribuição espacial dos seus átomos. Nos capítulos anteriores, nós discutimos um exemplo de estereoisomeria *cis-trans* em cicloalcanos substituídos:

cis-
1,2-Dimetilciclo-hexano

trans-
1,2-Dimetilciclo-hexano

Estereoisomeria

O estereoisômero *cis* apresenta grupos no mesmo lado do anel, enquanto o estereoisômero *trans* exibe grupos em lados opostos do anel. Adicionalmente aos exemplos anteriores, os termos *cis* e *trans* são utilizados para descrever estereoisomeria em ligações duplas.

cis-2-Buteno
Ponto de ebulição = 4°C

trans-2-Buteno
Ponto de ebulição = 1°C

O estereoisômero *cis* apresenta grupos do mesmo lado da ligação dupla, enquanto o estereoisômero *trans* apresenta grupos em lados opostos da ligação dupla. As duas representações anteriores representam substâncias diferentes com propriedades físicas diferentes, porque a ligação dupla não possui rotação livre como as ligações simples. Por que não? Lembre-se de que a ligação π é formada pela sobreposição de dois orbitais *p* (Figura 5.2). A rotação em torno da ligação dupla de C—C destruiria efetivamente a sobreposição entre os orbitais *p*. Portanto, a ligação dupla de C—C não apresenta rotação livre à temperatura ambiente.

FIGURA 5.2
Uma ilustração da sobreposição entre orbitais *p* para formar uma ligação π.

Ligação π

De modo a utilizarmos a terminologia *cis-trans* para diferenciar estereoisômeros deve ter que existir dois grupos idênticos para compararmos.

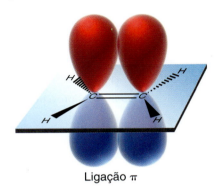

Dois átomos de flúor estão *cis*

Dois grupos etila estão *trans*

Átomos de hidrogênio também podem ser utilizados para atribuir a terminologia *cis-trans*; por exemplo:

é *trans* devido aos átomos de hidrogênio:

Quando dois grupos idênticos estão ligados na mesma posição, não pode haver isomeria *cis-trans*. Por exemplo, considere a substância vista a seguir:

é o mesmo que

Essas duas representações mostram a mesma substância. Essa substância tem dois átomos de cloro ligados na mesma posição e, portanto, a substância não exibe estereoisomeria. Isso é verdade sempre que existirem dois grupos idênticos ligados na mesma posição. Vemos a seguir mais um exemplo.

Não tente identificar essa substância como *cis* ou *trans*. Dois grupos idênticos (grupos metila) estão ligados na mesma posição e, portanto, essa substância não é nem *cis* nem *trans*.

DESENVOLVENDO A APRENDIZAGEM

5.1 IDENTIFICAÇÃO DE ESTEREOISÔMEROS *CIS-TRANS*

APRENDIZAGEM Determine se o estereoisômero visto a seguir exibe uma configuração *cis* ou uma configuração *trans*:

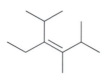

SOLUÇÃO
Iniciamos circulando os quatro grupos ligados à ligação dupla e tentamos nomeá-los:

ETAPA 1
Identificação e nomenclatura de todos os quatro grupos ligados à ligação dupla.

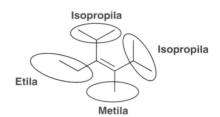

ETAPA 2
Procura de dois grupos idênticos em posições vinílicas diferentes e atribuição da configuração como *cis* ou *trans*.

Nomear os quatro grupos ajuda a identificar grupos idênticos. Existem sempre quatro grupos (mesmo se alguns desses grupos sejam apenas átomos de hidrogênio). Neste caso, nomear os grupos torna evidente a presença de dois grupos isopropila que estão *cis* um em relação ao outro.

PRATICANDO
o que você aprendeu

5.1 Para cada uma das substâncias vistas a seguir, determine se ela apresenta configuração *cis* ou configuração *trans*, ou se simplesmente as substâncias em questão não são estereoisômeros.

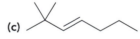

(a)   (b)   (c)

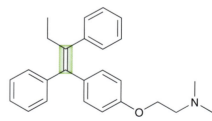

(d)

Tamoxifeno
(e) Utilizado no tratamento de câncer de mama

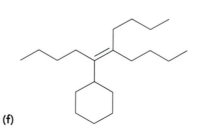

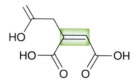

(f)

Ácido aconítico
(g) Envolvido no metabolismo

Estereoisomeria   193

APLICANDO
o que você
aprendeu

5.2 Identifique o número de estereoisômeros que são possíveis para uma substância com a seguinte constituição: H$_2$C=CHCH$_2$CH$_2$CH$_2$CH=CH$_2$.

5.3 A substância X e a substância Y são isômeros constitucionais com fórmula molecular C$_5$H$_{10}$. A substância X possui uma ligação dupla carbono-carbono com configuração *trans*, enquanto a substância Y possui uma ligação dupla que não é estereoisomérica:

(a) Identifique a estrutura da substância X.

(b) Identifique as quatro estruturas possíveis de Y.

é necessário **PRATICAR MAIS?** Tente Resolver o Problema 5.35

5.2 Introdução à Estereoisomeria

Na seção anterior, nós revisamos a estereoisomeria *cis-trans*, mas existem muitos outros tipos de estereoisômeros. Começamos nossa exploração dos vários tipos de estereoisômeros investigando a relação de um objeto e sua imagem especular.

Quiralidade

Qualquer objeto pode ser visto em um espelho, revelando a sua imagem especular. Pegue, por exemplo, um par de óculos de sol (Figura 5.3). Para muitos objetos, como os óculos de sol na Figura 5.3, a imagem especular é idêntica ao próprio objeto. Diz-se que o objeto e sua imagem especular são **sobreponíveis**. Esse não é o caso se removemos uma das suas lentes (Figura 5.4). O objeto e sua imagem especular são agora diferentes. Enquanto em um falta uma lente direita no outro está faltando a lente esquerda. Agora, neste caso, o objeto e sua imagem especular são ditos *não sobreponíveis*. Muitos objetos familiares como as mãos não são sobreponíveis às suas imagens especulares. A mão direita e a mão esquerda são imagens especulares uma da outra e não são idênticas; elas não são sobreponíveis. A mão esquerda não vestirá uma luva direita, assim como a mão direita não vestirá uma luva esquerda.

Objetos, como as mãos, que não são sobreponíveis com sua imagem especular são chamados de objetos **quirais**, do grego *cheir* (que significa mão). Todos os objetos tridimensionais podem ser classificados como quirais ou aquirais. Moléculas são objetos tridimensionais e podem, portanto, ser classificadas segundo estas duas classes. Moléculas quirais são como as mãos: não são sobreponíveis com sua imagem especular. Moléculas aquirais não são como as mãos: elas são sobreponíveis com sua imagem especular. O que torna uma molécula quiral?

FIGURA 5.3
Um objeto sobreponível com sua imagem especular.

FIGURA 5.4
Um objeto não sobreponível com sua imagem especular.

Centros de Quiralidade

A fonte mais comum de quiralidade em moléculas é a presença de um átomo de carbono contendo quatro grupos diferentes. Existem duas maneiras de distribuir quatro grupos em torno de um átomo de carbono central (Figura 5.5). Essas duas distribuições não são imagens especulares sobreponíveis.

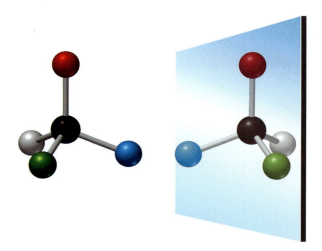

FIGURA 5.5
Existem duas maneiras de se distribuírem quatro grupos diferentes em torno de um átomo de carbono central.

OLHANDO PARA O FUTURO
Para outras fontes de quiralidade molecular veja os Problemas Integrados 5.58-5.60 no final deste capítulo.

A PROPÓSITO
Para visualizar que essas duas substâncias não são sobreponíveis, construa um modelo com a ajuda de qualquer *kit* de montagem de modelos moleculares existente.

Considere, por exemplo, a estrutura do 2-butanol, que pode ser representada de duas maneiras no espaço tridimensional.

Essas duas substâncias não são imagens especulares sobreponíveis e representam duas substâncias diferentes. Essas substâncias diferem apenas na distribuição espacial de seus átomos e são, portanto, estereoisômeros.

Em 1996, a IUPAC recomendou que um átomo de carbono tetraédrico possuindo quatro grupos diferentes seja chamado de **centro de quiralidade**. Muitos outros nomes ainda em uso comum incluem *centro quiral*, *estereocentro*, *centro estereogênico* e *centro assimétrico*. No restante de nossa discussão utilizaremos o termo recomendado pela IUPAC. A seguir observamos exemplos de centros de quiralidade:

A PROPÓSITO
Apesar da recomendação da IUPAC para o uso do termo "centro de quiralidade", os termos estereocentro e centro estereogênico são mais frequentemente usados. Entretanto, esses termos possuem uma definição mais ampla: um estereocentro ou um centro estereogênico é definido como o local onde o intercâmbio de dois substituintes gerará um estereoisômero. Essa definição inclui centros de quiralidade, mas também inclui ligações duplas *cis* e *trans*, que não são centros de quiralidade.

Cada carbono assinalado contém quatro grupos diferentes. Na última substância, o átomo de carbono é um centro de quiralidade porque uma trajetória em torno do anel é diferente da outra trajetória (uma trajetória encontra a ligação dupla mais cedo). Por outro lado, a substância vista a seguir não possui um centro de quiralidade. Neste caso, as trajetórias horária e anti-horária são idênticas.

DESENVOLVENDO A APRENDIZAGEM

5.2 LOCALIZAÇÃO DE CENTROS DE QUIRALIDADE

APRENDIZAGEM Propoxifeno, vendido sob o nome comercial Darvon™, é um analgésico e antitussígeno (supressor da tosse). Identifique todos os centros de quiralidade no propoxifeno:

SOLUÇÃO

ETAPA 1
Ignoram-se átomos de carbono com hibridação sp^2 e sp.

Estamos à procura de átomos de carbono tetraédricos com quatro grupos diferentes. Cada átomo de carbono com hibridação sp^2 está ligado a apenas três grupos, em vez de quatro. Assim, nenhum desses átomos de carbono pode ser um centro de quiralidade.

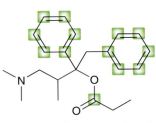
Esses carbonos não podem ser centros de quiralidade

Podemos também descartar qualquer grupo CH_2 ou CH_3, pois esses átomos de carbono não possuem quatro grupo *diferentes*.

ETAPA 2
Ignoram-se grupos CH_2 e CH_3.

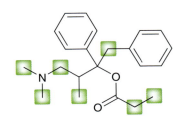
Esses carbonos não podem ser centros de quiralidade

É importante estar treinado na identificação de átomos de carbono que não podem ser centros de quiralidade. Isso tornará mais fácil a percepção dos centros de quiralidade. Neste exemplo existem apenas dois átomos de carbono que devemos considerar:

ETAPA 3
Identificação de qualquer átomo de carbono com quatro grupos diferentes.

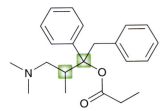

Cada uma dessas posições apresenta quatro grupos diferentes, então essas duas posições são centros de quiralidade.

PRATICANDO
o que você aprendeu

5.4 Identifique todos os centros de quiralidade em cada uma das substâncias vistas a seguir:

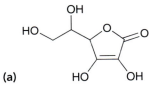
(a) **Ácido ascórbico (Vitamina C)**

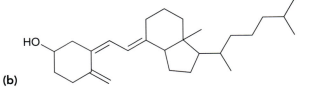
(b) **Vitamina D₃**

(c) Mestranol
Contraceptivo oral

(d) Fexofenadine
Anti-histamínico que não é sedativo

APLICANDO o que você aprendeu

5.5 Represente todos os isômeros constitucionais do C$_4$H$_9$Br e identifique o(s) isômero(s) que possui(em) centro(s) de quiralidade.

5.6 Você espera que a substância vista a seguir seja quiral? Explique sua resposta (considere se essa substância é sobreponível com sua imagem especular).

- - - -> é necessário **PRATICAR MAIS?** Tente Resolver os Problemas 5.34b, 5.48

Enantiômeros

Quando uma substância é quiral, ela não será sobreponível a sua imagem especular, chamada seu **enantiômero** (da palavra grega que significa "oposto"). A substância e sua imagem especular constituem um par de enantiômeros. A palavra "enantiômero" é utilizada na linguagem falada da mesma maneira que a palavra "gêmeos". Quando duas crianças são *um par de gêmeos*, cada uma é chamada de *gêmea da outra*. De modo similar, quando duas substâncias são *um par de enantiômeros*, cada substância é dita ser *um enantiômero da outra*. Uma substância quiral terá exatamente um enantiômero; nenhum a mais nem a menos. Vamos praticar representando o enantiômero de uma substância quiral.

DESENVOLVENDO A APRENDIZAGEM

5.3 REPRESENTAÇÃO DE UM ENANTIÔMERO

APRENDIZAGEM A anfetamina é um estimulante controlado utilizado no tratamento de DDA (distúrbio do déficit de atenção) e da síndrome da fadiga crônica. Durante a Segunda Guerra Mundial ela foi amplamente utilizada por soldados para reduzir a fadiga e aumentar o estado de alerta. Represente o enantiômero da anfetamina.

Anfetamina

SOLUÇÃO

Este problema está pedindo para representar a imagem especular da substância vista anteriormente. Existem três maneiras de fazê-lo, porque existem três posições onde podemos imaginar em colocar um espelho: (1) atrás, (2) ao lado ou (3) abaixo da molécula:

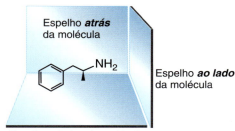

A PROPÓSITO
Na maioria dos casos, é mais fácil representar uma imagem especular colocando o espelho atrás da molécula.

É mais fácil posicionar o espelho atrás da molécula, porque o esqueleto da molécula é representado exatamente da mesma maneira, exceto que *toda cunha cheia torna-se tracejada e toda cunha tracejada torna-se cheia*. Qualquer outro aspecto da molécula é representado exatamente da mesma maneira:

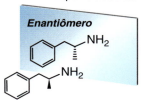

A segunda maneira de representar um enantiômero é posicionar o espelho ao lado da molécula. Ao fazer isso, representamos a imagem especular do esqueleto, mas as cunhas cheias permanecem cheias e as cunhas tracejadas permanecem tracejadas:

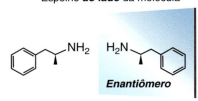

Finalmente, podemos posicionar o espelho abaixo da molécula. Ao fazer isso representamos a imagem especular do esqueleto; mais uma vez, as cunhas cheias permanecem cheias e as cunhas tracejadas permanecem tracejadas:

Das três maneiras de representar um enantiômero, apenas a primeira envolve a troca entre cunhas tracejadas e cunhas cheias. Mesmo assim, certifique-se de ter compreendido que todos esses métodos produzem o mesmo resultado:

As três representações mostram a mesma molécula. Elas podem parecer diferentes, mas a rotação de qualquer uma das representações irá gerar a outra representação. Lembre-se de que uma molécula pode ter apenas um enantiômero, então todos os três métodos têm que produzir a mesma resposta.

Em geral, é mais fácil usar o primeiro método. Simplesmente volte a representar a substância trocando as cunhas cheias por tracejadas e as cunhas tracejadas por cheias. Entretanto, esse método não funcionará em todas as situações. Em algumas representações moleculares cunhas tracejadas e cunhas cheias não são escritas porque a estrutura tridimensional está implícita no desenho. Este é o caso de substâncias bicíclicas. Quando tiver que lidar com substâncias bicíclicas será mais fácil utilizar um dos outros métodos (posicionar o espelho ou abaixo ou ao lado da molécula). Por exemplo:

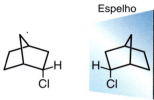

Substância A   **Substância B**

Neste caso, é mais fácil colocar o espelho ao lado da substância A, o que permite representar a substância B (o enantiômero da substância A).

PRATICANDO
o que você aprendeu

5.7 Represente o enantiômero de cada uma das substâncias vistas a seguir:

(a) **Albuterol**
(comercializado sob o nome comercial de Ventolin™)
Um broncodilatador utilizado no tratamento da asma

(b) **Propanolol**
Um betabloqueador utilizado no tratamento da hipertensão

(c) **Oxibutinina**
Utilizado no tratamento de disfunções urinárias e da bexiga

(d) **Adrenalina**
Hormônio que age como broncodilatador

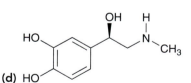

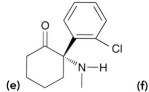

(e) **Cetamina**
Um anestésico

(f) **Nicotina**
Substância viciante presente no tabaco

(g)

Estereoisomeria 199

| APLICANDO o que você aprendeu | **5.8** Ixabepilona é uma substância citotóxica aprovada pela FDA em 2007 para o tratamento de câncer de mama em estágio avançado. A Bristol-Myers Squibb comercializa esse fármaco com o nome de Ixempra. Represente o enantiômero desta substância: |

Ixabepilona

é necessário **PRATICAR MAIS?** Tente Resolver os Problemas 5.33, 5.34a, 5.38a-f, i-l

falando de modo prático | O Sentido do Olfato

Para que um objeto tenha odor é preciso que ele libere substâncias orgânicas no ar. A maioria dos objetos metálicos e dos objetos feitos de plástico não libera moléculas no ar à temperatura ambiente e são, portanto, inodoros. Especiarias, por outro lado, possuem odor acentuado porque liberam muitas substâncias orgânicas. Essas substâncias penetram no nariz quando inalamos, onde elas encontram receptores que detectam a sua presença. As substâncias ligam-se a esses receptores, causando a transmissão de sinais nervosos interpretados pelo cérebro como odor.

Uma substância específica pode ligar-se a diferentes receptores, criando um padrão que o cérebro identifica como um determinado odor. Substâncias diferentes geram padrões diferentes nos possibilitando distinguir entre mais de 10.000 odores. Esse mecanismo tem muitas características fascinantes. Em particular, substâncias enantioméricas geralmente ligam-se em receptores diferentes criando, assim, padrões diferentes que são interpretados como odores diferentes. Para compreender a razão disso, considere a seguinte analogia. A mão direita cabe dentro de um saco de papel tanto quanto cabe a mão esquerda, pois o saco de papel não é quiral. Entretanto, uma mão direita não se ajusta tão bem a uma luva esquerda como esta se ajustará à mão esquerda, porque a luva é quiral. De modo semelhante, se um receptor é quiral, como geralmente é o caso, então podemos esperar que apenas um enantiômero de um par irá se ligar a ele.

Como exemplo, a carvona tem um centro de quiralidade e tem, portanto, duas formas enantioméricas:

(*R*)-Carvona
(Odor de hortelã)

(*S*)-Carvona
(Odor de sementes de cominho)

Um enantiômero é responsável pelo odor de hortelã enquanto o outro pelo odor de sementes de cominho. Para que detectemos odores diferentes é necessário que nossos receptores sejam quirais. Isso ilustra o ambiente quiral do corpo humano (um mar de moléculas quirais interagindo umas com as outras). Exploraremos em breve como a ação dos fármacos também é determinada pela natureza quiral da maioria dos receptores biológicos.

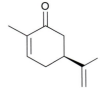

5.3 Atribuição da Configuração Utilizando o Sistema Cahn-Ingold-Prelog

Na seção anterior, utilizamos estruturas em bastão para ilustrar a diferença entre um par de enantiômeros:

Um par de enantiômeros

OLHANDO PARA O FUTURO
Um resumo do sistema Cahn-Ingold-Prelog aparece imediatamente antes da seção Desenvolvendo a Aprendizagem 5.4.

Para que nos comuniquemos com maior eficiência precisamos de um sistema de nomenclatura que identifique cada enantiômero individualmente. Esse sistema foi nomeado com o nome dos químicos que o conceberam: Cahn, Ingold e Prelog. A primeira etapa desse sistema envolve a atribuição de prioridades, com base no número atômico, para cada um dos quatro grupos ligados ao centro de quiralidade. O átomo de maior número atômico é designado como de maior prioridade (1), enquanto o átomo de menor número atômico é designado como de menor prioridade (4). Como exemplo, consideramos um dos enantiômeros anteriores:

Dos quatro átomos ligados ao centro de quiralidade, o cloro tem o maior número atômico, de modo que ele é designado como prioridade 1. O oxigênio tem o segundo maior número atômico, e assim ele é designado como prioridade 2. O carbono é designado como prioridade 3 e, finalmente, o hidrogênio é prioridade 4 porque tem o menor número atômico.

Após atribuir as prioridades aos quatro grupos, giramos a molécula de modo que a quarta prioridade fique direcionada para trás da página (cunha tracejada):

A PROPÓSITO
Para visualizar essa rotação, talvez seja útil construir um modelo molecular utilizando qualquer um dos *kits* de montagem de modelos moleculares comercialmente disponíveis.

A seguir, olhamos para ver se a sequência 1-2-3 está no sentido horário ou anti-horário. Neste enantiômero está no sentido anti-horário:

Uma sequência no sentido anti-horário é designada como ***S*** (do latim *sinister*, que significa "esquerda"). O enantiômero dessa substância terá uma sequência horária e será designado como ***R*** (do latim *rectus*, que significa "direita"):

Os descritores *R* e *S* são utilizados para descrever a **configuração** de um centro de quiralidade. Portanto, a atribuição da configuração de um centro de quiralidade requer três etapas distintas. As seções que seguem lidarão com as sutis nuances destas três etapas.

1. Estabelecemos as prioridades dos quatro grupos ligados ao centro de quiralidade.
2. Se necessário, giramos a molécula de modo que a quarta prioridade fique representada como uma cunha tracejada.
3. Determinamos se a sequência 1-2-3 está no sentido horário ou anti-horário.

Atribuindo Prioridades a Todos os Quatro Grupos

No exemplo anterior não havia muita dificuldade porque os quatro átomos ligados ao centro de quiralidade eram diferentes (Cl, O, C e H). É mais comum encontrarmos dois ou mais átomos com o mesmo número atômico. Por exemplo:

Neste caso, dois átomos de carbono estão diretamente ligados ao centro de quiralidade. Certamente o oxigênio é designado com prioridade 1, enquanto o hidrogênio com prioridade 4. Mas que átomo de carbono devemos designar com prioridade 2? Para podermos fazer essa determinação, observamos que cada átomo de carbono está conectado ao centro de quiralidade *e a três outros átomos*. Fazemos uma lista dos três átomos em ambos os lados em ordem decrescente de número atômico e comparamos:

Essas listas são idênticas, então nos movemos para mais distante do centro de quiralidade e repetimos o processo:

Estamos procurando especificamente pelo primeiro ponto de diferença. Neste caso, o lado esquerdo será assinalado com maior prioridade porque o C tem número atômico maior do que o H.

Aqui está outro exemplo que ilustra um ponto importante:

Neste caso, o lado esquerdo será designado como o de maior prioridade, pois o oxigênio tem número atômico maior do que o carbono. Nós não comparamos a soma total de cada lista. Pode até ser verdade que os três átomos de carbono tenham uma soma maior de números atômicos (6+6+6) do que um oxigênio e dois átomos de hidrogênio (8+1+1). Entretanto, o fator decisivo é o primeiro ponto de desempate e, neste caso, o oxigênio vence o carbono.

Quando atribuímos prioridades, uma ligação dupla é considerada como duas ligações simples separadas. O carbono assinalado na figura a seguir é tratado como se estivesse conectado a dois átomos de oxigênio:

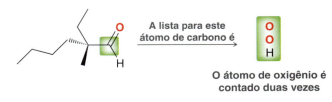

A mesma regra aplica-se a qualquer tipo de ligação múltipla, como ilustrado no seguinte exemplo:

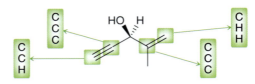

Girando a molécula

Alguns estudantes têm dificuldade em girar uma molécula e redesenhá-la na perspectiva correta (com a menor prioridade para trás com a cunha tracejada). Se você está tendo dificuldade, existe uma técnica que pode ajudar baseada nos seguintes princípios: A troca de quaisquer dois grupos ligados a um centro de quiralidade inverterá a configuração:

Não importa quais dois grupos são trocados. A troca de dois grupos quaisquer mudará a configuração. A seguir, a troca de dois grupos quaisquer uma segunda vez trará a configuração de volta. Com base nessa ideia, podemos vislumbrar um procedimento simples que nos permitirá girar a molécula sem realmente ter que visualizar a rotação. Considere o seguinte exemplo:

Para atribuir a configuração desse centro de quiralidade, encontramos primeiro a posição da quarta prioridade e a trocamos com o grupo com a cunha tracejada. A seguir, trocamos os outros dois grupos:

Foram realizadas duas trocas, de modo que a representação final tem que ter a mesma configuração da representação original. Mas, agora, a molécula foi representada em uma perspectiva que mostra a quarta prioridade com a cunha tracejada (a menor prioridade está para trás). Essa técnica propicia um método de representar a molécula na perspectiva apropriada (como se a molécula tivesse sido girada). Neste exemplo, a sequência 1-2-3 é horária, então a configuração é *R*. Um resumo do procedimento para a atribuição de configuração é visto a seguir.

UMA REVISÃO DAS REGRAS DE CAHN-INGOLD-PRELOG: ATRIBUIÇÃO DA CONFIGURAÇÃO DE UM CENTRO DE QUIRALIDADE				
ETAPA 1	ETAPA 2	ETAPA 3	ETAPA 4	ETAPA 5
Identifique os quatro átomos ligados diretamente ao centro de quiralidade.	Atribua a ordem de prioridade de cada átomo com base no seu número atômico. O maior número atômico recebe a prioridade 1 e o menor número atômico (normalmente este é um átomo de hidrogênio) recebe prioridade 4.	Se dois átomos têm o mesmo número atômico, passe para mais distante do centro de quiralidade a procura do primeiro ponto de diferença. Quando criar listas de comparação, lembre-se de que uma ligação dupla é tratada como duas ligações simples separadas.	Gire a molécula de modo que a quarta prioridade esteja para trás do plano da página (em uma cunha tracejada).	Determine se a sequência 1-2-3 está em sentido horário (*R*) ou anti-horário (*S*).

Estereoisomeria   203

DESENVOLVENDO A APRENDIZAGEM

5.4 ATRIBUIÇÃO DA CONFIGURAÇÃO DE UM CENTRO DE QUIRALIDADE

APRENDIZAGEM A estrutura em bastão vista a seguir representa um enantiômero do ácido 2-amino-3-(3,4-di-hidroxifenil)propanoico, utilizado no tratamento da doença de Parkinson. Assinale a configuração do centro de quiralidade desta substância:

 SOLUÇÃO

Começamos identificando os quatro átomos ligados diretamente ao centro de quiralidade:

ETAPA 1
Identificação dos quatro átomos ligados ao centro de quiralidade e priorização de acordo com o número atômico.

ETAPA 2
Se dois ou mais átomos são átomos de carbono, procura-se o primeiro ponto de diferença.

Os quatro átomos são N, C, C e H. O nitrogênio tem o maior número atômico, assim, ele é designado como prioridade 1. O hidrogênio é assinalado como prioridade 4. Precisamos agora decidir qual o átomo de carbono que deverá ser designado como prioridade 2. Fazemos uma lista em cada caso e procuramos por um ponto de diferença.

ETAPA 3
Representação do centro de quiralidade mostrando somente as prioridades.

O oxigênio tem um número atômico maior que o carbono, então o lado esquerdo é designado com a maior prioridade. As prioridades são então distribuídas da seguinte maneira:

Neste caso, a menor prioridade não está com uma cunha tracejada, de modo que a molécula necessita ser girada para a perspectiva apropriada:

ETAPA 4
Rotação da molécula de modo que a quarta prioridade está em uma cunha tracejada.

A sequência 1-2-3 é anti-horária, então a configuração é S. Se a etapa em que giramos a molécula for difícil de visualizar, a técnica descrita anteriormente ajudará. Troque entre a prioridade 4 e a prioridade 1, de modo que 4 fique em uma cunha tracejada. Troque então 2 e 3. Após duas trocas sucessivas, a configuração continua a mesma:

ETAPA 5
Atribuição da configuração com base na ordem da sequência 1-2-3.

Agora a prioridade 4 está em uma cunha tracejada, onde ela necessita estar. A sequência 1-2-3 é anti-horária, de modo que a configuração é S.

PRATICANDO o que você aprendeu

5.9 Cada uma das substâncias vistas a seguir possui átomos de carbono que são centros de quiralidade. Localize cada um desses centros e identifique a configuração de cada um:

(a) **Efedrina**
Um broncodilatador e descongestionante obtido da planta chinesa *Ephedra sinica*

(b) **Halomona**
Um agente contra tumores isolado de organismos marinhos

(c) **Streptimidona**
Um antibiótico

(d) **Biotina**
(vitamina B$_7$)

(e) **Kumepaloxana**
Agente sinalizador produzido por *Haminoea cymbalum*, um caracol Guam

(f) **Cloranfenicol**
Um agente antibiótico isolado da bactéria *Streptomyces venezuelae*

APLICANDO o que você aprendeu

5.10 Atribua a configuração do centro de quiralidade da seguinte substância:

5.11 O carbono não é o único elemento que pode funcionar como um centro de quiralidade. No Problema 5.6 vimos um exemplo em que um átomo de fósforo é um centro de quiralidade. Neste caso, o par isolado é sempre assinalado como a quarta prioridade. Fazendo uso dessa informação, determine a configuração do centro de quiralidade dessa substância:

é necessário **PRATICAR MAIS?** Tente Resolver os Problemas 5.32, 5.39a-g, i, 5.45.

Atribuição da Configuração na Nomenclatura da IUPAC

Quando nomeamos uma substância quiral, a configuração do centro de quiralidade é indicada no início do nome, em itálico e entre parênteses:

(*R*)-2-Butanol   (*S*)-2-Butanol

Quando múltiplos centros de quiralidade estão presentes, cada configuração deve ser precedida por um localizador (um número) para indicar sua localização na cadeia principal:

(2*R*,3*S*)-3-Metil-2-pentanol

medicamente falando | Fármacos Quirais

Milhares de fármacos são comercializados ao redor do mundo. A origem desses fármacos pode ser classificada em três categorias:

1. produtos naturais – substâncias isoladas de fontes naturais, tais como plantas ou bactérias,
2. produtos naturais que foram modificados quimicamente em laboratório, ou
3. substâncias sintéticas (feitas inteiramente em laboratório).

A maioria dos fármacos obtidos de fontes naturais consiste em um único enantiômero. É importante perceber que um par de enantiômeros raramente apresenta a mesma potência. Já vimos em capítulos anteriores que a ação de um fármaco geralmente resulta da ligação desse fármaco com um receptor. Se o fármaco se liga ao receptor em pelo menos três posições (chamada ligação de três pontos), então um enantiômero do fármaco pode ser mais capaz de se ligar com o receptor:

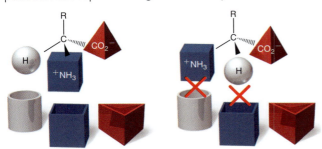

A primeira substância (à esquerda) pode se ligar ao receptor, enquanto o seu enantiômero (à direita) não pode se ligar ao receptor. Por essa razão, enantiômeros raramente produzirão a mesma resposta biológica. Como exemplo, considere os enantiômeros do ibuprofeno:

(*S*)-Ibuprofeno   (*R*)-Ibuprofeno

O ibuprofeno é um analgésico com propriedades anti-inflamatórias. O enantiômero *S* é o agente ativo, enquanto o enantiômero *R* é inativo. Entretanto, o ibuprofeno é comercializado como uma mistura dos dois enantiômeros (sob os nomes comerciais de Advil™ e Motrin™), porque os benefícios de separar os enantiômeros não estão claros. De fato, existem evidências de que o organismo humano é capaz de lentamente converter o enantiômero *R* no desejado enantiômero *S*. Muitos fármacos sintéticos são vendidos como uma mistura de enantiômeros em função do alto custo associado à separação de enantiômeros.

Em muitos casos, enantiômeros podem dar início a respostas fisiológicas diferentes. Por exemplo, considere os enantiômeros do timolol:

(*S*)-Timolol   (*R*)-Timolol

O enantiômero *S* é utilizado no tratamento de angina e pressão alta, enquanto o enantiômero *R* é utilizado no tratamento de glaucoma. Neste exemplo, ambos os enantiômeros apresentam resultados desejáveis, apesar de diferentes. Em outros casos, um enantiômero pode produzir uma resposta indesejável. Por exemplo, os enantiômeros da penicilamina:

(*R*)-Penicilamina   (*S*)-Penicilamina

O enantiômero *S* foi utilizado para o tratamento de artrite crônica (até que outros fármacos mais efetivos foram desenvolvidos), enquanto o enantiômero *R* é altamente tóxico. Neste caso, o fármaco não pode ser comercializado como uma mistura de enantiômeros. Outro exemplo é o naproxeno:

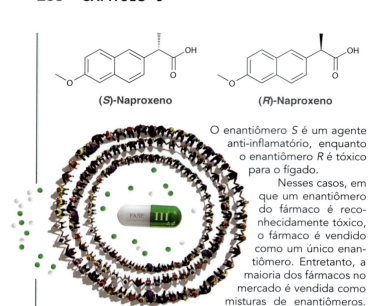

O enantiômero S é um agente anti-inflamatório, enquanto o enantiômero R é tóxico para o fígado.

Nesses casos, em que um enantiômero do fármaco é reconhecidamente tóxico, o fármaco é vendido como um único enantiômero. Entretanto, a maioria dos fármacos no mercado é vendida como misturas de enantiômeros.

A FDA recentemente incentivou o desenvolvimento de enantiômeros únicos ao permitir que as indústrias farmacêuticas depositem novas patentes que englobam somente enantiômeros únicos de fármacos anteriormente comercializados como misturas (desde que comprovadas as vantagens de um único enantiômero sobre a mistura de enantiômeros). Avanços recentes na síntese enantiosseletiva (discutida na Seção 8.8) abriram novos caminhos para a produção de fármacos com um único enantiômero. Isso se reflete no fato de que a maioria dos fármacos que entram no mercado é comercializada como um único enantiômero.

Para mais exemplos de enantiômeros com diferentes respostas biológicas, consulte *J. Chem. Ed.*, **1996**, (73), 481.

5.4 Atividade Óptica

Enantiômeros exibem propriedades físicas idênticas. Compare, por exemplo, os pontos de fusão e de ebulição dos enantiômeros da carvona:

(R)-Carvona
Ponto de fusão = 25°C
Ponto de ebulição = 231°C

(S)-Carvona
Ponto de fusão = 25°C
Ponto de ebulição = 231°C

Isso faz sentido, pois as propriedades físicas são determinadas por interações intermoleculares e as interações intermoleculares de um enantiômero são as imagens especulares das interações intermoleculares do outro enantiômero. Não obstante, enantiômeros exibem comportamento diferente quando expostos à luz plano-polarizada. Para explorar essa diferença, vamos primeiro rever rapidamente a natureza da luz.

Luz Plano-Polarizada

A radiação eletromagnética (luz) é constituída de um campo elétrico e um campo magnético oscilantes que se propagam pelo espaço (Figura 5.6). Observe que cada campo oscilante está localizado

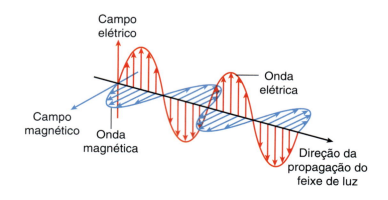

FIGURA 5.6
Ondas de luz consistem em campos magnético e elétrico oscilantes orientados perpendicularmente.

Estereoisomeria 207

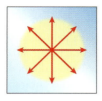

FIGURA 5.7
Luz não polarizada.

em um plano, e que estes planos são perpendiculares um ao outro. A orientação do campo elétrico (mostrado em vermelho) é chamada de polarização da onda de luz. Quando muitas ondas estão se deslocando na mesma direção, cada uma delas tem uma polarização diferente, uma orientada aleatoriamente em relação à outra (Figura 5.7). Quando a luz passa através de um filtro polarizador, apenas os fótons com uma polarização em particular podem passar através do filtro, dando origem à **luz plano-polarizada** (Figura 5.8). Quando a luz plano-polarizada passa através de um segundo filtro polarizador, a orientação do filtro determinará se a luz passa ou se ela é bloqueada (Figura 5.9).

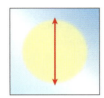

FIGURA 5.8
Luz plano-polarizada.

FIGURA 5.9
Luz plano-polarizada passando através de (a) dois filtros polarizadores paralelos ou (b) dois filtros polarizadores perpendiculares.

Polarimetria

Em 1815, o cientista francês Jean Baptiste Biot estava estudando a natureza da luz passando a luz plano-polarizada através de várias soluções de substâncias orgânicas. Fazendo isso, ele descobriu que soluções de certas substâncias orgânicas (como açúcares) giravam o plano da luz plano-polarizada. Essas substâncias foram, portanto, chamadas de **opticamente ativas**. Ele também observou que apenas algumas substâncias orgânicas possuíam essa característica. As substâncias que não possuíam essa característica foram chamadas de **opticamente inativas**.

A rotação da luz plano-polarizada provocada pela presença de compostos opticamente ativos pode ser medida experimentalmente utilizando-se um dispositivo chamado de **polarímetro** (Figura 5.10). A fonte de luz geralmente é uma lâmpada de sódio que emite luz em um comprimento de onda fixo de 589 nm, chamado de linha D do sódio. Essa luz passa então através de um filtro polarizador e a luz plano-polarizada resultante prossegue através de um tubo contendo uma solução da substância opticamente ativa, que provoca a rotação do plano. A polarização da luz emergente pode ser determinada através da rotação de um segundo filtro e da observação da orientação que permite que a luz passe.

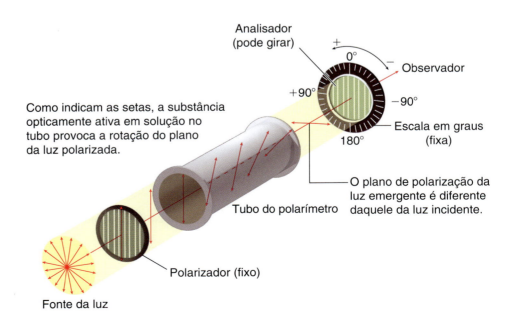

FIGURA 5.10
Os componentes de um polarímetro.

Origem da Atividade Óptica

Em 1847, uma explicação para a origem da atividade óptica foi proposta pelo cientista francês Louis Pasteur. A pesquisa de Pasteur sobre sais do ácido tartárico (discutida mais adiante neste capítulo) conduziu à conclusão de que a atividade óptica é uma consequência direta da quiralidade. Isto é, substâncias quirais são opticamente ativas, enquanto substâncias aquirais não são. Além disso, Pasteur notou que enantiômeros (imagens especulares não sobreponíveis) giram o plano da luz polarizada em magnitudes iguais, mas em sentidos opostos. Exploraremos essa ideia em mais detalhe.

Rotação Específica

Quando uma solução de substância quiral é inserida em um polarímetro, a **rotação observada** (simbolizada pela letra grega alfa, α) dependerá do número de moléculas que a luz encontra quando ela se desloca através da solução. Se a concentração da solução é duplicada, a rotação observada será duplicada. O mesmo ocorre para a distância percorrida pela luz através da solução (o caminho óptico). Se o caminho óptico é duplicado, a rotação observada será duplicada. De modo a comparar a rotação de várias substâncias, os cientistas tiveram de escolher um conjunto de condições-padrão. Utilizando uma concentração-padrão (1 g/mL) e caminho óptico-padrão (1 dm) para medir experimentalmente as rotações, é possível realizar comparações entre as substâncias. A **rotação específica** para uma substância é definida como a rotação observada nessas condições-padrão.

Muitas vezes não é prático utilizar a concentração de 1 g/mL quando se mede experimentalmente a atividade óptica de uma substância, porque os químicos frequentemente trabalham com quantidades muito pequenas de uma substância (miligramas em vez de gramas). Muitas vezes, a atividade óptica pode ser medida experimentalmente utilizando-se soluções bastante diluídas. Para levar em conta o uso de condições que não são as condições-padrão, a rotação específica pode ser calculada de acordo com:

$$\text{Rotação específica} = [\alpha] = \frac{\alpha}{c \times l}$$

em que $[\alpha]$ é a rotação específica, α é a rotação observada experimentalmente, c é a concentração (medida em gramas por mililitros), e l é o caminho óptico (medido em decímetros, em que 1 dm = 10 cm). Dessa maneira, a rotação específica de uma substância pode ser calculada para concentrações e caminhos ópticos diferentes das condições-padrão. A rotação específica de uma substância é uma constante física, assim como seu ponto de fusão ou ponto de ebulição.

A rotação específica de uma substância é também sensível à temperatura e ao comprimento de onda, mas esses fatores não podem ser incorporados à equação, pois a relação entre esses fatores e a rotação específica não é uma relação linear. Em outras palavras, duplicando-se a temperatura não necessariamente dobra-se a rotação observada experimentalmente; na realidade, o aumento da temperatura pode às vezes provocar uma diminuição na rotação observada experimentalmente. O comprimento de onda escolhido também pode afetar a rotação observada experimentalmente de modo não linear. Portanto, esses dois fatores são simplesmente reportados no seguinte formato:

$$[\alpha]_{\lambda}^{T}$$

em que T é a temperatura (em graus Celsius) e λ é o comprimento de onda da luz utilizada. Alguns exemplos são vistos a seguir:

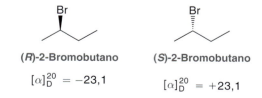

em que D representa a linha D do sódio (589 nm). Observe que as rotações específicas para enantiômeros são iguais em magnitude, mas de sinais opostos (sentidos opostos). Uma substância exibindo uma rotação específica (+) é chamada de **dextrógira** (ou **dextrorrotatória**), ou **d**, enquanto uma

Estereoisomeria 209

substância exibindo uma rotação negativa (−) é chamada de **levógira** (ou **levorrotatória**), ou ***l***. No exemplo anterior o primeiro enantiômero é levógiro e é, portanto, chamado de (−)-2-bromobutano, enquanto o segundo enantiômero é dextrógiro e é, portanto chamado de (+)-2-bromobutano. Não existe relação direta entre o sistema *R/S* de nomenclatura e o sinal da rotação específica (+ ou −). Os descritores (*R*) e (*S*) referem-se à configuração (a distribuição tridimensional) de um centro de quiralidade, o que é independente das condições. Por outro lado, os descritores (+) e (−) referem-se ao sentido em que a luz plano-polarizada gira, o que é dependente das condições. Como exemplo, consideremos a estrutura do ácido (*S*)-aspártico:

A configuração do centro de quiralidade dessa substância é *S*, independentemente da temperatura. Entretanto, a atividade óptica dessa substância é muito sensível à temperatura, ela é levógira a 20ºC, mas é dextrógira a 100ºC. Esse exemplo ilustra que não podemos utilizar a configuração (*R* ou *S*) para antecipar se uma substância será (+) ou (−). O sentido e a magnitude da atividade óptica só podem ser determinados experimentalmente.

DESENVOLVENDO A APRENDIZAGEM

5.5 CÁLCULO DA ROTAÇÃO ESPECÍFICA

APRENDIZAGEM Quando 0,300 g de sacarose é dissolvido em 10,0 mL de água e colocado em uma célula de 10 cm de comprimento, é observada uma rotação de +1,99 (utilizando-se a linha D do sódio a 20°C). Calcule a rotação específica da sacarose.

 SOLUÇÃO

ETAPA 1
Utilização da seguinte equação.

A equação vista a seguir pode ser utilizada para calcular a rotação específica:

$$\text{Rotação específica} = [\alpha] = \frac{\alpha}{c \times l}$$

e o problema fornece todos os valores necessários para inserirmos nesta equação. Precisamos apenas nos certificar de que as unidades estão corretas: A *concentração* (c) tem que estar em gramas por mililitro. O problema informa que 0,300 g é dissolvido em 10,0 mL. Portanto, a concentração é 0,300 g/10 mL = 0,03 g/mL. O *caminho óptico* (*l*) tem que ser registrado em decímetros (em que 1 dm = 10 cm). O problema informa que o caminho óptico é de 10,0 cm, o que equivale a 1,00 dm. Agora, simplesmente inserimos os valores na equação:

ETAPA 2
Inserção dos seguintes valores.

$$\text{Rotação específica} = [\alpha] = \frac{\alpha}{c \times l} = \frac{+1,99°}{0,03 \text{ g/mL} \times 1,00 \text{ dm}} = +66,3$$

A temperatura (20°C) e o comprimento de onda (linha D do sódio) são relatados como sobrescrito e subscrito, respectivamente. Observe que a rotação específica é geralmente relatada como se fosse um número adimensional.

$$[\alpha]_D^{20} = +66,3$$

PRATICANDO
o que você aprendeu

5.12 Quando 0,575 g de glutamato monossódico (GMS) é dissolvido em 10 mL de água e a solução é inserida em uma célula de 10,0 cm de comprimento, a rotação observada experimentalmente, a 20°C (utilizando-se a linha D do sódio), é de +1,47°. Calcule a rotação específica do GMS.

APLICANDO o que você aprendeu

5.13 Quando 0,095 g de colesterol é dissolvido em 1 mL de éter e a solução é inserida em uma célula de 10,0 cm de comprimento, a rotação observada experimentalmente, a 20°C (utilizando-se a linha D do sódio), é de −2,99°. Calcule a rotação específica do colesterol.

5.14 Quando 1,30 g de mentol é dissolvido em 5,00 mL de éter, e a solução é inserida em uma célula de 10,0 cm de comprimento, a rotação observada experimentalmente, a 20°C (utilizando-se a linha D do sódio), é de +0,57°. Calcule a rotação específica do mentol.

5.15 Faça uma estimativa do valor da rotação específica da substância vista a seguir. Justifique a sua resposta.

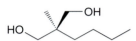

5.16 A rotação específica do (S)-2-butanol é de +13,5. Se 1,00 g deste enantiômero é dissolvido em 10,0 mL de etanol e a solução é inserida em uma célula de 1,0 dm, que rotação observada experimentalmente você espera?

é necessário **PRATICAR MAIS?** Tente Resolver os Problemas 5.44, 5.50c, 5.52

Excesso Enantiomérico

Uma solução contendo um único enantiômero é chamada de **opticamente pura**, ou **enantiomericamente pura**. Isto é, o outro enantiômero está completamente ausente.

Uma solução contendo quantidades iguais de ambos os enantiômeros é chamada de **mistura racêmica** e será opticamente inativa. Quando a luz plano-polarizada passa através dessa mistura, a luz encontra uma molécula de cada vez, girando um pouco a cada interação. Como existem iguais quantidades de ambos os enantiômeros, a rotação resultante será de zero grau. Embora, as substâncias individuais sejam opticamente ativas, a mistura é opticamente inativa.

Uma solução contendo os dois enantiômeros em quantidades diferentes será opticamente ativa. Por exemplo, imagine uma solução de 2-butanol, contendo 70% do (R)-2-butanol e 30% do (S)-2-butanol. Em tal solução, existe um excesso de 40% do enantiômero R (70% − 30%). O restante da solução é uma mistura racêmica de ambos os enantiômeros. Neste caso o **excesso enantiomérico** (*ee*) é de 40%.

A % de *ee* de uma substância é medida experimentalmente da seguinte maneira:

$$\% \text{ de } ee = \frac{|\alpha \text{ observado}|}{|\alpha \text{ do enantiômero puro}|} \times 100\%$$

Iremos agora praticar utilizando essa expressão para calcular a % de *ee*.

DESENVOLVENDO A APRENDIZAGEM

5.6 CÁLCULO DA % DE *ee*

APRENDIZAGEM A rotação específica da adrenalina opticamente pura em água (a 25°C) é de −53°. Um químico projetou uma rota sintética para a preparação de adrenalina opticamente pura, mas suspeitou que o produto estivesse contaminado com pequenas quantidades do enantiômero indesejado. A rotação específica observada foi de −45°. Calcule a % de *ee* do produto.

 SOLUÇÃO

ETAPA 1 Utilização da seguinte equação.

Utilizamos a seguinte equação para calcular a % de *ee*:

$$\% \text{ de } ee = \frac{|\alpha \text{ observado}|}{|\alpha \text{ do enantiômero puro}|} \times 100\%$$

e então inserimos os valores dados:

ETAPA 2
Inserção dos valores dados.

$$\% \text{ de } ee = \frac{45}{53} \times 100\%$$
$$= 85\%$$

Um *ee* de 85% indica que 85% do produto é adrenalina enquanto 15% é uma mistura racêmica de adrenalina e seu enantiômero (7,5% de adrenalina e 7,5% do seu enantiômero). Um *ee* de 85% indica, portanto, que o produto é constituído de 92,5% de adrenalina e 7,5% do seu enantiômero.

PRATICANDO
o que você aprendeu

5.17 A rotação específica de L-dopa em água (a 15°C) é de −39,5°. Um químico preparou uma mistura de L-dopa e seu enantiômero e a mistura apresentou rotação específica de −37. Calcule a % de *ee* da mistura.

5.18 A rotação específica da efedrina em etanol (a 20°C) é de −6,3°. Um químico preparou uma mistura de efedrina e seu enantiômero e a mistura apresentou rotação específica de −6,0. Calcule a % de *ee* da mistura.

5.19 A rotação específica da vitamina B_7 em água (a 22°C) é de +92. Um químico preparou uma mistura da vitamina B_7 e seu enantiômero e a mistura apresentou rotação específica de +85. Calcule a % de *ee* da mistura.

APLICANDO
o que você aprendeu

5.20 A rotação específica da L-alanina em água (a 25°C) é de +2,8. Um químico preparou uma mistura de L-alanina e de seu enantiômero, e 3,50 g da mistura foram dissolvidos em 10,0 mL de água. Essa solução foi inserida um uma célula de caminho óptico de 10,0 cm e a rotação observada experimentalmente foi de +0,78. Calcule a % de *ee* da mistura.

é necessário **PRATICAR MAIS?** Tente Resolver os Problemas 5.40, 5.50a,b

5.5 Relações Estereoisoméricas: Enantiômeros e Diastereoisômeros (ou Simplesmente Diastereômeros)

Na Seção 5.1 vimos que estereoisômeros têm a mesma constituição (conectividade dos átomos), mas não são sobreponíveis (diferem em sua distribuição espacial dos átomos). Estereoisômeros podem ser subdivididos em duas categorias, como mostrado na Figura 5.11.

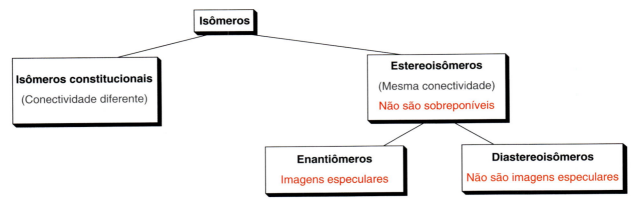

FIGURA 5.11
As principais categorias de estereoisômeros.

Os enantiômeros são estereoisômeros que são imagens especulares um do outro, enquanto **diastereoisômeros** (ou simplesmente **diastereômeros**) são estereoisômeros que não são imagens especulares. De acordo com essas definições entendemos porque isômeros *cis-trans* (discutidos no começo deste capítulo) são diastereoisômeros, em vez de enantiômeros.

Considere, novamente, as estruturas do *cis*-2-buteno e do *trans*-2-buteno:

cis-2-Buteno   *trans*-2-Buteno

Eles são estereoisômeros, mas não são imagens especulares um do outro e são, portanto, diastereoisômeros. Uma importante diferença entre enantiômeros e diastereoisômeros é a de que enantiômeros apresentam as mesmas propriedades físicas (como visto na Seção 5.4), enquanto diastereoisômeros têm diferentes propriedades físicas (como visto na Seção 5.1).

A diferença entre enantiômeros e diastereoisômeros torna-se especialmente relevante quando consideramos substâncias com mais de um centro de quiralidade. Como exemplo, considere a estrutura vista a seguir:

Esta substância tem dois centros de quiralidade. Cada um pode apresentar a configuração *R* ou a configuração *S*, dando origem a quatro possíveis estereoisômeros (dois pares de enantiômeros)

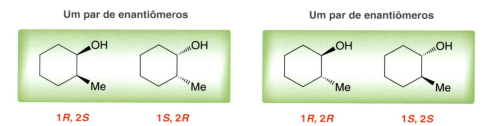

Um par de enantiômeros

1*R*, 2*S*   1*S*, 2*R*

Um par de enantiômeros

1*R*, 2*R*   1*S*, 2*S*

Para descrevermos a relação entre esses quatro estereoisômeros, olhamos primeiro para um deles e descrevemos a sua relação para com os outros três estereoisômeros. O primeiro estereoisômero anterior tem configuração (1*R*, 2*S*). Esse estereoisômero tem apenas uma imagem especular, ou enantiômero, que tem configuração (1*S*, 2*R*). O terceiro estereoisômero não é imagem especular do primeiro estereoisômero, sendo, portanto, diastereoisômero. De modo semelhante, existe uma relação diastereoisomérica entre o primeiro e o quarto estereoisômero, pois eles não são imagens especulares um do outro.

Para ajudar a visualizar melhor a relação entre essas quatro substâncias usaremos uma analogia. Imagine uma família com quatro crianças (dois pares de gêmeos). O primeiro par de gêmeos é igual um ao outro em quase tudo, exceto pela presença de uma marca de nascença. Uma criança tem a marca de nascença do lado direito do rosto enquanto a outra do lado esquerdo. Esses gêmeos podem ser distinguidos pela posição desta marca de nascença. Eles são imagens especulares não sobreponíveis um do outro. O segundo par de gêmeos é bastante diferente do primeiro par. Entretanto, o segundo par é novamente idêntico um ao outro exceto pela posição da marca de nascença no rosto. Eles são imagens especulares não sobreponíveis um do outro.

Nessa família de quatro crianças, cada criança tem um gêmeo e outros dois irmãos. A mesma relação existe entre os quatro estereoisômeros anteriores. Nessa família molecular, cada estereoisômero tem exatamente um enantiômero (gêmeo que é uma imagem especular) e dois diastereoisômeros (irmãos).

Agora considere o caso com três centros de quiralidade:

Novamente, cada centro de quiralidade pode ter configuração *R* ou configuração *S,* conduzindo a uma família de oito possíveis estereoisômeros:

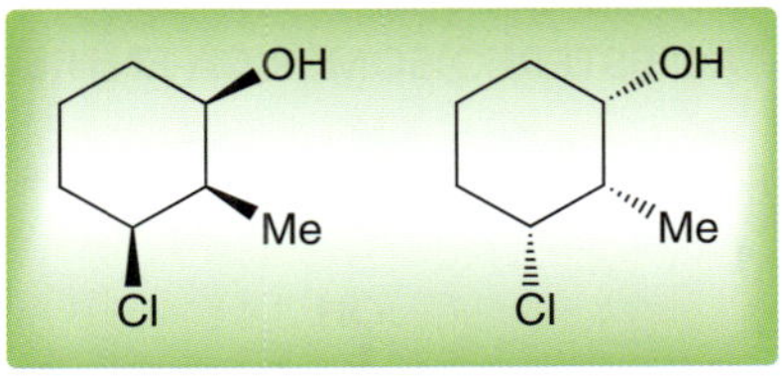

| 1*R*, 2*R*, 3*S* | 1*S*, 2*S*, 3*R* | 1*R*, 2*R*, 3*R* | 1*S*, 2*S*, 3*S* |

| 1*R*, 2*S*, 3*S* | 1*S*, 2*R*, 3*R* | 1*R*, 2*S*, 3*R* | 1*S*, 2*R*, 3*S* |

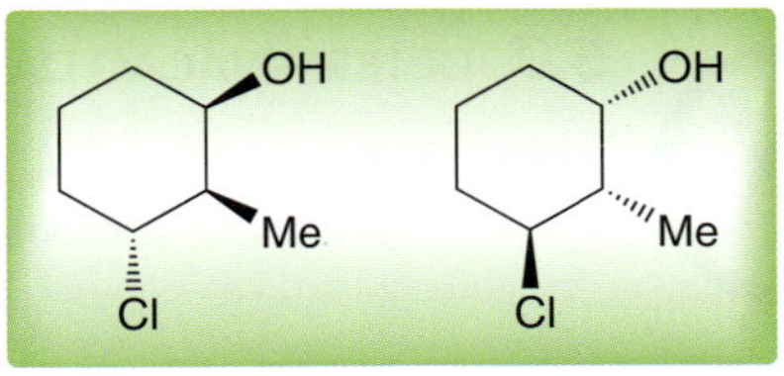

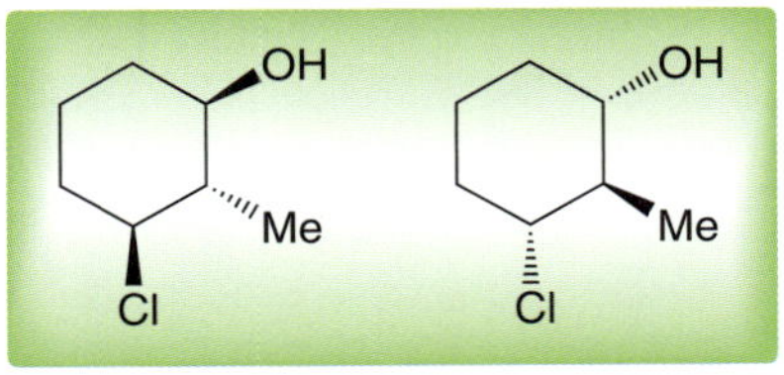

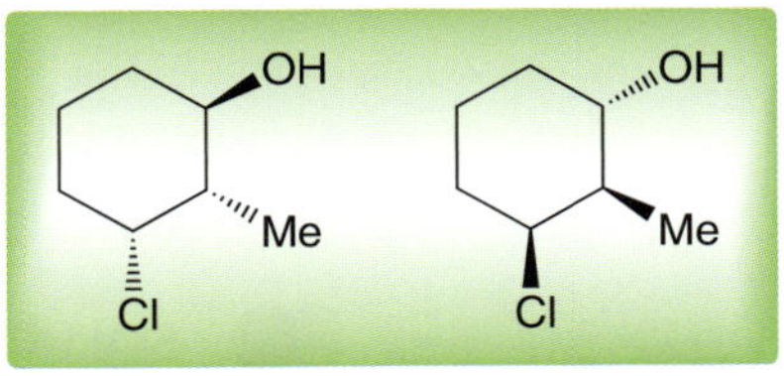

Esses oito estereoisômeros estão distribuídos na figura anterior em quatro pares de enantiômeros. Para ajudar a visualizar, imaginamos uma família com oito crianças (quatro pares de gêmeos). Cada par de gêmeos é idêntico um ao outro com exceção da presença de uma marca de nascença, permitindo distingui-los. Nessa família, cada criança terá um gêmeo e outros seis irmãos. De modo semelhante, na família molecular cada estereoisômero tem exatamente um enantiômero (gêmeo que é uma imagem especular), e dois diastereoisômeros (irmãos).

Observe que a presença de três centros de quiralidade produz uma família de quatro pares de enantiômeros. Uma substância com quatro centros de quiralidade gerará uma família de oito pares de enantiômeros. Isso conduz a uma questão óbvia: Qual a relação entre o número de centros de quiralidade e o número de estereoisômeros em uma família? Esta relação pode ser resumida da seguinte maneira:

$$\text{Número máximo de estereoisômeros} = 2^n$$

em que *n* se refere ao número de centros de quiralidade. Uma substância com quatro centros de quiralidade pode ter um máximo de 2^4 estereoisômeros = 16 estereoisômeros, ou oito pares de enantiômeros. Como outro exemplo, considere a estrutura do colesterol:

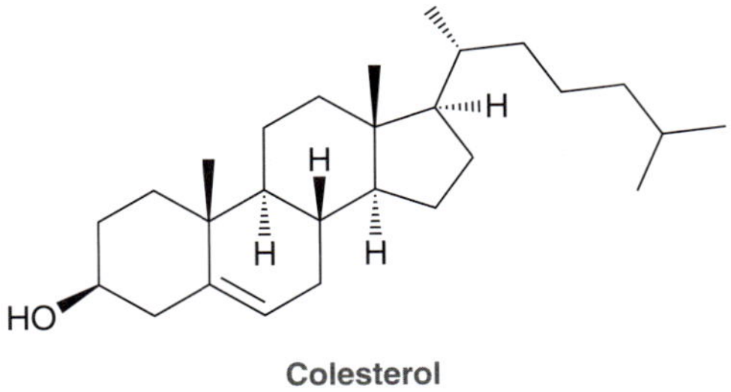

Colesterol

O colesterol tem oito centros de quiralidade, originando uma família de 2^8 estereoisômeros (256 estereoisômeros). Especificamente o estereoisômero mostrado tem apenas um enantiômero e 254 diastereoisômeros, apesar de a estrutura apresentada ser o único estereoisômero produzido pela natureza.

214 CAPÍTULO 5

DESENVOLVENDO A APRENDIZAGEM

5.7 DETERMINAÇÃO DA RELAÇÃO ESTEREOISOMÉRICA ENTRE DUAS SUBSTÂNCIAS

APRENDIZAGEM Identifique se cada um dos pares de substâncias vistos a seguir é enantiômero ou diastereoisômero:

(a)

(b)

SOLUÇÃO

(a) Em Desenvolvendo a Aprendizagem 5.2 vimos como representar o enantiômero de uma substância. Particularmente, vimos que o modo mais fácil de representar a substância é invertendo todos os centros de quiralidade. Isto é, todas as cunhas tracejadas são representadas como cunhas cheias e todas as cunhas cheias são representadas como cunhas tracejadas. Assim, duas substâncias só podem ser enantioméricas se todos os seus centros de quiralidade tiveram configuração oposta. Vamos analisar cuidadosamente os três centros de quiralidade em cada substância. Dois dos três centros de quiralidade têm configuração oposta:

ETAPA 1
Comparação da configuração de cada centro de quiralidade.

Mas existe ainda um centro de quiralidade que tem a mesma configuração em ambos os estereoisômeros:

ETAPA 2
Se apenas um dos centros de quiralidade tiver configuração oposta, então as substâncias são diastereoisômeros.

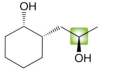

Portanto, esses estereoisômeros não são imagens especulares um do outro, eles são diastereoisômeros.

(b) Novamente, compare a configuração dos centros de quiralidade em ambas as substâncias. O primeiro centro de quiralidade é facilmente identificado como tendo configuração diferente em cada substância:

ETAPA 1
Comparação da configuração de cada centro de quiralidade.

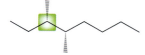
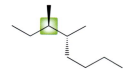

O segundo centro de quiralidade é difícil de comparar em uma rápida inspeção, porque o esqueleto está representado em uma conformação diferente (lembre-se de que ligações simples estão sempre livres para girar). Quando em dúvida, você pode sempre assinalar a configuração (*R* ou *S*) para cada centro de quiralidade e compará-las:

ETAPA 2
Se todos os centros de quiralidade tiverem configuração oposta, então as substâncias são enantiômeros.

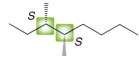
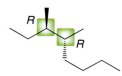

Estereoisomeria 215

Quando comparamos esses estereoisômeros, ambos os centros de quiralidade têm configuração oposta, de modo que essas substâncias são enantiômeros.

PRATICANDO o que você aprendeu

5.21 Identifique se cada um dos pares de substâncias vistos a seguir é enantiômero ou diastereoisômero:

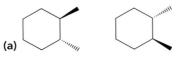

(a) (b)

(c) (d)

(e)

APLICANDO o que você aprendeu

5.22 Identifique a relação entre as seguintes substâncias:

Sugestão: Preste atenção ao número de centros de quiralidade.

é necessário **PRATICAR MAIS?** Tente Resolver os Problemas 5.36a–j,l, 5.41c,e–k, 5.49a,c,e–j, 5.57

5.6 Simetria e Quiralidade

Simetria Rotacional *versus* Simetria Reflexional

Nesta seção aprenderemos como determinar se uma substância é quiral ou aquiral. É verdade que qualquer substância com um único centro de quiralidade é quiral. Mas esta afirmação não é necessariamente verdadeira para substâncias com dois centros de quiralidade. Considere os isômeros *cis* e *trans* do 1,2-dimetilciclo-hexano:

trans-1,2-Dimetilciclo-hexano   *cis*-1,2-Dimetilciclo-hexano

Cada uma dessas substâncias tem dois centros de quiralidade, mas o isômero *trans* é quiral, enquanto o *cis* não é quiral. Para entender o porquê, precisamos explorar a relação entre simetria e quiralidade. Vamos rapidamente revisar os diferentes tipos de simetria.

De modo geral, existem apenas dois tipos de simetria: **simetria rotacional** e **simetria reflexional**. A primeira substância na figura anterior (o isômero *trans*) exibe simetria rotacional. Para visualizar, imagine que o anel do ciclo-hexano é espetado com um espeto imaginário. Então imagine, enquanto os seus olhos estão fechados, que giramos o espeto:

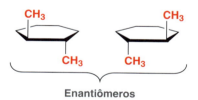

Se após abrir os olhos for impossível determinar se a rotação ocorreu ou não, então a molécula apresenta simetria rotacional. Esse espeto imaginário é chamado de **eixo de simetria**.

Agora consideremos a estrutura do isômero *cis*:

Essa substância não possui o mesmo eixo de simetria que exibe o isômero *trans*. Se espetarmos o espeto imaginário, teríamos que girar 360° para gerar a mesma imagem. O mesmo ocorre se espetarmos a molécula a partir de qualquer ângulo. Portanto, essa substância não exibe simetria rotacional. Entretanto, a substância exibe simetria reflexional. Enquanto fecha os olhos, imagine a molécula refletida sobre o plano mostrado na Figura 5.12. Isto é, tudo do lado direito é refletido no lado esquerdo, e tudo do lado esquerdo é refletido no lado direito. Quando você abre os seus olhos, você não terá condições de determinar se ocorreu ou não a reflexão. Essa molécula possui um **plano de simetria**.

Resumindo, a molécula com um eixo de simetria possui simetria rotacional e a molécula com um plano de simetria possui simetria reflexional. Com o conhecimento desses dois tipos de simetria, podemos agora explorar a relação entre simetria e quiralidade. Particularmente, *a quiralidade é independente da simetria rotacional*. Isto é, a presença ou ausência de um eixo de simetria é completamente irrelevante quando determinamos se uma substância é quiral ou aquiral. Vimos que o *trans*-1,2-dimetilciclo-hexano possui simetria rotacional, todavia, a substância é quiral e exibe um par de enantiômeros:

Enantiômeros

Mesmo a presença de diversos eixos de simetria não indica se a molécula é quiral ou aquiral. A quiralidade é dependente somente da presença ou ausência de simetria reflexional. *Qualquer substância que possuir um plano de simetria em qualquer conformação será aquiral*. Vimos que o isômero *cis* do 1,2-dimetilciclo-hexano exibe um plano de simetria e, portanto, a substância é aquiral. Ela é idêntica à sua imagem especular. Ela não possui enantiômero.

Apesar da presença de um plano de simetria mostrar que uma molécula é aquiral, o inverso não é sempre verdadeiro; isto é, a ausência de um plano de simetria não necessariamente significa que a substância é quiral. Por quê? Porque o plano de simetria é apenas um tipo de simetria reflexional. Existem outros tipos de simetria refexional e a presença de qualquer tipo de simetria reflexional fará com que uma substância seja aquiral. Como exemplo, considere a seguinte substância:

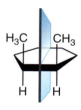

FIGURA 5.12
Uma ilustração apresentando o plano de simetria presente no *cis*-1,2-dimetilciclo-hexano.

Essa substância não possui um plano de simetria, mas possui outro tipo de simetria reflexional. Em vez de refletir em um plano, imagine a reflexão sobre um ponto no centro da molécula. A reflexão sobre um ponto (em vez de um plano) é chamada de *inversão*. Durante o processo de inversão, o grupo metila situado na parte de cima da representação (com cunha cheia) é refletido para a parte debaixo da estrutura (com cunha tracejada). De modo semelhante, o grupo metila situado na parte debaixo da representação (com cunha tracejada) é refletido para a parte de cima (com cunha cheia). Todos os outros grupos são também refletidos em torno do centro dessa substância. Se os seus olhos estiverem fechados quando ocorre a reflexão, você não será capaz de afirmar se ocorreu alguma coisa. Diz-se que a substância possui um centro de inversão, que faz com que a substância tenha simetria reflexional. Como resultado, a substância é aquiral apesar de não possuir um plano de simetria.

Existem também outros tipos de simetria reflexional, mas eles estão além do escopo de nossa discussão. Para os nossos propósitos, será suficiente procurar por um plano de simetria. Podemos resumir a relação entre simetria e quiralidade com as três afirmações vistas a seguir:

- A presença ou ausência de simetria rotacional é irrelevante para a quiralidade.
- Uma substância que apresentar plano de simetria será aquiral.
- Uma substância que não possuir um plano de simetria será provavelmente quiral (apesar de existirem raras exceções, que podem ser ignoradas para os nossos propósitos).

Iremos agora praticar a identificação de planos de simetria.

VERIFICAÇÃO CONCEITUAL

5.23 Para cada um dos objetos vistos a seguir determine se ele possui ou não um plano de simetria:

5.24 Um dos objetos anteriores tem três planos de simetria. Identifique esse objeto.

5.25 Cada uma das moléculas vistas a seguir tem um plano de simetria. Encontre o plano de simetria em cada caso: (*Sugestão*: Um plano de simetria pode dividir um átomo em dois.)

Substâncias *Meso*

Vimos que a presença de um centro de quiralidade não necessariamente faz com que uma substância seja quiral. Especificamente, uma substância que possui simetria reflexional será aquiral apesar de possuir centros de quiralidade. Tais substâncias são chamadas de **substâncias *meso***. Uma família de estereoisômeros contendo uma substância *meso* terá menos do que 2^n estereoisômeros. Como exemplo, considere a seguinte substância:

Essa substância tem dois centros de quiralidade e, portanto, seriam esperados 2^2 (=4) estereoisômeros. Em outras palavras, esperamos dois pares de enantiômeros:

Um par de
enantiômeros

Estas duas estruturas
representam a mesma substância

O primeiro par de enantiômeros está de acordo com as nossas expectativas. Entretanto, o segundo par é na verdade apenas uma substância. Ela possui simetria reflexional e é, portanto, uma substância *meso*:

Plano de simetria

A substância não é quiral e não tem um enantiômero. Para ajudar a visualizar, imagine uma família com três crianças. Um par de gêmeos e outra criança. O par de gêmeos é idêntico um ao outro em quase todos os sentidos exceto pela presença de uma marca de nascença. Uma criança tem a marca no lado direito do rosto enquanto a outra tem a marca de nascença no lado esquerdo. Elas são imagens especulares, não sobreponíveis, uma da outra. Por outro lado, a terceira criança tem duas marcas de nascença, uma em cada lado do rosto. Esta criança é sobreponível com a sua própria imagem especular; ela não possui um gêmeo. Essa família de três crianças é semelhante à família molecular de três estereoisômeros mostrada anteriormente.

DESENVOLVENDO A APRENDIZAGEM

5.8 IDENTIFICAÇÃO DE SUBSTÂNCIAS *MESO*

APRENDIZAGEM Represente todos os possíveis estereoisômeros do 1,3-dimetilciclopentano:

SOLUÇÃO

Essa substância tem dois centros de quiralidade, então esperamos quatro possíveis estereoisômeros (dois pares de enantiômeros):

Antes de concluirmos que existem quatro estereoisômeros aqui, precisamos procurar ver se algum par de enantiômeros é, na verdade, apenas uma substância *meso*. O primeiro par representa realmente um par de enantiômeros.

Estudantes geralmente têm dificuldades em ver que essas duas substâncias não são sobreponíveis. É um erro comum acreditar que girando a primeira substância se formará a segunda substância. Isso não é verdade! Lembre-se de que um grupo metila em uma cunha tracejada está apontando para longe de nós (para trás do papel), enquanto um grupo metila em uma cunha cheia está apontando para nós (para a frente do papel). Quando a substância vista anteriormente é girada sobre um eixo vertical, o grupo metila do lado esquerdo termina no lado direito da substância, mas ele não continua com uma cunha cheia. Por quê? Antes da rotação, ele estava apontando para nós, mas após a rotação, ele está apontando para longe de nós (um *kit* de montagem de modelos moleculares ajudará você a visualizar isso). Como resultado, esse grupo metila termina como uma cunha tracejada no lado direto da substância. O destino do outro grupo metila é similar. Antes da rotação, ele se encontra em uma cunha tracejada no lado direito da substância, mas após a rotação ele termina no lado esquerdo como uma cunha cheia. Como resultado, a rotação dessa substância irá apenas regenerar a mesma representação:

A rotação dessa substância jamais irá dar o seu enantiômero:

Essas substâncias são enantiômeros porque elas não possuem simetria reflexional. Possuem apenas simetria rotacional, o que é completamente irrelevante.

Por outro lado, o segundo par de substâncias não representa um par de enantiômeros; em vez disso, representa duas representações de uma mesma substância (uma substância *meso*):

Um par de enantiômeros

Estas duas estruturas representam a mesma substância

Essa família molecular é, portanto, constituída de apenas três estereoisômeros – um par de enantiômeros e uma substância *meso*:

Um par de enantiômeros

Uma substância *meso*

220 CAPÍTULO 5

PRATICANDO
o que você aprendeu

5.26 Represente todos os possíveis estereoisômeros para cada uma das substâncias vistas a seguir. Cada possível estereoisômero deverá ser representado apenas uma vez:

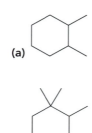
(a)

(b)

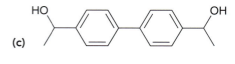
(c)

(d)

(e)

APLICANDO
o que você aprendeu

5.27 Existem apenas dois possíveis estereoisômeros do 1,4-dimetilciclo-hexano. Represente-os e explique por que apenas dois estereoisômeros são observados.

5.28 Quantos estereoisômeros você espera que existam para a substância vista a seguir? Represente todos os estereoisômeros.

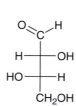

- - -> é necessário **PRATICAR MAIS?** Tente Resolver os Problemas 5.37, 5.46, 5.47, 5.51, 5.53a,b,d,f-h

5.7 Projeções de Fischer

Existe outro tipo de representação que é frequentemente usado quando lidamos com substâncias que possuem múltiplos centros de quiralidade. Essas representações, chamadas de **projeções de Fischer**, foram desenvolvidas pelo químico alemão Emil Fischer em 1891. Fischer estava investigando açúcares, que apresentam múltiplos centros de quiralidade. De modo a possibilitar uma rápida representação dessas substâncias, ele desenvolveu um método mais rápido para representar centros de quiralidade:

Dois centros de quiralidade   Três centros de quiralidade   Quatro centros de quiralidade

Para cada centro de quiralidade em uma projeção de Fischer, as linhas horizontais são consideradas como vindo para fora da página, enquanto as linhas verticais são consideradas como indo para trás da página:

Estereoisomeria   221

As projeções de Fischer são utilizadas principalmente para a análise de açúcares (Capítulo 24, do Volume 2). Além disso, as projeções de Fischer são especialmente úteis para a comparação rápida da relação entre estereoisômeros:

$$
\underbrace{\begin{array}{c} R_1 \\ H-\!\!-\!\!Br \\ H-\!\!-\!\!Br \\ R_2 \end{array} \quad \begin{array}{c} R_1 \\ Br-\!\!-\!\!H \\ Br-\!\!-\!\!H \\ R_2 \end{array}}_{\text{Enantiômeros}} \quad \underbrace{\begin{array}{c} R_1 \\ H-\!\!-\!\!Br \\ H-\!\!-\!\!Br \\ R_2 \end{array} \quad \begin{array}{c} R_1 \\ H-\!\!-\!\!Br \\ Br-\!\!-\!\!H \\ R_2 \end{array}}_{\text{Diastereoisômeros}}
$$

O primeiro par de substâncias são enantiômeros porque todos os centros de quiralidade têm configuração oposta. O segundo par de substâncias são diastereoisômeros. Lembre-se de que duas substâncias serão enantiômeros apenas se os seus centros de quiralidade possuírem configurações opostas. Estudantes geralmente têm problemas em atribuir configurações para centros de quiralidade em uma projeção de Fischer, de modo que vamos praticar este assunto.

DESENVOLVENDO A APRENDIZAGEM

5.9 ATRIBUIÇÃO DA CONFIGURAÇÃO A PARTIR DE UMA PROJEÇÃO DE FISCHER

APRENDIZAGEM   Atribua a configuração do seguinte centro de quiralidade:

SOLUÇÃO

Lembre-se do que uma projeção de Fischer representa. Todas as linhas horizontais são cunhas cheias e as verticais são cunhas tracejadas:

é o mesmo que

Até agora, centros de quiralidade não foram mostrados dessa forma. Estamos mais acostumados a atribuir a configuração quando o centro de quiralidade é representado apenas com uma cunha cheia e uma cunha tracejada:

ETAPA 1
Representa-se uma linha horizontal como uma cunha cheia e representa-se uma linha vertical como uma cunha tracejada.

O centro de quiralidade de uma projeção de Fischer pode ser facilmente convertido neste tipo de representação mais familiar. Escolha apenas uma linha horizontal da projeção de Fischer e represente-a como uma cunha cheia; a seguir, escolha uma linha vertical e represente-a como uma cunha tracejada. A resposta será a mesma, independente de quais as duas linhas escolhidas:

ETAPA 2
Atribuição da configuração utilizando as etapas na seção Desenvolvendo a Aprendizagem 5.4.

A configuração desse centro de quiralidade será *R* em todas as representações. Para ver por que isso funciona, construa um modelo molecular e gire-o para se convencer.

Quando a projeção de Fischer possuir múltiplos centros de quiralidade, este processo é simplesmente repetido para cada centro de quiralidade.

PRATICANDO
o que você aprendeu

5.29 Identifique a configuração dos centros de quiralidade mostrados a seguir:

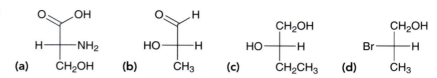

APLICANDO
o que você aprendeu

5.30 Determine a configuração de todos os centros de quiralidade em cada uma das substâncias vistas a seguir.

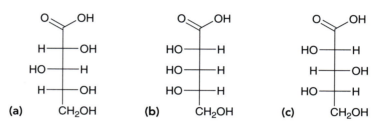

5.31 Represente o enantiômero de cada substância do problema anterior.

› é necessário **PRATICAR MAIS?** Tente Resolver os Problemas 5.39h, 5.41a,b, 5.43c, 5.53c,e, 5.54-5.56

5.8 Sistemas Conformacionalmente Móveis

No capítulo anterior, aprendemos como representar projeções de Newman, e as utilizamos para comparar as várias conformações do butano. Lembre-se de que o butano pode adotar duas conformações alternadas que exibem interações *gauche*:

Essas duas conformações são imagens especulares uma da outra, não sobreponíveis, e sua relação é, portanto, enantiomérica. Entretanto, butano não é uma substância quiral. Ele é opticamente inativo, porque estas duas conformações estão sofrendo interconversão constantemente através da rotação em torno de uma ligação simples (o que ocorre com uma barreira de energia muito baixa). A temperatura teria de ser extremamente baixa para impedir a interconversão dessas duas conformações. Por outro lado, um centro de quiralidade não pode inverter a sua configuração através de rotações em torno de ligações simples. O (*R*)-2-butanol não pode ser convertido no (*S*)-2-butanol através de uma mudança conformacional.

No capítulo anterior, também vimos que ciclo-hexanos substituídos adotam diversas conformações. Considere, por exemplo, o (*cis*)-1,2-dimetilciclo-hexano. A seguir estão as duas conformações em cadeira:

A segunda cadeira foi girada no espaço para ilustrar a relação entre essas duas conformações em cadeira. Essas conformações são imagens especulares uma da outra, embora não sejam sobreponíveis. Para ver isso mais claramente, comparamos as duas conformações da seguinte maneira: Percorrendo o anel no *sentido horário*, verificamos que a primeira cadeira possui inicialmente um grupo metila na posição axial, seguido de um grupo metila equatorial. Na segunda cadeira, percorrendo novamente o anel no *sentido horário*, verificamos que ela tem inicialmente um grupo metila equatorial, seguido de um metila axial. A ordem foi invertida. Essas duas conformações são distinguíveis uma da outra, ou seja, não são sobreponíveis. A relação entre essas duas conformações em cadeira é, portanto, enantiomérica; entretanto, essa substância é opticamente inativa, porque as duas conformações se interconvertem rapidamente à temperatura ambiente.

O procedimento visto a seguir será útil para determinar se uma substância cíclica é opticamente ativa ou não: (1) Representamos a projeção de Haworth para a substância ou simplesmente representamos um anel com cunhas cheias e tracejadas para todos os substituintes e (2) procuramos por um plano de simetria em qualquer uma dessas representações. Por exemplo, o (*cis*)-1,2-dimeticiclo-hexano pode ser representado em qualquer uma das seguintes maneiras:

Plano de simetria interno **Plano de simetria interno**

Em cada representação, um plano de simetria é aparente, e a presença desse plano de simetria indica que a substância é opticamente inativa à temperatura ambiente.

5.9 Resolução de Enantiômeros

Como mencionamos anteriormente, enantiômeros têm as mesmas propriedades físicas (ponto de ebulição, ponto de fusão, solubilidade etc.). Como as técnicas tradicionais de separação baseiam-se na diferença de propriedades físicas, elas não podem ser empregadas para separação de enantiômeros. A **resolução** (separação) de enantiômeros pode ser realizada de diversas maneiras.

Resolução via Cristalização

A primeira resolução de enantiômeros ocorreu em 1847, quando Pasteur separou com sucesso sais enantioméricos do ácido tartárico. O ácido tartárico é uma substância natural, opticamente ativa, encontrada em uvas e facilmente obtida durante o processo de fabricação do vinho.

Apenas esse estereoisômero é encontrado na natureza, e ainda assim Pasteur foi capaz de obter uma mistura racêmica de sais do ácido tartárico a partir de uma fábrica de produtos químicos:

Mistura racêmica de sais do ácido tartárico

Os sais de tartarato foram cristalizados, e Pasteur observou que os cristais apresentavam formas distintas, que eram imagens especulares um do outro, não sobreponíveis. Utilizando apenas uma pinça, ele separou fisicamente os cristais em dois grupos. Dissolveu os cristais de cada grupo em

224 **CAPÍTULO 5**

água e analisou cada solução com um polarímetro, para descobrir que as suas rotações específicas eram iguais em magnitude, mas diferentes no sinal. Pasteur concluiu corretamente que as moléculas deveriam ser imagens especulares não sobreponíveis. Ele foi o primeiro a descrever moléculas como tendo esta propriedade, de modo que é a ele creditada a descoberta da relação entre enantiômeros.

A maioria das misturas racêmicas não é facilmente resolvida em cristais que são imagens especulares, quando se faz uma cristalização. Assim, outros métodos de resolução são necessários. Dois métodos comuns serão discutidos agora.

Agentes Quirais de Resolução

Quando uma mistura racêmica é tratada com um único enantiômero de outra substância, a reação resultante produz um par de diastereoisômeros (em vez de enantiômeros).

Um par de enantiômeros   **Sais diastereoisoméricos**

À esquerda estão os enantiômeros da 1-feniletilamina. Quando a mistura racêmica desses enantiômeros é tratada com ácido (S)-málico, uma reação de transferência de próton produz sais diastereoisoméricos. Diastereoisômeros têm diferentes propriedades físicas e podem, portanto, ser separados por métodos convencionais (tal como cristalização). Uma vez separados, os sais diastereoisoméricos podem ser então convertidos de volta nos enantiômeros originais pelo tratamento com uma base. Assim, o ácido (S)-málico é dito ser um **agente de resolução** devido a ele tornar possível resolver os enantiômeros da 1-feniletilamina.

Cromatografia com Coluna Quiral

A resolução de enantiômeros pode ser obtida com **cromatografia em coluna**. Em uma cromatografia em coluna, as substâncias são separadas umas das outras com base na diferença na maneira como elas interagem com o meio (adsorvente) através do qual elas atravessam. Algumas substâncias interagem mais fortemente com o adsorvente e se movem mais lentamente através da coluna; outras substâncias interagem mais fracamente e se movem mais rapidamente através da coluna. Quando enantiômeros passam através de uma coluna tradicional, eles se deslocam na mesma velocidade porque suas propriedades são idênticas. Entretanto, se um adsorvente quiral é utilizado, os enantiômeros interagem com o adsorvente de modo diferente, o que faz com que eles se desloquem através da coluna com velocidades diferentes. Enantiômeros são frequentemente separados dessa maneira.

REVISÃO DE CONCEITOS E VOCABULÁRIO

SEÇÃO 5.1

- Isômeros constitucionais têm a mesma fórmula molecular, mas diferem na conectividade dos seus átomos.

- **Estereoisômeros** têm a mesma conectividade dos átomos, mas diferem nas distribuições espaciais dos átomos. Os termos cis e trans são utilizados para diferenciar alquenos estereoisoméricos bem como cicloalcanos dissubstituídos.

SEÇÃO 5.2

- Objetos **quirais** não são **sobreponíveis** com sua imagem especular.

- A fonte mais comum de quiralidade molecular é a presença de um **centro de quiralidade**, um átomo de carbono ligando-se a quatro grupos diferentes.

- Uma substância com um centro de quiralidade terá uma imagem especular não sobreponível, chamada de **enantiômero**.

Estereoisomeria 225

SEÇÃO 5.3

- O sistema de Cahn-Ingold-Prelog é utilizado para atribuir a **configuração** de um centro de quiralidade. São atribuídas prioridades aos quatro grupos com base nos seus números atômicos, e a molécula é então girada para uma perspectiva na qual o átomo com a quarta prioridade fica ligado por uma cunha tracejada. Uma sequência 1-2-3 no sentido horário é designada como **R**, enquanto uma sequência no sentido anti-horário é designada como **S**.

SEÇÃO 5.4

- O **polarímetro** é um dispositivo utilizado para medir a capacidade de uma substância orgânica quiral em girar o plano da **luz plano-polarizada**. Tais substâncias são chamadas de **opticamente ativas**. Substâncias que não giram a **luz plano-polarizada** são chamadas de **opticamente inativas**.
- Enantiômeros giram o plano da luz polarizada com a mesma magnitude, mas em sentidos opostos. A **rotação específica** de uma substância é uma propriedade física. Ela é determinada experimentalmente dividindo-se a **rotação observada** de modo experimental pela concentração da solução e pelo caminho óptico.
- Substâncias que exibem rotação positiva (+) são chamadas de **dextrógiras**, enquanto substâncias que exibem rotação negativa (−) são chamadas de **levógiras**.
- Uma solução contendo um único enantiômero é **opticamente pura**, enquanto uma solução contendo quantidades iguais de ambos os enantiômeros é chamada de **mistura racêmica**.
- Uma solução contendo um par de enantiômeros em quantidades diferentes é descrita em termos do **excesso enantiomérico**.

SEÇÃO 5.5

- Para uma substância com múltiplos centros de quiralidade, existe uma família de estereoisômeros. Cada estereoisômero terá no máximo um enantiômero, enquanto os outros membros da família são **diastereoisômeros**.

- O número de estereoisômeros de uma substância não pode ser maior que 2^n, em que n = número de centros de quiralidade.
- Enantiômeros são imagens especulares. Diastereoisômeros não são imagens especulares.

SEÇÃO 5.6

- Existem dois tipos de simetria: **simetria rotacional** e **simetria reflexional**.
- A presença ou ausência de um **eixo de simetria** (simetria rotacional) é irrelevante.
- Uma substância que possui um **plano de simetria** será aquiral.
- Uma substância que não possui um plano de simetria será provavelmente quiral (apesar de existirem raras exceções, que podem ser ignoradas para os nossos propósitos).
- Uma **substância** *meso* contém múltiplos centros de quiralidade, mas é na verdade aquiral, porque ela possui simetria reflexional. Uma família de estereoisômeros que contém uma substância *meso* terá menos que 2^n estereoisômeros.

SEÇÃO 5.7

- **Projeções de Fischer** são representações que transmitem as configurações dos centros de quiralidade, sem utilizar as cunhas cheias ou tracejadas. Todas as linhas horizontais são vistas como cunhas cheias (vindo para fora da página) e todas as linhas verticais são vistas como cunhas tracejadas (indo para trás da página).

SEÇÃO 5.8

- Algumas substâncias, tais como o butano e o (*cis*)-1,2-dimetilciclo-hexano, podem adotar conformações enantiméricas. Essas substâncias são opticamente inativas porque as conformações enantiméricas estão em equilíbrio.

SEÇÃO 5.9

- **Resolução** (separação) de enantiômeros pode ser realizada de diferentes maneiras, incluindo a utilização de **agentes de resolução** ou **cromatografia em coluna** quiral.

REVISÃO DA APRENDIZAGEM

5.1 IDENTIFICAÇÃO DE ESTEREOISÔMEROS *CIS-TRANS*

ETAPA 1 Identificamos e nomeamos todos os quatro grupos ligados à ligação π.

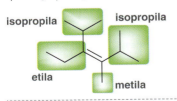

ETAPA 2 Procuramos por dois grupos idênticos em posições vinílicas diferentes e consideramos a configuração como *cis* ou *trans*.

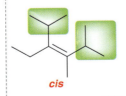

Tente Resolver os Problemas 5.1–5.3, 5.35

5.2 LOCALIZAÇÃO DE CENTROS DE QUIRALIDADE

ETAPA 1 Ignoramos os átomos de carbono com hibridização sp^2 e sp

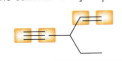

ETAPA 2 Ignoramos grupos CH_2 e CH_3

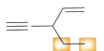

ETAPA 3 Identificamos qualquer átomo de carbono com quatro grupos diferentes

Tente Resolver os Problemas 5.4–5.6, 5.34b, 5.48

5.3 REPRESENTAÇÃO DE UM ENANTIÔMERO

Colocamos o espelho atrás da substância...

...ou colocamos o espelho ao lado da substância...

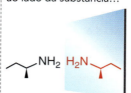

...ou colocamos o espelho embaixo da substância.

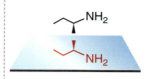

Tente Resolver os Problemas 5.7, 5.8, 5.33, 5.34a, 5.38a–f,i–l

5.4 ATRIBUIÇÃO DA CONFIGURAÇÃO DE UM CENTRO DE QUIRALIDADE

ETAPA 1 Identificamos os quatro átomos ligados ao centro de quiralidade e priorizamos segundo o número atômico.

ETAPA 2 Se dois (ou mais) átomos são idênticos, fazemos uma lista de substituintes e procuramos o primeiro ponto de diferença.

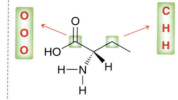

ETAPA 3 Representamos novamente o centro de quiralidade, mostrando apenas as prioridades.

ETAPA 4 Giramos a molécula, de modo que a quarta prioridade fique em uma cunha tracejada.

ETAPA 5 Identificamos o sentido da sequência 1-2-3: horário é *R* e anti-horário é *S*.

Anti-horário = *S*

Tente Resolver os Problemas 5.8–5.10, 5.32, 5.39a–g,i, 5.45

5.5 CÁLCULO DA ROTAÇÃO ESPECÍFICA

EXEMPLO Calcule a rotação específica com as seguintes informações:
- 0,300 g de sacarose dissolvido em 10,0 mL de água
- Caminho óptico = 10,0 cm
- Rotação observada = +1,99°

ETAPA 1 Utilizamos a seguinte equação:

$$\text{Rotação específica} = [\alpha] = \frac{\alpha}{c \times l}$$

ETAPA 2 Inserimos os valores fornecidos:

$$= \frac{+1,99°}{0,03 \text{ g/mL} \times 1,00 \text{ dm}}$$

$$= +66,3$$

Tente Resolver os Problemas 5.12-5.16, 5.44, 5.50c, 5.52

5.6 CÁLCULO DA % DO *ee*

EXEMPLO Com as vistas a seguir, calcule o excesso enantiomérico:
- A rotação específica de adrenalina opticamente pura é −53. Um mistura de (*R*)- e (*S*)-adrenalina mostrou possuir uma rotação específica de −45. Calcule a % de *ee* desta mistura.

ETAPA 1 Utilizamos a seguinte equação:

$$\% \text{ de } ee = \frac{\alpha \text{ observado}}{\alpha \text{ do enantiômero puro}} \times 100\%$$

ETAPA 2 Inserimos os valores fornecidos:

$$= \frac{45}{53} \times 100\% = 85\%$$

Tente Resolver os Problemas 5.17-5.20, 5.40, 5.50a,b

5.7 DETERMINAÇÃO DA RELAÇÃO ESTEREOISOMÉRICA ENTRE DUAS SUBSTÂNCIAS

ETAPA 1 Comparamos a configuração de cada centro de quiralidade.

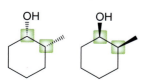

ETAPA 2 Se todos os centros de quiralidade forem de configuração oposta, as substâncias são enantiômeros. Se apenas alguns dos centros de quiralidade forem de configuração oposta, as substâncias são diastereoisômeros.

Enantiômeros

Tente Resolver os Problemas 5.21, 5.22, 5.36a–j,l, 5.41c,e–k, 5.49a,c,e–j

Estereoisomeria

5.8 IDENTIFICAÇÃO DE SUBSTÂNCIAS *MESO*

Exemplo

Represente todos os possíveis estereoisômeros e, então, procure por um plano de simetria em qualquer uma das representações. A presença de um plano de simetria indica uma substância *meso*.

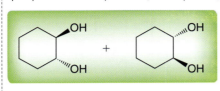

Enantiômeros   Meso

Tente Resolver os Problemas **5.26–5.28, 5.37, 5.46, 5.47, 5.51, 5.53a,b,d,f–h**

5.9 ATRIBUIÇÃO DA CONFIGURAÇÃO A PARTIR DE UMA PROJEÇÃO DE FISCHER

EXEMPLO Atribua a configuração deste centro de quiralidade.

ETAPA 1 Escolhemos uma linha horizontal e a desenhamos como cunha cheia. Escolhemos uma linha vertical e a desenhamos como uma cunha tracejada.

ETAPA 2 Estabelecemos as prioridades.

ETAPA 3 Giramos de modo que a quarta prioridade fique em uma cunha tracejada.

ETAPA 4 Atribuímos a configuração.

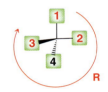

Tente Resolver os Problemas **5.29–5.31, 5.39h, 5.41a,b, 5.43c, 5.53c,e, 5.54–5.56**

PROBLEMAS PRÁTICOS

5.32 A atorvastatina é vendida sob o nome comercial de Lipitor e é utilizada para a diminuição dos níveis de colesterol. As vendas anuais dessa substância excedem US$ 13 bilhões. Atribua a configuração de cada centro de quiralidade da atorvastatina:

5.33 Atropina, extraída da planta *Atropa belladonna*, é utilizada para o tratamento de bradicardia (baixo ritmo cardíaco) e parada cardíaca. Represente o enantiômero da atropina:

5.34 Paclitaxel (comercializado sob o nome comercial Taxol) é encontrado na casca da árvore teixo do Pacífico, *Taxus brevifolia*, e é utilizado no tratamento do câncer:

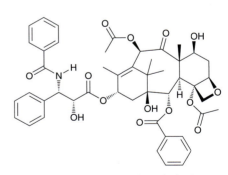

(a) Represente o enantiômero do paclitaxel. (b) Quantos centros de quiralidade esta substância possui?

5.35 Classifique cada uma das seguintes substâncias como *cis*, *trans*, ou não estereoisomérica:

5.36 Para cada um dos pares de substâncias vistas a seguir, determine a relação entre as duas substâncias:

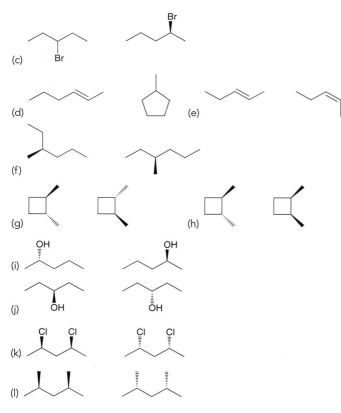

5.37 Indique o número de estereoisômeros esperados para cada uma das seguintes substâncias:

5.38 Represente o enantiômero de cada uma das seguintes substâncias:

5.39 Identifique a configuração de cada um dos centros de quiralidade das seguintes substâncias:

5.40 Você recebe uma solução contendo um par de enantiômeros (A e B). Medidas cuidadosas demonstram que a solução contém 98% de A e 2% de B. Qual o *ee* dessa solução?

5.41 Determine a relação entre as duas substâncias para cada um dos seguintes pares de substâncias:

5.42 Para cada um dos pares de substâncias vistas a seguir, determine a relação entre as duas substâncias:

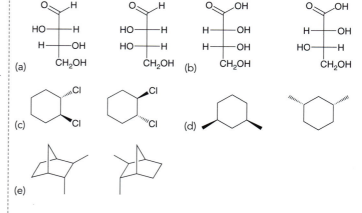

Estereoisomeria | 229

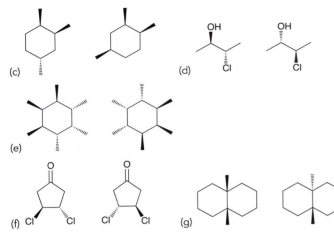

5.43 Determine se as afirmações vistas a seguir são verdadeiras ou falsas:

(a) Uma mistura racêmica de enantiômeros é opticamente inativa.

(b) Uma substância *meso* terá exatamente uma imagem especular não sobreponível.

(c) A rotação de 90° da projeção de Fischer de uma molécula com um único centro de quiralidade gerará o enantiômero da projeção de Fischer original.

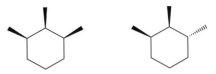

5.44 Quando 0,075 g de penicilamina é dissolvido em 10,0 mL de piridina e inserido em uma célula de 10,0 cm de comprimento, a rotação observada, a 20°C (utilizando a linha D do sódio), é de −0,47°. Calcule a rotação específica da penicilamina.

5.45 (R)-Limoneno é encontrado em muitas frutas cítricas, incluindo laranjas e limões:

Para cada uma das seguintes substâncias identifique se ele é o (R)-limoneno ou seu enantiômero, o (S)-limoneno:

5.46 Cada uma das seguintes substâncias possui um plano de simetria. Encontre o plano de simetria em cada substância. Em alguns casos será necessário girar uma ligação simples para colocar a molécula em uma conformação onde você pode ver mais facilmente o plano de simetria.

5.47 O *cis*-1,3-dimetilciclobutano possui dois planos de simetria. Represente essa substância e identifique os dois planos de simetria.

5.48 Considere as duas substâncias vistas a seguir. Essas substâncias são estereoisômeros do 1,2,3-trimetilciclo-hexano. Uma dessas substâncias tem três centros de quiralidade, enquanto a outra apresenta apenas dois centros de quiralidade. Identifique que substância tem apenas dois centros de quiralidade e explique por quê.

5.49 Para cada um dos pares de substâncias vistas a seguir determine a relação entre as duas substâncias.

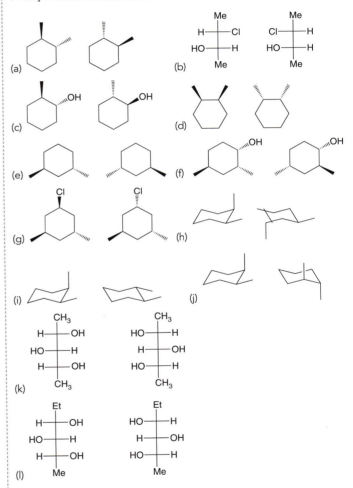

5.50 A rotação específica da (S)-carvona (a 20°C) é de +61. Um químico preparou uma mistura de (R)-carvona e seu enantiômero, e a mistura apresentou uma rotação observada experimentalmente de −55°.

(a) Qual é a rotação específica da (R)-carvona, a 20°C?

(b) Calcule a % de *ee* da mistura.

(c) Qual a porcentagem da (S)-carvona na mistura?

5.51 Identifique se cada uma das seguintes substâncias é quiral ou aquiral:

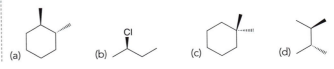

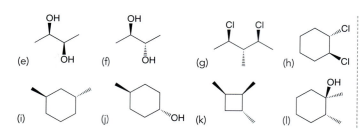

5.52 A rotação específica da vitamina C (utilizando-se a linha D do sódio a 20°C) é de +24. Diga qual é a rotação observada experimentalmente para uma solução contendo 0,100 g de vitamina C dissolvida em 10,0 mL de etanol e transferida para uma célula de 1 dm de comprimento.

PROBLEMAS INTEGRADOS

5.53 Determine se cada uma das seguintes substâncias é opticamente ativa ou opticamente inativa:

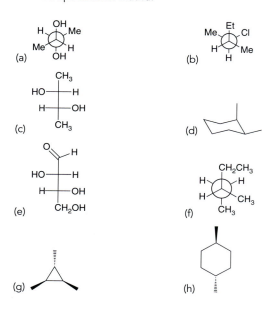

5.54 Represente cada uma das substâncias vistas a seguir utilizando estruturas em bastão e cunhas cheias e tracejadas

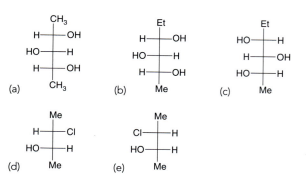

5.55 As perguntas a seguir referem-se as cinco substâncias do Problema 5.54:

(a) Que substância é *meso*?

(b) Uma mistura equimolar das substâncias b e c seria opticamente ativa?

(c) Uma mistura equimolar das substâncias d e e seria opticamente ativa?

5.56 Represente uma projeção de Fischer para cada uma das seguintes substâncias, colocando o grupo —CO_2H na parte superior.

5.57 Para cada um dos seguintes pares de substâncias determine a relação entre as duas substâncias.

5.58 É possível uma substância ser quiral apesar de não possuir um átomo de carbono ligado a quatro grupos diferentes. Por exemplo, considere a estrutura da substância vista a seguir, a qual pertence a uma classe de substâncias conhecidas como alenos. Este aleno é quiral. Represente o seu enantiômero e explique por que esta substância é quiral.

5.59 Baseado na sua análise do problema anterior, determine se o aleno visto a seguir é quiral:

5.60 Como mencionado no Problema 5.58, algumas moléculas são quirais apesar de não possuírem um centro de quiralidade. Por exemplo, considere as duas substâncias mostradas a seguir e explique a fonte de quiralidade em cada caso:

Estereoisomeria **231**

5.61 A substância vista a seguir é reconhecidamente quiral. Represente o seu enantiômero e explique a fonte de quiralidade.

5.62 A substância vista a seguir é opticamente inativa. Explique por quê.

5.63 A substância vista a seguir, cujo anel central é chamado de 1,2,4-trioxano, é um agente anticancerígeno que demonstra atividade contra o osteossarcoma canino (*J. Am. Chem. Soc.* **2012,** *134,* 13554–13557). Atribua a configuração de cada centro de quiralidade e, em seguida, represente todos os estereoisômeros possíveis desta substância, mostrando a relação estereoquímica específica entre cada uma das suas representações.

5.64 A coibacina B é um produto natural, que exibe uma atividade anti-inflamatória potente e atividade potencial no tratamento da leishmaniose, uma doença causada por certos parasitas (*Org. Lett.* **2012,** *14,* 3878-3881):

(a) Atribua a configuração de cada centro de quiralidade na coibacina B.

(b) Identifique o número de estereoisômeros possíveis para esta substância, admitindo que a geometria dos alquenos é fixa.

5.65 Catalisadores quirais podem ser concebidos para favorecer a formação de um único enantiômero em reações em que um novo centro de quiralidade é formado. Recentemente, um novo tipo de catalisador quiral de cobre foi desenvolvido que é "reconfigurável redox". Com este catalisador, o enantiômero *S* do produto predomina quando a forma Cu^I do catalisador é utilizada, e o enantiômero *R* é o produto principal quando a forma Cu^{II} é utilizada (veja a seguir). Este não é um fenômeno geral, e funciona apenas para um número limitado de reações (*J. Am. Chem. Soc.* **2012,** *134,* 8054–8057).

(a) Represente os principais produtos que se formam quando o catalisador de Cu^I ou Cu^{II} é utilizado, especificando a estereoquímica e o catalisador necessário para produzir cada produto.

(b) Considere a tabela, vista a seguir, que resume os resultados da reação utilizando diferentes solventes. Para cada solvente, calcule a % de *S* e a % de *R*. Qual o solvente que produz os melhores resultados?

SOLVENTE	% DE *ee* DO PRODUTO *S*	RENDIMENTO PERCENTUAL DE PRODUTO
Tolueno	24	55
Tetraidrofurano	48	33
CH_3CN	72	55
$CHCl_3$	30	40
CH_2Cl_2	46	44
Hexano	51	30

DESAFIOS

5.66 Em 2010, a estrutura da substância (+)-trigonoliimine A (isolada a partir de folhas de uma planta, na província de Yunnan na China) foi reportada como mostrado a seguir. Em 2011, uma síntese da estrutura reportada foi realizada, e descobriu-se que a configuração de um centro de quiralidade na substância tinha sido incorretamente atribuída em 2010 (*J. Am. Chem. Soc.* **2011,** *133,* 10768–10771):

Estrutura reportada da (+)-trigonoliimine A

(a) Represente a estrutura *correta* da (+)-trigonoliimine A e forneça sua configuração estereoquímica absoluta.

(b) A síntese de 2011 permitiu aos investigadores determinarem que a atribuição original da configuração (do produto natural) estava incorreta. Explique como essa determinação pode ter sido feita.

5.67 Considere a reação vista a seguir, que envolve uma desidrogenação (remoção de dois átomos de hidrogênio vizinhos) e uma reação de Diels-Alder (que aprenderemos no Capítulo 17, do Volume 2). Utilizando um catalisador especialmente projetado, os materiais de partida aquirais são convertidos em um total de quatro produtos estereoisoméricos – dois principais e dois subprodutos (*J. Am. Chem. Soc.* **2011,** *133,* 14892–14895). Um dos produtos principais é mostrado a seguir:

(a) Represente o outro produto principal, que é o enantiômero do produto mostrado.

(b) Os dois subprodutos retêm a ligação *cis* nos carbonos em ponte, mas diferem dos produtos principais em termos da estereoquímica relativa do terceiro centro de quiralidade. Represente os dois subprodutos.

(c) Qual é a relação entre os dois subprodutos?

(d) Qual é a relação entre os produtos principais e os subprodutos?

5.68 Quando uma solução em tolueno da substância derivada do açúcar, mostrada a seguir, é resfriada, as moléculas se auto-organizam em agregados fibrosos que trabalham em conjunto com a tensão superficial do solvente para formar um gel estável (*Langmuir*, **2012**, *28*, 14039–14044). Volte a representar a estrutura mostrando dois anéis não aromáticos em conformação em cadeira com os átomos de hidrogênio em ponte em posições axiais. Certifique-se de conservar a estereoquímica absoluta correta em sua resposta.

5.69 Uma etapa decisiva da reação de Wittig (Capítulo 20) envolve a decomposição de um oxafosfetano, tal como **A**, em dois produtos (*J. Org. Chem.* **1986**, *51*, 3302–3308). Se os dois centros de quiralidade em **A** têm a configuração *R*, determine se a ligação π C═C em **B** terá uma configuração *cis* ou *trans*.

5.70 Considere a estrutura da cetona vista a seguir (*J. Org. Chem.* **2001**, *66*, 2072–2077):

(a) Será que essa substância apresenta simetria rotacional?

(b) Será que essa substância apresenta simetria de reflexão?

(c) A substância é quiral? Se for, represente o seu enantiômero.

5.71 A meloscina, um produto natural, pode ser preparada através de uma síntese de 19 etapas, com o aleno visto a seguir (consulte Problemas 5.58 e 5.59) como um intermediário decisivo (*Org. Lett.* **2012**, *14*, 934–937):

(a) Represente uma projeção de Newman do aleno visto a partir do lado esquerdo da unidade C═C═C. Observe que, neste caso, os carbonos "da frente" e "de trás" da projeção de Newman não estão diretamente ligados um ao outro, mas em vez disso estão separados por um átomo de carbono com hibridização *sp*.

(b) Represente o enantiômero desta substância utilizando estrutura em bastão (usando cunhas cheias/cunhas tracejadas para mostrar a estereoquímica quando for apropriado) e uma projeção de Newman.

(c) Represente dois diastereoisômeros desta substância utilizando estrutura em bastão e projeção de Newman.

5.72 Cada um dos 10 estereoisômeros derivados do açúcar pode ser preparado através de uma síntese de múltiplas etapas começando a partir da glucuronolactona **1D** ou do seu enantiômero **1L**. Dependendo da série de reações específicas utilizadas, a configuração nos átomos de carbono 2, 3 e 5 pode ser retida ou invertida seletivamente ao longo da síntese. Este protocolo não permite a inversão de C4, mas a seleção de **1D** ou **1L** permite o acesso a produtos com qualquer configuração neste centro de quiralidade (*J. Org. Chem.* **2012**, *77*, 7777–7792).

(a) Represente a estrutura de **1L**.

(b) Quantos estereoisômeros de **1D** são possíveis?

(c) Represente as estruturas dos oito produtos quirais (como pares de enantiômeros) e dos dois produtos aquirais.

(d) Apenas quatro dos produtos (incluindo os dois aquirais) podem, teoricamente, ser preparados a partir de qualquer um dos reagentes, **1D** ou **1L**. Identifique estas quatro substâncias e explique a sua resposta.

Reatividade Química e Mecanismos

VOCÊ JÁ SE PERGUNTOU...
como Alfred Nobel obteve a fortuna que ele usou para financiar todos os prêmios Nobel (cada um dos quais inclui um prêmio em dinheiro de mais de um milhão de doláres)?

Como veremos mais adiante neste capítulo, Alfred Nobel ganhou sua vasta fortuna devido ao desenvolvimento e comercialização da dinamite. Muitos dos princípios que fundamentam a concepção de explosivos são os mesmos princípios que regem todas as reações químicas. Neste capítulo, vamos explorar algumas das principais características das reações químicas (incluindo explosões). Vamos explorar os fatores que fazem com que as reações ocorram, bem como os fatores que aceleram as reações. Vamos praticar a representação e análise de diagramas de energia, que serão muito utilizados ao longo deste livro para a comparação de reações. Mais importante ainda, vamos centralizar a nossa atenção nas ferramentas necessárias para representar e interpretar as etapas individuais de uma reação. Neste capítulo vamos desenvolver os principais conceitos e formalismos necessários para a compreensão da reatividade química.

6

- 6.1 Entalpia
- 6.2 Entropia
- 6.3 Energia Livre de Gibbs
- 6.4 Equilíbrios
- 6.5 Cinética Química
- 6.6 Leitura dos Diagramas de Energia
- 6.7 Nucleófilos e Eletrófilos
- 6.8 Mecanismos e Setas Curvas
- 6.9 Combinação dos Padrões de Setas Curvas
- 6.10 Representação de Setas Curvas
- 6.11 Rearranjos de Carbocátions
- 6.12 Setas de Reações Reversível e Irreversível

VOCÊ SE LEMBRA?

Antes de avançar, tenha certeza de que você compreende os tópicos citados a seguir.
Se for necessário, faça uma revisão das seções sugeridas para se preparar para este capítulo:

- Identificação de Pares Isolados (Seção 2.5)
- Setas Curvas na Representação de Estruturas de Ressonância (Seção 2.8)
- Representação de Estruturas de Ressonância Através do Reconhecimento de Padrões (Seção 2.10)
- O Fluxo de Densidade Eletrônica: Notação de Setas Curvas (Seção 3.2)

6.1 Entalpia

No Capítulo 1, discutimos a natureza dos elétrons e sua capacidade em formar ligações. Em particular, vimos que os elétrons alcançam um estado de energia mais baixa quando eles ocupam um orbital molecular ligante (Figura 6.1). É lógico, então, que a quebra de uma ligação necessite de uma absorção de energia.

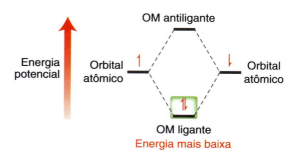

FIGURA 6.1
Um diagrama de energia mostrando que elétrons de ligação ocupam um OM ligante.

Para ocorrer a quebra de uma ligação, os elétrons no OM ligante têm de receber energia das vizinhanças. Especificamente, as moléculas das vizinhanças têm de transferir parte da sua energia cinética para o sistema (a ligação que está sendo quebrada). A grandeza **entalpia** é usada para medir essa troca de energia:

$$\Delta H = q \text{ (a pressão constante)}$$

A variação de entalpia (ΔH) para qualquer processo é definida como a troca de energia cinética, também chamada de calor (q), entre um sistema e suas vizinhanças sob condições de pressão constante. Para uma reação de quebra de ligação, ΔH é determinada principalmente pela quantidade de energia necessária para quebrar a ligação *homoliticamente*. A **quebra homolítica de ligação** gera duas espécies não carregadas eletricamente, chamadas de **radicais**, cada uma das quais tem um elétron não emparelhado (Figura 6.2). Observe o uso de setas curvas com uma única farpa, frequentemente chamadas de anzóis. Radicais e setas com uma única farpa serão discutidos com mais detalhes no Capítulo 11. Ao contrário, a **quebra heterolítica de ligação** é ilustrada com uma seta curva de duas farpas, gerando espécies carregadas eletricamente, chamadas de íons (Figura 6.3).

FIGURA 6.2
Quebra homolítica de ligação produzindo dois radicais.

FIGURA 6.3
Quebra heterolítica de ligação produzindo íons.

Reatividade Química e Mecanismos 235

A energia necessária para quebrar uma ligação covalente através da quebra homolítica de ligação é chamada de **energia de dissociação de ligação**. A grandeza $\Delta H°$ (com o símbolo "zero", ou um círculo pequeno, junto ao H) refere-se à energia de dissociação quando ela é medida em condições-padrão (isto é, quando a pressão é de 1 atm e a substância está no seu estado-padrão: um gás, um líquido puro, ou um sólido). A Tabela 6.1 fornece os valores de $\Delta H°$ para uma variedade de ligações normalmente encontradas neste livro.

TABELA 6.1 ENERGIAS DE DISSOCIAÇÃO DE LIGAÇÕES ($\Delta H°$) COMUNS

	kJ/MOL	kCAL/MOL		kJ/MOL	kCAL/MOL		kJ/MOL	kCAL/MOL
Ligações com H			$H_2C=CH-CH_3$	385	92	$(CH_3)_2CH-F$	444	106
$H-H$	435	104	$HC\equiv C-CH_3$	489	117	$(CH_3)_2CH-Cl$	335	80
$H-CH_3$	435	104				$(CH_3)_2CH-Br$	285	68
$H-CH_2CH_3$	410	98	**Ligações com o grupo metila**			$(CH_3)_2CH-I$	222	53
$H-CH(CH_3)_2$	397	95	CH_3-H	435	104	$(CH_3)_2CH-OH$	381	91
$H-C(CH_3)_3$	381	91	CH_3-F	456	109			
$H-C_6H_5$	473	113	CH_3-Cl	351	84	$(CH_3)_3C-X$		
$H-CH_2C_6H_5$	356	85	CH_3-Br	293	70			
			CH_3-I	234	56			
$H-CH=CH_2$	464	111	CH_3-OH	381	91	$(CH_3)_3C-H$	381	91
$H-CH_2CH=CH_2$	364	87				$(CH_3)_3C-F$	444	106
$H-F$	569	136				$(CH_3)_3C-Cl$	331	79
$H-Cl$	431	103	H_3C-C-X (metil)			$(CH_3)_3C-Br$	272	65
$H-Br$	368	88	CH_3CH_2-H	410	98	$(CH_3)_3C-I$	209	50
$H-I$	297	71	CH_3CH_2-F	448	107	$(CH_3)_3C-OH$	381	91
$H-OH$	498	119	CH_3CH_2-Cl	339	81			
$H-OCH_2CH_3$	435	104	CH_3CH_2-Br	285	68	**Ligações X—X**		
			CH_3CH_2-I	222	53	$F-F$	159	38
Ligações C—C			CH_3CH_2-OH	381	91	$Cl-Cl$	243	58
CH_3-CH_3	368	88				$Br-Br$	193	46
$CH_3CH_2-CH_3$	356	85	$H_3C-CH(CH_3)-X$			$I-I$	151	36
$(CH_3)_2CH-CH_3$	351	84	$(CH_3)_2CH-H$	397	95	$HO-OH$	213	51

A maioria das reações envolve a quebra e formação de várias ligações. Nesses casos, temos de levar em conta cada ligação que está sendo quebrada ou formada. A variação total de entalpia ($\Delta H°$) para a reação é chamada de **calor de reação**. O sinal de $\Delta H°$ para uma reação (seja ele positivo ou negativo) indica a direção na qual a energia é transferida e é determinado a partir do ponto de vista do sistema. Um $\Delta H°$ positivo indica que o sistema aumentou de energia (que recebeu energia das vizinhanças), enquanto um $\Delta H°$ negativo indica que o sistema diminuiu de energia (que ele deu energia para as vizinhanças). A direção da troca de energia é descrita pelos termos *endotérmico* e *exotérmico*. Em um processo **exotérmico**, o sistema fornece energia para as vizinhanças ($\Delta H°$ é negativo). Em um processo **endotérmico**, o sistema recebe energia das vizinhanças ($\Delta H°$ é positivo). Isso é mais bem ilustrado com diagramas de energia (Figura 6.4), em que a curva representa a variação da

236 CAPÍTULO 6

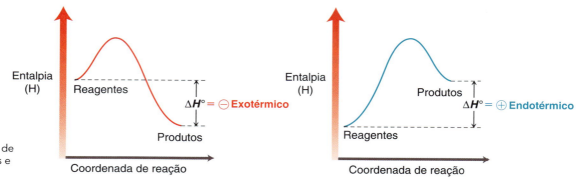

FIGURA 6.4
Diagramas de energia de processos exotérmicos e endotérmicos.

energia do sistema à medida que a reação avança. Nesses diagramas, o avanço da reação (o eixo x do diagrama) é chamado de *coordenada de reação*. Os alunos frequentemente se confundem com o sinal de $\Delta H°$, e há uma razão válida para essa confusão. Na física, os sinais são o inverso daqueles mostrados aqui. Os físicos pensam em $\Delta H°$ em termos das vizinhanças, em vez do sistema. Eles se preocupam sobre como os dispositivos têm um impacto sobre as vizinhanças – quanto trabalho o dispositivo pode executar. Os químicos, por outro lado, pensam em termos do sistema. Quando os químicos executam uma reação, eles se preocupam com os reagentes e os produtos; eles não se preocupam em como a reação muda ligeiramente a temperatura do laboratório. Se vocês estão matriculados em um curso de física e estão confusos sobre o sinal de $\Delta H°$, basta lembrar que os químicos pensam em $\Delta H°$ do ponto de vista da reação (o sistema). Para um químico, um processo exotérmico envolve o sistema perdendo energia para as vizinhanças, de modo que $\Delta H°$ é negativo.

Vamos começar exercitando um pouco como prever o sinal e o valor de $\Delta H°$ para uma reação.

DESENVOLVENDO A APRENDIZAGEM

6.1 PREVISÃO DO $\Delta H°$ DE UMA REAÇÃO

APRENDIZAGEM Preveja o sinal e a magnitude de $\Delta H°$ para a reação vista a seguir. Dê a sua resposta em unidades de quilojoules por mol, e identifique se a reação é endotérmica ou exotérmica.

 + Cl$_2$ ⟶ [produto] + HCl

SOLUÇÃO
Identificamos todas as ligações que são quebradas ou formadas:

Ligações quebradas **Ligações formadas**

H$_3$C—C(CH$_3$)(CH$_3$)—H + Cl—Cl ⟶ H$_3$C—C(CH$_3$)(CH$_3$)—Cl + H—Cl

ETAPA 1
Identificação da energia de dissociação de ligação de cada ligação que é quebrada ou formada.

Em seguida, usamos a Tabela 6.1 para encontrar as energias de dissociação de ligação para cada uma dessas ligações:

Ligação	kJ/mol
H—C(CH$_3$)$_3$	381
Cl—Cl	243
(CH$_3$)$_3$C—Cl	331
H—Cl	431

Reatividade Química e Mecanismos   237

ETAPA 2
Determinação do sinal apropriado para cada valor da etapa 1.

Agora, temos de decidir qual é o sinal (+ ou −) que se coloca na frente de cada valor. Lembre-se de que $\Delta H°$ é definido com respeito ao sistema. Para cada ligação quebrada, o sistema tem de receber energia, de modo que a ligação possa quebrar; assim, $\Delta H°$ tem de ser positivo. Para cada ligação formada, os elétrons vão para um estado de menor energia e o sistema libera energia para as vizinhanças; assim, $\Delta H°$ tem de ser negativo. Portanto, $\Delta H°$ para esta reação será a soma total dos seguintes números:

ETAPA 3
Adição dos valores para todas as ligações quebradas e formadas.

Ligações quebradas	kJ/mol	Ligações formadas	kJ/mol
H—C(CH$_3$)$_3$	+381	(CH$_3$)$_3$C—Cl	−331
Cl—Cl	+243	H—Cl	−431

Isto é, $\Delta H° = -138$ kJ/mol. Para essa reação $\Delta H°$ é negativo, o que significa que o sistema está perdendo energia. Ele está transferindo energia para as vizinhanças, de modo que a reação é exotérmica.

PRATICANDO o que você aprendeu

6.1 Usando os dados da Tabela 6.1, preveja o sinal e a magnitude de $\Delta H°$ para cada uma das reações vistas a seguir. Em cada caso, identifique se a reação deve ser endotérmica ou exotérmica:

(a) ∧ + Br$_2$ ⟶ (estrutura com Br) + HBr

(b) (estrutura com Cl) + H$_2$O ⟶ (estrutura com OH) + HCl

(c) (estrutura com Br) + H$_2$O ⟶ (estrutura com OH) + HBr

(d) (estrutura com I) + H$_2$O ⟶ (estrutura com OH) + HI

APLICANDO o que você aprendeu

6.2 Lembre-se de que uma ligação C=C é constituída de uma ligação σ e uma ligação π. Essas duas ligações juntas têm uma EDL (energia de dissociação de ligação) combinada de 632 kJ/mol. Use essa informação para prever se a seguinte reação é exotérmica ou endotérmica:

H$_2$C=CH$_2$ + H$_2$O ⟶ CH$_3$CH$_2$OH

é necessário PRATICAR MAIS? Tente Resolver o Problema 6.21a

6.2 Entropia

O sinal de $\Delta H°$ não é a medida final que indica se uma reação ocorrerá, ou não. Embora as reações exotérmicas sejam mais comuns, existe um número muito grande de exemplos de reações endotérmicas que ocorrem rapidamente. Isso levanta a questão: Qual é a medida final para determinar se uma reação pode ocorrer, ou não? A resposta a esta pergunta é *entropia*, que é o princípio subjacente orientando todos os processos físicos, químicos e biológicos. A **entropia** é informalmente definida como a medida da desordem associada a um sistema, embora esta definição seja excessivamente simplista. A entropia é descrita de forma mais precisa em termos de probabilidades. Para entender isso, considere a seguinte analogia. Imagine quatro moedas, cada uma das quais tem uma das faces mostrando uma cara, alinhadas em uma fileira. Se jogarmos para o alto todas as quatro moedas, as chances de que exatamente a metade das moedas caia com a face que tem cara para cima são muito maiores do que as chances de que todas as quatro moedas caiam com cara para cima. Por quê? Compare o número de possíveis maneiras de conseguir cada resultado (Figura 6.5). Há apenas um estado em que todas as quatro moedas estão com cara para cima, e existem seis estados diferentes em que exatamente duas moedas estão com cara para cima. A probabilidade de que exatamente duas moedas caiam com cara para cima é seis vezes maior do que a probabilidade de que todas as quatro moedas caiam com cara para cima.

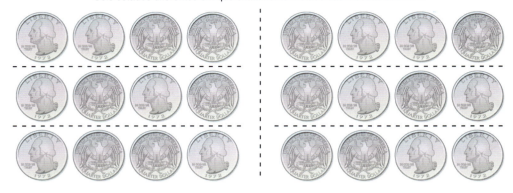

FIGURA 6.5
Comparação do número de maneiras de conseguir vários resultados em um experimento de cara ou coroa.

Expandindo a analogia com seis moedas, descobrimos que a probabilidade de exatamente metade das moedas dar cara é 20 vezes maior do que a probabilidade de todas as seis moedas darem cara. Expandindo ainda mais a analogia para oito moedas, descobrimos que a probabilidade de exatamente metade das moedas dar cara é 70 vezes maior do que a probabilidade de todas as oito moedas darem cara. A tendência é evidente: Quando o número de moedas jogadas aumenta, a chance de que todas as moedas que caem deem cara torna-se menos provável. Imagine um chão coberto com um bilhão de moedas. Quais são as chances de que jogando para o alto todas elas o resultado seja que todas dão cara? As chances são muito pequenas (você tem mais chances de ganhar na loteria cem vezes seguidas). É muito mais provável que aproximadamente metade das moedas dê cara porque há muito mais maneiras disso ocorrer.

Agora aplicamos o mesmo princípio para descrever o comportamento das moléculas de gás em um sistema de duas câmaras, conforme mostra a Figura 6.6. Na condição inicial, uma das câmaras está vazia, e uma divisória impede as moléculas de gás de entrar nessa câmara. Quando a divisória entre as câmaras é removida, as moléculas de gás sofrem uma expansão livre. A expansão ocorre rapidamente, mas o processo inverso nunca é observado. Uma vez que se espalharam nas duas câmaras, as moléculas do gás não vão de repente ocupar a primeira câmara, deixando a segunda câmara vazia. Este cenário é muito semelhante à analogia cara ou coroa. A qualquer instante, cada molécula pode estar na câmara 1 ou na câmara 2 (assim como cada moeda pode ser cara ou coroa). À medida que aumenta o número de moléculas, a probabilidade de que todas as moléculas sejam encontradas em uma única câmara torna-se menor. Quando se tratar de um mol (6×10^{23} moléculas), as chances são desprezíveis, e não observamos as moléculas de repente localizadas em uma única câmara (pelo menos não durante as nossas vidas).

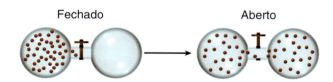

FIGURA 6.6
Expansão livre de um gás.

A expansão livre é um exemplo clássico de entropia. Quando as moléculas ocupam ambas as câmaras, o sistema é dito estar em um estado de entropia mais elevada, porque o número de estados em que as moléculas estão espalhadas entre as duas câmaras é muito maior do que o número de estados em que as moléculas são encontradas em uma única câmara. A entropia realmente nada mais é do que uma questão de possibilidade e probabilidade.

Reatividade Química e Mecanismos

Um processo que envolve um aumento de entropia é dito ser **espontâneo**. Isto é, o processo pode e irá ocorrer desde que transcorra o tempo suficiente. As reações químicas não são exceção, embora as considerações sejam um pouco mais complexas do que em uma expansão livre simples. No caso da expansão livre, tínhamos somente de considerar a variação de entropia do sistema (das partículas de gás). As vizinhanças não eram afetadas pela expansão livre. Entretanto, em uma reação química, as vizinhanças são afetadas. Temos de levar em conta não somente a variação de entropia do sistema, mas também a variação de entropia das vizinhanças:

$$\Delta S_{tot} = \Delta S_{sis} + \Delta S_{viz}$$

em que ΔS_{tot} é a variação total de entropia associada à reação. Assim, para que um processo seja espontâneo, a entropia total tem de aumentar. A entropia do sistema (a reação) pode realmente diminuir, desde que a entropia das vizinhanças aumente de uma quantidade que compensa a diminuição da entropia do sistema. Nessas circunstâncias, ΔS_{tot} é positiva e a reação será espontânea. Portanto, se desejarmos avaliar se uma determinada reação será espontânea, temos de avaliar os valores de ΔS_{sis} e ΔS_{viz}. Por enquanto, vamos concentrar a nossa atenção no ΔS_{sis}; vamos discutir o ΔS_{viz} na próxima seção.

O valor de ΔS_{sis} é afetado por uma série de fatores. Os dois fatores dominantes são mostrados na Figura 6.7. No primeiro exemplo da Figura 6.7, um mol de reagente produz dois mols de produto. Isso representa um aumento de entropia, porque o número de possíveis maneiras de organizar as moléculas aumenta quando há mais moléculas (como vimos quando expandimos nossa analogia de cara ou coroa aumentando o número de moedas). No segundo exemplo, uma substância cíclica é convertida em uma substância acíclica. Este processo apresenta também um aumento da entropia, porque as substâncias acíclicas têm mais liberdade de movimento do que as substâncias cíclicas. Uma substância acíclica pode adotar um número maior de conformações do que uma substância cíclica e, mais uma vez, um número maior de possíveis estados corresponde a uma entropia maior.

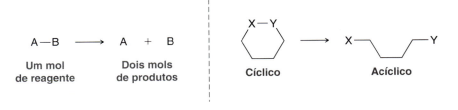

FIGURA 6.7
Duas maneiras em que a entropia de um sistema químico pode aumentar.

VERIFICAÇÃO CONCEITUAL

6.3 Para cada um dos processos, vistos a seguir, preveja o sinal de ΔS para a reação. Em outras palavras, o ΔS_{sis} será positivo (um aumento de entropia) ou negativo (uma diminuição da entropia)?

240 **CAPÍTULO 6**

6.3 Energia Livre de Gibbs

Na seção anterior, vimos que a entropia é o único critério que determina se uma reação química será espontânea, ou não. Mas não é suficiente considerar somente o ΔS do sistema, é preciso também levar em conta o ΔS das vizinhanças:

$$\Delta S_{\text{tot}} = \Delta S_{\text{sis}} + \Delta S_{\text{viz}}$$

A variação total de entropia (sistema mais vizinhanças) tem de ser positiva para que o processo seja espontâneo. É bastante simples obter o ΔS_{sis} usando tabelas de valores de entropia-padrão (algo que você deve ter aprendido no seu curso de Química Geral). Entretanto, a obtenção do ΔS_{viz} apresenta mais de um desafio. Certamente não é possível observar todo o universo, assim como podemos medir o ΔS_{viz}? Felizmente, existe uma solução inteligente para este problema.

Sob condições de pressão e temperatura constantes, pode ser mostrado que:

$$\Delta S_{\underline{\text{viz}}} = -\frac{\Delta H_{\underline{\text{sis}}}}{T}$$

Observe que o ΔS_{viz} é agora definido *em termos do sistema*. Tanto o ΔH_{sis} quanto a T (temperatura em Kelvin), são facilmente mensuráveis, o que significa que de fato o ΔS_{viz} pode ser medido. Substituindo essa expressão de ΔS_{viz} na equação para ΔS_{tot}, chegamos a uma nova equação de ΔS_{tot} para a qual todos os termos são mensuráveis:

$$\Delta S_{\text{tot}} = \left(-\frac{\Delta H_{\text{sis}}}{T}\right) + \Delta S_{\text{sis}}$$

Esta expressão ainda é o critério final para a espontaneidade (ΔS_{tot} tem de ser positivo). Como etapa final, multiplicamos toda a equação por $-T$, o que nos permite obter uma nova grandeza chamada de **energia livre de Gibbs**:

$$\boxed{-T\,\Delta S_{\text{tot}}} = \Delta H_{\text{sis}} - T\,\Delta S_{\text{sis}}$$
$$\downarrow$$
$$\boxed{\Delta G}$$

Em outras palavras, ΔG nada mais é do que uma maneira de expressar a entropia total:

$$\Delta G = \boxed{\Delta H} - \boxed{T\,\Delta S}$$

Associada à variação de entropia das <u>vizinhanças</u>   **Associada à variação de entropia do <u>sistema</u>**

Nesta equação, o primeiro termo (ΔH) está associado à variação de entropia das vizinhanças (uma transferência de energia para as vizinhanças aumenta a entropia das vizinhanças). O segundo termo ($T\,\Delta S$) está associado à variação de entropia do sistema. O primeiro termo (ΔH) é frequentemente muito maior do que o segundo termo ($T\,\Delta S$), de modo que para a maioria dos processos, ΔH é o responsável pelo sinal de ΔG. Lembre-se de que ΔG é apenas ΔS_{tot} multiplicado por $-T$. Assim, se ΔS_{tot} tem de ser positivo para que um processo seja espontâneo, então ΔG tem de ser negativo. *Para que um processo seja espontâneo, ΔG desse processo tem de ser negativo.* Essa exigência é chamada de segunda lei da termodinâmica.

A fim de comparar os dois termos que contribuem para o ΔG, vamos apresentar às vezes a equação de uma maneira não habitual, com um sinal de mais entre os dois termos:

$$\Delta G = \boxed{\Delta H} \; \boxed{+} \; \boxed{(-T\,\Delta S)}$$

A PROPÓSITO

Químicos orgânicos geralmente realizam reações sob pressão constante (pressão atmosférica) e em uma temperatura constante. Por esse motivo, as condições mais importantes para os químicos orgânicos experimentalistas são as condições de temperatura e pressão constantes.

A PROPÓSITO

Você deve se lembrar de seu curso de Química Geral que a primeira lei da termodinâmica exige a conservação da energia durante todo o processo.

Reatividade Química e Mecanismos

falando de modo prático | Explosivos

Explosivos são substâncias que podem ser detonadas gerando subitamente grandes pressões e liberando muito calor. Explosivos têm várias características que os definem:

1. Na presença de oxigênio, um explosivo produzirá uma reação para a qual as duas expressões contribuem para um ΔG muito favorável:

$$\Delta G = \boxed{\Delta H} - \boxed{T \Delta S}$$

Isto é, as variações de entropia tanto das vizinhanças quanto do sistema são extremamente favoráveis. Como resultado, ambos os termos contribuem para um valor muito grande e negativo de ΔG. Isso é extremamente favorável para a reação.

2. Os explosivos têm de gerar grandes quantidades de gás muito rapidamente, de modo a produzir o aumento súbito de pressão que é observado durante uma explosão. As substâncias que contêm vários grupos nitro são capazes de liberar NO_2 gasoso. Vários exemplos são apresentados.

3. Quando o explosivo é detonado, a reação tem de ocorrer muito rapidamente. Esse aspecto dos explosivos será discutido mais adiante neste capítulo.

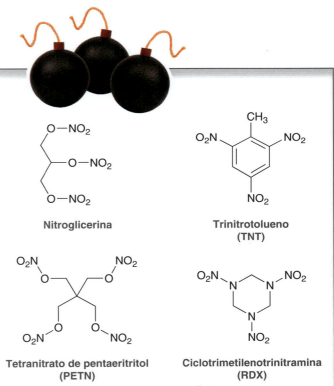

Nitroglicerina

Trinitrotolueno (TNT)

Tetranitrato de pentaeritritol (PETN)

Ciclotrimetilenotrinitramina (RDX)

Em alguns casos, esta apresentação não habitual permitirá uma análise mais eficiente da competição entre os dois termos. Como exemplo, considere a seguinte reação:

Nesta reação, duas moléculas são convertidas em uma molécula, de modo que ΔS_{sis} não é favorável. Entretanto, ΔS_{viz} é favorável. Por quê? ΔS_{viz} é determinado através do ΔH da reação. Na primeira seção deste capítulo, aprendemos a estimar o ΔH para uma reação olhando as ligações que são formadas e quebradas. Na reação anterior, três ligações π são quebradas enquanto uma ligação π e duas ligações σ são formadas. Em outras palavras, duas ligações π foram transformadas em duas ligações σ. Ligações sigma são mais fortes (têm menos energia) do que ligações π e, portanto, ΔH para essa reação tem de ser negativo (reação exotérmica). A energia é transferida para as vizinhanças e isso aumenta a entropia das vizinhanças. Para recapitular, ΔS_{sis} não é favorável, mas ΔS_{viz} é favorável. Portanto, este processo apresenta uma competição entre a variação de entropia do sistema e a variação de entropia das vizinhanças:

$$\Delta G = \underset{\ominus}{\Delta H} + \underset{\oplus}{(-T \Delta S)}$$

Lembre-se de que ΔG tem de ser negativo para que um processo seja espontâneo. O primeiro termo é negativo, o que é favorável, mas o segundo termo é positivo, o que é desfavorável. O termo que é maior vai ser responsável pelo sinal de ΔG. Se o primeiro termo for maior, então ΔG será negativo, e a reação será espontânea. Se o segundo termo for maior, então ΔG será positivo, e a reação não será espontânea. Que termo domina? O valor do segundo termo é dependente da T e, portanto, o resultado desta reação será muito sensível à temperatura. Abaixo de certa T, o processo será espontâneo. Acima de certa T, o processo inverso será favorecido.

Qualquer processo com um ΔG negativo será espontâneo. Tais processos são chamados de **exergônicos**. Qualquer processo com um ΔG positivo não será espontâneo. Tais processos são chamados de **endergônicos** (Figura 6.8).

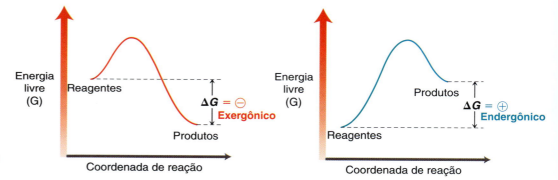

FIGURA 6.8
Diagramas de energia de um processo exergônico e de um processo endergônico.

Esses diagramas de energia são extremamente úteis quando se analisam reações, e vamos usar esses diagramas frequentemente ao longo do livro. As próximas seções deste capítulo lidam com alguns dos detalhes mais específicos destes diagramas.

falando de modo prático | Organismos Vivos Violam a Segunda Lei da Termodinâmica?

Os estudantes frequentemente me perguntam se a vida é uma violação da segunda lei da termodinâmica. Essa, certamente, é uma questão coerente. Nossos corpos são altamente organizados, e nós somos capazes de impor a ordem em nossas vizinhanças. Somos capazes de obter matérias-primas e construir arranha-céus. Como pode ser isso? Além disso, muitas das reações necessárias para sintetizar as macromoléculas necessárias para a vida, tais como o ADN e as proteínas, são processos endergônicos (ΔG é positivo). Como essas reações ocorrem?

No início deste capítulo, vimos que é possível que uma reação apresente uma diminuição de entropia e ainda ser espontânea se e somente se a entropia das vizinhanças aumentar de tal forma que ΔS_{tot} para o processo seja positivo. Em outras palavras, temos que levar em conta todos os processos ao determinar se um processo será espontâneo. Sim, é verdade que muitas das reações empregadas pela vida não são espontâneas por elas mesmas. Mas quando elas estão acopladas a outras reações altamente favoráveis, tais como o metabolismo dos alimentos, a entropia total (sistema mais vizinhanças) realmente aumenta. Como exemplo, considere o metabolismo da glicose:

Essa transformação tem um ΔG grande e negativo. Processos como este são responsáveis por fazer com que as reações, que isoladamente não são espontâneas e que são necessárias para a vida, ocorram.

Os organismos vivos não violam a segunda lei da termodinâmica, muito pelo contrário. Os organismos vivos são exemplos do que a entropia tem de melhor. Sim, nós impomos a ordem em nossas vizinhanças, mas isso só é permitido porque somos *máquinas de entropia*. Nós emitimos calor para as nossas vizinhanças e consumimos moléculas altamente ordenadas (alimentos) quebrando-as em substâncias menores, substâncias mais estáveis e com energia livre muito menor. Estas características nos permitem impor a ordem em nossas vizinhanças porque o resultado líquido é o aumento da entropia do universo.

Glicose + 6 O$_2$ ⟶ 6 CO$_2$ + 6 H$_2$O $\Delta G° = -2880$ kJ/mol

Reatividade Química e Mecanismos

VERIFICAÇÃO CONCEITUAL

6.4 Para cada uma das reações vistas a seguir preveja o sinal de ΔG. Se a previsão não for possível porque o sinal de ΔG é dependente da temperatura, descreva como ΔG será afetado pelo aumento da temperatura.

(a) Uma reação endotérmica para a qual o sistema exibe um aumento de entropia

(b) Uma reação exotérmica para a qual o sistema apresenta um aumento de entropia

(c) Uma reação endotérmica para a qual o sistema apresenta uma diminuição de entropia

(d) Uma reação exotérmica para a qual o sistema apresenta uma diminuição de entropia

6.5 À temperatura ambiente, as moléculas passam a maior parte do seu tempo nas conformações de menor energia. Na verdade, há uma tendência geral para qualquer sistema se deslocar para uma energia menor. Como outro exemplo, os elétrons formam ligações porque "preferem" alcançar um estado de menor energia. Podemos agora entender que a razão para esta preferência baseia-se na entropia. Quando uma substância assume uma conformação de energia mais baixa ou quando os elétrons assumem um estado de menor energia, ΔS_{tot} aumenta. Explique.

6.4 Equilíbrios

Considere o diagrama de energia na Figura 6.9, mostrando uma reação em que os reagentes, A e B, são convertidos em produtos, C e D. A reação apresenta um ΔG negativo e, portanto, será espontânea. Por conseguinte, seria de esperar que uma mistura de A e B fosse convertida completamente em C e D. Mas isso não ocorre. Em vez disso, um equilíbrio é estabelecido em que todas as quatro substâncias estão presentes. Por que isso ocorre? Se C e D são verdadeiramente inferiores em energia livre a A e B, então por que existe alguma quantidade de A e B presente quando a reação termina?

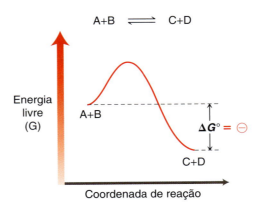

FIGURA 6.9
O diagrama de energia de uma reação exergônica em que os reagentes (A e B) são convertidos em produtos (C e D).

Para responder a essa pergunta, devemos considerar o efeito de ter um grande número de moléculas. O diagrama de energia na Figura 6.9 descreve a reação entre uma molécula de A e de uma molécula de B. Entretanto, quando se consideram os números de mols de A e B, as variações das concentrações têm um efeito sobre o valor de ΔG. Quando a reação começa, apenas A e B estão presentes. Conforme a reação avança, as concentrações de A e B diminuem, e as concentrações de C e D aumentam. Isso tem um efeito sobre ΔG, que pode ser ilustrado com o diagrama apresentado na Figura 6.10. Conforme a reação avança, a energia livre diminui até atingir um valor mínimo em concentrações muito particulares dos reagentes e produtos. Se a reação fosse avançar ainda mais em qualquer direção, o resultado seria um aumento da energia livre, que não é espontâneo. Neste ponto, nenhuma mudança adicional é observada, e o sistema é dito ter atingido o equilíbrio. A posição exata do equilíbrio para qualquer reação é descrita pela constante de equilíbrio, K_{eq},

$$K_{eq} = \frac{[\text{produtos}]}{[\text{reagentes}]} = \frac{[C][D]}{[A][B]}$$

em que K_{eq} é definida como as concentrações de equilíbrio dos produtos divididas pelas concentrações de equilíbrio dos reagentes.

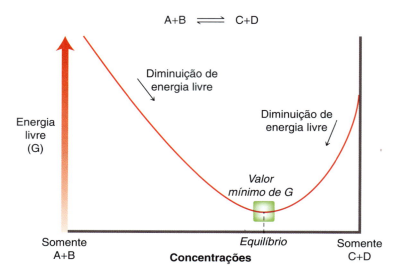

FIGURA 6.10
Um diagrama de energia que ilustra a relação entre ΔG e a concentração. Um mínimo de energia livre é atingido em concentrações específicas (concentrações de equilíbrio).

Se a concentração dos produtos é maior do que a concentração dos reagentes, então K_{eq} será maior do que 1. Por outro lado, se a concentração dos produtos for menor do que a concentração dos reagentes, então K_{eq} será menor do que 1. A grandeza K_{eq} indica a posição exata do equilíbrio, e está relacionada com ΔG da seguinte forma, em que R é a constante dos gases (8,314 J/mol·K) e T é a temperatura medida em Kelvin:

$$\Delta G = -RT \ln K_{eq}$$

Para um processo qualquer, seja uma reação ou uma mudança conformacional, a relação entre K_{eq} e ΔG é definida pela equação anterior. A Tabela 6.2 apresenta alguns exemplos e mostra que ΔG está associado ao rendimento máximo dos produtos. Se ΔG for negativo, os produtos serão favorecidos ($K_{eq} > 1$). Se ΔG for positivo, então os reagentes serão favorecidos ($K_{eq} < 1$). Para que uma reação seja útil (para que os produtos predominem sobre os reagentes), ΔG tem de ser negativo, isto é, K_{eq} tem de ser maior do que 1. Os valores apresentados na Tabela 6.2 indicam que uma pequena diferença de energia livre pode ter um impacto significativo sobre a razão entre reagentes e produtos.

TABELA 6.2 ALGUNS VALORES DE ΔG E OS CORRESPONDENTES VALORES DE K_{eq}

$\Delta G°$ (kJ/mol)	K_{eq}	% de produtos no equilíbrio
−17	10^3	99,9%
−11	10^2	99%
−6	10^1	90%
0	1	50%
+6	10^{-1}	10%
+11	10^{-2}	1%
+17	10^{-3}	0,1%

Nesta seção, investigamos a relação entre ΔG e o equilíbrio, um tema que se insere no âmbito da **termodinâmica**. A termodinâmica é o estudo de como a energia é distribuída sob a influência da entropia. Para os químicos, a termodinâmica de uma reação se refere especificamente ao estudo dos níveis de energia relativa dos reagentes e dos produtos (Figura 6.11). Essa diferença de energia livre (ΔG), finalmente determina o redimento dos produtos que pode ser esperado para qualquer reação.

Reatividade Química e Mecanismos

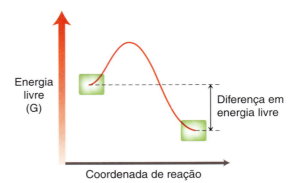

FIGURA 6.11
A termodinâmica de uma reação se baseia na diferença de energia entre os reagentes e os produtos.

VERIFICAÇÃO CONCEITUAL

6.6 Em cada um dos seguintes casos utilize os dados fornecidos para determinar se a reação favorece os reagentes ou os produtos:
(a) Uma reação para a qual $\Delta G = +1{,}52$ kJ/mol
(b) Uma reação para a qual $K_{eq} = 0{,}5$
(c) Uma reação realizada a 298 K, em que $\Delta H = 33$ kJ/mol e $\Delta S = 150$ J/mol · K
(d) Uma reação exotérmica com um valor positivo de ΔS_{sis}
(e) Uma reação endotérmica com um valor negativo de ΔS_{sis}

6.5 Cinética Química

Nas seções anteriores, vimos que a reação será espontânea se o ΔG para a reação for negativo. O termo *espontâneo* não significa que a reação vai ocorrer de repente. Ele significa que a reação é termodinamicamente favorável, ou seja, que a reação favorece a formação de produtos. A espontaneidade não tem nada a ver com a velocidade da reação. Por exemplo, a conversão de diamantes em grafita é um processo espontâneo à pressão e temperatura ambiente. Em outras palavras, todos os diamantes estão se transformando em grafita, neste exato momento. Mas mesmo que este processo seja espontâneo, não deixa de ser extremamente lento. Vai demorar milhões de anos, mas finalmente todos os diamantes acabarão por se transformar em grafita!

Por que é que alguns processos espontâneos são rápidos, como explosões, enquanto outros são lentos, como diamantes se transformando em grafita? O estudo das velocidades de reação é chamado de **cinética**. Nesta seção, vamos explorar as questões relacionadas com as velocidades de reação.

Equações de Velocidade

A velocidade de uma reação é descrita por uma **equação de velocidade**, que tem a seguinte forma geral:

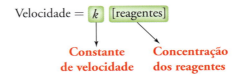

Essa equação geral indica que a velocidade de reação depende da constante de velocidade (k) e da concentração dos reagentes. A constante de velocidade (k) é um valor que é específico para cada reação e depende de vários fatores. Vamos explorar esses fatores na próxima seção. Por enquanto, vamos nos concentrar sobre o efeito das concentrações sobre a velocidade.

Uma reação é o resultado de uma colisão entre os reagentes e, portanto, faz sentido que o aumento das concentrações dos reagentes deva aumentar a frequência de colisões que conduzem a uma reação, aumentando, portanto, a velocidade da reação. Entretanto, o efeito preciso da concentração na velocidade tem de ser determinado experimentalmente:

$$\text{Velocidade} = k\,[A]^x\,[B]^y$$

Nesta equação de velocidade observamos que as concentrações de A e B são mostradas tendo expoentes (*x* e *y*). Esses expoentes têm de ser determinados experimentalmente investigando-se como a velocidade é afetada quando as concentrações de A e B são, cada uma delas, separadamente duplicadas. Apresentamos a seguir apenas algumas das possibilidades que podemos descobrir para qualquer reação (Figura 6.12).

FIGURA 6.12
Equações para reações de primeira ordem, de segunda ordem e terceira ordem.

$$\text{Velocidade} = k\,[A] \qquad \text{Velocidade} = k\,[A]\,[B] \qquad \text{Velocidade} = k\,[A]^2\,[B]$$

Primeira ordem   **Segunda ordem**   **Terceira ordem**

Na primeira possibilidade [B] está ausente da equação de velocidade. Essa é uma situação em que a duplicação da concentração de A tem o efeito da duplicação da velocidade de reação, mas a duplicação da concentração de B não tem nenhum efeito. Neste caso, a soma dos expoentes é 1, e a reação é dita ser de **primeira ordem**.

A segunda possibilidade representa uma situação em que a duplicação de [A] tem o efeito de dobrar a velocidade, enquanto a duplicação de [B] também tem o efeito de dobrar a velocidade. Neste caso, tanto [A] quanto [B] estão presentes na equação de velocidade e o expoente de cada uma das concentrações é 1. A soma dos expoentes neste caso é 2, e a reação é dita como de **segunda ordem**. A terceira possibilidade representa uma situação em que duplicar [A] tem o efeito de *quadruplicar* a velocidade, enquanto duplicar [B] tem o efeito de duplicar a velocidade. Neste caso, o expoente de [A] é 2 e o expoente de [B] é um. A soma dos expoentes neste caso é 3, e a reação é dita como de **terceira ordem**.

OLHANDO PARA O FUTURO
Se você está tendo dificuldade para entender como a velocidade não seria afetada pela concentração de um reagente, não se preocupe. Isso será explicado, no Capítulo 7.

Fatores que Afetam a Constante de Velocidade

Como pode ser visto na seção anterior, a velocidade de reação é dependente da constante de velocidade (*k*):

$$\text{Velocidade} = k\,[A]^x\,[B]^y$$

Uma reação relativamente rápida está associada a uma constante de velocidade grande, enquanto uma reação relativamente lenta está associada a uma constante de velocidade pequena. O valor da constante de velocidade depende de três fatores: da energia de ativação, da temperatura e de considerações estéricas.

1. **Energia de Ativação.** A barreira de energia (a elevação) entre os reagentes e os produtos é chamada de **energia de ativação**, ou E_a (Figura 6.13). Essa barreira de energia representa a quantidade mínima de energia necessária para que ocorra uma reação entre dois reagentes que colidem. Se uma colisão entre os reagentes não envolve esta quantidade de energia, eles não vão reagir um com o outro para formar produtos. O número de colisões bem-sucedidas é, portanto, dependente do número de moléculas que possuem certa energia cinética mínima.

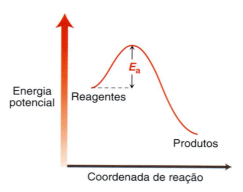

FIGURA 6.13
Um diagrama de energia mostrando a energia de ativação (E_a) de uma reação.

Em qualquer temperatura específica, os reagentes terão uma energia cinética média específica, mas nem todas as moléculas irão possuir esta energia média. De fato, a maioria das moléculas tem uma energia que é ou menor do que a média ou maior do que a média, dando origem a uma dis-

Reatividade Química e Mecanismos 247

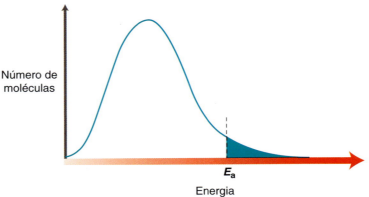

FIGURA 6.14
Distribuição de energia cinética. A fração de moléculas que possuem energia suficiente para produzir uma reação é mostrada em azul.

tribuição, como é mostrado na Figura 6.14. Observe que apenas certo número de moléculas terá a energia mínima necessária para produzir uma reação. O número de moléculas com esta energia depende do valor da E_a. Se a E_a for pequena, então uma grande porcentagem das moléculas terá o limiar de energia necessária para produzir uma reação. Portanto, uma E_a pequena levará a uma reação mais rápida (Figura 6.15).

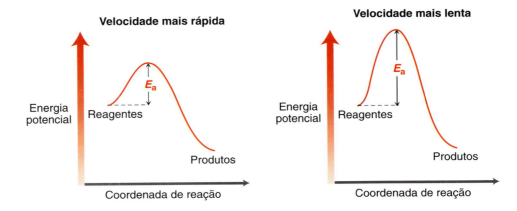

FIGURA 6.15
A velocidade de uma reação é dependente do tamanho da E_a.

2. **Temperatura.** A velocidade de uma reação também é muito sensível à temperatura (Figura 6.16). O aumento da temperatura de uma reação vai provocar o aumento da velocidade porque as moléculas terão mais energia cinética em uma temperatura mais elevada. Em temperatura mais elevada, um número maior de moléculas terá a energia cinética suficiente para produzir uma reação. Como regra geral, aumentar a temperatura de 10°C faz com que a velocidade dobre.

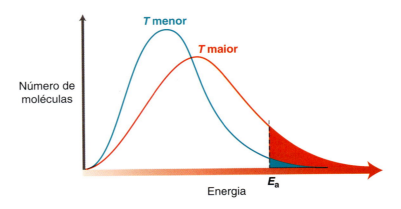

FIGURA 6.16
O aumento da temperatura aumenta o número de moléculas com energia suficiente para produzir uma reação.

3. **Considerações Estéricas.** A geometria dos reagentes e a sua orientação de colisão também podem ter um impacto sobre a frequência de colisões que conduzem a uma reação. Esse fator será explorado com mais detalhes na Seção 7.4.

medicamente falando | Nitroglicerina: Um Explosivo com Propriedades Medicinais

Os explosivos podem ser divididos em duas classes: explosivos primários e explosivos secundários. Explosivos primários são muito sensíveis ao choque ou ao calor, e eles detonam com muita facilidade. Isto é, a energia de ativação para a explosão é muito pequena e facilmente superada. Ao contrário, os explosivos secundários têm uma energia de ativação maior e, portanto, são mais estáveis. Explosivos secundários são frequentemente detonados com uma quantidade muito pequena de explosivo primário.

Explosivos primários

Energia potencial: Material explosivo → Produtos da explosão
Coordenada de reação

Explosivos secundários

Energia potencial: Material explosivo → Produtos da explosão
Coordenada de reação

O primeiro explosivo secundário comercial foi produzido por Alfred Nobel, em meados de 1800. Na época, não havia explosivos fortes e suficientemente seguros para serem manipulados. Nobel concentrou seus esforços em encontrar uma maneira de estabilizar a nitroglicerina:

Nitroglicerina

A nitroglicerina é muito sensível ao choque e não é segura para ser manipulada. Em um esforço para encontrar uma formulação de nitroglicerina que teria uma energia maior de ativação, Nobel realizou muitos experimentos. Muitos desses experimentos causaram explosões na fábrica Nobel, um dos quais matou seu irmão mais novo, Emil, junto com vários colegas de trabalho. Finalmente, Nobel foi bem-sucedido na estabilização da nitroglicerina, misturando-a com terra de diatomáceas (um tipo de rocha sedimentar que se desintegra facilmente na forma de um pó fino). A mistura resultante, que ele chamou de dinamite, se tornou o primeiro explosivo secundário comercial, e várias fábricas em toda a Europa logo foram construídas para produzir dinamite em grandes quantidades. Como mencionado na abertura deste capítulo, Alfred Nobel tornou-se fabulosamente rico a partir da sua invenção e usou alguns dos rendimentos para financiar os prêmios Nobel, com os quais estamos tão familiarizados.

Com o tempo, descobriu-se que os trabalhadores das fábricas de produção de dinamite experimentavam várias respostas fisiológicas associadas à exposição prolongada à nitroglicerina. Mais importante ainda, os trabalhadores que sofriam de problemas cardíacos descobriram que suas condições melhoravam muito. Por muitas décadas, a razão para esta resposta não foi clara, mas um padrão claro tinha sido estabelecido. Como resultado, os médicos começaram a tratar doentes que sofriam de problemas cardíacos, dando-lhes pequenas quantidades de nitroglicerina para ingerir. Finalmente, o médico do próprio Nobel, que sofria de problemas cardíacos, sugeriu que ele comesse nitroglicerina. Nobel se recusou a ingerir o que ele considerava ser um explosivo, e ele finalmente morreu de complicações cardíacas.

Com o passar das décadas, tornou-se claro que a nitroglicerina serve como um vasodilatador (dilata os vasos sanguíneos) e, portanto, reduz as possibilidades de bloqueio que leva a um ataque cardíaco. Entretanto, não era conhecido como a nitroglicerina se comportava como um vasodilatador. O estudo da ação dessa substância pertence a um campo mais amplo de estudo chamado de farmacologia. Um cientista da UCLA, Louis Ignarro, estava interessado nesta questão farmacológica e investigou intensamente a ação da nitroglicerina no corpo. Ele descobriu que o metabolismo da nitroglicerina produz óxido nítrico (NO) e que essa pequena substância é responsável por um grande número de processos fisiológicos. No início, sua descoberta foi recebida com ceticismo pela comunidade científica, uma vez que o óxido nítrico era conhecido por ser um contaminante atmosférico (presente no *smog* fotoquímico), e era difícil acreditar que a mesma substância podia ser a responsável pelo valor medicinal da nitroglicerina. Finalmente, as suas ideias foram verificadas, e a ele foi creditado a descoberta do mecanismo dos efeitos fisiológicos da nitroglicerina. A descoberta de Ignarro levou ao desenvolvimento de vários novos fármacos comerciais, incluindo o Viagra. O Viagra é um vasodilatador que trata a impotência, uma condição que afeta 9% de todos os adultos do sexo masculino nos Estados Unidos.

Talvez se Alfred Nobel estivesse a par da pesquisa de Ignarro, ele teria seguido as instruções do seu médico e ingerido nitroglicerina por seu valor medicinal. Por isso, é muito interessante que Ignarro tenha recebido o Prêmio Nobel de Medicina, em 1998, um prêmio que foi financiado por Nobel com a fortuna que ele ganhou por sua descoberta da nitroglicerina estabilizada. Parece que a história de fato tem um senso de ironia.

Catalisadores e Enzimas

Um **catalisador** é uma substância que pode acelerar a velocidade de uma reação sem que ela própria seja consumida pela reação. Um catalisador trabalha fornecendo um caminho alternativo com uma energia de ativação menor (Figura 6.17). Observe que um catalisador não altera a energia dos reagentes ou dos produtos e, portanto, a posição de equilíbrio não é afetada pela presença de um catalisador. Apenas a velocidade de reação é afetada pelo catalisador. Veremos muitos exemplos de catalisadores nos próximos capítulos.

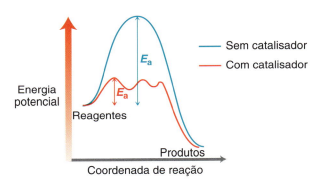

FIGURA 6.17
Um diagrama de energia mostrando um caminho reacional não catalisado e um caminho catalisado.

A natureza também utiliza a catálise em muitas funções biológicas. As enzimas são substâncias que ocorrem naturalmente e que catalisam reações biológicas importantes muito específicas. As enzimas serão discutidas com mais pormenores no Capítulo 25, do Volume 2.

falando de modo prático | Fabricação de Cerveja

A fabricação de cerveja depende da fermentação de açúcares (produzidos a partir de grãos, tais como trigo ou cevada). O processo de fermentação produz etanol e é termodinamicamente favorável (ΔG é negativo). A conversão direta de açúcar em etanol tem uma grande energia de ativação e, portanto, não ocorre, por si só, com uma velocidade apreciável:

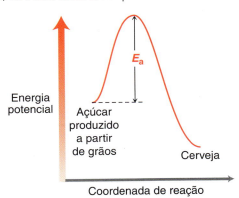

Quando o fermento é adicionado à mistura, a energia de ativação é reduzida, e o processo ocorre em uma velocidade observável. A levedura é um micro-organismo que utiliza várias enzimas que catalisam diversas reações diferentes. Algumas dessas enzimas permitem que a levedura metabolize açúcares produzindo etanol e CO_2 como produtos residuais. O etanol gerado no processo é tóxico para a levedura, e assim, quando a concentração de etanol aumenta, a fermentação diminui. Como resultado, é difícil atingir uma concentração de álcool superior a 12% quando se utiliza levedura de cerveja-padrão.

Sem a ação catalítica do fermento, a cerveja poderia nunca ter sido descoberta.

6.6 Leitura dos Diagramas de Energia

Quando começarmos a estudar reações no próximo capítulo, vamos utilizar muito os diagramas de energia. Portanto, vamos rever rapidamente algumas das características dos diagramas de energia.

Cinética *Versus* Termodinâmica

Não confunda cinética e termodinâmica, são dois conceitos completamente diferentes (Figura 6.18).

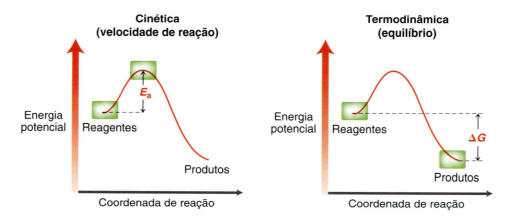

FIGURA 6.18
Diagramas de energia mostrando a diferença entre cinética e termodinâmica.

A cinética se refere à velocidade de uma reação, enquanto a termodinâmica se refere às concentrações de equilíbrio dos reagentes e produtos. Suponha-se que duas substâncias, A e B, possam reagir uma com a outra através de um de dois caminhos reacionais possíveis (Figura 6.19). O caminho reacional determina a natureza dos produtos. Observe que os produtos C e D são termodinamicamente favorecidos em relação aos produtos E e F, porque C e D têm energias menores. Além disso, C e D também são favorecidos cineticamente em relação a E e F, porque a formação de C e D envolve uma energia de ativação menor. Em resumo, C e D são favorecidos pela termodinâmica, bem como pela cinética. Quando os reagentes podem reagir um com o outro de duas maneiras possíveis, é frequente o caso em que um caminho reacional seja favorecido tanto termodinamicamente quanto cineticamente, embora existam muitos casos em que a termodinâmica e a cinética se opõem uma à outra. Considere o diagrama de energia na Figura 6.20, mostrando duas possíveis reações entre A e B. Neste caso, os produtos C e D são favorecidos pela termodinâmica, porque eles têm a energia mais baixa. Entretanto, os produtos E e F são favorecidos pela cinética, porque a formação de E e F envolve uma energia de ativação inferior. Neste caso, a temperatura vai desempenhar um papel fundamental. Em baixa temperatura, a reação que forma E e F será mais rápida, mesmo que

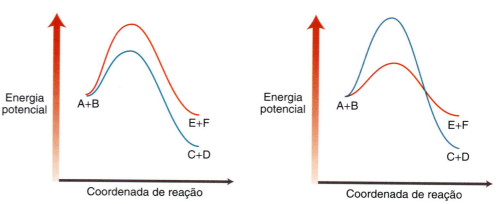

FIGURA 6.19
Um diagrama de energia mostrando a energia de dois caminhos reacionais possíveis para a reação entre A e B.

FIGURA 6.20
Um diagrama mostrando a energia de dois caminhos reacionais possíveis para a reação entre A e B. Neste caso, C e D são os produtos termodinâmicos, enquanto E e F são os produtos cinéticos.

Reatividade Química e Mecanismos 251

esta reação não produza os produtos mais estáveis. Em alta temperatura, as concentrações de equilíbrio serão alcançadas rapidamente, favorecendo a formação de C e D. Veremos vários exemplos de cinética *versus* termodinâmica ao longo deste livro.

Estados de Transição *Versus* Intermediários

Reações muitas vezes envolvem várias etapas. No diagrama de energia de um processo em várias etapas, todos os mínimos locais (vales) representam intermediários, enquanto todos os máximos locais (picos) representam estados de transição (Figura 6.21). É importante compreender a diferença entre os estados de transição e os intermediários.

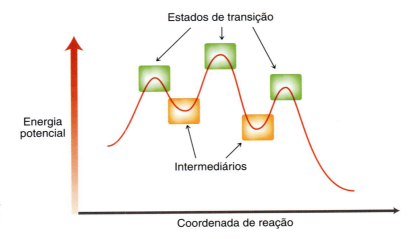

FIGURA 6.21
Em um diagrama de energia, todos os picos são estados de transição e todos os vales são intermediários.

Um **estado de transição**, como o nome indica, é um estado através do qual a reação evolui. Estados de transição não podem ser isolados. Neste estado de alta energia, as ligações estão sendo quebradas e/ou formadas simultaneamente, como mostrado na Figura 6.22.

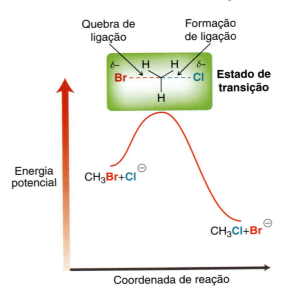

FIGURA 6.22
Em um estado de transição as ligações estão sendo quebrados e/ou formadas.

Como uma analogia grosseira para a diferença entre um estado de transição e um intermediário, considere que você está saltando no ar o mais alto que você consegue, enquanto o seu amigo tira uma fotografia do ponto mais alto de sua trajetória. A imagem mostra a altura que você conseguiu alcançar, apesar de que não seria justo dizer que você foi capaz de ficar um tempo considerável naquela altura (parado no ar). Foi um estado através do qual você passou. Ao contrário, imagine você saltando para uma mesa e, em seguida, pulando de volta para baixo. Uma fotografia de você sobre a mesa vai ser muito diferente da imagem anterior. Na verdade, é possível estar sobre uma mesa durante um período de tempo, mas não é possível manter-se parado no ar por qualquer período de tempo razoável. A imagem de você em pé em cima da mesa é semelhante à imagem

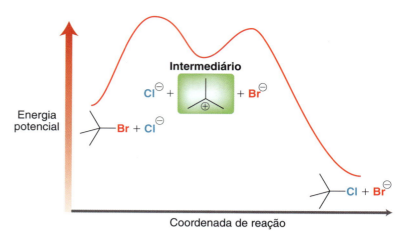

FIGURA 6.23
Um diagrama de energia de uma reação que apresenta um intermediário caracterizado por um vale no diagrama de energia.

de uma reação com intermediário. **Intermediários** têm certo, embora curto, tempo de vida. Por exemplo, um intermediário participa do processo de formação ou quebra de ligações (Figura 6.23). Intermediários, como o que é mostrado na Figura 6.23, são muito comuns e vamos encontrá-los centenas de vezes ao longo deste livro.

O Postulado de Hammond

Considere os dois pontos no diagrama de energia na Figura 6.24. Como esses dois pontos estão próximos um do outro na curva, eles têm energias parecidas e, portanto, são estruturalmente semelhantes.

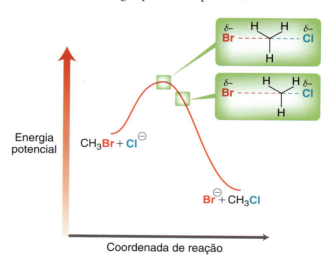

FIGURA 6.24
Em um diagrama de energia, dois pontos que estão próximos representarão estados estruturalmente semelhantes.

Usando esse princípio, podemos fazer uma generalização sobre a estrutura de um estado de transição em qualquer processo exotérmico ou endotérmico (Figura 6.25). Em um processo exotérmico, o estado de transição é mais próximo em termos de energia dos reagentes do que dos produtos e,

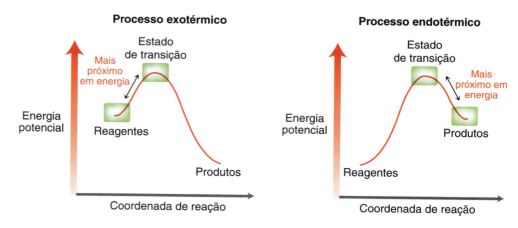

FIGURA 6.25
Um estado de transição estará mais próximo em energia aos reagentes em um processo exotérmico, mas estará mais próximo em energia aos produtos em um processo endotérmico.

Reatividade Química e Mecanismos

portanto, a estrutura do estado de transição se assemelha mais aos reagentes. Ao contrário, o estado de transição em um processo endotérmico é mais próximo em termos de energia dos produtos e, portanto, o estado de transição se assemelha mais aos produtos. Esse princípio é chamado de **postulado de Hammond**. Usaremos este princípio muitas vezes em nossas discussões sobre os estados de transição nos próximos capítulos.

VERIFICAÇÃO CONCEITUAL

6.7 Considere os diagramas de energia relativos a quatro processos diferentes:

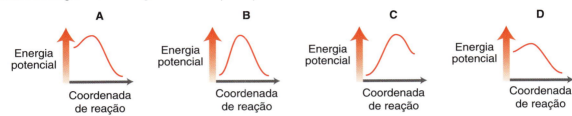

(a) Compare os diagramas de energia A e D. Admitindo que todos os outros fatores (como as concentrações e a temperatura) são idênticos para os dois processos, identifique qual o processo que vai ocorrer mais rapidamente. Explique.

(b) Compare os diagramas de energia A e B. Qual é o processo que, no equilíbrio, vai favorecer muito mais os produtos? Explique.

(c) Será que algum dos processos apresenta um intermediário? Será que algum dos processos apresenta um estado de transição? Explique.

(d) Compare os diagramas de energia A e C. Em que caso o estado de transição se assemelha mais aos reagentes do que aos produtos? Explique.

(e) Compare os diagramas de energia A e B. Admitindo que todos os outros fatores (tais como as concentrações e a temperatura) são idênticos para os dois processos, identifique qual o processo que ocorre mais rapidamente. Explique.

(f) Compare diagramas de energia B e D. Qual o processo que vai favorecer, no equilíbrio, muito mais os produtos? Explique.

(g) Compare os diagramas de energia C e D. Em que caso o estado de transição se assemelha mais aos produtos do que aos reagentes? Explique.

6.7 Nucleófilos e Eletrófilos

Reações iônicas, também chamadas de **reações polares**, envolvem a participação de íons como reagentes, intermediários ou produtos. Na maioria dos casos, os íons estão presentes como intermediários. Essas reações representam a maioria (aproximadamente 95%) das reações que vamos encontrar neste livro. As outras duas principais classes de reações, reações radicalares e reações pericíclicas, ocupam uma atenção muito menor em um curso típico de química orgânica de graduação, mas serão discutidas nos próximos capítulos. O restante deste capítulo se concentrará em reações iônicas.

Reações iônicas ocorrem quando um reagente tem um sítio de alta densidade eletrônica e o outro reagente tem um sítio de baixa densidade eletrônica. Por exemplo, considere os mapas de potencial eletrostático do cloreto de metila e do metil-lítio (Figura 6.26). Cada substância apresenta um efeito indutivo, mas em direções opostas.

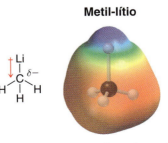

FIGURA 6.26
Mapas de potencial eletrostático do cloreto de metila e do metil-lítio, indicando claramente os efeitos indutivos.

RELEMBRANDO
Para uma revisão dos efeitos indutivos, veja a Seção 1.11.

O átomo de carbono no cloreto de metila representa um sítio de baixa densidade eletrônica, enquanto o átomo de carbono no metil-lítio representa um sítio de alta densidade eletrônica. Uma vez que cargas opostas se atraem, essas duas substâncias reagem uma com a outra. O tipo de reação que ocorre entre o cloreto de metila e o metil-lítio será explorado no próximo capítulo. Por enquanto, vamos nos concentrar sobre a natureza de cada um dos reagentes.

Um centro rico em elétrons, tal como o átomo de carbono no metil-lítio, é chamado de **nucleófilo**, que vem da palavra grega "amante de núcleo". Isto é, um centro nucleofílico é caracterizado pela sua capacidade de reagir com uma carga positiva ou uma carga positiva parcial. Ao contrário, um centro deficiente em elétrons, tal como o átomo de carbono no cloreto de metila, é chamado de **eletrófilo**, que vem da palavra grega "amante de elétron". Isto é, um centro eletrofílico é caracterizado pela sua capacidade em reagir com uma carga negativa ou carga negativa parcial.

Ao longo deste livro, vamos nos concentrar extensivamente sobre o comportamento dos nucleófilos e eletrófilos. Veremos que, em última análise, há apenas alguns poucos princípios que nos permitem explicar e até mesmo prever a maioria das reações. Entretanto, a fim de aprender a utilizar esses princípios, primeiro será necessário que você se torne proficiente na identificação dos centros nucleofílicos e eletrofílicos em qualquer substância. Essa capacidade é sem dúvida uma das mais importantes na química orgânica. Dissemos antes que a essência da química orgânica é estudar e prever como a densidade eletrônica flui durante uma reação. Não será possível fazer NENHUMA previsão inteligente sem saber onde a densidade eletrônica pode ser encontrada e para onde é provável que ela se desloque. As seções a seguir irão explorar a natureza de nucleófilos e eletrófilos com mais profundidade.

Nucleófilos

RELEMBRANDO
Para uma revisão de bases de Lewis, veja a Seção 3.9.

Um centro nucleofílico é um átomo rico em elétrons, que é capaz de doar um par de elétrons. Observe que esta definição é muito semelhante à definição de uma base de Lewis. De fato, os termos "nucleófilo" e "base de Lewis" são sinônimos.

A seguir podemos ver dois exemplos de nucleófilos:

Etóxido   **Etanol**

Cada um desses exemplos tem pares de elétrons isolados em um átomo de oxigênio. O etóxido tem uma carga negativa e, portanto, é mais nucleofílico do que o etanol. No entanto, o etanol ainda pode se comportar como um nucleófilo (embora fraco), porque os pares isolados no etanol representam regiões de alta densidade eletrônica. Qualquer átomo que possui um par de elétrons isolado pode ser considerado como um nucleófilo.

Vamos ver no Capítulo 9 que ligações π também podem se comportar como nucleófilos, porque uma ligação π é uma região no espaço de alta densidade eletrônica (Figura 6.27).

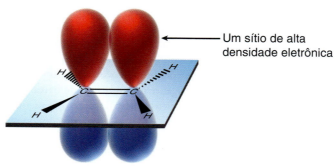

FIGURA 6.27
Uma ligação π é uma região no espaço de alta densidade eletrônica.

A força de um nucleófilo é afetada por muitos fatores, incluindo a polarizabilidade. A **polarizabilidade** pode ser definida de forma muito vaga como descrevendo a capacidade de um átomo em distribuir a sua densidade eletrônica de forma distorcida em resposta a influências externas. A polarizabilidade está diretamente relacionada com o tamanho do átomo (e, mais especificamente, com o número de elétrons que se encontram distantes do núcleo). Por exemplo, o enxofre é muito grande e tem muitos elétrons que estão distantes do núcleo, e a sua densidade eletrônica pode ser distribuída de forma desigual quando ele se aproxima de um eletrófilo. O iodo compartilha a mesma característica. Em consequência disso, I⁻ e HS⁻ são nucleófilos particularmente fortes. Voltaremos a ver esse raciocínio no próximo capítulo.

Reatividade Química e Mecanismos

Eletrófilos

Um centro eletrofílico é um átomo deficiente em elétrons que é capaz de aceitar um par de elétrons. Observe que essa definição é muito parecida com a definição de um ácido de Lewis. De fato, os termos "eletrófilo" e "ácido de Lewis" são sinônimos.

A seguir podem ser vistos dois exemplos de eletrófilos:

RELEMBRANDO
Para uma revisão de ácidos de Lewis, veja a Seção 3.9.

A primeira substância apresenta um átomo de carbono eletrofílico como um resultado dos efeitos indutivos do átomo de cloro. O segundo exemplo apresenta um átomo de carbono carregado positivamente e é chamado de **carbocátion**. Um carbocátion tem um orbital p vazio (Figura 6.28). O orbital p vazio se comporta como um sítio que pode aceitar um par de elétrons, tornando a substância eletrofílica. Vamos discutir carbocátions com mais profundidade mais adiante neste capítulo.

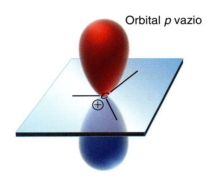

FIGURA 6.28
Um orbital p vazio de um carbocátion.

A Tabela 6.3 fornece um resumo de algumas características comuns que fazem com que uma substância seja nucleofílica ou eletrofílica.

TABELA 6.3 UM RESUMO DE ALGUNS CENTROS NUCLEOFÍLICOS E ELETROFÍLICOS COMUNS

NUCLEÓFILOS		ELETRÓFILOS	
CARACTERÍSTICA	EXEMPLO	CARACTERÍSTICA	EXEMPLO
Efeitos indutivos	H₃C—Li ($\delta+$)	Efeitos indutivos	H₃C—Cl ($\delta+$)
Pares isolados	H—Ö—H	Orbital p vazio	
Ligação π			

256 CAPÍTULO 6

DESENVOLVENDO A APRENDIZAGEM

6.2 IDENTIFICAÇÃO DE CENTROS NUCLEOFÍLICOS E ELETROFÍLICOS

APRENDIZAGEM Identifique todos os centros nucleofílicos e todos os centros eletrofílicos da seguinte substância:

SOLUÇÃO

ETAPA 1
Identificação de centros nucleofílicos procurando efeitos indutivos, pares de elétrons isolados ou ligações π.

Vamos primeiro procurar centros nucleofílicos. Especificamente, estamos à procura de efeitos indutivos, pares de elétrons isolados ou ligações π. Nessa substância, existem dois centros nucleofílicos:

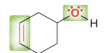

Em seguida, vamos procurar centros eletrofílicos. Especificamente, estamos procurando efeitos indutivos ou um orbital *p* vazio. Nenhum dos átomos dessa substância apresenta um orbital *p* vazio, mas existem efeitos indutivos:

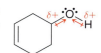

ETAPA 2
Identificação de centros eletrofílicos procurando efeitos indutivos ou orbitais *p* vazios.

O átomo de oxigênio é eletronegativo, fazendo com que os átomos adjacentes sejam deficientes em elétrons. Neste caso, há dois átomos adjacentes que suportam uma carga parcial positiva (δ+): o átomo de carbono adjacente e o átomo de hidrogênio adjacente. De modo geral, um átomo de hidrogênio com uma carga positiva parcial é descrito como ácido, em vez de eletrofílico. Portanto, essa substância é considerada como tendo apenas um centro eletrofílico.

PRATICANDO
o que você aprendeu

6.8 Identifique todos os centros nucleofílicos em cada uma das seguintes substâncias:

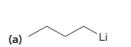

(a)   (b)   (c)   (d)

6.9 Identifique todos os centros eletrofílicos em cada uma das seguintes substâncias:

(a) **Ácido araquidônico**
Um precursor na biossíntese de muitos hormônios

(b) **2-Heptanona**
Usada para controlar a população de *Varroa mites* nas colônias de abelhas

(c) **Gordura animal hidrogenada**

APLICANDO
o que você aprendeu

6.10 A substância hipotética vista a seguir não pode ser preparada ou isolada, porque ela tem um centro nucleofílico e um centro eletrofílico muito reativos, e os dois sítios reagiriam um com o outro rapidamente. Identifique o centro nucleofílico e o centro eletrofílico nessa substância hipotética:

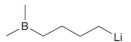

Reatividade Química e Mecanismos 257

6.11 Cada uma das substâncias vistas a seguir apresenta dois centros eletrofílicos. Identifique os dois centros em cada substância. (**Sugestão:** Você vai precisar representar estruturas de ressonância em cada caso.)

(a) Um repelente de baratas
encontrado em pepinos

(b) Nootkatone
Encontrada na toranja (grapefruit)

(c) (*R*)-Carvona
Responsável pelo
odor de hortelã

→ é necessário **PRATICAR MAIS?** Tente Resolver o Problema 6.53

6.8 Mecanismos e Setas Curvas

Lembre-se do Capítulo 3 que um mecanismo mostra como uma reação ocorre usando setas curvas para ilustrar o deslocamento de elétrons. A extremidade final (cauda) de cada seta curva mostra de onde os elétrons estão vindo e a ponta (cabeça) de cada seta curva mostra para onde os elétrons estão indo:

$$B:^{\ominus} \; + \; H{-}A \; \rightleftharpoons \; B{-}H \; + \; A:^{\ominus}$$

A fim de dominar os mecanismos iônicos, será útil você se familiarizar com padrões característicos de setas curvas. Vamos agora estudar os padrões de deslocamento de elétrons, e esses padrões vão nos permitir compreender os mecanismos de reação e até mesmo propor novos mecanismos. Existem apenas quatro padrões característicos, e todos os mecanismos iônicos são simplesmente combinações dessas quatro etapas. Vamos estudá-las uma a uma.

Ataque Nucleofílico

O primeiro padrão é o **ataque nucleofílico**, caracterizado por um nucleófilo atacando um eletrófilo; por exemplo:

Nucleófilo   Eletrófilo

O brometo é um nucleófilo porque possui um par de elétrons isolado, e o carbocátion é um eletrófilo devido ao seu orbital *p* vazio. Neste exemplo, o ataque do nucleófilo ao eletrófilo requer apenas uma seta curva. A cauda da seta curva é colocada no centro nucleofílico e a ponta é colocada no centro eletrofílico. Também é comum ver um ataque nucleofílico que utiliza mais de uma seta curva; por exemplo:

Nucleófilo   Eletrófilo

Neste caso, existem duas setas curvas. A primeira mostra o nucleófilo atacando o eletrófilo, mas qual é a função da segunda seta curva? Há duas maneiras de ver essa segunda seta curva. Nós podemos simplesmente pensar nela como uma seta de ressonância: Podemos imaginar primeiro a representação da estrutura de ressonância do eletrófilo e, a seguir, a ocorrência do ataque do nucleófilo:

A partir dessa perspectiva, parece que apenas uma das setas curvas está realmente mostrando o ataque nucleofílico. A outra seta curva pode ser pensada como uma seta curva de ressonância.

RELEMBRANDO
Lembre-se de que nós também utilizamos vários padrões de setas curvas para dominarmos as estruturas de ressonância no Capítulo 2.

Alternativamente, podemos pensar na segunda seta curva como um fluxo real de densidade eletrônica que vai para cima do átomo de oxigênio quando o nucleófilo ataca:

A densidade eletrônica é deslocada para cima do oxigênio

Essa perspectiva é, talvez, mais precisa, mas devemos ter em mente que ambas as setas curvas estão mostrando apenas um padrão de setas curvas: *ataque nucleofílico*.

Ligações π também podem se comportar como nucleófilos, por exemplo:

Perda de um Grupo de Saída

O segundo padrão de setas curvas é caracterizado pela perda de um grupo de saída, por exemplo:

Essa etapa requer uma seta curva, embora seja comum ver mais do que uma seta curva ser utilizada para mostrar a perda de um grupo de saída. Por exemplo:

Apenas uma das setas curvas mostra realmente o cloreto saindo (a seta curva na parte inferior). As setas curvas restantes podem ser vistas de duas maneiras diferentes (assim como na seção anterior). Podemos ver as outras setas curvas como setas de ressonância, desenhadas depois da saída do grupo de saída:

ou podemos ver o processo como um fluxo de densidade eletrônica que empurra para fora o grupo de saída:

A densidade eletrônica é deslocada para liberar um grupo de saída

Independentemente da forma como vemos o processo, é importante reconhecer que todas essas setas curvas juntas mostram apenas um padrão de setas curvas: **perda de um grupo de saída**.

Transferência de Próton

O terceiro padrão de setas curvas já foi discutido em detalhes no Capítulo 3. Lembre-se de que uma transferência de prótons é caracterizada por duas setas curvas:

Neste exemplo, uma cetona é protonada, o que é mostrado com duas setas curvas. A primeira é representada da cetona até o próton. A segunda seta curva mostra o que acontece com os elétrons que estavam anteriormente mantendo o próton.

Uma etapa de transferência de prótons é ilustrada com duas setas curvas, se a substância for protonada (como anteriormente) ou desprotonada, como mostrado a seguir:

Às vezes, as transferências de prótons são mostradas com apenas uma seta curva:

Neste caso, a base que remove o próton não foi indicada. Os químicos, algumas vezes, usam essa abordagem para maior clareza de apresentação, mesmo que um próton não seja removido por si só. Para que uma substância perca um próton, uma base tem de estar envolvida de modo a desprotonar a substância. Em geral, é preferível mostrar a base envolvida e utilizar *duas* setas curvas.

Às vezes, *mais* do que duas setas curvas são usadas para uma etapa de transferência de próton. Por exemplo, o seguinte caso tem três setas curvas:

Mais uma vez, esta etapa pode ser vista de duas maneiras. Podemos ver isso como uma transferência de próton simples seguida pela representação de uma estrutura de ressonância:

Estas duas setas curvas mostram a etapa de transferência de próton

Estas duas setas curvas mostram a ressonância

ou podemos considerar que todas as setas curvas juntas mostram o fluxo de densidade eletrônica que ocorre durante a transferência de próton:

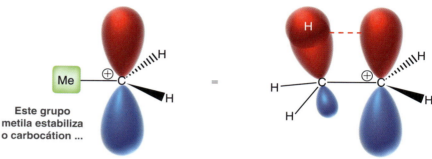

A densidade eletrônica flui para o oxigênio da cetona

Para transferências de prótons, ambas as perspectivas são igualmente válidas.

Rearranjos

O quarto e último padrão é caracterizado por um **rearranjo**. Existem vários tipos de rearranjos, mas neste momento vamos nos concentrar exclusivamente em rearranjos de carbocátions. Para discutir rearranjos de carbocátions, temos que primeiro explorar uma característica dos carbocátions. Especificamente, carbocátions são estabilizados por grupos alquila vizinhos (Figura 6.29).

FIGURA 6.29
Grupos alquila vizinhos estabilizam um carbocátion através de hiperconjugação.

Este grupo metila estabiliza o carbocátion ...

... doando densidade eletrônica para o orbital *p* vazio

O OM ligante associado a uma ligação C—H vizinha se sobrepõe pouco ao orbital *p* vazio, colocando um pouco de sua densidade eletrônica no orbital *p* vazio. Esse efeito, chamado de **hiperconjugação**, estabiliza o orbital *p* vazio. Isso explica a tendência observada na Figura 6.30. Os termos **primário**, **secundário** e **terciário** referem-se ao número de grupos alquila ligados diretamente ao átomo de carbono carregado positivamente. Carbocátions terciários são mais estáveis (menos energia) do que carbocátions secundários, que são mais estáveis do que carbocátions primários.

Aumento da estabilidade

Metila   Primário   Secundário   Terciário

FIGURA 6.30
Carbocátions com mais grupos alquila são mais estáveis do que carbocátions com menos grupos alquila.

ATENÇÃO
Hidreto é H:⁻. É um átomo de hidrogênio com um elétron adicional (dois elétrons no total). Não confunda o íon hidreto com um próton (H⁺), que é um átomo de hidrogênio que perdeu o seu elétron.

No final deste capítulo, vamos aprender a prever quando rearranjos são prováveis de ocorrer. Por enquanto, vamos apenas centralizar a nossa atenção reconhecendo rearranjos de carbocátions. Existem duas maneiras comuns em que rearranjos de carbocátions são realizados: via um **deslocamento de hidreto** ou um **deslocamento de metila**.

Um deslocamento de hidreto envolve a migração de H⁻:

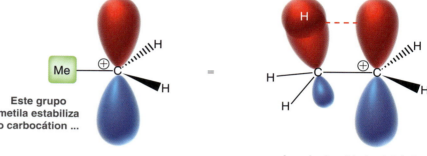

Neste exemplo, um carbocátion secundário é transformado em um carbocátion terciário mais estável. Como isso ocorre? Como uma analogia, imagine que há um buraco no chão. Agora imagine que cavamos outro buraco nas proximidades e usamos a terra para encher o primeiro buraco. O

Reatividade Química e Mecanismos

primeiro buraco pode estar cheio, mas em seu lugar, um novo buraco foi criado nas proximidades. Um deslocamento de hidreto é um conceito semelhante. O carbocátion é um buraco (um lugar onde não existe densidade eletrônica). O átomo de hidrogênio vizinho leva os seus dois elétrons e migra para preencher o orbital *p* vazio. Esse processo gera um novo, e mais estável, orbital *p* vazio nas proximidades.

Um rearranjo de carbocátion também pode ser realizado através de um deslocamento de metila:

Mais uma vez, um carbocátion secundário está sendo convertido em um carbocátion terciário. Mas, desta vez, é um grupo metila (em vez de um hidreto), que migra com os seus dois elétrons para preencher o buraco. Para que um deslocamento de metila ocorra, o grupo metila tem de estar ligado ao átomo de carbono que está adjacente ao carbocátion.

Os dois exemplos anteriores (deslocamento de hidreto e deslocamento de metila) são os tipos mais comuns de rearranjos de carbocátion.

Em resumo, vimos apenas quatro padrões característicos de setas curvas em reações iônicas: (1) ataque nucleofílico, (2) perda de um grupo de saída, (3) transferência de próton, e (4) rearranjo. Vamos começar exercitando através da identificação dos padrões.

DESENVOLVENDO A APRENDIZAGEM

6.3 IDENTIFICAÇÃO DE UM PADRÃO DE SETAS CURVAS

APRENDIZAGEM Considere a seguinte etapa:

Identifique qual o padrão de setas curvas é utilizado neste caso.

SOLUÇÃO

Veja as setas curvas. As três primeiras setas curvas mostram ligações duplas se movendo, e a última seta curva mostra o cloreto sendo ejetado da substância:

Em outras palavras, o cloreto está se comportando como um grupo de saída. As outras setas curvas podem ser vistas como setas de ressonância:

Perda de um grupo de saída   **Ressonância**

Alternativamente, podemos visualizar as ligações π como "empurrando para fora" o íon cloreto:

Ligações π deslocando o íon cloreto para fora

De qualquer maneira, existe apenas um padrão de setas curvas sendo utilizado aqui: *a perda de um grupo de saída.*

262 CAPÍTULO 6

PRATICANDO o que você aprendeu

6.12 Para cada um dos seguintes casos, veja as setas curvas e identifique qual é o padrão de setas curvas utilizado:

(a), (b), (c), (d), (e), (f), (g), (h), (i)

APLICANDO o que você aprendeu

6.13 Identifique qual o padrão de setas curvas é utilizado na seguinte etapa:

⇢ é necessário **PRATICAR MAIS?** Tente Resolver o Problema 6.30

6.9 Combinação dos Padrões de Setas Curvas

Todos os mecanismos iônicos, independentemente da sua complexidade, são exatamente combinações diferentes dos quatro padrões característicos vistos na seção anterior. Como exemplo, considere a reação na Figura 6.31, que vamos explorar mais detalhadamente no Capítulo 7.

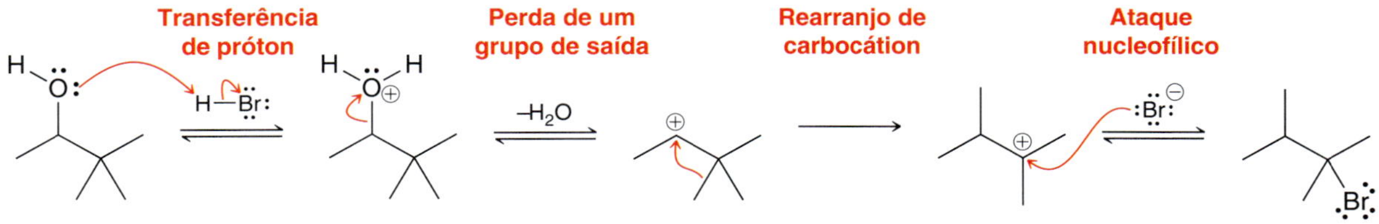

FIGURA 6.31
Uma reação contendo todos os quatro padrões característicos de setas curvas.

O mecanismo da Figura 6.31 apresenta quatro etapas, cada uma das quais é um dos padrões característicos da seção anterior. Às vezes, uma única etapa mecanística envolve dois padrões simultaneamente, por exemplo:

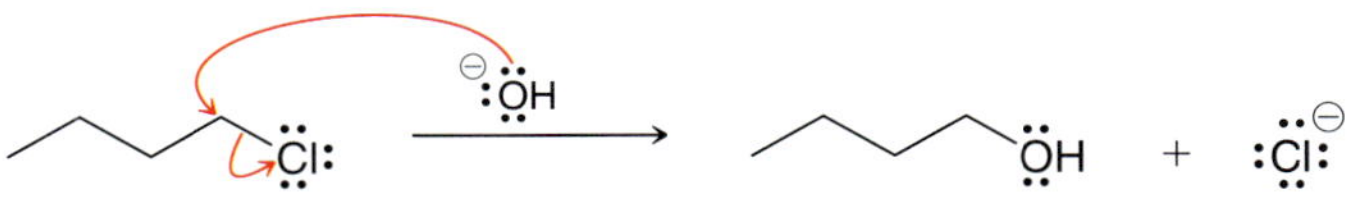

Existem duas setas curvas mostradas neste caso. Uma seta curva, vindo do íon cloreto, mostra um ataque nucleofílico. A segunda seta curva mostra a perda de um grupo de saída. Neste caso, estamos utilizando dois padrões de setas curvas simultaneamente. Isto é chamado de processo concertado. No próximo capítulo, vamos explorar algumas das importantes diferenças entre os mecanismos concertado e não concertado (passo a passo). Por enquanto, nós simplesmente vamos nos concentrar em reconhecer os vários padrões que podem surgir como resultado da combinação dos vários padrões de setas curvas. Fazendo isso, vão aparecer as semelhanças entre mecanismos aparentemente diferentes.

DESENVOLVENDO A APRENDIZAGEM

6.4 IDENTIFICAÇÃO DA SEQUÊNCIA DE PADRÕES DE SETAS CURVAS

APRENDIZAGEM Identifique a sequência de padrões de setas curvas na seguinte reação:

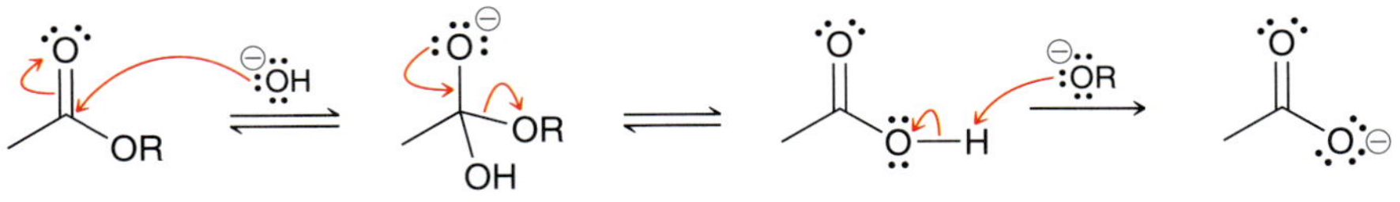

SOLUÇÃO
Na primeira etapa o hidróxido ataca C=O em um ataque nucleofílico:

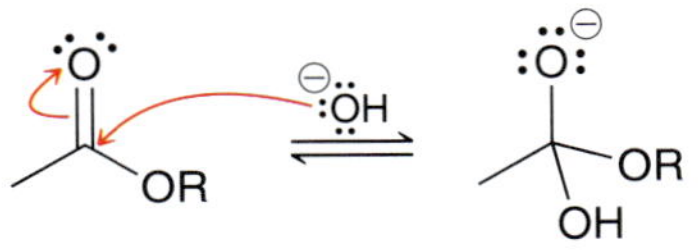

Na próxima etapa, um íon alcóxido (RO⁻) é ejetado como um grupo de saída:

Finalmente, a última etapa é uma transferência de próton, que sempre envolve duas setas curvas:

A sequência dessa reação é, portanto, (1) ataque nucleofílico, (2) perda de um grupo de saída, e (3) transferência de próton. Ao longo deste livro e, especialmente, no Capítulo 21, do Volume 2, vamos ver dezenas de reações que seguem essa sequência de três etapas. Ao ver todas essas reações neste formato (como uma sequência de padrões característicos), será mais fácil ver as semelhanças entre reações aparentemente diferentes.

PRATICANDO
o que você aprendeu

6.14 Para cada uma das seguintes reações em multietapas, veja as setas curvas e identifique a sequência de padrões de setas curvas:

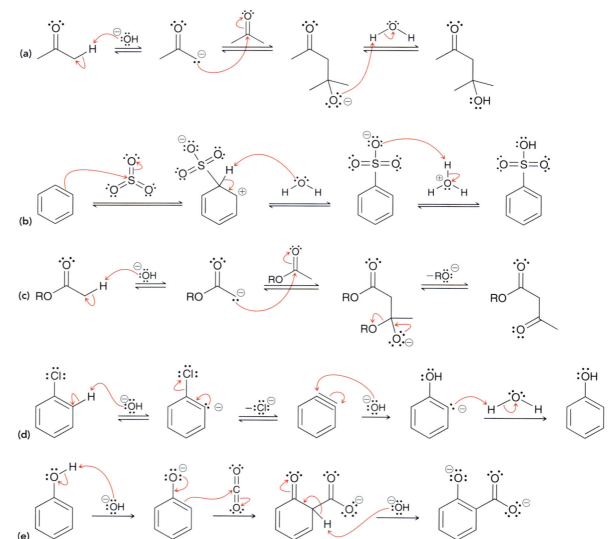

Reatividade Química e Mecanismos   265

APLICANDO o que você aprendeu

6.15 As duas reações vistas a seguir serão exploradas em capítulos diferentes. No entanto, elas são muito semelhantes. Identifique e compare as sequências de padrões de setas curvas para as duas reações.

Reação 1 (Capítulo 20)

Reação 2 (Capítulo 18)

é necessário **PRATICAR MAIS? Tente Resolver os Problemas 6.32–6.41**

Pode haver mais de 100 mecanismos em um curso de química orgânica completo, mas há menos de uma dúzia de diferentes sequências de padrões de setas curvas nesses mecanismos. À medida que avançarmos ao longo dos capítulos, vamos aprender as regras para determinar quando cada padrão pode e não pode ser utilizado. Essas regras nos permitirão propor mecanismos para novas reações.

6.10 Representação de Setas Curvas

As setas curvas têm um significado muito preciso e elas têm de ser desenhadas com precisão. Evite setas desleixadas. Certifique-se de estar seguro do desenho da cauda e da ponta de cada seta. A cauda tem de ser colocada sobre uma ligação ou um par de elétrons isolado. Por exemplo, a reação vista a seguir emprega duas setas curvas. Uma das setas curvas tem a sua cauda colocada em um par isolado e a outra tem a sua cauda colocada sobre uma ligação:

Esses são os dois únicos possíveis locais onde a cauda de uma seta curva pode ser colocada. A cauda mostra de onde os elétrons estão vindo, e os elétrons só podem ser encontrados em pares isolados ou ligações. *Nunca coloque a cauda de uma seta curva sobre uma carga positiva*.

A ponta de uma seta curva tem de ser colocada de modo que mostre a formação de uma ligação ou a formação de um par de elétrons isolado:

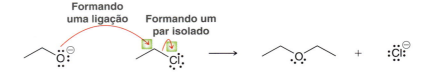

266 CAPÍTULO 6

ATENÇÃO
C, N e O são os elementos da segunda linha que necessitam de uma atenção especial. Nunca dê para um desses elementos mais de quatro orbitais.

Ao desenhar a ponta de uma seta curva, certifique-se de evitar desenhar uma seta que viole a regra do octeto. Especificamente, nunca desenhe uma seta que dá mais de quatro orbitais para um elemento da segunda linha:

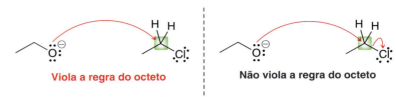

No primeiro exemplo, a ponta da seta curva está dando uma quinta ligação para o átomo de carbono. Isso viola a regra do octeto. O segundo exemplo não viola a regra do octeto, porque o átomo de carbono está ganhando uma ligação, mas perdendo outra. No final, o átomo de carbono nunca tem mais de quatro ligações.

Certifique-se de que todas as setas curvas representadas estão de acordo com um dos quatro padrões de setas curvas características.

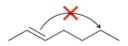

Evite desenhar setas como a que é vista a seguir. Esta seta viola a regra do octeto, e não está de acordo com nenhum dos quatro padrões de setas curvas características.

DESENVOLVENDO A APRENDIZAGEM

6.5 REPRESENTAÇÃO DE SETAS CURVAS

APRENDIZAGEM Represente as setas curvas que realizam a seguinte transformação:

SOLUÇÃO

ETAPA 1
Identificação de qual dos quatro padrões de setas curvas deve ser usado.

Começamos identificando qual o padrão característico de setas curvas que devemos usar neste caso. Olhe com cuidado e observe que o H_3O^+ está perdendo um próton. Esse próton é transferido para um átomo de carbono. Portanto, essa é uma etapa de transferência de próton, em que a ligação π se comporta como a base para desprotonar o H_3O^+. Uma etapa de transferência de próton requer duas setas curvas. Certifique-se de colocar adequadamente a ponta e a cauda de cada seta curva. A primeira seta curva tem de se originar sobre a ligação π e terminar em um próton:

ETAPA 2
Representação das setas curvas centralizando a atenção na colocação adequada da cauda e da ponta de cada seta curva.

Reatividade Química e Mecanismos 267

Não se esqueça de representar a segunda seta curva (os estudantes frequentemente deixam de fora a segunda seta, representando um mecanismo incompleto). A segunda seta curva mostra o que acontece com os elétrons que estavam anteriormente mantendo o próton. Especificamente, a cauda é colocada sobre a ligação O—H, e a ponta é colocada sobre o átomo de oxigênio:

PRATICANDO
o que você aprendeu

6.16 Represente as setas curvas que realizam cada uma das seguintes transformações:

(a)

(b)

(c)

APLICANDO
o que você aprendeu

6.17 As quatro reações vistas a seguir serão o foco dos próximos capítulos (reações de substituição e de eliminação). Represente as setas curvas que realizam cada uma das seguintes transformações:

(a)

(b)

(c)

(d)

é necessário **PRATICAR MAIS?** Tente Resolver os Problemas 6.42–6.47, 6.54

6.11 Rearranjos de Carbocátions

Ao longo deste livro, vamos encontrar muitos exemplos de rearranjos de carbocátions, de modo que temos de ser capazes de prever quando esses rearranjos ocorrerão. Lembre-se de que os dois tipos mais comuns de rearranjo de carbocátion são deslocamento de hidreto e deslocamento de metila (Figura 6.32).

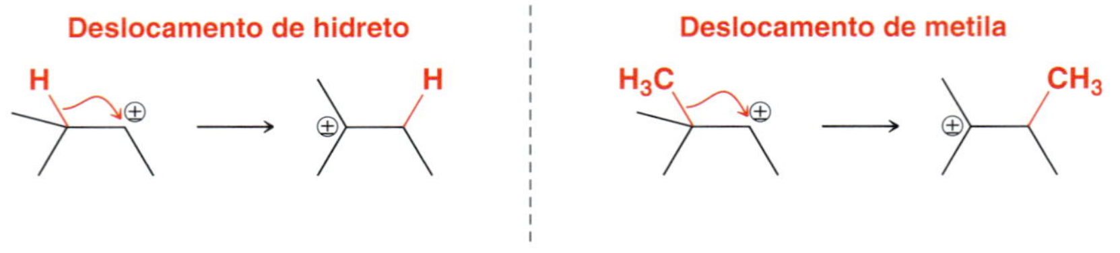

FIGURA 6.32
Deslocamentos de hidreto e deslocamentos de metila são os dois tipos mais comuns de rearranjos de carbocátions.

Em ambos os casos, um carbocátion secundário é convertido em um carbocátion terciário mais estável. A estabilidade é a chave. A fim de prever quando um rearranjo de carbocátion irá ocorrer, temos de determinar se o carbocátion pode se tornar mais estável através de um rearranjo. Por exemplo, considere o seguinte carbocátion:

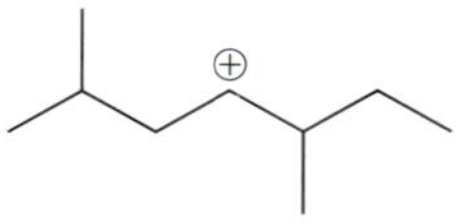

De modo a determinar se esse carbocátion pode sofrer um rearranjo, temos de identificar qualquer átomo de hidrogênio ou grupo metila ligados diretamente aos átomos de carbono vizinhos:

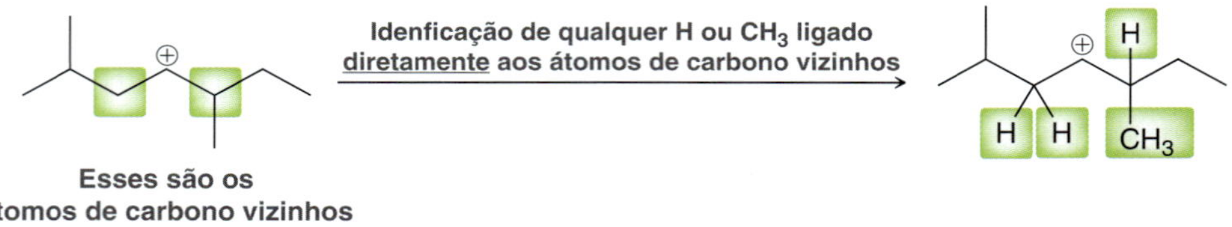

Existem quatro candidatos. Agora imagine cada um desses grupos se deslocando ao longo do carbocátion, gerando um novo carbocátion. Será que o novo carbocátion é mais estável? Neste exemplo, apenas um grupo pode migrar para produzir um carbocátion mais estável:

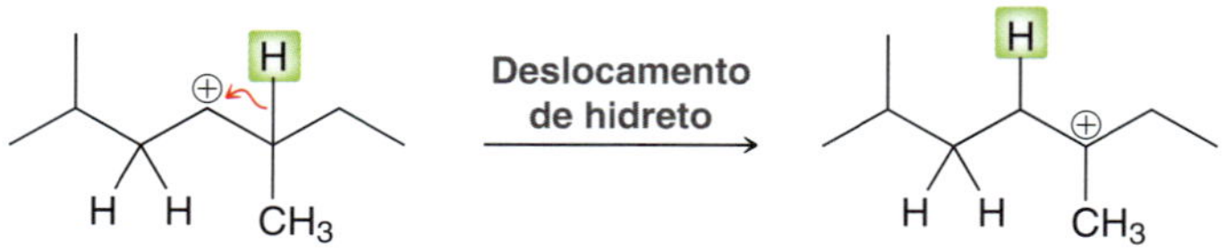

Se este hidreto migra, ele irá gerar um novo carbocátion, que é terciário. Portanto, esperamos um deslocamento de hidreto neste caso.

Rearranjos de carbocátion geralmente não ocorrem quando o carbocátion já é terciário, a não ser que um rearranjo produza um carbocátion estabilizado por ressonância; por exemplo:

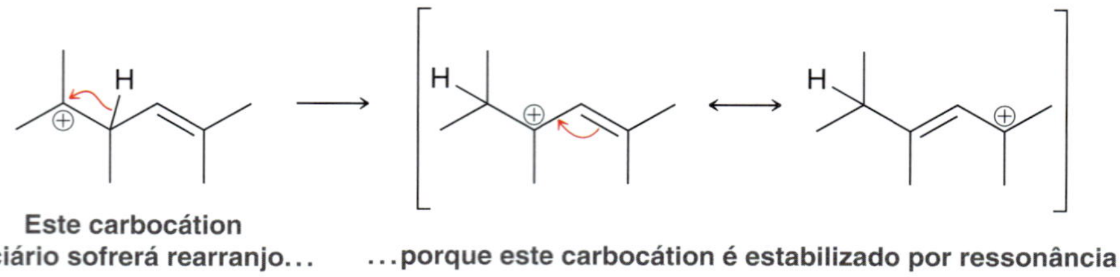

Este carbocátion terciário sofrerá rearranjo... ...porque este carbocátion é estabilizado por ressonância

Neste caso, o carbocátion original é terciário. Entretanto, o carbocátion recém-formado é terciário e é estabilizado por ressonância. Esse carbocátion é chamado de **carbocátion alílico** porque a carga positiva está localizada em uma posição alílica.

RELEMBRANDO
Lembre-se de que o termo alílico descreve as posições ligadas diretamente à ligação π:

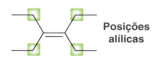

Posições alílicas

Reatividade Química e Mecanismos   269

DESENVOLVENDO A APRENDIZAGEM

6.6 PREDIÇÃO DE REARRANJOS DE CARBOCÁTIONS

APRENDIZAGEM Preveja se o carbocátion visto a seguir sofrerá rearranjo e, se isso ocorrer, represente uma seta curva mostrando o rearranjo de carbocátion:

SOLUÇÃO

ETAPA 1
Identificação dos átomos de carbono vizinhos.

Esse carbocátion é secundário, de modo que ele certamente tem potencial para sofrer rearranjo. Temos que procurar para ver se um rearranjo de carbocátion pode produzir um carbocátion terciário mais estável. Começamos identificando os átomos de carbono vizinhos ao carbocátion:

Procuramos todos os átomos de hidrogênio ou grupos metila ligados a esses átomos de carbono:

ETAPA 2
Identificação de algum grupo H ou CH₃ ligados diretamente aos átomos de carbono vizinhos.

Consideramos se a migração de qualquer desses grupos irá gerar um carbocátion terciário mais estável. A migração de um dos grupos hidreto vizinhos apenas irá gerar outro carbocátion secundário. Logo, não esperamos que ocorra um deslocamento de hidreto.

ETAPA 3
Determinação de qual destes grupos pode migrar para gerar um carbocátion mais estável.

Entretanto, se um dos grupos metila migra, é gerado um carbocátion terciário. Portanto, espera-se que ocorra um deslocamento de metila, gerando um carbocátion terciário mais estável:

ETAPA 4
Representação de uma seta curva mostrando o rearranjo de carbocátion e representação do novo carbocátion.

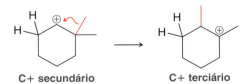

PRATICANDO o que você aprendeu

6.18 Para cada um dos seguintes carbocátions determine se ele vai sofrer rearranjao e, se isso ocorrer, represente o rearranjo de carbocátion com uma seta curva:

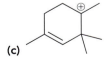

(a) (b) (c) (d)

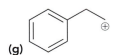
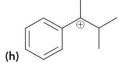

(e) (f) (g) (h)

APLICANDO o que você aprendeu

6.19 Ocasionalmente, rearranjos de carbocátions podem ser realizados através da migração de um átomo de carbono diferente de um grupo metila, tal como ocorre neste problema. Identifique o grupo que está migrando e represente a seta curva que mostra a migração:

é necessário **PRATICAR MAIS?** Tente Resolver o Problema 6.48

6.12 Setas de Reações Reversível e Irreversível

À medida que explorarmos mecanismos de reações iônicas nos próximos capítulos, você vai observar que algumas etapas serão representadas com setas de reação reversível (setas de equilíbrio), enquanto outras etapas serão representadas com setas de reação irreversível, por exemplo:

Em cada novo mecanismo que vamos explorar, você pode se perguntar como determinar se é mais apropriado usar uma seta de reação reversível ou uma seta de reação irreversível. Nesta seção, vamos explorar algumas regras gerais para cada um dos quatro padrões (ataque nucleofílico, perda de um grupo de saída, transferência de próton, e rearranjo de carbocátion).

Ataque Nucleofílico

Para uma etapa em que um nucleófilo ataca um eletrófilo, uma seta de reação reversível é geralmente utilizada quando o nucleófilo é capaz de se comportar como um bom grupo de saída, após ocorrer o ataque, enquanto uma seta de reação irreversível é utilizada se o nucleófilo não for um bom grupo de saída. Para ilustrar este conceito, considere os dois exemplos vistos a seguir:

No primeiro caso, o nucleófilo (água) pode se comportar como um bom grupo de saída depois de ele ter efetuado o ataque. Portanto, uma seta de reação reversível foi usada para indicar que o processo inverso, na reação vista a seguir, ocorre com uma velocidade apreciável:

Ao contrário, o segundo exemplo utiliza um nucleófilo que não é um bom grupo de saída. Consequentemente foi utilizada uma seta de reação irreversível para indicar que o processo inverso, na reação vista a seguir, não ocorre:

Na Seção 7.8, vamos aprender a distinguir entre os bons grupos de saída e os maus grupos de saída. Especificamente, vamos ver que as bases fracas (como a H_2O) são bons grupos de saída, enquanto as bases fortes (como o H_3C^-) são maus grupos de saída.

Perda de um Grupo de Saída

Para uma etapa que envolve a perda de um grupo de saída, utiliza-se geralmente uma seta de reação reversível quando o grupo de saída é capaz de se comportar como um bom nucleófilo, por exemplo:

A maioria dos grupos de saída que encontraremos neste livro também pode se comportar como nucleófilos; portanto, a perda de um grupo de saída raramente é representada com uma seta de reação irreversível.

Transferência de Próton

Deve-se notar que todas as etapas de transferência de próton são teoricamente reversíveis. Entretanto, há muitos casos que podem ser tratados de forma eficaz como irreversíveis. Por exemplo, considere o seguinte exemplo, em que a água é desprotonada por uma base muito forte:

$$pK_a = 15,7 \qquad pK_a = 50$$

Neste caso, a diferença entre os valores de pK_a dos dois ácidos (água e butano) é de aproximadamente 34. Isso indica que devem existir 10^{34} moléculas de butano para cada molécula de água. Em uma solução contendo um mol ($\sim 10^{23}$ moléculas), as possibilidades são extremamente pequenas que mesmo uma única molécula de butano será desprotonada por um íon hidróxido em determinado instante no tempo. Dessa forma, o processo anterior é efetivamente irreversível.

Agora, considere uma etapa de transferência de próton, em que os valores de pK_a são mais parecidos, por exemplo:

$$pK_a = 15,7 \qquad pK_a = 18$$

Neste caso, uma seta de reação reversível é mais adequada, porque um equilíbrio em que ambos os ácidos estão presentes é estabelecido (a substância com o pK_a mais elevado é favorecida, mas ambas estão presentes em quantidades significativas). Isso levanta a questão: Qual é o valor crítico? Isto é, qual deve ser a diferença entre os valores de pK_a que justifique o uso de uma seta de reação irreversível. Infelizmente, não há uma resposta clara para essa questão, uma vez que ela frequentemente depende do contexto da discussão. De modo geral, as setas de reações irreversíveis são utilizadas para as reações em que os ácidos diferem em força de mais de 10 unidades de pK_a, como pode ser visto no seguinte exemplo:

$$pK_a = 4,8 \qquad pK_a = 15,7$$

Quando a diferença entre os valores de pK_a situa-se entre 5 e 10 unidades de pK_a, setas de reação reversível ou irreversível podem ser usadas, dependendo do contexto da discussão.

Rearranjo de Carbocátion

Teoricamente falando, sempre que um rearranjo de carbocátion pode ocorrer, um equilíbrio será estabelecido em que todos os possíveis carbocátions estão presentes, com o carbocátion mais estável dominando o equilíbrio. A diferença de energia entre os possíveis carbocátions (por exemplo, secundário *versus* terciário) é muitas vezes significativa, e assim rearranjos de carbocátions geralmente serão representados como processos irreversíveis:

O processo inverso (a transformação de um carbocátion terciário em um carbocátion secundário) é efetivamente desprezível.

Nesta seção, temos visto muitas regras para determinar quando é apropriado representar uma seta de reação reversível e quando é apropriado desenhar uma seta de reação irreversível. Essas regras destinam-se a servir como uma orientação geral, e certamente haverá exceções. Tenha em mente que existem outros fatores relevantes que não foram apresentados nesta seção, de modo que a estrita observância das normas desta seção não é aconselhável. Por exemplo, quando uma etapa envolve a liberação de um gás, que é livre para escapar do vaso de reação, a reação deverá prosseguir até estar completa (princípio de Le Châtelier). Para ilustrar esse conceito, considere a seguinte etapa, que vamos encontrar no Capítulo 20 (Mecanismo 20.8, do Volume 2):

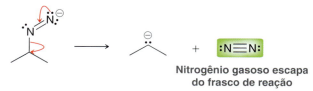

Nitrogênio gasoso escapa do frasco de reação

Essa etapa prossegue até a conclusão, apesar da formação de uma espécie de alta energia, devido ao desprendimento de nitrogênio gasoso que serve como uma força motriz para a reação.

A maioria das etapas em quase todos os mecanismos que vamos explorar neste livro vai estar de acordo com as regras descritas nesta seção. Talvez seja interessante que você faça uma revisão desta seção periodicamente à medida que você for avançando pelos próximos capítulos.

REVISÃO DE CONCEITOS E VOCABULÁRIO

SEÇÃO 6.1

- A variação total de **entalpia** para qualquer reação (ΔH), também chamada de **calor de reação**, é uma medida da energia trocada entre o sistema e as suas vizinhanças.
- Cada tipo de ligação tem uma única **energia de dissociação de ligação**, que é a quantidade de energia necessária para realizar a **quebra homolítica da ligação**, produzindo **radicais**.
- Reações **exotérmicas** envolvem a transferência de energia do sistema para as vizinhanças, enquanto as reações **endotérmicas** envolvem a transferência de energia das vizinhanças para o sistema.

SEÇÃO 6.2

- A **entropia** é definida de forma muito aproximada como a desordem de um sistema e é o critério final para a espontaneidade. Para que uma reação seja **espontânea**, a variação total de entropia ($\Delta S_{sis} + \Delta S_{viz}$) tem que ser positiva.
- As reações com um ΔS_{sis} positivo envolvem um aumento no número de moléculas, ou um aumento na liberdade conformacional.

SEÇÃO 6.3

- Para que um processo seja espontâneo, a variação da **energia livre de Gibbs** (ΔG) tem que ser negativa.
- Um processo com um ΔG negativo é chamado de **exergônico**, enquanto um processo com um ΔG positivo é chamado de **endergônico**.

SEÇÃO 6.4

- As concentrações de equilíbrio de uma reação representam o ponto de menor energia livre disponível para o sistema.
- A posição exata do equilíbrio é descrita pela constante de equilíbrio, K_{eq}, e é uma função de ΔG.
- Se ΔG for negativo, a reação vai favorecer os produtos em relação aos reagentes, e K_{eq} será maior do que 1. Se ΔG for positivo, a reação vai favorecer os reagentes em relação aos produtos, e K_{eq} será menor do que 1.
- O estudo dos níveis de energia relativa (ΔG) e as concentrações de equilíbrio (K_{eq}) são chamados **termodinâmica**.

Reatividade Química e Mecanismos

SEÇÃO 6.5

- **Cinética** é o estudo das velocidades de reação. A velocidade de uma reação é descrita por uma **equação de velocidade**. Uma reação pode ser de **primeira ordem**, de **segunda ordem** ou de **terceira ordem**, dependendo se a soma dos expoentes da equação de velocidade for 1, 2 ou 3, respectivamente.
- Uma **energia de ativação**, E_a, pequena corresponde a uma velocidade rápida.
- O aumento da temperatura vai aumentar o número de moléculas que possuem a energia cinética mínima necessária para uma reação, aumentando assim a velocidade de reação.
- **Catalisadores** aceleram a velocidade de uma reação tornando possível um caminho reacional alternativo com uma E_a menor.

SEÇÃO 6.6

- A cinética refere-se à velocidade de uma reação e é dependente dos níveis de energia relativa dos reagentes e do estado de transição.
- A termodinâmica se refere às concentrações de equilíbrio e é dependente dos níveis de energia relativa dos reagentes e dos produtos.
- Em um diagrama de energia, cada pico representa um **estado de transição**, enquanto cada vale representa um **intermediário**. Estados de transição não podem ser isolados; intermediários têm um tempo de vida finito.
- O **postulado de Hammond** afirma que um estado de transição vai se parecer com os reagentes em um processo exergônico, mas vai se parecer com os produtos em um processo endergônico.

SEÇÃO 6.7

- **Reações iônicas**, também chamadas de **reações polares**, envolvem a participação de íons como reagentes, intermediários ou produtos; na maioria dos casos, como intermediários.
- Um **nucleófilo** tem um átomo rico em elétrons que é capaz de doar um par de elétrons. Centros nucleofílicos incluem átomos com pares de elétrons isolados, ligações π ou átomos que são ricos em elétrons devido aos efeitos indutivos.
- Um **eletrófilo** tem um átomo deficiente em elétrons que é capaz de aceitar um par de elétrons. Centros eletrofílicos incluem os átomos que são deficientes em elétrons devido aos efeitos indutivos, bem como **carbocátions** que possuem um orbital p vazio.
- A **polarizabilidade** descreve a capacidade de um átomo em distribuir a sua densidade eletrônica de forma distorcida como resultado de influências externas.

SEÇÃO 6.8

- Na elaboração de um mecanismo, a cauda de uma seta curva mostra de onde os elétrons estão vindo e a ponta da seta mostra para onde os elétrons estão indo.
- Existem quatro padrões de setas curvas característicos: (1) **ataque nucleofílico**, (2) **perda de um grupo de saída**, (3) **transferência de próton**, e (4) **rearranjo**.
- O tipo mais comum de rearranjo é um rearranjo de carbocátion, em que um carbocátion é submetido a um **deslocamento de hidreto** ou um **deslocamento de metila** para produzir um carbocátion mais estável. Como resultado da **hiperconjugação**, carbocátions **terciários** são mais estáveis do que carbocátions **secundários**, que são mais estáveis do que carbocátions **primários**.

SEÇÃO 6.9

- Todos os mecanismos iônicos, independentemente da complexidade, são combinações diferentes dos quatro padrões de setas curvas característicos.
- Quando uma única etapa mecanística envolve dois padrões de setas curvas simultâneos, ela é chamada de processo concertado.

SEÇÃO 6.10

- A cauda de uma seta curva tem de ser colocada sobre uma ligação ou sobre um par de elétrons isolado, enquanto a ponta de uma seta curva tem de ser colocada de modo que ela mostre a formação de uma ligação ou de um par de elétrons isolado.
- Nunca represente uma seta que dá um quinto orbital para um elemento da segunda linha (C, N, O, F).

SEÇÃO 6.11

- Ocorrerá um rearranjo de carbocátion se ele produzir um carbocátion mais estável.
- Carbocátions terciários geralmente não sofrem rearranjo, a menos que um rearranjo produza um carbocátion estabilizado por ressonância, tal como um **carbocátion alílico**.

SEÇÃO 6.12

- Setas de reações irreversíveis são geralmente utilizadas nas seguintes circunstâncias: 1) para um ataque nucleífico envolvendo um nucleófilo forte, ou 2) para uma etapa de transferência de próton, em que há uma grande diferença entre os valores de pK_a dos ácidos em ambos os lados do equilíbrio, ou 3) para um rearranjo de carbocátion.
- Setas de reação reversível são usadas na maioria dos outros casos.

REVISÃO DA APRENDIZAGEM

6.1 PREVISÃO DO $\Delta H°$ DE UMA REAÇÃO

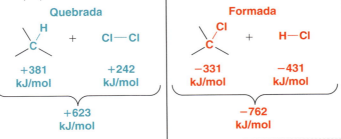

Tente Resolver os Problemas **6.1, 6.2, 6.21a**

274 CAPÍTULO 6

6.2 IDENTIFICAÇÃO DE CENTROS NUCLEOFÍLICOS E ELETROFÍLICOS

ETAPA 1 Identificação dos centros nucleofílicos procurando por efeitos indutivos, pares isolados ou ligações π:

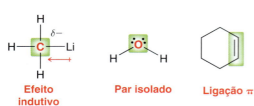

Efeito indutivo   Par isolado   Ligação π

ETAPA 2 Identificação de centros eletrofílicos procurando por efeitos indutivos ou orbitais p vazios:

Efeito indutivo   Orbital p vazio

Tente Resolver os Problemas 6.8–6.11, 6.53

6.3 IDENTIFICAÇÃO DE UM PADRÃO DE SETAS CURVAS

Ataque nucleofílico

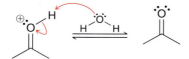

Transferência de próton

Perda de um grupo de saída

Rearranjo de C+

Tente Resolver os Problemas 6.12, 6.13, 6.30

6.4 IDENTIFICAÇÃO DA SEQUÊNCIA DE PADRÕES DE SETAS CURVAS

Identificação de cada padrão de setas curvas característico.

Transferência de próton   **Perda de um grupo de saída**   **Rearranjo de C+**   **Ataque nucleofílico**

Tente Resolver os Problemas 6.14, 6.15, 6.32–6.41

6.5 REPRESENTAÇÃO DE SETAS CURVAS

ETAPA 1 Identificação de qual dos quatro padrões de setas curvas deve ser usado.

Transferência de próton

ETAPA 2 Representação das setas curvas centralizando a atenção no lugar apropriado em que se coloca a cauda da seta e a ponta da seta.

Tente Resolver os Problemas 6.16, 6.17, 6.42–6.47, 6.54

Reatividade Química e Mecanismos

6.6 PREVISÃO DE REARRANJOS DE CARBOCÁTIONS

ETAPA 1 Identificação dos átomos de carbono vizinhos.

ETAPA 2 Identificação de qualquer H ou CH₃ ligados diretamente aos átomos de carbono vizinhos.

ETAPA 3 Determinação de qualquer grupo que pode migrar para formar um C+ mais estável.

ETAPA 4 Representação de uma seta curva mostrando o rearranjo de C+ e, então, representação do novo carbocátion.

Tente Resolver os Problemas 6.18, 6.19, 6.48

PROBLEMAS PRÁTICOS

6.20 Em cada um dos seguintes casos, compare as ligações identificadas em vermelho e determine que ligação você espera que tenha a maior energia de dissociação de ligação:

(a) (b)

6.21 Considere a seguinte reação:

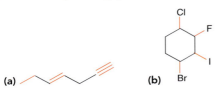

(a) Use a Tabela 6.1 para calcular o ΔH para esta reação.
(b) O ΔS desta reação é positivo. Explique.
(c) Determine o sinal do ΔG.
(d) O sinal de ΔG depende da temperatura?
(e) A magnitude de ΔG depende da temperatura?

6.22 Para cada um dos seguintes casos use a informação dada para determinar se (ou não) o equilíbrio favorecerá mais os produtos do que os reagentes:

(a) Uma reação com $K_{eq} = 1,2$
(b) Uma reação com $K_{eq} = 0,2$
(c) Uma reação com um ΔG positivo
(d) Uma reação exotérmica com um ΔS positivo
(e) Uma reação endotérmica com um ΔS negativo

6.23 Qual o valor de ΔG que corresponde a $K_{eq} = 1$?
(a) +1 kJ/mol   (b) 0 kJ/mol   (c) −1 kJ/mol

6.24 Qual o valor de ΔG que corresponde a $K_{eq} < 1$?
(a) +1 kJ/mol   (b) 0 kJ/mol   (c) −1 kJ/mol

6.25 Para cada uma das seguintes reações determine se o ΔS da reação (ΔS_sis) será positivo, negativo ou aproximadamente zero:

(a)

(b)
(c)
(d)
(e)

6.26 Represente um diagrama de energia de uma reação com as seguintes características:

(a) Uma reação de uma etapa com um ΔG negativo
(b) Uma reação de uma etapa com um ΔG positivo
(c) Uma reação de duas etapas com um ΔG global negativo, em que o intermediário tem mais energia do que os reagentes e o primeiro estado de transição é superior em energia ao segundo estado de transição

6.27 Considere os quatro diagramas de energia vistos a seguir:

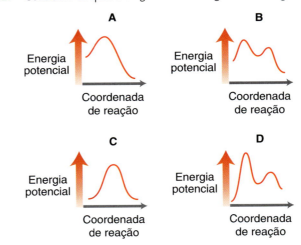

(a) Que diagramas correspondem a um mecanismo com duas etapas?
(b) Que diagramas correspondem a um mecanismo com uma etapa?

(c) Compare os diagramas de energia A e C. Qual o que tem uma E_a relativamente maior?
(d) Compare os diagramas A e C. Qual o que tem um ΔG negativo?
(e) Compare os diagramas A e D. Qual o que tem um ΔG positivo?
(f) Compare os quatro diagramas de energia. Qual deles apresenta a maior E_a?
(g) Quais os processos que terão um valor de K_{eq} maior do que 1?
(h) Quais os processos que terão um valor de K_{eq} que é aproximadamente igual a 1?

6.28 Identifique todos os estados de transição e intermediários no seguinte diagrama de energia:

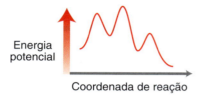

6.29 Considere a seguinte reação:

Essa reação foi determinada como de segunda ordem.
(a) Qual é a equação de velocidade para essa reação?
(b) Como a velocidade será afetada se a concentração de hidróxido for triplicada?
(c) Como a velocidade será afetada se a concentração de cloroetano for triplicada?
(d) Como a velocidade será afetada se a temperatura for aumentada de 40°C?

6.30 Para cada uma das seguintes reações identifique o padrão de setas curvas que está sendo utilizado:

(a)

(b)

(c)

(d)

6.31 Ordene os três carbocátions mostrados a seguir em termos de aumento de estabilidade:

(a)

(b)

6.32 Para o mecanismo visto a seguir, identifique a sequência de padrões de setas curvas:

6.33 Identifique a sequência de padrões de setas curvas para o seguinte mecanismo:

6.34 Identifique a sequência de padrões de setas curvas para o seguinte mecanismo:

Reatividade Química e Mecanismos

6.35 Identifique a sequência de padrões de setas curvas para o seguinte mecanismo:

6.36 Identifique a sequência de padrões de setas curvas para o seguinte mecanismo:

6.37 Identifique a sequência de padrões de setas curvas para o seguinte mecanismo:

6.38 Identifique a sequência de padrões de setas curvas para o seguinte mecanismo:

6.39 Identifique a sequência de padrões de setas curvas para o seguinte mecanismo:

278 CAPÍTULO 6

6.40 Identifique a sequência de padrões de setas curvas para o seguinte mecanismo:

6.41 Identifique a sequência de padrões de setas curvas para o seguinte mecanismo:

6.42 Represente setas curvas para cada uma das etapas do seguinte mecanismo:

6.43 Represente setas curvas para cada uma das etapas do seguinte mecanismo:

Reatividade Química e Mecanismos

6.44 Represente setas curvas para cada uma das etapas do seguinte mecanismo:

6.45 Represente setas curvas para cada uma das etapas do seguinte mecanismo:

6.46 Represente setas curvas para cada uma das etapas do seguinte mecanismo:

6.47 Represente setas curvas para cada uma das etapas do seguinte mecanismo:

6.48 Faça a previsão se cada um dos seguintes carbocátions sofrerá rearranjo. Se ele sofrer, represente o rearranjo esperado usando setas curvas.

(a) (b) (c) (d) (e) (f) (g)

PROBLEMAS INTEGRADOS

6.49 Considere a seguinte reação:

$$H-\ddot{O}:^{\ominus} + H_3C-CH(H)-\ddot{B}r: \longrightarrow H-\ddot{O}-CH(CH_3)(H) + :\ddot{B}r:^{\ominus}$$

A equação de velocidade vista a seguir foi obtida experimentalmente para este processo:

$$\text{Velocidade} = k[\text{HO}^-][\text{CH}_3\text{CH}_2\text{Br}]$$

O diagrama de energia para esse processo é mostrado a seguir:

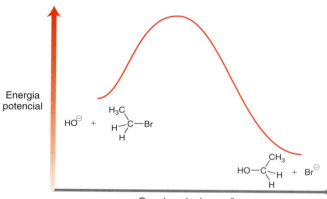

(a) Represente as setas curvas que mostram um mecanismo para esse processo.
(b) Identifique os dois padrões característicos de setas curvas que são necessários para esse mecanismo.
(c) Você espera que esse processo seja exotérmico ou endotérmico? Explique.
(d) Você espera que ΔS_{sis} para que esse processo seja positivo, negativo ou aproximadamente zero?
(e) ΔG para este processo é positivo ou negativo?
(f) Você espera que um aumento na temperatura tenha um impacto significativo sobre a posição de equilíbrio (concentrações de equilíbrio)? Explique.
(g) Represente o estado de transição desse processo e identifique a sua localização no diagrama de energia.
(h) O estado de transição é mais próximo, em termos de estrutura, dos reagentes ou dos produtos? Explique.
(i) A reação é de primeira ordem ou de segunda ordem?
(j) Como é que a velocidade será afetada se a concentração de hidróxido for duplicada?
(k) A velocidade será afetada por um aumento da temperatura?

6.50 Identifique se cada um dos seguintes fatores afeta a velocidade de uma reação:
(a) K_{eq} (b) ΔG (c) Temperatura
(d) ΔH (e) E_a (f) ΔS

6.51 Na presença de um tipo especial de catalisador, o hidrogênio gasoso é adicionado a uma ligação tripla para produzir uma ligação dupla:

alquino + H$_2$ $\xrightarrow{\text{Catalisador}}$ alqueno

O processo é exotérmico. Você espera que uma temperatura alta favoreça os produtos ou os reagentes?

6.52 Considere a reação vista a seguir. Preveja se um aumento da temperatura irá favorecer os reagentes ou os produtos. Justifique a sua previsão.

6.53 Quando uma amina é protonada, o íon amônio resultante não é eletrofílico:

Uma amina → Um íon amônio

No entanto, quando uma imina é protonada, o íon imínio resultante é altamente eletrofílico:

Uma imina → Um íon imínio

Explique essa diferença de reatividade entre um íon amônio e um íon imínio.

6.54 Respresente as setas curvas que produzem a seguinte transformação:

DESAFIOS

6.55 Sob condições básicas (o MeO⁻ é catalítico em MeOH), a substância **1** sofre rearranjo através da sequência mecanística mostrada a seguir para um isômero tipo propelano, **5** (*J. Am. Chem. Soc.* **2012**, *134*, 17877–17880). Observa-se que o MeO⁻ é catalítico pelo fato de que é consumido na primeira etapa do mecanismo e regenerado na etapa final. Represente as setas curvas consistentes com cada etapa do mecanismo e a estrutura de ressonância de **2** que é o maior contribuinte para o híbrido de ressonância.

6.56 A substância **1** foi preparada e estudada na investigação de um novo tipo de mecanismo de eliminação intramolecular (*J. Org. Chem.* **2007**, *72*, 793-798). O caminho reacional mecanístico proposto para esta transformação é apresentado a seguir. Complete o mecanismo através da representação de setas curvas consistentes com a mudança de ligação em cada etapa.

6.57 Indolizomicina é um potente agente antibiótico produzido por um micro-organismo chamado SK2-52. De particular interesse é o fato do SK2-52 ser um micro-organismo mutante que foi criado em laboratório a partir de duas cepas diferentes de *Streptomyces teryimanensis* e *Streptomyces grisline*, nenhuma das quais produz antibióticos. Isso levanta a possibilidade de utilização de micro-organismos mutantes como fábricas para a produção de novas estruturas com uma variedade de propriedades medicinais. Durante a síntese de S. J. Danishefsky da indolizomicina racêmica, a substância **1** foi tratada com trifenilfosfina (PPh₃) para se obter a substância **2** (*J. Am. Chem. Soc.* **1990**, *112*, 2003–2005). A reação entre **2** e **3** produziu então a substância **4** . Acredita-se que estes processos prosseguem através dos intermediários vistos a seguir. Complete o mecanismo através da representação de todas as setas curvas e identifique o padrão de setas curvas utilizado em cada etapa.

6.58 A sequência vista a seguir foi utilizada em uma síntese biossinteticamente inspirada da preussomerina, um agente antifúngico isolado de um fungo coprófilo (que ama esterco) (*Org. Lett.* **1999**, *1*, 3-5):

(a) Represente as setas curvas para cada etapa do mecanismo.

(b) Inclua uma explicação para a estereoquímica observada.

6.59 Este capítulo centralizou a atenção nos mecanismos de reações iônicas, que representam a maioria das reações apresentadas ao longo deste livro. No Capítulo 17, do Volume 2, vamos explorar outra classe de reações, chamadas de reações *periciclicas*, para as quais as mudanças

282 CAPÍTULO 6

na ligação podem ser descritas por elétrons que se movem de forma concertada dentro de um ciclo fechado. Por exemplo, na presença de uma enzima, corismato (**1**) sofre rearranjo através de uma reação pericíclica produzindo a substância **2**; esta é uma etapa importante na biossíntese de vários aminoácidos que ocorrem naturalmente. Na ausência da enzima, uma conformação diferente do corismato (**1a**) pode sofrer uma reação pericíclica formando as espécies **3** e **4** (*J. Am. Chem. Soc.* **2005**, *127*, 12957–12964). O mecanismo para cada uma dessas reações pericíclicas envolve três setas curvas, que representam o movimento de seis elétrons em um ciclo.

(a) Elabore um mecanismo concertado para a conversão de **1** → **2**.

(b) Descreva a mudança conformacional de **1** → **1a**.

(c) Elabore um mecanismo concertado para a conversão de **1a** → **3** + **4**.

6.60 (+)-Aureol é um produto natural que mostra atividade anticancerígena seletiva contra certos tipos de câncer de pulmão e câncer de cólon. Acredita-se que uma etapa decisiva na biossíntese do (+)-aureol (como a natureza produz a molécula) envolve a conversão do carbocátion **A** no carbocátion **B** (*Org. Lett.* **2012**, *14*, 4710–4713). Proponha um mecanismo possível para esta transformação e explique o resultado estereoquímico observado.

6.61 Estricnina (**6**), um veneno famoso isolado a partir de árvores do gênero *Strychnos*, é vulgarmente utilizada como um pesticida, no tratamento de infestações de roedores. A estrutura sofisticada da estricnina, elucidada pela primeira vez em 1946, serviu como uma meta tentadora para os químicos orgânicos sintéticos. A primeira síntese de estricnina foi realizada por R. B. Woodward (Harvard Univ.) em 1954 (*J. Am. Chem. Soc.* **1954**, *76*, 4749–4751). Na última etapa da síntese de Woodward, **1** foi convertido em **6** através dos intermediários **2-5**, conforme é mostrado a seguir:

(a) Represente todas as setas curvas que mostram toda a transformação de **1** a **6** e identifique toda a sequência de padrões de setas curvas.

(b) Para a etapa em que **4** é transformada em **5**, identifique o centro nucleofílico e o centro eletrofílico e use estruturas de ressonância para justificar por que a última substância é deficiente em elétrons.

(c) A conversão de **4** em **5** envolve a criação de um novo centro de quiralidade. Determine sua configuração e explique por que a outra configuração possível não é observada.

6.62 Há muitos exemplos de rearranjos de carbocátions que não podem ser classificados como um deslocamento de metila ou um deslocamento de hidreto. Por exemplo, considere o rearranjo visto a seguir que foi utilizado na síntese do isocomeno, uma substância tricíclica isolada a partir da planta perene *Isocoma wrightil* (*J. Am. Chem. Soc.* **1979**, *101*, 7130–7131):

(a) Identifique o átomo de carbono que está migrando e elabore um mecanismo para esse rearranjo de carbocátion.

(b) Este processo gera um novo centro de quiralidade, mas apenas uma configuração é observada. Isto é, o processo é chamado de diastereosseletivo, porque apenas um dos dois possíveis carbocátions diastereoméricos é formado. Represente o carbocátion diastereomérico que não é formado, e forneça uma razão para o fato de ele não ser formado. (**Sugestão:** Talvez seja útil você construir um modelo da molécula.)

(c) Neste caso, um carbocátion terciário sofre rearranjo para dar um carbocátion terciário diferente. Sugira uma força motriz para este processo (explique por que este processo é favorável).

Reatividade Química e Mecanismos   283

6.63 A substância **1** é submetida a uma eliminação térmica de nitrogênio a 250°C para formar a nitrila **4** (*Org. Lett.* **1999**, *1*, 537–539). Um mecanismo proposto (posteriormente refutado) para esta transformação envolve os intermediários **2** e **3**:

(a) Represente setas curvas que mostrem a conversão de **2** para **3**.

(b) Para determinar se o mecanismo proposto é (ou não) válido, um dos átomos de nitrogênio foi marcado isotopicamente com ^{15}N, e a sua localização no produto foi determinada. A ausência de **4b** na mistura de produtos demonstra que o mecanismo proposto não é válido. Usando estruturas de ressonância explique por que o mecanismo proposto prevê que **4b** deve ser formado.

6.64 Na presença de um ácido de Lewis, a substância **1** sofre rearranjo, via o intermediário **2**, para formar a substância **3** (*Org. Lett.* **2005**, *7*, 515–517):

(a) Represente setas curvas mostrando como **1** é transformado em **2**. Observe que o ácido de Lewis foi deixado de fora por simplicidade.

(b) Represente setas curvas que mostram como **2** se transforma em **3**. (**Sugestão:** Pode ser útil voltar a representar **2** em uma conformação diferente.)

7 Reações de Substituição

- **7.1** Introdução às Reações de Substituição
- **7.2** Haletos de Alquila
- **7.3** Mecanismos Possíveis para Reações de Substituição
- **7.4** O Mecanismo S_N2
- **7.5** O Mecanismo S_N1
- **7.6** Representação do Mecanismo Completo de uma Reação S_N1
- **7.7** Representação do Mecanismo Completo de uma Reação S_N2
- **7.8** Determinação de qual Mecanismo Predomina
- **7.9** Seleção de Reagentes para Realizar a Transformação de um Grupo Funcional

VOCÊ JÁ SE PERGUNTOU...
o que é quimioterapia?

Como o seu nome indica, a quimioterapia é a utilização de agentes químicos para o tratamento de câncer. Dezenas de medicamentos de quimioterapia estão atualmente em uso clínico, e pesquisadores de todo o mundo estão atualmente trabalhando na concepção e desenvolvimento de novos fármacos para o tratamento do câncer. O principal objetivo da maioria dos agentes quimioterápicos é causar danos irreparáveis às células cancerosas, ao mesmo tempo em que provoca apenas danos mínimos às células normais e saudáveis. Uma vez que as células cancerosas crescem muito mais rapidamente do que a maioria das outras células, muitos fármacos anticancerígenos têm sido concebidos para interromper o ciclo de crescimento das células de crescimento rápido. Infelizmente, algumas células saudáveis também crescem rapidamente, como folículos pilosos e as células da pele. Por essa razão, os pacientes de quimioterapia frequentemente experimentam uma série de efeitos secundários, incluindo a perda de cabelo e erupções cutâneas.

O campo da quimioterapia começou em meados da década de 1930, quando os cientistas perceberam que um agente de guerra química (mostarda de enxofre) podia ser modificado e utilizado para atacar tumores. A ação da mostarda de enxofre (e seus derivados) foi exaustivamente investigada e verificou-se que envolvia uma série de reações chamadas de reações de substituição. Ao longo deste capítulo, vamos explorar muitas características importantes das reações de substituição. No final do capítulo, vamos voltar ao tema da quimioterapia, explorando a concepção racional dos primeiros agentes quimioterápicos.

VOCÊ SE LEMBRA?

Antes de prosseguir, certifique-se de que você compreende os tópicos citados a seguir.
Se for necessário, faça uma revisão das seções sugeridas para se preparar para este capítulo.

- O Sistema de Cahn-Ingold-Prelog (Seção 5.3)
- Cinética e Diagramas de Energia (Seções 6.5, 6.6)
- Nucleófilos e Eletrófilos (Seção 6.7)
- Setas Curvas e Rearranjos de Carbocátions (Seções 6.8–6.11)

7.1 Introdução às Reações de Substituição

Este capítulo apresenta uma classe de reações, chamadas de **reações de substituição**, em que um grupo é trocado por outro, enquanto o Capítulo 8 apresenta as reações de **eliminação**, caracterizadas pela formação de uma ligação π:

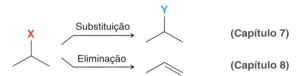

Reações de substituição e eliminação muitas vezes competem entre si; na verdade, as últimas três seções do Capítulo 8 exploram os principais fatores que regem essa competição. Neste capítulo, vamos concentrar a nossa atenção exclusivamente sobre as reações de substituição e, em seguida, vamos ampliar nossa discussão no Capítulo 8 para incluir as reações de eliminação.

Uma reação de substituição pode ocorrer quando um eletrófilo adequado é tratado com um nucleófilo, tal como no exemplo visto a seguir:

RELEMBRANDO
Para uma revisão de nucleófilos e eletrófilos veja a Seção 6.7.

Os químicos orgânicos costumam usar o termo **substrato** quando se referem ao eletrófilo em uma reação de substituição. De modo que um eletrófilo se comporte como um substrato em uma reação de substituição, ele tem de conter um **grupo de saída**, que é um grupo capaz de se separar do substrato. No exemplo anterior, o cloreto se comporta como o grupo de saída. Um grupo de saída exerce duas funções importantes:

1. O grupo de saída retira densidade eletrônica através de indução, tornando o átomo de carbono adjacente eletrofílico. Isso pode ser visualizado com os mapas de potencial eletrostático de vários haletos de metila (Figura 7.1). Em cada imagem, a cor azul indica uma região de baixa densidade eletrônica.

FIGURA 7.1
Mapas de potencial eletrostático de haletos de metila.

CH_3F CH_3Cl CH_3Br CH_3I

2. O grupo de saída pode estabilizar qualquer carga negativa, que pode desenvolver-se como resultado da separação do grupo de saída do substrato:

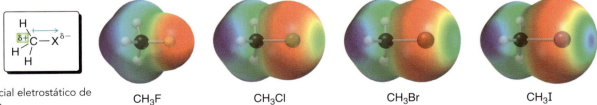

Halogênios (Cl, Br e I) são grupos de saída muito comuns.

7.2 Haletos de Alquila

Substâncias orgânicas halogenadas são usadas normalmente como eletrófilos em reações de substituição. Embora outras substâncias também possam se comportar como eletrófilos, vamos agora concentrar nossa atenção nas substâncias que contêm halogênios.

Nomenclatura de Substâncias Orgânicas Halogenadas

Lembre-se da Seção 4.2 que os nomes sistemáticos (IUPAC) dos alcanos são atribuídos por meio de quatro etapas distintas:

1. Identificamos e nomeamos a cadeia principal.
2. Identificamos e nomeamos os substituintes.
3. Numeramos a cadeia principal e atribuímos um localizador para cada substituinte.
4. Organizamos os substituintes em ordem alfabética.

Exatamente o mesmo procedimento de quatro etapas é usado para dar o nome de substâncias que contêm halogênios, e todas as regras discutidas no Capítulo 4 aplicam-se aqui também. Halogênios são simplesmente tratados como substituintes e recebem os seguintes nomes: flúor, cloro, bromo e iodo. A seguir vemos dois exemplos:

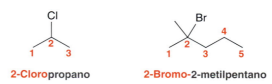

Como vimos no Capítulo 4, a cadeia principal é a cadeia mais longa e deve ser numerada de modo que o primeiro substituinte receba o menor número:

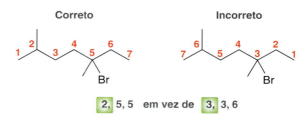

VERIFICAÇÃO CONCEITUAL

7.1 Atribua um nome sistemático para cada uma das seguintes substâncias:

(a) (b) (c) (d)

Quando um centro de quiralidade está presente na substância, a configuração tem de ser indicada no início do nome:

(*R*)-5-Bromo-2,3,3-trimetil-heptano

Além de nomes sistemáticos, a nomenclatura IUPAC também reconhece nomes comuns (vulgares) para muitas substâncias orgânicas halogenadas.

O nome sistemático trata um halogênio como um substituinte, denominando a substância de **haloalcano**. O nome comum trata a substância como um substituinte alquila ligado a um haleto, e a substância é denominada **haleto de alquila** ou um **organoaleto**.

Estrutura dos Haletos de Alquila

Cada átomo de carbono é descrito em termos da sua proximidade com o halogênio utilizando-se as letras do alfabeto grego. A **posição alfa (α)** é o átomo de carbono ligado diretamente ao halogênio, enquanto as **posições beta (β)** são os átomos de carbono ligados à posição alfa:

Um haleto de alquila terá apenas uma posição α, mas podem existir até três posições β. Este capítulo é dedicado às reações que ocorrem na posição α, e o próximo capítulo será centralizado em reações envolvendo a posição β.

Haletos de alquila são classificados como **primário (1°)**, **secundário (2°)** ou **terciário (3°)** com base no número de grupos alquila ligados à posição α (Figura 7.2).

FIGURA 7.2
Classificação dos haletos de alquila como primário, secundário ou terciário.

Utilização de Organoaletos

Muitos organoaletos são tóxicos e têm sido usados como inseticidas:

DDT   Lindano   Clordano   Brometo de metila

O DDT (diclorodifeniltricloroetano) foi desenvolvido no final da década de 1930 e se tornou um dos primeiros inseticidas a serem utilizados em todo o mundo. Verificou-se que ele apresentava forte toxicidade para os insetos, mas baixa toxicidade para os mamíferos. O DDT foi usado como um inseticida por muitas décadas e foi creditada a ele a salvação de mais de meio bilhão de vidas ao matar mosquitos transmissores de doenças mortais. Infelizmente, verificou-se que o DDT não se degrada rapidamente e persiste no meio ambiente. O aumento das concentrações de DDT na vida selvagem começou a ameaçar a sobrevivência de muitas espécies. Em resposta, a Agência de Proteção Ambiental dos Estados Unidos (EPA) proibiu o uso de DDT em 1972, sendo ele substituído por outros inseticidas ambientalmente mais seguros.

O lindano é utilizado em xampus para o tratamento de piolhos, enquanto o clordano e o brometo de metila têm sido usados para prevenir e tratar infestações de cupins. A utilização de brometo de metila foi recentemente regulamentada devido a seu papel na destruição da camada de ozônio (para saber mais sobre o buraco na camada de ozônio, veja a Seção 11.8).

Organoaletos são substâncias particularmente estáveis e, muitos deles, assim como o DDT, se acumulam no ambiente. Os PCBs (bifenilas policloradas) representam outro exemplo bem conhecido. A bifenila é uma substância que pode ter até 10 substituintes:

Bifenila

Os PCBs são substâncias em que muitas dessas posições contêm átomos de cloro. Os PCBs foram originalmente produzidos como fluidos de refrigeração e isolantes para transformadores e capacitores industriais. Eles também foram usados como fluidos hidráulicos e como retardadores de chama. Mas a sua acumulação no ambiente começou a ameaçar a vida selvagem e seu uso foi proibido.

Os exemplos anteriores têm contribuído para a má reputação dos organoaletos. Em consequência, organoaletos são muitas vezes vistos como venenos sintéticos. Entretanto, pesquisas nos últimos 20 anos têm indicado que organoaletos são realmente mais comuns na natureza do que se pensava anteriormente. Por exemplo, o cloreto de metila é o mais abundante organoaleto na atmosfera. Ele é produzido em grandes quantidades por árvores verdes e organismos marinhos, e é consumido por muitas bactérias, tais como *Hyphominocrobium* e *Methylobacterium*, que convertem o cloreto de metila em CO_2 e Cl^-.

Muitos organoaletos também são produzidos por organismos marinhos. Mais de 5000 dessas substâncias já foram identificadas, e várias centenas de novas substâncias são descobertas todos os anos. A seguir estão dois exemplos:

Púrpura de tiro (púrpura tíria)
Isolada do caracol marinho *Hexaplex trunculus*, esta substância é um dos corantes mais antigos conhecidos, e foi usada na confecção de roupas reais milhares de anos atrás.

Halomon
Isolada a partir da alga vermelha *Portieria hornemannii*, esta substância está atualmente em testes clínicos para utilização como um agente antitumoral.

Organoaletos exercem uma variedade de funções em organismos vivos. Em esponjas, corais, caracóis e algas, organoaletos são usados como um mecanismo de defesa contra predadores (uma forma de guerra química). Apresentamos a seguir dois exemplos:

(3E)-Laureatina
Usada pela alga vermelha *Laurencia nipponina*

Kumepaloxano
Usada pelo caracol *Haminoea cymbalum*

As duas substâncias são usadas para afastar os predadores. Em muitos tipos de organismos, os organoaletos atuam como hormônios (mensageiros químicos que atuam apenas sobre células-alvo específicas). A seguir vemos alguns exemplos:

2,6-Diclorofenol
Usado como um hormônio sexual pelo carrapato estrela solitária *Amblyomma americanum*

2,6-Dibromofenol
Isolado do verme bolota *Balanoglossus biminiensis*, provavelmente usado como um hormônio

2,4-Diclorofenol
Usado como um hormônio de crescimento por fungos *Penicillium*

Nem todas as substâncias halogenadas são tóxicas. Na realidade, muitos organoaletos têm aplicações clínicas. Por exemplo, as seguintes substâncias são amplamente utilizadas e têm contribuído muito para a melhora da saúde física e psicológica da população:

Bronopol
(2-Bromo-2-nitropropano-1,3-diol)
Uma poderosa substância antimicrobiana suficientemente segura para ser usada em lenços umedecidos para limpeza de bebês (*baby-wipes*)

Clorfeniramina
Um anti-histamínico, vendido sob o nome comercial de Clorotrimeton

(R)-Fluoxetina
Um antidepressivo, vendido sob o nome comercial Prozac

A PROPÓSITO
A sucralose foi descoberta, por acaso, em 1976, quando uma empresa britânica (Tate and Lyle) realizava pesquisas sobre os usos potenciais de açúcares clorados. Um estudante estrangeiro de pós-graduação participante da pesquisa compreendeu errado um pedido para "testar" (*test*) uma das substâncias e, em vez disso, pensou que estava sendo solicitado a "provar" (*taste*) a substância. O estudante relatou um sabor intensamente doce, e mais tarde foi verificado que a substância era segura para o consumo.

Alguns organoaletos têm mesmo sido usados na indústria de alimentos. Considere, por exemplo, a estrutura da sucralose, mostrada a seguir. A sucralose contém três átomos de cloro, mas é conhecida como não tóxica. Ela é centena de vezes mais doce do que o açúcar e é vendida como um adoçante artificial de baixa caloria sob o nome comercial Splenda.

Sucralose
Um adoçante artificial, vendido sob o nome comercial Splenda®

7.3 Mecanismos Possíveis para Reações de Substituição

Lembre-se do Capítulo 6 que os mecanismos iônicos são formados por apenas quatro tipos de padrões de setas curvas (Figura 7.3). Todas essas quatro etapas serão utilizadas neste capítulo, de modo que talvez seja interessante rever as Seções 6.7-6.10.

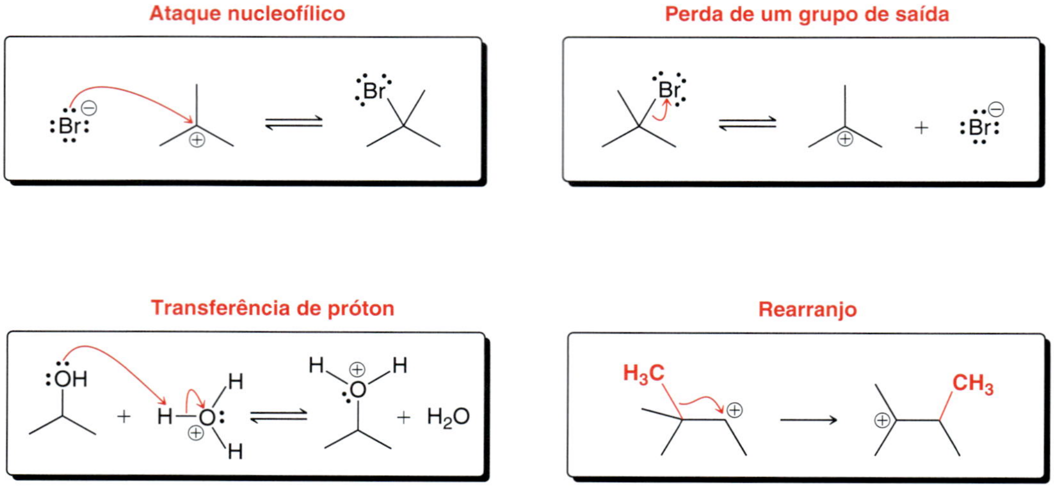

290 CAPÍTULO 7

Ataque nucleofílico

Perda de um grupo de saída

Transferência de próton

Rearranjo

FIGURA 7.3
Os quatro padrões de setas curvas para processos iônicos.

Todas as reações de substituição mostram, pelo menos, dois dos quatro padrões – ataque nucleofílico e perda de um grupo de saída:

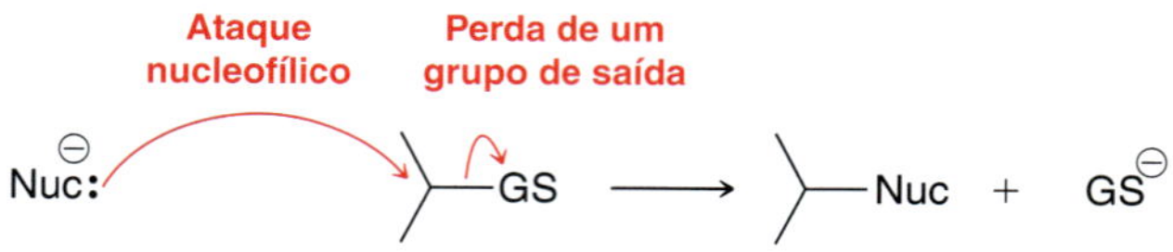

Mas considere a ordem desses eventos. Será que eles ocorrem simultaneamente (de forma concertada), como mostrado anteriormente, ou eles ocorrem de forma gradual, como mostrado a seguir?

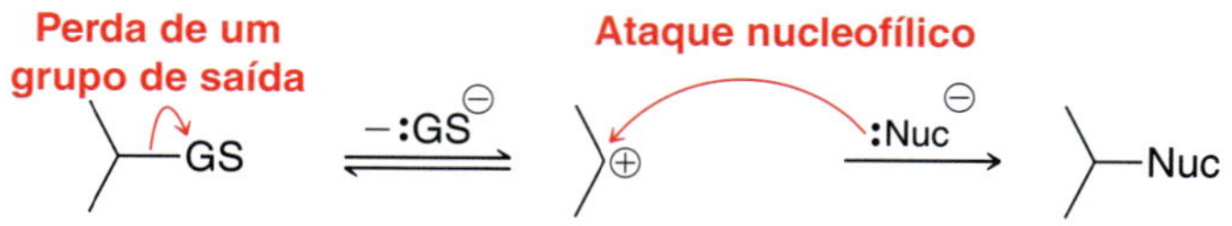

No mecanismo em múltiplas etapas (etapa a etapa ou gradual), o grupo de saída sai gerando um carbocátion intermediário, que é então atacado pelo nucleófilo. O nucleófilo não pode atacar antes que o grupo de saída tenha saído, pois isso violaria a regra do octeto:

Portanto, existem dois mecanismos possíveis para uma reação de substituição:

- Em um *processo concertado*, o ataque nucleofílico e a perda do grupo de saída ocorrem simultaneamente.
- Em um *processo em múltiplas etapas*, a perda do grupo de partida ocorre em primeiro lugar seguido pelo ataque nucleofílico.

Veremos que os dois mecanismos ocorrem, mas sob condições diferentes. Vamos explorar cada mecanismo na próxima seção, mas vamos praticar primeiro a representação de setas curvas para os dois mecanismos.

Reações de Substituição 291

DESENVOLVENDO A APRENDIZAGEM

7.1 REPRESENTAÇÃO DE SETAS CURVAS PARA UMA REAÇÃO DE SUBSTITUIÇÃO

APRENDIZAGEM A seguir são vistas duas reações de substituição. A evidência experimental sugere que a primeira reação avança através de um processo concertado, enquanto a segunda reação avança através de um processo em múltiplas etapas. Represente um mecanismo para cada reação:

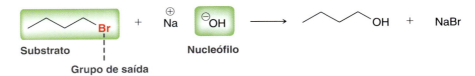

SOLUÇÃO

(a) Primeiro identificamos o substrato, o grupo de saída e o nucleófilo. Neste caso, o substrato é o brometo de butila, o grupo de saída é o brometo, e o nucleófilo é um íon hidróxido:

ETAPA 1
Identificação do substrato, do grupo de saída e do nucleófilo.

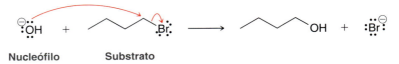

Quando você vir NaOH, lembre-se de que o reagente é um íon hidróxido (HO⁻). O Na⁺ é o contraíon, e o seu papel na reação não nos diz nada na maioria dos casos. Em um processo concertado, o ataque nucleofílico e a perda de um grupo de saída ocorrem simultaneamente. Este processo requer duas setas curvas – uma para mostrar o ataque nucleofílico e uma para mostrar a perda do grupo de saída. Ao representar a primeira seta curva, colocamos a extremidade final da seta (a cauda) sobre um par de elétrons do nucleófilo e colocamos a ponta da seta (a cabeça) no átomo de carbono ligado ao grupo de saída:

ETAPA 2
Representação de duas setas curvas mostrando o ataque nucleofílico e a perda do grupo de saída.

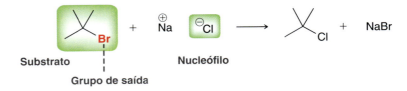

ATENÇÃO
Seja muito preciso ao colocar a cabeça e a cauda de cada seta curva.

(b) Um processo em múltiplas etapas envolve duas etapas mecanísticas separadas: (1) perda de um grupo de saída para formar um carbocátion intermediário, seguida pelo (2) ataque nucleofílico. Para representar essas etapas temos de identificar o substrato, o grupo de saída e o nucleófilo. Neste caso, o substrato é o brometo de *terc*-butila, o grupo de saída é um íon brometo, e o nucleófilo é um íon cloreto:

ETAPA 1
Identificação do substrato, do grupo de saída e do nucleófilo.

A primeira etapa do mecanismo requer uma seta curva que mostra a perda do grupo de saída. A cauda desta seta curva é colocada sobre a ligação que é quebrada (a ligação C—Br); a cabeça da seta é colocada sobre o átomo de bromo.

ETAPA 2
Representação de uma seta curva mostrando a perda do grupo de saída seguida pela representação do carbocátion.

Perda de um grupo de saída

ETAPA 3
Representação de uma seta curva mostrando um ataque nucleofílico.

A segunda etapa do mecanismo requer uma seta curva mostrando o ataque nucleofílico em que o carbocátion intermediário é capturado pelo nucleófilo (o cloreto):

O mecanismo completo pode, portanto, ser representado conforme se segue:

A PROPÓSITO
Representação de todos os três grupos de um carbocátion terciário tão distantes um do outro quanto possível:

PRATICANDO
o que você aprendeu

7.2 Para cada uma das reações vistas a seguir, admita que um processo concertado está ocorrendo e represente o mecanismo:

(a) [estrutura] + NaSH ⟶ [estrutura] + NaBr

(b) [estrutura] + NaOMe ⟶ [estrutura] + NaI

7.3 Para cada uma das reações vistas a seguir admita que um processo em múltiplas etapas está ocorrendo e represente o mecanismo:

(a) [estrutura] + [estrutura] ⟶ [estrutura] + Br⁻

(b) [estrutura] + NaCl ⟶ [estrutura] + NaI

APLICANDO
o que você aprendeu

7.4 Quando um nucleófilo e um eletrófilo estão presos um ao outro (isto é, os dois estão presentes na mesma substância), uma *reação de substituição intramolecular* pode ocorrer conforme mostrado a seguir. Admita que essa reação ocorre por meio de um processo concertado e represente o mecanismo.

[estrutura] ⟶ [estrutura] + Br⁻

7.5 Para a reação de substituição mostrada a seguir, admita que um processo em múltiplas etapas está ocorrendo e represente o mecanismo. (**Sugestão:** Revise as regras para representação de estruturas de ressonância, Seção 2.10.)

[estrutura] + NaCl ⟶ [estrutura] + NaBr

┈┈> é necessário **PRATICAR MAIS?** Tente Resolver o Problema 7.64a

7.4 O Mecanismo S$_N$2

Durante a década de 1930, Sir Christopher Ingold e Edward D. Hughes (University College, Londres) investigaram as reações de substituição em um esforço para elucidar seu mecanismo. Com base em observações cinéticas e estereoquímicas, Ingold e Hughes propuseram um mecanismo concertado para muitas das reações de substituição que eles investigaram. Vamos agora explorar as observações que os levaram a propor um mecanismo concertado.

Cinética

Para a maioria das reações que eles investigaram, Ingold e Hughes verificaram que a velocidade de reação era dependente das concentrações tanto do substrato quanto do nucleófilo. Essa observação está resumida na seguinte equação de velocidade:

$$\text{Velocidade} = k \, [\text{substrato}] \, [\text{nucleófilo}]$$

Especificamente, eles descobriram que a duplicação da concentração de nucleófilo provocava a duplicação da velocidade de reação. Da mesma forma, a duplicação da concentração do substrato também causava a duplicação da velocidade. A equação de velocidade anterior é descrita como de **segunda ordem** porque a velocidade é linearmente dependente da concentração das duas diferentes substâncias. Com base nas suas observações, Ingold e Hughes concluíram que o mecanismo tinha de apresentar uma etapa em que o substrato e o nucleófilo colidiam um com o outro. Como essa etapa envolve duas entidades químicas, ela é chamada de **bimolecular**. Ingold e Hughes criaram o termo **S$_N$2** para as reações de substituição bimoleculares:

Substituição — S$_N$2 — Bimolecular
Nucleofílica

As observações experimentais para as reações S$_N$2 são consistentes com um mecanismo concertado, pois um mecanismo concertado mostra apenas uma etapa mecanística, envolvendo tanto o nucleófilo quanto o substrato:

Faz sentido que a velocidade seja dependente das duas concentrações, do nucleófilo e do substrato.

VERIFICAÇÃO CONCEITUAL

7.6 A reação vista a seguir apresenta uma equação de velocidade de segunda ordem:

(a) O que acontece com a velocidade se a concentração de 1-iodopropano for triplicada e a concentração de hidróxido de sódio permanecer constante?

(b) O que acontece com a velocidade se a concentração de 1-iodopropano permanecer constante e a concentração de hidróxido de sódio for duplicada?

(c) O que acontece com a velocidade se a concentração de 1-iodopropano for duplicada e a concentração de hidróxido de sódio for triplicada?

Estereoespecificidade das Reações S$_N$2

Há outra evidência crucial que levou Ingold e Hughes a proporem o mecanismo concertado. Quando a posição α é um centro de quiralidade, geralmente é observada uma mudança na configuração, como ilustrado no seguinte exemplo:

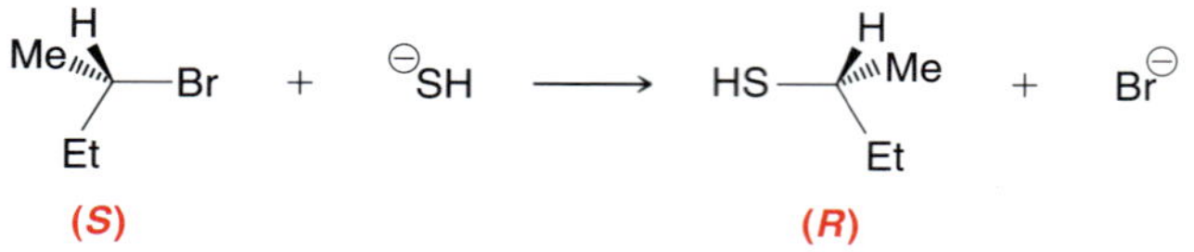

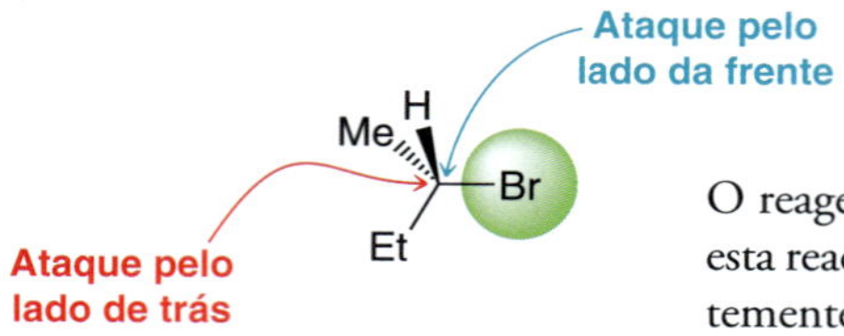

O reagente apresenta a configuração *S*, enquanto o produto apresenta a configuração *R*. Ou seja, esta reação é dita avançar com **inversão de configuração**. Este resultado estereoquímico é frequentemente chamado de inversão de Walden, em homenagem a Paul Walden, o químico alemão que foi o primeiro que a observou.

O requisito de inversão de configuração significa que o nucleófilo pode atacar apenas a partir do lado de trás (o lado oposto ao do grupo de saída) e não a partir do lado da frente (Figura 7.4). Há duas maneiras para explicar por que a reação avança através do **ataque pelo lado de trás**:

1. Os pares de elétrons isolados do grupo de saída criam regiões de alta densidade eletrônica que efetivamente bloqueiam o lado da frente do substrato, de modo que o nucleófilo só pode se aproximar a partir do lado de trás.

2. A teoria do orbital molecular (OM) oferece uma resposta mais sofisticada. Lembre-se de que orbitais moleculares estão associados à molécula inteira (em oposição aos orbitais atômicos que estão associados a átomos individuais). De acordo com a teoria OM, a densidade eletrônica flui do HOMO do nucleófilo para o LUMO do eletrófilo. Como exemplo, vamos concentrar a nossa atenção sobre o LUMO do brometo de metila (Figura 7.5). Se um nucleófilo ataca o brometo de metila a partir do lado da frente, o nucleófilo vai encontrar um nó, e como resultado nenhuma ligação líquida irá resultar da sobreposição entre o HOMO do nucleófilo e o LUMO do eletrófilo. Em contraste, o ataque do nucleófilo a partir do lado de trás permite a sobreposição eficiente entre o HOMO do nucleófilo e o LUMO do eletrófilo.

FIGURA 7.4
Os lados da frente e de trás de um substrato.

RELEMBRANDO
Para uma revisão da teoria do orbital molecular e dos termos HOMO e LUMO, veja a Seção 1.8.

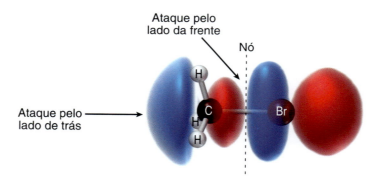

FIGURA 7.5
O orbital molecular desocupado de menor energia (LUMO) do brometo de metila.

O resultado estereoquímico observado para um processo S$_N$2 (inversão de configuração) é consistente com um mecanismo concertado. O nucleófilo ataca com a perda simultânea do grupo de saída. Isso faz com que o centro de quiralidade se comporte como um guarda-chuva que inverte com o vento:

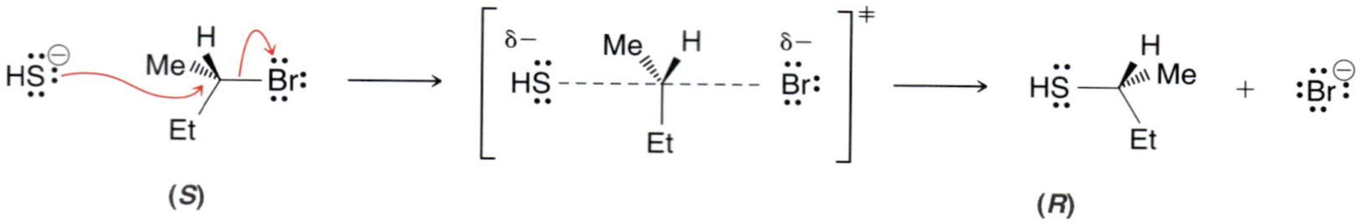

O estado de transição (representado entre colchetes) será discutido em mais detalhes na próxima seção. Esta reação é chamada de **estereoespecífica** porque a configuração do produto é dependente da configuração do material de partida.

Reações de Substituição 295

DESENVOLVENDO A APRENDIZAGEM

7.2 REPRESENTAÇÃO DO PRODUTO DE UM PROCESSO S$_N$2

APRENDIZAGEM Quando o (R)-2-bromobutano é tratado com um íon hidróxido, é obtida uma mistura de produtos. Um processo S$_N$2 é responsável pela geração de um dos produtos secundários, enquanto o produto principal é produzido através de um processo de eliminação, como será discutido no capítulo seguinte. Represente o produto do processo S$_N$2 que é obtido quando o (R)-2-bromobutano reage com um íon hidróxido.

 SOLUÇÃO
Primeiro representamos os reagentes descritos no problema:

(R)-2-Bromobutano + $^{\ominus}$OH ⟶ ?

Agora identificamos o nucleófilo e o substrato. O bromobutano é o substrato e o hidróxido é o nucleófilo. Quando o hidróxido ataca, ele irá ejetar o íon brometo como um grupo de saída. O resultado líquido é que o Br será substituído por um grupo OH:

ATENÇÃO
Em uma reação S$_N$2, se a posição α for um centro de quiralidade, certifique-se de representar uma inversão de configuração no produto.

Br ⟶ OH

Neste caso, a posição α é um centro de quiralidade, de modo que esperamos uma inversão:

PRATICANDO
o que você aprendeu

7.7 Represente o produto para cada uma das seguintes reações S$_N$2:

(a) (S)-2-cloropentano e NaSH   (b) (R)-3-iodo-hexano e NaCl

(c) (R)-2-bromo-hexano e hidróxido de sódio

APLICANDO
o que você aprendeu

7.8 Quando o (S)-1-bromo-1-fluoroetano reage com metóxido de sódio, ocorre uma reação S$_N$2 em que o átomo de bromo é substituído por um grupo metóxido (OMe). O produto desta reação é o (S)-1-fluoro-1-metoxietano. Como pode ser que o material de partida e o produto tenham a configuração S? O processo S$_N$2 não deve envolver uma mudança na configuração? Represente o material de partida e o produto de inversão e, em seguida, explique a anomalia.

é necessário **PRATICAR MAIS?** Tente Resolver os Problemas 7.45, 7.56, 7.61

Estrutura do Substrato

Para as reações S$_N$2, Ingold e Hughes também verificaram que a velocidade era sensível à natureza do haleto de alquila de partida. Em particular, os haletos de metila e os haletos de alquila primários reagem mais rapidamente com nucleófilos. Haletos de alquila secundários reagem mais lentamente, e haletos de alquila terciários são essencialmente não reativos em processos S$_N$2 (Figura 7.6). Essa tendência é consistente com um processo concertado em que se espera que o nucleófilo encontre impedimento estérico quando se aproxima do substrato.

Para compreender a natureza dos efeitos estéricos que governam as reações S$_N$2, temos de explorar o estado de transição de uma reação S$_N$2 típica, mostrado de forma geral na Figura 7.7. Lembre-se de que um estado de transição é representado por um pico em um diagrama de energia. Considere, por exemplo, um diagrama de energia que mostre a reação entre um íon cianeto e o brometo de metila (Figura 7.8). O ponto mais elevado da curva representa o estado de transição. O símbolo sobrescrito fora dos parênteses, que se parece com um poste de telefone, indica que a representação

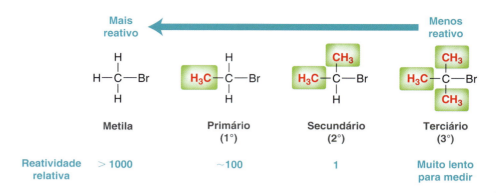

FIGURA 7.6
A reatividade relativa de vários substratos em relação ao processo S$_N$2.

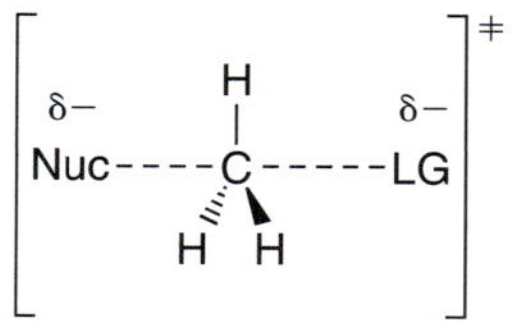

FIGURA 7.7
A forma genérica de um estado de transição em um processo S$_N$2.

mostra um estado de transição, em vez de um intermediário. A energia relativa desse estado de transição determina a velocidade da reação. Se o estado de transição tem energia elevada, então E_a será grande e a velocidade será lenta. Se o estado de transição tem energia baixa, então E_a será pequena e a velocidade será rápida. Com isso em mente, podemos agora explorar os efeitos do impedimento estérico na diminuição da velocidade de reação e explicar por que substratos terciários são inertes.

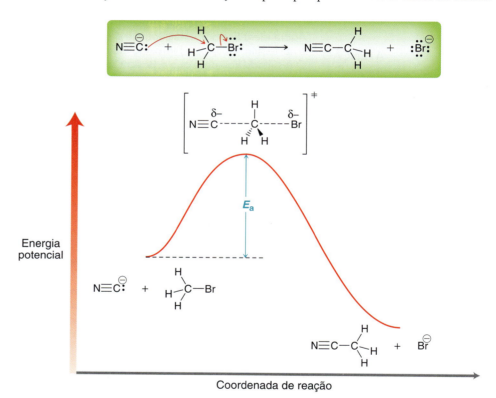

FIGURA 7.8
Um diagrama de energia da reação S$_N$2 que ocorre entre o brometo de metila e um íon cianeto.

Dê uma olhada de perto no estado de transição. O nucleófilo está no processo de formação de uma ligação com o substrato, e o grupo de saída está no processo de quebrar a sua ligação com o substrato. Observe que há uma carga parcial negativa em ambos os lados do estado de transição. Isso pode ser visto mais claramente em um mapa de potencial eletrostático do estado de transição (Figura. 7.9). Se os átomos de hidrogênio na Figura 7.9 são substituídos por grupos alquila, inte-

FIGURA 7.9
Um mapa de potencial eletrostático do estado de transição a partir da Figura 7.7. As áreas em vermelho representam regiões de alta densidade eletrônica.

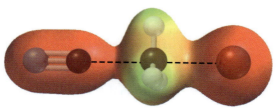

Reações de Substituição   297

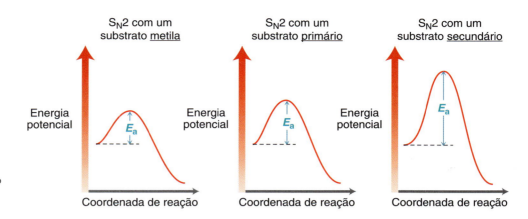

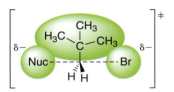

FIGURA 7.10
Diagramas de energia comparando processos S$_N$2 para substratos metila, primário e secundário.

rações estéricas fazem com que o estado de transição tenha uma energia mais elevada, aumentando E_a para a reação. Compare os diagramas de energia para as reações que envolvem substratos metila, primário e secundário (Figura 7.10). Com um substrato terciário, o estado de transição tem uma energia tão elevada que a reação ocorre muito lentamente para ser observada.

O impedimento estérico na posição beta também pode diminuir a velocidade de reação. Por exemplo, considere a estrutura do brometo de neopentila:

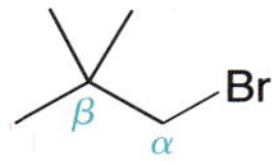

Brometo de neopentila

FIGURA 7.11
O estado de transição para um processo S$_N$2 envolvendo um substrato neopentila.

Essa substância é um haleto de alquila primário, mas tem três grupos metila ligados à posição beta. Esses grupos metila proporcionam impedimento estérico que faz com que a energia do estado de transição seja muito elevada (Figura 7.11). Mais uma vez, a velocidade é muito lenta. De fato, a velocidade de um substrato neopentila é semelhante à velocidade de um substrato terciário em reações S$_N$2. Este é um exemplo interessante, porque o substrato é um haleto de alquila primário que, essencialmente, não sofre uma reação S$_N$2. Esse exemplo ilustra por que é melhor entender conceitos de química orgânica, em vez de memorizar regras sem saber o que elas significam.

DESENVOLVENDO A APRENDIZAGEM

7.3 REPRESENTAÇÃO DO ESTADO DE TRANSIÇÃO DE UM PROCESSO S$_N$2

APRENDIZAGEM   Represente o estado de transição da seguinte reação:

SOLUÇÃO
Primeiro identificamos o nucleófilo e o grupo de saída. Esses são os dois grupos que estarão em ambos os lados do estado de transição:

ETAPA 1
Identificação do nucleófilo e do grupo de saída.

Nucleófilo   Grupo de saída

O estado de transição terá que mostrar uma ligação se formando com o nucleófilo e uma ligação quebrando com o grupo de saída. As linhas tracejadas são utilizadas para mostrar as ligações que estão se quebrando e se formando:

ETAPA 2
Representação de um átomo de carbono ligado por linhas tracejadas ao nucleófilo e ao grupo de saída.

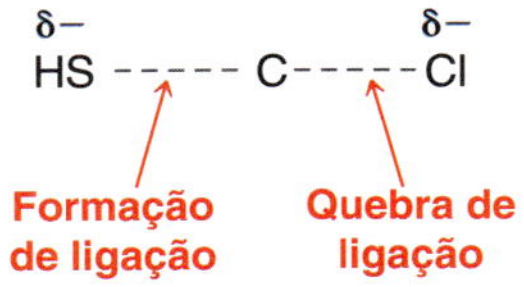

Formação   Quebra
de ligação   de ligação

O símbolo δ− é colocado no nucleófilo entrando e no grupo de saída saindo para indicar que a carga negativa está distribuída ao longo das duas posições.

Agora, temos de representar todos os grupos alquila ligados à posição α. No nosso exemplo, a posição α tem um grupo CH₃ e dois átomos de H:

ETAPA 3
Representação dos três grupos ligados ao átomo de carbono.

Assim, representamos esses grupos no estado de transição ligados à posição α. Um grupo é colocado em linha reta, e os outros dois grupos são colocados sobre uma cunha cheia e uma cunha tracejada:

ETAPA 4
Colocação de colchetes, bem como do símbolo que indica um estado de transição.

Não importa se o grupo CH₃ é colocado sobre a linha reta, sobre a cunha cheia ou a cunha tracejada. Mas não se esqueça de indicar que a representação é um estado de transição envolvendo-a com colchetes e usando o símbolo que indica um estado de transição.

PRATICANDO o que você aprendeu

7.9 Represente o estado de transição para cada uma das seguintes reações S$_N$2:

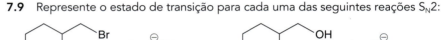

APLICANDO o que você aprendeu

7.10 No Problema 7.4, vimos que uma reação de substituição intramolecular pode ocorrer quando o centro nucleofílico e o centro eletrofílico estão presentes na mesma substância. Represente o estado de transição da reação no Problema 7.4.

7.11 O tratamento de 5-hexen-1-ol com bromo dá origem a um produto cíclico:

O mecanismo desta reação envolve várias etapas, uma das quais é semelhante a um processo S$_N$2 intramolecular:

Nesta etapa, uma ligação está em processo de quebra, enquanto a outra ligação está em processo de formação. Represente o estado de transição desse processo tipo S$_N$2, e identifique que ligação está sendo quebrada e que ligação está sendo formada. Você pode dar uma explicação de por que esta etapa é provável de ocorrer?

→ é necessário **PRATICAR MAIS?** Tente Resolver os Problemas 7.46, 7.64e

Reações de Substituição 299

falando de modo prático | Reações S$_N$2 em Sistemas Biológicos – Metilação

No laboratório, a transferência de um grupo metila pode ser realizada por meio de um processo S$_N$2 usando iodeto de metila:

Nuc: + H$_3$C—I: → Nuc—CH$_3$ + :I:$^{\ominus}$

Esse processo é chamado de alquilação, porque um grupo alquila foi transferido para o nucleófilo. É um processo S$_N$2, o que significa que há limitações sobre o tipo de grupo alquila que pode ser utilizado. Grupos alquila terciários não podem ser transferidos. Grupos alquila secundários podem ser transferidos, mas lentamente. Grupos alquila primários e grupos metila são transferidos mais rapidamente. O processo de alquilação mostrado anteriormente é a transferência de um grupo metila e é por isso chamado de metilação. O iodeto de metila é idealmente adequado para esta tarefa, porque o iodeto é um excelente grupo de saída e porque o iodeto de metila é um líquido à temperatura ambiente. Isso faz com que seja mais fácil de trabalhar com ele do que com o cloreto de metila ou o brometo de metila, que são gases à temperatura ambiente.

Reações de metilação também ocorrem em sistemas biológicos, mas em vez do CH$_3$I, o agente de metilação é uma substância chamada SAM (S-adenosilmetionina). O nosso corpo produz SAM através de uma reação S$_N$2 entre ATP e o aminoácido metionina:

Grupo de saída — Trifosfato de adenosina (ATP) + **Nucleófilo** — Metionina

↓

S-Adenosilmetionina (SAM) + trifosfato

Nessa reação, a metionina atua como um nucleófilo e ataca o trifosfato de adenosina (ATP), dando início a um grupo de saída trifosfato. O produto resultante, chamado SAM, é capaz de se comportar como um agente de metilação, muito parecido com o CH$_3$I. Ambos, o CH$_3$I e o SAM, apresentam um grupo metila ligado a um excelente grupo de saída.

Iodeto de metila	S-Adenosilmetionina (SAM)
H$_3$C—I	(estrutura da SAM)
O iodeto é um grupo de saída relativamente simples.	Este grupo de saída é mais complexo.

SAM é o equivalente biológico do CH$_3$I. O grupo de saída é muito maior, mas a SAM se comporta da mesma maneira que o CH$_3$I. Quando a SAM é atacada por um nucleófilo, um excelente grupo de saída é ejetado:

Nuc:$^{\ominus}$ + H$_3$C—S$^{\oplus}$(R)(R) → Nuc—CH$_3$ + S(R)(R)

SAM desempenha um papel na biossíntese de diversas substâncias, tais como a adrenalina, que é liberada para a corrente sanguínea em resposta a um perigo ou uma excitação. A adrenalina é produzida através de uma reação de metilação que ocorre entre a noradrenalina e a SAM na glândula suprarrenal (adrenal):

Noradrenalina + (SAM) → –H$^+$ → Adrenalina (depois da perda de um próton)

Depois de ser liberada na corrente sanguínea, a adrenalina aumenta a frequência cardíaca, eleva os níveis de açúcar para fornecer um pulso de energia e aumenta os níveis do oxigênio que chega ao cérebro. Essas respostas fisiológicas preparam o corpo para "lutar ou fugir".

VERIFICAÇÃO CONCEITUAL

7.12 A nicotina é uma substância viciante encontrada no tabaco, e a colina é uma substância envolvida na neurotransmissão. A biossíntese de cada uma dessas substâncias envolve a transferência de um grupo metila a partir da SAM. Represente um mecanismo para as duas transformações:

7.5 O Mecanismo S$_N$1

O segundo mecanismo possível para uma reação de substituição é um processo em múltiplas etapas em que há (1) a perda do grupo de saída para formar um carbocátion intermediário, seguido pelo (2) ataque nucleofílico ao carbocátion intermediário:

Um diagrama de energia para esse tipo de processo (Figura 7.12) deverá apresentar dois picos, um para cada etapa. Observamos que o primeiro pico é mais alto do que o segundo pico, o que indica que o estado de transição para a primeira etapa é maior em energia do que o estado de transição para a segunda etapa. Isto é extremamente importante, pois para qualquer processo, a etapa com o estado de transição de energia mais elevada determina a velocidade do processo global. Essa etapa é, portanto, denominada **etapa determinante da velocidade (RDS)**. Na Figura 7.12, podemos ver que a etapa determinante da velocidade é a perda do grupo de saída.

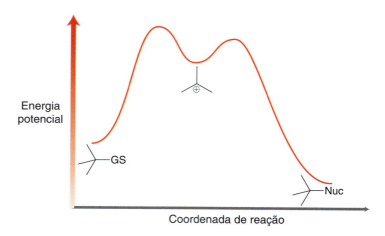

FIGURA 7.12
Um diagrama de energia de um processo S$_N$1.

Muitas reações de substituição parecem acompanhar este mecanismo em múltiplas etapas. Existem várias evidências que suportam este mecanismo gradual naqueles casos. Agora, estas evidências serão exploradas.

Cinética

Muitas reações de substituição não apresentam uma cinética de segunda ordem. Considere o seguinte exemplo:

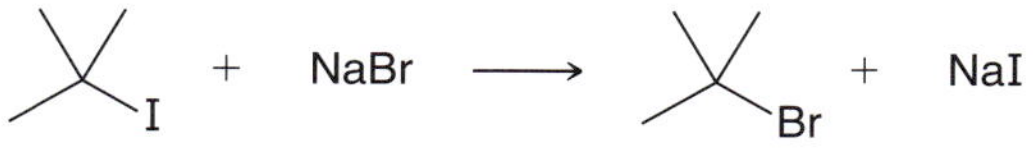

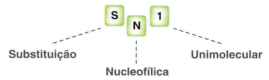

Na reação anterior, a velocidade é apenas dependente da concentração do substrato. A equação de velocidade tem a seguinte forma:

$$\text{Velocidade} = k\,[\text{substrato}]$$

O aumento ou a diminuição da concentração do nucleófilo não tem nenhum efeito mensurável sobre a velocidade. Diz-se que a equação de velocidade é de **primeira ordem**, porque a velocidade é linearmente dependente da concentração de apenas uma substância. Nesses casos, o mecanismo tem de apresentar uma etapa determinante da velocidade na qual o nucleófilo não participa. Como essa etapa envolve apenas uma espécie química, diz-se que é **unimolecular**. Ingold e Hughes criaram o termo **S$_N$1** para se referir as reações de substituição unimoleculares:

S — **N** — **1**
Substituição — Nucleofílica — Unimolecular

Quando usamos o termo unimolecular, não queremos dizer que o nucleófilo é completamente irrelevante. Claramente, o nucleófilo é necessário, ou não haverá uma reação. O termo unimolecular simplesmente descreve o fato de que apenas uma espécie química participa na etapa determinante da velocidade de reação e, como resultado, a velocidade da reação não é afetada pela quantidade de nucleófilo que está presente. Isto é, a velocidade de um processo S$_N$1 depende apenas da velocidade com que o grupo de saída sai. Como resultado, a velocidade de um processo S$_N$1 só vai ser dependente de fatores que afetam a velocidade dessa etapa. O aumento da concentração de nucleófilo não tem impacto sobre a velocidade com que o grupo de saída sai. É verdade que o nucleófilo tem de estar presente de modo a se obter o produto, mas um excesso de nucleófilo não irá acelerar a reação. A reação de substituição é unimolecular, portanto, consistente com um mecanismo em múltiplas etapas, em que a primeira etapa é a etapa determinante da velocidade.

VERIFICAÇÃO CONCEITUAL

7.13 A reação vista a seguir ocorre através de um caminho mecanístico S$_N$1:

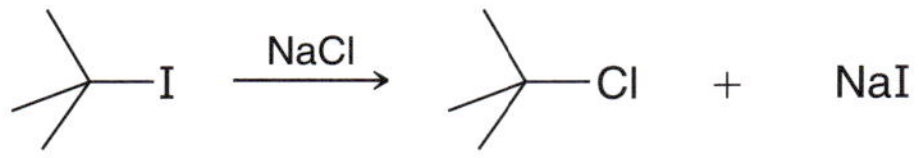

>—I —NaCl→ >—Cl + NaI

(a) O que acontece com a velocidade se a concentração de iodeto de *terc*-butila for duplicada e a concentração de cloreto de sódio for triplicada?

(b) O que acontece com a velocidade se a concentração de iodeto de *terc*-butila permanecer a mesma e a concentração de cloreto de sódio for duplicada?

Estrutura do Substrato

A velocidade de uma reação S$_N$1 é altamente dependente da natureza do substrato, mas a tendência é a inversa da tendência que vimos para reações S$_N$2. Com reações S$_N$1, substratos terciários reagem mais rapidamente, enquanto os substratos metila e primário são em sua maioria não reativos (Figura 7.13).

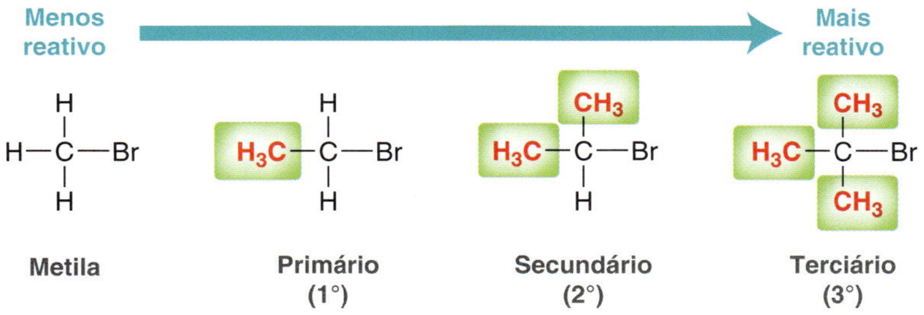

Menos reativo ⟶ Mais reativo

Metila — Primário (1°) — Secundário (2°) — Terciário (3°)

FIGURA 7.13 A reatividade relativa de vários substratos em relação ao processo S$_N$1.

Esta observação suporta um mecanismo em múltiplas etapas (S_N1). Por quê? Nas reações S_N2, o impedimento estérico era o foco da nossa atenção porque o nucleófilo estava atacando diretamente o substrato. Ao contrário, nas reações S_N1 o nucleófilo não ataca o substrato diretamente. Em vez disso, o grupo de saída sai primeiro, resultando na formação de um carbocátion, e essa etapa é a etapa determinante da velocidade. Uma vez que o carbocátion se forma, o nucleófilo reage com ele muito rapidamente. A velocidade é função somente da rapidez com que o grupo de saída sai para formar um carbocátion. O impedimento estérico não está em jogo, porque a etapa determinante da velocidade não envolve o ataque nucleofílico. O fator dominante torna-se agora a estabilidade do carbocátion.

Lembre-se de que carbocátions são estabilizadas por grupos alquila vizinhos (Figura 7.14).

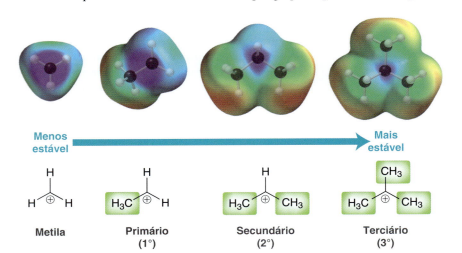

FIGURA 7.14
Mapas de potencial eletrostático de vários carbocátions. Os grupos alquila ajudam a dispersar a carga positiva estabilizando, portanto, a carga.

Carbocátions terciários são mais estáveis do que carbocátions secundários, que são mais estáveis do que carbocátions primários. Portanto, a formação de um carbocátion terciário terá uma E_a menor do que a formação de um carbocátion secundário (Figura 7.15). A E_a maior associada à formação de um carbocátion secundário pode ser explicada pelo postulado de Hammond (Seção 6.6). Especificamente, o estado de transição para a formação de um carbocátion terciário será próximo em energia a um carbocátion terciário, enquanto o estado de transição para a formação de um carbocátion secundário estará perto em energia a um carbocátion secundário. Portanto, a formação de um carbocátion terciário envolverá uma E_a menor.

O resultado é que os substratos terciários geralmente sofrem substituição através de um processo S_N1, enquanto os substratos primários geralmente sofrem substituição através de um processo S_N2. Substratos secundários podem avançar através de qualquer caminho reacional (S_N1 *ou* S_N2) dependendo de outros fatores, que serão discutidos mais adiante neste capítulo.

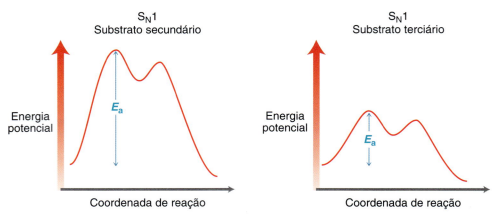

FIGURA 7.15
Diagramas de energia comparando processos S_N1 para substratos secundários e terciários.

Reações de Substituição 303

DESENVOLVENDO A APRENDIZAGEM

7.4 REPRESENTAÇÃO DO CARBOCÁTION INTERMEDIÁRIO DE UM PROCESSO S_N1

APRENDIZAGEM Represente o carbocátion intermediário da seguinte reação S_N1:

SOLUÇÃO
Primeiro identificamos o grupo de saída:

ETAPA 1
Identificação do grupo de saída.

A perda do grupo de saída produzirá um carbocátion e um íon cloreto. Para manter o controle dos elétrons, é útil representar a seta curva que mostra o fluxo de elétrons:

Ao representar o carbocátion intermediário, certifique-se de que todos os três grupos no carbocátion são representados tão distantes um do outro quanto possível. Lembre-se de que um carbocátion tem geometria plana triangular, e a representação deve refletir isso:

ETAPA 2
Representação de todos os três grupos tão distantes um do outro quanto possível.

PRATICANDO
o que você aprendeu

7.14 Represente o carbocátion intermediário gerado por cada um dos seguintes substratos em uma reação S_N1:

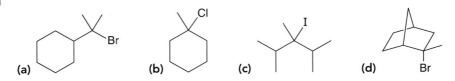

(a)   (b)   (c)   (d)

APLICANDO
o que você aprendeu

7.15 Identifique qual dos seguintes substratos sofrerá uma reação S_N1 mais rapidamente. Explique sua escolha.

→ é necessário **PRATICAR MAIS? Tente Resolver os Problemas 7.50, 7.51**

Estereoquímica de Reações S$_N$1

Lembre-se de que as reações S$_N$2 avançam através de uma inversão de configuração:

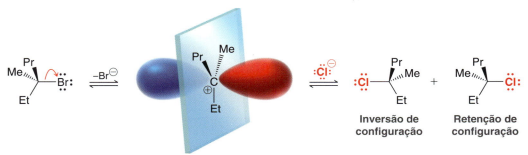

Ao contrário, as reações S$_N$1 envolvem a formação de um carbocátion intermediário, que pode então ser atacado a partir de ambos os lados (Figura 7.16), levando a uma inversão de configuração e uma **retenção de configuração**.

FIGURA 7.16
O intermediário de um processo S$_N$1 é um carbocátion plano.

Um carbocátion é plano, e qualquer lado do plano pode ser atacado pelo nucleófilo com a mesma probabilidade.

Como o carbocátion pode ser atacado em ambos os lados, com igual probabilidade, devemos esperar que as reações S$_N$1 produzam uma mistura racêmica (mistura igual de inversão e retenção). Na prática, no entanto, as reações S$_N$1 raramente produzem quantidades exatamente iguais de produtos de inversão e de retenção. Geralmente, há uma ligeira preferência para o produto de inversão. A explicação aceita envolve a formação de pares iônicos. Quando o grupo de saída sai primeiro, ele está inicialmente muito próximo do carbocátion intermediário, formando um par iônico (Figura 7.17). Se o nucleófilo ataca o carbocátion enquanto ele ainda está participando de um par iônico, então o grupo de saída efetivamente bloqueia uma face do carbocátion. O outro lado do carbocátion pode experimentar ataque por um nucleófilo sem impedimento estérico. Como resultado, o nucleófilo vai atacar mais frequentemente no lado oposto ao grupo de saída, conduzindo a uma ligeira preferência pela inversão em comparação com a retenção.

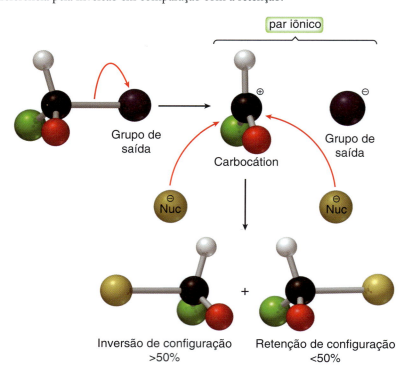

FIGURA 7.17
A perda de um grupo de saída forma inicialmente um par iônico, o que impede o ataque sobre uma face da carbocátion.

Reações de Substituição

305

DESENVOLVENDO A APRENDIZAGEM

7.5 REPRESENTAÇÃO DOS PRODUTOS DE UM PROCESSO S_N1

APRENDIZAGEM Represente os produtos da seguinte reação S_N1:

SOLUÇÃO
Primeiro identificamos o grupo de saída e o nucleófilo que vai atacar uma vez que o grupo de saído tenha saído:

ETAPA 1
Identificação do nucleófilo e do grupo de saída.

Grupo de saída   Nucleófilo

Em um processo de S_N1, o grupo de saída sai primeiro, gerando um carbocátion que é então atacado pelo nucleófilo:

ETAPA 2
Substituição do grupo de saída pelo nucleófilo.

Neste exemplo, a substituição está ocorrendo em um centro de quiralidade, por isso devemos considerar o resultado estereoquímico. Em um processo S_N1, dois enantiômeros são esperados como produtos, com uma ligeira preferência pelo enantiômero resultante da inversão de configuração:

ETAPA 3
Se a reação ocorre em um centro de quiralidade, representam-se os dois enantiômeros possíveis.

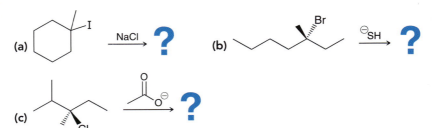

Inversão de configuração
> 50%

Retenção de configuração
< 50%

PRATICANDO
o que você aprendeu

7.16 Represente os produtos que você espera em cada uma das seguintes reações S_N1:

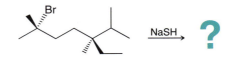

APLICANDO
o que você aprendeu

7.17 Represente os dois produtos que você espera na reação S_N1 vista a seguir e descreva a sua relação estereoisomérica:

é necessário **PRATICAR MAIS?** Tente Resolver o Problema 7.54b

Vamos agora resumir as diferenças que temos visto entre os processos S_N2 e S_N1 (Tabela 7.1).

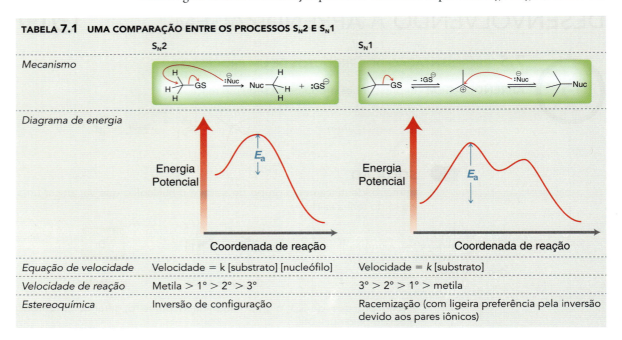

7.6 Representação do Mecanismo Completo de uma Reação S_N1

Vimos agora que as reações de substituição podem ocorrer por meio de um mecanismo concertado (S_N2) ou de um mecanismo em múltiplas etapas (S_N1) (Figura 7.18). Ao representar o mecanismo de um processo S_N2 ou S_N1, às vezes são necessárias etapas mecanísticas adicionais. Nesta seção, vamos nos concentrar sobre as etapas adicionais que podem acompanhar um processo S_N1. Lembre-se do Capítulo 6, que os mecanismos iônicos são construídos usando apenas quatro tipos diferentes de padrões de setas curvas. Agora isso será importante, pois todos os quatro padrões podem desempenhar um papel em processos S_N1.

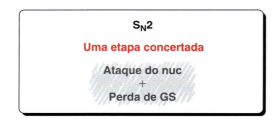

FIGURA 7.18
As etapas mecanísticas em processos S_N2 e S_N1.

Como pode ser visto na Figura 7.18, cada mecanismo S_N1 exibe duas etapas separadas: (1) perda de um grupo de saída e (2) ataque nucleofílico. Em adição a essas duas etapas principais, alguns processos S_N1 também são acompanhados por etapas adicionais (destacadas em azul na Figura 7.19), que podem ocorrer antes, entre ou depois das duas etapas principais:

1. *Antes das duas etapas principais* – uma etapa de transferência de próton é possível.
2. *Entre as duas etapas principais* – um rearranjo de carbocátion é possível.
3. *Depois das duas etapas principais* – uma etapa de transferência de próton é possível.

FIGURA 7.19
As duas etapas principais (cinza) e as três etapas adicionais possíveis (azuis) que podem acompanhar um processo S_N1.

Reações de Substituição 307

Agora vamos explorar cada uma dessas três possibilidades, e vamos aprender como determinar se qualquer uma das três etapas adicionais deve ser incluída ao se propor o mecanismo para uma transformação que ocorre através de um processo S_N1.

Transferência de Próton no Início de um Processo S_N1

Antes das duas etapas principais de um mecanismo S_N1, uma transferência de próton vai ser necessária quando o substrato é um álcool (ROH). O hidróxido não é um bom grupo de saída e não vai sair por si próprio (como será discutido mais adiante neste capítulo):

Não é um bom grupo de saída

Entretanto, uma vez que um grupo OH tenha sido protonado, ele torna-se um excelente grupo de saída porque ele pode sair como uma espécie neutra (sem carga líquida):

Grupo de saída excelente

Se um substrato não tem nenhum outro grupo de saída diferente de um grupo OH, então condições ácidas serão necessárias a fim de permitir uma reação S_N1. No exemplo a seguir, o HCl aquoso fornece o íon hidrônio (H_3O^+), que protona o grupo OH, bem como o íon cloreto, que funciona como um nucleófilo:

Transferência de próton

Perda do grupo de saída

Ataque nucleofílico

Observe que as duas etapas principais deste processo S_N1 são precedidas por uma transferência de próton, dando um total de três etapas mecanísticas:

$+H^+$ — $-GS$ — Ataque do nuc

VERIFICAÇÃO CONCEITUAL

7.18 Para cada um dos seguintes substratos, determine se um processo S_N1 implica uma transferência de próton no início do mecanismo:

(a) (b) (c) (d) (e) (f)

Transferência de Próton no Final de um Processo S$_N$1

Após as duas etapas principais de um mecanismo S$_N$1, uma transferência de próton vai ser necessária sempre que o nucleófilo é neutro (não é carregado negativamente). Por exemplo:

Neste caso, o nucleófilo é a água (H$_2$O), que não possui uma carga negativa. Neste caso, o ataque nucleofílico do carbocátion vai produzir uma espécie carregada positivamente. A remoção da carga positiva requer uma transferência de próton. Observe que o mecanismo descrito anteriormente tem três etapas:

Toda vez que o nucleófilo responsável pelo ataque é neutro, é necessária uma transferência de próton no final do mecanismo. A seguir vemos mais um exemplo. As reações como esta, em que o solvente se comporta como o nucleófilo, são chamadas de reações de solvólise.

VERIFICAÇÃO CONCEITUAL

7.19 Um processo S$_N$1 envolvendo cada um dos nucleófilos vistos a seguir requer uma transferência de próton no final do mecanismo?

(a) NaSH (b) H$_2$S (c) H$_2$O (d) EtOH (e) NaCN (f) NaCl
(g) NaNH$_2$ (h) NH$_3$ (i) NaOMe (j) NaOEt (k) MeOH (l) KBr

Rearranjos de Carbocátions durante um Processo S$_N$1

A primeira etapa principal de um processo S$_N$1 é a perda de um grupo de saída para formar um carbocátion. Lembre-se do Capítulo 6 que carbocátions são suscetíveis de rearranjo, seja através de um deslocamento de hidreto ou de um deslocamento de metila. Aqui está um exemplo de um mecanismo S$_N$1 com um rearranjo de carbocátion:

Observe que o rearranjo de carbocátion ocorre entre as duas etapas principais do processo S$_N$1:

Em reações em que um rearranjo de carbocátion é possível, uma mistura de produtos é geralmente obtida. Os seguintes produtos são obtidos a partir da reação anterior:

A distribuição do produto (proporção de produtos) depende de quão rápido o rearranjo ocorre e quão rápido o nucleófilo ataca o carbocátion. Se o rearranjo ocorre mais rapidamente do que o ataque do nucleófilo, então o produto resultante do rearranjo predominará. Entretanto, se o nucleófilo ataca o carbocátion mais rápido do que ocorre o rearranjo (se ele ataca antes de ocorrer o rearranjo), então o produto sem rearranjo predominará. Na maioria dos casos, o produto resultante do rearranjo predomina. Por quê? Um rearranjo de carbocátion é um processo intramolecular, enquanto o ataque do nucleófilo é um processo intermolecular. Em geral, os processos intramoleculares ocorrem mais rapidamente do que os processos intermoleculares.

VERIFICAÇÃO CONCEITUAL

7.20 Para cada um dos seguintes substratos, determine se um processo S$_N$1 é suscetível de envolver um rearranjo de carbocátion ou não:

Resumo do Processo S$_N$1 e Seu Diagrama de Energia

Vimos que um processo S$_N$1 tem duas etapas principais e pode ser acompanhado por três etapas adicionais, tal como resumido no Mecanismo 7.1.

MECANISMO 7.1 O PROCESSO S$_N$1

Duas etapas principais

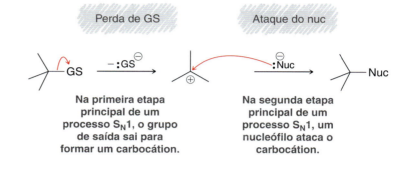

Etapas adicionais possíveis

Transferência de próton	Perda de GS	Rearranjo de carbocátion	Ataque do nuc	Transferência de próton
Se o substrato é um álcool, então o grupo OH tem de ser protonado antes que possa sair.		Se o carbocátion inicialmente formado pode sofrer rearranjo gerando um carbocátion mais estável, então um rearranjo ocorrerá.		Se o nucleófilo for neutro, será necessária uma transferência de próton para remover a carga positiva que é gerada.

Esse caso é um exemplo de um processo S$_N$1, que é acompanhado por todas as três etapas adicionais:

Uma vez que esse mecanismo tem cinco etapas, esperamos que o diagrama de energia para essa reação apresente cinco picos (Figura 7.20). O número de picos no diagrama de energia de um processo S$_N$1 será sempre igual ao número de etapas no mecanismo. Uma vez que o número de etapas pode variar de duas a cinco, o diagrama de energia de um processo S$_N$1 pode ter de dois a cinco picos. Os processos S$_N$1 encontrados mais frequentemente terão duas ou três etapas.

Reações de Substituição 311

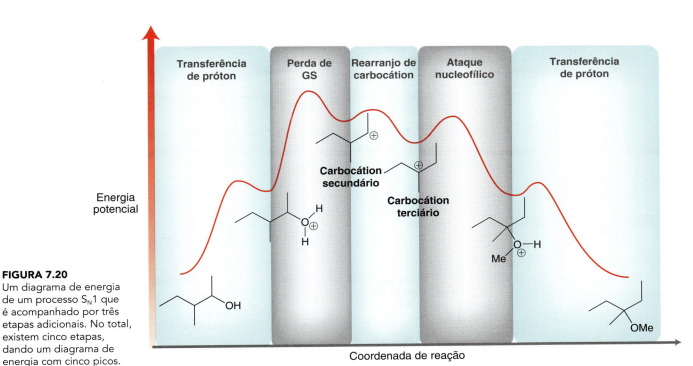

FIGURA 7.20
Um diagrama de energia de um processo S$_N$1 que é acompanhado por três etapas adicionais. No total, existem cinco etapas, dando um diagrama de energia com cinco picos.

Alguns aspectos do diagrama de energia na Figura 7.20 devem ser destacados:

- O carbocátion terciário tem menos energia do que o carbocátion secundário.
- Observa-se que a E_a para o rearranjo de carbocátion é muito pequena porque um rearranjo de carbocátion é geralmente um processo muito rápido.
- Íons oxônio (intermediários com um átomo de oxigênio carregado positivamente) têm geralmente menos energia do que carbocátions (porque o átomo de oxigênio de um íon oxônio tem um octeto de elétrons, enquanto o átomo de carbono de um carbocátion não tem um octeto).

DESENVOLVENDO A APRENDIZAGEM

7.6 REPRESENTAÇÃO DO MECANISMO COMPLETO DE UM PROCESSO S$_N$1

APRENDIZAGEM Represente o mecanismo do seguinte processo S$_N$1:

SOLUÇÃO

Um processo S$_N$1 tem sempre que apresentar duas etapas principais: perda de um grupo de saída e ataque nucleofílico. Mas temos que considerar se alguma das outras três etapas possíveis ocorrerá:

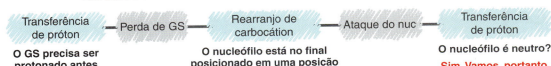

Transferência de próton	Perda de GS	Rearranjo de carbocátion	Ataque do nuc	Transferência de próton
O GS precisa ser protonado antes que ele possa sair?		O nucleófilo está no final posicionado em uma posição diferente do grupo de saída?		O nucleófilo é neutro?
Não. O brometo é um bom GS.		**Sim. Isso indica um rearranjo de carbocátion.**		**Sim. Vamos, portanto, precisar de uma transferência de próton no final do mecanismo, de modo a remover a carga positiva.**

O mecanismo não vai começar com uma transferência de próton, mas haverá um rearranjo de carbocátion, e haverá uma transferência de próton no final do mecanismo. Portanto, o mecanismo terá quatro etapas:

Perda de GS — Rearranjo de carbocátion — Ataque do nuc — Transferência de próton

Observe que essa sequência utiliza cada um dos quatro padrões de setas curvas que são possíveis para uma reação iônica. Para representar essas etapas, vamos utilizar o que você aprendeu no Capítulo 6:

PRATICANDO o que você aprendeu

7.21 Represente o mecanismo para cada um dos seguintes processos S_N1:

(a), (b), (c), (d), (e), (f), (g), (h)

APLICANDO o que você aprendeu

7.22 Identifique o número de etapas (padrões) para os mecanismos dos Problemas 7.21a-h. Por exemplo, os padrões para os dois primeiros são:

7.21a: +H⁺ — −GS — Ataque do Nuc   Este mecanismo apresenta uma transferência de próton antes das duas etapas principais.

7.21b: +H⁺ — −GS — Rearranjo de C+ — Ataque do Nuc   Este mecanismo apresenta uma transferência de próton antes das duas etapas principais, bem como um rearranjo de carbocátion entre as duas etapas principais.

Esses padrões não são idênticos. Represente padrões para os outros seis problemas. Em seguida, compare os padrões. Existe apenas um padrão que se repete. Identifique os dois problemas que apresentam o mesmo padrão e, em seguida, descreva através de palavras por que essas duas reações são tão semelhantes.

7.23 O tratamento do (2R,3R)-3-metil-2-pentanol com H_3O^+ produz uma substância sem nenhum centro de quiralidade. Preveja o produto desta reação e represente o mecanismo da sua formação. Use o seu mecanismo para explicar como os dois centros de quiralidade são destruídos.

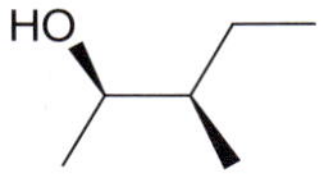

(2R,3R)-3-metil-2-pentanol

------> é necessário **PRATICAR MAIS?** Tente Resolver os Problemas 7.48, 7.49, 7.52, 7.54, 7.65

Em alguns casos raros, a perda do grupo de saída e o rearranjo de carbocátion podem ocorrer de forma concertada (Figura 7.21). Por exemplo, o brometo de neopentila não pode perder diretamente seu grupo de saída, pois isso formaria um carbocátion primário, que tem uma energia muito alta para se formar:

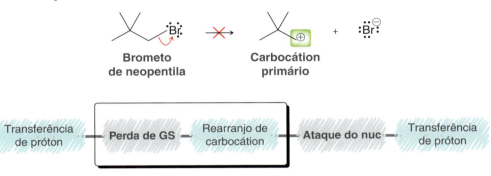

FIGURA 7.21
Em um processo S_N1, a perda do grupo de saída e o rearranjo de carbocátion podem ocorrer de forma concertada.

Mas é possível para o grupo de saída sair como um resultado de um deslocamento de metila:

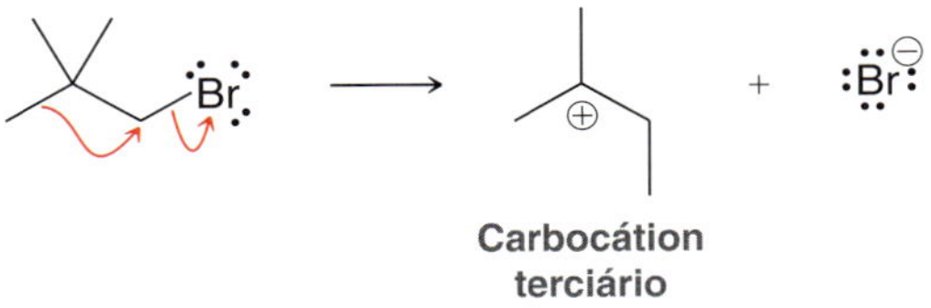

Esse é essencialmente um processo concertado em que a perda do grupo de saída ocorre simultaneamente com um rearranjo de carbocátion. Exemplos como este são menos comuns. Na maioria dos casos, cada etapa de um processo S_N1 ocorre separadamente.

7.7 Representação do Mecanismo Completo de uma Reação S_N2

Na seção anterior, analisamos as etapas adicionais que podem acompanhar um processo S_N1. Nesta seção, analisamos as etapas adicionais que podem acompanhar um processo S_N2. Lembre-se de que uma reação S_N2 é um processo concertado em que o ataque do nucleófilo e a perda do grupo de saída ocorrem simultaneamente (Figura 7.22). Nenhum carbocátion é formado, então não pode haver rearranjo de carbocátion. Em um processo S_N2, as únicas duas possíveis etapas adicionais são transferências de próton (Figura 7.23). Pode haver uma transferência de próton, antes e/ou após a etapa concertada. A transferência de próton vai acompanhar os processos S_N2 pelas mesmas razões que acompanham os processos S_N1.

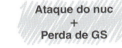

FIGURA 7.22
A etapa concertada de um processo S_N2.

FIGURA 7.23
A etapa concertada e as duas possíveis etapas adicionais de um processo S_N2.

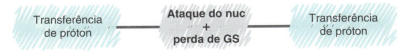

Especificamente, uma transferência de próton é necessária no início de um mecanismo em que o substrato é um álcool, e uma transferência de próton é necessária no final de um mecanismo, se o nucleófilo for neutro. Vamos ver exemplos de cada uma dessas situações.

Transferência de Próton no Início de um Processo S_N2

Uma transferência de próton é necessária no início de um processo S_N2 se o substrato for um álcool, embora este tipo de processo raramente seja encontrado em todo o restante deste livro. Um exemplo desta reação é a conversão de metanol em cloreto de metila, uma reação realizada pela primeira vez pelos químicos franceses Jean-Baptiste Dumas e Eugene Peligot em 1835. Esta transformação foi realizada através da ebulição de uma mistura de metanol, ácido sulfúrico e cloreto de sódio.

O grupo OH é protonado em primeiro lugar, convertendo-se em um bom grupo de saída e, em seguida, o íon cloreto ataca em um processo S_N2, deslocando o grupo de saída. Este tipo de processo, em que um álcool é utilizado como um substrato de uma reação S_N2, tem uma utilidade muito limitada e geralmente só é utilizado em certas aplicações industriais. O cloreto de metila é preparado comercialmente por este processo (utilizando HCl aquoso como fonte de H_3O^+ e Cl^-):

$$CH_3OH \xrightarrow{HCl} CH_3Cl$$

Transferência de Próton no Final de um Processo S_N2

Uma transferência de próton vai ocorrer no final de um processo S_N2 se o nucleófilo for neutro. Por exemplo, considere a seguinte reação de solvólise:

O substrato é primário e, portanto, a reação deverá prosseguir através de um processo S_N2. Neste caso, o solvente (etanol) está se comportando como o nucleófilo, por isso esta é uma reação de solvólise. Uma vez que o nucleófilo é neutro, uma transferência de próton é necessária no final do mecanismo, a fim de remover a carga positiva da substância.

Transferência de Próton Antes e Depois de um Processo S$_N$2

Ao longo deste livro, veremos outros exemplos de processos S$_N$2 que são acompanhados por transferências de prótons. Por exemplo, a seguinte reação será explorada nas Seções 9.16 e 14.10:

Essa reação envolve duas etapas – uma transferência de próton antes e uma depois do ataque S$_N$2 – como foi visto no Mecanismo 7.2.

MECANISMO 7.2 O PROCESSO S$_N$2

Uma etapa concertada

Ataque do nuc + Perda do GS

Um processo S$_N$2 é constituído de apenas uma etapa concertada em que ocorre o ataque nucleofílico e simultaneamente a perda do grupo de saída.

Etapas adicionais possíveis

Transferência de próton — Ataque do nuc + Perda de GS — Transferência de próton

Se o substrato for um álcool, então o grupo OH terá de ser protonado antes que ele possa sair.

Se o nucleófilo for neutro, será necessária uma transferência de próton para remover a carga positiva que é gerada.

DESENVOLVENDO A APRENDIZAGEM

7.7 REPRESENTAÇÃO DO MECANISMO COMPLETO DE UM PROCESSO S$_N$2

APRENDIZAGEM Brometo de etila foi dissolvido em água e aquecido, e foi observado que ocorre lentamente ao longo de um longo período de tempo a reação de solvólise vista a seguir. Proponha um mecanismo para essa reação.

SOLUÇÃO

O substrato é o primário, de modo que a reação deverá prosseguir através de um processo S_N2, em vez de S_N1. Um mecanismo S_N1 não pode ser invocado neste caso, porque um carbocátion primário seria demasiado instável para se formar.

Em um processo S_N2 existe uma etapa concertada, e temos de determinar se uma transferência de próton vai ser necessária, antes e/ou depois da etapa concertada:

Transferência de próton	Ataque do nuc + Perda de GS	Transferência de próton
O GS precisa ser protonado em primeiro lugar?		**O nucleófilo é neutro?**
Não. O brometo é um bom GS.		Sim. Vamos, portanto, precisar de uma transferência de próton no final do mecanismo, de modo a remover a carga positiva.

O mecanismo não requer uma transferência de próton antes da etapa concertada, e mesmo que o fizesse, os reagentes não são ácidos e não poderiam doar um próton de qualquer maneira. A fim de ter uma transferência de próton, no início de um mecanismo é necessário um ácido para servir como uma fonte de prótons. No final do mecanismo, haverá uma transferência de próton porque o nucleófilo (H_2O) responsável pelo ataque é neutro. Portanto, o mecanismo tem duas etapas:

Ataque do nuc + Perda de GS	Transferência de próton

A primeira etapa envolve um ataque nucleofílico com a perda de um grupo de saída simultaneamente, e a segunda etapa é uma transferência de próton:

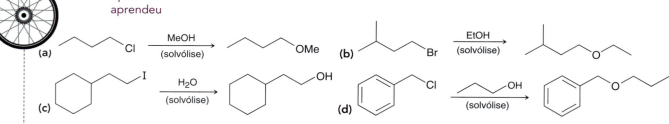

PRATICANDO o que você aprendeu

7.24 Represente o mecanismo para cada uma das seguintes reações de solvólise:

APLICANDO o que você aprendeu

7.25 No Capítulo 23, aprenderemos que o tratamento de amônia com excesso de iodeto de metila produz um sal de amônio quaternário. Esta transformação é o resultado de quatro reações S_N2 sequenciais. Use as ferramentas que aprendemos neste capítulo para representar o mecanismo dessa transformação. Seu mecanismo deve ter sete etapas.

$$NH_3 \xrightarrow{\text{Excesso de MeI}} Me-\overset{\oplus}{N}(Me)(Me)-Me \quad I^{\ominus}$$

Sal de amônio quaternário

┄┄> é necessário **PRATICAR MAIS?** Tente Resolver os Problemas 7.53, 7.64, 7.66

Reações de Substituição 317

medicamente falando | Substâncias Radiomarcadas na Medicina Diagnóstica

Lembre-se do seu curso de química geral que os isótopos são átomos de um mesmo elemento que diferem entre si apenas no número de nêutrons. Por exemplo, o carbono tem três isótopos que são encontrados na natureza: ^{12}C (chamado de carbono 12), ^{13}C (chamado de carbono 13) e ^{14}C (chamado de carbono 14). Cada um desses isótopos tem seis prótons e seis elétrons, mas eles diferem no número de nêutrons. Eles têm seis, sete e oito nêutrons, respectivamente. Desses isótopos, o ^{12}C é o mais abundante, constituindo 98,9% de todos os átomos de carbono que se encontram na Terra. O segundo isótopo mais abundante do carbono é o ^{13}C, que constitui cerca de 1,1% de todos os átomos de carbono. A quantidade de ^{14}C encontrada na natureza é muito pequena (0,0000000001%).

O elemento flúor (F) tem muitos isótopos, embora apenas um seja considerado estável (^{19}F). Outros isótopos de flúor podem ser produzidos, mas eles são instáveis e sofrerão decaimento radioativo. Um exemplo é o ^{18}F, que tem uma meia-vida ($t_{1/2}$) de cerca de 110 minutos. Se uma substância possui ^{18}F, então a localização dessa substância pode ser rastreada através da observação do processo de decaimento. Por esta razão, as substâncias radiomarcadas (substâncias contendo um isótopo instável, tal como o ^{18}F) têm encontrado grande utilidade no campo da medicina. Uma dessas aplicações será descrita agora.

Consideramos a estrutura da glicose bem como do derivado da glicose radiomarcado, chamado ^{18}F-2-fluorodesoxiglicose (FDG):

Glicose ^{18}F-2-Fluorodesoxiglicose (FDG)

A glicose é uma substância importante que representa a principal fonte de energia para o nosso corpo. Nossos organismos são capazes de metabolizar as moléculas de glicose em uma série de etapas enzimáticas chamadas de glicólise, um processo em que as ligações C—C e as ligações C—H de alta energia na glicose são quebradas e convertidas em ligações C—O e C=O de menor energia. A diferença de energia é significativa, e nossos corpos são capazes de captar essa energia e armazená-la para uso posterior:

Glicose + 6 O_2 ⟶ 6 CO_2 + 6 H_2O $\Delta G° = -2880$ kJ

FDG é uma substância marcada radioativamente que é um derivado da glicose (um grupo OH foi substituído por ^{18}F). No nosso corpo, a primeira etapa da glicólise ocorre com o FDG, tal como acontece com a glicose. Mas, no caso do FDG, a segunda etapa da glicólise não avança com uma velocidade apreciável. Portanto, as áreas do corpo que utilizam glicose também vão acumular FDG. Esta acumulação pode ser monitorada, porque o ^{18}F decai através de um processo que finalmente libera fótons de alta energia (raios gama) que podem ser detectados. Os detalhes do processo de decaimento estão além do escopo de nossa discussão, mas para os nossos propósitos ele pode ser resumido da seguinte forma: o ^{18}F decai através de um processo chamado de emissão de pósitrons (decaimento β+), no qual uma antipartícula chamada pósitron é criada, viaja a uma curta distância e, em seguida, encontra um elétron e aniquila-o, fazendo com que dois raios gama (γ) coincidentes sejam emitidos a partir do corpo. Esses raios γ são então detectados utilizando-se instrumentação especial, o que resulta em uma imagem. Esta técnica de imagem é chamada de tomografia por emissão de pósitrons (PET).

Como um exemplo, o cérebro metaboliza a glicose, de modo que a administração de FDG por um paciente irá povocar uma acumulação de FDG em locais específicos do cérebro correspondente ao nível de atividade metabólica. Considere os seguintes exames PET/^{18}FDG de um voluntário saudável e um usuário de cocaína:

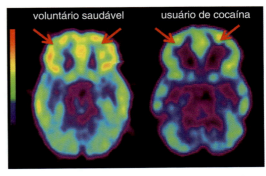

Vermelho/laranja indicam regiões de alto metabolismo, enquanto roxo/azul indicam regiões de baixo metabolismo.

Observe que o usuário de cocaína mostra menos acúmulo de FDG no córtex orbitofrontal (indicado por setas vermelhas). Isto indica um metabolismo mais baixo na região, que é conhecida por desempenhar um papel importante na função cognitiva e tomada de decisão. Esse exemplo demonstra como neurologistas podem usar substâncias radioativas, como o FDG, para explorar o cérebro e aprender mais sobre sua função em estados normais e patológicos. Esta técnica tem encontrado grande utilidade em medicina diagnóstica, porque tecidos cancerosos apresentam velocidades metabólicas maiores de glicose em relação aos tecidos normais circundantes e, portanto, também vão acumular mais FDG. Como resultado, os tecidos cancerosos podem ser visualizados e monitorados com uma varredura PET/^{18}FDG.

FDG foi aprovado pela FDA (orgão responsável pela liberação de uso de medicamentos nos EUA) para auxiliar os oncologistas no diagnóstico e estadiamento do câncer, além de monitorar a resposta à terapia. O papel crescente do FDG no campo da medicina tem alimentado a demanda para a produção diária de FDG. Como o ^{18}F é um radionuclídeo com tempo de vida pequeno, um novo lote de FDG tem de ser feito diariamente. Felizmente, a velocidade de decaimento é suficientemente lenta para permitir a síntese em uma radiofarmácia regional seguido de distribuição para hospitais da região para estudos de imagem.

A síntese de FDG utiliza muitos dos princípios abordados neste capítulo, pois uma etapa importante no processo é uma reação S_N2:

Essa reação tem algumas características importantes que merecem a nossa atenção:
- KF é a fonte de íons fluoreto, que se comportam como agente nucleofílico nesta reação. Geralmente, os íons de fluoreto não são bons nucleófilos, mas o Kryptofix interage com os íons K⁺, liberando assim os íons fluoreto para se comportarem como nucleófilos. A capacidade do Kryptofix em aumentar a nucleofilicidade dos íons fluoreto é consistente com a ação de éteres coroa (um tópico que vai ser explorado em mais detalhes na Seção 14.4).
- Essa reação avança com inversão de configuração, tal como esperado para um processo S_N2.
- O solvente utilizado para esta reação, a acetonitrila (CH_3CN), é um solvente polar aprótico e é utilizado para acelerar a velocidade do processo (tal como descrito na Seção 7.8).

- Observe que os grupos OH (normalmente encontrados na glicose) foram convertidos em grupos acetato (OAc). Isso foi feito a fim de minimizar as reações secundárias. Esses grupos acetato podem ser removidos com facilidade por meio de tratamento com ácido aquoso (vamos explorar este processo, chamado de hidrólise, com mais detalhes na Seção 21.11, do Volume 2).

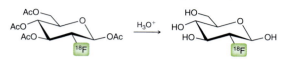

A aplicação efetiva de FDG em PET certamente requer a contribuição de muitas disciplinas diferentes, mas a química orgânica tem desempenhado o papel mais crítico: A síntese de FDG é realizada através de um processo S_N2!

7.8 Determinação de qual Mecanismo Predomina

A fim de representar os produtos de uma reação de substituição específica é preciso primeiro identificar o mecanismo de reação como S_N2 ou S_N1. Essa informação é importante nos dois casos vistos a seguir:

- Se a substituição estiver ocorrendo em um centro de quiralidade, então teremos de saber se deveremos esperar inversão de configuração (S_N2) ou racemização (S_N1).
- Se o substrato for suscetível a rearranjo de carbocátion, então teremos de saber se deveremos esperar rearranjo (S_N1) ou se o rearranjo não será possível (S_N2).

Quatro fatores têm um impacto sobre se uma determinada reação irá ocorrer através de um mecanismo S_N2 ou de um mecanismo S_N1: (1) o substrato, (2) o grupo de saída, (3) o nucleófilo e (4) o solvente (Figura 7.24). Temos que aprender a olhar para todos os quatro fatores, um por um, e determinar se eles favorecem S_N1 ou S_N2.

FIGURA 7.24
Os quatro fatores que determinam qual mecanismo predomina.

O Substrato

A natureza do substrato é o fator mais importante na distinção entre S_N2 e S_N1. No início do capítulo, vimos tendências diferentes para reações S_N2 e S_N1. Essas tendências são comparadas nos gráficos da Figura 7.25.

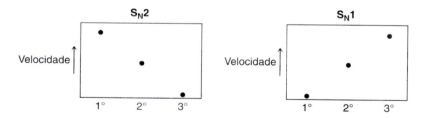

FIGURA 7.25
Efeitos do substrato sobre as velocidades dos processos S_N2 e S_N1.

A tendência em reações S_N2 está associada ao impedimento estérico no estado de transição, enquanto a tendência em reações S_N1 está associada à estabilidade do carbocátion. A questão fundamental é que os substratos metila e primários favorecem S_N2, enquanto os substratos terciários favorecem S_N1. Substratos secundários podem avançar através de qualquer mecanismo, portanto um substrato secundário não indica qual o mecanismo que irá predominar. Nesse caso, temos que passar para o próximo fator, o nucleófilo (será visto na próxima seção).

Haletos alílicos e *haletos benzílicos* podem reagir, quer através de S_N2 ou através de S_N1:

Esses substratos podem reagir por meio de um mecanismo S_N2, porque são relativamente desimpedidos, e eles podem reagir por meio de um mecanismo S_N1, porque a perda de um grupo de saída gera um carbocátion estabilizado por ressonância:

Estabilizado por ressonância

Estabilizado por ressonância

Ao contrário, *haletos vinílicos* e *haletos arílicos* não são reativos nas reações de substituição:

Haletos de vinila   **Haletos de arila**

Reações S_N2 geralmente não são observadas em centros de hibridização *sp²*, porque o ataque pelo lado de trás é estericamente impedido. Além disso, os haletos de vinila e os haletos de arila também não são reativos em processos S_N1, porque a perda de um grupo de saída iria gerar um carbocátion instável:

Não é estabilizado por ressonância

Não é estabilizado por ressonância

Resumindo:

- Substratos metila e primários favorecem S_N2.
- Substratos terciários favorecem S_N1.
- Substratos secundários e substratos alílicos e benzílicos muitas vezes podem reagir através de qualquer um dos dois mecanismos.
- Substratos vinílicos e arílicos não reagem através de nenhum dos dois mecanismos.

VERIFICAÇÃO CONCEITUAL

7.26 Identifique se cada um dos seguintes substratos favorece S_N2, S_N1, ambos, ou nenhum:

(a) (b) (c) (d) (e) (f) (g)

O Nucleófilo

Lembre-se de que a velocidade de um processo S_N2 é dependente da concentração do nucleófilo. Pela mesma razão, os processos S_N2 também são dependentes da força do nucleófilo. Um nucleófilo forte vai acelerar a velocidade de uma reação S_N2, enquanto um nucleófilo fraco irá diminuir a velocidade de uma reação S_N2. Ao contrário, um processo S_N1 não é afetado pela concentração ou pela força do nucleófilo porque o nucleófilo não participa da etapa determinante da velocidade. Em resumo, o nucleófilo tem o seguinte efeito sobre a competição entre S_N2 e S_N1:

- Um nucleófilo forte favorece S_N2.
- Um nucleófilo fraco desfavorece S_N2 (e, assim, permite S_N1 competir com sucesso).

Devemos, portanto, aprender a identificar os nucleófilos como forte ou fraco. A força de um nucleófilo é determinada por vários fatores que foram inicialmente discutidos na Seção 6.7. A Figura 7.26 mostra alguns nucleófilos fortes e fracos que vamos encontrar.

FIGURA 7.26
Alguns nucleófilos comuns agrupados de acordo com a sua força. Observação: A designação do flúor como um nucleófilo fraco é verdade somente em solventes próticos. Em solventes polares apróticos, o flúor é, na realidade, um nucleófilo forte. Esta questão será discutida com mais detalhes mais adiante nesta seção, um pouco antes da Tabela 7.3.

Nucleófilos comuns

Forte			Fraco
$I^{\ominus}$	$HS^{\ominus}$	$HO^{\ominus}$	$F^{\ominus}$
$Br^{\ominus}$	H_2S	$RO^{\ominus}$	H_2O
$Cl^{\ominus}$	RSH	$N{\equiv}C^{\ominus}$	ROH

VERIFICAÇÃO CONCEITUAL

7.27 Cada um dos nucleófilos vistos a seguir favorece S_N2 ou S_N1?

(a) 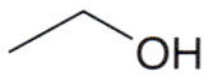 OH (b) 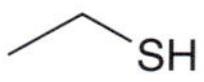 ⌒SH (c) 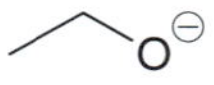 ⌒O$^{\ominus}$ (d) NaOH (e) NaCN

O Grupo de Saída

Ambos os mecanismos S_N1 e S_N2 são sensíveis à natureza do grupo de saída. Se o grupo de saída não é um bom grupo de saída, então nenhum dos dois mecanismos pode operar, mas as reações S_N1 são geralmente mais sensíveis ao grupo de saída do que as reações S_N2. Por quê? Lembre-se de que a etapa determinante da velocidade de um processo S_N1 é a perda de um grupo de saída para formar um carbocátion e um grupo de saída:

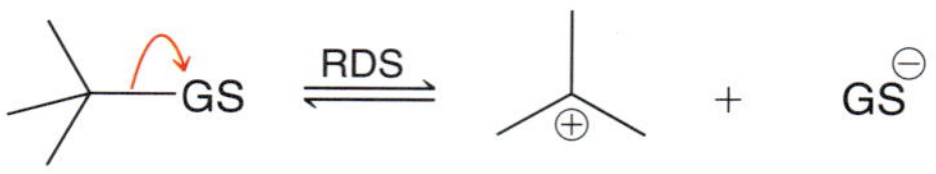

$$\text{R-GS} \underset{}{\overset{RDS}{\rightleftarrows}} \text{R}^{\oplus} + \text{GS}^{\ominus}$$

Nós já vimos que a velocidade desta etapa é muito sensível à estabilidade do carbocátion, mas que ela também é sensível à estabilidade do grupo de saída. O grupo de saída tem que ser altamente estabilizado para que um processo S_N1 seja efetivo.

O que determina a estabilidade de um grupo de saída? Como regra geral, bons grupos de saída são as bases conjugadas de ácidos fortes. Por exemplo, o iodeto (I^-) é a base conjugada de um ácido forte (HI):

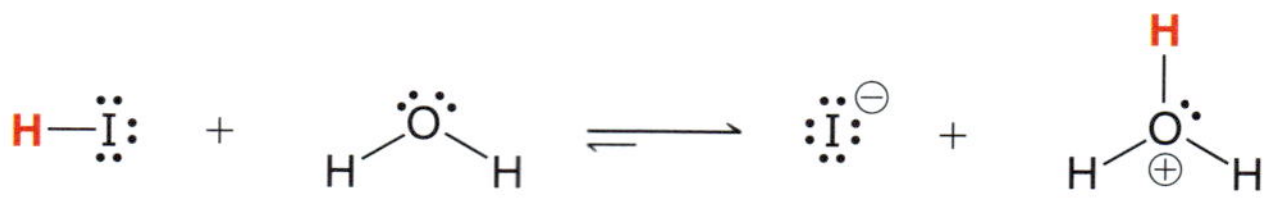

$$H{-}\ddot{\underset{..}{I}}{:} + H{-}\ddot{\underset{..}{O}}{-}H \rightleftarrows {:}\ddot{\underset{..}{I}}{:}^{\ominus} + H{-}\overset{H}{\underset{}{\overset{\oplus}{O}}}{-}H$$

Ácido forte   Base conjugada
                    (fraca)

O iodeto é uma base muito fraca, porque é altamente estabilizado. Em consequência, o iodeto pode se comportar como um bom grupo de saída. Na verdade, o iodeto é um dos melhores grupos de saída existentes. A Figura 7.27 apresenta uma lista de bons grupos de saída, que são as bases conju-

Reações de Substituição 321

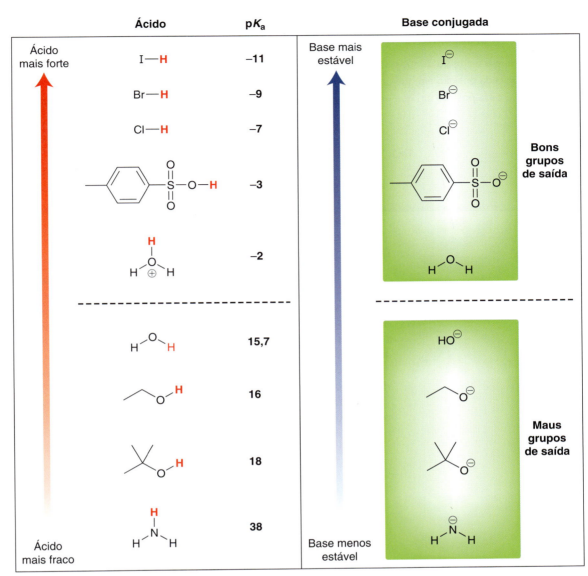

FIGURA 7.27
A base conjugada de um ácido forte será geralmente um bom grupo de saída. A base conjugada de um ácido fraco não vai ser um bom grupo de saída.

gadas de ácidos fortes. Ao contrário, o hidróxido não é um bom grupo de saída, porque não é uma base estabilizada. Na verdade, o hidróxido é uma base relativamente forte e, portanto, raramente se comporta como um grupo de saída. Ele não é um bom grupo de saída.

Os grupos de saída mais comumente utilizados são os haletos e os **íons sulfonato** (Figura 7.28). Entre os haletos, o iodeto é o melhor grupo de saída, pois é uma base mais fraca (mais estável) do que o brometo ou o cloreto. Entre os íons sulfonato, o melhor grupo de saída é o grupo triflato, mas o mais comumente utilizado é o grupo **tosilato**. Este grupo é abreviado como OTs. Quando você vê o OTs ligado a uma substância, você deve reconhecer a presença de um bom grupo de saída.

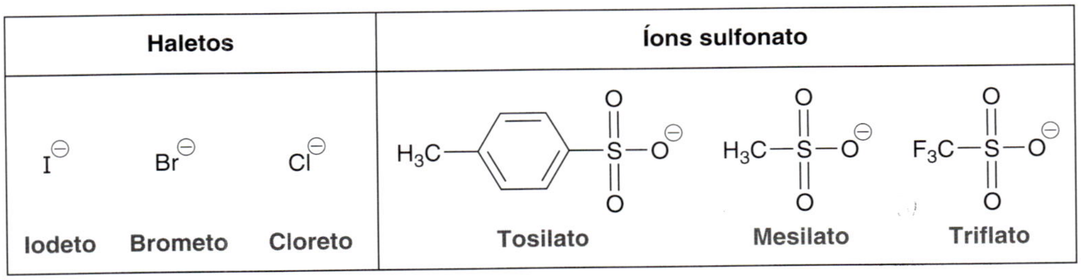

FIGURA 7.28
Grupos de saída comuns.

VERIFICAÇÃO CONCEITUAL

7.28 Considere a estrutura da substância vista a seguir.

(a) Identifique cada posição em que uma reação S$_N$2 é provável de ocorrer se a substância fosse tratada com hidróxido.

(b) Identifique cada posição em que uma reação S$_N$1 é provável de ocorrer se a substância fosse tratada com água.

Efeitos do Solvente

A escolha do solvente pode ter um profundo efeito sobre as velocidades de reações S$_N$1 e S$_N$2. Vamos nos concentrar especificamente sobre os efeitos dos solventes próticos e apróticos polares. **Solventes próticos** contêm pelo menos um átomo de hidrogênio ligado diretamente a um átomo eletronegativo. **Solventes apróticos polares** não contêm átomos de hidrogênio ligados diretamente a um átomo eletronegativo. Estes dois tipos de solventes têm efeitos diferentes sobre as velocidades dos processos S$_N$1 e S$_N$2. A Tabela 7.2 resume esses efeitos.

A questão fundamental é que solventes próticos são usados para reações S$_N$1, enquanto solventes apróticos polares são usados para favorecer reações S$_N$2.

O efeito de solventes apróticos polares sobre a velocidade de reações S$_N$2 é significativo. Por exemplo, considere a reação entre bromobutano e um íon azida:

A velocidade dessa reação é muito dependente da escolha do solvente. A Figura 7.29 apresenta as velocidades relativas dessa reação S$_N$2 em vários solventes. A partir desses dados, vemos que as reações S$_N$2 são significativamente mais rápidas em solventes apróticos polares do que em solventes próticos.

FIGURA 7.29
Velocidades relativas de um processo S$_N$2 em vários solventes. Solventes próticos são mostrados em azul. Solventes apróticos polares são mostrados em vermelho.

VERIFICAÇÃO CONCEITUAL

7.29 Cada um dos solventes vistos a seguir favorece uma reação S$_N$2 ou uma reação S$_N$1? (Veja a Tabela 7.2.)

7.30 Quando usado como um solvente, a acetona favorecerá um mecanismo S$_N$2 ou um mecanismo S$_N$1? Explique.

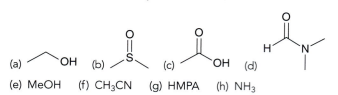

Reações de Substituição 323

TABELA 7.2 OS EFEITOS DE SOLVENTES PRÓTICOS E SOLVENTES APRÓTICOS POLARES

	PRÓTICO	APRÓTICO POLAR
Definição	Solventes próticos contêm pelo menos um átomo de hidrogênio ligado diretamente a um átomo eletronegativo.	Solventes apróticos polares não contêm átomos de hidrogênio ligados diretamente a um átomo eletronegativo.
Exemplos	**Água** — **Metanol** — **Etanol** — **Ácido acético** — **Amônia**	**Dimetilsulfóxido (DMSO)** — **Acetonitrila** — **Dimetilformamida (DMF)** — **Hexametilfosforamida (HMPA)**
Função	Solventes próticos estabilizam cátions e ânions. Cátions são estabilizados por pares de elétrons isolados do solvente, enquanto os ânions são estabilizados por interações de ligação de H com o solvente: **Os pares isolados sobre os átomos de oxigênio do H_2O estabilizam o cátion.** — **Interações de ligação de hidrogênio estabilizam o ânion.** Em consequência, os ânions e cátions estão ambos solvatados e rodeados por uma camada de solvente.	Solventes apróticos polares estabilizam cátions, mas não ânions. Os cátions são estabilizados por pares de elétrons isolados do solvente, enquanto os ânions não são estabilizados pelo solvente: **Os pares isolados sobre os átomos de oxigênio do DMSO estabilizam o cátion.** — **O ânion não é estabilizado pelo solvente.** Os cátions são solvatados e rodeados por uma camada de solvente, mas os ânions não são. Em consequência disso, os nucleófilos têm mais energia quando são colocados em um solvente aprótico polar.
Efeitos	Favorece S_N1. Solventes próticos favorecem processos S_N1, estabilizando intermediários polares e estados de transição:	Favorece S_N2. Solventes apróticos polares favorecem processos S_N2, aumentando a energia do nucleófilo, dando uma E_a menor:

A escolha do solvente também pode ter um impacto sobre a ordem de reatividade dos haletos. Se compararmos a nucleofilicidade dos haletos, nós descobrimos que ela é dependente do solvente. Em solventes próticos, a seguinte ordem é observada:

$$I^- > Br^- > Cl^- > F^-$$

O iodeto é o nucleófilo mais forte, e o flúor é o mais fraco. Entretanto, em solventes apróticos polares a ordem é invertida:

$$F^- > Cl^- > Br^- > I^-$$

Por que a inversão da ordem? O fluoreto é o mais forte, pois o ânion é menos estável. Em solventes próticos, o fluoreto é o mais fortemente ligado à sua camada de solvatação e é o menos disponível para se comportar como um nucleófilo (ele teria que se libertar de parte da sua camada de solvatação, o que ele frequentemente não faz). Neste ambiente ele é um nucleófilo fraco. Entretanto, quando um solvente aprótico polar é usado, não existe uma camada de solvatação, e o flúor está livre para se comportar como um nucleófilo forte.

Resumo dos Fatores que Afetam os Mecanismos S_N2 e S_N1

A Tabela 7.3 resume o que aprendemos nesta seção sobre os quatro fatores que afetam os processos de S_N2 e S_N1. Agora vamos começar a praticar analisando todos os quatro fatores:

TABELA 7.3 FATORES QUE FAVORECEM PROCESSOS S_N2 E S_N1

FATOR	FAVORECE S_N2	FAVORECE S_N1
Substrato	Metila ou primário	Terciário
Nucleófilo	Nucleófilo forte	Nucleófilo fraco
Grupo de saída	Bom grupo de saída	Excelente grupo de saída
Solvente	Aprótico polar	Prótico

DESENVOLVENDO A APRENDIZAGEM

7.8 DETERMINANDO SE UMA REAÇÃO AVANÇA ATRAVÉS DE UM MECANISMO S_N1 OU DE UM MECANISMO S_N2

APRENDIZAGEM Determine se as reações vistas a seguir avançam através de um mecanismo S_N1 ou de um mecanismo S_N2 e, em seguida, represente o(s) produto(s) da reação:

SOLUÇÃO

Analisamos os quatro fatores, um por um:

(a) *Substrato.* O substrato é secundário. Se fosse primário, poderíamos prever S_N2, e se fosse terciário, poderíamos prever S_N1. Mas, com um substrato secundário, poderia ser qualquer um dos dois, de modo que passamos para o próximo fator.

(b) *Nucleófilo.* NaSH indica que o nucleófilo é HS⁻ (lembre-se de que o Na⁺ é apenas o contraíon). HS⁻ é um nucleófilo forte, o que favorece S_N2.

(c) *Grupo de Saída.* Br⁻ é um bom grupo de saída. Este fator sozinho não indica uma preferência por S_N1 ou por S_N2.

(d) *Solvente.* DMSO é um solvente aprótico polar, que favorece S_N2.

Pesando todos os quatro fatores, há uma preferência por S_N2 porque tanto o nucleófilo quanto o solvente favorecem S_N2. Portanto, esperamos inversão de configuração:

PRATICANDO
o que você
aprendeu

7.31 Determine se cada uma das reações vistas a seguir avança através de um mecanismo S_N1 ou S_N2 e, em seguida, represente o(s) produto(s) da reação:

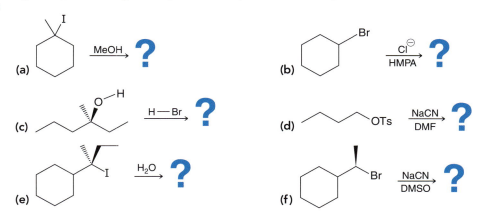

APLICANDO
o que você
aprendeu

7.32 No Capítulo 23, iremos aprender vários métodos para produzir aminas primárias (RNH_2). Cada um desses métodos utiliza uma abordagem diferente para a formação da ligação C—N. Um desses métodos, chamado de síntese de Gabriel, forma a ligação C—N por tratamento de ftalimida de potássio com um haleto de alquila:

A primeira etapa deste processo ocorre através de um mecanismo S_N2. Usando esta informação, determine se a síntese de Gabriel pode ser usada para preparar a amina vista a seguir. Justifique sua resposta.

é necessário **PRATICAR MAIS?** Tente Resolver os Problemas 7.37, 7.38, 7.40, 7.41, 7.44, 7.55, 7.57, 7.58

7.9 Seleção de Reagentes para Realizar a Transformação de um Grupo Funcional

Conforme mencionado no início do capítulo, reações de substituição podem ser utilizadas para realizar a transformação de um grupo funcional:

Uma grande variedade de nucleófilos pode ser usada, fornecendo uma grande versatilidade no tipo de produtos que podem ser formados com reações de substituição. A Figura 7.30 apresenta alguns dos tipos de substâncias que podem ser preparadas utilizando reações de substituição. Ao selecionar reagentes para uma reação de substituição, lembre-se das seguintes dicas:

- *Substrato*. A natureza do substrato indica qual processo usar. Se o substrato é metila ou primário, um processo S_N2 tem que ser usado. Se o substrato é terciário, um processo S_N1 tem que ser usado. Se o substrato é secundário, geralmente tentamos usar um processo S_N2 porque evita a questão do rearranjo do carbocátion e proporciona maior controle sobre o resultado estereoquímico.

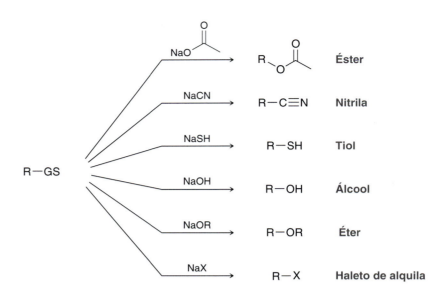

FIGURA 7.30
Vários produtos que podem ser obtidos por meio de reações de substituição.

- *Nucleófilo e Solvente.* Depois de ter decidido se você quer usar um processo S_N1 ou S_N2 (com base no substrato), certifique-se de escolher um nucleófilo e um solvente que são consistentes com esse mecanismo. Para uma reação S_N1, usamos um nucleófilo fraco em um solvente prótico. Para uma reação S_N2, usamos um nucleófilo forte em um solvente polar aprótico.

- *Grupo de Saída.* Lembre-se de que o grupo de saída OH não é um bom grupo de saída e não vai sair diretamente. Ele tem primeiro de ser transformado em um bom grupo de saída. Em um processo S_N1, utilizamos um ácido para protonar o grupo OH, convertendo-o em um excelente grupo de saída. Em uma reação S_N2, o grupo OH é geralmente convertido em um tosilato, um excelente grupo de saída, em vez de protonar o grupo OH. Esta transformação é realizada com cloreto de tosila e piridina (e é discutida em mais detalhes no Capítulo 13):

DESENVOLVENDO A APRENDIZAGEM

7.9 IDENTIFICAÇÃO DOS REAGENTES NECESSÁRIOS PARA UMA REAÇÃO DE SUBSTITUIÇÃO

APRENDIZAGEM Identifique os reagentes que você usaria para realizar a seguinte transformação:

SOLUÇÃO

Primeiro determinamos qual o mecanismo que devemos utilizar olhando para o substrato:

ETAPA 1
Análise do substrato e do resultado estereoquímico.

(a) *Substrato.* O substrato é secundário, de modo que ele pode reagir através de qualquer um dos dois mecanismos. Em geral, escolhemos S_N2 porque ele fornece maior controle. Neste caso em particular, um caminho reacional S_N2 deve ser utilizado porque o produto é formado apenas por meio de inversão de configuração. Agora escolhemos os reagentes que favorecem o mecanismo S_N2.

ETAPA 2
Análise do grupo de saída.

(b) *Grupo de Saída.* O OH não é um bom grupo de saída e tem de ser convertido em um grupo de saída melhor. Ao realizar uma reação S$_N$2, o OH deve ser convertido em um tosilato usando-se TsCl e piridina:

Observe que a configuração não muda quando o grupo OH é convertido em um grupo tosilato. Se o OH está em uma cunha cheia, então o grupo tosilato estará também em uma cunha cheia.

ETAPA 3
Escolha das condições que favorecem o mecanismo desejado.

(c) *Nucleófilo.* A fim de alcançar a transformação desejada, o nucleófilo necessita ser o cianeto (CN$^-$). O cianeto é um nucleófilo forte, que suporta um processo S$_N$2.

(d) *Solvente.* A fim de favorecer um processo S$_N$2, um solvente aprótico polar, tal como o DMSO, deve ser usado:

Observe que a conversão do OH em um tosilato e a reação S$_N$2 são duas etapas de síntese diferentes, de modo que colocamos os números 1 e 2 antes dos conjuntos de reagentes para indicar que eles estão envolvidos em reações separadas.

PRATICANDO
o que você aprendeu

7.33 Identifique os reagentes que você usaria para realizar cada uma das seguintes transformações:

APLICANDO
o que você aprendeu

7.34 Que reagentes você usaria para realizar uma substituição com retenção de configuração? Por exemplo:

(*R*)-2-Butanol → (*R*)-2-Butanotiol

┄┄→ é necessário **PRATICAR MAIS?** Tente Resolver os Problemas 7.59, 7.60, 7.63

medicamente falando | Farmacologia e Concepção de Fármacos

Farmacologia é o estudo de como os fármacos interagem com sistemas biológicos, incluindo os mecanismos que explicam a ação do fármaco. A farmacologia é um campo de estudo muito importante, pois ela serve como base para a concepção de novos fármacos. Nesta seção, vamos explorar um exemplo específico, a concepção e o desenvolvimento da clorambucila, um agente anticancerígeno:

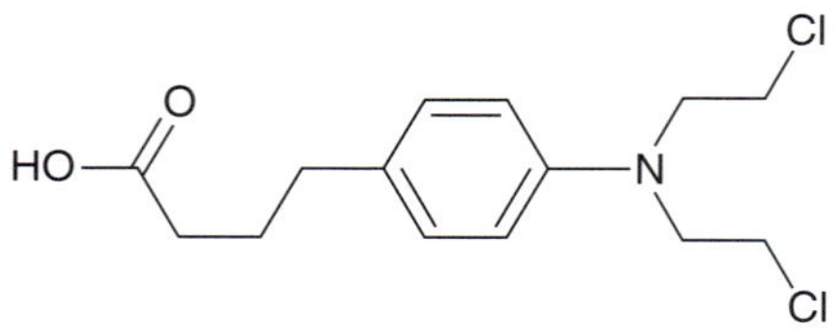

Clorambucila

A clorambucila foi projetada pelos químicos usando os princípios que aprendemos neste e em capítulos anteriores. A história da clorambucila começa com uma substância tóxica chamada mostarda de enxofre.

Essa substância foi utilizada pela primeira vez como uma arma química na Primeira Guerra Mundial. Ela foi pulverizada como um aerossol constituído por uma mistura dela com outros produtos químicos e apresentou um odor característico semelhante ao das plantas de mostarda, assim, o nome de gás mostarda. Mostarda de enxofre é um poderoso agente alquilante. O mecanismo de alquilação envolve uma sequência de duas reações de substituição:

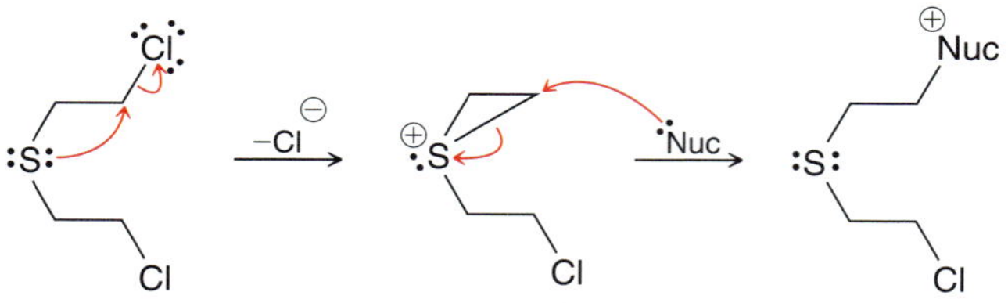

Mostarda de enxofre

A primeira reação de substituição é um processo intramolecular tipo S_N2, em que um par de elétrons isolado do enxofre se comporta como um nucleófilo, ejetando o cloreto como um grupo de saída. A segunda reação é outro processo S_N2 envolvendo o ataque de um nucleófilo externo. O resultado líquido é o mesmo que se o nucleófilo tivesse atacado diretamente:

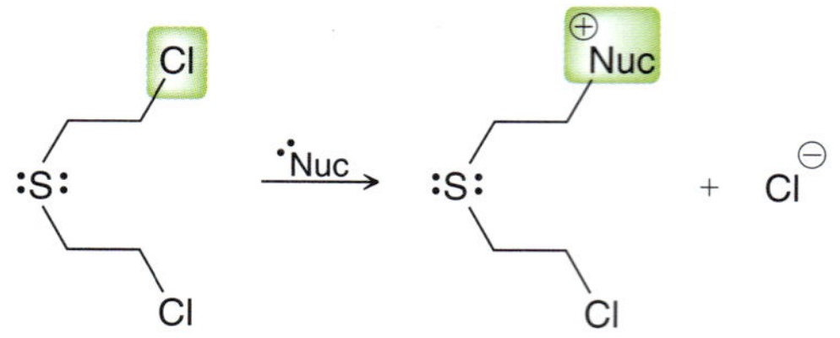

A reação ocorre muito mais rapidamente do que um processo S_N2 normal com um cloreto de alquila primário, porque o átomo de enxofre ajuda na ejeção do cloreto como um grupo de saída. O efeito que o enxofre tem sobre a velocidade de reação é chamado de *assistência anquimérica* ou *participação de grupo vizinho*.

Cada molécula de mostarda de enxofre tem dois íons cloreto e é, portanto, capaz de alquilar o DNA duas vezes. Isso faz com que as fitas individuais de DNA formem ligações cruzadas

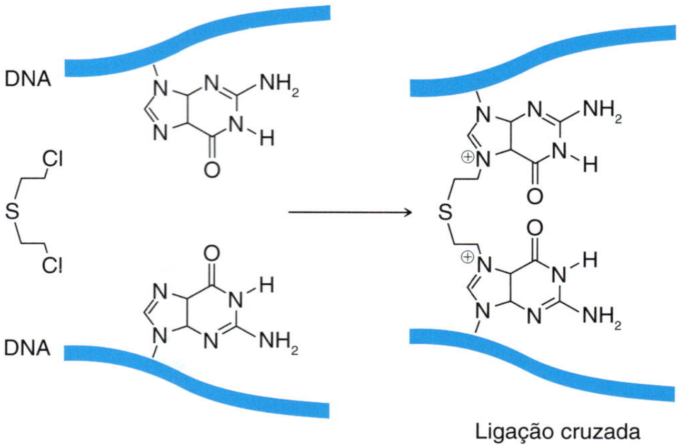

FIGURA 7.31
Mostarda de enxofre pode alquilar duas fitas diferentes de DNA, provocando ligações cruzadas.

(Figura 7.31). A ligação cruzada do DNA impede a replicação do DNA e, finalmente, conduz à morte celular. O impacto profundo da mostarda de enxofre na função celular inspirou a pesquisa sobre o uso desta substância como um agente anticancerígeno. Em 1931, a mostarda de enxofre foi injetada diretamente no tumor com a intenção de impedir o seu crescimento por meio da interrupção da rápida divisão das células cancerosas. Finalmente, verificou-se que a mostarda de enxofre era muito tóxica para o uso clínico, e começou a busca por uma substância semelhante, menos tóxica. A primeira substância a ser produzida foi um análogo de nitrogênio chamado mecloretamina:

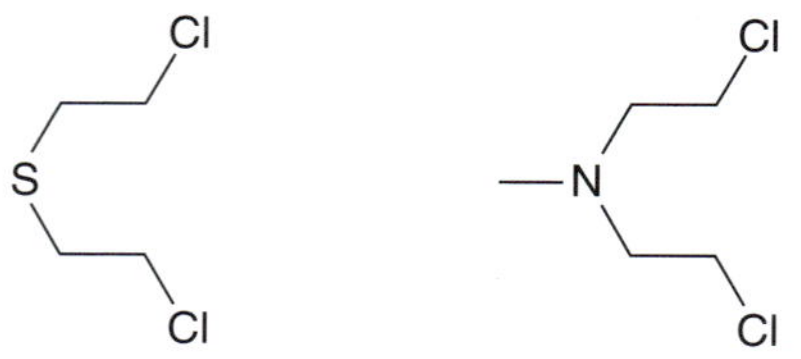

Mostarda de enxofre   **Mostarda de nitrogênio (mecloretamina)**

A mecloretamina é uma "mostarda de nitrogênio" que reage com nucleófilos da mesma maneira como a mostarda de enxofre, através de duas reações sucessivas de substituição. A primeira reação é um processo intramolecular tipo S_N2, e a segunda reação é outro processo S_N2 envolvendo o ataque de um nucleófilo externo:

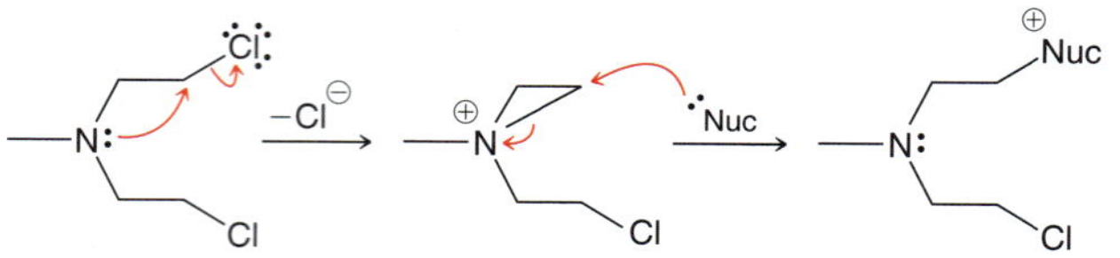

Essa mostarda de nitrogênio também é capaz da alquilação do DNA, causando a morte da célula, mas é menos tóxica do que a mostarda de enxofre. A descoberta da mecloretamina iniciou o campo da quimioterapia, a utilização de agentes químicos para tratar do câncer.

A mecloretamina está ainda hoje em uso, em combinação com outros agentes, para o tratamento do linfoma de Hodgkin avançado e a leucemia linfocítica crônica (CLL). O uso da mecloretamina é limitado, no entanto, pela sua grande reatividade com a água. Essa limitação levou a uma busca por outros análogos. Especificamente, verificou-se que a substituição do grupo metila pelo grupo arila tinha o efeito de deslocalizar o par de elétrons isolado através da ressonância, tornando o par isolado menos nucleofílico:

Todas as estruturas de ressonância anteriores apresentam uma carga negativa sobre um átomo de carbono, e, portanto, essas estruturas de ressonância não contribuem muito para o híbrido de ressonância global. No entanto, elas são estruturas de ressonância válidas, e elas contribuem com algum caráter. Como resultado, o par de elétrons isolado no átomo de nitrogênio é deslocalizado (ele é distribuído ao longo do grupo arila) e menos nucleofílico. Esta diminuição da nucleofilicidade é manifestada em uma diminuição da assistência anquimérica a partir do átomo de nitrogênio. A substância pode ainda funcionar como um agente anticancerígeno, mas a sua reatividade com a água é reduzida.

A introdução do grupo arila (em vez do grupo metila) pode ter resolvido um problema, mas criou outro problema. Especificamente, esta nova substância não era solúvel em água, o que impediu a sua administração intravenosa. Este problema foi resolvido pela introdução de um grupo carboxilato, que tornou a substância solúvel em água:

Mas, mais uma vez, a resolução de um problema criou outro. Agora, o par isolado do átomo de nitrogênio foi também deslocalizado, por causa da seguinte estrutura de ressonância:

O par isolado foi deslocalizado sobre um átomo de oxigênio, e uma carga negativa em um átomo de oxigênio é muito mais es-tável do que uma carga negativa em um átomo de carbono. O efeito de deslocalização foi tão acentuado que o reagente não se comportou como um agente anticancerígeno. O par de elétrons isolado no átomo de nitrogênio não era suficientemente nucleofílico para fornecer assistência anquimérica. Resolver todos esses problemas exigia uma maneira de manter a solubilidade em água, sem estabilizar excessivamente o par isolado no átomo de nitrogênio. Este objetivo foi alcançado pela colocação de grupos metileno (grupos CH_2) entre o grupo carboxilato e o grupo arila:

Dessa forma, o par isolado do nitrogênio não está mais participando em ressonância com o grupo carboxilato, mas a presença do grupo carboxilato ainda é capaz de tornar a substância solúvel em água. Esta última alteração resolve todos os problemas. Em teoria, apenas um grupo metileno é necessário para assegurar que o par isolado do nitrogênio não esteja excessivamente deslocalizado por ressonância. Mas, na prática, a pesquisa com várias substâncias indicou que a reatividade ótima foi alcançada quando três grupos metileno foram colocados entre o grupo carboxilato e o grupo arila:

Clorambucila

A substância resultante, chamada clorambucila, foi comercializada sob o nome comercial Lukeran™ pela GlaxoSmithKline. Ela foi utilizada principalmente para o tratamento de CLL, até que outros agentes mais potentes foram descobertos.

A concepção e o desenvolvimento da clorambucila é apenas um exemplo da concepção de fármacos, mas demonstra como a compreensão da farmacologia, juntamente com uma compreensão dos princípios básicos da química orgânica, permite que os químicos concebam e criem novos fármacos. A cada ano, os químicos orgânicos e bioquímicos fazem enormes progressos nos excitantes campos da farmacologia e da concepção de fármacos.

 VERIFICAÇÃO CONCEITUAL

7.35 Melfalano é um fármaco de quimioterapia utilizado no tratamento de mieloma múltiplo e de câncer de ovário. Melfalano é um agente alquilante que pertence à família da mostarda de nitrogênio. Represente um mecanismo provável para o processo de alquilação que ocorre quando um nucleófilo reage com o melfalano:

Melfalano

REVISÃO DAS REAÇÕES

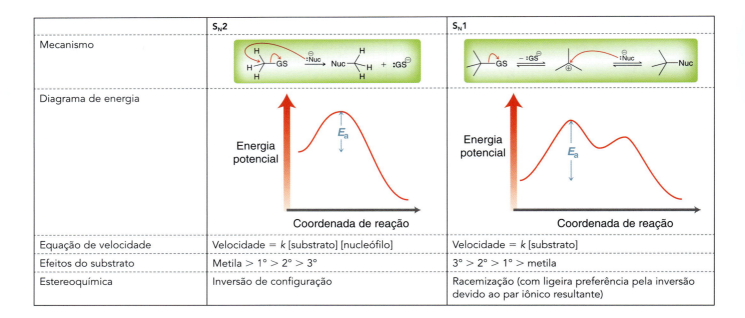

	S_N2	S_N1
Equação de velocidade	Velocidade = k [substrato] [nucleófilo]	Velocidade = k [substrato]
Efeitos do substrato	Metila > 1° > 2° > 3°	3° > 2° > 1° > metila
Estereoquímica	Inversão de configuração	Racemização (com ligeira preferência pela inversão devido ao par iônico resultante)

REVISÃO DE CONCEITOS E VOCABULÁRIO

SEÇÃO 7.1
- **Reações de substituição** trocam um grupo funcional por outro.
- O eletrófilo é chamado de **substrato**, e deve conter um **grupo de saída**.

SEÇÃO 7.2
- Existem duas maneiras para nomear as substâncias orgânicas halogenadas. A nomenclatura sistemática trata a substância como um **haloalcano**, enquanto o nome comum considera a substância como um **haleto de alquila**.
- A **posição alfa (α)** é o átomo de carbono ligado diretamente ao halogênio, enquanto as **posições beta (β)** são os átomos de carbono ligados à posição α.
- Haletos de alquila são classificados como **primário**, **secundário** e **terciário** de acordo com o número de grupos alquila ligados à posição α.

SEÇÃO 7.3
- Em um *processo concertado*, o ataque nucleofílico e a perda do grupo de saída ocorrem simultaneamente.
- Em um *processo em múltiplas etapas*, primeiro o grupo de saída sai e, em seguida, o nucleófilo ataca.

SEÇÃO 7.4
- As evidências para o mecanismo concertado, chamado de **S_N2**, incluem a observação de uma equação de velocidade de **segunda ordem**. O processo S_N2 é dito ser **bimolecular**.
- Haletos de metila e haletos de alquila primários reagem mais rapidamente, enquanto haletos de alquila terciários são essencialmente inertes em processos S_N2.

- Quando a posição α é um centro de quiralidade, a reação avança com **inversão de configuração**. A preferência pelo **ataque pelo lado de trás** decorre da necessidade de sobreposição construtiva de orbitais (de acordo com a teoria OM). Reações S_N2 são ditas **estereoespecíficas** porque a configuração do produto é determinada pela configuração do substrato.

SEÇÃO 7.5
- A evidência para o mecanismo em múltiplas etapas, chamado de S_N1, inclui a observação de uma equação de velocidade de **primeira ordem**. Estas reações são ditas **unimoleculares**.
- A primeira etapa de um processo S_N1 (perda de um grupo de saída) é a **etapa determinante da velocidade**.
- O carbocátion intermediário pode ser atacado por um ou outro lado, conduzindo à **inversão de configuração** e **retenção de configuração**. Geralmente, há uma ligeira preferência para o produto da inversão devido à formação de pares iônicos.

SEÇÃO 7.6
- Uma transferência de próton é necessária no início de um mecanismo S_N1 se o substrato for um álcool.
- Um rearranjo de carbocátion pode acontecer se ele for levar a um carbocátion intermediário mais estável.
- Uma transferência de próton será necessária no final de um mecanismo S_N1 se o nucleófilo for neutro (não é carregado negativamente).
- Quando o solvente se comporta como um nucleófilo, a reação é chamada de reação de **solvólise**.

SEÇÃO 7.7
- Uma transferência de próton é necessária no início de um mecanismo S_N2, se o grupo de saída for um grupo OH.
- Uma transferência de próton tem de ocorrer no final de um mecanismo S_N2, se o nucleófilo for neutro.

SEÇÃO 7.8
- Existem quatro fatores que afetam a competição entre os mecanismos S_N2 e S_N1: (1) o substrato, (2) o nucleófilo (3), o grupo de saída, e (4) o solvente.

- Os grupos de saída mais comuns são os íons haletos e **sulfonato**. Dos íons sulfonato, o mais comum é o grupo **tosilato**.
- Solventes **próticos** favorecem o mecanismo S_N1, enquanto solventes **apróticos polares** favorecem o mecanismo S_N2.

SEÇÃO 7.9
- Dependendo do tipo de nucleófilo usado, reações de substituição podem ser usadas para produzir uma ampla variedade de substâncias diferentes.

REVISÃO DA APRENDIZAGEM

7.1 REPRESENTAÇÃO DAS SETAS CURVAS PARA UMA REAÇÃO DE SUBSTITUIÇÃO

MECANISMO CONCERTADO Duas setas curvas representadas em uma única etapa. O ataque nucleofílico é acompanhado pela perda simultânea de um grupo de saída.

MECANISMO EM MÚLTIPLAS ETAPAS Duas setas curvas representadas em duas etapas distintas. O grupo de saída sai para formar um carbocátion intermediário, seguido de um ataque nucleofílico.

Tente Resolver os Problemas **7.2–7.5, 7.64a**

7.2 REPRESENTAÇÃO DO PRODUTO DE UM PROCESSO S_N2

Substituição do GS pelo Nuc, e representação de inversão de configuração.

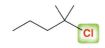

Tente Resolver os Problemas **7.7, 7.8, 7.45, 7.56, 7.61**

7.3 REPRESENTAÇÃO DO ESTADO DE TRANSIÇÃO DE UM PROCESSO S_N2

EXEMPLO Representação do estado de transição.

ETAPA 1 Identificação do nucleófilo e do grupo de saída.

ETAPA 2 Representação dos átomos de carbono com o Nuc e o GS nos dois lados.

ETAPA 3 Representação dos três grupos ligados ao átomo de carbono. Colocação de colchetes e do símbolo indicando um estado de transição.

Tente Resolver os Problemas **7.9–7.11, 7.46, 7.64e**

7.4 REPRESENTAÇÃO DO CARBOCÁTION INTERMEDIÁRIO DE UM PROCESSO S_N1

ETAPA 1 Identificação do grupo de saída.

ETAPA 2 Representação de todos os três grupos tão distantes um do outro quanto possível.

Tente Resolver os Problemas **7.14, 7.15, 7.50, 7.51**

7.5 REPRESENTAÇÃO DOS PRODUTOS DE UM PROCESSO S_N1

EXEMPLO Previsão dos produtos.

ETAPA 1 Identificação do nucleófilo e do grupo de saída.

ETAPA 2 Substituição do GS pelo Nuc.

ETAPA 3 Se for um centro de quiralidade, então o processo S_N1 produzirá um par de enantiômeros.

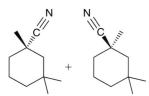

Tente Resolver os Problemas **7.16, 7.17, 7.54b**

7.6 REPRESENTAÇÃO DO MECANISMO COMPLETO DE UM PROCESSO S_N1

Existem duas etapas principais (cinza) e três possíveis etapas adicionais (azul).

Transferência de próton --- Perda de GS --- Rearranjo de carbocátion --- Ataque do nuc --- Transferência de próton

O GS precisa ser protonado antes que ele possa sair?
Se for o grupo OH, então sim.

O nucleófilo está posicionado finalmente em uma posição diferente da do grupo de saída?
Sim, então há um rearranjo de carbocátion.

O nucleófilo é neutro?
Sim, então haverá uma transferência de próton no final do mecanismo, de modo a remover a carga positiva.

Tente Resolver os Problemas **7.21, 7.22, 7.23, 7.48, 7.49, 7.52, 7.54, 7.65**

7.7 REPRESENTAÇÃO DO MECANISMO COMPLETO DE UM PROCESSO S_N2

Existe uma etapa principal (concertada) e duas possíveis etapas adicionais.

Transferência de próton --- Ataque do nuc + perda do GS --- Transferência de próton

O GS precisa ser protonado primeiro?
Se for o grupo OH, então sim.

O nucleófilo é neutro?
Sim, então haverá uma transferência de próton no final do mecanismo, de modo a remover a carga positiva.

Tente Resolver os Problemas **7.24, 7.25, 7.53, 7.64, 7.66**

7.8 DETERMINANDO SE UMA REAÇÃO AVANÇA ATRAVÉS DE UM MECANISMO S_N1 OU DE UM MECANISMO S_N2

FATORES RELEVANTES

	S_N2	S_N1
Substrato	Metila ou primário	Terciário
Nuc	Nuc forte	Nuc fraco
GS	Bom GS	Excelente GS
Solvente	Aprótico polar	Prótico

EXEMPLO

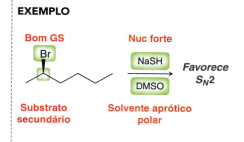

Tente Resolver os Problemas **7.31, 7.32, 7.37, 7.38, 7.40, 7.41, 7.44, 7.55, 7.57, 7.58**

Reações de Substituição   333

7.9 IDENTIFICAÇÃO DOS REAGENTES NECESSÁRIOS PARA UMA REAÇÃO DE SUBSTITUIÇÃO

EXEMPLO	ETAPA 1 Análise do substrato e da estereoquímica.	ETAPA 2 Análise do GS.	ETAPA 3 Uso de condições que favorecem S$_N$2: Nuc forte (NaCN) e um solvente aprótico polar (DMSO).
	Substrato secundário. Inversão de configuração. Tem que ser S$_N$2.	 GS ruim. Tem que converter em tosilato usando TsCl e piridina.	Reagentes: 1. TsCl, piridina 2. NaCN, DMSO

Tente Resolver os Problemas 7.33, 7.34, 7.59, 7.60, 7.63

PROBLEMAS PRÁTICOS

7.36 Dê o nome sistemático e o nome comum para cada uma das seguintes substâncias:

(a) (estrutura com Cl) (b) (estrutura com Br) (c) (estrutura com I)
(d) (estrutura com Br) (e) (estrutura com Cl)

7.37 Represente todos os isômeros do C$_4$H$_9$I e depois dustribua-os em ordem crescente de reatividade no caso de uma reação S$_N$2.

7.38 Para cada um dos pares de substâncias vistas a seguir, identifique qual a substância que reage mais rapidamente em uma reação S$_N$2. Explique sua escolha em cada caso.

(a) (Cl vs Cl)   (b) (Br vs Br)
(c) (Cl vs Cl)   (d) (Br vs I)

7.39 No Capítulo 10, veremos que um íon acetileto (formado pelo tratamento do acetileno com uma base forte) pode se comportar como um nucleófilo em uma reação S$_N$2:

H—C≡C—H →(Base forte) H—C≡C⁻ →(R—X) H—C≡C—R
Acetileno   Íon acetileto

Essa reação proporciona um método útil para se obter uma variedade de alquinos substituídos. Determine se este processo pode ser usado para produzir o alquino visto a seguir. Justifique sua resposta.

H—C≡C—C(CH$_3$)$_3$

7.40 Identifique o nucleófilo mais forte:
(a) NaSH vs. H$_2$S
(b) Hidróxido de sódio vs. água
(c) Metóxido dissolvido em metanol vs. metóxido dissolvido em DMSO

7.41 Para cada par de substâncias vistas a seguir, identifique qual a substância que reage mais rapidamente em uma reação S$_N$1. Explique sua escolha em cada caso.

(a) (Cl vs Cl)   (b) (Br vs Br)
(c) (Cl vs Cl)   (d) (Cl vs OTs)

7.42 Considere a seguinte reação:

(Br cyclohexane) →(NaCN / DMSO) (CN cyclohexane) + NaBr

(a) Como a velocidade será afetada se a concentração do haleto de alquila for duplicada?
(b) Como a velocidade será afetada se a concentração de cianeto de sódio for duplicada?

7.43 Considere a seguinte reação:

(OH cyclohexane) →(HBr) (Br cyclohexane) + H$_2$O

(a) Como a velocidade será afetada se a concentração do álcool for duplicada?
(b) Como a velocidade será afetada se a concentração de HBr for duplicada?

7.44 Classifique cada um dos seguintes solventes como prótico ou aprótico:
(a) DMF   (c) DMSO   (e) Amonia
(b) Etanol (d) Água

7.45 Considere a seguinte reação S$_N$2:

(Br—CH—CH$_2$—O—CH$_3$) →(NaCN / DMF) (CN—CH—CH$_2$—O—CH$_3$)

(a) Atribua a configuração do centro de quiralidade no substrato.
(b) Atribua a configuração do centro de quiralidade no produto.
(c) Esse processo S_N2 avança com inversão de configuração? Explique.

7.46 Represente o estado de transição para a reação entre o iodeto de etila e o acetato de sódio (CH_3CO_2Na).

7.47 O (S)-2-iodopentano sofre racemização em uma solução de iodeto de sódio em DMSO. Explique.

7.48 Quando o álcool, oticamente ativo, visto a seguir é tratado com HBr, uma mistura racêmica de brometos de alquila é obtida:

Represente o mecanismo da reação e explique o resultado estereoquímico.

7.49 O (R)-2-pentanol racemiza quando colocado em ácido sulfúrico diluído. Represente um mecanismo que explique este resultado estereoquímico, e trace um diagrama de energia do processo.

7.50 Liste os seguintes carbocátions em ordem crescente de estabilidade:

7.51 Represente o carbocátion intermediário que seria formado se cada um dos substratos vistos a seguir participasse de uma reação S_N1. Em cada caso, identifique o carbocátion como primário, secundário ou terciário.

7.52 Proponha um mecanismo para a seguinte transformação:

7.53 Represente o mecanismo da seguinte reação:

7.54 Cada uma das reações vistas a seguir avança através de um mecanismo S_N1 e terá de duas a cinco etapas, como discutido na Seção 7.6. Determine o número de etapas para cada reação e em seguida represente o mecanismo em cada caso:

7.55 Identifique o(s) produto(s) em cada uma das seguintes reações:

7.56 Identifique o produto da seguinte reação:

7.57 A reação vista a seguir é muito lenta. Identifique o mecanismo e explique por que a reação é tão lenta.

7.58 A seguinte reação é muito lenta:

(a) Identifique o mecanismo.
(b) Explique por que a reação é tão lenta.
(c) Quando o hidróxido é usado em vez de água, a reação é muito rápida. Represente o mecanismo desta reação e explique por que ela é tão rápida.

7.59 Identifique os reagentes que você usaria para realizar cada uma das seguintes transformações:

7.60 Cada uma das substâncias vistas a seguir pode ser preparada com um iodeto de alquila e um nucleófilo apropriado. Em cada caso, identifique o iodeto de alquila e o nucleófilo que você usaria.

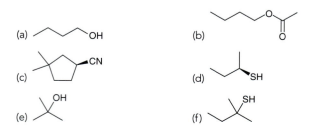

Reações de Substituição 335

7.61 Quais os produtos que você esperaria a partir da reação entre o (*S*)-2-iodobutano e cada um dos nucleófilos vistos a seguir?

(a) NaSH   (b) NaSEt   (c) NaCN

7.62 A seguir são apresentados dois métodos em potencial para a preparação do mesmo éter, mas só um deles é bem-sucedido. Identifique a abordagem bem-sucedida e explique a sua escolha.

7.63 Identifique o reagente que você usaria para realizar cada uma das seguintes transformações:

(a) ⬡—OH ⟶ bromociclobutano

(b) $(CH_3)_3COH$ ⟶ cloreto de *terc*-butila

(c) CH_3CH_2Cl ⟶ CH_3CH_2OH

PROBLEMAS INTEGRADOS

7.64 Considere a seguinte reação S_N2:

(a) Represente o mecanismo desta reação.

(b) Qual é a equação da velocidade desta reação?

(c) O que aconteceria com a velocidade se o solvente fosse trocado de DMSO para etanol?

(d) Trace um diagrama de energia da reação anterior.

(e) Represente o estado de transição da reação.

7.65 Considere a seguinte reação de substituição:

(a) Determine se esta reação se processa através de um mecanismo S_N2 ou S_N1.

(b) Represente o mecanismo desta reação.

(c) Qual é a equação de velocidade desta reação?

(d) A reação ocorreria em uma velocidade maior se o brometo de sódio fosse adicionado à mistura reacional?

(e) Trace um diagrama de energia desta reação.

7.66 Considere a seguinte reação de substituição:

(a) Determine se esta reação ocorre através de um processo S_N2 ou S_N1.

(b) Represente o mecanismo desta reação.

(c) Qual é a equação de velocidade desta reação?

(d) A reação ocorreria com uma velocidade maior se a concentração de cianeto fosse duplicada?

(e) Trace um diagrama de energia da reação anterior.

7.67 Proponha um mecanismo para a seguinte transformação:

7.68 Quando o éster visto a seguir é tratado com iodeto de lítio em DMF, um íon carboxilato é obtido:

(a) Represente o mecanismo desta reação.

(b) Quando o éster metílico é utilizado como substrato, a reação é 10 vezes mais rápida:

Explique o aumento de velocidade.

7.69 Quando o (*1R,2R*)-2-bromociclo-hexanol é tratado com uma base forte, um epóxido (um éter cíclico) é formado. Sugira um mecanismo para a formação do epóxido:

Um epóxido

7.70 Quando o brometo de butila é tratado com iodeto de sódio em etanol, a concentração de iodeto diminui rapidamente, mas, em seguida, lentamente retorna para a sua concentração original. Identifique o produto principal da reação.

7.71 A substância vista a seguir pode reagir rapidamente através de um processo S_N1. Explique por que esse substrato primário sofrerá uma reação S_N1 tão rapidamente.

7.72 Considere a reação vista a seguir. A velocidade da reação é muito aumentada se uma pequena quantidade de iodeto de sódio for adicionada à mistura reacional. O iodeto de sódio não é consumido pela reação e, portanto, é considerado como um catalisador. Explique como a presença de iodeto pode acelerar a velocidade da reação.

7.73 Proponha um mecanismo para a seguinte transformação:

7.74 A sequência reacional vista a seguir era parte de uma síntese estereocontrolada de *cyoctol*, usado no tratamento-padrão da calvície masculina (*Tetrahedron* **2004**, *60*, 9599-9614). A terceira etapa neste processo utiliza um nucleófilo descarregado, proporcionando um par iônico como produto (ânion e cátion).

(a) Represente o produto da sequência reacional, e descreva os fatores que fazem a terceira etapa favorável.

(b) Proponha um motivo para a função da segunda etapa deste processo.

Os Problemas 7.75 e 7.76 são destinados aos estudantes que já estudaram espectroscopia de infravermelho (Capítulo 15, do Volume 2).

7.75 Após tratamento com uma base forte (tal como NaOH), o 2-naftol (substância **1**) é convertido na sua base conjugada (ânion **2**), que é então posteriormente convertido na substância **3** por meio de tratamento com iodeto de butila (*J. Chem . Ed.* **2009**, *86*, 850-852).

(a) Represente a estrutura de **2**, incluindo um mecanismo para a sua formação e justifique por que o hidróxido é uma base suficientemente forte para realizar a conversão de **1** em **2**.

(b) Represente a estrutura de **3**, incluindo um mecanismo da sua formação.

(c) A substância **3** é mais facilmente purificada por meio de recristalização em água. Dessa maneira, o produto teria de ser completamente seco, a fim de se utilizar a análise espectroscópica de IV para verificar a conversão de **1** em **3**. Explique por que uma amostra com a presença de água iria interferir na utilidade da análise espectroscópica de IV neste caso, e explique como você usaria a análise espectroscópica de IV para verificar a conversão completa de **1** em **3**, admitindo que o produto foi devidamente seco.

7.76 O bromotrifenilmetano (substância **1**) pode ser convertido para **2a**, ou **2b**, ou **2c**, após tratamento com o nucleófilo adequado (*J. Chem. Ed.* **2009**, *86*, 853-855).

(a) Represente um mecanismo para a conversão de **1** em **2b**.

(b) Em todos os três casos, a conversão de **1** em **2** verifica-se ser quase instantânea (a reação ocorre de forma extremamente rápida). Justifique esta observação com quaisquer representações que você ache necessárias.

(c) A espectroscopia de IV é uma ferramenta ideal para o controle da conversão de **1** em **2a**, enquanto outras formas de espectroscopia serão mais adequadas para a monitoração da conversão de **1** → **2b** ou de **1** → **2c**. Explique.

DESAFIOS

7.77 Um método comum para confirmar a estrutura proposta e a estereoquímica de um produto natural é realizar a síntese total da estrutura proposta e, em seguida, comparar as suas propriedades espectroscópicas (Capítulos 15 e 16) com aquelas do produto natural. Esta técnica foi utilizada para verificar a estrutura da (−)-camero-onanol, uma substância isolada a partir do óleo essencial da planta de floração *Echniops giganteus* (*Org. Lett.* **2000**, *2*, 2717-2719). Durante a síntese do (±)-camero-onanol, a reação vista a seguir foi utilizada. Represente um mecanismo plausível para essa transformação.

7.78 A tienamicina é um potente agente bactericida isolado a partir do caldo de fermentação do micro-organismo de solo *Streptomyces cattleya*. O processo S$_N$2 visto a seguir foi utilizado em uma síntese da tienamicina (*J. Am. Chem. Soc.* **1980**, *102*, 6161-6163).

(a) Represente o produto deste processo (substância **3**).

(b) O nucleófilo apresenta um anel de seis membros com dois átomos de enxofre, chamado de anel de ditiano. Explique por que o anel de ditiano na substância **3** existe principalmente em duas conformações, enquanto o anel de ditiano na substância **2** existe principalmente em uma única conformação.

7.79 O 2-octilsulfonato, oticamente puro, foi tratado com diferentes misturas de água e dioxano, e a pureza ótica do produto resultante (2-octanol) encontrada varia com a razão entre a água e o dioxano, como mostrado na tabela vista a seguir (*J. Am. Chem. Soc.* **1965**, *87*, 287-291). Dado que dioxano possui bastante átomos de oxigênio nucleofílico, forneça um mecanismo completo que explique a variação na pureza óptica do produto devido a mudanças na composição do solvente.

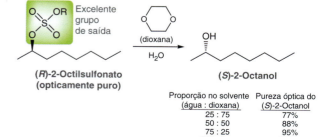

Proporção no solvente (água : dioxana)	Pureza óptica do (*S*)-2-Octanol
25 : 75	77%
50 : 50	88%
75 : 25	95%
100 : 0	100%

7.80 Cloreto de ciclopropila (**1**) geralmente não pode ser convertido em ciclopropanol (**4**) através de uma reação de substituição direta, porque reações de abertura de anel indesejadas ocorrem. O esquema reacional visto a seguir representa um método alternativo para a preparação de ciclopropanol (*Tetrahedron Lett.* **1967**, *8*, **4941-4944**).

(a) A substância **2** é um poderoso nucleófilo, e para os nossos propósitos vamos tratar o MgCl$^+$ como um contraíon. A transformação de **2** em **3** é realizada por meio de um processo do tipo S$_N$2. Represente um mecanismo para esse processo e identifique o grupo de saída.

(b) Explique por que a conversão de **2** em **3** é um processo irreversível.

(c) Sob condições ácidas aquosas, **3** pode ser convertido em **4** através de um processo de S$_N$1 ou através de um processo S$_N$2. Represente um mecanismo completo para cada um desses processos reacionais.

(d) Durante a conversão de **3** em **4**, um outro álcool (ROH) é formado como um subproduto. Represente a estrutura deste álcool.

7.81 A substância **1** foi preparada durante uma síntese recente de 1-desoxinojirimicina, uma substância com aplicação na quimioterapia do HIV (*Org. Lett.* **2010**, *12*, **136-139**). Após a formação, a substância **1** rapidamente sofre contração do anel na presença de íons cloreto para formar a substância **2**. Proponha um mecanismo plausível que inclua uma justificativa para o resultado estereoquímico.

7.82 Derivados halogenados do tolueno sofrerão hidrólise por meio de um processo S$_N$1:

A velocidade de hidrólise é dependente de dois fatores principais: (1) da estabilidade do grupo de saída e (2) da estabilidade do carbocátion intermediário. A tabela vista a seguir apresenta as velocidades de hidrólise ($\times 10^4$/min) para os derivados halogenados do tolueno a 30°C em acetona aquosa a 50% (*J. Am. Chem. Soc.* 1951, *73*, **22-23**):

	Z = H	Z = Cl	Z = Br
X = H, Y = Cl	0,22	2,21	31,1
X = Cl, Y = Cl	2,21	110,5	2122
X = Br, Y = Br	6,85	1803	1131

Usando esses dados, responda às seguintes perguntas:

(a) Usando a Figura 7.28, determine se o cloreto ou o brometo é o melhor grupo de saída e explique sua escolha. Em seguida, determine se os dados de hidrólise apoiam a sua escolha. Explique.

(b) Determine se um carbocátion é estabilizado por um grupo cloro adjacente (ou seja, um átomo de cloro ligado diretamente ao C$^+$). Justifique sua escolha pela representação de estruturas de ressonância para o carbocátion.

(c) Determine se um carbocátion é estabilizado por um grupo bromo adjacente (ou seja, um átomo de bromo ligado diretamente ao C$^+$). Justifique sua escolha pela representação de estruturas de ressonância para o carbocátion.

(d) Determine se um carbocátion é mais estabilizado por um grupo cloro adjacente ou por um grupo bromo adjacente.

(e) Para essas reações de hidrólise, determine qual é o fator mais importante na determinação da velocidade de hidrólise: a estabilidade do grupo de saída ou a estabilidade do carbocátion. Explique sua escolha.

7.83 Reações de substituição bimoleculares ocorrem geralmente em centros de hibridização *sp^3*, mas geralmente não ocorrem em centros de hibridização *sp^2*. Esta seletividade é claramente observada na conversão de **2** em **3**, na sequência reacional mostrada a seguir. Entretanto, a conversão de **3** em **4** parece ser um exemplo raro de um processo do tipo S$_N$2 que ocorre em um centro com hibridização *sp^2* (*J. Am. Chem Soc.* **2004**, *126*, **6868-6869**).

(a) Represente as estruturas de **2** e **3**.

(b) Na conversão de **3** em **4**, a amida de sódio (NaNH$_2$) se comporta como uma base, e a amônia é o solvente. Represente um mecanismo para a conversão de **3** em **4** e certifique-se de mostrar o estado de transição para este processo.

(c) Explique como o resultado estereoquímico desta transformação é consistente com um processo do tipo S$_N$2.

7.84 Quando o brometo de alquila visto a seguir é tratado com acetato de sódio em CH$_3$CN, dois produtos são formados. O produto minoritário retém o anel de três membros do material de partida, enquanto o produto principal apresenta um anel de quatro membros (*J. Org. Chem.* **2012**, *77*, **3181-3190**). Proponha um mecanismo plausível que explique a formação dos dois produtos. (**Sugestão:** Você pode encontrar inspiração para a sua resposta na seção medicamente falando na Seção 7.9.)

7.85 Biotina (substância **4**) é uma vitamina essencial que desempenha um papel fundamental em diversos processos fisiológicos importantes. Uma síntese total da biotina, desenvolvida por cientistas da Hoffmann-La Roche, envolveu a preparação da substância **1** (*J. Am. Chem. Soc.* **1982**, *104*, **6460-6462**). Na conversão de **1** em **4**, é necessária a remoção do grupo OH, o que foi conseguido em várias etapas. Primeiro, o grupo OH foi substituído por Cl através do tratamento de **1** com SOCl$_2$ para dar **3**. O mecanismo para a conversão de **1** em **3** avança através do intermediário **2**, que tem um excelente grupo de saída (SO$_2$Cl). Ejeção desse grupo de saída provoca a liberação de gás SO$_2$ e um íon cloreto, o que pode ocorrer se **2** for atacado por um íon cloreto em uma reação S$_N$2. Neste caso, espera-se a transformação de **2** em **3** para avançar através de inversão de configuração. Entretanto, a análise cristalográfica de raios X da substância **3** revelou que a transformação ocorreu com uma retenção líquida de configuração, como mostrado. Proponha um mecanismo que explique este resultado curioso. (**Sugestão:** Talvez seja útil você consultar a seção medicamente falando na Seção 7.9.)

8

Alquenos: Estrutura e Preparação via Reações de Eliminação

- 8.1 Introdução às Reações de Eliminação
- 8.2 Alquenos na Natureza e na Indústria
- 8.3 Nomenclatura dos Alquenos
- 8.4 Estereoisomerismo nos Alquenos
- 8.5 Estabilidade dos Alquenos
- 8.6 Mecanismos Possíveis de Eliminação
- 8.7 O Mecanismo E2
- 8.8 Representação dos Produtos de uma Reação E2
- 8.9 O Mecanismo E1
- 8.10 Representação do Mecanismo Completo de um Processo E1
- 8.11 Representação do Mecanismo Completo de um Processo E2
- 8.12 Substituição vs. Eliminação: Identificação do Reagente
- 8.13 Substituição vs. Eliminação: Identificação do(s) Mecanismo(s)
- 8.14 Substituição vs. Eliminação: Previsão dos Produtos

VOCÊ JÁ SE PERGUNTOU...

o que faz com que a pele de alguns recém-nascidos se torne amarelada (uma condição chamada de icterícia neonatal) e por que a exposição à luz azul é o remédio mais eficaz?

A cor distinta associada a icterícia neonatal é causada pela acumulação de uma substância amarelo-laranja chamada bilirrubina. Se esse problema não for tratado, o aumento dos níveis de bilirrubina no organismo pode interferir com o desenvolvimento das células do cérebro do bebê, causando retardo permanente. Como veremos mais adiante neste capítulo (na seção Medicamente Falando), a exposição à luz azul provoca uma mudança na configuração de uma ligação dupla carbono-carbono na bilirrubina, o que torna a substância mais solúvel em água. Como resultado, o excesso de bilirrubina é mais facilmente excretado na urina e nas fezes, causando diminuição nos níveis de bilirrubina.

Tal como a bilirrubina, muitas substâncias que ocorrem naturalmente contêm uma ligação dupla carbono-carbono. Este capítulo será focado nas propriedades e na síntese de substâncias que possuem ligações duplas carbono-carbono.

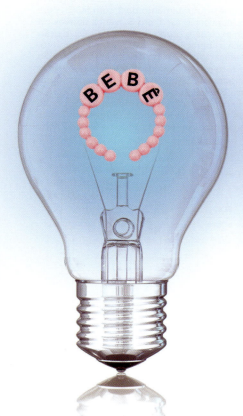

Alquenos: Estrutura e Preparação via Reações de Eliminação   339

VOCÊ SE LEMBRA?

Antes de prosseguir, certifique-se de que você compreende os seguintes tópicos.
Se for necessário, faça uma revisão das seções sugeridas para se preparar para este capítulo.

- Cinética e Diagramas de Energia (Seções 6.5, 6.6)
- Setas Curvas e Rearranjos de Carbocátions (Seções 6.8–6.11)
- Reações de Substituição (Seções 7.3–7.8)

- Introdução à Estereoisomeria (Seção 5.2)
- Conformações em Cadeira do Ciclo-hexano (Seções 4.11–4.13)

8.1 Introdução às Reações de Eliminação

No capítulo anterior, vimos que uma reação de substituição pode ocorrer quando uma substância possui um grupo de saída. Neste capítulo, vamos explorar outro tipo de reação, chamada de *eliminação*, comumente observada para substâncias com grupos de saída. Embora as reações de eliminação ocorram em uma variedade de contextos diferentes, por agora, vamos examiná-las como um método para formar alquenos. Vamos inicialmente considerar a diferença entre as reações de substituição e de eliminação (Figura 8.1).

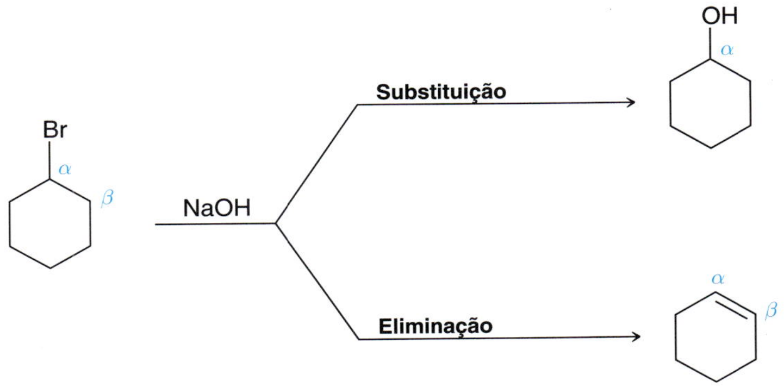

FIGURA 8.1
Os produtos de reações de substituição e eliminação.

Uma reação de substituição ocorre quando o grupo de saída é substituído por um nucleófilo. Mas, em uma reação de eliminação, um próton é removido, a partir da posição beta (β), juntamente com o grupo de saída, formando uma ligação dupla. Este tipo de reação recebe o nome de **eliminação beta**, ou **eliminação 1,2**, e pode ser realizada com qualquer grupo de saída que seja um bom grupo de saída. Classes específicas de eliminação beta foram caracterizadas antes de químicos entenderem que eles tinham um conjunto comum de mecanismos. Assim, alguns tipos de reações de eliminação beta são denominadas com base no grupo de saída. Por exemplo, quando o grupo de saída é especificamente um haleto, a reação também é chamada de **desidroalogenação**; quando o grupo de saída é a água, a reação também é chamada de **desidratação**. Independentemente do nome, o importante é lembrar que todas estas reações têm um conjunto comum de mecanismos que podem ser usados para descrever seus processos subjacentes.

No contexto da presente discussão, o produto de uma reação de eliminação possui uma ligação dupla C=C e é chamado de **alqueno**. Este capítulo será centrado na estrutura dos alquenos e sua preparação através de reações de eliminação beta.

8.2 Alquenos na Natureza e na Indústria

Alquenos são abundantes na natureza. A seguir estão apenas alguns exemplos, sendo todas as substâncias acíclicas (substâncias que não contêm um anel):

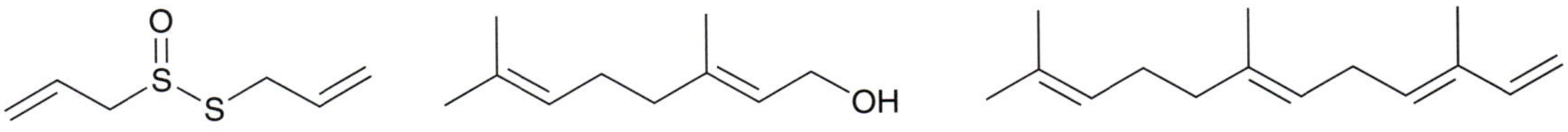

Alicina
Responsável pelo
odor de alho

Geraniol
Isolado de rosas e
utilizado em perfumes

α-Farneseno
Encontrado na cera natural que
recobre a casca das maçãs

A natureza também produz muitos alquenos cíclicos, bicíclicos e policíclicos:

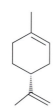
Limoneno
Responsável pelo forte
odor das laranjas

α-Pineno
Isolado da resina de pinheiro;
o principal componente
da terebintina (diluente)

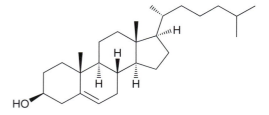
Colesterol
Produzido por todos os animais;
esta substância desempenha um papel
crucial em muitos processos biológicos

As ligações duplas também são encontradas frequentemente nas estruturas de feromônios. Lembre-se de que os feromônios são substâncias químicas utilizadas pelos organismos vivos para desencadear respostas comportamentais específicas em outros membros da mesma espécie. Por exemplo, os feromônios de alarme são usados para sinalizar perigo, enquanto feromônios sexuais são usados para atrair o sexo oposto para o acasalamento.

falando de modo prático | Feromônios para o Controle de Populações de Insetos

A maior ameaça para a produtividade dos pomares de macieiras é uma infestação de lagartas. Uma infestação grave pode destruir até 95% de uma colheita de maçãs.

Uma lagarta fêmea pode colocar até 100 ovos. Uma vez incubadas, as larvas penetram no interior das maçãs, onde estão protegidas dos inseticidas. O chamado "verme" em uma maçã geralmente é a larva de uma lagarta. A principal ferramenta para lidar com essas pragas envolve o uso de um dos feromônios sexuais da fêmea para atrapalhar o acasalamento:

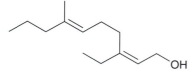
(2Z,6E)-3-Etil-7-metildeca-2,6-dien-1-ol
Um feromônio sexual das lagartas

Essa substância pode ser facilmente produzida em laboratório. Ela pode então ser pulverizada em um pomar de macieiras, onde a sua presença interfere na capacidade do macho para encontrar a fêmea. O feromônio sexual também é utilizado para atrair os machos para armadilhas, permitindo que os agricultores monitorem as populações e o momento para uso de inseticidas, de modo a coincidir com o período de tempo durante o qual as fêmeas estão envolvidas na postura dos ovos, aumentando assim a eficiência dos inseticidas. A pesquisa atual concentra-se em novas substâncias que atraem tanto os machos quanto as fêmeas. Um exemplo desse tipo de susbtâncias é o (2E,4Z)-2,4-decadienoato de etila, conhecido como éster de pera:

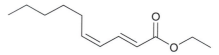
(2E,4Z)-2,4-Decadienoato de etila
Éster de pera

Pesquisadores do USDA (Departamento de Agricultura dos EUA) descobriram que o éster de pera pode ser potencialmente mais eficaz no controle de populações de lagartas do que outras substâncias. Essa substância vai potencialmente permitir que os agricultores atinjam as fêmeas e seus ovos com maior precisão. Uma das principais vantagens da utilização de feromônios como inseticidas é que eles tendem a ser menos tóxicos para os seres humanos e menos prejudiciais para o ambiente.

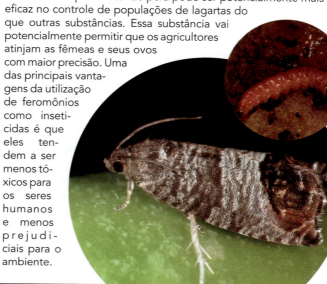

Alquenos: Estrutura e Preparação via Reações de Eliminação

A seguir podemos ver alguns exemplos de feromônios que contêm ligações duplas:

Muscalure
Feromônio sexual da mosca doméstica

Ectocarpeno
Um feromônio liberado pelos óvulos da alga *Ectocarpus siliculosus* para atrair células de esperma

β-Farneseno
Um feromônio de alarme dos pulgões

Os alquenos também são precursores importantes na indústria química. Os dois alquenos industriais mais importantes, o etileno e o propileno, são formados a partir do craqueamento de petróleo e são usados como materiais de partida para a preparação de uma grande variedade de substâncias (Figura 8.2).

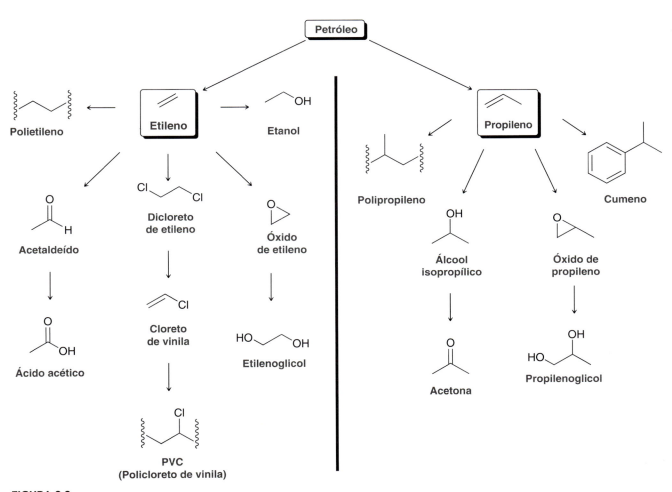

FIGURA 8.2
Substâncias industrialmente importantes produzidas a partir de etileno e propileno. As linhas onduladas (mostradas nas estruturas do polietileno, polipropileno e PVC) são utilizadas para indicar a unidade de repetição de um polímero. Por exemplo, o PVC é constituído por unidades de repetição e também pode ser representado da seguinte forma: —(CH$_2$CHCl)$_n$—, em que *n* é um número muito grande.

A cada ano, mais de 200 bilhões de quilos de etileno e 70 bilhões de quilos de propileno são produzidos globalmente e usados para fazer muitas substâncias, incluindo as que são mostradas na Figura 8.2.

8.3 Nomenclatura dos Alquenos

Lembre-se, do Capítulo 4, de que nomear alcanos requer quatro etapas distintas (Seção 4.2):

1. Identificação da cadeia principal.
2. Identificação dos substituintes.
3. Atribuição de um localizador para cada substituinte.
4. Distribuição dos substituintes em ordem alfabética.

Os alquenos são nomeados com as mesmas quatro etapas, com as seguintes regras adicionais:
    Ao nomear a cadeia principal, substituímos o sufixo "ano" por "eno" para indicar a presença de uma ligação dupla C=C:

Pent**ano**   Pent**eno**

Quando aprendemos a nomear alcanos, escolhemos a cadeia principal identificando a cadeia mais longa. Ao escolher a cadeia principal de um alqueno, usamos a cadeia mais longa que inclui a ligação π:

Principal = **oct**ano   Principal = **hept**eno

Quando numeramos a cadeia principal de um alqueno, a ligação π deve receber o menor número possível, apesar da presença de substituintes alquila:

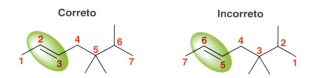

Correto   Incorreto

A posição da ligação dupla é indicada usando-se um único localizador em vez de dois localizadores. Considere o exemplo anterior, em que a ligação dupla estava entre C2 e C3 na cadeia principal. Neste caso, a posição da ligação dupla é indicada com o número 2. As regras da IUPAC, publicadas em 1979, ditam que este localizador seja colocado imediatamente antes da cadeia principal, enquanto as recomendações da IUPAC liberadas em 1993 e 2004 permitem que o localizador seja colocado antes o sufixo "eno". Ambos os nomes são aceitáveis:

5,5,6-Trimetil-2-hepteno
ou
5,5,6-Trimetil-hept-2-eno

Alquenos: Estrutura e Preparação via Reações de Eliminação 343

DESENVOLVENDO A APRENDIZAGEM

8.1 OBTENÇÃO DO NOME SISTEMÁTICO DE UM ALQUENO

APRENDIZAGEM Forneça um nome sistemático para a seguinte substância:

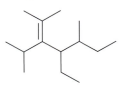

 SOLUÇÃO

A obtenção de um nome sistemático requer quatro etapas distintas. Em primeiro lugar, identificamos a cadeia principal. Escolhemos a cadeia mais longa que inclui os átomos de carbono da ligação π:

ETAPA 1
Identificação da cadeia principal.

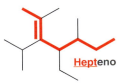

ETAPA 2
Identificação e nomeação dos substituentes.

Em seguida, identificamos e nomeamos os substituintes ligados a cadeia principal:

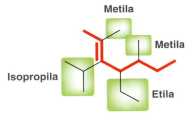

ETAPA 3
Numeração da cadeia principal e atribuição de um localizador para cada substituinte.

Então, numeramos a cadeia principal e atribuímos um localizador para cada substituinte. A cadeia principal é numerada a partir do lado que está mais próximo da ligação π. Este esquema de numeração é usado para determinar o localizador para cada substituinte:

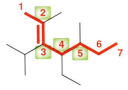

ETAPA 4
Distribuição dos substituintes alfabeticamente.

RELEMBRANDO
Lembre-se de que o prefixo "iso" é contado como parte do esquema de alfabetização, enquanto o prefixo "di" é ignorado. Para uma revisão, veja a Seção 4.2.

Finalmente, organizamos os substituintes em ordem alfabética, tendo certeza de ter incluído um localizador que identifica a posição da ligação dupla:

4-Etil-3-isopropil-2,5-dimetil-2-hepteno

Observe que etila aparece primeiro, em seguida, isopropila e, finalmente, dimetila. Além disso, certifique-se de que letras são separadas dos números por hifens, enquanto números são separados um do outro por vírgulas.

PRATICANDO
o que você aprendeu

8.1 Forneça um nome sistemático para cada uma das seguintes substâncias:

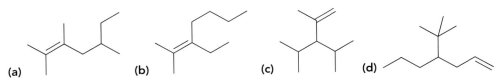

(a)　　　　(b)　　　　(c)　　　　(d)

APLICANDO
o que você
aprendeu

8.2 Represente uma estrutura em bastão para cada uma das seguintes substâncias:

(a) 3-Isopropil-2,4-dimetil-2-penteno

(b) 4-Etil-2-metil-2-hexeno

(c) 1,2-Dimetilciclobuteno (O nome de um cicloalqueno frequentemente não incluirá um localizador para especificar a posição da ligação π, porque, por definição, essa ligação é assumida como estando entre C1 e C2.)

8.3 Na Seção 4.2, aprendemos a nomear substâncias bicíclicas. Usando aquelas regras, juntamente com as regras discutidas nesta seção, forneça um nome sistemático para a substância bicíclica vista a seguir. Em um caso como este, o menor número é atribuído a uma ponte (não para a ligação π).

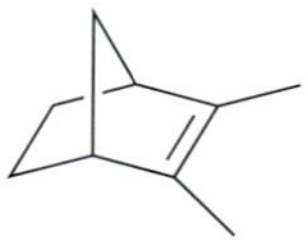

┄┄> é necessário **PRATICAR MAIS?** Tente Resolver o Problema 8.50b,c

A nomenclatura IUPAC também reconhece nomes comuns (vulgares) para muitos alquenos simples. A seguir estão três exemplos:

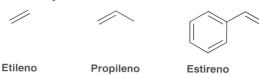

Etileno   Propileno   Estireno

A nomenclatura IUPAC reconhece nomes comuns para os seguintes grupos quando eles aparecem como substituintes de uma substância:

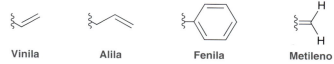

Vinila   Alila   Fenila   Metileno

Em adição aos seus nomes sistemáticos e comuns, alquenos também são classificados pelo **grau de substituição** (Figura 8.3). Não confunda a palavra substituição com o tipo de reação discutida no capítulo anterior. A mesma palavra tem dois significados diferentes. No capítulo anterior, a palavra "substituição" se refere a uma reação que envolve a substituição de um grupo de saída por um nucleófilo. No presente contexto, a palavra "substituição" se refere ao número de grupos alquila ligados a uma ligação dupla.

FIGURA 8.3
O grau de substituição indica o número de grupos alquila ligados à ligação dupla.

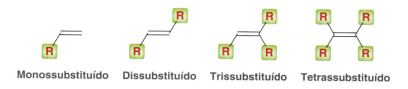

Monossubstituído   Dissubstituído   Trissubstituído   Tetrassubstituído

VERIFICAÇÃO CONCEITUAL

8.4 Classifique cada um dos seguintes alquenos como monossubstituído, dissubstituído, trissubstituído ou tetrassubstituído:

(a)   (b)   (c)   (d)   (e)

8.4 Estereoisomerismo nos Alquenos

Uso das Denominações *cis* e *trans*

Lembre-se de que uma ligação dupla é constituída por uma ligação σ e uma ligação π (Figura 8.4).

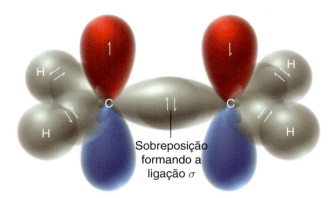

FIGURA 8.4
As ligações σ e π de uma ligação dupla C═C.

A ligação σ é o resultado da sobreposição de orbitais com hibridização *sp²*, enquanto a ligação π é o resultado da sobreposição de orbitais *p*. Vimos que ligações duplas não apresentam rotação livre na temperatura ambiente, dando origem ao estereoisomerismo:

cis-2-Buteno   *trans*-2-Buteno

Cicloalquenos constituídos por menos de sete átomos de carbono não podem acomodar uma ligação π *trans*. Esses anéis podem acomodar apenas uma ligação π em uma configuração *cis*:

Ciclopropeno   Ciclobuteno   Ciclopenteno   Ciclo-hexeno

Nestes exemplos, não existe necessidade de identificarmos o estereoisomerismo da ligação dupla ao nomearmos cada uma destas substâncias, porque o estereoisomerismo está implícito. Por exemplo, a última substância é chamada de ciclo-hexeno, em vez de *cis*-ciclo-hexeno. Um anel de sete membros contendo uma ligação dupla *trans* foi preparado, mas esta substância (*trans*-ciclo-hepteno) não é estável à temperatura ambiente. Um anel de oito membros é o menor anel que pode acomodar uma ligação dupla *trans* e ser estável à temperatura ambiente:

trans-Ciclo-octeno

Essa regra também se aplica às substâncias bicíclicas em ponte e é chamada de **regra de Bredt**. Especificamente, a regra de Bredt afirma que não é possível para um átomo de carbono cabeça de ponte de um sistema bicíclico estar envolvido em uma ligação dupla C═C, se ele envolve uma ligação π *trans* estando incorporada em um anel pequeno. Por exemplo, a substância vista a seguir é muito instável para se formar:

Esta substância não é estável

346 CAPÍTULO 8

Essa substância exigiria uma ligação dupla *trans* em um anel de seis membros, destacado em vermelho. A substância não é estável porque a geometria da cabeça de ponte impede a manutenção da sobreposição paralela de orbitais *p* necessária para manter a ligação π intacta. Como resultado, este tipo de substância tem uma energia extremamente elevada e sua existência é fugaz.

Substâncias bicíclicas em ponte só podem apresentar uma ligação dupla em uma posição de cabeça de ponte se um dos anéis tem pelo menos oito átomos de carbono. Por exemplo, a substância vista a seguir pode manter a sobreposição paralela dos orbitais *p* e, como resultado, ela é estável a temperatura ambiente:

Esta substância é estável

Uso das Denominações *E* e *Z*

Os descritores estereoquímicos *cis* e *trans* só podem ser usados para indicar a disposição relativa de grupos semelhantes. Quando um alqueno possui grupos que não são semelhantes, o uso da terminologia *cis-trans* seria ambíguo. Considere, por exemplo, as duas substâncias vistas a seguir:

Essas duas substâncias não são as mesmas; elas são estereoisômeros. Mas o que deve ser chamado de substância *cis* e o que deve ser chamado de *trans*? Em situações como esta, as regras da IUPAC nos fornecem um método para atribuir descritores estereoquímicos diferentes e não ambíguos. Especificamente, nós olhamos para os dois grupos em cada posição vinílica e escolhemos a qual dos dois grupos é atribuída a maior prioridade:

F recebe
prioridade
em relação a C

N recebe
prioridade
em relação a H

Em cada caso, a prioridade é atribuída pelo mesmo método usado na Seção 5.3. Especificamente, a prioridade é dada ao elemento com o número atômico mais elevado. Neste caso, F tem prioridade sobre C, enquanto N tem prioridade sobre H. Em seguida, comparamos a posição dos grupos de maior prioridade. Se eles estão no mesmo lado (como mostrado anteriormente), a configuração é designada pela letra **Z** (para a palavra alemã *zussamen*, que significa "juntos"); se eles estão em lados opostos, a configuração é designada pela letra **E** (para a palavra alemã *entgegen*, que significa "oposto"):

Z

E

Esses exemplos são bastante simples, porque todos os átomos ligados diretamente às posições vinílicas têm diferentes números atômicos. Outros exemplos podem exigir a comparação de dois átomos de carbono. Nesses casos, vamos usar as mesmas regras de desempate que usamos ao atribuir as configurações dos centros de quiralidade no Capítulo 6. A seção Desenvolvendo a Aprendizagem vista a seguir servirá como um lembrete dessas regras.

Alquenos: Estrutura e Preparação via Reações de Eliminação   347

DESENVOLVENDO A APRENDIZAGEM

8.2 ATRIBUIÇÃO DA CONFIGURAÇÃO DE UMA LIGAÇÃO DUPLA

APRENDIZAGEM Identifique a configuração do seguinte alqueno:

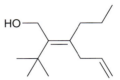

● SOLUÇÃO

Essa substância tem duas ligações π, mas só uma deles é estereoisomérica. A ligação π mostrada no canto inferior direito não é estereoisomérica porque tem dois átomos de hidrogênio ligados à mesma posição vinílica.

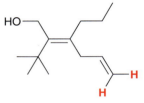

ETAPA 1
Identificação dos dois grupos ligados a uma posição vinílica e, a seguir, determinação de qual o grupo que tem prioridade.

Vamos nos concentrar na outra ligação dupla e tentar atribuir a sua configuração. Considere cada posição vinílica separadamente. Vamos começar com a posição vinílica no lado esquerdo. Comparamos os dois grupos ligados a ela e identificamos a qual grupo deve ser atribuída a prioridade mais elevada.

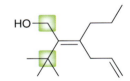

Neste caso, estamos comparando dois átomos de carbono (que têm o mesmo número atômico), de modo que construímos uma lista para cada átomo de carbono (tal como fizemos no Capítulo 6) e olhamos para o primeiro ponto de diferença:

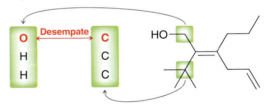

Lembre-se de que nós não adicionamos números atômicos aos átomos em cada lista, em vez disso, nós olhamos para o primeiro ponto de diferença. O átomo de O tem um número atômico maior do que o átomo de C, de modo que consideramos que o grupo no canto superior esquerdo tem prioridade sobre o grupo *terc*-butila.

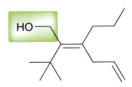

ETAPA 2
Identificamos os dois grupos ligados a outra posição vinílica e, em seguida, determinamos qual o grupo que tem prioridade.

Agora voltamos nossa atenção para o lado direito da ligação dupla. Usando as mesmas regras, tentamos identificar qual o grupo que tem prioridade.

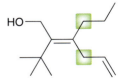

Mais uma vez, estamos comparando dois átomos de carbono, mas, neste caso, a construção das listas não nos fornece um ponto de diferença. Ambas as listas são idênticas:

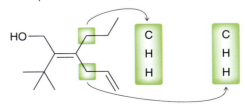

Logo, nos afastamos da ligação dupla do estereoisômero e, novamente, construímos listas e procuramos pelo primeiro ponto de diferença. Lembre-se de que uma ligação dupla é tratada como duas ligações simples separadas:

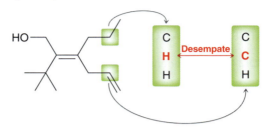

C tem um número atômico maior do que H, de modo que o grupo no canto inferior direito tem prioridade sobre o grupo propila.

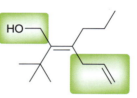

Finalmente, comparamos as posições relativas dos grupos prioritários. Esses grupos estão em lados opostos da ligação dupla, de modo que a configuração é *E*:

ETAPA 3
Determinação se os grupos prioritários estão do mesmo lado (*Z*) ou em lados opostos (*E*) da ligação dupla.

PRATICANDO
o que você aprendeu

8.5 Para cada um dos seguintes alquenos, atribua a configuração da ligação dupla como *E* ou *Z*:

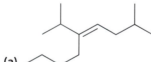

APLICANDO
o que você aprendeu

8.6 Quando uma ligação dupla tem dois grupos idênticos (um em cada posição vinílica), podemos usar a terminologia *cis-trans* ou a terminologia *E–Z*, como é visto no exemplo a seguir:

trans ou *E*

A configuração dessa ligação dupla pode ser denominada como *trans* ou *E*. Ambas as denominações são aceitáveis. Na maioria dos casos, *cis* = *Z* e *trans* = *E*. Entretanto, há exceções. Por exemplo:

Essa substância é *trans*, mas é *Z*. Explique essa exceção e, em seguida, forneça dois outros exemplos de exceções.

⌐⌐⌐▸ é necessário **PRATICAR MAIS?** Tente Resolver o Problema 8.51

medicamente falando | Tratamento de Fototerapia para Icterícia Neonatal

Quando os glóbulos vermelhos atingem o final do seu tempo de vida (cerca de 3 meses), eles liberam *hemoglobina* de cor vermelha, a molécula que é responsável pelo transporte de oxigênio no sangue. A porção heme da hemoglobina é metabolizada em uma substância de cor amarelo-laranja chamada *bilirrubina*:

Bilirrubina

A bilirrubina contém muitos grupos funcionais polares, e podemos esperar, portanto, que ela seja altamente solúvel em água. Mas, surpreendentemente, a solubilidade da bilirrubina em água (e, por conseguinte, na urina e nas fezes) é muito pequena. Esta caracerística é atribuída à capacidade da bilirrubina em adotar uma conformação de baixa energia, em que os grupos ácido carboxílico e amida formam ligações de hidrogênio internas:

Com todos os grupos polares apontando para o interior da molécula, a superfície exterior da molécula é principalmente hidrofóbica. Portanto, a bilirrubina se comporta muito como uma substância apolar e é apenas moderadamente solúvel em água. Como resultado, elevadas concentrações de bilirrubina se acumulam nos tecidos de gordura e membranas do corpo (que são ambientes apolares). Uma vez que a bilirrubina é uma substância de cor amarelo-laranja, isso produz *icterícia*, uma condição caracterizada pela coloração amarelada da pele.

A principal via de excreção da bilirrubina para fora do corpo são as fezes. Mas, uma vez que as fezes são principalmente água, a bilirrubina tem que ser convertida em uma substância mais solúvel em água, a fim de ser excretada. Isto é obtido quando a enzima hepática *glucuronil transferase* é utilizada para ligar covalentemente duas moléculas muito polares do ácido glucurônico (ou *glucuronato*) na molécula apolar de bilirrubina para formar a *bilirrubina glucuronide*, mais comumente chamada *bilirrubina conjugada*. (Observe que esta utilização do termo "conjugada" significa que a molécula de bilirrubina foi ligada de forma covalente a outra molécula, neste caso, o ácido glucurônico.)

(ácido glucurônico)

Bilirrubina glucuronide (bilirrubina conjugada)

A bilirrubina glucuronide (bilirrubina conjugada) é muito mais solúvel em água e é excretada a partir do fígado na bile, que vai para o intestino delgado. As bactérias intestinais metabolizam-na, em uma série de etapas, em *estercobilina* (da palavra grega *sterco* para *fezes*), que tem cor marrom. Entretanto, se a função hepática for inadequada, os níveis da enzima glucuronil transferase podem ser insuficientes para realizar a conjugação das moléculas de ácido glucurônico com a bilirrubina. E, como resultado, a bilirrubina não pode ser excretada nas fezes. O acúmulo de bilirrubina no organismo é a causa da icterícia. Existem três situações comuns em que a função hepática está suficientemente prejudicada para produzir icterícia:

1. Hepatite
2. Cirrose hepática devido ao alcoolismo
3. Função hepática imatura nos bebês, especialmente comum em bebês prematuros, resultando em icterícia neonatal. A imagem vista a seguir mostra um bebê com pele amarelada associada à icterícia neonatal:

A icterícia neonatal tem graves consequências a longo prazo para o crescimento mental do bebê, porque altos níveis de bilirrubina no cérebro podem inibir o desenvolvimento das células cerebrais do bebê e causar retardo permanente. Consequentemente, se os níveis de bilirrubina no sangue ficam demasiadamente altos (mais de aproximadamente 15 mg/dL para intervalos substanciais de tempo), devem ser tomadas medidas para reduzir os níveis de bilirrubina no sangue. No passado, isso envolvia transfusões de sangue, que são um procedimento caro. Um grande avanço ocorreu quando se percebeu que os bebês com icterícia neonatal demonstravam um aumento nas taxas de excreção urinária de bilirrubina após serem expostos à luz solar natural. Estudos posteriores revelaram que a exposição à luz azul provoca o aumento da excreção de bilirrubina na urina. A icterícia neonatal é agora tratada com um dispositivo (*bili-luz*) que expõe a pele do bebê à luz azul de alta intensidade.

Como essa terapia funciona? Após a exposição à luz azul, uma das ligações duplas C=C (adjacente ao anel de cinco membros da bilirrubina) sofre *fotoisomerização*, e a configuração muda de Z para E:

No processo, os grupos mais polares são expostos ao meio ambiente. Isso torna a bilirrubina consideravelmente mais solúvel em água, embora a composição da molécula não tenha se alterado (apenas a configuração de uma ligação π C=C foi alterada). A excreção de bilirrubina na urina aumenta substancialmente, e a icterícia neonatal diminui!

8.5 Estabilidade dos Alquenos

Em geral, um alqueno *cis* será menos estável do que o seu alqueno *trans* estereoisomérico. A fonte dessa instabilidade é atribuída à tensão estérica mostrada pelo isômero *cis*. Essa tensão estérica pode ser visualizada através da comparação de modelos de espaço preenchido do *cis*-2-buteno e do *trans*-2-buteno (Figura 8.5). Os grupos metila só são capazes de evitar uma interação estérica quando eles ocupam uma configuração *trans*.

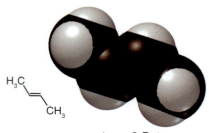
trans-2-Buteno

cis-2-Buteno

FIGURA 8.5
Modelos de espaço preenchido dos estereoisômeros do 2-buteno.

Alquenos: Estrutura e Preparação via Reações de Eliminação   351

RELEMBRANDO
Para uma revisão de calores de combustão, veja a Seção 4.4.

A diferença de energia entre alquenos estereoisoméricos pode ser quantificada pela comparação dos seus calores de combustão:

$$\text{cis-2-buteno} + 6\,O_2 \longrightarrow 4\,CO_2 + 4\,H_2O \qquad \Delta H° = -2682\ \text{kJ/mol}$$

$$\text{trans-2-buteno} + 6\,O_2 \longrightarrow 4\,CO_2 + 4\,H_2O \qquad \Delta H° = -2686\ \text{kJ/mol}$$

As duas reações produzem os mesmos produtos. Portanto, podemos usar os calores de combustão para comparar os níveis de energia relativos dos materiais de partida (Figura 8.6). Esta análise sugere que o isômero *trans* é 4 kJ/mol mais estável do que o isômero *cis*.

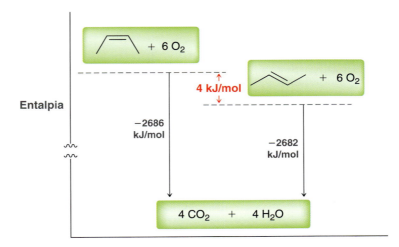

FIGURA 8.6
Calores de combustão dos estereoisômeros do 2-buteno.

Ao comparar a estabilidade dos alquenos, outro fator tem de ser levado em conta, além dos efeitos estéricos. Temos de considerar também o grau de substituição. Comparando os calores de combustão para alquenos isoméricos (todos com a mesma fórmula molecular, C_6H_{12}), surge a tendência vista na Figura 8.7. Os alquenos são mais estáveis quando estão altamente substituídos. Alquenos tetrassubstituídos são mais estáveis do que alquenos trissubstituídos. A razão para esta tendência não é um efeito estérico (através do espaço), mas sim um efeito eletrônico (através das ligações). Na Seção 6.11, vimos que os grupos alquilas podem estabilizar um carbocátion doando densidade eletrônica para o átomo de carbono vizinho (C^+) com hibridização sp^2. Esse efeito, chamado de hiperconjugação, é um efeito estabilizador, pois permite a deslocalização da densidade eletrônica. De modo semelhante, os grupos alquilas também podem estabilizar os átomos de carbono com hibridização sp^2 vizinhos de uma ligação π. Mais uma vez, a deslocalização resultante da densidade eletrônica é um efeito estabilizador.

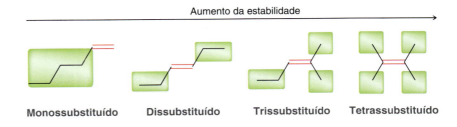

FIGURA 8.7
A estabilidade relativa de alquenos isoméricos com diferentes graus de substituição.

DESENVOLVENDO A APRENDIZAGEM

8.3 COMPARAÇÃO DA ESTABILIDADE DE ALQUENOS ISOMÉRICOS

APRENDIZAGEM Distribua os seguintes alquenos isoméricos em ordem de estabilidade:

SOLUÇÃO
Primeiro identifique o grau de substituição para cada alqueno:

ETAPA 1
Identificação do grau de substituição para cada alqueno.

Dissubstituído   Trissubstituído   Monossubstituído

O alqueno mais substituído será o mais estável e, portanto, a seguinte ordem de estabilidade é esperada:

ETAPA 2
Seleção do alqueno que é mais substituído.

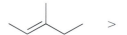 >  >

Mais estável   Menos estável

PRATICANDO o que você aprendeu

8.7 Distribua cada conjunto de alquenos isoméricos em ordem de estabilidade:

(a)

(b)

APLICANDO o que você aprendeu

8.8 Considere os dois alquenos isoméricos vistos a seguir. O primeiro isômero é um alqueno monossubstituído, enquanto o segundo isômero é um alqueno dissubstituído. Podemos esperar que o segundo isômero seja mais estável, ainda que os calores de combustão para essas duas substâncias indiquem que o primeiro isômero é mais estável. Dê uma explicação.

└──> é necessário **PRATICAR MAIS?** Tente Resolver o Problema 8.53

8.6 Mecanismos Possíveis de Eliminação

Conforme mencionado no início do capítulo, alquenos podem ser preparados através de reações de eliminação, em que um próton e um grupo de saída são removidos para formar uma ligação π:

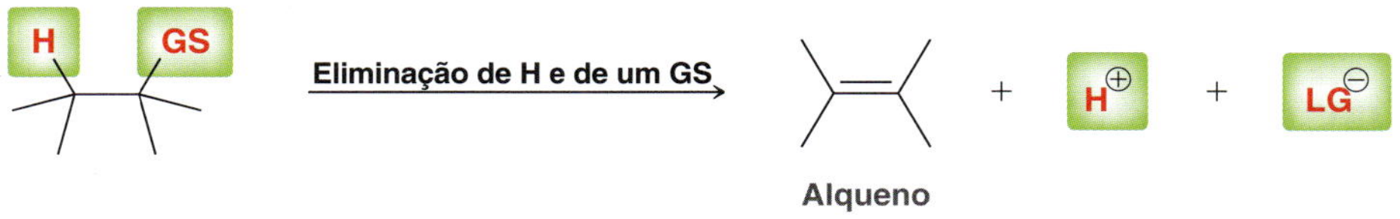

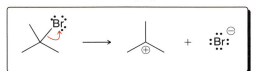

À medida que começamos a explorar os possíveis mecanismos para reações de eliminação, lembramos do Capítulo 6, que diz que os mecanismos iônicos são constituídos de apenas quatro tipos de padrões de setas curvas fundamentais (Figura 8.8). Todas essas quatro etapas vão aparecer neste capítulo, de modo que pode ser interessante rever a seção Desenvolvendo a Aprendizagem 6.3 e 6.4.

FIGURA 8.8
As quatro etapas fundamentais de transferência de elétron para os processos iônicos.

Todas as reações de eliminação apresentam, pelo menos, dois dos quatro padrões: (1) transferência de próton e (2) perda de um grupo de saída:

Cada reação de eliminação apresenta uma transferência de próton, assim como a perda de um grupo de saída. Mas considere a ordem dos eventos destas duas etapas. Na figura anterior, eles ocorrem simultaneamente (de forma concertada). Alternativamente, podemos imaginá-los ocorrendo separadamente, em múltiplas etapas:

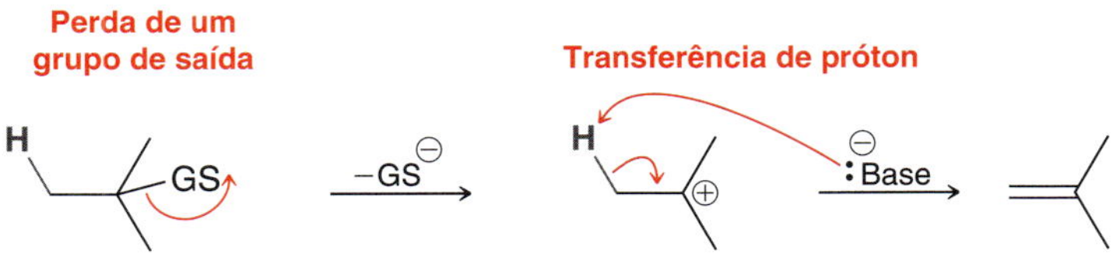

Nesse mecanismo em múltiplas etapas o grupo de saída sai gerando um carbocátion intermediário (tal como uma reação S_N1), que é depois desprotonado por uma base para produzir um alqueno.

A principal diferença entre esses dois mecanismos é resumida a seguir:

- Em um *processo concertado*, sai um grupo de saída e simultaneamente uma base abstrai um próton.
- Em um *processo em múltiplas etapas*, sai, em primeiro lugar, o grupo de saída e, em seguida, a base abstrai um próton.

OLHANDO PARA O FUTURO
Há outro mecanismo possível para as reações de eliminação, em que a desprotonação ocorre primeiro, seguida pela perda do grupo de saída. Esse tipo de processo de eliminação será discutido no Capítulo 22, do Volume 2 (Mecanismo 22.6).

Neste capítulo, vamos explorar estes dois mecanismos em mais detalhes e vamos ver que cada mecanismo predomina sob um conjunto diferente de condições. Inicialmente, devemos primeiro praticar a representação de setas curvas.

DESENVOLVENDO A APRENDIZAGEM

8.4 REPRESENTAÇÃO DE SETAS CURVAS DE UMA REAÇÃO DE ELIMINAÇÃO

APRENDIZAGEM Represente o mecanismo, admitindo que a reação de eliminação vista a seguir avance através de um processo concertado:

 + NaOMe ⟶ + MeOH + NaBr

SOLUÇÃO
Primeiro identificamos a base e o substrato. A base, neste caso, é o metóxido (lembre-se de que o Na^+ é o contraíon e o seu papel na reação não nos diz respeito, na maioria dos casos):

Base   Substrato

ATENÇÃO
Ao representar mecanismos, seja muito preciso a respeito do posicionamento da ponta e da extremidade final (da cauda) de cada seta curva. Os alunos muitas vezes representam essa seta no sentido errado.

Em um mecanismo concertado, sai o grupo de saída e simultaneamente a base abstrai um próton. Isso exige um total de três setas curvas. Ao representar a primeira seta curva, certifique-se de colocar a extremidade final da seta curva sobre um par isolado da base e colocar a ponta da seta curva sobre o próton que está sendo removido:

Base   Substrato

PRATICANDO
o que você aprendeu

Para as outras duas setas curvas, uma mostra a formação da ligação dupla e a outra mostra a perda do grupo de saída:

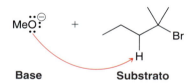

8.9 Para cada uma das reações de eliminação vistas a seguir, admita que está ocorrendo um processo concertado e represente o seu mecanismo:

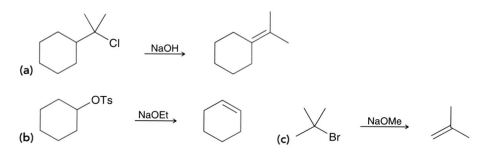

Alquenos: Estrutura e Preparação via Reações de Eliminação 355

8.10 Para cada uma das reações de eliminação vistas a seguir, admita que um processo em múltiplas etapas está ocorrendo e represente o seu mecanismo (primeiro sai o grupo de saída e, em seguida, ocorre a transferência de próton):

APLICANDO
o que você
aprendeu

8.11 Veja atentamente as setas curvas mostradas a seguir e represente o alqueno esperado que é produzido por essa reação de eliminação. Este mecanismo é concertado ou em múltiplas etapas?

8.12 Represente o intermediário da reação de eliminação vista a seguir e, em seguida, represente as setas curvas para a segunda etapa (a reação entre o intermediário e o etanol):

é necessário **PRATICAR MAIS?** Tente Resolver o Problema 8.69

8.7 O Mecanismo E2

Nesta seção, vamos explorar o caminho reacional do mecanismo concertado ou mecanismo E2:

Evidência Cinética para um Mecanismo Concertado

Estudos cinéticos mostram que muitas reações de eliminação apresentam cinética de segunda ordem com uma equação de velocidade que tem a seguinte forma:

$$\text{Velocidade} = k\,[\text{substrato}]\,[\text{base}]$$

Assim como as reações S_N2, a velocidade é linearmente dependente das concentrações de duas substâncias diferentes (o substrato e a base). Esta observação sugere que o mecanismo tem de apresentar uma etapa na qual o substrato e o nucleófilo colidem um com o outro. Isto é consistente com um mecanismo concertado em que existe apenas uma etapa mecanística envolvendo tanto o substrato quanto a base. Como esta etapa envolve duas entidades químicas, diz-se que ela é bimolecular. Reações de eliminação biomoleculares são chamadas de reações E2:

E 2

Eliminação   Bimolecular

VERIFICAÇÃO CONCEITUAL

8.13 A reação vista a seguir apresenta uma equação de velocidade de segunda ordem:

(a) O que acontece com a velocidade, se a concentração de clorociclopentano é triplicada e a concentração de hidróxido de sódio permanece a mesma?

(b) O que acontece com a velocidade, se a concentração de clorociclopentano permanece a mesma e a concentração de hidróxido de sódio é duplicada?

(c) O que acontece com a velocidade, se a concentração de clorociclopentano é duplicada e a concentração de hidróxido de sódio é triplicada?

Efeito do Substrato

No Capítulo 7, vimos que a velocidade de um processo S_N2 com um substrato terciário é geralmente tão lenta que pode ser admitido que o substrato é inerte sob estas condições de reação. Portanto, pode ser uma surpresa que os substratos terciários sofram reações E2 muito rapidamente. Para explicar por que substratos terciários sofrerão reações E2, mas não S_N2, temos de reconhecer que a principal diferença entre substituição e eliminação é o papel desempenhado pelo reagente. Uma reação de substituição ocorre quando o reagente se comporta como um nucleófilo e ataca uma posição eletrofílica, enquanto uma reação de eliminação ocorre quando o reagente se comporta como uma base e abstrai um próton. Com um substrato terciário, o impedimento estérico impede que o reagente se comporte como um nucleófilo com uma velocidade apreciável, mas o reagente pode ainda se comportar como uma base sem encontrar muito impedimento estérico (Figura 8.9).

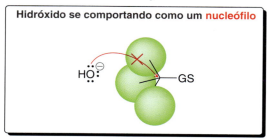

FIGURA 8.9
Efeitos estéricos nas reações S_N2 e E2.

Substratos terciários reagem facilmente em reações E2; na verdade, eles reagem ainda mais rapidamente do que substratos primários (Figura 8.10).

FIGURA 8.10
Taxas relativas de reatividade para substratos em uma reação E2.

Para entender a razão para essa tendência, vamos ver um diagrama de energia de um processo E2 (Figura 8.11). Focamos a nossa atenção sobre o estado de transição (Figura 8.12). Para um substrato terciário, os dois grupos R (mostrados em vermelho na Figura 8.12) são grupos alquila. Para um substrato primário, estes dois grupos R são apenas átomos de hidrogênio. No estado de transição, uma ligação dupla C═C está se formando. Para um substrato terciário, o estado de transição apresenta uma ligação dupla parcial que é mais substituída, e, portanto, o estado de transição terá menor energia. Compare os diagramas de energia para as reações E2 envolvendo substratos

Alquenos: Estrutura e Preparação via Reações de Eliminação 357

FIGURA 8.11
Um diagrama de energia de uma reação E2.

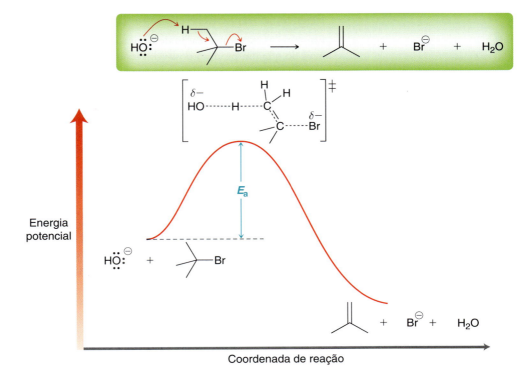

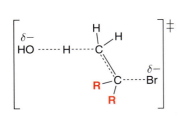

FIGURA 8.12
O estado de transição de uma reação E2.

primário, secundário e terciário (Figura 8.13). O estado de transição tem menos energia quando um substrato terciário é usado e, portanto, a energia de ativação é menor para substratos terciários. Isso explica a observação de que substratos terciários reagem mais rapidamente em reações E2. Isso não significa que os substratos primários são lentos para reagir em reações E2. Na verdade, substratos primários facilmente sofrem reações E2. Substratos terciários simplesmente reagem mais rapidamente sob as mesmas condições.

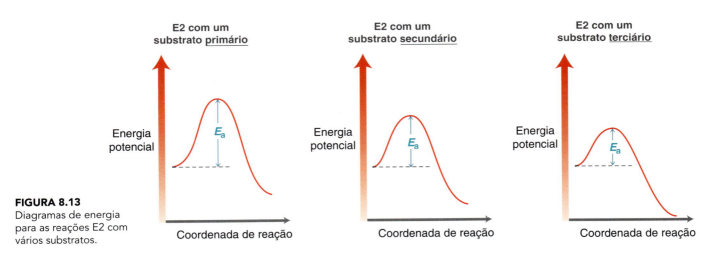

FIGURA 8.13
Diagramas de energia para as reações E2 com vários substratos.

VERIFICAÇÃO CONCEITUAL

8.14 Distribua cada um dos seguintes conjuntos de substâncias em ordem de reatividade para um processo de E2:

Regiosseletividade de Reações E2

Em muitos casos, uma reação de eliminação pode produzir mais do que um produto possível. Neste exemplo, as posições β não são idênticas, de modo que a ligação dupla pode se formar em duas regiões diferentes da molécula. Essa consideração é um exemplo de **regioquímica**, e a reação produz dois resultados regioquímicos diferentes. Os dois produtos são formados, mas o alqueno mais substituído é geralmente observado como o produto principal. Por exemplo:

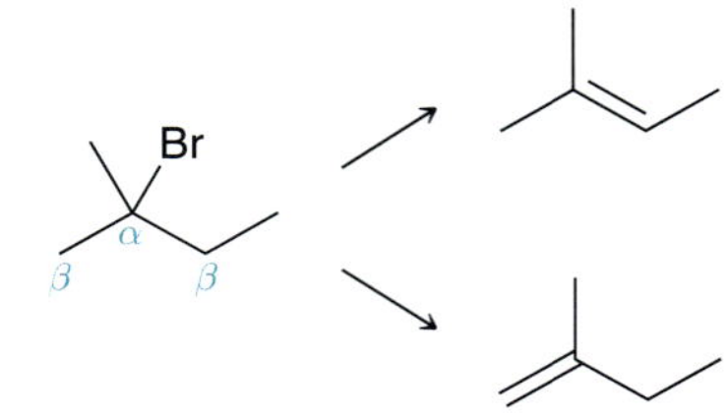

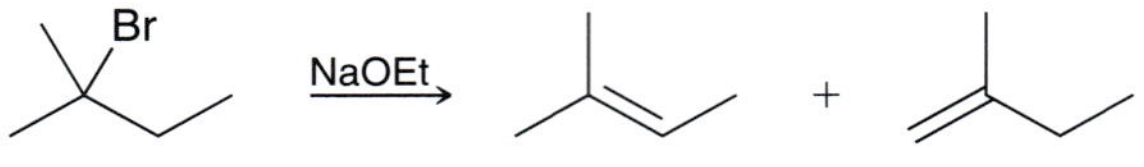

A reação é dita **regiosseletiva**. Esta tendência foi observada pela primeira vez, em 1875, pelo químico russo Alexander M. Zaitsev (Universidade de Kazan) e, devido a isso, o alqueno mais substituído é chamado o produto de **Zaitsev**. Entretanto, muitas exceções foram observadas em que o produto de Zaitsev é o produto secundário. Por exemplo, quando tanto o substrato como a base estão estericamente impedidos, o alqueno menos substituído é o produto principal:

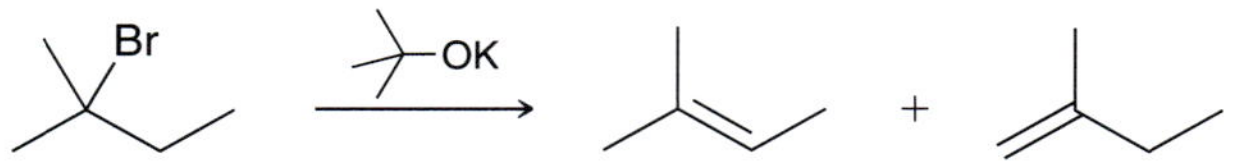

O alqueno menos substituído é muitas vezes chamado de **produto de Hofmann**. A distribuição dos produtos (razão relativa entre os produtos de Zaitsev e de Hofmann) é dependente de vários fatores e é frequentemente difícil de prever. A escolha da base (quanto a base está estericamente impedida) certamente desempenha um papel importante. Por exemplo, a distribuição dos produtos para a reação vista anteriormente é muito dependente da escolha da base (Tabela 8.1).

TABELA 8.1 DISTRIBUIÇÃO DOS PRODUTOS DE UMA REAÇÃO EM FUNÇÃO DA BASE

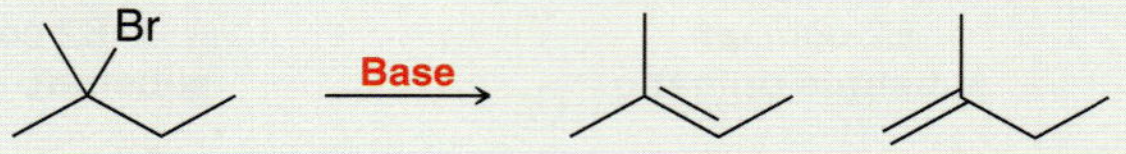

Base	ZAITSEV	HOFMANN
	71%	29%
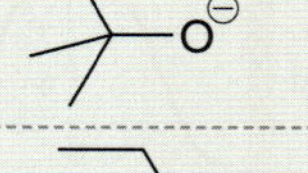	28%	72%
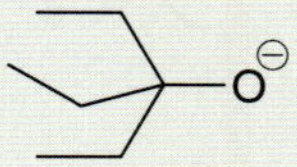	8%	92%

Quando é usado o etóxido, o produto de Zaitsev é o produto principal. Mas quando bases estericamente impedidas são utilizadas, o produto de Hofmann torna-se o produto principal. Este caso ilustra um conceito fundamental: *O resultado regioquímico de uma reação E2 muitas vezes pode ser controlado escolhendo-se cuidadosamente a base*. Bases estericamente impedidas são utilizadas em uma variedade de reações, não somente na eliminação, por isso, é útil reconhecer algumas bases estericamente impedidas (Figura 8.14).

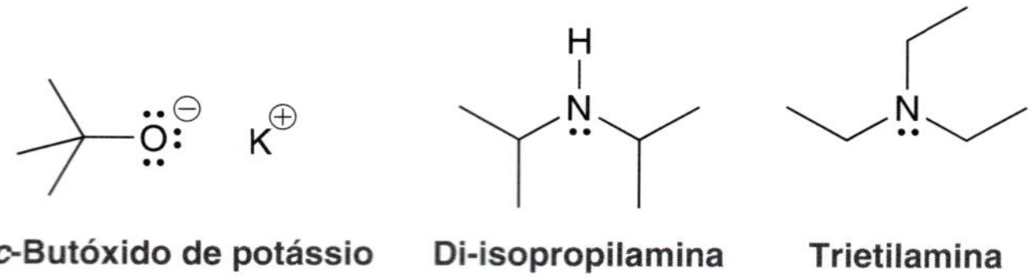

FIGURA 8.14
Bases estericamente impedidas usadas comumente.

terc-Butóxido de potássio   Di-isopropilamina   Trietilamina

Alquenos: Estrutura e Preparação via Reações de Eliminação   359

DESENVOLVENDO A APRENDIZAGEM

8.5 PREVISÃO DO RESULTADO REGIOQUÍMICO DE UMA REAÇÃO E2

APRENDIZAGEM Identifique os produtos principal e secundário da seguinte reação E2:

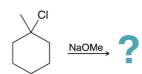

SOLUÇÃO
Primeiro identificamos a posição α. Esta é a posição que possui o grupo de saída:

ETAPA 1
Identificação da posição α.

Em seguida, identificamos todas as posições β que têm prótons:

ETAPA 2
Identificação de todas as posições β que têm protons.

Essas são as posições que têm de ser exploradas. Duas destas posições são idênticas, porque elas dão o mesmo produto:

ETAPA 3
Anotação das posições β que conduzem ao mesmo produto.

A abstração de um próton a partir de qualquer uma dessas duas posições proporciona o mesmo produto

Estas duas estruturas representam o mesmo produto

A abstração de um próton da outra posição β produzirá o seguinte alqueno:

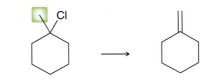

A abstração de um próton a partir desta posição...   **...proporciona este produto**

Portanto, existem dois produtos possíveis. De modo a determinar qual o produto que predomina, analisamos cada um dos produtos e determinamos o grau de substituição:

ETAPA 4
Remoção de um próton a partir de cada posição β e comparação do grau de substituição dos alquenos resultantes.

Trissubstituído (Zaitsev) Dissubstituído (Hofmann)

O alqueno mais substituído é o produto de Zaitsev e o alqueno menos substituído é o produto de Hofmann. O produto de Zaitsev geralmente é o produto principal, a não ser que uma base estericamente impedida seja usada. Este exemplo não utiliza uma base estericamente impedida, por isso, esperamos que o produto de Zaitsev seja o produto principal:

ETAPA 5
Análise da base para determinar qual o produto que predomina.

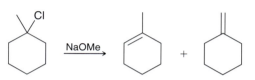

Principal   Secundário

PRATICANDO o que você aprendeu

8.15 Identifique os produtos principal e secundário para cada uma das seguintes reações E2:

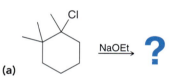
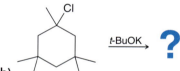

APLICANDO o que você aprendeu

8.16 Para cada uma das reações vistas a seguir, diga se você usaria hidróxido de potássio ou *terc*-butóxido de potássio para realizar a transformação desejada:

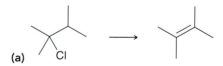
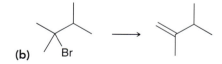

8.17 Mostre dois métodos diferentes para a preparação de cada um dos seguintes alquenos utilizando uma base estericamente impedida:

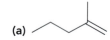

→ é necessário **PRATICAR MAIS?** Tente Resolver os Problemas 8.60, 8.61b–d, 8.64, 8.66a,d, 8.74

Alquenos: Estrutura e Preparação via Reações de Eliminação

Estereosseletividade das Reações E2

Os exemplos nas seções anteriores foram centralizados na regioquímica. Vamos agora concentrar a nossa atenção na estereoquímica. Por exemplo, vamos considerar a reação E2 do 3-bromopentano como substrato:

Esta substância tem duas posições β idênticas, de modo que a regioquímica não é um problema neste caso. A desprotonação de qualquer posição β produz o mesmo resultado. Mas, neste caso, a estereoquímica é importante, porque dois possíveis alquenos estereoisoméricos podem ser obtidos:

Os dois estereoisômeros (*cis* e *trans*) são produzidos, mas o produto *trans* predomina. Consideramos um diagrama de energia que mostra a formação dos produtos *cis* e *trans* (Figura 8.15). Usando o postulado de Hammond (Seção 6.6), podemos mostrar que o estado de transição para a formação do alqueno *trans* é mais estável que o estado de transição para a formação do alqueno *cis*. Esta reação é dita **estereosseletiva** porque o substrato produz dois estereoisômeros em quantidades diferentes.

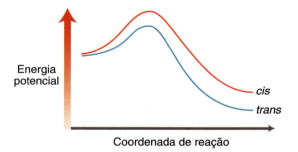

FIGURA 8.15
Um diagrama de energia mostra a formação de produtos *cis* e *trans* em uma reação E2.

Estereoespecificidade das Reações E2

No exemplo anterior, a posição β tinha dois prótons diferentes:

Neste caso, os isômeros *cis* e *trans* foram produzidos, com o isômero *trans* sendo favorecido. Vamos agora considerar um caso em que a posição β contém apenas um próton. Por exemplo, consideramos a realização de uma eliminação com o seguinte substrato:

Neste exemplo, existem duas posições β. Uma dessas posições não tem nenhum próton e a outra posição tem apenas um próton. Assim, uma mistura de estereoisômeros não é obtida. Neste caso, haverá apenas um produto estereoisomérico:

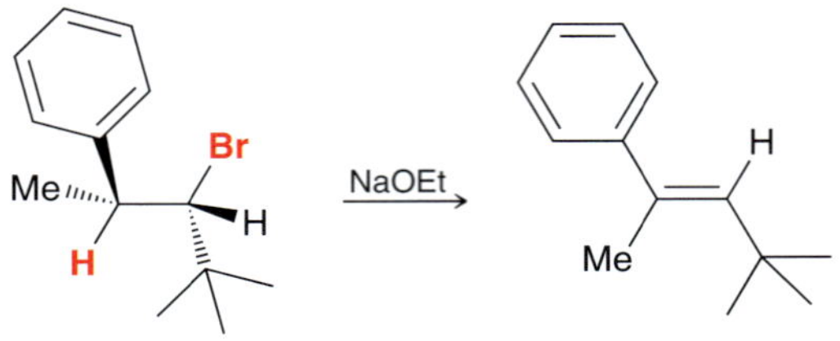

Por que o outro possível estereoisômero não é obtido? Para poder responder a esta pergunta, devemos explorar o alinhamento de orbitais no estado de transição. No estado de transição, uma ligação π está se formando. Lembre-se de que uma ligação π é formada pela sobreposição de orbitais *p*. Portanto, o estado de transição tem que envolver a orbitais *p* que estão posicionados de tal forma que eles podem se sobrepor à medida que eles se formam. A fim de conseguir este tipo de sobreposição orbital, os quatro átomos vistos a seguir têm de estar todos eles no mesmo plano: o próton na posição β, o grupo de saída e os dois átomos de carbono, que, em última análise levam à formação da ligação π. Esses quatro átomos têm de ser **coplanares**:

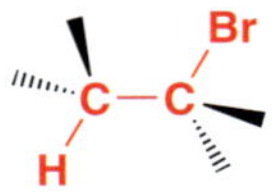

Estes quatro átomos (mostrados em vermelho) têm que estar todos no mesmo plano

Lembre-se de que a ligação simples C—C é livre para sofrer rotação antes que ocorra a reação. Se imaginarmos a rotação desta ligação, vemos que existem duas maneiras de conseguir um arranjo coplanar:

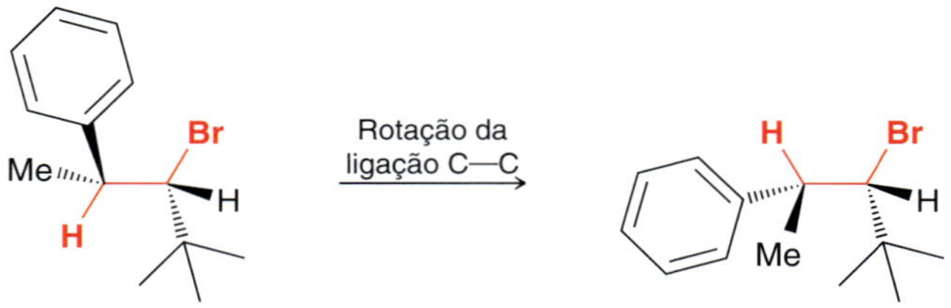

***Anti*coplanar** **Sin-coplanar**

A primeira conformação é chamada ***anti*coplanar**, enquanto a segunda conformação é chamada ***sin*-coplanar**. Neste contexto, os termos *anti* e *sin* se referem às posições relativas do próton e do grupo de saída, o que pode ser visto de forma mais clara com projeções de Newman (Figura 8.16).

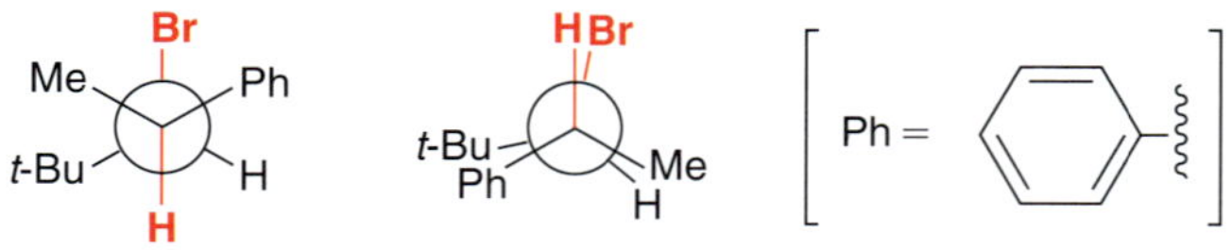

***Anti*coplanar (alternada)** ***Sin*-coplanar (eclipsada)** **Fenil**

FIGURA 8.16 Projeções de Newman das conformações *anti*coplanar e *sin*-coplanar.

Quando vistas dessa maneira, podemos ver que a conformação *anti*coplanar é alternada, enquanto a conformação *sin*-coplanar é eclipsada. A eliminação através da conformação *sin*-coplanar envolve um estado de transição de energia mais elevada em consequência da geometria eclipsada. Portanto, a eliminação ocorre mais rapidamente através da conformação *anti*coplanar. De fato, na maioria dos casos, observa-se que a eliminação ocorre exclusivamente através da conformação *anti*coplanar, o que leva a um produto estereoisomérico específico:

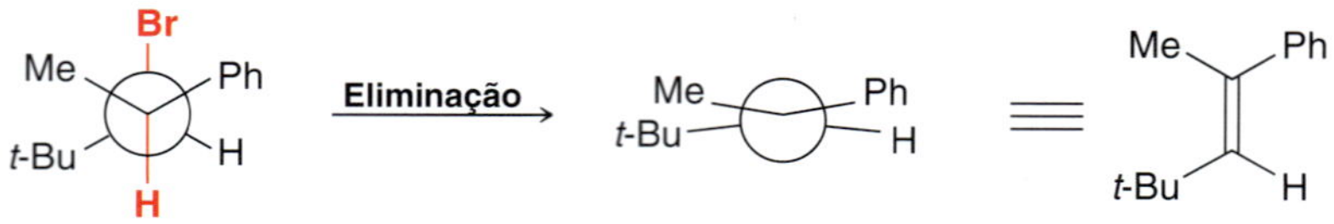

***Anti*coplanar (alternada)**

RELEMBRANDO
Para praticar representações das projeções de Newman, veja a Seção 4.7.

Alquenos: Estrutura e Preparação via Reações de Eliminação 363

O requisito de coplanaridade não é inteiramente absoluto. Ou seja, pequenos desvios da coplanaridade podem ser tolerados. Se o ângulo de diedro entre o próton e o grupo de saída não é exatamente de 180°, a reação ainda pode avançar desde que o ângulo de diedro seja próximo de 180°. O termo **periplanar** (em vez de complanar) é usado para descrever uma situação em que o próton e o grupo de saída são quase coplanares (por exemplo, um ângulo de diedro de 178° ou 179°). Em tal conformação, a sobreposição orbital é suficientemente significativa para ocorrer uma reação E2. Portanto, não é absolutamente necessário que o próton e o grupo de saída sejam *anti*coplanares. Em vez disso, é suficiente que o próton e o grupo de saída sejam **anti*periplanares**. De agora em diante, usaremos o termo *anti*periplanar quando nos referirmos à exigência estereoquímica para um processo E2.

O requisito para um arranjo *anti*periplanar será responsável pelo estereoisomerismo do produto. Em outras palavras, *o produto estereoisomérico de um processo E2 depende da configuração do haleto de alquila de partida*:

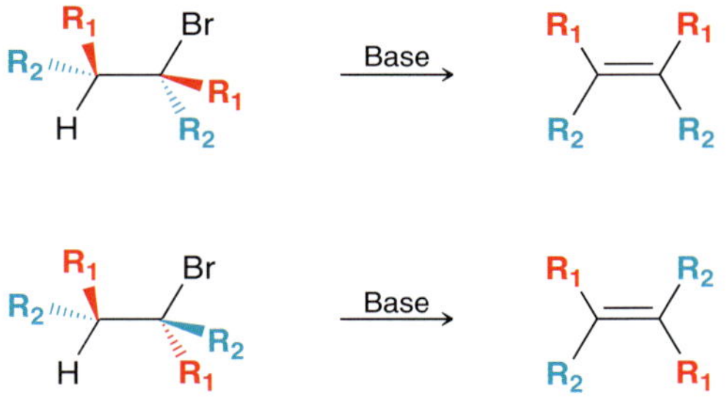

Seria absolutamente errado dizer que o produto será sempre o isômero *trans*. O produto obtido depende da configuração do haleto de alquila de partida. A única maneira de prever a configuração do alqueno resultante é analisar o substrato cuidadosamente, representar uma projeção de Newman e, em seguida, determinar que produto estereoisomérico é obtido. A reação E2 é dita *estereoespecífica*, porque o estereoisomerismo do produto depende do estereoisomerismo do substrato. A estereoespecificidade de uma reação E2 é relevante apenas quando a posição β tem apenas um próton:

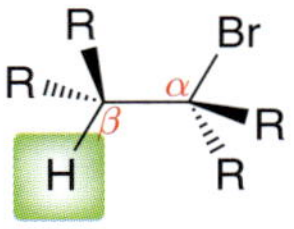

Neste caso, o próton β tem que ser *anti*periplanar com o grupo de saída, de modo que a reação ocorra e que essa exigência determine o produto estereoisomérico obtido. Se, no entanto, a posição β tem dois prótons, então qualquer um desses dois prótons pode estar posicionado de modo que ele é *anti*periplanar com o grupo de saída. Em consequência, os dois produtos estereoisoméricos serão obtidos:

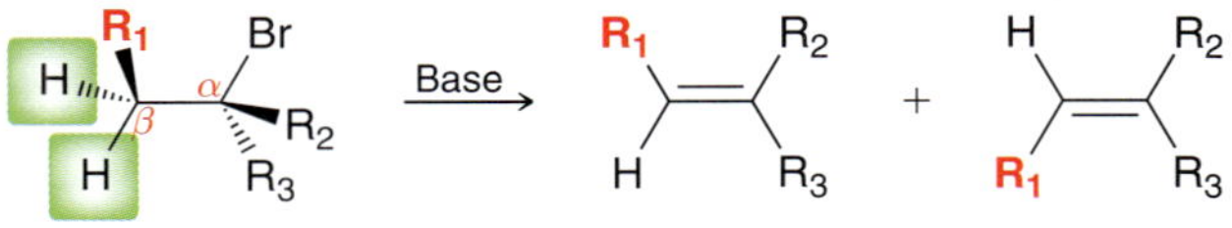

Neste caso, o alqueno isomérico mais estável predominará. Este é um exemplo de estereosseletividade, em vez de estereoespecificidade. A diferença entre estes dois termos muitas vezes não é compreendida, por isso, vamos nos deter um momento nesse assunto. A chave é concentrar-se na natureza do substrato (Figura 8.17):

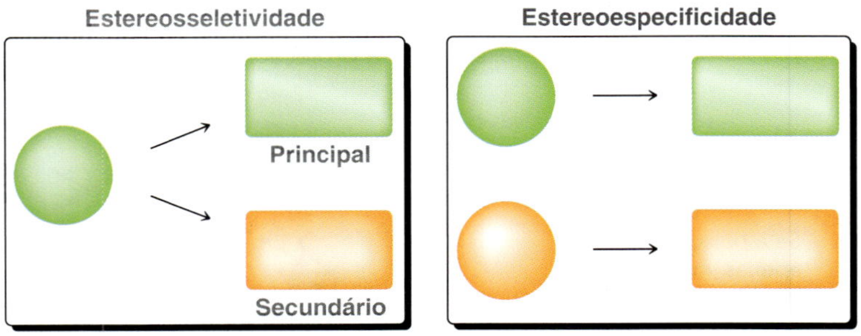

FIGURA 8.17
Uma ilustração da diferença entre estereosseletividade e estereoespecificidade em uma reação E2.

- Em uma reação E2 *estereosseletiva*: O substrato em si não é necessariamente estereoisomérico; no entanto, este substrato pode produzir dois produtos estereoisoméricos, e verificou-se que um produto estereoisomérico é formado com rendimento mais elevado.
- Em uma reação *estereoespecífica* E2: O substrato é estereoisomérico, e o resultado estereoquímico é dependente do substrato estereoisomérico que é usado.

DESENVOLVENDO A APRENDIZAGEM

8.6 PREVISÃO DO RESULTADO ESTEREOQUÍMICO DE UMA REAÇÃO E2

APRENDIZAGEM Identifique os produtos peincipal e secundário para a reação de E2 que ocorre quando cada um dos seguintes substratos é tratado com uma base forte:

(a) (b)

SOLUÇÃO

(a) Neste caso, a regioquímica é irrelevante porque só há uma única posição β que possui prótons:

ETAPA 1
Identificação de todas as posições β com prótons.

A fim de determinar se a reação é estereosseletiva ou estereoespecífica, contamos o número de prótons na posição β. Neste caso, a posição β tem dois prótons. Portanto, esperamos que a reação seja estereosseletiva. Ou seja, esperamos os dois isômeros *cis* e *trans*, com uma preferência para o *trans*:

ETAPA 2
Se a posição β tem dois prótons, esperam-se isômeros *cis* e *trans*.

→ **Principal** + **Secundário**

(b) Neste caso, a regioquímica também é irrelevante, porque, mais uma vez, há somente uma posição β que tem prótons:

ETAPA 1
Identificação de todas as posições β com prótons.

A fim de determinar se a reação é estereosseletiva ou estereoespecífica, contamos o número de próton na posição β. Neste caso, a posição β tem apenas um único próton. Portanto, esperamos que a reação seja estereoespecífica. Ou seja, esperamos apenas um determinado produto estereoisomérico, não ambos. Para determinar qual o produto que é esperado, começamos representando a projeção de Newman:

ETAPA 2
Se a posição β tem apenas um próton, traça-se uma projeção de Newman.

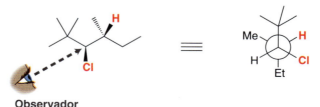

Observador

Alquenos: Estrutura e Preparação via Reações de Eliminação 365

Nesta conformação, o próton e o grupo de partida (Cl) não são *anti*periplanares. A fim de alcançar a conformação apropriada, giramos a ligação simples C—C, de modo que o próton e o átomo de cloro sejam *anti*periplanares:

ETAPA 3
Rotação da ligação simples C—C para alcançar uma conformação *anti*periplanar.

Agora usamos essa projeção Newman para representar o produto:

ETAPA 4
Uso da projeção de Newman como um guia para a representação do produto.

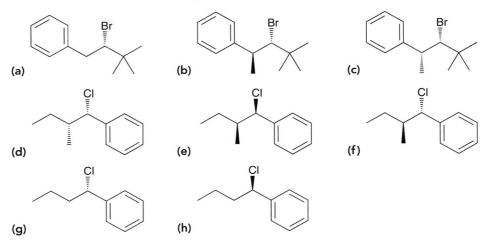

Neste caso, o produto é o isômero Z. O isômero E não é obtido, porque isso iria requerer que a eliminação ocorresse a partir de uma conformação *sin*-periplanar, que é muito eclipsada e tem muita energia.

PRATICANDO o que você aprendeu

8.18 Identifique os produtos principal e secundário para a reação E2 que ocorre quando cada um dos substratos vistos a seguir é tratado com uma base forte:

APLICANDO o que você aprendeu

8.19 Identifique um haleto de alquila que possa ser usado para produzir o seguinte alqueno:

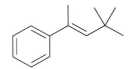

é necessário **PRATICAR MAIS?** Tente Resolver os Problemas 8.56, 8.63, 8.82

Estereoespecificidade das Reações E2 para Ciclo-hexanos Substituídos

Na seção anterior, exploramos a exigência de que uma reação E2 avance através de uma conformação *anti*periplanar. Essa exigência tem um significado especial quando se trata de ciclo-hexanos substituídos. Lembre-se de que um anel de ciclo-hexano substituído pode adotar duas conformações em cadeira diferentes:

366 **CAPÍTULO 8**

RELEMBRANDO
Para praticar representações de conformações em cadeira, veja a Seção 4.12.

Em uma conformação em cadeira, o grupo de saída ocupa uma posição axial. Na outra conformação em cadeira, o grupo de saída ocupa uma posição equatorial. A exigência de uma conformação *anti*periplanar impõe que uma reação E2 possa ocorrer somente a partir da conformação em cadeira em que o grupo de saída ocupa uma posição axial. Para ver isso mais claramente, consideramos as projeções de Newman para cada conformação em cadeira:

Quando o Cl é axial, ele pode ser *anti*periplanar com um átomo de hidrogênio vizinho

Quando o Cl é equatorial, ele não pode ser *anti*periplanar com qualquer um de seus átomos de hidrogênio vizinhos

Quando o grupo de saída ocupa uma posição axial, ele é *anti*periplanar com um próton vizinho. No entanto, quando o grupo de saída ocupa uma posição equatorial, ele não é *anti*periplanar com qualquer um dos prótons vizinhos. Portanto, em um anel de ciclo-hexano, uma reação E2 ocorre apenas a partir da conformação em cadeira em que o grupo de saída é axial. A partir destas considerações, segue que uma reação E2 pode ocorrer somente quando o grupo de saída e o próton estão em lados opostos do anel (um em uma cunha cheia e o outro sobre uma cunha tracejada):

Somente os dois átomos de hidrogênio mostrados em vermelho podem participar de uma reação E2

Se não existem esses prótons, então uma reação E2 não pode ocorrer com uma velocidade apreciável. Como um exemplo, considere a seguinte substância:

Esta substância não vai sofrer uma reação E2

Esta substância tem duas posições β, e cada posição β possui um próton. Porém, nenhum destes prótons pode ser *anti*periplanar com o grupo de saída. Uma vez que o grupo de saída está sobre uma cunha cheia, uma reação E2 ocorrerá apenas se houver um próton vizinho em uma cunha tracejada.

Considere outro exemplo:

Neste caso, apenas um próton pode ser *anti*periplanar com o grupo de saída, de modo que, neste caso, apenas um único produto é obtido:

Não é observado

O outro produto (o produto de Zaitsev) não é formado, neste caso, ainda que seja o alqueno mais substituído.

Para ciclo-hexanos substituídos, a velocidade de uma reação E2 é muito afetada pelo intervalor de tempo que o grupo de saída passa em uma posição axial. Como um exemplo, comparamos as duas substâncias vistas a seguir:

Cloreto de neomentila   **Cloreto de mentila**

O cloreto de neomentila é 200 vezes mais reativo em um processo E2. Por quê? Representamos as duas conformações em cadeira do cloreto de neomentila:

Mais estável

A conformação em cadeira mais estável tem o grande grupo isopropílico ocupando uma posição equatorial. Nesta conformação em cadeira, o cloro ocupa uma posição axial, que é bem definida para uma eliminação E2. Em outras palavras, o cloreto de neomentila passa a maior parte do seu tempo na conformação necessária para ocorrer um processo E2. Ao contrário, o cloreto de mentila passa a maior parte de seu tempo na conformação errada:

Mais estável

O grande grupo isopropílico ocupa uma posição equatorial na conformação em cadeira mais estável. Nesta conformação, o grupo de saída também ocupa uma posição equatorial, o que significa que o grupo de saída passa a maior parte do seu tempo na posição equatorial. Neste caso, um processo E2 pode ocorrer apenas a partir da conformação em cadeira de maior energia, cuja concentração é pequena em equilíbrio. Como resultado, o cloreto mentila irá sofrer uma reação E2 mais lenta.

VERIFICAÇÃO CONCEITUAL

8.20 Quando o cloreto de mentila é tratado com uma base forte, apenas um produto de eliminação é observado. No entanto, quando o cloreto de neomentila é tratado com uma base forte, dois produtos de eliminação são observados. Represente os produtos e explique o seu raciocínio.

Cloreto de neomentila   **Cloreto de mentila**

8.21 Preveja qual das duas substâncias vistas a seguir soferá mais rapidamente uma reação E2:

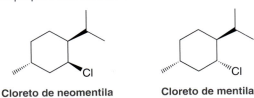

8.8 Representação dos Produtos de uma Reação E2

Como vimos, a previsão dos produtos de uma reação E2 é muitas vezes mais complexa do que a previsão dos produtos de uma reação S_N2. Com uma reação E2, duas importantes questões devem ser consideradas antes de representar os produtos: a regioquímica (Seção 8.4) e a estereoquímica (Seção 8.5). Estes dois problemas são ilustrados no exemplo visto a seguir.

DESENVOLVENDO A APRENDIZAGEM

8.7 REPRESENTAÇÃO DOS PRODUTOS DE UMA REAÇÃO E2

APRENDIZAGEM Preveja o(s) produto(s) da seguinte reação E2:

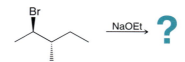

SOLUÇÃO

Temos que considerar tanto a regioquímica quanto a estereoquímica desta reação. Vamos começar com a regioquímica. Primeiro identificamos todas as posições β que possuem prótons:

ETAPA 1
Avaliação do resultado regioquímico.

Há duas posições β. A base (etóxido) não é estericamente impedida, por isso, esperamos que o produto de Zaitsev (o alqueno mais substituído) seja o produto principal. O alqueno menos substituído será o produto secundário. Em seguida, temos de identificar a estereoquímica de formação de cada um dos produtos. Vamos começar com o produto secundário (o alqueno menos substituído), porque a sua ligação dupla não apresenta estereoisomerismo:

ETAPA 2
Avaliação do resultado estereoquímico.

Esse alqueno não é *E* nem *Z*, por isso não precisamos nos preocupar com o estereoisomerismo da ligação dupla neste produto. Mas com o produto principal temos de prever que estereoisômero será obtido. Para fazer isso, representamos uma projeção de Newman:

Em seguida, giramos a ligação simples C—C, de modo que o próton e o grupo de saída são *anti*coplanares, e representamos o produto:

*Anti*coplanar

Alquenos: Estrutura e Preparação via Reações de Eliminação

Para resumir, esperamos os seguintes produtos:

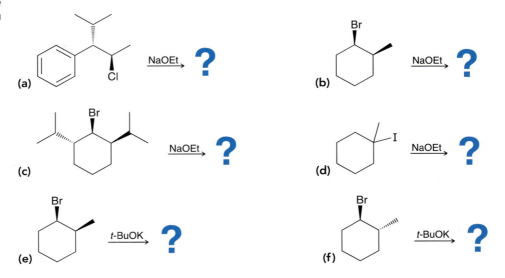

PRATICANDO
o que você aprendeu

8.22 Preveja os produtos principal e secundário para cada uma das seguintes reações E2:

APLICANDO
o que você aprendeu

8.23 Represente um haleto de alquila de modo a produzir apenas um alqueno mediante tratamento com uma base forte.

8.24 Represente um haleto de alquila que produzirá exatamente dois alquenos estereoisoméricos mediante tratamento com uma base forte.

8.25 Represente um haleto de alquila que produzirá dois isômeros constitucionais (mas não estereoisômeros) mediante tratamento com uma base forte.

é necessário **PRATICAR MAIS?** Tente Resolver os Problemas 8.59–8.61, 8.64, 8.66

8.9 O Mecanismo E1

Nesta seção, vamos explorar o mecanismo em múltiplas etapas, ou E1:

Evidência Cinética de um Mecanismo em Múltiplas Etapas

Estudos cinéticos mostram que muitas reações de eliminação apresentam cinética de primeira ordem, com uma equação de velocidade que tem a seguinte forma:

$$\text{Velocidade} = k \,[\text{substrato}]$$

Assim como as reações S_N1, a velocidade é linearmente dependente da concentração de apenas uma substância (o substrato). Esta observação é consistente com um mecanismo em múltiplas etapas, em que a etapa determinante da velocidade não envolve a base. A etapa determinante da velocidade é a primeira etapa do mecanismo (perda do grupo de saída), assim como vimos nas reações S_N1. A base não participa dessa etapa e, portanto, a concentração da base não afeta a velocidade. Uma vez que essa etapa envolve apenas uma entidade química, diz-se que ela é unimolecular. Reações de eliminação unimoleculares são chamadas de reações **E1**:

VERIFICAÇÃO CONCEITUAL

8.26 A reação vista a seguir ocorre através de um caminho mecanístico E1:

(a) O que acontece com a velocidade, se a concentração de iodeto de *terc*-butila for duplicada e a concentração de etanol for triplicada?
(b) O que acontece com a velocidade, se a concentração de iodeto de *terc*-butila permanecer a mesma e a concentração de etanol for duplicada?

Efeito do Substrato

Para as reações E1, verifica-se que a velocidade é muito sensível à natureza do haleto de alquila de partida, com haletos terciários reagindo mais rapidamente (Figura 8.18). Esta tendência é idêntica à tendência que vimos para as reações S_N1, e a razão para a tendência também é a mesma. Um mecanismo em múltiplas etapas envolve a formação de um carbocátion intermediário, e a velocidade de reação será dependente da estabilidade da carbocátion.

FIGURA 8.18
A taxa de reatividade de vários substratos em uma reação E1.

RELEMBRANDO
Para uma revisão da estabilidade de carbocátions e hiperconjugação, veja a Seção 6.11.

Lembre-se de que carbocátions terciários são mais estáveis do que carbocátions secundários (Figura 8.19), em consequência da hiperconjugação. Comparamos os diagramas de energia para reações E1 envolvendo substratos secundários e terciários (Figura 8.20). Substratos terciários apresentam uma energia de ativação mais baixa durante um processo E1 e, portanto, reagem mais rapidamente. Substratos primários são geralmente inertes em um mecanismo E1, porque um carbocátion primário é demasiadamente instável para se formar.

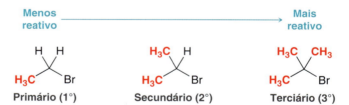

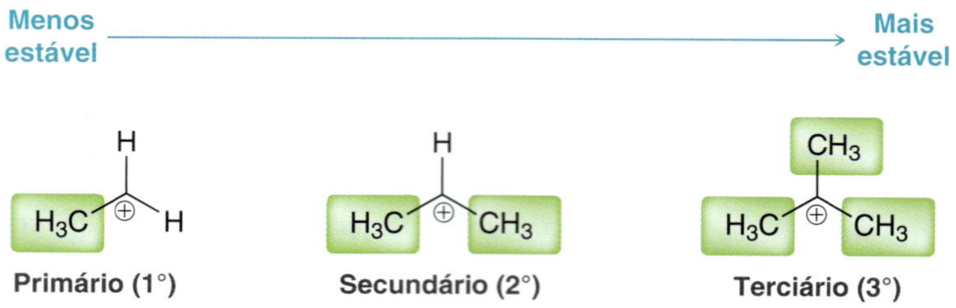

FIGURA 8.19
A estabilidade relativa de carbocátions primário, secundário e terciário.

Alquenos: Estrutura e Preparação via Reações de Eliminação 371

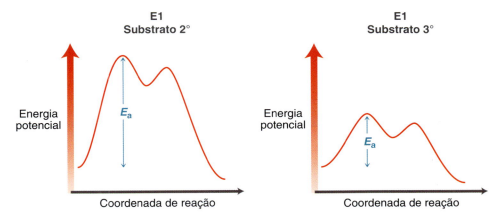

FIGURA 8.20
Uma comparação dos diagramas de energia para as reações E1 de substratos secundário e terciário.

A primeira etapa de um processo E1 é idêntica à primeira etapa de um processo S_N1. Em cada processo, a primeira etapa envolve a perda do grupo de saída para formar um carbocátion intermediário:

Uma reação E1 é geralmente acompanhada por uma reação S_N1 e existe uma competição entre as reações, de modo que normalmente obtém-se uma mistura de produtos.

No capítulo anterior, vimos que um grupo OH é um péssimo grupo de saída e que uma reação S_N1 só pode ocorrer se o grupo OH for protonado primeiro para formar um grupo de saída melhor:

O mesmo é verdade com um processo E1. Se o substrato for um álcool, será necessário um ácido forte a fim de protonar o grupo OH. O ácido sulfúrico aquoso concentrado é normalmente usado para esta finalidade:

A reação anterior envolve a eliminação de água para formar um alqueno e, portanto, é chamada de reação de desidratação.

VERIFICAÇÃO CONCEITUAL

8.27 Represente o carbocátion intermediário gerado por cada um dos seguintes substratos em uma reação E1:

(a) (b) (c) (d)

8.28 Represente o carbocátion intermediário gerado quando cada um dos seguintes substratos é tratado com ácido sulfúrico:

(a) (b) (c) (d)

Regiosseletividade das Reações E1

Processos E1 exibem uma preferência regioquímica em formar o produto de Zaitsev, como foi observado para as reações E2. Por exemplo:

O alqueno mais substituído (produto de Zaitsev) é o produto principal. Entretanto, existe uma diferença fundamental entre os resultados regioquímicos das reações E1 e E2. Especificamente, visto que o resultado regioquímico de uma reação E2 pode ser muitas vezes controlado escolhendo-se cuidadosamente a base (é estericamente impedida ou não é estericamente impedida). Ao contrário, o resultado regioquímico de um processo E1 não pode ser controlado. O produto de Zaitsev geralmente será obtido.

DESENVOLVENDO A APRENDIZAGEM

8.8 PREVISÃO DO RESULTADO REGIOQUÍMICO DE UMA REAÇÃO E1

APRENDIZAGEM Identifique os produtos principal e secundário da seguinte reação E1:

SOLUÇÃO
Primeiro identificamos todas as posições β que têm prótons:

ETAPA 1
Identifique todas as posições β que têm prótons.

Estas são as posições que têm de ser exploradas. Duas dessas posições são idênticas, porque elas iriam dar o mesmo produto:

ETAPA 2
Anotação das posições β que levam ao mesmo produto.

A abstração de um próton a partir de qualquer uma dessas duas posições proporciona o mesmo produto

Estas duas estruturas representam o mesmo produto

Alquenos: Estrutura e Preparação via Reações de Eliminação 373

A outra posição β produzirá o seguinte alqueno:

Abstração de um próton a partir desta posição... ...produz este produto

Portanto, existem dois produtos possíveis, e esperamos que seja obtida uma mistura dos dois produtos. O produto principal será o alqueno mais substituído:

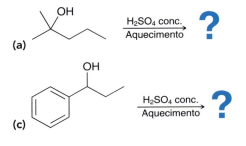

Principal   Secundário

ETAPA 3
Representação de todos os produtos e nomeação do alqueno mais substituído como o produto principal.

PRATICANDO o que você aprendeu

8.29 Identifique os produtos principal e secundário para cada uma das seguintes reações E1:

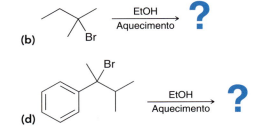

APLICANDO o que você aprendeu

8.30 Identifique dois álcoois de partidas diferentes que poderiam ser usados para produzir 1-metilciclo-hexeno. Em seguida, determine qual o álcool que se espera que reaja mais rapidamente sob condições ácidas. Explique sua escolha.

┄┄> é necessário **PRATICAR MAIS?** Tente Resolver o Problema 8.62

Estereosseletividade das Reações E1

Reações E1 não são estereoespecíficas – isto é, elas não necessitam de *anti*periplanaridade para que a reação ocorra. No entanto, as reações E1 são estereosseletivas. Quando produtos *cis* e *trans* são possíveis, geralmente observamos uma preferência para a formação do estereoisômero *trans*:

75%   25%

VERIFICAÇÃO CONCEITUAL

8.31 Represente somente o produto principal em cada uma das seguintes reações E1:

8.10 Representação do Mecanismo Completo de um Processo E1

FIGURA 8.21
Uma comparação das etapas principais dos processos S_N1 e E1.

Compare as duas etapas principais de um mecanismo E1 com as duas etapas principais de um mecanismo S_N1 (Figura 8.21). Na Seção 7.6, vimos que um processo S_N1 pode ter até três etapas adicionais (Figura 8.22). Da mesma forma, podemos esperar que um mecanismo E1 também pode ter até três etapas adicionais. Entretanto, na prática, nada acontece após a segunda etapa principal. Um processo E1 só pode ter até duas etapas adicionais (Figura 8.23):

- Transferência de próton antes da primeira etapa principal
- Rearranjo de carbocátion entre as duas etapas principais

Você pode explicar por que uma transferência de próton nunca é exigida após a segunda etapa principal de um processo E1? Pense sobre que circunstâncias exigem a transferência de próton no final de um mecanismo S_N1 e, em seguida, considere por que isso não acontece em um processo E1.

[Transferência de próton — Perda de GS — Rearranjo de carbocátion — Ataque nuc — Transferência de próton]

FIGURA 8.22
Etapas principais (cinza) e etapas adicionais (azul) de um processo S_N1.

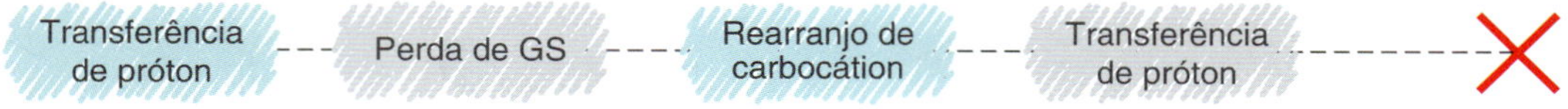

[Transferência de próton — Perda de GS — Rearranjo de carbocátion — Transferência de próton — ✗]

FIGURA 8.23
Etapas principais (cinza) e etapas adicionais (azul) de um processo E1.

Transferência de Próton no Início de um Mecanismo E1

Uma transferência de próton é exigida no início de um processo E1, pela mesma razão que ela era necessária no início de um processo S_N1. Especificamente, uma transferência de próton é necessária sempre que o grupo de saída for um grupo OH. Hidróxido não é um bom grupo de saída e não vai sair por si só. Portanto, um álcool só vai participar em uma reação E1, se o grupo OH for protonado primeiro, o que significa que é necessário um ácido. A seguir vemos um exemplo:

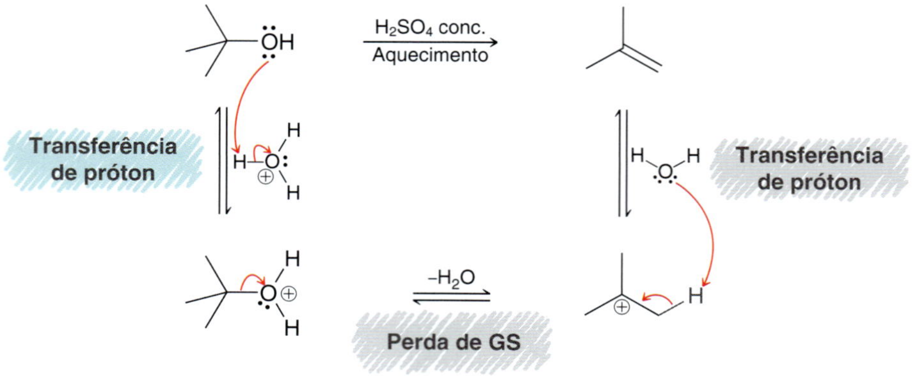

[Esquema do mecanismo: álcool terc-butílico + H_2SO_4 conc., Aquecimento → alqueno; etapas: Transferência de próton, Perda de GS ($-H_2O$), Transferência de próton]

Observamos que este mecanismo tem três etapas:

[Transferência de próton — Perda de GS — Transferência de próton]

VERIFICAÇÃO CONCEITUAL

8.32 Para cada um dos substratos vistos a seguir, determine se um processo E1 vai requerer o uso de um ácido:

Rearranjo de Carbocátion Durante um Mecanismo E1

O mecanismo E1 envolve a formação de um carbocátion intermediário. Lembre-se do Capítulo 6, em que carbocátions são suscetíveis a rearranjo, quer através de um deslocamento de hidreto, quer de um deslocamento de metila. A seguir, apresentamos um exemplo de um mecanismo E1 que contém um rearranjo de carbocátion:

RELEMBRANDO
Para praticar deslocamentos de hidreto e deslocamentos de metila, veja a Seção 6.11.

Observamos que o rearranjo de carbocátion ocorre entre as duas etapas principais de um mecanismo E1

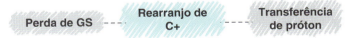

VERIFICAÇÃO CONCEITUAL

8.33 Para cada um dos substratos vistos a seguir, determine se um processo E1 pode envolver um rearranjo de carbocátion ou não:

Um Mecanismo E1 Pode Ter Muitas Etapas

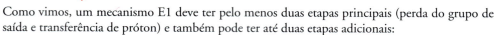

Como vimos, um mecanismo E1 deve ter pelo menos duas etapas principais (perda do grupo de saída e transferência de próton) e também pode ter até duas etapas adicionais:

1. *Antes des duas etapas principais* – É possível ter uma transferência de próton.
2. *Entre as duas etapas principais* – É possível ter um rearranjo de carbocátion.

MECANISMO 8.1 O MECANISMO E1

Duas etapas principais

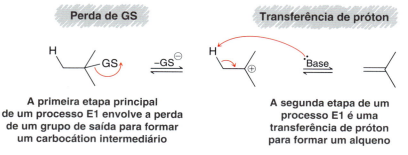

Possíveis etapas adicionais

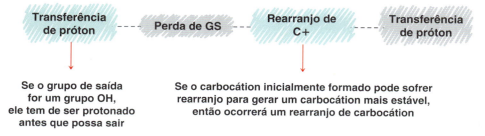

Um processo E1 pode ter uma ou duas etapas adicionais mostradas no Mecanismo 8.1. Este é um exemplo de um processo E1 com quatro etapas:

Alquenos: Estrutura e Preparação via Reações de Eliminação 377

Este mecanismo tem quatro etapas e, portanto, esperamos que o diagrama de energia da reação apresente quatro picos (Figura 8.24). O número de picos no diagrama de energia de um processo E1 será sempre igual ao número de etapas no mecanismo. Como vimos, o número de etapas pode variar de duas a quatro, o que significa que o diagrama de energia de um processo E1 pode ter de dois a quatro picos.

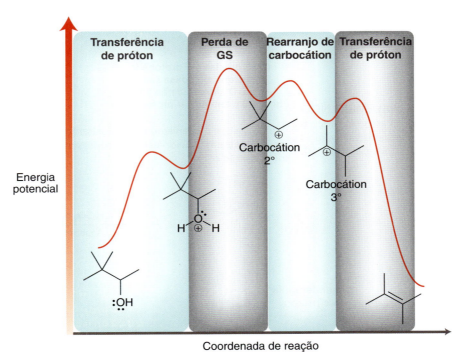

FIGURA 8.24
O diagrama de energia de um processo E1 com quatro etapas.

Nos casos em que um rearranjo de carbocátion é possível, espera-se obter o(s) produto(s) do rearranjo, bem como o(s) produto(s) sem rearranjo. No exemplo anterior, os seguintes produtos são obtidos:

DESENVOLVENDO A APRENDIZAGEM

8.9 REPRESENTAÇÃO DO MECANISMO COMPLETO DE UMA REAÇÃO E1

APRENDIZAGEM Represente um mecanismo para o seguinte processo E1:

SOLUÇÃO

Um processo E1 sempre deve envolver pelo menos duas etapas principais: a perda de um grupo de saída e transferência de próton. Mas temos de considerar se as outras duas etapas possíveis ocorrerão:

RELEMBRANDO
Para praticar com setas curvas, veja as Seções 6.8-6.10.

Neste caso, o mecanismo deve mostrar todas as quatro etapas (as duas etapas principais mais as duas etapas adicionais). Para representar essas etapas, vamos utilizar o que aprendemos no Capítulo 6:

PRATICANDO
o que você aprendeu

8.34 Represente um mecanismo para cada um dos seguintes processos E1:

APLICANDO
o que você aprendeu

8.35 Identifique o padrão para cada mecanismo no Problema 8.34. Por exemplo, o padrão para o Problema 8.34a é:

Este mecanismo é constituído por uma transferência de próton seguida pelas duas etapas principais de um processo E1 (perda de um grupo de saída e, em seguida, transferência de próton).

Alquenos: Estrutura e Preparação via Reações de Eliminação 379

Represente padrões para os outros três problemas (8.34b-8.34d). Em seguida, compare os padrões. Identifique quais as duas reações que apresentam exatamente o mesmo padrão e, em seguida, descreva em palavras por que essas duas reações são tão semelhantes.

8.36 Identifique qual dos seguintes métodos é mais eficiente para a produção de 3,3-dimetilciclo-hexeno. Explique sua escolha.

- - - → é necessário **PRATICAR MAIS?** Tente Resolver os Problemas 8.68a, 8.76a–d, 8.81, 8.83, 8.84

8.11 Representação do Mecanismo Completo de um Processo E2

Na seção anterior, vimos que etapas adicionais podem acompanhar um processo E1. Ao contrário, um processo E2 consiste em uma etapa concertada e raramente é acompanhado por outras etapas. Um carbocátion nunca é formado, e, portanto, não há possibilidade de um rearranjo de carbocátion. Além disso, as condições do processo E2 em geral requerem a utilização de uma base forte, e um grupo OH não pode ser protonado sob tais condições. Não é, portanto, comum ver um processo E2 com uma transferência de próton, no início do mecanismo. É muito mais comum ver uma transferência de próton, no início de um processo E1 (uma reação de desidratação). Todos os processos E2 que vamos encontrar neste livro serão constituídos de apenas uma etapa concertada, como é visto no Mecanismo 8.2.

MECANISMO 8.2 O MECANISMO E2

Um processo E2 é constituído de apenas uma etapa concertada na qual a base abstrai um próton e o grupo de saída sai ao mesmo tempo

O mecanismo E2 requer apenas três setas curvas, que devem ser cuidadosamente posicionadas. Ao representar a primeira seta curva, a extremidade final é colocada sobre um par isolado da base e a ponta é representada apontando para um próton na posição β. Ao representar a segunda seta curva, a extremidade final é colocada sobre a ligação C—H, que se quebra, e a ponta é colocada na ligação entre as posições α e β. Finalmente, a terceira seta curva é representada para mostrar a perda do grupo de saída.

VERIFICAÇÃO CONCEITUAL

8.37 Represente um mecanismo para cada uma das seguintes reações E2:

(a) *t*-Bu–Cl + NaOMe →
(b) (substrato) + *t*-BuOK →
(c) (substrato) + NaOH →

8.38 No próximo capítulo vamos aprender um método para preparar alquinos (substâncias que contêm ligações triplas C≡C). Na reação vista a seguir, um dialeto (uma substância com dois átomos de halogênio) é tratado com um excesso de uma base forte (amida de sódio), resultando em duas reações E2 sucessivas. Represente um mecanismo para essa transformação.

R–CHCl–CHCl–R + Excesso NaNH₂ → R–C≡C–R

8.12 Substituição vs. Eliminação: Identificação do Reagente

As reações de substituição e eliminação estão quase sempre competindo uma com a outra. A fim de prever os produtos de uma reação, é necessário determinar quais os mecanismos que são suscetíveis de ocorrer. Em alguns casos, apenas um mecanismo predomina:

t-Bu–I + NaOMe/MeOH → alceno

A partir de E2
(único produto)

Em outros casos, dois ou mais mecanismos competirão; por exemplo:

t-Bu–I + H₂O/Aquecimento → alceno + álcool

A partir de E1   **A partir de S_N1**

Não caia na armadilha de pensar que sempre tem que existir um claro vencedor. Às vezes é isso que ocorre, mas às vezes há vários produtos. O objetivo é prever todos os produtos e prever quais os produtos principais e quais os secundários. Para atingir esta meta, são necessárias três etapas:

1. Determinar a função do reagente.
2. Analisar o substrato e determinar o(s) mecanismo(s) esperado(s).
3. Considerar quaisquer requisitos regioquímico e estereoquímicos relevantes.

Cada uma dessas três etapas será explorada, em detalhes, no restante deste capítulo. Esta seção será focada nas habilidades necessárias para alcançar a primeira etapa, enquanto a segunda e terceira etapas serão discutidas nas seções seguintes. O objetivo final é a proficiência na previsão de produtos, e o aprendizado desta seção representa a primeira etapa para alcançar esse objetivo.

Vimos anteriormente neste capítulo que a principal diferença entre as reações de substituição e eliminação é a função do reagente. Uma reação de substituição ocorre quando o reagente se comporta como um nucleófilo, enquanto uma reação de eliminação ocorre quando o reagente se comporta como uma base. Portanto, a primeira etapa em qualquer caso específico é determinar se o reagente é um nucleófilo forte ou um nucleófilo fraco e se é uma base forte ou uma base fraca. Nucleofilicidade e basicidade não são os mesmos conceitos, como descrito inicialmente na Seção 6.7. Nucleofilicidade é um fenômeno cinético e refere-se à velocidade da reação, enquanto basicidade é um fenômeno termodinâmico e refere-se à posição de equilíbrio. Veremos em breve que é possível para um reagente ser um nucleófilo fraco e uma base forte. Do mesmo modo, é possível que um reagente seja um nucleófilo forte e uma base fraca. Isto é, a basicidade e a nucleofilicidade nem sempre são paralelas entre si. Vamos agora explorar a nucleofilicidade e a basicidade em mais detalhes, a fim de desenvolver o conhecimento necessário para identificar a função esperada de um reagente.

Alquenos: Estrutura e Preparação via Reações de Eliminação

381

Nucleofilicidade

Nucleofilicidade refere-se à velocidade com que determinado nucleófilo atacará um eletrófilo. Há muitos fatores que contribuem para a nucleofilicidade, como descrito inicialmente na Seção 6.7. Um desses fatores é a carga, o que pode ser ilustrado através da comparação de um íon hidróxido com a água. O hidróxido é um nucleófilo forte, enquanto a água é um nucleófilo fraco, como pode ser visto na Seção 7.8.

Nucleófilo forte · · **Nucleófilo fraco**

Outro fator que afeta a nucleofilicidade é a polarizabilidade, que muitas vezes é ainda mais importante do que a carga. Lembre-se de que a polarizabilidade descreve a capacidade de um átomo em distribuir a sua densidade eletrônica de forma desigual, como um resultado de influências externas (Seção 6.7). A polarizabilidade está diretamente relacionada ao tamanho do átomo e, mais especificamente, ao número de elétrons que estão distantes do núcleo. Um átomo de enxofre é muito grande e tem muitos elétrons que estão distantes do núcleo e, portanto, é altamente polarizado. A maioria dos halogênios compartilha essa mesma característica. Por essa razão, o H_2S é um nucleófilo muito mais forte do que o H_2O:

Nucleófilo forte · **Nucleófilo fraco**

Observe que o H_2S carece de uma carga negativa, mas é, no entanto, um nucleófilo forte, porque é altamente polarizável. A relação entre a polarizabilidade e nucleofilicidade também explica por que o íon hidreto (H^-) do NaH não se comporta como um nucleófilo, mesmo tendo uma carga negativa. O íon hidreto é extremamente pequeno (o hidrogênio é o menor dos átomos), e não é suficientemente polarizável para se comportar como um nucleófilo. Veremos, no entanto, que o íon hidreto se comporta como uma base muito forte. Vamos analisar agora os fatores que afetam a basicidade.

Basicidade

Ao contrário da nucleofilicidade, a basicidade não é um fenômeno cinético e não está associada à velocidade de um processo. Em vez disso, basicidade é um fenômeno termodinâmico e refere-se à posição de equilíbrio:

Base forte · **Base fraca**

Em um processo de transferência de próton, o equilíbrio vai favorecer a base fraca.

Existem vários métodos para determinar se uma base é forte ou fraca. No Capítulo 3 discutimos dois desses métodos: uma abordagem quantitativa e uma abordagem qualitativa. A primeira exige que tenhamos acesso a valores de pK_a. Especificamente, a força de uma base é determinada pela avaliação do pK_a do seu ácido conjugado. Por exemplo, um íon cloreto é uma base muito fraca, porque o seu ácido conjugado (HCl) é fortemente ácido ($pK_a = -7$). A outra abordagem, o método qualitativo, foi descrito na Seção 3.4 e envolve a utilização de quatro fatores para a determinação da estabilidade relativa de uma base contendo uma carga negativa. Por exemplo, um íon cloreto tem uma carga negativa sobre um átomo eletronegativo grande e é, portanto, altamente estabilizado (uma base fraca). Observe que tanto a abordagem quantitativa quanto a abordagem qualitativa fornecem a mesma previsão: a de que um íon cloreto é uma base fraca.

Como outro exemplo, considere o íon bissulfato (HSO_4^-). A abordagem quantitativa identifica este íon como uma base fraca, porque o seu ácido conjugado é fortemente ácido ($pK_a = -9$). A abordagem qualitativa dá uma previsão semelhante, porque o íon bissulfato é altamente estabilizado por ressonância:

Observe mais uma vez que as abordagens quantitativa e qualitativa são consistentes. Qualquer abordagem pode ser utilizada. O caso específico geralmente vai ditar qual é o método mais fácil de usar.

Nucleofilicidade vs. Basicidade

Depois de analisar os principais fatores que contribuem para a nucleofilicidade e a basicidade, podemos classificar todos os reagentes em quatro grupos (Figura 8.25). Vamos rever rapidamente cada um desses quatro grupos. O primeiro grupo inclui os reagentes que se comportam apenas como nucleófilos. Isto é, eles são nucleófilos fortes porque são altamente polarizáveis, mas eles são bases fracas porque os seus ácidos conjugados são bastante ácidos. A utilização de um reagente deste grupo significa que uma reação de substituição está ocorrendo (não de eliminação).

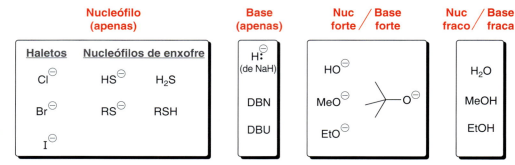

FIGURA 8.25
Classificação de reagentes comuns utilizados para as reações de substituição/eliminação.

OLHANDO PARA O FUTURO

O íon hidreto será utilizado como uma base forte em outras aplicações ao longo deste livro.

O segundo grupo inclui reagentes que se comportam apenas como bases, não como nucleófilos. O primeiro reagente neste grupo é o íon hidreto, geralmente mostrado na forma NaH, em que o Na$^+$ é o contraíon. Como mencionado anteriormente, o íon hidreto não é um nucleófilo, porque não é suficientemente polarizável; no entanto, é uma base muito forte porque o seu ácido conjugado (H—H) é um ácido exremamente fraco. A utilização de um íon hidreto como reagente indica que ocorrerá eliminação em vez de substituição. De fato, há muitos reagentes além do hidreto que também se comportam exclusivamente como bases (e não como nucleófilos). Dois exemplos frequentemente utilizados são o DBN e o DBU:

1,5-Diazabiciclo[4.3.0]non-5-eno
(DBN)

1,8-Diazabiciclo[5.4.0]undec-7-eno
(DBU)

Estas duas substâncias são muito semelhantes em termos de estrutura. Quando qualquer uma destas substâncias é protonada, a carga positiva resultante é estabilizada por ressonância:

Estabilizado por ressonância

A carga positiva está distribuída por dois átomos de nitrogênio, em vez de um. O ácido conjugado é estabilizado e, portanto, não é muito ácido. Como resultado, ambos, o DBN e o DBU, são fortemente básicos. Esses exemplos demonstram que é possível uma substância neutra ser uma base forte.

O terceiro grupo na Figura 8.25 contém reagentes que são nucleófilos fortes e bases fortes. Estes reagentes incluem os íon hidróxido (HO$^-$) e alcóxido (RO$^-$). Estes reagentes são geralmente utilizados para processos bimoleculares (S$_N$2 e E2).

O quarto, e último, grupo contém reagentes que são nucleófilos fracos e bases fracas. Estes reagentes incluem a água (H$_2$O) e os álcoois (ROH). Tais reagentes são geralmente utilizados para processos unimoleculares (S$_N$1 e E1).

A fim de prever os produtos de uma reação, a primeira etapa é a determinação da identidade e da natureza do reagente. Ou seja, você deve analisar o reagente e determinar a que grupo ele pertence. Vamos começar praticando este procedimento crítico.

Alquenos: Estrutura e Preparação via Reações de Eliminação 383

DESENVOLVENDO A APRENDIZAGEM

8.10 DETERMINAÇÃO DA FUNÇÃO DE UM REAGENTE

APRENDIZAGEM Considere o íon fenolato. Vamos explorar a reatividade deste íon no Capítulo 19. A partir da lista vista a seguir, identificamos a que grupo o íon fenolato pertence.

(a) Nucleófilo forte e base fraca
(b) Nucleófilo fraco e base forte
(c) Nucleófilo forte e base forte
(d) Nucleófilo fraco e base fraca

Fenolato

SOLUÇÃO

ETAPA 1
Determinação se o reagente é um nucleófilo forte ou se ele não é, olhando para a carga e/ou a polarizabilidade.

Vamos começar a explorar a sua nucleofilicidade. Verificamos a carga e a polarizabilidade. O reagente certamente tem uma carga negativa, o que deve torná-lo um nucleófilo forte. O átomo de oxigênio não é altamente polarizável, mas ele também não é um átomo suficientemente pequeno (como o hidrogênio) para não ser um nucleófilo. Consequentemente, prevemos que o íon fenolato deve ser um nucleófilo relativamente forte. Esta característica será um aspecto importante da sua reatividade no Capítulo 19.

ETAPA 2
Determinação se o reagente é uma base forte ou ele não é, utilizando o método quantitativo ou o método qualitativo.

Em seguida, vamos explorar a basicidade do íon fenolato. Existem dois métodos que podem ser usados, e os seus resultados devem ser concordantes. Usando a abordagem quantitativa, olhamos o valor do pK_a do ácido conjugado (chamado fenol):

Fenol

A Tabela 3.1 indica que o pK_a do fenol é de 9,9, que é muito mais ácido do que um álcool típico (um ROH geralmente tem um pK_a na faixa de 16-18). Como o fenol é bastante ácido, esperamos que o íon fenolato seja uma base bastante fraca. Alternativamente, poderíamos tirar a mesma conclusão usando a abordagem qualitativa. Especificamente, observa-se que o íon fenolato é estabilizado por ressonância:

Como resultado, o íon fenolato é esperado ser uma base mais fraca (mais estável) de um íon alcóxido comum (RO⁻). Concluindo, nossa análise prevê que o íon fenolato deve ser um nucleófilo relativamente forte e uma base relativamente fraca.

PRATICANDO
o que você aprendeu

8.39 Identifique se cada um dos reagentes vistos a seguir seria um nucleófilo forte ou um nucleófilo fraco e também indique se ele seria uma base forte ou uma base fraca:

(a) ⌇OH (b) ⌇SH (c) ⌇O⁻ (d) Br⁻

(e) LiOH (f) MeOH (g) NaOMe (h) DBN

APLICANDO
o que você aprendeu

8.40 Vimos que o NaH é uma base forte, mas um nucleófilo fraco. Por sua vez, o hidreto de alumínio e lítio (HAL) é um reagente que pode servir como uma fonte de íon hidreto nucleofílico:

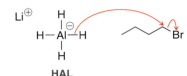
HAL

Neste caso o HAL se comporta como uma fonte de um íon hidreto nucleofílico. Veremos este reagente em muitos dos próximos capítulos. Explique por que o HAL é capaz de se comportar como um nucleófilo forte enquanto o NaH não é.

⤳ é necessário **PRATICAR MAIS?** Tente Resolver o Problema 8.55

8.13 Substituição vs. Eliminação: Identificação do(s) Mecanismo(s)

Mencionamos que existem três etapas principais para prever os produtos das reações de substituição e de eliminação. Na seção anterior, foi explorada a primeira etapa (identificação da função do reagente). Nesta seção, vamos explorar agora a segunda etapa em que analisamos o substrato e identificamos que mecanismo(s) opera(m).

Conforme descrito na seção anterior, há quatro grupos de reagentes. Para cada grupo, temos que explorar o resultado esperado com um substrato primário, secundário ou terciário. Resumimos a seguir todas as informações em um fluxograma. Vamos começar com os reagentes que se comportam apenas como nucleófilos.

Resultados Possíveis para Reagentes que se Comportam Apenas como Nucleófilos

Quando o reagente se comporta exclusivamente como um nucleófilo (e não como uma base), irão ocorrer apenas reações de substituição (não de eliminação), como ilustrado na Figura 8.26. O substrato vai determinar qual o mecanismo que opera. O mecanismo S_N2 predominará para substratos primários e o S_N1 predominará para substratos terciários. Para substratos secundários, tanto o mecanismo S_N2 quanto o mecanismo S_N1 são viáveis, embora o S_N2 seja geralmente favorecido. A velocidade de um processo S_N2 pode ser aumentada através da utilização de um solvente aprótico polar, tal como descrito na Seção 7.8.

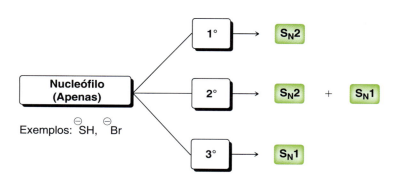

FIGURA 8.26
Resultados que se poderiam esperar quando um substrato primário, secundário ou terciário é tratado com um reagente que se comporta somente como um nucleófilo.

Resultados Possíveis para Reagentes que se Comportam Apenas como Bases

Quando o reagente se comporta exclusivamente como uma base (e não como um nucleófilo), irão ocorrer apenas reações de eliminação (não de substituição), como ilustrado na Figura 8.27. Tais reagentes são geralmente bases fortes, resultando em um processo E2. Como pode ser visto na Seção 8.7, um processo E2 pode ocorrer para os substratos primários, secundários ou terciários.

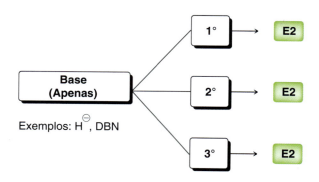

FIGURA 8.27
Um processo E2 é o resultado esperado quando um substrato primário, secundário ou terciário é tratado com um reagente que se comporta apenas como uma base.

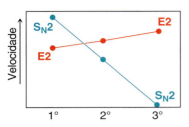

FIGURA 8.28
Os efeitos do substrato sobre a competição entre os processos S_N2 e E2.

Resultados Possíveis para Reagentes que São Bases Fortes e Nucleófilos Fortes

Quando o reagente é tanto um nucleófilo forte quanto uma base forte, mecanismos bimoleculares dominarão (S_N2 e E2), e o substrato terá um papel crítico na competição entre S_N2 e E2. A natureza desta competição é ilustrada na Figura 8.28.

As velocidades dos processos S_N2 e E2 são afetadas de forma diferente pelo substrato. Observe que o processo S_N2 predomina quando o substrato é primário, enquanto o processo E2 predomina quando o substrato é secundário. Para substratos terciários, apenas E2 é observada, porque o caminho reacional S_N2 também é estericamente impedido de ocorrer. Lembre-se de que o caminho reacional E2 não é sensível ao impedimento estérico. Esta competição entre S_N2 e E2 está resumida na Figura 8.29.

FIGURA 8.29
Resultados que são esperados quando um substrato primário, secundário ou terciário é tratado com um reagente, que funciona tanto como uma base forte como um nucleófilo forte.

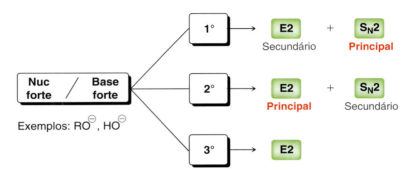

Observe que, quando um substrato primário é tratado com um íon alcóxido (RO⁻), o caminho reacional S_N2 predomina sobre o caminho reacional E2. Há uma notável exceção a esta regra geral. Especificamente, o *terc*-butóxido de potássio é um alcóxido impedido estericamente e favorece E2 em relação a S_N2, mesmo quando o substrato é primário. Esta exceção é útil porque permite a conversão de um haleto de alquila primário em um alqueno:

Resultados Possíveis para Reagentes que São Bases Fracas e Nucleófilos Fracos

Vamos agora considerar os possíveis resultados quando o reagente é tanto um nucleófilo fraco quanto uma base fraca, tal como ilustrado na Figura 8.30. Essas condições não são práticas para substratos primários e secundários. Substratos primários geralmente reagem lentamente com nucleófilos fracos e bases fracas, e substratos secundários produzem uma mistura de muitos produtos. Entretanto, quando o substrato é terciário, pode ser eficiente usar um reagente que seja uma base fraca e um nucleófilo fraco. Em tal caso, caminhos reacionais unimoleculares predominam (S_N1 e E1). Produtos S_N1 geralmente são favotrcidos, embora a distribuição de produto seja sensível às condições de reação, com a temperatura sendo frequentemente o fator mais significativo. Um aumento na temperatura irá aumentar as velocidades de S_N1 e E1, mas a velocidade de E1 é geralmente mais aumentada. Como resultado, o caminho reacional E1, algumas vezes, predomina em relação ao caminho recional S_N1 a temperaturas elevadas.

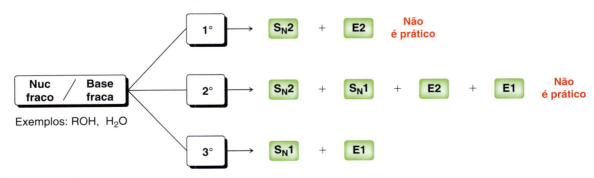

FIGURA 8.30
Resultados esperados quando um substrato primário, secundário ou terciário é tratado com um reagente, que se comporta tanto como uma base fraca, como um nucleófilo fraco.

Se o substrato for um álcool secundário ou terciário, então, o tratamento com ácido sulfúrico concentrado e aquecimento irá desencadear uma reação E1 (Seção 8.9). Em tal caso, o ácido sulfúrico serve como uma fonte de prótons (para protonar o grupo OH) e a água serve como uma base fraca, que completa o processo E1.

Todos os resultados descritos anteriormente são agora resumidos em um fluxograma (Figura 8.31). É importante conhecer este fluxograma detalhadamente, mas tome cuidado para não memorizá-lo. É mais importante "entender" as razões para todos esses resultados. A compreensão adequada irá revelar-se muito mais útil em uma prova do que simplesmente memorizar um conjunto de regras. A Figura 8.31 pode ser utilizada para determinar que mecanismo(s) opera(m) para qualquer caso específico.

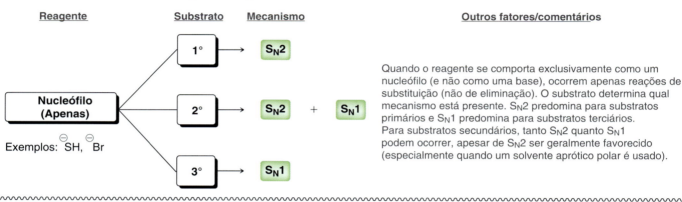

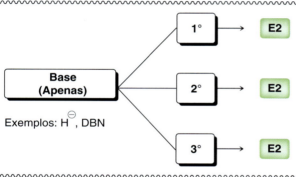

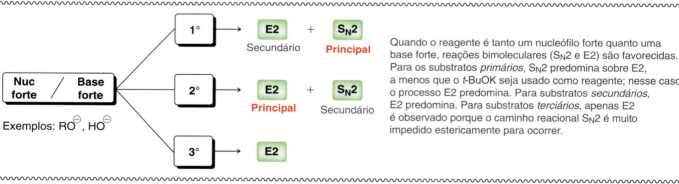

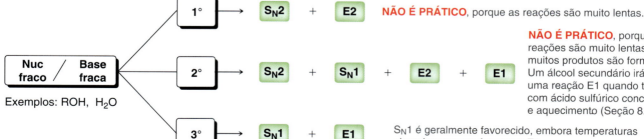

FIGURA 8.31
Um diagrama de fluxo para determinar o resultado de uma reação de substituição/eliminação.

Alquenos: Estrutura e Preparação via Reações de Eliminação 387

DESENVOLVENDO A APRENDIZAGEM

8.11 IDENTIFICAÇÃO DO(S) MECANISMO(S) ESPERADO(S)

APRENDIZAGEM Identifique o(s) mecanismo(s) que se espera que ocorra(m) quando o bromociclo-hexano é tratado com etóxido de sódio.

SOLUÇÃO

ETAPA 1
Identificação da função do reagente.

Primeiro identificamos a função do reagente. Usando os conhecimentos obtidos na seção anterior, podemos determinar que o etóxido de sódio é tanto um nucleófilo forte quanto uma base forte:

Nucleófilo forte
Base forte

Em seguida, identificamos o substrato. O bromociclo-hexano é um substrato secundário e, portanto, esperamos que os mecanismos E2 e S$_N$2 operem:

ETAPA 2
Identificação do substrato e determinação dos mecanismos que ocorrem.

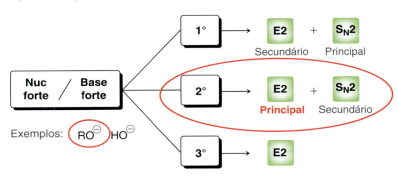

O caminho reacional E2 é esperado proporcionar o produto principal, porque o caminho reacional SN2 é mais sensível ao impedimento estérico presente em substratos secundários.

PRATICANDO
o que você aprendeu

8.41 Identifique o(s) mecanismo(s) esperado(s) ocorrer(em) quando o 1-bromobutano é tratado com cada um dos seguintes reagentes:

(a) NaOH   (b) NaSH   (c) t-BuOK   (d) DBN   (e) NaOMe

8.42 Identifique o(s) mecanismo(s) esperado(s) ocorrer(em) quando o 2-bromopentano é tratado com cada um dos seguintes reagentes:

(a) NaOEt   (b) NaI/DMSO   (c) DBU   (d) NaOH   (e) t-BuOK

8.43 Identifique o mecanismo esperado ocorrer quando o 2-bromo-2-metilpentano é tratado com cada um dos seguintes reagentes:

(a) EtOH   (b) t-BuOK   (c) NaI   (d) NaOEt   (e) NaOH

APLICANDO
o que você aprendeu

8.44 Quando o 1-clorobutano é tratado com etanol, nenhum processo de eliminação (E1 ou E2) é observado ocorrer com uma velocidade apreciável:

 $\xrightarrow{\text{EtOH}}$ **Nenhum produto de eliminação**

(a) Explique por que uma reação E2 não ocorre.
(b) Explique por que uma reação E1 não ocorre.

388 CAPÍTULO 8

(c) A modificação dos reagentes pode ter um efeito profundo sobre a velocidade de eliminação. Que modificação você sugere para melhorar a velocidade de um processo E2?

(d) Que modificação você sugere para melhorar a velocidade de um processo E1?

8.45 Quando o 3-cloro-2,2,4,4-tetrametilpentano é tratado com hidróxido de sódio, nem produtos E2, nem S_N2 são formados. Explique. (**Sugestão:** Veja a Figura 7.11 e a discussão associada.)

⤳ é necessário **PRATICAR MAIS? Tente Resolver os Problemas 8.68, 8.69, 8.78a**

8.14 Substituição *vs.* Eliminação: Previsão dos Produtos

Mencionamos que prever os produtos das reações de substituição e eliminação requer três etapas distintas:

1. Determinar a função do reagente.
2. Analisar o substrato e determinar o(s) mecanismo(s) esperado(s).
3. Considerar quaisquer requisitos regioquímico e estereoquímicos relevantes.

Nas duas seções anteriores, exploramos as duas primeiras etapas deste processo. Nesta última seção do capítulo, vamos explorar a terceira e última etapa. Depois de determinar que mecanismo(s) opera(m), a etapa final é a de considerar os resultados regioquímico e estereoquímicos para cada um dos mecanismos esperados. A Tabela 8.2 apresenta um resumo das orientações que devem ser seguidas durante a representação dos produtos. A Tabela 8.2 não contém nenhuma informação nova. Todas as informações podem ser encontradas neste capítulo e no capítulo anterior. A tabela é apenas um resumo de todas as informações relevantes, de modo que elas sejam de fácil acesso em um único local. A seção Desenvolvendo a Aprendizagem vista a seguir oferece a oportunidade de praticar a aplicação dessas orientações.

TABELA 8.2	ORIENTAÇÕES PARA A DETERMINAÇÃO DOS RESULTADOS REGIOQUÍMICO E ESTEREOQUÍMICO DE REAÇÕES DE SUBSTITUIÇÃO E ELIMINAÇÃO	
	RESULTADO REFIOQUÍMICO	**RESULTADO ESTEREOQUÍMICO**
S_N2	O nucleófilo ataca a posição à qual o grupo de saída está ligado.	O nucleófilo substitui o grupo de saída com inversão de configuração.
S_N1	O nucleófilo ataca o carbocátion, ao qual o grupo de saída estava originalmente ligado, a menos que ocorra um rearranjo de carbocátion.	O nucleófilo substitui o grupo de saída com racemização.
E2	O produto de Zaitsev é geralmente favorecido em relação ao produto de Hofmann, a menos que uma base estericamente impedida seja utilizada, caso em que o produto de Hofmann será favorecido.	Este processo é estereosseletivo e estereoespecífico. Quando aplicável, um alqueno bissubstituído *trans* será favorecido em detrimento de um alqueno bissubstituído *cis*. Quando a posição β do substrato tem apenas um próton, o alqueno estereoisomérico resultante da eliminação *anti*periplanar será obtido (exclusivamente, na maioria dos casos).
E1	O produto de Zaitsev é sempre favorecido em relação ao produto de Hofmann.	O processo é estereosseletivo. Quando aplicável, um alqueno bissubstituído *trans* será favorecido em detrimento de um alqueno bissubstituído *cis*.

Alquenos: Estrutura e Preparação via Reações de Eliminação

DESENVOLVENDO A APRENDIZAGEM

8.12 PREVISÃO DOS PRODUTOS DAS REAÇÕES DE SUBSTITUIÇÃO E DE ELIMINAÇÃO

APRENDIZAGEM Preveja os produtos da reação vista a seguir e identifique os produtos principal e secundário:

SOLUÇÃO
A fim de representar os produtos, as três etapas a seguir têm de ser cumpridas:

1. Determinamos a função do reagente.
2. Analisamos o substrato e determinamos o(s) mecanismo(s) esperado(s).
3. Consideramos quaisquer requisitos regioquímico e estereoquímicos relevantes.

ETAPA 1
Determinação da função do reagente.

Na primeira etapa, analisamos o reagente. O íon etóxido é tanto uma base forte quanto um nucleófilo forte. Em seguida, analisamos o substrato. Neste caso, o substrato é secundário, de modo que esperamos a competição entre os processos E2 e S$_N$2:

ETAPA 2
Análise do substrato e determinação dos mecanismos esperados.

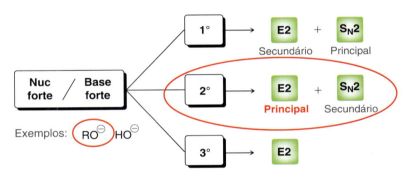

Espera-se que o caminho reacional E2 predomine, porque ele é menos sensível ao impedimento estérico que o caminho reacional S$_N$2. Portanto, espera-se que o(s) produto(s) principal(ais) seja(m) gerado(s) por meio de um processo E2 e o(s) produto(s) secundário(s) seja(m) gerado por meio de um processo S$_N$2. De modo a representar os produtos, temos que concluir a etapa final. Ou seja, temos que considerar os resultados regioquímico e estereoquímico para ambos os processos, E2 e S$_N$2. Vamos começar com o processo E2.

ETAPA 3
Consideração dos requisitos regioquímico e estereoquímico.

Para o resultado regioquímico, esperamos que o produto de Zaitsev seja o produto principal, porque a reação não utiliza uma base estericamente impedida. Para o resultado estereoquímico, sabemos que o processo E2 é estereosseletivo, por isso, esperamos isômeros *cis* e *trans*, com predominância do isômero *trans*:

O processo E2 também é estereoespecífico, mas, neste caso, a posição β tem mais do que um próton, logo, a estereoespecificidade desta reação não é relevante.

Consideramos agora o produto S$_N$2. Este caso envolve um centro de quiralidade, por isso, esperamos inversão de configuração:

Em resumo, esperamos os seguintes produtos:

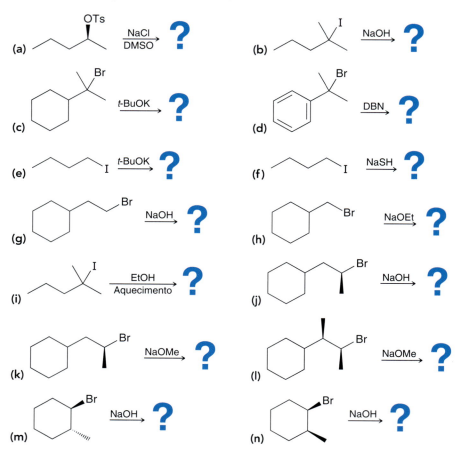

PRATICANDO
o que você aprendeu

8.46 Identifique o produto principal que é previsto, ou os produtos principal e secundário que são previstos, para cada uma das seguintes reações:

APLICANDO
o que você aprendeu

8.47 A substância A e a substância B são isômeros constitucionais com fórmula molecular C_3H_7Cl. Quando a substância A é tratada com metóxido de sódio, predomina uma reação de substituição. Quando a substância B é tratada com metóxido de sódio, predomina uma reação de eliminação. Proponha estruturas para as substâncias A e B.

8.48 A substância A e a substância B são isômeros constitucionais com fórmula molecular C_4H_9Cl. O tratamento da substância A com metóxido de sódio produz o *trans*-2-buteno, como produto principal, enquanto o tratamento da substância B com o metóxido de sódio dá um alqueno dissubstituído diferente como produto principal.

(a) Represente a estrutura da substância A.
(b) Represente a estrutura da substância B.

8.49 Uma substância desconhecida com fórmula molecular $C_6H_{13}Cl$ é tratada com etóxido de sódio para produzir 2,3-dimetil-2-buteno como o produto principal. Identifique a estrutura da substância desconhecida.

é necessário **PRATICAR MAIS?** Tente Resolver os Problemas 8.77, 8.79

REVISÃO DAS REAÇÕES

REAÇÕES DE ELIMINAÇÃO ÚTEIS SINTETICAMENTE

Desidratação de um Álcool por Meio de um Processo E1

Desidroalogenação Através de um Processo E2 – Formação do Produto de Zaitsev

Desidroalogenação Através de um Processo E2 – Formação do Produto de Hofmann

REVISÃO DE CONCEITOS E VOCABULÁRIO

SEÇÃO 8.1
- **Alquenos** são substâncias que possuem uma ligação dupla C=C e podem ser preparados por meio de **eliminação beta** ou **eliminação 1,2**.
- Quando o grupo de saída é especificamente um haleto, a reação é também chamada de **desidroalogenação**.

SEÇÃO 8.2
- Alquenos são abundantes na natureza.
- Etileno e propileno, ambos formados a partir de craqueamento do petróleo, são utilizados como materiais de partida para uma ampla variedade de substâncias.

SEÇÃO 8.3
- Alquenos são denominados do mesmo modo que os alcanos, com as seguintes regras adicionais:
  - O sufixo "ano" é substituído por "eno".
  - A cadeia principal é a cadeia mais longa que inclui a ligação π.
  - A ligação π deve receber o menor número possível.
  - A posição da ligação dupla, é indicada com um único localizador colocado antes da cadeia principal ou antes do sufixo "eno".
- O **grau de substituição** refere-se ao número de grupos alquila ligados à ligação dupla.

SEÇÃO 8.4
- As ligações duplas não apresentam rotação livre a temperatura ambiente, dando origem a estereoisomerismo.
- Um anel de oito membros é o menor tamanho de anel que pode acomodar uma ligação dupla *trans*. Esta regra também se aplica às substâncias bicíclicas em ponte e é chamada de **regra de Bredt**.
- Os descritores de estereoisomerismo *cis* e *trans* só podem ser usados para indicar a disposição relativa de grupos semelhantes.

- Quando um alqueno possui grupos diferentes (não semelhantes), os descritores de estereoisomerismo *E* e *Z* têm de ser usados. *Z* indica grupos prioritários no mesmo lado, enquanto *E* indica grupos prioritários em lados opostos.

SEÇÃO 8.5
- Um alqueno *trans* geralmente é mais estável do que o seu estereoisomérico alqueno *cis*.
- A estabilidade de um alqueno se eleva com o aumento do grau de substituição.

SEÇÃO 8.6
- Em um *processo concertado*, uma base abstrai um próton e o grupo de saída simultaneamente sai.
- Em um *processo em múltiplas etapas*, primeiro o grupo de saída sai e em seguida a base abstrai um próton.

SEÇÃO 8.7
- As evidências para o mecanismo **E2** concertado incluem a observação de uma equação de velocidade de segunda ordem.
- Haletos terciários reagem mais facilmente de acordo com E2.
- A **regioquímica** é um problema em reações E2, que são **regiosseletivas**, porque o alqueno mais substituído, denominado **produto de Zaitsev**, é geralmente o produto principal.
- Quando tanto o substrato quanto a base são estericamente impedidos, o alqueno menos substituído, chamado de **produto de Hofmann**, é o produto principal.
- Reações E2 são *estereoespecíficas*, porque elas ocorrem, geralmente, através da conformação **anti**coplanar, em vez da conformação **sin**-coplanar. Pequenos desvios de coplanaridade podem ser tolerados, e isto é suficiente para que o próton e o grupo de saída sejam *anti*periplanar.

- Ciclo-hexanos substituídos sofrem somente reações E2 a partir da conformação em cadeira, na qual o grupo de saída e o próton ocupam posições axiais.
- Reações E2 também são **estereosseletivas**, favorecendo mais aos alquenos dissubstituídos *trans* do que alquenos dissubstituídos *cis*.

SEÇÃO 8.8
- A regioquímica e a estereoquímica têm que ser consideradas quando se preveem os produtos de uma reação E2.

SEÇÃO 8.9
- As evidências para o mecanismo **E1** em múltiplas etapas incluem a observação de uma equação de velocidade de primeira ordem.
- Haletos terciários reagem mais facilmente através de um processo E1, enquanto haletos primários não são reativos em um processo E1.
- Uma reação E1 é geralmente acompanhada por uma reação concorrente S_N1, e uma mistura de produtos geralmente é obtida.
- A eliminação da água para formar um alqueno é chamada de reação de **desidratação**.
- Reações mostram uma preferência regioquímica para formação do produto de Zaitsev.
- Reações E1 não são estereoespecíficas, mas elas são estereosseletivas.

SEÇÃO 8.10
- Se o substrato for um álcool, será necessário um ácido forte para protonar o grupo OH.

- Durante um processo E1, ocorrerá um rearranjo de carbocátion se ele produzir um carbocátion intermediário mais estável.

SEÇÃO 8.11
- Um processo E2 é constituído por apenas uma etapa concertada.

SEÇÃO 8.12
- Nucleófilos fortes são substâncias que contêm uma carga negativa e/ou são polarizáveis.
- Bases fortes são substâncias cujos ácidos conjugados não são muito ácidos.
- Todos os reagentes podem ser classificados em quatro classes: (1) Apenas nucleófilos, (2) apenas bases, (3) nucleófilos e bases fortes, e (4) nucleófilos fracos e bases fracas.

SEÇÃO 8.13
- O reagente e o substrato determinam o(s) mecanismo(s) esperado(s).

SEÇÃO 8.14
- A previsão dos produtos das reações de substituição e de eliminação requerem três etapas distintas:
  1. Determinação da função do reagente.
  2. Análise do substrato e determinação do(s) mecanismo(s) esperado(s).
  3. Consideração de quaisquer requisitos regioquímico e estereoquímico relevantes.

REVISÃO DA APRENDIZAGEM

8.1 OBTENÇÃO DO NOME SISTEMÁTICO DE UM ALQUENO

ETAPA 1 Identificação da cadeia principal: escolhe-se a cadeia mais longa que inclui a ligação π.

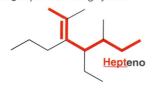

ETAPA 2 Identificação e nomeação dos substituintes.

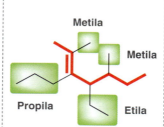

ETAPA 3 Numeração da cadeia principal e atribuição de um localizador para cada substituinte.

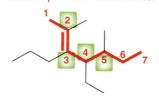

ETAPA 4 Organização dos substituintes em ordem alfabética.

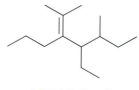

4-Etil-2,5-dimetil-3-propil-2-hepteno

Tente Resolver os Problemas 8.1–8.3, 8.50b,c

8.2 ATRIBUIÇÃO DA CONFIGURAÇÃO DE UMA LIGAÇÃO DUPLA

ETAPA 1 Identificação dos dois grupos ligados a uma posição vinílica e, em seguida, determinação de qual grupo tem prioridade.

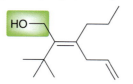

ETAPA 2 Repetição da etapa 1 para a outra posição vinílica, afastando-se da ligação dupla e procurando o primeiro ponto de diferença.

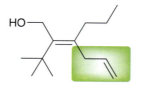

ETAPA 3 Determinação se as prioridades estão do mesmo lado (*Z*) ou em lados opostos (*E*) da ligação dupla.

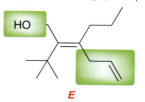

E

Tente Resolver os Problemas 8.5, 8.6, 8.51

Alquenos: Estrutura e Preparação via Reações de Eliminação   393

8.3 COMPARAÇÃO DA ESTABILIDADE DE ALQUENOS ISOMÉRICOS

ETAPA 1 Identificação do grau de substituição para cada alqueno.

Dissubstituído   Trissubstituído   Monossubstituído

ETAPA 2 Seleção do alqueno que é mais substituído.

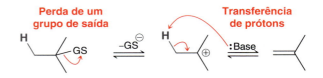

Trissubstituído

Tente Resolver os Problemas **8.7, 8.8, 8.53**

8.4 REPRESENTAÇÃO DAS SETAS CURVAS DE UMA REAÇÃO DE ELIMINAÇÃO

MECANISMO CONCERTADO Três setas curvas, todas representadas em uma única etapa. A transferência de próton é acompanhada pela perda simultânea de um grupo de saída.

MECANISMO EM MÚLTIPLAS ETAPAS Três setas curvas são representadas em duas etapas distintas. O grupo de saída sai para formar um carbocátion intermediário, seguido de uma transferência de próton.

Tente Resolver os Problemas **8.9–8.12, 8.69**

8.5 PREVISÃO DO RESULTADO REGIOQUÍMICO DE UMA REAÇÃO E2

ETAPA 1 Identificação da posição α.

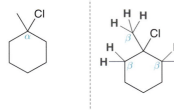

ETAPA 2 Identificação de todas as posições β com prótons.

ETAPA 3 Anotação das posições β que levam ao mesmo produto.

ETAPA 4 Remoção de um próton de cada posição β para representar cada produto. Em seguida, identificação do grau de substituição.

Trissubstituído   Dissubstituído
Zaitsev   Hofmann

ETAPA 5 Análise da base para determinar qual o produto que predomina.

	Zaitsev	Hofmann
Não é estericamente impedida	**Principal**	Secundário
Estericamente impedida	Secundário	**Principal**

Tente Resolver os Problemas **8.15–8.17, 8.60, 8.61b–d, 8.64, 8.66a,d, 8.74**

8.6 PREVISÃO DO RESULTADO ESTEREOQUÍMICO DE UMA REAÇÃO E2

ETAPA 1 Identificação de todas as posições β com prótons.

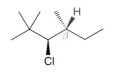

ETAPA 2 Se a posição β tiver dois prótons, esperam-se isômeros *cis* e *trans*. Se a posição β tiver apenas um próton, então representa-se a projeção de Newman.

ETAPA 3 Rotação para alcançar a conformação *anti*periplanar.

ETAPA 4 Desenho da projeção de Newman para representar o produto.

Tente Resolver os Problemas **8.18, 8.19, 8.56, 8.63, 8.82**

8.7 REPRESENTAÇÃO DOS PRODUTOS DE UMA REAÇÃO E2

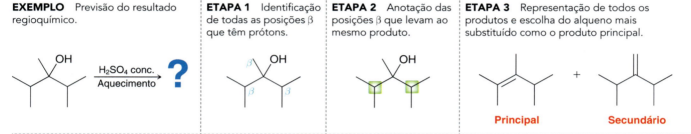

Tente Resolver os Problemas 8.22–8.25, 8.59–8.61, 8.64, 8.66

8.8 PREVISÃO DO RESULTADO REGIOQUÍMICO DE UMA REAÇÃO E1

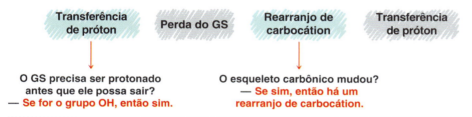

Tente Resolver os Problemas 8.29, 8.30, 8.62

8.9 REPRESENTAÇÃO DO MECANISMO COMPLETO DE UMA REAÇÃO E1

Existem duas etapas principais (mostradas em cinza) e duas possíveis etapas adicionais (em azul).

| Transferência de próton | Perda do GS | Rearranjo de carbocátion | Transferência de próton |

O GS precisa ser protonado antes que ele possa sair?
— Se for o grupo OH, então sim.

O esqueleto carbônico mudou?
— Se sim, então há um rearranjo de carbocátion.

Tente Resolver os Problemas 8.34–8.36, 8.68a, 8.76a–d, 8.81, 8.83, 8.84

8.10 DETERMINAÇÃO DA FUNÇÃO DE UM REAGENTE

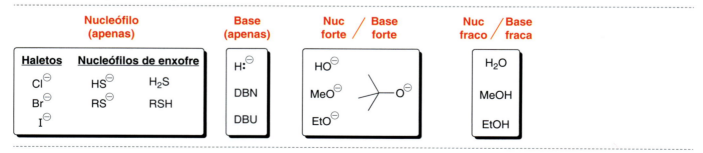

Tente Resolver os Problemas 8.39, 8.40, 8.55

Alquenos: Estrutura e Preparação via Reações de Eliminação 395

8.11 IDENTIFICAÇÃO DO(S) MECANISMO(S) ESPERADO(S)

EXEMPLO Identificação de o(s) mecanismo(s) previsto(s) de ocorrer(em).

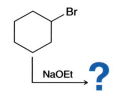

ETAPA 1 Identificação da função do reagente.

Nuc forte
Base forte

ETAPA 2 Identificação do substrato e da determinação dos mecanismos que ocorrem.

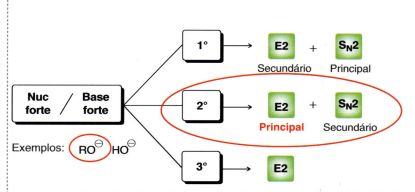

Tente Resolver os Problemas 8.41–8.45, 8.68, 8.69, 8.78a

8.12 PREVISÃO DOS PRODUTOS DAS REAÇÕES DE SUBSTITUIÇÃO E DE ELIMINAÇÃO

ETAPA 1 Determinação da função do reagente (Seção 8.12).

ETAPA 2 Análise do substrato e determinação do(s) mecanismo(s) esperado(s) (Seção 8.13).

ETAPA 3 Consideração de quaisquer requisitos regioquímicos e estereoquímicos relevantes (Seção 8.14).

Tente Resolver os Problemas 8.46–8.49, 8.77, 8.79

PROBLEMAS PRÁTICOS

8.50 Atribua um nome sistemático (IUPAC) para cada uma das seguintes substâncias:

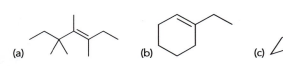

(a) (b) (c)

8.51 Utilizando indicadores *E-Z*, identifique a configuração de cada ligação dupla C=C na seguinte substância:

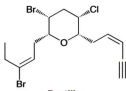

Dactilino
Um produto natural isolado a partir de fontes marinhas

8.52 Existem dois estereoisômeros do 1-*terc*-butil-4-cloro-ciclohexano. Um desses isômeros reage com etóxido de sódio em uma reação E2 que é 500 vezes mais rápida do que a reação do outro isômero. Identifique o isômero que reage mais rápido e explique a diferença de velocidade para esses dois isômeros.

8.53 Distribua os alquenos vistos a seguir em ordem crescente de estabilidade:

8.54 Para cada par de substâncias identifique qual a substância que reage mais rapidamente em uma reação E1:

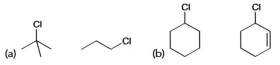

(a) (b)

8.55 Identifique a base mais forte:

(a) NaOH *vs.* H$_2$O

(b) Etóxido de sódio *vs.* etanol

8.56 (2*S*, 3*S*)-2-Bromo-3-fenilbutano sofre uma reação E2 quando é tratado com uma base forte para produzir (*E*)-2-fenil-2-buteno. Utilize as projeções Newman para explicar o resultado estereoquímico desta reação.

8.57 Considere a seguinte reação:

$$\text{(CH}_3\text{)}_3\text{CBr} \xrightarrow[\text{EtOH}]{\text{NaOEt}} \text{(CH}_3\text{)}_2\text{C=CH}_2$$

(a) Como a velocidade é afetada se a concentração do brometo de *terc*-butila for duplicada?

(b) Como a velocidade é afetada se a concentração de etóxido de sódio for duplicada?

8.58 Considere a seguinte reação:

$$\text{(CH}_3\text{)}_3\text{CBr} \xrightarrow{\text{EtOH}} \text{(CH}_3\text{)}_2\text{C=CH}_2$$

(a) Como a velocidade é afetada se a concentração do brometo de *terc*-butila for duplicada?

(b) Como a velocidade é afetada se a concentração de etanol for duplicada?

CAPÍTULO 8

8.59 Quando o (R)-3-bromo-2,3-dimetilpentano é tratado com hidróxido de sódio, quatro alquenos diferentes são formados. Represente os quatro produtos e classifique-os em termos de estabilidade. Qual o produto que você espera que seja o produto principal?

8.60 Quando o 3-bromo-2,4-dimetilpentano é tratado com hidróxido de sódio, somente um alqueno é formado. Represente o produto e explique por que essa reação tem apenas um resultado regioquímico.

8.61 Preveja o produto principal para cada uma das seguintes reações E2:

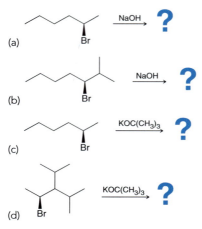

8.62 Represente o produto E1 mais estável que pode ser produzido em cada uma das seguintes reações:

(a) estrutura com Br, $\xrightarrow{\text{H}_2\text{O, Aquecimento}}$?

(b) estrutura com OH, $\xrightarrow{\text{H}_2\text{SO}_4 \text{ conc., Aquecimento}}$?

8.63 Preveja o resultado estereoquímico para cada uma das reações E2 vistas a seguir. Em cada caso, recolher apenas o produto principal da reação.

(a) estrutura com Br, $\xrightarrow{\text{NaOH}}$?

(b) estrutura com Cl, $\xrightarrow{\text{NaOH}}$?

8.64 Identifique o único produto da seguinte reação:

estrutura com Br $\xrightarrow{\text{NaOEt}}$ $C_{10}H_{20}$

8.65 Para cada uma das descrições vistas a seguir represente a estrutura de uma substância que corresponde a descrição. (*Observação*: Há muitas respostas corretas para cada um desses problemas.)

(a) Um haleto de alquila que produz quatro alquenos diferentes quando tratado com uma base forte
(b) Um haleto de alquila que produz três alquenos diferentes quando tratado com uma base forte
(c) Um haleto de alquila que produz dois alquenos diferentes quando tratado com uma base forte
(d) Um haleto de alquila que produz apenas um alqueno quando tratado com uma base forte

8.66 Quantos alquenos diferentes serão produzidos quando cada um dos substratos vistos a seguir for tratado com uma base forte?

(a) 1-Cloropentano
(b) 2-Cloropentano
(c) 3-Cloropentano
(d) 2-Cloro-2-metilpentano
(e) 3-Cloro-3-metil-hexano

8.67 Em cada um dos casos vistos a seguir represente a estrutura de um haleto de alquila que sofrerá uma eliminação E2 para formar apenas o alqueno indicado:

(a) ? $\xrightarrow{\text{E2}}$ ciclohexeno com terc-butila
(b) ? $\xrightarrow{\text{E2}}$ ciclohexeno com dois metilas
(c) ? $\xrightarrow{\text{E2}}$ ciclobuteno com terc-butila
(d) ? $\xrightarrow{\text{E2}}$ metilenociclopentano

8.68 Considere a seguinte reação:

estrutura com OH $\xrightarrow{\text{H}_2\text{SO}_4 \text{ conc., Aquecimento}}$ 2-metil-2-buteno

(a) Represente um mecanismo para essa reação.
(b) Qual é a equação da velocidade dessa reação?
(c) Represente um diagrama de energia para a reação.

8.69 Represente o carbocátion intermediário que seria formado se cada um dos substratos vistos a seguir participar de um processo de eliminação em múltiplas etapas (E1). Em cada caso, identifique o carbocátion intermediário como primário, secundário ou terciário. Um dos substratos não sofre uma reação E1. Identifique qual deles e explique o porquê.

(a) isopropil-Cl (b) terc-butil-Br (c) n-propil-I (d) sec-butil-Cl

8.70 Represente o estado de transição para a reação entre o cloreto de terc-butila e o hidróxido de sódio.

8.71 As três reações vistas a seguir são semelhantes, diferindo apenas na configuração do substrato. Uma destas reações é muito rápida, uma é muito lenta e a outra não ocorre de todo. Identifique cada reação e explique sua escolha.

(três reações de cicloexanos bromados com NaOH)

Alquenos: Estrutura e Preparação via Reações de Eliminação 397

8.72 1-Bromobiciclo[2.2.2]octano não sofre uma reação E2 quando é tratado com uma base forte. Explique por que não.

8.73 Para cada par de substâncias vistas a seguir identifique que substância reagirá mais rapidamente em uma reação E2:

8.74 Indique se você usaria etóxido de sódio ou *terc*-butóxido de potássio para realizar cada uma das seguintes transformações:

8.75 Explique por que a reação vista a seguir produz exclusivamente o produto de Hofmann (não existe nenhum produto de Zaitsev), mesmo que a base não esteja estericamente impedida:

8.76 Proponha um mecanismo para cada uma das seguintes transformações:

PROBLEMAS INTEGRADOS

8.77 *Substituição vs. Eliminação*: Identifique o(s) produto(s) principal e secundário para cada uma das seguintes reações:

8.78 Quando o 2-bromo-2-metil-hexano é tratado com etóxido de sódio em etanol, o produto principal é o 2-metil-2-hexeno.

(a) Represente um mecanismo para essa reação.
(b) Qual é a equação da velocidade dessa reação?
(c) O que aconteceria com a velocidade, se a concentração da base fosse duplicada?
(d) Represente um diagrama de energia para essa reação.
(e) Represente o estado de transição dessa reação.

8.79 Preveja o produto principal para cada uma das seguintes reações:

8.80 Represente todos os isômeros constitucionais do C₄H₉Br e depois organize-os em ordem crescente de reatividade para uma reação E2.

8.81 Proponha um mecanismo que explique a formação do seguinte produto:

8.82 O (S)-1-bromo-1,2-difeniletano reage com uma base forte para produzir o cis-estilbeno e o trans-estilbeno:

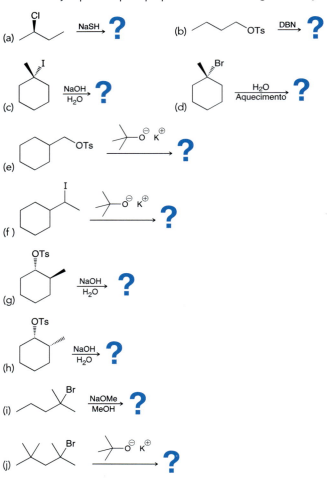

(a) Esta reação é estereosseletiva e o produto principal é o trans-estilbeno. Explique por que o isômero trans é o produto predominante. Para fazer isso, represente as projeções de Newman que levam à formação de cada um dos produtos e compare as suas estabilidades.

(b) Quando o (R)-1-bromo-1,2-difeniletano é utilizado como substrato de partida, o resultado estereoquímico não muda. Ou seja, o trans-estilbeno ainda é o produto principal. Explique.

8.83 Proponha um mecanismo para a seguinte transformação:

8.84 Proponha um mecanismo de formação para cada um dos seguintes produtos:

8.85 Existem muitos estereoisômeros do 1,2,3,4,5,6-hexaclorociclohexano. Um desses estereoisômeros sofre eliminação E2 milhares de vezes mais lentamente do que os outros estereoisômeros. Identifique qual é o estereoisômero e explique por que ele é tão lento em uma eliminação E2.

8.86 Preveja qual dos seguintes substratos passará por uma reação E1 mais rapidamente. Explique sua escolha.

8.87 Pladienólide B é um produto natural macrocíclico (um grande anel) isolado a partir de uma sepa modificada da bactéria *Streptomyces platensis*. Uma síntese de 31 etapas, enantiosseletiva, foi relatada em 2012 – um avanço em relação a abordagem de 59 etapas relatada anteriormente (*Org. Lett.* **2012**, *14*, 4730–4733):

(a) Identifique a ligação π trissubstituída e determine se ela tem a configuração E ou Z.
(b) Quantos estereoisômeros no total são possíveis para a pladienólide B?
(c) Represente o enantiômero da pladienólide B.
(d) Represente o diastereômero que é idêntico a pladienólide B, exceto pela configuração de cada um dos centros de quiralidade diretamente ligados a um átomo de oxigênio do éster.
(e) Represente o diastereômero que é idêntico a pladienólide B, exceto pela configuração da ligação π dissubstituída que está fora do anel.

Alquenos: Estrutura e Preparação via Reações de Eliminação 399

DESAFIOS

8.88 Esteroides (abordados no Capítulo 26) e seus derivados estão entre os agentes terapêuticos mais utilizados. Eles são utilizados no controle da natalidade, terapia de substituição hormonal e no tratamento de condições inflamatórias e câncer. Novos derivados de esteroides são descobertos regularmente através da modificação sistemática da estrutura de esteroides conhecidos e os derivados resultantes são testados na busca de propriedades terapêuticas. Como parte de uma estratégia de síntese para a preparação de uma classe promissora de derivados de esteroides, a substância **1a** foi tratada com TsCl e piridina seguido de acetato de sódio (CH$_3$CO$_2$Na) produzindo a substância **2a** (*Tetrahedron Lett.* **2010**, *51*, 6948–6950).

(1a : R = R' = H
1b : R = H; R' = D
1c : R = D; R' = H)

(a) O acetato de sódio se comporta como uma base neste caso. Represente a estrutura de **2a**.

(b) O deutério (D) é um isótopo do hidrogênio, e deuterons se comportam normalmente de forma muito parecida com prótons (embora pequenas diferenças nas velocidades de reação sejam normalmente observadas). Se **1b** ou **1c** for tratado com TsCl e piridina, seguido por acetato de sódio, **2b** ou **2c** será produzido, respectivamente. Identifique qual o produto (**2b** ou **2c**) é esperado conter deutério e justifique a sua escolha.

8.89 As substâncias **1** e **2** mostram um anel oxetano (um anel de quatro membros contendo um átomo de oxigênio), o que é uma característica estrutural muito importante em vários produtos naturais. Por exemplo, um anel oxetano está presente na estrutura do taxol, usado no tratamento do câncer de mama. Quando **1** ou **2** é tratada com TsCl e piridina, seguido por *t*-BuOK, o produto de Zaitsev na reação de eliminação predomina, apesar da utilização de uma base estericamente impedida (*Tetrahedron Lett.* **2007**, *48*, 8353–8355). Determine o resultado estereoquímico para cada um desses processos e represente o produto esperado em cada caso. Use projeções de Newman para justificar suas respostas.

8.90 Observa-se que a substância **1** sofre desbromação mediante tratamento com DMF para se obter um alqueno. Somente o isômero *E* (substância **2**) é obtido (nenhum isômero *Z* é observado). Um mecanismo concertado (mostrado a seguir) foi refutado pela observação de que os diastereômeros de **1** também proporcionam exclusivamente o isômero *E*, quando tratados com DMF (*J. Org. Chem.* **1991**, *56*, 2582–2584):

(a) Explique por que o mecanismo apresentado é inconsistente com esta observação.

(b) Classifique essa reação como estereosseletiva ou estereoespecífico e explique sua escolha.

8.91 A sequência de reações vistas a seguir foi realizada durante a síntese do ácido (+)-coronafácico, um componente importante na fitotoxina coronatina (*J. Org. Chem.* **2009**, *74*, 2433–2437). Preveja o produto desta sequência reacional e justifique o resultado regioquímico da segunda reação.

8.92 Vimos que uma reação E2 geralmente avança de uma conformação na qual próton β é *anti*periplanar com o grupo de saída. Um requisito geométrico semelhante também se observa em outros tipos de reações, tais como a que é vista a seguir (*J. Am. Chem. Soc.* **2010**, *132*, 2530–2531). Sob condições ácidas, a substância **1** sofre rearranjo para formar o intermediário mecanístico **2**, que, em seguida, sofre três etapas mecanísticas adicionais (juntamente com a perda de um grupo de saída N$_2$) para dar o produto **3**. A conversão de **1** → **2** está para além do âmbito da nossa discussão atual. Represente um mecanismo para as três etapas finais, como é descrito: (x) O grupo alquila *anti*periplanar ao grupo sofre um deslocamento 1,2 para permitir um deslocamento da parte de trás de N$_2$. (y) O oxigênio do álcool ataca o carbocátion resultante. (z) O íon oxônio resultante é desprotonado.

8.93 Quando o 2-iodobutano é tratado com várias bases, formadas por oxiânions, em DMSO a 50°C, a porcentagem de 1-buteno formado entre o total de butenos é considerada dependente da escolha da base, como pode ser visto na tabela a seguir (*J. Am. Chem. Soc.* **1973**, *95*, 3405–3407):

NOME DO BASE	ESTRUTURA DA BASE	% DE 1-BUTENO (NO TOTAL DE BUTENOS)
Benzoato de potássio		7,2
Fenóxido de potássio		11,4
2,2,2-Trifluoroetóxido de sódio	NaOCH$_2$CF$_3$	14,3
Etóxido de sódio	NaOEt	17,1

(a) Identifique a tendência observada ao comparar a basicidade das bases formadas por oxiânions e, em seguida, descreva a correlação entre a reatividade (força da base) e a seletividade (especificamente a regiosseletividade).

(b) O pK_a do 4-nitrofenol é 7,1. Com base na tendência da primeira parte desse problema, forneça uma estimativa da porcentagem de 1-buteno que é esperada, se o 2-iodobutano for tratado com a base conjugada do 4-nitrofenol em DMSO a 50°C.

8.94 Durante uma síntese total recente do (+)-aureol, um agente anticancerígeno em potencial, isolado a partir de uma esponja marinha, o seguinte rearranjo catalisado por ácido de Lewis foi utilizado (*Org. Lett.* **2012**, *14*, 4710–4713). Forneça um mecanismo plausível para este processo inspirado biossinteticamente (**Sugestão**: reveja a Seção 3.9) e certifique-se de incluir uma justificativa para a estereoquímica observada do produto.

8.95 Quando as substâncias 2-butil vistas a seguir foram tratadas com *t*-BuOK em *t*-BuOH a 50°C, o produto principal é geralmente o 1-buteno (como esperado, com uma base estericamente impedida), enquanto os produtos de menor importância são o *cis*-2-buteno e o *trans*-2-buteno. Nos casos em que o grupo de saída é um halogêneo (I, Br ou Cl), o alqueno *trans* é favorecido em relação ao alqueno *cis*. Entretanto, o isômero 2-alqueno *cis* e é quando o grupo de saída é um grupo tosilato (*J. Am. Chem. Soc.* **1965**, *87*, 5517–5518). Forneça um argumento com base no estado de transição, incluindo as projeções de Newman relevantes, que explique essa diferença.

Y	trans:cis
I	2,2
Br	1,4
Cl	1,3
OTs	0,6

Reações de Adição a Alquenos

9

VOCÊ JÁ SE PEGUNTOU...
o que é o isopor e como ele é fabricado?

Embalagens de amendoim, copos de café e recipientes térmicos são fabricados com material que a maioria das pessoas erroneamente se refere como Styrofoam. Styrofoam, uma marca registrada da empresa Dow Chemical para o polietileno extrudado, é um produto azul utilizado principalmente na confecção de material de construção para isolar paredes, telhados e fundações. Nenhum copo de café, embalagem de amendoim ou recipiente térmico é fabricado com Styrofoam. Ao contrário, eles são fabricados com um material similar conhecido como espuma de poliestireno. O poliestireno é um polímero que pode ser preparado seja em uma forma rígida ou como uma espuma. A forma rígida é utilizada na fabricação de gabinetes de computadores, porta-CD e DVD e talheres descartáveis, enquanto a espuma de poliestireno é utilizada na fabricação de materiais de embalagem. O poliestireno é produzido pelada polimerização do estireno por um tipo de reação chamado de reação de adição. Este capítulo irá explorar muitos tipos diferentes de reações de adição. No decorrer da nossa discussão veremos a estrutura do Styrofoam e da espuma de poliestireno.

- **9.1** Introdução a Reações de Adição
- **9.2** Adição *versus* Eliminação: Uma Perspectiva Termodinâmica
- **9.3** Hidroalogenação
- **9.4** Hidratação Catalisada por Ácido
- **9.5** Oximercuração-Desmercuração
- **9.6** Hidroboração-Oxidação
- **9.7** Hidrogenação Catalítica
- **9.8** Halogenação e Formação de Haloidrina
- **9.9** Di-hidroxilação *Anti*
- **9.10** Di-hidroxilação *Sin*
- **9.11** Clivagem Oxidativa
- **9.12** Previsão dos Produtos de uma Reação de Adição
- **9.13** Estratégias de Síntese

402 CAPÍTULO 9

VOCÊ SE LEMBRA?

Antes de avançar, tenha certeza de que você compreendeu os tópicos citados a seguir.
Se for necessário, revise as seções sugeridas para se preparar para este capítulo:

- Diagramas de Energia (Seções 6.5 e 6.6)
- Rearranjos de Carbocátions e Representação do Movimento de Elétrons Através de Setas (Seções 6.8-6.11)
- Nucleófilos e Eletrófilos (Seção 6.7)

9.1 Introdução a Reações de Adição

No capítulo anterior aprendemos como preparar alquenos via reações de eliminação. Neste capítulo, exploraremos **reações de adição**, reações comuns de alquenos, caracterizadas pela adição de dois grupos à ligação dupla. No processo, a ligação pi (π) é rompida.

Algumas reações de adição possuem nomes especiais que indicam a identidade dos dois grupos que são adicionados. Alguns exemplos estão listados na Tabela 9.1.

TABELA 9.1 ALGUNS TIPOS COMUNS DE REAÇÕES DE ADIÇÃO

TIPO DE REAÇÃO DE ADIÇÃO		NOME	SEÇÃO
Adição de H e X	H—X	Hidroalogenação (X=Cl, Br ou I)	9,3
Adição de H e OH	H—OH	Hidratação	9,6
Adição de H e H	H—H	Hidrogenação	9,7
Adição de X e X	X—X	Halogenação (X=Cl ou Br)	9,8
Adição de OH e X	HO—X	Formação de haloidrina (X=Cl, Br ou I)	9,8
Adição de OH e OH	HO—OH	Di-hidroxilação	9,9, 9,10

Muitas reações de adição diferentes são observadas para alquenos, possibilitando o seu emprego como precursores sintéticos para uma grande variedade de grupos funcionais. A versatilidade de alquenos pode ser diretamente atribuída à reatividade das ligações π, que podem atuar como bases fracas ou como nucleófilos fracos:

RELEMBRANDO
Para uma análise das diferenças sutis entre basicidade e nucleofilicidade, veja a Seção 8.12.

Reações de Adição a Alquenos 403

O primeiro processo ilustra que ligações π podem ser prontamente protonadas, enquanto o segundo processo ilustra que ligações π podem atacar centros eletrofílicos. Os dois processos aparecerão muitas vezes ao longo deste capítulo.

9.2 Adição *versus* Eliminação: Uma Perspectiva Termodinâmica

Em muitos casos, uma reação de adição é simplesmente o inverso de uma reação de eliminação:

Essas duas reações representam um equilíbrio dependente da temperatura. A adição é favorecida a baixas temperaturas, enquanto a eliminação é favorecida a altas temperaturas. Para entender a razão para essa dependência em relação à temperatura, lembre-se de que o sinal de ΔG determina se o equilíbrio favorece os reagentes ou os produtos (Seção 6.3). O ΔG tem que ser negativo para o equilíbrio favorecer os produtos. O sinal de ΔG depende de dois termos:

$$\Delta G = \underbrace{(\Delta H)}_{\text{Termo entálpico}} + \underbrace{(-T\Delta S)}_{\text{Termo entrópico}}$$

Consideremos esses termos individualmente, começando com o termo entálpico (ΔH). Muitos fatores contribuem para o sinal e magnitude de ΔH, mas o fator dominante é geralmente a força de ligação. Vamos comparar as ligações rompidas e as ligações formadas em uma reação de adição:

Observamos que uma ligação π e uma ligação σ são rompidas, enquanto duas ligações σ são formadas. Lembre-se da Seção 1.9 que ligações σ são mais fortes que ligações π, e, portanto, as ligações que são formadas são mais fortes que as que estão sendo rompidas. Considere o exemplo visto a seguir:

Ligações rompidas − Ligações formadas = 166 kcal/mol − 185 kcal/mol = −19 kcal/mol

A PROPÓSITO
O verdadeiro valor de ΔH para esta reação, em fase gasosa, foi medido como −17 kcal/mol, confirmando que a força das ligações é, na verdade, o fator dominante para o sinal e magnitude de ΔH.

A característica importante aqui é que ΔH tem sinal negativo. Em outras palavras, esta reação é exotérmica, o que geralmente é o observado para reações de adição.

Agora consideremos o termo $-T\Delta S$. Este termo será sempre positivo para uma reação de adição. Por quê? Em uma reação de adição duas moléculas unem-se para formar uma molécula de produto. Como descrito na Seção 6.2, esta situação representa um decréscimo na entropia e ΔS terá um valor negativo. O componente da temperatura, T (mensurado em K) é sempre positivo. Como resultado, $-T\Delta S$ será positivo para reações de adição.

Agora vamos combinar os termos entálpico e entrópico. O termo entálpico é negativo e o entrópico positivo, então o sinal de ΔG para uma reação de adição será determinado pela competição entre estes dois termos:

$$\Delta G = \underbrace{(\Delta H)}_{\text{Termo entálpico } \ominus} + \underbrace{(-T\Delta S)}_{\text{Termo entrópico } \oplus}$$

De modo a que ΔG seja negativo, o termo entálpico precisa ser maior que o termo entrópico. Esta competição entre os termos entálpico e entrópico é dependente da temperatura. A baixas temperaturas, o termo entrópico é pequeno e o termo entálpico domina. Como resultado ΔG será negativo, o que significa que os produtos são favorecidos na reação (o equilíbrio tem constante K maior que 1). Em outras palavras, reações de adição são termodinamicamente favorecidas a baixas temperaturas.

Entretanto, a altas temperaturas, o termo entrópico será grande e será dominante sobre o termo entálpico. Como resultado ΔG será positivo, o que significa que reagentes serão favorecidos sobre os produtos (o equilíbrio terá constante K menor que 1). Em outras palavras o processo inverso (eliminação) será termodinamicamente favorecido a altas temperaturas.

A PROPÓSITO
Nem todas as reações de adição são reversíveis a altas temperaturas porque em muitos casos altas temperaturas farão com que os reagentes e/ou os produtos sofram degradação térmica.

Por essa razão, as reações de adição discutidas neste capítulo são geralmente realizadas abaixo da temperatura ambiente.

9.3 Hidroalogenação

Regiosseletividade da Hidroalogenação

O tratamento de alquenos com HX (em que X = Cl, Br ou I) resulta em uma reação de adição chamada de **hidroalogenação**, na qual H e X adicionam-se à ligação dupla.

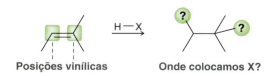

(76%)

Neste exemplo o alqueno é simétrico. Entretanto, em casos em que o alqueno é não simétrico, o destino final de H e X tem que ser considerado. No exemplo a seguir existem duas posições vinílicas onde X pode ser inserido:

Posições vinílicas   Onde colocamos X?

Isto é uma questão de *regioquímica* que foi investigada mais de um século atrás.

Reações de Adição a Alquenos 405

Em 1869, Vladimir Markovnikov, um químico russo, investigou a adição de HBr a duplas ligações de diferentes alquenos, e notou que o átomo de *H geralmente liga-se à posição vinílica que contém o maior número de átomos de hidrogênio*. Por exemplo:

Markovnikov descreveu esta preferência regioquímica em termos de onde o átomo de H é finalmente posicionado. Entretanto, as observações de Markovnikov podem ser descritas alternativamente em termos de onde o halogênio (X) é finalmente posicionado. Especificamente, *o halogênio é inserido na posição mais substituída*:

A posição vinílica que possui mais grupos alquila é a mais substituída, sendo onde o átomo de Br irá se inserir. Esta preferência regioquímica chamada de **adição Markovnikov**, é também observada para reações envolvendo HCl e HI. Reações que ocorrem com preferência regioquímica são chamadas de **regiosseletivas**.

De modo interessante, tentativas de repetir as observações de Markovnikov fracassaram ocasionalmente. Em muitos casos envolvendo a adição de HBr, a regiosseletividade observada era, na verdade, oposta àquela esperada – isto é, o átomo de bromo se inseria no carbono menos substituído, o que ficou conhecido como **adição *anti*-Markovnikov.** Essas curiosas observações alimentaram muitas especulações sobre a sua origem, sendo sugerido por alguns pesquisadores que as fases da lua teriam influência no curso da reação. Com o tempo percebeu-se que a pureza dos reagentes era a chave do problema. Especificamente, a adição Markovnikov era observada sempre que reagentes recém-purificados eram utilizados, enquanto a utilização de reagentes impuros conduzia algumas vezes à adição *anti*-Markovnikov. Experimentos adicionais revelaram a identidade da impureza que afetava a regiosseletividade da adição de modo mais contundente. Descobriu-se que peróxidos (ROOR), mesmo em quantidades traço, conduziriam à adição de HBr a alquenos de modo *anti*-Markovnikov:

Na seção a seguir exploraremos a adição Markovnikov com mais detalhes e iremos propor um mecanismo que envolve intermediários iônicos. Por outro lado, sabe-se que a adição *anti*-Markovnikov de HBr ocorre através de um mecanismo completamente diferente, ou seja, um mecanismo que envolve intermediários radicalares. Este mecanismo radicalar (adição *anti*-Markovnikov) é eficiente para a reação do HBr, mas não é para o HCl ou o HI; os detalhes deste processo serão discutidos na Seção 11.10. Por enquanto, vamos observar simplesmente que o resultado regioquímico da adição de HBr pode ser controlado pela escolha ou não do uso de peróxidos:

VERIFICAÇÃO CONCEITUAL

9.1 Represente o produto principal esperado para as seguintes reações:

9.2 Identifique os reagentes que você usaria para obter cada uma das seguintes transformações:

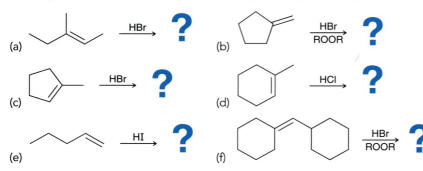

Um Mecanismo para a Hidroalogenação

O Mecanismo 9.1 se refere à adição Markovnikov de HX a alquenos.

MECANISMO 9.1 HIDROALOGENAÇÃO

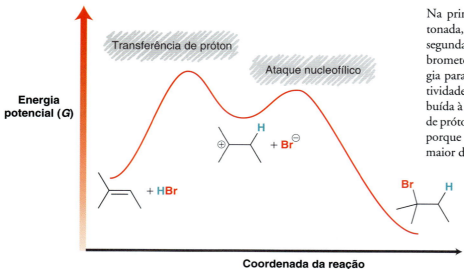

Na primeira etapa, a ligação π do alqueno é protonada, gerando um carbocátion intermediário. Na segunda etapa, este intermediário sofre ataque do íon brometo. A Figura 9.1 mostra um diagrama de energia para este processo em duas etapas. A regiosseletividade observada para este processo pode ser atribuída à primeira etapa do mecanismo (transferência de próton), que é a etapa determinante da velocidade, porque possui um estado de transição com energia maior do que o da segunda etapa.

FIGURA 9.1
Um diagrama de energia para as duas etapas envolvidas na adição de HBr a um alqueno.

Reações de Adição a Alquenos 407

Em teoria, a protonação pode ocorrer segundo duas possibilidades regioquímicas. Ela pode ocorrer formando o carbocátion secundário menos substituído,

Carbocátion secundário

ou ela pode ocorrer formando o carbocátion terciário, mais substituído,

Carbocátion terciário

Lembre-se de que carbocátions terciários são mais estáveis que carbocátions secundários, devido à hiperconjugação (Seção 6.11). A Figura 9.2 mostra um diagrama de energia comparando os dois possíveis caminhos reacionais para a primeira etapa da adição de HX. A curva em azul representa a adição de HX ocorrendo através da formação do carbocátion secundário, enquanto a curva vermelha representa a adição de HX ocorrendo através da formação do carbocátion terciário. Olhemos atentamente os estados de transição através dos quais os carbocátions intermediários são formados. Lembre-se de que o postulado de Hammond (Seção 6.6) sugere que cada um desses estados de transição tem um caráter carbocatiônico significante. Portanto, o estado de transição para a for-

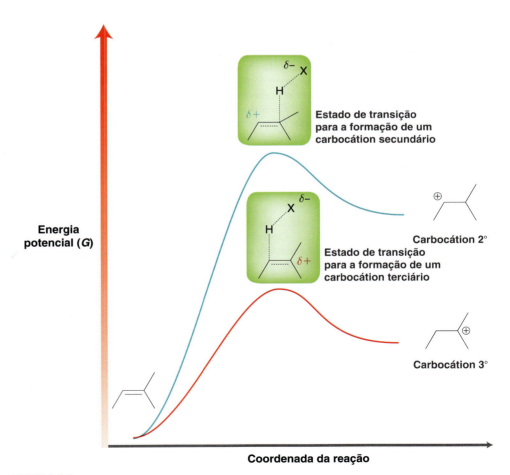

FIGURA 9.2
Um diagrama de energia ilustrando os dois possíveis caminhos reacionais para a primeira etapa da reação de hidroalogenação. Um caminho reacional gera um carbocátion secundário, enquanto o outro caminho reacional gera um carbocátion terciário.

mação do carbocátion terciário possui significativamente menor energia que o estado de transição para a formação do carbocátion secundário. A barreira de energia para a formação do carbocátion terciário será menor que a barreira de energia para a formação do carbocátion secundário e, como resultado, a reação será mais rápida via o carbocátion intermediário mais estável. O mecanismo proposto fornece, portanto, uma explicação teórica (fundamentada em princípios básicos) para a regiosseletividade observada por Markovnikov. Especificamente a *regiosseletividade de uma reação de adição iônica é determinada pela preferência da reação em seguir através do carbocátion intermediário mais estável.*

DESENVOLVENDO A APRENDIZAGEM

9.1 REPRESENTAÇÃO DE UM MECANISMO PARA A HIDROALOGENAÇÃO

APRENDIZAGEM Represente o mecanismo para a seguinte transformação:

SOLUÇÃO

ETAPA 1
Protonação do alqueno para formar o carbocátion mais estável através do uso de duas setas curvas.

Nesta reação, um átomo de hidrogênio e um átomo de halogênio são adicionados a um alqueno. O halogênio (Cl) é finalmente posicionado no átomo de carbono mais substituído, o que demonstra que esta reação ocorre através de um mecanismo iônico (adição tipo Markovnikov). O mecanismo iônico para a hidroalogenação possui duas etapas: (1) *protonação* do alqueno formando o carbocátion mais estável e (2) *ataque nucleofílico*. Cada etapa tem que ser representada corretamente.

Quando for representar a primeira etapa do mecanismo (protonação), certifique-se de usar duas setas curvas:

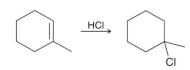

ATENÇÃO
Tenha atenção especial com a seta que termina no próton; é um erro comum representar esta seta na direção errada. Lembre-se de que a seta curva representa o movimento de elétrons, não de átomos.

Uma seta curva é representada iniciando-se na ligação π e terminando no próton. A segunda seta curva inicia na ligação H—Cl e termina no átomo de Cl.

Quando representamos a segunda etapa do mecanismo (ataque nucleofílico do cloreto) é necessária apenas uma única seta curva. O íon cloreto, formado na etapa anterior, atua como nucleófilo e ataca o carbocátion.

ETAPA 2
Uso de uma seta curva para representar o íon haleto atacando o carbocátion.

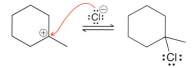

PRATICANDO
o que você aprendeu

9.3 Represente o mecanismo para cada uma das seguintes transformações:

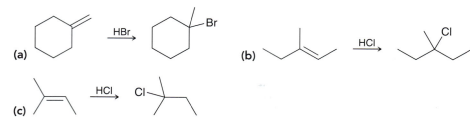

Reações de Adição a Alquenos 409

APLICANDO
o que você aprendeu

9.4 Represente o carbocátion intermediário que se forma quando cada uma das seguintes substâncias é tratada com HBr:

(a)   (b)   (c)   (d)

9.5 Quando o 1-metóxi-2-metilpropeno é tratado com HCl, o produto principal é o 1-cloro-1-metóxi-2-metilpropeno. Apesar desta reação ocorrer através de um mecanismo iônico, no final o cloreto se posiciona no carbono menos substituído. Represente um mecanismo que seja consistente com este resultado e explique por que o carbocátion intermediário menos substituído é mais estável neste caso.

1-Metóxi-2-metilpropeno → HCl → 1-Cloro-1-metóxi-2-metilpropeno

é necessário **PRATICAR MAIS?** Tente Resolver os Problemas 9.1c, 9.64b, 9.69, 9.72

Estereoquímica da Hidroalogenação

Em muitos casos, a hidroalogenação envolve a formação de um centro de quiralidade; por exemplo:

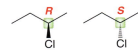

Nesta reação, um novo centro de quiralidade é formado. Portanto, espera-se a formação de dois produtos possíveis que representam um par de enantiômeros:

R   *S*

Os dois enantiômeros são formados em quantidades iguais (uma mistura racêmica). O resultado estereoquímico desta reação pode também ser explicado pelo mecanismo proposto, que identifica o principal intermediário como um carbocátion. Lembre-se de que um carbocátion é triangular plano, com um orbital *p* vazio ortogonal ao plano. Este orbital *p* vazio está sujeito a ataque por um nucleófilo a partir de ambos os lados (pelo lóbulo acima do plano e pelo lóbulo abaixo do plano), como pode ser visto na Figura 9.3. Ambas as faces do plano podem ser atacadas com a mesma probabilidade e, portanto, os dois enantiômeros são formados em quantidades iguais.

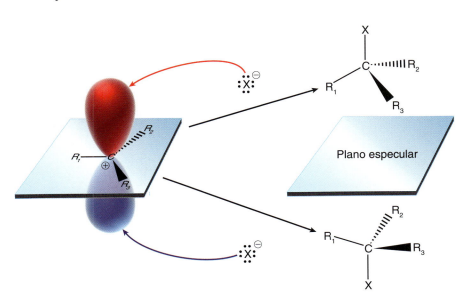

FIGURA 9.3
Na segunda etapa da hidroalogenação, o carbocátion intermediário é plano e pode ser atacado a partir de ambas as faces, gerando um par de produtos que são a imagem especular um do outro (enantiômeros).

VERIFICAÇÃO CONCEITUAL

9.6 Forneça os produtos para cada uma das seguintes reações. Em alguns casos, a reação produz um novo centro de quiralidade, enquanto em outros casos não há a formação de um novo centro de quiralidade. Considere isso ao representar o(s) produto(s).

Hidroalogenação com Rearranjos de Carbocátions

Na Seção 6.11, discutimos a estabilidade de carbocátions e as suas capacidades em sofrer rearranjo através de uma migração de metila ou de hidreto. Os problemas que focamos naquela seção eram prever quando e como os carbocátions se rearranjam. Esta capacidade será essencial agora, porque o mecanismo para a adição de HX envolve a formação de um carbocátion intermediário. Portanto, as adições de HX estão sujeitas a rearranjo de carbocátions. Considere o exemplo a seguir, no qual a ligação dupla é protonada para gerar o carbocátion secundário, mais estável, em vez do carbocátion primário, menos estável:

Como esperamos, este carbocátion pode ser capturado por um íon cloreto. Entretanto, também é possível que este carbocátion secundário se rearranje antes de encontrar um íon cloreto. Especificamente, uma migração de hidreto produzirá um carbocátion terciário, mais estável, que pode ser capturado então por um íon cloreto.

Secundário   **Terciário**

Nos casos em que os rearranjos são possíveis, as adições de HX produzem uma mistura de produtos, incluindo aqueles resultantes do rearranjo de um carbocátion, bem como aqueles formados sem rearranjo (isto é, se o nucleófilo captura o carbocátion antes do rearranjo ocorrer):

Produto do rearranjo

A razão entre esses produtos (40 : 60) pode ser moderadamente afetada pela alteração da concentração de HCl, mas a mistura de produtos é inevitável. O ponto central aqui é: *Quando os rearranjos dos carbocátions puderem ocorrer, eles ocorrem*. Como resultado, a adição de HX só é sinteticamente útil em situações nas quais os rearranjos dos carbocátions não são possíveis.

Reações de Adição a Alquenos   411

DESENVOLVENDO A APRENDIZAGEM

9.2 REPRESENTAÇÃO DE UM MECANISMO PARA UM PROCESSO DE HIDROALOGENAÇÃO COM UM REARRANJO DE CARBOCÁTION

APRENDIZAGEM Represente um mecanismo para a seguinte transformação:

SOLUÇÃO

Trata-se de uma reação de hidroalogenação. Entretanto, este produto não é o produto esperado a partir de uma simples adição. Ao contrário, o esqueleto carbônico do produto é diferente do esqueleto carbônico do reagente e, portanto, um rearranjo de carbocátion é provável.

Na primeira etapa, o alqueno é protonado para formar o carbocátion mais estável (secundário em vez de primário):

ETAPA 1
O uso de duas setas curvas para protonar o alqueno gerando o carbocátion mais estável.

ETAPA 2
O uso de uma seta curva para representar o rearranjo do carbocátion.

Agora, procuramos ver se um rearranjo do carbocátion é possível. Neste caso, a migração de uma metila pode produzir um carbocátion terciário, mais estável:

ETAPA 3
O uso de uma seta curva para representar o íon haleto atacando o carbocátion.

Finalmente, o íon cloreto ataca o carbocátion terciário para gerar o produto:

Secundário   Terciário

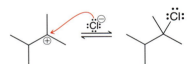

PRATICANDO
o que você aprendeu

9.7 Represente um mecanismo para cada uma das seguintes transformações:

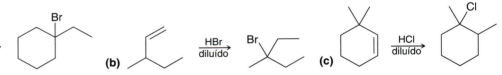

(a)   (b)   (c)

APLICANDO
o que você aprendeu

9.8 O mecanismo da transformação visto a seguir envolve um carbocátion intermediário que rearranja de uma maneira que ainda não vimos. Em vez de ocorrer via uma migração de metila ou de hidreto, um átomo de carbono do anel migra, convertendo um carbocátion secundário em um carbocátion terciário, mais estável. Utilizando esta informação, represente o mecanismo da seguinte transformação:

9.9 A transformação vista a seguir ocorre através de dois rearranjos sucessivos de carbocátions. Represente o mecanismo e explique por que os rearranjos dos carbocátions são favoráveis:

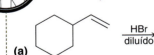

é necessário **PRATICAR MAIS?** Tente Resolver os Problemas 9.51d, 9.76

falando de modo prático | Polimerização Catiônica e Poliestireno

Polímeros foram inicialmente introduzidos no Capítulo 4, e discussões sobre polímeros aparecem ao longo do livro. Vimos que polímeros são moléculas grandes formadas pela união de monômeros. Mais de 90 mil toneladas de polímeros orgânicos sintéticos são produzidas nos Estados Unidos a cada ano. Eles são usados em uma vasta variedade de aplicações, incluindo pneus, fibras para carpetes, roupas, tubos para encanamento, garrafas PET, copos, pratos, talheres, computadores, canetas, televisores, rádios, CDs, DVDs, tintas e brinquedos. Nossa sociedade tornou-se sem dúvida dependente de polímeros.

Polímeros orgânicos sintéticos são normalmente formados via um de três possíveis mecanismos: *polimerização radicalar*, *polimerização aniônica* ou *polimerização catiônica*. A polimerização radicalar será discutida no Capítulo 11 e a polimerização aniônica será discutida no Capítulo 27, do Volume 2. Nesta seção, iremos introduzir brevemente a polimerização catiônica.

A primeira etapa na polimerização catiônica é semelhante à primeira etapa da reação de hidroalogenação. Especificamente, um alqueno é protonado na presença de um ácido produzindo um carbocátion intermediário. O ácido mais frequentemente usado como catalisador para a polimerização catiônica é formado a partir da reação de BF_3 com água:

Catalisador ácido

Na ausência de íons haleto, a hidroalogenação não pode ocorrer. Em vez disso, o carbocátion intermediário tem que reagir com outro nucleófilo que não o íon haleto. Nestas condições, o único nucleófilo presente em abundância é o próprio alqueno de partida, que pode atacar o carbocátion para formar um novo carbocátion. Esse processo repete-se novamente, adicionando um monômero de cada vez, por exemplo:

Polímero

Para monômeros que sofrem polimerização catiônica, o processo termina quando um carbocátion intermediário é desprotonado por uma base ou atacado por outro nucleófilo diferente do alqueno (tal como a água).

Muitos alquenos polimerizam prontamente através do mecanismo catiônico, tornando possível a produção de uma grande variedade de polímeros com diferentes propriedades e aplicações. Por exemplo, poliestireno (mencionado na abertura do capítulo) pode ser preparado através da polimerização catiônica.

Estireno

Poliestireno

$$(Ph = \text{—phenyl})$$

O polímero resultante é um plástico rígido que pode ser aquecido, moldado na forma desejada e, então, resfriado novamente. Essa característica torna o poliestireno ideal para a produção de uma variedade de itens de plástico incluindo talheres, peças para brinquedos, estojos para CD, gabinetes de computadores e televisores. No início da década de 1940 uma descoberta acidental conduziu ao desenvolvimento do Styrofoam™, que também é feito a partir de poliestireno. Ray McIntire, trabalhando na empresa Dow Chemical Company, estava procurando por um material polimérico que pudesse servir como um material isolante elétrico flexível. Os seus esforços o conduziram a descoberta de uma espuma de poliestireno constituída por aproximadamente 95% de ar e é, portanto, muito mais leve (por unidade de volume) que o poliestireno comum. Descobriu-se que este novo material possui inúmeras propriedades físicas úteis. Em particular, a espuma de poliestireno mostrou-se resistente à umidade, de não afundar e de ser um péssimo condutor de calor (e, portanto, um excelente isolante térmico). A Dow Chemical Company chamou este material de Styrofoam™ e tem melhorado continuamente o método de sua produção nos últimos 50 anos. Copos de café, recipientes com isolamento térmico e embalagens também são feitos de espuma de poliestireno, mas o método de preparação não é igual ao processo utilizado pela Dow, e como resultado, as propriedades não são exatamente as mesmas do Styrofoam™.

Espuma de poliestireno é geralmente preparada aquecendo-se poliestireno e utilizando gases aquecidos, chamados agentes de sopro, para expandir o poliestireno até uma espuma. No passado CFCs (clorofluorocarbonos) eram os principais agentes de sopro, mas eles não são mais utilizados em função da suspeita de que têm papel relevante na deterioração da camada de ozônio. Atualmente os agentes de sopro utilizados são menos nocivos ao meio ambiente.

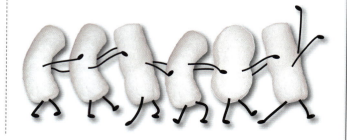

9.4 Hidratação Catalisada por Ácido

Nas próximas seções discutiremos três métodos para adicionar água (H e OH) à ligação dupla, um processo chamado de **hidratação**. Os dois primeiros métodos ocorrem segundo a adição tipo Markovnikov, enquanto o terceiro método ocorre segundo uma adição *anti*-Markovnikov. Nesta seção exploraremos a primeira dessas três reações.

Observações Experimentais

A adição de água à ligação dupla na presença de ácido diluído é conhecida como **hidratação catalisada por ácido**. Para os alquenos mais simples, esta reação ocorre através de uma adição Markovnikov, como mostrado aqui. O resultado líquido é a adição de H e OH à ligação π, com o grupo OH ligado ao átomo de carbono mais substituído.

O reagente H_3O^+ representa a presença da água (H_2O) e de um ácido, tal como, por exemplo, o ácido sulfúrico. Essas condições podem ser mostradas da seguinte maneira:

em que os colchetes indicam que a fonte de próton não é consumida durante a reação. Ela é na verdade um catalisador e, portanto, dizemos que esta reação é uma *hidratação catalisada por ácido*.

A velocidade de uma reação de hidratação catalisada por ácido depende bastante da estrutura do alqueno de partida. Comparamos as velocidades relativas das três reações vistas a seguir e analisamos os efeitos de um substituinte alquila na velocidade relativa de cada reação. Para cada grupo alquila adicional a velocidade da reação aumenta de muitas ordens de grandeza. Também prestamos especial atenção onde o grupo OH é inserido em cada um dos casos anteriores: *o átomo de carbono mais substituído*.

Velocidade relativa

1

10^6

10^{11}

Mecanismo e Origem da Regiosseletividade

O Mecanismo 9.2 é consistente com a preferência regioquímica observada para a adição Markovnikov bem como para o efeito da estrutura do alqueno na velocidade de reação.

MECANISMO 9.2 HIDRATAÇÃO CATALISADA POR ÁCIDO

Transferência de próton

O alqueno é protonado formando um carbocátion intermediário.

Carbocátion

Ataque nucleofílico

A água atua como nucleófilo e ataca o carbocátion intermediário.

Íon oxônio

Transferência de próton

A água atua como uma base e desprotona o íon oxônio, formando o produto.

414 CAPÍTULO 9

OLHANDO PARA O FUTURO
Um mecanismo proposto deve ser sempre consistente com as condições reacionais informadas, como vemos aqui com o uso de H_2O em meio ácido em vez do hidróxido para a última etapa do mecanismo. Esse princípio aparecerá muitas outras vezes ao longo deste livro.

As duas primeiras etapas desse mecanismo são virtualmente idênticas ao mecanismo que nós propusemos para a hidroalogenação. Especificamente, o alqueno é inicialmente protonado para gerar um carbocátion intermediário, que é então atacado pelo nucleófilo. Entretanto, neste caso o nucleófilo que realiza o ataque é neutro (H_2O) em vez de um ânion (X^-) e, portanto, um intermediário carregado é gerado como resultado do ataque nucleofílico. Este intermediário é conhecido como íon oxônio, porque ele apresenta um átomo de oxigênio com uma carga positiva. De modo a remover esta carga e formar um produto eletricamente neutro, o mecanismo tem que ser concluído com uma transferência de próton. Observe que a base utilizada para desprotonar o oxônio é a H_2O em vez do íon hidróxido (OH^-). Por quê? Em condições ácidas, a concentração de hidróxido é extremamente baixa, mas a concentração de H_2O é bastante alta.

O mecanismo proposto é consistente com a observação experimental discutida anteriormente nesta seção. A reação ocorre através de uma adição Markovnikov, conforme vimos para a hidroalogenação, porque há uma forte preferência para que a reação ocorra através do carbocátion intermediário mais estável. Do mesmo modo, as velocidades de reação para os alquenos substituídos podem ser justificadas pela comparação dos carbocátions intermediários em cada caso. Reações que ocorrem através de carbocátions terciários geralmente ocorrerão mais rapidamente do que reações que ocorrem via carbocátions secundários.

VERIFICAÇÃO CONCEITUAL

9.10 Em cada um dos seguintes casos identifique o alqueno mais reativo em uma reação de hidratação catalisada por ácido.

(a)   (b) 2-Metil-2-buteno ou 3-metil-1-buteno

Controlando a Posição do Equilíbrio

Examinamos com cuidado o mecanismo proposto para a reação de hidratação catalisada por ácido. Observe as setas representando o equilíbrio ($\rightleftharpoons$ em vez de $\rightarrow$). Essas setas indicam que a reação na verdade ocorre nas duas direções. Considere a reação inversa (começando com o álcool e terminando com o alqueno). Este processo é uma reação de eliminação na qual um álcool é convertido em um alqueno. Mais especificamente, é um processo E1 conhecido como desidratação catalisada por ácido. A verdade é que a maioria das reações representa processos em equilíbrio. Entretanto, os químicos orgânicos geralmente escrevem a seta de equilíbrio somente naqueles casos em que o equilíbrio pode ser manipulado (permitindo controle sobre a distribuição dos produtos). A desidratação catalisada por ácido é um excelente exemplo desse tipo de reação.

RELEMBRANDO
Desidratação catalisada por ácido foi discutida na Seção 8.9.

Anteriormente neste capítulo apresentamos argumentos termodinâmicos para explicar porque temperaturas baixas favorecem a adição, enquanto temperaturas altas favorecem a eliminação. Mas na desidratação catalisada por ácido existe ainda outra maneira de facilmente controlarmos o equilíbrio. O equilíbrio é sensível não apenas à temperatura, mas também à concentração de água presente no meio reacional. Controlando a quantidade de água presente (usando-se ácido diluído ou concentrado), um lado do equilíbrio pode ser favorecido sobre o outro:

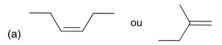

O controle sobre este equilíbrio é oriundo do entendimento do princípio de Le Châtelier, de acordo com o qual um sistema em equilíbrio se ajustará de modo a minimizar qualquer mudança imposta sobre o sistema. Para entender como aplicamos este princípio, considere o processo anterior depois de estabelecido o equilíbrio. Observe que a água está no lado esquerdo da reação. Como a introdução de mais água afetaria o sistema? As concentrações não estariam mais em equilíbrio, e o sistema teria de se ajustar para restabelecer novas concentrações de equilíbrio. A introdução de mais água fará com que o equilíbrio se desloque de modo a produzir mais álcool. Portanto, ácido diluído (que é principalmente água) é utilizado para converter um alqueno em um álcool. Por outro lado, a remoção de água do sistema fará com que o equilíbrio se desloque em favor do alqueno. Portanto, ácidos concentrados (muito pouca água) são utilizados para favorecer a formação do alqueno. Alternativamente, a água pode também ser removida do meio reacional através de um processo de destilação, o que também favorecerá a formação de alqueno.

Resumindo, o resultado de uma reação é muito afetado pela escolha cuidadosa das condições reacionais e da concentração dos reagentes.

VERIFICAÇÃO CONCEITUAL

9.11 Identifique se você utilizaria ácido sulfúrico diluído ou ácido sulfúrico concentrado para conduzir as transformações vistas a seguir. Em cada caso, justifique a sua opção.

Estereoquímica da Hidratação Catalisada por Ácido

O resultado estereoquímico de uma reação de hidratação catalisada por ácido é semelhante ao resultado estereoquímico da reação de hidroalogenação. Novamente, o carbocátion intermediário pode ser atacado a partir de qualquer um dos lados com a mesma probabilidade (Figura 9.4). Portanto, quando um novo centro de quiralidade é gerado, uma mistura racêmica de enantiômeros é esperada:

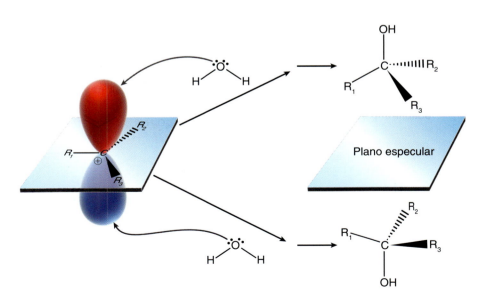

FIGURA 9.4
Na segunda etapa da hidratação catalisada por ácido, o carbocátion intermediário é plano e pode ser atacado por ambas as faces, conduzindo a uma mistura de produtos que são a imagem especular um do outro (enantiômeros).

DESENVOLVENDO A APRENDIZAGEM

9.3 REPRESENTAÇÃO DE UM MECANISMO PARA UMA HIDRATAÇÃO CATALISADA POR ÁCIDO

APRENDIZAGEM Represente um mecanismo para a transformação vista a seguir:

SOLUÇÃO

Nesta reação, a água é adicionada a um alqueno seguindo uma adição Markovnikov sob condições de catálise ácida. Como resultado, o OH é posicionado no carbono mais substituído. Para representar o mecanismo para este processo, lembre-se de que o mecanismo proposto para uma adição catalisada por ácido tem três etapas: (1) protonação gerando um carbocátion, (2) ataque nucleofílico da água gerando um íon oxônio, e (3) desprotonação gerando o produto neutro. Quando representando a primeira etapa desse mecanismo (protonação), certifique-se de fazer uso de uma seta curva e assegure-se também de formar o carbocátion mais estável:

ETAPA 1
Uso de duas setas curvas para protonar o alqueno de modo a formar o carbocátion mais estável.

ATENÇÃO
Certifique-se de representar as duas setas curvas e de ser bastante preciso quando colocar o início e o final de cada seta curva.

Uma seta curva é representada iniciando na ligação π e apontando para o próton, enquanto a segunda seta curva é representada iniciando na ligação O—H e apontando para o átomo de oxigênio da água. Quando representamos a segunda etapa do mecanismo (ataque nucleofílico da água), é necessária apenas uma seta curva. Esta seta inicia em um dos pares de elétrons isolados da água e aponta para o carbocátion:

ETAPA 2
Uso de uma seta curva para representar uma molécula de água atacando o carbocátion.

Na etapa final do mecanismo, a água (e não o hidróxido) atua como uma base e abstrai um próton do íon oxônio. Como toda etapa de transferência de próton, este processo requer duas setas curvas. Uma seta curva é representada iniciando em um par de elétrons isolado da água e apontando para o próton, enquanto a segunda seta curva é representada iniciando na ligação O—H e apontando para o átomo de oxigênio:

ETAPA 3
Uso de duas setas curvas para desprotonar o íon oxônio utilizando a água como uma base.

PRATICANDO
o que você aprendeu

9.12 Represente o mecanismo para cada uma das seguintes transformações:

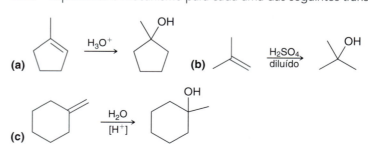

Reações de Adição a Alquenos 417

APLICANDO o que você aprendeu

9.13 Se um alqueno é protonado e o solvente é um álcool em vez de água, a reação ocorre de modo muito semelhante à reação de hidratação catalisada por ácido, mas na segunda etapa do mecanismo o álcool atua como nucleófilo em vez da água. Represente um mecanismo plausível para o processo visto a seguir:

9.14 Utilizando a reação do problema anterior como uma referência, proponha um mecanismo plausível para a reação intramolecular vista a seguir:

→ é necessário **PRATICAR MAIS?** Tente Resolver os Problemas 9.51a, b, 9.64a

falando de modo prático | Produção Industrial de Etanol

O etanol encontrado em bebidas alcoólicas é geralmente produzido via a fermentação de açúcares por leveduras. Entretanto, existem muitas outras aplicações industriais para o etanol (como aditivo para gasolina, solvente para perfumes, tintas etc.) e, portanto, um processo alternativo, mais eficiente, para a produção de etanol puro é necessário. Isso pode ser realizado pela hidratação catalisada por ácido do etileno proveniente do petróleo:

O ácido fosfórico é geralmente empregado como fonte de prótons. Os Estados Unidos produzem mais de 5 bilhões de galões de etanol a cada ano através desse processo.

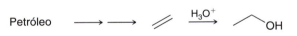

9.5 Oximercuração-Desmercuração

Na seção anterior exploramos como a hidratação catalisada por ácido pode ser utilizada para realizar uma adição Markovnikov de água a um alqueno. A utilidade desse processo é diminuída pelo fato de que rearranjos dos carbocátions podem produzir uma mistura de produtos:

Sem rearranjo   Com rearranjo

Em casos nos quais a protonação do alqueno conduz a rearranjos de carbocátions, a hidratação catalisada por ácido é um método ineficiente para adição de água ao alqueno. Muitos outros métodos podem ser utilizados para realizar uma adição Markovnikov de água a um alqueno sem rearranjos de carbocátions. Um dos métodos mais antigos e talvez mais bem conhecido é chamado de **oximercuração-desmercuração**:

CAPÍTULO 9

Para entender este processo, temos que explorar os reagentes empregados. O processo inicia quando o acetato mercúrico, $Hg(OAc)_2$ se dissocia para formar cátion mercúrico:

Acetato mercúrico **Cátion mercúrico**

Este cátion mercúrico é um potente eletrófilo e é suscetível ao ataque por um nucleófilo, tal como a ligação π de um alqueno. Quando a ligação π ataca o cátion mercúrico, a natureza do intermediário resultante é bastante diferente da natureza do intermediário formado quando uma ligação π é simplesmente protonada. Comparemos:

Quando uma ligação π é protonada:

Um carbocátion

Quando uma ligação π ataca o cátion mercúrico:

Um íon mercurínio

A PROPÓSITO

Como mencionado no Capítulo 2, geralmente evitamos o rompimento de ligações simples quando representamos estruturas de ressonância. Entretanto, esta é uma das raras exceções. Veremos outra exceção na próxima seção deste capítulo.

Quando uma ligação π é protonada, o intermediário formado é simplesmente um carbocátion, como vimos diversas vezes neste capítulo. Por outro lado, quando uma ligação π ataca um cátion mercúrico, o intermediário resultante não pode ser considerado como um carbocátion, porque o átomo de mercúrio tem elétrons que podem interagir com a carga positiva adjacente para formar uma ponte. Este intermediário, chamado de íon mercurínio, é mais adequadamente descrito como híbrido de duas estruturas de ressonância. O íon mercurínio tem algum caráter de carbocátion, mas também possui algum caráter de um anel de três membros em ponte. Este caráter dual pode ser ilustrado segundo a representação vista a seguir:

Íon mercurínio

O átomo de carbono mais substituído possui uma carga parcial positiva ($\delta+$), em vez de uma carga positiva completa. Como resultado, este intermediário não sofrerá prontamente rearranjos de carbocátion, mas está ainda suscetível a ataque por um nucleófilo:

Observamos que o ataque ocorre na posição mais substituída, levando finalmente a adição Markovnikov. Após o ataque do nucleófilo, o mercúrio pode ser removido através de um processo chamado *desmercuração*, o qual é geralmente realizado com boroidreto de sódio. Existem muitas evidências

Reações de Adição a Alquenos   419

OLHANDO PARA O FUTURO
Processos radicalares são discutidos com mais detalhes no Capítulo 11.

de que a desmercuração ocorre através de um processo radical. O resultado líquido é a adição do átomo de H e um nucleófilo ao alqueno:

Muitos nucleófilos podem ser usados, incluindo água:

Essa sequência de reações possibilita um processo em duas etapas que fornece a hidratação de um alqueno sem rearranjo de carbocátion:

Nenhum rearranjo

(94%)

VERIFICAÇÃO CONCEITUAL

9.15 Preveja o produto de cada reação de oximercuração-desmercuração e preveja os produtos se uma hidratação catalisada por ácido for utilizada em vez da oximercuração-desmercuração:

(a)
(b)
(c)

9.16 Na primeira etapa do processo (oximercuração), outros nucleófilos em vez da água podem ser utilizados. Preveja o produto quando cada um dos seguintes nucleófilos é usado em vez de água:

(a)
(b)

9.6 Hidroboração-Oxidação

Uma Introdução à Hidroboração-Oxidação

Nas seções anteriores estudamos dois métodos diferentes para realizar uma adição Markovnikov a uma ligação π: (1) hidratação catalisada por ácido e (2) oximercuração-desmercuração. Nesta seção, vamos explorar um método para realizar uma adição *anti*-Markovnikov de água. Esse processo, chamado de **hidroboração-oxidação**, coloca o grupo OH no carbono menos substituído:

(90%)

Posição vinílica menos substituída

Adição *anti*-Markovnikov

O resultado estereoquímico desta reação também é de particular interesse. Especificamente, quando dois novos centros de quiralidade são formados, a adição de água (H e OH) é observada ocorrer de modo a colocar H e OH na mesma face da ligação π:

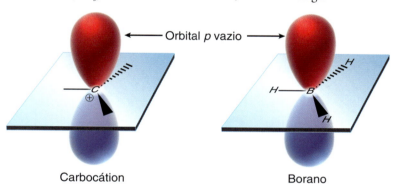

Esse modo de adição é chamado uma **adição *sin*.** A reação é dita estereoespecífica porque são formados apenas dois dos quatro estereoisômeros possíveis. Isto é, a reação não produz os dois estereoisômeros que resultariam da adição de H e OH a lados opostos da ligação π:

Estes dois estereoisômeros não são formados

Qualquer mecanismo que propusermos para hidroboração-oxidação deve explicar tanto a regiosseletividade (adição *anti*-Markovnikov) quanto a estereoespecificade (adição *sin*). Em breve proporemos um mecanismo que explique as duas observações. Mas, primeiro precisamos explorar a natureza dos reagentes utilizados para a hidroboração-oxidação.

Reagentes para Hidroboração-Oxidação

A estrutura do borano (BH₃) é similar à do carbocátion, mas sem a carga:

O átomo de boro não possui o octeto de elétrons e é, portanto, muito reativo. Na realidade, uma molécula de borano reage com outra molécula de borano para formar uma estrutura dimérica chamada de **diborano**. Acredita-se que este dímero possua um tipo especial de ligação que é diferente daquelas que estudamos até agora. Podemos entender mais facilmente representando as seguintes estruturas de ressonância:

Assim como no caso do íon mercurínio (Seção 9.5), este é outro daqueles casos raros em que rompemos uma ligação simples ao representarmos as estruturas de ressonância. Um exame cuidadoso dessas estruturas de ressonância mostra que um dos átomos de hidrogênio, representados em vermelho e azul na figura anterior, está parcialmente ligado a dois átomos de boro utilizando um total de dois elétrons:

Tais ligações são conhecidas como **ligações de três centros e dois elétrons**. No mundo da química orgânica existem muitos exemplos de ligações de três centros e dois elétrons; entretanto, não encontraremos muitos outros exemplos neste livro.

Borano e diborano coexistem no seguinte equilíbrio:

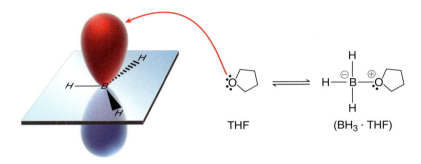

Este equilíbrio está bastante deslocado para o lado do diborano (B_2H_6), deixando pequena quantidade de borano (BH_3) presente no equilíbrio. É possível estabilizar BH_3, aumentando a sua concentração no equilíbrio utilizando solventes como THF (tetraidrofurana), o qual pode doar densidade eletrônica para os orbitais p vazios do boro:

Apesar do átomo de boro receber alguma densidade eletrônica do solvente, ele ainda é bastante eletrofílico e suscetível ao ataque por uma ligação π de um alqueno. O mecanismo para a hidroboração-oxidação é visto a seguir.

Um Mecanismo para Hidroboração-Oxidação

Começaremos centralizando a nossa atenção na primeira etapa da hidroboração, na qual o borano sofre ataque da ligação π, desencadeando simultaneamente uma migração de hidreto. Em outras palavras, a formação da ligação C—BH_2 e a formação da ligação C—H ocorrem ao mesmo tempo em um processo concertado. Esta etapa do mecanismo proposto explica a regiosseletividade (adição *anti*-Markovnikov) e a estereoespecificidade (adição *sin*) para este processo. Cada uma dessas características será agora discutida em mais detalhes.

Regiosseletividade da Hidroboração-Oxidação

Como visto no Mecanismo 9.3, um grupo BH_2 é inserido no carbono menos substituído e no final é substituído por um grupo OH, conduzindo à regiosseletividade observada. A preferência do grupo BH_2 pelo carbono menos substituído pode ser explicada em termos de considerações estéricas ou eletrônicas. Ambas explicações são apresentadas a seguir:

1. ***Considerações eletrônicas:*** Na primeira etapa do mecanismo proposto, o ataque da ligação π desencadeia a simultânea migração de hidreto. Entretanto, este processo não precisa ser completamente simultâneo. Quando a ligação π ataca o orbital p vazio do boro, uma das posições vinílicas pode começar a desenvolver uma carga positiva parcial ($\delta+$). Esta carga positiva desencadeia então a migração do hidreto:

MECANISMO 9.3 HIDROBORAÇÃO-OXIDAÇÃO

Hidroboração

Oxidação

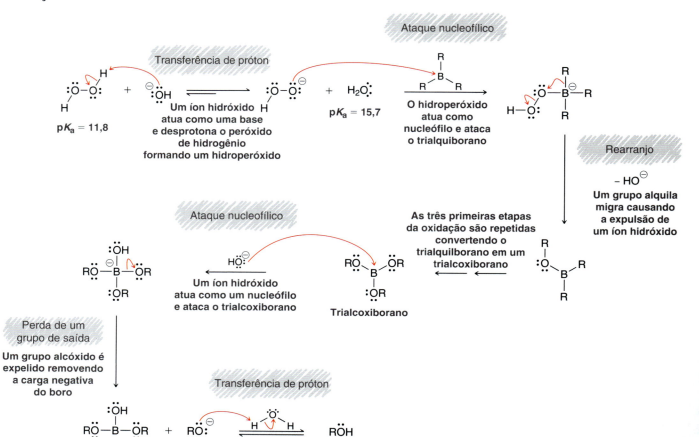

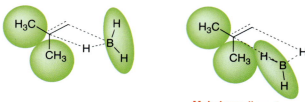

Estado de transição de uma adição *anti*-Markovnikov

Estado de transição de uma adição Markovnikov

Mais impedimento estérico

FIGURA 9.5
Uma comparação dos estados de transição para hidroboração através de uma adição Markovnikov ou de uma adição *anti*-Markovnikov. Esta última apresentará menor energia em função do menor impedimento estérico.

Desse modo, um dos átomos de carbono vinílicos desenvolve uma carga parcial positiva quando o alqueno começa a interagir com o borano. Haverá uma preferência (como vimos anteriormente neste capítulo) para o desenvolvimento de qualquer caráter positivo no átomo de carbono mais substituído. De modo a que isso ocorra, o grupo BH_2 tem que ser posicionado no átomo de carbono menos substituído.

2. ***Considerações estéricas:*** Na primeira etapa do mecanismo proposto, ambos H e BH_2 adicionam-se à ligação dupla simultaneamente. Como o BH_2 é maior que o H, o estado de transição será menos impedido estericamente e de menor energia se o grupo BH_2 for posicionado na posição menos impedida estericamente (Figura 9.5). É provável que ambos os fatores, o fator eletrônico e o fator estérico, contribuam para a regiosseletividade da reação de hidroboração-oxidação.

VERIFICAÇÃO CONCEITUAL

9.17 A seguir apresentam-se diferentes exemplos da reação de hidroboração-oxidação. Em cada caso considere a regiosseletividade esperada, e então represente o produto:

(a) isobuteno $\xrightarrow{\text{1) BH}_3\cdot\text{THF} \\ \text{2) H}_2\text{O}_2,\text{NaOH}}$?

(b) metilenociclopentano $\xrightarrow{\text{1) BH}_3\cdot\text{THF} \\ \text{2) H}_2\text{O}_2,\text{NaOH}}$?

(c) pent-2-eno $\xrightarrow{\text{1) BH}_3\cdot\text{THF} \\ \text{2) H}_2\text{O}_2,\text{NaOH}}$?

9.18 A substância A tem fórmula molecular C_5H_{10}. A hidroboração-oxidação da substância A fornece o 2-metilbutan-1-ol. Represente a estrutura da substância A.

Substância A (C_5H_{10}) $\xrightarrow{\text{1) BH}_3\cdot\text{THF} \\ \text{2) H}_2\text{O}_2,\text{NaOH}}$ 2-metilbutan-1-ol

Estereoespecificidade da Reação de Hidroboração-Oxidação

A estereoespecificidade observada para a reação de hidroboração-oxidação é consistente com a primeira etapa do mecanismo proposto, no qual H e BH₂ adicionam-se simultaneamente à ligação π do alqueno. A natureza concertada desta etapa requer que ambos os grupos adicionem-se à mesma face do alqueno, dando uma adição *sin*. Desse modo, o mecanismo proposto explica não apenas a regioquímica, mas também a estereoquímica.

Quando se representam os produtos da reação de hidroboração-oxidação, é essencial considerar o número de centros de quiralidade que são criados durante o processo. Se nenhum centro de quiralidade é formado, então a estereoespecificidade da reação não é relevante.

isobuteno $\xrightarrow{\text{1) BH}_3\cdot\text{THF} \\ \text{2) H}_2\text{O}_2,\text{NaOH}}$ 2-metilpropan-1-ol **Nenhum centro de quiralidade**

Neste caso, apenas um produto é formado em vez de um par de enantiômeros e a exigência de adição *sin* é irrelevante.

Agora considere o resultado estereoquímico em um caso em que um centro de quiralidade é formado:

2-metilbut-2-eno $\xrightarrow{\text{1) BH}_3\cdot\text{THF} \\ \text{2) H}_2\text{O}_2,\text{NaOH}}$ 3-metilbutan-2-ol **Um centro de quiralidade**

Neste caso, ambos enantiômeros são obtidos porque a adição *sin* pode ocorrer a partir de ambas as faces do alqueno com igual probabilidade:

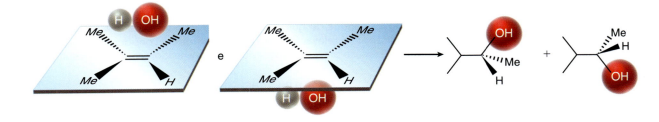

Agora considere um caso em que dois centros de quiralidade são formados:

Neste caso, a exigência para adição *sin* determina que par de enantiômeros é formado:

Um par de enantiômeros

Os outros dois estereoisômeros possíveis não são observados.

Sob circunstâncias especiais, é possível obtermos uma *reação de adição enantiosseletiva*, isto é, uma reação onde um enantiômero é majoritário frente ao outro (onde se observa uma % de excesso enantiomérico, ou % *ee*). Entretanto, ainda não estudamos nenhum método para realizarmos uma reação deste tipo. Veremos um exemplo mais tarde neste capítulo, mas no momento nenhuma das reações neste capítulo foi enantiosseletiva. Assim, todas as reações apresentadas neste capítulo fornecerão uma mistura de produtos que é opticamente inativa.

DESENVOLVENDO A APRENDIZAGEM

9.4 PREVISÃO DOS PRODUTOS DE UMA REAÇÃO DE HIDROBORAÇÃO-OXIDAÇÃO

APRENDIZAGEM Preveja o(s) produto(s) da seguinte transformação:

SOLUÇÃO

Esse processo é uma reação de hidroboração-oxidação, que adicionará água à ligação dupla. A primeira etapa é determinar a regioquímica da reação. Isto é, precisamos determinar onde o OH é posicionado. Lembre-se de que a reação de hidroboração-oxidação produz uma adição *anti*-Markovnikov, o que quer dizer que o OH posiciona-se no carbono menos substituído:

ETAPA 1
Determinação do resultado regioquímico baseado nas exigências para uma adição *anti*-Markovnikov.

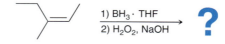

Menos substituído

Já sabemos onde colocar o grupo OH, mas a representação ainda não está completa, porque o resultado estereoquímico tem que ser indicado. Especificamente, precisamos perguntar se dois novos centros de quiralidade serão formados nesta reação. Neste exemplo, existem, de fato, dois novos centros de quiralidade sendo formados. Assim, a estereoespecificidade do processo (adição *sin*) é relevante e tem que ser levada em consideração quando representamos os produtos. A reação produzirá apenas um par de enantiômeros como resultado da adição *sin*:

ETAPA 2
Determinação do resultado estereoquímico baseado nas exigências para uma adição *sin*.

 + Enantiômero

Reações de Adição a Alquenos   425

PRATICANDO
o que você aprendeu

9.19 Preveja o(s) produto(s) para cada uma das seguintes transformações:

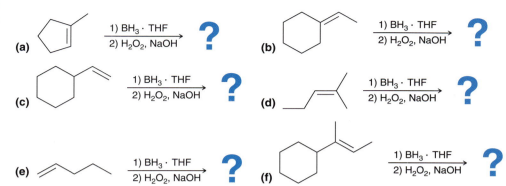

APLICANDO
o que você aprendeu

9.20 Represente o(s) produto(s) da reação de hidroboração-oxidação do (*E*)-3-metil-3-hexeno.

9.21 Os produtos obtidos de uma reação de hidroboração-oxidação do *cis*-2-buteno são idênticos aos produtos obtidos da hidroboração-oxidação do *trans*-2-buteno. Represente os produtos e explique porque a configuração do alqueno de partida não é relevante neste caso.

9.22 A substância A tem fórmula molecular C_5H_{10}. A reação de hidroboração-oxidação da substância A produz um álcool com nenhum centro de quiralidade. Represente duas possíveis estruturas para a substância A.

é necessário **PRATICAR MAIS?** Tente Resolver o Problema 9.66

9.7 Hidrogenação Catalítica

RELEMBRANDO
Os átomos de hidrogênio inseridos durante este processo não são explicitamente representados no produto porque a presença dos átomos de hidrogênio pode ser inferida a partir da representação da estrutura em bastão. Para praticar mais como "identificar" os átomos de hidrogênio que não estão explicitamente representados volte a fazer os exercícios na Seção 2.2.

A **hidrogenação catalítica** envolve a adição de hidrogênio molecular (H_2) à ligação dupla na presença de um catalisador metálico, por exemplo:

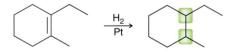

(100%)

O resultado líquido deste processo é a redução de um alqueno a um alcano. Paul Sabatier foi o primeiro a demonstrar que a hidrogenação catalítica poderia ser utilizada como um método geral para a redução de alquenos e por esse trabalho pioneiro foi um dos agraciados com o prêmio Nobel em 1912.

Estereoespecificidade da Hidrogenação Catalítica

Na reação anterior não existem centros de quiralidade no produto, então a estereoespecificidade do processo é irrelevante. De modo a explorar se uma reação é estereoespecífica precisamos examinar um caso em que dois novos centros de quiralidade são formados. Por exemplo, considere o seguinte caso:

Com dois centros de quiralidade, existem quatro produtos estereoisoméricos possíveis (dois pares de enantiômeros):

Par de enantiômeros (observado)   Par de enantiômeros (não observado)

Entretanto, a reação não produz todos os quatro produtos estereoisoméricos. Apenas um par de enantiômeros é observado, o par que resulta da adição *sin*. Para entender a origem desta estereoespecificidade observada, precisamos olhar mais de perto os reagentes e as suas interações.

O Papel do Catalisador na Hidrogenação Catalítica

A hidrogenação catalítica é realizada tratando-se o alqueno com H_2 gasoso na presença de um catalisador metálico geralmente sob altas pressões. O papel do catalisador é ilustrado no diagrama de energia presente na Figura 9.6. O caminho reacional sem o catalisador metálico (curva em azul) tem uma energia de ativação muito alta (E_a) tornando a reação muito lenta para qualquer uso prático. A presença de um catalisador possibilita um caminho de reação (curva em vermelho) com uma energia de ativação menor, permitindo que a reação ocorra mais rapidamente.

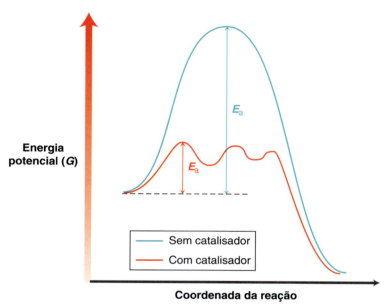

FIGURA 9.6
Diagrama de energia mostrando a reação de hidrogenação catalítica com catalisador (em vermelho) e sem catalisador (em azul). A curva em vermelho possui uma energia de ativação menor possibilitando que a reação ocorra mais rapidamente.

Uma variedade de catalisadores metálicos pode ser utilizada, tais como Pt, Pd ou Ni. Acredita-se que o processo inicia quando o hidrogênio molecular (H_2) interage com a superfície do catalisador metálico, rompendo efetivamente as ligações H—H e formando átomos de hidrogênio individuais adsorvidos na superfície do metal. O alqueno coordena com a superfície do metal, e a química na superfície possibilita a reação entre a ligação π e dois átomos de hidrogênio, adicionando efetivamente os átomos de H ao alqueno (Figura 9.7). Neste processo, ambos os átomos de hidrogênio adicionam-se à mesma face do alqueno, explicando a estereoespecificidade observada (adição *sin*).

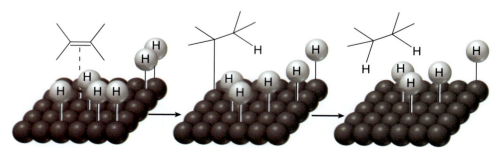

FIGURA 9.7
A reação de adição ocorre na superfície do catalisador metálico.

Reações de Adição a Alquenos   427

TABELA 9.2	RESUMO DA RELAÇÃO ENTRE O NÚMERO DE CENTROS DE QUIRALIDADE FORMADOS E O RESULTADO ESTEREOQUÍMICO DA HIDROGENAÇÃO CATALÍTICA
Nenhum centro de quiralidade	A exigência para a adição *sin* não é relevante. Apenas um produto é formado.
Um centro de quiralidade	Os dois enantiômeros possíveis são formados.
Dois centros de quiralidade	A exigência para adição *sin* determina que par de enantiômeros será obtido.

Em qualquer caso, *o resultado estereoquímico é dependente do número de centros de quiralidade formados no processo,* como resumido na Tabela 9.2. É preciso ter cuidado ao aplicar as regras da Tabela 9.2, pois um alqueno simétrico irá produzir uma substância *meso* em vez de um par de enantiômeros. Considere o seguinte caso:

Neste exemplo, dois novos centros de quiralidade são formados e, portanto, esperamos que a adição *sin* produzirá um par de enantiômeros. Entretanto, neste caso, há apenas um produto da adição *sin*, não um par de enantiômeros:

é o mesmo que

A adição *sin* produz apenas um produto: uma substância *meso*

Uma substância *meso* por definição não possui um enantiômero. Uma adição *sin* à uma face do alqueno gera exatamente a mesma substância que a adição *sin* à outra face do alqueno. Portanto, é preciso ter cuidado para não escrever "+ Enantiômero" ou resumidamente "+ En":

DESENVOLVENDO A APRENDIZAGEM

9.5 PREVISÃO DOS PRODUTOS DE UMA REAÇÃO DE HIDROGENAÇÃO CATALÍTICA

APRENDIZAGEM Escreva os produtos para cada uma das seguintes reações:

(a)   (b)

SOLUÇÃO

(a) Esta é uma reação de hidrogenação catalítica, na qual H e H são adicionados ao alqueno. Como os grupos são idênticos (H e H) não é necessário preocupar-se com questões regioquímicas. Entretanto, a estereoquímica é um fator que precisa ser considerado. De modo a representar o produto corretamente precisamos primeiro determinar quantos centros de quiralidade são formados como resultado dessa reação:

ETAPA 1
Determinação de quantos centros de quiralidade são formados.

Dois centros de quiralidade

ETAPA 2
Determinação da estereoquímica da reação baseada nas exigências de uma adição *sin*.

Neste caso, dois centros de quiralidade são formados. Portanto esperamos apenas um par de enantiômeros como resultado de uma adição *sin*.

Como verificação final, certificamo-nos que os produtos não representam uma substância *meso*. As substâncias anteriores não possuem um plano interno de simetria e não representam uma substância *meso*.

ETAPA 3
Verificação se o produto não é uma substância *meso*.

(b) Como no exemplo anterior, esta reação é uma reação de hidrogenação catalítica, na qual H e H são adicionados a um alqueno. De modo a representar corretamente os produtos, necessitamos primeiro determinar quantos centros de quiralidade são formados como resultado dessa reação:

RELEMBRANDO
Para praticar a identificação de uma substância *meso*, reveja os exercícios na Seção 5.6.

Um centro de quiralidade

Neste caso apenas um centro de quiralidade é formado. Portanto, esperamos que se formem os dois enantiômeros porque a adição *sin* pode ocorrer em ambas as faces da ligação π com igual probabilidade.

É impossível para uma substância contendo apenas um centro de quiralidade ser uma substância *meso*. Portanto, as substâncias anteriores são um par de enantiômeros.

PRATICANDO o que você aprendeu

9.23 Preveja o(s) produto(s) para cada uma das seguintes reações:

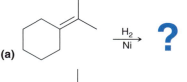
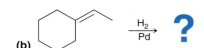
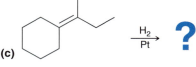

APLICANDO o que você aprendeu

9.24 De modo muito semelhante a como reagem com o H_2, alquenos também reagem com o D_2 (deutério é um isótopo do hidrogênio). Utilize essa informação para prever o(s) produto(s) da seguinte reação:

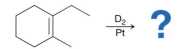

9.25 A substância X tem fórmula molecular C_5H_{10}. Na presença de um catalisador metálico a substância X reage com um equivalente de hidrogênio molecular produzindo o 2-metilbutano.

(a) Sugira três possíveis estruturas para a substância X.
(b) A hidroboração-oxidação da substância X fornece um produto com nenhum centro de quiralidade. Identifique a estrutura da substância X.

⤏ é necessário **PRATICAR MAIS?** Tente Resolver os Problemas 9.55, 9.75

Catálise Homogênea

Os catalisadores descritos até agora (Pt, Pd, Ni) são chamados de **catalisadores heterogêneos**, pois não dissolvem-se no meio reacional. Por outro lado, **catalisadores homogêneos** são solúveis no meio reacional. O catalisador homogêneo mais comum para a hidrogenação é chamado de catalisador de Wilkinson.

Catalisador de Wilkinson

Com catálise homogênea, uma adição *sin* também é observada.

Adição a Alquenos

Hidrogenação Catalítica Assimétrica

Como visto anteriormente nesta seção, quando a hidrogenação conduz à formação de um ou dois centros de quiralidade, um par de enantiômeros é esperado:

Criando um centro de quiralidade:

Criando dois centros de quiralidade:

Nas duas reações uma mistura racêmica é formada. Isso levanta uma questão óbvia: é possível criar apenas um enantiômero em vez de um par de enantiômeros? Em outras palavras: é possível realizar uma **hidrogenação assimétrica**?

Antes da década de 1960 a hidrogenação assimétrica não havia sido desenvolvida. Entretanto, um enorme avanço veio no ano de 1968, quando William S. Knowles, trabalhando na Monsanto Company, desenvolveu um método para hidrogenação catalítica assimétrica. Knowles percebeu que uma indução assimétrica pode ocorrer através da utilização de um catalisador quiral. Ele raciocinou que um catalisador quiral poderia diminuir mais drasticamente a energia de ativação para a formação de um enantiômero do que do outro (Figura 9.8). Dessa forma, um catalisador quiral poderia teoricamente favorecer a produção de um enantiômero sobre o outro, conduzindo a observação de um excesso enantiomérico (*ee*).

Knowles teve sucesso ao desenvolver um catalisador quiral através da preparação de uma versão modificada engenhosamente do catalisador de Wilkinson. Lembre que o catalisador de Wilkinson tem três ligantes trifenilfosfina:

Catalisador de Wilkinson — Três ligantes de trifenilfosfina

A ideia de Knowles foi utilizar fosfinas quirais como ligantes, em vez de fosfinas simétricas:

em vez de

Ligante fosfina quiral   **Ligante fosfina simétrica**

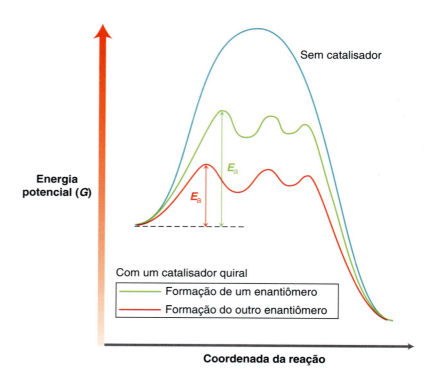

FIGURA 9.8
Um diagrama de energia mostrando a capacidade de um catalisador quiral em favorecer a formação de um enantiômero (caminho de reação vermelho) sobre o outro enantiômero (caminho de reação verde).

Usando fosfinas quirais como ligantes, Knowles preparou uma versão quiral do catalisador de Wilkinson. Ele utilizou este catalisador em uma reação de hidrogenação e obteve um excesso enantiomérico moderado. Ele não conseguiu exclusivamente um único enantiômero, mas o excesso enantiomérico que ele conseguiu foi suficiente para provar que a hidrogenação catalítica assimétrica era de fato possível.

Knowles desenvolveu outro catalisador capaz de obter excessos enantioméricos muito maiores, e então fez uso da hidrogenação catalítica assimétrica para desenvolver uma síntese industrial para o aminoácido L-dopa:

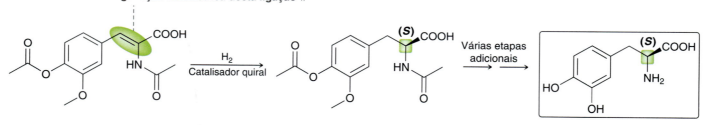

(S)-3,4-Di-hidroxifenilalanina
(L-dopa)

OLHANDO PARA O FUTURO
A designação L descreve a configuração do centro de quiralidade presente na substância. Esta notação será descrita em maior detalhe na Seção 25.2.

Foi mostrado que a L-dopa é eficiente no tratamento da deficiência de dopamina associada à doença de Parkinson (uma descoberta que premiou Arvid Carlsson em 2000 com o prêmio Nobel em Medicina). A dopamina é um neurotransmissor importante no cérebro. A deficiência de dopamina não pode ser tratada com a administração de dopamina ao paciente porque a dopamina não é capaz de cruzar a barreira hematoencefálica. Entretanto, a L-dopa pode cruzar esta barreira, e é posteriormente convertida em dopamina no sistema nervoso central. Este fato possibilita uma maneira de aumentar os níveis de dopamina no cérebro de pacientes com doença de Parkinson, promovendo um alívio temporário de alguns sintomas associados à doença. Mas existe um problema. Acredita-se que o enantiômero da L-dopa seja tóxico e, portanto, uma síntese enantiosseletiva da L-dopa é necessária.

Reações de Adição a Alquenos 431

falando de modo prático | Óleos e gorduras parcialmente hidrogenados

Mais cedo neste capítulo, centralizamos a nossa atenção no papel da hidrogenação catalítica na indústria farmacêutica. Entretanto, o papel mais conhecido da hidrogenação é na indústria de alimentos, onde a hidrogenação é utilizada para preparar óleos e gorduras parcialmente hidrogenados.

Os óleos e as gorduras que ocorrem naturalmente, tal como os óleos vegetais, são geralmente misturas de substâncias chamadas *triglicerídeos*, que contêm três longas cadeias alquila:

Um triglicerídeo

Essas substâncias importantes serão discutidas em mais detalhes na Seção 26.3. Por enquanto, focaremos nossa atenção nas ligações π presentes nas cadeias alquílicas. A hidrogenação de algumas dessas ligações π altera as propriedades físicas desses óleos. Por exemplo, o óleo de algodão é líquido na temperatura ambiente; entretanto, o óleo de algodão *parcialmente hidrogenado* é um sólido à temperatura ambiente. Isto é vantajoso porque possibilita ao óleo uma maior vida de prateleira. A margarina é preparada de modo semelhante a partir de diferentes óleos vegetais e animais.

Óleos parcialmente hidrogenados, no entanto, têm seus problemas. Existem muitas evidências que os catalisadores presentes durante o processo de hidrogenação podem isomerizar algumas das ligações duplas, produzindo ligações duplas *trans*:

trans

Acredita-se que essas gorduras *trans*, como são conhecidas, podem causar um aumento no nível de colesterol LDL (*Low Density Lipoprotein*), o que aumenta o risco de doenças cardiovasculares. Em resposta, a indústria de alimentos tem se esforçado em minimizar e até mesmo remover as gorduras *trans* de seus produtos. Atualmente as embalagens dos alimentos apresentam frequentemente o rótulo "não contém gorduras *trans*."

OLHANDO PARA O FUTURO
Para uma discussão sobre a conexão entre colesterol e doenças cardiovasculares veja o boxe Medicamente Falando na Seção 26.5.

A PROPÓSITO
A outra metade do prêmio Nobel em química de 2001 foi concedido a K. Barry Sharpless pelo seu trabalho em síntese enantiosseletiva, descrito na Seção 14.9.

A hidrogenação catalítica assimétrica tornou-se um método eficiente para o preparo de L-dopa com alta pureza óptica. Por esse trabalho Knowles compartilhou em 2001 a metade do prêmio Nobel em Química com Ryoji Noyori (Universidade de Nagoya, Japão), que estava investigando independentemente uma variedade de catalisadores quirais que poderiam produzir uma hidrogenação catalítica assimétrica.

Noyori variou ambos, o metal e os ligantes ligados ao metal, e foi capaz de criar catalisadores quirais que promovem uma enantiosseletividade próxima de 100% *ee*. Um exemplo comum de síntese hoje, é baseado no ligante quiral conhecido como BINAP:

432 CAPÍTULO 9

(S)-2,2'-Bis(difenilfosfino)-1,1'-binaftila

O BINAP não possui um centro de quiralidade, mas, apesar disso, é uma substância quiral porque a ligação simples que une os dois anéis não possui rotação livre (em função do impedimento estérico). O BINAP pode ser utilizado como ligante quiral na formação de complexos de rutênio produzindo um catalisador quiral capaz de fornecer alta enantiosseletividade:

9.8 Halogenação e Formação de Haloidrina

Observações Experimentais

A reação de **halogenação** envolve a adição de X_2 (ambos Br_2 ou Cl_2) a um alqueno. Como exemplo considere a cloração do etileno para produção de dicloroetano:

Esta é a principal etapa na preparação industrial de cloreto de polivinila (PVC):

A halogenação de alquenos só tem fins práticos na adição de cloro e bromo. A reação com fluoreto é muito violenta e a reação com iodo geralmente produz baixos rendimentos.

A estereoespecificidade das reações de halogenação pode ser explorada em casos em que dois novos centros de quiralidade são formados. Por exemplo, considere os produtos que são formados quando ciclopenteno é tratado com bromo molecular (Br_2):

ATENÇÃO

Os produtos desta reação são um par de enantiômeros. Eles não são a mesma substância. Os estudantes normalmente se confundem especialmente com este exemplo. Para uma revisão sobre enantiômeros, veja a Seção 5.5.

Observe que a adição ocorre de modo a colocar dois átomos de halogênio em lados opostos da ligação π. Neste modo a adição é chamada de **adição *anti***. *Para a maioria dos alquenos simples, a reação de halogenação parece ocorrer primariamente através de uma adição anti.* Qualquer mecanismo proposto deve ser coerente com essa observação.

Um Mecanismo para a Halogenação

O bromo molecular não é uma substância polar, porque a ligação Br—Br é covalente. Entretanto, a molécula é polarizável e a proximidade de um nucleófilo pode causar temporariamente um momento de dipolo induzido (Figura 9.9)

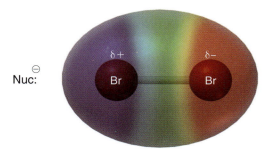

FIGURA 9.9
Mapa do potencial eletrostático mostrando o momento de dipolo induzido para a molécula de bromo quando ela está na vizinhança de um nucleófilo.

Esse efeito coloca a carga positiva parcial em um dos átomos de bromo, deixando a molécula eletrofílica. Muitos nucleófilos são conhecidos por reagir com bromo:

Vimos que as ligações π são nucleofílicas e, portanto, é razoável esperarmos que um alqueno seja capaz também de atacar a molécula de bromo:

Apesar de essa etapa ser plausível, há um erro grave na proposta. Especificamente, a produção de um carbocátion é inconsistente com a estereoespecificidade *anti* observada para a reação de halogenação. Se um carbocátion fosse produzido no processo, então ambas adições *sin* e *anti* seriam esperadas, porque o carbocátion poderia ser atacado a partir de ambas as faces:

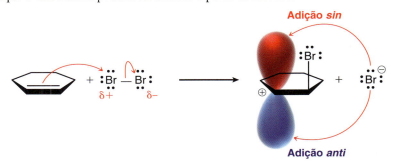

Este mecanismo não explica a estereoespecificidade *anti* observada para reações de halogenação. O mecanismo modificado apresentado no Mecanismo 9.4 é consistente com adição *anti*:

MECANISMO 9.4 HALOGENAÇÃO

Ataque nucleofílico + Perda de um grupo de saída

O alqueno atua como nucleófilo e ataca o bromo molecular, expelindo brometo como um grupo de saída e formando um intermediário em ponte chamado íon bromônio

Íon bromônio

Ataque nucleofílico

O brometo atua como um nucleófilo e ataca o íon bromônio em um processo S_N2

+ En

Neste mecanismo, uma seta curva adicional foi introduzida, formando um intermediário em ponte em vez de um carbocátion livre. Este intermediário em ponte, chamado **íon bromônio**, é semelhante em estrutura e reatividade ao íon mercurínio discutido na Seção 9.5. Comparemos as suas estruturas:

Íon bromônio   Íon mercurínio

Na segunda etapa do mecanismo proposto, o íon bromônio é atacado pelo íon brometo formado na primeira etapa. Esta etapa é um processo S_N2 e deve, portanto, ocorrer pelo lado oposto ao grupo de saída (como visto na Seção 7.4). A exigência para o ataque pelo lado oposto ao grupo de saída explica a exigência estereoquímica observada para a adição *anti*.

O resultado estereoquímico para as reações de halogenação é dependente da configuração do alqueno de partida. Por exemplo, o *cis*-2-buteno fornecerá produtos diferentes que a reação do *trans*-2-buteno:

A adição *anti* ao *cis*-2-buteno fornece um par de enantiômeros, enquanto a adição *anti* ao *trans*-2-buteno fornece uma substância *meso*. Esses exemplos ilustram que *a configuração do alqueno de partida determina a configuração dos produtos de uma reação de halogenação.*

VERIFICAÇÃO CONCEITUAL

9.26 Escreva o(s) produto(s) principal(is) para cada uma das seguintes reações:

(a)   (b)   (c)   (d)

Formação de Haloidrina

Quando ocorre a reação de bromação em um solvente não nucleofílico, tal como o $CHCl_3$, o resultado é a adição de Br_2 à ligação π (como visto nas seções anteriores). Entretanto, quando a reação é conduzida na presença de água, o íon bromônio, que é inicialmente formado, pode ser capturado por uma molécula de água, em vez de um brometo:

Íon bromônio

Reações de Adição a Alquenos   435

O íon bromônio intermediário é um intermediário de alta energia e irá reagir com qualquer nucleófilo que encontrar. Quando a água é o solvente, é mais provável que o íon bromônio seja capturado pela água antes de ter a chance de reagir com um íon brometo (apesar de algum dibrometo também ser formado como produto). O íon oxônio resultante é então desprotonado para dar o produto (Mecanismo 9.5).

MECANISMO 9.5 FORMAÇÃO DE HALOIDRINA

O resultado líquido é a adição de Br e OH ao alqueno. O produto é chamado de **bromoidrina**. Quando cloro é utilizado na presença de água, o produto é chamado de **cloroidrina**:

Uma cloroidrina

Essas reações são geralmente conhecidas como **formação de haloidrina**.

Regioquímica da Formação de Haloidrina

Na maioria dos casos, a formação de haloidrina é um processo regiosseletivo. Especificamente, o OH liga-se geralmente à posição mais substituída:

O mecanismo proposto para a formação de haloidrina pode justificar a regiosseletividade observada. Lembre-se de que na segunda etapa do mecanismo o íon bromônio é capturado por uma molécula de água:

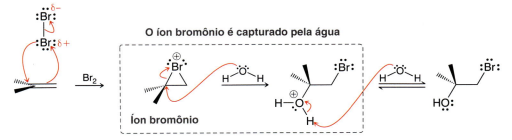

Preste bastante atenção na posição da carga positiva ao longo da reação. Pense na carga positiva como um buraco (ou mais precisamente, um sítio com deficiência eletrônica), que passa de um lugar para outro. Ela começa no átomo de bromo e termina no átomo de oxigênio. De modo a fazer isso, a carga positiva tem que passar através de um átomo de carbono no estado de transição:

Em outras palavras, o estado de transição para esta etapa terá um caráter parcial de carbocátion. Isso explica porque se observa o ataque da molécula de água ao carbono mais substituído. O carbono mais substituído é mais capaz de estabilizar a carga positiva parcial no estado de transição. Como resultado, o estado de transição terá menor energia quando o ataque ocorre no átomo de carbono mais substituído. O mecanismo proposto é, portanto, consistente com a regiosseletividade observada na formação de haloidrina.

DESENVOLVENDO A APRENDIZAGEM

9.6 PREVISÃO DOS PRODUTOS DE UMA REAÇÃO DE FORMAÇÃO DE HALOIDRINA

APRENDIZAGEM Preveja o(s) produto(s) para a seguinte reação:

SOLUÇÃO

A presença de água indica a formação de haloidrina (adição de Br e OH). A primeira etapa é identificar o resultado regioquímico. Lembre-se de que é esperado que o grupo OH se posicione no carbono mais substituído:

ETAPA 1
Determinação do resultado regioquímico. O grupo OH deve ser posicionado no carbono mais substituído.

O grupo OH é inserido aqui, na posição mais substituída

A próxima etapa é identificar o resultado estereoquímico. Neste caso, dois novos centros de quiralidade são formados, de modo que esperamos apenas o par de enantiômeros que resultariam da adição *anti*. Isto é, o OH e o Br serão inseridos em lados opostos da ligação π:

ETAPA 2
Determinação do resultado estereoquímico baseado nas exigências para adição *anti*.

Quando estiver representando os produtos de formação da haloidrina, certifique-se de considerar ambos os resultados regioquímico e estereoquímico. Não é possível representar os produtos corretamente sem considerar ambas as questões.

Reações de Adição a Alquenos 437

PRATICANDO
o que você aprendeu

9.27 Antecipe o(s) principal(is) produto(s) esperado(s) quando cada um dos seguintes alquenos é tratado com Br₂/H₂O:

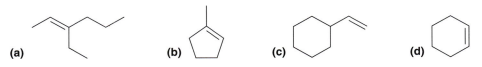

(a) (b) (c) (d)

APLICANDO
o que você aprendeu

9.28 Íons bromônio podem ser capturados por outros nucleófilos além da água. Preveja os produtos de cada uma das reações vistas a seguir:

(a) [alqueno] $\xrightarrow{Br_2, EtOH}$?   (b) [alqueno] $\xrightarrow{Br_2, EtNH_2}$?

9.29 Quando o *trans*-1-fenilpropeno é tratado com bromo, alguma adição *sin* é observada. Explique porque a presença da fenila induz uma perda da estereoespecificidade.

trans-1-Fenilpropeno $\xrightarrow{Br_2}$ Produtos de adição *anti* (83%) + En + Produtos de adição *sin* (17%) + En

é necessário **PRATICAR MAIS?** Tente Resolver o Problema 9.73

9.9 Di-hidroxilação *Anti*

Como mencionado na seção introdutória deste capítulo, reações de di-hidroxilação são caracterizadas pela adição de OH e OH a um alqueno. Como exemplo, considere a di-hidroxilação do etileno produzindo etilenoglicol:

Etileno $\xrightarrow{\text{Di-hidroxilação}}$ Etilenoglicol

Existem diversos reagentes capazes de realizar essa transformação. Alguns reagentes conduzem a uma reação de di-hidroxilação *anti*, enquanto outros conduzem a uma reação de di-hidroxilação *sin*. Nesta seção, exploraremos um procedimento em duas etapas em que o resultado é uma di-hidroxilação *anti*:

[ciclopenteno] $\xrightarrow{RCO_3H}$ Um epóxido $\xrightarrow{H_3O^+}$ Um diol *trans* + En

A primeira etapa do processo envolve a conversão de um alqueno em um epóxido, e a segunda etapa envolve a abertura deste epóxido de modo a formar um diol *trans* (Mecanismo 9.6). Um **epóxido** é um éter cíclico de três membros.

MECANISMO 9.6 DI-HIDROXILAÇÃO *ANTI*

Formação de um epóxido

Abertura de um epóxido catalisada por ácido

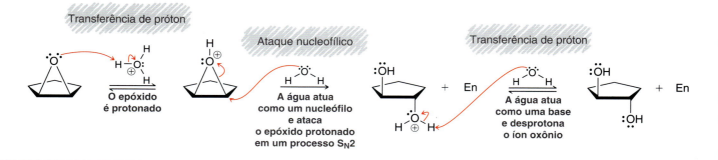

Na primeira parte do processo, o peroxiácido (RCO₃H) reage com o alqueno formando um epóxido. As estruturas dos peroxiácidos são parecidas com as estruturas dos ácidos carboxílicos, contendo apenas um oxigênio adicional. Dois peroxiácidos comuns são mostrados a seguir:

Ácido peroxiacético   Ácido *meta*-cloroperbenzoico (MCPBA)

Peroxiácidos são agentes oxidantes fortes capazes de transferir um átomo de oxigênio para um alqueno em uma única etapa. O produto é um epóxido.

Uma vez que o epóxido tenha sido formado, ele pode ser aberto com água utilizando-se catálise ácida ou básica. Ambas as condições são exploradas e tratadas com mais detalhe na Seção 14.10. Por enquanto, exploraremos apenas a abertura de epóxidos catalisada por ácidos, como visto no Mecanismo 9.6. Sob essas condições, o epóxido é protonado primeiro produzindo um intermediário muito semelhante a um íon bromônio ou mercurínio. Todos os três casos envolvem um anel de três membros positivamente carregado:

Um epóxido protonado   Um íon bromônio   Um íon mercurínio

OLHANDO PARA O FUTURO
Você pode estar imaginando por que um nucleófilo fraco participa de um processo S_N2 em um substrato secundário. Na verdade, essa reação pode ocorrer mesmo se o centro que está sendo atacado é terciário. Isso será explicado na Seção 14.10.

Reações de Adição a Alquenos 439

Vimos que o íon bromônio e o íon mercurínio podem ser atacados por uma molécula de água a partir do lado de trás. Da mesma maneira, um epóxido protonado pode ser atacado pela água pelo lado de trás, como é visto no Mecanismo 9.6. A necessidade de um ataque pelo lado de trás (S_N2) explica a preferência estereoquímica observada para uma adição *anti*.

Na etapa final do mecanismo o íon oxônio é desprotonado produzindo um diol *trans*. Mais uma vez, observe que uma molécula de água é utilizada para a desprotonação (em vez de um íon hidróxido), de modo consistente com as condições reacionais. Em condições ácidas, íons hidróxido não estão presentes em quantidades suficientes para participar da reação e, portanto, não podem ser utilizados quando representamos o mecanismo.

DESENVOLVENDO A APRENDIZAGEM

9.7 REPRESENTAÇÃO DOS PRODUTOS DA REAÇÃO DE DI-HIDROXILAÇÃO *ANTI*

APRENDIZAGEM Escreva o(s) produto(s) principal(is) para cada uma das seguintes reações:

(a) [alqueno] 1) MCPBA 2) H_3O^+ ?   (b) [alqueno] 1) MCPBA 2) H_3O^+ ?

 SOLUÇÃO

(a) Estes reagentes conduzem a uma di-hidroxilação *anti*, o que significa que OH e OH adicionam-se ao alqueno. Uma vez que os dois grupos são idênticos, não precisamos considerar a regioquímica do processo. Entretanto, a estereoquímica precisa ser considerada. Começamos determinado o número de centros de quiralidade formados. Neste caso dois novos centros de quiralidade são formados, então esperamos apenas um par de enantiômeros que resulta de uma adição *anti*. Isto é, os grupos OH serão adicionados aos lados opostos da ligação π:

ETAPA 1
Determinação do número de centros de quiralidade formados no processo.

ETAPA 2
Determinação do resultado estereoquímico baseado nas exigências de uma adição *anti*.

[esquema reacional mostrando alqueno + MCPBA / H_3O^+ → dois enantiômeros com HO e OH]

(b) Neste exemplo, apenas um novo centro de quiralidade é formado. É verdade que a reação ocorre através de uma adição *anti* de OH e OH. Entretanto, apenas um centro de quiralidade é formado no produto, e a preferência por uma adição *anti* torna-se irrelevante. Os dois enantiômeros possíveis são formados.

[esquema reacional: pent-2-eno + MCPBA / H_3O^+ → dois enantiômeros de diol]

PRATICANDO
o que você aprendeu

9.30 Preveja os produtos que são esperados quando cada um dos seguintes alquenos é tratado com peroxiácido (tal como MCPBA) seguido de solução aquosa ácida:

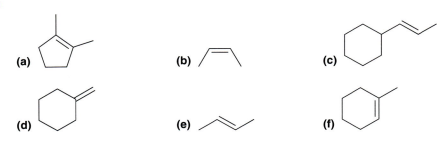

APLICANDO o que você aprendeu

9.31 Sob condições de catálise ácida, epóxidos podem ser abertos por uma variedade de nucleófilos diferentes da água. Nesses casos, o nucleófilo geralmente atacará na posição mais substituída. Fazendo uso desta informação, preveja os produtos para cada uma das seguintes reações:

(a) [alqueno] —1) MCPBA; 2) [H_2SO_4], —OH→ ?

(b) [epóxido de metilciclohexano] —PhOH, [H_2SO_4]→ ?

9.32 Uma substância A e uma substância B têm, ambas, a fórmula molecular C_6H_{12}. As duas substâncias produzem epóxidos quando tratadas com MCPBA.

(a) O epóxido proveniente da substância A foi tratado com solução aquosa ácida (H_3O^+) e o diol resultante não tem centros de quiralidade. Proponha duas possíveis estruturas para a substância A.

(b) O epóxido proveniente da substância B foi tratado com H_3O^+ e o diol resultante é uma substância *meso*. Represente a estrutura da substância B.

é necessário **PRATICAR MAIS?** Tente Resolver o Problema 9.65d

9.10 Di-hidroxilação *Sin*

A seção anterior descreveu um método para a di-hidroxilação *anti* de alquenos. Nesta seção exploraremos dois conjuntos diferentes de reagentes para obtermos uma di-hidroxilação *sin* de alquenos. Quando um alqueno é tratado com tetróxido de ósmio (OsO_4), um éster osmato cíclico é produzido:

Um éster osmato cíclico

O tetróxido de ósmio se adiciona ao alqueno em um processo concertado. Em outras palavras, ambos os átomos de oxigênio ligam-se ao alqueno simultaneamente. Isso efetivamente adiciona dois grupos a mesma face do alqueno; logo, temos uma adição *sin*. O éster osmato cíclico resultante pode ser isolado e então tratado com uma solução aquosa de sulfito de sódio (Na_2SO_3) ou de bissulfito de sódio ($NaHSO_3$) para produzir um diol:

[éster osmato] —Na_2SO_3/H_2O ou $NaHSO_3/H_2O$→ [diol cis]

Este método pode ser utilizado para conversão de alquenos em dióis com altos rendimentos, mas existem muitas desvantagens. Particularmente, o OsO_4 é caro e tóxico. Para lidar com essas questões, diversos métodos foram desenvolvidos utilizando-se um co-oxidante capaz de regenerar o OsO_4 consumido durante a reação. Dessa maneira, o OsO_4 atua como um catalisador, de modo que mesmo pequenas quantidades são capazes de produzir grandes quantidades de diol. Co-oxidantes típicos são o *N*-óxido de *N*-metilmorfolina (NMO) e o hidroperóxido de *terc*-butila:

[ciclohexeno] —OsO_4, (NMO) ou OsO_4, t-BuOOH→ [diol] (60–90%)

Um método diferente, mas ainda mecanisticamente semelhante para obtermos uma di-hidroxilação *sin* envolve o tratamento de alquenos com soluções de permanganato de potássio resfriadas em condições básicas:

Mais uma vez, um processo concertado adiciona ambos os átomos de oxigênio simultaneamente à ligação dupla. Observe a semelhança entre os mecanismos desses dois métodos (OsO$_4$ *versus* KMnO$_4$).

O permanganato de potássio é de baixo custo, no entanto, é um agente oxidante muito forte e frequentemente provoca a oxidação posterior do diol formado. Portanto, químicos orgânicos sintéticos geralmente preferem utilizar OsO$_4$ junto um co-oxidante para realizar uma di-hidroxilação *sin*.

VERIFICAÇÃO CONCEITUAL

9.33 Escreva o(s) produto(s) para cada uma das reações vistas a seguir. Em cada caso, certifique-se de considerar o número de centros de quiralidade formado.

9.11 Clivagem Oxidativa

Existem muitos reagentes que se adicionam a um alqueno e clivam a ligação C=C. Nesta seção exploraremos um dessas reações, chamada de **ozonólise**. Consideremos o seguinte exemplo:

Observe que a ligação C=C é completamente rompida formando duas ligações C=O. Portanto, questões de estereoquímica e regioquímica são irrelevantes. De modo a compreender como essa reação ocorre, precisamos explorar primeiro a estrutura do ozônio.

O ozônio é uma substância com as seguintes estruturas de ressonância:

OLHANDO PARA O FUTURO
O papel do ozônio na química da atmosfera será discutido na Seção 11.8.

O ozônio é formado principalmente na atmosfera superior onde o oxigênio (O$_2$) é bombardeado por radiação ultravioleta. A camada de ozônio em nossa atmosfera serve para nos proteger da radiação ultravioleta nociva emitida pelo sol. O ozônio também pode ser preparado no laboratório, onde ele pode servir a um propósito útil. O ozônio reagirá com um alqueno produzindo um ozonídeo primário (ou molozonídeo) como produto inicial, o qual se rearranja para produzir um ozonídeo mais estável:

Ozonídeo inicial (molozonídeo) → Ozonídeo

Quando tratado com um agente redutor moderado, o ozonídeo é convertido nos produtos:

Ozonídeo — Agente redutor moderado →

Exemplos comuns de agentes redutores moderados são o dimetilssulfeto (DMS) ou Zn/H$_2$O:

O exemplo resolvido visto a seguir ilustra um método simples para representar os produtos de uma reação de ozonólise.

DESENVOLVENDO A APRENDIZAGEM

9.8 ESCREVENDO OS PRODUTOS DE OZONÓLISE

APRENDIZAGEM Escreva os produtos da reação vista a seguir:

SOLUÇÃO

ETAPA 1
Representação das ligações duplas C═C mais longas que o normal.

Existem duas ligações C═C nesta substância. Comece por representar a substância com as ligações duplas C═C mais longas que o normal:

ETAPA 2
Colocação de dois átomos de oxigênio no espaço criado ao apagar-se o centro de cada ligação dupla C═C.

A seguir, apague o centro de cada ligação dupla C═C e coloque dois átomos de oxigênio em cada espaço:

Este procedimento simples pode ser utilizado para representar rapidamente qualquer produto de uma reação de ozonólise.

Reações de Adição a Alquenos   443

PRATICANDO
o que você aprendeu

9.34 Escreva os produtos que são esperados quando cada um dos seguintes alquenos é tratado com ozônio, seguido de DMS:

(a) 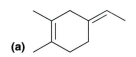 (b) 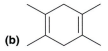 (c)

(d)   (e)   (f)

APLICANDO
o que você aprendeu

9.35 Identifique a estrutura do alqueno de partida em cada um dos seguintes casos:

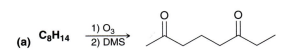

é necessário **PRATICAR MAIS?** Tente Resolver os Problemas 9.68, 9.77

9.12 Previsão dos Produtos de uma Reação de Adição

Muitas reações de adição foram estudadas neste capítulo e, em cada caso, diversos fatores devem ser considerados para se prever os produtos de uma reação de adição. Vamos resumir agora os fatores que são comuns a todas as reações de adição. De modo a prever corretamente os produtos, as três questões vistas a seguir têm que ser consideradas:

1. Quem são os grupos adicionados à ligação dupla?
2. Qual é a regiosseletividade esperada (adição Markovnikov ou *anti*-Markovnikov)?
3. Qual é a estereoespecificidade esperada (adição *sin* ou *anti*)?

Responder a essas três questões requer uma análise cuidadosa tanto do alqueno de partida quanto dos reagentes empregados. É absolutamente essencial reconhecer os reagentes, e apesar de parecer um exercício de memorização, na verdade não é. Ao entender o mecanismo proposto para cada reação, você entenderá intuitivamente as três informações para cada reação. Lembre-se de que um mecanismo proposto tem que explicar as observações experimentais. Portanto, o mecanismo de cada reação pode servir como a chave para relembrar as três questões listadas anteriormente.

DESENVOLVENDO A APRENDIZAGEM

9.9 PREVISÃO DOS PRODUTOS DE UMA REAÇÃO DE ADIÇÃO

APRENDIZAGEM   Escreva os produtos da reação vista a seguir:

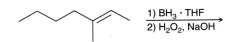

SOLUÇÃO

De modo a prever os produtos, as três questões vistas a seguir têm que ser respondidas:

ETAPA 1
Identificação dos dois grupos que se adicionam à ligação π.

1. *Quais são os dois grupos que estão sendo adicionados à ligação dupla?* Para responder a esta pergunta é necessário reconhecer que os reagentes são aqueles utilizados em uma reação de hidroboração-oxidação, a qual adiciona H e OH a uma ligação π. Seria impossível resolver este problema sem ser capaz de reconhecer os reagentes. Mas, mesmo reconhecendo-os, existem ainda mais duas questões que têm que ser respondidas de modo a se chegar à resposta correta.

2. *Qual é a regiosseletividade esperada (adição Markovnikov ou anti-Markovnikov)?* Vimos que uma reação de hidroboração-oxidação é um processo *anti*-Markovnikov. Pense sobre o mecanismo deste processo e lembre-se de que existem duas diferentes explicações para a regiosseletividade observada, uma baseada em um argumento estérico e outra baseada em um argumento eletrônico. Uma adição *anti*-Markovnikov significa que o grupo OH é inserido no carbono menos substituído:

ETAPA 2
Identificação da regiosseletividade esperada.

ETAPA 3
Identificação da estereoespecificidade esperada.

3. *Qual é a estereoespecificidade esperada (adição sin ou anti)?* Vimos que a reação de hidroboração-oxidação produz uma adição *sin*. Pense sobre o mecanismo deste processo, e lembre-se do motivo que foi dado para a adição *sin*. Na primeira etapa, BH₂ e H são adicionados à mesma face do alqueno em um processo concertado. Para determinar se esta exigência *sin* é relevante neste caso, precisamos analisar quantos centros de quiralidade estão sendo formados no processo:

Dois novos centros de quiralidade são formados e, portanto, a exigência para uma adição *sin* é relevante. Espera-se que a reação produza apenas um par de enantiômeros resultantes de uma adição *sin*:

 PRATICANDO o que você aprendeu

9.36 Escreva os produtos de cada uma das seguintes reações:

(a) 1) BH₃ · THF 2) H₂O₂, NaOH

(b) H₂ / Pt

(c) 1) CH₃CO₃H 2) H₃O⁺

(d) 1) OsO₄ 2) NaHSO₃/H₂O

(e) H₃O⁺

(f) HBr

Reações de Adição a Alquenos   445

(g) [alqueno] → 1) MCPBA 2) H₃O⁺ **?**

(h) [alqueno] → 1) BH₃·THF 2) H₂O₂, NaOH **?**

(i) [alqueno] → OsO₄ (catalítico) / NMO **?**

APLICANDO o que você aprendeu

9.37 A di-hidroxilação *sin* da substância vista a seguir fornece dois produtos. Represente ambos os produtos e descreva sua relação estereoisomérica (isto é, eles são enantiômeros ou diastereoisômeros?)

[estrutura] → KMnO₄, NaOH / Frio **?**

9.38 Determine se a di-hidroxilação *sin* do *trans*-2-buteno fornece os mesmos produtos que a di-hidroxilação *anti* do *cis*-2-buteno. Represente os produtos em cada caso e compare-os.

9.39 Uma substância A tem fórmula molecular C_5H_{10}. A reação de hidroboração-oxidação da substância A produz um par de enantiômeros, as substâncias B e C. Quando tratada com HBr, a substância A é convertida na substância D, que é um brometo de alquila terciário. Quando tratada com O_3 seguido de DMS, a substância A é convertida nas substâncias E e F. A substância E tem três átomos de carbono, enquanto a substância F tem apenas dois átomos de carbono. Identifique a estrutura das substâncias A, B, C, D, E e F.

é necessário **PRATICAR MAIS?** Tente Resolver os Problemas 9.49, 9.50, 9.65, 9.73

9.13 Estratégias de Síntese

De modo a começar a praticar problemas de síntese é necessário dominar todas as reações estudadas até agora. Começaremos com problemas de síntese de uma única etapa e então passaremos para problemas de várias etapas.

Sínteses de Uma Etapa

Até agora estudamos reações de substituição (S_N1 e S_N2), reações de eliminação (E1 e E2) e reações de adição de alquenos. Vamos rever rapidamente o que estas reações podem fazer. *Reações de substituição* convertem um grupo em outro:

[X → Y]

Reações de eliminação podem ser usadas para converter haletos de alquila e álcoois em alquenos:

[X → alqueno]

Reações de adição são caracterizadas pela adição de dois grupos à ligação dupla:

[alqueno → X-Y]

É essencial estar familiarizado com os reagentes utilizados em cada tipo de reação de adição estudada neste capítulo.

DESENVOLVENDO A APRENDIZAGEM

9.10 PROPOSTA DE SÍNTESES DE UMA ETAPA

APRENDIZAGEM Identifique os reagentes que você utilizaria para realizar a transformação vista a seguir:

ETAPA 1
Identificação dos dois grupos adicionados à ligação dupla.

ETAPA 2
Identificação da regiosseletividade.

ETAPA 3
Identificação da estereoespecificidade.

ETAPA 4
Identificação dos reagentes que permitem a realização dos detalhes descritos nas três primeiras etapas.

SOLUÇÃO

Resolveremos este problema usando as mesmas três questões desenvolvidas na seção anterior:

1. Quais os dois grupos que são adicionados à ligação dupla? — H e OH.
2. Qual é a regiosseletividade? — Adição Markovnikov
3. Qual é a estereoespecificidade? — Não é relevante (não são formados centros de quiralidade)

Esta transformação requer reagentes que forneçam uma adição do tipo Markovnikov de H e OH. Isso pode ser obtido de duas maneiras: Hidratação catalisada por ácido ou oximercuração-desmercuração. A hidratação catalisada por ácido pode ser mais fácil neste caso uma vez que não há chance de rearranjo de carbocátion:

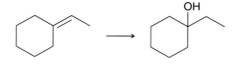

Se o rearranjo fosse possível, então a reação de oximercuração-desmercuração seria a rota de síntese preferida.

PRATICANDO o que você aprendeu

9.40 Identifique os reagentes que você usaria para realizar as seguintes transformações:

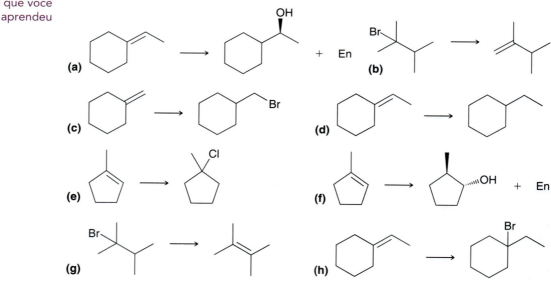

APLICANDO o que você aprendeu

9.41 Identifique que reagentes que você usaria para realizar as seguintes transformações:
(a) Conversão do 2-metil-2-buteno em um haleto de alquila secundário
(b) Conversão do 2-metil-2-buteno em um haleto de alquila terciário
(c) Conversão do cis-2-buteno em um diol meso
(d) Conversão do cis-2-buteno em dióis enantioméricos

é necessário **PRATICAR MAIS?** Tente Resolver os Problemas 9.60, 9.62, 9.70, 9.71

Mudando a Posição de um Grupo de Saída

Vamos agora ganhar um pouco de prática combinando as reações estudadas até agora. Como um exemplo, considere a transformação vista a seguir:

O resultado final é a mudança de posição de um átomo de Br. Como podemos realizar esse tipo de transformação? Este capítulo não mostrou um método de uma etapa para mudar a posição de um átomo de bromo. Entretanto, esta reação pode ser realizada em duas etapas: uma reação de eliminação seguida de uma reação de adição:

Quando realizamos esta sequência de duas etapas, existem algumas questões importantes a serem consideradas. Na primeira etapa (eliminação), o produto pode ser o alqueno mais substituído (produto de Zaitsev) ou o menos substituído (produto de Hofmann):

Observe que a escolha cuidadosa do reagente permite controlar o resultado estereoquímico da reação, como vimos na Seção 8.7. Com uma base forte, tal como metóxido de sódio (NaOMe) ou etóxido de sódio (NaOEt), o produto é o alqueno mais substituído. Com uma base forte, estericamente impedida, como o *terc*-butóxido de potássio (*t*-BuOK), o produto é o alqueno menos substituído. Após formar a ligação dupla, o resultado regioquímico da próxima etapa (adição de HBr) também pode ser controlado através dos reagentes utilizados. O HBr fornece uma adição Markovnikov, enquanto HBr/ROOR fornece uma adição *anti*-Markovnikov.

Ao mudar a posição de um grupo de saída, lembre-se de que o OH é um péssimo grupo de saída. Vamos ver o que fazer quando lidamos com um grupo OH. Como exemplo considere como podemos realizar a transformação vista a seguir:

A nossa estratégia sugere as seguintes etapas:

Entretanto, esta reação apresenta um sério obstáculo, pois a primeira etapa é uma reação de eliminação na qual o OH atuaria como o grupo de saída. É possível protonar o grupo OH utilizando ácido concentrado, o que converte um grupo de saída ruim em um excelente grupo de saída (veja a Seção 7.6). Entretanto, esta reação não pode ser utilizada aqui porque é um processo E1, que sempre fornece o produto de Zaitsev e não o produto de Hofmann. O resultado regioquímico de um processo E1 não pode ser controlado. O resultado regioquímico de um processo E2 pode ser controlado, mas um processo E2 não pode ser utilizado neste exemplo porque o OH é um grupo de saída ruim. Não é possível protonar o grupo OH com um ácido forte e então utilizar uma base forte para realizar uma reação E2, pois quando misturados, uma base forte e um ácido forte simplesmente se neutralizam entre si. A questão permanece: Como um processo E2 pode ser executado quando o grupo de saída desejado é um grupo OH?

No Capítulo 7, exploramos um método que permitiria um processo E2 neste exemplo, o qual mantém controle sobre o resultado estereoquímico. O grupo OH pode ser primeiro convertido em um tosilato, que é um grupo de saída muito melhor que o OH (para uma revisão sobre tosilatos veja a Seção 7.8). Após o grupo OH ser convertido em um tosilato, a estratégia apresentada anteriormente pode ser levada a cabo. Especificamente, uma base forte, estericamente impedida, é utilizada na reação de eliminação, seguida de uma adição *anti*-Markovkikov de H—OH:

DESENVOLVENDO A APRENDIZAGEM

9.11 MUDANÇA DA POSIÇÃO DE UM GRUPO DE SAÍDA

APRENDIZAGEM Identifique os reagentes que você utilizaria para realizar a transformação vista a seguir:

SOLUÇÃO

Este problema mostra que o átomo de bromo está mudando de posição. Isso pode ser realizado com um processo em duas etapas: (1) eliminação para formar uma ligação dupla seguida da (2) adição a ligação dupla:

Deve-se tomar cuidado em controlar o resultado regioquímico em cada uma dessas etapas. Na etapa de eliminação deseja-se o produto com a ligação dupla menos substituído (isto é, o produto de Hofmann) e, portanto, uma base estericamente impedida tem que ser utilizada. Na etapa de adição, o átomo de bromo tem que ser posicionado no carbono menos substituído (adição *anti*-Markovnikov) e, portanto, temos que utilizar HBr com peróxidos. Assim, temos a seguinte síntese global:

ETAPA 1
Controle do resultado regioquímico da eliminação pela escolha apropriada da base.

ETAPA 2
Controle do resultado regioquímico da adição pela escolha apropriada dos reagentes.

Reações de Adição a Alquenos 449

PRATICANDO
o que você aprendeu

9.42 Identifique os reagentes que você usaria para realizar cada uma das seguintes transformações:

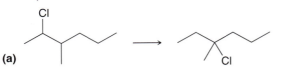

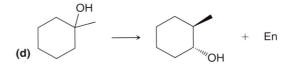

APLICANDO
o que você aprendeu

9.43 Identifique os reagentes que você usaria para realizar cada uma das seguintes transformações:

(a) Converter o brometo de *terc*-butila em um haleto de alquila primário

(b) Converter o 2-bromopropano em 1-bromopropano

9.44 Identifique os reagentes que você usaria para realizar a seguinte transformação:

é necessário **PRATICAR MAIS?** Tente Resolver os Problemas 9.57, 9.58b

Mudança da Posição de uma Ligação π

Na seção anterior, combinamos duas reações em uma estratégia sintética – *eliminamos e então adicionamos* – o que nos permitiu mudar a posição de um átomo de halogênio ou de um grupo hidroxila. Agora, vamos centralizar a nossa atenção em outro tipo de estratégia – *adicionamos e então eliminamos*:

Esta sequência de duas etapas torna possível mudar a posição de uma ligação π. Ao utilizar esta estratégia, a regiosseletividade de cada etapa pode ser cuidadosamente controlada. Na primeira etapa (adição), uma adição Markovnikov é obtida utilizando-se HBr, enquanto uma adição *anti*-Markovnikov é obtida utilizando-se HBr com peróxidos. Na segunda etapa (eliminação), o produto de Zaitsev pode ser obtido utilizando-se uma base forte, enquanto o produto de Hofmann pode ser obtido utilizando-se uma base forte e estericamente impedida.

450 CAPÍTULO 9

DESENVOLVENDO A APRENDIZAGEM

9.12 MUDANÇA DA POSIÇÃO DE UMA LIGAÇÃO π

APRENDIZAGEM Identifique os reagentes que você usaria para realizar a transformação vista a seguir:

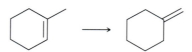

SOLUÇÃO

ETAPA 1
Controle do resultado regioquímico da adição pela escolha apropriada dos reagentes.

Este exemplo envolve a mudança de posição de uma ligação π. Não estudamos uma maneira de realizar esta transformação em uma única etapa. Entretanto, podemos realizá-la em duas etapas – adição seguida de eliminação:

ETAPA 2
Controle do resultado regioquímico da eliminação pela escolha apropriada da base.

Na primeira etapa, uma adição Markovnikov é necessária (o Br tem que ser adicionado ao carbono mais substituído), o que pode ser feito empregando-se HBr. A segunda etapa requer uma eliminação para dar o produto de Hofmann, o que pode ser realizado empregando-se uma base forte, estericamente impedida, tal como o *terc*-butóxido. Dessa forma, a síntese global é:

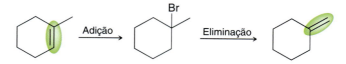

PRATICANDO o que você aprendeu

9.45 Identifique os reagentes que você usaria para realizar cada uma das seguintes transformações:

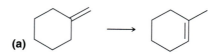
(a)

(b)

APLICANDO o que você aprendeu

9.46 Identifique os reagentes que você usaria para realizar cada uma das seguintes transformações:

(a) Converter o 2-metil-2-buteno em um alqueno monossubstituído

(b) Converter o 2,3-dimetil-1-hexeno em um alqueno tetrassubstituído

9.47 Identifique os reagentes que você usaria para realizar cada uma das seguintes transformações:

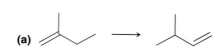
(a)

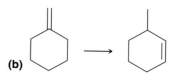
(b)

⇢ **é necessário PRATICAR MAIS?** Tente Resolver os Problemas 9.53, 9.58a

REVISÃO DAS REAÇÕES

1. Hidroalogenação (Markovnikov)
2. Hidroalogenação (*anti*-Markovnikov)
3. Hidratação catalisada por ácido e oximercuração-desmercuração
4. Hidroboração-oxidação
5. Hidrogenação
6. Bromação
7. Formação de haloidrina
8. Di-hidroxilação *anti*
9. Di-hidroxilação *sin*
10. Ozonólise

REVISÃO DE CONCEITOS E VOCABULÁRIO

SEÇÃO 9.1
- **Reações de adição** são caracterizadas pela adição de dois grupos à ligação dupla.

SEÇÃO 9.2
- Reações de adição são termodinamicamente favoráveis a baixa temperatura e desfavoráveis a alta temperatura.

SEÇÃO 9.3
- Reações de **hidroalogenação** são caracterizadas pela adição de H e X à ligação dupla.

- Para alquenos não simétricos, a posição do halogênio representa uma questão de regiosseletividade. Reações de hidroalogenação são **regiosseletivas**, porque o halogênio geralmente é inserido na posição mais substituída, chamada de **adição Markovnikov**.

- Na presença de peróxidos, a adição de HBr ocorre via uma **adição *anti*-Markovnikov**.

- A regiosseletividade de uma reação de adição iônica é determinada pela preferência da reação ocorrer através do carbocátion intermediário mais estável.

- Quando um novo centro de quiralidade é formado, uma mistura racêmica de enantiômeros é obtida.
- Reações de hidroalogenação são eficientes somente naqueles casos em que rearranjos de carbocátion não são possíveis.

SEÇÃO 9.4
- A adição de água (H e OH) a uma ligação dupla é chamada de **hidratação.**
- A adição de água na presença de ácido é chamada de **hidratação catalisada por ácido**, a qual normalmente ocorre através de uma adição Markovnikov.
- A hidratação catalisada por ácido ocorre via um carbocátion intermediário, o qual é atacado pela água formando um íon oxônio, seguido de desprotonação.
- A hidratação catalisada por ácido é ineficiente quando rearranjos de carbocátions são possíveis.
- Soluções ácidas diluídas favorecem a formação de álcoois, enquanto soluções concentradas favorecem o alqueno.
- Ao gerar um novo centro de quiralidade é esperada uma mistura racêmica.

SEÇÃO 9.5
- **Oximercuração-desmercuração** fornece a hidratação de um alqueno sem rearranjos de carbocátions.
- Acredita-se que a reação ocorre via um intermediário cíclico chamado de íon mercurínio.

SEÇÃO 9.6
- A **hidroboração-oxidação** pode ser utilizada para obter-se uma adição anti-Markovnikov de água a um alqueno. A reação é estereoespecífica e ocorre através de uma **adição sin**.
- Borano (BH$_3$) existe em um equilíbrio com o seu dímero, **diborano**, que apresenta **uma ligação de três centros e dois elétrons.**
- A hidroboração ocorre através de um processo concertado, no qual o borano é atacado por uma ligação π, desencadeando um deslocamento simultâneo de hidreto.

SEÇÃO 9.7
- A **hidrogenação catalítica** envolve a adição de H$_2$ a um alqueno na presença de um catalisador metálico.
- A reação ocorre através de uma adição sin.

- **Catalisadores heterogêneos** não são solúveis no meio reacional enquanto **catalisadores homogêneos** são.
- A **hidrogenação assimétrica** pode ser realizada com um catalisador quiral.

SEÇÃO 9.8
- A **halogenação** envolve a adição de X$_2$ (Br$_2$ ou Cl$_2$) a um alqueno.
- Bromação ocorre através de um intermediário em ponte, chamado de íon bromônio, o qual é aberto via um processo S$_N$2 o que conduz a uma **adição anti.**
- Na presença de água, o produto é a **bromoidrina**, ou **cloroidrina**, e a reação é chamada de **formação de haloidrina.**

SEÇÃO 9.9
- A reação de **di-hidroxilação** é caracterizada pela adição de OH e OH a um alqueno.
- Um procedimento em duas etapas para a obtenção de uma di-hidroxilação anti envolve a conversão de um alqueno em um **epóxido**, seguido da sua abertura catalisada por ácido.

SEÇÃO 9.10
- A di-hidroxilação sin pode ser obtida com tetróxido de ósmio ou permanganato de potássio.

SEÇÃO 9.11
- A **ozonólise** pode ser utilizada para clivar uma ligação dupla e produzir substâncias carboniladas.

SEÇÃO 9.12
- De modo a prever corretamente os produtos, as três questões vistas a seguir têm que ser consideradas:
  - Quem são os grupos adicionados à ligação dupla?
  - Qual é a regiosseletividade esperada? (Markovnikov ou anti-Markovnikov)
  - Qual é a estereoespecificidade esperada (sin ou anti)?

SEÇÃO 9.13
- A posição de um grupo de saída pode ser modificada via uma reação de eliminação seguida de uma reação de adição.
- A posição de uma ligação π pode ser modificada via uma reação de adição seguida de uma reação de eliminação.

REVISÃO DA APRENDIZAGEM

9.1 REPRESENTAÇÃO DE UM MECANISMO PARA A HIDROALOGENAÇÃO

ETAPA 1 Utilização de duas setas curvas para protonação do alqueno de modo a formar o carbocátion mais estável.

ETAPA 2 Utilização de uma seta curva para representação do íon haleto atacando o carbocátion.

Tente Resolver os Problemas **9.3–9.5, 9.51c, 9.64b, 9.69, 9.72**

9.2 REPRESENTAÇÃO DE UM MECANISMO PARA UM PROCESSO DE HIDROALOGENAÇÃO COM UM REARRANJO DE CARBOCÁTION

ETAPA 1 Utilização de duas setas curvas para protonação do alqueno de modo a formar o carbocátion mais estável.

ETAPA 2 Utilização de uma seta curva para representação de um rearranjo de carbocátion que forma o carbocátion mais estável, através da migração de uma metila ou de um hidreto.

ETAPA 3 Utilização de uma seta curva para representação do íon haleto atacando o carbocátion.

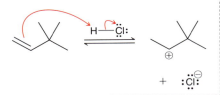

Secundário   Terciário

Tente Resolver os Problemas 9.7–9.9, 9.51d, 9.76

9.3 REPRESENTAÇÃO DE UM MECANISMO PARA UMA HIDRATAÇÃO CATALISADA POR ÁCIDO

ETAPA 1 Utilização de duas setas curvas para protonação do alqueno de modo a formar o carbocátion mais estável.

ETAPA 2 Utilização de uma seta curva para representação da molécula de água atacando o carbocátion.

ETAPA 3 Utilização de duas setas curvas para desprotonar o íon oxônio utilizando a água como uma base.

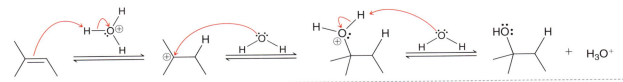

Tente Resolver os Problemas 9.12–9.14, 9.51a, b; 9.64a

9.4 PREVISÃO DOS PRODUTOS DE UMA REAÇÃO DE HIDROBORAÇÃO-OXIDAÇÃO

ETAPA 1 Determinação do resultado regioquímico da reação baseado na exigência para uma adição *anti*-Markovnikov.

ETAPA 2 Determinação do resultado estereoquímico da reação baseado na exigência para adição *sin*.

Menos substituído   Enantiômeros

Tente Resolver os Problemas 9.19–9.22, 9.66

9.5 PREVISÃO DOS PRODUTOS DE UMA REAÇÃO DE HIDROGENAÇÃO CATALÍTICA

ETAPA 1 Determinação do número de centros de quiralidade formados no processo.

ETAPA 2 Determinação da estereoquímica da reação baseada na exigência para adição *sin*.

ETAPA 3 Verificação se os produtos não representam uma única substância *meso*.

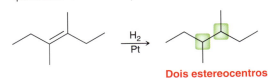

Dois estereocentros   Enantiômeros

Tente Resolver os Problemas 9.23–9.25, 9.55, 9.75

9.6 PREVISÃO DOS PRODUTOS DE UMA REAÇÃO DE FORMAÇÃO DE HALOIDRINA

ETAPA 1 Determinação do resultado regioquímico. O grupo OH deve ser inserido na posição mais substituída.

ETAPA 2 Determinação do resultado estereoquímico baseado na exigência para adição *anti*.

O grupo OH é inserido aqui, na posição mais substituída   Enantiômeros

Tente Resolver os Problemas 9.27–9.29, 9.73

454 CAPÍTULO 9

9.7 REPRESENTAÇÃO DOS PRODUTOS PARA REAÇÃO DE DI-HIDROXILAÇÃO ANTI

ETAPA 1 Determinação do número de centros de quiralidade formados no processo.

ETAPA 2 Determinação do resultado estereoquímico baseado na exigência para adição *anti*.

Tente Resolver os Problemas 9.30–9.32, 9.65d

9.8 ESCREVENDO OS PRODUTOS DE OZONÓLISE

ETAPA 1 Representação da substância com as ligações duplas C≡C mais longas que o normal.

ETAPA 2 Colocação de dois átomos de oxigênio no espaço criado ao apagar-se o centro de cada ligação dupla C═C.

Tente Resolver os Problemas 9.34, 9.35, 9.68, 9.77

9.9 PREVISÃO DOS PRODUTOS DE UMA REAÇÃO DE ADIÇÃO

ETAPA 1 Identificação dos dois grupos que se adicionam à ligação dupla.

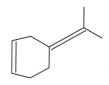

ETAPA 2 Identificação da regiosseletividade esperada.

OH é colocado aqui, na posição menos substituída

ETAPA 3 Identificação da estereoespecificidade esperada.

Tente Resolver os Problemas 9.3–9.39, 9.49, 9.50, 9.65, 9.73

9.10 PROPOSTA DE SÍNTESES DE UMA ETAPA

ETAPA 1 Identificação dos grupos adicionados à ligação dupla.

ETAPA 2 Identificação da regiosseletividade.

Adição Markovnikov

ETAPA 3 Identificação da estereoespecificidade.

Nenhum centro de quiralidade Não é relevante

ETAPA 4 Identificação dos reagentes que fornecerão os detalhes descritos nas três primeiras etapas.

Tente Resolver os Problemas 9.40, 9.41, 9.60, 9.62, 9.70, 9.71

9.11 MUDANÇA DA POSIÇÃO DE UM GRUPO DE SAÍDA

ETAPA 1 Controle do resultado regioquímico da primeira etapa pela escolha apropriada da base.

ETAPA 2 Controle do resultado regioquímico da segunda etapa pela escolha apropriada dos reagentes de modo a obter uma adição Markovnikov ou uma adição *anti*-Markovnikov.

Tente Resolver os Problemas 9.42–9.44, 9.57, 9.58b

Reações de Adição a Alquenos   455

9.12   MUDANÇA DE POSIÇÃO DE UMA LIGAÇÃO π

ETAPA 1   Controle do resultado regioquímico da primeira etapa pela escolha apropriada dos reagentes de modo a obter uma adição Markovnikov ou uma adição *anti*-Markovnikov.

ETAPA 2   Controle do resultado regioquímico da segunda etapa pela escolha apropriada da base.

Tente Resolver os Problemas 9.45–9.47, 9.53, 9.58

PROBLEMAS PRÁTICOS

9.48   Em altas temperaturas, alcanos podem sofrer *desidrogenação* produzindo alquenos. Por exemplo:

Etano   **Etileno**   **Hidrogênio gasoso**

Esta reação é utilizada industrialmente para a produção de etileno, enquanto serve simultaneamente como uma fonte de hidrogênio gasoso. Explique porque desidrogenação só ocorre a altas temperaturas.

9.49   Preveja o(s) produto(s) principal(is) das seguintes reações:

9.50   Preveja o(s) produto(s) principal(is) das seguintes reações:

9.51   Proponha um mecanismo para as reações vistas a seguir:

456 CAPÍTULO 9

9.52 A substância A reage com um equivalente de H_2 na presença de catalisador fornecendo metilciclo-hexano. A substância A pode ser formada pelo tratamento de 1-bromo-1-metilciclo-hexano com metóxido de sódio. Qual é a estrutura da substância A?

9.53 Sugira uma síntese eficiente para cada uma das seguintes transformações:

(a)

(b)

9.54 Sugira uma síntese eficiente para a transformação vista a seguir:

9.55 Quantos alquenos diferentes produzem 2,4-dimetil-pentano após hidrogenação? Represente-os.

9.56 A substância A é um alqueno que foi tratado com ozônio (seguido de DMS) fornecendo apenas $(CH_3CH_2CH_2)_2C{=}O$. Identifique o principal produto esperado quando a substância A é tratada com ácido *meta*-cloroperbenzoico seguido de solução aquosa ácida (H_3O^+).

9.57 Sugira uma síntese eficiente para cada uma das seguintes transformações:

(a)

(b)

(c)

(d)

9.58 Sugira uma síntese eficiente para cada uma das seguintes transformações:

(a)

(b)

9.59 A substância A tem a fórmula molecular $C_7H_{15}Br$. O tratamento da substância A com etóxido de sódio fornece apenas um produto de eliminação (substância B) e nenhum produto de substituição. Quando a substância B é tratada com ácido sulfúrico diluído a substância C, que possui fórmula molecular $C_7H_{16}O$, é formada. Represente as estruturas das substâncias A, B e C.

9.60 Sugira os reagentes adequados para realizar cada uma das seguintes transformações:

9.61 O (*R*)-limoneno é encontrado em diferentes frutas cítricas, incluindo laranjas e limões:

Represente as estruturas e identifique a relação entre os dois produtos obtidos quando o (*R*)-limoneno é tratado com excesso de hidrogênio na presença de um catalisador.

9.62 Sugira os reagentes adequados para realizar a seguinte transformação:

Racêmico

9.63 Proponha um mecanismo para a seguinte transformação:

$$\xrightarrow[\text{MeOH}]{[H_2SO_4]}$$

9.64 Proponha um mecanismo para cada uma das seguintes transformações:

(a) $\xrightarrow{H_3O^+}$

(b) $\xrightarrow{HBr}$

9.65 Preveja o(s) produto(s) principal(is) para cada uma das seguintes reações:

(a) $\xrightarrow[\text{(PPh}_3)_3\text{RhCl}]{H_2}$ **?**

(b) $\xrightarrow{H_3O^+}$ **?**

(c) $\xrightarrow[\text{2) H}_2\text{O}_2\text{, NaOH}]{\text{1) BH}_3\cdot\text{THF}}$ **?**

(d) $\xrightarrow[\text{2) H}_3\text{O}^+]{\text{1) MCPBA}}$ **?**

9.66 Explique por que cada um dos seguintes álcoois não pode ser preparado através de uma reação de hidroboração-oxidação:

(a)   (b)   (c)

Reações de Adição a Alquenos   457

9.67 A substância X é tratada com Br2 produzindo *meso*-2,3-dibromobutano. Qual é a estrutura da substância X?

9.68 Identifique o alqueno que forneceria os seguintes produtos através de ozonólise:

(a) [estruturas químicas]

(b) [estruturas químicas]

(c) [estruturas químicas]

(d) [estruturas químicas]

9.69 A reação vista a seguir é regiosseletiva. Represente o mecanismo para a reação, e explique a origem da regiosseletividade neste caso:

[esquema de reação com HBr]

9.70 Identifique os reagentes que você utilizaria para realizar cada uma das seguintes transformações:

[esquema de reações]

9.71 Identifique os reagentes que você utilizaria para realizar cada uma das seguintes transformações:

[esquema de reações]

9.72 Identifique, entre as duas reações vistas a seguir, aquela que você esperaria ser mais rápida: (1) adição de HBr ao 2-metil-2-penteno ou (2) adição de HBr ao 4-metil-1-penteno. Explique a sua escolha.

9.73 Preveja o(s) produto(s) principal(is) da reação vista a seguir:

[esquema de reação com Br_2 / H_2S → ?]

PROBLEMAS INTEGRADOS

9.74 Sugira uma síntese eficiente para a transformação vista a seguir:

9.75 A substância X tem fórmula molecular C_7H_{14}. A hidrogenação da substância X produz 2,4,dimetilpentano. A hidroboração-oxidação da substância X produz uma mistura racêmica de 2,4 dimetilpentan-1-ol (mostrado a seguir). Preveja o(s) produto(s) principal(is) quando a substância X é tratada com solução aquosa ácida (H_3O^+).

2,4-Dimetil-1-pentanol

9.76 Quando o (R)-2-cloro-3-metilbutano é tratado com *terc*-butóxido de potássio, um alqueno monossubstituído é obtido. Quando este alqueno é tratado com HBr, uma mistura de produtos é obtida. Represente todos os produtos esperados.

9.77 A substância Y tem fórmula molecular C_7H_{12}. A hidrogenação da substância Y produz metilciclo-hexano. O tratamento da substância Y com HBr na presença de peróxidos produz a substância vista a seguir:

Preveja os produtos quando a substância Y sofre ozonólise.

9.78 Muscarula é um feromônio sexual da mosca doméstica comum e tem a fórmula molecular $C_{23}H_{46}$. Quando tratado com O_3 seguido de DMS são formadas as duas substâncias vistas a seguir. Represente duas possíveis estruturas para a muscarula.

9.79 Proponha um mecanismo plausível para cada uma das seguintes reações:

(a)

(b)

9.80 Sugira uma síntese eficiente para a seguinte transformação:

9.81 Proponha um mecanismo plausível para a seguinte reação:

9.82 Proponha um mecanismo plausível para o processo visto a seguir, chamado de iodolactonização:

9.83 Quando o 3-bromociclopenteno é tratado com HBr, o produto observado é uma mistura racêmica do *trans*-1,2-dibromociclopentano. Nenhum dos correspondentes dibrometos *cis* é observado. Proponha um mecanismo que explique este resultado estereoquímico observado.

Não é observado

DESAFIOS

9.84 Taxol (substância **3**) pode ser isolado a partir da casca da árvore do teixo do Pacífico, *Taxus brevifolia*, e é atualmente utilizado no tratamento de vários tipos de câncer, incluindo o câncer de mama. Cada árvore de teixo contém uma quantidade muito pequena da preciosa substância (aproximadamente 300 mg), suficiente para apenas uma dose para uma pessoa. Isto alimentou grande interesse em se obter

uma rota de síntese para o taxol e, de fato, várias sínteses totais foram relatadas. Durante a síntese clássica de K. C. Nicolaou do taxol, a substância **1** foi tratada com BH_3 em THF, seguido de procedimento oxidativo, para se obter o álcool **2**. Observa-se que a formação de **2** ocorre regiosseletivamente bem como estereosseletivamente (*Nature* **1994**, *367*, 630–634):

Reações de Adição a Alquenos 459

(a) Identifique o grupo funcional em **1** que reagirá com o BH$_3$ e justifique a sua escolha.

(b) Preveja o resultado regioquímico e estereoquímico do processo e represente a estrutura da substância **2**.

9.85 Quando o adamantylideneadamantane, mostrado a seguir, é tratado com bromo, ocorre a formação com alto rendimento do correspondente íon bromônio. Este intermediário é estável e não sofre mais nenhum ataque nucleofílico posterior pelo íon brometo para dar o dibrometo (*J. Am. Chem. Soc.* **1985**, *107*, 4504–4508). Represente a estrutura do íon bromônio e explique por que ele é tão inerte em relação a sofrer um maior ataque nucleofílico. Represente um diagrama reacional que seja consistente com a sua explicação e compare-o com um diagrama reacional para uma dibromação mais típica, tal como a do propileno.

9.86 A tabela vista a seguir fornece as taxas relativas de reatividade de oximercuração para uma variedade de alquenos com acetato de mercúrio (*J. Am. Chem. Soc.* **1989**, *111*, 1414–1418). Forneça explicações estruturais para a tendência observada nas taxas relativas de reatividade.

Alquenos	Reatividade Relativa
CH$_2$=C(CH$_3$)(CH$_2$CH$_2$CH$_3$), **1**	1000
CH$_2$=CHCH$_2$CH$_2$CH$_3$, **2**	100
CH$_2$=CHCH$_2$OMe, **3**	31,8
CH(CH$_3$)=C(CH$_3$)$_2$, **4**	25,8
CH$_2$=CHCH$_2$Cl, **5**	2,4

9.87 Di-isopinocanfeilborano (Ipc$_2$BH) é um organoborano quiral, muito empregado para a produção de vários produtos assimétricos utilizados em sínteses totais. É um material cristalino que pode ser preparado como um único enantiômero através da hidroboração de dois equivalentes de α-pineno com borano (*J. Org. Chem.* **1984**, *49*, 945–947). Explique por que apenas um enantiômero do Ipc$_2$BH é formado.

9.88 9-Borabiciclo[3.3.1]nonano (9-BBN) é um reagente utilizado na hidroboração de alquinos (Seção 10.7), mas também pode ser empregado em reações com alquenos A tabela vista a seguir apresenta as taxas relativas de reatividade de hidroboração (utilizando 9-BBN) para uma variedade de alquenos (*J. Am. Chem. Soc.* **1989**, *111*, 1414–1418):

Alquenos	Reatividade Relativa
CH$_2$=CHOBu, **1**	1615
CH$_2$=CHBu, **2**	100
CH$_2$=CHCH$_2$OMe, **3**	32,5
CH$_2$=CHOAc, **4**	22,8
CH$_2$=CHCH$_2$OAc, **5**	21,9
CH$_2$=CHCH$_2$CN, **6**	5,9
CH$_2$=CHCH$_2$Cl, **7**	4,0
cis-2-Buteno, **8**	0,95
trans-CH$_3$CH$_2$CH=CHCl, **9**	0,003

(a) Forneça uma explicação estrutural para as taxas relativas de reatividade para as substâncias **1-5**. Certifique-se de explorar efeitos de ressonância, bem como efeitos indutivos.

(b) Forneça uma explicação estrutural para as taxas relativas de reatividade para as substâncias **5**, **6** e **7**.

(c) Forneça uma explicação estrutural para as taxas relativas de reatividade para as substâncias **2**, **8** e **9**.

9.89 A substância **1** sofre di-hidroxilação *sin* produzindo os diastereômeros **2** e **3**:

Verificou-se que a proporção dos produtos era muito sensível às condições utilizadas (*Tetrahedron Lett.* **1997**, *38*, 5027–5030). Sob condições catalíticas típicas (NMO e OsO$_4$ catalítico), observou-se que a proporção entre as substâncias **2** e **3** era de 1:4. Em contraste, a razão foi observada sendo de 7:1 em condições em que foram utilizadas quantidades estequiométricas de OsO$_4$ e tetrametiletilenodiamina (TMEDA). Os investigadores observaram que a TMEDA, uma diamina, provavelmente forma um complexo bidentado com o OsO$_4$ da maneira mostrada a seguir. Forneça uma explicação para a diastereosseletividade observada em cada conjunto de condições.

9.90 Proponha um mecanismo plausível para a transformação vista a seguir, que foi utilizada como a etapa principal na formação do produto natural heliol (*Org. Lett.* **2012**, *14*, 2929–2931):

9.91 Ácidos zaragózicos são um grupo de produtos naturais estruturalmente relacionados que foram isolados pela primeira vez a partir de culturas de fungos, em 1992. Mostrou-se que estas substâncias são capazes de reduzirem os níveis de colesterol nos primatas, uma observação que tem alimentado o interesse na síntese de ácidos zaragózicos e seus derivados. Durante a síntese do ácido zaragózico A, a substância **1** foi tratada com OsO$_4$ catalítico e NMO produzindo o intermediário **2**, que rapidamente sofreu rearranjo para dar o composto **3** (*Angew. Chem. Int. Ed.* **1994**, *33*, 2187–2190). A conversão de **1** em

460   CAPÍTULO 9

2 foi observada ocorrer de uma forma diastereosseletiva. Isso é, a adição *sin* ocorre apenas na face superior da ligação π, não sobre a face inferior. Forneça uma justificativa para essa seletividade facial. Talvez seja interessante você construir um modelo molecular.

$$\left(\ \text{SEM} = CH_2OCH_2CH_2Si(CH_3)_3\ \right)$$

9.92 Quando o álcool **1** é tratado com propionaldeído na presença de acetato de mercúrio, dois intermediários iniciais são formados (**A** e **B**). Mas, a partir desses intermediários é formado um único produto: a substância **A** forma um produto cíclico, enquanto que **B** não (*Org. Lett.* **2000**, *2*, 403–405):

(a) Proponha um mecanismo plausível para explicar a conversão do intermediário **A** no composto **2**.

(b) Admitindo que a reação avança através de um estado de transição que se assemelha a uma conformação em cadeira, explique por que apenas o intermediário **A** é capaz de formar o produto cíclico.

9.93 A monensina é um antibiótico potente isolado a partir de *Streptomyces cinnamonensis*. A reação vista a seguir foi empregada durante a síntese de W. C. Still da monensina (*J. Am. Chem. Soc.* **1980**, *102*, 2118–2120). O bicarbonato de sódio ($NaHCO_3$) funciona como uma base fraca para desprotonar o grupo ácido carboxílico. A transformação é dita ser diastereosseletiva porque apenas um produto diastereomérico (5*S*,6*S*) é obtido. O outro diastereômero esperado (5*R*,6*R*) não é observado.

(a) Represente um mecanismo para essa transformação.

(b) O resultado estereoquímico pode ser explicado com uma análise conformacional da substância **1**. Represente uma projeção Newman olhando para a ligação C4-C5 e identifique a conformação de menor energia. Use as suas descobertas para explicar a diastereosseletividade observada.

9.94 A reserpina pode ser isolada a partir de extratos de *Rauwolfia serpentina* e tem sido usada no tratamento eficaz de doenças mentais. R. B. Woodward empregou a sequência de reações vistas a seguir na sua síntese clássica em 1958 da reserpina (*Tetrahedron* **1958**, *2*, 1–57). Depois que a substância **1** foi preparada, ela foi tratada com bromo molecular, seguido por metóxido de sódio, para se obter a substância **2**, que sofre rapidamente uma reação de Michael para dar a substância **3** (as reações de Michael serão vistas no Capítulo 22). Proponha um mecanismo plausível para a conversão de **1** no intermediário **2**, cujo tempo de vida é pequeno.

Alquinos

VOCÊ JÁ SE PERGUNTOU...
o que a doença de Parkinson causa e como ela é tratada?

A doença de Parkinson é um distúrbio do sistema motor que afeta cerca de 3% da população dos EUA com idade superior a 60 anos. Os principais sintomas da doença de Parkinson incluem tremores e rigidez dos membros, lentidão de movimentos e equilíbrio deficiente. A doença de Parkinson é uma doença neurodegenerativa, uma vez que os sintomas são provocados pela degeneração dos neurônios (células do cérebro). Os neurônios mais afetados pela doença estão localizados em uma região do cérebro chamada de *substância negra* ou *substantia nigra*. Quando esses neurônios morrem, eles deixam de produzir dopamina, o neurotransmissor utilizado pelo cérebro para regular o movimento voluntário. Os sintomas descritos anteriormente começam a aparecer quando 50-80% dos neurônios que produzem dopamina morreram. Não existe nenhuma cura conhecida para a doença, que é progressiva. Entretanto, os sintomas podem ser tratados através de vários métodos. Um desses métodos utiliza um fármaco chamado selegilina, cuja estrutura molecular contém uma ligação tripla C≡C. Veremos que a presença da ligação tripla desempenha um papel importante na ação desse fármaco. Este capítulo explora as propriedades e a reatividade de substâncias com ligações triplas C≡C chamadas *alquinos*.

10

- 10.1 Introdução aos Alquinos
- 10.2 Nomenclatura dos Alquinos
- 10.3 Acidez do Acetileno e dos Alquinos Terminais
- 10.4 Preparação dos Alquinos
- 10.5 Redução dos Alquinos
- 10.6 Hidroalogenação dos Alquinos
- 10.7 Hidratação dos Alquinos
- 10.8 Halogenação dos Alquinos
- 10.9 Ozonólise dos Alquinos
- 10.10 Alquilação de Alquinos Terminais
- 10.11 Estratégias para Sínteses

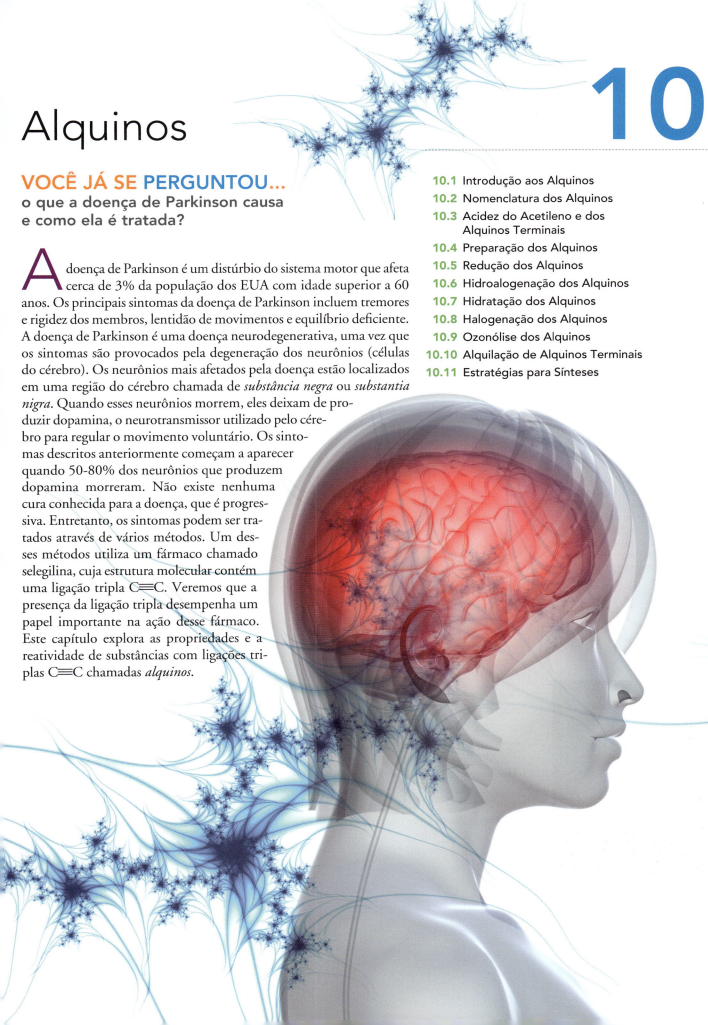

VOCÊ SE LEMBRA?

Antes de avançar, tenha certeza de que você compreendeu os tópicos citados a seguir.
Se for necessário, revise as seções sugeridas para se preparar para este capítulo:

- Acidez de Brønsted-Lowry (Seções 3.4, 3.5)
- Nucleófilos e Eletrófilos (Seção 6.7)
- Diagramas de Energia (Seções 6.5, 6.6)
- Direção da Seta (Seções 6.8-6.10)

10.1 Introdução aos Alquinos

Estrutura e Geometria dos Alquinos

O capítulo anterior explorou a reatividade dos alquenos. Neste capítulo, vamos expandir essa discussão para incluir a reatividade dos **alquinos**, substâncias contendo uma ligação tripla C≡C. Lembre-se da Seção 1.9 em que uma ligação tripla é constituída por três ligações distintas: uma ligação σ e duas ligações π. A ligação σ resulta da sobreposição de orbitais com hibridização *sp*, enquanto cada uma das ligações π resulta da sobreposição de orbitais *p* (Figura 10.1). Cada átomo de carbono tem hibridização *sp* e exibe geometria linear. Um mapa de potencial eletrostático do acetileno (H—C≡C—H) revela uma região cilíndrica de alta densidade eletrônica circundando a ligação tripla (Figura 10.2). Essa região (mostrada em vermelho) explica porque os alquinos reagem com substâncias que têm uma região de baixa densidade eletrônica. Em virtude disso, os alquinos são semelhantes aos alquenos em sua capacidade de se comportar quer como bases ou como nucleófilos. Vamos ver exemplos de ambos os comportamentos neste capítulo.

FIGURA 10.1
Os orbitais atômicos usados para formar uma ligação tripla. A ligação σ é formada a partir da sobreposição de dois orbitais hibridizados, enquanto cada uma das duas ligações π é formada a partir da sobreposição de orbitais *p*.

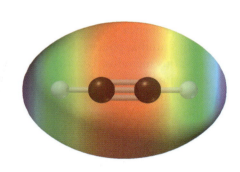

FIGURA 10.2
Um mapa de potencial eletrostático do acetileno indicando uma região cilíndrica de elevada densidade eletrônica (vermelho).

Alquinos na Indústria e na Natureza

O alquino mais simples, o acetileno (H—C≡C—H), é um gás incolor que sofre combustão produzindo uma chama de alta temperatura (2800°C) e que é usado como combustível para maçaricos de soldagem. O acetileno é também utilizado como um precursor para a preparação de alquinos superiores, como veremos na Seção 10.10.

Alquinos são menos comuns na natureza do que os alquenos, embora mais de 1000 alquinos diferentes já tenham sido isolados a partir de fontes naturais. Um exemplo é a histrionicotoxina, que é uma das muitas toxinas segregadas pelo sapo sul-americano *Dendrobates histrionicus*, como uma defesa contra predadores. Por muitos séculos, as tribos da América do Sul têm extraído a mistura de toxinas da pele desses sapos para colocá-la nas pontas das flechas de modo a produzir setas envenenadas.

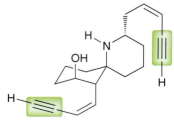

Histrionicotoxina

O Papel da Rigidez Molecular

Como mencionado na abertura deste capítulo, a doença de Parkinson é uma doença neurodegenerativa marcada por uma diminuição da produção de dopamina no cérebro. Uma vez que a dopamina regula a função motora, a diminuição da dopamina leva a uma redução do controle motor. Embora não haja nenhuma cura para a doença de Parkinson, os sintomas podem ser tratados por vários métodos. A forma mais eficaz de tratamento consiste em administrar um fármaco chamado L-dopa, que é convertido em dopamina no cérebro:

(S)-3,4-Di-hidroxifenilalanina
L-dopa

Dopamina

Esse método foi descrito anteriormente na Seção 9.7 e é eficaz porque reabastece o fornecimento de dopamina no cérebro. Outro método para aumentar os níveis de dopamina é retardar a velocidade com que a dopamina é removida do cérebro. A dopamina é metabolizada principalmente sob a influência de uma enzima (um catalisador biológico), chamada monoamina oxidase B (MAO B). Qualquer fármaco que torne a enzima inativa irá efetivamente retardar a velocidade com que a dopamina é metabolizada, retardando assim a velocidade com que diminuem os níveis de dopamina no cérebro. Infelizmente, uma enzima intimamente relacionada, chamada MAO A, é utilizada para o metabolismo de outras substâncias, e qualquer fármaco que inativa a MAO A provoca importantes efeitos colaterais cardiovasculares. Portanto, a inativação seletiva da MAO B (mas não da MAO A) é necessária. O primeiro inibidor seletivo da MAO B, chamado selegilina, foi aprovado pela Food and Drug Administration (FDA) em 1989 para o tratamento da doença de Parkinson:

Selegilina

A selegilina, vendida sob o nome comercial Eldepryl™, é muitas vezes prescrita em combinação com L-dopa. A combinação desses dois fármacos proporciona um método mais eficaz para combater a diminuição do fornecimento de dopamina no cérebro.

Observe que a estrutura da selegilina exibe uma ligação tripla C≡C, responsável por uma função importante. Especificamente, a sua geometria linear confere rigidez estrutural para a substância. O anel aromático do outro lado da substância também confere uma rigidez estrutural e ambas as subunidades estruturais permitem que a substância se ligue seletivamente a MAO B, fazendo com que a enzima fique inativa. Ligações triplas aparecem em vários outros fármacos aprovados pela FDA, em que elas frequentemente têm uma função semelhante, de modo que para um fármaco se ligar ao seu receptor-alvo de forma eficaz ele tem que ter um equilíbrio adequado entre a rigidez estrutural e a flexibilidade. Na concepção de novos fármacos, as ligações triplas são algumas vezes usadas para alcançar esse equilíbrio.

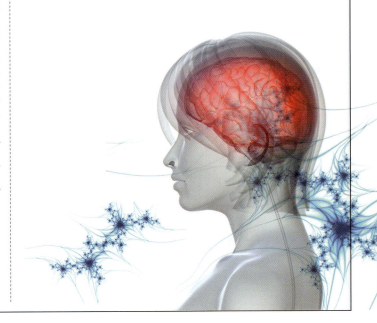

Além dos alquinos encontrados na natureza, muitos alquinos sintéticos (preparados no laboratório) são de particular interesse. Um exemplo é o etinilestradiol, encontrado em muitas formulações de controle de natalidade. Este contraceptivo oral sintético eleva os níveis hormonais nas mulheres e impede a ovulação. A presença da ligação tripla torna essa substância um contraceptivo mais potente do que o seu análogo natural, que não possui uma ligação tripla. O efeito da tripla ligação é atribuído à rigidez estrutural adicional que ela confere a substância (tal como descrito no boxe sobre a rigidez molecular).

Etinilestradiol

falando de modo prático | Polímeros Orgânicos Condutores

Poliacetileno, que pode ser preparado através da polimerização de acetileno gasoso, foi o primeiro exemplo conhecido de um polímero orgânico capaz de conduzir eletricidade.

Na prática, o poliacetileno não é um bom condutor de eletricidade, ele conduz mal. Entretanto, quando o polímero é preparado como um cátion ou um ânion (um processo chamado dopagem), ele pode conduzir eletricidade quase tão bem quanto um fio de cobre. Tanto o polímero catiônico quanto o polímero aniônico são estabilizados por ressonância e ambos conduzem eletricidade de forma muito eficiente. Esta descoberta abriu efetivamente a porta para o campo excitante dos polímeros orgânicos condutores, e o Prêmio Nobel de Química de 2000 foi dado a seus descobridores: Alan Heeger, Alan MacDiarmid e Hideki Shirakawa. O poliacetileno é utilizado em materiais de embalagem para peças de computadores, devido a sua capacidade de dissipar cargas estáticas que podem danificar os circuitos sensíveis.

O poliacetileno em si tem uma aplicação limitada devido à sua sensibilidade ao ar e à umidade, mas muitos outros polímeros condutores têm sido desenvolvidos. Considere a estrutura do poli(*p*-fenileno vinileno), ou PPV, que é um polímero condutor:

Polímeros condutores, tais como PPV, são usados em mostradores de LED (diodo emissor de luz). Quando submetido a um campo elétrico o LED emite luz, um fenômeno chamado eletroluminescência. Sistemas de LED orgânicos, ou OLED, geralmente são menos eficientes do que sistemas de LED inorgânicos, embora muitos OLEDs úteis tenham sido desenvolvidos ao longo das últimas décadas. Eles são usados em telas de celulares, de câmeras digitais e de tocadores de MP3. Os LEDs são usados em uma ampla variedade de aplicações, incluindo semáforos, monitores de TV de tela plana e relógios de alarme.

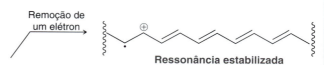

10.2 Nomenclatura dos Alquinos

Lembre-se das Seções 4.2 e 8.3 de que nomear alcanos e alquenos requer quatro etapas discretas:

1. Identifique e dê o nome da cadeia principal.
2. Identifique e dê o nome dos substituintes.
3. Numere a cadeia principal e atribua uma posição para cada substituinte.
4. Monte os substituintes alfabeticamente.

Alquinos são nomeados utilizando-se as mesmas quatro etapas com as seguintes regras adicionais: Quando se dá o nome da cadeia principal, o sufixo "ino" é utilizado para indicar a presença de uma ligação tripla C≡C:

A cadeia principal de um alquino é a cadeia mais comprida *que inclui a ligação tripla* C≡C:

Quando numeramos a cadeia principal de um alquino, a ligação tripla deve receber o menor número possível, independente da presença de substituintes alquila:

A posição da ligação tripla é indicada por meio de uma única posição, não duas. No exemplo anterior, a ligação tripla está entre C2 e C3 na cadeia principal. Neste caso, a posição da ligação tripla é indicada com o número 2. As regras da IUPAC, publicadas em 1979, ditam que essa posição seja colocada imediatamente antes da cadeia principal, enquanto as recomendações da IUPAC, feitas em 1993 e 2004, permitem que a posição seja colocada antes do sufixo "ino". Ambos os nomes são aceitáveis como estando de acordo com a nomenclatura da IUPAC.

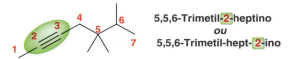

Além da nomenclatura da IUPAC, os químicos usam nomes comuns para muitos alquinos. Etino (H—C≡C—H) é chamado de acetileno, enquanto alquinos maiores têm nomes comuns que identificam os grupos alquila ligados ao acetileno principal:

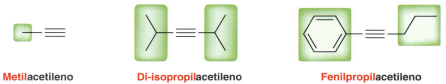

Observe que o primeiro exemplo é monossubstituído, ele possui apenas um grupo alquila. Acetilenos monossubstituídos são chamados de **alquinos terminais**, enquanto acetilenos dissubstituídos são chamados de **alquinos internos**. Esta distinção será importante nas próximas seções deste capítulo.

DESENVOLVENDO A APRENDIZAGEM

10.1 MONTAGEM DO NOME SISTEMÁTICO DE UM ALQUINO

APRENDIZAGEM Forneça um nome sistemático para a seguinte substância:

SOLUÇÃO

A montagem de um nome sistemático requer quatro etapas discretas:

ETAPA 1
Identificação da cadeia principal.

Começamos identificando a cadeia principal. Escolhemos a cadeia mais comprida que inclui a ligação tripla:

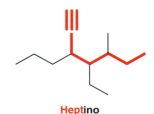

Heptino

ETAPA 2
Identificação e determinação do nome dos substituintes.

A seguir, identificamos e damos o nome dos substituintes:

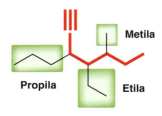

ETAPA 3
Numeração da cadeia principal e atribuição de uma posição a cada um dos substituintes.

A seguir, numeramos a cadeia principal e atribuímos uma posição a cada um dos substituintes:

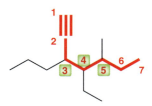

ETAPA 4
Montagem dos substituintes alfabeticamente.

Finalmente, montamos os substituintes alfabeticamente, tendo certeza de incluir uma marcação que identifique a posição da ligação tripla:

4-Etil-5-metil-3-propil-1-heptino

É importante que verifiquemos que hífens separam letras de números, enquanto vírgulas separam um número do outro.

PRATICANDO o que você aprendeu

10.1 Forneça um nome sistemático para cada uma das seguintes substâncias:

(a) 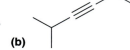 (b) (c)   (d)

APLICANDO o que você aprendeu

10.2 Represente uma estrutura em bastão para cada uma das seguintes substâncias:

(a) 4,4-Dimetil-2-pentino (b) 5-Etil-2,5-dimetil-3-heptino

10.3 Apesar de ligações triplas terem geometria linear, elas têm uma certa flexibilidade e podem ser incorporadas em anéis grandes. Cicloalquinos contendo mais do que oito átomos de carbono têm sido isolados e são estáveis à temperatura ambiente. Ao nomear cicloalquinos que carecem de quaisquer outros grupos funcionais, a ligação tripla não requer uma posição, porque é assumido que ela está entre C1 e C2. Represente a estrutura do (R)-3-metilciclononino.

10.4 Represente e forneça o nome dos quatro alquinos terminais com fórmula molecular C_6H_{10}.

é necessário **PRATICAR MAIS?** Tente Resolver os Problemas 10.35, 10.36

10.3 Acidez do Acetileno e dos Alquinos Terminais

Comparemos os valores do pK_a para o etano, etileno e acetileno:

Lembre-se de que um valor de pK_a menor corresponde a uma maior acidez. Portanto, o acetileno (pK_a = 25) é significativamente mais ácido do que o etano ou o etileno. Para ser preciso, o acetileno é 19 ordens de grandeza (10.000.000.000.000.000.000 vezes) mais ácido do que o etileno. A acidez relativa do acetileno pode ser explicada pela exploração da estabilidade da sua base conjugada, chamada de **íon acetileto** (o sufixo "eto" indica a presença de uma carga negativa):

$$H-C\equiv C-H \;\; \underset{}{\overset{:Base^{\ominus}}{\rightleftharpoons}} \;\; H-C\equiv C:^{\ominus}$$

Acetileno **Íon acetileto**

RELEMBRANDO
Esse efeito foi discutido na Seção 3.4.

A estabilidade de um íon acetileto pode ser explicada usando-se a teoria da hibridização, na qual a carga negativa é considerada como estando associada a um par isolado que ocupa um orbital hibridizado *sp*. Comparemos as bases conjugadas do etano, etileno e acetileno (Figura 10.3).

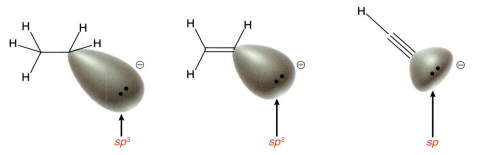

FIGURA 10.3
A base conjugada do etano exibe um par isolado em um orbital hibridizado *sp³*. A base conjugada do etileno tem o par isolado em um orbital hibridizado *sp²*, e a base conjugada do acetileno tem o par isolado em um orbital hibridizado *sp*.

Em um orbital hibridizado *sp*, a densidade eletrônica está mais próxima ao núcleo carregado positivamente e é, portanto, mais estável.

Agora, vamos considerar o equilíbrio que se estabelece quando uma base forte é usada para desprotonar o acetileno. Lembre-se de que o equilíbrio de uma reação ácido-base sempre favorecerá a formação do ácido mais fraco e da base mais fraca. Por exemplo, considere o equilíbrio estabelecido quando um íon amida (ou amideto) (H$_2$N$^-$) é usado como uma base para desprotonar o acetileno:

Base mais forte + **Ácido mais forte** (pK_a = 25) ⇌ **Ácido mais fraco** (pK_a = 38) + **Base mais fraca**

O equilíbrio favorece a formação do ácido mais fraco e da base mais fraca

Neste caso, o equilíbrio favorece a formação do íon acetileto, porque ele é mais estável (uma base mais fraca) do que o íon amida. Ao contrário, considere o que acontece quando um íon hidróxido é usado como a base:

HO:⁻ Na⁺ + H—C≡C—H ⇌ H—O—H + Na⁺ :C≡C—H

Base mais fraca   Ácido mais fraco (pK_a = 25)   Ácido mais forte (pK_a = 15,7)   Base mais forte

O equilíbrio favorece o ácido mais fraco e a base mais fraca

Neste caso, o equilíbrio não favorece a formação do íon acetileto, porque o íon acetileto é menos estável (uma base mais forte) do que o íon hidróxido. Portanto, o hidróxido não é suficientemente básico para produzir uma quantidade significativa do íon acetileto. Isto é, o hidróxido não pode ser utilizado para desprotonar o acetileno.

Assim como o acetileno, alquinos terminais também são ácidos e podem ser desprotonados com uma base adequada:

R—C≡C—H ⇌ (:Base⁻) R—C≡C:⁻

Um alquino   Um íon alquin*eto*

A base conjugada de um alquino terminal, chamada de **íon alquineto**, só pode ser formada com uma base suficientemente forte. O hidróxido de sódio (NaOH) não é uma base adequada para esse propósito, mas a amida de sódio (ou amideto de sódio, ou ainda sodamida) (NaNH₂) pode ser usada. Existem várias bases que podem ser utilizadas para desprotonar o acetileno ou alquinos terminais como pode ser visto na Tabela 10.1. As três bases mostradas na parte superior esquerda da tabela são suficientemente fortes para desprotonar um alquino terminal, e todas três são frequentemente usadas para fazer isso. Observe a posição da carga negativa em cada um desses casos (N⁻, H⁻ ou C⁻). Ao contrário, todas as três bases no canto inferior esquerdo do gráfico têm a carga negativa em um átomo de oxigênio, o que não é suficientemente forte para desprotonar um alquino terminal.

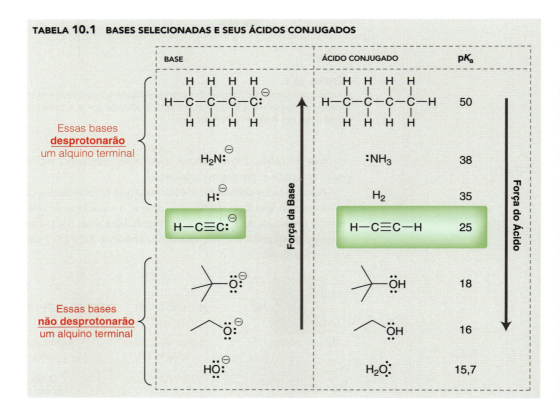

TABELA 10.1 BASES SELECIONADAS E SEUS ÁCIDOS CONJUGADOS

DESENVOLVENDO A APRENDIZAGEM

10.2 PREVISÃO DA POSIÇÃO DO EQUILÍBRIO PARA A DESPROTONAÇÃO DE UM ALQUINO TERMINAL

APRENDIZAGEM Usando a informação da Tabela 3.1, determine se o acetato de sódio (CH_3CO_2Na) é uma base suficientemente forte para desprotonar um alquino terminal. Isto é, determine se o equilíbrio visto a seguir favorece a formação do íon alquineto:

SOLUÇÃO
Começamos identificando o ácido e a base em cada um dos lados do equilíbrio:

ETAPA 1
Identificação do ácido e da base em cada um dos lados do equilíbrio.

A PROPÓSITO
O Na^+ é simplesmente o contraíon para cada base e pode ser ignorado na maioria dos casos.

ETAPA 2
Determinação de qual ácido é mais fraco.

A seguir, comparamos os valores do pK_a dos dois ácidos de modo a determinar qual deles é o ácido mais fraco. Esses valores podem ser encontrados na Tabela 3.1:

(pK_a ~ 25)   (pK_a = 4,75)

ETAPA 3
Identificação da posição de equilíbrio.

Lembre-se da Seção 3.3 que um pK_a mais elevado indica um ácido mais fraco, de modo que o alquino é o ácido mais fraco. O equilíbrio favorecerá a formação do ácido mais fraco e da base mais fraca:

Ácido mais fraco Base mais fraca   Base mais forte Ácido mais forte

Como resultado, a base neste caso (um íon acetato) não é suficientemente forte para desprotonar um alquino terminal. A mesma conclusão pode ser obtida de modo mais rápido simplesmente reconhecendo que o íon acetato apresenta uma carga negativa em um átomo de oxigênio (na verdade, ela é estabilizada por ressonância e se distribui por dois átomos de oxigênio) e, portanto, não pode possivelmente ser uma base suficientemente forte para desprotonar um alquino terminal.

PRATICANDO o que você aprendeu

10.5 Em cada um dos casos vistos a seguir, determine se a base é suficientemente forte para desprotonar o alquino terminal.

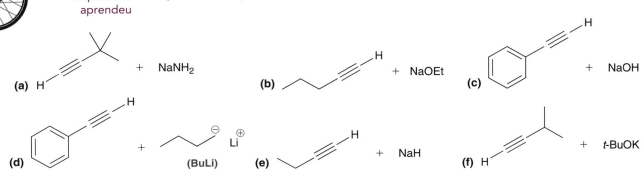

APLICANDO o que você aprendeu

10.6 O pK_a do CH_3NH_2 é 40, enquanto o pK_a do HCN é 9.

(a) Explique essa diferença de acidez.

(b) O ânion cianeto (a base conjugada do HCN) pode ser usado como uma base para desprotonar um alquino terminal? Explique.

é necessário **PRATICAR MAIS?** Tente Resolver os Problemas 10.39, 10.42

10.4 Preparação dos Alquinos

Assim como os alquenos podem ser preparados a partir de haletos de alquila, alquinos podem ser preparados a partir de dialetos de alquila:

Um haleto de alquila

Um dialeto de alquila

Um dialeto de alquila tem dois grupos de saída, e a transformação é acompanhada através de duas reações de eliminação (E2) sucessivas:

Neste exemplo, o dialeto é um dialeto **geminal**, o que significa que os dois halogênios estão ligados ao mesmo átomo de carbono. Alternativamente, alquinos podem também ser preparados a partir de um dialeto **vicinal**, no qual os dois halogênios estão ligados a átomos de carbono adjacentes:

Se o dialeto de partida é geminal ou vicinal, o alquino é obtido como o resultado de duas reações sucessivas de eliminação. A primeira eliminação pode ser prontamente realizada por meio de muitas bases diferentes, mas a segunda eliminação exige uma base muito forte. A amida de sódio ($NaNH_2$), dissolvida em amônia líquida (NH_3), é uma base adequada para a realização das duas reações sucessivas de eliminação em um único recipiente de reação. Este método é utilizado frequentemente para a preparação de alquinos terminais devido ao fato de as condições fortemente básicas favorecerem a formação de um íon alquineto, que serve como força motriz para o processo global:

Íon alquineto

No total, são necessários três equivalentes do íon amida: dois equivalentes para as duas reações E2 e um equivalente para desprotonar o alquino terminal e formar o íon alquineto. Após o íon alquineto se formar e a reação estar completa, uma fonte de prótons pode ser introduzida no recipiente de reação, protonando, portanto, o íon alquineto para regenerar o alquino terminal:

R—C≡C:⁻ Na⁺ + H—Ö—H ⇌ R—C≡C—H + Na⁺ :ÖH⁻

Base mais forte **Ácido mais forte** **Ácido mais fraco** **Base mais fraca**
(pK_a = 15,7) (pK_a = 25)

O equilíbrio favorece a formação do ácido mais fraco e da base mais fraca

A comparação dos valores de pK_a indica que a água é uma fonte de prótons adequada.

Em resumo, um alquino terminal pode ser preparado tratando-se um dialeto com excesso (exc) de amida de sódio seguido por água:

[estrutura: 1,2-dibromopentano] →(1) NaNH₂ em excesso/NH₃; 2) H₂O)→ [pent-1-ino] (60%)

VERIFICAÇÃO CONCEITUAL

10.7 Para cada uma das transformações vistas a seguir, preveja o produto principal e escreva um mecanismo para sua formação:

(a) [estrutura com Br, Br] →(1) NaNH₂ em excesso/NH₃; 2) H₂O)→ ?

(b) [estrutura com Cl, Cl] →(1) NaNH₂ em excesso/NH₃; 2) H₂O)→ ?

10.8 Quando o 3,3-dicloropentano é tratado com excesso de amida de sódio em amônia líquida, o produto inicial é o 2-pentino:

[3,3-dicloropentano] —NaNH₂ em excesso→ [2-Pentino]

2-Pentino

Entretanto, nessas condições, esse alquino interno rapidamente se isomeriza para formar um alquino terminal, que é subsequentemente desprotonado formando um íon alquineto:

[2-Pentino] ⇌(NaNH₂ em excesso)⇌ [1-Pentino] ⇌(NaNH₂ em excesso)⇌ [íon alquineto]

2-Pentino **1-Pentino** **Íon alquineto**

Acredita-se que o processo de isomerização ocorra por meio de um mecanismo com as seguintes quatro etapas: (1) desprotonação, (2) protonação, (3) desprotonação e (4) protonação. Usando essas quatro etapas como um guia, tente representar o mecanismo de isomerização utilizando estruturas de ressonância sempre que possível. Explique por que o equilíbrio favorece a formação do alquino terminal.

10.5 Redução dos Alquinos

Hidrogenação Catalítica

Alquinos sofrem muitas das mesmas reações de adição que os alquenos. Por exemplo, os alquinos sofrem hidrogenação catalítica do mesmo modo que os alquenos:

No processo, o alquino consome dois equivalentes de hidrogênio molecular:

Sob essas condições, o alqueno *cis* é difícil de isolar, porque ele é muito mais reativo em relação à hidrogenação do que o alquino de partida. A pergunta óbvia é então saber se é possível adicionar apenas um equivalente de hidrogênio para formar o alqueno. Com os catalisadores que vimos até agora (Pt, Pd ou Ni), isso é difícil de ser alcançado. Entretanto, com um catalisador parcialmente desativado, chamado um *catalisador envenenado*, é possível converter um alquino em um alqueno *cis* (sem redução adicional):

Existem muitos catalisadores envenenados. Um exemplo comum é o chamado *catalisador de Lindlar*:

Outro exemplo comum é um complexo de níquel-boro (Ni$_2$B), que é muitas vezes chamado de catalisador P-2. Um catalisador envenenado irá catalisar a conversão de um alquino em um alqueno *cis*, mas não vai catalisar a subsequente redução para formar o alcano (Figura 10.4). Portanto, um catalisador envenenado pode ser usado para converter um alquino em um alqueno *cis*.

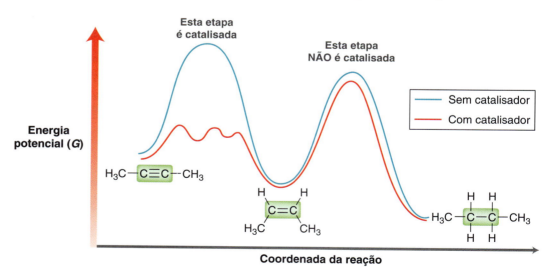

FIGURA 10.4
Um diagrama de energia mostrando o efeito de um catalisador envenenado. A hidrogenação do alquino é catalisada, mas a hidrogenação subsequente do alqueno não é catalisada.

Esse processo não produz nenhum alqueno *trans*. O resultado estereoquímico da hidrogenação do alquino pode ser explicado da mesma forma que nós explicamos o resultado da hidrogenação de um alqueno (Seção 9.7). Os dois átomos de hidrogênio são adicionados à mesma face do alqueno (adição *sin*) produzindo o alqueno *cis* como produto principal.

Alquinos 473

VERIFICAÇÃO CONCEITUAL

10.9 Represente o produto principal que é esperado de cada uma das seguintes reações:

(a)

(b)

Redução por Metal Dissolvido

Na seção anterior, exploramos as condições que permitem a redução de um alquino para um alqueno *cis*. Alquinos também podem ser reduzidos para alquenos *trans* através de uma reação inteiramente diferente chamada **redução por metal dissolvido**:

$$\text{R—C≡C—R} \xrightarrow[\text{NH}_3\,(l)]{\text{Na}} \text{(trans-alqueno)} \quad (80\%)$$

Os reagentes empregados são sódio metálico (Na) em amônia líquida (NH$_3$). A amônia tem um ponto de ebulição muito baixo ($-33°C$), de modo que o uso desses reagentes requer baixa temperatura. Quando dissolvidos em amônia líquida, os átomos de sódio atuam com uma fonte de elétrons:

$$\text{Na} \longrightarrow \text{Na}^+ + e^{\ominus}$$

Nessas condições acredita-se que a redução dos alquinos se desenvolve através do Mecanismo 10.1.

ATENÇÃO
Esses reagentes não devem ser confundidos com a amida de sódio (NaNH$_2$), que vimos anteriormente neste capítulo. O NaNH$_2$ é uma fonte de NH$_2^-$, uma base muito forte. Ao contrário, os reagentes utilizados aqui (Na, NH$_3$) representam uma fonte de elétrons.

MECANISMO 10.1 REDUÇÕES POR METAL DISSOLVIDO

Ataque nucleofílico: Um único elétron é transferido do átomo de sódio para o alquino gerando um ânion radical intermediário

Transferência de próton: A amônia doa um próton para o ânion radical gerando um radical intermediário

Ataque nucleofílico: Um único elétron é transferido do átomo de sódio para o radical intermediário gerando um ânion

Transferência de próton: A amônia doa um próton para o ânion gerando um alqueno *trans*

Na primeira etapa do mecanismo, um único elétron é transferido para o alquino, gerando um intermediário que é chamado de **ânion radical**. Ele é um ânion devido a carga associada ao par isolado e é um radical por causa do elétron desemparelhado:

Ânion

Radical

Seta com duas farpas
Mostra o movimento de <u>dois</u> elétrons

Seta com uma farpa
Mostra o movimento de <u>um</u> elétron

FIGURA 10.5
Setas usadas em mecanismos iônicos (duas farpas) e mecanismos radicalares (uma farpa).

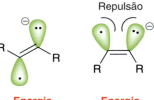

Radicais e sua química são estudados em mais detalhes no Capítulo 11. Por enquanto, vamos apenas destacar que etapas mecanísticas envolvendo radicais utilizam setas curvas com uma única farpa, em vez de setas curvas com duas farpas (Figura 10.5). Setas curvas com uma única farpa indicam o movimento de um elétron, enquanto setas com duas farpas indicam o movimento de dois elétrons. Observe o uso de setas curvas com uma única farpa na primeira etapa do mecanismo para formar o ânion radical intermediário. A natureza deste intermediário explica a preferência estereoquímica na formação de um alqueno *trans*. Especificamente, o intermediário atinge um estado de energia mais baixa quando os elétrons emparelhados e desemparelhados estão posicionados tão distantes quanto possível, minimizando a sua repulsão.

A reação prossegue mais rapidamente através do intermediário com menor energia, que é então protonado pela amônia sob essas condições. Nas duas etapas restantes do mecanismo, um outro elétron é transferido, seguido por mais uma transferência de próton. O mecanismo, portanto, é constituído pelas quatro etapas seguintes: (1) transferência de elétron, (2) transferência de próton, (3) transferência de elétron e (4) transferência de próton. Isto é, a adição líquida de hidrogênio molecular (H_2) é alcançada através da transferência de dois elétrons e dois prótons na seguinte ordem: e^-, H^+, e^-, H^+. O resultado líquido é uma adição *anti* de dois átomos de hidrogênio ao alquino:

VERIFICAÇÃO CONCEITUAL

10.10 Represente o produto principal esperado quando cada um dos alquinos vistos a seguir é tratado com sódio em amônia líquida:

(a) 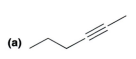 (b) 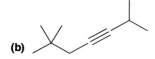 (c) (d)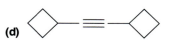

Hidrogenação Catalítica *versus* Redução por Metal Dissolvido

A Figura 10.6 resume os vários métodos que vimos para a redução de um alquino. Esse diagrama ilustra a forma como o resultado da redução do alquino pode ser controlado por uma escolha criteriosa dos reagentes:

- Para produzir um *alcano*, um alquino pode ser tratado com H_2 na presença de um catalisador metálico, tal como Pt, Pd ou Ni.
- Para produzir um *alqueno cis*, um alquino pode ser tratado com H_2 na presença de um catalisador envenenado, tal como o catalisador de Lindlar ou o Ni_2B.
- Para produzir um *alqueno trans*, um alquino pode ser tratado com sódio em amônia líquida.

FIGURA 10.6
Um resumo dos vários reagentes que podem ser usados para reduzir um alquino.

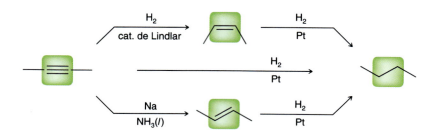

VERIFICAÇÃO CONCEITUAL

10.11 Identifique os reagentes que você usaria para realizar cada uma das seguintes transformações:

(a)

(b)

10.12 Um alquino com fórmula molecular C_5H_8 foi tratado com sódio em amônia líquida produzindo um alqueno dissubstituído com a fórmula molecular C_5H_{10}. Represente a estrutura do alqueno.

10.6 Hidroalogenação dos Alquinos

Observações Experimentais

No capítulo anterior, vimos que alquenos irão reagir com HX através de uma adição de Markovnikov, assim, ocorre a inserção de um halogênio na posição mais substituída:

Uma adição Markovnikov similar é observada quando alquinos são tratados com HX:

(60–80%)

Mais uma vez, o halogênio é inserido na posição mais substituída.
    Quando o alquino de partida é tratado com excesso de HX, duas reações sucessivas de adição ocorrem, produzindo um dialeto geminal:

Um Mecanismo para Hidroalogenação

Na Seção 9.3, foi proposto o seguinte mecanismo de duas etapas para a adição de HX a alquenos: (1) a protonação do alqueno, de modo a formar como intermediário o carbocátion mais estável, seguido pelo (2) ataque nucleofílico:

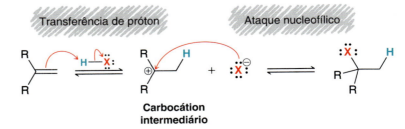

Um mecanismo semelhante pode ser proposto para a adição de HX a uma ligação tripla: (1) protonação para formar um carbocátion seguido de (2) um ataque nucleofílico:

Este mecanismo proposto considera como intermediário um **carbocátion vinílico** (*vinil* = um átomo de carbono possuindo uma ligação dupla) e pode com sucesso explicar a regiosseletividade observada. Especificamente, espera-se que a reação ocorra através do carbocátion secundário vinílico mais estável, em vez de através do carbocátion primário vinílico menos estável:

Vinílico secundário   **mais estável do que**   **Vinílico primário**

Infelizmente, esse mecanismo proposto não está de acordo com todas as observações experimentais. Mais notavelmente, os estudos em fase gasosa indicam que carbocátions vinílicos não são particularmente estáveis. Acredita-se que carbocátions secundários vinílicos sejam semelhantes em energia aos carbocátions primários. Por conseguinte, seria de esperar que a adição HX aos alquinos fosse significativamente mais lenta do que a adição HX aos alquenos. Realmente, observa-se uma diferença de velocidade, mas essa diferença não é tão grande quanto é esperada – a adição HX a alquinos é apenas ligeiramente mais lenta do que a adição HX a alquenos. Desse modo, outros mecanismos têm sido propostos, que evitam a formação de um carbocátion vinílico. Por exemplo, é possível que o alquino interaja com duas moléculas de HX simultaneamente. Este processo é dito ser **termolecular** (envolvendo três moléculas) e prossegue através do seguinte estado de transição:

Estado de transição

Este mecanismo de uma etapa evita a formação de um carbocátion vinílico, mas ainda considera um estado de transição que apresenta algum caráter parcial carbocatiônico (observe o $\delta+$ mostrado no estado de transição). O desenvolvimento de uma carga positiva parcial pode efetivamente explicar a regiosseletividade observada, porque a energia do estado de transição será menor quando esta carga positiva parcial se forma na posição mais substituída. Este mecanismo mais complexo é suportado em muitos casos por estudos cinéticos em que se verifica que a expressão da velocidade encontrada é de terceira ordem global:

$$\text{Velocidade} = k\,[\text{alquino}]\,[\text{HX}]^2$$

Esta expressão é consistente com a velocidade do processo termolecular proposto anteriormente.

    Acredita-se que na maioria dos casos, a adição de HX a alquinos provavelmente ocorre através de vários mecanismos, todos ocorrendo ao mesmo tempo e competindo entre si. O carbocátion vinílico provavelmente desempenha algum papel limitante, mas ele não pode, por si só, explicar todas as observações. Em vários dos mecanismos apresentados ao longo deste capítulo, podemos considerar um carbocátion vinílico como um intermediário, embora deva ser compreendido que outros mecanismos mais complexos estão provavelmente ocorrendo simultaneamente.

RELEMBRANDO

Lembre-se da Seção 6.5 que "terceira ordem" significa que a soma dos expoentes na expressão da velocidade da etapa determinante da velocidade é igual a 3.

Alquinos 477

Adição Radicalar do HBr

Lembre-se de que, na presença de peróxidos, um alqueno sofre uma adição *anti*-Markovnikov do HBr:

O Br é inserido no carbono menos substituído e acredita-se que a reação prossegue através de um mecanismo radicalar (explorado em mais detalhes na Seção 11.10). Uma reação semelhante é observada para os alquinos. Quando um alquino terminal é tratado com HBr na presença de peróxidos, observa-se uma adição *anti*-Markovnikov. O Br é inserido na posição terminal, produzindo uma mistura de isômeros *E* e *Z*:

Uma mistura de isômeros *E* e *Z* (82%)

A adição radical ocorre apenas com o HBr (não com HCl ou HI), como será explicado na Seção 11.10.

Interconversão entre Dialetos e Alquinos

As reações discutidas até agora permitem a interconversão entre dialetos e alquinos terminais:

Alquino → (HX em excesso) → Dialeto
Dialeto → 1) NaNH$_2$ em excesso/NH$_3$; 2) H$_2$O → Alquino

VERIFICAÇÃO CONCEITUAL

10.13 Preveja o produto principal que é esperado para cada uma das reações vistas a seguir:

(a) ciclohexilmetil-alquino + HCl em excesso → ?

(b) 1,1-dicloro-2-ciclopentiletano + 1) NaNH$_2$ em excesso/NH$_3$; 2) H$_2$O → ?

(c) 4-metil-1-pentino + HBr em excesso → ?

(d) (1,1-dibromoetil)benzeno + 1) NaNH$_2$ em excesso/NH$_3$; 2) H$_2$O → ?

(e) (1,1-dicloroetil)benzeno + 1) NaNH$_2$ em excesso/NH$_3$; 2) H$_2$O; 3) HBr, ROOR → ?

(f) (1,1-dicloroetil)benzeno + 1) NaNH$_2$ em excesso/NH$_3$; 2) H$_2$O; 3) HBr em excesso → ?

10.14 Sugira os reagentes que permitem realizar a seguinte transformação:

1,1,2-triclorohexano → 2,2-dicloro-hexano (aproximado)

10.15 Um alquino com a fórmula molecular C$_5$H$_8$ é tratado com HBr em excesso e dois produtos diferentes são obtidos, cada um dos quais tem a fórmula molecular C$_5$H$_{10}$Br$_2$.

(a) Identifique o alquino de partida.

(b) Identifique os dois produtos.

10.7 Hidratação dos Alquinos

Hidratação dos Alquinos Catalisada por Ácido

No capítulo anterior, vimos que alquenos sofrem hidratação catalisada por ácido quando tratados com solução aquosa ácida (H_3O^+). A reação ocorre através de uma adição Markovnikov, assim, um grupo hidroxila é inserido na posição mais substituída:

Alquinos também são observados ao sofrerem hidratação catalisada por ácido, mas a reação é mais lenta do que a reação correspondente com alquenos. Como observado anteriormente neste capítulo, a diferença de velocidade é atribuída ao carbocátion vinílico, intermediário de alta energia, que se forma quando um alquino é protonado. A velocidade de hidratação do alquino é significativamente aumentada na presença de sulfato de mercúrio ($HgSO_4$), que catalisa a reação:

O produto inicial da reação tem uma ligação dupla (*en*) e um grupo OH (*ol*), e é por isso chamado de um **enol**. Mas o enol não pode ser isolado porque é rapidamente convertido em uma cetona. A conversão de um enol em uma cetona será vista novamente em muitos capítulos subsequentes e, portanto, merece uma discussão mais aprofundada. A conversão de um enol em uma cetona, catalisada por ácido, ocorre por meio de duas etapas (Mecanismo 10.2).

MECANISMO 10.2 TAUTOMERIZAÇÃO CATALISADA POR ÁCIDO

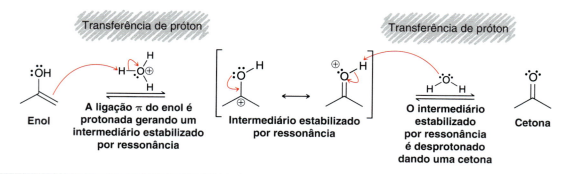

A ligação π do enol é protonada em primeiro lugar gerando um intermediário estabilizado por ressonância, que é então desprotonado para dar origem à cetona. Observe que ambas as etapas deste mecanismo são transferências de prótons. O resultado deste processo é a migração de um próton a partir de um local para outro, acompanhado por uma mudança na localização da ligação π:

Alquinos 479

O enol e a cetona são chamados de **tautômeros**, que são isômeros constitucionais que se interconvertem rapidamente através da migração de um próton. A interconversão entre um enol e uma cetona é chamada de **tautomerização cetoenólica**. A tautomerização é um processo de equilíbrio, o que significa que o equilíbrio vai estabelecer as concentrações específicas do enol e da cetona. Geralmente, a cetona é muito favorecida, e a concentração de enol será muito pequena. Tenha muito cuidado para não confundir tautômeros com estruturas de ressonância. Tautômeros são isômeros constitucionais que existem em equilíbrio um com o outro. Uma vez que o equilíbrio foi atingido, as concentrações de cetona e de enol podem ser medidas experimentalmente. Ao contrário, estruturas de ressonância não são substâncias diferentes e elas não estão em equilíbrio entre si. Estruturas de ressonância são simplesmente representações diferentes de uma substância.

RELEMBRANDO
Para uma revisão de estruturas de ressonância, consulte a Seção 2.7.

A tautomerização cetoenólica é um processo de equilíbrio, que é catalisado mesmo por pequenas quantidades de ácido (ou de base). A vidraria que é cuidadosamente limpa terá ainda pequenas quantidades de ácido ou de base adsorvida à sua superfície. Como resultado, é extremamente difícil de evitar uma tautomerização cetoenólica de atingir o equilíbrio.

DESENVOLVENDO A APRENDIZAGEM

10.3 REPRESENTAÇÃO DO MECANISMO DE TAUTOMERIZAÇÃO CETOENÓLICA CATALISADA POR ÁCIDO

APRENDIZAGEM Sob condições normais, o 1-ciclo-hexenol não pode ser isolado ou armazenado em uma garrafa, uma vez que sofre tautomerização rápida produzindo ciclo-hexanona. Represente um mecanismo para esta tautomerização:

SOLUÇÃO
O mecanismo de uma tautomerização cetoenólica catalisada por ácido tem duas etapas: (1) protonação e, em seguida, (2) desprotonação. Para representar este mecanismo, é essencial lembrar onde ocorre a protonação na primeira etapa. Existem dois locais onde a protonação poderia possivelmente ocorrer: o grupo OH ou a ligação dupla. Realmente, sob essas condições, ambos os sítios são reversivelmente protonados (em condições ácidas, os prótons são transferidos para trás e para frente, na medida do possível). A fim de escolher onde protonar, vamos considerar com cuidado as posições dos prótons envolvidos nessa transformação:

ATENÇÃO
Não dê ao OH outro próton, pois esse caminho não levará rapidamente à cetona. Os estudantes que tentam protonar o grupo OH invariavelmente continuam através da perda de água como um grupo de saída formando um carbocátion vinílico. Esse caminho tem demasiada energia e simplesmente não conduz ao produto.

ETAPA 1
Protonação da ligação π do enol.

Em condições ácidas, devemos protonar primeiro e só depois desprotonar. A fim de realizar a transformação anterior, a ligação dupla tem que ser protonada em vez do grupo OH. Pode ser tentador protonar o grupo OH primeiro (e isso é um erro muito comum), mas olhe atentamente para o grupo OH no enol. O OH tem que perder o seu próton no decurso da reação (de modo a formar a cetona). Certifique-se de começar por protonar a ligação π em vez do grupo OH:

Como é o caso para todas as etapas de transferência de prótons, são necessárias duas setas curvas. Certifique-se de representar as duas.

Em seguida, representamos a estrutura de ressonância do intermediário formado quando o enol é protonado:

ETAPA 2
Representação das estruturas de ressonância do intermediário.

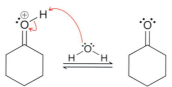

Finalmente, removemos um próton para formar a cetona. Mais uma vez, duas setas curvas são necessárias:

ETAPA 3
Remoção de um próton para formar a cetona.

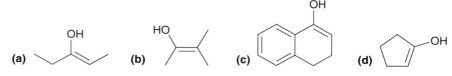

 PRATICANDO o que você aprendeu

10.16 Os enóis vistos a seguir não podem ser isolados. Eles rapidamente tautomerizam produzindo cetonas. Em cada caso, represente a cetona esperada e mostre um mecanismo para a sua formação sob condições de catálise por ácido (H_3O^+).

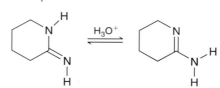

 APLICANDO o que você aprendeu

10.17 Considere o seguinte equilíbrio:

Esses isômeros constitucionais se interconvertem rapidamente na presença mesmo que de pequenas quantidades de ácido e são, portanto, chamados de tautômeros um do outro. Represente um mecanismo para essa transformação.

┄┄▶ é necessário **PRATICAR MAIS?** Tente Resolver os Problemas **10.49b, 10.63, 10.64, 10.67**

Vimos que mesmo pequenas quantidades de ácido irão catalisar uma tautomerização cetoenólica. Portanto, o enol inicialmente produzido por hidratação de um alquino imediatamente tautomeriza para formar uma cetona. Quando for pedido para prever o produto de hidratação do alquino, não cometa o erro de representar um enol. Simplesmente represente a cetona.

A hidratação catalisada por ácido de alquinos internos não simétricos produz uma mistura de cetonas:

$$R_1-\equiv-R_2 \xrightarrow[\text{HgSO}_4]{\text{H}_2\text{SO}_4,\ \text{H}_2\text{O}} R_1\underset{O}{\overset{}{\text{—C—}}}\text{CH}_2\text{R}_2 + R_1\text{CH}_2\underset{O}{\overset{}{\text{—C—}}}R_2$$

A falta de controle regioquímico torna esse processo muito menos útil. É frequentemente mais utilizado para a hidratação de um alquino terminal, o que gera uma metilcetona como produto:

$$R-\equiv-H \xrightarrow[\text{HgSO}_4]{\text{H}_2\text{SO}_4,\ \text{H}_2\text{O}} R\underset{O}{\overset{}{\text{—C—}}}\text{CH}_3$$

Alquinos 481

VERIFICAÇÃO CONCEITUAL

10.18 Represente o(s) produto(s) principal(is) esperado(s) quando cada um dos seguintes alquinos é tratado com solução aquosa ácida na presença de sulfato de mercúrio ($HgSO_4$):

10.19 Identifique o alquino que você usaria para preparar cada uma das seguintes cetonas através de hidratação catalisada por ácido:

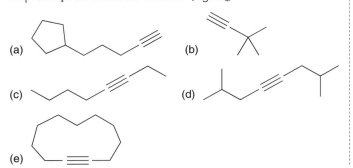

Hidroboração-Oxidação de Alquinos

No capítulo anterior, vimos que os alquenos sofrem hidroboração-oxidação (Seção 9.6). A reação prossegue através de uma adição *anti*-Markovnikov, inserindo, portanto, um grupo hidroxila na posição menos substituída:

Observa-se que os alquinos também sofrem um processo semelhante:

O produto inicial da reação é um enol que não pode ser isolado porque é rapidamente convertido em aldeído através de uma tautomerização. Como vimos na seção anterior, a tautomerização não pode ser evitada, e é catalisada por ácido ou base. Neste caso, as condições básicas são empregadas, de modo que o processo de tautomerização ocorre através de um mecanismo catalisado por base (Mecanismo 10.3).

MECANISMO 10.3 TAUTOMERIZAÇÃO CATALISADA POR BASE

Transferência de próton

Enol — O grupo hidroxila do enol é desprotonado gerando um íon enolato estabilizado por ressonância

Íon enolato

Transferência de próton

O íon enolato é protonado dando um aldeído

Aldeído

OLHANDO PARA O FUTURO
Enolatos são intermediários muito úteis e nós vamos explorar a sua química no Capítulo 22, do Volume 2.

Observe que a ordem dos eventos, sob condições de catálise por base, é o inverso da ordem dos eventos sob condições de catálise por ácido. Isto é, o enol é inicialmente desprotonado e só então é protonado (sob condições de catálise por ácido, a primeira etapa é a protonação do enol). Em condições básicas, a desprotonação do enol leva a um ânion estabilizado por ressonância chamado de *íon enolato*, que é então protonado para gerar o aldeído.

Acredita-se que a hidroboração-oxidação de alquinos se desenvolve através de um mecanismo que é semelhante ao mecanismo considerado para a hidroboração-oxidação de alquenos (Mecanismo 9.3). Especificamente, o borano se adiciona ao alquino em um processo concertado que dá uma adição *anti*-Markovnikov. Existe, no entanto, uma diferença fundamental. Ao contrário de um alqueno, que só possui uma ligação π, um alquino possui duas ligações π. Como resultado, duas moléculas de BH$_3$ podem ser adicionadas ao alquino. Para evitar a segunda adição, um dialquil-borano (R$_2$BH) é utilizado em vez do BH$_3$. Os dois grupos alquila proporcionam impedimento estérico que evita a segunda adição. Dois dialquil-boranos comumente utilizados são disiamilborano e 9-BBN:

Disiamilborano

9-BBN
(9-Borabiciclo[3.3.1]nonano)

Com esses reagentes de borano modificados, a hidroboração-oxidação é um método eficiente para a conversão de um alquino terminal em um aldeído:

Observe que o produto final desta sequência de reações é um aldeído, em vez de uma cetona.

VERIFICAÇÃO CONCEITUAL

10.20 Represente o produto principal para cada uma das seguintes reações:

(a) 1) 9-BBN 2) H$_2$O$_2$, NaOH

(b) 1) Disiamilborano 2) H$_2$O$_2$, NaOH

(c) 1) 9-BBN 2) H$_2$O$_2$, NaOH

10.21 Identifique o alquino que você utilizaria para preparar cada uma das substâncias vistas a seguir por meio de hidroboração-oxidação:

(a)

(b)

(c)

Controlando a Regioquímica da Hidratação de Alquinos

Nas seções anteriores, exploramos dois métodos para a hidratação de um alquino terminal:

R—≡ $\xrightarrow{H_2SO_4, H_2O, HgSO_4}$ **Uma metilcetona**

R—≡ $\xrightarrow{1) R_2BH, 2) H_2O_2, NaOH}$ **Um aldeído**

A hidratação catalisada por ácido de um alquino terminal produz uma metilcetona, enquanto a hidroboração-oxidação produz um aldeído. Em outras palavras, o resultado regioquímico da hidratação do alquino pode ser controlado através da escolha dos reagentes. Vamos começar a praticar determinando que reagentes devem ser usados.

DESENVOLVENDO A APRENDIZAGEM

10.4 ESCOLHA DOS REAGENTES APROPRIADOS PARA A HIDRATAÇÃO DE UM ALQUINO

APRENDIZAGEM Identifique os reagentes que você usaria para realizar a seguinte transformação:

SOLUÇÃO
O material de partida é um alquino terminal e o produto tem uma ligação C=O. Essa reação pode, por conseguinte, ser realizada através da hidratação do alquino de partida. Para determinar que reagentes devem ser utilizados, inspecionamos cuidadosamente o resultado regioquímico do processo. Especificamente, o átomo de oxigênio é colocado na posição mais substituída para produzir uma metilcetona:

ETAPA 1
Identificação do resultado regioquímico.

Posição mais substituída → **Uma metilcetona**

Essa transformação exige uma adição Markovnikov, o que pode ser conseguido através de uma hidratação catalisada por ácido:

ETAPA 2
Identificação dos reagentes que fornecem o resultado regioquímico desejado.

$$\xrightarrow{\text{H}_2\text{SO}_4,\ \text{H}_2\text{O},\ \text{HgSO}_4}$$

PRATICANDO o que você aprendeu

10.22 Identifique os reagentes que você usaria para realizar cada uma das seguintes transformações:

(a) (b)

APLICANDO o que você aprendeu

10.23 Identifique os reagentes que você usaria para realizar cada uma das seguintes transformações:

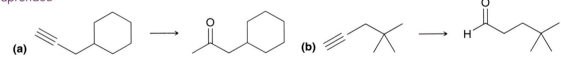

(a) (b)

10.24 Nos próximos capítulos vamos aprender um método de duas etapas para realizar a transformação vista a seguir. Enquanto isso, use as reações que já aprendemos para obter essa transformação:

⇢ é necessário **PRATICAR MAIS?** Tente Resolver o Problema 10.57b

484 CAPÍTULO 10

10.8 Halogenação dos Alquinos

No capítulo anterior, vimos que os alquenos reagem com Br_2 ou Cl_2 produzindo um dialeto. Da mesma maneira, também se observa que os alquinos sofrem halogenação. A diferença principal é que os alquinos têm duas ligações π em vez de uma e podem, portanto, sofrer a adição de dois equivalentes do halogênio para formar um tetra-haleto:

$$R-C\equiv C-R \xrightarrow[\substack{CCl_4 \\ (X = Cl\ ou\ Br)}]{X_2\ em\ excesso} R-\underset{\underset{X}{|}}{\overset{\overset{X}{|}}{C}}-\underset{\underset{X}{|}}{\overset{\overset{X}{|}}{C}}-R$$

(60–70%)

Em alguns casos, é possível adicionar apenas um equivalente de halogênio produzindo o dialeto. Essa reação geralmente progride através de uma adição *anti* (assim como vimos com os alquenos), produzindo o isômero *E* como produto principal:

$$R-\!\!\!\equiv\!\!\!-R \xrightarrow[CCl_4]{X_2\ (um\ equivalente)} \quad + \quad$$

Principal   **Secundário**

O mecanismo de halogenação dos alquinos não é inteiramente compreendido.

10.9 Ozonólise dos Alquinos

Quando tratado com ozônio seguido por água, os alquinos sofrem clivagem oxidativa produzindo ácidos carboxílicos:

$$R_1-C\equiv C-R_2 \xrightarrow[2)\ H_2O]{1)\ O_3} R_1-\overset{\overset{O}{\|}}{C}-OH \quad + \quad \overset{\overset{O}{\|}}{C}-R_2$$

Quando um alquino terminal sofre clivagem oxidativa, o lado terminal é convertido em dióxido de carbono:

$$R-C\equiv C-H \xrightarrow[2)\ H_2O]{1)\ O_3} R-\overset{\overset{O}{\|}}{C}-OH \quad + \quad \overset{O}{\underset{O}{\|}}{C}$$

Décadas atrás, os químicos usaram a clivagem oxidativa para ajudar nas determinações estruturais. Um alquino desconhecido podia ser tratado com ozônio, seguido por água, e os ácidos carboxílicos resultantes eram identificados. Esta técnica permitia que os químicos identificassem a localização de uma ligação tripla em um alquino desconhecido. Entretanto, o advento de métodos espectroscópicos (Capítulos 15 e 16, do Volume 2) tornou este processo obsoleto como uma ferramenta para a determinação estrutural.

VERIFICAÇÃO CONCEITUAL

10.25 Represente os produtos principais que são esperados quando cada um dos seguintes alquinos é tratado com O_3 seguido por H_2O:

(a)

(b)

(c)

(d)

10.26 Um alquino com a fórmula molecular C_6H_{10} foi tratado com ozônio seguido por água produzindo somente um único tipo de ácido carboxílico. Represente a estrutura do alquino de partida e o produto da ozonólise.

10.27 Um alquino com a fórmula molecular C_4H_6 foi tratado com ozônio seguido por água produzindo um ácido carboxílico e dióxido de carbono. Represente o produto esperado quando o alquino é tratado com solução aquosa ácida na presença de sulfato de mercúrio.

10.10 Alquilação de Alquinos Terminais

Na Seção 10.3, vimos que um alquino terminal pode ser desprotonado na presença de uma base suficientemente forte, tal como amida de sódio (NaNH₂):

$$R-C\equiv C-H \xrightarrow{:NH_2^{\ominus}} R-C\equiv C:^{\ominus}$$

Íon alquineto

Essa reação é extremamente útil do ponto de vista de síntese, porque o íon alquineto resultante pode se comportar como um nucleófilo quando tratado com um haleto de alquila:

$$R-C\equiv C:^{\ominus} \xrightarrow{R-X} R-C\equiv C-R$$

Essa reação ocorre através de uma reação S_N2 e fornece um método para se inserir um grupo alquila em um alquino terminal. Este processo é chamado **alquilação**, e é realizado em apenas duas etapas; por exemplo:

$$\text{CH}_3\text{CH}_2\text{CH}_2-C\equiv C-H \xrightarrow[\text{2) EtI}]{\text{1) NaNH}_2} \text{CH}_3\text{CH}_2\text{CH}_2-C\equiv C-\text{CH}_2\text{CH}_3$$

Esse processo só é eficiente com haletos de metila ou de alquila primários. Quando são usados haletos de alquila secundários ou terciários, o íon alquineto se comporta principalmente como uma base e são obtidos produtos de eliminação. Esta observação é consistente com o comportamento que vimos na Seção 8.14 (substituição *versus* eliminação).

O acetileno possui dois prótons terminais (um em cada um dos lados) e pode, portanto, sofrer uma alquilação dupla:

$$H-C\equiv C-H \xrightarrow[\text{2) RX}]{\text{1) NaNH}_2} R-C\equiv C-H \xrightarrow[\text{2) RX}]{\text{1) NaNH}_2} R-C\equiv C-R$$

Observe que são necessárias duas alquilações separadas. Um dos lados do acetileno é alquilado primeiro e, em seguida, em um processo separado, o outro lado é alquilado. Essa repetição é necessária porque o NaNH₂ e o RX não podem ser colocados no balão de reação ao mesmo tempo. Fazer isso seria produzir produtos indesejados de substituição e eliminação resultantes das reações entre o NaNH₂ e o RX. Pode parecer desvantajoso a exigência de dois processos de alquilação diferentes, mas este requisito fornece vantagem sintética adicional. Especificamente, ele permite a inserção de dois grupos alquila diferentes, por exemplo:

$$H-C\equiv C-H \xrightarrow[\text{2) EtI}]{\text{1) NaNH}_2} Et-C\equiv C-H \xrightarrow[\text{2) MeI}]{\text{1) NaNH}_2} Et-C\equiv C-Me$$

DESENVOLVENDO A APRENDIZAGEM

10.5 ALQUILAÇÃO DE ALQUINOS TERMINAIS

APRENDIZAGEM Identifique os reagentes necessários para converter o acetileno em 7-metil-3-octino.

SOLUÇÃO
Sempre que confrontado com um problema que está escrito apenas em palavras, sem estruturas correspondentes, o primeiro passo será sempre a representação das estruturas descritas no problema. Neste caso, a tarefa é a de identificar os reagentes necessários para realizar a seguinte transformação:

ETAPA 1
Representação das estruturas descritas no problema.

$$H-C\equiv C-H \longrightarrow \text{7-Metil-3-octino}$$

Acetileno

Quando a representação é feita, torna-se claro que neste caso são necessárias duas alquilações. A ordem dos eventos (que grupo alquila é inserido primeiro) não é importante. Apenas certifique-se de inserir cada grupo alquila separadamente. A primeira alquilação é realizada através do tratamento do acetileno com NaNH₂ seguido por um haleto de alquila:

ETAPA 2
Inserção do primeiro grupo alquila.

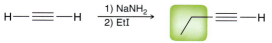

O alquino é então alquilado mais uma vez usando-se NaNH₂ seguido pelo haleto de alquila apropriado:

ETAPA 3
Inserção do segundo grupo alquila.

A síntese global, portanto, tem quatro etapas:

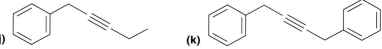

Os dois haletos de alquila são primários, de modo que é esperado que o processo seja eficiente.

PRATICANDO o que você aprendeu

10.28 Partindo do acetileno mostre os reagentes que você usaria para preparar as seguintes substâncias:

(a) 1-Butino (b) 2-Butino (c) 3-Hexino (d) 2-Hexino (e) 1-Hexino

(f) 2-Heptino (g) 3-Heptino (h) 2-Octino (i) 2-Pentino

(j)   (k)

APLICANDO o que você aprendeu

10.29 A preparação do 2,2-dimetil-3-octino não pode ser realizada através da alquilação do acetileno. Explique.

10.30 Um alquino terminal foi tratado com NaNH₂ seguido de iodeto de propila. O alquino interno resultante foi tratado com ozônio seguido de água, produzindo somente um único tipo de ácido carboxílico. Dê o nome IUPAC sistemático do alquino interno.

10.31 Usando acetileno como sua única fonte de átomos de carbono, escreva a síntese do 3-hexino.

é necessário **PRATICAR MAIS?** Tente Resolver os Problemas **10.40f, 10.46, 10.50, 10.59**

10.11 Estratégias para Sínteses

No início deste capítulo, vimos como controlar a redução de um alquino. Em particular, uma ligação tripla pode ser convertida em uma ligação dupla (*cis* ou *trans*) ou em uma ligação simples:

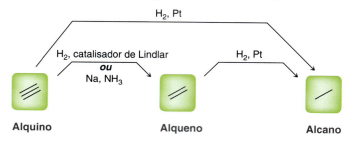

Alquinos 487

Vamos agora considerar como caminhar na outra direção, isto é, como converter uma ligação simples em uma ligação tripla:

Até agora, nós não aprendemos as reações necessárias para converter um alcano em um alqueno; no Capítulo 11 vamos explorar um método para fazer isso. No entanto, aprendemos a converter um alqueno em um alquino. Especificamente, um alqueno pode ser convertido em um alquino por bromação seguida de eliminação:

Isso agora nos proporciona a flexibilidade para interconverter ligações simples, duplas e triplas (Figura 10.7).

FIGURA 10.7
Um resumo dos reagentes que podem ser usados para interconverter alcanos, alquenos e alquinos.

DESENVOLVENDO A APRENDIZAGEM

10.6 INTERCONVERSÃO DE ALCANOS, ALQUENOS E ALQUINOS

APRENDIZAGEM Proponha uma síntese plausível para a seguinte transformação:

SOLUÇÃO

Esse problema exige a inserção de um grupo metila na posição vinílica (isto é, a alquilação de um alqueno). Nós ainda não vimos uma maneira direta de alquilar um alqueno. Entretanto, aprendemos como alquilar um alquino. Portanto, a capacidade para interconverter alquenos e alquinos nos permite realizar a transformação desejada. Especificamente, o alqueno pode ser convertido primeiro em um alquino, que pode ser prontamente alquilado. Em seguida, após a alquilação, o alquino pode ser convertido de volta em um alqueno:

A primeira parte desta estratégia (conversão do alqueno em um alquino) pode ser realizada por bromação do alqueno para dar um dibrometo, seguida por eliminação com NaNH₂ em excesso. O alquino resultante pode ser purificado e isolado e, em seguida, alquilado por tratamento com NaNH₂ seguido de MeI. Finalmente, uma redução por metal dissolvido converterá o alquino em um alqueno *trans*:

 PRATICANDO
o que você
aprendeu

10.32 Proponha uma síntese eficiente para cada uma das seguintes transformações:

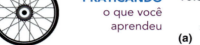

(a)

(b)

(c)

(d)

(e)

(f)

 APLICANDO
o que você
aprendeu

10.33 Identifique os reagentes que você usaria para realizar cada uma das seguintes transformações:

(a) Conversão de todos os átomos de carbono no bromoetano em CO_2 gasoso

(b) Conversão de todos os átomos de carbono no 2-bromopropano em ácido acético (CH_3COOH)

10.34 Usando etileno ($H_2C\!=\!CH_2$) como sua única fonte de átomos de carbono, escreva uma síntese para a 3-hexanona ($CH_3CH_2COCH_2CH_2CH_3$).

┄┄> é necessário **PRATICAR MAIS?** Tente Resolver os Problemas **10.57, 10.60**

REVISÃO DAS REAÇÕES

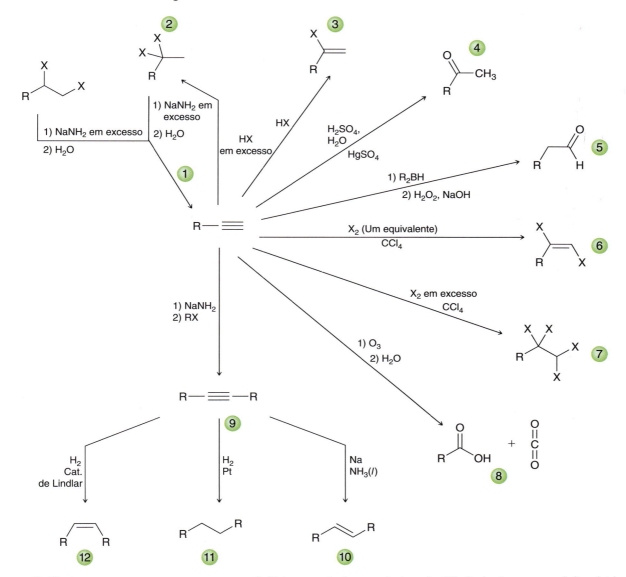

1. Eliminação
2. Hidroalogenação (dois equivalentes)
3. Hidroalogenação (um equivalente)
4. Hidratação catalisada por ácido
5. Hidroboração-oxidação
6. Halogenação (um equivalente)
7. Halogenação (dois equivalentes)
8. Ozonólise
9. Alquilação
10. Redução por metal dissolvido
11. Hidrogenação
12. Hidrogenação com um catalisador envenenado

REVISÃO DE CONCEITOS E VOCABULÁRIO

SEÇÃO 10.1

- Uma ligação tripla é constituída de três ligações separadas: uma ligação σ e duas ligações π.
- Alquinos exibem geometria linear e podem se comportar como bases ou como nucleófilos.

SEÇÃO 10.2

- A nomenclatura dos alquinos é muito semelhante a dos alcanos, com as seguintes regras adicionais:
- O sufixo "ano" é substituído por "ino."
- A cadeia principal é a cadeia mais longa que inclui a ligação tripla C≡C.

- A ligação tripla deve ser numerada com o menor número possível.
- A posição da ligação tripla é indicada por um único localizador colocado antes da cadeia principal ou antes do sufixo.
- Acetilenos monossubstituídos são **alquinos terminais**, enquanto acetilenos dissubstituídos são **alquinos internos**.

SEÇÃO 10.3
- A base conjugada do acetileno, chamada **íon acetileto**, é relativamente estabilizada devido ao par isolado que ocupa um orbital hibridizado *sp*.
- A base conjugada de um alquino terminal, chamada **íon alquineto**, somente pode ser formada com uma base suficientemente forte, tal como NaNH$_2$.

SEÇÃO 10.4
- Alquinos podem ser preparados como dialetos **geminal** ou **vicinal** através de duas reações E2 sucessivas.

SEÇÃO 10.5
- A hidrogenação catalítica de um alquino produz um alcano.
- A hidrogenação catalítica na presença de um catalisador envenenado (catalisador de Lindlar ou Ni$_2$B) produz um alqueno *cis*.
- Uma **redução por metal dissolvido** converte um alquino em um alqueno *trans*. A reação envolve um **ânion radical** intermediário e utiliza **setas curvas**, que indicam o movimento de um único elétron.

SEÇÃO 10.6
- Alquinos reagem com HX através de uma adição de Markovnikov.
- Um mecanismo possível para a hidroalogenação dos alquinos envolve um **carbocátion vinílico**, enquanto um outro mecanismo possível é **termolecular**.
- A adição de HX aos alquinos provavelmente ocorre através de vários caminhos reacionais mecanísticos, sendo que todos eles ocorrem ao mesmo tempo e competem entre si.

- O tratamento de um alquino terminal com HBr e peróxidos produz uma adição *anti*-Markovnikov do HBr.

SEÇÃO 10.7
- A hidratação de alquinos catalisada por ácido é catalisada pelo sulfato de mercúrio (HgSO$_4$) formando um **enol** que não pode ser isolado, pois rapidamente se converte em uma cetona.
- Enóis e cetonas são **tautômeros**, que são isômeros constitucionais que rapidamente se interconvertem através da migração de um próton.
- A interconversão entre um enol e uma cetona é chamada **tautomerização cetoenólica** e é catalisada por quantidades traço de ácido ou base.
- A hidroboração-oxidação de um alquino terminal ocorre através de uma adição *anti*-Markovnikov produzindo um enol, que é convertido rapidamente em um aldeído através de tautomerização.
- Em condições básicas, a tautomerização prossegue através de um ânion estabilizado por ressonância chamado *íon enolato*.

SEÇÃO 10.8
- Alquinos podem sofrer halogenação para formar um tetrahaleto.

SEÇÃO 10.9
- Quando tratados com ozônio seguido por água, alquinos internos sofrem clivagem oxidativa produzindo ácidos carboxílicos.
- Quando um alquino terminal sofre clivagem oxidativa, o lado terminal é convertido em dióxido de carbono.

SEÇÃO 10.10
- Íons alquineto sofrem **alquilação** quando tratados com um haleto de alquila (metila ou primário).
- O acetileno possui dois prótons terminais e pode sofrer duas alquilações separadas.

SEÇÃO 10.11
- Um alqueno pode ser convertido em um alquino através de bromação seguida por eliminação com NaNH$_2$ em excesso.

REVISÃO DA APRENDIZAGEM

10.1 MONTAGEM DO NOME SISTEMÁTICO DE UM ALQUINO

ETAPA 1 Identificação da cadeia principal: escolha da cadeia mais longa que inclui a ligação tripla.

ETAPA 2 Identificação e determinação do nome dos substituintes.

ETAPA 3 Numeração da cadeia principal e atribuição de um localizador a cada substituinte.

ETAPA 4 Ordenação dos substituintes alfabeticamente.

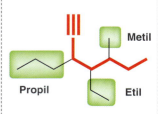
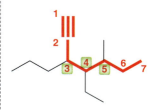
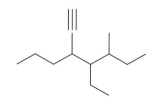

4-Etil-5-metil-3-propil-1-heptino

Tente Resolver os Problemas **10.1-10.4, 10.35, 10.36**

10.2 PREVISÃO DA POSIÇÃO DO EQUILÍBRIO PARA A DESPROTONAÇÃO DE UM ALQUINO TERMINAL

ETAPA 1 Identificação do ácido e da base em cada um dos lados do equilíbrio.

ETAPA 2 Comparação dos dois ácidos e determinação de qual é o ácido mais fraco (pK_a mais elevado).

ETAPA 3 O equilíbrio favorece o ácido mais fraco e a base mais fraca. Neste caso, o equilíbrio favorece o lado esquerdo.

R—C≡C—H + :ÖH⁻ ⇌ R—C≡C:⁻ + H₂Ö:
Ácido   Base   Base   Ácido

R—C≡C—H (pK_a ~ 25)   H₂O (pK_a = 15.7)

Tente Resolver os Problemas 10.5, 10.6, 10.39, 10.42

10.3 REPRESENTAÇÃO DO MECANISMO DE TAUTOMERIZAÇÃO CETOENÓLICA CATALISADA POR ÁCIDO

ETAPA 1 Protonação da ligação π do enol (o grupo hidroxila não é protonado).

ETAPA 2 Representação da estrutura de ressonância do intermediário.

ETAPA 3 Remoção de um próton para formar a cetona.

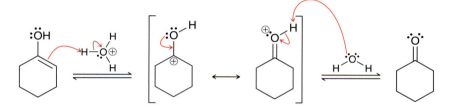

Tente Resolver os Problemas 10.16, 10.17, 10.49b, 10.63, 10.64, 10.67

10.4 ESCOLHA DOS REAGENTES APROPRIADOS PARA A HIDRATAÇÃO DE UM ALQUINO

ETAPA 1 Identificação do resultado regioquímico.

ETAPA 2 Escolha dos reagentes que levam ao resultado desejado.

```
       R
        \
         ≡
        /
       
H₂SO₄, H₂O              1) R₂BH
HgSO₄                    2) H₂O₂, NaOH

   O                              H
   ‖                              |
R—C—CH₃                        R—CH₂—C=O

Uma metilcetona              Um aldeído
```

Tente Resolver os Problemas 10.22–10.24, 10.57b

10.5 ALQUILAÇÃO DE ALQUINOS TERMINAIS

ETAPA 1 Representação das estruturas descritas no problema.

ETAPA 2 Inserção do primeiro grupo alquila usando amida de sódio, seguida pelo haleto de alquila apropriado.

ETAPA 3 Inserção do segundo grupo alquila (se for necessário).

H—≡—H
↓
7-Metil-3-octino (posições 1,2,3,4,5,6,7,8)

H—≡—H
1) NaNH₂
2) EtI
↓

—≡—H
1) NaNH₂
2) I—
↓

Tente Resolver os Problemas 10.28–10.31, 10.40f, 10.46, 10.50, 10.59

492 CAPÍTULO 10

10.6 INTERCONVERSÃO DE ALCANOS, ALQUENOS E ALQUINOS

Reagentes para a interconversão.

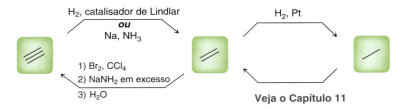

Exemplo:

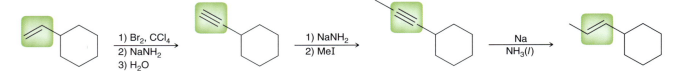

Tente Resolver os Problemas 10.32–10.34, 10.57, 10.60

PROBLEMAS PRÁTICOS

10.35 Forneça um nome sistemático para cada uma das seguintes substâncias:

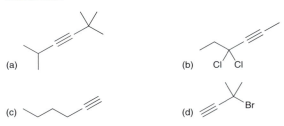

10.36 Represente uma estrutura em bastão para cada uma das seguintes substâncias:

(a) 2-Heptino
(b) 2,2-Dimetil-4-octino
(c) 3,3-Dietilciclodecino

10.37 Preveja os produtos para cada uma das seguintes reações:

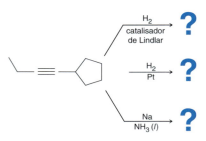

10.38 Preveja os produtos para cada uma das seguintes reações:

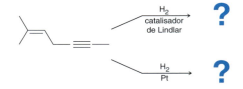

10.39 Represente os produtos de cada uma das seguintes reações ácido-base e, a seguir, preveja a posição do equilíbrio em cada caso:

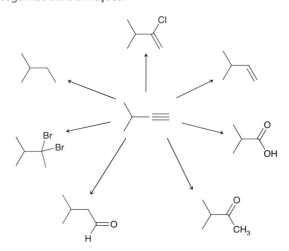

10.40 Preveja os produtos obtidos quando o 1-pentino reage com cada um dos seguintes reagentes:

(a) H_2SO_4, H_2O, $HgSO_4$
(b) 9-BBN seguido por H_2O_2, NaOH
(c) Dois equivalentes de HBr
(d) Um equivalente de HCl
(e) Dois equivalentes de Br_2 em CCl_4
(f) $NaNH_2$ em NH_3 seguido por MeI
(g) H_2, Pt

10.41 Identifique os reagentes que você usaria para realizar cada uma das seguintes transformações:

10.42 Identifique quais das seguintes bases podem ser usadas para desprotonar um alquino terminal:

(a) NaOCH₃   (b) NaH   (c) BuLi   (d) NaOH   (e) NaNH₂

10.43 Identifique quais das seguintes substâncias representa um par de tautômeros cetoenólicos:

10.44 Represente o tautômero enólico de cada uma das seguintes cetonas:

10.45 Ácido oleico e ácido elaídico são alquenos isoméricos:

Ácido oleico

Ácido elaídico

O ácido oleico, um componente importante da gordura de manteiga, é um líquido incolor na temperatura ambiente. O ácido elaídico, um dos principais componentes de óleos vegetais parcialmente hidrogenados, é um sólido branco na temperatura ambiente. O ácido oleico e o ácido elaídico podem ser preparados no laboratório por redução de um alquino chamado ácido estearólico. Represente a estrutura do ácido estearólico e identifique os reagentes que você usaria para converter o ácido estearólico em ácido oleico ou ácido elaídico.

10.46 Preveja o(s) produto(s) para cada sequência de reações:

(a) 1) NaNH₂ em excesso 2) EtCl 3) H₂, catalisador de Lindlar

(b) H—C≡C—H 1) NaNH₂ 2) MeI 3) 9-BBN 4) H₂O₂, NaOH

(c) H—C≡C—H 1) NaNH₂ 2) EtI 3) HgSO₄, H₂SO₄, H₂O

(d) H—C≡C—H 1) NaNH₂ 2) MeI 3) NaNH₂ 4) EtI 5) Na, NH₃ (l)

10.47 Quando o (R)-4-bromo-hept-2-ino é tratado com H₂ na presença de Pd, o produto é opticamente inativo. No entanto, quando o (R)-4-bromo-hex-2-ino é tratado com as mesmas condições, o produto é opticamente ativo. Explique.

10.48 Represente a estrutura de um alquino que pode ser convertido em 3-etilpentano mediante hidrogenação. Forneça um nome sistemático para essa substância.

10.49 Proponha um mecanismo para cada uma das seguintes transformações:

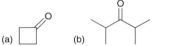

(a)

(b)

10.50 Represente o produto que é esperado de cada uma das seguintes reações, mostrando a estereoquímica onde for apropriado:

10.51 A substância A é um alquino que reage com dois equivalentes de H₂. Na presença de Pd ocorre a produção de 2,4,6-trimetiloctano.

(a) Represente a estrutura da substância A.
(b) Quantos centros de quiralidade estão presentes na substância A?
(c) Identifique as posições dos grupos metila na substância A. Explique por que as posições não são 2, 4 e 6 como foi visto no produto de hidrogenação.

10.52 A substância A tem a fórmula molecular C₇H₁₂. A hidrogenação da substância A produz 2-metil-hexano. A hidroboração-oxidação da substância A produz um aldeído. Represente a estrutura da substância A e represente a estrutura do aldeído produzido na hidroboração-oxidação da substância A.

10.53 Proponha uma síntese plausível para cada uma das seguintes transformações:

10.54 O 1,2-dicloropentano reage com amida de sódio em excesso, em amônia líquida (seguido de tratamento com água), produzindo a substância X. A substância X é submetida à hidratação catalisada por ácido produzindo uma cetona. Represente a estrutura da cetona produzida pela hidratação da substância X.

10.55 Um alquino desconhecido é tratado com ozônio (seguido por hidrólise) produzindo ácido acético e dióxido de carbono. Qual é a estrutura do alquino?

494 CAPÍTULO 10

10.56 A substância A é um alquino com a fórmula molecular C_5H_8. Quando tratada com ácido sulfúrico aquoso e sulfato de mercúrio, dois produtos diferentes com a fórmula molecular $C_5H_{10}O$ são obtidos em quantidades iguais. Represente as estruturas da substância A e dos dois produtos obtidos.

10.57 Proponha uma síntese plausível para cada uma das seguintes transformações:

(a)

(b)

(c)

(d)

10.58 Represente a estrutura de cada possível dicloreto que pode ser utilizado para preparar o alquino visto a seguir através de reação de eliminação:

10.59 Represente as estruturas das substâncias de **A** a **D**:

$$A \xrightarrow{Br_2} B \xrightarrow[\text{2) H}_2\text{O}]{\text{1) NaNH}_2 \text{ em excesso}}$$
$$(C_6H_{12})$$

$$C \xrightarrow{\text{NaNH}_2} D \xrightarrow{\text{I}}$$

PROBLEMAS INTEGRADOS

10.60 Identifique os reagentes necessários para realizar cada uma das transformações vistas a seguir. Em cada caso, você terá que usar pelo menos uma reação deste capítulo e pelo menos uma reação do capítulo anterior. A essência de cada um dos problemas é escolher os reagentes que permitam atingir o resultado estereoquímico desejado:

(a)

(b)

(c)

(d)

(e)

(f)

10.61 Identifique os reagentes necessários para realizar cada uma das transformações vistas a seguir:

(a)

(b)

(c)

10.62 A reação vista a seguir não produz o produto desejado, mas produz um produto que é um isômero constitucional do produto desejado. Represente o produto obtido e proponha um mecanismo para a sua formação:

$$\xrightarrow[\text{2) MeI}]{\text{1) NaNH}_2}$$

10.63 Proponha um mecanismo plausível para a seguinte transformação:

$$\downarrow H_3O^+$$

10.64 Proponha um mecanismo plausível para o seguinte processo de tautomerização:

$$\xrightleftharpoons{H_3O^+}$$

10.65 Usando acetileno e brometo de metila como suas únicas fontes de carbono, proponha uma síntese para cada uma das seguintes substâncias:

(a) Et — Me   + En   (b) Et — Me   + En

10.66 Proponha um mecanismo plausível para a seguinte transformação:

$$R-\!\!\!\equiv\!\!\!- \xrightarrow[\text{H}_3\text{O}^+]{\text{Br}_2} R-\overset{\text{O}}{\underset{}{C}}-\overset{}{C}H_2-Br$$

10.67 Proponha um mecanismo plausível para a seguinte transformação:

$$\text{Ph-CO-C(CH}_3)_2\text{-H} \xrightarrow{\text{D}_3\text{O}^+} \text{Ph-CO-C(CH}_3)_2\text{-D}$$

DESAFIOS

10.68 Roquefortina C pertence a uma classe de produtos naturais, chamados roquefortinas, isolada pela primeira vez a partir de culturas do fungo *Penicillium roqueforti*. A roquefortina C, que também está presente no *blue cheese* (um queijo do tipo roquefort produzido nos Estados Unidos e no Canadá), exibe atividade bactericida (impede que as bactérias se reproduzam), e sabe-se que existe como uma mistura de dois tautômeros, tal como mostrado a seguir (*J. Am. Chem. Soc.* **2008**, *130*, 6281–6287):

Roquefortina C

(a) Represente um mecanismo catalisado por base para a tautomerização da roquefortina C.

(b) Represente um mecanismo catalisado por ácido para a tautomerização da roquefortina C.

(c) Preveja qual tautômero é mais estável e explique seu raciocínio.

10.69 A pequena classe de produtos naturais, chamados α-aminoácidos α,α-dissubstituídos (Capítulo 25, do Volume 2), tem sido alvo de várias técnicas de síntese porque essas substâncias são estruturalmente complexas (o que representa um desafio para os químicos orgânicos sintéticos), e apresentam efeitos notáveis sobre a atividade biológica. A transformação vista a seguir era parte de uma dessas técnicas de síntese (*Org. Lett.* **2003**, *5*, 4017–4020):

(a) Identifique os reagentes que podem ser utilizados para realizar a transformação vista a seguir e (b) atribua a configuração do centro de quiralidade no material de partida e no produto final.

10.70 Produtos naturais que contêm o grupo *N*-1,1-dimetil-2-propenila (chamado um grupo prenila *N*-reversa) exibem frequentemente atividade antitumoral ou antifúngica. A síntese de uma substância anti-

fúngica específica, um indol prenilado *N*-reverso, começa com as duas etapas mostradas a seguir (*Tetrahedron Lett.* **2001**, *42*, 7277–7280):

(a) Represente a estrutura da substância **2** e mostre um mecanismo adequado para a sua formação. Observe que o *i*-Pr$_2$NEt é uma base, e que o CuCl é utilizado como um catalisador. Este último pode ser ignorado para os nossos objetivos.

(b) Identifique os reagentes necessários para a conversão de **2** em **3**.

10.71 O tratamento de um mol de sulfato de dimetila (CH$_3$OSO$_3$CH$_3$) com dois mols de acetileto de sódio resulta na formação de dois mols de propino como o produto principal (*J. Org. Chem.* **1959**, *24*, 840–842):

(a) Represente a espécie inorgânica iônica que é gerada como um subproduto dessa reação e mostre um mecanismo para a sua formação.

(b) O 2-butino é observado como um subproduto desta reação. Represente um mecanismo que mostre a formação deste subproduto e explique como o seu mecanismo proposto é consistente com a observação de que o acetileno está presente entre os produtos de reação.

(c) Preveja o produto principal e o subproduto que são esperados se o sulfato de dietila é utilizado em vez do sulfato de dimetila.

10.72 Salvinorina A, isolada da planta mexicana *Salvia divinorum*, é conhecida por se ligar com os receptores opioides, gerando assim um poderoso efeito alucinógeno. Tem sido sugerido que a salvinorina A pode ser útil no tratamento da dependência de drogas. O alquino terminal **2**, mostrado a seguir, foi utilizado na síntese completa da salvinorina A (*J. Am. Chem. Soc.* **2007**, *129*, 8968–8969). Proponha um mecanismo plausível para a formação de **2** a partir do alquino **1**. (*Sugestão*: consulte o Problema 10.8.)

10.73 Halogenação de alquinos com Cl$_2$ ou Br$_2$ pode ser geralmente obtida com rendimentos elevados, enquanto a halogenação de alquinos com I$_2$ normalmente fornece rendimentos baixos. Entretanto, a reação vista a seguir com I$_2$ é realizada com sucesso [com rendimentos

496 CAPÍTULO 10

elevados (94%)] para se obter um di-iododieno intermediário sintético conformacionalmente constrangido e funcionalizado potencialmente útil (*Tetrahedron Lett.* **1996**, *37*, 1571–1574). Proponha um mecanismo plausível para essa transformação.

10.74 A substância vista a seguir exibe tautomerismo com uma concentração particularmente elevada de enol. A substância **1** mostra uma concentração de enol de 9,1% em comparação com a concentração de 0,014% de enol do $(CH_3)_2CHCHO$. A substância **2** apresenta uma concentração de 95% de enol (*Acc. Chem. Res.* **1988**, *21*, 442–449):

(a) Represente o enol da substância **1** e ofereça uma explicação para a elevada concentração de enol em relação ao $(CH_3)_2CHCHO$.

(b) Represente o enol da substância **2** e explique porque o enol é favorecido em relação ao aldeído neste caso.

10.75 As duas conformações de menor energia do pentano são as formas *anti-anti* e *anti-gauche* em termos dos arranjos em torno das duas ligações C—C centrais. Um estudo recente analisou as conformações do 3-heptino como um análogo "alongado" do pentano, em que uma ligação tripla carbono-carbono é "inserida" entre C2 e C3 do pentano (*J. Phys. Chem. A.* **2007**, *111*, 3513–3518). Curiosamente, os pesquisadores descobriram que em cada uma das duas conformações mais estáveis do 3-heptino, C1 e C6 estão quase eclipsados (olhando o grupo alquino). Em uma dessas conformações, C4 e C7 são *anti* um em relação ao outro (olhando a ligação C5-C6); e na outra conformação, C4 e C7 experimentam uma interação *gauche*. Represente o seguinte:

(a) Uma estrutura de cunha cheia/cunha tracejada para cada uma das duas conformações de menor energia do pentano

(b) Uma estrutura de cunha cheia/cunha tracejada do confôrmero do 3-heptino que é análogo à conformação *anti-anti* do pentano

(c) Uma projeção de Newman que ilustra a natureza eclipsada das conformações de baixa energia do 3-heptino

(d) Projeções de Newman que ilustram a diferença entre as duas conformações de menor energia do 3-heptino

10.76 Uma variedade de acetilenos substituídos com fenila (**1a-d**) foi tratada com HCl para dar uma mistura de isômeros *E* e *Z*, como se mostra a seguir (*J. Am. Chem. Soc.* **1976**, *98*, 3295–3300):

	Razão *E:Z*
1a (R = Me)	70:30
1b (R = Et)	80:20
1c (R = *i*-Pr)	95:5
1d (R = *t*-Bu)	100:0

(a) Represente os dois possíveis carbocátions vinílicos que podem se formar quando acetilenos substituídos por fenila são protonados por HCl e explique a regiosseletividade observada nessas reações.

(b) Ao comparar as estabilidades do estado de transição para a etapa em que o carbocátion vinílico mais estável é capturado por um íon cloreto, forneça uma explicação para a estereosseletividade (a razão *E:Z*) observada nas reações de **1a-d**.

10.77 A substância 1,2-bis-(feniletinil)benzeno (**1**) é submetida a reações com ácido aquoso ou bromo, tal como mostrado a seguir (*J. Am. Chem. Soc.* **1966**, *88*, 4525–4526). Proponha um mecanismo razoável usando notação de setas curvas para ambas as reações. Também forneça uma explicação para a configuração do alqueno exocíclico (aquele que é externo ao anel) no produto da reação de bromação.

Reações Radicalares

VOCÊ JÁ SE PERGUNTOU...
como certas substâncias químicas são melhores do que a água para extinguir incêndios?

Fogo é uma reação química, chamada combustão, na qual substâncias orgânicas são convertidas em CO_2 e água com a concomitante liberação de calor e luz. O processo de combustão é um processo em cadeia (autoalimentado), que se acredita ocorrer via intermediários radicalares livres. O entendimento da natureza desses radicais livres é central na compreensão de como apagar incêndios com eficiência.

Este capítulo será centralizado no estudo de radicais. Aprenderemos sobre a sua estrutura e reatividade, e exploraremos alguns papéis importantes que os radicais exercem nas indústrias de alimentos e química e na saúde em geral. Também retornaremos ao tópico sobre o fogo para explicar como substâncias químicas são concebidas especificamente para destruir os intermediários radicalares no fogo, interrompendo assim o processo de combustão e extinguindo o incêndio.

11.1 Radicais
11.2 Etapas Comuns nos Mecanismos Radicalares
11.3 Cloração do Metano
11.4 Considerações Termodinâmicas para Reações de Halogenação
11.5 Seletividade da Halogenação
11.6 Estereoquímica da Halogenação
11.7 Bromação Alílica
11.8 Química Atmosférica e a Camada de Ozônio
11.9 Auto-oxidação e Antioxidantes
11.10 Adição Radicalar de HBr: Adição Anti-Markovnikov
11.11 Polimerização Radicalar
11.12 Processos Radicalares na Indústria Petroquímica
11.13 Halogenação como uma Técnica de Síntese

VOCÊ SE LEMBRA?

*Antes de avançar, tenha certeza de que você compreendeu os seguintes tópicos citados a seguir.
Se for necessário, revise as seções sugeridas para se preparar para este capítulo.*

- Entalpia (Seção 6.1)
- Entropia (Seção 6.2)
- Energia Livre de Gibbs (Seção 6.3)
- Interpretação de Diagramas de Energia Livre (Seção 6.6)

11.1 Radicais

Introdução aos Radicais

Na Seção 6.1, mencionamos que uma ligação pode ser rompida de dois modos diferentes: clivagem heterolítica formando íons e clivagem homolítica formando radicais (Figura 11.1). Até o presente momento, centralizamos a nossa atenção principalmente em reações iônicas – isto é, exploramos mecanismos que envolvem íons. Este capítulo focará exclusivamente em radicais. Olhe atentamente as setas curvas utilizadas nos dois processos vistos a seguir. Especificamente, um processo iônico utiliza setas curvas com duas farpas, enquanto um processo radicalar utiliza setas curvas com uma única farpa (Figura 11.2). Uma seta curva com duas farpas representa o movimento de dois elétrons, enquanto uma seta curva com uma farpa representa o movimento de um único elétron. Setas com uma única farpa são chamadas *setas anzóis* em função da sua aparência. Neste capítulo utilizaremos apenas setas anzóis.

FIGURA 11.1
Uma ilustração da diferença entre clivagem homolítica e heterolítica de ligações químicas.

FIGURA 11.2
As setas utilizadas em mecanismos iônicos têm duas farpas, enquanto as setas utilizadas em mecanismos radicalares têm uma única farpa.

Estrutura e Geometria dos Radicais

De modo a compreender a estrutura e geometria dos radicais, precisamos rever rapidamente as estruturas de carbocátions e carbânions (Figura 11.3). Um carbocátion possui hibridação sp^2 e geometria plana triangular, enquanto um carbânion apresenta hibridação sp^3 e geometria pirami-

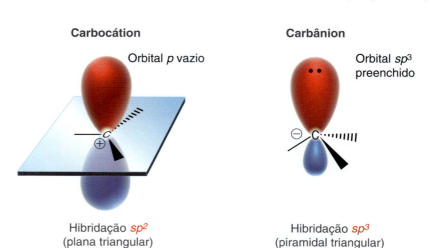

FIGURA 11.3
Comparação entre as geometrias de um carbocátion e de um carbânion.

dal triangular. A diferença na geometria resulta da diferença no número de elétrons não ligantes. Um carbocátion não possui elétrons não ligantes, enquanto um carbânion possui dois elétrons não ligantes. Um radical no carbono está entre estes dois casos, porque possui apenas um elétron não ligante. É razoável, portanto, esperar que a geometria de um radical no carbono esteja entre plana triangular e piramidal triangular. Dados experimentais sugerem que radicais no carbono sejam planos triangulares ou apresentem uma geometria piramidal bastante planificada (quase plana) com uma barreira de inversão pequena (Figura 11.4). De qualquer modo, radicais no carbono são tratados como espécies planas triangulares. Esta geometria terá importância mais tarde neste capítulo quando tratarmos com as respostas estereoquímicas das reações radicalares.

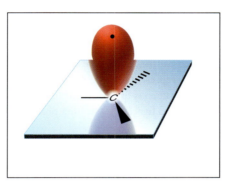
Plana triangular

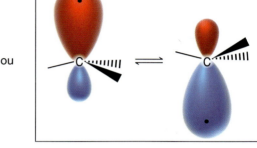
Pirâmide rasa
(rápida inversão)

FIGURA 11.4
A geometria de um radical no carbono.

RELEMBRANDO
Para uma revisão sobre a estabilidade de carbocátions e hiperconjugação veja a Seção 6.8.

A ordem de estabilidade dos radicais segue a mesma tendência dos carbocátions, ou seja, os radicais terciários são mais estáveis que os radicais secundários, que por sua vez são mais estáveis que os radicais primários (Figura 11.5). A explicação para esta tendência é semelhante à explicação para a estabilidade dos carbocátions. Especificamente, grupos alquila são capazes de estabilizar o elétron desemparelhado através de um efeito de deslocalização, chamado de hiperconjugação. Esta tendência na estabilidade é corroborada pela comparação das energias de dissociação de ligações (EDLs). Observamos que a energia de dissociação de ligação é menor para a ligação C—H envolvendo um carbono terciário (Figura 11.6), indicando que é mais fácil romper homoliticamente esta ligação. Estes valores observados para a EDL sugerem que um radical terciário é aproximadamente 16 kJ/mol mais estável que um radical secundário.

Aumento da estabilidade →

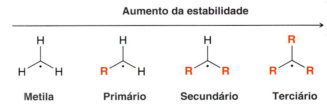

FIGURA 11.5
A ordem de estabilidade para radicais no carbono.

Valores decrescentes da EDL →

435 kJ/mol	410 kJ/mol	397 kJ/mol	381 kJ/mol
H—CH₃ (H)	H—CH₂CH₃ (Primário)	H—CH(CH₃)₂ (Secundário)	H—C(CH₃)₃ (Terciário)
Metila	Primário	Secundário	Terciário

FIGURA 11.6
Energia de dissociação de ligação para diferentes ligações C—H.

VERIFICAÇÃO CONCEITUAL

11.1 Classifique os radicais vistos a seguir em ordem de estabilidade:

Estruturas de Ressonância de Radicais

No Capítulo 2 vimos cinco padrões para representação de estruturas de ressonância. Existem também vários padrões para a representação de estruturas de ressonância de radicais. Entretanto, a maioria das situações requer apenas um padrão, que é caracterizado pela presença de um elétron desemparelhado vizinho a uma ligação π, em uma posição alílica.

Posição alílica

Neste caso, o elétron desemparelhado é estabilizado por ressonância, e três setas com uma farpa são utilizadas para representar a estrutura de ressonância.

Posições benzílicas também apresentam o mesmo padrão, com diversas estruturas de ressonância contribuindo para o híbrido global.

Radicais estabilizados por ressonância são ainda mais estáveis que radicais terciários, como podemos ver comparando os valores de EDL na Figura 11.7. A ligação C—H em uma posição benzílica ou alílica é mais facilmente rompida que uma ligação C—H em uma posição terciária. Estes valores de EDL observados sugerem que radicais estabilizados por ressonância são cerca de 70-80 kJ/mol mais estáveis que radicais terciários. Essa é uma diferença grande quando comparada com a diferença de 16 kJ entre os radicais terciário e secundário.

FIGURA 11.7
Energia de dissociação de ligação para várias ligações C—H.

Reações Radicalares   501

DESENVOLVENDO A APRENDIZAGEM

11.1 REPRESENTAÇÃO DE ESTRUTURAS DE RESSONÂNCIA DE RADICAIS

APRENDIZAGEM Represente todas as estruturas de ressonância para o radical visto a seguir, e certifique-se de mostrar as setas anzóis:

SOLUÇÃO

ETAPA 1
Procura por um elétron desemparelhado próximo a uma ligação π.

Quando representamos a estrutura de ressonância de um radical, procuramos por um elétron desemparelhado próximo a uma ligação π. Neste caso, o elétron desemparelhado está de fato localizado em uma posição alílica, de modo que representamos as três setas com uma farpa vistas a seguir:

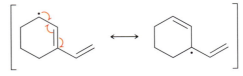

ETAPA 2
Representação de três setas com uma farpa e, a seguir, representação da estrutura de ressonância correspondente.

A nova estrutura de ressonância apresenta um elétron desemparelhado em posição alílica em relação a outra ligação π, de modo que representamos novamente três setas com uma farpa para chegarmos à representação de outra estrutura de ressonância:

No total, existem três estruturas de ressonância:

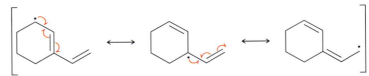

PRATICANDO
o que você aprendeu

11.2 Represente as estruturas de ressonância para cada um dos radicais vistos a seguir:

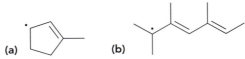   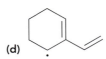

(a)   (b)   (c)   (d)

APLICANDO
o que você aprendeu

11.3 O radical trifenilmetila foi o primeiro radical a ser observado. Represente todas as estruturas de ressonância para este radical, e explique por que este radical é muito estável:

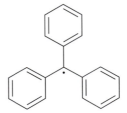

11.4 O 5-metilciclopentadieno sofre clivagem homolítica de uma ligação C—H para formar um radical que apresenta cinco estruturas de ressonância. Determine qual o hidrogênio abstraído e represente todas as cinco estruturas de ressonância do radical resultante.

5-Metilciclopentadieno

é necessário **PRATICAR MAIS?** Tente Resolver os Problemas 11.22, 11.25

Nesta seção, vimos que radicais alílicos e benzílicos são estabilizados por ressonância. Ao analisar a estabilidade de um radical, certifique-se de não confundir a posição alílica com a vinílica:

Posições alílicas   **Posições vinílicas**

Um radical vinílico não é estabilizado por ressonância e não tem estruturas de ressonância:

De fato, um radical vinílico é ainda menos estável que um radical primário. Isso pode ser observado comparando-se os valores de EDL (Figura 11.8). Uma ligação C—H em uma posição vinílica necessita de ainda mais energia para sua clivagem do que uma ligação C—H em uma posição primária. Esses valores observados de EDL sugerem que um radical vinílico é aproximadamente 50 kJ/mol maior em energia do que um radical primário (uma diferença muito elevada).

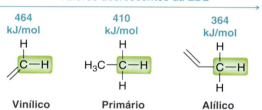

FIGURA 11.8 Energias de dissociação de ligação para várias ligações C—H.

DESENVOLVENDO A APRENDIZAGEM

11.2 IDENTIFICAÇÃO DA LIGAÇÃO C—H MAIS FRACA EM UMA SUBSTÂNCIA

APRENDIZAGEM Identifique a ligação C—H mais fraca na seguinte substância:

SOLUÇÃO
Imaginamos a clivagem homolítica de cada tipo diferente de ligação C—H na substância. Isso produziria os seguintes radicais:

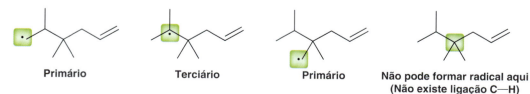

Primário   Terciário   Primário   Não pode formar radical aqui (Não existe ligação C—H)

ETAPA 1
Consideração de todos os radicais possíveis que resultariam da clivagem homolítica de uma ligação C—H.

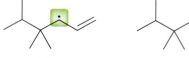  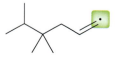

Alílico   Vinílico   Vinílico

Reações Radicalares   503

ETAPA 2
Identificação do radical mais estável

De todas as possibilidades o radical alílico é o radical mais estável. A ligação C—H mais fraca é a que conduz ao radical mais estável. Portanto, a ligação C—H na posição alílica é a ligação C—H mais fraca. Ela é a ligação mais fácil de sofrer uma clivagem homolítica.

ETAPA 3
Determinação de qual ligação é mais fraca.

PRATICANDO o que você aprendeu

11.5   Identifique a ligação C—H mais fraca em cada uma das seguintes substâncias:

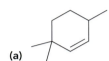   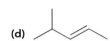
(a)   (b)   (c)   (d)

APLICANDO o que você aprendeu

11.6   As ligações C—H mostradas a seguir em vermelho apresentam energias de dissociação de ligação muito semelhantes, pois a clivagem homolítica de qualquer das ligações resulta em um radical estabilizado por ressonância. Por outro lado, uma dessas ligações C—H é mais fraca que a outra. Identifique a ligação mais fraca e explique a sua escolha:

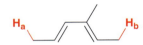

→ é necessário **PRATICAR MAIS?** Tente Resolver o Problema 11.23

11.2 Etapas Comuns nos Mecanismos Radicalares

No Capítulo 6, vimos que mecanismos iônicos são constituídos de apenas quatro tipos diferentes de etapas representadas através de setas (ataque nucleofílico, perda de um grupo de saída, transferência de próton e rearranjo). De modo semelhante, mecanismos radicalares também são constituídos de apenas umas poucas etapas representadas por setas, embora essas etapas sejam muito diferentes das etapas em mecanismos iônicos. Por exemplo, carbocátions podem sofrer rearranjo (como visto na Seção 6.11), mas não se observa que radicais sofrem rearranjo:

Este carbocátion **rearranjará para** produzir um carbocátion terciário mais estável

Este radical **não rearranjará** para formar um radical terciário mais estável

Existem seis tipos diferentes de etapas representadas por setas nas reações radicalares. Exploraremos agora essas etapas uma a uma:

1. **Clivagem homolítica**: A clivagem homolítica necessita de uma grande quantidade de energia. Essa energia pode ser fornecida na forma de calor (Δ) ou luz ($h\nu$).

   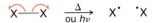

2. **Adição a uma ligação π**: Um radical adiciona-se a uma ligação π, destruindo assim essa ligação π e gerando um novo radical.

3. **Abstração de hidrogênio**: Um radical pode abstrair um átomo de hidrogênio de uma substância gerando um novo radical. Não confunda esta etapa com a de transferência de próton, que é uma etapa iônica. Em uma transferência de próton, apenas o núcleo do átomo de hidrogênio

(um próton, H⁺) está sendo transferido. Aqui todo o átomo de hidrogênio (próton e elétron, H•) está sendo transferido de uma posição para outra.

$$X^{\bullet} \quad H-R \longrightarrow X-H \quad {}^{\bullet}R$$

4. **Abstração de halogênio**: Um radical pode abstrair um átomo de halogênio, gerando um novo radical. Esta etapa é similar à abstração de hidrogênio, apenas um átomo de halogênio está sendo abstraído em vez de um átomo de hidrogênio.

$$R^{\bullet} \quad X-X \longrightarrow R-X \quad {}^{\bullet}X$$

5. **Eliminação**: A posição que possui um elétron desemparelhado é chamada posição alfa. Em uma etapa de eliminação, a ligação dupla se forma entre as posições alfa (α) e beta (β). Como consequência, ocorre o rompimento de uma ligação simples na posição β, provocando a fragmentação da substância em duas partes.

6. **Acoplamento**: dois radicais reagem e formam uma ligação química.

$$X^{\bullet} \quad {}^{\bullet}X \longrightarrow X-X$$

A Figura 11.9 resume essas seis etapas comuns em mecanismos radicalares. A princípio parece muita informação para se lembrar. É útil, portanto, agrupá-las. Por exemplo, observe que a primeira etapa (clivagem homolítica) e a sexta etapa (acoplamento) são o inverso uma da outra. A clivagem homolítica produz radicais, enquanto o acoplamento os destrói:

A segunda e a quinta etapas mostradas na Figura 11.9 são também o inverso uma da outra. A adição a uma ligação π é a reação inversa de uma eliminação.

Restam agora apenas duas etapas, que são, ambas, chamadas abstração. (abstração de hidrogênio e abstração de halogênio). Essas duas etapas não são o inverso uma da outra. O inverso de uma abstração de hidrogênio é simplesmente uma abstração de hidrogênio.

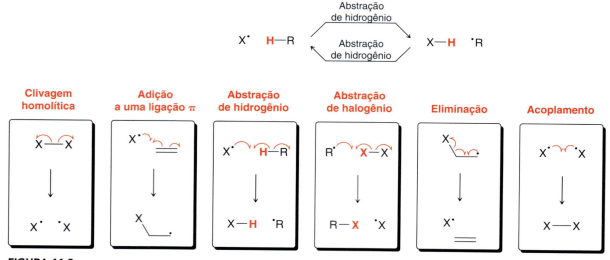

FIGURA 11.9
Seis etapas comuns em mecanismos radicalares.

Reações Radicalares 505

O mesmo é verdadeiro para uma abstração de halogênio. Isto é, o inverso de uma abstração de halogênio é simplesmente uma abstração de halogênio.

Ao representar um mecanismo radicalar, lembre-se de que cada etapa terá geralmente duas ou três setas anzóis. Dê mais uma olhada nas seis etapas apresentadas na Figura 11.9. A primeira e a última etapas (clivagem homolítica e acoplamento) requerem, cada uma delas, exatamente duas setas anzóis, pois dois elétrons estão se movendo em cada caso. Por outro lado, todas as outras etapas possuem três elétrons se movimentando e necessitam, portanto, de três setas com uma farpa. Em qualquer etapa, o número de setas com uma farpa tem que corresponder ao número de elétrons se movendo. Vamos praticar um pouco a representação de setas com uma farpa.

DESENVOLVENDO A APRENDIZAGEM

11.3 REPRESENTAÇÃO DE UM PROCESSO RADICALAR USANDO SETAS COM UMA FARPA

APRENDIZAGEM Represente as setas com uma farpa apropriadas para o seguinte processo radicalar:

SOLUÇÃO

O procedimento visto a seguir pode ser aplicado para quaisquer das seis etapas radicalares (não apenas a deste problema). Primeiro identificamos o tipo de processo que ocorre. Um radical está reagindo com Br$_2$, e o resultado é a transferência de um átomo de bromo:

ETAPA 1
Identificação do processo.

Portanto, esta é uma etapa de *abstração de halogênio*.

ETAPA 2
Determinação do número de setas com uma farpa necessário.

Determinamos o número de setas com uma farpa que devem ser utilizadas (mesmo até duas ou três). Lembre-se de que existem até seis tipos de etapas diferentes. Clivagem e acoplamento requerem duas setas com uma farpa, enquanto todas as outras etapas requerem três setas com uma farpa. Esse processo (halogenação) tem que ter três setas com uma farpa, o que significa que três elétrons estão se movendo. Cada uma das setas com uma farpa terá a sua extremidade do lado contrário da ponta colocada sobre um dos elétrons que está se movendo.

A seguir, identificamos qualquer ligação que está sendo rompida ou formada:

ETAPA 3
Identificação de qualquer ligação que está sendo rompida ou formada

Ligação rompida   **Ligação formada**

Se uma ligação está sendo formada, representamos as duas setas com uma farpa que identifica a formação da ligação:

ETAPA 4
Representação de duas setas com uma farpa para uma ligação que está sendo formada.

Finalmente, se uma ligação está sendo rompida, certificamo-nos de escrever duas setas com uma farpa, uma para cada elétron da ligação rompida. Neste caso, uma seta com uma farpa já está lá, precisamos apenas escrever a seta com a farpa que falta.

ETAPA 5
Verificação que duas setas com uma farpa estão representadas para uma ligação que está sendo rompida.

PRATICANDO o que você aprendeu

11.7 Para cada uma das reações vistas a seguir identifique o tipo de processo radicalar envolvido, e represente as setas com uma farpa apropriada:

(a) [estrutura: ciclohexil• + HBr → ciclohexil-H + •Br:]

(b) [estrutura: metilciclohexeno + •Br: → ciclohexil radical com Br]

(c) [estrutura: isobutil radical + •CH₃ → neopentano ramificado]

(d) [estrutura: ciclohexeno + •Br: → ciclohexenil• + HBr]

(e) [estrutura: hexenil radical → butenil radical + propeno]

(f) [estrutura: R-C(=O)-O-O-C(=O)-R → 2 R-C(=O)-O•]

APLICANDO o que você aprendeu

11.8 Represente o mecanismo para o processo intramolecular visto a seguir:

[estrutura reacional intramolecular]

11.9 O radical trifenilmetila reage consigo mesmo formando o seguinte dímero:

2 [Ph₃C•] → [dímero para-substituído]

Identifique o tipo de processo radicalar que ocorre e represente as setas com uma farpa apropriadas.

(**Sugestão**: ajudará representar algumas estruturas de ressonância do radical trifenilmetilas)

┄┄▶ é necessário **PRATICAR MAIS?** Tente Resolver o Problema 11.48

Cada uma das seis etapas mostradas na Figura 11.9 pode ser classificada em uma das três classes baseadas no destino dos radicais (Figura 11.10). **Iniciação** é quando radicais são criados, enquanto **terminação** é quando dois radicais se aniquilam entre si formando uma ligação. As outras quatro etapas são geralmente etapas de **propagação**, nas quais o elétron desemparelhado muda de posição. Mais tarde neste capítulo, encontraremos situações que irão requerer que refinemos nossa definição para iniciação, propagação e terminação, mas por enquanto essas definições simplistas (e incompletas) nos ajudarão a começar a explorar mecanismos radicalares nas próximas seções.

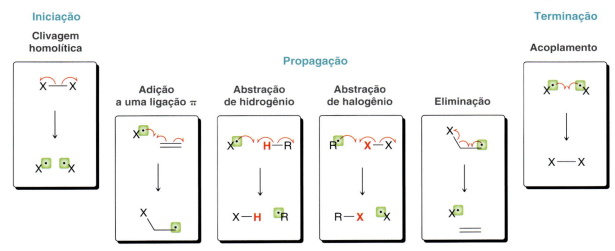

FIGURA 11.10
As seis etapas comuns divididas em classes.

11.3 Cloração do Metano

Um Mecanismo Radicalar para a Cloração do Metano

Utilizaremos agora o conhecimento desenvolvido nas seções anteriores para explorar o mecanismo de reações radicalares. Como primeiro exemplo, considere a reação entre o metano e o cloro na formação do cloreto de metila:

$$CH_4 \xrightarrow[h\nu]{Cl_2} CH_3Cl + HCl$$

Metano — Cloreto de metila

Evidências sugerem que esta reação se passa através de um mecanismo radicalar (Mecanismo 11.1).

MECANISMO 11.1 CLORAÇÃO RADICALAR

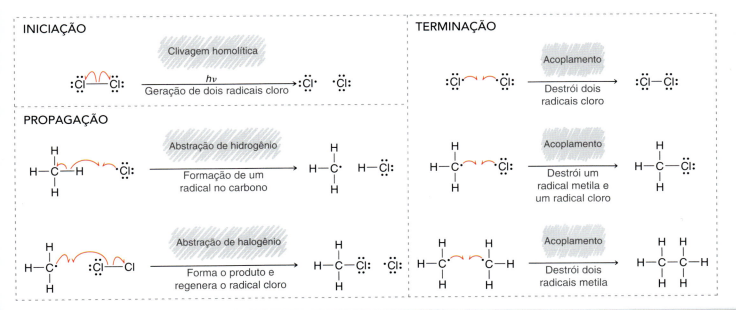

O mecanismo para a cloração radicalar é dividido em três estágios distintos. O estágio de iniciação envolve a criação de radicais, enquanto o estágio de terminação envolve a destruição de radicais. O estágio de propagação é o mais importante, porque as etapas de propagação são responsáveis pela reação observada. A primeira etapa de propagação é a abstração de hidrogênio e a segunda a abstração de halogênio. Observe que a soma dessas etapas de propagação fornece a reação global.

Abstração de hidrogênio   CH₄ + Cl• ⟶ •CH₃ + HCl

Abstração de halogênio   •CH₃ + Cl₂ ⟶ CH₃Cl + Cl•

Reação líquida   CH₄ + Cl₂ ⟶ CH₃Cl + HCl

Agora podemos utilizar uma nova definição das etapas de propagação. Especificamente a soma das etapas de propagação fornece a reação química líquida. Todas as outras etapas têm que ser ou de iniciação ou de terminação, mas não de propagação. Revisitaremos esta definição mais tarde neste capítulo.

Existe ainda um aspecto mais crítico das etapas de propagação mostradas anteriormente. Observe que a primeira etapa de propagação *consome* um radical cloro, enquanto a segunda etapa de propagação *regenera* um radical cloro. Dessa maneira, um único radical cloro pode fazer com que milhares de moléculas de metano sejam convertidas em clorometano (desde que haja Cl₂ suficiente). Portanto, a reação é chamada **reação em cadeia**.

Quando Cl₂ em excesso está presente, a policloração é observada:

CH₄ →(Cl₂/hν)→ CH₃Cl (Cloreto de metila) →(Cl₂/hν)→ CH₂Cl₂ (Cloreto de metileno) →(Cl₂/hν)→ CHCl₃ (Clorofórmio) →(Cl₂/hν)→ CCl₄ (Tetracloreto de carbono)

O produto inicial, cloreto de metila (CH₃Cl), é ainda mais reativo em uma reação de halogenação radicalar que o metano. À medida que o cloreto de metila é formado, ele reage com o cloro para a formação do cloreto de metileno. O processo então continua até que o teracloreto de carbono seja formado. De modo a produzir o cloreto de metila como produto principal (monoalogenação), é necessário o uso de excesso de metano e pequena quantidade de Cl₂. A não ser que seja dito o contrário, as condições de uma reação de halogenação são geralmente controladas de modo a produzir monoalogenação.

DESENVOLVENDO A APRENDIZAGEM

11.4 REPRESENTAÇÃO DO MECANISMO PARA HALOGENAÇÃO RADICALAR

APRENDIZAGEM   Represente o mecanismo da cloração radicalar do cloreto de metila para produzir cloreto de metileno:

CH₃Cl (cloreto de metila) →(Cl₂/hν)→ CH₂Cl₂ (cloreto de metileno) + HCl

 SOLUÇÃO

O mecanismo terá três estágios distintos. O primeiro estágio é a iniciação, no qual os radicais de cloro são gerados. A etapa de iniciação envolve a clivagem homolítica de ligação e deve empregar somente duas setas anzóis:

ETAPA 1
Representação da(s) etapa(s) de iniciação.

:Cl—Cl: →(hν)→ :Cl• •Cl:

Reações Radicalares   509

O próximo estágio envolve as etapas de propagação. Existem duas etapas de propagação: a abstração do hidrogênio seguida da abstração de halogênio de modo a ligar o átomo de cloro. Cada uma destas etapas deve ter três setas anzóis:

ETAPA 2
Representação das etapas de propagação.

Abstração do hidrogênio

Abstração de halogênio

Essas duas abstrações juntas representam o núcleo da reação. Elas mostram como o produto é formado.

O estágio de terminação dá um fim ao processo. Existe um sem número de etapas de terminação possíveis. Quando representando um mecanismo radicalar não há geralmente a necessidade de representar todas as etapas de terminação possíveis a menos que seja especificamente pedido. É suficiente representar uma etapa de terminação que também forme o produto desejado:

ETAPA 3
Representação de pelo menos uma etapa de terminação.

PRATICANDO
o que você aprendeu

11.10 Represente o mecanismo para cada um dos seguintes processos:

(a) Cloração do cloreto de metileno produzindo clorofórmio

(b) Cloração do clorofórmio produzindo tetracloreto de carbono

(c) Cloração do etano produzindo cloreto de etila

(d) Cloração do 1,1,1-tricloroetileno produzindo 1,1,1,2-tetracloroetileno

(e) Cloração do 2,2-dicloropropano produzindo 1,2,2-tricloropropano

APLICANDO
o que você aprendeu

11.11 Na prática, a cloração do metano geralmente produz diversos subprodutos. Por exemplo, cloreto de etila é obtido em pequenas quantidades. Você pode sugerir um mecanismo para a formação do cloreto de etila?

Iniciadores de Radicais

É necessário energia para iniciar uma reação radicalar em cadeia:

$$:\ddot{Cl}-\ddot{Cl}: \xrightarrow{\Delta \text{ ou } h\nu} 2 \;:\ddot{Cl}\cdot \qquad \Delta H° = 243 \text{ kJ/mol}$$

A variação de entalpia para uma reação de clivagem homolítica de Cl_2 é de 243 kJ/mol. De modo a romper a ligação Cl—Cl homoliticamente, esta energia deve ser fornecida sob a forma de calor ou luz. Iniciação fotoquímica requer o uso de luz ultravioleta, enquanto iniciação térmica requer temperaturas muito altas (centenas de graus Celsius), de modo a produzir a energia necessária para provocar a clivagem homolítica de ligação de uma ligação Cl—Cl. Levar a cabo uma iniciação térmica em temperaturas mais moderadas requer o uso de um **iniciador de radical,** uma substância com uma ligação química fraca que sofre clivagem homolítica de ligação com mais facilidade. Por exemplo, considere a clivagem homolítica de ligação de **peróxidos**, que são substâncias contendo uma ligação O—O.

$$R\ddot{O}-\ddot{O}R \xrightarrow{\Delta \text{ ou } h\nu} 2 \; R\ddot{O}\cdot \qquad \Delta H° = 159 \text{ kJ/mol}$$

Um peróxido

510 **CAPÍTULO 11**

Observe que este processo requer menos energia, porque a ligação O—O é mais fraca que a ligação Cl—Cl. Este processo pode ser conduzido a 80°C e os radicais produzidos (RO•) podem iniciar o processo em cadeia.

Peróxidos de acila são geralmente utilizados como iniciadores de radicais, porque a ligação O—O é especialmente fraca.

Um peróxido de acila

A energia necessária para clivar homoliticamente esta ligação é de apenas 112 kJ/mol. Esta ligação tem uma energia de dissociação de ligação especialmente pequena porque o radical é estabilizado por ressonância.

Inibidores de Radical

Enquanto algumas substâncias, como peróxidos, ajudam a iniciar reações radicalares, substâncias chamadas inibidores de radicais têm o efeito contrário. Um **inibidor de radical** é uma substância que evita que o processo em cadeia tenha início ou se propague. Inibidores de radicais destroem efetivamente radicais e são, portanto, chamados sequestradores de radicais. Por exemplo, oxigênio molecular (O_2) é um diradical:

O oxigênio molecular é capaz de reagir com outros radicais, destruindo-os. Cada molécula de oxigênio é capaz de destruir dois radicais. Como resultado, as reações em cadeia radicalares geralmente não irão ocorrer rapidamente até que todo o oxigênio seja consumido.

Outro exemplo de inibidor de radical é a hidroquinona. Quando a hidroquinona encontra um radical, ocorre uma abstração de hidrogênio, gerando um radical estabilizado por ressonância, que é menos reativo que o radical original:

Hidroquinona　　　　　　　　　　　**Estabilização por ressonância**

Este radical estabilizado por ressonância pode então destruir outro radical através de outra abstração de hidrogênio para formar benzoquinona:

Benzoquinona

Na Seção 11.9 discutiremos o papel de inibidores de radicais em processos biológicos.

11.4 Considerações Termodinâmicas para Reações de Halogenação

Na seção anterior, exploramos o mecanismo proposto para a cloração do metano. Exploraremos agora se esta reação pode ocorrer também com outros halogênios. É possível realizar reações de fluoração, bromação ou iodação radicalar? Para responder esta questão temos que explorar os aspectos termodinâmicos das reações de halogenação.

Na Seção 6.3 vimos que ΔG (a variação da energia livre de Gibbs) determina se uma reação é ou não termodinamicamente favorável. Para uma reação favorecer a formação dos produtos em relação aos materiais de partida, a reação tem que apresentar um valor negativo de ΔG. Se ΔG for positivo, os materiais de partida serão favorecidos e a reação não produzirá os produtos desejados. Utilizaremos agora essa informação para determinar se a halogenação pode ocorrer com outros halogênios além do cloro.

Lembre-se de que ΔG é constituída de dois componentes – entalpia e entropia:

$$\Delta G = \underbrace{(\Delta H)}_{\text{Termo entálpico}} + \underbrace{(-T\Delta S)}_{\text{Termo entrópico}}$$

Para a halogenação de um alcano, o componente entrópico é desprezível porque duas moléculas de material de partida são transformadas em duas moléculas de produtos.

$$\underbrace{CH_4 + X_2}_{\text{Duas moléculas}} \xrightarrow{h\nu} \underbrace{CH_3X + HX}_{\text{Duas moléculas}}$$

Uma vez que a variação de entropia de uma reação de halogenação é desprezível, podemos estimar o valor de ΔG analisando somente o termo entálpico:

$$\Delta G \approx \Delta H$$

O termo entálpico é determinado por vários fatores, mas o fator mais importante é a força de ligação. Podemos estimar ΔH comparando a energia das ligações rompidas e a energia das ligações formadas:

$$H_3C\text{—}H + X\text{—}X \xrightarrow{h\nu} H_3C\text{—}X + H\text{—}X$$

$$\underset{\text{Ligações rompidas}}{} \qquad \underset{\text{Ligações formadas}}{}$$

Para fazer a comparação, observamos as energias de dissociação de ligação. Os valores mais importantes são mostrados na Tabela 11.1. Ao utilizar esses valores podemos estimar o sinal de ΔH (positivo ou negativo) associado a cada reação de halogenação. Lembre-se de que:

- Ligações rompidas (em azul) requerem energia para serem rompidas, contribuindo para um valor positivo de ΔH (o sistema aumenta em energia).
- Ligações formadas (em vermelho) liberam energia quando elas são formadas, contribuindo para um valor negativo de ΔH (o sistema diminui em energia).

TABELA 11.1 ENERGIA DE DISSOCIAÇÃO DE LIGAÇÕES RELEVANTES (kJ/mol)

	H_3C—H	X—X	H_3C—X	H—X
F	435	159	456	569
Cl	435	243	351	431
Br	435	193	293	368
I	435	151	234	297

Os dados na Tabela 11.1 podem ser utilizados para fazermos as seguintes previsões:

$$CH_4 + F_2 \xrightarrow{h\nu} CH_3F + HF \qquad \Delta H° = -431 \text{ kJ/mol}$$

$$CH_4 + Cl_2 \xrightarrow{h\nu} CH_3Cl + HCl \qquad \Delta H° = -104 \text{ kJ/mol}$$

$$CH_4 + Br_2 \xrightarrow{h\nu} CH_3Br + HBr \qquad \Delta H° = -33 \text{ kJ/mol}$$

$$CH_4 + I_2 \xrightarrow{h\nu} CH_3I + HI \qquad \Delta H° = +55 \text{ kJ/mol}$$

Todo processo mostrado anteriormente tem uma valor negativo de ΔH e é exotérmico a exceção da iodação. A iodação do metano tem um valor positivo de ΔH, o que significa que ΔG também será positivo para a reação. Como resultado, a iodação não é termodinamicamente favorável, e a reação simplesmente não ocorre. As outras halogenações são termodinamicamente favoráveis, mas a fluoração é tão exotérmica que a reação é muito violenta para fins práticos. Portanto, apenas as reações de cloração e bromação são de uso prático no laboratório.

Quando este tipo de análise termodinâmica é aplicada aos alcanos, além do metano, obtemos resultados similares. Por exemplo, o etano sofrerá tanto a reação de cloração radicalar quanto a reação de bromação radicalar:

$$CH_3CH_3 + X_2 \xrightarrow[\text{ou ROOR, } \Delta]{h\nu} CH_3CH_2X + HX \quad (X = Br \text{ ou } Cl)$$

A reação de fluoração radicalar do etano é violenta demais para fins práticos e a reação de iodação radicalar do etano não ocorre.

Uma comparação da cloração e bromação revela que a bromação é geralmente um processo muito mais lento que a cloração. Para entender o porquê, precisamos olhar mais de perto as etapas de propagação individuais. Compararemos o valor de ΔH de cada etapa de propagação para a cloração e bromação do etano.

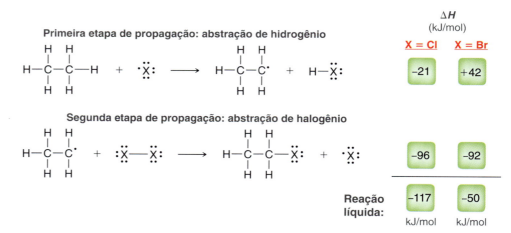

Em cada caso a reação líquida é exotérmica. Os valores estimados de ΔH para cloração e bromação são -117 e -50 kJ/mol. Portanto, ambas as reações são termodinamicamente favoráveis. Observe, no entanto, que a primeira etapa da bromação é um processo endotérmico (ΔH tem valor positivo). Esta etapa endotérmica não impede a bromação de ocorrer, porque a reação líquida ainda é exotérmica. Entretanto, a primeira etapa endotérmica afeta muito a velocidade da reação. Comparamos os diagramas de energia para a cloração e a bromação do etano (Figura 11.11). Cada diagrama de energia mostra as duas etapas de propagação. Em cada caso, a primeira etapa de propagação

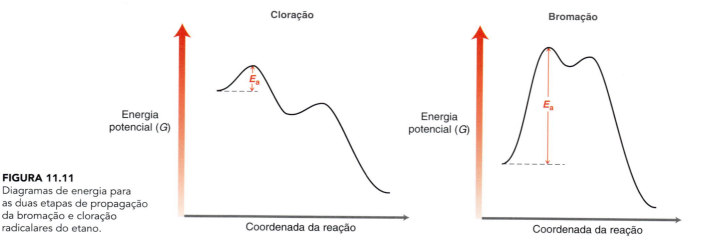

FIGURA 11.11
Diagramas de energia para as duas etapas de propagação da bromação e cloração radicalares do etano.

(abstração de hidrogênio) é a etapa determinante da velocidade da reação. Para a cloração a etapa determinante da velocidade da reação é exotérmica e a energia de ativação (E_a) é relativamente pequena. Por outro lado, a etapa determinante da velocidade da reação para a bromação é um processo endotérmico e a energia de ativação (E_a) é relativamente alta. Como resultado, a bromação ocorre mais lentamente que a cloração.

De acordo com essa análise parece haver uma desvantagem na bromação, uma vez que sua primeira etapa é endotérmica. Veremos na próxima seção que esta etapa endotérmica na verdade torna a bromação mais útil (porém mais lenta) que a cloração.

11.5 Seletividade da Halogenação

Quando o propano sofre uma reação de halogenação radicalar, existem dois produtos possíveis, e ambos são formados.

Estatisticamente, devemos ser capazes de prever qual deve ser a distribuição de produtos (quanto de cada produto é esperado), baseados no número de cada tipo de átomo de hidrogênio:

Baseados nesta análise, deveríamos esperar que a halogenação ocorresse na posição primária com uma frequência três vezes maior que na posição secundária. Entretanto, essas expectativas não são corroboradas pelas observações:

~60%   ~40%

Esses resultados mostram que a halogenação ocorre na posição secundária mais rapidamente do que sugerido pela estatística. Por quê? Lembre-se de que a etapa determinante da velocidade é a primeira etapa de propagação – abstração de hidrogênio. Portanto, vamos centralizar a nossa atenção nesta etapa. Especificamente, comparamos o estado de transição para a abstração na posição primária com o estado de transição para a abstração na posição secundária (Figura 11.12). Comparamos energia dos estados de transição destacados em verde na Figura 11.12. Em cada estado de transição, um elétron desemparelhado (radical) está se desenvolvendo sobre um átomo de carbono.

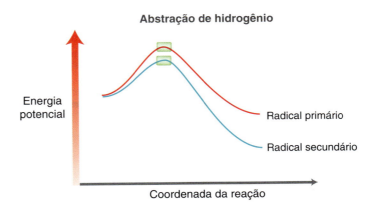

FIGURA 11.12
Um diagrama de energia mostrando a abstração de hidrogênio produzindo um radical primário ou um radical secundário.

Este radical em desenvolvimento é mais estável na posição secundária do que na posição primária. Como resultado, a E_a é menor para a abstração de hidrogênio na posição secundária, e a reação ocorre mais rapidamente naquele sítio. Isso explica a observação da cloração ocorrer na posição secundária mais rapidamente do que é previsto somente pela estatística.

Quando o propano sofre uma bromação radicalar (em vez de cloração), a seguinte distribuição de produtos é observada:

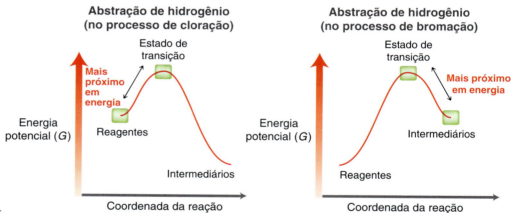

Esses resultados indicam que a tendência para bromação na posição secundária é mais pronunciada, com 97% de produto ocorrendo a partir da reação na posição secundária. Diz-se que a bromação é mais *seletiva* que a cloração. Para compreender a razão desta seletividade, lembre-se de que a etapa determinante da velocidade da reação para a cloração é exotérmica, enquanto a etapa determinante da velocidade da reação para a bromação é endotérmica. Na seção anterior, usamos esse fato para explicar por que a bromação é mais lenta do que a cloração. Agora usaremos este fato para explicar por que a bromação é mais seletiva do que a cloração.

Lembre-se do postulado de Hammond (Seção 6.6), que descreve a natureza do estado de transição em cada caso. Para o processo de cloração, a etapa determinante da velocidade é exotérmica e, portanto, a energia e estrutura do estado de transição assemelham-se mais aos reagentes do que aos produtos (Figura 11.13).

FIGURA 11.13
Utilização do postulado de Hammond para comparar os estados de transição na primeira etapa de propagação das reações de cloração e bromação radicalares.

Isso significa que a ligação C—H começou a romper e o carbono tem um pequeno caráter radicalar. No caso da bromação, a etapa determinante da velocidade é endotérmica e, portanto, a energia e estrutura do estado de transição assemelham-se mais com a dos intermediários que dos reagentes (Figura 11.13). Como resultado, a ligação C—H está quase completamente rompida no estado de transição, e o átomo de carbono tem um caráter radicalar significativo (Figura 11.14). Em ambos os casos, o átomo de carbono tem um caráter radicalar parcial (δ·), mas durante a cloração, este caráter radicalar é pequeno. Durante a bromação, o caráter radicalar é muito maior. Como resultado, o estado de transição será mais sensível à natureza do substrato durante a reação de bromação. No diagrama de energia para o processo de cloração, há apenas uma pequena dife-

FIGURA 11.14
Uma comparação dos estados de transição durante a primeira etapa de propagação nas reações de cloração e bromação radicalares.

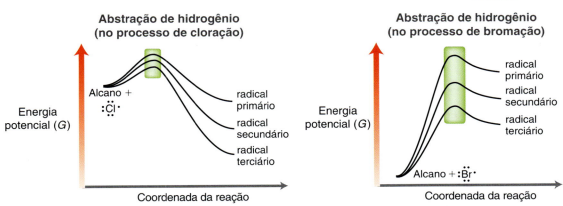

FIGURA 11.15
Diagramas de energia para a primeira etapa de propagação para as reações de cloração e bromação, comparando a diferença entre os estados de transição que conduzem a radicais primário, secundário ou terciário.

rença na energia entre os estados de transição que conduzem aos radicais primário, secundário ou terciário (Figura 11.15, esquerda). Por outro lado, o diagrama de energia para o processo de bromação mostra uma grande diferença de energia entre os estados de transição que conduzem aos radicais primário, secundário ou terciário (Figura 11.15, direita). Desse modo, a bromação apresenta maior seletividade que a cloração.

Aqui temos outro exemplo que ilustra a diferença de seletividade entre cloração e bromação:

Neste caso, a seletividade da bromação é extremamente pronunciada porque existem apenas dois resultados possíveis: halogenação em uma posição primária ou halogenação em uma posição terciária. Para o processo de bromação, a diferença em energia dos estados de transição será bastante significativa.

A Tabela 11.2 resume a seletividade relativa de fluoração, cloração e bromação. O flúor apresenta apenas uma pequena seletividade pela posição terciária em relação à primária. O flúor é o mais reativo de todos os halogênios e, portanto, o menos seletivo. Por outro lado, o bromo apresenta uma grande seletividade para a halogenação na posição terciária (1600 vezes maior que na posição primária). O bromo é menos reativo que o flúor e o cloro, sendo, portanto, o mais seletivo. A relação entre reatividade e seletividade é uma tendência geral e a observaremos muitas vezes ao longo deste livro (não apenas em reações radicalares). Especificamente existe uma relação inversa entre reatividade e seletividade: *reagentes que são menos reativos serão geralmente mais seletivos.*

TABELA 11.2	SELETIVIDADE RELATIVA DA FLUORAÇÃO, CLORAÇÃO E BROMAÇÃO		
	PRIMÁRIO	SECUNDÁRIO	TERCIÁRIO
F	1	1,2	1,4
Cl	1	4,5	5,1
Br	1	82	1600

DESENVOLVENDO A APRENDIZAGEM

11.5 PREVISÃO DA SELETIVIDADE DA BROMAÇÃO RADICALAR

APRENDIZAGEM Preveja o produto principal obtido a partir da bromação radicalar do 2,2,4-trimetilpentano.

SOLUÇÃO
Analise todas as posições possíveis que podem sofrer bromação, e identifique cada posição como primária, secundária ou terciária:

ETAPAS 1 E 2
Identificação de todas as posições possíveis e determinação da posição mais estável para a formação de um radical.

Primária — Terciária — Secundária — Não pode sofrer bromação nesta posição... não possui H para abstração — Primária

Certificamo-nos de evitar selecionar uma posição quaternária, uma vez que posições quaternárias não possuem uma ligação C—H. A bromação não pode ocorrer em um sítio quaternário. Espera-se que o produto principal resulte a partir da bromação na posição terciária:

ETAPA 3
Representação do produto de bromação na posição onde o radical é mais estável.

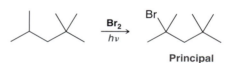

Principal

PRATICANDO
o que você aprendeu

11.12 Preveja qual o produto principal é obtido em uma bromação radicalar de cada uma das seguintes substâncias:

 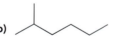 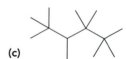

(a) (b) (c)

APLICANDO
o que você aprendeu

11.13 A substância A tem fórmula molecular C_5H_{12} e sofre uma reação de monocloração produzindo quatro isômeros constitucionais diferentes:

(a) Represente a estrutura da substância A.

(b) Represente os quatro produtos de monocloração.

(c) Se a substância A sofre monobromação (em vez de monocloração), um produto predomina. Represente este produto.

┄┄> é necessário **PRATICAR MAIS?** Tente Resolver os Problemas 11.27; 11.33a–c, f, 11.38, 11.40, 11.44

11.6 Estereoquímica da Halogenação

Vamos centralizar agora a nossa atenção na estereoquímica das reações de halogenação radicalar. Investigaremos duas situações distintas: (1) halogenação que gera um novo centro de quiralidade e (2) halogenação que ocorre em um centro de quiralidade já existente.

Halogenação que Gera um Novo Centro de Quiralidade

Quando o butano sofre uma cloração radicalar, obtemos dois isômeros constitucionais:

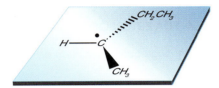

Os produtos são 2-clorobutano e 1-clorobutano. O primeiro tem um novo centro de quiralidade, que foi criado durante a reação. Neste caso, é obtida uma mistura racêmica do 2-clorobutano. Por quê? Consideramos a estrutura do radical intermediário:

Plano triangular

No início deste capítulo, vimos que um radical carbono é plano triangular ou levemente piramidal que apresenta rápida inversão. De qualquer modo ele pode ser tratado como plano triangular. Esperamos, portanto, que a abstração do halogênio possa ocorrer em ambas as faces do plano com a mesma probabilidade, conduzindo a uma mistura racêmica do 2-clorobutano:

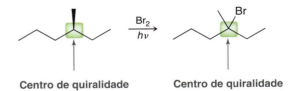

Halogenação em um Centro de Quiralidade Já Existente

Em alguns casos, a halogenação ocorrerá em um centro de quiralidade já existente. Consideramos o seguinte exemplo:

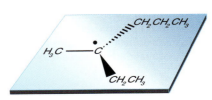

Centro de quiralidade   Centro de quiralidade

Esperamos que a bromação ocorra na posição terciária e esta posição já é um centro de quiralidade antes mesmo da reação ocorrer. Nestes casos, o que acontece com o centro de quiralidade? Novamente, esperamos que o produto seja uma mistura racêmica, a despeito da configuração do material de partida. A primeira etapa de propagação é a remoção de um átomo de hidrogênio do centro de quiralidade para formar um radical intermediário que pode ser tratado como plano.

Plano triangular

Neste ponto, a configuração do alcano utilizado como material de partida foi perdida. A segunda etapa de propagação pode agora ocorrer por ambas as faces do plano com a mesma probabilidade, conduzindo a uma mistura racêmica:

Mistura racêmica

DESENVOLVENDO A APRENDIZAGEM

11.6 PREVISÃO DA ESTEREOQUÍMICA DE UMA BROMAÇÃO RADICALAR

APRENDIZAGEM Diga qual o resultado estereoquímico da bromação radicalar do seguinte alcano:

SOLUÇÃO
Primeiramente identificamos o resultado regioquímico – isto é, identificamos a posição que sofrerá bromação. Neste exemplo há apenas uma posição terciária:

ETAPA 1
Identificação da posição onde irá ocorrer a bromação.

ETAPA 2
Representação dos estereoisômeros possíveis se a localização da bromação já é um centro de quiralidade ou se será gerado um centro de quiralidade.

Esta posição é um centro de quiralidade já existente, de modo que esperamos que a perda da configuração produzirá os dois estereoisômeros possíveis:

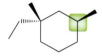

Observe que o outro centro de quiralidade não é afetado pela reação. Os produtos desta reação não são enantiômeros e não podem ser chamados mistura racêmica. Neste caso os produtos são diastereoisômeros.

PRATICANDO
o que você aprendeu

11.14 Preveja o resultado estereoquímico da bromação radicalar dos seguintes alcanos:

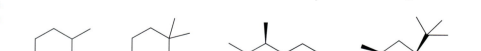

(a) (b) (c) (d)

APLICANDO
o que você aprendeu

11.15 A substância A tem a fórmula molecular $C_5H_{11}Br$. Quando a substância A é tratada com bromo na presença de radiação UV, o produto principal é o 2,2-dibromopentano. O tratamento da substância A com NaSH (um forte nucleófilo) produz uma substância com um centro de quiralidade tendo a configuração R. Qual é a estrutura da substância A?

----> é necessário **PRATICAR MAIS?** Tente Resolver os Problemas 11.35, 11.41

11.7 Bromação Alílica

Até o momento centralizamos a nossa atenção nas reações dos alcanos. Vamos considerar agora a reação radicalar dos alquenos. Por exemplo, vejamos qual o resultado esperado quando o ciclo-hexeno sofre uma bromação radicalar. Começamos comparando todas as ligações C—H para identificar a ligação mais facilmente clivada. Especificamente, comparamos os valores da energia de dissociação de ligação para cada tipo de ligação C—H no ciclo-hexeno.

Dos três tipos diferentes de ligações C—H no ciclo-hexeno, a ligação C—H em uma posição alílica tem a menor EDL, pois a abstração de hidrogênio nesta posição produz um radical alílico estabilizado por ressonância:

Portanto, esperamos que a bromação do ciclo-hexeno produza um brometo alílico:

Esta reação é chamada **bromação alílica**, e apresenta uma característica importante. Quando a reação é conduzida com Br_2 como reagente, há uma competição entre a bromação alílica e a adição iônica de bromo à ligação π (como vimos na Seção 9.8):

Para evitar esta reação competitiva, a concentração de bromo (Br_2) tem que ser mantida o mais baixa possível durante a reação. Isso pode ser realizado utilizando-se **N-Bromossuccinimida** (NBS) como reagente em vez de Br_2. A NBS é uma fonte alternativa de bromo radicalar:

N-Bromossuccinimida (NBS)

Estabilizado por ressonância

A ligação N—Br é fraca e facilmente clivada produzindo um bromo radical, que dá início à primeira etapa de propagação:

Estabilizado por ressonância

O HBr produzido nesta etapa reage então com a NBS em uma reação iônica produzindo Br₂. Este Br₂ é então utilizado na segunda etapa de propagação para formar o produto:

Durante o processo as concentrações de HBr e Br₂ são mantidas o mais baixo possível. Nessas condições, a adição iônica de Br₂ não tem sucesso na competição com a bromação radicalar.

Com muitos alquenos, uma mistura de produtos é obtida, porque o radical alílico inicialmente formado é estabilizado por ressonância e pode sofrer a abstração de halogênio nos dois sítios:

DESENVOLVENDO A APRENDIZAGEM

11.7 PREDIÇÃO DOS PRODUTOS DA BROMAÇÃO ALÍLICA

APRENDIZAGEM Preveja os produtos que são obtidos quando o metilenociclo-hexano é tratado com NBS e irradiado com luz UV:

SOLUÇÃO
Primeiro identificamos qualquer posição alílica:

ETAPA 1
Identificação das posições alílicas.

Posição alílica

Neste caso existe apenas uma única posição alílica, porque a posição alílica no outro lado da substância é idêntica (conduzirá aos mesmos produtos).

A seguir, removemos um átomo de hidrogênio da posição alílica e representamos as estruturas de ressonância do radical alílico resultante:

ETAPA 2
Remoção do átomo de hidrogênio da posição alílica e representação das estruturas de ressonância.

Reações Radicalares 521

Finalmente, utilizamos essas estruturas de ressonância para determinar os produtos da segunda etapa de propagação (abstração de halogênio). Simplesmente ligamos um bromo ao átomo de carbono com elétron desemparelhado em cada estrutura de ressonância, obtendo os seguintes produtos:

ETAPA 3
Ligação de um bromo em cada uma das posições que tem um elétron desemparelhado.

(Mistura racêmica)

Espera-se que o primeiro produto seja uma mistura racêmica de enantiômeros conforme foi descrito na Seção 11.6.

PRATICANDO
o que você aprendeu

11.16 Preveja os produtos quando cada uma das seguintes substâncias é tratada com NBS e irradiada com luz UV:

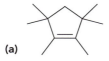 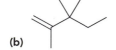 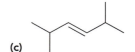 
(a)   (b)   (c)   (d)

APLICANDO
o que você aprendeu

11.17 Quando o 2-metil-2-buteno é tratado com NBS e irradiado com luz UV, cinco produtos diferentes de monobromação são obtidos, um dos quais é uma mistura racêmica. Represente todos os cinco produtos de monobromação e identifique o produto que é obtido como uma mistura racêmica.

é necessário **PRATICAR MAIS?** Tente Resolver os Problemas 11.26, 11.28, 11.33d, e, 11.36, 11.39

11.8 Química Atmosférica e a Camada de Ozônio

O ozônio (O$_3$) é constantemente produzido e destruído na estratosfera e a sua presença tem um papel fundamental no bloqueio da radiação UV emitida pelo sol, que é prejudicial aos seres vivos. Acredita-se que a vida não poderia ter-se desenvolvido na terra sem essa camada de ozônio protetora, e ao contrário, a vida estaria restrita às profundezas do oceano. Acredita-se que a capacidade do ozônio em nos proteger da radiação nociva seja resultado do seguinte mecanismo:

$$O_3 \xrightarrow{h\nu} O_2 + \cdot\ddot{O}\cdot$$
$$O_2 + \cdot\ddot{O}\cdot \longrightarrow O_3 + \text{calor}$$

Na primeira etapa, o ozônio absorve luz UV e se divide em duas espécies. Na segunda etapa essas duas espécies se recombinam liberando energia. Não há uma transformação química líquida, mas há uma importante consequência desse processo: a luz UV nociva é convertida em outra forma de energia (Figura 11.16). Este processo exemplifica o papel da entropia na natureza. Luz e calor são

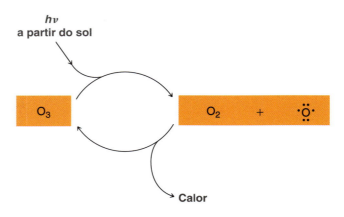

FIGURA 11.16
Uma ilustração da capacidade do ozônio estratosférico em converter luz em calor.

FIGURA 11.17
Uma ilustração do buraco na camada de ozônio sobre a Antártida.

formas de energia, mas o calor é uma forma de energia mais desordenada. A força motriz para a conversão da luz UV em calor é o aumento na entropia. O ozônio é simplesmente o veículo através do qual energia ordenada (luz) é convertida em energia desordenada (calor).

Medidas realizadas nas últimas décadas indicaram uma rápida diminuição do ozônio atmosférico. Essa diminuição tem sido mais drástica sobre a Antártida, onde a camada de ozônio está praticamente ausente (Figura 11.17). O ozônio estratosférico sobre o restante do planeta tem diminuído com uma velocidade de 6% ao ano. A cada ano, somos expostos a maiores níveis de radiação UV nociva que estão relacionados com câncer de pele, e outros problemas de saúde. Enquanto muitos fatores contribuem para a diminuição do ozônio, acredita-se que substâncias chamadas **clorofluorcarbonos** (**CFCs**) sejam as maiores culpadas. Os CFCs são substâncias contendo apenas carbono, cloro e flúor. No passado eles eram amplamente utilizados em várias aplicações comerciais, incluindo-se fluidos de refrigeração, propelentes, na produção de espumas isolantes, materiais utilizados como extintores de fogo, e inúmeras outras aplicações. Eles eram vendidos sob o nome de "**Freons**".

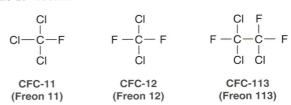

Os efeitos nocivos dos CFCs na camada de ozônio foram elucidados no final da década de 1960 e início da década de 1970 por Mario Molina, Frank Rowland e Paul Crutzen, que compartilharam o prêmio Nobel em Química de 1995 pelo seu trabalho. Os CFCs são substâncias estáveis que não sofrem nenhuma transformação química até atingirem a estratosfera. Na estratosfera, eles interagem com a radiação UV de alta energia, sofrendo uma clivagem homolítica, formando radicais cloro. Acredita-se que esses radicais destruam o ozônio de acordo com seguinte mecanismo:

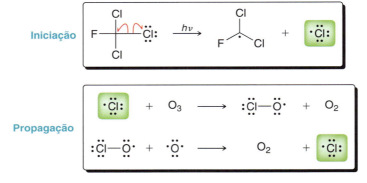

A segunda etapa de propagação regenera um radical cloro, que continua a reação em cadeia. Dessa maneira, cada molécula de CFC destrói milhares de moléculas de ozônio. A consciência sobre os efeitos dos CFCs conduziu ao seu banimento na maioria dos países em 1 de janeiro de 1996, como parte de um tratado global sobre substâncias que afetam a camada de ozônio, conhecido como Protocolo de Montreal. Como resultado, muitas pesquisas foram direcionadas para encontrar substitutos, tais como as duas classes de substâncias vistas a seguir.

Os **hidroclorofluorocarbonos** (**HCFCs**) são substâncias que possuem pelo menos uma ligação C—H. A seguir são vistos alguns exemplos:

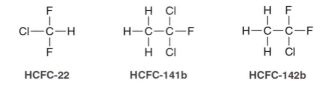

Acredita-se que essas substâncias sejam menos destrutivas para a camada de ozônio, pois a ligação C—H permite que essas substâncias se decomponham antes de alcançar a estratosfera. HCFC-22 e HCFC-141b substituíram o CFC-11 na produção de espumas isolantes.

Reações Radicalares 523

falando de modo prático | Combatendo Incêndios com Substâncias Químicas

Como foi mencionado nos parágrafos de abertura deste capítulo, acredita-se que o processo de combustão envolve radicais livres. Quando submetidas a calor excessivo, ligações simples em substâncias orgânicas sofrem clivagem homolítica produzindo radicais, que, em seguida, reagem com o oxigênio molecular em uma reação de acoplamento. Uma série de reações em cadeia radicalares continua a ocorrer até que a maior parte das ligações C—C e C—H tenham-se rompido e formado CO_2 e H_2O. Para que este processo em cadeia continue, o fogo necessita de três ingredientes essenciais: combustível (tal como madeira, que é constituída de substâncias orgânicas), oxigênio e calor. Para extinguir o fogo, temos que privá-lo de pelo menos um desses três ingredientes. De modo alternativo, podemos também parar a reação em cadeia radicalar destruindo os radicais intermediários.

Muitos reagentes podem ser utilizados para extinguir o fogo. Exemplos comuns encontrados em pequenos extintores de incêndio são CO_2, água e argônio. Uma descarga súbita de CO_2 ou argônio privará o fogo de oxigênio, enquanto a água priva o fogo de calor (absorvendo o calor ao se evaporar ou ebulir).

Os reagentes mais poderosos usados na extinção de incêndios são chamados halons, porque são substâncias orgânicas que contêm átomos de halogênio. Essas substâncias são geralmente CFCs ou BFCs (bromofluorocarbonos). Aqui estão dois exemplos de halons bastante utilizados como agentes supressores do fogo:

$$\begin{array}{cc} \text{Cl} & \text{Br} \\ | & | \\ \text{F—C—Br} & \text{F—C—F} \\ | & | \\ \text{F} & \text{F} \end{array}$$

Halon 1211   **Halon 1301**
(Freon 12B1)   **(Freon 13B1)**

Halons são extremamente eficientes, porque eles combatem o fogo de três maneiras diferentes:

1. Halons são gases, de modo que uma descarga súbita de halon gasoso privará o fogo de oxigênio.
2. Halons absorvem calor e sofrem clivagem homolítica:

$$\text{F—C(Cl)(F)—Br:} \xrightarrow{\text{Calor}} \text{F—C(Cl)(F)·} + \text{·Br:}$$

Absorvendo calor, eles privam o fogo de um de seus ingredientes principais.

3. A clivagem homolítica de ligação resulta na formação de radicais livres, que podem então se acoplar com os radicais participantes da reação em cadeia, terminando assim o processo:

$$\text{F—C(Cl)(F)·} \quad \text{·R} \longrightarrow \text{F—C(Cl)(F)—R}$$

Halons são, portanto, capazes de acelerar a velocidade das etapas de terminação, de modo que elas competem com as etapas de propagação.

Por todas essas razões halons são extremamente eficientes como agentes de combate ao fogo, e foram amplamente utilizados nas últimas três décadas. Halons apresentam ainda a vantagem de não deixar quaisquer resíduos após o seu uso, o que os torna particularmente úteis no combate a incêndios envolvendo equipamentos eletrônicos sensíveis ou documentos. Infelizmente, tem sido mostrado que os halons contribuem para a diminuição da camada de ozônio, e sua produção está atualmente proibida após o Protocolo de Montreal. A proibição é apenas para a produção, de modo que o uso dos estoques já existentes de gases halon é permitido. Esses estoques têm sido utilizados em situações especiais envolvendo equipamentos sensíveis, tais como aviões e centrais de controle. Para todas as outras situações os gases halon foram substituídos por gases alternativos que não contribuem para a diminuição da camada de ozônio, mas são menos efetivos no combate ao fogo. Um exemplo é o FM-200.

$$\text{F—C(F)(F)—C(H)(F)—C(F)(F)—F}$$

FM-200

Hidrofluorocarbonos (HFCs) são substâncias que contêm apenas carbono, flúor e hidrogênio (não possuem cloro). A seguir são vistos alguns exemplos:

HFC-32   HFC-125   HFC-134a

Acredita-se que os HFCs não contribuem para a diminuição da camada de ozônio, uma vez que eles não contêm cloro e, portanto, não produzem radicais cloro. Entretanto, acredita-se que eles contribuam para o aquecimento global. O HFC-134a tem substituído o CFC-12 em sistemas de refrigeração e aerossóis de uso médico.

VERIFICAÇÃO CONCEITUAL

11.18 A maioria dos aviões supersônicos produz o escape de gases quentes contendo muitas substâncias, incluindo óxido nítrico (NO). Acredita-se que o óxido nítrico é um radical que exerce um papel na diminuição da camada de ozônio. Proponha etapas de propagação que mostrem como o óxido nítrico pode destruir o ozônio em um processo em cadeia.

11.9 Auto-oxidação e Antioxidantes

Auto-oxidação

Na presença de oxigênio atmosférico, substâncias orgânicas sofrem um lento processo de oxidação conhecido como **auto-oxidação**. Por exemplo, considere a reação do cumeno com oxigênio formando **hidroperóxido** (ROOH):

Cumeno   Hidroperóxido de cumeno

Acredita-se que a auto-oxidação se processe através do Mecanismo 11.2.

MECANISMO 11.2 AUTO-OXIDAÇÃO

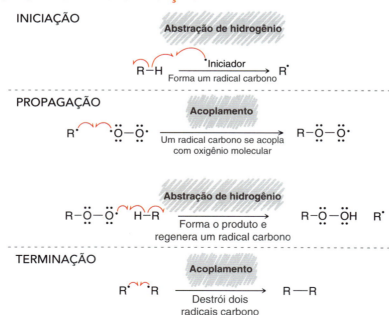

A etapa de iniciação pode, à primeira vista, parecer estranha, porque não é uma etapa de clivagem homolítica de alguma ligação. A etapa de iniciação é, neste caso, uma abstração de hidrogênio, que é uma etapa que normalmente associamos a uma etapa de propagação. Além disso, olhamos atentamente para a primeira etapa de propagação. Esta etapa é uma reação de acoplamento, que é uma etapa que associamos até agora à terminação. Essas peculiaridades nos forçam a refinar as nossas definições de iniciação, propagação e terminação. As etapas de propagação são definidas como as etapas que produzem a reação química líquida. Em outras palavras, a reação líquida tem que ser a soma das etapas de propagação. Neste caso, a reação líquida é a soma das seguintes etapas:

Essas duas etapas são, portanto, as etapas de propagação e qualquer outra etapa tem que ser classificada como de iniciação ou de terminação.

Muitas substâncias orgânicas, tais como éteres, são particularmente suscetíveis à auto-oxidação. Por exemplo, consideremos a reação entre dietil éter e oxigênio formando um hidroperóxido.

Essa reação é lenta, mas garrafas antigas de éter conterão, invariavelmente, uma pequena concentração de hidroperóxido, tornando o uso do solvente bastante perigoso. Hidroperóxidos são instáveis e se decompõem violentamente quando aquecidos. Muitas explosões em laboratórios foram provocadas pela destilação de éter que estava contaminado com hidroperóxidos. Por essa razão, os éteres usados nos laboratórios têm que ser etiquetados e utilizados periodicamente.

A maioria das substâncias orgânicas está sujeita à auto-oxidação, que é um processo iniciado pela luz. Na ausência de luz, a auto-oxidação ocorre em uma velocidade mais lenta. Por essa razão, as substâncias orgânicas são normalmente envasadas em garrafas escuras. As vitaminas são frequentemente comercializadas em frascos escuros pela mesma razão.

Substâncias com átomos de hidrogênio alílico ou benzílico são particularmente sensíveis à auto-oxidação, porque a etapa de iniciação produz um radical estabilizado por ressonância:

Antioxidantes como Aditivos para Alimentos

Gorduras e óleos naturais, tais como óleos vegetais, são geralmente misturas de substâncias conhecidas como triglicerídeos, que contêm três cadeias alquílicas longas:

Um triglicerídeo

As cadeias alquílicas geralmente contêm ligações duplas, que as tornam suscetíveis à auto-oxidação, especialmente nas posições alílicas onde a abstração de hidrogênio pode ocorrer mais rapidamente:

Os hidroperóxidos resultantes contribuem para o odor rançoso que se desenvolve com o tempo em alimentos contendo óleos insaturados. Além disso, os hidroperóxidos também são tóxicos. Produtos alimentícios que contêm óleos insaturados, portanto, têm uma curta vida de prateleira, a não ser que sejam usados inibidores de radicais para diminuir o processo de auto-oxidação. Muitos inibidores de radicais são utilizados como conservantes de alimentos, incluindo o HTB e o HAB:

Hidroxitolueno butilado (HTB)

Hidroxianisol butilado (HAB)

O HAB é uma mistura de isômeros constitucionais. Essas substâncias funcionam como inibidores de radicais porque reagem com radicais gerando radicais estabilizados por ressonância:

Abstração de hidrogênio

Estabilizado por ressonância

Os grupos *terc*-butila conferem impedimento estérico, que reduz a reatividade do radical estabilizado. O HTB e o HAB efetivamente sequestram e destroem os radicais. Eles são chamados **antioxidantes** porque uma molécula do sequestrador de radicais pode inibir a auto-oxidação de milhares de moléculas de óleo impedindo que a reação em cadeia inicie.

medicamente falando — Por que uma *Overdose* de Acetominofeno É Fatal?

Tylenol (acetaminofeno) pode ser muito útil no alívio da dor, mas é amplamente conhecido que uma *overdose* de Tylenol pode ser fatal. A origem desta toxidez (em altas doses) envolve a química de radicais. Nosso organismo faz uso de diversas reações radicalares para um amplo leque de funções, mas essas reações são controladas e localizadas. Se fora de controle, radicais livres são muito perigosos e capazes de danificar o DNA e enzimas, conduzindo a morte celular. Radicais livres são produzidos regularmente como subprodutos do metabolismo e o nosso organismo utiliza várias substâncias para destruir esses radicais. Um exemplo é a glutationa, que possui um grupo mercapto (SH), destacado em vermelho:

Glutationa

Glutationa, normalmente abreviada como GSH, é produzida no fígado e tem diversos papéis, incluindo a capacidade de funcionar como sequestradora de radicais. A ligação SH é particularmente suscetível à abstração de hidrogênio, que produz um radical estabilizado em um átomo de enxofre:

GS—H + •R ⟶ GS• + H—R
Glutationa   **Radical glutationa**

O radical original é destruído e substituído por um radical glutationa. Dois radicais glutationa, formados dessa maneira, podem então acoplar um com outro produzindo uma substância conhecida como glutationa dissulfeto, que é finalmente reconvertida de volta em glutationa:

GS• + •SG ⟶ GS—SG
Glutationa dissulfeto
↓ Redução
2 GS—H
Glutationa

A importante função da glutationa como sequestrador de radical é comprometida com altas doses de acetaminofeno (Tylenol). O acetaminofeno é metabolizado no fígado através de um processo que consome glutationa, reduzindo os níveis de glutationa. Para pessoas com fígados sadios, os níveis de glutationa podem ser restabelecidos rapidamente pela sua biossíntese. Dessa maneira, a concentração de glutationa nunca atinge níveis perigosamente baixos. Entretanto uma *overdose* de acetaminofeno pode reduzir temporariamente a concentração de glutationa. Nesta condição os radicais não removidos podem causar danos irreversíveis ao fígado do indivíduo. Se não for tratada, uma *overdose* de acetaminofeno pode conduzir à falência hepática e à morte em poucos dias. Uma intervenção rápida pode prevenir danos irreversíveis ao fígado e consiste na administração de *N*-acetilcisteína (NAC). NAC atua como antídoto para a *overdose* de acetaminofeno fornecendo ao fígado altas concentrações de cisteína:

N-Acetilcisteína (NAC) ⟶ **Cisteína**

A glutationa é biossintetizada no fígado a partir de cisteína, glicina e ácido glutâmico:

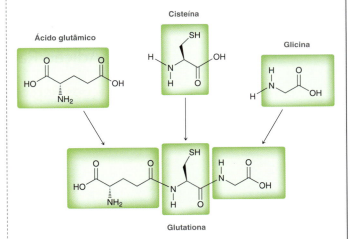

A glicina e o ácido glutâmico são abundantes, enquanto a cisteína é o reagente limitante. Ao fornecer ao fígado excesso de cisteína, o organismo é capaz de produzir glutationa rapidamente e restabelecer os seus níveis de volta a concentrações normais.

OLHANDO PARA O FUTURO
A estrutura das membranas celulares será discutida em mais detalhes na Seção 26.5, do Volume 2.

Antioxidantes Naturais

A natureza emprega muitos de seus antioxidantes para proteger da oxidação as membranas celulares e muitas outras substâncias importantes. Exemplos de antioxidantes naturais incluem as vitaminas C e E:

Vitamina E   Vitamina C

A vitamina E possui uma cadeia alquílica longa e é, portanto, hidrofóbica, tornando-se capaz de atingir regiões hidrofóbicas das membranas celulares. A vitamina C é uma molécula pequena com múltiplas ligações OH, o que a torna solúvel em água. Ela funciona como antioxidante em regiões hidrofílicas, como, por exemplo, o sangue.

Cada uma dessas substâncias pode destruir um radical reativo através de uma reação de abstração de hidrogênio, transferindo um átomo de hidrogênio para o radical, gerando, assim, um radical mais estável, menos reativo. Foi sugerida uma conexão entre o processo de envelhecimento e os processos de oxidação natural que ocorrem no organismo. Essa sugestão conduziu à ampla utilização de produtos antioxidantes que incluem a vitamina E, apesar de não haver evidência para uma conexão mensurável entre esses produtos e a velocidade de envelhecimento.

VERIFICAÇÃO CONCEITUAL

11.19 Compare as estruturas da vitamina E e as estruturas do HTB e HAB, e então determine que átomo de hidrogênio é mais facilmente abstraído da vitamina E.

11.10 Adição Radicalar de HBr: Adição *Anti*-Markovnikov

Observações Regioquímicas

No Capítulo 9 vimos que um alqueno reagirá com o HBr através de um mecanismo iônico que coloca um átomo de bromo na posição mais substituída (adição Markovnikov):

Adição Markovnikov

Lembre-se que a pureza dos reagentes foi determinada como uma característica primordial nas adições de HBr. Com reagentes impuros a reação ocorre via uma *adição anti-Markovnikov*, onde o halogênio aparece no produto na posição menos substituída:

(Reagentes impuros)

Investigações posteriores mais detalhadas revelaram que mesmo quantidades traço de peróxidos (ROOR) podem provocar a preferência regioquímica por uma adição *anti*-Markovnikov

Adição *anti*-Markovnikov

(95%)

Um Mecanismo para Adição *Anti*-Markovnikov de HX

A adição *anti*-Markovnikov de HBr na presença de peróxido pode ser explicada utilizando-se um mecanismo radicalar (Mecanismo 11.3).

MECANISMO 11.3 ADIÇÃO RADICALAR DE HBr A UM ALQUENO

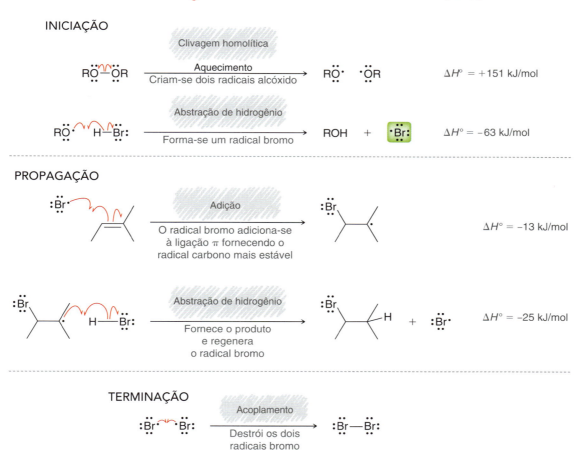

As duas etapas de iniciação geram um radical bromo. As duas etapas de propagação são responsáveis pela formação do produto observado, de modo que temos de centralizar a nossa atenção nessas duas etapas de modo a compreender a preferência regioquímica pela adição *anti*-Markovnikov. Observe que o intermediário formado na primeira etapa de propagação é um radical carbono terciário, em vez de um radical secundário:

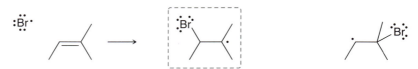

No Capítulo 9, vimos que a regioquímica da adição iônica de HBr é determinada pela tendência de ocorrer via o carbocátion intermediário mais estável. De modo similar, a regioquímica da adição radicalar de HBr é também determinada pela tendência de ocorrer via o intermediário mais estável. Entretanto, neste caso, o intermediário é um radical, em vez de um carbocátion. Para vermos isso claramente, comparamos os intermediários envolvidos em um mecanismo iônico com o intermediário de um mecanismo radicalar:

Cada reação avança através do caminho de reação disponível de menos energia, seja através de um carbocátion terciário ou através de um radical terciário. Preste atenção especial na diferença fundamental. No mecanismo iônico, o alqueno reage primeiro com o próton, enquanto no mecanismo radicalar o alqueno reage primeiro com o bromo. Portanto:

- Um mecanismo iônico resulta em uma adição Markovnikov.
- Um mecanismo radicalar resulta em uma adição *anti*-Markovnikov.

Em cada caso, a regiosseletividade é baseada na tendência da reação ocorrer através do intermediário possível mais estável.

Considerações Termodinâmicas

A adição Markovnikov pode ser realizada com HCl, HBr ou HI. Por outro lado, a adição *anti*-Markovnikov só pode ser realizada com HBr. O caminho reacional radicalar não é termodinamicamente favorável para adição de HCl ou HI. Para compreender a razão disso, precisamos explorar a termodinâmica de cada etapa do mecanismo radicalar.

Na Seção 6.3 (e anteriormente neste capítulo) vimos que o sinal de ΔG tem que ser negativo para que a reação seja espontânea. Lembre-se de que os dois componentes de ΔG são a entalpia e a entropia:

$$\Delta G = \underbrace{(\Delta H)}_{\text{Termo entálpico}} + \underbrace{(-T \Delta S)}_{\text{Termo entrópico}}$$

De modo a estimar o sinal de ΔG para qualquer processo, temos que avaliar os sinais de ambos os termos, da entalpia e da entropia. No início deste capítulo utilizamos este tipo de argumento termodinâmico para explorar a halogenação dos alcanos. Nesta seção, exploraremos cada etapa de propagação do mecanismo de adição radicalar, separadamente.

Vamos começar com a primeira etapa de propagação. No esquema visto a seguir os termos de entalpia e de entropia são avaliados separadamente para os casos do HCl, HBr e HI.

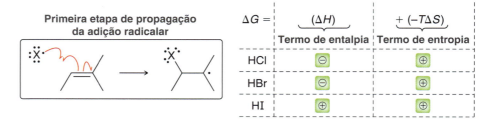

Nos os casos do HCl e do HBr, o sinal de ΔG é determinado por uma competição entre os termos da entalpia e da entropia. Em temperaturas elevadas, o termo de entropia será dominante, e ΔG será positivo. Em temperaturas baixas, o termo de entalpia dominará, e ΔG será negativo. Portanto, o processo será termodinamicamente favorável em baixas temperaturas.

O caso do HI é fundamentalmente diferente. Veja no esquema anterior que o termo de entalpia é positivo no caso do HI (a etapa é endotérmica). Os termos de entalpia e de entropia não estão competindo aqui. Independentemente da temperatura ΔG será positivo. Portanto, a adição radicalar de HI (adição *anti*-Markovnikov) não é observada.

Façamos agora a mesma análise para a segunda etapa de propagação no mecanismo radicalar

Segunda etapa de propagação da adição radicalar

$\Delta G =$	(ΔH) Termo de entalpia	$+ (-T\Delta S)$ Termo de entropia
HCl	⊕	~0
HBr	⊖	~0
HI	⊖	~0

Em cada um dos casos do esquema anterior, o segundo termo ($-T\Delta S$) é insignificante. Por quê? Em cada caso, *duas* entidades químicas estão reagindo uma com a outra para produzir *duas* novas entidades químicas. Baseado nisso, esperamos $\Delta S = 0$. Entretanto, ainda há um pequeno valor de ΔS em cada caso, devido a variação dos graus de liberdade vibracionais. Este efeito será pequeno e como resultado ΔS será próximo de zero. Portanto, o sinal de ΔH será o fator dominante na determinação do sinal de ΔG em cada caso. No caso do HCl, ΔH tem um valor positivo. Portanto, será difícil encontrar uma temperatura na qual o termo ($-T\Delta S$) seja predominante em relação ao termo ΔH. Como resultado a adição radicalar de HCl não é um processo efetivo.

Para resumir nossa análise da adição radicalar de HX a uma ligação π: A primeira etapa de propagação não pode ocorrer no caso do HI, e a segunda etapa de propagação é improvável no caso do HCl. Apenas no caso do HBr as duas etapas de propagação são termodinamicamente favoráveis.

Estereoquímica da Adição Radicalar de HBr

Para alguns alquenos, a adição radicalar de HBr resulta na formação de um novo centro de quiralidade:

Em casos como esse, não há razão para esperarmos que haja a formação de um enantiômero preferencialmente ao outro, uma vez que a primeira etapa de propagação pode ocorrer com a mesma probabilidade a partir de qualquer uma das faces do alqueno. Portanto, a reação irá produzir uma mistura racêmica de enantiômeros:

DESENVOLVENDO A APRENDIZAGEM

11.8 PREVISÃO DOS PRODUTOS DE UMA REAÇÃO DE ADIÇÃO RADICALAR DE HBr

APRENDIZAGEM Preveja os produtos da seguinte reação:

SOLUÇÃO

ETAPA 1
Identificação dos dois grupos que são adicionados à ligação dupla.

Na Seção 9.12 vimos que a previsão dos produtos de uma reação de adição requer as três questões seguintes:

1. Que grupos estão sendo adicionados à ligação dupla? HBr indica uma adição de H e Br à ligação dupla.

ETAPA 2
Identificação da regioquímica esperada.

2. Qual é a regioquímica esperada (Markovnikov ou *anti*-Markovnikov)? A presença de peróxidos indica que a reação se passa via uma adição *anti*-Markovnikov. Isto é, esperamos que o Br se ligue ao carbono menos substituído:

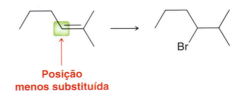

Posição menos substituída

ETAPA 3
Identificação da estereoespecificidade esperada.

3. Qual a estereoespecificidade? Neste caso, um novo centro de quiralidade é criado, o que resulta em uma mistura racêmica dos dois enantiômeros possíveis:

PRATICANDO o que você aprendeu

11.20 Preveja os produtos de cada reação. Em cada caso certifique-se de considerar se um centro de quiralidade está sendo gerado e então represente todos os possíveis estereoisômeros.

(a) 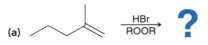   (b)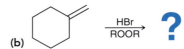

(c)    (d)

(e)    (f)

APLICANDO o que você aprendeu

11.21 A etapa de iniciação para a adição radicalar de HBr é bastante endotérmica:

$$RO-OR \xrightarrow{h\nu \text{ ou calor}} RO\cdot \quad \cdot OR \qquad \Delta H° = +151 \text{ kJ/mol}$$

(a) Explique como essa etapa pode ser termodinamicamente favorável em altas temperaturas mesmo sendo endotérmica.

(b) Explique por que essa etapa não é termodinamicamente favorável em baixas temperaturas.

11.11 Polimerização Radical

Polimerização Radicalar do Etileno

No Capítulo 9 exploramos as polimerizações que ocorrem através de um mecanismo iônico. Nesta seção, veremos que polimerizações também podem ocorrer através de um processo radicalar. Consideremos, por exemplo, a polimerização radicalar do etileno para a formação de polietileno:

Etileno   Polietileno

Reações Radicalares 533

Essa polimerização pode ocorrer através de um mecanismo radicalar (Mecanismo 11.4).

MECANISMO 11.4 POLIMERIZAÇÃO RADICALAR

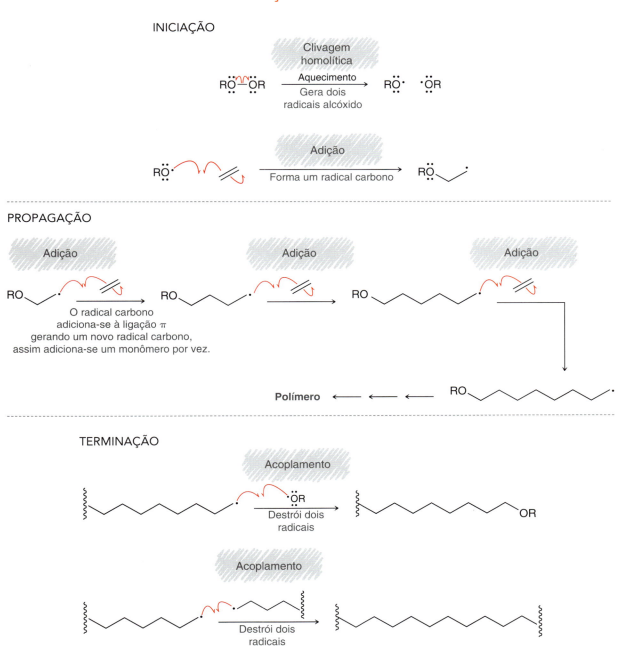

Quando o etileno é aquecido na presença de peróxido, duas etapas de iniciação produzem um radical carbono. Este radical carbono ataca outra molécula de etileno, gerando um novo radical carbono. Essas etapas de propagação continuam, adicionando um monômero de cada vez, até que ocorre uma etapa de terminação. Se as condições são cuidadosamente controladas de modo a favorecer a propagação em vez da terminação, o processo pode gerar muitas moléculas grandes de polietileno com mais de 10.000 unidades de repetição.

Durante o processo de polimerização, a **ramificação de cadeia** inevitavelmente ocorre. O esquema visto a seguir mostra um mecanismo para a formação de ramificações, que têm início com a abstração de hidrogênio na cadeia já existente:

A extensão da ramificação de cadeia determina as propriedades físicas do polímero resultante. Por exemplo, garrafas de plástico flexível e suas tampas relativamente inflexíveis são ambas feitas de polietileno, mas a primeira possui alto grau de ramificação, enquanto a última tem pouca ramificação. Esses processos serão discutidos com mais detalhe no Capítulo 27 do Volume 2, e veremos que a extensão de ramificação pode ser controlada com catalisadores especiais, apesar de um pequeno grau de ramificação ser inevitável.

Polimerização Radicalar de Etileno Substituído

Um etileno substituído (etileno que possui um substituinte) geralmente sofrerá uma reação de polimerização radicalar para produzir um polímero com a seguinte estrutura:

Por exemplo, cloreto de vinila sofre polimerização para formar o **cloreto de polivinila (PVC)**, que é um polímero muito duro utilizado na construção de canos para encanamento. O PVC pode ser mais macio se a polimerização ocorrer na presença de substâncias chamadas plastificantes, que exploraremos em mais detalhes no Capítulo 27 do Volume 2. O PVC feito com plastificantes é um pouco mais flexível (apesar de durável e forte) e é utilizado para vários propósitos, tais como mangueiras de jardim, capas de chuva de plástico e cortinas de chuveiro. A Tabela 11.3 mostra diversos polímeros comuns produzidos a partir de etilenos substituídos.

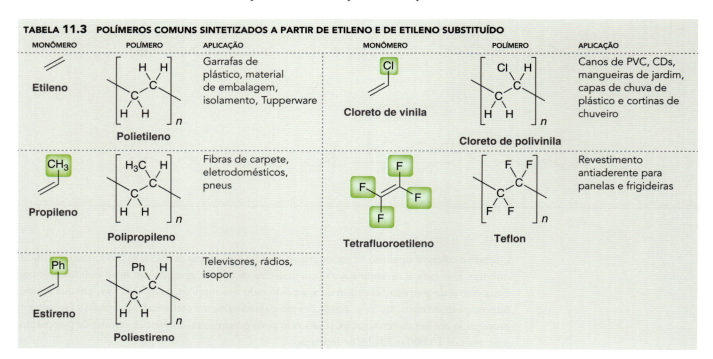

TABELA 11.3 POLÍMEROS COMUNS SINTETIZADOS A PARTIR DE ETILENO E DE ETILENO SUBSTITUÍDO

11.12 Processos Radicalares na Indústria Petroquímica

Processos radicalares são amplamente utilizados nas indústrias químicas, especialmente na indústria petroquímica. Um exemplo é o processo chamado *craqueamento*. No Capítulo 4 mencionamos que o craqueamento do petróleo converte alcanos grandes em alcanos menores que são mais adequados para o uso como gasolina. O craqueamento é um processo radicalar:

Quando o craqueamento é realizado na presença de hidrogênio gasoso, alcanos são produzidos e o processo é chamado **hidrocraqueamento**:

Reforma, também mencionada no Capítulo 4, é um processo que provoca a ramificação da cadeia dos alcanos tornando-os mais ramificados. Esse processo envolve intermediários radicalares.

11.13 Halogenação como uma Técnica de Síntese

Neste capítulo, vimos que a cloração radicalar e a bromação radicalar são, ambas, processos favorecidos termodinamicamente. A bromação é mais lenta, mas é mais seletiva que a cloração. Ambas as reações são utilizadas em síntese. Quando o material de partida tem apenas um tipo de hidrogênio (todos os átomos de hidrogênios são equivalentes), a cloração pode ser realizada porque a seletividade não é necessária:

Quando tipos diferentes de hidrogênio estão presentes na substância, é melhor usar a bromação porque ela é mais seletiva e evita uma mistura de produtos:

Na verdade, até mesmo a bromação via radical tem utilidade limitada em síntese. Sua maior utilidade é como método para introdução de um grupo funcional em um alcano. Quando o material de partida é um alcano, não existem muitas opções além da halogenação radicalar. Ao introduzirmos um grupo funcional em uma substância, abrimos a porta para uma vasta variedade de reações:

O Capítulo 12 é dedicado inteiramente às técnicas de síntese, e voltaremos a estudar o papel da halogenação radicalar no desenvolvimento de uma síntese.

REVISÃO DAS REAÇÕES
REAÇÕES RADICALARES SINTETICAMENTE ÚTEIS

Bromação de Alcanos | **Adição de HBr do tipo Anti-Markovnikov a Alquenos** | **Bromação Alílica**

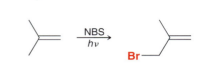

REVISÃO DE CONCEITOS E VOCABULÁRIO

SEÇÃO 11.1
- Mecanismos radicalares utilizam setas com uma única farpa (*setas anzóis*), que representam o movimento de apenas um elétron.
- A ordem de estabilidade de radicais segue a mesma tendência apresentada pelos carbocátions.
- Radicais alílicos e benzílicos são estabilizados por ressonância. Radicais vinílicos não são.

SEÇÃO 11.2
- Mecanismos radicalares são caracterizados por seis tipos de diferentes etapas: (1) **clivagem homolítica**, (2) **adição a uma ligação π**, (3) **abstração de hidrogênio**, (4) **abstração de halogênio**, (5) **eliminação** e (6) **acoplamento**.
- Cada etapa em um mecanismo radical pode ser classificada como uma etapa de **iniciação, propagação** ou **terminação.**

SEÇÃO 11.3
- Metano reage com o cloro através de um mecanismo radicalar.
- A soma de duas etapas de propagação fornece a reação química líquida. Essas etapas juntas representam uma **reação em cadeia**.
- Um **iniciador de radical** é uma substância com uma ligação fraca que sofre uma clivagem homolítica de ligação prontamente. Exemplos incluem **peróxidos** e **acil-peróxidos**.
- Um **inibidor de radicais**, também chamado sequestrador de radicais, é uma substância que impede um processo em cadeia de ter início ou de se propagar. Exemplos incluem oxigênio molecular e hidroquinona.

SEÇÃO 11.4
- Apenas reações radicalares de cloração ou bromação têm uso prático no laboratório.
- A bromação é geralmente mais lenta que o processo de cloração.

SEÇÃO 11.5
- Halogenação ocorre mais rapidamente em posições substituídas. A bromação é mais seletiva que a cloração.
- Em geral há uma relação inversa entre reatividade e seletividade.

SEÇÃO 11.6
- Quando um novo centro de quiralidade é formado durante um processo de halogenação radicalar, um mistura racêmica é obtida.
- Quando uma reação de halogenação radicalar ocorre em um centro de quiralidade, uma mistura racêmica é obtida independentemente da configuração do material de partida.

SEÇÃO 11.7
- Alquenos podem sofrer **bromação alílica**, na qual a bromação ocorre em posição alílica.
- De modo a evitar a competição de reação de adição iônica podemos utilizar *N*-**bromossuccinimida** (NBS) em vez de Br$_2$.

SEÇÃO 11.8
- Ozônio é produzido e destruído por um processo radicalar que protege a superfície da Terra da radiação ultravioleta.
- A abrupta diminuição do ozônio estratosférico é atribuída ao uso de **CFCs**, ou **clorofluorocarbonos**, vendidos sob o nome comercial de **Freons**.
- O banimento dos CFCs alavancou a pesquisa por substituintes viáveis, tais como os **hidroclorofluorocarbonos (HCFCs)** e **hidrofluorocarbonos (HFCs)**.

SEÇÃO 11.9
- Substâncias orgânicas sofrem oxidação na presença de oxigênio atmosférico produzindo **hidroperóxidos**. Acredita-se que este processo conhecido como **auto-oxidação**, ocorre através de um mecanismo radicalar.
- **Antioxidantes**, tais como HTB e HAB, são utilizados como conservantes em alimentos para impedir a auto-oxidação de óleos insaturados.
- Antioxidantes naturais impedem a oxidação de membranas celulares e protegem várias substâncias biológicas importantes. Vitaminas E e C são antioxidantes naturais.

SEÇÃO 11.10
- Alquenos reagem com HBr na presença de peróxidos produzindo uma reação de adição radicalar.

SEÇÃO 11.11
- A polimerização do etileno através de um processo radicalar geralmente envolve a **ramificação de cadeia**.
- Quando cloreto de vinila é polimerizado, é obtido **cloreto de polivinila (PVC)**.

Reações Radicalares 537

SEÇÃO 11.12
- Processos radicalares são amplamente utilizados na indústria química, particularmente na indústria petroquímica. Exemplos incluem o craqueamento e o processo de reforma. Quando o craqueamento é realizado na presença de hidrogênio, é conhecido como **hidrocraqueamento**.

SEÇÃO 11.13
- Halogenação radicalar é um método para introduzir funcionalidade em um alcano.

- Quando o material de partida tem apenas um tipo de hidrogênio, a cloração pode ser utilizada.
- Quando tipos diferentes de átomos de hidrogênio estão presentes na substância, é melhor utilizarmos a bromação de modo a controlar o resultado regioquímico e evitar uma mistura de produtos.

REVISÃO DA APRENDIZAGEM

11.1 REPRESENTAÇÃO DAS ESTRUTURAS DE RESSONÂNCIA DE RADICAIS

ETAPA 1 Procura por um elétron desemparelhado próximo a uma ligação π.

ETAPA 2 Representação de três setas anzóis, e então representação das estruturas de ressonância correspondentes.

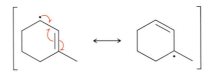

Tente Resolver os Problemas 11.2-11.4, 11.22, 11.25

11.2 IDENTIFICAÇÃO DA LIGAÇÃO C—H MAIS FRACA EM UMA SUBSTÂNCIA

ETAPA 1 Consideração de todos os radicais possíveis que resultariam da clivagem homolítica de uma ligação C—H.

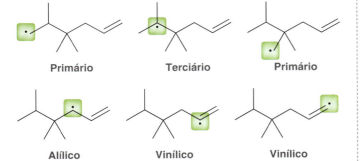

ETAPA 2 Identificação do radical mais estável.

Alílico

ETAPA 3 O radical mais estável indica qual a ligação é mais fraca.

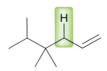

Ligação mais fraca

Tente Resolver os Problemas 11.5, 11.6, 11.23

11.3 REPRESENTAÇÃO DE UM PROCESSO RADICALAR USANDO SETAS COM UMA FARPA

Existem seis etapas para serem reconhecidas.

Clivagem homolítica	Adição a uma ligação π	Abstração de hidrogênio	Abstração de halogênio	Eliminação	Acoplamento

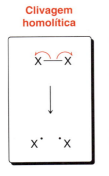 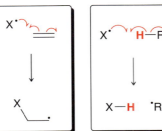 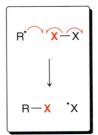 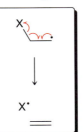 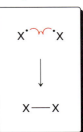

538 CAPÍTULO 11

ETAPAS 1-3 1. Identificação do tipo de processo – abstração de halogênio.
2. Determinação do número de setas anzóis necessárias – três.
3. Identificação de qualquer ligação sendo formada ou rompida.

ETAPA 4 Para uma ligação sendo formada representam-se duas setas anzóis.

ETAPA 5 Para uma ligação sendo rompida, certificamo-nos que duas setas anzóis estão representadas.

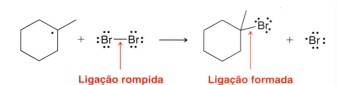

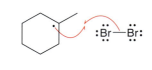

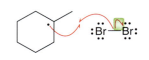

Tente Resolver os Problemas 11.7-11.9, 11.48

11.4 REPRESENTAÇÃO DO MECANISMO PARA HALOGENAÇÃO RADICALAR

Iniciação A clivagem homolítica de ligação gera radicais, iniciando assim um processo radicalar.

Propagação
- A abstração de hidrogênio forma um radical em um átomo de carbono.
- A abstração de halogênio forma o produto e regenera o radical halogênio.

Terminação O acoplamento pode dar o produto, mas esta etapa destrói os radicais.

Tente Resolver os Problemas 11.10, 11.11

11.5 PREVISÃO DA SELETIVIDADE DA BROMAÇÃO RADICALAR

ETAPA 1 Identificação de todas as posições possíveis.

Primária   Terciária   Secundária   Primária

ETAPA 2 Identificação da posição mais estável para um radical.

Terciária

ETAPA 3 A bromação ocorre na posição do radical mais estável.

Produto principal

Tente Resolver os Problemas 11.12, 11.13, 11.27, 11.33a–c,f, 11.38, 11.40, 11.44

11.6 PREVISÃO DA ESTEREOQUÍMICA DE UMA BROMAÇÃO RADICALAR

ETAPA 1 Identificação primeiro da posição onde a bromação ocorrerá.

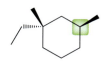

ETAPA 2 Se essa posição é um centro de quiralidade, ou se ela se tornará um centro de quiralidade, espera-se uma perda de configuração formando os dois estereoisômeros possíveis.

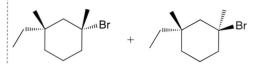

Tente Resolver os Problemas 11.14, 11.15, 11.35, 11.41

11.7 PREDIÇÃO DOS PRODUTOS DA BROMAÇÃO ALÍLICA

ETAPA 1 Identificação das posições alílicas.

ETAPA 2 Remoção de um átomo de hidrogênio e representação das estruturas de ressonância.

ETAPA 3 Colocação do bromo em cada posição que possui o átomo de carbono com um elétron desemparelhado.

Racêmico

Tente Resolver os Problemas 11.16, 11.17, 11.26, 11.28, 11.33d,e, 11.36, 11.39

11.8 PREVISÃO DOS PRODUTOS DE UMA REAÇÃO DE ADIÇÃO RADICALAR DE HBr

ETAPA 1 Identificação dos dois grupos que são adicionados à ligação dupla.

$$\xrightarrow[\text{ROOR}]{\text{HBr}}$$ **Adiciona-se H e Br**

ETAPA 2 Identificação da regiosseletividade esperada.

O Br é colocado aqui, na posição menos substituída

ETAPA 3 Identificação da estereoespecificidade esperada.

Tente Resolver os Problemas 11.20, 11.21

PROBLEMAS PRÁTICOS

11.22 Represente todas as estruturas de ressonância para cada um dos seguintes radicais:

(a)   (b)   (c)

(d)   (e)

11.23 Considere todos os diferentes tipos de ligação C—H no ciclopenteno, e ordene-os em ordem crescente de força de ligação:

11.24 Ordene cada grupo de radicais em ordem crescente de estabilidade:

(a)

(b)

11.25 Represente todas as estruturas de ressonância do radical resultante da abstração de hidrogênio do grupo OH no HTB:

Hidroxitolueno butilado (HTB)

11.26 Quando o isopropilbenzeno é tratado com NBS e irradiado com luz ultravioleta, apenas um produto é obtido. Proponha um mecanismo, e explique por que apenas um produto é formado.

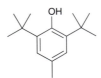

11.27 Existem três isômeros constitucionais com fórmula molecular C_5H_{12}. A cloração de um desses isômeros fornece apenas um produto. Identifique o isômero e represente o produto da cloração.

11.28 Quando o etilbenzeno é tratado com NBS e irradiado com luz ultravioleta duas substâncias estereoisoméricas são obtidas em quantidades iguais. Represente os produtos e explique por que são obtidos em quantidades iguais.

$$\xrightarrow[h\nu]{\text{NBS}}$$ **dois produtos**

11.29 AIBN é uma substância azo (uma substância com uma ligação dupla N=N) que é geralmente utilizada como iniciador de radical. Quando aquecida a AIBN libera nitrogênio gasoso e produz dois radicais idênticos:

(a) Forneça duas razões para esses radicais serem tão estáveis.
(b) Explique por que a substância azo vista a seguir não é útil como iniciadora de radical:

11.30 Trifenilmetano sofre auto-oxidação rapidamente produzindo um hidroperóxido:

(a) Represente o hidroperóxido esperado.
(b) Explique por que o trifenilmetano é tão suscetível à auto-oxidação.
(c) Na presença de fenol, o trifenilmetano sofre auto-oxidação muito mais lentamente. Explique essa observação.

11.31 Para cada um dos produtos mostrados na reação vista a seguir, proponha um mecanismo que explique sua formação:

11.32 A abstração de um átomo de hidrogênio do 3-etilpentano fornece três radicais diferentes, dependendo de qual o átomo de hidrogênio abstraído. Represente os três radicais e ordene-os em ordem crescente de estabilidade.

11.33 Identifique o produto principal de cada uma das reações vistas a seguir. Se alguma das reações não fornece nenhum produto, indique escrevendo "não ocorre".

11.34 A cloração do (S)-2-cloropentano produz uma mistura de isômeros com fórmula molecular $C_5H_{10}Cl_2$. Quantos isômeros são obtidos (considere estereoisômeros como produtos distintos)? Represente todos os produtos.

11.35 Preveja o(s) produto(s) principal(is) obtido(s) a partir da reação de bromação do (S)-3-metil-hexano.

11.36 Identifique todos os produtos esperados para cada uma das reações vistas a seguir. Leve em consideração a estereoquímica e represente o(s) estereoisômero(s) esperado(s), se houver:

11.37 Represente as etapas de propagação que conduzem ao produto da auto-oxidação do dietil éter para a formação de um hidroperóxido:

11.38 A substância A tem a fórmula molecular C_5H_{12} e a monobromação da substância A produz apenas a substância B. Quando a substância B é tratada com uma base forte, é obtida uma mistura contendo as substâncias C e D. Utilizando essas informações, responda as seguintes questões:

(a) Represente a estrutura da substância A.
(b) Represente a estrutura da substância B.
(c) Represente a estrutura das substâncias C e D.
(d) Quando a substância B é tratada com terc-butóxido de potássio, qual é o produto que predomina: C ou D? Explique a sua escolha.
(e) Quando a substância B é tratada com etóxido de sódio, qual produto predomina, C ou D? Explique a sua escolha.

11.39 Represente os produtos obtidos quando 3,3,6-trimetilciclo-hexeno é tratado com NBS e irradiado com luz ultravioleta.

11.40 Quando o 2-metilpropano é tratado com bromo na presença de luz ultravioleta, um produto predomina.

(a) Identifique a estrutura do produto.
(b) Represente a estrutura do produto secundário esperado.
(c) Represente o mecanismo para a formação do produto principal.
(d) Represente o mecanismo para a formação do produto secundário.
(e) Utilizando o mecanismo que você acabou de representar, explique por que esperamos muito pouco do produto secundário.

11.41 Considere a estrutura da seguinte substância:

(a) Quando essa substância é tratada com bromo sob condições que favoreçam a monobromação, dois produtos estereoisoméricos são obtidos. Represente-os e identifique se são enantiômeros ou diastereoisômeros.
(b) Quando essa substância é tratada com bromo sob condições que favoreçam a dibromação, três estereoisômeros são obtidos. Represente-os e explique por que há apenas três produtos e não quatro.

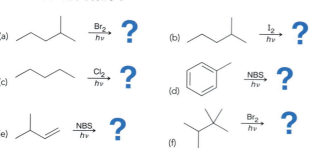

PROBLEMAS INTEGRADOS

11.42 A velocidade com que dois radicais metila acoplam para formar etano é significativamente maior que a velocidade com que dois radicais *terc*-butila acoplam. Ofereça duas explicações para essa observação.

11.43 Quantos isômeros constitucionais são obtidos quando cada uma das substâncias vistas a seguir sofre monocloração?

(a)   (b)   (c)

(d)   (e)   (f)

(g)   (h)   (i)

(j)

11.44 Utilizando acetileno e 2-metilpropano como suas únicas fontes de átomos de carbono, proponha uma síntese plausível para $CH_3COCH_2CH(CH_3)_2$. Você necessitará utilizar muitas reações dos capítulos anteriores.

11.45 Proponha uma síntese eficiente para cada uma das transformações vistas a seguir. Você poderá achar útil rever a Seção 11.13 antes de fazer este problema.

(a) ciclopentano → clorociclopentano

(b) ciclopentano → iodociclopentano

(c) ciclopentano → ciclopenteno

(d) ciclo-hexano → trans-1,2-dibromociclo-hexano + En

(e) metilciclo-hexano → 1-metilciclo-hexeno

11.46 Considere as duas substâncias vistas a seguir. A monocloração de uma destas substâncias produz o dobro de produtos estereoisoméricos que a monocloração da outra. Represente os produtos de cada caso e identifique qual a substância que fornece um número maior de produtos na cloração.

11.47 Quando o butano reage com Br_2 na presença de Cl_2, produtos de bromação e cloração são obtidos. Nessas condições a seletividade usual da bromação não é observada. Em outras palavras, a razão de 2-bromobutano para 1-bromobutano é similar à razão de 2-clorobutano para 1-clorobutano. Você pode fornecer uma explicação da razão de não observarmos a seletividade normal esperada da bromação?

11.48 Quando um acil-peróxido sofre clivagem homolítica, os radicais formados podem liberar dióxido de carbono formando radicais alquila:

Um acil-peróxido

Utilizando essa informação, proponha um mecanismo para a formação de cada um dos seguintes produtos:

11.49 Considere o seguinte processo radicalar, chamado reação de acoplamento tiol-eno, em que um alqueno é tratado com um tiol (RSH) na presença de um iniciador radicalar:

(a) Represente um mecanismo plausível para esse processo, mostrando as etapas de iniciação e propagação.

(b) Os bioquímicos estão cada vez mais interessados em utilizar reações orgânicas para modificar proteínas (Capítulo 26, do Volume 2) e estudar o seu comportamento. A reação de acoplamento tiol-eno foi recentemente usada para acoplar proteínas juntas em um esforço para elucidar a função de enzimas específicas (*J. Am. Chem. Soc.*, **2012**, *134*, 6916–6919). Preveja o produto que é esperado quando as seguintes proteínas sofrem uma reação de acoplamento tiol-eno:

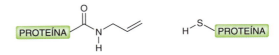

DESAFIOS

11.50 Amostras comerciais de pentaceno (**A**) contêm geralmente pequenas quantidades de impurezas, incluindo 6,13-di-hidropentaceno (**B**). Após a sublimação por vácuo a alta temperatura (>300°C), uma série de reações radicalares são iniciadas levando à formação do peripentaceno (**F**) (*J. Am. Chem. Soc.* **2007**, *129*, 6536–6546). Várias das etapas iniciais de um mecanismo proposto desta conversão são mostradas a seguir. Represente setas curvas consistentes com as mudanças de ligação para cada uma das seguintes etapas: **A** + **B** → 2 **C**; **C** + **C** → **D**; **C** + **A** → **E**.

11.51 O haleto de alquila 1-bromopropano é uma de várias substâncias que está sendo considerada um solvente de limpeza industrial, substituindo os clorofluorocarbonos. Em um estudo computacional dos seus produtos de oxidação atmosférica, a bromoacetona (estrutura a seguir) foi determinada como o produto principal (*J. Phys. Chem. A* **2008**, *112*, 7930–7938). O mecanismo proposto envolve quatro etapas: (1) de abstração de um hidrogênio por um radical OH, (2) formação de um radical peróxido por acoplamento com O_2, (3) abstração de um átomo de oxigênio pelo NO, formando, assim, NO_2 e um radical alcóxido, e (4) a abstração de um átomo de hidrogênio pelo O_2. Represente o mecanismo que é consistente com essa descrição.

11.52 Uma estratégia para a síntese de sistemas de anéis policíclicos complicados envolve processos de ciclização mediada por radicais. Por exemplo, quando o radical visto a seguir é gerado, ele sofre uma ciclização espontânea para produzir dois novos radicais (*J. Am. Chem. Soc.* **1986**, *108*, 1708–1709). Proponha um mecanismo plausível para explicar a formação de cada sistema de anel tricíclico.

11.53 Os compostos com a estrutura ArN=NCON=NAr (onde Ar representa um grupo aromático) são usados em formulações para telas de cristais líquidos, bem como para os interruptores ópticos e armazenamento de imagem devido à sua alta resolução e sensibilidade. Entretanto, descobriu-se recentemente que, após irradiação com luz em 350 nm, bisfenil carbodiazona (PhN=NCON=NPH) sofre decomposição homolítica para dar radicais que podem ser capturados com um radical tetrametilpiperidinoxil (TEMPO) (*Tetrahedron Lett.* **2006**, *47*, 2115–2118). Proponha um mecanismo que explique a formação de todos os três produtos a partir desse processo, mostrado a seguir.

11.54 Como foi visto neste capítulo, hidrocarbonetos normalmente não sofrem iodação radicalar na presença de I_2 (substância **2a**). Além disso, a halogenação radicalar (mesmo a cloração) de hidrocarbonetos tensionados, como o cubano (**1**), é problemática se a reação produz um radical halogêneo (X•). Um método alternativo evita esses dois problemas através da substituição do halogêneo elementar, X_2, por um tetra-halometano, (*J. Am. Chem. Soc.* **2001**, *123*, 1842–1847). A reação é iniciada pela formação de um radical tri-halometila, •CX_3.

(a) Proponha um ciclo de propagação para a produção de iodocubano (**3**) a partir do cubano (**1**) e tetraiodometano (**2b**).

(b) Forneça três etapas de terminação possíveis.

(c) A energia de dissociação de ligação (EDL) para o I—CI_3 é de 192 kJ/mol, enquanto que a EDL para H—CI_3 é de 423 kJ/mol. Usando essa informação, forneça um argumento termodinâmico que explica por que **2b** é um reagente de iodação eficaz enquanto **2a** não é.

11.55 O resveratrol é um antioxidante natural encontrado em uma ampla variedade de plantas, incluindo uvas, amoras e amendoim. Ele demonstra uma atividade útil contra doenças cardíacas e câncer. Na presença de um radical alcóxido (RO•), um átomo de hidrogênio é abstraído do resveratrol (*J. Org. Chem.* **2009**, *74*, 5025–5031). Preveja que átomo de hidrogênio é preferencialmente abstraído e justifique a sua escolha.

11.56 No Capítulo 2, vimos vários padrões para representar estruturas de ressonância de íons ou substâncias sem carga. Existem também vários padrões para representar estruturas de ressonância de radicais, apesar de só termos encontrado um desses padrões (radicais alílicos ou benzílicos). Outro padrão é caracterizado por um par isolado em um átomo que é adjacente a um átomo com um elétron desemparelhado, como pode ser visto no exemplo a seguir. O elétron desemparelhado é deslocalizado por ressonância, com o caráter de radical sendo espalhado sobre os átomos de nitrogênio e fósforo. Observe que o fósforo é um elemento da terceira linha, de modo que pode ter mais do que oito elétrons. Faremos uso de um par de estruturas de ressonância relacionadas neste problema.

O rearranjo mostrado a seguir (Ar = grupo aromático) representa a conversão de um sulfenato em um sulfóxido, que é iniciada por calor. Acredita-se que a transformação ocorra através de um processo de duas etapas em que a ligação C—O sofre uma clivagem homolítica, seguida por uma recombinação dos radicais resultantes de modo a formar o produto (*J. Am. Chem. Soc.* **2000**, *122*, 3367–3374):

(a) Represente um mecanismo desse rearranjo, de acordo com a descrição fornecida.
(b) Forneça uma explicação razoável para o fato de que a ligação C—O é clivada preferencialmente em relação à ligação O—S na primeira etapa do mecanismo.

11.57 A substância **2** foi usada como um intermediário-chave na síntese de oseltamivir, um agente antiviral (*J. Am. Chem. Soc.* **2006**; *128*, 6310–6311). Proponha um mecanismo plausível para a conversão de **1** em **2**, como mostrado, e explique o resultado estereoquímico:

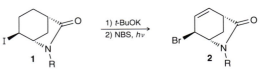

11.58 A reação de Kharasch é um processo radicalar em que o tetracloreto de carbono é adicionado através de um alqueno:

(a) Represente um mecanismo mostrando as etapas de iniciação e propagação para essa reação e explique o resultado regioquímico observado.
(b) Uma variação da reação de Kharasch foi utilizada durante a síntese de uma parte essencial do paclitaxel, um agente anticancerígeno utilizado no tratamento do câncer de mama (*Tetrahedron Lett.* **2002**, *43*, 8587–8590). Proponha um mecanismo plausível (etapas de iniciação e propagação) para esta reação de fechamento de anel, mostrada aqui:

11.59 Acredita-se que a reação formadora de anel vista a seguir (iniciada por calor) ocorre através de um mecanismo radicalar via o intermediário di-radical mostrado (*J. Am. Chem. Soc.* **2009**, *131*, 653–661). Proponha um mecanismo adequado para explicar a formação do produto a partir do intermediário di-radical.

12 Síntese

12.1 Sínteses de uma Etapa
12.2 Transformações de Grupos Funcionais
12.3 Reações que Alteram a Cadeia Carbônica
12.4 Como Abordar um Problema de Síntese
12.5 Análise Retrossintética
12.6 Dicas Práticas para Aumentar a Proficiência

VOCÊ JÁ SE PERGUNTOU...
o que são vitaminas e por que precisamos delas?

As vitaminas são nutrientes essenciais que nosso corpo necessita para funcionar corretamente, e uma deficiência de determinadas vitaminas pode levar a doenças, muitas das quais podem ser fatais. Mais adiante neste capítulo, vamos aprender mais sobre a descoberta das vitaminas, e vamos ver que a síntese em laboratório de uma determinada vitamina representou um marco na história da química orgânica sintética. Este capítulo serve como uma breve introdução à síntese orgânica.

Até este ponto no livro, só vimos um número limitado de reações (uma dúzia, no máximo). Neste capítulo, nosso modesto repertório de reações nos permitirá desenvolver um processo metódico, passo a passo, para propor sínteses. Vamos começar com os problemas de síntese de uma etapa e depois avançar para problemas mais desafiadores de síntese de várias etapas. O objetivo deste capítulo é desenvolver os fundamentos necessários para se propor uma síntese de várias etapas.

Deve-se destacar que uma síntese cuidadosamente concebida nem sempre funciona conforme planejado. Na verdade, é muito comum que uma síntese planejada com antecedência falhe, exigindo que o pesquisador elabore uma estratégia para contornar a etapa que falhou. Ao conceber uma síntese, diversos fatores têm que ser levados em consideração, incluindo (mas não se limitando a) o custo dos reagentes e a facilidade de purificação dos produtos. Uma síntese de alto rendimento pode muitas vezes ter que ser abandonada pela formação de produtos secundários insolúveis. Para os nossos propósitos neste capítulo, vamos adotar a suposição incorreta de que todas as reações abordadas nos capítulos anteriores podem ser utilizadas de forma confiável.

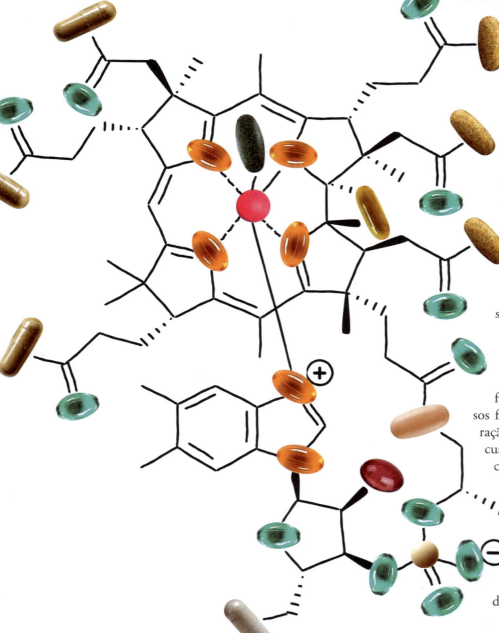

Síntese 545

VOCÊ SE LEMBRA?

Antes de avançar, tenha certeza de que você compreendeu os tópicos citados a seguir.
Se for necessário, revise as seções sugeridas para se preparar para este capítulo:

- Seleção de Reagentes para Realizar Transformações de Grupos Funcionais (Seção 7.9)
- Substituição *versus* Eliminação (Seção 8.13)
- Estratégias de Síntese para Alquenos e Alquinos (Seções 9.13, 10.11)

12.1 Sínteses de uma Etapa

Os problemas de síntese mais simples são aqueles que podem ser resolvidos em apenas uma única etapa. Por exemplo, considere a seguinte transformação:

Esta transformação pode ser realizada através do tratamento do alqueno com Br_2 em um solvente inerte, tal como o CCl_4. Outros problemas de síntese podem exigir mais do que uma única etapa, e esses problemas serão mais difíceis. Antes de abordar os problemas de síntese de várias etapas, é absolutamente essencial dominar as sínteses de uma etapa. Em outras palavras, é crítico conseguir o domínio sobre todos os reagentes descritos nas seções anteriores. Se você não consegue identificar os reagentes necessários para um problema de síntese de uma etapa, então certamente você não será capaz de resolver problemas mais complexos. Os exercícios vistos a seguir representam uma ampla revisão das reações presentes em capítulos anteriores. Esses exercícios foram concebidos para ajudar a identificar os reagentes que você ainda não consegue lembrar rapidamente.

VERIFICAÇÃO CONCEITUAL

12.1 Identifique os reagentes necessários para realizar cada uma das transformações mostradas a seguir. Se você está tendo problemas, os reagentes para essas transformações aparecem na seção de Revisão das Reações no final do Capítulo 9, mas você deve primeiro tentar identificar os reagentes sem ajuda:

546 **CAPÍTULO 12**

12.2 Identifique os reagentes necessários para realizar cada uma das transformações mostradas a seguir. Se você está tendo problemas, os reagentes para essas transformações aparecem na seção de Revisão das Reações no final do Capítulo 10, mas você deve primeiro tentar identificar os reagentes sem ajuda:

12.2 Transformações de Grupos Funcionais

Nos capítulos anteriores, desenvolvemos várias estratégias de síntese que nos permitem mudar a posição de um grupo funcional ou alterar a sua natureza. Vamos rever brevemente essas técnicas, uma vez que elas serão extremamente úteis na resolução de problemas de síntese de várias etapas.

No Capítulo 9, foi desenvolvida uma técnica para alterar a posição de um átomo de halogênio através da realização de uma reação de eliminação, seguida por uma reação de adição. Por exemplo:

Nesse processo de duas etapas, o halogênio é removido e a seguir reinserido em uma posição diferente. O resultado regioquímico de cada etapa tem de ser cuidadosamente controlado. A escolha da base na etapa de eliminação determina se o alqueno formado será o mais substituído ou o menos substituído. Na etapa de adição, a decisão se devemos utilizar peróxidos ou não irá determinar se ocorre uma adição Markovnikov ou uma adição *anti*-Markovnikov.

Como vimos no Capítulo 9, essa técnica tem que ser ligeiramente modificada quando o grupo funcional é um grupo hidroxila (OH). Nesse caso, o grupo hidroxila tem que ser convertido primeiro em um grupo de saída melhor, tal como um tosilato, e só então a técnica (eliminação seguida de adição) pode ser utilizada:

Depois da conversão do grupo hidroxila em um tosilato, o resultado regioquímico pode ser cuidadosamente controlado, como é resumido a seguir:

No Capítulo 9, também desenvolvemos uma técnica de duas etapas para alterar a posição de uma ligação dupla. Por exemplo:

Mais uma vez, o resultado regioquímico de cada etapa pode ser controlado através da escolha dos reagentes, como é resumido a seguir:

548 CAPÍTULO 12

A PROPÓSITO
Se o seu material de partida é um alcano, a única reação útil que você deve considerar é a halogenação radicalar.

No Capítulo 11, desenvolvemos outra técnica importante; a inserção de funcionalidade em uma substância sem grupos funcionais:

Esse procedimento, em conjunto com as outras reações abordadas nos capítulos anteriores, permite a interconversão entre ligações simples, dupla e tripla:

Em breve, aprenderemos uma nova maneira de abordar problemas de síntese (em vez de depender de algumas técnicas predefinidas). Por agora, vamos assegurar o domínio sobre as reações e as técnicas que nos permitem alterar a natureza ou a posição de um grupo funcional.

DESENVOLVENDO A APRENDIZAGEM

12.1 ALTERAÇÃO DA NATUREZA OU DA POSIÇÃO DE UM GRUPO FUNCIONAL

APRENDIZAGEM Proponha uma síntese plausível para a seguinte transformação:

SOLUÇÃO

Começamos analisando a natureza e a localização dos grupos funcionais, tanto no material de partida quanto no produto. A natureza do grupo funcional certamente mudou (um alqueno foi convertido em um haleto de alquila), assim como a posição do grupo funcional. Isso pode ser visto mais facilmente numerando-se a cadeia principal:

C-2 e C-3
estão funcionalizados

C-1
está funcionalizado

As posições C-2 e C-3 estão funcionalizadas (têm um grupo funcional) no material de partida, mas a posição C-1 está funcionalizada no produto. Portanto, a posição e a natureza do grupo funcional têm de ter sofrido alteração. Isto é, temos de encontrar uma maneira de funcionalizar a posição C-1 movendo o grupo funcional existente. Nós já vimos um método de duas etapas para mudar a posição de uma ligação π:

Essa estratégia permite atingir o objetivo desejado de funcionalização da posição C-1, e este tipo de transformação pode ser realizada através de adição seguida de eliminação. A fim de alterar a posição da ligação π, os reagentes têm que ser cuidadosamente escolhidos para cada etapa do processo. Especificamente, uma adição *anti*-Markovnikov tem de ser seguida por uma eliminação de Hofmann:

Para a primeira etapa deste processo, aprendemos apenas duas reações que ocorrem através de adição *anti*-Markovnikov: (a) adição de HBr com peróxidos ou (b) reação de hidroboração-oxidação:

Ambas as reações produzirão uma adição *anti*-Markovnikov. Entretanto, quando a hidroboração-oxidação for usada, o grupo hidroxila resultante tem de ser convertido em seguida para um tosilato antes do processo de eliminação:

As duas rotas de síntese são válidas, embora a primeira rota possa ser mais eficiente porque exige menos etapas.

Agora que a posição C-1 foi funcionalizada, a última etapa é a inserção de um átomo de bromo na posição C-1. Isso pode ser obtido com uma adição *anti*-Markovnikov de HBr:

Em resumo, existem duas rotas de síntese plausíveis para se realizar a transformação sintética desejada:

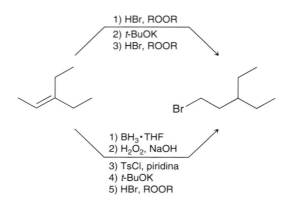

É muito comum encontrar várias rotas de síntese que podem ser usadas para realizar uma transformação desejada. Não caia na armadilha de pensar que há apenas uma solução correta para um problema de síntese. Quase sempre existem múltiplos caminhos que são viáveis.

PRATICANDO o que você aprendeu

12.3 Proponha uma síntese eficiente para cada uma das seguintes transformações:

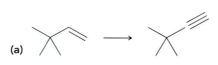

APLICANDO o que você aprendeu

12.4 Identifique os reagentes que são utilizados para converter 2-bromo-2-metilbutano em 3-metil-1-butino.

12.5 Identifique os reagentes que se utilizam para converter 1-penteno em um dibrometo geminal ("geminal" indica que os dois átomos de bromo estão ligados ao mesmo átomo de carbono).

12.6 Identifique os reagentes que você usaria para converter metilciclo-hexano em cada uma das seguintes substâncias:

(a) Um haleto de alquila terciário

(b) Um alqueno trissubstituído

(c) 3-Metilciclo-hexeno

é necessário **PRATICAR MAIS?** Tente Resolver os Problemas 12.17, 12.21, 12.22

12.3 Reações que Alteram a Cadeia Carbônica

Em todos os problemas na seção anterior, o grupo funcional modificou a sua natureza ou a sua posição, mas a cadeia carbônica sempre permaneceu a mesma. Nesta seção, vamos nos concentrar em exemplos em que a cadeia carbônica muda. Em alguns casos, o número de átomos de carbono na cadeia aumenta e, em outros casos, o número de átomos de carbono diminui.

Se o tamanho da cadeia carbônica aumenta, então é necessária uma reação de formação da ligação C—C. Até agora, só aprendemos uma reação que pode ser utilizada para introduzir um grupo alquila em uma cadeia de carbono que já existe. A alquilação de um alquino terminal (Seção 10.10) aumenta o tamanho de uma cadeia carbônica:

Com o tempo, veremos muitas outras reações de formação da ligação C—C, mas, por agora, temos visto somente uma única dessas reações. Isto deve simplificar muito os problemas nesta seção, permitindo uma transição suave para o mundo da química orgânica sintética.

Se o tamanho da cadeia carbônica diminui, então é necessária uma reação de rompimento da ligação C—C, chamada **quebra de ligação**. Mais uma vez, só vimos uma reação desse tipo. A ozonólise de um alqueno (ou de um alquino) provoca a quebra da ligação no local da ligação π:

Com o tempo, vamos ver outras reações que envolvem a quebra da ligação C—C. Por agora, o conhecimento de que só vimos uma dessas reações deve simplificar muito os problemas desta seção.

DESENVOLVENDO A APRENDIZAGEM

12.2 ALTERAÇÃO DA CADEIA CARBÔNICA

APRENDIZAGEM Identifique os reagentes que podem ser usados para realizar a seguinte transformação:

SOLUÇÃO

Contamos os átomos de carbono no material de partida e no produto desejado. Existem sete átomos de carbono no material de partida e existem nove átomos de carbono no produto. Portanto, dois átomos de carbono têm que ser inseridos. Nós só aprendemos uma reação capaz de inserir dois átomos de carbono em uma cadeia carbônica que já existe. Este processo requer a utilização de um íon alquineto e um haleto de alquila:

$$R-C\equiv C:^{\ominus} Na^{\oplus} \quad R-X \longrightarrow R-C\equiv C-R + NaX$$

Alquineto   **Haleto de alquila**

Até agora, esta reação foi sempre vista *a partir da perspectiva do alquino*. Isto é, o alquino é o material de partida, e o haleto de alquila é utilizado como um reagente na segunda etapa do processo, obtendo-se, assim, a inserção de um grupo alquila (R):

$$H-C\equiv C-H \xrightarrow[\text{2) R-X}]{\text{1) NaNH}_2} H-C\equiv C-R$$

Material de partida

Alternativamente, esta reação pode ser vista a partir da perspectiva do haleto de alquila. Isto é, o haleto de alquila é o material de partida, e um íon alquineto é usado para se obter a inserção de uma ligação tripla em uma cadeia carbônica já existente:

$$R-X \xrightarrow{Na^{\oplus} \; {}^{\ominus}:C\equiv C-H} R-C\equiv C-H$$

Material de partida

Quando visto dessa forma, o processo de alquilação é uma técnica para a introdução de um grupo acetilênico. Isso é exatamente o que é necessário para resolver este problema:

$$\text{Ciclohexil-CH}_2\text{-Br} \xrightarrow{Na^{\oplus} \; {}^{\ominus}:C\equiv C-H} \text{Ciclohexil-CH}_2\text{-C}\equiv\text{C-H}$$

Na verdade, esta única etapa fornece a resposta. Este é apenas um problema de síntese de uma etapa.

PRATICANDO o que você aprendeu

12.7 Identifique os reagentes que podem ser usados para realizar cada uma das seguintes transformações:

(a), (b), (c)

APLICANDO o que você aprendeu

12.8 Proponha uma síntese eficiente para cada uma das seguintes transformações:

(a), (b), (c)

12.9 Quando o 3-bromo-3-etilpentano é tratado com acetileto de sódio, os produtos principais são o 3-etil-2-penteno e o acetileno. Explique por que a cadeia carbônica não se altera neste caso, e justifique a formação dos produtos observados.

é necessário **PRATICAR MAIS?** Tente Resolver os Problemas 12.18, 12.19, 12.20, 12.23, 12.26

medicamente falando | Vitaminas

Vitaminas são substâncias que nosso corpo necessita para o funcionamento normal e que têm de ser obtidas a partir de alimentos. A ingestão inadequada de determinadas vitaminas causa doenças específicas. Este fenômeno foi observado muito antes que se compreendesse o papel exato das vitaminas. Por exemplo, os marinheiros que permaneciam no mar por longos períodos sofriam de uma doença chamada escorbuto, caracterizada pela perda de dentes, membros inchados e hematomas. Se não fosse tratada, a doença era fatal. Em 1747, um médico da marinha britânica, chamado James Lind, demonstrou que os efeitos do escorbuto poderiam ser revertidos comendo-se laranjas e limões. Foi reconhecido que laranjas e limões tinham que conter "algo" que nossos corpos necessitam, e o suco de limão se tornou um item normal na dieta de um marinheiro. Por esta razão, os marinheiros britânicos foram (e são) chamados de "Limeys" (devido a palavra inglesa para limão — *lime*).

Outros estudos revelaram que vários alimentos continham misteriosos "fatores de crescimento." Por exemplo, Gowland Hopkins (Universidade de Cambridge, Inglaterra) realizou uma série de experimentos em que ele controlava a dieta alimentar de ratos. Ele os alimentava com carboidratos, proteínas e gorduras (veja os Capítulos 24, 25 e 26, respectivamente, do Volume 2). Esta mistura não era suficiente para sustentar os ratos, e era necessário adicionar algumas gotas de leite na sua dieta alimentar para alcançar um crescimento sustentado. Essas experiências demonstraram que o leite continha algum ingrediente ou um fator desconhecido, que era necessário para promover o crescimento apropriado.

Observações semelhantes foram feitas por um médico holandês, Christiaan Eijkman, nas colônias holandesas na Indonésia. Enquanto investigava a causa de uma epidemia de beribéri, uma doença caracterizada pela paralisia, ele observou que as galinhas no laboratório começavam também a exibir uma forma de paralisia. Ele descobriu que elas estavam sendo alimentadas com um arroz cuja casca fibrosa havia sido removida (chamado arroz polido). Quando ele alimentava as galinhas com arroz integral, a sua condição melhorava drasticamente. Dessa maneira, portanto, ele percebeu que a casca fibrosa do arroz continha algum fator vital para o crescimento. Em 1912, o bioquímico polonês Casimir Funk isolou a substância ativa da casca de arroz. Cuidadosos estudos revelaram que a estrutura continha um grupo amino e que, portanto, pertencia a uma classe de substâncias chamadas aminas (veja o Capítulo 23, do Volume 2):

Grupo amino → NH₂

Tiamina (vitamina B₁)

Inicialmente se acreditava que todos os fatores vitais de crescimento eram aminas, por isso eles foram chamados de vitaminas (uma combinação de *vital* e *amina*). Pesquisas adicionais demonstraram que a maioria das vitaminas não possui um grupo amino, contudo, o termo "vitamina" persistiu. Por sua descoberta do papel desempenhado pelas vitaminas na nutrição, Eijkman e Hopkins foram agraciados com o Prêmio Nobel de Medicina de 1929.

As vitaminas são agrupadas em famílias com base no seu comportamento (em vez de com base na sua estrutura), sendo cada família representada por uma letra. Por exemplo, a vitamina B é uma família de muitas substâncias, cada uma das quais é representada por uma letra e um número (B_1, B_2, B_3 etc.). A tabela vista neste boxe mostra vitaminas representativas de várias famílias:

Retinol (vitamina A)
Fontes: Leite, ovos, frutas, vegetais e peixe
Doença devido a falta: cegueira noturna (veja a Seção 17.13, no Volume 2)

Tiamina (vitamina B₁)
Fontes: Fígado, batata, grãos integrais e legumes
Doença devido a falta: beribéri

Vitamina C
Fontes: Frutas cítricas, pimentão, tomate e brócolis
Doença devido a falta: escorbuto

Ergocalciferol (vitamina D₂)
Fontes: Peixe, produzida pelo corpo quando exposto a luz solar
Doença devido a falta: raquitismo (veja a Seção 17.10, no Volume 2)

Filoquinona (vitamina K₁)
Fontes: Óleo de soja, vegetais verdes e alface
Doença devido a falta: hemorragia (sangramento interno)

Os primeiros estudos revelaram a estrutura da vitamina C, o que permitiu aos químicos formularem uma estratégia de síntese para a preparação da vitamina C em laboratório. O sucesso levou à preparação da vitamina C em escala industrial. Esses primeiros sucessos encorajaram a noção de que os químicos em breve elucidariam as estruturas de todas as vitaminas e desenvolveriam métodos para a sua preparação em laboratório. A síntese da vitamina B_{12}, no entanto, se mostraria muito mais complexa, como veremos na próxima seção Medicamente Falando.

12.4 Como Abordar um Problema de Síntese

Nas duas seções anteriores, abordamos dois assuntos muito importantes: (1) transformações de grupos funcionais e (2) alteração da cadeia carbônica. Nesta seção, vamos explorar problemas de síntese que necessitam desses dois assuntos. Deste ponto em diante, todos os problemas de síntese devem ser abordados fazendo-se as duas perguntas vistas a seguir:

1. *Há uma alteração na cadeia carbônica?* Comparamos o material de partida com o produto para determinar se a cadeia carbônica ganhou ou perdeu átomos de carbono.
2. *Há uma alteração na natureza ou na posição do grupo funcional?* Um grupo funcional é convertido em outro? Muda a posição do grupo funcional?

O exemplo visto a seguir demonstra como essas duas questões devem ser aplicadas.

DESENVOLVENDO A APRENDIZAGEM

12.3 ABORDAGEM DE UM PROBLEMA DE SÍNTESE

APRENDIZAGEM Proponha uma síntese plausível para a seguinte transformação:

SOLUÇÃO

Todo problema de síntese deve sempre ser analisado através da lente das seguintes perguntas:

1. *Há uma alteração na cadeia carbônica?* A substância inicial tem cinco átomos de carbono e o produto tem sete átomos de carbono. Essa transformação exige, portanto, a inserção de dois átomos de carbono:

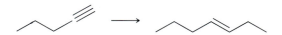

Quando numeramos os átomos de carbono, como mostrado anteriormente, não é necessário seguir as regras IUPAC para atribuir localizadores. Se estivéssemos dando o nome dessa substância, seríamos obrigados a usar localizadores adequados (a ligação tripla estaria entre C-1 e C-2, em vez de entre C-4 e C-5). Mas os números aqui são apenas ferramentas e podem ser usados da maneira que é mais fácil deles serem contados.

2. *Há uma alteração na natureza ou na posição do grupo funcional?* Certamente, a natureza do grupo funcional foi alterada (a ligação tripla foi convertida em uma ligação dupla). Portanto, investigamos a posição do grupo funcional:

Mais uma vez, esses números não são números IUPAC, em vez disso, eles são ferramentas que nos ajudam a identificar que a ligação dupla no produto ocupa a mesma posição que a ligação tripla no material de partida. Neste caso, a estrita observância ao sistema de numeração IUPAC teria sido confusa e enganosa.

Síntese   555

Através das duas questões, as seguintes tarefas foram identificadas: (1) dois átomos de carbono têm de ser inseridos e (2) a ligação tripla tem de ser convertida em uma ligação dupla na mesma posição. Para cada uma destas tarefas, é preciso determinar que reagentes devem ser utilizados:

1. Que reagentes adicionarão dois átomos de carbono à cadeia carbônica?
2. Que reagentes converterão uma ligação tripla em uma ligação dupla *trans*?

Dois átomos de carbono novos podem ser inseridos através da alquilação do alquino de partida:

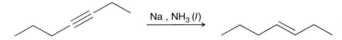

Agora que a cadeia carbônica correta foi obtida, a redução da ligação tripla pode ser realizada através de uma redução por metal dissolvido, de modo a obtermos o alqueno *trans*:

A solução para este problema requer duas etapas: (1) a alquilação do alquino seguida pela (2) conversão da ligação tripla em ligação dupla. Observe a ordem dos eventos. Se primeiro a ligação tripla tivesse sido convertida em uma ligação dupla, o processo de alquilação não iria funcionar. Apenas uma ligação tripla terminal pode ser alquilada, não uma ligação dupla terminal.

PRATICANDO o que você aprendeu

12.10 Identifique os reagentes que podem ser usados para realizar cada uma das seguintes transformações:

(a), (b), (c), (d), (e), (f)

APLICANDO o que você aprendeu

12.11 Proponha uma síntese eficiente para a seguinte transformação (são necessárias várias etapas):

12.12 Proponha uma síntese eficiente para a transformação vista a seguir. Nessa transformação a cadeia carbônica aumenta somente um átomo de carbono:

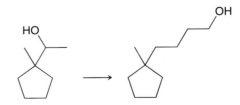

---> é necessário **PRATICAR MAIS?** Tente Resolver os Problemas 12.19–12.26

556 CAPÍTULO 12

medicamente falando | A Síntese Completa da Vitamina B₁₂

A história da vitamina B₁₂ começou quando os médicos reconheceram que a anemia, uma doença fatal causada por uma baixa concentração de células vermelhas do sangue, podia frequentemente ser tratada eficazmente alimentando-se o paciente com fígado. Esta descoberta provocou uma corrida para extrair as substâncias no fígado e isolar a vitamina capaz de tratar algumas formas de anemia. Em 1947, a vitamina B₁₂ foi isolada e purificada, por Ed Rickes (um cientista trabalhando na empresa química Merck), na forma de cristais de cor vermelho-profundo. Os esforços se concentraram então na determinação da estrutura. Algumas características estruturais foram inicialmente elucidadas, mas a estrutura completa foi determinada por Dorothy Crowfoot Hodgkin (Oxford University, Inglaterra), utilizando cristalografia de raios X. Ela encontrou que a estrutura da vitamina B₁₂ é construída sobre um anel corrina, que é semelhante ao anel de porfirina presente na clorofila, o pigmento verde que as plantas usam para a fotossíntese (veja a figura presente neste boxe).

O anel corrina da vitamina B₁₂ é também constituído por quatro heterociclos (anéis contendo um heteroátomo, tal como o nitrogênio), unidos entre si em um macrociclo. Entretanto, o anel corrina da vitamina B₁₂ é construído em torno de um átomo de cobalto central em vez de o magnésio da clorofila, e a vitamina B₁₂ contém muito mais centros de quiralidade do que a clorofila. A determinação desta estrutura complexa expandiu os limites da cristalografia de raios X, que até então não havia sido utilizada para elucidar uma estrutura tão complexa. Hodgkin foi uma pioneira no campo da cristalografia de raios X e identificou as estruturas de muitas e importantes substâncias bioquímicas. Por seus esforços, ela foi premiada com o Prêmio Nobel de Química, em 1964.

Com a estrutura da vitamina B₁₂ elucidada, o palco estava montado para a sua síntese completa. Nessa época, a complexidade da vitamina B₁₂ representava o maior desafio para os químicos orgânicos sintéticos, e um par de talentosos químicos orgânicos sintéticos achou esse desafio irresistível. Robert B. Woodward (Harvard University, EUA) já era o principal personagem no campo da síntese em química orgânica, com suas sínteses completas bem-sucedidas de muitos e importantes produtos naturais, incluindo quinino (usado no tratamento da malária), colesterol e cortisona (esteroides que serão discutidos na Seção 26.6, do Volume 2), estricnina (veneno), reserpina (um tranquilizante) e clorofila. Com essas conquistas impressionantes em seu currículo, Woodward ansiosamente abraçou o desafio da vitamina B₁₂. Ele começou a trabalhar nos métodos para a construção do anel corrina, bem como da estereoquimicamente exigente cadeia lateral. Enquanto isso, Albert Eschenmoser (na ETH em Zurique, Suíça) também estava trabalhando em uma síntese da vitamina B₁₂. Entretanto, os dois pesquisadores estavam desenvolvendo diferentes estratégias para a construção do anel corrina. A rota A → B de Woodward envolvia a formação do macrociclo entre os anéis A e B, enquanto a rota A → D de Eschenmoser envolvia a formação do macrociclo entre os anéis A e D:

Clorofila a	Vitamina B₁₂

(Anel de porfirina) (Anel corrina)

Abordagem A→B
A macrociclização ocorre entre os anéis A e B

Abordagem A→D
A macrociclização ocorre entre os anéis A e D

Durante o desenvolvimento de cada um dos caminhos reacionais, surgiram obstáculos inesperados que exigiram o desenvolvimento de novas estratégias e técnicas. Por exemplo, Eschenmoser tinha demonstrado com sucesso um método para o acoplamento de heterociclos, permitindo a construção de um sistema corrina simples (sem os grandes grupos laterais volumosos encontrados na vitamina B_{12}), no entanto, esta abordagem falhou para acoplar os heterociclos que precisavam ser unidos para formar o anel corrina da vitamina B_{12}. Esta falha foi atribuída ao impedimento estérico dos substituintes em cada heterociclo. Para contornar o problema, Eschenmoser desenvolveu um método engenhoso através do qual ele uniu dois anéis em conjunto com uma ponte provisória de enxofre. Ao fazer isso, o processo tornou-se um processo de acoplamento *intra*molecular, em vez de um processo *inter*molecular (veja anteriormente).

A ponte de enxofre foi prontamente eliminada durante o processo de acoplamento, e o processo global se tornou conhecido como "contração de sulfeto." Este é apenas um exemplo das soluções criativas que os químicos sintéticos têm de desenvolver quando uma rota de síntese planejada falha. Uma série de obstáculos ainda teve que ser enfrentada por Woodward e Eschenmoser, e uma parceria foi feita em 1965 para enfrentar o problema juntos. Na verdade, esse foi o mesmo ano em que Woodward foi agraciado com o Prêmio Nobel de Química por suas contribuições para o campo da química orgânica sintética.

Woodward e Eschenmoser continuaram a trabalhar juntos por mais sete anos, muitas vezes passando um ano inteiro otimizando as condições para uma etapa individual. O esforço intenso, que envolveu cerca de 100 alunos de pós-graduação que trabalharam por uma década, acabaria por ser recompensado. A equipe de Woodward completou a montagem da cadeia lateral estereoquimicamente exigente, e os dois grupos combinaram alguns dos melhores métodos e práticas desenvolvidos durante estudos destinados a construção do sistema corrina. As peças foram finalmente unidas entre si, e a síntese foi completada para produzir a vitamina B_{12}, em 1972. Este marco representa uma das maiores conquistas da história da química orgânica sintética, e demonstrou que os químicos orgânicos podiam produzir uma substância, independentemente da complexidade, desde que tivessem tempo suficiente.

Durante sua jornada em direção à síntese completa da vitamina B_{12}, Woodward encontrou uma classe de reações que eram conhecidas ocorrerem com resultados estereoquímicos inexplicáveis. Junto com seu colega Roald Hoffmann, ele desenvolveu uma teoria e um conjunto de regras que conseguiam explicar os resultados estereoquímicos de toda uma área da química orgânica chamada reações pericíclicas. Essa classe de reações será abordada no Capítulo 17, do Volume 2, juntamente com as chamadas regras de Woodward-Hoffmann utilizadas para descrever e prever os resultados estereoquímicos para essas reações. O desenvolvimento dessas regras levou a outro Prêmio Nobel, em 1981, que provavelmente Woodward dividiria se não tivesse morrido dois anos antes.

A história da vitamina B_{12} é um maravilhoso exemplo de como a química orgânica avança. Durante a síntese completa de uma substância estruturalmente complexa, existe inevitavelmente um ponto em que a rota planejada falha, requerendo um método criativo para contornar o obstáculo. Desse modo, novas ideias e técnicas estão constantemente sendo desenvolvidas. Nas décadas seguintes, desde a síntese completa da vitamina B_{12}, milhares de alvos sintéticos, a maioria deles farmacêuticos, foram atingidos. Novas técnicas, reagentes e princípios constantemente surgem a partir desses empreendimentos. Com o tempo, os alvos sintéticos estão ficando mais e mais complexos, e os principais pesquisadores no campo da química orgânica estão constantemente expandindo os limites da química orgânica sintética, que continua a evoluir diariamente.

12.5 Análise Retrossintética

À medida que avançamos através do livro e aumenta o nosso repertório de reações, os problemas de síntese vão se tornando cada vez mais desafiadores. Para enfrentar esses desafios, uma abordagem modificada será necessária. As mesmas duas questões fundamentais (como descritas na seção anterior) continuarão a servir como um ponto de partida para a análise de todos os problemas de síntese, mas em vez de tentar identificar a primeira etapa da síntese, começamos tentando identificar a última etapa da síntese. A análise do problema de síntese visto a seguir ilustra esse processo:

Um álcool   Um alquino

Em vez de focar a nossa atenção no que pode ser feito com um álcool, que finalmente acabará por levar a um alquino, vamos nos concentrar nas reações que podem gerar um alquino:

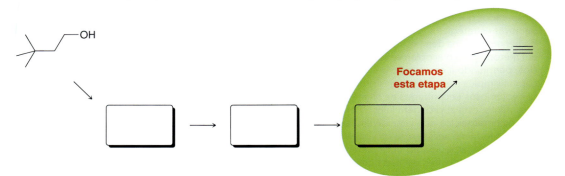

Os químicos têm usado essa abordagem intuitiva por muitos anos, mas E. J. Corey (Harvard University, EUA) foi o primeiro a desenvolver um conjunto sistemático de princípios para a aplicação desta abordagem, que ele chamou de **análise retrossintética**. Vamos usar a análise retrossintética para resolver o problema anterior.

Sempre temos que começar determinando se existe uma alteração na cadeia carbônica: seja na natureza do grupo funcional ou na localização do grupo funcional. Neste caso, tanto o material de partida quanto o produto contêm seis átomos de carbono e a cadeia carbônica não se altera neste exemplo. Entretanto, há uma mudança no grupo funcional. Especificamente, um álcool é convertido em um alquino, mas permanece na mesma posição na cadeia. Nós não aprendemos uma maneira de fazer isso em apenas uma etapa. Na verdade, usando as reações vistas até agora, essa transformação não pode ser realizada mesmo em duas etapas. Assim, abordamos este problema olhando *para trás* e perguntamos: "Como são produzidas ligações triplas?" Nós vimos somente uma maneira de fazer uma ligação tripla. Especificamente, um di-haleto sofre duas sucessivas eliminações E2 na presença de excesso de NaNH$_2$ (Seção 10.4). Qualquer um dos três di-haletos vistos a seguir poderia ser usado para formar o alquino desejado:

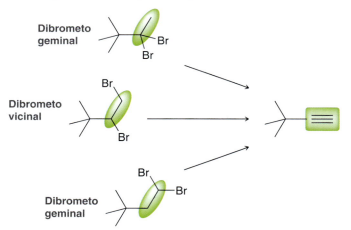

Os dibrometos geminados podem ser descartados, porque só vimos uma maneira de fazer um di-haleto geminal, e isso foi a partir de um alquino. Nós certamente não queremos começar com um alquino, a fim de produzir o mesmo alquino:

Portanto, a última etapa da nossa síntese tem de ser a formação do alquino a partir de um di-haleto *vicinal*:

Uma seta retrossintética especial é usada pelos químicos para indicar esse tipo de pensamento "para trás":

Este alquino   **deste brometo**
pode ser obtido a partir...

Não seja confundido por essa seta retrossintética. Ela indica um caminho sintético hipotético *pensando-se para trás* a partir do produto (alquino). Em outras palavras, a figura anterior deve ser lida como: "Na última etapa da nossa síntese, o alquino *pode ser produzido a partir de* um dibrometo vicinal."

Agora vamos tentar ir para trás mais um passo. Nós aprendemos apenas uma maneira de fazer um di-haleto vicinal, começando com um alqueno:

Pode ser obtido a partir de:

Alqueno

Observe novamente a seta retrossintética. A figura indica que o dibrometo vicinal pode ser obtido a partir de um alqueno. Em outras palavras, o alqueno pode ser usado como um precursor para preparar o dibrometo desejado.

Portanto, nossa análise retrossintética, até agora, mostra:

Produto

Alqueno

Este esquema indica que o produto (alquino) pode ser preparado a partir do alqueno. Esta sequência de eventos representa uma das estratégias discutidas anteriormente neste capítulo — a conversão de uma ligação dupla em uma ligação tripla:

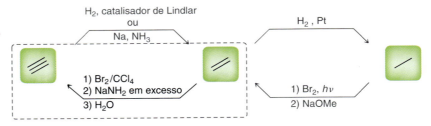

A fim de completar a síntese, o material de partida tem de ser convertido no alqueno. Neste ponto, podemos pensar para frente, na tentativa de convergir com a rota revelada pela análise retrossintética:

Essa etapa pode ser realizada com uma eliminação E2. Basta lembrar que o grupo hidroxila tem de ser primeiro convertido em um tosilato (um grupo de saída melhor). Em seguida, uma eliminação E2 produzirá um alqueno, que faz a ponte entre o material de partida e o produto:

A síntese parece completa. Entretanto, antes de enunciar a resposta, é sempre útil rever todas as etapas propostas e certificarmo-nos que a regioquímica e a estereoquímica de cada etapa conduzirão ao produto desejado sob a forma de um *produto principal*. Seria ineficaz envolver quaisquer etapas que implicariam a formação de um produto secundário. Só devemos usar as etapas que formam o produto desejado como o produto principal. Depois de analisar cada etapa da síntese proposta, a resposta é escrita da seguinte forma:

DESENVOLVENDO A APRENDIZAGEM

12.4 ANÁLISE RETROSSINTÉTICA

APRENDIZAGEM Proponha uma síntese plausível para cada uma das seguintes transformações:

SOLUÇÃO

(a) Primeiro determinamos se existe uma alteração na cadeia carbônica. A substância de partida tem quatro átomos de carbono, enquanto o produto tem seis. Essa transformação exige, portanto, a inserção de dois átomos de carbono.

Como já vimos muitas vezes neste capítulo, o único método que aprendemos para alcançar esta transformação é a alquilação de um alquino terminal. Nossa síntese tem de envolver, portanto, uma etapa de alquilação. Isso deve ser levado em conta quando se realiza uma análise retrossintética.

Em segundo lugar, é necessário determinar se existe uma alteração na natureza ou na posição do grupo funcional. Neste caso, o grupo funcional mudou tanto a sua natureza quanto a sua posição. O produto é um aldeído. Como pode ser visto na Seção 10.7, um aldeído pode ser obtido através da hidroboração-oxidação de um alquino. Como mostrado com a seta retrossintética, um alquino terminal pode ser convertido em um aldeído.

Pode ser obtido a partir de:

Continuando com a análise retrossintética, temos de considerar a etapa que pode ser usada para produzir o alquino. Lembre-se de que a síntese tem que ter uma etapa que envolve a alquilação de um alquino. Propomos, portanto, a seguinte etapa retrossintética:

Pode ser obtido a partir de:

Essa etapa realiza a inserção desejada de dois átomos de carbono.

Para completar a síntese, só precisamos fazer a ponte entre o material de partida e o haleto de alquila:

Trabalhando agora para a frente, é evidente que a transformação necessária pode ser obtida com uma adição *anti*-Markovnikov, o que pode ser realizado com HBr na presença de peróxidos. Em resumo, propomos a síntese vista a seguir.

1) HBr, ROOR
2) H—C≡CNa
3) R₂BH
4) H₂O₂, NaOH

(b) Sempre começamos determinando se existe uma alteração na cadeia carbônica. A substância inicial tem uma cadeia de dois átomos de carbono ligada ao anel, enquanto o produto tem uma cadeia de três átomos de carbono ligada ao anel:

Essa transformação exige, portanto, a inserção de um átomo de carbono.

Em seguida determinamos se existe uma alteração na natureza ou na posição do grupo funcional. Neste caso, a natureza do grupo funcional não se altera, mas a sua posição muda.

A fim de alcançar a mudança necessária na cadeia carbônica, a nossa síntese tem de envolver um alquino que será alquilado e, em seguida, convertido no produto. Trabalhando para trás, vamos nos concentrar no alquino:

O produto pode ser obtido a partir deste alquino através de uma redução por metal dissolvido. Lembre-se da razão para ir, em primeiro lugar, através do alquino: para introduzir um átomo de carbono através do processo de alquilação. As duas últimas etapas da nossa síntese podem, portanto, ser escritas da seguinte forma, utilizando setas retrossintéticas:

Agora, temos de realizar a etapa que está faltando:

Para realizar essa etapa, uma ligação dupla tem de ser convertida em uma ligação tripla e sua posição tem que ser alterada. Não podemos convertê-la em uma ligação tripla na sua posição atual; isso daria um carbono pentavalente, o que é impossível:

Nunca represente um átomo de carbono com cinco ligações

> ### ATENÇÃO
> Nunca represente um carbono pentavalente porque isso violaria a regra do octeto. Lembre-se de que o carbono tem apenas quatro orbitais que formam ligações e, como consequência, nunca pode formar mais do que quatro ligações:

Precisamos primeiro mover a posição da ligação dupla e só então converter a ligação dupla em uma ligação tripla. A posição da ligação dupla pode ser alterada por meio da técnica discutida anteriormente no capítulo — adição seguida de eliminação:

Preste atenção na regioquímica em cada caso. Na primeira etapa, uma adição *anti*-Markovnikov de HBr é necessária, portanto, peróxidos são necessários. Em seguida, na segunda etapa, o produto de Hofmann (o alqueno menos substituído) é necessário, portanto, uma base estereoquimicamente impedida é necessária:

Vamos resumir o que temos até agora, trabalhando para a frente.

Para realizar a etapa que está faltando, uma ligação dupla deve ser convertida em uma ligação tripla. Mais uma vez, esta é uma das técnicas revistas anteriormente neste capítulo. Essa transformação é obtida através de bromação do alqueno seguida por duas reações sucessivas de eliminação para produzir um alquino.

Em resumo, a transformação desejada pode ser conseguida com os seguintes reagentes:

1) HBr, ROOR
2) *t*-BuOK
3) Br₂/CCl₄
4) NaNH₂ em excesso
5) H₂O
6) NaNH₂
7) MeI
8) Na, NH₃ (*l*)

PRATICANDO o que você aprendeu

12.13 Proponha uma síntese plausível para cada uma das seguintes transformações:

APLICANDO o que você aprendeu

12.14 Usando acetileno como sua única fonte de átomos de carbono, proponha uma síntese do *trans*-5-deceno:

12.15 Usando acetileno como sua única fonte de átomos de carbono, proponha uma síntese do *cis*-3-deceno:

12.16 Usando acetileno como sua única fonte de átomos de carbono, proponha uma síntese do pentanal (observação: o pentanal tem um número ímpar de átomos de carbono, enquanto o acetileno tem um número par de átomos de carbono):

------> é necessário **PRATICAR MAIS?** Tente Resolver os Problemas 12.19-12.26

falando de modo prático | Análise Retrossintética

Até agora, só temos explorado um número limitado de reações e, portanto, a complexidade do problema de síntese é limitada. Nesta fase, pode ser difícil ver por que a análise retrossintética é tão importante. Entretanto, à medida que expandirmos nosso repertório de reações vamos começar a explorar a síntese de estruturas mais sofisticadas, e a necessidade da análise retrossintética se tornará mais evidente.

Inicialmente, E. J. Corey desenvolveu sua metodologia retrossintética quando era membro do corpo docente da Universidade de Illinois, EUA. Durante seu ano sabático, que ele passou na Universidade de Harvard, EUA, ele compartilhou suas ideias com Robert Woodward (o mesmo Woodward que desenvolveu uma síntese completa da vitamina B_{12}, descrito no boxe Medicamente Falando anterior). Corey demonstrou suas ideias apresentando uma análise retrossintética do longifoleno, uma substância natural cuja síntese era desafiadora por causa de sua estrutura tricíclica única. A figura vista a seguir mostra a ligação no longifoleno a ser rompida. Esta ligação estratégica foi identificada por Corey:

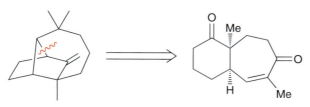

Longifoleno

Os grupos funcionais no precursor servem como alças permitindo a formação da ligação estratégica (utilizando uma reação que exploraremos no Capítulo 22, do Volume 2). O longifoleno representou um excelente exemplo da potência da abordagem retrossintética de Corey. Para a maioria das ligações no longifoleno, o rompimento iria produzir um precursor tricíclico complexo. Isto é, não há muitas ligações estratégicas que podem ser rompidas para fornecer um precursor simples. Woodward ficou impressionado com as ideias de Corey e imediatamente reconheceu que Corey logo seria um dos principais pesquisadores no campo da síntese em química orgânica. Isso provavelmente desempenhou um grande papel na oferta que Corey recebeu posteriormente para se juntar como professor ao departamento de química na Universidade de Harvard.

Corey continuou desenvolvendo suas ideias e estabeleceu um conjunto de regras e princípios para a proposta de análise retrossintética. Ele também passou muito tempo criando programas de computador para auxiliar os químicos na execução da análise retrossintética. É claro que os computadores não podem substituir o químico completamente, pois o químico tem que ter o discernimento e a criatividade na determinação de quais as ligações estratégicas que têm de ser rompidas. Além disso, o químico tem que apresentar criatividade quando uma rota planejada dá errado. Esta é a forma, como discutido no boxe anterior, como novas ideias, reagentes e técnicas são desenvolvidos. Corey utilizou a sua abordagem para a síntese completa de dezenas de substâncias. No processo, ele desenvolveu muitos reagentes novos, novas estratégias e reações que agora levam seu nome. Corey foi fundamental no desenvolvimento do campo da química orgânica sintética. Agora, a análise retrossintética é ensinada a todos os estudantes de química orgânica. De modo semelhante, quase todos os artigos de síntese completa na literatura química começam com uma análise retrossintética. Por suas contribuições para o desenvolvimento da química orgânica sintética, Corey foi agraciado com o Prêmio Nobel de Química em 1990.

12.6 Dicas Práticas para Aumentar a Proficiência

Organização de uma "Caixa de Ferramentas" para Sínteses de Reações

Todas as reações neste livro representam coletivamente sua "caixa de ferramentas" para propor sínteses. Será muito útil preparar duas listas paralelas que se seguem as duas questões que têm de ser consideradas em cada problema de síntese (*alteração na cadeia carbônica e alteração no grupo funcional*). A primeira lista deve conter as reações que formam ligações C—C e as reações que quebram ligações C—C. Neste momento, esta lista é muito pequena. Só vimos uma reação de cada tipo: alquilação de alquinos para formar ligações C—C e ozonólise para quebrar ligações C—C. À medida que o livro avançar, mais reações serão adicionadas à lista, que irá manter-se relativamente pequena, mas muito poderosa. A segunda lista deve conter as transformações de grupos funcionais, e será mais longa.

À medida que avançarmos ao longo do livro, ambas as listas vão crescer. Para resolver os problemas de síntese, será útil ter as reações classificadas dessa forma em sua mente.

Criando Seus Próprios Problemas de Síntese

Um método útil para praticar estratégias de síntese é a construção de seus próprios problemas. O processo de concepção de problemas, muitas vezes leva a descoberta de padrões e novas formas de pensar sobre as reações. Começamos escolhendo uma substância de partida. Para ilustrar isso, vamos começar pela escolha de uma substância de partida simples, tal como o acetileno. Então, escolhemos uma reação associada a uma ligação tripla, talvez uma alquilação:

Em seguida, escolhemos outra reação, talvez outra alquilação:

Então, tratamos o alquino com outro reagente. Veja a lista de reações de alquinos e escolha uma delas, talvez a hidrogenação com um catalisador envenenado:

Finalmente, simplesmente apague tudo, exceto a substância de partida e o produto final. O resultado é um problema de síntese:

Depois de ter criado o seu próprio problema de síntese, você pode ter um problema realmente interessante, mas não vai ser útil para você resolvê-lo. Você já sabe a resposta! No entanto, o processo de criação de seus próprios problemas de síntese será muito útil para você desenvolver as suas habilidades na área de síntese orgânica.

Depois de ter criado vários de seus próprios problemas, tente encontrar um parceiro de estudo que também esteja disposto a criar vários problemas. Vocês podem trocar problemas entre vocês, tentar resolver os problemas um do outro, e depois se juntarem para discutir as respostas. É provável que você ache esse exercício muito gratificante.

Várias Respostas Corretas

Lembre-se de que a maioria dos problemas de síntese terá inúmeras respostas corretas. Como um exemplo, a hidratação *anti*-Markovnikov de um alqueno pode ser realizada através de qualquer uma das duas rotas possíveis vistas a seguir:

A primeira rota de síntese representa a hidroboração-oxidação do alqueno para produzir a adição *anti*-Markovnikov da água. A segunda rota de síntese representa uma adição radicalar (*anti*-Markovnikov) de HBr seguida por uma reação S_N2 para substituir o halogênio por um grupo hidroxila. Cada uma dessas rotas representa uma síntese válida. À medida que aprendermos mais reações, se tornará mais comum encontrarmos problemas de síntese com várias respostas perfeitamente corretas. O objetivo deve ser sempre a eficiência. Uma síntese de três etapas será geralmente mais eficiente do que uma síntese de 10 etapas.

medicamente falando | Síntese Total do Taxol

Taxol é um potente agente anticancerígeno que foi isolado pela primeira vez a partir da casca da árvore do teixo do Pacífico (*Taxus brevifolia*), em 1967. A estrutura do taxol, também conhecido como paclitaxel, não foi elucidada até 1971, e o seu potencial anticancerígeno só foi inteiramente compreendido no final da década de 1970. O Taxol impede o crescimento do tumor, inibindo a divisão celular, ou mitose, em alguns tipos de células cancerosas; e em outros tipos de células cancerosas ele induz a morte celular, ou apoptose. O Taxol é agora comumente prescrito para o tratamento de cânceres de mama e de ovário.

produz em média um pouco mais de 0,5 g de Taxol, e é necessário pelo menos 2 g para tratar apenas um paciente. Além disso, pode levar até 100 anos para o teixo do Pacífico amadurecer e ele só é encontrado em regiões de clima temperado, como a região Noroeste do Pacífico dos Estados Unidos. Por essas razões, o teixo do Pacífico não pode servir como uma fonte prática de taxol para uso clínico.

Taxol (paclitaxel)

Um dos maiores desafios associados ao uso de Taxol como um fármaco anticancerígeno é a pequena quantidade que é produzida pela árvore de teixo do Pacífico, que é rara. Uma árvore

Para lidar com a falta de fornecimento de Taxol, vários esforços foram realizados para identificar uma fonte natural alternativa ou um método para a sua preparação. A complicada estrutura do Taxol se tornou um alvo especialmente desafiador para os químicos que se especializam na síntese de produtos naturais complexos. No início de 1994, dois grupos de pesquisa, um liderado por Robert Holton da Florida State University e outro liderado por Kyriacos Nicolaou do Scripps Research Institute, na Califórnia, informaram (com diferença de dias um do outro) a síntese do Taxol a partir de precursores simples. Embora ambas as rotas de síntese produzam Taxol, cada método envolvia várias etapas complicadas que seriam demoradas e caras para utilização na produção das grandes quantidades de Taxol necessário para o tratamento contra o câncer. Por exemplo, a síntese do Taxol de Holton dava um rendimento total de cerca de 5%. Entretanto, essas duas sínteses serviram para um propósito essencial, pois elas ajudaram a confirmar que a estrutura proposta para o Taxol natural estava de fato correta.

Apesar do sucesso das rotas sintéticas para o Taxol, os químicos continuaram a procurar outros métodos para produzir o suficiente da substância para aplicações clínicas. A pesquisa de outras fontes naturais de Taxol (ou substâncias relacionadas) resultou na identificação da 10-desacetilbacatina III nas folhas (agulhas) do teixo europeu *Taxus baccata*, uma árvores perene comum em grandes partes da Europa :

10-Desacetilbacatina III

Essa substância é semelhante em estrutura ao Taxol, e ela pode ser facilmente convertida por meio de uma transforma-

ção química que foi utilizada pelo grupo de Holton nas etapas finais da sua síntese do Taxol. Como a 10-desacetilbacatina III pode ser isolada a partir das agulhas, a planta sobrevive ao processo de colheita e pode continuar a produzir mais agulhas, tornando-a uma fonte sustentável de 10-desacetilbacatina III. Mais importante ainda, a descoberta de uma fonte de 10-desacetilbacatina III facilitou o desenvolvimento de análogos do taxol com atividade biológica diferente. Um exemplo é o Taxotere, também conhecido como docetaxel, que pode ser facilmente preparado a partir da 10-desacetilbacatina III. O Taxotere é muito eficaz no tratamento de certos tipos de câncer de mama e câncer de pulmão em que o Taxol é menos efetivo no tratamento.

Taxotere (docetaxel)

A história do Taxol serve como um poderoso exemplo de como os novos fármacos podem ser desenvolvidos através de uma combinação da descoberta de produtos naturais com a química orgânica sintética.

REVISÃO DE CONCEITOS E VOCABULÁRIO

SEÇÃO 12.1

- É essencial alcançar o domínio sobre todos os reagentes descritos nos capítulos anteriores.

SEÇÃO 12.2

- A posição de um átomo de halogênio pode ser alterada através da realização de eliminação seguida de adição.
- A posição de uma ligação π pode ser alterada através da realização de adição seguida de eliminação.
- Um alcano pode ser funcionalizado através de bromação radicalar.

SEÇÃO 12.3

- Se o tamanho da cadeia carbônica aumenta, então é necessária uma reação formadora de ligação C—C.
- Se o tamanho da cadeia carbônica diminui, então é necessária uma reação de rompimento da ligação C—C, chamada **quebra de ligação.**

SEÇÃO 12.4

- Cada problema de síntese deve ser abordado fazendo-se as seguintes perguntas:
  - Existe alguma alteração na cadeia carbônica?
  - Existe alguma alteração na natureza ou na posição do grupo funcional?

SEÇÃO 12.5

- Em uma **análise retrossintética**, a última etapa da rota de síntese é estabelecida em primeiro lugar, e as etapas restantes são determinadas, trabalhando-se para trás a partir do produto.

SEÇÃO 12.6

- A maioria dos problemas de síntese tem várias respostas corretas, embora a eficiência deva ser sempre a principal prioridade (quanto menor o número de etapas, melhor).

REVISÃO DA APRENDIZAGEM

12.1 ALTERAÇÃO DA NATUREZA OU DA POSIÇÃO DE UM GRUPO FUNCIONAL

Mudança da posição de um halogênio.

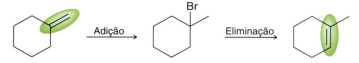

Mudança da posição de uma ligação π.

Inserção de um grupo funcional.

Interconversão entre ligações simples, dupla e tripla.

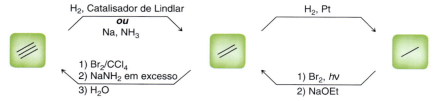

Tente Resolver os Problemas 12.3–12.6, 12.17, 12.21, 12.22

12.2 ALTERAÇÃO DA CADEIA CARBÔNICA

Formação de ligação C—C.

Quatro átomos de carbono + Três átomos de carbono → Sete átomos de carbono

Quebra de ligação C—C.

Cinco átomos de carbono → Quatro átomos de carbono + Um átomo de carbono

Tente Resolver os Problemas 12.7–12.9, 12.18, 12.19, 12.20, 12.23, 12.26

12.3 ABORDAGEM DE UM PROBLEMA DE SÍNTESE ATRAVÉS DE DUAS QUESTÕES

1. Existe alguma alteração na cadeia carbônica?
Comparamos o material de partida com o produto para determinar se a cadeia carbônica ganhou ou perdeu átomos de carbono.

2. Existe alguma alteração na natureza ou na posição do grupo funcional?
Em outras palavras, um grupo funcional é convertido em outro grupo funcional, e mudou a posição do grupo funcional?

Tente Resolver os Problemas 12.10–12.12, 12.19–12.26

12.4 ANÁLISE RETROSSINTÉTICA

Tente Resolver os Problemas 12.13–12.16, 12.19–12.26

PROBLEMAS PRÁTICOS

12.17 Identifique os reagentes necessários para realizar cada uma das seguintes transformações:

12.18 Identifique os reagentes necessários para realizar cada uma das seguintes transformações:

12.19 Usando o acetileno como sua única fonte de átomos de carbono, identifique uma rota de síntese para a produção de 2-bromobutano.

12.20 Usando o acetileno como sua única fonte de átomos de carbono, identifique uma rota de síntese para a produção de 1-bromobutano.

12.21 Proponha uma síntese plausível para cada uma das seguintes transformações:

12.22 Usando qualquer reagente que você queira, mostre uma maneira de converter 1-metilciclopenteno em 3-metilciclopenteno.

12.23 Proponha uma síntese plausível para cada uma das seguintes transformações:

12.24 Usando quaisquer substâncias que contenham dois ou menos átomos de carbono, mostre uma maneira de preparar uma mistura racêmica de (2R,3R)-2,3-di-hidroxipentano e (2S,3S)-2,3-di-hidroxipentano.

12.25 Usando quaisquer substância que contenham dois ou menos átomos de carbono, mostre uma maneira de preparar uma mistura racêmica de (2R,3S)-2,3-di-hidroxipentano e (2S,3R)-2,3-di-hidroxipentano.

12.26 Proponha uma síntese plausível para cada uma das seguintes transformações.

570 CAPÍTULO 12

PROBLEMAS INTEGRADOS

12.27 Neste capítulo vimos que um íon acetileto pode comportar-se como um nucleófilo e atacar um haleto de alquila em um processo S_N2. De modo geral, o íon acetileto pode atacar outros eletrófilos também. Por exemplo, veremos no Capítulo 14, que epóxidos se comportam como eletrófilos e estão sujeitos ao ataque de um nucleófilo. Considere a seguinte reação entre um íon acetileto (o nucleófilo) e um epóxido (o eletrófilo):

O íon acetileto ataca o epóxido, abrindo o anel tensionado de três membros e criando um íon alcóxido. Depois de a reação estar completa, uma fonte de prótons é usada para protonar o íon alcóxido. Em uma síntese, essas duas etapas têm que ser mostradas separadamente, porque o íon acetileto irá desaparecer na presença de H_2O. Usando essa informação, proponha uma síntese plausível para a substância vista a seguir usando o acetileno como sua única fonte de átomos de carbono:

12.28 No problema anterior vimos que um íon acetileto pode atacar vários eletrófilos. No Capítulo 20, do Volume 2, veremos que uma ligação C=O também pode comportar-se como um eletrófilo. Considere a seguinte reação entre um íon acetileto (o nucleófilo) e uma cetona (o eletrófilo):

O íon acetileto ataca a cetona, gerando um íon alcóxido. Depois da reação estar completa, uma fonte de prótons é usada para protonar o íon alcóxido. Em uma síntese, essas duas etapas têm que ser mostradas separadamente, porque o íon acetileto irá desaparecer na presença de H_2O. Usando essa informação, proponha uma síntese plausível para o álcool alílico, utilizando o acetileno como sua única fonte de átomos de carbono:

12.29 Identifique os reagentes que você pode usar para realizar a seguinte transformação:

12.30 Partindo do acetileno como sua única fonte de átomos de carbono, identifique como você prepararia cada membro da seguinte série homóloga de aldeídos:

(a) CH_3CHO

(b) CH_3CH_2CHO

(c) $CH_3CH_2CH_2CHO$

(d) $CH_3CH_2CH_2CH_2CHO$

12.31 Partindo do acetileno como sua única fonte de átomos de carbono, proponha uma síntese plausível para o 1,4-dioxano:

1,4-Dioxano

DESAFIOS

12.32 Em um estudo medindo os componentes voláteis de 150 libras (68,1 kg) de frango frito, um total de 130 compostos distintos foram identificados, incluindo o alcano linear tetradecano (*J. Agric. Food Chem.* **1983**, *31*, 1287–1292). Proponha uma síntese dessa substância usando acetileno como sua única fonte de átomos de carbono.

12.33 Um estudo das substâncias contidas na fase gasosa acima de cepas de bactérias, revelou a presença de 254 substâncias orgânicas voláteis originais que representam uma vasta gama de classes estruturais. Os dois isômeros vistos a seguir foram identificados entre as substâncias (*J. Nat. Prod.* **2012**, *75*, 1765–1776). Proponha uma síntese de cada uma dessas substâncias utilizando alquenos com menos do que seis átomos de carbono como a sua única fonte de carbono.

12.34 Em um estudo de substâncias voláteis extraídas de árvores de canela nativas do Sri Lanka, foram identificadas 27 substâncias, incluindo o acetato de 3-fenilpropila (*J. Agric. Food Chem.* **2003**, *51*, 4344–4348). Proponha uma síntese em várias etapas desta substância usando tolueno e quaisquer reagentes de dois carbonos como suas únicas fontes de carbono.

Acetato de 3-fenilpropila ⟹ **Tolueno** + **Fontes de carbono** Outros reagentes de 2C

12.35 O composto acetato de (*Z*)-hexenila é uma das várias substâncias de sinalização orgânicas voláteis liberadas a partir de folhas de *Arabidopsis* quando elas são danificadas (*Nat. Prod. Rep.* **2012**, *29*, 1288–1303). Proponha uma síntese dessa substância usando etileno

(H$_2$CRCH$_2$) e ácido acético (CH$_3$CO$_2$H), como suas únicas fontes de átomos de carbono. Utilize a reação descrita no Problema 12.27 como uma das etapas da síntese.

Acetato de (Z)-hexenila

12.36 Kakkon é a raiz de uma planta asiática que tem sido tradicionalmente usada na medicina chinesa. Ela tem um odor frutado, avinhado, e é medicinal. Um estudo dos componentes voláteis da kakkon (os responsáveis pelo aroma) resultou na identificação de 33 substâncias, incluindo a 2,5-hexanodiona (*Agric. Biol. Chem.* **1988**, *52*, 1053–1055). Proponha uma síntese dessa dicetona partindo do 3,4-dimetilciclobuteno.

2,5-Hexanodiona

12.37 Quando um consumidor compra um tomate, o cheiro é um dos fatores que afetam a seleção. Por isso, pesquisadores no Japão analisaram os componentes voláteis do tomate usando um novo método. Entre a mistura complexa de 367 substâncias detectadas foram encontradas a 3-metilbutanal e a hexanal (*J. Agric. Food Chem.* **2002**, *50*, 3401–3404). Proponha uma única síntese que produza uma mistura equimolar dessas duas substâncias (quantidades iguais de ambos os produtos) começando com um álcool primário, um secundário e um terciário, cada um com menos de seis átomos de carbono. (Observe que as designações primário, secundário e terciário para os álcoois são análogas às dos haletos de alquila.)

3-Metilbutanal   **Hexanal**

12.38 4-Metilpentanoato de metila é uma das 120 substâncias voláteis identificadas em um estudo de metabólitos a partir da bactéria *Streptomyces* (*Actinomycetologica* **2009**, *23*, 27–33). Proponha uma síntese deste éster a partir do 2-metilbutano.

4-Metilpentanoato de metila

12.39 O aroma é um dos principais critérios utilizados pelos consumidores na compra de produtos alimentícios, tais como peixes. Os pesquisadores, portanto, compararam quantidades relativas de várias substâncias voláteis presentes em amostras de bagres de água doce da Europa criados em uma piscina de concreto coberta com aquelas de bagres criados em uma lagoa ao ar livre. A substância 1-penten-3-ol foi encontrada entre as 59 moléculas voláteis detectadas (*J. Agric. Food Chem.* **2005**, *53*, 7204–7211). Proponha uma síntese em várias etapas dessa substância usando acetileno como sua única fonte de carbono. Observe que você terá que usar uma reação similar à descrita na introdução do Problema 12.28.

1-Penten-3-ol

12.40 O aroma, o sabor e a qualidade geral do vinho estão intimamente ligados ao estágio de desenvolvimento das uvas de que ele é feito. A fim de desenvolver um entendimento em nível molecular desse fenômeno, os componentes voláteis das uvas cabernet sauvignon foram analisados ao longo do seu período de crescimento. Entre as muitas moléculas detectadas, a concentração de *E*-2-hexenal demonstrou aumentar lentamente por oito semanas a partir da floração da videira e a seguir uma subida rápida durante quatro semanas antes de diminuir novamente (*J. Agric. Food Chem.* **2009**, *57*, 3818–3830). Utilizando a reação descrita no Problema 12.28, proponha uma síntese da *E*-2-hexenal a partir do 1,1-dibromopentano.

(E)-2-Hexenal

12.41 A seguinte sequência de reações foi empregada durante a síntese do feromônio sexual do besouro de dermestid (*Tetrahedron* **1977**, *33*, 2447–2450). A conversão da substância **5** na substância **6** envolve a remoção do grupo THP (ROTHP → ROH), que é realizada em condições ácidas (TsOH). Forneça as estruturas das substâncias **2**, **4**, **5**, **6** e **7**:

13

Álcoois e Fenóis

13.1 Estrutura e Propriedades dos Álcoois
13.2 Acidez de Álcoois e Fenóis
13.3 Preparação de Álcoois Através de Substituição ou Adição
13.4 Preparação de Álcoois Através de Redução
13.5 Preparação de Dióis
13.6 Preparação de Álcoois Através de Reagentes de Grignard
13.7 Proteção de Álcoois
13.8 Preparação de Fenóis
13.9 Reações de Álcoois: Substituição e Eliminação
13.10 Reações de Álcoois: Oxidação
13.11 Reações Redox Biológicas
13.12 Oxidação do Fenol
13.13 Estratégias de Síntese

VOCÊ JÁ SE PERGUNTOU...
o que causa a ressaca associada a beber álcool e se algo pode ser feito para evitá-la?

Veisalgia, o termo médico para a ressaca, refere-se aos efeitos fisiológicos desagradáveis que resultam em beber álcool demais. Esses efeitos incluem dor de cabeça, náuseas, vômitos, fadiga e uma maior sensibilidade à luz e ao barulho. A ressaca é causada por uma multiplicidade de fatores. Esses fatores incluem (mas não estão limitados a) desidratação causada pela estimulação da produção de urina, a perda de vitamina B e a produção de acetaldeído no organismo. Acetaldeído é um produto da oxidação do etanol. A oxidação é apenas uma das muitas reações que os álcoois sofrem. Neste capítulo, vamos estudar os álcoois e suas reações. A seguir, vamos rever o tema da produção de acetaldeído no organismo, e vamos ver se algo pode ser feito para prevenir uma ressaca.

Álcoois e Fenóis 573

VOCÊ SE LEMBRA?

Antes de avançar, tenha certeza de que você compreendeu os tópicos citados a seguir.
Se for necessário, revise as seções sugeridas para se preparar para este capítulo.

- Acidez de Brønsted-Lowry (Seções 3.3-3.4)
- Atribuir a Configuração de um Centro de Quiralidade (Seção 5.3)

- Mecanismo e Setas Curvas (Seções 6.8-6.11)
- Reações S_N2 e S_N1 (Seções 7.4-7.8)
- Reações E2 e E1 (Seções 8.6-8.11)

13.1 Estrutura e Propriedades dos Álcoois

Álcoois são substâncias que possuem um **grupo hidroxila** (OH) e são caracterizados por nomes que terminam em "ol":

Etanol **Ciclopentanol**

Um grande número de substâncias que ocorrem naturalmente contêm o grupo hidroxila. Aqui estão apenas alguns exemplos.

Grandisol
O feromônio sexual masculino do bicudo

Cloranfenicol
Um antibiótico isolado a partir da bactéria *Streptomyces venezuelae*. Potente contra a febre tifoide

Geraniol
Isolado de rosas e gerânios. Usado em perfumes

Colesterol
Desempenha um papel vital na biossíntese de muitos esteroides

Colecalciferol (vitamina D_3)
Regula os níveis de cálcio e ajuda a formar e manter ossos fortes

O fenol é um tipo especial de álcool. Ele é constituído por um grupo hidroxila ligado diretamente a um anel fenila. Fenóis substituídos são muito comuns na natureza e exibem uma grande variedade de propriedades e funções, como pode ser visto nos exemplos a seguir.

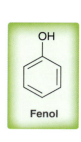
Fenol

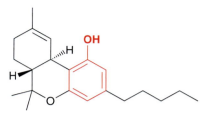

Capsaicina
A substância responsável
pelo sabor picante de pimenta

Tetraidrocanabinol (THC)
A substância psicoativa
encontrada na maconha (*cannabis*)

Urushióis
Presente nas folhas de hera
venenosa ou carvalho venenoso.
Causa irritação na pele

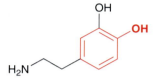
Dopamina
Um neurotransmissor que
se encontra deficiente na
doença de Parkinson

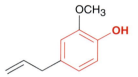
Eugenol
Isolado do cravo
e usado em perfumes
e como um aditivo de sabor

Nomenclatura

Lembre-se de que são necessárias quatro etapas discretas para nomear os alcanos, alquenos e alquinos.

1. Identificar e nomear a cadeia principal.
2. Identificar e nomear os substituintes.
3. Atribuir um localizador para cada substituinte.
4. Distribuir o nome dos substituintes em ordem alfabética.

Álcoois são nomeados com as mesmas quatro etapas e aplicando as regras vistas a seguir.

- Quando nomear a cadeia principal, substituir o sufixo "o" por "ol", para indicar a presença de um grupo hidroxila:

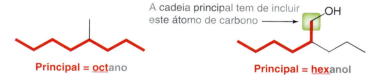

- Ao escolher a cadeia principal de um álcool, identifique a cadeia mais longa, que inclui o átomo de carbono ligado ao grupo hidroxila.

- Quando numerar a cadeia principal de um álcool, o grupo hidroxila deve receber o menor número possível, apesar da presença de substituintes alquila ou ligações π.

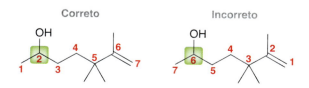

Álcoois e Fenóis 575

- A posição do grupo hidroxila é indicada através de um localizador. As regras da IUPAC, publicadas em 1979, dizem que este localizador tem de ser colocado imediatamente antes do nome principal, enquanto as recomendações da IUPAC publicadas em 1993 e 2004 permitem que o localizador seja colocado antes do sufixo "ol". Ambos são nomes aceitáveis pela IUPAC.

3-Pentanol
ou
Pentan-3-ol

- Quando um centro de quiralidade está presente, a configuração deve ser indicada no início do nome, por exemplo:

(R)-2-Cloro-3-fenil-1-propanol

- Álcoois cíclicos são numerados a partir da posição que suporta o grupo hidroxila, de modo que não há necessidade de indicar a posição do grupo hidroxila, que é entendida como estando em C-1.

Ciclopentanol   **(R)-3,3-Dimetilciclopentanol**

A nomenclatura da IUPAC reconhece os nomes comuns de muitos álcoois, tais como os três exemplos vistos a seguir:

Álcool isopropílico
(2-propanol)

Álcool *terc*-butílico
(2-metil-2-propanol)

Álcool benzílico
(fenilmetanol)

Os álcoois são também designados como primário, secundário ou terciário, dependendo do número de grupos alquila ligados diretamente à posição alfa (α) (o átomo de carbono ligado ao grupo hidroxila).

Primário   **Secundário**   **Terciário**

O termo "fenol" é usado para descrever uma substância específica (hidroxibenzeno), mas também é utilizado como o nome principal quando existem substituintes.

Fenol   **4-Cloro-2-nitrofenol**

DESENVOLVENDO A APRENDIZAGEM

13.1 NOMEANDO UM ÁLCOOL

APRENDIZAGEM Dê um nome IUPAC para o álcool visto a seguir.

SOLUÇÃO
Começamos identificando e nomeando a cadeia principal. Escolhemos a cadeia mais longa, que inclui o átomo de carbono ligado ao grupo hidroxila, e, em seguida, numeramos a cadeia de modo que o grupo hidroxila tenha o menor número possível.

ETAPA 1
Identificar e nomear a cadeia principal.

3-Nonanol

A seguir, identificamos os substituintes e atribuímos os localizadores.

ETAPAS 2 E 3
Identificação dos substituintes e atribuição das suas localizações.

4,4-Dicloro
6-Etil

ETAPA 4
Distribuição dos substituintes alfabeticamente.

Em seguida, distribuímos os substituintes alfabeticamente: 4,4-Dicloro-6-etil-3-nonanol. Antes de concluir, devemos sempre verificar para ver se há algum centro de quiralidade. Essa substância tem dois centros de quiralidade. Usando o que aprendemos na Seção 5.3, podemos atribuir a configuração R para os dois centros de quiralidade.

ETAPA 5
Atribuição da configuração de qualquer centro de quiralidade.

Portanto, o nome completo é: (3R,6R)-4,4-Dicloro-6-etil-3-nonanol.

PRATICANDO o que você aprendeu

13.1 Forneça um nome IUPAC para cada um dos seguintes álcoois:

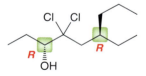

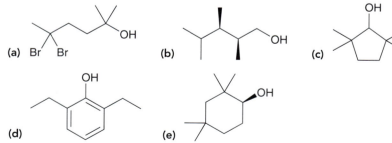

APLICANDO o que você aprendeu

13.2 Represente a estrutura de cada uma das seguintes substâncias:
(a) (R)-3,3-Dibromociclo-hexanol   (b) (S)-2,3-Dimetil-3-pentanol

é necessário **PRATICAR MAIS?** Tente Resolver os Problemas 13.30-13.31a-d,f, 13.32

Álcoois Importantes Comercialmente

Metanol (CH_3OH) é o mais simples dos álcoois. É tóxico e a sua ingestão, mesmo em pequenas quantidades, pode causar cegueira e morte. O metanol pode ser obtido a partir do aquecimento de madeira na ausência de ar, sendo por isso chamado de "álcool de madeira". Industrialmente, o metanol é preparado através da reação entre o dióxido de carbono (CO_2) e o hidrogênio gasoso (H_2) na presença de catalisadores apropriados. A cada ano, os Estados Unidos produzem cerca de 7 milhões de litros de metanol, que é usado como um solvente e como um precursor para a produção de outras substâncias comercialmente importantes.

O metanol pode também ser usado como um combustível para motores de combustão de grande potência. Na segunda volta da corrida de 500 Milhas de Indianápolis em 1964, um acidente grave envolvendo sete carros resultou em um grande incêndio que causou a morte de dois pilotos. Esse acidente foi a origem da decisão de que todos os carros de corrida mudassem de motores à gasolina para motores movidos a metanol, porque incêndios com metanol não produzem fumaça e são mais facilmente extintos. Em 2006, a corrida de 500 Milhas de Indianápolis esteve ligada novamente à escolha de combustíveis para os carros de corrida, neste caso substituindo-se o metanol pelo etanol.

Etanol (CH_3CH_2OH), também chamado álcool de grãos, é produzido a partir da fermentação de cereais, frutos, ou cana-de-açúcar, um processo que tem sido largamente utilizado há milhares de anos. Industrialmente, o etanol é obtido através da hidratação de etileno catalisada por ácido. Todos os anos, os Estados Unidos produzem cerca de 18 bilhões de litros de etanol, que é utilizado como solvente e como um precursor para a produção de outras substâncias comercialmente importantes. O etanol, que é próprio para beber, é altamente tributado pela maioria dos governos. Para evitar esses impostos, o etanol de grau industrial é contaminado com pequenas quantidades de substâncias tóxicas (tais como metanol) que tornam a mistura imprópria para consumo humano. A solução resultante é chamada de "álcool desnaturado".

O isopropanol, também chamado de álcool isopropílico, é produzido industrialmente por meio da hidratação de propileno catalisada por ácido. O isopropanol tem propriedades antibacterianas e é utilizado como um antisséptico local. Produtos de esterilização contêm normalmente uma solução de isopropanol em água. O isopropanol também é usado como um solvente industrial e como um aditivo de gasolina.

Propriedades Físicas dos Álcoois

As propriedades físicas dos álcoois são bastante diferentes das propriedades físicas dos alcanos ou haletos de alquila. Por exemplo, compare os pontos de ebulição do etano, do cloroetano e do etanol.

Etano
p.eb. = −89°C

Cloroetano
p.eb. = 12°C

Etanol
p.eb. = 78°C

O ponto de ebulição do etanol é muito mais elevado do que os das outras duas substâncias por causa das interações, através de ligação de hidrogênio, que ocorrem entre as moléculas de etanol.

Essas interações são forças intermoleculares bastante fortes, e elas também são críticas para a compreensão de como os álcoois interagem com a água. Por exemplo, o metanol é **miscível** com água, o que significa que o metanol pode ser misturado com água em qualquer proporção (nunca irá se separar em duas camadas, como uma mistura de água e óleo). No entanto, nem todos os álcoois são miscíveis com água. Para entender o motivo, temos de perceber que cada álcool tem duas regiões. A região *hidrofóbica* não interage bem com água, enquanto a região *hidrofílica* interage com a água através de ligação de hidrogênio. A Figura 13.1 mostra as regiões hidrofóbicas e hidrofílicas do metanol e do octanol. No caso do metanol, a extremidade hidrofóbica da molécula é relativamente pequena. Isso é verdade mesmo para o etanol e o propanol, mas isso não é verdade para o butanol. A extremidade hidrofóbica da molécula de butanol é suficientemente grande para impedir a miscibilidade. A água ainda pode ser misturada com butanol, mas não em todas as pro-

FIGURA 13.1
As regiões hidrofóbicas e hidrofílicas do metanol e do octanol.

porções. Em outras palavras, o butanol é considerado **solúvel** em água, em vez de miscível. O termo solúvel significa que apenas um determinado volume de butanol se dissolve em uma quantidade especificada de água à temperatura ambiente.

À medida que o tamanho da região hidrofóbica aumenta, a solubilidade em água diminui. Por exemplo, o octanol exibe uma solubilidade extremamente baixa em água à temperatura ambiente. Álcoois com mais de oito átomos de carbono, tais como nonanol e decanol, são considerados como insolúveis em água.

medicamente falando | Comprimento da Cadeia como um Fator na Concepção de um Fármaco

Álcoois primários (metanol, etanol, propanol, butanol etc.) apresentam propriedades antibacterianas. A pesquisa indica que a potência antibacteriana dos álcoois primários aumenta com o aumento da massa molar, e esta tendência se mantém até um comprimento da cadeia alquílica de oito átomos de carbono (octanol). Além de oito átomos de carbono, a potência diminui. Isto é, o nonanol é menos potente do que o octanol, e o dodecanol (12 átomos de carbono) tem uma potência muito pequena.

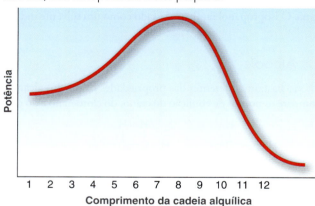

Duas tendências explicam essas observações:

- Um álcool com uma cadeia alquílica (região hidrofóbica) maior, apresenta maior capacidade para penetrar as membranas microbianas, que são constituídas de moléculas com regiões hidrofóbicas. De acordo com esta tendência, a potência deve continuar a aumentar com o aumento do comprimento da cadeia alquílica, mesmo além de oito átomos de carbono.
- Uma substância com uma cadeia alquílica maior, apresenta menor solubilidade em água, diminuindo a sua capacidade para ser transportado através de meios aquosos. Esta tendência explica por que a potência decresce abruptamente quando a cadeia alquílica se torna maior do que oito átomos de carbono. Um álcool maior simplesmente não pode chegar ao seu destino e, portanto, tem baixa potência.

O equilíbrio entre essas duas tendências é obtido pelo octanol, que tem a maior potência antibacteriana dos álcoois primários.

Os estudos mostram também que a ramificação da cadeia diminui a capacidade de um álcool em penetrar nas membranas celulares. Por conseguinte, o 2-propanol é realmente menos potente como um agente antibacteriano do que o 1-propanol. No entanto, o 2-propanol (álcool isopropílico) é utilizado, por ser menos caro de ser obtido do que o 1-propanol, e a diferença de potência antibacteriana não justifica a despesa adicional de produção.

Muitos outros agentes antibacterianos são projetados especificamente com uma cadeia alquílica que lhes permitem penetrar as membranas celulares. O projeto desses agentes é otimizado pela procura cuidadosa do equilíbrio perfeito entre as duas tendências já discutidas. Vários comprimentos de cadeia são testados para determinar a potência ótima. Na maioria dos casos, o comprimento da cadeia ótimo é encontrado como entre cinco e nove átomos de carbono. Considere, por exemplo, a estrutura do resorcinol.

Resorcinol   **Hexilresorcinol**

Resorcinol é um antisséptico (agente antimicrobiano) fraco utilizado no tratamento de problemas de pele, tais como eczema e psoríase. A colocação de uma cadeia alquílica no anel aumenta a sua potência como um antisséptico. Estudos indicam que a potência ótima é obtida com um comprimento de cadeia de seis átomos de carbono. O hexilresorcinol exibe propriedades bactericidas e fungicidas e é utilizado em muitas pastilhas para a garganta.

VERIFICAÇÃO CONCEITUAL

13.3 Ésteres mandelato apresentam atividade espasmolítica (atuam como relaxante muscular). A natureza do grupo alquila (R) afeta muito a potência. A pesquisa indica que a potência ótima é conseguida quando R representa uma cadeia de nove átomos de carbono (um grupo nonila). Explique por que o mandelato de nonila é mais potente do que um mandelato de octila ou de decila.

Ésteres mandelato
(R = cadeia alquílica)

Álcoois e Fenóis   579

13.2 Acidez de Álcoois e Fenóis

Acidez do Grupo Funcional Hidroxila

> **RELEMBRANDO**
> Os fatores que afetam a estabilidade da carga negativa foram primeiramente discutidos na Seção 3.4.

Como vimos no Capítulo 3, a acidez de uma substância pode ser avaliada qualitativamente através da análise da estabilidade de sua base conjugada:

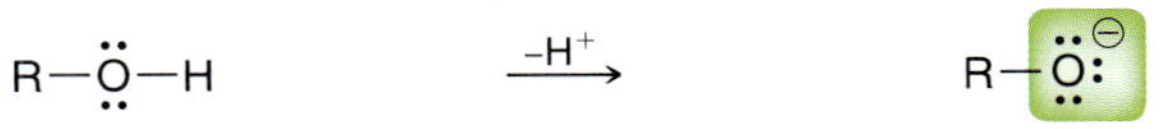

Para avaliar a acidez desta substância... ...desprotonar... ...e avaliar a estabilidade da base conjugada (um íon alcóxido)

> **RELEMBRANDO**
> Recorde que um ácido forte tem um valor de pK_a baixo. Para rever a relação entre pK_a e acidez veja Desenvolvendo a Aprendizagem 3.2.

A base conjugada de um álcool é chamada de íon **alcóxido** e apresenta uma carga negativa no átomo de oxigênio. Uma carga negativa sobre um átomo de oxigênio é mais estável do que uma carga negativa sobre um átomo de carbono ou de nitrogênio, mas é menos estável do que uma carga negativa sobre um átomo de halogênio, X (Figura 13.2).

FIGURA 13.2
A estabilidade relativa de ânions diferentes.

Portanto, os álcoois são mais ácidos do que as aminas e os alcanos, mas são menos ácidos do que os haletos de hidrogênio (Figura 13.3). O pK_a para a maioria dos álcoois cai na faixa de 15 a 18.

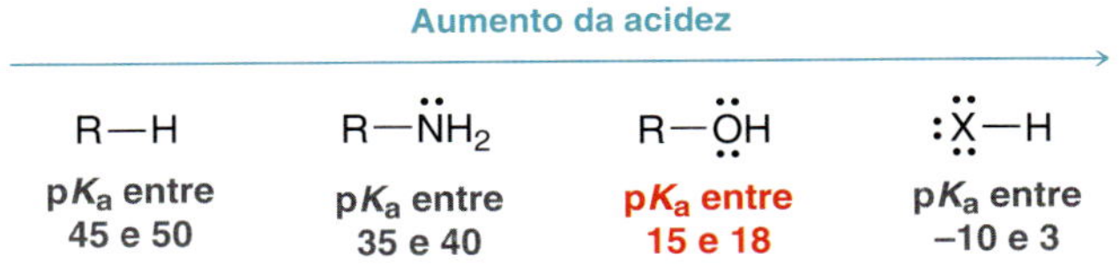

FIGURA 13.3
A acidez relativa dos alcanos, aminas, álcoois e haletos de hidrogênio.

Reagentes para Desprotonação de um Álcool

Existem duas formas comuns para desprotonar um álcool, formando um íon alcóxido.

1. Uma base forte pode ser utilizada para desprotonar o álcool. Uma base habitualmente utilizada é o hidreto de sódio (NaH), porque o hidreto (H⁻) deprotona o álcool para gerar hidrogênio gasoso, que borbulha para fora da solução:

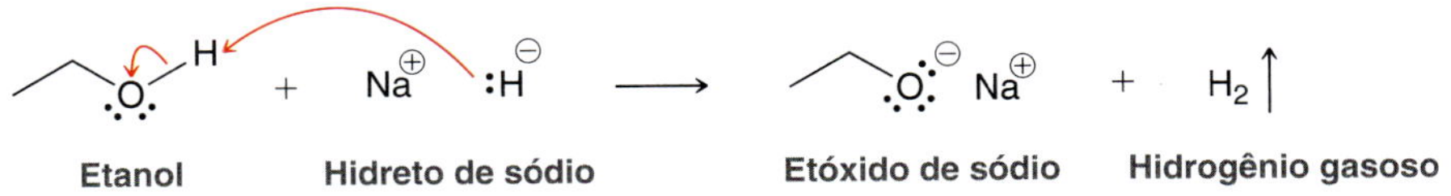

   Etanol   Hidreto de sódio   Etóxido de sódio   Hidrogênio gasoso

2. Alternativamente, é mais prático utilizar Li, Na ou K. Esses metais reagem com o álcool liberando hidrogênio gasoso produzindo o íon alcóxido.

VERIFICAÇÃO CONCEITUAL

13.4 Represente o alcóxido formado em cada um dos seguintes casos:

(a) 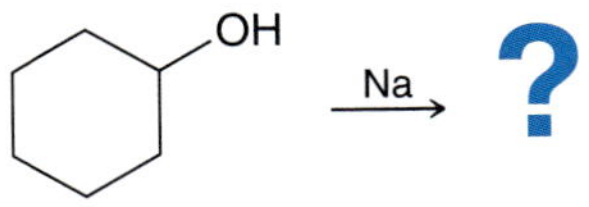 ciclohexanol + Na → ?   (b) 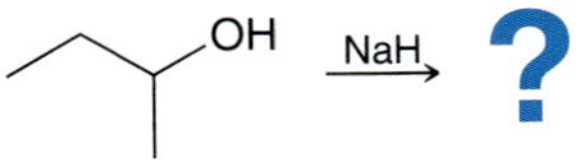 propan-2-ol + NaH → ?   (c) 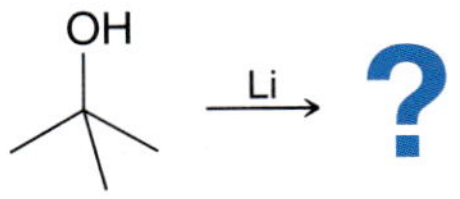 terc-butanol + Li → ?   (d) 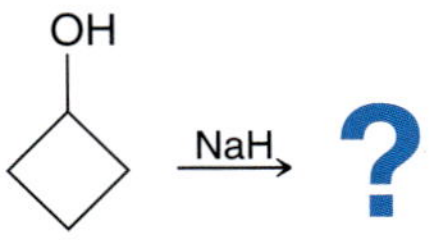 ciclobutanol + NaH → ?

Fatores que Afetam a Acidez de Álcoois e Fenóis

Como podemos prever quem, de uma série de álcoois, é o mais ácido? Nesta seção, vamos explorar três fatores para comparar a acidez dos álcoois.

1. *Ressonância*. Um dos fatores mais importantes que afetam a acidez dos álcoois é a ressonância. Como um exemplo impressionante, compare os valores de pK_a do ciclo-hexanol e do fenol:

Ciclo-hexanol
(pK_a = 18)

Fenol
(pK_a = 10)

Quando o fenol é desprotonado, a base conjugada é estabilizada por ressonância.

Este ânion estabilizado por ressonância é chamado **fenolato**, ou íon **fenóxido**. A estabilização por ressonância do íon fenóxido explica por que o fenol é oito ordens de grandeza (100.000.000 vezes) mais ácido do que o ciclo-hexanol. Como resultado, o fenol não precisa ser desprotonado com uma base muito forte como o hidreto de sódio. Em vez disso, ele pode ser desprotonado por um hidróxido.

(pK_a = 10)

(pK_a = 15,7)

A acidez de fenóis é uma das razões por que os fenóis são uma classe especial de álcoois. Mais adiante neste capítulo e, novamente, no Capítulo 19, do Volume 2, veremos outras razões pelas quais os fenóis pertencem a uma classe própria.

2. *Indução*. Outro fator na comparação da acidez dos álcoois é a indução. Como um exemplo, compare os valores de pK_a do etanol e do tricloroetanol.

Etanol
(pK_a = 16)

Tricloroetanol
(pK_a = 12,2)

RELEMBRANDO
Para uma revisão dos efeitos indutivos, veja a Seção 3.4.

O tricloroetanol é quatro ordens de grandeza (10.000 vezes) mais ácido do que o etanol, porque a base conjugada do tricloroetanol é estabilizada pelos efeitos de retirada de elétrons exercidos pelos átomos de cloro nas proximidades.

3. *Efeitos de solvatação*. Para explorar o efeito da ramificação alquílica, compare a acidez do etanol e do *terc*-butanol.

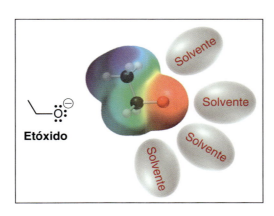

Os valores de pK_a indicam que o *terc*-butanol é menos ácido do que o etanol, por duas ordens de grandeza. Esta diferença de acidez é melhor explicada por um efeito estérico. O íon etóxido não está estericamente impedido e é, portanto, facilmente solvatado (estabilizado) pelo solvente, enquanto o *terc*-butóxido está estericamente impedido e é menos facilmente solvatado (Figura 13.4). A base conjugada do *terc*-butanol é menos estável do que a base conjugada do etanol, tornando o *terc*-butanol menos ácido.

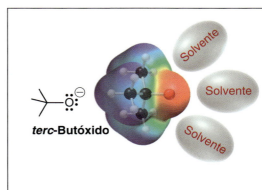

FIGURA 13.4
Um íon etóxido é estabilizado pelo solvente em uma extensão maior do que o *terc*-butóxido é estabilizado pelo solvente.

DESENVOLVENDO A APRENDIZAGEM

13.2 COMPARAÇÃO DA ACIDEZ DOS ÁLCOOIS

APRENDIZAGEM Identifique qual das seguintes substâncias se espera que seja a mais ácida.

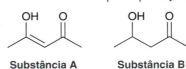

SOLUÇÃO
Começamos representando a base conjugada de cada um, e em seguida comparamos a estabilidade dessas bases conjugadas.

A base conjugada da substância **B** não é estabilizada por ressonância, mas a base conjugada da substância **A** é estabilizada por ressonância.

Base conjugada da substância A

A base conjugada da substância **A** será mais estável do que a base conjugada da substância **B**. Portanto, a substância **A** será mais ácida.

Esperamos que a substância **B** tenha um valor de pK_a dentro da faixa de 15 a 18 (o intervalo esperado para os álcoois). O pK_a da substância **A** será mais difícil de prever. No entanto, podemos dizer com certeza que ele vai ser mais baixo (mais ácido) do que um álcool regular. Em outras palavras, o valor do pK_a será menor do que 15.

PRATICANDO o que você aprendeu

13.5 Para cada um dos seguintes pares de álcoois identifique qual é mais ácido e explique a sua escolha:

APLICANDO o que você aprendeu

13.6 Considere as estruturas do 2-nitrofenol e do 3-nitrofenol. Essas substâncias têm valores muito diferentes de pK_a. Preveja qual tem o menor pK_a, e explique por quê. (**Sugestão:** A fim de resolver este problema, é necessário representar a estrutura de cada um dos grupos nitro.)

2-Nitrofenol   **3-Nitrofenol**

é necessário **PRATICAR MAIS?** Tente Resolver os Problemas 13.33, 13.34

13.3 Preparação de Álcoois Através de Substituição ou Adição

Reações de Substituição

Como vimos no Capítulo 7, álcoois podem ser preparados por reações de substituição em que um grupo de saída é substituído por um grupo hidroxila.

R—X ⟶ R—OH

Um substrato primário requer condições S_N2 (um nucleófilo forte), enquanto um substrato terciário exigirá condições S_N1 (um nucleófilo fraco).

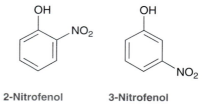

RELEMBRANDO
Para uma revisão dos fatores que afetam a substituição *versus* eliminação, veja a Seção 8.14.

Com um substrato secundário, nem S_N1 nem S_N2 são particularmente eficazes para a preparação de um álcool secundário. Sob condições S_N1, a reação é, geralmente, muito lenta, enquanto condições S_N2 (utilização de hidróxido como o nucleófilo) geralmente favorecem a eliminação em relação à substituição.

Reações de Adição

No Capítulo 9, aprendemos várias reações de adição que produzem álcoois.

- Diluir H_2SO_4 → Hidratação catalisada por ácido (Seção 9.4)
- 1) $Hg(OAc)_2$, H_2O 2) $NaBH_4$ → Oximercuração-desmercuração (Seção 9.5)
- 1) $BH_3 \cdot THF$ 2) H_2O_2, $NaOH$ → Hidroboração-oxidação (Seção 9.6)

A hidratação catalisada por ácido ocorre com adição Markovnikov (Seção 9.4). Isto é, o grupo hidroxila é posicionado no átomo de carbono mais substituído. É um método útil, se o substrato não é suscetível a rearranjos de carbocátion (Seção 6.11). Em um caso em que o substrato pode, eventualmente, sofrer rearranjo, pode ser empregada a oximercuração-desmercuração. Esta abordagem também ocorre através da adição Markovnikov, mas não envolve os rearranjos de carbocátion. A hidroboração-oxidação é usada para se obter uma adição *anti*-Markovnikov de água.

VERIFICAÇÃO CONCEITUAL

13.7 Identifique os reagentes que você usaria para realizar cada uma das seguintes transformações:

(a), (b), (c), (d), (e), (f)

13.8 Identifique os reagentes que podem ser usados para realizar cada uma das seguintes transformações:
(a) Para converter o 1-hexeno em um álcool primário
(b) Para converter o 3,3-dimetil-1-hexeno em um álcool secundário
(c) Para converter o 2-metil-1-hexeno em um álcool terciário

13.4 Preparação de Álcoois Através de Redução

Nesta seção, vamos explorar um novo método para a preparação de álcoois. Esse método envolve uma mudança no **estado de oxidação**, por isso vamos demorar alguns instantes para entender os estados de oxidação e sua relação com as cargas formais.

Estados de Oxidação

Um estado de oxidação refere-se a um método de contabilizar elétrons. No Capítulo 1 desenvolvemos um método diferente para contabilizar elétrons chamado carga formal. Para calcular a carga formal de um átomo, tratamos todas as ligações daquele átomo como se elas fossem puramente *covalentes* e vamos quebrá-las *homoliticamente*. Para o cálculo de estados de oxidação, vamos fazer outra abordagem extrema. Tratamos todas as ligações como se elas fossem puramente *iônicas* e vamos quebrá-las *heteroliticamente*, dando cada par de elétrons para o átomo mais eletronegativo em cada caso. Cargas formais e estados de oxidação, portanto, representam dois métodos extremos de contabilizar elétrons. Na Figura 13.5, a carga formal do átomo de carbono é igual a zero, uma vez que contamos quatro elétrons no átomo de carbono central, o que é equivalente ao número de elétrons de valência que se supõe que um átomo de carbono tenha. Em contraste, o mesmo átomo de carbono tem um estado de oxidação de –2, porque contamos seis elétrons no átomo de carbono, o que é mais dois elétrons do que se supõe que ele tenha.

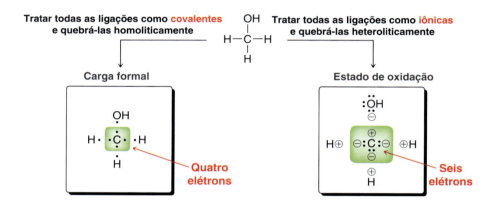

FIGURA 13.5
Dois métodos diferentes de contabilizar elétrons: carga formal *versus* estado de oxidação.

Um átomo de carbono com quatro ligações nunca terá carga formal, mas seu estado de oxidação pode variar entre –4 e +4.

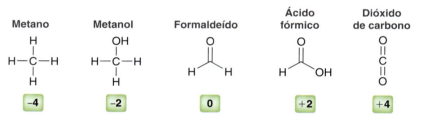

A reação que envolve um aumento do estado de oxidação é chamada de oxidação. Por exemplo, quando o metanol é convertido em formaldeído, dizemos que o metanol foi oxidado. Ao contrário, uma reação que envolve uma diminuição do estado de oxidação é chamada de **redução**. Por exemplo, quando o formaldeído é convertido em metanol, dizemos que o formaldeído foi reduzido. Vamos começar a praticar identificando oxidações e reduções.

DESENVOLVENDO A APRENDIZAGEM

13.3 IDENTIFICAÇÃO DE REAÇÕES DE OXIDAÇÃO E REDUÇÃO

APRENDIZAGEM Na transformação vista a seguir, identifique se a substância foi oxidada, reduzida ou nenhuma das duas.

SOLUÇÃO
Vamos nos concentrar no átomo de carbono em que ocorreu uma mudança, e determinar se o estado de oxidação foi alterado como resultado da transformação. Vamos começar com o material de partida.

ETAPA 1
Determinação do estado de oxidação do material de partida.

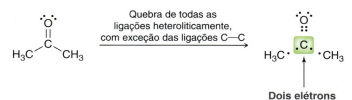

Cada ligação C—O é quebrada heteroliticamente, dando todos os quatro elétrons da ligação C=O para o átomo de oxigênio. Cada ligação C—C não pode ser quebrada heteroliticamente, porque C e C têm a mesma eletronegatividade. Para cada ligação C—C, basta dividir os elétrons entre os dois átomos de carbono, a quebra da ligação homoliticamente. Isso deixa um total de dois elétrons no átomo de carbono central. Comparamos este número com o número de elétrons de valência que se supõe que um átomo de carbono tenha (quatro). No átomo de carbono deste exemplo estão faltando dois elétrons. Portanto, ele tem um estado de oxidação de +2.

ETAPA 2
Determinação do estado de oxidação do produto.

ETAPA 3
Determinação se houve uma mudança no estado de oxidação.

Agora analisamos o átomo de carbono no produto. O mesmo resultado é obtido: um estado de oxidação de +2. Isso faz sentido, porque a reação simplesmente trocou uma ligação C=O por duas ligações simples C—O. O estado de oxidação do átomo de carbono não se alterou durante a reação e, portanto, o material de partida não foi oxidado nem reduzido.

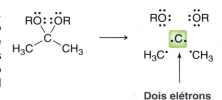

PRATICANDO
o que você aprendeu

13.9 Em cada uma das seguintes transformações, identifique se o material de partida foi oxidado, reduzido, ou se o estado de oxidação permaneceu inalterado. Tente encontrar a resposta sem calcular os estados de oxidação, e depois use os cálculos para ver se a sua intuição estava correta.

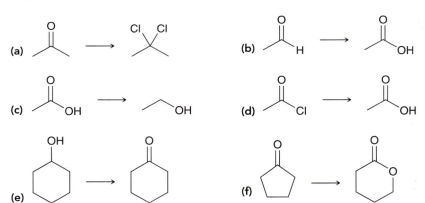

APLICANDO
o que você aprendeu

13.10 No Capítulo 9, aprendemos sobre adição de água a uma ligação π. Identifique se o alqueno foi oxidado, reduzido ou não houve alteração do estado de oxidação.

(**Sugestão:** Primeiro olhe cada átomo de carbono separadamente, e depois olhe para a variação líquida do alqueno como um todo.)

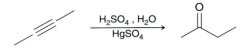

13.11 Na reação vista a seguir, determine se o alquino foi oxidado, reduzido ou não houve alteração do estado de oxidação. Usando a resposta do problema anterior, tente encontrar a resposta sem calcular os estados de oxidação, e depois use os cálculos para ver se a sua intuição estava correta.

é necessário **PRATICAR MAIS?** Tente Resolver o Problema 13.62

Agentes de Redução

A conversão de uma cetona (ou aldeído) em um álcool é uma redução.

A reação requer um **agente de redução**, que é oxidado como um resultado da reação. Nesta seção, vamos explorar três agentes de redução que podem ser utilizados para converter uma cetona ou um aldeído em um álcool:

1. No Capítulo 9, aprendemos que um alqueno pode sofrer hidrogenação na presença de um catalisador metálico, tal como platina, paládio ou níquel. Uma reação semelhante pode ocorrer para as cetonas ou aldeídos, embora condições mais drásticas sejam geralmente necessárias (maior temperatura e pressão). Este processo funciona bem tanto para as cetonas quanto para os aldeídos, muitas vezes com rendimentos muito bons.

2. Boro-hidreto de sódio (NaBH$_4$) é um outro agente de redução comum que pode ser usado para reduzir cetonas ou aldeídos.

O boro-hidreto de sódio funciona como uma fonte de hidreto (H:⁻) e o solvente funciona como a fonte de um próton (H⁺). O solvente pode ser o etanol, metanol ou água. O mecanismo preciso desse processo foi muito investigado e é um pouco complexo. No entanto, o Mecanismo 13.1 apresenta uma versão simplificada que será suficiente para os nossos propósitos. A primeira etapa envolve a transferência de hidreto para o **grupo carbonila** (a ligação C=O), e a segunda etapa é a transferência de um próton.

MECANISMO 13.1 REDUÇÃO DE UMA CETONA OU DE UM ALDEÍDO COM NaBH$_4$

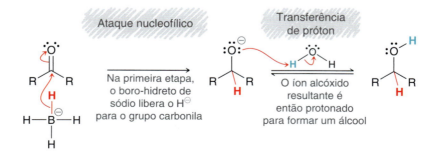

RELEMBRANDO
Para uma revisão dos fatores que afetam a nucleofilicidade, veja a Seção 6.7.

O hidreto (H:⁻), por si só, não é um bom nucleófilo, porque ele não é polarizável. Como resultado, a reação anterior não pode ser realizada usando-se NaH (hidreto de sódio). O NaH só funciona como uma base, e não como um nucleófilo. Mas o NaBH₄ funciona como um nucleófilo. Especificamente, o NaBH₄ funciona como um *agente de liberação* do nucleófilo H:⁻.

3. O hidreto de alumínio e lítio (HAL) é um outro agente de redução comum, e sua estrutura é muito semelhante à do NaBH₄.

Boro-hidreto de sódio (NaBH₄)   Hidreto de alumínio e lítio (HAL)

O hidreto de alumínio e lítio é geralmente abreviado quer como HAL quer como LiAlH₄. Ele também é um agente de liberação de H:⁻, mas é um reagente muito mais forte. Ele reage violentamente com a água e, portanto, um solvente prótico não pode estar presente juntamente com o HAL no frasco de reação. Inicialmente, a cetona ou o aldeído é tratada com HAL e, a seguir, em uma etapa separada, a fonte de próton é adicionada ao frasco de reação. A água (H₂O) pode servir como uma fonte de prótons, apesar do H₃O⁺ também poder ser usado como uma fonte de prótons:

86%

Observe que o HAL e a fonte de prótons são apresentados como duas etapas separadas. O mecanismo de redução com HAL (Mecanismo 13.2) é semelhante ao mecanismo de redução com NaBH₄.

MECANISMO 13.2 REDUÇÃO DE UMA CETONA OU DE UM ALDEÍDO COM HAL

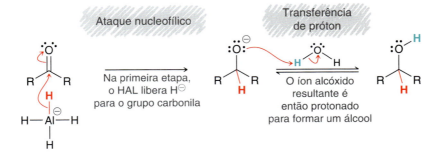

Ataque nucleofílico — Na primeira etapa, o HAL libera H⁻ para o grupo carbonila

Transferência de próton — O íon alcóxido resultante é então protonado para formar um álcool

Este mecanismo simplificado não leva em conta várias observações importantes, tais como o papel do cátion de lítio (Li⁺). No entanto, um tratamento completo do mecanismo de agentes de redução de hidreto está fora do âmbito deste livro, e esta versão simplificada será suficiente.

Ambos, o NaBH₄ e o HAL, irão reduzir cetonas ou aldeídos. Esses agentes de liberação de hidreto oferecem uma vantagem significativa sobre a hidrogenação catalítica na medida em que podemos reduzir seletivamente um grupo carbonila na presença de uma ligação C=C. Considere o exemplo visto a seguir.

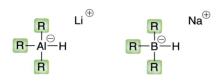

Quando tratados com um agente de redução de hidreto, apenas o grupo carbonila é reduzido. Ao contrário, a hidrogenação catalítica também irá reduzir a ligação C=C, sob as mesmas condições necessárias para a redução do grupo carbonila (alta temperatura e pressão). Por esta razão, os agentes de redução de hidreto, tais como NaBH₄ e HAL, são geralmente preferidos em relação a hidrogenação catalítica. Muitos reagentes de redução de hidreto estão disponíveis comercialmente. Alguns são ainda mais reativos do que o HAL e outros são ainda mais suaves do que o NaBH₄. Muitos desses reagentes são derivados do NaBH₄ e do HAL.

Cada grupo R pode ser um grupo alquila, um grupo ciano, um grupo alcóxi, ou qualquer um de certo número de grupos. Escolhendo cuidadosamente os três grupos R para serem doadores ou retiradores de elétrons, é possível modificar a reatividade do reagente de hidreto. Centenas de diferentes agentes de redução de hidreto estão disponíveis e cada um deles tem a sua própria seletividade e vantagens. Por agora, vamos simplesmente concentrar a nossa atenção sobre as diferenças entre o HAL e o NaBH₄.

Mencionamos que o HAL é muito mais reativo do que o NaBH₄. Como resultado, o HAL é menos seletivo. O HAL irá reagir com um ácido carboxílico ou um éster para produzir um álcool, mas o NaBH₄ não.

A PROPÓSITO
Muito embora o NaBH₄ não reduza ésteres sob condições suaves, observou-se que, algumas vezes, o NaBH₄ é capaz de reduzir ésteres quando as condições empregadas são mais severas, tais como temperatura elevada.

O mecanismo para a redução do éster envolve a transferência de hidreto duas vezes (Mecanismo 13.3).

MECANISMO 13.3 REDUÇÃO DE UM ÉSTER COM HAL

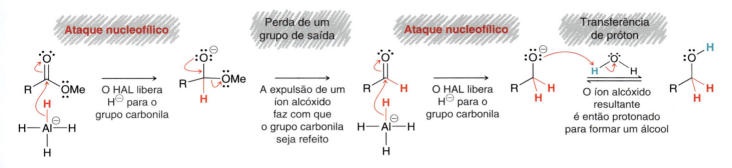

O HAL libera o hidreto para o grupo carbonila, mas, em seguida, a perda de um grupo de saída faz com que o grupo carbonila seja refeito. Na presença de HAL, o grupo carbonila recém-formado pode ser atacado pelo hidreto de novo. O grupo de saída na segunda etapa do mecanismo é um íon metóxido, que geralmente não é um grupo de saída bom. Por exemplo, o metóxido não funciona como um grupo de saída em reações E2 ou S_N2. A razão por que ele pode funcionar como um grupo de saída, neste caso, decorre da natureza do intermediário após o primeiro ataque de hidreto. Esse intermediário tem muita energia e já apresenta um átomo de oxigênio carregado negativamente. Portanto, esse intermediário é capaz de ejetar o metóxido, porque essa etapa não é proibitiva em termos de energia.

Intermediária de alta energia

No Capítulo 21, do Volume 2, discutiremos esta reação em mais detalhe, bem como o mecanismo para a reação de um ácido carboxílico com HAL.

DESENVOLVENDO A APRENDIZAGEM

13.4 REPRESENTAÇÃO DE UM MECANISMO E PREVISÃO DOS PRODUTOS DE REDUÇÕES POR HIDRETO

APRENDIZAGEM Represente o mecanismo e preveja o produto da reação que é vista a seguir.

SOLUÇÃO
O HAL é um agente de redução de hidreto e o material de partida é uma cetona. Quando agentes de redução de hidreto reagem com uma cetona ou aldeído, o mecanismo é constituído por um ataque nucleofílico, seguido por transferência de próton. Na primeira etapa, represente a estrutura do HAL, e mostre um hidreto sendo liberado para o grupo carbonila.

Não represente simplesmente o H:⁻ como reagente, porque o H:⁻ não é nucleofílico por si só. Ele tem que ser liberado pelo agente de redução (HAL). Represente a estrutura completa do HAL (mostrando todas as ligações), e em seguida desenhe uma seta curva que mostre os elétrons vindos de uma ligação Al—H e atacando o grupo carbonila.

ETAPAS 1 E 2
Representação das duas setas curvas que mostram a transferência de um hidreto e, em seguida, a representação do íon alcóxido resultante.

Na segunda etapa do mecanismo, o íon alcóxido é protonado por uma fonte de prótons, neste caso, a água.

ETAPA 3
Representação das duas setas curvas que mostram o íon alcóxido sendo protonado pela fonte de prótons.

O produto é um álcool secundário, que é o que se espera da redução de uma cetona.

PRATICANDO o que você aprendeu

13.12 Represente um mecanismo e preveja o principal produto para cada reação vista a seguir.

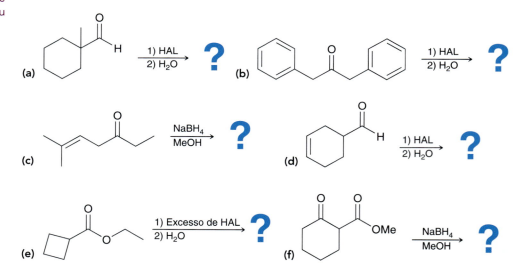

APLICANDO o que você aprendeu

13.13 Represente um mecanismo e preveja o principal produto da reação vista a seguir.

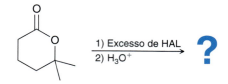

----> é necessário **PRATICAR MAIS?** Tente Resolver os Problemas **13.46, 13.47c, 13.48e,f, 13.60**

Álcoois e Fenóis   591

13.5 Preparação de Dióis

Dióis são substâncias com dois grupos hidroxila, e as seguintes regras adicionais são usadas na sua nomenclatura:

1. As posições de ambos os grupos hidroxila são identificadas com números colocados antes do nome principal.
2. O sufixo "diol" é adicionado ao fim do nome:

1,3-Propanodiol   **1,5-Hexanodiol**

Observe que um "o" aparece entre o nome principal e o sufixo. Em um álcool regular, o "e" é descartado (ou seja, temos propanol ou hexanol). Alguns poucos dióis simples têm nomes comuns que são aceitos pela nomenclatura da IUPAC.

Etilenoglicol   **Propilenoglicol**

O termo glicol indica a presença de dois grupos hidroxila. Dióis podem ser preparados a partir de dicetonas através da redução usando qualquer um dos agentes redutores que vimos.

Alternativamente, os dióis podem ser obtidos através da di-hidroxilação de um alqueno. No Capítulo 9, exploramos os reagentes para a realização de uma di-hidroxilação *sin* ou *anti*.

Di-hidroxilação *anti*
(Seção 9.9)

Di-hidroxilação *sin*
(Seção 9.10)

falando de modo prático | Anticongelante

Os automóveis são equipados com motores de combustão interna, e várias partes dos motores podem se tornar muito quentes. Para prevenir os danos causados pelo superaquecimento, um líquido de refrigeração é usado para transferir uma parte do calor para longe dos componentes sensíveis do motor. Nos países de clima frio, a água pura não é apropriada como um líquido de refrigeração, pois pode congelar se a temperatura externa cair abaixo de 0° C. Para evitar a congelação, é usado um produto chamado anticongelante. O anticongelante é uma solução de água e de outras substâncias que diminuem significativamente o ponto de congelação da mistura. O etilenoglicol e o propilenoglicol são as duas substâncias mais comuns utilizadas para esse fim.

13.6 Preparação de Álcoois Através de Reagentes de Grignard

Nesta seção, vamos discutir a formação de álcoois utilizando reagentes de Grignard. Um **reagente de Grignard** é formado pela reação entre um haleto de alquila e magnésio.

$$R-X \xrightarrow{Mg} R-Mg-X$$

Reagente de Grignard

O nome desses reagentes é uma homenagem ao químico francês Victor Grignard, que demonstrou a sua utilidade na preparação de álcoois. Por suas realizações, ele foi agraciado com o Prêmio Nobel de 1912 em Química. A seguir podemos ver um par de exemplos específicos de reagentes de Grignard.

Um reagente de Grignard é caracterizado pela presença de uma ligação C—Mg. O carbono é mais eletronegativo que o magnésio, de modo que o átomo de carbono retira densidade eletrônica a partir do magnésio por meio de indução. Isso dá origem a uma carga negativa parcial ($\delta-$) no átomo de carbono. Na verdade, a diferença de eletronegatividade entre C e Mg é tão grande que a ligação pode ser tratada como iônica.

Os reagentes de Grignard são nucleófilos de carbono capazes de atacar uma vasta variedade de eletrófilos, incluindo o grupo carbonila de cetonas ou aldeídos (Mecanismo 13.4).

MECANISMO 13.4 A REAÇÃO ENTRE UM REAGENTE DE GRIGNARD E UMA CETONA OU UM ALDEÍDO

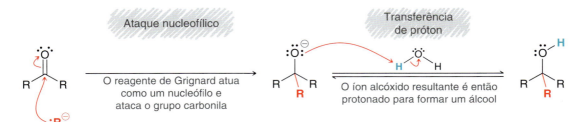

O produto é um álcool, e o mecanismo apresentado aqui é semelhante ao mecanismo que foi apresentado para redução através de reagentes de hidreto (HAL ou NaBH$_4$). Na verdade, a reação aqui também é uma redução, mas que envolve a introdução de um grupo R.

Observe que a água é adicionada ao frasco de reação em uma etapa separada (semelhante à da redução com HAL). A água não pode estar presente junto com o reagente de Grignard, porque o reagente de Grignard é também uma base forte e irá desprotonar a água.

R:⁻ MgX⁺ + H—O—H ⟶ R—H + HOMgX

(pK_a = 15,7)   (pK_a ~ 50)

A diferença nos valores de pK_a é tão grande que a reação é essencialmente irreversível. Cada molécula de água presente no frasco de reação irá "destruir" uma molécula de reagente de Grignard. Reagentes de Grignard podem reagir com a umidade do ar, de modo que assim deve-se tomar um cuidado enorme para evitar a presença de água. Após o reagente de Grignard ter atacado a cetona, a água pode então ser adicionada para protonar o alcóxido.

Um reagente de Grignard reage com uma cetona ou um aldeído para produzir um álcool.

Reagentes de Grignard também reagem com ésteres para produzir álcoois, com introdução de dois grupos R.

594 CAPÍTULO 13

O mecanismo apresentado para este processo (Mecanismo 13.5) é similar ao mecanismo apresentado para redução de um éster com HAL (Mecanismo 13.3).

MECANISMO 13.5 A REAÇÃO ENTRE UM REAGENTE DE GRIGNARD E UM ÉSTER

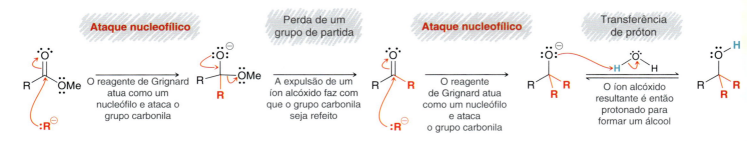

Vamos explorar essa reação e outras semelhantes com mais detalhes no Capítulo 21, do Volume 2. Um reagente de Grignard não vai atacar o grupo carbonila de um ácido carboxílico. Em vez disso, o reagente de Grignard irá simplesmente funcionar como uma base para desprotonar o ácido carboxílico.

Em outras palavras, um reagente de Grignard é incompatível com um ácido carboxílico. Por motivos semelhantes, não é possível a formação de um reagente de Grignard na presença de prótons mesmo que eles sejam ligeiramente ácidos, tal como o próton de um grupo hidroxila.

Não é possível formar esse reagente de Grignard

Este reagente de Grignard não pode ser formado, uma vez que irá simplesmente atacar a si mesmo para produzir um alcóxido. Na próxima seção, vamos aprender a contornar esse problema. Mas, primeiro, vamos começar praticando a preparação de álcoois através de reações de Grignard.

DESENVOLVENDO A APRENDIZAGEM

13.5 PREPARAÇÃO DE UM ÁLCOOL ATRAVÉS DE UMA REAÇÃO DE GRIGNARD

APRENDIZAGEM Mostre como você usaria uma reação de Grignard para preparar a substância vista a seguir.

Álcoois e Fenóis | 595

SOLUÇÃO
Primeiro identificamos o átomo de carbono ligado diretamente ao grupo hidroxila (à posição α):

ETAPA 1
Identificação da posição α.

ETAPA 2
Identificação dos três grupos ligados à posição α.

Em seguida, identificamos todos os grupos ligados a esta posição. Há três: fenila, metila e etila. Nós precisamos começar com uma cetona em que dois dos grupos já estão presentes, e introduzir o terceiro grupo com um reagente de Grignard. Aqui estão todas as três possibilidades.

ETAPA 3
Mostrar como cada grupo poderia ter sido inserido através de uma reação de Grignard.

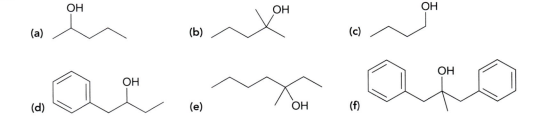

Esse problema ilustra um importante ponto e existem três respostas perfeitamente corretas. De fato, problemas de síntese raramente terão apenas uma solução. Muito frequentemente, problemas de síntese terão várias soluções corretas.

PRATICANDO o que você aprendeu

13.14 Mostre como você usaria uma reação de Grignard para preparar cada uma das substâncias vistas a seguir.

APLICANDO o que você aprendeu

13.15 Duas das substâncias do Problema 13.14 podem ser preparadas a partir da reação entre um reagente de Grignard e um éster. Identifique as duas substâncias e explique por que as outras quatro substâncias não podem ser preparadas a partir de um éster.

13.16 Três das substâncias do Problema 13.14 podem ser preparadas a partir da reação entre um hidreto (NaBH$_4$ ou HAL), atuando como agente de redução, e uma cetona ou aldeído. Identifique as três substâncias e explique por que as outras três substâncias não podem ser preparadas por meio de um hidreto atuando como agente de redução.

13.17 Represente o mecanismo e preveja o produto da reação que é vista a seguir. Neste caso, o H$_3$O$^+$ tem que ser usado como uma fonte de prótons, em vez de água. Explicar o por quê.

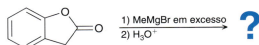

é necessário **PRATICAR MAIS?** Tente Resolver os Problemas 13.38, 13.40b, 13.52b–d,j,l–r, 13.58

13.7 Proteção de Álcoois

Consideremos a transformação vista a seguir.

Para realizar esta transformação por meio de uma reação de Grignard, o seguinte reagente de Grignard seria necessário:

Como vimos na seção anterior, não é possível formar este reagente de Grignard devido à incompatibilidade com o grupo hidroxila. Para contornar este problema, empregamos um processo de três etapas.

1. Protegemos o grupo hidroxila, removendo o seu próton e convertendo o grupo hidroxila em um novo grupo, chamado **grupo protetor**, que é compatível com um reagente de Grignard.
2. Formamos o reagente de Grignard e a reação de Grignard desejada.
3. Desprotegemos através da conversão do grupo protetor de volta para um grupo hidroxila.

O grupo protetor nos permite realizar a reação de Grignard desejada. Um exemplo de grupo de protetor é a conversão do grupo hidroxila num trimetilsilil éter.

Esse grupo protetor é abreviado como OTMS. O trimetilsilil éter é formado através da reação entre um álcool e cloreto de trimetilsilila, abreviado TMSCl.

Acredita-se que essa reação ocorre através de um processo do tipo S$_N$2 (chamado S$_N$2-Si), no qual o grupo hidroxila funciona como um nucleófilo para atacar o átomo de silício e um íon cloreto é expelido como um grupo de saída. Uma base, tal como a trietilamina, é então utilizada para remover o próton ligado ao átomo de oxigênio. Observe que a primeira etapa envolve um processo S$_N$2 ocorrendo em um substrato terciário. Isso deve parecer surpreendente porque no Capítulo 7 aprendemos que um nucleófilo não pode efetivamente atacar um substrato estericamente impedido. Este caso é diferente porque o centro eletrofílico é um átomo de silício, em vez de um átomo de carbono. Ligações com átomos de silício são normalmente muito mais compridas do que as ligações com átomos de carbono, e este comprimento de ligação maior abre a parte de trás para o ataque. Para visualizar isso, compare os modelos de espaço preenchido do *terc*-butila e do cloreto de trimetilsilila (Figura 13.6).

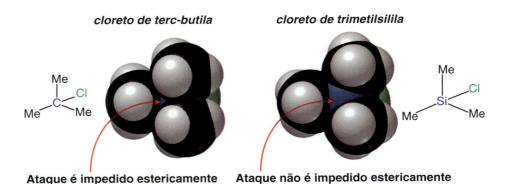

FIGURA 13.6
Modelos de espaço preenchido do cloreto de *terc*-butila e cloreto de trimetilsilila. Essa última substância é menos impedida estereoquimicamente e é suscetível de ser atacada por um nucleófilo.

Após a reação de Grignard desejada ter sido executada, o grupo trimetilsilila pode ser removido facilmente com H$_3$O$^+$ ou íon fluoreto.

R—O—TMS $\xrightarrow[\text{ou F}^\ominus]{\text{H}_3\text{O}^\oplus}$ R—OH

Uma fonte frequentemente usada de íon fluoreto é o fluoreto de tetrabutilamônio (TBAF).

Fluoreto de tetrabutilamônio (TBAF)

O processo global é mostrado a seguir.

VERIFICAÇÃO CONCEITUAL

13.18 Identifique os reagentes que você usaria para realizar as seguintes transformações:

(a)

(b)

13.8 Preparação de Fenóis

O fenol é preparado industrialmente por meio de um processo em múltiplas etapas que envolve a formação e a oxidação do cumeno.

Benzeno → (H₃PO₄, propeno) → **Cumeno** → (O₂) → **Hidroperóxido de cumeno** → (H₃O⁺) → **Fenol** + **Acetona**

Um subproduto deste processo é a acetona, que também é uma substância comercialmente importante. Mais de dois milhões de toneladas de fenol são produzidas a cada ano nos Estados Unidos. O fenol é utilizado como um precursor para a síntese de uma grande variedade de produtos farmacêuticos e de outras susbtâncias comercialmente úteis, incluindo baquelite (um polímero sintético feito a partir de fenol e formaldeído), colas para madeira, e aditivos alimentares antioxidantes (HTB e HAB, discutidos no Capítulo 11).

Hidroxitolueno butilado (HTB)

Hidroxianisol butilado (HAB)

medicamente falando | Fenóis como Agentes Antifúngicos

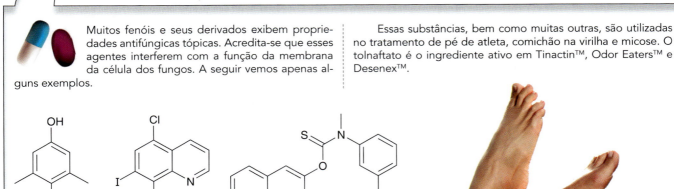

Muitos fenóis e seus derivados exibem propriedades antifúngicas tópicas. Acredita-se que esses agentes interferem com a função da membrana da célula dos fungos. A seguir vemos apenas alguns exemplos.

Essas substâncias, bem como muitas outras, são utilizadas no tratamento de pé de atleta, comichão na virilha e micose. O tolnaftato é o ingrediente ativo em Tinactin™, Odor Eaters™ e Desenex™.

para-Cloro-*meta*-xilenol

Clioquinol

Tolnaftato

13.9 Reações de Álcoois: Substituição e Eliminação

Reações S_N1 com Álcoois

Como visto na Seção 7.5, os álcoois terciários sofrem uma reação de substituição quando tratados com um haleto de hidrogênio.

Vimos que essa reação ocorre através de um mecanismo S_N1.

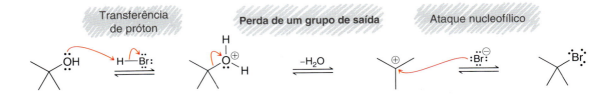

Recorde que um mecanismo S_N1 tem duas etapas principais (perda do grupo de saída e ataque nucleofílico). Quando o material de partida é um álcool, vimos que uma etapa adicional é necessária a fim de protonar o grupo hidroxila em primeiro lugar. Essa reação prossegue através de um carbocátion intermediário e é, portanto, mais adequada para álcoois terciários. Álcoois secundários sofrem um processo S_N1 mais lentamente e os álcoois primários não sofrem uma reação S_N1 com uma velocidade apreciável. Quando se trata de um álcool primário, é necessário um processo S_N2 a fim de converter um álcool em um haleto de alquila.

Reações S_N2 com Álcoois

Os álcoois primários e secundários são submetidos a reações de substituição com uma variedade de reagentes, todos participando por meio de um processo S_N2. Nesta seção, vamos explorar três dessas reações que empregam um processo S_N2.

1. Os álcoois primários reagem com HBr através de um processo S_N2.

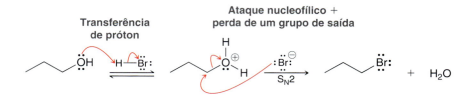

O grupo hidroxila é primeiro protonado, convertendo-se em um excelente grupo de saída, seguido por um processo S_N2. Essa reação funciona bem para o HBr, mas não funciona bem para o HCl. Para substituir o grupo hidroxila com cloreto, usa-se $ZnCl_2$ como um catalisador.

O catalisador é um ácido de Lewis que converte o grupo hidroxila em um grupo de saída melhor.

2. Como vimos na Seção 7.8, um álcool pode ser convertido em um tosilato, seguido por ataque nucleofílico.

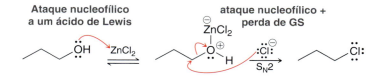

Utilizando cloreto de tosila e piridina, o grupo hidroxila é convertido para um grupo tosilato (um excelente grupo de saída), que é suscetível a um processo S_N2. Observe o resultado estereoquímico da reação anterior. A configuração do centro de quiralidade não é invertida durante a formação do tosilato, mas é invertida durante o processo S_N2. O resultado líquido é a inversão de configuração.

3. Os álcoois primários e secundários reagem com $SOCl_2$ ou PBr_3 através de um processo S_N2.

Os mecanismos para esses dois caminhos reacionais são muito semelhantes. As primeiras etapas convertem um grupo de saída ruim em um grupo de saída bom e, em seguida, o haleto ataca em um processo S$_N$2 (Mecanismo 13.6).

MECANISMO 13.6 A REAÇÃO ENTRE SOCl$_2$ E UM ÁLCOOL

O mecanismo de reação para o PBr$_3$ tem características semelhantes, incluindo a conversão do grupo hidroxila em um grupo de saída melhor, seguido pelo ataque nucleofílico (Mecanismo 13.7).

MECANISMO 13.7 A REAÇÃO ENTRE PBr$_3$ E UM ÁLCOOL

Observe a semelhança entre todos os processos S$_N$2 que vimos nesta seção. Todos envolvem a conversão do grupo hidroxila em um grupo de saída melhor, seguido pelo ataque nucleofílico. Se qualquer uma dessas reações ocorre em um centro de quiralidade, espera-se uma inversão de configuração.

DESENVOLVENDO A APRENDIZAGEM

13.6 PROPOSTA DE REAGENTES PARA A CONVERSÃO DE UM ÁLCOOL EM UM HALETO DE ALQUILA

APRENDIZAGEM Identifique os reagentes que você usaria para realizar a transformação vista a seguir.

ETAPA 1
Análise do substrato.

ETAPA 2
Análise do resultado estereoquímico e determinação se é necessário um processo S_N2.

ETAPA 3
Identificação dos reagentes que permitem realizar o processo indicado na etapa 2.

SOLUÇÃO

Esta transformação é um processo de substituição, de modo que temos que decidir se vamos usar condições S_N1 ou S_N2. O principal fator é o substrato. O substrato aqui é secundário, por isso teoricamente poderíamos usar S_N1 ou S_N2. No entanto, não temos uma escolha neste caso. A transformação requer inversão de configuração, o que só pode ser realizado através de S_N2 (um processo S_N1 daria racemização, como vimos na Seção 7.5). Além disso, o substrato provavelmente sofre um rearranjo de carbocátion se sujeito as condições de S_N1. Por ambas as razões, é necessário um processo S_N2.

Qualquer um dos dois métodos vistos a seguir pode ser utilizado para produzir o produto desejado:

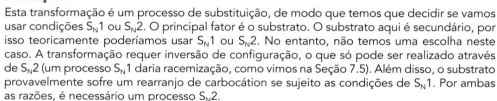

PRATICANDO
o que você aprendeu

13.19 Identifique os reagentes que você usaria para realizar cada uma das transformações vistas a seguir.

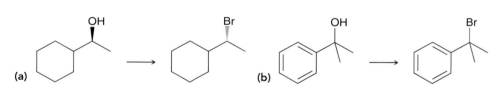

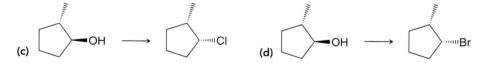

APLICANDO
o que você aprendeu

13.20 Identifique os reagentes que você usaria para realizar a transformação vista a seguir.

é necessário **PRATICAR MAIS?** Tente Resolver os Problemas 13.35a-c, 13.44f, 13.52r

Álcoois e Fenóis   603

falando de modo prático | Metabolismo de Fármacos

Metabolismo de fármacos refere-se ao conjunto de reações em que os fármacos são convertidos em outras substâncias que são utilizadas pelo organismo ou excretadas. Nossos corpos descartam os fármacos que ingerimos por uma variedade de vias metabólicas.

Uma via metabólica comum é chamada glucuronização, ou simplesmente glucuronidação. Esse processo é muito semelhante a todos os processos S_N2 que investigamos na seção anterior. Especificamente, um grupo de saída ruim (hidroxila) é primeiro convertido em um grupo de saída bom, seguido por ataque nucleofílico. A glucuronidação exibe as mesmas duas etapas principais.

1. A formação de UDPGA (ácido uridina-5'-difosfo-α-D-glucurônico) a partir de glicose envolve a conversão de um grupo de saída ruim em um grupo de saída bom.

UDPGA é uma substância com um grupo de saída muito bom. Esse grupo de saída grande é chamado UDP. Nessa transformação, um dos grupos hidroxila na glicose foi convertido em um grupo de saída bom.

2. Em seguida, ocorre um processo S_N2 em que o fármaco sendo metabolizado (tal como um álcool) ataca UDPGA, expelindo o grupo de saída bom.

Este processo S_N2 requer uma enzima (um catalisador biológico) chamada UDP-glucuronil-transferase. A reação ocorre através de inversão de configuração (conforme esperado de um processo S_N2) para produzir um β-glucuronido, que é altamente solúvel em água e é rapidamente excretado na urina.

Muitos grupos funcionais sofrem glucuronidação, mas os álcoois e fenóis são as classes mais comuns de substâncias que são submetidas a essa via metabólica. Por exemplo, a morfina, o acetaminofeno e o cloranfenicol são todos metabolizados por glucuronidação:

Morfina
Um analgésico opioide usado
para o tratamento de dores intensas

Acetaminofeno
Um agente analgésico
(diminuição de dor) e
antipirético (redução de febre)
vendido sob o nome comercial Tylenol™

Cloranfenicol
Um antibiótico usado em colírios
para tratar a conjuntivite bacteriana

Em cada uma dessas três substâncias, o grupo hidroxila em destaque ataca o UDPGA. A glucuronidação é a principal via metabólica em que esses fármacos são eliminados do corpo.

Reações E1 e E2 com Álcoois

Lembre-se da Seção 8.9 que os álcoois sofrem reações de eliminação em condições ácidas.

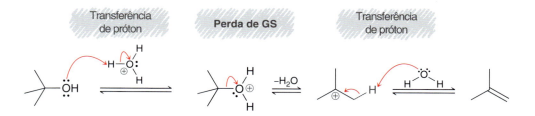

Essa transformação segue um mecanismo E1:

Recorde que as duas etapas principais de um mecanismo E1 são a perda de um grupo de saída, seguido por uma transferência de próton. No entanto, quando o material inicial é um álcool, primeiro é necessária uma etapa adicional para protonar o grupo hidroxila. Essa reação ocorre através de um carbocátion intermediário e, portanto, é melhor para os álcoois terciários. Recordamos também que a eliminação geralmente favorece o alqueno mais substituído.

Essa transformação pode também ser realizada através de um caminho reacional E2 se o grupo hidroxila é convertido primeiro em um grupo de saída melhor, tal como um tosilato. A base forte pode então ser utilizada para realizar uma reação de E2.

O processo E2 também produz geralmente o alqueno mais substituído, e não são observados rearranjos de carbocátion nos processos E2.

VERIFICAÇÃO CONCEITUAL

13.21 Preveja os produtos para cada uma das transformações vistas a seguir.

Álcoois e Fenóis   605

13.10 Reações de Álcoois: Oxidação

Na Seção 13.4, vimos que os álcoois podem ser formados através de um processo de redução. Nesta seção, vamos explorar o processo inverso, chamado de **oxidação**, que envolve um aumento do estado de oxidação.

O resultado de um processo de oxidação depende de se o álcool de partida é primário, secundário ou terciário. Vamos considerar primeiro a oxidação de um álcool primário.

Observe que um álcool primário tem dois prótons na posição de α (o átomo de carbono contendo o grupo hidroxila). Como resultado, os álcoois primários podem ser oxidados duas vezes. A primeira oxidação produz um aldeído, e em seguida a oxidação do aldeído produz um ácido carboxílico.

Álcoois secundários só têm um próton na posição α, de modo que eles só podem ser oxidados uma única vez, formando uma cetona.

OLHANDO PARA O FUTURO
Para uma exceção a esta regra geral, veja a Seção 20.11, do Volume 2, em que vamos aprender sobre um reagente oxidante especial que pode oxidar uma cetona para formar um éster.

De modo geral, a cetona não é oxidada posteriormente. Álcoois terciários não têm quaisquer prótons na posição α, e como resultado eles geralmente não sofrem oxidação:

Existe um grande número de reagentes disponíveis para a oxidação de álcoois primários e secundários. O reagente de oxidação mais comum é o ácido crômico (H_2CrO_4), que pode ser formado a partir do trióxido de cromo (CrO_3) ou a partir do dicromato de sódio ($Na_2Cr_2O_7$) em solução aquosa ácida.

O mecanismo de oxidação com ácido crômico tem duas etapas principais (Mecanismo 13.8). A primeira etapa envolve a formação de um éster cromato, e a segunda etapa é um processo E2 para formar uma ligação π carbono-oxigênio (em vez de uma ligação π carbono-carbono).

MECANISMO 13.8 OXIDAÇÃO DE UM ÁLCOOL COM ÁCIDO CRÔMICO

ETAPA 1

[Reação: álcool + ácido crômico (HO-Cr(=O)₂-OH) ⇌ (Rápida e reversível) éster cromato + H₂O]

Éster cromato

ETAPA 2

[Reação E2 do éster cromato com H₂O produzindo cetona/aldeído + H₃O⁺ + HCrO₃⁻]

Éster cromato

---

falando de modo prático | Testes Respiratórios para Medir o Nível de Álcool no Sangue

O etanol é um álcool primário. Portanto, o etanol reage com o dicromato de potássio em condições ácidas para produzir ácido acético.

CH₃CH₂OH + Cr₂O₇²⁻ →(H⁺) CH₃COOH + Cr³⁺

Etanol — Vermelho-laranja — Ácido acético — Verde

No processo, o etanol é oxidado e o reagente de cromo é reduzido. A nova substância de cromo tem uma cor diferente e, portanto, o progresso da reação pode ser controlado pela variação da cor de vermelho-laranja para verde. Esta reação constitui a base para muitos dos primeiros testes respiratórios que avaliavam o nível de álcool no sangue. Testes de respiração que utilizam esta reação ainda são comercialmente disponíveis. O teste consiste em um tubo, onde uma das extremidades está equipada com um bocal e a outra extremidade tem um saco. O interior do tubo contém dicromato de sódio que está adsorvido sobre a superfície de um sólido inerte, tal como sílica-gel. À medida que o usuário sopra ar através do tubo e enche o saco, o álcool da respiração do usuário reage com o agente de oxidação no tubo, e ocorre uma mudança de cor. O grau de mudança de cor fornece uma indicação sobre o teor de álcool no sangue.

O Breathalyzer é baseado na mesma ideia, mas é mais preciso. Um volume medido da respiração é borbulhado através de uma solução aquosa ácida de dicromato de potássio, e a mudança de cor é medida com um espectrofotômetro ultravioleta-visível (UV-VIS) (Seção 17.11, do Volume 2). Ao contrário do que se acredita popularmente, não é possível enganar o teste chupando uma bala de menta ou usando um produto para refrescar o hálito. Essas técnicas podem enganar uma pessoa, mas não vão enganar o dicromato de potássio.

Quando um álcool primário é oxidado com ácido crômico, obtém-se um ácido carboxílico. Em geral, é difícil controlar a reação para produzir o aldeído.

A fim de produzir o aldeído como um produto final, é necessário usar um reagente oxidante mais seletivo, que irá reagir com o álcool, mas não reage com o aldeído. Muitos desses reagentes estão disponíveis, incluindo o clorocromato de piridínio (PCC). O PCC é formado a partir da reação entre a piridina, o trióxido de cromo e o ácido clorídrico.

Quando o PCC é usado como o agente de oxidação, um aldeído é produzido como o produto principal. Sob essas condições, o aldeído não é oxidado a ácido carboxílico.

O cloreto de metileno (CH_2Cl_2) normalmente é o solvente quando o PCC é utilizado.

Álcoois secundários são oxidados apenas uma vez para formar uma cetona, que é estável sob condições de oxidação. Assim, um álcool secundário pode ser oxidado, quer com ácido crômico ou com PCC.

O dicromato de sódio é mais barato, mas o PCC é mais suave e, frequentemente, é o preferido se outros grupos funcionais sensíveis estiverem presentes na substância.

DESENVOLVENDO A APRENDIZAGEM

13.7 PREVISÃO DOS PRODUTOS DE UMA REAÇÃO DE OXIDAÇÃO

APRENDIZAGEM Preveja qual o principal produto da reação orgânica vista a seguir.

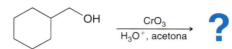

SOLUÇÃO

A fim de prever o produto, identificamos se o álcool é primário ou secundário. Neste caso, o álcool é primário e, por conseguinte, é necessário decidir se o processo produz um aldeído ou um ácido carboxílico:

ETAPA 1
Identificação se o álcool é primário ou secundário.

ETAPA 2
Se o álcool for primário, considera-se que seja obtido um aldeído ou um ácido carboxílico.

O produto é determinado pela escolha do reagente. Trióxido de cromo em condições ácidas forma ácido crômico, que irá oxidar o álcool duas vezes para dar o ácido carboxílico. A fim de parar no aldeído, em vez disso usa-se o PCC.

ETAPA 3
Respresentação do produto.

PRATICANDO o que você aprendeu

13.22 Preveja o produto orgânico principal para cada uma das reações vistas a seguir.

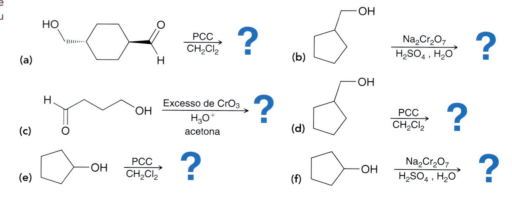

APLICANDO o que você aprendeu

13.23 Proponha uma síntese eficiente para cada uma das transformações vistas a seguir.

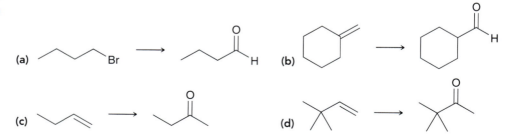

⤳ é necessário **PRATICAR MAIS?** Tente Resolver os Problemas 13.35e-f, 13.37, 13.48

Álcoois e Fenóis 609

13.11 Reações Redox Biológicas

Neste capítulo, vimos vários agentes de redução e vários reagentes oxidantes utilizados pelos químicos em laboratório. A natureza emprega seus próprios agentes de redução e de oxidação, apesar de terem geralmente estruturas muito mais complexas e de serem muito mais seletivos na sua reatividade. Um agente de redução biológico importante é o NADH, que é uma molécula constituída por várias partes, mostradas na Figura 13.7.

A PROPÓSITO

NADH é muito menos reativo que NaBH$_4$ ou HAL e requer um catalisador para fazer o seu trabalho. Catalisadores existentes na natureza são chamados de enzimas (Seção 25.8, do Volume 2).

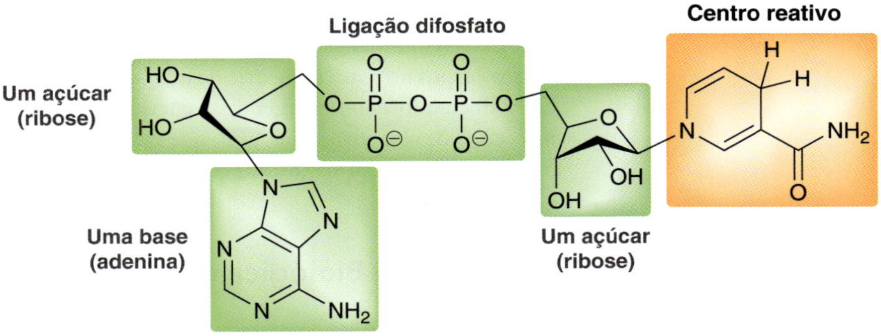

FIGURA 13.7
A estrutura do NADH, um agente de redução biológico.

O centro reativo no NADH (realçado em laranja) funciona como um agente de liberação de hidreto (muito semelhante ao NaBH$_4$ ou HAL) e pode reduzir cetonas ou aldeídos para formar álcoois. O NADH atua como um agente de redução e, no processo, ele é oxidado. A forma oxidada é chamada NAD$^+$.

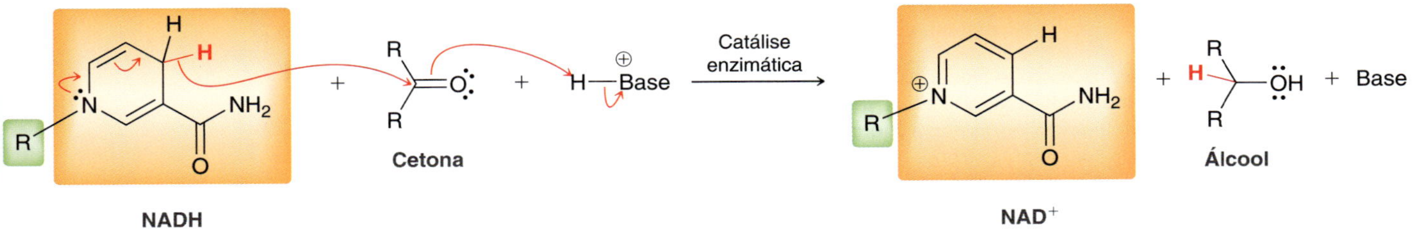

O processo inverso pode também ocorrer. Isto é, o NAD$^+$ pode atuar como um agente de oxidação através da recepção de um hidreto a partir de um álcool e, no processo, o NAD$^+$ é reduzido dando o NADH.

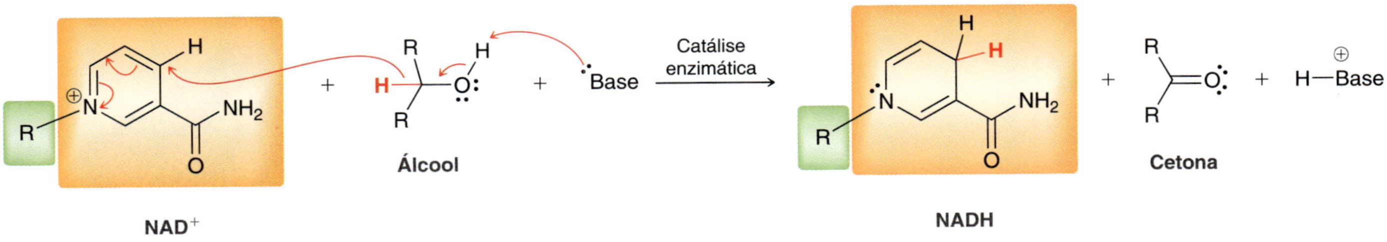

A PROPÓSITO

Para lembrar qual é o agente de redução e qual é o agente oxidante, basta lembrar que o NADH tem um H no final do seu nome, uma vez que pode atuar como um agente de liberação de hidreto.

NAD$^+$ e NADH estão presentes em todas as células vivas e funcionam em uma grande variedade de reações redox. O NADH é um agente de redução e o NAD$^+$ é um agente de oxidação. Dois importantes processos biológicos demonstram o papel crítico do NADH e do NAD$^+$ em sistemas biológicos (Figura 13.8). O *ciclo do ácido cítrico* é parte do processo pelo qual o alimento é metabolizado. Este processo envolve a conversão de NAD$^+$ a NADH. Outro processo biológico importante é a conversão de ADP (difosfato de adenosina) para ATP (trifosfato de adenosina), chamado *síntese do ATP*, que envolve a conversão de NADH a NAD$^+$. ATP é uma molécula que tem mais energia do que o ADP, e a conversão do ADP em ATP é a forma que o corpo tem de armazenar a energia que é obtida a partir do metabolismo dos alimentos que nós consumimos. A energia armazenada no ATP pode ser liberada pela conversão de volta em ADP, e essa energia armazenada é utilizada para alimentar todas as nossas funções de vida.

O ciclo do ácido cítrico e a síntese de ATP estão ligados em uma história. Essa história pode ser resumida assim: a energia do sol é absorvida pela vegetação e é usada para converter moléculas de CO$_2$ em grandes substâncias orgânicas (um processo chamado de fixação de dióxido de car-

FIGURA 13.8
NADH e NAD⁺ desempenham um papel importante no ciclo do ácido cítrico, bem como na síntese de ATP.

bono). Essas substâncias têm ligações orgânicas (tais como C—C e C—H), que têm mais energia do que as ligações C=O no CO_2. Portanto, a energia será liberada se as substâncias orgânicas são convertidas novamente em CO_2 (isto é precisamente porque a combustão de gasolina libera energia). Os seres humanos comem a vegetação (ou comemos os animais que comeram a vegetação), e nossos corpos utilizam uma série de reações químicas que decompõem essas moléculas grandes em CO_2, liberando assim energia. Essa energia é mais uma vez captada e armazenada sob a forma de moléculas de alta energia de ATP, que são então utilizadas para fornecer energia para os processos biológicos. Desta forma, nossos corpos são, em última análise, alimentados pela energia do sol.

falando de modo prático | Oxidação Biológica de Metanol e Etanol

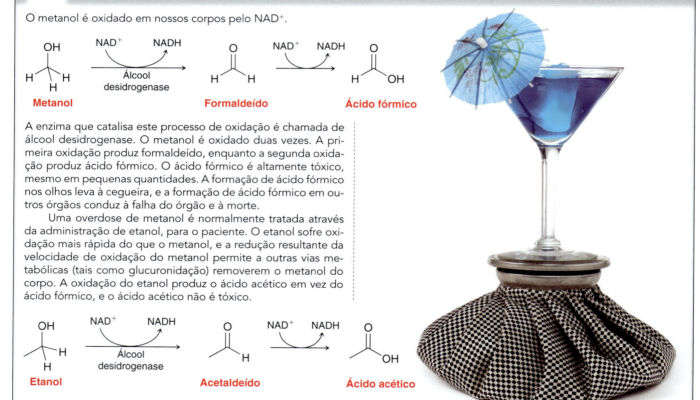

O metanol é oxidado em nossos corpos pelo NAD⁺.

Metanol → **Formaldeído** → **Ácido fórmico**

A enzima que catalisa este processo de oxidação é chamada de álcool desidrogenase. O metanol é oxidado duas vezes. A primeira oxidação produz formaldeído, enquanto a segunda oxidação produz ácido fórmico. O ácido fórmico é altamente tóxico, mesmo em pequenas quantidades. A formação de ácido fórmico nos olhos leva à cegueira, e a formação de ácido fórmico em outros órgãos conduz à falha do órgão e à morte.

Uma overdose de metanol é normalmente tratada através da administração de etanol, para o paciente. O etanol sofre oxidação mais rápida do que o metanol, e a redução resultante da velocidade de oxidação do metanol permite a outras vias metabólicas (tais como glucuronidação) removerem o metanol do corpo. A oxidação do etanol produz o ácido acético em vez do ácido fórmico, e o ácido acético não é tóxico.

Etanol → **Acetaldeído** → **Ácido acético**

O etanol é um álcool primário e é oxidado duas vezes. A primeira oxidação produz acetaldeído, ao passo que a segunda oxidação produz ácido acético. O ácido acético pode ser usado pelo corpo para uma variedade de funções, mas o acetaldeído é menos útil. Quando uma pessoa bebe grandes quantidades de etanol (consumo excessivo de álcool), a concentração de acetaldeído se acumula temporariamente. Uma alta concentração de acetaldeído provoca náuseas, vômitos e outros sintomas desagradáveis.

Mencionamos na abertura do capítulo que os efeitos de uma ressaca são causados por uma série de fatores. O impacto de alguns desses fatores, como a desidratação, pode ser reduzido bebendo-se um copo de água entre as bebidas. Mas outros fatores, como o acúmulo de acetaldeído, são as consequências inevitáveis do consumo excessivo de álcool. A única maneira de evitar elevadas concentrações de acetaldeído é beber pequenas quantidades de álcool, durante um longo período de tempo. O consumo excessivo de álcool sempre produzirá os efeitos desagradáveis da ressaca. Há muitos produtos no mercado que pretendem evitar a ressaca, mas há pouca evidência científica de que qualquer um desses produtos seja eficaz. A única maneira de evitar uma ressaca é beber com responsabilidade. Isto é, beber pequenas quantidades de álcool, durante um longo período de tempo, em conjunto com água em abundância.

Além dos efeitos desagradáveis de uma ressaca, o consumo excessivo de álcool também pode potencialmente causar uma série de problemas de saúde mais sérios, tais como um ritmo cardíaco irregular ou pancreatite aguda (inflamação do pâncreas), ambos podendo ser fatais.

Álcoois e Fenóis   611

13.12 Oxidação do Fenol

Nas duas seções anteriores, discutimos reações que provocam a oxidação de álcoois primários e secundários. Nesta seção, consideramos a oxidação do fenol. Com base em nossa discussão até agora, podemos esperar que o fenol não sofra facilmente oxidação porque carece de um próton na posição α, assim como um álcool terciário.

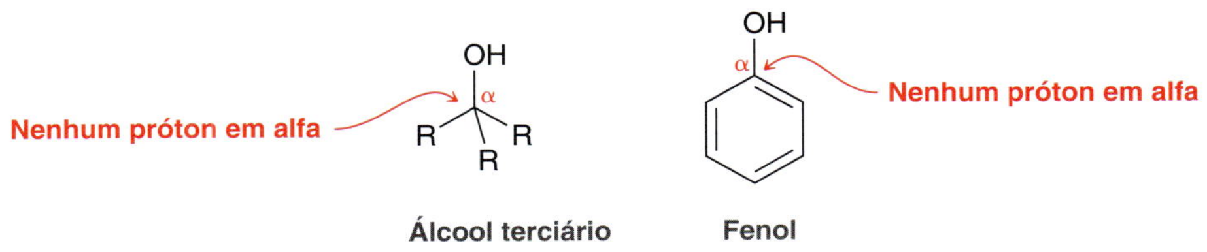

Nenhum próton em alfa

Álcool terciário   **Fenol**

No entanto, observa-se que o fenol sofre oxidação até mais rapidamente do que os álcoois primários e secundários. O produto é a benzoquinona.

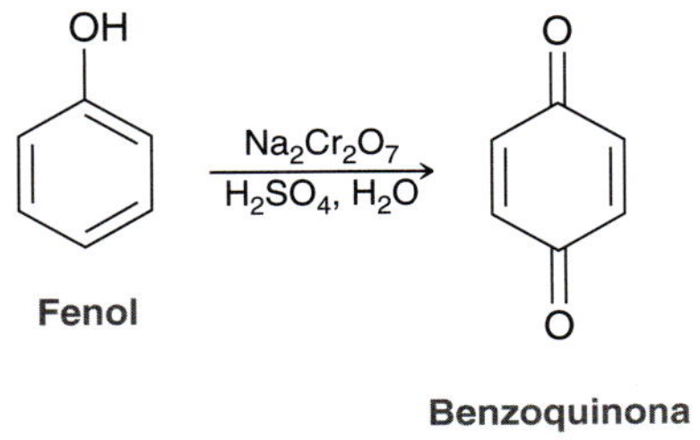

Fenol

$$\xrightarrow[\text{H}_2\text{SO}_4, \text{H}_2\text{O}]{\text{Na}_2\text{Cr}_2\text{O}_7}$$

Benzoquinona

Quinonas são importantes porque são prontamente convertidas em hidroquinonas.

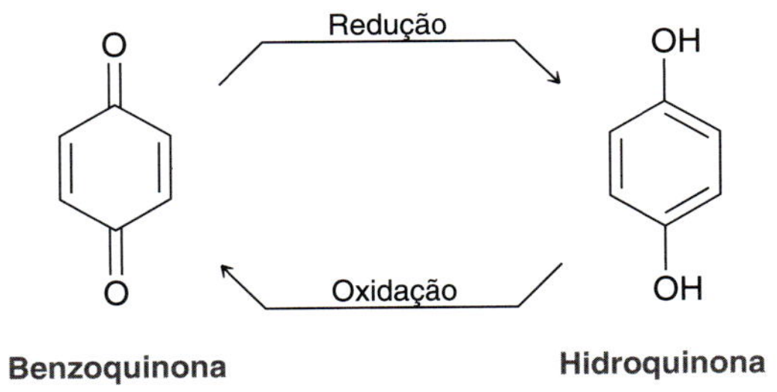

Redução

Oxidação

Benzoquinona   **Hidroquinona**

A reversibilidade do processo é crítica para a **respiração celular**, um processo pelo qual o oxigênio molecular é utilizado para converter alimentos em CO_2, água e energia. Os participantes mais importantes neste processo são um grupo de quinonas chamadas ubiquinonas.

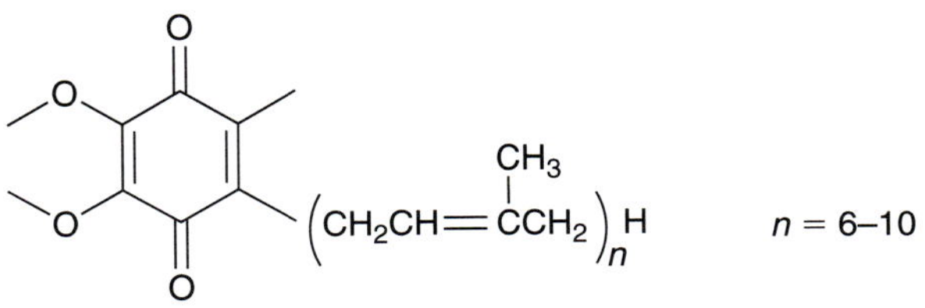

$$\left(CH_2CH = CCH_2 \right)_n H \qquad n = 6\text{–}10$$

Ubiquinonas

Essas substâncias são chamadas ubiquinonas, porque são ubíquas na natureza – isto é, elas se encontram em todas as células. As propriedades redox das ubiquinonas são utilizadas para converter o oxigênio molecular em água.

Etapa 1:

[estrutura da Ubiquinona] + H⁺ → (NADH → NAD⁺) → [hidroquinona]

Ubiquinona

Etapa 2:

[hidroquinona] + ½ O₂ → [Ubiquinona] + H₂O

Ubiquinona

Reação líquida: NADH + ½ O₂ + H⁺ ⟶ NAD⁺ + H₂O

Esse processo envolve duas etapas. Na primeira etapa, a ubiquinona é reduzida a uma hidroquinona. Na segunda etapa, a hidroquinona é oxidada para regenerar a ubiquinona. Dessa forma, a ubiquinona não é consumida no processo. Ela é um catalisador para a conversão de oxigênio molecular em água, uma etapa crítica na quebra das moléculas de alimento para liberar a energia armazenada em suas ligações químicas. O bioquímico britânico Peter Mitchell foi agraciado com o Prêmio Nobel de 1978 em Química pela descoberta do papel que desempenham as ubiquinonas na produção de energia (síntese de ATP).

13.13 Estratégias de Síntese

Lembre-se do Capítulo 12, com duas questões a considerar ao propor uma síntese:
1. Uma mudança na cadeia carbônica
2. Uma alteração no grupo funcional

Neste capítulo, aprendemos diversas ferramentas valiosas para lidar com essas duas questões. Vamos nos concentrar em uma de cada vez.

Interconversão de Grupos Funcionais

No Capítulo 12, vimos como interconverter ligações triplas, ligações duplas e ligações simples (Figura 13.9).

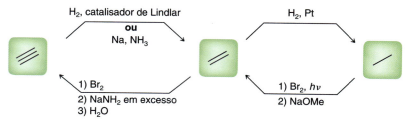

FIGURA 13.9
Um mapa mostrando as reações que permitem a interconversão entre os alcanos, alquenos e alquinos.

Álcoois e Fenóis 613

Neste capítulo, aprendemos a interconverter entre cetonas e álcoois secundários. Este nível de controle será muito importante mais tarde, quando veremos muitas reações envolvendo substâncias contendo grupos carbonílicos.

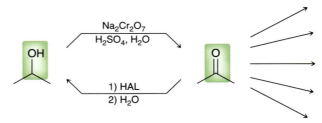

Os álcoois primários e os aldeídos podem também ser interconvertidos. O PCC é usado no lugar do ácido crômico para converter um álcool em um aldeído.

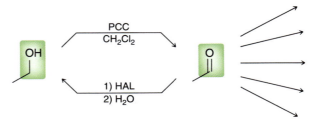

Vamos agora combinar algumas reações importantes que temos visto nos capítulos anteriores em um mapa que vai nos ajudar a organizar grupos de reações que interconvertem grupos funcionais. Vamos nos concentrar em seis grupos funcionais destacados na Figura 13.10. Esses seis grupos funcionais foram separados em classes, com base no estado de oxidação. A conversão de um grupo funcional a partir de uma classe para outra é uma redução ou uma oxidação. Por exemplo, a conversão de um alcano em um haleto de alquila é uma reação de oxidação. Em contraste, a interconversão de grupos funcionais dentro de uma classe não é nem uma oxidação nem uma redução. Por exemplo, a conversão de um álcool em uma haleto de alquila não envolve uma mudança no estado de oxidação.

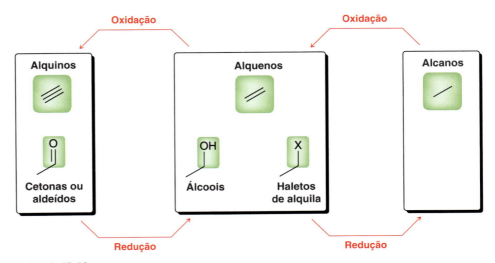

FIGURA 13.10
Um diagrama mostrando seis diferentes grupos funcionais e seus estados de oxidação relativos. A interconversão entre alquenos, álcoois e haletos de alquila não constitui oxidação ou redução.

Temos visto muitos reagentes que permitem interconverter grupos funcionais, tanto dentro de uma classe quanto em classes diferentes (oxidação/redução). Esses reagentes são mostrados na Figura 13.11. Vale a pena gastar o seu tempo para estudar a Figura 13.11 com cuidado, pois ela resume muitas das reações importantes que temos visto até agora. Observe que cada um dos grupos

614 CAPÍTULO 13

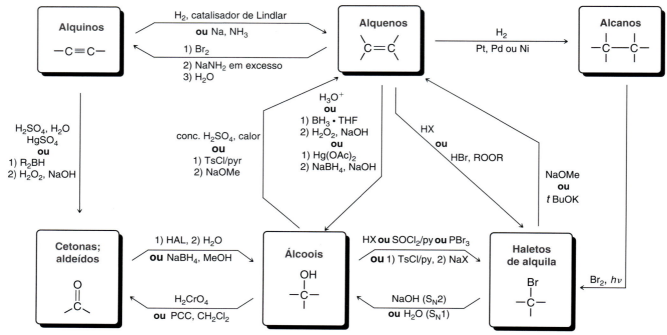

FIGURA 13.11
Um mapa de reações para a interconversão entre alcanos, alquenos, alquinos, haletos de alquila, álcoois, aldeídos e cetonas.

funcionais pode ser convertido em quaisquer dos outros grupos funcionais. Algumas conversões podem ser feitas em uma etapa, tal como a conversão de um álcool em uma cetona. Outras conversões requerem etapas múltiplas, tais como a conversão de um alcano em uma cetona. Ter uma imagem mental clara desta figura será extremamente útil na resolução de problemas de síntese. Vamos ver um exemplo.

DESENVOLVENDO A APRENDIZAGEM

13.8 CONVERSÃO DE GRUPOS FUNCIONAIS

APRENDIZAGEM Proponha uma síntese plausível para a transformação vista a seguir.

SOLUÇÃO

Neste exemplo, o reagente e o produto têm a mesma cadeia carbônica e diferem apenas na identidade do grupo funcional. O reagente tem uma ligação dupla carbono-carbono, enquanto o produto tem uma ligação dupla carbono-oxigênio (um grupo carbonila). É sempre preferível realizar uma transformação com o menor número de etapas possível, de modo que primeiro nós consideramos se há uma única etapa que vai realizar essa transformação. Como vimos na Figura 13.11, ainda não discutimos um método de uma etapa para atingir a desejada transfor-

Álcoois e Fenóis 615

mação. Portanto, temos de considerar se o reagente pode ser convertido no produto utilizando uma síntese de duas etapas. A Figura 13.11 mostra duas rotas possíveis.

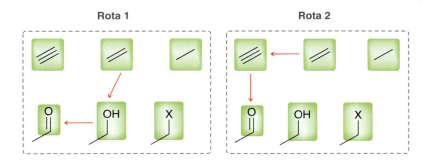

A primeira rota passa através do álcool, e a segunda rota passa através de um alquino. Portanto, existem (pelo menos) duas respostas perfeitamente aceitáveis para esse problema.

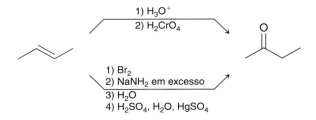

PRATICANDO
o que você aprendeu

13.24 Proponha uma síntese eficiente para cada uma das transformações vistas a seguir.

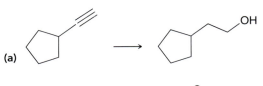

APLICANDO
o que você aprendeu

13.25 Mostre através de pelo menos dois métodos diferentes a preparação de 1-metilciclo-hexeno a partir de 1-metilciclo-hexanol.

13.26 Usando os reagentes de sua escolha, mostre como você iria converter álcool *terc*-butílico em 2-metil-1-propanol.

⇢ é necessário **PRATICAR MAIS?** Tente Resolver os Problemas 13.35, 13.39, 13.48, 13.51

616 **CAPÍTULO 13**

Formação de Ligação C—C

Neste capítulo, aprendemos uma nova maneira para formar ligações C—C, utilizando a reação entre um reagente de Grignard e de uma cetona ou aldeído.

Vimos também que um reagente de Grignard irá atacar um éster duas vezes para formar um álcool. Nesta reação, duas novas ligações C—C foram formadas.

Uma reação de Grignard realiza mais do que apenas a formação de uma ligação C—C, mas ela também reduz o grupo carbonila a um álcool no processo. Agora, considere as seguintes duas etapas: suponha uma reação de Grignard com um aldeído e, em seguida, a oxidação de volta a uma cetona.

O resultado líquido destas duas etapas é a conversão de um aldeído em uma cetona. Isto é muito útil, porque nós ainda não vimos uma maneira de converter aldeídos em cetonas.

VERIFICAÇÃO CONCEITUAL

13.27 Identifique os reagentes que você precisa para realizar cada uma das transformações vistas a seguir.

(a)

(b)

Álcoois e Fenóis 617

Transformações de Grupos Funcionais e Formação de Ligação C—C

Nesta seção final do capítulo, vamos combinar o que aprendemos nas duas seções anteriores e trabalhar em problemas de síntese que envolvem a interconversão de grupos funcionais e a formação da ligação C—C. Lembre do Capítulo 12 que é muito útil para abordar um problema de síntese e trabalhar de forma direta bem como trabalhar para trás (análise retrossintética). Nós vamos usar todas essas ferramentas no exemplo visto a seguir.

DESENVOLVENDO A APRENDIZAGEM

13.9 PROPOSTA DE UMA SÍNTESE

APRENDIZAGEM Proponha uma síntese eficiente para a transformação vista a seguir.

SOLUÇÃO

Sempre abordamos um problema de síntese, inicialmente fazendo duas perguntas.

1. Há uma alteração na cadeia carbônica? Sim, a cadeia carbônica aumentou de tamanho de um átomo de carbono.
2. Existe uma variação nos grupos funcionais? Sim, o material de partida tem uma ligação tripla, e o produto tem um grupo carbonila.

Para introduzir um átomo de carbono, precisamos usar uma reação que forma uma ligação C—C. Até agora, aprendemos a formar uma ligação C—C por alquilação de um alquino (Seção 10.10), e pelo uso de um reagente de Grignard para o ataque a um grupo carbonila. Desde que a nossa matéria-prima é um alquino terminal, vamos primeiro tentar a alquilação do alquino e ver onde isso nos leva.

Nossa primeira estratégia proposta é alquilar o alquino e então hidratar a ligação tripla.

É sempre crítico analisar qualquer estratégia proposta e certificar-se de que a regioquímica e a estereoquímica de cada etapa estão corretas. Esta estratégia particular não tem nenhum problema de estereoquímica (não existem centros de quiralidade ou alquenos estereoisoméricos). No entanto, a regioquímica é problemática. Há uma falha séria com a segunda etapa (a hidratação do alquino para dar uma cetona). Especificamente, não é possível controlar o resultado regioquímico dessa reação. Essa etapa provavelmente irá produzir uma mistura de duas possíveis cetonas (2-pentanona e 3-pentanona). Isso representa uma falha crítica. Não podemos propor uma síntese em que não temos nenhum controle sobre a regioquímica de uma das etapas. Todas nossas etapas devem conduzir ao produto desejado como produto principal.

Na estratégia que falhou anteriormente, procurou-se formar a ligação C—C por meio da alquilação de um alquino. Assim, vamos agora nos concentrar no nosso segundo método de formação de uma ligação C—C, utilizando um reagente de Grignard para o ataque a um grupo carbonila. Em outras palavras, as duas últimas etapas da nossa síntese poderiam ser conforme é visto a seguir:

Agora estamos usando uma abordagem retrossintética para este problema, após a abordagem direta ter provado ser infrutífera. Especificamente, reconhecemos que o produto final pode ser obtido a partir de um aldeído por meio de um processo de duas etapas. Agora só precisamos fazer a ponte entre o material de partida e o aldeído, o que pode ser realizado através da hidroboração-oxidação.

Essa estratégia proposta apresenta a regioquímica correta para cada etapa. Nossa resposta é:

PRATICANDO o que você aprendeu

13.28 Proponha uma síntese eficiente para cada uma das transformações vistas a seguir.

APLICANDO o que você aprendeu

13.29 Utilizando quaisquer substâncias que não têm mais do que dois átomos de carbono, identifique um método para a preparação de cada uma das substâncias vistas a seguir:

é necessário **PRATICAR MAIS?** Tente Resolver os Problemas 13.37, 13.38, 13.40, 13.45, 13.52, 13.59

REVISÃO DAS REAÇÕES

Preparação de Alcóxidos

Preparação de Álcoois Através de Redução

Preparação de Álcoois Através de Reagentes de Grignard

Proteção e Desproteção de Álcoois

Reações S$_N$1 com Álcoois

Reações S$_N$2 com Álcoois

Reações E1 e E2 com Álcoois

Oxidação de Álcoois e Fenóis

Com Ácido Crômico

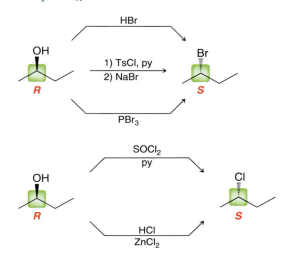

620 **CAPÍTULO 13**

Fenol → Benzoquinona (com Na$_2$Cr$_2$O$_7$, H$_2$SO$_4$, H$_2$O)

Com PCC

Álcool primário → Aldeído (com PCC, CH$_2$Cl$_2$)

REVISÃO DE CONCEITOS E VOCABULÁRIO

SEÇÃO 13.1

- As substâncias que têm um **grupo hidroxila** (OH) são chamados **álcoois**.
- Quando se dá o nome a um álcool, a cadeia principal é a maior cadeia que contém o grupo hidroxila.
- Todos os álcoois possuem uma região **hidrofílica** e uma região **hidrofóbica**. Álcoois pequenos (metanol, etanol, propanol) são **miscíveis** com água. Uma substância é considerada **solúvel** em água quando apenas um volume definido da substância se dissolve em uma quantidade especificada de água à temperatura ambiente. O butanol é solúvel em água.

SEÇÃO 13.2

- A base conjugada de um álcool é chamada de íon **alcóxido**.
- A pK_a para a maioria dos álcoois cai no intervalo de 15-18.
- Álcoois são comumente desprotonados com um hidreto de sódio (NaH) ou um metal alcalino (Na, Li ou K).
- Vários fatores determinam a acidez relativa dos álcoois, incluindo a ressonância, a indução e os efeitos de solvatação
- A base conjugada do fenol é chamada de **fenolato** ou íon **fenóxido**.

SEÇÃO 13.3

- Quando se prepara um álcool através de uma reação de substituição, os substratos primários exigem condições S$_N$2, enquanto substratos terciários exigem condições S$_N$1.
- As reações de adição que irão produzir álcoois incluem hidratação catalisada por ácido, oximercuração-desmercuração e hidroboração-oxidação.

SEÇÃO 13.4

- Álcoois podem ser formados pelo tratamento de um **grupo carbonila** (ligação C=O) com um **agente redutor**. A reação resultante envolve uma diminuição do **estado de oxidação** e é chamada de **redução**.
- O HAL é mais reativo do que o NaBH$_4$. De fato o HAL irá reduzir ácidos carboxílicos e ésteres, enquanto o NaBH$_4$ não.

SEÇÃO 13.5

- **Dióis** são substâncias com dois grupos hidroxila.
- Dióis podem ser preparados a partir de dicetonas através da redução usando um agente de redução.
- Dióis também podem ser obtidos por meio de di-hidroxilação *sin* ou di-hidroxilação *anti* de um alqueno.

SEÇÃO 13.6

- **Reagentes de Grignard** são nucleófilos de carbono, que são capazes de atacar uma vasta variedade de eletrófilos, incluindo o grupo carbonila de aldeídos ou cetonas, para produzir um álcool.
- Reagentes de Grignard também reagem com ésteres para produzir álcoois com introdução de dois grupos R.

SEÇÃO 13.7

- **Grupos de proteção**, tais como o grupo trimetilsilila, podem ser utilizados para evitar o problema da incompatibilidade de Grignard e podem ser facilmente removidos após a reação de Grignard desejada ter sido realizada.

SEÇÃO 13.8

- Fenol, também chamado hidroxibenzeno, é utilizado como um precursor para a síntese de uma grande variedade de produtos farmacêuticos e de outras substâncias comercialmente úteis.

SEÇÃO 13.9

- Álcoois terciários vão sofrer uma reação S$_N$1 quando tratados com um haleto de hidrogênio.
- Os álcoois primários e secundários serão submetidos a um processo S$_N$2 quando tratados com HX, SOCl$_2$ ou PBr$_3$, ou quando o grupo hidroxila é convertido em um grupo tosilato seguido por ataque nucleofílico.
- Álcoois terciários sofrem eliminação E1 quando tratados com ácido sulfúrico.
- Para um processo E2, o grupo hidroxila é primeiro convertido em um tosilato ou um haleto de alquila.

SEÇÃO 13.10

- Os álcoois primários podem sofrer **oxidação** duas vezes para dar um ácido carboxílico.
- Os álcoois secundários são oxidados apenas uma vez para dar uma cetona.
- Os álcoois terciários não sofrem oxidação.
- O reagente de oxidação mais comum é o ácido crômico (H$_2$CrO$_4$), que pode ser formado a partir de trióxido de cromo (CrO$_3$), ou a partir de dicromato de sódio (Na$_2$Cr$_2$O$_7$) em solução aquosa ácida.
- PCC é utilizada para converter um álcool primário em um aldeído.

SEÇÃO 13.11

- NADH é um agente de redução biológica, que funciona como um agente de liberação de hidreto (muito parecido com NaBH$_4$ ou HAL), enquanto NAD$^+$ é um agente de oxidação.

Álcoois e Fenóis 621

- NADH e NAD⁺ desempenham papéis críticos em sistemas biológicos. Exemplos incluem o **ciclo do ácido cítrico** e a **síntese do ATP**.

SEÇÃO 13.12
- Fenóis sofrem oxidação para quinonas. Quinonas são biologicamente importantes porque as suas propriedades redox desempenham um papel significativo na **respiração celular**.

SEÇÃO 13.13
- Há duas questões importantes a considerar ao propor uma síntese.
  1. Uma mudança na cadeia carbônica
  2. Uma mudança no grupo funcional

REVISÃO DA APRENDIZAGEM

13.1 NOMEANDO UM ÁLCOOL

ETAPA 1 Escolhemos a cadeia mais longa contendo o grupo OH, e numeramos a cadeia a partir da extremidade mais próxima do grupo OH.

ETAPAS 2 E 3 Identificamos os substituintes e atribuímos localizadores.

ETAPA 4 Distribuímos os substituintes em ordem alfabética.

ETAPA 5 Assinalamos a configuração de qualquer centro de quiralidade.

3-Nonanol

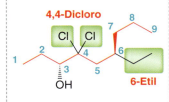
4,4-Dicloro
6-Etil

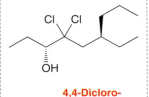
4,4-Dicloro-6-etil-3-nonanol

(3R,6R)-4,4-dicloro-6-etil-3-nonanol

Tente Resolver os Problemas 13.1, 13.2, 13.30, 13.31a–d,f 13.32

13.2 COMPARAÇÃO DA ACIDEZ DOS ÁLCOOIS

Procuramos por **efeitos de ressonância**, por exemplo:

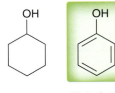
Mais ácido

Procuramos por **efeitos indutivos**, por exemplo:

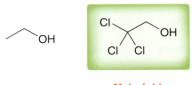
Mais ácido

Procuramos por **efeitos de solvatação**, por exemplo:

Menos ácido

Tente Resolver os Problemas 13.5, 13.6, 13.33, 13.34

13.3 IDENTIFICAÇÃO DE REAÇÕES DE OXIDAÇÃO E REDUÇÃO

EXEMPLO Determinamos se o material de partida foi oxidado, reduzido ou o estado de oxidação não se alterou.

ETAPA 1 Determinamos o estado de oxidação do material de partida. Quebramos todas as ligações heteroliticamente, com exceção das ligações C—C.

Dois elétrons, mas o carbono deve ter quatro. Neste carbono estão faltando dois elétrons

Estado de oxidação = +2

ETAPA 2 Determinamos o estado de oxidação do produto. Quebramos todas as ligações heteroliticamente, com exceção das ligações C—C.

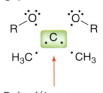

Dois elétrons, mas o carbono deve ter quatro. Neste carbono estão faltando dois elétrons

Estado de oxidação = +2

ETAPA 3 Determinamos se houve uma mudança no estado de oxidação.

Aumenta = oxidação
Diminui = redução
Nenhuma mudança = nem oxidação, nem redução

Este exemplo não é nem uma oxidação nem uma redução

Tente Resolver os Problemas 13.9–13.11, 13.62

13.4 REPRESENTAÇÃO DE UM MECANISMO E PREVISÃO DOS PRODUTOS DE REDUÇÕES POR HIDRETO

ETAPA 1 Representamos a estrutura completa do HAL e desenhamos duas setas curvas que mostram a transferência do hidreto para o grupo carbonila.

ETAPA 2 Representamos o alcóxido intermediário.

ETAPA 3 Representamos duas setas curvas que mostram o alcóxido intermediário sendo protonado por uma fonte de prótons.

Tente Resolver os Problemas 13.12, 13.13, 13.46, 13.47c, 13.48e,f, 13.60

13.5 PREPARAÇÃO DE UM ÁLCOOL ATRAVÉS DE UMA REAÇÃO DE GRIGNARD

ETAPA 1 Identificamos a posição alfa.

ETAPA 2 Identificamos os três grupos ligados à posição alfa.

ETAPA 3 Mostramos como cada grupo poderia ter sido inserido através de uma reação de Grignard.

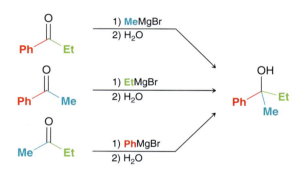

Tente Resolver os Problemas 13.14–13.17, 13.38, 13.40b, 13.52b–d,j,l–r, 13.58

13.6 PROPOSTA DE REAGENTES PARA A CONVERSÃO DE UM ÁLCOOL EM UM HALETO DE ALQUILA

EXEMPLO Identificamos os reagentes necessários.

ETAPA 1 Analisamos o substrato:

Primário = S_N2
Terciário = S_N1

Substrato é secundário

ETAPA 2 Analisamos a estereoquímica: inversão = S_N2

ETAPA 3 A reação deve ocorrer via S_N2, de modo a usar reagentes que favorecem S_N2.

HCl / ZnCl$_2$

1) TsCl, py
2) NaCl

SOCl$_2$ / py

Tente Resolver os Problemas 13.19, 13.20, 13.35a-c, 13.44f, 13.52r

13.7 PREVISÃO DOS PRODUTOS DE UMA REAÇÃO DE OXIDAÇÃO

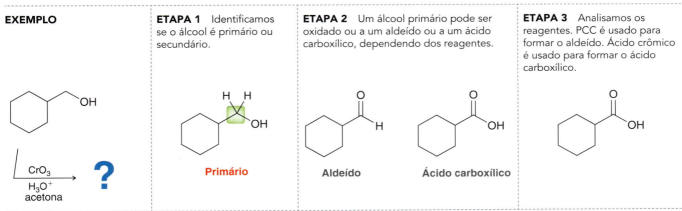

EXEMPLO

ETAPA 1 Identificamos se o álcool é primário ou secundário.

ETAPA 2 Um álcool primário pode ser oxidado ou a um aldeído ou a um ácido carboxílico, dependendo dos reagentes.

ETAPA 3 Analisamos os reagentes. PCC é usado para formar o aldeído. Ácido crômico é usado para formar o ácido carboxílico.

Tente Resolver os Problemas 13.22, 13.23, 13.35e–f, 13.37, 13.48

13.8 CONVERSÃO DE GRUPOS FUNCIONAIS

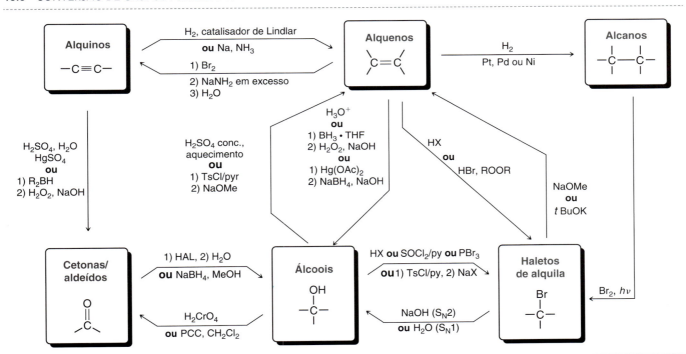

Tente Resolver os Problemas 13.24–13.26, 13.39, 13.48, 13.51

13.9 PROPOSTA DE UMA SÍNTESE

ETAPA 1 Existe uma mudança na cadeia carbônica?

Mantenha o controle de todas as reações de formação de ligação C—C que você aprendeu até agora.

ETAPA 2 Existe uma mudança nos grupos funcionais?

O gráfico de Desenvolvendo a Aprendizagem anterior resume muitas das importantes interconversões de grupos funcionais que temos visto.

ETAPA 3 Depois de propor uma síntese, analisamos a sua resposta com as seguintes questões:

• O resultado regioquímico de cada etapa está correto?
• O resultado estereoquímico de cada etapa está correto?

MAIS LEMBRETES Recorde que o produto desejado deve ser o produto principal da sua proposta de síntese. Sempre pense para trás (análise retrossintética), bem como para a frente, e depois tente preencher a lacuna. A maioria dos problemas de síntese terá várias respostas corretas. Não sinta que você tem que encontrar a "única" resposta correta.

Tente Resolver os Problemas 13.28, 13.29, 13.37, 13.38, 13.40, 13.45, 13.52, 13.59

PROBLEMAS PRÁTICOS

13.30 Dê um nome IUPAC para cada uma das seguintes substâncias:

(a) 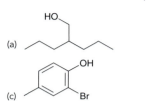 (b)

(c) (estrutura com OH, Br e grupo metil em anel benzênico) (d) (cicloexanol com metil)

13.31 Represente a estrutura de cada uma das seguintes substâncias:
(a) *cis*-l,2-Ciclo-hexanodiol
(b) Isobutanol
(c) 2,4,6-Trinitrofenol
(d) (*R*)-2,2-Dimetil-3-heptanol
(e) Etilenoglicol
(f) (*S*)-2-Metil-1–butanol

13.32 Represente e dê o nome de todos os álcoois isômeros constitucionais com fórmula molecular $C_4H_{10}O$.

13.33 Ordene cada conjunto de alcoóis vistos a seguir em ordem de aumento da acidez.

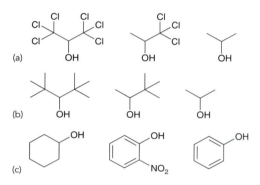

13.34 Represente as estruturas de ressonância para cada um dos ânions vistos a seguir.

(a)   (b) (enolato) (c) (dienolato)

13.35 Preveja o produto principal da reação entre o 1-butanol e:
(a) PBr_3
(b) $SOCl_2$, py
(c) HCl, $ZnCl_2$
(d) H_2SO_4, aquecimento
(e) PCC, CH_2Cl_2
(f) $Na_2Cr_2O_7$, H_2SO_4, H_2O
(g) Li
(h) NaH
(i) TMSCl, Et_3N
(j) TsCl, piridina
(k) Na
(l) *terc*-Butóxido de potássio

13.36 A hidratação catalisada por ácido do 3,3-dimetil-1-buteno produz 2,3-dimetil-2-butanol. Mostre um mecanismo para esta reação.

13.37 Começando com 1-butanol, mostre os reagentes que se utilizam para preparar cada uma das seguintes substâncias.

(a) butanal (b) ácido butanoico (c) 3-hexanol
(d) 3-metil-3-hexanol (e) 3-hexanona

13.38 Usando uma reação de Grignard, mostre como você pode preparar cada um dos álcoois vistos a seguir.

(a) cicloexilmetanol
(b) 2-fenil-2-pentanol
(c) 3-hexanol
(d) 3-etil-3-pentanol

13.39 Cada um dos álcoois vistos a seguir pode ser preparado através da redução de uma cetona ou aldeído. Em cada caso, identifique o aldeído ou cetona que seria necessário.

(a) cicloexilmetanol (b) 1-fenil-1-butanol
(c) 3-hexanol (d) ciclopentanol

13.40 Que reagentes você usaria para executar cada uma das transformações vistas a seguir?

(a) cicloexilcarbaldeído → 1-cicloexil-1-propanona
(b) cicloexilcarbaldeído → (1-cicloexenil)metanol

13.41 Proponha um mecanismo para a reação vista a seguir.

5-bromo-1-pentanol + NaH → tetrahidropirano

13.42 A hidratação catalisada por ácido do 1-metilciclo-hexeno forma dois álcoois. O produto principal não sofre oxidação, enquanto o produto secundário irá sofrer oxidação. Explique.

13.43 Considere a sequência de reações vista a seguir, e identifique as estruturas das substâncias **A**, **B** e **C**.

Substância **A** ($C_6H_{11}Br$) $\xrightarrow{Mg}$ Substância **B** $\xrightarrow[2) H_2O]{1) \text{acetona}}$ → $\xrightarrow[\text{Aquecimento}]{H_2SO_4 \text{ conc.}}$ Substância **C** (metilenocicloexano)

Álcoois e Fenóis   625

13.44 Considere a sequência de reações vista a seguir, e identifique os reagentes a-h.

13.45 Usando o 2-propanol como sua única fonte de carbono, mostre como você iria preparar 2-metil-2-pentanol.

13.46 Preveja o produto e represente um mecanismo para cada uma das seguintes reações:

13.47 Represente o mecanismo para cada uma das reações vistas a seguir.

13.48 Identifique os reagentes que você usaria para realizar cada uma das transformações vistas a seguir.

13.49 Preveja os produtos de cada uma das seguintes reações:

13.50 Proponha um mecanismo plausível para cada uma das transformações vistas a seguir.

PROBLEMAS INTEGRADOS

13.51 Identifique os reagentes que seriam necessários para realizar cada uma das transformações mostradas aqui:

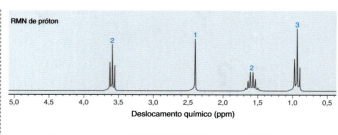

13.52 Proponha uma síntese eficiente para cada uma das seguintes transformações:

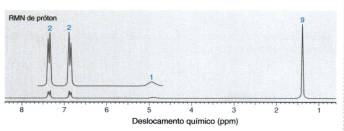

Problemas 13.53–13.56 devem ser feitos pelos estudantes que já estudaram espectroscopia (Capítulos 15 e 16, do Volume 2).

13.53 Proponha uma estrutura para uma substância com a fórmula molecular $C_{10}H_{14}O$ que exibe o espectro de RMN de ^1H visto a seguir.

13.54 Proponha uma estrutura para uma substância com a fórmula molecular C_3H_8O que exibe os espectros de RMN de ^1H e de RMN de ^{13}C vistos a seguir.

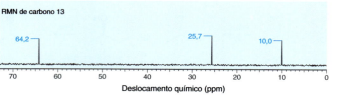

13. 55 Proponha duas estruturas possíveis para uma substância com a fórmula molecular C₅H₁₂O que exibe os seguintes espectros de RMN de ¹³C e de IV:

13.56 Proponha uma estrutura para uma substância com a fórmula molecular C₈H₁₀O que exibe o seguinte espectro de RMN de ¹H:

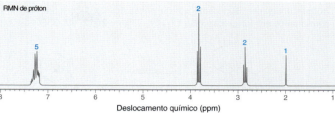

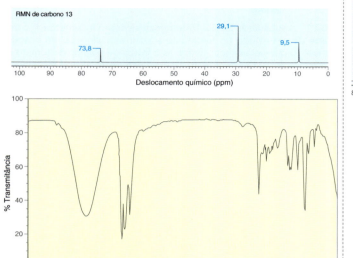

DESAFIOS

13.57 Proponha um mecanismo para a seguinte transformação:

formação vista a seguir exibida por um diol. Essa reação é chamada um rearranjo de pinacol:

13.58 Proponha um mecanismo para a seguinte transformação:

13.62 Determine se o rearranjo de pinacol, mostrado no problema anterior, é uma redução, uma oxidação, ou nem um nem outro.

13.63 (S)-Gizzerosina é um aminoácido que se acredita ser responsável por uma doença grave nas galinhas chamada "vômito negro". Entretanto, a mesma substância é um fármaco potencial para o tratamento da osteoporose e acumulação de ácido no estômago. Forneça uma síntese em duas etapas para realizar a transformação vista a seguir, que foi utilizada durante a síntese recente da (S)-gizzerosina (Tetrahedron Lett. **2007**, 48, 8479–8481):

13.59 Mostre os reagentes que você usaria para realizar a seguinte transformação:

13.60 Proponha um mecanismo para a seguinte transformação:

13.64 Briarellin E (substância **3**) é produzido por corais nos mares do Caribe e do Mediterrâneo e pertence a uma família maior de produtos naturais marinhos que estão sendo investigados como agentes anticancerígenos em potencial. Durante uma síntese recente de **3**, a substância **1** foi tratada com TBAF para dar a substância **2** (J. Org. Chem. **2009**, 74, 5458–5470). Represente a estrutura da substância **2**.

13.61 Um carbocátion é estabilizado por ressonância quando está adjacente a um átomo de oxigênio:

Esse carbocátion é ainda mais estável do que um carbocátion terciário. Usando essa informação, proponha um mecanismo para a trans-

628 CAPÍTULO 13

13.65 Lepadiformina é um agente citotóxico (tóxico para as células) isolado a partir de um tunicado marinho. Durante uma síntese recente da lepadiformina, os investigadores observaram a formação de um subproduto interessante (**3**) durante o tratamento do diol **1** com um reagente semelhante em função ao PBr₃ (*J. Org. Chem.* **2012**, *77*, 3390–3400):

(a) Represente uma estrutura para o produto desejado (**2**).

(b) Proponha um mecanismo plausível para a formação do subproduto **3** usando PBr₃ como reagente. Certifique-se de que seu mecanismo fornece uma justificativa para o resultado estereoquímico.

13.66 A substância *duryne* foi uma das várias substâncias estruturalmente relacionadas isoladas de uma esponja marinha (*J. Nat. Prod.* **2011**, *74*, 1262–1267). Proponha uma síntese eficiente da *duryne* começando com quaisquer substâncias contendo 11 ou menos átomos de carbono.

Duryne

13.67 Estragol é um repelente de insetos que foi isolado a partir das folhas da árvore *clausena anisata* (*J. Nat. Prod.* **1987**, *50*, 990–991). Proponha uma síntese do estragol partindo de 4-metilfenol.

Estragol

13.68 As duas cetonas isoméricas vistas a seguir estavam entre as 68 substâncias isoladas a partir do óleo volátil destilado por arraste de vapor de brotos frescos e secos ao ar de maconha (*J. Nat. Prod.* **1996**, *59*, 49–51). Proponha uma síntese separada para cada uma dessas duas substâncias utilizando apenas alquenos dissubstituídos contendo quatro átomos de carbono como materiais de partida.

13.69 Boro-hidreto de lítio (LiBH₄) é um agente redutor útil, uma vez que é mais seletivo do que o HAL, mas menos seletivo do que o NaBH₄. Ao contrário deste último, o LiBH₄ reduz ésteres. Entretanto, ele não reduz amidas (o HAL reduz amidas, como veremos no Capítulo 21, do Volume 2). Essa seletividade é frequentemente utilizada pelos químicos orgânicos sintéticos. Por exemplo, durante uma síntese de (–)-croalbinecina, um produto natural com propriedades citotóxicas, a substância **1** foi convertida na substância **3**, como mostrado a seguir (*J. Org. Chem.* **2000**, *65*, 9249–9251). Represente as estruturas de **2** e **3**.

13.70 Em um estudo dos componentes químicos de ameixas em conserva salgada, butanoato de hexila foi identificado como uma das 181 substâncias detectadas (*J. Agric. Food Chem.* **1986**, *34*, 140–144). Proponha uma síntese dessa substância usando acetileno como sua única fonte de átomos de carbono.

Butanoato de hexila

13.71 A substância 5,9,12,16-tetrametileicosano foi sintetizada como parte de um estudo do feromônio sexual masculino de um besouro brasileiro que se alimenta de folhas e frutos de plantas de tomate (*J. Chem. Ecol.* **2012**, *38*, 814–824). A síntese desse alcano foi relatada utilizando as substâncias **A–C**.

5,9,12,16-Tetrametileicosano

Uma etapa decisiva na síntese é mostrada a seguir, em que uma mistura de isômeros *E* e *Z* é obtida:

(a) Represente um mecanismo plausível para esse processo.

(b) Proponha uma síntese eficiente do 5,9,12,16-tetrametileicosano usando **A**, **B**, e **C** como suas únicas fontes de carbono.

13.72 A brevetoxina B (substância **2**) é produzida pelo *Ptychodiscus brevis* (Davis), um organismo marinho responsável pelas marés vermelhas. A brevetoxina B é uma neurotoxina potente, cuja ação é devido a sua capacidade em se ligar a canais de sódio e forçá-los a se manterem abertos. Sua ação biológica, juntamente com sua arquitetura complexa, tornou-se um alvo sintético atraente. Durante a síntese da brevetoxina B de K. C. Nicolaou, o anel K foi montado por meio da construção da substância **1**. A disposição *sin* do grupo hidroxila e o grupo protetor baseado no silício em **1** foi estabelecido através da conversão bem-sucedida de uma pequena quantidade de **1** em **5**, como mostrado a seguir (*J. Am. Chem. Soc.* **1989**, *111*, 6682–6690). Observe que a conversão de **3** em **4** envolve a tosilação seletiva do grupo hidroxila primário:

(a) Represente as estruturas de **3** e **4**.

(b) Represente um mecanismo para a conversão de **4** em **5** por meio de tratamento com NaOMe.

(c) Explique por que a conversão bem-sucedida de **1** em **5** verifica a relação *sin* entre o grupo hidroxila e o grupo protetor silílico em **1**.

Éteres e Epóxidos, Tióis e Sulfetos

14

- **14.1** Introdução aos Éteres
- **14.2** Nomenclatura dos Éteres
- **14.3** Estrutura e Propriedades dos Éteres
- **14.4** Éteres de Coroa
- **14.5** Preparação de Éteres
- **14.6** Reações dos Éteres
- **14.7** Nomenclatura dos Epóxidos
- **14.8** Preparação de Epóxidos
- **14.9** Epoxidação Enantiosseletiva
- **14.10** Reações de Abertura de Anel de Epóxidos
- **14.11** Tióis e Sulfetos
- **14.12** Estratégias de Síntese Envolvendo Epóxidos

VOCÊ JÁ SE PERGUNTOU...
como os cigarros causam câncer?

A fumaça do cigarro contém muitas substâncias que podem causar câncer. Neste capítulo, exploraremos uma dessas substâncias e a sequência de reações químicas que em última análise conduz à formação de células cancerosas. Essas reações envolvem a formação e a reação de substâncias de energia elevada chamadas epóxidos.

Os epóxidos são uma classe especial de éteres que constituem o tema principal deste capítulo. Vamos estudar as propriedades e as reações dos éteres, epóxidos e outras substâncias relacionadas. Em seguida, voltaremos à questão que foi enunciada na abertura deste capítulo estudando como as reações apresentadas desempenham um papel no desenvolvimento do câncer.

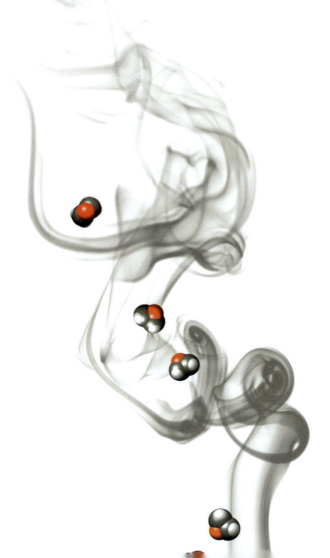
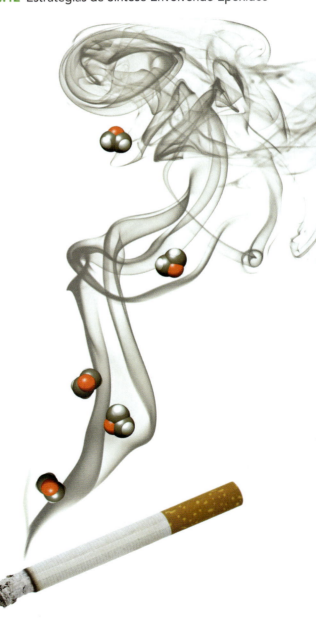

VOCÊ SE LEMBRA?

Antes de avançar, tenha certeza de que você compreendeu os tópicos citados a seguir.
Se for necessário, revise as seções sugeridas para se preparar para este capítulo.

- Leitura dos Diagramas de Energia (Seção 6.6)
- Mecanismos e Setas Curvas (Seções 6.8-6.11)
- Reações S_N2 (Seções 7.4-7.7)
- Oximercuração-Desmercuração (Seção 9.5)
- Formação de Haloidrina (Seção 9.8)

14.1 Introdução aos Éteres

Os **éteres** são substâncias que mostram um átomo de oxigênio ligado a dois grupos R, em que cada grupo R pode ser um grupo alquila, arila ou vinila.

Um éter

O grupo éter é uma característica estrutural comum de muitas substâncias naturais, por exemplo:

Melatonina
Um hormônio que se acredita regular o ciclo do sono

Morfina
Um analgésico opioide usado para aliviar dores intensas

Vitamina E
Um antioxidante

Muitos produtos farmacêuticos mostram também um grupo éter, por exemplo:

(R)-Fluoxetina
Um antidepressivo potente vendido sob o nome comercial Prozac®

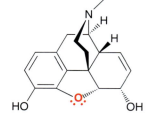

Tamoxifeno
Inibe o crescimento de alguns tumores de mama

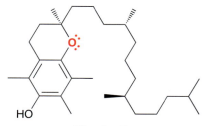

Propanolol
Usado no tratamento de pressão arterial alta

14.2 Nomenclatura dos Éteres

As regras da IUPAC permitem dois métodos diferentes para nomear os éteres.

1. Um nome comum é construído através da identificação de cada um dos grupos R, dispondo-os por ordem alfabética e, em seguida, adicionando o termo "éter", por exemplo:

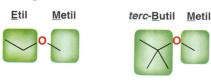

Etil metil éter   terc-Butil metil éter

Éteres e Epóxidos, Tióis e Sulfetos 631

Nesses exemplos, o átomo de oxigênio está ligado a dois grupos alquila diferentes. Essas substâncias são chamadas éteres assimétricos. Quando os dois grupos alquila são idênticos, a substância é chamada éter simétrico e é denominada *di*alquil éter.

Dietil éter
(éter etílico)

2. Um nome sistemático é construído escolhendo-se o maior grupo como o alcano principal e nomeando-se o grupo menor como um substituinte **alcóxi**.

Nomes sistemáticos têm que ser utilizados para éteres complexos que apresentam substituintes múltiplos e/ou centros de quiralidade. Vamos ver alguns exemplos.

DESENVOLVENDO A APRENDIZAGEM

14.1 DENOMINAÇÃO DOS ÉTERES

APRENDIZAGEM Dê o nome das seguintes substâncias:

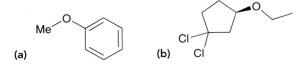

 SOLUÇÃO

(a) Para atribuir um nome comum, identificamos cada grupo em cada lado do átomo de oxigênio e os organizamos em ordem alfabética. A seguir, adicionamos a palavra "éter".

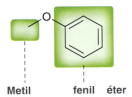

Para atribuir um nome sistemático, escolhemos o grupo mais complexo (maior) como principal, e nomeamos o grupo menor como um substituinte alcóxi.

Metoxibenzeno

Essa substância, por conseguinte, pode ser chamada de metil fenil éter ou metoxibenzeno. Os dois nomes são aceitos pelas regras da IUPAC.

(b) A segunda substância é mais complexa. Ela tem um centro de quiralidade e vários substituintes. Portanto, não tem um nome comum. Para atribuir um nome sistemático, começamos escolhendo o grupo mais complexo como o principal.

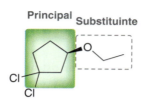

O anel do ciclopentano torna-se o principal e o grupo etóxi é listado como um dos três substituintes no anel do ciclopentano. A seguir, são atribuídos localizadores, de modo que os três substituintes tenham os menores números possíveis (1,1,3, em vez de 1,3,3):

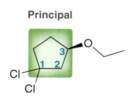

A configuração do centro quiral é identificada no início do nome:

(R)-1,1-Dicloro-3-etoxiciclopentano

PRATICANDO o que você aprendeu

14.1 Forneça um nome IUPAC para cada uma das substâncias vistas a seguir.

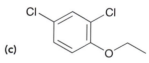

(a)   (b)   (c)

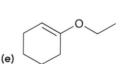

(d)   (e)

APLICANDO o que você aprendeu

14.2 Represente a estrutura de cada uma das substâncias vistas a seguir.

(a) (R)-2-Etóxi-1,1-dimetilciclobutano

(b) Ciclopropil isopropil éter

14.3 Existem seis éteres com a fórmula molecular $C_5H_{12}O$ que são isômeros constitucionais.

(a) Represente todos os seis isômeros constitucionais.

(b) Dê um nome sistemático para cada uma das seis substâncias.

(c) Dê um nome comum para cada uma das seis substâncias.

(d) Apenas uma dessas substâncias tem um centro quiral. Identifique essa substância.

é necessário **PRATICAR MAIS?** Tente Resolver os Problemas 14.30, 14.32

14.3 Estrutura e Propriedades dos Éteres

A geometria de um átomo de oxigênio é semelhante para a água, álcoois e éteres. Em todos os três casos, a hibridização do átomo de oxigênio é *sp³*, e os orbitais estão dispostos em uma forma aproximadamente tetraédrica. O ângulo de ligação exato depende dos grupos ligados ao átomo de oxigênio, com os éteres possuindo os maiores ângulos de ligação.

H—O—H 105°	H₃C—O—H 109°	H₃C—O—CH₃ 112°
Água	Metanol	Dimetil éter

No capítulo anterior, vimos que os álcoois têm pontos de ebulição relativamente elevados devido aos efeitos da ligação de hidrogênio intermolecular.

Um éter pode se comportar como um receptor de ligação de hidrogênio e pode interagir com o próton de um álcool.

Um éter (receptor de ligação de H)   **Um álcool** (doador de ligação de H)

Entretanto, os éteres não podem se comportar como doadores de ligação de hidrogênio e, portanto, os éteres não podem formar ligações de hidrogênio entre si. Em consequência disso, os pontos de ebulição dos éteres são significativamente menores do que os dos álcoois isoméricos.

	Etanol	Dimetil éter	Propano
Ponto de ebulição	78°C	–25°C	–42°C

Realmente, o ponto de ebulição do dimetil éter é quase tão baixo quanto o ponto de ebulição do propano. Ambos, o dimetil éter e o propano, não têm capacidade para formar ligações de hidrogênio. O ponto de ebulição ligeiramente maior do dimetil éter pode ser explicado considerando-se o momento de dipolo.

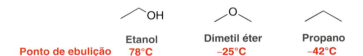

Esses momentos de dipolo individuais produzem um momento de dipolo líquido

Éteres, portanto, apresentam interações dipolo-dipolo, que elevam ligeiramente o seu ponto de ebulição em relação ao propano. Éteres com grandes grupos alquila têm pontos de ebulição mais elevados devido às forças de dispersão de London entre os grupos alquila em moléculas diferentes. Essa tendência é significativa.

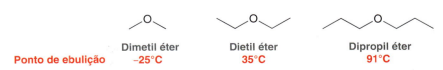

	Dimetil éter	Dietil éter	Dipropil éter
Ponto de ebulição	–25°C	35°C	91°C

Frequentemente éteres são usados como solventes para reações orgânicas, pois eles são relativamente não reativos, dissolvem uma grande variedade de substâncias orgânicas, e seus baixos pontos de ebulição permitem que eles sejam facilmente evaporados após o término da reação. A seguir são vistos três solventes comuns.

Dietil éter **Tetra-hidrofurano** **1,4-Dioxano**

medicamente falando | Éteres como Anestésicos Inalatórios

O dietil éter era usado como um anestésico inalatório, mas os efeitos colaterais eram desagradáveis e a recuperação era muitas vezes acompanhada de náuseas e vômitos. Ele foi substituído por éteres halogenados, tais como os que são apresentados a seguir.

Enflurano **Isoflurano**

Sevoflurano **Desflurano**

O enflurano foi introduzido em meados da década de 1970 e acabou por ser substituído pelo isoflurano. Atualmente, o uso de isoflurano também está em declínio, pois a nova geração de éteres (sevoflurano e desflurano) está sendo mais intensamente utilizada.

Os anestésicos inalatórios são introduzidos no corpo através dos pulmões e distribuídos pelo sistema circulatório. Eles visam especificamente as terminações nervosas no cérebro. Terminações nervosas, que são separadas por uma fenda sináptica, transmitem sinais através da fenda por meio de pequenas substâncias orgânicas denominadas neurotransmissores (mostrados como esferas azuis na figura vista abaixo).

Uma alteração na condutância iônica (sinal elétrico) faz com que a célula pré-sináptica libere neurotransmissores, que viajam através da fenda sináptica até atingirem os receptores na célula pós-sináptica. Quando os neurotransmissores se ligam aos receptores, uma alteração na condutância é desencadeada mais uma vez. Desse modo, um sinal pode ser transmitido através da fenda sináptica ou pode ser interrompido, dependendo se é permitido aos neurotransmissores fazerem o seu trabalho. Vários fatores estão envolvidos, podendo inibir ou aumentar a função dos neurotransmissores. Ao controlar se os sinais são enviados ou interrompidos em cada fenda sináptica, o sistema nervoso é capaz de controlar os vários sistemas do corpo (semelhante à maneira como um computador usa zeros e uns para realizar todas as suas funções).

Anestésicos inalatórios perturbam o processo de transmissão sináptica normal. Muitos mecanismos têm sido sugeridos para a ação dos anestésicos, incluindo os seguintes:

1. Interfere na liberação de neurotransmissores a partir da célula nervosa pré-sináptica

2. Interfere na ligação dos neurotransmissores nos receptores pós-sinápticos

3. Afeta a condutância iônica (o sinal elétrico que provoca a neurotransmissão)

4. Afeta a recaptação de neurotransmissores na célula pré-sináptica

É provável que o principal mecanismo de ação seja uma combinação de muitos desses fatores.

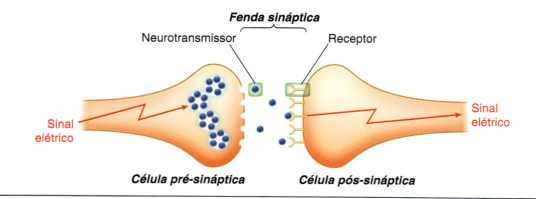

A PROPÓSITO

Embora, assim como os éteres, os álcoois (ROH) também tenham um átomo de oxigênio com pares de elétrons isolados, eles não podem ser utilizados para estabilizar os reagentes de Grignard porque os álcoois possuem prótons ácidos. Como vimos na Seção 13.6, reagentes de Grignard não podem ser preparados na presença de prótons ácidos.

14.4 Éteres de Coroa

Éteres podem interagir com metais que tenham uma carga positiva completa ou uma carga positiva parcial. Por exemplo, reagentes de Grignard são formados na presença de um éter, tal como o dietil éter. Os pares de elétrons livres no átomo de oxigênio servem para estabilizar a carga sobre o átomo de magnésio. A interação é fraca, mas é necessária a fim de formar um reagente de Grignard.

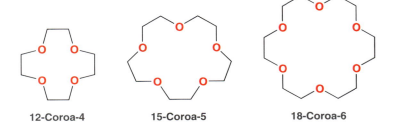

Charles J. Pedersen, trabalhando para a Du Pont, descobriu que a interação entre éteres e íons metálicos é significativamente mais forte para substâncias com múltiplos grupos éter. Tais substâncias são denominadas **poliéteres**. Pedersen preparou e investigou as propriedades de diversos poliéteres cíclicos, tais como os exemplos que são vistos a seguir. Pedersen chamou esses poliéteres de éteres de coroa porque seus modelos moleculares assemelham-se a coroas.

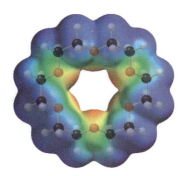

FIGURA 14.1a
Um mapa eletrostático do 18-coroa-6 mostra os átomos de oxigênio de frente para o interior da cavidade interna.

FIGURA 14.1b
Um modelo de espaço preenchido do 18-coroa-6 mostra que um cátion potássio pode se ajustar perfeitamente dentro da cavidade interna.

Essas substâncias contêm átomos de oxigênio múltiplos e, portanto, são capazes de se ligar mais fortemente a íons metálicos. A nomenclatura sistemática para essas substâncias pode ser complexa, de modo que Pedersen desenvolveu um método simples para a sua nomeação. Ele usou a fórmula X-coroa-Y, em que X indica o número total de átomos no anel e Y representa o número de átomos de oxigênio. Por exemplo, 18-coroa-6 é um anel de 18 membros, em que 6 dos 18 átomos são átomos de oxigênio.

As propriedades únicas dessas substâncias derivam da dimensão das suas cavidades internas. Por exemplo, a cavidade interna do 18-coroa-6 confortavelmente hospeda um cátion potássio (K^+). No mapa de potencial eletrostático na Figura 14.1a, é evidente que todos os átomos de oxigênio estão virados para o interior da cavidade, onde podem se ligar ao cátion metálico. O modelo de espaço preenchido na Figura 14.1b mostra como um cátion potássio se encaixa perfeitamente na cavidade interna. Uma vez no interior da cavidade, o complexo inteiro tem uma superfície externa que se assemelha a um hidrocarboneto, tornando o complexo solúvel em solventes orgânicos. Desse modo, o 18-coroa-6 é capaz de solvatar íons potássio em solventes orgânicos. Normalmente, o cátion de um metal por si só não seria solúvel em um solvente apolar. A capacidade dos éteres de coroa de solvatar cátions metálicos tem enormes implicações, tanto no campo da química orgânica sintética quanto no campo da química medicinal. Como um exemplo, considere o que acontece quando o KF e o 18-coroa-6 são misturados juntos em benzeno (um solvente orgânico comum).

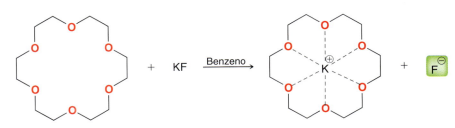

Sem o éter de coroa, o KF simplesmente não se dissolve em benzeno. A presença do 18-coroa-6 gera um complexo que se dissolve em benzeno. O resultado é uma solução contendo íons fluoreto, o que nos permite realizar reações de substituição com o F⁻ como um nucleófilo. Em geral, é muito difícil de usar F⁻ como um nucleófilo, porque ele geralmente também vai interagir fortemente com os solventes polares em que se dissolve. A forte interação entre os íons fluoreto e os solventes polares faz com que seja difícil tornar o F⁻ "livre" para servir como um nucleófilo. No entanto, o uso do 18-coroa-6 permite a criação de íons fluoreto livres em um solvente apolar, tornando possível reações de substituição. Por exemplo:

Outro exemplo é a capacidade do 18-coroa-6 em dissolver o permanganato de potássio (KMnO$_4$) em benzeno. Essa solução é muito útil para a realização de uma grande variedade de reações de oxidação.

Outros cátions metálicos podem ser solvatados por outros éteres de coroa. Por exemplo, um íon lítio é solvatado pelo 12-coroa-4, e um íon sódio é solvatado pelo 15-coroa-5.

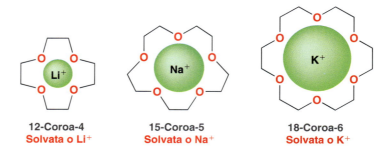

A descoberta dessas substâncias levou a um novo campo da química, chamado química *hóspede-hospedeiro*. Por sua contribuição, Pedersen compartilhou o Prêmio Nobel de Química, em 1987, juntamente com Donald Cram e Jean-Marie Lehn, que também foram pioneiros no campo da química *hóspede-hospedeiro*.

VERIFICAÇÃO CONCEITUAL

14.4 Identifique o reagente que falta para realizar as seguintes transformações:

medicamente falando | Poliéteres como Antibióticos

Alguns antibióticos se comportam muito como éteres de coroa. Por exemplo, considere as estruturas da nonactina e da monensina.

Essas substâncias são poliéteres e, portanto, são capazes de servir como hospedeiros para os cátions metálicos, da mesma forma que os éteres de coroa. Esses poliéteres são chamados ionóforos porque a cavidade interna é capaz de se ligar a um íon metálico. A superfície exterior do ionóforo é semelhante a um hidrocarboneto (ou lipofílica), fazendo com que ele passe facilmente através de membranas celulares.

Nonactina

Monensina

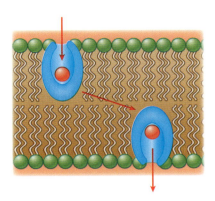

A fim de se comportar adequadamente, as células devem manter um gradiente entre as concentrações de íons sódio e potássio no interior e no exterior da célula. Esse gradiente é estabelecido porque os íons não são livres para passar através da membrana da célula, a não ser através de canais especiais em que os íons K^+ são bombeados para dentro da célula e os íons Na^+ são bombeados para fora da célula. Ionóforos efetivamente tornam a membrana celular permeável a esses íons. Os ionóforos servem como hospedeiros para os íons, transportando-os através da membrana celular e destruindo o gradiente de concentração que é necessário para a célula. Desse modo, os ionóforos interrompem a função celular, matando assim as bactérias. Muitos ionóforos novos estão atualmente sendo investigados como novos antibióticos em potencial.

14.5 Preparação de Éteres

Preparação Industrial do Dietil Éter

O dietil éter é preparado industrialmente por meio da desidratação de etanol catalisada por ácido. Acredita-se que o mecanismo desse processo envolva um processo S_N2.

Transferência de próton — **Ataque S_N2** — **Transferência de próton**

Etanol → Dietil éter

Uma molécula de etanol é protonada e depois atacada por outra molécula de etanol em um processo S_N2. Como etapa final, a desprotonação gera o produto. Observa-se que um próton é utilizado na primeira etapa do mecanismo e, em seguida, outro próton é liberado na última etapa do mecanismo. O ácido é, portanto, um catalisador (não é consumido pela reação) que permite que o processo S_N2 ocorra.

Esse processo tem muitas limitações. Por exemplo, ele só funciona bem para os álcoois primários (uma vez que ele avança através de um caminho reacional S_N2), e produz éteres simétricos. Como consequência, este processo para a preparação de éteres é demasiado limitado para ter qualquer valor prático para a síntese orgânica.

Síntese de Éter de Williamson

Éteres podem ser prontamente preparados por meio de um processo de duas etapas chamado **síntese de éter de Williamson**.

$$R-OH \xrightarrow[\text{2) RX}]{\text{1) NaH}} R-O-R$$

Nós estudamos essas duas etapas do capítulo anterior. Na primeira etapa, o álcool é desprotonado para formar um íon alcóxido. Na segunda etapa, o íon alcóxido se comporta como um nucleófilo em uma reação S_N2 (Mecanismo 14.1).

MECANISMO 14.1 A SÍNTESE DE ÉTER DE WILLIAMSON

Transferência de próton — Na primeira etapa, um íon hidreto se comporta como uma base e desprotona o álcool

Ataque nucleofílico — Em seguida, o íon alcóxido resultante se comporta como um nucleófilo e ataca o haleto de alquila em um processo S_N2

A PROPÓSITO
O grupo *terc*-butil é classificado na ordem alfabética pela letra "b" em vez de "t", e, portanto, o grupo *terc*-butil precede o grupo metil no nome. Essa substância é chamada geralmente de MTBE, que é um acrônimo do nome incorreto.

terc-Butil metil éter
(MTBE)

Esse processo tem o nome de Alexander Williamson, um cientista britânico que demonstrou, pela primeira vez em 1850, este método como uma forma de preparação do dietil éter. Como a segunda etapa é um processo S_N2, efeitos estéricos devem ser considerados. Especificamente, o processo funciona melhor quando haletos de metila ou de alquila primários são utilizados. Haletos de alquila secundários são menos eficientes porque a eliminação é favorecida em detrimento da substituição e haletos de alquila terciários não podem ser utilizados. Essa limitação tem que ser levada em conta quando se escolhe qual a ligação C—O que vai se formar. Por exemplo, considere a estrutura do *terc*-butil metil éter (MTBE). O MTBE foi muito usado como aditivo da gasolina até que surgiram preocupações de que ele poderia contribuir para a contaminação das águas subterrâneas. Como consequência, seu uso tem diminuído nos últimos anos. Existem dois caminhos reacionais possíveis a serem considerados na preparação do MTBE, mas apenas um é eficiente.

O primeiro caminho reacional é eficaz porque emprega um haleto de metila, que é um substrato adequado para um processo S_N2. O segundo caminho reacional não funciona porque emprega um haleto de alquila terciário, que sofrerá eliminação em vez de substituição.

Éteres e Epóxidos, Tióis e Sulfetos 639

DESENVOLVENDO A APRENDIZAGEM

14.2 PREPARAÇÃO DE UM ÉTER ATRAVÉS DE UMA SÍNTESE DE ÉTER DE WILLIAMSON

APRENDIZAGEM Mostre os reagentes que você usaria para preparar o seguinte éter através de uma síntese de éter de Williamson.

SOLUÇÃO
A fim de preparar este éter por meio de uma síntese de éter de Williamson, é necessário decidir qual o álcool de partida e qual o haleto de alquila de partida devem ser usados. Para fazer a escolha apropriada, analisamos as posições dos dois lados do átomo de oxigênio:

ETAPA 1
Classificação dos grupos em ambos os lados do oxigênio.

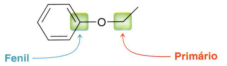

ETAPA 2
Determinação de qual é o lado mais capaz de servir como um substrato em uma reação S_N2.

A posição do fenil tem hibridização sp^2, e processos S_N2 não ocorrem em centros com hibridização sp^2. A outra posição é uma posição primária, e processos S_N2 podem ocorrer facilmente em substratos primários. Portanto, temos que começar com o fenol e um haleto de etila.

RELEMBRANDO
Para uma revisão dos grupos de saída, veja a Seção 7.8.

O X pode ser qualquer grupo de saída bom, tal como I, Br, Cl, ou OTs. Em geral, o iodeto e tosilato são os melhores grupos de saída. O álcool é, neste caso, o fenol, que pode ser desprotonado com hidróxido de sódio (como se viu na Seção 13.2). Propomos, portanto, a síntese vista a seguir.

ETAPA 3
Usa-se uma base para desprotonar o álcool e, em seguida, se introduz o haleto de alquila.

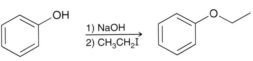

PRATICANDO
o que você aprendeu

14.5 Mostre quais os reagentes que você usaria para preparar cada um dos éteres vistos a seguir através de uma síntese de éter Williamson, e explique o seu raciocínio.

 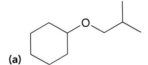

(a) (b) (c)

APLICANDO
o que você aprendeu

14.6 O éter cíclico visto a seguir pode ser preparado através de uma síntese de éter de Williamson intramolecular. Mostre quais os reagentes que você usaria para obter esse éter.

14.7 A substância vista a seguir pode ser preparada por meio de uma síntese de éter de Williamson? Justifique sua resposta.

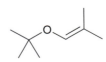

é necessário **PRATICAR MAIS?** Tente Resolver os Problemas 14.33a,c, 14.37, 14.40, 14.42d, 14.43b

Alcoximercuração-Desmercuração

Lembre-se da Seção 9.5 que os álcoois podem ser preparados a partir de alquenos por meio de um processo chamado oximercuração-desmercuração.

O resultado líquido é uma adição Markovnikov de água (H e OH) através de um alqueno. Ou seja, o grupo hidroxila é colocado na posição mais substituída. O mecanismo para esse processo foi discutido na Seção 9.3.

Se um álcool (ROH) é usado em vez de água, então o resultado é uma adição Markovnikov do álcool (RO e H) através do alqueno. Este processo é chamado **alcoximercuração-desmercuração**, e ele pode ser usado como outra maneira de preparar éteres.

VERIFICAÇÃO CONCEITUAL

14.8 Mostre quais os reagentes que você usaria para preparar cada um dos éteres vistos a seguir através de um processo de alcoximercuração-desmercuração.

(a)
(b)
(c)
(d)

14.9 Como você usaria um processo de alcoximercuração-desmercuração para preparar o diciclopentil éter usando o ciclopenteno como sua única fonte de carbono?

14.10 Mostre como você usaria um processo de alcoximercuração-desmercuração para preparar o isopropil propil éter utilizando o propeno como sua única fonte de carbono e quaisquer outros reagentes de sua escolha.

14.6 Reações dos Éteres

Os éteres são geralmente inertes sob condições básicas ou moderadamente ácidas. Em consequência, eles são uma escolha ideal como solventes para muitas reações. No entanto, os éteres não são completamente inertes, e duas reações de éteres serão exploradas nesta seção.

Clivagem Ácida

Quando aquecidos com uma solução concentrada de um ácido forte, um éter irá sofrer **clivagem ácida**, em que o éter é convertido em dois haletos de alquila.

R—O—R $\xrightarrow{\text{HX em excesso, Aquecimento}}$ R—X + R—X + H$_2$O

Esse processo envolve duas reações de substituição (Mecanismo 14.2).

MECANISMO 14.2 CLIVAGEM ÁCIDA DE UM ÉTER

FORMAÇÃO DO PRIMEIRO HALETO DE ALQUILA

FORMAÇÃO DO SEGUNDO HALETO DE ALQUILA

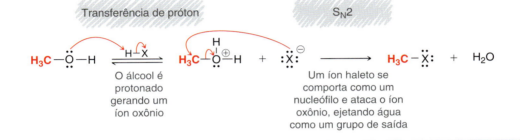

A formação do primeiro haleto de alquila começa com a protonação do éter para formar um bom grupo de saída, seguido por um processo S_N2 em que um íon haleto se comporta como um nucleófilo e ataca o éter protonado. O segundo haleto de alquila é então formado com as duas mesmas etapas – protonação, seguido de um ataque S_N2. Se qualquer um dos grupos R é terciário, então a substituição é mais suscetível de continuar por meio de um processo S_N1 em vez de S_N2.

Quando um fenil éter é clivado sob condições ácidas, os produtos são fenol e um haleto de alquila.

RELEMBRANDO
Para uma revisão da nucleofilicidade relativa dos íons haleto, veja a Seção 7.8.

O fenol não é convertido posteriormente em um haleto, porque nem o processo S_N1 nem o processo S_N2 são eficientes em centros com hibridização sp^2.

Tanto HI como HBr podem ser usados para clivar éteres. O HCl é menos eficiente e o HF não provoca a clivagem ácida de éteres. Essa reatividade é um resultado da nucleofilicidade relativa dos íons haleto.

VERIFICAÇÃO CONCEITUAL

14.11 Preveja os produtos para cada uma das seguintes reações:

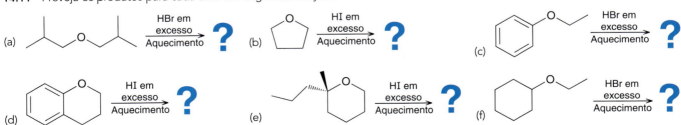

Auto-oxidação

Lembre-se da Seção 11.9 que éteres sofrem auto-oxidação na presença de oxigênio atmosférico formando hidroperóxidos:

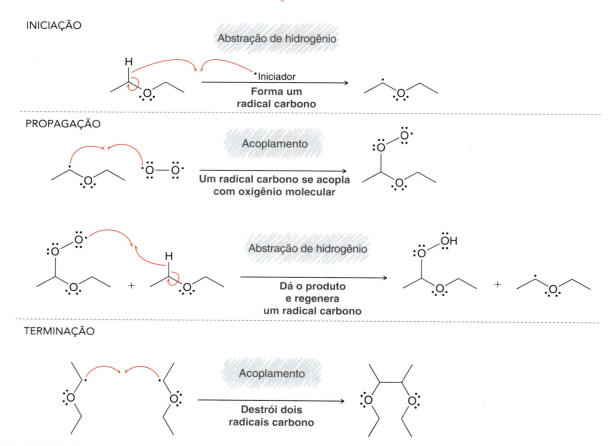

Esse processo ocorre através de um mecanismo radicalar iniciado por uma abstração de hidrogênio (Mecanismo 14.3).

Tal como acontece com todos os mecanismos radicalares, a reação líquida é a soma das etapas de propagação:

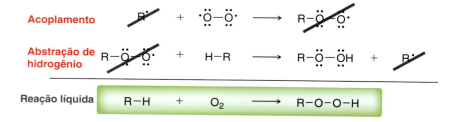

Éteres e Epóxidos, Tióis e Sulfetos   643

A reação é lenta, mas frascos antigos de éter invariavelmente contêm uma pequena concentração de hidroperóxidos, fazendo com que o solvente seja muito perigoso para usar. Hidroperóxidos são instáveis e se decompõem violentamente quando aquecidos. Muitas explosões de laboratório têm sido causadas por destilação de éteres que estavam contaminados com hidroperóxidos. Éteres utilizados no laboratório têm que ser frequentemente testados quanto à presença de hidroperóxidos e purificados antes de serem utilizados.

14.7 Nomenclatura dos Epóxidos

Éteres cíclicos são substâncias que contêm um átomo de oxigênio incorporado em um anel. Nomes principais especiais são usados para indicar o tamanho do anel.

Sistema de anel oxirano

Sistema de anel oxetano

Sistema de anel oxolano

Sistema de anel oxano

Para a nossa discussão atual, vamos nos concentrar nos **oxiranos**, éteres cíclicos contendo um sistema de anéis de três membros. Esse sistema de anéis é mais reativo do que dos outros éteres porque tem uma tensão de anel significativa. Oxiranos substituídos, que são também chamados *epóxidos*, podem ter até quatro grupos R. O epóxido mais simples (sem nenhum grupo R) é muitas vezes chamado por seu nome comum, o óxido de etileno.

A PROPÓSITO
O nome comum "óxido de etileno" representa o fato de que ele é produzido a partir de etileno.

Um oxirano substituído
(um epóxido)

Óxido de etileno
(o epóxido mais simples)

Epóxidos, embora tensionados, são comumente encontrados na natureza. A seguir, vemos dois exemplos.

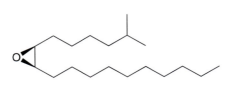
Disparlura
Feromônio sexual feminino da mariposa-cigana

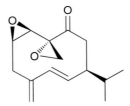
Periplanona B
Feromônio sexual da barata americana fêmea

Existem dois métodos para nomear os epóxidos. No primeiro método, o átomo de oxigênio é considerado como um substituinte na cadeia principal, e a localização exata do grupo epóxido é identificada com dois números seguidos pelo termo "epóxi".

3-Etil-2-metil-**2,3-epóxi**pentano

No segundo método, a cadeia principal é considerada como o anel oxirano, e quaisquer grupos ligados ao anel oxirano são listados como substituintes.

2,2-Dietil-3,3-dimetil**oxirano**

VERIFICAÇÃO CONCEITUAL

14.12 Atribua um nome para cada uma das substâncias vistas a seguir.

(a) (b) (c)

14.13 Atribua um nome para cada uma das substâncias vistas a seguir. Certifique-se de atribuir a configuração de cada centro de quiralidade e indicar a(s) configuração(ões) no início do nome.

(a) (b) (c)

---

medicamente falando | Epotilonas como Novos Agentes Anticancerígenos

Epotilonas são uma classe de novas substâncias isoladas inicialmente da bactéria *Sorangium cellulosum* na África Austral.

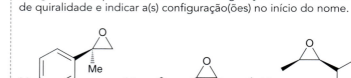

Epotilona A (R = H)
Epotilona B (R = Me)

Ixabepilona

A descoberta do comportamento antitumoral desses anéis de epóxidos ocorrendo naturalmente levou a uma pesquisa de substâncias relacionadas que poderiam apresentar uma maior potência e seletividade. Em outubro de 2007, a FDA (Estados Unidos) aprovou uma dessas substâncias, chamada ixabepilona, para o tratamento de câncer de mama avançado. A ixabepilona é um análogo da epotilona B, em que a ligação éster é substituída por uma ligação amida, destacada em vermelho.

Atualmente, a ixabepilona está sendo comercializado pela Bristol-Myers Squibb sob o nome comercial Ixempra. Vários outros análogos das epotilonas estão atualmente sendo submetidos a ensaios clínicos para o tratamento de muitas formas diferentes de câncer. É provável que a próxima década testemunhe o surgimento de vários análogos da epotilona como novos agentes anticancerígenos.

14.8 Preparação de Epóxidos

Preparação com Peroxiácidos

Lembre-se da Seção 9.9 que alquenos podem ser convertidos em epóxidos após tratamento com peroxiácidos (veja o Mecanismo 9.6).

Éteres e Epóxidos, Tióis e Sulfetos   645

Qualquer peroxiácido pode ser usado, embora o MCPBA e o ácido peroxiacético sejam os mais comuns:

Ácido *meta*-Cloroperbenzoico (MCPBA)   **Ácido peroxiacético**

O processo é estereoespecífico. Especificamente, os substituintes que são *cis* entre si no alqueno de partida permanecem *cis* entre si no epóxido, e os substituintes que são *trans* entre si no alqueno de partida permanecem *trans* entre si no epóxido:

Preparação a Partir de Haloidrinas

Lembre-se da Seção 9.8 que alquenos podem ser convertidos em haloidrinas quando tratados com um halogêneo na presença de água (veja o Mecanismo 9.5).

Haloidrinas podem ser convertidas em epóxidos por tratamento com uma base forte:

O processo é realizado através de uma síntese de éter de Williamson intramolecular. É formado um íon alcóxido que, em seguida, se comporta como um nucleófilo em um processo S_N2 intramolecular (Mecanismo 14.4).

MECANISMO 14.4 FORMAÇÃO DE EPÓXIDO A PARTIR DE HALOIDRINAS

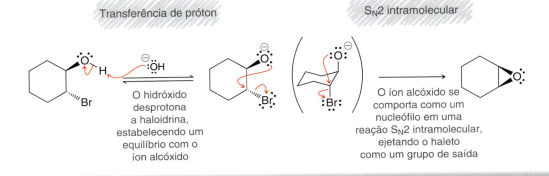

Isto nos fornece outro modo de formar um epóxido a partir de um alqueno.

O resultado estereoquímico global é o mesmo que a epoxidação direta com o MCPBA. Isto é, os substituintes que são *cis* entre si no alqueno de partida permanecem *cis* entre si no epóxido, e os substituintes que são *trans* entre si no alqueno de partida permanecem *trans* entre si no epóxido.

DESENVOLVENDO A APRENDIZAGEM

14.3 PREPARAÇÃO DE EPÓXIDOS

APRENDIZAGEM Mostre quais os reagentes que você usaria para preparar o epóxido visto a seguir.

SOLUÇÃO
Começamos analisando todos os quatro grupos ligados ao epóxido.

ETAPA 1
Identificação dos quatro grupos ligados ao epóxido.

ETAPA 2
Identificação da configuração relativa dos quatro grupos no alqueno de partida.

O alqueno de partida tem que conter esses quatro grupos. Olhe atentamente para a configuração relativa desses grupos. Os grupos metila são *trans* entre si no epóxido, o que significa que eles têm que ser *trans* entre si no alqueno de partida. Para converter esse alqueno no epóxido, podemos utilizar qualquer um dos métodos aceitáveis vistos a seguir.

Éteres e Epóxidos, Tióis e Sulfetos   647

PRATICANDO
o que você aprendeu

14.14 Identifique os reagentes que se utilizam para formar uma mistura racêmica de cada um dos seguintes epóxidos:

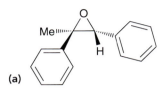 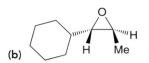  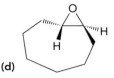

(a) (b) (c) (d)

APLICANDO
o que você aprendeu

14.15 Considere as duas substâncias vistas a seguir. Quando tratadas com NaOH, uma dessas substâncias forma um epóxido muito rapidamente, enquanto a outra forma um epóxido muito lentamente. Identifique qual a substância que reage mais rapidamente e explique a diferença de velocidade entre as duas reações. (**Sugestão:** Talvez seja útil que você reveja as conformações de ciclo-hexanos substituídos na Seção 4.13.)

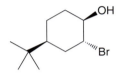 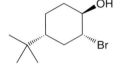

Substância A   Substância B

é necessário **PRATICAR MAIS?** Tente Resolver os Problemas 14.39, 14.51t

---

medicamente falando | Metabólitos Ativos e Interações de Fármacos

 Carbamazepina (Tegretol) é um fármaco anticonvulsivante e estabilizador de humor utilizado no tratamento de epilepsia e desordem bipolar. Também é utilizado para o tratamento de ADD (déficit de atenção e desordem). É metabolizado no fígado produzindo um epóxido.

Acredita-se que o epóxido metabólito apresenta uma atividade semelhante à da substância original e, portanto, contribui significativamente para o efeito terapêutico global da carbamazepina. Este fato tem que ser levado em consideração quando um paciente está tomando outros medicamentos. Por exemplo, verificou-se que o antibiótico claritromicina inibe a ação da enzima epóxido hidroxilase. Isso faz com que a concentração do epóxido seja mais elevada do que o normal, aumentando a potência da carbamazepina. Antes de um médico prescrever carbamazepina para um paciente, potenciais interações de fármacos têm que ser levadas em conta. Esse é um exemplo de um fator importante que os médicos têm que considerar — especificamente, o efeito que um fármaco pode ter sobre a potência de um outro fármaco.

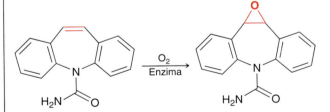

Carbamazepina   Carbamazepina-10,11-epóxido

Esse epóxido é metabolizado pela enzima epóxido hidroxilase formando um *trans*-diol, que sofre glucuronidação produzindo um aduto solúvel em água que pode ser excretado na urina.

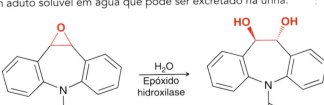

Carbamazepina-10,11-epóxido   *trans*-10,11-Di-hidroxi-carbamazepina   Glucuronidação   **Aduto solúvel em água que é excretado na urina**

14.9 Epoxidação Enantiosseletiva

Quando o epóxido que está se formando é quiral, ambos os métodos anteriores irão proporcionar uma mistura racêmica.

Isto é, os dois enantiômeros são formados em quantidades iguais, pois o epóxido pode ser formado em cada uma das faces do alqueno com a mesma probabilidade.

Se apenas um enantiômero for desejado, então os métodos que aprendemos para preparar epóxidos serão ineficientes, pois metade do produto não pode ser utilizado e tem de ser separado do produto desejado. Para favorecer a formação de apenas um enantiômero, temos de alguma forma favorecer a epoxidação em uma face do alqueno. K. Barry Sharpless, atualmente no Scripps Research Institute, imaginou que isso podia ser realizado com um catalisador quiral. Ele concluiu que um catalisador quiral podia, em teoria, criar um ambiente quiral que favoreceria a epoxidação em uma face do alqueno. Especificamente, um catalisador quiral pode diminuir a energia de ativação para a formação de um enantiômero muito mais do que para o outro enantiômero (Figura 14.2). Desse modo, um catalisador quiral favorece a produção de um enantiômero sobre o outro, levando a um excesso enantiomérico (*ee*). Sharpless conseguiu desenvolver tal catalisador para a *epoxidação enantiosseletiva* de álcoois alílicos. Um álcool alílico é um alqueno em que um grupo hidroxila está ligado a uma posição alílica. Lembre-se de que a posição alílica é a posição ao lado de uma ligação C=C.

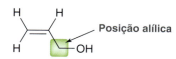

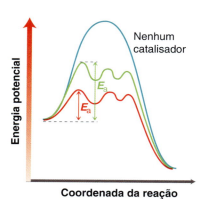

FIGURA 14.2
Um diagrama de energia que apresenta o efeito de um catalisador quiral. A formação de um enantiômero é mais efetivamente catalisada do que do outro enantiômero.

O catalisador de Sharpless é constituído de tetraisopropóxido de titânio e um enantiômero de tartarato de dietila (DET).

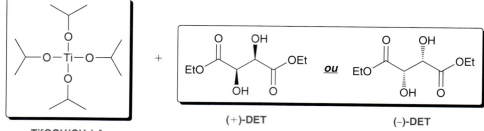

Éteres e Epóxidos, Tióis e Sulfetos   649

O tetraisopropóxido de titânio forma um complexo quiral com o (+)-DET ou com o (−)-DET, e este complexo atua como catalisador quiral. Na presença desse catalisador, um agente oxidante, tal como o *terc*-butil-hidroperóxido (ROOH, em que R = *terc*-butila), pode ser utilizado para converter o alqueno em um epóxido. O resultado estereoquímico da reação depende de se o catalisador quiral foi formado com (+)-DET ou (−)-DET. Ambos os enantiômeros de DET são facilmente disponíveis, e qualquer um deles pode ser utilizado. Escolhendo entre (+)-DET ou (−)-DET, é possível controlar que enantiômero é obtido.

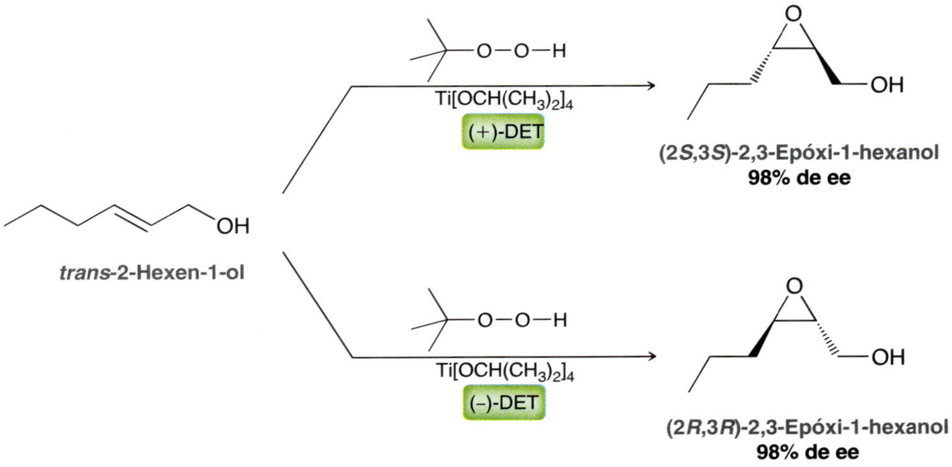

(2*S*,3*S*)-2,3-Epóxi-1-hexanol
98% de ee

trans-2-Hexen-1-ol

(2*R*,3*R*)-2,3-Epóxi-1-hexanol
98% de ee

Esse processo é altamente enantiosseletivo e é extremamente bem-sucedido para uma ampla variedade de álcoois alílicos. A dupla ligação no material de partida pode ser mono-, di-, tri- ou tetrassubstituída. Este processo é extremamente útil para a química orgânica sintética experimental porque permite a introdução de um centro de quiralidade com enantiosseletividade. Desde o trabalho pioneiro de Sharpless no campo da epoxidação enantiosseletiva, muito mais reagentes foram desenvolvidos para a epoxidação assimétrica de outros alquenos que não requerem a presença de um grupo hidroxila alílico. Sharpless foi fundamental para a abertura de uma porta importante e foi um dos ganhadores do Prêmio Nobel de Química em 2001 (os outros ganhadores foram Knowles e Noyori, que utilizaram um raciocínio semelhante para desenvolver catalisadores quirais para reações de hidrogenação assimétrica, como foi discutido na Seção 9.7).

Para prever o produto de uma **epoxidação assimétrica de Sharpless**, orientamos a molécula de modo que o grupo hidroxila alílico apareça no canto superior direito (Figura 14.3). Quando posicionado dessa forma, o (+)-DET propicia a formação do epóxido acima do plano e o (−)-DET a formação do epóxido abaixo do plano.

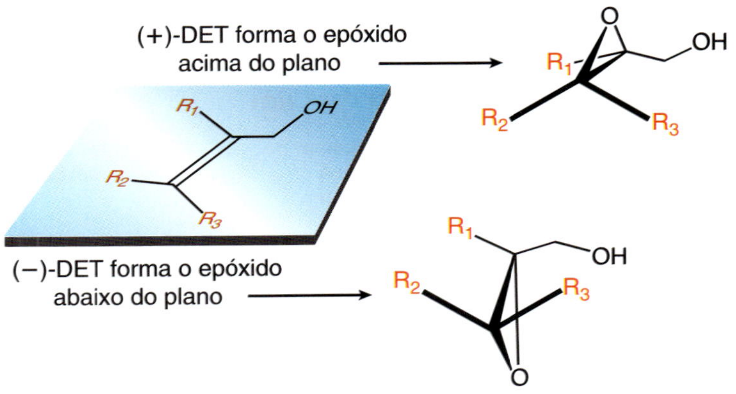

FIGURA 14.3
Um método para prever o resultado de uma epoxidação de Sharpless.

VERIFICAÇÃO CONCEITUAL

14.16 Preveja os produtos para cada uma das seguintes reações:

(a) [estrutura: ciclohexenilmetanol] + *t*-BuO-O-H, Ti[OCH(CH₃)₂]₄, (+)-DET → ?

(b) [estrutura: ciclopentenilmetanol] + *t*-BuO-O-H, Ti[OCH(CH₃)₂]₄, (−)-DET → ?

(c) [estrutura: 2-metil-2-propen-1-ol] + *t*-BuO-O-H, Ti[OCH(CH₃)₂]₄, (+)-DET → ?

(d) [estrutura: 2,3-dimetil-2-buten-1-ol] + *t*-BuO-O-H, Ti[OCH(CH₃)₂]₄, (−)-DET → ?

14.10 Reações de Abertura de Anel de Epóxidos

Epóxidos possuem uma tensão de anel significativa e, como consequência, eles apresentam uma reatividade única. Especificamente, os epóxidos sofrem reações em que o anel é aberto, o que alivia a tensão. Nesta seção, veremos que o anel dos epóxidos pode ser aberto sob condições envolvendo um nucleófilo forte ou sob condições catalisadas por ácido.

Reações de Epóxidos com Nucleófilos Fortes

Quando um epóxido é sujeito ao ataque por um nucleófilo forte, ocorre a **reação de abertura do anel**. Por exemplo, consideremos a abertura do óxido de etileno por um íon hidróxido.

$$\text{óxido de etileno} \xrightarrow{\text{NaOH}, H_2O} \text{HOCH}_2\text{CH}_2\text{OH}$$

A transformação envolve duas etapas mecanísticas (Mecanismo 14.5).

MECANISMO 14.5 ABERTURA DO ANEL DE EPÓXIDOS COM UM NUCLEÓFILO FORTE

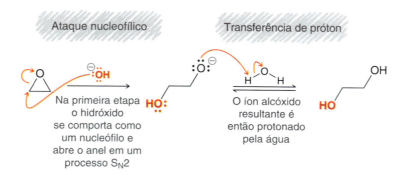

Ataque nucleofílico — Na primeira etapa o hidróxido se comporta como um nucleófilo e abre o anel em um processo S_N2

Transferência de próton — O íon alcóxido resultante é então protonado pela água

A primeira etapa do mecanismo é um processo S$_N$2, envolvendo um íon alcóxido que se comporta como um grupo de saída. Embora tenhamos aprendido no Capítulo 7 que os íons alcóxido não se comportam como grupos de saída em reações S$_N$2, a exceção aqui pode ser explicada centralizando a nossa atenção no substrato. Neste caso, o substrato é um epóxido que apresenta uma tensão sig-

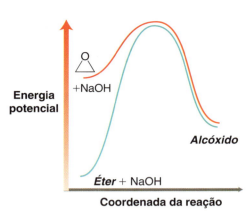

FIGURA 14.4
Um diagrama de energia mostrando o efeito da utilização de um substrato de alta energia em uma reação S_N2.

nificativa no anel e tem, portanto, mais energia do que os substratos que encontramos quando estudamos pela primeira vez sobre reações S_N2. Os efeitos de um substrato de alta energia são ilustrados no diagrama de energia na Figura 14.4. A curva azul representa um processo S_N2 hipotético em que o substrato é um éter e o grupo de saída é um íon alcóxido. A energia de ativação para tal processo é muito grande e, mais importante, os produtos são mais elevados em energia do que os materiais de partida, de modo que o equilíbrio não favorece os produtos. Ao contrário, quando o substrato de partida é um epóxido (curva vermelha), o aumento da energia do substrato tem dois efeitos pronunciados: (1) a energia de ativação é reduzida, permitindo que a reação ocorra mais rapidamente, e (2) os produtos são agora mais baixos em energia do que os materiais de partida, de modo que a reação é termodinamicamente favorável. Isto é, o equilíbrio favorecerá os produtos em relação aos materiais de partida. Por essas razões, um íon alcóxido pode se comportar como um grupo de saída nas reações de abertura de anel de epóxidos.

Muitos nucleófilos fortes podem ser utilizados para abrir um epóxido.

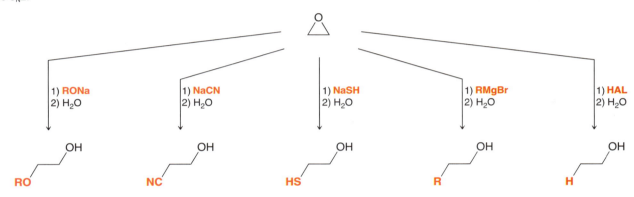

Todos esses nucleófilos são reagentes que já encontramos anteriormente, e todos eles podem abrir epóxidos. Essas reações apresentam duas características importantes que têm que ser consideradas, a regioquímica e a estereoquímica.

1. *Regioquímica*. Quando o epóxido de partida é assimétrico, o nucleófilo ataca na posição menos substituída (menos congestionada).

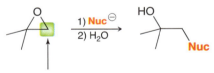

Esse efeito estérico é o que se espera de um processo S_N2.

2. *Estereoquímica*. Quando o ataque ocorre em um centro de quiralidade, observa-se a inversão de configuração.

Esse resultado também é esperado para um processo S_N2 como uma consequência do requisito para o ataque pela parte de trás do nucleófilo. Observamos que a configuração do outro centro de quiralidade não é afetada pelo processo. Apenas o centro que está sendo atacado sofre uma inversão de configuração.

DESENVOLVENDO A APRENDIZAGEM

14.4 REPRESENTAÇÃO DO MECANISMO E PREVISÃO DO PRODUTO DA REAÇÃO ENTRE UM NUCLEÓFILO FORTE E UM EPÓXIDO

APRENDIZAGEM Preveja o produto da reação que é vista a seguir, e represente o mecanismo provável para a sua formação.

SOLUÇÃO
Cianeto é um nucleófilo forte, de modo que esperamos uma reação de abertura do anel. A fim de representar o produto, temos que considerar a regioquímica e a estereoquímica da reação.

1. Para prever a regioquímica, identificamos a posição menos substituída (menos congestionada).

ETAPA 1
Identificação da regioquímica selecionando a posição menos congestionada como o local do ataque nucleofílico.

Lembre-se de que a reação avança através de um processo S_N2 e é, portanto, altamente sensível ao impedimento estérico. Como resultado, esperamos que o nucleófilo ataque a posição secundária, menos congestionada, em vez da posição terciária, mais congestionada.

2. Em seguida identificamos o resultado estereoquímico. Olhamos para o centro que está sendo atacado e determinamos se ele é um centro de quiralidade. Neste caso, ele é um centro de quiralidade. Espera-se que um processo S_N2 avance através do ataque pelo lado de trás de modo a ocorrer inversão de configuração naquele centro.

ETAPA 2
Identificação da estereoquímica pela determinação se o nucleófilo ataca um centro de quiralidade. Se assim for, espera-se inversão de configuração.

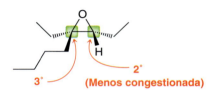

Agora que previmos os resultados regioquímico e estereoquímico, estamos prontos para representar o mecanismo. Há duas etapas distintas: ataque do nucleófilo para abrir o anel, seguido por protonação do alcóxido.

ETAPA 3
Representação das duas etapas do mecanismo.

Ataque nucleofílico   Transferência de próton

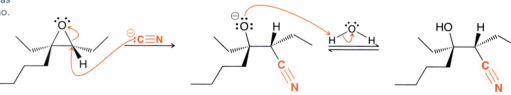

PRATICANDO
o que você aprendeu

14.17 Para cada uma das reações vistas a seguir, preveja o produto e represente o mecanismo da sua formação.

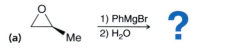
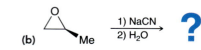

Éteres e Epóxidos, Tióis e Sulfetos   653

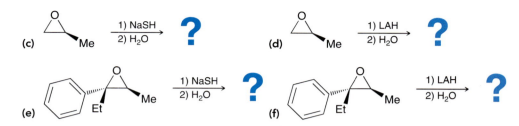

APLICANDO
o que você aprendeu

14.18 Quando o epóxido quiral visto a seguir é tratado com hidróxido de sódio aquoso, apenas um único produto é obtido, e esse produto é aquiral. Represente o produto e explique por que apenas um produto é formado.

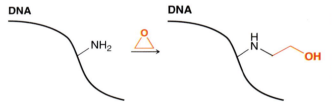

14.19 Quando o *meso*-2,3-epoxibutano é tratado com hidróxido de sódio aquoso, dois produtos são obtidos. Represente os dois produtos e descreva a relação entre eles.

┈┈> é necessário **PRATICAR MAIS?** Tente Resolver os Problemas 14.42a, 14.42c, 14.42e-h, 14.43a,c

falando de modo prático | O Óxido de Etileno como um Agente de Esterilização para Equipamentos Médicos Sensíveis

O óxido de etileno é um gás incolor, inflamável, frequentemente utilizado para esterilizar equipamentos médicos sensíveis à temperatura. O gás facilmente se difunde através dos materiais porosos e eficazmente mata todas as formas de micro-organismos, mesmo à temperatura ambiente. O mecanismo de ação envolve provavelmente um grupo funcional no DNA atacando o anel e provocando uma abertura do anel do epóxido, efetivamente alquilando aquele sítio.

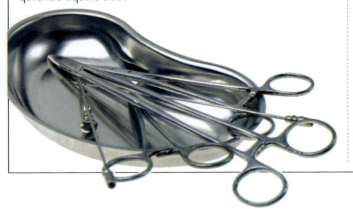

Esse processo de alquilação interfere com a função normal do DNA, matando assim os micro-organismos. O uso de óxido de etileno puro apresenta um risco, porque ele se mistura com o oxigênio atmosférico e torna-se suscetível a explosão. Este problema é contornado pela utilização de uma mistura de óxido de etileno e dióxido de carbono, o que já não é mais explosivo. Tais misturas são vendidas comercialmente para a esterilização de equipamento médico e grãos agrícolas. Uma dessas misturas é chamada carbóxido e é constituída de 10% de óxido de etileno e 90% de CO_2. Carbóxido pode ser exposto ao ar sem o perigo de explosão.

Abertura de Anel Catalisada por Ácido

Na seção anterior, vimos as reações de epóxidos com nucleófilos fortes. A força motriz para essas reações foi a remoção da tensão do anel associada ao anel de três membros de um epóxido. Reações de abertura de anel também podem ocorrer sob condições ácidas. Como exemplo, considere a reação entre o óxido de etileno e HX.

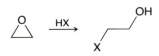

Essa transformação envolve duas etapas mecanicistas (Mecanismo 14.6).

MECANISMO 14.6 ABERTURA DE ANEL DE UM EPÓXIDO CATALISADA POR ÁCIDO

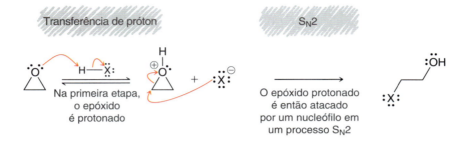

A primeira etapa é uma transferência de próton, e a segunda etapa é um ataque nucleofílico (S$_N$2) por um íon haleto. Esta reação pode ser realizada com HCl, HBr ou HI. Outros nucleófilo, tais como a água ou um álcool, também podem abrir um anel de epóxido sob condições ácidas. Uma pequena quantidade de ácido (geralmente ácido sulfúrico) é usada para catalisar a reação.

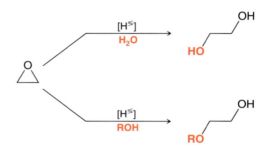

Os colchetes em torno do H$^+$ indicam que o ácido se comporta como um catalisador. Em cada uma das reações anteriores, o mecanismo envolve uma transferência de próton como a etapa final do mecanismo.

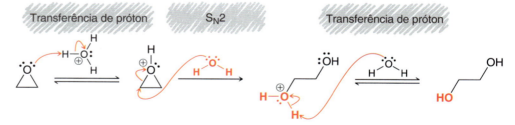

As duas primeiras etapas são análogas às duas etapas no Mecanismo 14.6. A etapa adicional de transferência de próton no final do mecanismo é necessária para remover a carga formada após o ataque de um nucleófilo neutro. O processo anterior é utilizado para a produção em massa de etilenoglicol.

Cada ano, mais de três milhões de toneladas de etilenoglicol são produzidas nos Estados Unidos através da abertura do anel do óxido de etileno catalisada por ácido. A maior parte do etilenoglicol é utilizada como anticongelante.

Como vimos na seção anterior, há duas características importantes das reações de abertura de anel: o resultado regioquímico e o resultado estereoquímico. Vamos começar com o regioquímico. Quando o epóxido de partida é assimétrico, o resultado regioquímico depende da natureza do epóxido. Se de um lado é primário e do outro é secundário, então o ataque ocorre na posição primária, menos impedida, assim como seria de esperar para um processo S_N2.

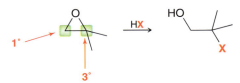

No entanto, quando um lado do epóxido é uma posição terciária, a reação ocorre no sítio terciário, mais substituído.

Por que deve ocorrer isso? É verdade que o sítio primário é menos congestionado, mas existe um fator que é ainda mais dominante do que o impedimento estérico. Esse fator é um efeito *eletrônico*. Um epóxido protonado é carregado positivamente, e o átomo de oxigênio com carga positiva retira densidade eletrônica a partir dos dois átomos de carbono do epóxido.

Cada um dos átomos de carbono tem uma carga positiva parcial ($\delta+$). Isto é, ambos têm caráter carbocatiônico parcial. No entanto, esses dois átomos de carbono não são equivalentes na sua capacidade de suportar uma carga positiva parcial. A posição terciária é significativamente mais capaz de suportar uma carga positiva parcial, e assim a posição terciária tem muito mais caráter carbocatiônico parcial do que a posição primária. O epóxido protonado é, portanto, representado de forma mais precisa conforme visto a seguir.

Existem duas consequências importantes dessa análise: (1) o carbono mais substituído é um eletrófilo mais forte e, portanto, é mais suscetível a ataque nucleofílico e (2) o carbono mais substituído possui caráter carbocatiônico significativo, o que significa que a sua geometria é descrita como algo entre tetraédrica e plano triangular, permitindo que o ataque nucleofílico ocorra naquela posição apesar dela ser terciária.

Para resumir, o resultado regioquímico de abertura de anel catalisada por ácido depende da natureza do epóxido.

Primário vs. secundário

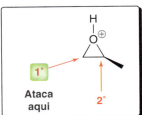

Fator dominante = efeito estérico

Primário vs. terciário

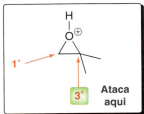

Fator dominante = efeito eletrônico

Existem dois fatores competindo para controlar a regioquímica: os efeitos eletrônicos *vs.* efeitos estéricos. O primeiro favorece o ataque na posição mais substituída, enquanto o último favorece o ataque na posição menos substituída. Para determinar qual o fator dominante, temos que analisar o epóxido. Quando o epóxido possui uma posição terciária, o efeito eletrônico será dominante. Quando o epóxido possui apenas posições primárias e secundárias, o efeito estérico será dominante. A regioquímica da abertura de anel catalisada por ácido é apenas um exemplo em que os efeitos estéricos e os efeitos eletrônicos competem. À medida que avançarmos através do curso, vamos ver outros exemplos de efeitos eletrônicos *vs.* efeitos estéricos.

Na seção anterior (abertura do anel com nucleófilos fortes), a regioquímica era mais simples, porque os efeitos eletrônicos não eram um fator a ser levado em conta. O epóxido era atacado por um nucleófilo antes de ser protonado, de modo que o epóxido não tinha uma carga positiva quando era atacado. Nesse caso, o impedimento estérico era o único fator a ser considerado.

Agora vamos voltar nossa atenção para a estereoquímica das reações de abertura do anel catalisadas por ácido. Quando o ataque ocorre em um centro de quiralidade, observa-se a inversão de configuração. Este resultado é consistente com um processo semelhante ao S_N2 envolvendo o ataque pelo lado de trás do nucleófilo.

O ataque ocorre em um centro de quiralidade

A configuração foi invertida

DESENVOLVENDO A APRENDIZAGEM

14.5 REPRESENTAÇÃO DO MECANISMO E PREVISÃO DO PRODUTO DA ABERTURA DE ANEL CATALISADA POR ÁCIDO

APRENDIZAGEM Preveja o produto da reação vista a seguir e represente o mecanismo provável para a sua formação:

SOLUÇÃO

A presença de ácido sulfúrico indica que o epóxido é aberto sob condições catalisadas por ácido. A fim de representar o produto, é preciso considerar a regioquímica e a estereoquímica da reação.

ETAPA 1
Identificação da regioquímica através da determinação se efeitos estéricos ou efeitos eletrônicos irão dominar.

1. Para prever o resultado regioquímico, analisamos o epóxido.

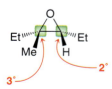

Um lado é terciário, portanto, espera-se que os efeitos eletrônicos controlem a regioquímica, e prevemos que um ataque nucleofílico ocorrerá na posição terciária, que é a mais substituída.

Éteres e Epóxidos, Tióis e Sulfetos   657

ETAPA 2
Identificação da estereoquímica através da determinação se o nucleófilo ataca um centro de quiralidade. Se assim for, espera-se uma inversão de configuração.

2. Em seguida, identificamos o resultado estereoquímico. Olhamos para o centro que está sendo atacado e determinamos se ele é um centro de quiralidade. Neste caso, ele é um centro de quiralidade, de modo que esperamos um ataque do nucleófilo pelo lado de trás invertendo a configuração deste centro.

Este centro de quiralidade será invertido como um resultado do ataque pelo lado de trás

Agora que previmos os resultados regioquímico e estereoquímico, estamos prontos para representar o mecanismo. O epóxido é inicialmente protonado e depois atacado por um nucleófilo (EtOH).

ETAPA 3
Representação de todas as três etapas do mecanismo.

Uma vez que o ataque foi de um nucleófilo neutro (EtOH), será necessária uma etapa adicional de transferência de próton para remover a carga e gerar o produto final.

PRATICANDO
o que você aprendeu

14.20 Para cada reação vista a seguir, preveja o produto e represente o mecanismo da sua formação.

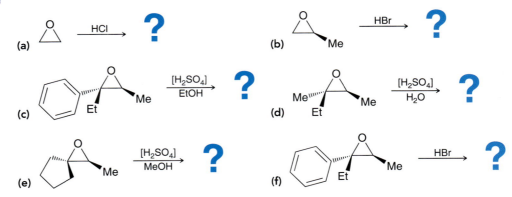

APLICANDO
o que você aprendeu

14.21 Proponha um mecanismo para a transformação vista a seguir.

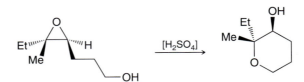

⇢ é necessário **PRATICAR MAIS? Tente Resolver os Problemas 14.43d, 14.49, 14.50**

medicamente falando | Fumaça de Cigarro e Epóxidos Carcinogênicos

Como vimos muitas vezes nos capítulos anteriores, a combustão de materiais orgânicos deve produzir CO_2 e água. Mas raramente a combustão produz apenas esses dois produtos. Normalmente, a combustão incompleta produz substâncias orgânicas que constituem a fumaça observada a emanar de um incêndio. Uma dessas substâncias é chamada benzo[a]pireno. Essa substância altamente carcinogênica é produzida a partir da queima de materiais orgânicos, tais como gasolina, madeira e cigarro. Nos últimos anos, a investigação extensiva elucidou o provável mecanismo reacional para a carcinogenicidade dessa substância, e foi demonstrado que o benzo[a]pireno em si não é a substância que provoca o câncer. Na realidade, ela é um dos metabólitos (uma das substâncias produzidas durante o metabolismo do benzo[a]pireno) que é um intermediário muito reativo capaz da alquilação do ADN e, portanto, pode interferir na função normal do DNA.

Quando o benzo[a]pireno é metabolizado, um epóxido inicial é formado (chamado um óxido de areno), que sofre então abertura pela água para dar um diol.

Essas duas etapas devem ser muito familiares para você. A primeira etapa é a formação do epóxido, e a segunda é a reação de abertura de anel na presença de um catalisador para formar um diol. Este diol pode, em seguida, sofrer epoxidação outra vez formando o epóxido diol visto a seguir.

Esse epóxido diol é o metabólito carcinogênico e é capaz da alquilação do DNA. Estudos mostram que o grupo amino da desoxiguanosina (no DNA) ataca o epóxido. Essa reação altera a estrutura do DNA e provoca alterações no código genético, que em última instância conduzem à formação de células cancerosas.

O benzo[a]pireno não é a única substância cancerígena na fumaça do cigarro. Ao longo deste livro, vamos ver várias outras substâncias cancerígenas que também estão presentes na fumaça do cigarro.

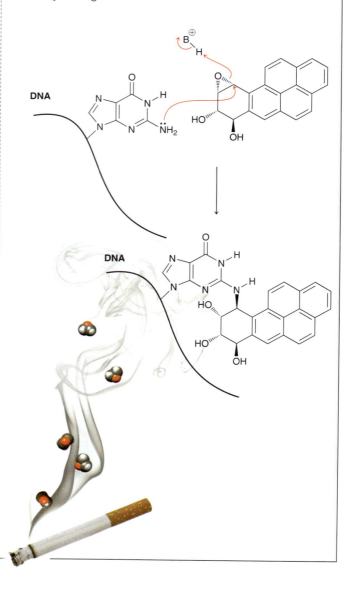

Éteres e Epóxidos, Tióis e Sulfetos   659

14.11 Tióis e Sulfetos

Tióis

O enxofre está diretamente abaixo do oxigênio na tabela periódica (na mesma coluna) e, portanto, muitas substâncias contendo oxigênio têm análogos de enxofre. Os análogos de enxofre de álcoois contêm um grupo SH, em substituição ao um grupo OH e são chamados **tióis**. A nomenclatura dos tióis é semelhante à dos álcoois, mas o sufixo do nome é "tiol" em vez de "ol":

3-Metil-1-butanol   **3-Metil-1-butanotiol**

Observe que o "o" é mantido antes do sufixo "tiol". Quando outro grupo funcional está presente na substância, o grupo SH é nomeado como um substituinte e é chamado **grupo mercapto**:

3-Mercapto-3-metil-1-butanol

O nome "mercapto" é derivado do fato de que os tióis uma vez foram chamados mercaptanos. Esta terminologia foi abandonada pela IUPAC há várias décadas, mas os velhos hábitos custam a morrer, e muitos químicos ainda se referem aos tióis como mercaptanos. O termo é oriundo do latim *mercurium captans* (captação de mercúrio), e descreve a capacidade dos tióis em formar complexos com o mercúrio, bem como com outros metais. Essa capacidade é utilizada pelo fármaco chamado dimercaprol, usado para tratar envenenamento por mercúrio e por chumbo.

Dimercaprol
(2,3-dimercapto-1-propanol)

Os tióis são mais notórios pelos seus odores desagradáveis. Gambás usam tióis como um mecanismo de defesa para afastar os predadores borrifando uma mistura que proporciona um cheiro forte. O metanotiol é adicionado ao gás natural, de modo que escapamentos de gás podem ser facilmente detectados. Se você já sentiu o cheiro de um vazamento de gás, você estava cheirando o metanotiol (CH_3SH) no gás natural, pois o gás natural é inodoro. Surpreendentemente, os cientistas que trabalharam com tióis relatam que o odor desagradável, na verdade, torna-se agradável depois de exposição prolongada. O autor deste livro pode atestar esse fato.

Tióis podem ser preparados através de uma reação S_N2 entre hidrossulfeto de sódio (NaSH) e um haleto de alquila apropriado, por exemplo:

Essa reação pode ocorrer mesmo em substratos secundários sem competição de reações E2, porque o íon hidrossulfeto (HS^-) é um nucleófilo excelente e uma base fraca. Quando este nucleófilo ataca um centro de quiralidade, observa-se a inversão de configuração.

VERIFICAÇÃO CONCEITUAL

14.22 Que reagentes você usaria para preparar cada um dos seguintes tióis:

(a)   (b)   (c)

Tióis facilmente sofrem oxidação para produzir **dissulfetos**.

Um dissulfeto

A conversão de tióis em dissulfetos requer um reagente de oxidação, tal como bromo em hidróxido aquoso. O processo começa com a desprotonação do tiol gerando um íon **tiolato** (Mecanismo 14.7). O hidróxido é uma base suficientemente forte para que o equilíbrio favoreça a formação do íon tiolato. Esse íon tiolato é um nucleófilo excelente e pode atacar o bromo molecular em um processo S_N2. Um segundo processo S_N2 produz então o dissulfeto.

MECANISMO 14.7 OXIDAÇÃO DE TIÓIS

Há muitos agentes de oxidação que podem ser usados para converter os tióis em dissulfetos. Na verdade, a reação é realizada com tanta facilidade que o oxigênio atmosférico pode comportar-se como um agente oxidante produzindo dissulfetos. Os catalisadores podem ser utilizados para acelerar o processo. Dissulfetos são também facilmente reduzidos novamente a tióis, quando tratados com um agente redutor, tal como o HCl na presença de zinco.

Éteres e Epóxidos, Tióis e Sulfetos 661

A facilidade de interconversão entre tióis e dissulfetos é atribuída à natureza da ligação S—S. Ela tem uma energia de ligação de aproximadamente 220 kJ/mol, que é cerca da metade da energia de muitas outras ligações covalentes. A interconversão entre tióis e dissulfetos é extremamente importante na determinação da forma de muitas substâncias biologicamente ativas, como iremos explorar na Seção 25.4, do Volume 2.

Sulfetos

Os análogos de enxofre dos éteres são chamados **sulfetos**, ou tioéteres.

R—O—R   R—S—R
Um éter   Um sulfeto
          (tioéter)

A nomenclatura dos sulfetos é semelhante à dos éteres. Os nomes comuns são atribuídos usando-se o sufixo "sulfeto" em vez de "éter".

Dietil éter   Dietil sulfeto

Sulfetos mais complexos são nomeados sistematicamente de modo parecido com os éteres, sendo o grupo alcóxi substituído por um **grupo alquiltio**.

OCH₃ — Grupo metóxi
1,1-Dicloro-4-metoxiciclo-hexano

SCH₃ — Grupo metiltio
1,1-Dicloro-4-(metiltio)ciclo-hexano

Sulfetos podem ser preparados a partir de tióis da maneira vista a seguir.

R—SH →(1) NaOH, 2) RX)→ R—S—R

Esse processo é essencialmente o análogo do enxofre da síntese de éter de Williamson (Mecanismo 14.8).

MECANISMO 14.8 PREPARAÇÃO DE SULFETOS A PARTIR DE TIÓIS

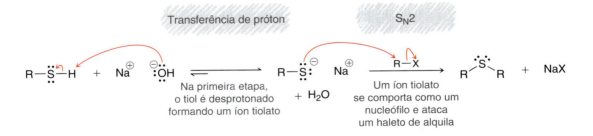

Na primeira etapa, é usado hidróxido para desprotonar o tiol e produzir um íon tiolato. A seguir, o íon tiolato se comporta como um nucleófilo e ataca um haleto de alquila produzindo o sulfeto. O processo segue um caminho reacional S_N2, de modo a aplicar as restrições normais. A reação que se comporta bem com haletos de metila e haletos de alquila primários pode frequentemente ser realizada com haletos de alquila secundários, mas não ocorre para os haletos de alquila terciários.

662   **CAPÍTULO 14**

Uma vez que os sulfetos são estruturalmente semelhantes aos éteres, poderíamos esperar que os sulfetos seriam tão inertes quanto os éteres, mas isto não é o caso. Sulfetos sofrem várias reações importantes.

1. Sulfetos irão atacar os haletos de alquila em um processo S_N2.

O produto desta etapa é um agente alquilante potente, pois é capaz de transferir um grupo metila para um nucleófilo.

RELEMBRANDO

Para uma revisão das reações de alquilação com SAM, veja a Seção 7.4.

Nós já vimos um exemplo desse processo no Capítulo 7. Lembre-se de que SAM é um agente de metilação biológica.

S-Adenosilmetionina
(SAM)

2. Sulfetos também sofrem oxidação formando **sulfóxidos** e, em seguida, **sulfonas**.

Sulfeto   **Sulfóxido**   **Sulfona**

O produto inicial é um sulfóxido. Se o agente de oxidação for suficientemente forte e estiver presente em excesso, então o sulfóxido é oxidado para dar origem a uma sulfona. Para bons rendimentos do sulfóxido sem oxidação adicional para sulfona, é necessário a utilização de um reagente de oxidação que não oxidará o sulfóxido. Muitos desses reagentes estão disponíveis, incluindo o *meta*-periodato de sódio, $NaIO_4$.

Metil fenil sulfeto   **Metil fenil sulfóxido**

Se a sulfona é o produto desejado, então dois equivalentes de peróxido de hidrogênio são usados.

Metil fenil sulfeto   **Metil fenil sulfona**

Éteres e Epóxidos, Tióis e Sulfetos   663

As ligações S=O em sulfóxidos e sulfonas têm, na verdade, um pouco do caráter de ligação dupla. O orbital 3p de um átomo de enxofre é muito maior do que o orbital 2p de um átomo de oxigênio e, portanto, a sobreposição orbital da ligação π entre esses dois átomos não é efetiva. Consequentemente, sulfóxidos e sulfonas são muitas vezes representados com cada ligação S—O como uma ligação simples.

Sulfóxidos podem ser representados como qualquer uma dessas estruturas de ressonância

Sulfonas podem ser representadas como qualquer uma dessas estruturas de ressonância

A facilidade com que os sulfetos são oxidados faz com que eles sejam os agentes redutores ideais em uma ampla variedade de aplicações. Por exemplo, relembre que o DMS (sulfeto de dimetila ou dimetil sulfeto) é usado como um agente de redução em ozonólise (Seção 9.11). O subproduto é o dimetil sulfóxido (DMSO).

VERIFICAÇÃO CONCEITUAL

14.23 Preveja os produtos para cada uma das seguintes reações.

(a) Ciclohexil-SH, 1) NaOH, 2) CH₂Br → ?

(b) 1,1-dimetil-3-bromociclohexano + EtSNa → ?

(c) PhS-ciclopentil, NaIO₄ → ?

(d) Diciclopentil sulfeto, 2 H₂O₂ → ?

14.12 Estratégias de Síntese Envolvendo Epóxidos

Lembre-se do Capítulo 12 em que as duas questões que devem ser consideradas ao propor uma síntese são se existem alterações na cadeia carbônica ou no grupo funcional. Neste capítulo, estudamos as duas possibilidades. Vamos nos concentrar em uma de cada vez.

Inserção de Dois Grupos Funcionais Adjacentes

As técnicas de síntese mais úteis que aprendemos neste capítulo envolvem epóxidos. Vimos várias maneiras para formar epóxidos e muitos reagentes que provocam a abertura dos epóxidos. Observe que a abertura de um epóxido proporciona dois grupos funcionais em átomos de carbono adjacentes.

Sempre que você vê dois grupos funcionais adjacentes, deve pensar em epóxidos. Vejamos um exemplo.

DESENVOLVENDO A APRENDIZAGEM

14.6 INSERÇÃO DE DOIS GRUPOS FUNCIONAIS ADJACENTES

APRENDIZAGEM Proponha uma síntese para a seguinte transformação:

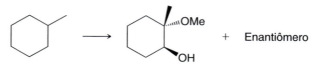

SOLUÇÃO
Sempre abordamos um problema de síntese iniciando com duas perguntas.

1. Há uma alteração na cadeia carbônica? Não, a cadeia carbônica não está mudando.
2. Existe uma alteração nos grupos funcionais? Sim, o material de partida não tem grupos funcionais, e o produto tem dois grupos funcionais adjacentes.

As respostas a essas perguntas ditam o que tem que ser feito. Especificamente, temos que inserir dois grupos funcionais adjacentes. Isso sugere que consideremos a utilização de uma reação de abertura de anel de um epóxido. Utilizando uma análise retrossintética, representamos o epóxido que seria necessário.

A regioquímica desta etapa requer que o grupo metóxi seja colocado na posição mais substituída. Isso faz com que o epóxido tenha que ser aberto sob condições ácidas para assegurar que o nucleófilo (MeOH) ataque na posição mais substituída.
    A próxima etapa é determinar como obter o epóxido. Nós vimos um par de maneiras de obter epóxidos, as duas começam com um alqueno.

Neste ponto, podemos começar a trabalhar no sentido direto (para a frente), centralizando a nossa atenção na conversão do material de partida no alqueno desejado. O material de partida não tem grupos funcionais, e vimos apenas um método para a introdução de um grupo funcional em um alcano. Especificamente, temos que empregar uma bromação radicalar.

Agora, só precisamos fazer a transformação.

Uma base forte, tal como um etóxido, irá produzir uma reação de eliminação que vai formar o alqueno desejado. Assim, nossa proposta de síntese é:

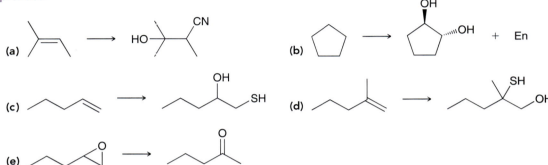

PRATICANDO
o que você
aprendeu

14.24 Proponha uma síntese plausível para cada uma das transformações vistas a seguir.

APLICANDO
o que você
aprendeu

14.25 No capítulo anterior vimos que o etilenoglicol é um dos principais componentes de anticongelante de automóvel. Utilizando iodoetano como seu material de partida, mostre como você pode preparar o etilenoglicol.

é necessário **PRATICAR MAIS?** Tente Resolver o Problema 14.51

Reagentes de Grignard: Controle da Localização do Grupo Funcional Resultante

Neste capítulo, vimos uma nova maneira de fazer uma ligação C—C usando um reagente de Grignard para abrir um epóxido. Até agora, pensamos sobre essa reação do ponto de vista do epóxido. Isto é, o epóxido é considerado como o material de partida, e o reagente de Grignard é usado para modificar a estrutura do material de partida. Por exemplo:

Nesta reação, o epóxido é aberto e um grupo alquila (R) é introduzido na estrutura. Outra maneira de pensar sobre este tipo de reação é a partir do ponto de vista do haleto de alquila. Isto é, o haleto de alquila pode ser considerado o material de partida e o epóxido é então utilizado para introduzir átomos de carbono na estrutura do haleto de alquila.

É importante ver esta reação também a partir deste ponto de vista, pois ele destaca uma característica importante do processo. Especificamente, esse processo pode ser usado para introduzir uma cadeia de átomos de carbono que possuem um grupo funcional embutido no segundo átomo de carbono.

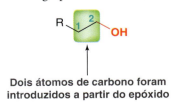

**Dois átomos de carbono foram
introduzidos a partir do epóxido**

Observe a posição do grupo funcional. Ele está no segundo átomo de carbono da cadeia recentemente inserida. Esta é uma característica extremamente importante, porque obtemos um resultado diferente quando um reagente de Grignard ataca uma cetona ou aldeído (Seção 13.6). Especificamente, o grupo funcional aparece no primeiro átomo de carbono da nova cadeia que foi introduzida.

Observe a diferença. Você tem que treinar seus olhos para olhar para a localização precisa de um grupo funcional quando ele aparece em um fragmento alquila recém-introduzido. Vamos ver um exemplo específico disso.

DESENVOLVENDO A APRENDIZAGEM

14.7 ESCOLHA DA REAÇÃO DE GRIGNARD APROPRIADA

APRENDIZAGEM Proponha uma síntese de cada uma das duas transformações vistas a seguir.

SOLUÇÃO

(a) Sempre abordamos um problema de síntese perguntando inicialmente se existem alterações na cadeia carbônica ou nos grupos funcionais. Neste caso, existem alterações tanto na cadeia carbônica quanto no grupo funcional. Uma cadeia de três carbonos é introduzida, e tanto a identidade como a localização do grupo funcional foram alterados.

A partir das respostas a essas duas perguntas, sabemos que temos de introduzir três átomos de carbono e um grupo funcional (C═O). Seria ineficaz pensar nessas duas tarefas em separado. Se primeiro anexarmos uma cadeia de carbono de três átomos e só depois pensamos em como introduzir a ligação C═O exatamente na posição correta, vamos achar que é muito difícil de inserir o grupo carbonila. É mais eficaz introduzir os três átomos de carbono de tal maneira que um grupo funcional já está no local correto. Vamos então analisar a localização precisa.

Se olharmos para os três átomos de carbono que estão sendo introduzidos, o grupo funcional está ligado ao segundo átomo de carbono. Isso deve sinalizar uma abertura do epóxido.

Essa etapa introduz a cadeia de três carbonos e, simultaneamente, coloca um grupo funcional no local adequado. Entretanto, o grupo funcional é um grupo hidroxila em vez de um grupo carbonila. Mas, uma vez que o grupo hidroxila está no local certo, é fácil realizar uma oxidação e formar o grupo carbonila.

Éteres e Epóxidos, Tióis e Sulfetos

Lembre-se sempre de que os grupos funcionais podem ser facilmente interconvertidos. A consideração importante é a forma de colocar um grupo funcional no local desejado. Em resumo, a síntese proposta é:

[Esquema: ciclo-hexil-Br → 1) Mg, dietil éter; 2) epóxido; 3) H₂O; 4) Na₂Cr₂O₇, H₂SO₄, H₂O → ciclo-hexil-CH₂-C(=O)-CH₃]

(b) Este problema é muito semelhante ao problema anterior. Uma vez mais, estamos introduzindo três átomos de carbono, mas, desta vez, o grupo funcional está localizado no primeiro átomo de carbono da cadeia que foi introduzida.

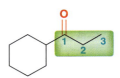

Isso significa que a substância não pode ser formada utilizando-se uma abertura do anel epóxido. Neste caso, o reagente de Grignard deve atacar um aldeído, em vez de um epóxido.

[Mecanismo: carbânion ciclo-hexílico ataca aldeído propanal → alcóxido → H₂O → álcool secundário]

Essa sequência coloca o grupo funcional no local desejado. É então fácil oxidar o álcool para formar a cetona desejada, como no problema anterior. Em resumo, a síntese proposta é:

[Esquema: ciclo-hexil-Br → 1) Mg, dietil éter; 2) propanal; 3) H₂O; 4) Na₂Cr₂O₇, H₂SO₄, H₂O → ciclo-hexil-C(=O)-CH₂CH₃]

Observe a diferença entre as duas sínteses anteriores. Ambas envolvem a introdução de átomos de carbono por meio de um reagente de Grignard, mas a localização precisa do grupo funcional determina se o reagente de Grignard deve atacar um epóxido ou um aldeído.

PRATICANDO o que você aprendeu

14.26 Proponha uma síntese plausível para cada uma das transformações vistas a seguir.

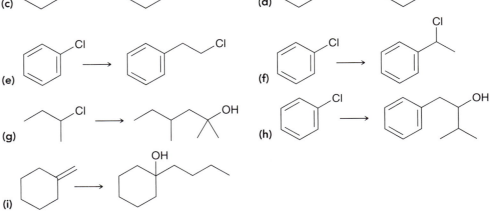

668 CAPÍTULO 14

APLICANDO o que você aprendeu

14.27 Proponha uma síntese plausível para o 1,4-dioxano usando acetileno como sua única fonte de átomos de carbono.

1,4-Dioxano

14.28 Dimetoxietano (DME) é um solvente polar aprótico, muitas vezes utilizado para reações S_N2. Proponha uma síntese plausível para o DME utilizando acetileno e iodeto de metila como suas únicas fontes de átomos de carbono.

Dimetoxietano

14.29 Usando substâncias que não possuem mais do que dois átomos de carbono, proponha uma síntese plausível para a substância vista a seguir.

---> é necessário **PRATICAR MAIS?** Tente Resolver o Problema 14.51

REVISÃO DAS REAÇÕES

Preparação de Éteres

Síntese de Éteres de Williamson

R—OH $\xrightarrow{\text{1) NaH} \atop \text{2) RX}}$ R—O—R

Alcoximercuração-Desmercuração

$$\text{alqueno} \xrightarrow{\text{1) Hg(OAc)}_2, \text{ ROH} \atop \text{2) NaBH}_4} \text{produto com RO e H}$$

Reações de Éteres

Clivagem Ácida

R—O—R $\xrightarrow{\text{HX em excesso} \atop \text{Aquecimento}}$ R—X + R—X + H_2O

Ar—O—R $\xrightarrow{\text{HX em excesso} \atop \text{Aquecimento}}$ Ar—OH + R—X

Auto-oxidação

$$\text{éter dietílico} \xrightarrow{O_2 \atop \text{(lenta)}} \text{Um hidroperóxido}$$

Preparação de Epóxidos

alqueno cis $\xrightarrow{\text{MCPBA}}$ epóxido cis

$\xrightarrow{\text{1) Br}_2, H_2O \atop \text{2) NaOH}}$

Éteres e Epóxidos, Tióis e Sulfetos   669

Epoxidação Enantiosseletiva

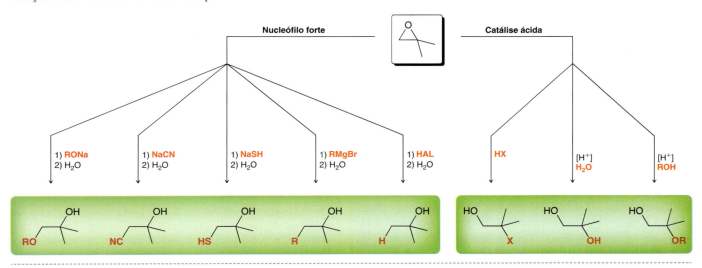

REVISÃO DE CONCEITOS E VOCABULÁRIO

SEÇÃO 14.1
- **Éteres** são substâncias que têm um átomo de oxigênio ligado a dois grupos, que podem ser grupos alquila, arila ou vinila.
- A porção éter é uma característica estrutural comum de muitas substâncias naturais e produtos farmacêuticos.

SEÇÃO 14.2
- **Éteres assimétricos** têm dois grupos alquila diferentes, enquanto os **éteres simétricos** possuem dois grupos iguais.
- O nome comum de um éter é construído através da atribuição de um nome para cada grupo R, dispondo-os por ordem alfabética e, em seguida, adicionando o termo "éter".

CAPÍTULO 14

- O nome sistemático de um éter é construído, escolhendo o maior grupo como o alcano principal e nomeando o menor grupo como um **substituinte alcóxi**.

SEÇÃO 14.3

- Éteres de baixa massa molecular têm baixos pontos de ebulição, enquanto os éteres com grandes grupos alquila têm pontos de ebulição mais elevados, devido a forças de dispersão de London entre os grupos alquila.
- Os éteres são muitas vezes utilizados como solventes em reações orgânicas.

SEÇÃO 14.4

- A interação entre éteres e íons metálicos é muito forte nos **poliéteres**, substâncias com múltiplas porções éter.
- Poliéteres cíclicos, ou éteres de coroa, são capazes de solvatar íons metálicos em solventes orgânicos (apolares).

SEÇÃO 14.5

- Éteres podem ser facilmente preparados a partir da reação entre um íon alcóxido e um haleto de alquila, um processo chamado **síntese de éter de Williamson**. Este processo funciona melhor para metila ou haletos de alquila primários. Haletos de alquila secundários são significativamente menos eficientes, e haletos de alquila terciários não podem ser utilizados.
- Éteres podem ser preparados a partir de alquenos via **alcoximercuração-desmercuração**, o que resulta em uma adição Markovnikov de RO e H através de um alqueno.

SEÇÃO 14.6

- Quando tratado com um ácido forte, um éter irá sofrer **clivagem ácida** em que ele é convertido em dois haletos de alquila.
- Quando um éter fenílico é clivado sob condições ácidas, os produtos são fenol e haleto de alquila.
- Éteres sofrem auto-oxidação na presença de oxigênio atmosférico formando hidroperóxidos.

SEÇÃO 14.7

- Um éter cíclico de três membros é chamado **oxirano**. Ele possui uma tensão significativa no anel e, portanto, é mais reativo do que outros éteres.
- Oxiranos substituídos são também chamados **epóxidos**, que são nomeados em qualquer uma das duas maneiras:
  - O átomo de oxigênio é considerado um substituinte na cadeia principal, e a localização exata do grupo epóxido é identificada com dois números seguidos pelo termo "epóxi".
  - O grupo principal é considerado o epóxido (principal = oxirano), e quaisquer grupos ligados ao epóxido são listados como substituintes.

SEÇÃO 14.8

- Alquenos podem ser convertidos em epóxidos por tratamento com peroxiácidos ou através da formação de haloidrina e de epoxidação subsequente. Ambos os procedimentos são estereoespecíficos.
- Os substituintes que são *cis* entre si no alqueno de partida permanecem *cis* entre si no epóxido, e os substituintes que são *trans* entre si no alqueno de partida permanecem *trans* entre si no epóxido.

SEÇÃO 14.9

- Catalisadores quirais podem ser utilizados para alcançar a epoxidação enantiosseletiva de álcoois alílicos.

- Em uma **epoxidação assimétrica de Sharpless**, o catalisador favorece a produção de um enantiômero em relação ao outro, levando a um excesso enantiomérico observado.

SEÇÃO 14.10

- Epóxidos irão sofrer *reações de abertura de anel* em (1) condições que envolvem um nucleófilo forte, ou em (2) condições catalisadas por ácido.
- Quando um nucleófilo forte é usado, o nucleófilo ataca a posição menos substituída (menos congestionada).
- Sob condições catalisadas por ácido, o resultado regioquímico é dependente da natureza do epóxido e é explicado em termos de uma competição entre *efeitos eletrônicos* e *efeitos estéricos*.
- O resultado estereoquímico envolve inversão de configuração em todas as condições.

SEÇÃO 14.11

- Os análogos de enxofre de álcoois contêm um grupo SH, em vez de um grupo OH, e são chamados **tióis**.
- Quando outro grupo funcional está presente na substância, o grupo SH é nomeado como um substituinte e é chamado um **grupo mercapto**.
- Tióis podem ser preparados através de uma reação S_N2 entre hidrossulfeto de sódio (NaSH) e um haleto de alquila adequado.
- Tióis facilmente sofrem oxidação para produzir **dissulfetos**. Por sua vez, dissulfetos são também facilmente reduzidos novamente a tióis quando tratados com um agente redutor.
- Os análogos de enxofre de éteres (tioéteres) são chamados **sulfetos**. A nomenclatura dos sulfetos é semelhante à dos éteres. Os nomes comuns são atribuídos usando-se o sufixo "sulfeto" em vez de "éter". Sulfetos mais complexos são nomeados sistematicamente de modo parecido com os éteres, com o grupo alcóxi sendo substituído por um **grupo alquiltio**.
- Sulfetos podem ser preparados a partir de tióis em um processo que é essencialmente o análogo de enxofre da síntese de éter de Williamson, envolvendo um íon tiolato em vez de um alcóxido.
- Sulfetos atacam haletos de alquila produzindo agentes alquilantes, tais como o agente alquilante biológico SAM.
- Sulfetos sofrem oxidação formando **sulfóxidos** e, em seguida, **sulfonas**.

SEÇÃO 14.12

- A abertura do anel de um epóxido produz uma substância com dois grupos funcionais em átomos de carbono adjacentes. Sempre que você vê dois grupos funcionais adjacentes, você deve pensar em epóxidos.
- Quando um reagente de Grignard reage com um epóxido, é formada uma ligação C—C. Essa reação pode ser usada para introduzir uma cadeia de átomos de carbono que possuem um grupo funcional embutido no segundo átomo de carbono.
- Ao contrário, quando um reagente de Grignard ataca uma cetona ou um aldeído, o grupo funcional aparece no primeiro átomo de carbono que foi introduzido.
- Você tem que treinar seus olhos para olhar para a localização precisa de um grupo funcional quando ele aparece em um fragmento alquila recém-introduzido.

REVISÃO DA APRENDIZAGEM

14.1 DENOMINAÇÃO DOS ÉTERES

NOME COMUM
Ambos os lados são tratados como substituintes, que são listados em ordem alfabética.

Metil fenil éter

NOME SISTEMÁTICO
1) Escolha da cadeia principal (o lado mais complexo).
2) Identificação de todos os substituintes (incluindo o grupo alcóxi).
3) Atribuição dos localizadores de modo que o menor número corresponda ao grupo alcóxi.
4) Os substituintes são apresentados em ordem alfabética com seus respectivos localizadores.
5) Atribuição da configuração de quaisquer centros de quiralidade.

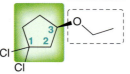

(R)-1,1-Dicloro-3-etoxiciclopentano

Tente Resolver os Problemas 14.1–14.3, 14.30, 14.32

14.2 PREPARAÇÃO DE UM ÉTER ATRAVÉS DA SÍNTESE DE ÉTER DE WILLIAMSON

ETAPA 1 Identificação dos dois grupos em cada lado do átomo de oxigênio.

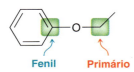

Fenil   Primário

ETAPA 2 Determinação de qual é o lado mais capaz de servir como substrato de uma reação S_N2.

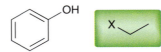

ETAPA 3 É usada uma base para desprotonar o álcool, e depois o haleto de alquila é identificado.

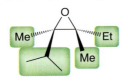

Tente Resolver os Problemas 14.5–14.7, 14.33a,c, 14.37, 14.40, 14.42d, 14.43b

14.3 PREPARAÇÃO DE EPÓXIDOS

ETAPA 1 Identificação dos quatro grupos ligados ao epóxido.

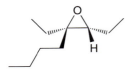

ETAPA 2 Identificação da configuração relativa dos quatro grupos, e representação do alqueno de partida.

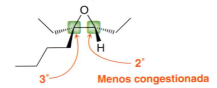

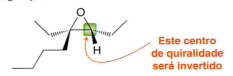

Tente Resolver os Problemas 4.14, 14.15, 14.39, 14.51t

14.4 REPRESENTAÇÃO DO MECANISMO E PREVISÃO DO PRODUTO DA REAÇÃO ENTRE UM NUCLEÓFILO FORTE E UM EPÓXIDO

EXEMPLO Previsão do produto e proposta de um mecanismo para sua formação.

ETAPA 1 Identificação da regioquímica selecionando-se a posição menos congestionada como o local do ataque nucleofílico.

ETAPA 2 Identificação da estereoquímica determinando se o nucleófilo ataca um centro de quiralidade. Se isso ocorrer, espera-se uma inversão de configuração.

Este centro de quiralidade será invertido

ETAPA 3 Representação das duas etapas do mecanismo:

Ataque nucleofílico   Transferência de próton

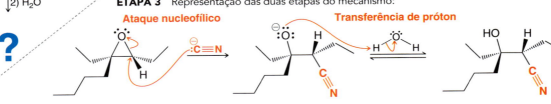

Tente Resolver os Problemas 14.17-14.19, 14.42a,c,e-h, 14.43

672 CAPÍTULO 14

14.5 REPRESENTAÇÃO DO MECANISMO E PREVISÃO DO PRODUTO DA ABERTURA DE ANEL CATALISADA POR ÁCIDO

EXEMPLO Previsão do produto e proposta de um mecanismo para a sua formação.

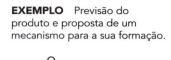

ETAPA 1 Identificação da regioquímica: determinação se os efeitos são estéricos ou se os efeitos eletrônicos predominarão.

Um lado é terciário, de modo que os efeitos eletrônicos dominam

Ataque aqui

ETAPA 2 Identificação da estereoquímica: se o nucleófilo ataca um centro de quiralidade, espera-se inversão de configuração.

Este centro de quiralidade será invertido

ETAPA 3 Representação das três etapas do mecanismo: (1) transferência de próton, (2) ataque nucleofílico, e (3) transferência de próton.

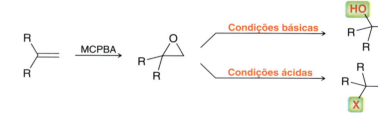

Tente Resolver os Problemas **14.20, 14.21, 14.43d, 14.49, 14.50**

14.6 INSERÇÃO DE DOIS GRUPOS FUNCIONAIS ADJACENTES

Conversão de um alqueno em um epóxido. | Abertura do epóxido com controle regioquímico.

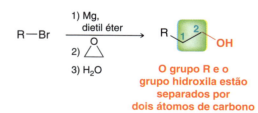

Tente Resolver os Problemas **14.24, 14.25, 14.51**

14.7 ESCOLHA DA REAÇÃO DE GRIGNARD APROPRIADA

O reagente de Grignard ataca um epóxido:

O reagente de Grignard ataca um aldeído ou uma cetona:

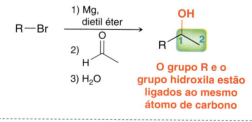

O grupo R e o grupo hidroxila estão separados por dois átomos de carbono

O grupo R e o grupo hidroxila estão ligados ao mesmo átomo de carbono

Tente Resolver os Problemas **14.26–14.29, 14.51**

Éteres e Epóxidos, Tióis e Sulfetos 673

PROBLEMAS PRÁTICOS

14.30 Atribua um nome IUPAC para cada uma das substâncias vistas a seguir.

(a)   (b)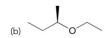

(c)   (d)

(e) (f)

(g)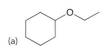

14.31 Preveja os produtos que são esperados quando cada uma das substâncias vistas a seguir é aquecida com HBr concentrado.

(a) (b) (c) (d)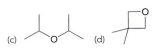

14.32 Represente todos os éteres constitucionalmente isoméricos com fórmula molecular C₄H₁₀O. Forneça um nome comum e um nome sistemático para cada isômero.

14.33 Começando com o ciclo-hexeno e utilizando quaisquer outros reagentes de sua escolha, mostre como você prepararia cada uma das substâncias vistas a seguir.

(a) (b) (c)

14.34 Quando o 1,4-dioxano é aquecido na presença de HI, é obtida a substância **A**:

(a) Represente a estrutura da substância **A**.
(b) Se um mol de dioxano é utilizado, quantos mols da substância **A** são formados?
(c) Mostre um mecanismo plausível para a conversão do dioxano na substância **A**.

14.35 Tetra-hidrofurano (THF) pode ser formado pelo tratamento do 1,4-butanodiol com ácido sulfúrico. Proponha um mecanismo para essa transformação:

1,4-Butanodiol → Tetra-hidrofurano (THF)

14.36 Quando o etilenoglicol é tratado com ácido sulfúrico, é obtido o 1,4-dioxano. Proponha um mecanismo para essa transformação:

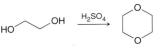

Etilenoglicol   1,4-Dioxano

14.37 A síntese de éter de Williamson não pode ser usada para preparar o *terc*-butil fenil éter.

(a) Explique por que este método não pode ser utilizado neste caso.
(b) Proponha um método alternativo para a preparação do *terc*-butil fenil éter.

14.38 Brometo de metilmagnésio reage rapidamente com o óxido de etileno, reage lentamente com o oxetano e não reage de todo com o tetra-hidrofurano.

Óxido de etileno   Oxetano   Tetra-hidrofurano (THF)

Explique essa diferença de reatividade.

14.39 Identifique os reagentes necessários para realizar cada uma das transformações vistas a seguir.

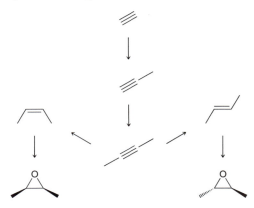

14.40 Quando o 5-bromo-2,2-dimetil-1-pentanol é tratado com hidreto de sódio, é obtida uma substância com a fórmula molecular C₇H₁₄O. Identifique a estrutura dessa substância.

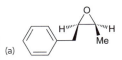

14.41 O Problema 14.39 descreve um método geral para a preparação de *cis*- ou *trans*- epóxidos dissubstituídos. Usando esse método, identifique que reagentes você utilizaria para preparar uma mistura racêmica de cada um dos epóxidos vistos a seguir a partir do acetileno.

(a) (b)

(c) (d)

14.42 Preveja os produtos de cada uma das reações vistas a seguir.

(a)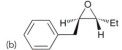

(b)

(c) [alkene] 1) MCPBA 2) NaSH 3) H₂O ?

(d) [cyclopentanol] 1) Na 2) EtCl ?

(e) [cyclopentanol] 1) Na 2) [epoxide] 3) H₂O ?

(f) [cyclopentyl chloride] 1) Mg, dietil éter 2) [epoxide] 3) H₂O ?

(g) [cyclopentanol] 1) Na 2) [methyl epoxide] 3) H₂O ?

(h) [cyclopentyl chloride] 1) Mg, dietil éter 2) [methyl epoxide] 3) H₂O ?

14.43 Proponha um mecanismo plausível para cada uma das transformações vistas a seguir.

(a) [methyl epoxide] 1) EtMgBr 2) H₂O → [alcohol]

(b) [cyclohexyl methanol] 1) NaH 2) EtI → [ether OEt]

(c) [methyl epoxide] 1) H—C≡C:⁻ Na⁺ 2) H₂O → [homopropargyl alcohol]

(d) [methyl epoxide] [H₂SO₄] / MeSH → [MeS, OH product]

(e) Cl—(CH₂)₄—OH NaH → [tetrahydropyran]

(f) Cl—CH₂CH₂—O—CH₂CH₂—Cl NaOH (excesso) → [1,4-dioxane]

14.44 Qual o produto que você espera quando o tetra-hidrofurano é aquecido na presença de HBr em excesso?

14.45 A substância **B** tem a fórmula molecular C₆H₁₀O e não possui quaisquer ligações π. Quando tratada com HBr concentrado, é produzido o cis-1,4-dibromociclo-hexano. Identifique a estrutura da substância **B**.

14.46 Proponha um mecanismo para a transformação vista a seguir.

[epoxide with Me, Cl on cyclohexane] 1) EtMgBr em excesso 2) H₂O → [Et, Me, OH, Et cyclohexane]

14.47 Preveja os produtos para cada uma das seguintes reações:

(a) [cyclopentene] 1) Hg(OAc)₂, MeOH 2) NaBH₄ ?

(b) [methylcyclopentene] 1) Hg(OAc)₂, MeOH 2) NaBH₄ ?

(c) [cyclopentene] + [cyclopentanol] 1) Hg(OAc)₂ 2) NaBH₄ ?

(d) [methylcyclopentene] + [cyclopentanol] 1) Hg(OAc)₂ 2) NaBH₄ ?

14.48 Usando o acetileno e o óxido de etileno como suas únicas fontes de átomos de carbono, proponha uma síntese de cada uma das substâncias vistas a seguir.

(a) HO—CH₂CH₂—CH=CH—CH₂CH₂—OH (cis)

(b) OHC—(CH₂)₄—CHO

14.49 Forneça os reagentes que estão faltando nas reações vistas a seguir.

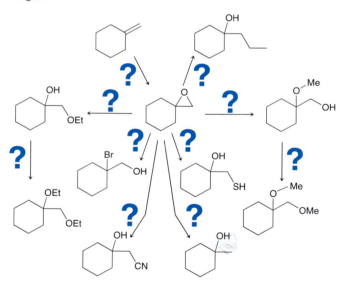

14.50 Forneça os produtos que estão faltando nas reações vistas a seguir.

[cyclohexene] 1) Hg(OAc)₂, EtOH 2) NaBH₄ → ? HI em excesso Aquecimento → ?

MCPBA ↓

? 1) NaSH 2) H₂O → ?

H—C≡C:⁻ Na⁺ → ?

HBr → ?

PROBLEMAS INTEGRADOS

14.51 Proponha uma síntese plausível para cada transformação vista a seguir.

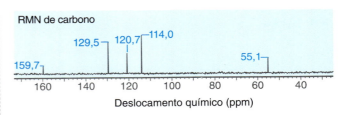

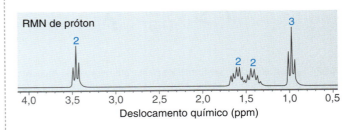

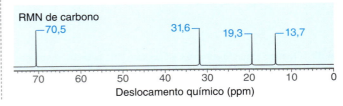

Os Problemas 14.52-14.55 são destinados aos estudantes que já estudaram espectroscopia (Capítulos 15 e 16, do Volume 2).

14.52 Proponha uma estrutura de um éter com a fórmula molecular C_7H_8O que apresenta o espectro de RMN de ^{13}C visto a seguir.

14.53 Proponha uma estrutura para uma substância com a fórmula molecular $C_8H_{18}O$ que apresenta os espectros de RMN de ^1H e RMN de ^{13}C vistos a seguir.

14.54 Proponha uma estrutura para uma substância com a fórmula molecular C₄H₈O que apresenta os espectros de RMN de ¹³C e de IV-TF vistos a seguir.

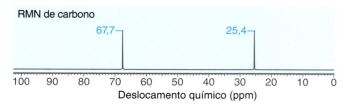

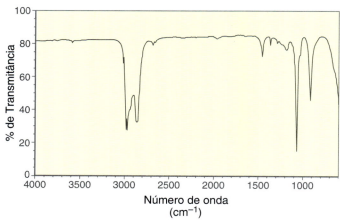

14.55 Proponha uma estrutura para uma substância com a fórmula molecular C₄H₁₀O que apresenta o espectro de RMN de ¹H visto a seguir.

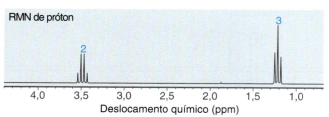

14.56 Preveja o produto da reação que é vista a seguir.

14.57 Epóxidos podem ser formados pelo tratamento de α-halocetonas com boro-hidreto de sódio. Proponha um mecanismo para a formação do epóxido visto a seguir.

14.58 Quando o metiloxirano é tratado com HBr, o íon brometo ataca a posição menos substituída. No entanto, quando o feniloxirano é tratado com HBr, o íon brometo ataca a posição mais substituída.

Explique a diferença de regioquímica em termos de uma competição entre os efeitos estéricos e os efeitos eletrônicos. (**Sugestão:** Pode ser uma ajuda desenhar a estrutura do grupo fenila.)

14.59 Proponha uma síntese eficiente para a transformação vista a seguir.

14.60 Usando bromobenzeno e óxido de etileno como as suas únicas fontes de carbono, mostre como pode ser preparado o trans-1,2-difeniloxirano (uma mistura racêmica de enantiômeros).

14.61 A reação S_N2 entre um reagente de Grignard e um epóxido funciona razoavelmente bem quando o epóxido é o óxido de etileno. No entanto, quando o epóxido é substituído por grupos que proporcionam impedimento estérico, uma reação de competição em que um álcool alílico é produzido pode dominar. Proponha um mecanismo para essa transformação e utilize os princípios discutidos na Seção 8.13 para justificar por que o álcool alílico seria o principal produto, no caso visto a seguir.

14.62 A sequência de reações vista a seguir foi empregada durante os estudos sintéticos sobre reidispongiolide A, um produto natural marinho citotóxico (*Tetrahedron Lett.* **2009**, *50*, 5012–5014). Represente as estruturas das substâncias **A**, **B** e **C**.

14.63 Esfingolípidos são uma classe de substâncias que desempenham um papel importante na transmissão de sinal e reconhecimento de células. A fumonisina B₁ é um potente inibidor da biossíntese de sesfingolípidios.

Fumonisina B₁

Uma síntese recente da fumonisina B₁ empregou a transformação, vista a seguir, envolvendo a incorporação dos carbonos 7-9 através da formação do alquino **2** a partir do epóxido **1**, mostrada a seguir (*Tetrahedron Lett.* **2012**, *53*, 3233–3236). Partindo com 3-bromo-1-propino, mostre uma síntese do alquino **2** a partir do epóxido **1**.

DESAFIOS

14.64 O procedimento visto a seguir (*J. Am. Chem. Soc.* **1982**, *104*, 3515–3516) é parte de uma estratégia de síntese para a preparação enantiosseletiva de carboidratos (Capítulo 24, do Volume 2):

(a) Proponha um mecanismo plausível que explica o resultado estereoquímico dessa transformação.

(b) Preveja o produto do seguinte processo:

14.65 Na Seção 14.11, aprendemos que **1** é um forte agente de transferência de metila. Entretanto, quando tratado com uma base forte (por exemplo, NaH), **1** é convertido em um tipo especial de carbânion, chamado ileto de enxofre, que pode se comportar como um agente de transferência de grupo metileno (CH$_2$). Especificamente, o tratamento do ileto de enxofre com uma cetona proporciona um epóxido, com sulfeto de dimetila (DMS) sendo gerado como um subproduto (*Synth. Commun.* **2003**, *33*, 2135–2143). Proponha um mecanismo plausível para esse processo, conhecido como a reação de Corey-Chaykovsky.

14.66 Guggul é um extrato à base de plantas a partir da resina da árvore *mukul mirra*, e mostra potencial para o tratamento de colesterol elevado. Numa síntese recente de (+)-mirranol A (uma substância presente no Guggul), a substância **1** foi tratada com MCPBA seguido por HAL para dar a substância **2** como o único diastereômero detectado (*J. Org. Chem.* **2009**, *74*, 6151–6156). Represente um mecanismo para a transformação de **1** em **2** e explique o resultado estereoquímico em relação ao centro de quiralidade recém-formado. Sua explicação deve incluir (i) uma representação de estrutura em bastão que mostre claramente a conformação em cadeira adotada por cada anel de seis membros no sistema *trans*-decalina e (ii) uma projeção Newman que mostre claramente a fonte da preferência estereoquímica observada.

14.67 Mesilato de reboxetina é usado no tratamento de depressão e é atualmente comercializado como o racemato. O (*S,S*)-enantiômero da reboxetina está sendo avaliado para o tratamento de dor neuropática.

O esquema sintético visto a seguir fez parte da síntese da (*S,S*)-reboxetina realizada por um grupo de pesquisa da Pfizer (*Org. Proc. Res. & Devel.* **2007**, *11*, 354–358):

(a) Na conversão de **1** em **2**, (−)-DIPT tem a mesma função que (−)-DET. Forneça a estrutura de **2**.

(b) Proponha um mecanismo plausível para a transformação de **2** em **3** e represente a configuração esperada em cada um dos centros de quiralidade em **3**.

(c) TMSCl é usado para proteger seletivamente o grupo OH primário menos impedido estericamente em **3**. MsCl se comporta de forma muito parecida com o TsCl convertendo um grupo OH em um bom grupo de saída, denominado grupo mesilato (OMs) (veja Figura 7.28). Ácido aquoso então remove o grupo protetor para se obter **4**. Represente a estrutura **4**.

(d) Represente um mecanismo plausível para a transformação de **4** para **5**.

14.68 Laureatina é um produto natural isolado a partir da alga marinha *Laurencia nipponica* que exibe atividade inseticida potente contra mosquitos. Durante uma investigação para a síntese da laureatina, foi observado um rearranjo interessante do esqueleto. Quando a substância **1** foi tratada com uma fonte de bromo eletrofílico (por exemplo, Br$_2$), o produto isolado foi o epóxido **2** (*J. Org. Chem.* **2012**, *77*, 7883–7890). Proponha um mecanismo plausível.

14.69 Oximercuração-desmercuração da substância **1** origina o produto de hidratação esperado **2** com 96% de rendimento. Em contraste, oximercuração-desmercuração da substância **3** resulta em apenas uma pequena quantidade do produto de hidratação normal. Em vez disso, as substâncias **7** e **8** são formadas (*J. Org. Chem.* **1981**, *46*, 930–939). Acredita-se que o produto inicial da oximercuração (substância **4**) é

678 CAPÍTULO 14

submetido a uma etapa de abertura do epóxido intramolecular, dando duas possíveis substâncias cíclicas, **5** e **6**. Essa etapa é provavelmente catalisada pela interação entre o grupo epóxido e o Hg(OAc)$_2$, que se comporta como um ácido de Lewis .

(a) Represente a estrutura de **2**.

(b) Represente as estruturas de **4**, **5** e **6** e mostre um mecanismo para a conversão de **4** → **5**, bem como de **4** → **6**.

(c) Explique por que a distribuição do produto é tão diferente para os epoxialquenos **1** e **3**.

14.70 A reação de transferência de éter, induzida por eletrófilo, vista a seguir, foi utilizada na síntese de vários produtos naturais estruturalmente relacionados (*J. Org. Chem.* **2008**, *73*, 5592–5594). Forneça um mecanismo plausível para esta transformação.

14.71 Durante a síntese total do 2-metil-D-eritritol (um açúcar de importância para a biossíntese de isoprenoides), o epóxido **2** foi necessário (*J. Org. Chem.* **2002**, *67*, 4856–4859).

(a) Identifique os reagentes que você usaria para chegar a uma síntese estereosseletiva de epóxido 2 a partir do álcool alílico 1.

(b) Proponha um mecanismo plausível para a formação do ortoéster 4 a partir do epóxido 3 após tratamento com uma quantidade catalítica de um ácido aquoso. (**Sugestão:** O O na ligação C=O do grupo éster pode se comportar como um centro nucleofílico.)

14.72 Artemisinina (também conhecida como Qinghaosu) é uma substância contendo peróxido que tem sido usada na medicina tradicional chinesa como um tratamento para malária. Hoje, derivados sintéticos da artemisinina são tratamentos-padrão para lutar contra as infecções por *Plasmodium falciparum*, o parasita que causa a forma mais perigosa de malária. O epóxido **1** é um derivado sintético da artemisinina; quando tratado com hexafluoro-2-propanol e ácido catalítico, ele que sofre uma reação de abertura do anel para a qual o resultado regioquímico e o resultado estereoquímico são ambos o contrário do que você poderia esperar (*J. Org. Chem.* **2002**, *67*, 1253–1260). Explique essas observações com um mecanismo plausível.

Apêndice

Nomenclatura de Substâncias Polifuncionais

As regras de nomenclatura foram introduzidas pela primeira vez no Capítulo 4 para dar nome aos alcanos. Em seguida, essas regras foram desenvolvidas nos capítulos subsequentes para incluir a nomenclatura de vários grupos funcionais. A Tabela A.1 contém uma lista de seções em que as regras de nomenclatura foram discutidas.

TABELA A.1 REGRAS DE NOMENCLATURA ABORDADAS NOS CAPÍTULOS ANTERIORES

GRUPO	SEÇÃO
Alcanos	4.2
Haletos de alquila	7.2
Alquenos	8.3
Alquinos	10.2
Álcoois e fenóis	13.1
Éteres	14.2
Epóxidos	14.7
Tióis e sulfetos	14.11
Derivados de benzeno	18.2
Aldeídos e cetonas	20.2
Ácidos carboxílicos	21.2
Derivados de ácidos carboxílicos	21.6
Aminas	23.2

À medida que avança pelos tópicos da Tabela A.1, você pode perceber que alguns padrões emergem. Por exemplo, o nome sistemático de uma substância orgânica geralmente tem pelo menos três partes, como se vê em cada um dos seguintes exemplos:

met a no   et an ol   ciclo-hex en o   prop in o   biciclo[3.1.0]hex na -3-ona

Cada uma dessas substâncias tem três partes (realçadas) no seu nome.

cadeia principal   insaturação   sufixo

A primeira é a *cadeia principal* (met, et etc.), que indica o número de átomos de carbono na estrutura da cadeia principal (veja a Seção 4.2). A próxima parte do nome, chamada *insaturação*, indica a presença ou ausência de ligações C=C ou C≡C (em que "an" significa ausência de quaisquer ligações C=C ou C≡C; "en" indica a presença de uma ligação C=C; e "in" indica a presença de

A-1

uma ligação C≡C). A parte final do nome, ou *sufixo*, indica a presença de um grupo funcional (por exemplo, "-ol" indica a presença de um grupo OH, enquanto "-ona" designa um grupo cetona). Se nenhum grupo funcional está presente (outros além das ligações C=C e C≡C), então é usado o sufixo "o", como metano ou propino.

Se substituintes estão presentes, então o nome sistemático irá ter pelo menos quatro partes, em vez de apenas três. Por exemplo:

5-cloro-4,4,6-trimetil | hept | -5-en | -2-ona
Substituintes | Cadeia principal | Insaturação | Sufixo

Observe que todos os substituintes aparecem antes da cadeia principal. Localizadores são utilizados para indicar as posições de todos os substituintes, bem como as posições de qualquer insaturação e a localização do grupo cujo nome é dado no sufixo. Observe também que os localizadores são separados das letras com hifens (5-cloro), mas separados entre si com uma vírgula (4,4,6). Quando vários substituintes estão presentes, eles são organizados em ordem alfabética (veja a Seção 4.2 para uma revisão das regras de alfabetização não intuitiva; por exemplo, "isopropila" é classificado pelo "i" em vez de "p", enquanto *terc*-butila é classificado por "b" em vez de "t").

As substâncias com centros de quiralidade ou ligações C=C estereoisoméricas têm que incluir estereodescritores para identificar a sua configuração. Esses estereodescritores (*R* ou *S*, *E* ou *Z*, *cis* ou *trans*) têm que ser colocados no início do nome, e constituem, portanto, uma quinta parte a considerar quando se atribui o nome de uma substância. Por exemplo, cada uma das substâncias vistas a seguir tem cinco partes no seu nome, em que a primeira parte indica configuração:

(2R,3S) -2,3-dibromo pent an o

E ou trans -4-metil pent -2-en o

Quanto mais complexa é uma substância, mais longo será o seu nome. Mas, mesmo para nomes muito longos, que têm um parágrafo de comprimento, ainda deve ser possível separar esse nome em suas cinco partes:

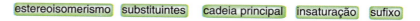

estereoisomerismo | substituintes | cadeia principal | insaturação | sufixo

A Tabela A.2 contém a lista de seções em que foram introduzidas as regras para cada uma destas cinco partes.

TABELA A.2 AS SEÇÕES ANTERIORES EM QUE CADA UMA DAS CINCO PARTES DO NOME DE UMA SUBSTÂNCIA FOI INTRODUZIDA PELA PRIMEIRA VEZ

PARTE DO NOME	SEÇÕES
Estereoisomerismo	5.3, 8.4
Substituintes	4.2
Cadeia principal	4.2
Insaturação	8.3, 10.2
Sufixo	13.1, 14.2, 14.7, 14.11, 20.2, 21.2, 21.6 e 23.2

Quando uma substância contém vários grupos funcionais, temos que escolher qual grupo funcional tem a prioridade mais alta e atribuir o sufixo do nome. Os outros grupos funcionais têm que ser mostrados como substituintes. Por exemplo, considere a seguinte substância

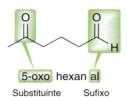

Observe que dois grupos funcionais estão presentes, mas o sufixo do nome de uma substância só pode indicar um grupo funcional. Nesse caso, o grupo aldeído recebe a prioridade (sufixo = "al"), e o grupo cetona tem que ser nomeado como um substituinte (oxo). A Tabela A.3 mostra a terminologia usada para vários grupos funcionais comumente encontrados, em ordem de prioridade, com ácidos carboxílicos tendo a maior prioridade.

TABELA A.3 NOMES DE GRUPOS FUNCIONAIS COMUNS, QUER COMO SUFIXO OU COMO SUBSTITUINTES. OS GRUPOS SÃO ORGANIZADOS EM ORDEM DE PRIORIDADE, COM OS ÁCIDOS CARBOXÍLICOS TENDO A MAIS ALTA PRIORIDADE E OS ÉTERES TENDO A MENOR PRIORIDADE

GRUPO FUNCIONAL	NOME COMO SUFIXO	NOME COMO SUBSTITUINTE
Ácidos carboxílicos*	-oico	carboxi
Ésteres	-oato	alcoxicarbonil
Haletos de ácido**	-oíla	halocarbonil
Amidas	-amida	carbamoil
Nitrilas	-nitrila	ciano
Aldeídos	-al	oxo
Cetonas	-ona	oxo
Álcoois	-ol	hidroxi
Aminas	-amina	amino
Éteres	éter	alcoxi

*Os ácidos carboxílicos sempre começam pelo nome ácido.
**Nos haletos de ácidos o nome ácido é substituído por haleto.

Ao atribuir localizadores, deve ser atribuído o menor número possível ao grupo funcional no sufixo, por exemplo:

Neste exemplo, existem dois grupos funcionais. O grupo cetona tem prioridade, de modo que o sufixo será "-ona," e o grupo OH será nomeado como um substituinte (hidroxi). Observe que o localizador para o grupo cetona é 2, em vez de 4.

Quando existe uma escolha, a cadeia principal deve incluir o grupo funcional que não recebe a prioridade, por exemplo:

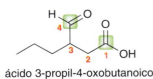

ácido 3-propil-4-oxobutanoico

Neste caso, há dois grupos funcionais — um grupo ácido carboxílico e um grupo aldeído. O primeiro tem maior prioridade para ser o sufixo, enquanto o último será indicado como um substituinte. É claro que o átomo de carbono do grupo ácido carboxílico tem que ser representado no início da cadeia principal, mas observe que o átomo de carbono do grupo aldeído também deve estar contido na cadeia principal, mesmo que isso resulte em um tamanho de cadeia menor (uma cadeia principal de quatro átomos de carbono, em vez de uma cadeia principal de seis, neste caso).

Ao atribuir localizadores em sistemas bicíclicos, tenha em mente que eles têm que começar em um átomo "cabeça" de ponte e, em seguida, continuar ao longo da ponte mais longa, seguido pela segunda ponte mais longa, e terminar com a ponte mais curta; mesmo que isso signifique que a atribuição do localizador ao sufixo será um número elevado, como pode ser visto no seguinte caso:

biciclo[3.2.1]oct-6-en-8-ona

Esse exemplo exibe um grupo cetona que vai comandar o sufixo. No entanto, esse grupo funcional está em C8 (o localizador mais elevado possível neste caso), porque ele está localizado sobre a ponte mais curta. Se houvesse um grupo hidroxila no C3 dessa substância, esse grupo seria nomeado como um substituinte (3-hidroxi), enquanto o grupo cetona permaneceria em C8. Essa é muitas vezes uma característica dos sistemas rígidos com sistemas de numeração definidos (como nas substâncias bicíclicas).

Créditos

Todos os capítulos Desenvolvendo a Aprendizagem: *ciclista, roda de bicicleta*: Criado por DeMarinis Designs, LLC, para John Wiley & Sons, Inc. Medicamente Falando: *comprimidos*, Norph/Shutterstock.

Capítulo 1 Abertura: *linha de pipa*, Dave King/Dorling Kindersley/Getty Images; *raio atingindo o Empire State Building à noite*, Chang W. Lee/The New York Times/Redux Pictures; *chave de latão pendurada em uma linha*, Gary S. Chapman/Photographer's Choice/Getty Images; *raio atingindo o Empire State Building durante tempestade*, Keystone/Getty Images; *moldura de foto polaroide*, Cole Vineyard/iStockphoto. Falando de modo prático (Biomimética e a Pata da Lagartixa): *lagartixa tokay*, Eric Isseléé/iStockphoto. Medicamente Falando (Propofol: A Importância da Solubilidade do Fármaco): *ampola de Propofol*, Frederick M. Brown/Getty Images. Figuras 1.6, 1.13, 1.23-1.25, 1.27-1.29, 1.32, 1.33, 1.36-1.40, 1.42, 1.44, 1.47, 1.48, Tabela 1.1 e Tabela 1.2 são Reimpressas com permissão da John Wiley & Sons, Inc. de Solomons, G., *Organic Chemistry, 10e.*, © 2011. Título: *descargas atmosféricas*, jhorrocks/iStockphoto; *chave de latão*, J. R. Bale/Stockphotopro, Inc.

Capítulo 2 Abertura: *papoula*, Neil Fletcher/Getty Images; *mão desenhando uma molécula*, Shutterstock | Hal_P; *cápsula, comprimido, cápsula gelatinosa*, Norph/Shutterstock. Medicamente Falando (Produtos Naturais Marinhos): *corais*, © Bob Shanley/Palm Beach Post/ZUMAPRESS.com. Medicamente Falando (Identificação do Farmacóforo): *flor de papoula*, Neil Fletcher/Getty Images. Título: *comprimido, cápsula gelatinosa, cápsula*, Norph/Shutterstock.

Capítulo 3 Abertura: *colheres de leveduras diversas*, Ken Karp; *biscoitos de fermento assando*, Ken Karp; *limão*, Shane White/iStockphoto; *farinha de trigo integral*, Masterfile. Medicamente Falando (Antiácidos e Azia): *antiácido rosa*, © Lawrence Manning/Corbis/Glow Images; *colherada de remédio (antiácido rosa)*, © Radius Images/Glow Images. Falando de modo prático (Bicarbonato de Sódio *versus* Fermento em Pó): *colheres de leveduras diversas*, Ken Karp; *biscoitos de fermento assando*, Ken Karp. Título: *fatia de limão*, Shane White/iStockphoto.

Capítulo 4 Abertura: *fita solta*, macida/Gerry Images; *fita sobreposta*, JamesBrey/iStockphoto; *Fita de Conscientização da AIDS*, JamesBrey/iStockphoto. Falando de modo prático (Feromônios: Mensageiros Químicos): *mariposa*, Tanya Back/iStockphoto. Falando de modo prático (Uma Introdução aos Polímeros): *Saco plástico azul vazio*, t300/iStockphoto; *bolsas plásticas de supermercado*, NoDerog/iStockphoto. Medicamente Falando (Fármacos e Suas Conformações): *fita solta*, macida/Gerry Images; *fita sobreposta*, James Brey/iStockphoto; *Fita de Conscientização da AIDS*, JamesBrey/iStockphoto. Figura 4.19 Reimpressa com permissão da John Wiley & Sons, Inc. de Solomons, G., *Organic Chemistry, 10e.*, © 2011. Título: JamesBrey/iStockphoto.

Capítulo 5 Abertura: *pessoas em círculos*, diez artwork/Shutterstock, *comprimido verde*, Dimitris66/iStockphoto. Falando de modo prático (O Sentido do Olfato): *mistura de especiarias*, Tatyana Nyshko/iStockphoto; *especiarias*, Adam Gryko/iStockphoto. Medicamente Falando (Fármacos Quirais): *comprimido verde*, Dimitris66/iStockphoto. Figuras 5.2, 5.5, 5.6, 5.10 e a arte no boxe de Medicamente Falando (Fármacos Quirais) Reimpressas com permissão de John Wiley & Sons, Inc. de Solomons, G., *Organic Chemistry, 10e.*, © 2011. Figura 5.9 Reimpressa com permissão de John Wiley & Sons, Inc. de Holum, J. R., *Organic Chemistry: A Brief Course*, p. 316, © 1975. Título: *cápsula*, Dimitris66/iStockphoto.

Capítulo 6 Abertura: *bomba de dinamite*, O.V.D./Shutterstock; *dólares flutuantes*, Lukiyanova Natalia/frenta/Shutterstock. Falando de modo prático (Explosivos): *bomba redonda com pavio*, Andrzej Tokarski/iStockphoto. Falando de modo prático (Organismos Vivos Violam a Segunda Lei da Termodinâmica?): *planta em crescimento*, Loren Evans/iStockphoto. Medicamente Falando (Nitroglicerina: Um Explosivo com Propriedades Medicinais): *dinamite*, O.V.D./Shutterstock. Falando de modo prático (Fabricação de Cerveja): *trigo e copo de cerveja cheio*, Dinamir Predov/iStockphoto; *grãos de trigo com espigas*, Kenan Savas/iStockphoto. Figura 6.27 Reimpressa com permissão de John Wiley & Sons, Inc. de Solomons, G., *Organic Chemistry, 10e.*, © 2011. Título: *dinamite*, O.V.D./Shutterstock.

Capítulo 7 Abertura: *seringa verde*, Stockcam/Getty Images, *células vermelhas do sangue*, Andril Muzyka/Shutterstock, *tinta*, mkurtbas/iStockphoto, *célula cancerígena isolada*, Lightspring/Shutterstock. Medicamente Falando (Substâncias Radiomarcadas na Medicina Diagnóstica): *exame por PET*, Cortesia Brookhaven National Laboratory. Título: *seringa verde*, Stockcam/Getty Images.

Capítulo 8 Abertura: *lâmpada de filamento*, Evgeny Terentev/Getty Images, *bracelete de bebê*, © kroach/Age Fotostock America, Inc. Falando de modo prático (Feromônios para o Controle de Populações de Insetos): *lagarta*, © Nigel Cattlin/Alamy; *maçã em um galho*, hans slegers/iStockphoto; *ramo de macieira em flor*, BORTEL Pavel/Shutterstock; *larvas de lagarta*, N. A. Callow/Photoshot. Medicamente Falando (Tratamento de Fototerapia para Icterícia Neonatal): *bebê com icterícia*, DAVID JONES/PA Photos/Landov LLC, *bebê exposto a luz azul*, TommyIX/Vetta/Getty Images. Figura 8.4 Reimpressa com permissão de John Wiley & Sons, Inc. de Solomons, G., *Organic Chemistry, 10e.*, © 2011. Título: © kroach/Age Fotostock America, Inc.

Capítulo 9 Abertura: *bolinhas de isopor*, CrackerClips/Shutterstock. Falando de modo prático (Polimerização Catiônica e Poliestireno): *bolinhas de isopor*, CrackerClips/Shutterstock. Falando de modo prático (Produção Industrial de Etanol): *bomba de combustível com a última gota de gasolina*, Grafissimo/iStockphoto. Falando de modo prático (Óleos e gorduras parcialmente hidrogenados): *copinho do Kentucky Fried Chicken e fritas do McDonald's*, © AP/Wide World Photos. Título: *bolinhas de isopor*, CrackerClips/Shutterstock.

Capítulo 10 Abertura: *dor de cabeça*, Sebastian Kaulitzki/Shutterstock; *neurônio*, Imrich Farkas/Shutterstock. Margem: *maçarico de solda com fagulhas*, Fertnig/iStockphoto. Medicamente Falando (O Papel da Rigidez Molecular): *dor de cabeça*, Sebastian Kaulitzki/Shutterstock; *neurônio*, Imrich Farkas/Shutterstock. Falando de modo prático (Polímeros Orgânicos Condutores): *câmera digital*, Marek Mnich/iStockphoto; *LED em vermelho, verde e azul*, © Media Bakery. Título: *neurônio*, Imrich Farkas/Shutterstock.

Capítulo 11 Abertura: *mão segurando extintor de incêndio*, Sabine Scheckel/Photodisc/Getty Images, Inc.; *furo de queima em papel branco*, Robyn Mackenzie/Shutterstock; *chama de fogo*, Valeev/Shutterstock; *moléculas*, David Klein. Falando de modo prático (Combatendo Incêndios com Substâncias Químicas): *mão segurando extintor de incêndio*, Sabine Scheckel/Photodisc/Getty Images; *chama de fogo*, Valeev/Shutterstock. Margem: *creme nutritivo antienvelhecimento*, Jakub Pavlinec/iStockphoto. Título: *chama de fogo*, Valeev/Shutterstock.

Capítulo 12 Abertura: *comprimidos*, Matej Pribelsky/iStockphoto, Josiah Lewis/iStockphoto, paul kline/iStockphoto, btolgak/iStockphoto, Photolink/Shutterstock. Medicamente Falando (Síntese Total do Taxol): *agulhas de teixo*, Dennis Flaherty/Science Source. Título: *comprimidos*, Matej Pribelsky/iStockphoto, Josiah Lewis/iStockphoto, paul kline/iStockphoto, btolgak/iStockphoto, Photolink/Shutterstock.

Capítulo 13 Abertura: *copo, guarda-chuva azul*, Michael Gray/iStockphoto; *guarda-chuva amarelo*, Doug Cannell/iStockphoto; *bolsa de gelo*, Richard Cano/iStockphoto. Falando de modo prático (Anticongelante): *carro superaquecido*, © Media Bakery. Medicamente Falando (Fenóis como Agentes Antifúngicos): *pernas*, Jens Handt/iStockphoto. Falando de modo prático (Testes Respiratórios para Medir o Nível de Álcool no Sangue): *bafômetro*, Bridget McGill/iStockphoto. Falando de modo prático (Oxidação Biológica de Metanol e Etanol): *copo/guarda-chuva*, Michael Gray/iStockphoto; *bolsa de gelo*, Richard Cano/iStockphoto. Espectros nos Problemas 13.53-13.56 © Dr. Richard A. Tomasi. Título: *copo, guarda-chuva azul*, Michael Gray/iStockphoto *bolsa de gelo*, Richard Cano/iStockphoto.

Capítulo 14 Abertura: *guimba de cigarro*, Peter vd Rol/Shutterstock; *rastro de fumaça*, stavklem/Shutterstock; *cigarro*, Oliver Hoffmann/Shutterstock. Falando de modo prático (O Óxido de Etileno como um Agente de Esterilização para Equipamentos Médicos Sensíveis): *instrumentos/bandeja*, Ruslan Kerlmov/iStockphoto. Espectros nos Problemas 14.52-14.55 © Dr. Richard A. Tomasi. Título: *guimba de cigarro*, Peter vd Rol/Shutterstock.

CR-1

Glossário

A

abstração de halogênio (Seção 11.2): Em reações radicalares, um tipo de padrão de seta curva em que um átomo de halogênio é abstraído por um radical, gerando um novo radical.

ácido conjugado (Seção 3.1): Em uma reação ácido-base, o produto que resulta quando uma base é protonada.

ácido de Brønsted-Lowry (Seção 3.1): Uma substância que pode atuar como um doador de prótons.

ácido de Lewis (Seção 3.9): Uma substância capaz de se comportar como um receptor de par de elétrons,

acoplamento (de radicais) (Seção 11.2): Um processo radicalar em que dois radicais se juntam e formam uma ligação.

adição a ligação π (Seção 11.2): Um dos seis tipos de padrões de setas curvas utilizadas na representação de mecanismos de reações radicalares. Um radical se adiciona a uma ligação π, destruindo a ligação π e gerando um novo radical.

adição *anti* (Seção 9.8): Uma reação de adição em que dois grupos são inseridos em lados opostos de uma ligação π.

adição *anti*-Markovnikov (Seção 9.3): Uma reação de adição em que um átomo de hidrogênio é inserido na posição vinílica mais substituída e outro grupo (por exemplo, um átomo de halogênio) é inserido na posição vinílica menos substituída.

adição Markovnikov (Seção 9.3): Em reações de adição, a observação de que o átomo de hidrogênio é geralmente colocado na posição vinílica que já possui o maior número de átomos de hidrogênio.

adição *sin* (Seção 9.6): Uma reação de adição em que dois grupos são adicionados à mesma face de uma ligação π.

agente de redução (Seção 13.4): Uma substância que reduz outra substância, e no processo ela própria é oxidada. Boroidreto de sódio e hidreto de alumínio e lítio são agentes redutores.

agente de resolução (Seção 5.9): Uma substância que pode ser usada para se obter a resolução de enantiômeros.

alcano (Seção 4.1): Um hidrocarboneto que carece de ligações π.

álcool (Seção 13.1): Uma substância que possui um grupo hidroxila (OH).

alcóxido (Seção 13.2): A base conjugada de um álcool.

alcoximercuração-desmercuração (Seção 14.5): Um processo em duas etapas em que ocorre a adição Markovnikov de um álcool (H e OR) a um alqueno. O produto deste processo é um éter.

alílico (Seção 2.10): As posições que são adjacentes às posições vinílicas de uma ligação dupla carbono-carbono.

alqueno (Seção 8.1): Uma substância que possui uma ligação dupla carbono-carbono.

alquilação (Seção 10.10): Uma reação que produz a inserção de um grupo alquila. Por exemplo, uma reação do tipo S_N2 em que um grupo alquila é ligado por um ataque nucleofílico.

alquino interno (Seção 10.2): Uma substância com a estrutura R—C≡C—R, em que cada grupo R não é um átomo de hidrogênio.

alquinos (Seção 10.1): Substâncias contendo uma ligação tripla carbono-carbono.

alquinos terminais (Seção 10.2): Substâncias com a seguinte estrutura: R—C≡C—H.

análise retrossintética (Seção 12.5): Um conjunto sistemático de princípios que permitem elaborar uma rota de síntese trabalhando para trás a partir do produto desejado,

angular (Seção 1.10): Um tipo de geometria resultante de um átomo com hibridização sp^3 que tem dois pares de elétrons isolados. Por exemplo, o átomo de oxigênio no H_2O.

ângulo de diedro (Seção 4.7): O ângulo pelo qual dois grupos são separados em uma projeção de Newman.

ângulo de torção (Seção 4.7): O ângulo entre dois grupos em uma projeção de Newman, também chamado de ângulo de diedro.

ânion radical (Seção 10.5): Um intermediário que tem uma carga negativa e um elétron não emparelhado.

***anti*-coplanar** (Seção 8.7): Uma conformação em que um átomo de hidrogênio e um grupo de saída estão separados por um ângulo de diedro de exatamente 180°.

antioxidantes (Seção 11.9): Eliminadores de radicais que previnem a auto-oxidação, impedindo o começo das reações em cadeia.

***anti*-periplanar** (Seção 8.7): Uma conformação em que um átomo de hidrogênio e um grupo de saída estão separados por um ângulo de diedro de aproximadamente 180°.

ataque nucleofílico (Seção 6.8): Um dos quatro padrões de setas curvas para reações iônicas.

ataque pelo lado de trás (Seção 7.4): Nas reações S_N2, o lado oposto ao grupo de saída, que é o local onde o nucleófilo ataca.

auto-oxidação (Seção 11.9): A oxidação lenta das substâncias orgânicas que ocorre na presença de oxigênio atmosférico.

B

barco torcido (Seção 4.10): Uma conformação do ciclo-hexano que é inferior em energia à conformação em barco, mas superior em energia à conformação em cadeira.

base conjugada (Seção 3.1): Em uma reação ácido-base, o produto que resulta quando um ácido é desprotonado.

base de Brønsted-Lowry (Seção 3.1): Uma substância que pode atuar como um receptor de prótons.

base de Lewis (Seção 3.9): Uma substância capaz de se comportar como um doador de par de elétrons.

bicíclica (Seção 4.2): Uma estrutura que contém dois anéis que estão fundidos juntos.

bimolecular (Seção 7.4): Para mecanismos, uma etapa que envolve duas espécies químicas.

C

bromação alílica (Seção 11.7): Uma reação radicalar que produz a inserção de um átomo de bromo em uma posição alílica.

bromoidrina (Seção 9.8): Uma substância contendo um grupo Br e um grupo hidroxila (OH) em átomos de carbono adjacentes.

cabeças de ponte (Seção 4.2): Em um sistema bicíclico, os átomos de carbono onde os anéis estão fundidos em conjunto.

calor de combustão (Seção 4.4): O calor liberado durante a reação em que um alcano reage com o oxigênio para produzir água e CO_2.

calor de reação (Seção 6.1): O calor liberado durante a reação.

carbocátion (Seção 6.7): Uma substância intermediária contendo um átomo de carbono carregado positivamente.

carbocátion alílico (Seção 6.11): Um carbocátion em que a carga positiva é adjacente a uma ligação dupla carbono-carbono.

carbocátion vinílico (Seção 10.6): Um carbocátion em que a carga positiva reside em um átomo de carbono vinílico. Este tipo de carbocátion é muito instável e não se formará facilmente na maioria dos casos.

carga formal (Seção 1.4): Uma carga associada a qualquer átomo que não apresenta o número apropriado de elétrons de valência.

catalisador (Seção 6.5): Uma substância que pode acelerar a velocidade de uma reação sem se deixar consumir pela reação.

catalisador heterogêneo (Seção 9.7): Um catalisador que não se dissolve no meio reacional.

catalisador homogêneo (Seção 9.7): Um catalisador que se dissolve no meio reacional.

cátion (Seção 3.8): Uma substância que tem uma carga positiva.

centro de quiralidade (Seção 5.2): Um átomo de carbono tetraédrico possuindo quatro grupos diferentes.

cicloalcano (Seção 4.2): Um alcano cuja estrutura contém um anel.

cinética (Seção 6.5): Um termo que se refere à velocidade de uma reação.

clivagem ácida (Seção 14.6): Uma reação na qual as ligações são quebradas na presença de um ácido. Por exemplo, na presença de um ácido forte, um éter é convertido em dois haletos de alquila.

cloreto de polivinila (PVC) (Seção 11.11): Um polímero formado a partir da polimerização do cloreto de vinila (H_2C≡CHCl).

clorofluorcarbonos (CFCs) (Seção 11.8): Uma substância que contém apenas carbono, cloro e flúor.

cloroidrina (Seção 9.8): Uma substância contendo um grupo Cl e um grupo hidroxila (OH) em átomos de carbono adjacentes.

configuração (Seção 5.3): A orientação espacial 3D dos grupos conectados a um centro de quiralidade (R ou S) ou dos grupos em um alqueno estereoisoméricos (E ou Z).

G-1

G-2 GLOSSÁRIO

conformação (Seção 4.6): A forma tridimensional que pode ser adotada por uma substância como resultado da rotação em torno de ligações simples.

conformação alternada (Seção 4.7): Uma conformação em que os grupos próximos em uma projeção Newman têm um ângulo de diedro de 60°.

conformação *anti* (Seção 4.8): Uma conformação na qual o ângulo de diedro entre dois grupos é de 180°.

conformação eclipsada (Seção 4.7): Uma conformação em que os grupos estão eclipsando um ao outro em uma projeção de Newman.

conformação em bote (Seção 4.10): Uma conformação do ciclo-hexano em que todos os ângulos de ligação estão muito próximos de 109,5° e muitos átomos de hidrogênio estão eclipsando um ao outro.

conformação em cadeira (Seção 4.10): A conformação de mais baixa energia para o ciclo-hexano, em que todos os ângulos de ligação são bem próximos de 109,5° e todos os átomos de hidrogênio estão alternados.

conformação *gauche* (Seção 4.8): A conformação que apresenta uma interação *gauche*.

conjugada (Seção 2.10): Uma substância na qual duas ligações π estão separadas uma da outra por exatamente uma ligação σ.

coplanares (Seção 8.7): Átomos que se encontram no mesmo plano.

cromatografia de coluna (Seção 5.9): Uma técnica pela qual as substâncias são separadas umas das outras com base em uma diferença no modo como elas interagem com o meio (o adsorvente) através do qual passam.

cunha cheia (Seção 2.6): Nas estruturas em bastão, um grupo em frente da página.

cunha tracejada (Seção 2.6): Em estruturas em bastão, um grupo que vai por trás da página.

D

debye (Seção 1.11): A unidade de medida para momentos de dipolo, em que 1 debye = 10^{-18} esu × cm.

degenerado (Seção 4.7): Que tem a mesma energia.

densidade eletrônica (Seção 1.6): Um termo associado à probabilidade de encontrar um elétron em determinada região do espaço.

desidratação (Seção 8.1): Uma reação de eliminação envolvendo a perda de H e OH.

desidroalogenação (Seção 8.1): Uma reação de eliminação envolvendo a perda de H e de um halogênio (tal como Cl, Br ou I).

deslocalização (Seção 2.7): O espalhamento de uma carga ou de um par isolado como descrito pela teoria de ressonância.

deslocalizado (Seção 2.12): Um par de elétrons isolado que está participando de ressonância.

deslocamento (migração) de hidreto (Seção 6.8): Um tipo de rearranjo de carbocátion que envolve a migração de um íon hidreto (H^-).

deslocamento (migração) de metila (Seção 6.8): Um tipo de rearranjo de carbocátion no qual ocorre a migração de um grupo metila.

dextrorrotatória (ou dextrógira) (Seção 5.4): Uma substância que gira a luz plano-polarizada no sentido horário (+).

diastereômeros (ou diastereoisômeros) (Seção 5.5): Estereoisômeros que não são imagens especulares uns dos outros.

diborano (Seção 9.6): B_2H_6. Uma estrutura dimérica formada quando duas moléculas de borano reagem umas com as outras.

di-hidroxilação (Seção 9.9): Uma reação caracterizada pela adição de dois grupos hidroxila (OH) a um alqueno.

diol (Seção 13.5): Uma substância contendo dois grupos hidroxila (OH).

dissulfeto (Seção 14.11): Uma substância com a estrutura R—S—S—R.

divalente (Seção 1.2): Um elemento que forma duas ligações, tal como o oxigênio.

E

E (Seção 8.4): Para alquenos, um estereodescritor que indica que os dois grupos prioritários estão em lados opostos da ligação π.

E1 (Seção 8.9): Uma reação de eliminação unimolecular.

E2 (Seção 8.7): Uma reação de eliminação bimolecular.

efeito de nivelamento (Seção 3.6): Um efeito que impede a utilização de bases mais fortes do que o hidróxido quando o solvente é a água.

eixo de simetria (Seção 5.6): Um eixo em torno do qual uma substância possui simetria rotacional.

eletrófilo (Seção 6.7): Uma substância contendo um átomo deficiente de elétrons que é capaz de aceitar um par de elétrons.

eliminação (Seção 7.1): Uma reação envolvendo a perda de um grupo de saída e a formação de uma ligação π.

eliminação (de radicais) (Seção 11.2): Em mecanismos de reações radicalares, uma etapa em que se forma uma ligação entre as posições alfa (α) e beta (β). Como resultado, uma única ligação na posição β é quebrada, fazendo com que a substância se fragmente em duas partes.

eliminação 1,2 (Seção 8.1): Uma reação de eliminação em que um próton é removido de uma posição beta (β) junto com o grupo de saída, formando uma ligação dupla.

eliminação beta (Seção 8.1): Uma reação de eliminação em que um próton é removido da posição beta (β) juntamente com o grupo de saída, formando uma ligação dupla.

enantiomericamente pura (Seção 5.4): Uma substância que consiste em um único enantiômero e não sua imagem especular.

enantiômero (Seção 5.2): Uma imagem especular não sobreponível.

endergônico (Seção 6.3): Qualquer processo com um ΔG positivo.

endotérmico (Seção 6.1): Qualquer processo com um ΔH positivo (o sistema recebe energia das vizinhanças).

energia de ativação (Seção 6.5): Em um diagrama de energia, a altura da barreira de energia (a corcova) entre os reagentes e os produtos.

energia de dissociação de ligação (Seção 6.1): A energia necessária para que ocorra a quebra de ligação homolítica (gerando radicais).

energia livre de Gibbs (ΔG) (Seção 6.3): O teste final da espontaneidade de uma reação, em que $\Delta G = \Delta H - T \Delta S$.

enol (Seção 10.7): Uma substância contendo um grupo hidroxila (OH) ligado diretamente a uma ligação dupla carbono-carbono.

entalpia (Seção 6.1): Uma medida da troca de energia entre o sistema e suas vizinhanças durante qualquer processo.

entropia (Seção 6.2): A medida da desordem associada a um sistema.

epoxidação assimétrica de Sharpless (Seção 14.9): Uma reação que converte um alqueno em um epóxido através de um caminho reacional estereoespecífico.

epóxido (Seção 9.9): Um éter cíclico contendo um sistema de anel de três membros. Também chamado de oxirano (veja também a Seção 14.7).

equação de velocidade (Seção 6.5): Uma equação que descreve a relação entre a velocidade de reação e a concentração dos reagentes.

equilíbrio (Seção 3.3): Para uma reação, um estado em que não há mais nenhuma alteração observável nas concentrações de reagentes e produtos.

espontânea (Seção 6.2): Uma reação com um ΔG negativo, o que significa que os produtos são favorecidos no estado de equilíbrio.

estabilização por ressonância (Seção 2.7): A estabilização associada à deslocalização de elétrons através de ressonância.

estado de oxidação (Seção 13.4): Um método de contabilizar elétrons em que todas as ligações são tratadas como se fossem puramente iônicas.

estado de transição (Seção 6.6): Um estado através do qual passa uma reação. Em um diagrama de energia, um estado de transição corresponde a um máximo local.

estereoespecífica (Seção 7.4): Uma reação em que a configuração do produto é dependente da configuração do material de partida.

estereoisômeros (Seção 4.14): Substâncias que têm a mesma constituição, mas diferem no arranjo 3D dos átomos.

estereosseletiva (Seção 8.7): Uma reação na qual um substrato produz dois estereoisômeros em quantidades diferentes.

estericamente impedido (Seção 3.7): Uma substância ou uma região de uma substância que é muito volumosa.

estrutura condensada (Seção 2.1): Um tipo de representação em que nenhuma das ligações é mostrada. Grupos de átomos são agrupados quando possível. Por exemplo, o isopropanol, que tem dois grupos CH_3 ligados ao átomo de carbono central, é representado da seguinte maneira: $(CH_3)_2CHOH$.

estruturas de Lewis (Seção 1.3): Um estilo de representação no qual os elétrons são o centro das atenções.

estruturas de ressonância (Seção 2.7): Uma série de estruturas que são fundidas juntas (conceitualmente) para contornar as deficiências das representações de estruturas em bastão.

estruturas em bastão (Seção 2.2): O tipo de representação mais utilizado pelos químicos orgânicos. Todos os átomos de carbono e a maioria dos átomos de hidrogênio são representados de forma implícita, não são representados explicitamente em uma estrutura em bastão.

estruturas parcialmente condensadas (Seção 2.1): Um estilo de representação em que as ligações CH não são desenhadas de forma explícita, mas todas as outras ligações são representadas.

GLOSSÁRIO G-3

etapa determinante da velocidade (Seção 7.5): A etapa mais lenta de uma reação de várias etapas que determina a velocidade da reação.

éter (Seção 14.1): Uma substância com a estrutura R—O—R.

éter assimétrico (Seção 14.2): Um éter (R—O—R) em que os dois grupos R são diferentes.

éter de coroa (Seção 14.4): Poliéteres cíclicos cujos modelos moleculares parecem coroas.

éter simétrico (Seção 14.2): Um éter (R—O—R) em que ambos os grupos R são idênticos.

excesso enantiomérico (Seção 5.4): Para uma mistura contendo dois enantiômeros, a diferença entre a concentração percentual do enantiômero principal e a concentração percentual da sua imagem especular.

exergônico (Seção 6.3): Qualquer processo com um ΔG negativo.

exotérmico (Seção 6.1): Qualquer processo com um ΔH negativo (o sistema libera energia para as vizinhanças).

F

fenolato (Seção 13.2): A base conjugada do fenol ou de um fenol substituído.

fenóxido (Seção 13.2): A base conjugada do fenol ou de um fenol substituído.

forças de dispersão de London (Seção 1.12): Forças atrativas entre momentos de dipolo transientes, observadas em alcanos.

forças intermoleculares (Seção 1.12): As forças atrativas entre as moléculas.

formação de haloidrina (Seção 9.8): Uma reação que envolve a adição de um átomo de halogênio e um grupo hidroxila (OH) a um alqueno.

Freons (Seção 11.8): CFCs que foram muito utilizados para uma ampla variedade de aplicações comerciais, incluindo como fluidos de refrigeração, como propulsores, na produção de espuma de isolamento, como materiais de combate a incêndio, e muitas outras aplicações úteis.

G

geminal (Seção 10.4): Dois grupos ligados ao mesmo átomo de carbono. Por exemplo, um dialeto geminal é uma substância com dois halogênios ligados ao mesmo átomo de carbono.

grau de substituição (Seção 8.3): Para alquenos, um método de classificação que se refere ao número de grupos alquila ligados à ligação dupla.

grupo alquila (Seção 4.2): Um substituinte que carece de ligações π e é constituído por apenas átomos de carbono e hidrogênio.

grupo alquiltio (Seção 14.11): Um grupo SR.

grupo carbonila (Seção 13.4): Uma ligação C=O.

grupo de proteção (Seção 13.7): Um grupo que é utilizado durante a síntese para proteger um grupo funcional das condições de reação.

grupo de saída (Seção 7.1): Um grupo capaz de se separar de uma substância.

grupo funcional (Seção 2.3): Um grupo característico de átomos/ligações que possuem um comportamento químico passível de ser previsto.

grupo hidroxila (Seção 13.1): Um grupo OH.

grupo mercapto (Seção 14.11): Um grupo SH.

H

haleto de alquila (Seção 7.2): Uma substância orgânica que contém pelo menos um halogênio.

haleto de alquila primário (Seção 7.2): Um organoaleto em que a posição alfa (α) está ligado a apenas um grupo alquila.

haleto de alquila secundário (Seção 7.2): Um organoaleto em que a posição alfa (α) está conectada a exatamente dois grupos alquila.

haleto de alquila terciário (Seção 7.2): Um organoaleto em que a posição alfa (α) está ligada a três grupos alquila.

haloalcano (Seção 7.2): Uma substância orgânica que contém pelo menos um halogênio.

halogenação (Seção 9.8): Uma reação que envolve a adição de X_2 (Cl_2 ou Br_2) a um alqueno.

híbrido de ressonância (Seção 2.7): Um termo usado para descrever a característica de uma entidade química (molécula, íon ou radical), exibindo mais do que uma estrutura de ressonância significativa.

híbridos *sp* (Seção 1.9): Orbitais atômicos que são obtidos matematicamente fazendo-se a média de um orbital *s* com apenas um orbital *p* para formar dois orbitais atômicos híbridos.

hidratação (Seção 9.4): Uma reação na qual um próton e um grupo hidroxila (OH) são adicionados a uma ligação π.

hidratação catalisada por ácido (Seção 9.4): Uma reação que realiza a adição de água a ligação dupla na presença de um catalisador ácido.

hidroalogenação (Seção 9.3): Uma reação que envolve a adição de H e X (Br ou Cl) a um alqueno.

hidroboração-oxidação (Seção 9.6): Um processo em duas etapas que realiza uma adição *anti*-Markovnikov de um próton e um grupo hidroxila (OH) a um alqueno.

hidrocarboneto saturado (Seção 4.1): Um hidrocarboneto que não contém nenhuma ligação π.

hidroclorofluorocarbonos (HCFCs) (Seção 11.8): Substâncias que são semelhantes em estrutura aos CFCs, mas também possuem pelo menos uma ligação C—H.

hidrocraqueamento (Seção 11.12): Um processo realizado na presença de hidrogênio gasoso através do qual alcanos grandes no petróleo são convertidos em alcanos menores que são mais adequados para utilização como a gasolina.

hidrofílico (Seção 1.13): Um grupo polar que tem interações favoráveis com a água.

hidrofluorocarbonos (HFCs) (Seção 11.8): Substâncias que contêm apenas carbono, flúor e hidrogênio (sem cloro).

hidrofóbico (Seção 1.13): Um grupo apolar que não tem interações favoráveis com a água.

hidrogenação assimétrica (Seção 9.7): A adição de H_2 a apenas uma das faces de uma ligação π.

hidrogenação catalítica (Seção 9.7): A reação que envolve a adição de hidrogênio molecular (H_2) a uma ligação dupla na presença de um catalisador metálico.

hidroperóxido (Seção 11.9): Uma substância com a estrutura R—O—O—H.

hiperconjugação (Seção 6.8): Um efeito que explica por que grupos alquila estabilizam um carbocátion.

HOMO (Seção 1.8): O orbital molecular ocupado de mais alta energia.

I

indução (Seção 1.5): A retirada de densidade eletrônica que ocorre quando uma ligação é compartilhada por dois átomos de eletronegatividades diferentes.

inibidor de radical (Seção 11.3): Uma substância que evita que o processo em cadeia tenha início ou se propague.

iniciação (Seção 11.2): Em mecanismos de reações radicalares, uma etapa em que os radicais são criados.

iniciador de radical (Seção 11.3): Uma substância com uma ligação química fraca que sofre clivagem homolítica de ligação com grande facilidade produzindo radicais que podem iniciar um processo em cadeia de radicais.

interação 1,3 diaxial (Seção 4.12): Interações estéricas que ocorrem na conformação em cadeira de um ciclo-hexano di ou polisubstituído quando grupos localizados em C1 e C3 ocupam posições axiais.

interação *gauche* (Seção 4.8): A interação estérica que resulta quando dois grupos em uma projeção Newman estão separados por um ângulo de diedro de 60°.

interações dipolo-dipolo (Seção 1.12): A atração líquida resultante entre dois dipolos.

interações mastro de bandeira (Seção 4.10): Para o ciclo-hexano, as interações estéricas que ocorrem entre os átomos de hidrogênio em uma conformação em barco.

interferência construtiva (Seção 1.7): Quando duas ondas interagem uma com a outra de maneira que produz uma onda com uma amplitude maior.

intermediário (Seção 6.6): Uma estrutura que corresponde a um mínimo local (um vale) em um diagrama de energia.

inversão de configuração (Seção 7.4): Durante uma reação, em que a configuração de um centro de quiralidade é alterada.

inversão do anel (Seção 4.12): Uma mudança conformacional na qual uma conformação em cadeira é convertida na outra.

íon acetileto (Seção 10.3): A base conjugada do acetileno ou de qualquer alquino terminal.

íon alquineto (Seção 10.3): A base conjugada de um alquino terminal.

íon bromônio (Seção 9.8): Um intermediário em ponte, carregado positivamente, formado durante a reação de adição que ocorre quando um alqueno é tratado com bromo molecular (Br_2).

íon mercurínio (Seção 9.5): O intermediário formado durante a oximercuração.

íon oxônio (Seção 9.4): Um intermediário com um átomo de oxigênio carregado positivamente.

íons sulfonato (Seção 7.8): Grupos de saída comuns. Exemplos incluem íons tosilato, mesilato e triflato.

isômeros constitucionais (Seção 1.2): As substâncias que têm a mesma fórmula molecular, mas que diferem na maneira como os átomos estão ligados.

IUPAC (Seção 4.2): A União Internacional de Química Pura e Aplicada.

G-4 GLOSSÁRIO

K

K_a (Seção 3.3): Uma medida da força de um ácido:

$$K_a = K_{eq}[H_2O] = \frac{[H_3O^+][A^-]}{[HA]}$$

K_{eq} (Seção 3.3): Um termo que descreve a posição de equilíbrio para uma reação:

$$K_{eq} = \frac{[H_3O^+][A^-]}{[HA][H_2O]}$$

L

levorrotatória (ou levógira) (Seção 5.4): Uma substância que gira a luz plano-polarizada no sentido anti-horário (–).

ligação covalente (Seção 1.5): Uma ligação que resulta quando dois átomos compartilham um par de elétrons.

ligação covalente polar (Seção 1.5): Uma ligação em que a diferença de valores de eletronegatividade dos dois átomos está entre 0,5 e 1,7.

ligação de hidrogênio (Seção 1.12): Um tipo especial de interação dipolo-dipolo que ocorre entre um átomo eletronegativo e um átomo de hidrogênio que está ligado a outro átomo eletronegativo.

ligação iônica (Seção 1.5): Uma ligação que resulta da força de atração entre dois íons de cargas opostas.

ligação pi (π) (Seção 1.9): Uma ligação formada a partir da sobreposição de orbitais p adjacentes.

ligação sigma (σ) (Seção l.7): Uma ligação caracterizada por simetria circular em relação ao eixo de ligação.

ligações de três centros e dois elétrons (Seção 9.6): Uma ligação em que dois elétrons estão associados a três átomos, tal como no diborano (B_2H_6).

localizador (Seção 4.2): Na nomenclatura, um número utilizado para identificar a localização de um substituinte.

LUMO (Seção 1.8): O orbital molecular desocupado de menor energia.

luz plano-polarizada (Seção 5.4): Luz em que todos os fótons têm a mesma polarização, geralmente produzida através da passagem de luz por um filtro de polarização.

M

mapas de potencial eletrostático (Seção 1.5): A imagem tridimensional, semelhante a um arco-íris, usada para visualizar cargas parciais em uma substância.

mecânica quântica (Seção 1.6): Uma descrição matemática de um elétron que incorpora as suas propriedades ondulatórias.

mecanismo de reação (Seção 3.2): Uma série de intermediários e setas curvas que mostram como a reação ocorre em termos do movimento dos elétrons.

micela (Seção 1.13): Um grupo de moléculas dispostas em uma esfera de modo a que a superfície da esfera é constituída por grupos polares tornando a micela solúvel em água.

miscível (Seção 13.1): Dois líquidos que podem ser misturados um com o outro em qualquer proporção.

mistura racêmica (Seção 5.4): Uma solução contendo quantidades iguais de ambos os enantiômeros.

momento de dipolo (μ) (Seção 1.11): O valor da carga parcial (d) em cada extremidade de um dipolo multiplicado pela distância de separação (δ):

$$\mu = d \cdot \delta$$

momento de dipolo molecular (Seção 1.11): A soma vetorial dos momentos de dipolo individuais em uma substância.

monovalente (Seção 1.2): Um elemento que é capaz de formar uma ligação (como o hidrogênio).

N

N-bromossuccinimida (Seção 11.7): Um reagente utilizado para a bromação alílica de modo a evitar uma reação competitiva em que o bromo se adiciona à ligação π.

nó (Seção 1.6): Em orbitais atômicos e moleculares, um local onde o valor de ψ é zero.

nome sistemático (Seção 4.2): Nome designado utilizando as regras de nomenclatura da IUPAC.

nomenclatura (Seção 4.1): Um sistema para nomear substâncias orgânicas.

norbornano (Seção 4.15): O nome comum para o biciclo[2.2.1]heptano.

nucleófilo (Seção 6.7): Uma substância contendo um átomo rico em elétrons, que é capaz de doar um par de elétrons.

número estérico (Seção 1.10): O total de ligações simples + pares de elétrons isolados para um átomo em uma substância.

O

OM antiligante (Seção 1.8): Um orbital molecular de alta energia resultante da interferência destrutiva entre orbitais atômicos.

OM ligante (Seção 1.8): Um orbital molecular de baixa energia resultando da interferência construtiva entre orbitais atômicos.

opticamente ativa (Seção 5.4): Uma substância que gira a luz plano-polarizada.

opticamente inativa (Seção 5.4): Uma substância que não gira a luz plano-polarizada.

opticamente pura (Seção 5.4): Uma solução contendo apenas um enantiômero, mas não sua imagem especular.

orbitais degenerados (Seção 1.6): Orbitais que possuem a mesma energia.

orbitais híbridos sp^2 (Seção 1.9): Orbitais atômicos que são obtidos matematicamente fazendo-se a média de um orbital s com dois orbitais p para formar três orbitais atômicos híbridos.

orbitais híbridos sp^3 (Seção l.9): Orbitais atômicos que são obtidos matematicamente fazendo-se a média de um orbital s com três orbitais p para formar quatro orbitais atômicos híbridos.

orbitais moleculares (Seção 1.8): Uma medida da força de orbitais associados a uma molécula inteira, em vez de um átomo individual.

orbital atômico (Seção 1.6): Uma representação gráfica tridimensional do ψ^2 de uma função de onda. Esta é uma região do espaço que pode acomodar a densidade eletrônica.

organoaleto

organoaleto (Seção 7.2): Uma substância orgânica que contém pelo menos um halogênio.

oxidação (Seção 13.10): Uma reação na qual uma substância é submetida a um aumento no estado de oxidação.

oximercuração-desmercuração (Seção 9.5): Um processo de duas etapas para a adição de Markovnikov da água a um alqueno. Com este processo não ocorrem rearranjos de carbocátion.

oxirano (Seção 14.7): Um éter cíclico contendo um sistema de anel de três membros. Também chamado de epóxido.

ozonólise (Seção 9.11): Uma reação na qual a ligação C=C de um alqueno é quebrada para formar duas ligações C=O.

P

par isolado (Seção 1.3): Um par de elétrons não compartilhado ou não ligantes.

par isolado localizado (Seção 2.12): Um par de elétrons que não está participando na ressonância.

perda de um grupo de saída (Seção 6.8): Um dos quatro padrões de setas curvas para reações iônicas.

periplanar (Seção 8.7): Uma conformação em que um átomo de hidrogênio e um grupo de saída são aproximadamente coplanares.

peróxido de acila (Seção 11.3): Um peróxido em que cada átomo de oxigênio está ligado a um grupo acila. Peróxidos de acila são muitas vezes usados como iniciadores de radicais, porque a ligação O—O é particularmente fraca.

peróxidos (Seção 11.3): Substâncias com a estrutura geral R—O—O—R.

piramidal triangular (Seção 1.10): Uma geometria adotada por um átomo que tem um par isolado de elétrons e um número estérico de 4.

plana triangular (Seção 1.10): Uma geometria adotada por um átomo com um número de estérico de 3. Todos os três grupos se encontram no mesmo plano e estão separados por 120°.

plano de simetria (Seção 5.6): Um plano que divide uma substância em duas metades que são imagens especulares uma da outra.

polarímetro (Seção 5.4): Um dispositivo que mede a rotação da luz plano-polarizada provocada por substâncias opticamente ativas.

polarizabilidade (Seção 6.7): A capacidade de um átomo ou molécula em distribuir a sua densidade eletrônica de forma distorcida em resposta a influências externas.

polarização (Seção 5.4): Em relação à luz, a orientação do campo elétrico.

poliéter (Seção 14.4): Uma substância contendo vários grupamentos éter.

posição alfa (α) (Seção 7.2): A posição imediatamente adjacente a um grupo funcional.

posição axial (Seção 4.11): Para as conformações em cadeira de ciclo-hexanos substituídos, uma posição que é paralela a um eixo vertical passando através do centro do anel.

posição beta (β) (Seção 7.2): A posição imediatamente adjacente a uma posição alfa (α).

posição equatorial (Seção 4.11): Para conformações em cadeira de ciclo-hexanos substituídos, uma posição que fica aproximadamente ao longo do equador do anel.

GLOSSÁRIO G-5

postulado de Hammond (Seção 6.6): Em um processo exotérmico o estado de transição é mais próximo em energia aos reagentes do que aos produtos e, portanto, a estrutura do estado de transição se parece mais com os reagentes. Ao contrário, o estado de transição de um processo endotérmico é mais próximo em energia aos produtos e, portanto, o estado de transição se parece mais com os produtos.

primário (Seção 6.8): Um termo usado para indicar precisamente um grupo alquil ligado diretamente a uma posição determinada. Por exemplo, um carbocátion primário possui um (não mais) grupo alquil ligado diretamente ao átomo de carbono eletrofílico (C+).

primeira ordem (Seções 6.5, 7.5): Uma reação cuja soma de todos os expoentes de sua equação de velocidade é igual a um.

princípio da exclusão de Pauli (Seção 1.6): A regra que afirma que um orbital atômico ou um orbital molecular pode acomodar um máximo de dois elétrons com spins opostos.

princípio de Aufbau (Seção 1.6): Uma regra que determina a ordem em que os orbitais são preenchidos por elétrons. Especificamente, o orbital de menor energia é preenchido primeiro.

produto de Hofmann (Seção 8.7): O produto (alqueno) menos substituído de uma reação de eliminação.

produto de Zaitsev (Seção 8.7): O produto mais substituído (alqueno) de uma reação de eliminação.

projeção de Haworth (Seção 2.6): Para cicloalcanos substituídos, um tipo de representação usado para identificar claramente quais os grupos que estão acima do anel e quais os grupos que estão abaixo do anel (veja também a Seção 4.14).

projeção de Newman (Seção 4.6): Um tipo de representação que visa mostrar a conformação de uma molécula.

projeções de Fischer (Seção 2.6): Um tipo de representação que é frequentemente usado quando se trata de substâncias que possuem múltiplos centros de quiralidade, especialmente para carboidratos (veja também a Seção 5.7).

propagação (Seção 11.2): Para reações radicalares, as etapas cuja soma fornece a reação química líquida.

Q

quebra (clivagem) de ligação (Seção 12.3): A quebra de uma ligação, homoliticamente ou hereroliticamente.

quebra de ligação heterolítica (Seção 6.l): Quebra de ligação que resulta na formação de íons.

quebra de ligação homolítica (Seções 6.l, 11.2): Quebra de ligação que resulta na formação de espécies não carregadas chamadas de radicais.

quiral (Seção 5.2): Um objeto que não é sobreponível sobre sua imagem especular.

R

R (Seção 5.3): Um termo usado para representar a configuração de um centro de quiralidade, determinado da seguinte maneira: A cada um dos quatro grupos é atribuída uma prioridade, e a molécula é então girada (se necessário) de modo a

que o grupo #4 fica direcionado por trás da página (com uma cunha tracejada). Uma sequência no sentido horário para 1-2-3 é representada como *R*.

radical (Seção 6.1): Uma espécie química com um elétron não emparelhado.

ramificação de cadeia (Seção 11.11): Durante a polimerização, crescimento de uma ramificação conectada à cadeia principal.

reação em cadeia (Seção 11.3): Uma reação (geralmente envolvendo radicais) em que uma espécie química pode acabar provocando uma transformação química em milhares de moléculas.

reação iônica (Seção 6.7): Uma reação que envolve a participação de íons como reagentes, intermediários ou produtos.

reação polar (Seção 6.7): Uma reação que envolve a participação de íons como reagentes, intermediários ou produtos.

reações de adição (Seção 9.1): As reações que se caracterizam pela adição de dois grupos a uma ligação dupla. No processo, a ligação π é quebrada.

reações de substituição (Seção 7.1): Reações nas quais um grupo é substituído por um outro grupo.

reagente de Grignard (Seção 13.6): Um carbânion com a estrutura RMgX.

rearranjo (Seção 6.8): Um dos quatro padrões de setas curvas para reações iônicas.

redução por metal dissolvido (Seção 10.5): Uma reação na qual um alquino é convertido em um alqueno *trans*.

redução (Seção 13.4): Uma reação na qual uma substância é submetida a uma diminuição no estado de oxidação.

regioquímica (Seção 8.7): Um termo que descreve uma consideração que tem de ser levada em conta para uma reação em que dois ou mais isômeros constitucionais podem ser formados.

regiosseletiva (Seção 8.7): Uma reação que pode produzir dois ou mais isômeros constitucionais, mas, no entanto, produz um como o produto principal.

regra de Bredt (Seção 8.4): Uma regra afirmando que não é possível para um átomo de carbono cabeça de ponte de um sistema bicíclico estar envolvido em uma ligação dupla C=C, se ele envolve uma ligação π *trans* incorporada a um anel composto por menos de 8 átomos.

regra de Hund (Seção 1.6): Ao considerar os elétrons em orbitais atômicos, uma regra que afirma que um elétron é colocado em cada orbital degenerado em primeiro lugar, antes que os elétrons sejam emparelhados.

regra do octeto (Seção 1.3): A observação de que os elementos da segunda fila (C, N, O e F) vão formar o número necessário de ligações de modo a alcançar uma camada de valência completa (oito elétrons).

resolução (Seção 5.9): A separação de enantiômeros a partir de uma mistura contendo os dois enantiômeros.

respiração celular (Seção 13.12): Um processo pelo qual o oxigênio molecular é utilizado para converter alimentos em CO_2, água e energia.

ressonância (Seção 2.7): Um método que os químicos usam para lidar com a inadequação das representações de estruturas em bastão.

retenção de configuração (Seção 7.5): Durante uma reação, em que a configuração de um centro quiralidade permanece inalterada.

rotação específica (Seção 5.4): Para uma substância quiral, que é submetida à luz plano-polarizada, a rotação observada quando uma concentração-padrão (1 g/mL) e um comprimento de percurso óptico-padrão (1 dm) são usadas.

rotação observada (Seção 5.4): Quanto a luz plano-polarizada gira devido a uma solução de uma substância quiral.

S

S (Seção 5.3): Um termo usado para representar a configuração de um centro de quiralidade, determinado da seguinte maneira: a cada um dos quatro grupos é atribuída uma prioridade, e a molécula é então girada (se necessário) de modo a que o grupo #4 fica direcionado por trás da página (com uma cunha tracejada). Uma sequência no sentido anti-horário para 1-2-3 é representada como *S*.

secundário (Seção 6.8): Um termo usado para indicar que exatamente dois grupos alquila estão ligados diretamente a uma determinada posição. Por exemplo, um carbocátion secundário possui dois grupos alquila ligados diretamente ao átomo de carbono eletrofílico (C⁺).

segunda ordem (Seções 6.5, 7.4): Uma reação cuja equação de velocidade possui o somatório de todos os expoentes igual a dois.

seta anzol (Seção 10.5): Uma seta curva com apenas uma farpa, indicando o movimento de apenas um elétron (veja também a Seção 11.1).

setas curvas (Seção 2.8): As ferramentas que são usadas para representar estruturas de ressonância e para mostrar o fluxo de densidade eletrônica durante cada etapa de um mecanismo de reação.

sin-**coplanar** (Seção 8.7): Uma conformação em que um átomo de hidrogênio e um grupo de saída estão separados por um ângulo de diedro de exatamente 0°.

síntese de éter de Williamson (Seção 14.5): Um método para a preparação de um éter a partir de um íon alcóxido e um haleto de alquila (por meio de um processo S_N2).

S_N1 (Seção 7.5): Uma reação de substituição nucleofílica unimolecular.

S_N2 (Seção 7.4): Uma reação de substituição nucleofílica bimolecular.

sobreponíveis (Seção 5.2): Dois objetos que são idênticos.

solúvel (Seção 13.1): Um termo utilizado para indicar que um determinado volume de uma substância irá dissolver-se em uma quantidade especificada de um líquido na temperatura ambiente.

solvente aprótico polar (Seção 7.8): Um solvente que carece de átomos de hidrogênio ligados diretamente a um átomo eletronegativo.

solvente prótico (Seção 7.8): Um solvente que contém pelo menos um átomo de hidrogênio ligado diretamente a um átomo eletronegativo.

solvólise (Seção 7.6): A reação de substituição em que o solvente se comporta como o nucleófilo.

substância *meso* (Seção 5.6): Uma substância que possui centros de quiralidade e um plano interno de simetria.

G-6 GLOSSÁRIO

substituinte alcóxi (Seção 14.2): Um grupo OR.

substituintes (Seção 4.2): Em nomenclatura, os grupos ligados à cadeia principal.

substrato (Seção 7.1): O haleto de alquila de partida em uma reação de substituição ou de eliminação.

sulfeto (Seção 14.11): Uma substância que é semelhante em estrutura a um éter, mas o átomo de oxigênio foi substituído por um átomo de enxofre. Também chamada de tioéter.

sulfona (Seção 14.11): Uma substância que contém um átomo de enxofre que possui ligações duplas com dois átomos de oxigênio e é flanqueado em ambos os lados por grupos R.

sulfóxido (Seção 14.11): Uma substância que contém uma ligação $S=O$ que é flanqueada em ambos os lados por grupos R.

T

tautomerização ceto-enólica (Seção 10.7): O equilíbrio que é estabelecido entre um enol e uma cetona em condições de catálise por ácido ou catálise por base.

tautômeros (Seção 10.7): Isômeros constitucionais que se interconvertem rapidamente através da migração de um próton.

tensão angular (Seção 4.9): O aumento da energia associado a um ângulo de ligação que se desviou do ângulo preferencial de 109,5°.

tensão torsional (tensão de torção) (Seção 4.7): A diferença de energia entre as conformações alternada e eclipsada (por exemplo, no etano).

teoria da ligação de valência (Seção 1.7): Uma teoria que trata uma ligação como o compartilhamento de elétrons que estão associados a átomos individuais, em vez de estarem associados à molécula inteira.

teoria do orbital molecular (Seção 1.8): Uma descrição da ligação em termos de orbitais moleculares, que são orbitais associados a uma molécula inteira, em vez de um átomo individual.

teoria RPECV (Seção 1.10): Teoria da Repulsão dos Pares de Elétrons da Camada de Valência, que pode ser utilizada para prever a geometria em torno de um átomo.

terceira ordem (Seção 6.5): Uma reação cuja equação de velocidade possui o somatório de todos os expoentes igual a três.

terciário (Seção 6.8): Um termo usado para indicar que exatamente três grupos alquila estão ligados diretamente a uma determinada posição. Por exemplo, um carbocátion terciário possui três grupos alquila ligados diretamente ao átomo de carbono eletrofílico (C^+).

terminação (Seção 11.2): Em reações de radicalares, uma etapa em que dois radicais são unidos para produzir uma substância sem elétrons não compartilhados.

termodinâmica (Seção 6.4): O estudo de como a energia é distribuída sob a influência da entropia. Para os químicos, a termodinâmica de uma reação refere-se especificamente ao estudo dos níveis de energia relativos de reagentes e produtos.

termolecular (Seção 10.6): Para mecanismos, uma etapa que envolve três espécies químicas.

tetraédrica (Seção 1.10): A geometria de um átomo com quatro ligações separadas umas das outras por 109,5°.

tetravalente (Seção 1.2): Um elemento, como o carbono, que forma quatro ligações.

tióis (Seção 14.11): Substâncias que contêm um grupo mercapto (SH).

tiolato (Seção 14.11): A base conjugada de um tiol.

tosilato (Seção 7.8): Um excelente grupo de saída (OTs).

transferência de próton (Seção 6.8): Um dos quatro padrões de setas curvas para reações iônicas.

trivalente (Seção 1.2): Um elemento, como o nitrogênio, que forma três ligações.

U

unimolecular (Seção 7.5): Para mecanismos, uma etapa que envolve apenas uma espécie química.

V

vicinal (Seção 10.4): Um termo usado para descrever dois grupos idênticos ligados a átomos de carbono adjacentes.

vinílico (Seção 2.10): Os átomos de carbono de uma ligação dupla carbono-carbono.

Z

Z (Seção 8.4): Para os alquenos, um descitor estereoquímico que indica que os dois grupos de maior prioridade estão do mesmo lado da ligação π.

Índice

Nota: Neste índice os números de páginas seguidos de *f* e *t* indicam figuras e tabelas, respectivamente.

A

Abertura do anel com nucleófilos fortes, 656
Abordagens para problemas de síntese, 554-557
Abstração, 503-505, 507*f*, 512
   de hidrogênio, 507*f*
Acetaminofeno, 527, 603
Acetilcolina, 76
Acetileno, 23, 25, 25*f*
   e esquema de priorização (ARIO), 117, 118
   ligação, 21*f*
   valores de pK_a, 117*f*
Acetona, 34
Acidez, 100-110
   das aminas, 579*f*
   de alcanos, 138, 579*f*
   de álcoois, 579-582, 579*f*
   de Brønsted-Lowry, 96, 100, 108
      estabilidade
         de bases conjugadas, 108, 109
         de cargas negativas, 109-119
      valores de pK_a, 100-107
   do acetileno, 467, 468
   dos alcanos, 579*f*
   dos alquinos, 467-470, 467*f*
      terminais, 467-470, 467*f*
   pK_a, 100-107
Ácido(s), 96
   5-amino-4-oxopentanoico, 76
   acético, 111, 113, 114
   aconítico, 192
   aminoácidos, 65, 108, 282
   ascórbico, 113, 195
   barbitúrico, 137
   Brønsted-Lowry, 97
   carbônico, 100, 126
   carboxílicos, 59*t*, 59, 60, 111
      e reagentes de Grignard, 594
      ressonância, 111
   cítrico, 126
   clorídrico (HCl), 410, 530
   conjugado, 97, 98
   crômico, 605-608
   efeito de nivelamento, 123
   elaídico, 493
   fórmico, 137
   glucônico, 126
   graxos ômega-3, 60
   lático, 126
   Lewis, 125, 254
   oleico, 493
   sulfúrico (H_2SO_4), 371, 372
   tartárico, 223
   tricloroacético, 113, 114
Acoplamento, 504, 505
   de radicais, 503, 504*f*
Adição, 401-445, 402*t*
   aditivos *anti*-Markovnikov, 413, 414
   anti-Markovnikov, 405
   conjugada, 76, 77

de HBr, 405, 447, 549
Markovnikov, 405, 406
   como hidratação catalisada por ácido, 413
   vs. adição *anti*-Markovnikov, 422*f*
nucleofílico, 406, 408
radicalar de HBr, 528-532
sin, 420, 423, 424, 426, 440, 452
vs. eliminação, 403, 404
Aditivos para alimentos, 526
Adolf von Baeyer, 165
Adrenalina, 198, 299
Agentes
   antifúngicos, 599
   de resolução quiralidade, 225
Água
   a estabilidade de cargas negativas, 109
   geometria, 26, 27*f*
   ligação de hidrogênio em, 35*f*
   momento de dipolo, 30*f*
   número estérico, 25*f*
Alan Heeger, 464
Alan MacDiarmid, 464
Albert Eschenmoser, 556, 557
Albuterol, 198
Alcanos, 136-178
   acidez, 138, 579*f*
   cadeias, 138, 139, 139*t*
   conformações, 155, 156
   em substituição *vs.* reações de eliminação, 380-390
   estabilidade, 152, 153
   estrutura, 139
   estruturas em bastão, 58
   fontes e usos, 153-155
   isômeros constitucionais, 151-153, 153*t*
   nomenclatura, 137-150
   nomes sistemáticos de, 138, 139
   projeções de Newman, 155, 156
   reações de adição, 401-445
   substituintes de, 138-146
Álcool(is), 58, 382, 445
   alílico, 648, 649
   em reações de eliminação, 604
   importantes comercialmente, 577
   primários, 578, 599, 600, 605
   secundários, 575, 599, 605, 607
   terciários, 575, 599, 605
Alcoximercuração-desmercuração, 640
Aldeídos, 481-483
   e reagentes de Grignard, 593
Alexander M. Butlerov, 3
Alexander M. Zaitsev, 358
Alexander Williamson, 638
Alfred Nobel, 233, 248
Alicina, 339
Alquenos
   grau de substituição, 344, 344*f*, 351
   ligações duplas nos, 345*f*
   reações de eliminação em, 339, 353-390
Alquilação, 485, 486
   de alquinos, 485, 486
      terminais, 485, 486

Alquinos, 461-496
   internos, 465
   na natureza, 462, 463
   terminais, 465
Alterações na cadeia carbônica, 551-553
Amida de sódio, 468, 470, 485
Amideto de sódio, 468
Amidos, 84, 84*f*
   orbitais *p*, 84*f*
   pares isolados, 84
Amônia, 25, 25*f*, 26
   geometria, 26, 26*f*
   ligação de hidrogênio, 35*f*
   momento de dipolo, 31*f*
   número estérico, 25*f*
Amoxicilina, 53
Análise
   conformacional, 136
      de butano, 159-161
      de ciclo-hexano, 166, 167
      etano ou do propano, 158-160
   retrossintética, 557-564
Anestesia, 42, 165, 166
Anestésicos, 634
Anfetamina, 196, 197
Anfotericina B, 119
Ângulo de diedro, 157
Ânions, 103, 104, 323*t*
   radical, 473
Antiácidos, 100
Antibacterianos, 578
Antibióticos, 637
Anticongelante, 592
Antioxidantes, 526-528
   naturais, 528
Archibald Scott Couper, 3
Arvid Carlsson, 430
Aspirina, 107
Asteltoxina, 134
Ataque nucleofílico, 257, 258, 270, 271, 290
Atenolol, 58
Atividade óptica, 206-211
Átomos
   cargas negativas, 109-111, 117
   estruturas de Lewis, 4, 5
   tamanho, 110
August Kekulé, 3
Auto-oxidação, 524, 525, 528
   de compostos orgânicos, 524-526
   de éteres, 642
Auxoforo, 66
Azia, 100

B

2-buteno, 350*f*, 351*f*
Barco torcido, 166, 166*f*
Base(s), 96-125
   conjugadas, 102*f*, 109-111
      cargas negativas, 109-119
      do etano, 467*f*
      do etileno, 467*f*
      e posição de equilíbrio, 120-122
      estabilidade de, 152, 153

I-1

I-2 ÍNDICE

de ácidos conjugados, 468f
de Brønsted-Lowry, 97
de Lewis, 125, 254
definição, 97
efeito de nivelamento, 123, 124
em reações (ver reação ácido-base), 96-101
forte, 382, 385, 385f
fraca, 382, 385
Lewis, 125, 254
reagentes como, 382, 382f, 384, 384f
Basicidade, 381-383
e substituição vs. reações de eliminação, 380, 381
nucleofilicidade vs., 382
pK_a, 100-107
BeH$_2$ (hidreto de berílio), 28, 28f
Benzeno, 30, 30f, 40, 79f, 137f
interações receptor-fármaco, 40
Benzo[a]pireno, 658
Beribéri, 553
Berílio, 15f
hidreto (BeH$_2$), 28, 28f
BF$_3$ (trifluoreto de boro), 27, 27f
Bicarbonato de sódio, 96, 100, 126
Bilirrubina, 338, 349, 350
glucuronide, 349
BINAP, 431, 432
Biomimética, 36
Biossíntese, 60, 256f
colina, 300
nicotina, 300
Biotina, 204, 337
Bitartarato de potássio, 126
Boro, 15f
Boroidreto de sódio, 418, 419
Bromação, 451, 452
alílica, 519-521
radicalar, 514, 515
vs. cloração, 512f, 514f, 515f
Bromidrina, 435
Bromo, 6
Bromometano, 17, 17f, 18, 18f
Brønsted-Lowry, ácidos de, 97
Buraco na camada de ozônio, 522f
Butano, 36
a estabilidade de cargas negativas, 109, 110
análise conformacional de, 157, 157f, 158
conformações eclipsadas de, 158f
interação gauche de, 160f

C

Cadeias principais
aos alcanos, 137-139, 138t
dos substituintes, 146, 147
Cafeína, 47
Caixa de ferramentas para síntese de reações, 565
Calor
de combustão ($-\Delta H°$), 153, 153f
para cicloalcanos, 164t
de reação, 235
Câncer, 567, 629, 644
Canfeno, 178, 179
Cânfora, 178, 179
Capsaicina, 574
Caráter iônico percentual, 31, 31t
Carbamazepina, 647
Carbânion, 498, 498f, 499

Carbocátion, 67, 68
alílico, 67, 268
na hidratação catalisada por ácido, 415, 416
no mecanismo S$_N$1, 304f
rearranjo de, 375
no mecanismo de E1, 375
vinílico, 476
Carbonato
de cálcio, 100
de sódio, 2
Carbono, 1-7
alfa, 208
cargas formais, 61
configuração eletrônica, 15f, 18f
e quiralidade, 194f
estruturas
de ressonância, 82
em bastão, 53, 56
Carga(s)
deslocalização de, 69
formal(is), 8, 9
átomos de carbono, 61
de oxigênio, 62, 62t
em nitrogénio, 63, 64, 64t
estruturas
de ressonância, 73, 74
em bastão, 61, 62
negativa(s), 30
átomos, 109-111, 113
e eletronegatividade, 109
e indução, 113, 114, 117
e posição de equilíbrio, 120-122
estabilidade de, 110-121, 110f, 111f
orbitais, 115, 116
parcial, 10, 11
parcial(is), 10, 11, 421, 433
negativa, 467
positiva
alílica, 76
em estruturas de ressonância, 74-77
parcial, 10, 11
representação de uma estrutura de ressonância, 82, 83
Carvona, 199, 206
Casimir Funk, 553
Catalisador(es), 249, 250
de Wilkinson, 429, 430
envenenado, 472, 472f
heterogêneos, 429
homogêneos, 429
metálico, 425, 426
na hidrogenação catalítica, 426-428, 426f, 430f
quiral, 429-432, 430f
Cauda da seta curva, 69
Centros de quiralidade, 194, 195
clorambucila, 330, 331
de agentes de resolução, 225
de diastereômeros, 211-213
de enantiômeros, 196, 197, 223, 224
de fármacos, 205, 206
e sentido do olfato, 199
e simetria, 215-220
no sistema Cahn-Ingold-Prelog, 199, 200
prioridades dos grupos ao redor, 201, 202
projeções de Fischer de, 220-222
Cetamina, 198
Ceto-enol tautomerização, 482-484

Cetona(s)
a partir de enóis, 478-481
a partir de reações catalisadas por ácido, 479, 480
de enóis, 478
e reagentes de Grignard, 593
Christiaan Eijkman, 553
Cianato de amônio, 2, 3
Cianeto de potássio, 2
Cicloalcanos, 136, 164-177
de ciclo-hexano, 166, 167
estereoisomerismo cis-trans, 177, 178
sistemas policíclicos, 178, 179
Cicloalquenos de estereoisomerismo, 345
Ciclobutano, 165
Ciclo-hexano, 166, 167, 167f
análise conformacional de, 167f
conformações de, 166-169
dissubstituído, 172-174
em bromação alílica, 519-521
estabilidade de, 171, 172, 175, 176
estereoisomeria de, 222, 223
estereoisomerismo cis-trans, 177
monossubstituído, 169-172
sistemas policíclicos, 178, 179
Ciclo-hexano dissubstituído, 172-174
Ciclo-hexanol, 580
Ciclopentano, 165
Ciclopropano, 164, 165, 165f
Cigarro, 629, 658
Cinética
de reação E2, 355
de reações de hidroalogenação, 475
e reatividade química, 245-249
vs. termodinâmica, 250, 251
cis-1,2-dimetilciclo-hexano, 216f
Clivagem
ácida, 640, 641
de éteres, 640, 641
da ligação heterolítica, 498f
homolítica em radicais, 498f, 503, 505, 523
oxidativa, 441-443
de alquinos, 484
do ozônio, 484
Cloração, 507, 508
do metano, 507-510
com radicais, 507-509
radicalar, 507, 508
do butano, 517
vs. bromação, 511, 512
Cloranfenicol, 204
Cloreto
de metila, 253, 253f, 254, 314
de terc-butila, 597f
de trimetilsilila, 597f
Clorofluorcarbonos (CFCs), 522
Clorofórmio, 165, 166
Cloroidrina, 435
Clorometano, 12, 30f
Codeína, 66, 107
Colecalciferol, 573
Colesterol, 94f, 210
e estereoisomerismo, 211
na natureza, 340, 573
Colina, 300
Combinação linear de orbitais atômicos (CLOA), 17

ÍNDICE I-3

Combustão, 497, 523
   (H-D), 153
Compostos
   acíclicos, 65*f*
   aromáticos (*ver* substâncias aromáticas), 154
   bicíclicos, 147-149
      estruturas em bastão, 65*f*
      nomenclatura para, 150-152
   inorgânicos, 2
   opticamente ativas *vs.* inativas, 207
   orgânicos, 2
      vs. inorgânicos, 2
   próticos, 34
Comprimento
   da cadeia na concepção de fármaco, 578
   de ligação, 25, 25*f*, 26
   de onda, 207
Concentração, 208, 209
   e K_{eq}, 243, 244
   na equação da taxa, 248, 249
Configuração(ões), 15
   dos enantiômeros (consulte o sistema de
      Cahn-Ingold-Prelog), 211-213
   elétron, 14, 15, 15*f*, 18*f*
   eletrônicas, 15, 15*f*
   R, 200
      de enantiômeros, 199, 200, 210, 211
      fármacos quirais, 205, 206
   S, 200
      de enantiômeros, 199, 200, 210, 211
      fármacos quirais, 205, 206
Conformação(ões), 160
   anti, 160
   *anti*coplanar, 362, 362*f*
   *anti*periplanar, 363
   comparando a energia, 161*t*
   de alcanos, 153-155
   de ciclo-hexano, 166, 167
   degeneradas, 158
   eclipsadas, 157, 158, 158*f*, 161, 162
   em barco, 166, 166*f*
      torcido, 166, 166*f*
   em cadeira, 167-169
      de ciclo-hexano, 166, 166*f*
   escalonadas
      de butano, 159-161
      etano, 158-160, 158*f*
   fármacos, 163
   gauche, 160
   sin-coplanar, 362, 362*f*
Conjugadas, 76, 79, 80
Constante de velocidade (*k*), 246-248
Constituição de moléculas, 3
Contração de sulfeto, 557
Contraíons, 125
Controle da posição do equilíbrio, 414, 415
Conversão de álcool em um haleto de
   alquila, 602
Coplanar, 362
Craqueamento, petróleo, 153, 535
Cristalização, 223, 224
Cromatografia, 224
   de coluna quiral, 225
   em coluna, 225
Cunhas nas estruturas em bastão, 65

D

2,2-dimetilpropano, 37
10-desacetilbacatina III, 567

Debye (unidade), 30
Degenerada, conformação, 158
Demerol (meperidina), 66
Densidade do elétron
   definição, 13
   em reações de ácido-base, 96-99
   fluxo de, 97-100, 234, 260
Desidroalogenação, 339, 391
Deslocalização de uma carga, 69
Desmercuração, 417-419, 640
Diagrama de energia para reação E2, 357*f*
Dialeto, 470, 484
   geminal, 470
   vicinal, 470, 559
Diamante, 179
Diastereômeros, 211-213
   enantiômeros e, 211-215
   projeções de Fischer, 220
Diazepam, 54
Diborano, 420, 421
Diclorometano, 31*f*
Dietil éter, 165, 631, 632
Difosfato de adenosina (ADP), 609
Di-hidroxilação, 437-439
   anti, 437-440
   do etileno, 437
   na preparação de dióis, 591
   sin, 440, 441
Dimetil éter, 3
Dióis, 591, 592
Distância internuclear, 5, 5*f*, 16*f*
DNA
   e óxido de etileno, 653
   ligação de hidrogênio em, 34-36, 35*f*
Doença de Parkinson, 430, 461, 463
Dopamina, 430, 574
Dorothy Crowfoot Hodgkin, 556
Drogas (medicamentos)
   anti-HIV, 136
   concepção de, 50, 108, 163, 328, 329
   conformações de, 155
   distribuição de fármacos e pK_a, 107
   nomenclatura, 147, 152*t*
   quiral, 205, 206
   receptor, 40
   segurança, 189
   solubilidade, 41

E

E. J. Corey, 135, 558, 564
E2, mecanismo, reagentes para a reação,
   384-386
Efedrina, 204
Efeito(s)
   de nivelamento, 123, 124
   de solvatação, 581
      em acidez, 581
   de solvente, pK_a, 100-107
   eletrônico, 655
Eixo de simetria, 216
Elementos
   divalentes, 3
   monovalentes, 3
   tetravalentes, 3
   trivalentes, 3
Eletrófilos, ataque nucleofílico de, 257, 258
Eletronegatividade, 9, 9*t*, 10
   e estabilidade de cargas negativas, 109

e estruturas de ressonância, 78, 80
   tendências na tabela periódica, 109*f*, 110*f*
Elétrons
   em radicais, 499
   estruturas em bastão, 67, 68
   não ligantes em reações radicais, 498, 499
   nas reações, 1, 2
   orbitais atômicos, 12-15, 15*f*
   spin, 14, 15
   valência, 5
Eletrostáticas
   forças, 34
   mapas de potencial, 12
      etóxido, 124*f*
      terc-butóxido, 124*f*
Eliminação beta, 339
Emil Fischer, 220
Enalapril, 58
Enantiomericamente pura, 210
Enantiômeros
   e diastereoisômeros, 211-215
   projeções de Fischer, 220
   quiralidade, 193-195
   resolução de, 223, 224
Energia
   cinética, 247*f*
   de ativação (E_a), 246, 246*f*, 247
   de dissociação
      de ligação(ões)
         (ΔH°), 235, 235*t*
         para radicais, 499, 499*f*
         relevantes, 511*t*
   e a distância internuclear, 5, 5*f*, 16*f*
   livre de Gibbs em reações de
      halogenação, 511
   nas reações, 250-253
Entalpia
   e reatividade química, 234-237
   em reações
      de adição *vs.* de eliminação, 404, 404*f*
      de halogenação, 510, 511
      em cadeia de radicais, 509, 510
   na adição de radicais, 530, 531
Entropia
   aumento de, 239*f*
   de reações de halogenação, 511
   e energia livre de Gibbs, 240
   e reatividade química, 237-239
   em reações de adição *vs.* reações de
      eliminação, 403, 404
Epibatidina, 67
Epotilonas, 644
Epoxidação
   assimétrica de Sharpless, 649, 649*f*
   enantiosseletiva de epóxidos, 648-650
Epóxidos
   carcinogênicos, 658
   e reagentes de Grignard, 665, 666
   em di-hidroxilação *anti*, 437-440
Equação
   da taxa de segunda ordem, 246, 293
   de onda, 12
   de velocidade, 245, 246, 246*f*
Equilíbrio(s), 243, 244*f*
   constante K_{eq}, 101, 120, 121, 121*f*
   e acidez de acetileno, 467, 468
   e reatividade química, 243-245
   na hidratação catalisada por ácido, 414, 415

I-4 ÍNDICE

para tautomerização, 479
pK_a, 100-107, 120, 121
Erwin Schrödinger, 12
Escorbuto, 553
Espectroscopia de acetileno, 485
Espontaneidade da energia livre
  de Gibbs, 240-242
Esqueleto carbônico, 411
Estabilidade
  bases conjugadas, 108, 109
  cargas negativas, 109-119, 110f, 111f
  conformações em cadeira, 171-173,
    178, 179
  de ânions, 579f
  de radicais, 499, 499f
  do carbocátion, 370f
  dos alcanos, 151, 152
  isômeros constitucionais, 151-153
Estabilização por ressonância, 69
Estado(s)
  de oxidação, 583, 584, 584f
    vs. carga formal, 584f
  de transição
    da formação de haloidrina, 436
    de reações de halogenação, 514,
      514f, 515f
    vs. intermediários, 251, 252
Estereoespecificidade
  da hidrogenação catalítica, 425, 426
  da reação de hidroboração-oxidação,
    423-425
Estereoisomerismo, 345-350
  cicloalcanos, 177, 178
  e atividade óptica, 206-211
  em sistemas celulares
    conformacionalmente, 222, 223
  enantiômeros e diastereômeros, 211-215
  isomeria cis-trans, 190, 191
  projeções de Fischer, 220-222
  quiralidade, 193-195
  resolução de enantiômeros, 223, 224
  simetria e quiralidade, 215-220
  sistema Cahn-Ingold-Prelog, 199-202
Estereoisômeros, 177, 190, 211f
Estereoquímica
  da adição radicalar de HBr, 531
  da halogenação, 516-521
  da hidroalogenação, 409, 409f
  de hidratação catalisada por ácido,
    415-417, 415f
  de hidroboração-oxidação, 423
  de reações
    de abertura de anel, 651, 656
    de di-hidroxilação, 439
Estereoquímica da halogenação, 516-518
Estereosseletividade das reações, 361
Ésteres
  e reagentes de Grignard, 593
  mandelato, 578
Esterilização, 653
Estradiol, 178
Estratégias
  de síntese, 445-451
    com epóxidos, 663-668
    envolvendo epóxidos, 663-668
    para álcoois, 612-618
    para síntese de um alquino, 486-488
Estrutura(s)
  condensada, 51, 52
  de Lewis, 5-9, 51, 52

de ressonância, 68-88
  carbono, 82
  cargas formais, 73, 74
  eletronegatividades, 78, 80
  importância relativa de, 80-83
  pares isolados, 75-79, 85-88
  setas curvas em, 69-71
e geometria
  de carbocátions, 498, 499
  dos alquinos, 462
e propriedades
  dos álcoois, 573-578
  dos éteres, 633, 634
em bastão, 53-57
  carga formal, 8, 9
  grupos funcionais, 58, 59
  pares isolados, 62, 63
  tridimensionais, 65-67, 65f
  visualizar, 53, 54
molecular, e propriedades físicas, 38
parcialmente condensado, 51, 52
ET-743 (Trabectedina), 60
Etano
  análise conformacional de, 157-159, 159f
  ângulo diedro de, 160f
  comprimento de ligação e energia, 25f
  conformação eclipsada de, 161f
  orbitais hibridizados, 19, 19f
  projeção de Newman de, 155f
  valores de pK_a, 117f
Etanol, 3
  esquema de priorização ARIO, 117
  exemplos de solventes, 123
  ligação de hidrogênio, 35, 35f
  ressonância, 111
  valores de pK_a, 117f, 580, 581
Etapas
  de reações radicais, 506, 507f
  fundamentais de processos, 374f
Éter(es), 630
  assimétricos, 631, 669
  como anestésicos inalatórios, 634
  de coroa, 635-637, 635f
  etílico, 535, 631
  simétricos, 631, 669
Etileno
  comprimento de ligação e energia, 25f
  na produção de etanol, 417
  OMs ligante e antiligante no etileno, 22f
  orbitais hibridizados, 19, 19f, 20, 20f
  polimerização, 155
  valores de pK_a, 117f, 119f
Etilenoglicol, 592
Etilmetilamina, 35
Etinilestradiol, 463
Etorfina, 66, 67
Eugenol, 574
Excesso enantiomérico, 210, 211
Excitação de carbono, 18f
Expansão
  de gases, 238, 238f
    livre, 238, 238f
Explosivos, 233, 241, 248
Extintores de incêndio, 523

F

Farmacóforo, 66, 67
Fármacos anti-HIV, 136, 163
  e esquema de priorização ARIO, 117, 118

identificando, 257, 258
  para o ataque nucleofílico, 257, 258
  para rearranjos, 260, 261
  para transferências de prótons, 259, 260
  por perda de um grupo de saída, 258, 259
Farneseno, 339, 340
Fases de orbitais atômicos, 13, 14, 14f
FDA (Food and Drug Administration), 189, 199
Fenila, 144
Fermento em pó, 96, 126
Feromônios, 142, 340, 342
Fexofenadine, 196
Fingolimode, 79
Fixação de dióxido de carbono, 609, 610
Flexibilidade das moléculas, 136
Fluoração radicalar, 512, 512t
Forças
  de dispersão de London, 36
  intermoleculares, 34-40, 34f
Formação
  de dissulfetos, 660, 661
  de ligação carbono-carbono, 616, 617
Freon, 522
Friedrich Wöhler, 2
Fritz London, 37
Fumaça, 629, 658

G

Gases de expansão livre, 238, 238f
Geometria
  de alquinos, 462
  de radicais, 498-500, 499f
  e hibridização de orbitais, 19-21, 23f
  linear, 28, 28f
  piramidal triangular, 26, 26f
  resultante, 26, 27
  tetraédrica, 26, 26f
  triangular plano, 27
George Johnstone Stoney, 4
Geraniol, 573
Gibbs, energia livre
  e reatividade química, 240-242
  e K_{eq}, 244, 244f
Gilbert Lewis, 5
Glicina, 108
Glicose, 185, 242, 317, 318
Glucuronidação, 603
Glutationa, 527
Gordura parcialmente hidrogenada, 431
Gowland Hopkins, 553
Grandisol, 573
Grau
  de insaturação, 679, 680
  de substituição de alquenos, 344, 344f, 351
Grupo
  alcóxido, 588
  alquila, 140, 140t
  alquiltio, 661
  carbonila, 586-590
    na redução de cetonas ou aldeídos, 586
  de saída, perda em setas curvas, 258, 259
  funcional(is)
    e síntese, 545, 546
    em análise retrossintética, 558
  hidroxila, 573, 583
  isopropila, 143
  mercapto, 659
  nitro, 78, 81

ÍNDICE | I-5

H

H₂S (sulfeto de hidrogênio, 110
H₂SO₄ (ácido sulfúrico), 371, 372
Haletos
  alílicos, 318
  arílicos, 319
  benzílicos, 318
  de hidrogênio, 579, 579*f*
Halogenação
  dos alcanos, 530
  dos alquinos, 484
  e formação de haloidrinas, 432-437
Halogênios, 510, 511
Haloidrinas, 434, 435, 645, 646
Halomona, 204, 288
Halons, 523
Haworth, projeção, 65, 87, 177, 223
Hélio, 15*f*
Heroína, 66, 163
Heteroátomos, 57
Hexano, 36
Hexilresorcinol, 578
HFCs (hidrofluorocarbonos), 524
Hibridização, 68
  e acidez de acetileno, 467
  para alquinos, 462, 467
  sp, 20*f*, 23*f*
    e ligações triplas, 23, 24
    geometria de, 28
  sp², 20*f*
    e ligações duplas, 20-22
    estruturas em bastão, 68
    geometria de, 27
    pares isolados deslocalizados, 84
  sp³
    geometria de, 26, 27, 27
    metano, 18, 18*f*, 19
Híbridos de ressonância, 69
Hideki Shirakawa, 464
Hidratação
  anti-Markovnikov, 566
  catalisada por ácido, 413-416
  de alcenos, 412-417
  de álcoois, 583
  dos alquinos, 478-480
Hidreto de alumínio e lítio (HAL) como
  agente redutor, 587-589
Hidroalogenação, 404-412
  com rearranjos de carbocátions, 410-412
  de HBr, 411
  dos alquinos, 475-477
Hidroboração-oxidação, 419-425
  de alquenos, 423
  de alquinos, 481, 482
  para a preparação de álcool, 583
Hidrocarbonetos saturados, 137, 138
Hidroclorofluorocarbonos (HCFCs), 522
Hidrocraqueamento, 535
Hidrofluorocarbonos (HFCs), 524
Hidrogenação catalítica, 425-432
  assimétrica, 429-432
  de alquenos, 426
  de alquinos, 471, 472
  em óleos e gorduras parcialmente
    hidrogenados, 431
Hidrogênio
  configuração eletrônica, 15*f*
  e a distância internuclear, 5, 5*f*, 16*f*
  estruturas em bastão, 54

Hidroperóxidos, 524, 525
Hidróxido
  de alumínio, 100
  de magnésio, 100
Histamina, 86
Histrionicotoxina, 462
HIV (vírus da imunodeficiência humana), 136

I

Ibuprofeno, 205
Imagens sobreponíveis, 193, 193*f*
Iminas
  geometria de, 27
  nitrogênio, 27*f*
Impedimento estérico em reações de
  hidroboração-oxidação, 422, 422*f*
Inadequação das estruturas em bastão, 67, 68
Indução
  de anestésicos inalatórios, 634
  e acidez do álcool, 580
  e ligações covalentes polares, 9-12
  estabilidade de cargas negativas, 109-119
Ingold Sir Christopher, 296-298, 304
Inibidores de radical, 510
Iniciadores de radicais, 509, 510
Inserção de dois grupos funcionais
  adjacentes, 663-665
Interação 1,3-diaxial, 171, 171*f*, 172*t*
  de fármacos, 647
  dipolo-dipolo, 34, 38, 38*f*
  Gauche, 160
  mastro, 166
Interconversão
  de grupos funcionais, 612-614,
    612*f*-614*f*
  de ligações simples e duplas com ligações
    triplas, 486, 487, 487*f*, 612*f*
  entre dialetos e alquinos, 477
  entre ligações simples, duplas e triplas, 548,
    568, 612
Interferência, 16, 16*f*
  construtiva, 16, 16*f*
  destrutiva, 16, 16*f*
Intermediário
  de adição de HBr, 535
  em ponte, 434
    para reações de halogenação, 433, 434
  energia de, 251, 252, 252*f*
  estados de transição *vs*., 251, 252
Inversão de anel, 170, 170*f*
Íon(s)
  acetileto, 467, 468, 490
  alcóxido, 579
  alquineto, 468
  amido, 124
  bissulfato, 381
  bromônio, 434, 435
    na formação de haloidrina, 434, 435
    na reação de halogenação, 433, 434
  cloreto, 108
  contraíons, 125-127
  enolato, 481
  etóxido, 581*f*
  mercurínio, 418
  oxônio, 414
  tiolato, 660
Ionóforos, 637
Isobutileno, 34

Isomeria *cis-trans*, 190, 191
  com cicloalcanos, 177-179
  de alcenos, 348, 349, 353, 354
Isômeros
  categorias de, 190*f*
  constitucionais, 3
    de alcanos, 154, 154*t*, 155
    estabilidade de, 152, 153
Isopor, 401
Isopropanol, 577
  (2-propanol), 51, 51*f*, 575
Isopropílico, 577
IUPAC (União Internacional de Química
  Pura e Aplicada), 137, 138
Ixabepilona (Ixempra), 199, 644

J

James Lind, 553
Jean Baptiste Biot, 207
Jean-Marie Lehn, 636
J. J. Thomson, 4

K

k (constante de velocidade), 246-248
K. Barry Sharpless, 431, 648, 649
Kumepaloxana, 204, 288
Kyriacos C. Nicolaou, 458, 566, 628

L

(3*E*)-Laureatina, 288, 289
Lagartixa, 36
L-dopa, 103, 211, 430, 463
Leve
  luz não polarizada, 207*f*
  ondas de, 206*f*
  plano-polarizada, 206, 207, 207*f*
Lewis, base de, 125, 254
Ligação(ões)
  caráter iônico de, 31, 31*t*
  carbono-carbono, 58, 73-75
    e posição alílica, 75
  carga formal, 8, 9
  covalentes, 4, 10*f*, 42-44, 584, 616, 617
    polares, 9-12, 10*f*
  de entalpia, quebradas e formadas,
    234-237
  de hidrogênio, 35*f*
    forças intermoleculares em, 36
  de três centros e dois elétrons, 420, 421
  duplas, 20-23
    estruturas em bastão, 53, 56
    hibridização *sp²*, 20-22
    no sistema de Cahn-Ingold-Prelog,
      199, 200
  elétrons, 4, 5
  estruturas de Lewis de, 4, 5
  força de ligação e comprimento, 25, 26
  heterolítica, 234, 234*f*, 498*f*
  hidrogênio, 34, 34*f*, 35, 35*f*
  homolítica, entalpia de, 234-236, 234*f*
  iônica, 10, 10*f*
  ligação de valência, 16
  no sistema de Cahn-Ingold-Prelog,
    199, 200
  peptídeo, 49
  pi, 402, 403
    conjugados, 77, 80, 81

I-6 ÍNDICE

sigma, 16, 16*f*, 241
    de acetileno, 23*f*
    etileno, 20*f*
    simples e estruturas
        de ressonância, 69, 70
        em bastão, 57
    triplas
        estruturas em bastão, 53
        hibridização *sp²*, 20-22
    triplo (*ver* ligações triplas), 23
Limpeza a seco, 41
Lindano, 174, 287, 288
Lítio, configuração eletrônica, 15*f*
Localizador, 145
Longifoleno, 564
Louis de Broglie, 12
Louis Ignarro, 248
Louis Pasteur, 208, 223
Luz
    e auto-oxidação, 525
    não polarizada, 207*f*
    plano-polarizada, 206, 207, 207*f*

M

2-metilbutano, 37
2-metilbutila, 142
Mapa(s) de potencial eletrostático, 433*f*
    do acetileno, 462*f*
Mario Molina, 522
Matéria, teoria estrutural da matéria, 3
Mecânica
    ondulatória, 12
    quântica, 12, 13
Mecanismo
    de reação, 98
    para hidroalogenação, 406-419
    S_N1 para álcoois, 582, 583, 599
    S_N2
        para álcoois, 583, 599, 600
        para epóxidos, 650-653, 651*f*
        -Si, 597
Melatonina, 92
Meperidina, 66
Mesilato de eribulina, 60
Mestranol, 196
Metabolismo
    da morfina, 603
    de fármacos, 603
    de glicose, 242
Metabólitos ativos, 647
Metadona, 66, 67, 163
Metano
    geometria, 19*f*, 26, 26*f*
    número estérico, 25*f*
    sp³ orbitais hibridizados, 19, 19*f*, 20
Metanol, 577, 610
Metil-lítio, 253, 254, 253*f*
Metoximetano, 35
Micela, 41, 41*f*
Migração de hidreto
    em reação
        de hidroalogenação, 410
        de hidroboração-oxidação, 421
    rearranjos de carbocátions, 260, 261, 268*f*
Miscível, 577
Misturas racêmicas, 210, 409, 415, 429, 517, 518
Modelos moleculares, 53

Moléculas
    constituição de, 3, 4
    estruturas de Lewis para, 4, 5
Momento(s) de dipolo, 30-32, 31*f*, 32*f*
    em reações de halogenação, 433, 433*f*
    induzido para a molécula de bromo, 433*f*
Morfina
    conformações, 163
    farmacóforo, 66
    nomenclatura, 137
Movimento de ligação dupla, 547
MTBE (*terc*-Butil metil éter), 638
Mudança de posição
    da ligação pi com eliminação, 450
    de grupo de saída com eliminação, 447, 448
    de um grupo de saída, 447-450

N

NAD, 609, 609*f*, 612
NADH, 609, 609*f*, 612
Não sobreponíveis, 193, 193*f*
Naproxeno, 205, 206
Natureza
    dos epóxidos, 643, 644
    dos éteres, 630
N-bromossuccinimida, 519
Neônio configuração eletrônica, 15*f*
Nicotina, 47, 198, 300
Nitrogênio
    configuração eletrônica, 15*f*
    em iminas, 27, 27*f*
    pares isolados, 64, 64*t*, 65
Nível de álcool no sangue, 606
Nome sistemático, 145-147
Nomenclatura
    cadeia principal, 138, 139
    centro de quiralidade, 194
    de alcanos, 153-155
    de dióis, 591
    de substâncias quirais, 205
    dos álcoois, 574-577
    dos alquinos, 464-466
    dos epóxidos, 643-647
    dos éteres, 630-632
    dos fenóis, 575
    dos tióis, 659
    e dos nomes comuns, 143, 144
    fármacos, 147, 152*t*
    sistema bicíclico, 149, 150
    substituintes, 138-146
Norbornano, 178
Nós, 14, 68
Nucleofilicidade, 381-383
Nucleófilos
    ataque de, 257, 258, 290
    por transformações de grupos
        funcionais, 327, 328
Número(s)
    atômico no sistema Cahn-Ingold-
        Prelog, 200
    estéricos, 25, 25*f*, 27*f*

O

Odores, 199
Óleos parcialmente hidrogenados, 431
Ondas
    de luz, 206*f*
    fases de, 14, 14*f*
Ópio, 66
Opticamente pura, 210

Orbitais
    atômicos, 2-7, 462*f*
        degenerados, 14
        em teoria orbital molecular, 17, 18
        fases de, 13, 14, 14*f*
        método CLOA, 17
        orbitais atômicos hibridizados, 18-20
    degenerados, 14
    hibridizados, 19, 20
        estabilidade de carga negativa, 117, 118
        força de ligação e comprimento, 25, 26
        geometria, 25-29
    moleculares, 17, 18
        não ligantes (OMs), carbocátion
            alílico, 67
    p, 13*f*, 14*f*
        amidas, 84*f*
        e ressonância, 84, 85, 85*f*
        fases de, 14
        ligações pi, 191*f*
        piridina, 85*f*
    s, 13*f*, 14*f*
Oxibutinina, 198
Oxidação
    biológica de etanol, 610
    de álcoois, 606, 611, 619
    de tióis, 660
Óxido de etileno, 643, 653
Oxigênio
    configuração eletrônica, 15*f*
    pares isolados, 61, 62*t*
Oximercuração-desmercuração, 417-419, 583
Oxiranos, 643
Ozonídeo, 442
Ozônio
    estratosférico, 521, 521*f*, 522
    formação de, 93
Ozonólise, 441, 442
    de alquenos, 441, 442
    dos alquinos, 484
    nas mudanças na estrutura de carbono, 565

P

Par(es)
    isolado(s)
        alílico, 74, 75
        deslocalizados, 84, 86, 87
    solitários
        elétrons, 7
            alílicos, 75-77
            deslocalizados, 84, 86, 87
            e momentos de dipolo, 31, 32
            em estruturas
                de linha de ligação, 61, 62
                de ressonância, 73-77, 79-82
            localizados, 84-86
Paul Crutzen, 522
Paul Dirac, 12
Paul Walden, 294
Pentano, interações dipolo-dipolo, 34, 38, 38*f*
Peróxidos, 405, 509
    de acila, 510
Peter Debye, 30
Peter Mitchell, 612
Petróleo, 153, 535
    de alcanos, 153-155
Pi, sistemas
    conjugados, 76, 79, 80
    e acetileno, 23*f*

ÍNDICE I-7

eletronegatividades, 78
orbitais *p*, 191*f*
pares isolados, 84
Pineno, 340
Pioglitazona, 67
Piridina
orbitais *p*, 85*f*
pares isolados, 84
pK_a
acidez, 100-108
basicidade, 103-105, 381
e equilíbrio, 105-107, 122, 123
os efeitos do solvente, 124, 125
substâncias comuns, 102*t*
Plano de simetria, 216, 216*f*, 217
Polarimetria, 207
Polarímetros, 207, 207*f*
Policloração, 508
Poliéteres como antibióticos, 637
Polietileno, 155
Polimerização, 532-534
catiônica, 412
e poliestireno na reação de
hidroalogenação, 412
de etileno, 155
radicalar, 532-534
do etileno, 532-534
Polímeros orgânicos, 412, 464
Pontos de ebulição, 37*f*, 634
Posição alílica, 74, 75
Posição(ões)
axiais e equatoriais, 168, 168*f*, 169
vinílicas, 74
Postulado de Hammond, 252, 252*f*, 253,
514, 514*f*
Preparação
de álcoois através
de reagentes de Grignard, 592-595
de redução, 583-590
de epóxidos, 644-647
de éteres, 637-640
de sulfetos a partir de tióis, 661
dos alquinos, 470, 471
Princípio
de Aufbau, 14
de exclusão de Pauli, 14, 15
de Le Châtelier, 414, 415
Probabilidade, entropia e, 237, 238
Problemas de síntese, dicas para, 565-567
Processo(s)
endergônicos, 242, 242*f*
endotérmicos, 235, 236*f*, 252, 252*f*, 253
espontâneos, 239
exergônicos, 242, 242*f*
exotérmicos, 235, 236*f*, 252, 252*f*, 253
termolecular, 476
Produção industrial de etanol, 417
Produto(s)
da hidrogenação catalítica, 427, 428
de reações, 388*t*
de eliminação, 361, 373
de retenção, 304
de uma reação de adição, 443-445
naturais marinhos (PNM), 60
Progesterona, 93
Projeções
de Fischer, 65
de Newman, 158, 159, 169*f*
Propano, 157-159, 159*f*

Propanol, 51, 109
Propanolol, 109, 198
Propilamina, 35
Propileno, 117, 185*f*
Propofol, 42
Propoxifeno, 195
Propriedades físicas
estruturas moleculares, 38
forças intermoleculares, 34-40
Proteção de álcoois, 596-598
Proteínas
e aminoácidos, 65*f*, 108
ligação de hidrogénio, 35*f*

Q

Quebra
de ligação, 551
heterolítica, 234, 234*f*, 498*f*
Querosene, 153, 154
Química hóspede-hospedeiro, 636
Quinonas, 611
Quiralidade (*ver* sistema de Cahn-Ingold-
Prelog), 193, 194
de catalisadores, 423, 424, 427
em reações de halogenação, 517, 518

R

R. B. Woodward, 282, 556, 557, 564
Radical(is), 234, 498-503
e ozônios, 522
em abstração de hidrogênio, 503, 504
vinílico, 502
Ramificação de cadeia, 533, 534
Ray McIntire, 412
Reação(ões)
ácido-base, 96, 99, 128
acidez de Brønsted-Lowry, perspectiva
qualitativa, 100-107
base de Lewis, 125, 254, 255
contraíons, 125-127
de Brønsted-Lowry, 97, 100-120
densidade eletrônica, 97-100
efeito
de nivelamento, 123, 124
de Solvatação, 124, 125
posição de equilíbrio e reagentes,
120-123
de abertura do anel de epóxidos, 650-656
de abstração do halogênio, 504, 505, 508
de adição, 401-452, 583
enantiosseletiva, 424
de clivagem oxidativa, 441-443, 484
de degradação, 404*f*
de desidratação, 339
de eliminação, 507*f*
em ácidos, 604
em sínteses, 445
substituição *vs.*, 380-390
de oxidação
de álcoois, 583-585, 605, 606
de fenóis, 611, 612
de tióis, 660
de substituição, 582, 583, 599-604
eletrófilos e nucleófilos em, 285
eliminação *vs.*, 380-390
dos éteres, 640-643
em cadeia, 510
em epoxidação, 548-650, 649*f*

iônicas
definição, 97
nucleófilos e eletrófilos em, 253-257
que alteram a cadeia carbônica, 551-553
redox biológicas, 609, 610
Reagentes
de Grignard, 592-595
e localização do grupo funcional,
665-668
na formação da ligação carbono-
carbono, 616
em reações de ácido-base, 120-123
para a reação, 384, 385
para substituição *vs.* reações de eliminação,
380-383
para transferências de prótons, 121
Rearranjos de carbocátions, 268, 269
deslocamento de hidreto em, 260,
261, 268*f*
Reatividade química, 233-272
e cinética, 245-249
e diagramas de energia, 250-253
e energia livre de Gibbs, 240-242
e entalpia, 234-237
e entropia, 237-239
e equilíbrios, 243-245
e nucleófilos e eletrófilos, 253-257
e setas curvas, 257-262
quirais, 193
Receptores, interações de fármaco, 40
Redução
de aldeído, 587
de cetona, 586-589
de um éster, 588, 589
do grupo carbonila, 588
dos alquinos, 471-475, 474*f*
por metal dissolvido, 473, 474
Refinação de petróleo, 154
Reforma de petróleo, 154, 537
Região
hidrofílica, 41*f*
de álcoois, 577, 578, 578*f*
solubilidade, 41
hidrofóbica, 41*f*
de álcoois, 577, 578, 578*f*
solubilidade, 41
Regiosseletividade
da abstração de hidrogênio, 513*f*
da hidroalogenação, 404-406
de halogenação, 513-515, 515*t*
Regra
de Bredt, 345
de Hund, 15
do octeto, 7, 70, 266
Representação(ões)
de uma estrutura de ressonância, 82
dos substituintes axiais, 168, 168*f*, 169
moleculares, 50-90
cargas formais, 72, 73, 75-77
estrutura(s)
condensadas e parcialmente
condensadas, 51, 52
de ressonância, 73, 74
em bastão, 61, 62
tridimensionais, 65-67
grupos funcionais, 58, 59
importância relativa de, 80-83
pares isolados, 61-63, 84-87
setas curvas em, 69, 70

I-8 ÍNDICE

Resolução de enantiômeros, 223, 224
Ressacas, 572
Ressonância, estruturas em bastão, 67, 68
Rigidez molecular de fármacos, 463
Rilpivirina, 133, 163
Rivoglitazona, 67
Robert B. Woodward, 556, 564
Robert Holton, 566, 567
Rotação
    dextrógira, 208, 209
    específica, 208, 209
    levógira, 208, 209
    observada, 208
Ryoji Noyori, 431, 639

S

Sabão, 41, 41*f*
S-adenosilmetionina, 299
Schreiber, 134
Segunda lei da termodinâmica, 242
Segurança de um fármaco, 189, 190
Selegilina, 461
Seletividade de reagentes de halogenação, 515, 515*f*
Sentido do olfato, 199
Seta(s)
    anzol, 498, 501, 505
    curvas, padrão, 69, 70
        cargas formais, 72, 73
        estruturas de ressonância, 70-73
        ponta de, 69
        reações ácido-base, 97-100
Simetria
    e quiralidade, 215-220
    eixo de, 216
    plano, 216, 216*f*, 217
    reflexional, 215-217
    rotacional, 215, 216
Síndrome da imunodeficiência adquirida (AIDS), 136
Síntese, 544-571
    de duas etapas, 615
    de éter de Williamson, 638, 639
    de uma etapa, 445, 446, 545, 546
    do acetileno, 565
    em álcoois, 612-614
    em alquinos, 486, 487
    em processos radicalares, 535
    em reações de adição, 445
Sistema(s)
    conformacionalmente móveis em estereoisomeria, 222, 223
    de Cahn-Ingold-Prelog, 199-202
        configuração na nomenclatura, 205
        fármacos quirais, 205, 206
        girando a molécula, 202
        prioridades de grupos em, 201, 202
    policíclicos, 178, 179
S_N1 mecanismo, reagentes para a reação, 384-386
Sodamida, 468
Solubilidade, 41, 223, 349, 578
Solvente(s)
    momentos de dipolo, 32*f*
    para reações ácido-base, 125-127
    polar aprótico, 318, 320*f*
Spin, elétrons, 14, 15
Streptimidona, 204
Subsalicilato de bismuto, 100
Substância(s)
    acíclicas, 65*f*

cíclicas, 20, 65, 65*f*
meso, 217-220
opticamente
    ativas, 207
    inativas, 207
Substituição
    do etileno, 534, 534*t*
    em reações de álcoois, 599-602
Substituintes
    aos alcanos, 137-139
    bicíclica, 149
    na posição axial, 169-173, 171*f*
Substratos terciários, 359, 360, 373, 374
Sulfato de mercúrio, 478
Sulfetos, 661-663
    de hidrogênio (H_2S), 110
Sulfonas, 662, 663
Sulfóxidos, 662
Superfícies lipofílicas, 637

T

Tabela periódica
    fatores que afetam a estabilidade de cargas negativas, 109, 110
    números do grupo, 5*f*
Tamoxifeno, 192
Tartarato de dietila (DET), 648, 649
Tautomerização
    catalisada
        por ácido, 478
        por base, 481
    cetoenólica, 479
Tautômeros, 479
Taxa de reatividade em reações E1, 370, 370*f*
Taxol, 458, 566, 567
Taxotere, 567
Temperatura
    e a coordenada de reação, 249, 249*f*
    e a rotação específica, 208
Tensão
    angular, 165
    ângulo, 157
    torção, 157
Teoria
    da repulsão dos pares de elétrons da camada de valência (RPECV), 25-29
    do orbital molecular (OM), 17, 17*f*, 18*f*
        carbocátion alílico, 67
        de etileno, 20*f*, 22*f*
        e entalpia, 234, 236*f*
        estrutura em bastão, 68
        níveis de energia, 17, 17*f*
        nós, 68
    estrutural da matéria, 3
terc-butanol
    exemplos de solventes, 123
    mapa de potencial eletrostático, 124*f*
terc-Butil metil éter (MTBE), 638
Termodinâmica
    cinética *vs.*, 250, 251
    da halogenação, 510-513
    das reações, 246*f*
    de abstração de hidrogênio, 512
    de adição
        de HBr, 530, 531
        vs. eliminação, 403, 404
    definição, 243
    equação da taxa de terceira ordem, 246
    para reações de halogenação, 510-513
    segunda lei de, 242

Testes para medir nível de álcool no sangue, 606
Testosterona, 178
Tetracloreto de carbono, 32, 32*f*
Tetracloroetileno, 41
Tetra-haleto, 484
Tetraidrocanabinol (THC), 574
Tetraisopropóxido de titânio, 648, 649
Tetróxido de ósmio, 440
Tióis, 659-661
Trabectedina (ET-743), 60
Traços nas estruturas da linha de ligação, 66
Transferência de prótons
    em reações, 366
    mecanismo de reação, 98, 99
    padrão de setas curvas para, 258, 259
    reagentes, 120
Transformações de grupos funcionais, 546-550
    com eliminação, 546-549
    e formação da ligação covalente, 617
Tricloroetanol, 580
Trifluoreto de boro (BF_3), 27, 27*f*
Trifosfato de adenosina (ATP), 299, 609
(+)-Trigonoliimine A, 231
Trimetilamina, 35
Troglitazona, 67
Tylenol, 527

U

Ubiquinonas, 611, 612
UDPGA, 603
Undecano, 142
União Internacional de Química Pura e Aplicada (IUPAC), 137, 138
Ureia, 2, 3, 137
Urushióis, 574

V

Valência, 3, 3*f*
    elétrons de, 5
    teoria de ligação, 16
Valium, 54
Valor de pK_a, 582
Variação de entalpia, 153
Veisalgia, 572
Victor Grignard, 592
Vioxx, 189
Vírus da imunodeficiência humana (HIV), 136
Vitalismo, 2
Vitaminas, 525, 553
    A, 553
    B_1, 553
    B12, 556, 557
    C, 528, 553
    D_3, 195
    D_2, 553
    E, 528
    K_1, 553
Vladimir Markovnikov, 405

W

W. C. Still, 460
W. S. Johnson, 93
Werner Heisenberg, 12
Wilkinson, catalisador de, 429, 430
William S. Knowles, 429-431, 649

Z

Zolpidem, 47

Cromosete
Gráfica e editora ltda.
Impressão e acabamento
Rua Uhland, 307
Vila Ema-Cep 03283-000
São Paulo - SP
Tel/Fax: 011 2154-1176
adm@cromosete.com.br